中國古典名著譯注叢書

齊民要術今釋

上

〔北魏〕賈思勰　撰
石聲漢　校釋

中華書局

圖書在版編目(CIP)數據

齊民要術今釋/(北魏)賈思勰撰;石聲漢校釋. —北京:中華書局,2022.7
(中國古典名著譯注叢書)
ISBN 978-7-101-15513-6

Ⅰ.齊… Ⅱ.①賈…②石… Ⅲ.①農學-中國-北魏②《齊民要術》-注釋 Ⅳ.S-092.392

中國版本圖書館 CIP 數據核字(2021)第 254363 號

書 名	齊民要術今釋(全三冊)	
撰 者	〔北魏〕賈思勰	
校 釋 者	石聲漢	
叢 書 名	中國古典名著譯注叢書	
責任編輯	劉 學 許 桁	
責任印製	管 斌	
出版發行	中華書局	
	(北京市豐臺區太平橋西里 38 號 100073)	
	http://www.zhbc.com.cn	
	E-mail:zhbc@zhbc.com.cn	
印 刷	三河市宏盛印務有限公司	
版 次	2022 年 7 月第 1 版	
	2022 年 7 月第 1 次印刷	
規 格	開本/880×1230 毫米 1/32	
	印張 39⅛ 插頁 6 字數 1000 千字	
印 數	1-4000 冊	
國際書號	ISBN 978-7-101-15513-6	
定 價	128.00 元	

出版説明

　　齊民要術爲北魏賈思勰所著,是我國現存最早最完整的古代農學名著。書中記載了公元六世紀以前我國勞動人民從實踐中積累下來的農業科學技術知識。原書共分十卷九十二篇,分別記載了我國古代關於穀物、蔬菜、果樹、林木、特種作物的栽培方法及畜牧、釀造以至於烹調等多方面的技術經驗,概括地反映出我國古代農業科學等方面的光輝成就。

　　二十世紀五十年代,石聲漢先生對齊民要術進行了第一次全面的整理研究,一九五七至一九五八年在科學出版社出版的齊民要術今釋就是他這一工作成果的集中展現。齊民要術今釋以上海涵芬樓影印的明鈔南宋紹興龍舒本爲底本,參照多種版本,將齊民要術全文加以校勘整理標點;對難讀難懂的字句作了注解;把原著全部翻譯成現代漢語,易於今天的讀者閱讀理解。齊民要術今釋出版後,在國內外學術界引起了很大反響。

　　此書出版距今已經半個世紀,雖然齊民要術後來還有別的整理本,但石聲漢先生的整理本依然有其不可替代的價值,很多讀者還有需要。現在我局依據一九五七至一九五八年科學出版社出版的齊民要術今釋修訂再版,此次再版我們做了以下工作:1. 依據作者自存本的眉批,酌情改正，更符合作者的生前意願。2. 重新核定了底本，改正了一些錯漏之處。3. 五十年代此書出版時，古籍點校整理規範尚不完善，書中專名綫書名綫的劃定標準還不統一，錯標漏標之處不少。我們依據現行古籍點校整理規範統一了標準，補上漏標之處，改正了錯標的地方。4. 原書係十六開，分爲四册，此次出版改爲大三十二開，分爲上下兩册，校勘記及注解格式均有所調整，更便於今天的讀者閱讀使用。

中華書局編輯部

二〇〇九年四月

　　修訂版齊民要術今釋出版後，獲得了讀者的廣泛認可。今在二〇〇九年版基礎上，編輯部又修訂和改正了部分錯誤，將本書分爲三册，收入"中國古典名著譯注叢書"。

中華書局編輯部

二〇二二年四月

目　　録

齊民要術今釋（初稿）小引

齊民要術是一部難讀的書。明末的楊慎（升庵），在丹鉛總録中這樣介紹：

> 齊民要術，其所引古書奇字，今略載其一二：如"劖"……或不得其音，或不得其義。文士猶囁之，況民間其可用乎？

四庫全書總目提要，也有"文詞古奧"的總評。三十多年前，我第一次翻開這部書時，就爲這些"古奧"的"文詞"和"奇字"所阻，未敢通讀。幾年後，硬讀一遍，幾乎一無所獲。當時便希望，能有一位對於小學和農學都有素養的"有志之士"，把這部奇書，好好地整理一番，作成注疏，讓我也能讀讀。

二十多年來，望眼欲穿，這一個"注疏本"始終未出現。有時也動過與其"臨淵羨魚，不如退而結網"的念頭，想自己動手來鑽鑽看。但總是"淺嘗輒止"，理想未能實現。到1954年底，西北農學院辛樹幟院長和北京農業大學農業經濟系王毓瑚教授，商談整理祖國農學遺產問題時，決定把整理齊民要術的任務交給我。而且，北京農業大學還慷慨地將所有有關材料，全部借給我用。整理齊民要術，是我的夙願。要我參加，我還可以勉爲其難。但全部交給我，却在我意料之外。仔細考慮了一番，我覺得在今日新時代中，響應政府的號召，盡個人微薄的力量去工作，定可得到各方面的協助與支持。因此，儘管自己體力與學識，都感覺"力不勝任"，但還是樂意盡我最大的努力，作個開端的嘗試，來提供逐步提高的基礎。因此，從 1955 年 1 月底起，我用着北京農業大學借給的、西北農學院圖書館所藏的、以及辛樹幟院長從西北大學等處借來的各種版本，開始系統地作全書的校勘。1955 年 4 月，中央農業部邀集各方面的專家學者，座談整理祖國農學遺產的工作時，對齊民要術的整理，作了初步決定：

　　　由南京農學院萬國鼎教授和西北農學院石聲漢教授合作，分別校釋後，相互校審，然後整理，作出一個比較上易讀易懂的注釋本。

到 1955 年底爲止，除去四、八、九三個月之外，九個月内，在教學工作之餘擠出的時間中，僅將全書的初步校勘作完，另外，作了前六卷的校釋。此外，1955 年 12 月曾作出全書的初步總結①。1956 年 1 月 19 日，"西北農學院祖國農業科學遺產研究小組"會議議定：

　　　齊民要術詳細深入的校釋，仍應由石聲漢同志與南京農學院萬國鼎教授繼續合作；但石聲漢同志應另作一附有適當分量校注的今釋本，先行出版，供一般閱讀。

這就是今釋本的來歷。很明顯的，可以從今釋本的來歷及

---

① 從齊民要術看中國古代的農業科學知識，科學出版社，1956 年。

其實質看出來，它决非"定本"。距我二十多年前所想望的標準，都還差得很遠，更不必談較高的要求了。但："譬如爲山……雖覆一簣，進，吾往也！"我邁了我的一步！希望將來能有多種的、質量更優越的要術今釋本刊行。

作這個今釋本時，要瞭解某些"奇字"，曾由校勘解决過不少疑難：例如明本中有個"菐"字（見正文 3.21.1），經過校勘，知道只是"葉"字寫錯之類。另外有一些，由校勘不能對出意義的，便只能靠全書前後對照來尋求解釋。例如"劁"字，將 1.2.1 和 37.4.4 對比後，至少可以"猜測"到原來的意義。還有些，得靠玉篇、廣韵以及玄應一切經音義、慧琳一切經音義等較早的字典、辭典，以及唐宋兩代的筆記小説。再有一些，字書上解釋不够，但却保存在今日某些地方的方言中的，得靠方言來解决。今日長江流域和嶺南的方言中，所保存的漢唐古音、古義，比黄河流域的方言爲多，是語音學者所公認的。我零星地知道些長江流域和嶺南的方言，在猜測某些字義時，有一定程度的方便。但齊民要術究竟是黄河流域的人所著的書，書中的語言與生活習慣，一定有不少至今還保存在黄河流域。我對於黄河流域的方言，尤其是生活習慣，幾乎毫無瞭解。因此，有許多地方便不能解釋。例如 24.9.1 中的"渫"字，我從前只知道讀 za 音的，在湖南、江西、貴州的方言中保存；讀 ṣap 音的，在粤語系統中保存。今年，我才由詢問中，知道讀 za 音或 ẓa 音的，在河南、山東、河北、安徽各省的方言中，也都保存着。又像茄子可以生吃，今日河北、河南都如此，我便不知道。像這類的情形，只有懇請黃河流域、特別是下游幾省的同志們，根據實際材料，多加指正，讓這個今釋本能逐漸修正提高。

像這樣比較深入廣泛的注釋，必需有較長的時間：（一）向書籍和方言中，找尋更多的材料，才可以得到正確的解決。（二）有些特殊的字句，特殊的操作，目前我們還無法確定的，便只有等待大家討論才能逐漸得到近似的解釋。例如 1.5.1. ① 和 1.5.1. ② 所注解的“……即移贏。速鋒之，地恒潤澤而不堅硬”之類。（三）像 14.18.1 所引廣雅“冬瓜，蔬也；神農本草謂之‘地芝’”，我費了足足四天工夫，才找出錯誤的來源。而那些“考證”，卻不應該收在現在的今釋本裏。我希望能多累積一些像這三類性質的材料，將來再作出“校注齊民要術”的本子，供同志們作批評的材料。目前這個今釋本，由標點、校勘、注解到釋文，各方各面，都極粗糙草率，“初生之物，其形必醜”，我誠懇地等待批評。

目前，學術上正開展“百家爭鳴”；我也敬以這個今釋本，來“嚶其鳴矣，求其友聲”，作爲熱烈擁護這一方針的表現。

最後，對於西北農學院黨與行政方面的鼓勵，以及中國科學院西北分院籌備處的支持，北京農大和西北大學的幫助，表示深切感謝。中國科學院植物研究所夏緯瑛先生，西北農學院園藝系鄔裕洹教授，中國科學院西北分院盛彤笙教授，北京農業大學畜牧獸醫系于船教授等，爲我看過一部分初稿，給予幫助提示；西北農學院辛院長，曾細緻地校訂過全稿，提出許多改進的意見；康成懿、姜義安二同志，在鈔寫、整理草率零亂的原稿時，付出了無限的辛勤與耐心，才使這個今釋本勉强有付排的可能，我個人尤其念念不忘。書中插圖，是徐楨先生代繪的，應當申明致謝。

石聲漢　1956 年 5 月 30 日
西北農學院古農學研究室

齊民要術今釋(初稿)體例説明

一、今釋本總的内容,是:

①將齊民要術原文,加以標點,分條排列,並且逐條編上號碼,以便查對。

②就現存的齊民要術各種重要版本,彙集校勘,再與幾部類書對校後,將錯、漏字校正,作爲校記。

③對某些可疑及難解的字句、某些字不常見的讀法或用法,作了一些注解。

④每一篇,都用近代語嘗試着作了比較接近原狀的轉述,稱爲"釋文"。

二、齊民要術原文,共分十卷。我們預備把這十卷,分作四個分册,分期整理:

①第一分册:包括原書"自序",一篇"雜説",和主要是關於農作物和蔬菜的第一、二、三3卷。

②第二分册:包括原書第四、五、六3卷,主要内容是果樹、林木、特種作物和畜牧。

③第三分册:包括原書第七、八、九3卷,主要内容是釀造與烹調。

④第四分册:原書第十卷,農作物以外的有用植物。

三、齊民要術原來的正文十卷,共分九十二"篇"。篇是原書的基本單位。我們現在仍保留"篇"的基礎,不加改變。每篇，有一個標題，如耕田第一、種葵第十七、筆墨第九十一之類。

正文，每篇都有大字和小字。但大字和小字的分別，却没有一定的原則。大字部分，絕對大多數是正文中的主要成分；但有時却也有將"篇標題注"鈔刻作大字的。小字計有：

①解釋篇標題的篇標題注。

②正文中的"本注"（即在假定中是賈思勰自己所加的注釋）。

③本應作正文而鈔寫成小字的。

④後來的人所加的注——如書中所引漢書、史記文字下面所引的唐代顏師古注之類。

前面所説的（本應作正文而鈔寫成小字的）③項，造成的原因，我們猜測起來，有以下幾種可能：

（一）成書之後，賈思勰自己隨時添補進去的材料。

（二）後人在寫本中所作劄記或增補的材料。

（三）傳鈔傳刻時的錯誤。

爲了"存真"，我們暫時仍保留原來的區分；在某些顯明地不合理的地方，便用"注解"加以説明。小字原書作"雙行夾注"，現在爲了閱讀的方便，改用小一號的字，排成單行。

每篇正文，原書中原也分段排列。但分段常不明確：有該分而未分、不該分而分，也有應當是一段而中間忽然插了一兩節其他材料的，所謂"錯簡"的情形。經過再三考慮之後，我們決定將正文依内容另行分段，但仍保存原有的排列次序；"錯簡"處，只用注解説明，甚至在編號時中間插入其他段節，但對原有次序，不加改變。這樣，儘管可以有我們"誤分"的地方，但決不會"誤合"。只要將前後各段各節聯綴起來，仍可以歸還原書的"本來面貌"。

分段的另一作用爲便於檢索。有的"段"，仍舊很長，我們便在段中再分"節"。用阿拉伯體數碼表示，數碼間用兩個小點（﹒）分隔作三部分：第一部分，是"篇次"；第二部分，是篇中"段"的次序；第三部分是"節"的次序。例如"3.29.3"，就是種穀第三（3）第 29 段（29）第 3 節（3）。"91.2.1"就是筆墨第九十一（91）第 2 段（2）第 1 節（1）之類。有時，正文中夾入有與本文上下不相涉的獨立段節，這時插入段的代號，就用三位數字。例如"30.101.1"是染潢及治書法的第一節；但染潢治書，與上面的"正月"或下面的"二月"，都不直接相連。又如"52.111.1"是合香澤法的第一節，而"合香澤"段，與種紅藍花梔子不相涉之類。自序和雜説只分節而不分段。自序的代號數字是"0"，雜説是"00"。

四、齊民要術，在傳鈔寫刻中，演生出許多彼此相異的字句。我們就所見各種版本，幾種類書，以及所引原書的某些較好版本（如景祐本漢書，建安本史記等）進行校勘，將錯字、漏字以及顛倒的地方，作了校記。校記，一"節"正文中常會有三兩條。爲了便於對照檢查，我們也用數字代號標識：就在正文分節的代號後面，再用一個小點（﹒）隔開，加上第四部分，用阿拉伯數字記上次序。如"2.6.1.2"，即"收種第二"第 6 段第 1 節,第 2 條校記。依校記所指的地方,在正文中,用最小號字在校記着的字後上角,用"校"字附記代號表示。例如"校 2.6.1.2",在"票"字後面上角,就表明這條校記是專對"票"字説的。

校記所根據的版本①,以及這些版本的略稱如下:

略　稱	所　用　版　本	來　　源
院　刻	北宋崇文院刻本（1023—1031 年刻）	吉石盦叢書（1926 年）景印日本高山寺藏本
金　鈔	金澤文庫藏鈔北宋本（1166 年鈔）	日本農林省農業綜合研究所 1948 年景印黎明會藏本（北京農業大學借給）
明　鈔	明鈔南宋"紹興龍舒本"（1144 年刻）	上海涵芬樓景印（1924 年）群碧樓藏本（四部叢刊本）
明清刻本	祕册彙函本（1603 年以前）	汲古閣印津逮祕書（1630 年）
	學津討原本（1806 年刻）	商務印書館影印本（西北大學借給的）
	崇文書局本（1875 年刻）	武昌崇文書局（1875 年）本
	觀象廬叢書本	光緒年間初刻本
	漸西村舍本（1896 年刻）	光緒 " 中江權署 " 刊（1896 年）本
	龍溪精舍刊本（1917 年刻）	（西北大學借給的）

其中後出版的五種版本,都以祕册彙函爲根據;一般

---

① 作校記時,也曾引用過陸心源群書校補中的一些材料。但陸心源所根據的鈔宋本原本,没有見到,所以不列入我們所用的版本表中。

錯字、漏句、"墨釘"、"空等"都很多；在校勘上，作用不大。所以我們只以明鈔本爲底本，用金鈔及院刻對校，其餘幾種，合稱爲"明清刻本"或"祕册彙函系統版本"，只有特殊差異，才提出各個個別版本的名稱。這幾個版本中的錯字，我們没有逐個列舉出來。同樣，金鈔中的許多錯字漏句，一見即知的，我們認爲也不必列舉。此外我們還引用了下列的一些類書：

書名	版　　本	來　　源
藝文類聚	覆明本	成都刻本
初學記	覆明本	成都刻本
太平御覽	宋慶元五年（1199 年）四川重刻本	涵芬樓景印日本静嘉堂文庫藏本

五、某些可疑的字句、難解的字句，某些字不常見的讀法、用法，以及大小字"體例"問題，無可校勘的，一律都作爲注解。和校記一樣，注解也用四部的數字代號標記；不過注解代號的第四部分，用中國數字一、二等，以便和校記區别。也在正文中，用"注○、○、○、○"在字後上角標明。遇有要注音的地方，都依 1956 年 2 月 12 日公佈的"漢語拼音方案"，用拉丁字母拼音。

六、爲了檢索的方便，我們以"段"爲單位，將各段的校記與注解，彙集排於每段正文之後。簡單地説，正文每節代號中，第二部分（即代表段次的）數字相同的"校記"（在先）"注解"（在後），都集中在每段正文之後。

　　七、篇末附有該篇正文（包括大字和小字兩部分）的"釋文"。釋文也分節，節的代號，和正文相對應。釋文中，凡原文所無，如不加入時釋文即不明瞭的一些字句，用圓括弧（　）標出。凡現代語和原文的單字或詞有些距離的，就用〔　〕標記。例如"堯命令四位大臣〔子〕，謹慎地〔敬〕將（耕種）季節〔時〕，宣告〔授〕給群衆（知道）"。其中〔子〕解作"大臣"，〔授〕解作"宣告"；"耕種"和"知道"，是原文中沒有，解釋時加的。

　　必須鄭重聲明的是：這裏的釋文，只是一種嘗試；我們雖曾盡最大的努力來作，但因爲限於水平，不能完全"保證質量"。因此，真是"只供參考"，而決不能完全依賴釋文去瞭解原書。必需批判地採用着校記與注解，深入鑽研，才能體會到原文的真義。

齊民要術序

0.1 史記曰^①:"齊人無蓋藏。"如淳注曰:"齊,無貴賤故。謂之'齊
人'者,古,今言'平人'也。"

後魏高陽太守賈思勰撰

①"史記曰:……"這一段小字,專解釋書名中"齊民"兩個字。史記原文(在
平準書)是"齊民無蓋藏"。唐代避太宗(李世民)的名諱,"世"字改用
"系","民"字改用"人";這個小注中,"民"已改作"人",顯然是唐代人
鈔寫時避諱改寫後的形式。下面所引如淳注的文字,建安黃氏本史
記,是"齊等無有貴賤,故謂之齊民;若今,言平民矣",和要術所引,出
入頗大。

0.2 蓋神農爲耒耜,以利天下。堯命四子,敬授民時^①。舜
命后稷:"食爲政首^②。"禹制土田,萬國作乂^③。殷周
之盛,詩書所述,要在安民,富而教之。

①"堯命四子,敬授民時":這是尚書堯典(周代人〔?〕所記關於堯的一些傳
說)中的故事;四子,傳說中是羲叔、羲仲、和叔、和仲。今本尚書,"敬
授民時"作"敬授人時";史記所引,則和要術同樣作"民";可能今本尚
書的"人"字,是唐代避諱改寫的痕跡。這句話,孔安國底解釋是:"敬
記天時以授人",即"謹慎地〔敬〕依季節〔時〕,(安排耕種操作,)宣布
〔授〕給大家〔民〕(知道)"。

按:這篇序文中,開端的幾句(到"管子曰"爲止)是漢書食貨志開端一
段的節略。

②"舜命后稷:'食爲政首'":尚書舜典(原是堯典中的一部分,後來作偽的
人纔分出來的)的傳說故事。舜典原文是"帝曰:'棄!黎民阻飢,汝后

稷，播蒔百穀！’”依漢書食貨志，則是“舜命后稷以‘黎民祖飢’，是爲政
首”。金澤文庫本和群書校補所據鈔宋本，正是作“是爲政首”，與漢書
相同；明鈔的“食”字，顯然是剜補的。其餘的版本都作“食爲政首”。
要術這兩句，與漢書既不全同，作“食”字，比較上容易解釋，即“糧食，
是政治的第一件事”，比“是”字卻更順適，所以不改。

③“萬國作乂”：“乂”是“治”，即“安靖”，“上了軌道”。

0.3　管子曰：“一農不耕，民有飢者；一女不織，民有寒
　　　者①。”“倉廩實，知禮節；衣食足，知榮辱②。”丈人曰：
　　　“四體不勤，五穀不分，孰爲夫子③？”傳曰：“人生在勤；
　　　勤則不匱④。”語曰：“力能勝貧，謹能勝禍。”蓋言勤力
　　　可以不貧，謹身可以避禍。故李悝爲魏文侯作盡地力
　　　之教，國以富强；秦孝公用商君，急耕戰之賞，傾奪鄰
　　　國，而雄諸侯。

①“一農不耕，民有飢者；一女不織，民有寒者”：要術各版本，這幾句彼此相
　同；唐馬總意林所引的，字句也與要術序全同。可能唐代流行本的管
　子，字句與今本不一樣：今本管子揆度第七十八有這一節，是“一農不
　耕，民有爲之飢者；一女不織，民有爲之寒者”。另外，輕重甲第八十則
　是“一農不耕，民或爲之飢；一女不織，民或爲之寒”。

②“倉廩實，知禮節；衣食足，知榮辱”：出自管子牧民第一，與上文不相連。

③“丈人曰：‘四體不勤，五穀不分，孰爲夫子？’”：出自論語微子第十八：“子
　路從而後；遇丈人（一個不知姓名的老年人），以杖荷‘蓧’（説文，解作
　“芸田器”）。子路問曰：‘子見夫子（孔子）乎？’丈人曰：‘四體不勤，五
　穀不分，孰爲夫子？’”

④“匱”：“匱”是“匱乏”，即空虛，不夠。

0.4　淮南子曰〔一〕：“聖人不恥身之賤也，愧道之不行也；不

憂命之長短，而憂百姓之窮。是故禹爲治水，以身解
於陽盱之河；湯由苦旱，以身禱於桑林之祭。"①"神農
憔悴，堯瘦癯〔二〕，舜黎黑，禹胼胝。由此觀之，則聖人
之憂勞百姓，亦〔三〕甚矣。故自天子以下至於庶人，四
肢不勤，思慮不用，而事治求贍者，未之聞也。"②"故田
者不强，囷倉不盈；將相不强，功烈不成③。"仲長子
曰④："天爲之時，而我不農，穀亦不可得而取之。青春
至焉，時雨降焉，始之耕田，終之簠簋。惰者釜之，勤
者鍾之⑤。矧夫不爲，而尚乎食也哉？"譙子曰："朝發而
夕異宿，勤則菜盈傾筐。且苟有羽毛⑥，不織不衣；不
能茹草飲水，不耕不食。安可以不自力哉？"

〔一〕要術各本，所引這段淮南子脩務訓，文字彼此相同，但和今本淮南子有
　　差别。今本（我們用劉文典的淮南鴻烈集解）是："……聖人者，不恥身
　　之賤，而愧道之不行；不憂命之短，而憂百姓之窮。是故禹之爲水，以
　　身解於陽盱之河；湯旱，以身禱於桑山之林。"比較看來，前兩句今本對
　　稱得比較合適，而後兩句則要術所引比較好。但主術訓中，有"湯……
　　以身禱於桑林之際"一句；"際"字與"河"字，對稱更恰當，所以最後一
　　句，似乎還應當依主術訓改作"際"才好。

〔二〕"堯瘦癯"的癯字，要術各本都作"癯"；今本淮南子作"臞"；兩個字都是
　　"少肉"的意思。"舜黎黑"的黎字，今本淮南子作"黴"，意義也都相近。
　　據原道訓中"子夏心戰而臞"，和"此齊民之所爲形植黎黑"，似乎"臞"
　　和"黎"更適合。

〔三〕"亦"：這個"亦"字，要術各本與太平御覽（卷401）所引有；今本淮南子
　　無。應當有。

①"聖人……以身禱於桑林之祭。"這一段出自脩務訓。

②"神農憔悴……未之聞也。"這一段，也出自脩務訓，但與上面所引的一

節，不直接相連；"神農憔悴"之前，還有一句"蓋聞傳書曰"。

③"故田者不强，困倉不盈；將相不强，功烈不成。"這一段，在脩務訓末了。

④"仲長子曰：'天爲之時，而我不農；穀亦不可得而取之……'"仲長統，是後漢末三國以前的人。著有昌言。要術序文所引幾段，嚴可均已收入他所輯的全上古三代秦漢三國六朝文中。

⑤"惰者釜之，勤者鍾之"："釜"和"鍾"，是古代的容量單位。據左傳昭三年："齊舊四量：豆、區、釜、鍾。四升爲豆，各自其四，以登於釜，釜十則鍾。"杜預注，以爲豆是四升，釜是六斗四升（即 64 升），鍾六斛四斗（即640 升）。依"齊舊四量"的"四"字來看，則原文"四升爲豆"下，省去"四斗爲區"一句；"各自其四，以登於釜"，即是四區爲一釜（即 64 升）。

⑥"苟有羽毛"這一段"譙子"，可能是譙周的書。"苟有羽毛"一句，前兩字，懷疑是"未有"，或"苟無"。只有這樣改正後，文意纔能和下文"不能茹草飲水，不耕不食"（不能單吃草喝水，那麼，不耕田，就沒有糧食吃）相對稱：即"未有（或"苟無"）羽毛，不織不衣"（沒有長羽毛，不織布，就沒有衣裳穿）。

0.5　　晁錯曰①："聖王在上，而民不凍不飢者，非能耕而食之，織而衣之②；爲開其資財之道也。""夫寒之於衣，不待輕煗；飢之於食，不待甘旨。飢寒至身，不顧廉恥！一日不再食，則飢；終歲不製衣，則寒。夫腹飢不得食，體寒不得衣，慈母不能保其子，君亦安能以有民③？""夫珠、玉、金、銀，飢不可食，寒不可衣，……粟、米、布、帛，……一日不得而飢寒至。是故明君貴五穀而賤金玉。"劉陶④曰："民可百年無貨，不可一朝有飢，故食爲至急。"陳思王曰⑤："寒者不貪尺玉，而思短褐；飢者不願千金，而美一食。千金尺玉至貴，而不若一

食短褐之惡者，物時有所急也。"誠哉言乎！

①"晁錯曰……"：出自漢書食貨志；北宋景祐本（涵芬樓影印的）這一節與
要術所引，稍有差別："民不凍不飢者"，漢書少了"飢"上的一個"不"
字；"織而衣之"句，漢書多一個"也"字，這一個"也"字，應當有。

②"耕而食之，織而衣之"："食"與"衣"，都讀去聲，當他動詞用，即"給……
吃"，"給……穿"。

③"體寒不得衣，慈母……"：要術各本同；景祐本漢書作"膚寒……
慈父……"。

④"劉陶"：東漢桓帝時代的孝廉，靈帝時"下獄死"。這是他改鑄大錢議中
的一節。

⑤"陳思王"：即曹植。據藝文類聚（卷5）所引，這是他所上表中的幾句話。
其中"短褐"的"短"字，明鈔、金鈔、藝文類聚都作"短"；明清刻本則作
"裋"；（案史記集解秦始皇本紀末，太史公論斷中，有"寒者利裋褐"這
麼一句。引徐廣曰："一作'短'，小襦也，音豎。"司馬貞索隱以爲"……
故謂之'短褐'，亦謂之'豎褐'"。則"短"和"裋"都可以用。）又"食"字，
藝文類聚所引作"飡"。

0.6 神農、倉頡，聖人者也；其於事也，有所不能矣。故趙
過始爲牛耕，實勝耒耜之利；蔡倫立意造紙，豈方①縑
牘之煩？ 且耿壽昌之常平倉，桑弘羊之均輸法②，益國
利民，不朽之術也。 諺曰："智如禹湯，不如嘗更〔一〕。"
是以樊遲③請學稼，孔子答曰："吾不如老農。"然則聖
賢之智，猶有所未達；而況於凡庸者乎？

〔一〕"不如嘗更"：明鈔、金鈔，都是"嘗更"，群書校補所據鈔宋本，是"常
更"。明清各刻本，則作"常耕"。由下文所引"樊遲請學稼……""然則
聖賢之智，猶有所未達"看來，則"曾經〔嘗〕經歷過〔更〕"，是正確的。

①"方"："方"就是"比"；蔡倫造出的紙，寫起字來，和過去所用的密絹〔縑〕

和木板〔牘〕相比，省事得多。

②“均輸法”：漢武帝時，桑弘羊建議，每郡設一個均輸官，凡屬某一處應當納給政府的稅貢，都用土產中豐富的物品繳納，讓當地的時價平穩。政府收得這些土特產後，運到另外的地方出賣。這樣，納稅的人和政府都方便，而且政府可以由運賣中得到一些利潤。

③“樊遲”：樊遲是孔子的弟子。他向孔子請問如何種莊稼，孔子回答説：“吾不如老農。”這段故事，出自論語子路第十三。

0.7　猗頓，魯窮士；聞陶朱公富，問術焉。告之曰：“欲速富，畜五牸〔一〕。”乃畜牛羊，子息萬計。九真、廬江①不知牛耕，每致困乏；任延②、王景，乃令鑄作田器，教之墾闢，歲歲開廣，百姓充給。燉煌不曉作耬、犂〔二〕，及種，人牛功力既費，而收穀更少。皇甫隆乃教作耬、犂，所省庸力過半，得穀加五③。又燉煌俗，婦女作裙，攣〔三〕縮如羊腸；用布一匹。隆又禁改之，所省復不貲。茨充〔四〕爲桂陽令，俗不種桑，無蠶、織、絲、麻之利，類皆以麻枲頭貯④衣。民惰窳羊主切，少纚履，足多剖裂血出，盛冬，皆然火燎炙⑤。充教民益種桑、柘，養蠶，織履，復令種紵麻⑥。數年之間，大賴其利，衣履溫煖。今江南知桑蠶織履，皆充之教也。五原土宜麻枲，而俗不知織、績；民，冬月無衣，積〔五〕細草卧其中；見吏則衣草而出。崔寔爲作紡、績、織、紝之具以教，民得以免寒苦。安在不教乎？黃霸爲潁〔六〕川，使郵亭鄉官，皆畜雞、豚，以贍鰥、寡、貧、窮者；及務耕桑，節用，殖財，種樹。鰥、寡、孤、獨，有死無以葬者，鄉部書言⑦，霸具爲區處⑧：某所大木，可以爲棺；某亭豚子，可以祭。吏往，皆如言。龔遂爲渤海，勸民務農桑。令口種一樹〔七〕榆，百本薤，五十本葱，一畦韭；家二母彘，五母雞。民有帶持刀劍者，使賣劍買牛，賣刀買犢。曰：“何爲帶牛佩犢？”春夏不得不趣⑨田畝，秋冬課⑩收斂，益蓄果實、菱、芡。吏民皆富實。召信臣爲南陽，好爲民興利，務在富之。躬勸耕農，出入阡陌，止舍，離鄉亭⑪，稀有安居。時行視郡中水泉，開通溝瀆，起水門提閼⑫凡數十處，以廣溉灌。民得其利，蓄積有餘。禁止嫁、娶、送終奢靡，務出於儉約。郡中莫不耕稼力田。吏民親愛信臣，號曰“召父”⑬。僮种〔八〕爲不其令，率民養一豬，雌雞四頭，以供祭祀，死買棺木。顏裴⑭爲京兆，乃令整阡、陌，樹桑、果。又課以閑月取材，使得轉相教匠⑮作車。又課民無牛者，令畜豬；投貴時賣，以買牛。始者，民以爲煩；一二年間，家有丁車大牛⑯，整頓豐足。王丹家累千金，好施與，周人之急。每歲時農收後，察其強力收多者，輒歷載酒肴，從而勞⑰之，便於田頭樹下，飲食勸勉之，因留其餘肴而去。其惰嬾⑱者，獨不見勞，各自恥不能致丹。其後無不力田者，聚落以至殷富。杜畿爲河東，課民畜牸牛草馬；下逮雞豚，皆有章程，家家豐實。

〔一〕“畜五牸”：“牸”明鈔本作“牸”，金鈔及明清刻本均作“牸”。“牸”是能生產幼兒的母畜（“字”字本身，也便是“孳乳”的“孳”字的一個寫法，現在湖南江西一帶方言中，嬰孩哺乳叫“喫字”——讀作 zi）。

〔二〕“燉煌不曉作樓、犁……”：要術各版本，這段都是這樣起的；只有漸西村舍本，在這一句之上還有“皇甫隆爲燉煌”，下文“皇甫隆乃教……”句，省去了姓。漸西村舍刊本這種改訂，也許作那個刊本校勘工作的劉富曾，在與下文茨充、黄霸、龔遂、召信臣、僮種、顔斐、杜畿等各節排比後，覺得其餘的人，都先提出人名來，所以這一節也應當同樣。但上文任延、王景，却先提出“九真、廬江不知牛耕，每致困乏”，下文“五原”記崔寔的事時，也是從“五原土宜麻枲……”起，所以劉富曾這個改訂，並非必要。

　　太平御覽卷 823 所引是“魏略曰：‘皇甫隆爲燉煌太守，民不曉作樓、犁，用工費費，隆乃教作樓、犁，省力近半。’”魏志倉慈傳注所引魏略，是“嘉平中，安定皇甫隆代基爲太守”。

〔三〕“攣”：金鈔及明清各種刻本都是“攣”字，只明鈔本誤作“孿”。攣縮，即不能伸直或縐縮，這個説法，在湖南和兩粵方言中還保存着。

〔四〕“茨充”：要術各版本都是“茨充”。太平御覽卷 823 引東觀漢記作“范充”。據後漢書應是“茨充”。

〔五〕“積”：要術各版本（除學津討原外），都作“種”，不可解；學津討原本，依太平御覽卷 826 所引崔元始政論，用崔寔自己的話，改作“積”，是對的。下文“衣草而出”，御覽所引政論，作“以草纏身而出”。

〔六〕“穎”：明鈔本和學津討原本“穎”作“潁”，依金鈔、明清刻本及漢書循吏傳改正（案：黄霸、龔遂、召信臣的事跡，都在漢書循吏傳）。

〔七〕“樹”：明鈔及明清刻本作“株”，金鈔及宋景祐（仁宗時代）本漢書作“樹”（仁宗的兒子英宗名“曙”；“樹”字因爲與曙同音，避諱改爲“株”，是英宗以後的事）。

〔八〕“僮種”：金鈔、明鈔本，及明清刻本，都依謝承作“僮種”，只漸西村舍刊本依學津討原本，據范曄後漢書作“童恢”。

①“九真、廬江”：漢代曾在今日的越南境内，河内以南、順化以北設過九真郡；又在今日的安徽中部設過廬江郡。

②“任延”：太平御覽卷 839 引水經注曰：“任延爲九真太守，教民耕、藝，法與華同：名‘白田’，種白穀，七月大作，十月登熟；名‘赤田’，種赤穀，十二月作，四月登熟。所謂兩熟之稻也。”（釋文：任延作九真太守，教當地群衆耕種，方法和中國一樣：叫“白田”的，種白穀，七月種，十月收穫；叫“赤田”的，種赤穀，十二月種，四月收。這就是一年中稻有兩次成熟。）在今本水經注温水條下。

③“得穀加五”：加五即超出百分之五十。

④“麻枲頭貯衣”：意思是用麻纖維代替絲綿（當時没有草棉，只有絲綿可用。參看雜説第三十注解 30.2.3.①）裝塞在衣裏面，作爲禦寒的冬衣。太平御覽所引東觀漢記，“貯”字作“緼着”；“緼”，就是“裝綿”或“褚綿”的衣服（“褚”是動詞，也就正與“貯”字同音）。

⑤“然火燎炙”：“然”，是燃燒的“燃”字本來的寫法。“燎”是有火燄的火。“炙”是靠近火旁取煖（現在湖南湘中幾縣的方言中，還有“炙火”的説法；“炙”字讀成 ʐa）。

⑥“紵麻”：即苧麻。

⑦“鄉部書言”：“鄉部”，是鄉官的衙門；“書”是寫一個“書面”；“言”是“説明”。這句話釋成今日的語言，就是“鄉政府用書面報告”。

⑧“具爲區處”：“具”是完全，“區處”是“計劃處理”。

⑨“趣”：即“趕赴”（漢書原作“趨”）。

⑩“課”：作動詞用；定出法則，隨時依法則檢查，稱爲“課”。

⑪“止舍，離鄉亭”：“止”是“停留”；“舍”是“住宿”；“離”是“離開”；“鄉亭”，是“鄉部”和“郵亭”，即鄉區政府所在地和驛站的房屋。釋成今文是：“不在鄉、區政府的住所住宿（而住在老鄉們家裏）。”

⑫“提閼”：即活動的水閘門。

⑬“召父”：民衆將召信臣當作自己的父親一樣尊重敬愛，稱他爲“召父”。

⑭“顔裴”：各本都是“顔裴”；但魏志倉慈傳引作“顔斐”；顔斐字文林，依古人“名字意義相生”的原則看來，作“斐”比較合適。

⑮“匠”：作動詞用，即計劃、動工，並且技巧地完成。

⑯“丁車大牛”：“丁”是“壯大”的意思。

⑰“勞”：作動詞用，讀去聲，即今日語言中的“慰勞”、“慰問”。

⑱“嬾”：即懶字（集韻解釋此字的根據，正是後漢書王丹傳）。

0.8　此等，豈好爲煩擾而輕費損哉？蓋以庸人之性，率之
　　　則自力，縱之則惰窳耳。故仲長子曰：“叢林之下，爲
　　　倉庾之坻①；魚鼈之堀，爲耕稼之場者，此君長所用心
　　　也。是以太公封，而斥鹵②播嘉穀；鄭白③成，而關中
　　　無飢年。蓋食魚鼈，而藪澤之形可見；觀草木，而肥磽
　　　之勢可知。”又曰：“稼穡不修，桑、果不茂，畜産不肥，
　　　鞭之可也；柂落④不完，垣、墻不牢，掃除不淨，笞之可
　　　也。”此督課之方也。且天子親耕，皇后親蠶，況夫田
　　　父，而懷窳惰乎？

①“坻”：原義是河流中的小沙灘；用來形容穀堆（“庾”），是說明蓄多。

②“斥鹵”：即鹽（鹼）地；又寫作“澤鹵”、“瀉鹵”。

③“鄭白”：鄭國渠和白渠，是秦代漢代關中由涇水開掘出來的兩個大灌溉
　渠道。

④“柂落”：應當寫作“杝落”，即“籬落”，用樹枝編的疏籬。

0.9　李衡於武陵龍陽汎洲①上作宅，種甘橘②千樹。臨死，
　　　敕兒曰：“吾州里有千頭木奴，不責汝衣食；歲上一匹
　　　絹，亦可足用矣。”吳末，甘橘成，歲得絹數千匹；恒稱
　　　太史公，所謂“江陵千樹橘……與千户侯等”者也。樊
　　　重欲作器物，先種梓漆；時人嗤之。然積以歲月，皆得
　　　其用；向之笑者，咸求假焉。此種植之不可已已也。

諺曰：“一年之計，莫如樹穀；十年之計，莫如樹木……”此之謂也。

① “汎洲”：“汎”原來是“浮”的意思；大的洲，很像一片浮在水面的陸地，所以稱爲“汎洲”。

② “甘橘”：唐以前，“柑”字常常只寫作“甘”；“甘橘”就是“柑橘”。

0.10　書曰：“稼穡之艱難。”孝經曰：“用天之道，因地之利，謹身節用，以養父母。”論語曰：“百姓不足，君孰與足？”漢文帝曰：“朕爲天下守財矣，安敢妄用哉？”孔子曰：“居家理，治可移於官。”然則家猶國，國猶家；是以家貧則思良妻，國亂則思良相，其義一也。

0.11　夫財貨之生，既艱難矣，用之又無節；凡人之性，好懶惰矣，率之又不篤；加以政令失所，水旱爲災，一穀不登，殣腐相繼①。古今同患，所不能止也，嗟乎！且飢者有過甚之願，渴者有兼量之情。既飽而後輕食，既暖而後輕衣。或由年穀豐穰，而忽於蓄積；或由布帛優贍，而輕於施與；窮窘之來，所由有漸。故管子曰：“桀有天下而用不足，湯有七十二里而用有餘。天非獨爲湯雨②菽粟也。”蓋言用之以節。仲長子曰：“鮑魚③之肆，不自以氣爲臭；四夷之人，不自以食爲異；生習使之然也。居積習之中，見生然之事，夫孰自知非者也？”斯何異夢中之蟲，而不知藍之甘乎④？

① “一穀不登，殣腐相繼”：“登”是“收穫”；“殣腐”是餓死的人，拋棄在野外的殘餘尸體（殣是骨上黏有肉）。

② “雨”：讀去聲，作動詞用，即落下來（像雨一樣）。

③“鮑魚”：據劉熙釋名：“鮑魚，鮑，腐也；埋藏淹之使腐臭也。”即淡淡的醃
　　着，使魚發生不完全的腐敗分解，然後再加鹽使分解停止（現在的“鱫
　　白”，就是這樣作成的）。“鮑魚”有相當强烈的胺類臭氣。

④“蓼中之蟲，而不知藍之甘乎”：蓼是辣的，蓼藍不辣。吃蓼的蟲，以爲天
　　下的食物，都是辣的，不知道還有不辣的東西（楚辭有“蓼蟲不知徙乎
　　葵菜”的話）。

0.12 今採捃①經傳，爰及歌謠，詢之老成，驗之行事。起自
　　耕農，終於醯醢，資生之業，靡不畢書。號曰“齊民要
　　術”。凡九十二篇，分爲十卷。卷首皆有目録②：於文
　　雖煩，尋覽差易。其有五穀果蓏，非中國所殖者，存其
　　名目而已；種蒔之法，蓋無聞焉。捨本逐末，賢哲所
　　非；日富歲貧，飢寒之漸。故商賈之事，闕而不録。花
　　木之流，可以悦目；徒有春花，而無秋實，匹③諸浮僞，蓋
　　不足存。鄙意曉示家童，未敢聞之有識；故丁寧④周至，
　　言提其耳，每事指斥，不尚浮辭。覽者無或嗤焉。

①“捃”：原義是在人家收割莊稼後，到地裏去拾人家殘餘的穗子；現在是
　　“收集”的意思。

②“卷首皆有目録”：原書，每卷前面，將本卷中各篇的篇名和次第，作成一
　　個表；這就是卷首的“目録”（從前的書，都像畫軸一樣，裱好後，捲成許
　　多捲；每一捲就是一“卷”。每卷前面，把卷中各篇章的名“目”，彙“録”
　　起來，以便尋找，稱爲“目録”）。

③“匹”：就是“與……相當”。“匹諸浮僞”，就是“相當於浮華作僞的東西”。

④“丁寧”：再三重複地告誡。

釋　文

0.1 史記有一句話：“齊民無蓋藏。”依如淳所作史記注解：“齊，就是

沒有貴賤區別。‘齊民’是古代的話，現在語言，稱爲‘平民’。”

後魏高陽太守賈思勰撰

0.2　大概是〔蓋〕神農製作了耒耜，讓大家利用。堯命令四位大臣〔子〕，謹慎地〔敬〕將（耕種）季節〔時〕，宣告〔授〕給群衆（知道）。舜給大臣后稷的命令，是將糧食問題作爲政治措施的第一件大事。禹規劃了土地和田畝制度，所有地方〔萬國〕都上軌道〔乂〕了。此後殷代和周代興隆昌盛的時期，據詩書的記載，主要的也只是使老百姓和平安靖，衣食豐足，然後教育他們。

0.3　管子説：“有一個農夫不耕種，可以引起某些人的飢餓；有一個女人不紡織，可以引起某些人的寒凍。”“糧倉充實，就知道講究禮節；衣食滿足，纔能體會到光榮與恥辱的分辨。”（蔡國的“荷蓧”）丈人説：“不勞動四肢，不認識五穀的，算什麼老夫子？”古書説：“人生要勤於勞動，勤於勞動就不至於窮乏。”古話〔語〕説：“勞力可以克服貧窮，謹慎可以克服禍患。”——也就是説，勤於勞動可以不窮，謹於立身可以免禍。所以李悝幫助魏文侯，教大衆儘量利用土地的生産能力，魏國就達到了富强的地步；秦孝公任用商鞅，極力獎勵耕種和戰鬥，結果便招來而且争得了鄰國的人民，成了諸侯中的雄長。

0.4　淮南子説：“聖人不以自己的地位名譽不高爲可恥，却因爲大道理不能實行而感覺到慚愧；不爲自己生命的長短耽心事，只憂慮着大衆的貧窮。因此，禹爲了整治洪水,在<u>陽盱</u>河上禱告求神時,曾發誓〔解〕把生命獻出來;<u>湯</u>爲了旱災,在桑林邊上求雨,也把自己的身體當作祭品。"(古書記載着〔蓋聞傳書曰〕)"<u>神農</u>的面色枯焦萎縮,<u>堯</u>身體瘦弱,<u>舜</u>皮膚黄黑,<u>禹</u>手脚長着厚繭皮。這樣看來,聖人爲着百姓耽憂出力,也就到了頂了。所以帝王也好,老百姓也好,凡不從事體力勞動,又不開動腦筋,居然能把事情辦好,能滿足生活要求,是不曾聽見有過的。""所以,耕田的人不努力,糧倉不會充滿;指揮作戰的人〔將〕與總理政事的人〔相〕不努力,不會作出成績。"<u>仲長統</u>説:"自然〔天〕準備了時令,我不去努力從事農業活動,也不能取得五穀。春天到了,下過適時的雨,開始耕種,最後能(食物)盛在碗〔簞筥〕裏。懶惰的,只收上六斗多些,勤勞的,收到六十多斗;要是不勞動,還能有得吃麽?"<u>譙子</u>説:"早晨一起出發(去拾野菜),晚上在不同的時候回來休息;勤快的,才可以尋到滿筐滿筐的菜。没長有羽毛,不織布,便没有衣穿;不能單吃草喝水,不耕種便没有糧食吃。自己不努力怎麽可以?"

0.5 <u>晁錯</u>説:"聖明的人作帝王,老百姓就不會受凍挨餓,並不是帝王能耕出(糧食)來給他們吃,織出(衣服)來給他們穿;只是替他們開闢利用〔資〕物力〔財〕的道路而已。""凍着的人,所需要的並不是輕暖的衣服;餓着的人,所需要的並不是味道甘美的食物。凍着餓着時,就顧不得廉恥。一天只吃一頓,便會挨餓;整年不作衣服,就會受凍。肚子餓着沒有吃的,身體凍着沒有穿的,慈愛的父母不能保全兒子,君王又怎能保證群衆不離開他?"珍珠、玉、金、銀,餓時不能當飯吃,凍時不能當衣穿,……小米、大米、粗布、細布……一天得不到,便會遭受飢餓與寒凍。所以賢明的帝王,把五穀看得重,金玉看得賤。"劉陶説:"群衆可以整百年地沒有貨幣,但不可以有一天的飢餓,所以糧食是最急需的。"曹植〔陳思王〕説:"受凍的人,不願保留〔貪〕徑尺的寶玉,而想得到一件粗布短衣;挨餓的人,不希望得到千斤黄金,而認爲一頓飯更美滿。千斤黄金和徑尺的寶玉,都是很貴重的,倒反不如粗布短衣或一頓飯,事物的需要緊急與否是有時間性的。"這些話,都非常真實。

0.6　像神農、倉頡這樣的聖人,仍有某些事是作不到的。所以趙過開始役使牛來耕田,就比(神農的)耒耜有用〔利〕得多;蔡倫創始了〔立〕造紙的觀念〔意〕,和使用(倉頡時代原來應用着的)密絹和木片的麻煩相比,也就差得遠了。像耿壽昌所倡設的常平倉,桑弘羊所創立的均輸法,都是有益於國家,有利於人民大衆的不朽的方法。俗話説:"哪怕你有禹和湯一樣聰明,還是不如親身經歷過。"因此,樊遲向孔子請求學習耕田的時候,孔子(因爲没有親身經驗)便回答説:"我知道的不如老農。"這就是説,聖人賢人的智慧,也還有尚未通達的地方,至於一般人,更不必説了。

0.7　魯國有一個貧窮的士人猗頓，聽説陶朱公很富，便去
向陶朱公請問致富的方法。陶朱公説：“要想快快致
富，應當養五種母畜。”猗頓聽了，回去畜養牛羊，就蕃
殖得到數以萬計的牲口。九真和廬江不知道用牛力
耕田，因此困苦貧窮。九真太守任延、廬江太守王景，
命令群衆鑄出耕田的農具，教會他們墾荒開地，年年
擴大耕種面積，老百姓的生活，便得到滿足與富裕。
燉煌地方不知道製造犁和耬之類，種地時，人工牛工
都很費，而收穫的糧食却又少。皇甫隆教給大家製作
犁、耬，省出一半以上的僱工費用，所得的糧食，却增
加了百分之五十。燉煌的習慣，女人穿的裙，像羊腸
一樣，攣縮着作許多襞褶，一條裙用去成匹的布。皇
甫隆又禁止她們這樣作，讓她們改良，也省出了不少
〔不貲〕（的物資）。茨充作桂陽（現在湖南南部）縣縣
令時，桂陽一般群衆不種桑樹，得不到養蠶，織縑絹、
織麻布等的好處，（冬天）就把麻纊裝在（夾層）衣中
（禦寒）。百姓們懶惰、馬虎〔痳：音 ｙ〕，連很糙的鞋也
不多，脚凍裂出血，深冬，只可燒燃明火來烘炙。茨充
讓大家加種桑樹、柘樹，養蠶，織（麻）鞋，又命令大家
種苧麻。過了幾年，大家都得到了好處，衣服鞋子，穿
得暖暖的。直到現在（案：指南北朝時代），江南（案：
指南朝所占有的地方）知道種桑、養蠶、織鞋，都是茨
充教的。五原的土地，宜於種麻，但是當地的人不知
道績麻織布；群衆冬天沒有衣穿，只蓄積一些細草，睡

在草裏面；政府官員到了，就把草纏在身上出來見官。崔寔因此作了績麻、紡綫、織布、縫紉的工具，來教給大家用，群衆就免除了受凍的苦處。怎麽可以不教育（大衆）呢？黃霸作潁川（現在的河南南部）太守時，使郵亭（當時官道驛站的辦事處）和鄉官（相當於鄉、區政府），都養上雞和豬，來幫助鰥（老年的單身男人）寡（老年的單身女人）貧窮的人；並且，要努力〔務〕耕田、種桑，節約費用，累積財富，種植樹木。鰥、寡、孤（没有父母的小孩）、獨（没有子孫的老人），死後無人料理埋葬，只要鄉部用書面報告，黃霸就全給計劃辦理：某處有可以作棺材的木料；某亭上，有可以作祭奠用的小豬。承辦人員過去後，都和（黃霸）説的不差。龔遂作渤海（現在河北省海濱地區）太守，獎勵〔勸〕群衆努力耕田養蠶。下命令，叫每人種一棵榆樹，一百科薤子〔薤〕，五十科葱，一畦韭菜；每家養兩隻大母豬，五隻母雞。群衆有拿着或佩戴刀、劍之類（武器）的，就叫把劍賣了去買牛，把刀賣了去買小牛〔犢〕。他説："爲什麽把牛犢佩戴在腰間？"春、夏天必須要去田裏（勞動），秋、冬天評比收穫積蓄的成績，（讓大家）多多收集各種（可作糧食用的）果實和菱角、雞頭等等。地方在職人員和群衆都富足，有生活資料〔實〕。召信臣作南陽（現在河南和湖北接界的地帶）太守，愛替群衆舉辦有利的事業，總要使大家富足。親自下鄉去獎勵〔勸〕大家耕種，在農村裏來往，常在離鄉部郵亭（替長官準備有宿舍的地方)很遠的地點住宿,少有安適的住處。隨時在郡中各處巡行,考察水道和泉源,開闢大小灌溉渠道,起造了幾十處攔水門和活動水閘,推廣灌溉。群衆得到灌溉的幫助,大家都有剩餘積蓄。他又禁止辦紅白喜事時的鋪張浪費,努力儉省節約,一郡的人,都盡力耕種。在職人員和群衆,都親近愛戴<u>召信臣</u>,稱他爲"召父"。<u>僮</u>种作<u>不其</u>(現在<u>山東即墨</u>附近)縣縣令,倡導〔率〕群衆,(每家)養一頭豬,四隻母雞,(平時)供祭祀用,有死亡時,用作買棺木的價錢。<u>顏斐作京兆尹</u>(東漢的<u>京兆尹</u>,管<u>洛陽</u>及附近)時,命令大家整理田間道路,種植桑樹和果樹。又訂出辦法,讓大家在農閑的月分伐木取材,相互學習作大車的技術。又安排下來,讓沒有牛的群衆養豬,等豬價貴時賣去,買牛。最初,大家都嫌麻煩;過一二年,每家有了好車和大牛,整頓豐足。<u>王丹</u>家裏有千斤黃金的積蓄,歡喜贈送、救人家的急需。每年農家收穫後,從訪問中知道誰努力而莊稼收穫多的,就(在車上)帶着酒菜,向他致意慰問,在田地旁邊樹蔭下,請他喝酒吃菜,獎勵表揚,並且把所餘的菜留下。唯獨懶惰的,便得不到慰勞,因此,覺得沒有能讓<u>王丹</u>來慰勞自己是可恥的。以後,沒有不盡力耕種的,因此整個村落都繁榮富足了。<u>杜畿作河東太守</u>(<u>秦</u>和兩<u>漢</u>的"<u>河東</u>",是現在<u>山西省</u>西南角),安排教群衆養母〔牸〕牛,母〔草〕馬;小到雞和豬,都有一定的計劃數量,家家都豐衣足食。

0.8　這些人,真是歡喜作些麻煩擾亂的事,而看輕〔輕〕了
人力物力的耗費嗎?(他們都認爲)一般人的情形,
是:有領導有組織〔率之〕,便會各自努力,讓他們自流
〔縱之〕,便會懶惰馬虎。所以仲長統説:"叢林底下,
是糧倉穀囤的堆積處;魚鼈的窟穴,是耕種莊稼的好
地方,這都是領袖人物該用心的事。因此太公分封
(在齊國)後,鹽地〔斥鹵〕上種上了好莊稼,鄭國渠和
白渠修成後,關中就没有遭饑荒的年歲。這就是説,
吃着魚鼈時,你可以想到(供給水源)的窪地和沼澤地
的形勢;看看野生的草木,可以辨别土地的肥瘦。"又
説:"莊稼不整齊,桑樹果園不茂盛,牲口不肥,可以用
鞭打責罰;籬笆〔杝〕不完整,圍墙屋壁不堅固,地面没
有掃乾淨,可以用竹杖打,作爲責罰。"這就是監督檢
查的例子。皇帝還要親耕,皇后也要親自養蠶,一般
種田的老漢〔田父〕,可以隨便懶惰馬虎嗎?

0.9　李衡在武陵郡龍陽(現在湖南的漢壽)的大沙洲上,蓋
了住房,種上一千棵柑橘。臨死,告誡他的兒子説:
"我家鄉住宅,有一千個'木奴',不向你要穿的吃的;
每年能够給你生產一匹絹,也够你花的了。"到吳國末
年,柑橘長成結實之後,每年可以收幾千匹絹;這就是
尋常〔恒〕引用〔稱〕的,太史公(在史記)裏説的"江陵
有千樹橘……與有一千户人口納租給他用的侯爵〔千
户侯〕相等"的意義。樊重想製作家庭日用器皿,便先

種上梓（供給木材）和漆（供給塗料）；當時的人都嘲笑他。可是，過了幾年，都可用上；從前嘲笑他的人，倒要向他借用了。這就是説，種樹是不可少〔已〕的事情。俗話説："作一年的打算，最好是種糧食；作十年的打算，最好是種樹木……"正是這個道理。

0.10　尚書説："……莊稼是艱難中（得來的）。"孝經説："利用天然的道理，憑藉〔因〕土地的生產力〔利〕，保重〔謹〕（自己的）身體，節省日常費用，拿來養父母。"論語説："百姓用度不夠，君主怎樣可以得到足夠的用度？"漢文帝説："我替天下老百姓看守着（公眾的）財富，怎麼可以亂消費呢？"孔子説："經理好〔理〕家庭財產，所得到的辦法〔治〕就可以借用來經理公共事業〔官〕。"這樣，家庭的經濟和國家的經濟，（在原理上）只是同樣的事；所以家裏貧窮，就希望有一位勤儉持家的主婦，國家亂的時候，就希望有一位公忠體國的宰相，道理也是相同的。

0.11　財富和生活資料的得來，是艱難的，又還不節儉地應用；人的性情，是歡喜安逸不勞動的，又還不堅持領導組織；加之政策號令不合宜，或者水災旱災，只要有一種糧食的收成不好，便會不斷地有餓死的人。古代和現在都有這樣的困難，不能防止，真可嘆息！餓着的人，總想吃許多食物，渴着的人，總想喝下够兩個人用的水量。飽了，才會看輕食物；溫暖了，才會看輕衣服。或者因爲當年收成好，忘記了蓄積糧食；或者因爲粗細布匹供給充足,隨便輕易贈送給人家;貧窮的來源,都是逐漸發展來的。管子裏説:"桀有着整個'天下',還不够用;湯只有七十二里的地方,却用不完。天並没有爲湯落下〔雨〕糧食和豆子呀!"就是説用費要有節制。仲長統説:"(賣)醃魚的店,不覺得自己(店裏)氣味是臭的;中國境外的人,不覺得自己的食物有什麼不同;這都是從小習慣的結果。在長久習慣的(環境)中,看着從小來一向如此的事,誰能知道裏面還會有錯誤呢?"正像從小吃辣蓼長大的蟲,就不知道還有不辣的藍(也是可以吃的)。

0.12 我現在從古今書籍中收集了(大量)材料,又收集了許多口頭傳説,問了老成有經驗的人,再在實行中體驗過。從耕種操作起,到製造醋與醬等爲止,凡一切與供給〔資〕(農家)生活資料有關的辦法,没有不完全寫上的。(這部書)稱爲齊民要術——"一般群衆生活中的重要方法"。全書一共九十二篇,分作十卷。每卷前面都有目録;所以文章雖則煩瑣些,找尋材料時,倒比較〔差〕容易。還有些穀物,木本、草本植物果實,中國(按指黄河流域,即北朝統治範圍)不能蕃殖的,也把名目留了下來;栽培的方法,却没有聽到過。丟掉(生産的)根本大計,去追逐瑣屑(的利錢),賢明的人不肯作的;由一天的暴利富足起來(補)終年的貧困,正是凍餓的征兆〔漸〕。因此,經營商業的事,没有記録。花兒草兒,看上去很美觀;但是只在春天開花,秋天没有（可以利用的）果實，正像浮華虛僞的東西，没有存留的價值。我寫這部書的原意，是給家裏（從事生產）的少年人看的，不敢讓有學識的人見到；所以文字只求反覆周到，每句話都是"耳提面命"（即捉着耳朵面對面地囑咐），每件事都是直接了當地説明，没有裝飾辭句。（後來的）讀者，希望不要見笑。

雜　説①

① 齊民要術前面的這一篇雜説,自從清代以來,不斷地有人懷疑它不是賈
思勰原著中的一部分。我們也有同樣的懷疑。

00.1 夫治生之道,不仕則農。若昧於田疇,則多匱乏。只
　　　如稼穡之力,雖未逮於老農;規畫之間,竊自同於后
　　　稷①。所爲之術,條列後行〔一〕。

〔一〕"條列後行":"列"字,是金鈔及明鈔本的原字;明清刻本都作"例"。
　　　"列"作爲動詞用,比"例"字合適。

① "后稷":這裏的"后稷",不一定是指傳説中的"教民稼穡"的"后稷"這個
　　　人,很可能從前還有着"后稷法"或"后稷書"之類口頭流傳着的、或存
　　　在於群衆中的一種農書,和營造上的"魯般經"相似的(參看注解
　　　3.20.2.④)。

00.2 凡人家營田,須量己力:寧可少好,不可多惡。

00.3 假如一具牛,總營得小畝三頃(據齊地,大畝一頃三
　　　十五畝也)。每年二易,必莫頻種〔一〕。其雜田地,即
　　　是來年穀資。

〔一〕"必莫頻種":金鈔及明鈔本,群書校補所據鈔宋本,都是"必莫";明
　　　清刻本是"必須"。由文義上看來,只可以是"必莫"。值得注意的是,
　　　要術正文中未見過作禁止用的"莫"字;只有"勿"、"毋"和"不用"、
　　　"不可"。

00.4 欲善其事,先利其器;悅以使人,人忘其勞。且須調

習器械，務令快利；秣飼牛畜，事須肥健；撫恤其人，常
遣歡悦。

00.5　觀其地勢，乾溼得所。

00.6　禾秋收了〔一〕，先耕蕎麥地，次耕餘地，務遣深細，不得
趁多。看乾溼，隨時蓋磨①著。

〔一〕"禾秋收了"："禾"字，明鈔本作"示"；祕册彙函系統各版本作"凡"，可
　　能是胡震亨改的。依金鈔改正作"禾"。

①"蓋磨"：即用"勞"（見正文耕田第一注解1.2.3.③）將耕過的地弄平。正
　　文中，無"蓋磨"兩字連用的例。

00.7　切見世人耕了，仰著土塊，並待孟春蓋。若冬乏水
雪〔一〕，連夏亢陽，徒道秋耕，不堪下種。

〔一〕"冬乏水雪"："水"字，明鈔本、群書校補所據鈔宋本和漸西村舍刊本作
　　"水"，或"冰"。金鈔及祕册彙函系統的明清刻本作"水"。冰是就地凝
　　凍的，不是增加的水；水和雪，是從旁的地方由人力運來或風吹來另增
　　的。因此，作"水雪"，表明是另增的水，更合理。

00.8　無問耕得多少，皆須旋蓋磨如法。

00.9　如一具牛，兩個月秋耕，計得小畝三頃。經冬，加料
餵。至十二月内，即須排比農具，使足。一入正月初
未，開陽氣上①，即更蓋所耕得地一遍。

①"正月初未，開陽氣上"：這兩句很費解。如依字面解釋，"正月第一個未
　　日，開展陽氣上達"，固然也可以勉強説得通，但非常彆扭。疑心其中
　　有錯字；如"未"字原是"凍"字，則"正月初，凍開，陽氣上"，便很順適；
　　或者"未"字原是"末"，也比較好説。

00.10　凡田地中，有良有薄者，即須加糞糞之。

00.11　其"踏糞"法：凡人家秋收治田後，場上所有穰、穀䅸^①
　　　等，並須收貯一處。每日布牛脚下，三寸厚；每平旦收
　　　聚，堆積之。還依前布之，經宿即堆聚。

①"䅸"：這個字，是字典中不載的。廣韻和集韻"二十四職"都收有"䄌"字，
　　解作"禾䄌"即"麥䅹"，也就是"麥糠"。可能"䅸"字只是"䄌"字（"䄌"
　　字，有時寫作"䅹"，所以"䄌"同樣也可寫成"䅸"）。本書正文中作敬第
　　七十二有"穀䅸"；此外只有"䄌"和"䅹"，沒有"䅸"字。

00.12　計：經冬，一具牛踏成三十車糞。至十二月正月之
　　　間，即載糞糞地。計小畝畝別用五車，計糞得六畝。
　　　匀攤，耕，蓋著；未須轉起。

00.13　自地亢後，但所耕地，隨餉蓋之^①，待一段總轉了，即
　　　橫蓋一遍。

①"隨餉蓋之"："餉"字，只有"贈與食物"或"贈與禮物"的解釋。這裏，可能
　　是"晌"字寫錯，即當天的中午。

00.14　計正月二月兩個月，又轉一遍。然後，看地宜納粟：
　　　先種黑地，微帶下地^①，即種"糙種"^②。然後種高壤白
　　　地。其白地，候寒食後，榆莢盛時，納種；以次種大豆、
　　　油麻等田。然後轉所糞得地，耕五六遍；每耕一遍，蓋
　　　兩遍；最後蓋三遍。還縱橫蓋之。

①"微帶下地"："帶"字，可能作"連帶"解。
②"糙種"：可能是稻麥等外殼不光滑的種實，和黍、穄、麻、豆等光滑的種實
　　相對。

00.15　候昏房心中^①，下黍種，無問^②。穀，小畝一升，下
　　　子，稀概得所。候黍粟苗未與壠齊，即鋤一遍。黍經

五日，更報鋤③第二遍。候未蠶④老畢，報鋤第三遍。
如無力，即止；如有餘力，秀後更鋤第四遍。

①“昏房心中”：“昏”是日落後；“房”和“心”，是相鄰近的兩個星宿的名稱；
　“中”是正當天空中。房、心、尾連合起來，就是稱爲“辰星”的“大火”。

②“無問”：即現在語言中的“沒有問題”。

③“報鋤”：“報”字，懷疑是用禮記少儀中“毋報往”那個“報”字的用法，即趕
　緊再重覆。

④“未蠶”：懷疑是“末蠶”之誤。蠶過了最後的一眠，便稱爲“老”。

00.16　油麻、大豆並鋤兩遍止，亦不厭早①鋤。

①“亦不厭早”：明清刻本，包括學津討原本、漸西村舍刊本，都作“亦不厭
　旱”，“旱”字顯然是錯誤的。種穀第三中，説明了“春鋤不用觸溼，六月
　已後，雖溼亦無嫌”的道理，是“夏苗陰厚，地不見日，故雖溼亦無害”，
　可見溼鋤才是有條件的，旱鋤則是當然，不會有“厭”的事。早鋤，可以
　除草，而不至於傷害作物的根，所以合宜。

00.17　穀，第一遍便科定①。每科只留兩莖，要不得留多；
　　　　每科相去一尺，兩壠頭空②。務欲深細。第一遍鋤，未
　　　　可全深；第二遍，唯深是求；第三遍，較淺於第二遍；第
　　　　四遍，較淺。

①“科定”：即將一科（一個植株叢）中的植株留定下來。

②“兩壠頭空”：即壠的兩頭應留空。

00.18　凡蕎麥，五月耕。經三十五日〔一〕，草爛，得轉并種。
　　　　耕三遍。立秋前後，皆十日内，種之。

〔一〕“經三十五日”：明鈔本及明清刻本均作“三十五日”；金鈔及農桑輯要
　所引作“二十五日”。

00.19　假如耕地三遍，即三重著子。下兩重子黑，上頭一
　　　　重子白，皆是白汁，滿似如濃[一]，即須收刈之。但對
　　　　梢相答鋪之，其白者，日漸盡變爲黑，如此乃爲得所。
　　　　若待上頭總黑，半已下黑子盡總落矣。

〔一〕“白汁滿似如濃”：“汁”明鈔作“汗”，金鈔作“汙”，群書校補所據鈔宋
　　本，農桑輯要及明清刻本作“汁”；農桑輯要缺“似”字。

00.20　其所糞種黍地，亦刈黍子①。即耕兩遍，熟，蓋，下糠
　　　　麥。至春，鋤三遍止。

①“亦刈黍子”：這句中的“子”，懷疑是“下”字寫錯。下文的“糠麥”，懷疑是
　“穬麥”，或者竟是“種麥”。

00.21　凡種小麥，地以五月内耕一遍，看乾溼，轉之。耕三
　　　　遍爲度。亦秋社後即種；至春，能鋤得兩遍最好。

00.22　凡種麻，地須耕五六遍，倍蓋之①。以夏至前十日下
　　　　子，亦鋤兩遍。仍須用心細意抽拔，全稠鬧②；細弱不
　　　　堪留者，即去却。

①“倍蓋之”：即蓋磨的遍數，比耕的遍數加一倍。

②“全稠鬧”：這句很費解，大致有錯漏；可能是“均稠間”，即苗稠稀均勻。

00.23　一切但依此法，除蟲災外，小小旱不至全損。何者？
　　　　緣蓋磨數多故也。又鋤耨以時，諺曰“鋤頭三寸澤”，
　　　　此之謂也。堯湯旱潦①之年，則不敢保。雖然，此乃常
　　　　式。古人云：“耕鋤不以水旱息功，必獲豐年之收。”

①“堯湯旱潦”：應解釋爲“堯潦湯旱”，即像堯時的洪水和湯時的大旱。

00.24　如去城郭近，務須多種茈①、菜、茄子等；且得供家，

有餘出賣。只如十畝之地，灼然^②良沃者，選得五畝：二畝半種葱，二畝半種諸雜菜。——似校平〔一〕者，種苽、蘿蔔。其菜，每至春二月內，選良沃地二畝，熟，種葵、萵苣。作畦，栽蔓菁收子；至五月六月，拔。（諸菜先熟〔二〕，並須盛裹，亦收子。）訖，應空閒地。

〔一〕"似校平"：金鈔和群書校補所據鈔宋本、漸西村舍刊本，均作"似校平"；明鈔作"似邵平"，但"邵"字是後來補入的。史記有"召平"種瓜的故事，本書正文種瓜第十四（14.1）引用時，寫作"邵平"；因此"似邵平……種瓜"，是可以解釋的。但蘿蔔是後來才輸入黃河流域的，召平的時候，長安並沒有人種蘿蔔，則"似邵平者種瓜、蘿蔔"，便不合情理。若將"似"字解作"以"，"校"字，依本來的意義解作比較的"較"，即"以較平者種瓜、蘿蔔"，則很順適。因此，依金鈔改作"校"。要術正文中，只有"蘆菔"（見18.8.1），沒有"蘿蔔"這名稱。

〔二〕"諸菜先熟"：明清各刻本"熟"字下有"者"字；下面"並須盛裹"，作"並須勝衰"。明鈔和金鈔完全相同，群書校補所據鈔宋本也是一樣；這些較早的版本，比明清刻本容易解釋一些。

①"苽"：這字的本義是"彫胡"，即"菰"、"蔣"。這裏顯然是"瓜"字寫錯。要術正文中無"苽"字。

②"灼然"：灼是用火在一點地方持續燒炙。"灼然"，可以解作像燒灼後所留痕跡一樣地明顯確定，也就是平常口語中的"的確"。這個副詞，在晚唐和宋代頗通行，很可以供給一點綫索，來追究這一篇雜說的作者。

00.25 種蔓菁、萵苣、蘿蔔等，看稀稠，鋤其科，至七月六日、十四日^①，如有車牛，盡割賣之。如自無車牛，輸〔一〕與人，即取地種秋菜。葱，四月種；蘿蔔及葵，六月種；蔓菁，七月種；芥，八月種；苽，二月種。如擬種苽四畝，留四月種；並鋤十遍。蔓菁、芥子，並鋤兩遍。葵、蘿蔔，鋤三遍。葱但培〔二〕，鋤四遍。白豆、小豆，一時種，齊熟，且免摘角。但能依此方法，即萬不失一。

〔一〕“輸”：明鈔本誤作“輪”，依金鈔及明清刻本改正。“輸”是整批賣出的意思。

〔二〕“培”：明鈔本作“倍”，不如金鈔和明清刻本作“培”更合適。

① “七月六日、十四日”：這兩個日期，定得非常奇特。推想起來，可能爲第二天有“節日”，都市裏需要消費較多的蔬菜。七月初七，稱爲“瓜果節”，這天女孩們要供上瓜果，向“天孫”（織女）“乞巧”。七月十五是“中元”，佛教的“盂蘭盆會”要在這天舉行，也需要許多蔬菜作“佛事”。盂蘭盆會，在隋唐以後才漸漸盛行；由這一點，也可猜測這篇雜説的時代。

釋　文

00.1 謀生的辦法，不作官就該種田。如果不懂種田的事情，就往往缺乏日用。（我自己）耕種收穫的力量，雖然比不上老農們；但是（我）在經營規劃方面，則已經和后稷法相同了。所作的道路，分條列在下面。

00.2 凡屬經營田地的人家，必須正確估計自己的力量：寧可少一些好一些，不要貪多弄壞。

00.3 假定有一頭牛，一般可以經營三頃——用小畝計算的——地（依齊地的習慣，用大畝計算，一頃是三十五畝）。每年要輪換兩（?）次，必定不可以連續種。凡今年種雜（莊稼）的地，就可以作明年種穀類的田。

00.4 想要工作好，先要有合適的工具；讓工作的人心裏暢快，就會忘記疲勞。因此〔且〕就要時常〔習〕修整〔調〕器械，努力保持（器械的）快利；餵養牛和牲口，求得肥壯健康；安慰體恤工作的人，常常使他們高高興興。

00.5　還要察看田地情況，保持適當的乾溼程度。

00.6　穀子秋收後，先耕種蕎麥的地，後耕其餘的地，務必要深要細，不可以貪多。看土地的乾溼，隨時用勞蓋磨過。

00.7　近來〔切〕見到人秋天耕過地，（不隨時蓋磨，）讓耕起的泥塊暴露着，等到初春才蓋。要是冬天沒有澆水，雪又下得少，夏天接連乾旱，便説（不該）秋耕，因此弄得不能下種。

00.8　（其實）無論耕得多少地，都應當跟着〔旋〕依法則蓋磨起來。

00.9　如果有一頭牛，兩個月的秋耕，可以耕得小畝地三頃，（隨即蓋磨過。）過冬天，加些細料餵牛。到十二月，就要安排修理農具，務要夠用。一進正月初，解凍後，陽氣上升，就將耕過的地再蓋一遍。

00.10　田地中，有好地也有薄地的，（薄地）就要上糞，讓它肥些。

00.11　有一種"踏糞"的方法：秋收整治糧食後，打穀場上的禾莖、穀穰等，都收集起來，儲在一定的地方。每天在牛圈裏牛腳下，鋪上三寸厚的一層；每天清早收集起來，另外堆聚着。又像昨天一樣鋪一層，過一夜，又收集起來堆聚着。

00.12　像這樣，過一個冬，一頭牛可以踏成三十車糞。到
　　　　了十二月底正月初，就把糞用車拉去上地。小畝每畝
　　　　用五車糞，這些糞就可上六畝地。均勻地攤一層在地
　　　　面上，耕一遍，蓋一遍；不要翻轉。

00.13　到地乾一些〔亢〕之後，所有耕過的地，當天下午隨
　　　　即蓋一遍，等到一段地都翻轉過了，再橫着蓋一遍。

00.14　過了正二兩個月，又再翻轉一遍。然後，估計地土
　　　　相宜的情形，下粟種：先種黑土地，和稍微低些的地，
　　　　種“糙種”。隨後才種高田白土地。白土的地，等寒食
　　　　節後，榆莢盛旺時下種；下種的次序，是先種大豆，其
　　　　次種油麻等等。再將上過糞的地翻轉，耕五六遍；每
　　　　耕一遍，就蓋兩遍；最後再蓋三遍。蓋時前後更換縱
　　　　橫方向。

00.15　等到房星和心星在黃昏當空的時候，種黍不必再
　　　　問。穀子，每一小畝下一升種，稀稠剛好合適。等黍
　　　　粟苗還沒有和壟畔一樣高時，先鋤一遍。黍，過了五
　　　　天，跟着趕上鋤第二遍。等到末壟老了，趕鋤第三遍。
　　　　如果人力不足，這樣也就夠了；倘使有餘力，孕穗後再
　　　　鋤第四遍。

00.16　油麻、大豆，都鋤兩遍就好了，也不嫌鋤得早。

00.17　穀子，鋤第一遍時，就間苗定下。每窩〔科〕只留兩
　　　　個植株，不要留多；科間距離是一尺，壟兩頭空着。鋤
　　　　要深要細。第一遍鋤，不必要過深；第二遍，能深到怎
　　　　樣便儘量深；第三遍比第二遍淺；第四遍，更淺。

00.18 蕎麥,五月間耕地。經過三十五日,草腐爛了,可以翻轉地來下種。耕三遍。在立秋前或立秋後十天以內種。

00.19 如果地耕過三遍,莖上就會結三層的子。到下面兩層子老了黑了,上面一層白的,裏面灌滿了白漿,像膿一樣,就要收割。割下來,梢對梢搭〔答〕着支起來,白的漸漸變黑,這樣最合適。如果等上面的子全黑了才收,下面一半的黑子便會零落盡了。

00.20 上過糞種黍的地,也要將黍收割下來。收過,就耕兩遍,地熟了,蓋磨過,下大麥〔穬麥〕種。到春天,鋤過三遍才停手。

00.21 種小麥,地要在五月裏耕一遍,看乾溼合宜時,翻轉。耕三遍才合適。也在秋社後就下種;到了春天,能够鋤兩遍最好。

00.22 種麻,地須要耕五六遍,蓋磨的遍數,要加一倍(即十到十二遍)。在夏至前十天下種,(種後)鋤兩遍。還要用心留意間苗,總要稀稠勻稱;細弱的苗,留下不中用的,就拔掉。

00.23 一切依照這些辦法耕種,除了遭蟲災之外,遇着小小的乾旱,不會全部損失。爲什麼? 就因爲蓋磨的次數多。此外,鋤耨也及時。俗話說"鋤頭上有三寸雨",就是這個意思。不幸而遇到堯時的大水,湯時的大旱,便不能保證。不過,正常時這樣的方法是不會錯的〔此乃常式〕。古人說:"不因爲水災旱災,就停止耕田鋤地，必定可以得到豐年的收成。"

00.24　如果隔城市近，務必要多種些瓜、蔬菜、茄子等等：一方面可以給供家庭消費，有餘的還可以出賣。例如有十畝地，在裏面選出五畝的確好而肥的出來：用二畝半種葱，二畝半種其他各色的菜。——比較平些的地，種瓜或種蘿蔔。種菜，每年春天二月間，選好而肥的二畝，種葵菜和萵苣。或者，開成畦，種蔓菁收子；到了五月六月，拔盡。（先成熟的菜，都須要包裹，也要收種子。）拔完後，應空下閑地來。

00.25　種蔓菁、萵苣、蘿蔔等等，看稀稠，鋤去一些定苗成"科"。到七月初六和十四日，如果自己有牛又有車，便全割了下來運進城去賣。如果自己沒有車或沒有牛，可以整批賣給人家，空出地來種秋菜。葱，四月裏種；蘿蔔和葵，六月種；蔓菁，七月種；芥，八月種；瓜，二月種。如果打算種四畝地的瓜，留四月的早瓜作種；要鋤十遍。蔓菁、芥子，都要鋤兩遍。葵和蘿蔔，鋤三遍。葱只要培土，加鋤四遍。白豆和小豆，一齊種，一齊熟，可以不要逐莢摘收。只要依照這些方法去作，萬次中不會有一次的失敗。

齊民要術卷一^①

①以後各卷，這行之下，全目之上，尚有"後魏高陽太守賈思勰撰"一行字，本卷獨缺。

耕田第一

1.1.1 周書〔一〕①曰："神農之時，天雨②粟，神農遂耕而種之。作陶；冶斤、斧，爲耒、耜、鋤③、耨，以墾草莽；然後五穀興，助，百果藏實。"世本④曰："倕作耒、耜。"倕，神農之臣也。吕氏春秋曰："耜博六寸⑤。"

1.1.2 爾雅曰："斪斸謂之定。"犍爲舍人⑥曰："斪斸，鋤也，一名定〔二〕。"

1.1.3 纂文⑦曰："養苗之道，鋤不如耨，耨不如鏟。鏟⑧：柄長二尺〔三〕，刃廣二寸，以剗地除草。"

1.1.4 許慎説文曰："耒，手耕曲木也"；"耜，耒端木也⑨"；"斸，斫也⑩；齊謂之'鎡錤'。一曰，斤柄性自曲者也。""田，陳⑪也；樹穀曰'田'。象四口"；"十〔四〕，阡陌之制也。""耕，犂也⑫；從耒，井聲。一曰古者井田。"

1.1.5 劉熙釋名曰："田，填也；五穀填滿其中。""犂，利也；利則發土絕草根。""耨，似鋤；嫗耨禾也⑬。""斸，誅也；主以誅鋤物根株也。"

〔一〕這段，明鈔、金鈔，群書校補所根據的鈔宋本，都是小字，正和四庫全書總目提要所引的錢曾讀書敏求記"嘉靖庚申，刻齊民要術於湖湘。首卷簡端'周書曰云云'，原係細書夾注。今刊作大字，毛晉津逮秘書亦然"相合。作小字，是正確的；"夾注"，是注釋什麼？錢曾雖然没有説明，但事實也很明白：只能是注釋篇目標題"耕田"。因此，依一般書的慣例，這段注便應當直接寫在耕田第一的標題下面，不應當提行，像本書中好幾處地方（見後卷二種麻子第九校記9.1.1.〔一〕），正是依照平常慣例刻寫的。

〔二〕"一名定"：明鈔"一"字是在夾行中添補的；金鈔無"一"字。楊守敬影

寫的日本高山寺所藏崇文院刻本殘葉，也没有此"一"字。太平御覽卷
823"耨"條下所引爾雅注，是"犍爲舍人曰：'拘攊名定'……"也没有
"一"字。宋刻邢昺爾雅疏，"釋曰：'斫劚一名定。'"有"一"字。有"一"
字，更合一般習慣，暫保留。

〔三〕"尺"：本書所用尺寸的"尺"字，明鈔都寫作"赤"；群書校補所據鈔宋本
也是這樣。現在的明清刻本，除漸西村舍刊本之外，其餘一律是用通
常的"尺"字。北宋院刻本和金鈔也是作"尺"；可見作"赤"只是"南宋
本"（南宋的院刻本和兩個鈔宋本）的寫法。

〔四〕"象四口；十……"：明鈔本"象"下有"形"字，是添補的；金鈔無"形"字。
祕册彙函系統各版本，這句是"象形，從口，從十……"。今傳宋刻大徐
本説文，無"形"字，與金鈔本全同；小徐本，比大徐本多一"形"字，但不
在"象"字下，而在下文"阡陌之"與"制"之間。清末説文家，曾有因誤
信祕册彙函本要術，引起懷疑爭辨的。應依金鈔和宋大徐本説文作
"象四口（即圍繞的"圍"）；十，阡陌之制也"。群書校補所據鈔宋本，
"形"下有"從"字，更不必要。

①"周書"：要術所引的這幾句"周書"，既不見於今本尚書，也不見於所謂汲
冢周書，只是一種今日已佚的書。

②"雨"：作動詞用，應讀去聲，解作從天上落下來。

③"鋤"：本書所有的"鋤"字，明鈔金鈔，均作"鋤"，群書校補所據鈔本，與祕
册彙函系統各版本均作"鉏"。事實上只是一個字的兩種寫法。

④"世本"：這是一部已經散佚的古代史書，東漢時在流傳中。

⑤"吕氏春秋曰：'耜博六寸'"：吕氏春秋（今本）任地篇是："是以六尺之耜，
所以成畝也；其博八寸，所以成甽也。耨柄尺，此其度也；其耨六寸，所
以間稼也……"與要術所引不同。太平御覽卷823所引與今本吕氏春
秋一樣，是"其博八寸"。

⑥"犍爲舍人"：一個爲爾雅作注解的人。

⑦"纂文"：南北朝宋時的一部書，何承天撰，今已散佚。

⑧"……鏟。鏟"：此二"鏟"字，明鈔金鈔都是"鏟"，祕册彙函系統各版本（包括學津討原本和漸西村舍刊本）作"剗"。其實，這兩字本係同一字的兩種寫法，不過構成部分迥然不同，不像"鋤""鉏"還彼此相似。如果依下文"以剗地除草"，則作"剗"更合理。但太平御覽所引（卷823"耨"條中爾雅"斫廦"下的注）纂文，是"養苗之道，鋤耨如錘；柄長三尺，刃廣二寸，以封地除草也"。"鋤耨如錘"四字不成文，顯然有脫漏；"封"字則很明顯地是字形相近的"剗"錯成的。"鋤耨如錘"，應當是"鋤不如耨，耨不如鏟"，漏掉數字。錘，依説文是穫禾短鐮；用鐮"剗地除草"，本來也可以（現在關中就用這種辦法：不破土，可以避免傷害作物根系，也可以防止破土後增加蒸發）；但和"柄長三尺、刃廣二寸"不符。因此，似乎仍只是"鏟"字，因字形相似而弄錯的。

⑨"耜，耒端木也"：今本説文"耜"字都作"梠"，在木部。耒耜見圖一（仿自王禎農書）。

⑩"劃，斫也"：宋本説文，"劃"字下只是"斤也"；木部的"欘"字下，纔是"斫也，齊謂之兹其……"。

⑪"陳"：古代"陳"和"戰陣"的"陣"，是同一個字。陣是"整齊的排列"，田也正是整齊排列着的。

⑫"耕，犁也"：這節所引，本書與今傳宋刻本説文全同。祕册彙函系統本"犁"誤作"種"，也曾引起清代説文家的一些爭論。

⑬"嫗耨禾也"："嫗"，據畢沅釋名疏證的説法，是像老太太般"愛護苗根"。祕册彙函系統版本，"嫗耨"

圖一　耒耜

改作"以薅"，但明鈔、金鈔以及群書校補所據鈔宋本都是"嫗耨"。太平御覽卷823"耨"條所引釋名却作"以耨"。暫保留"嫗耨"，等待其他的旁證。

1.2.1　凡開荒山澤田，皆七月芟艾①之。草乾，即放火。至春而開〔一〕。根朽省功。

1.2.2 其林木大者，劉②烏更反殺之；葉死不扇③，便任耕種。三歲後，根枯莖朽，以火燒之。入地盡也〔二〕。

1.2.3 耕荒畢，以鐵齒鋿榛④俎候切，再遍杷之。漫擲⑤黍穄，勞⑥郎到反亦再遍；明年，乃中⑦爲穀田。

〔一〕"至春而開"：金鈔和群書校補所據鈔宋本都是"至春而開"。明鈔在"開"字下有一個填補的"墾"字。其餘明清刻本，也都有這一個"墾"字。"墾"字並不必需，所以刪去。"開"字下的小注"根朽省功"，明清刻本多缺。

〔二〕"入地盡也"：金鈔"也"作"矣"；學津討原本無此小注。

①"艾"：即"刈"；漸西村舍刊本乾脆就改作"乂"字，却失去了原書的本貌。

②"劉"：依本書原注及廣韻，應讀 jiŋ 或 yŋ；今日的讀法，該是 ueŋ。由本書卷四插梨第三十七中，"以刀微劉梨枝斜攡之際"一句看來，可以推定"劉"是用刀切割樹皮。（在梨樹，是將接穗下段樹皮剝掉之前必需的一個準備；在開荒要"殺"樹而不砍伐，便利用"環割"，切斷韌皮部和新木質部，使莖幹自行死亡。）王禎農書也引有要術這一節，"劉"字注解是"剝斷樹皮"。

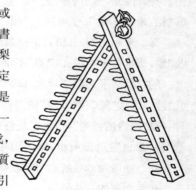

圖二　鋿榛（人字耙）

③"扇"："扇"的本義，是竹子或葦子編成的門片，有遮蔽的意思（見本篇下文 1.6.2 節所引禮記月令"仲春之月"），用作動詞，便是遮蔽。"葉死不扇"即舊葉死後（不再發生新的葉），因此不至於遮蔽莊稼所需要的陽光；這時"便任耕種"了。

④"鋿榛"：即"鐵搭"；王禎農書以爲是"人字耙"（即尖齒鐵鈀），主要的作用是鬆土（見圖二，仿自王禎農書）。

⑤“漫擲”：“漫”是隨隨便便，無一定規律與限制的“散漫”，用現在的術語說，“漫擲”便是“撒播”。

⑥“勞”：耕後，使耕翻的土塊散碎同時又排平的一種農具。由牲口拉動，可以“蕩”平耕地。役使牲口的人，可以坐或立在勞上。下文“春耕，尋手勞”下，有小注説明（見圖三，仿自王禎農書）。

⑦“中”：讀去聲，即“可以供……之用”，現在一般還有“中用”的説法，不過許多地方都已改讀平聲。

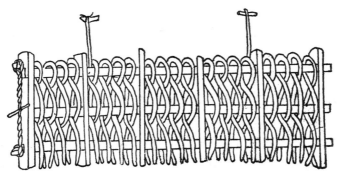

圖三　勞

1.3.1　凡耕，高下田，不問春秋，必須燥濕得所爲佳。若水旱不調，寧燥不溼。燥耕雖塊①，一經得雨，地則粉解。溼耕堅垎②胡洛反，數年不佳。諺曰：“溼耕澤鋤，不如歸去！”言無益而有損。溼耕者，白背③速鎺楱之，亦無傷；否則大惡也。

1.3.2　春耕，尋手④勞；古曰“耰”，今曰“勞”。説文曰：“耰，摩田器”。今人亦名“勞”曰“摩”；鄙語曰：“耕田⁽一⁾摩勞也。”秋耕，待白背勞。春既多風，若不尋勞，地必虛燥；秋田塌⑤長劫反實，溼勞令地硬。諺曰：“耕而不勞，不如作暴。”蓋言澤⑥難遇，喜天時故也。桓寬鹽鐵論曰：“茂木之下無豐草，大塊之間無美苗。"

1.3.3 **凡秋耕欲深;春夏欲淺。犁欲廉,勞欲再。**犁廉⑦,耕
細,牛復不疲。再勞,地熟,旱亦保澤也。

1.3.4 **秋耕,掩**⑧—感反**青者爲上。**比〔二〕至冬月,青草復生者,
其美與小豆〔三〕同也。

1.3.5 **初耕欲深,轉地欲淺。**耕不深,地不熟;轉不淺,動生
土⑨也。

1.3.6 **菅茅之地,宜縱牛羊踐之**;踐則根浮。**七月耕之則
死。**非七月,復生矣。

〔一〕"耕田":金鈔和學津討原本作"耕曰"。

〔二〕"比":明鈔誤作"北";依金鈔、農桑輯要及明清刻本改正。"比"是"比
及",即"到了",讀去聲。

〔三〕"小豆":明鈔誤作"小頭",依金鈔、農桑輯要及明清刻本改正。豆類能
增加土壤中氮化物,有利於後作物的生長;本書中,屢次提到豆類與穀
物輪栽的好處。這裏只能是"豆"字。

①"塊":作形動詞用,即"成大塊"。

②"垎":廣韻入聲"二十陌"收有"垎"字,音"胡格切",即應讀 khak;現在就
該讀 he。解釋是"土乾也"——應當説,"土乾而剛也"。現在湘中一帶
方言中,有"乾得殼殼一樣"的話,"殼"讀陰去,應當是"垎垎"。

③"白背":土壤表面乾後,不再發黑,所以"地皮"〔背〕表面成"白"色。

④"尋手":即"隨即",現在口語中的"馬上"。

⑤"塌":過去的字書中,没有完滿的解釋;由它與"濕""隰"兩個字的關係,
可以推想:"塌"應當是地面下明顯地有水。

⑥"澤":土壤水分,包括降水和灌溉水。

⑦"廉":"廉"的原義,是狹窄的邊沿地方。因此,開平方時的兩個狹長條,
稱爲"廉";開立方的三個小長方條,三個扁片,也稱爲"廉"。"廉潔"是

取物自奉狹窄。因此，"犂欲廉"，我最初解釋爲廉和地面所成角度小，所耕起土的量少，結果"耕細"，同時有"牛復不疲"的效果。馮兆林先生以爲"犂欲廉"是"犂的次數要少"，和"勞欲再"相對。我覺得馮先生的說法很好；但要術遇到說"次數要少"時，常用"不煩多""不用數"，"欲省"……之類，而用"廉"字的卻沒有見到。因此，經過再三考慮，現在解釋爲"犂的行道要窄狹"。

⑧"罨"：就下面的例看來，"罨"應當是把地面的東西"翻下去"。

⑨"動生土"："轉地"是"重耕"（再耕）；再耕如過深，便有將心土〔生土〕翻動的可能。

1.4.1 凡美田之法，綠豆爲上；小豆、胡麻次之。悉皆五六月中穫_{羹懿反}〔一〕。漫掩也①種。七月八月，犂罨殺之。爲春穀田，則畝收十石；其美與蠶矢②熟糞同。

〔一〕"羹懿反"："羹"字，明鈔、金鈔、祕冊彙函系統版本都作"美"。農桑輯要和據農桑輯要校改過的學津討原本作"羹"。明鈔本的"漫掩也"三字，很顯明地是後來補入；金鈔就沒有這三個字。從"冀"的字，似乎該讀喉音，所以"音切上字"，暫依農桑輯要作"羹"；即這字暫讀 qi 音。很懷疑原來是同音的"概"字鈔錯。後來，某一個讀者注音，以爲該讀成和"冀"同母的"羹懿切"；另一讀者，寫錯成"美懿切"；第三個讀者再由"美"字聯想到"漫"，於是加上"漫掩也"的注。

①"漫掩也"："漫"是"漫擲"，"掩"是"蓋掩"。

②"蠶矢"：即"蠶屎"或"蠶沙"。

1.5.1 凡秋收之後，牛力弱，未及即秋耕者，穀、黍、穄、粱、秫芟方末反〔一〕之下，即移羸①。速鋒②之，地恒潤澤而不堅硬；乃至冬初，常得耕勞，不患枯旱。若牛力少者，但九月十月一勞之，至春稿③湯歷反種亦得。

〔一〕"方末反"：明鈔及學津討原等祕册彙函系統版本誤作"古末反"，依金
　　鈔及下文種穀第三第二段夾注中的小注，改作"方末反"。廣韻"十三
　　末"收有"茇"字，音蒲撥切；現在應讀 bá。"茇"即"根"、"兜"。

①"移嬴"："望文生義"地解釋，"移"是"逐漸向……轉變"；"嬴"是"瘦弱"；
　　但這樣解釋，並不很合適。可能有錯字或漏字。這是要術中急待解決
　　的一個謎。

　　　　這一節所談的基本事項，是收割之後，要立即進行淺耕滅茬，目的
　　只在切斷地面與下層的毛管水聯繫，爲土地保墒，而不在滅茬。依目
　　前我所作注解，"鋒"是人工用"鋒"來進行淺耕。所以必須"速鋒"，是
　　因爲在"茇"下，地會"移嬴"——即因失水而逐漸轉向瘦弱（是"跑墒"
　　的結果）。但也可將原文句讀爲"……茇之下，即移嬴速鋒之，地恒
　　潤……"解釋爲"……茬下，趕快將瘦弱的〔嬴〕牲口，轉過來〔移〕淺耕
　　〔鋒〕一遍，這樣，地（保墒），常……"

　　　　萬國鼎先生就是這樣解釋的（見 1956 年歷
　　史研究第一號）。我認爲本書中所有說到"鋒"
　　時，從沒有正面指明用畜力；農書中"鋒"的圖，似
　　乎只是使用人力的農具；而且，"嬴"字下面，也沒
　　有一個確指牲口的名詞，所以暫時存疑。

②"鋒"："鋒"是古代的一種農具（見圖四①，仿自王禎
　　農書，②仿自三才圖會）。

③"樀"：集韻入聲"二十三錫"，有"樀"字，所給的解
　　釋，是："離而種之曰‘樀’；——賈思勰說。"我們
　　不知道集韻所根據的"賈思勰說"，究竟是什麼？

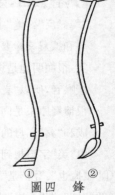

圖四　鋒

　　　由集韻中所引"賈思勰"的其他條文看，很可能就只是齊民要術；可是
　　要術中却並無這句話。不過，"離而種之"（即稀疏點播）的解釋，却適
　　合於這裏的文義（"樀"字的右邊，只可以是與"滴""嫡""適"等相同的
　　"商"字；明鈔誤作"商"，依下文 6.2.2 及 7.1.3 改正）。

1.6.1　**禮記月令曰**:"**孟春之月**:**天子乃以元日**,**祈穀於上帝**。鄭玄注曰:"謂上辛日,郊祭天。春秋傳曰:'春,郊,祀后稷以祈農事。是故啓蟄而郊,郊而後耕〔一〕。'上帝,太微之帝。"**乃擇元辰**,**天子親載耒耜**,**帥三公、九卿、諸侯、大夫**,**躬耕帝籍**①。元辰,蓋郊後吉辰也。帝籍,爲天神借民力,所治之田也。**是月也**,**天氣下降**,**地氣上騰**;**天地同和**〔二〕,**草木萌動**。此陽氣蒸達,可耕之候也。**農書曰**②:"**土長冒橛**,**陳根可拔**,**耕者急發**"也。**命田司**,司謂"田畯",主農之官。**善相丘、陵、阪、險、原、隰**,**土地所宜**,**五穀所殖**,**以教導民**。**田事既飭**,**先定準直**;**農乃不惑**。"

1.6.2　"**仲春之月**:**耕者少舍**,**乃修闔扇**。舍,猶止也。蟄蟲啓户③,耕事少閒,而治門户:用木曰"闔",用竹葦曰"扇"。**無作大事**,**以妨農事**。"

1.6.3　"**孟夏之月**,**勞農勸民**,**無或失時**。重力勞來之④。**命農勉作**,**無休於都**。"急趣農也。王居明堂禮曰"無宿於國"也。

1.6.4　"**季秋之月**,**蟄蟲咸俯**;**在内**,**皆墐其户**。"墐⑤,謂塗閉之;此避殺氣也。

1.6.5　"**孟冬之月**,**天氣上騰**,**地氣下降**,**天地不通**,**閉藏而成冬**。**勞農以休息之**。"黨正屬民飲酒,正齒位是也。

1.6.6　"**仲冬之月**,**土事**⑥**無作**。**慎無發蓋**,**無發屋室**;**地氣且泄**,**是謂'發天地之房'**,**諸蟄則死**,**民必疾疫**。"太陰用事,尤重閉藏。按今世有十月、十一月耕者,匪直逆天道,害蟄蟲;地亦無膏潤,收必薄少也。

1.6.7 **季冬之月，命田官，告人出五種**⑦；命田官告民出種，大
　　　寒過，農事將起也。**命農計耦耕事，修耒、耜，具田器。**
　　　耜者，耒之金；耜廣五寸。田器，鎡錤之屬。**"是月也，日窮**
　　　於次，月窮於紀，星迴於天，數將幾終，言日、月、星辰，運
　　　行至此月，皆帀於故基。次，舍也；紀，猶合也〔三〕。**歲且更始。**
　　　專而農民，毋有所使。"而，猶汝也；言專一汝農民之心，令人
　　　預有思於耕稼之事〔四〕。不可徭役，則志散，失其業也。

〔一〕"郊而後耕"：明鈔、金鈔及群書校補所據鈔宋本，均與今本左傳同，作
　　　"郊而後耕"。祕冊彙函系統各版本，包括學津討原本在內都作"社而
　　　後耕"。漸西村舍刊本，作"郊社而後耕"。暫依金鈔、明鈔及今本
　　　左傳。

〔二〕"天地同和"：明鈔、金鈔作"天地同和"，祕冊彙函系統各版本，均作"天
　　　地和同"；"同和"更順適。

〔三〕"帀於故基……"："帀"，明鈔譌作"市"，祕冊彙函系統版本都用通行的
　　　"匝"。"基"，明鈔及群書校補所據鈔宋本譌作"墓"，祕冊彙函系統版
　　　本都作"會"。現依金鈔改正，保存着與今本禮記不同的特點。此小注
　　　最後一句，明鈔作"紀，猶舍也"；金鈔及群書校補所據鈔宋本作"紀，猶
　　　合也"；祕冊彙函系統各本作"紀，紀合也"；今本禮記是"紀，會也"。按
　　　這句上文是"次舍也"，所以這句不應再重複"舍"字，明鈔是錯的，只可
　　　以是"合"或"會"。現暫依金鈔及群書校補所據鈔宋本作"合"。呂氏
　　　春秋注說"月遇日相合爲紀"，可爲旁證。

〔四〕"……有思於耕稼……"："思"，金鈔、祕冊彙函系統各版本作"志"；明
　　　鈔與群書校補所據鈔宋本同作"思"。"耕稼"，明鈔及祕冊彙函系統版
　　　本作"辦稼"，群書校補所據鈔宋本作"稼穡"，現依金鈔作"耕稼"。

①"躬耕帝籍"，從前的皇帝們，常有（甚至於每年）春初"躬耕"（"躬"就是
　　　"親身"）的一種儀式：在一片稱爲"籍田"的土地上，皇帝把着犁柄，向

前推行三步。所謂"籍田"或"帝籍",鄭玄在注中已解釋過,是"爲了祈禱和祭報天神,假借(籍＝藉、借)勞動人民的力量,所耕種〔治〕的田";皇帝假裝推了三步之後,耕種收穫還是由農民完成。

② "農書……":本書所引"農書",一般都指氾勝之書(或稱氾勝之遺書、氾勝之農書);但這幾句,却和下面所引氾勝之書的語句不同,而與崔寔四民月令相似。這三句話的解釋,見下面1.11.2引用的氾勝之書。

③ "蟄蟲啓户":據孫希旦禮記集解:"户,穴也;啓户,始出——謂發所蟄之户而出。"

④ "重力勞來之":阮元刻本禮記,此五字是"重敕之";唐宋兩代,"敕"字常寫作"勅",拆開分在兩行,便成"力""來"。

⑤ "墐":和熟的黏土稱爲"墐";現在,作動詞用,即用"墐"來塗塞。

⑥ "土事":動用泥土的工程。

⑦ "出五種":拿出各種穀類種子(作準備)。

1.7.1 孟子曰:"士之仕也,猶農夫之耕也。"趙岐注曰:"言仕之爲急,若農夫不耕不可。"

1.7.2 魏文侯曰:"民:春以力耕,夏以强耘〔一〕,秋以收斂。"

1.7.3 雜陰陽書①曰:"亥爲天倉,耕之始。"

1.7.4 吕氏春秋曰:"冬至後五旬七日,昌生。昌者,百草之先生也。於是始耕。"高誘注曰:"昌②,昌蒲;水草也。"

〔一〕"夏以强耘":"强"字,祕册彙函系統版本作"鏹";漸西村舍刊本作"鋤"(按此段見於淮南子人間訓)。

① "雜陰陽書":是一部已經散佚的占候書。

② "昌":即"菖"。説文無"菖"字;以前都借用"昌"(參看卷十92.66.1"菖蒲"條)。

1.8.1 淮南子曰:"耕之爲事也,勞;織之爲事也,擾。擾勞

之事，而民不舍者，知其可以衣食也。人之情，不能無
衣食；衣食之道，必始於耕織。物之若耕織，始初甚
勞，終必利也衆①。"又曰："不能耕而欲黍粱；不能織而
喜縫裳；無其事而求其功，難矣。"

①"終必利也衆"：此"衆"字，要術各版本都有；究竟是賈書原樣，或是宋人
　依當時本淮南子添入的，還不能確定。在淮南子中，"衆"字也是爭執
　的一點。暫依王念孫的説法，將"衆"字解作（有利）"甚多"。

1.9.1 氾勝之書曰：凡耕之本，在於趣時①，和土，務糞
澤②，早鋤早穫〔一〕。

〔一〕"早鋤早穫"：祕冊彙函系統版本，均作"早鋤穫"；依金鈔、明鈔校改補。
①"趣時"："趣"就是"趨"，趕急趁上的意思，也就是現在所謂"爭取"。
②"務糞澤"："糞"與"澤"，是兩件事。"糞"是保持肥沃；"澤"是保存水分，
　即今日所謂"保墒"。

1.10.1 春凍解，地氣始通，土一和解。夏至，天氣始暑，陰
氣始盛，土復解。夏至後九十日，晝夜分，天地氣
和。——以此時耕田，一而當①五。名曰"膏澤"，皆得
時功。

①"當"：讀去聲，即"價值相當"。

1.11.1 春，地氣通，可耕堅硬强地黑壚土。輒平摩其塊①，
以生草；草生，復耕之。天有小雨，復耕。和之勿令有
塊，以待時——（所謂"强土而弱之"也）。

1.11.2 春候地氣始通：椓②橛木，長尺二寸；埋尺，見③其
二寸。立春後，土塊散，上没橛，陳根可拔。此時④。
　　二十日以後，和氣去，即土剛。以時耕〔一〕，一而

當四；和氣去，耕，四不當一。

〔一〕"以時耕"：祕册彙函系統各本，"時"字前都有"此"字，今依金鈔、明鈔
　　刪去。

①"塊"："塊"字本義，是結合成爲一定形體的泥土，後來演變，便用來泛指
　　一切成團成件的物體。據説文，更古的寫法是"坆"，就是一個"土塊"
　　的象形。這裏的解釋，正應當是泥塊或土塊。

②"柞"：當名詞用時，是一端稍大一端較尖的木棒，現在多用省筆的"札"字
　　代替。作動詞用，是製成一個"札"，或用"札"釘進去，現在多寫作
　　"札"、"砸"。

③"見"：讀作"現"，即"現出"、"露出"。現在都寫成"現"字。

④"此時"：這是一句完整的語句，應當解釋爲"此乃時也"，而不是"這個
　　時候"。

1.12.1 杏始華榮，輒耕輕土弱土。望杏花落，復耕；耕輒
藺①之。草生，有雨，澤，耕，重藺之。土甚輕者，以牛
羊踐之。如此，則土强——（此謂"弱土而强之"也）。

①"藺"："藺"原意是織席用的細草；草席，本身就是一個被"踐踏"被壓的物
　　件。"藺"從"閵"，和從"藺"的"躪"、"轥"都解作踐踏和輥壓。

1.13.1 春氣未通，則土歷適①不保澤，終歲不宜稼，非糞
不解。

1.13.2 慎無②旱耕③！須④草生。至可種時，有雨，即種土
相親⑤，苗獨生，草穢⑥爛，皆成良田。此一耕而當
五也。

1.13.3 不如此而旱⑦耕，塊硬，苗穢同孔出，不可鋤治，反
爲敗田。

①"歷適"："歷適"兩字聯用，作爲物狀詞。我們假定"適"字應讀"滴"音，即

"歷適"是叠韻字,和其他"l-d-"的叠韻詞"郎當""落拓""伶仃""潦倒"等,有相類的意義,即孤立而不相黏連。"碌碡"或"礰碡"這個農具,也是一塊單獨的大石塊。

②"無":即"毋";"不可以"、"不要"。

③"旱耕":要術各版本,這兩處都是"旱耕"。從字面上説,"旱耕"是可以解釋的。但氾書所記耕種方法,專就西北乾旱地區的情形立論,和齊民要術中的耕種方法,背景相同。要術極反對溼耕:"寧燥不溼:燥耕雖塊,一經得雨,地則粉解;溼耕堅垎,數年不佳。諺曰:'溼耕澤鋤,不如歸去!'言無益而有損!"(1.3.1)可見在黄河流域,並不反對旱耕。問題在於該在什麼時候耕:過了清明,天氣日暖,風又很乾,大氣相對溼度低;耕翻土地,增加蒸發,只會"跑墒"(損失水分),這時根本不該耕。立春之後驚蟄以前,"春氣未通",耕翻後,原來地面未化的冰翻到地裏,土壤温度不會增高;原來地面下翻上來的土塊中,所含水分,到夜間却可能結冰,於是土壤温度上升較遲,對作物不利,對微生物底活動也不利,因此"非糞不解",這時便不宜過早耕翻。其次,則是本條和1.11.1("……生草,草生,復耕之。")、1.12.1("草生,有雨,澤,耕重藺之")等條着眼的一項事,即要"須草生"把草耕翻到地裏,這時,"有雨,即種土相親,苗獨生,草穢爛,皆成良田"。如果耕得太早,雜草還没有發芽,耕翻底結果,把一部分雜草種子翻到可以發芽的環境中,播種作物後,便會"苗穢同孔出,不可鋤治"。因此,現在關中的習慣,在播種之前十天左右,翻一次,目的在除草的,只能是十天左右,太早没有用。所以我認爲兩個"旱"字應和 1.9.1 的"旱"字一樣,都是將"早"字鈔錯了。

1906 年,丁國鈞(秉衡)將他自己用黄蕘圃鈔宋本以及各種類書彙校齊民要術所得材料,替江南高等學堂監督吴廣霈鈔在一部日本版的要術上。對這一點,曾注明着:黄蕘圃校本云:"旱疑早之譌";可見懷疑"旱"字是"早"字的,從前便已有過。

④"須"：即"等待"。

⑤"種土相親"：種子與土壤，親密地接近。

⑥"穢"："穢"是"雜草"。

⑦"旱"：這個"旱"，也和1.13.2的"旱"一樣，該是"早"字。

1.14.1　秋，無雨而耕，絕土氣〔一〕，土堅垎①，名曰"臘田〔二〕"。及盛冬耕，泄陰氣，土枯燥，名曰"脯田"。"脯田"與"臘田"，皆傷②。

〔一〕"絕土氣"：祕册彙函系統版本譌作"絕上氣"。今依金鈔、明鈔改正。

〔二〕"臘田"：祕册彙函系統版本，誤作"脂田"，今依金鈔、明鈔改正。

①"垎"：見前注解1.3.1.②。

②"傷"："傷"是"損傷"、"傷害"；即（使田地）受了傷害。

1.15.1　田，二歲〔一〕不起稼①，則一歲休②之。

〔一〕"二歲"：明鈔與祕册彙函系統版本，都是"二歲"，但金鈔却是"三歲"。

①"不起稼"："起"是生長茂盛；不起稼，即莊稼不茂盛。

②"休"：即"休閑"。

1.16.1　凡麥〔一〕田，常以五月耕。六月，再耕。七月勿耕！謹摩平以待種時。五月耕，一當三；六月耕，一當再；若七月耕，五不當一。

1.16.2　冬雨雪止，輒以藺之①；掩地雪，勿使從風飛去；後雪，復藺之。則立春保澤，凍蟲死，來年宜稼。

〔一〕"凡麥田"："麥田"，金鈔、明鈔、群書校補所據鈔宋本，是"麥"字，祕册彙函系統版本，都譌作"愛"。

①"輒以藺之"：從語句結構上推究，"以"需有一個受格，同時作爲"藺"的代主語。這裏没有，顯然是脱漏。依10.11.6"冬雨雪，止，以物輒藺麥上，掩其雪……"的例，我以爲應當在"以""藺"兩字中間補一個

“物”字。

1.17.1　得時之和，適地之宜，田雖薄惡，收可畝十石。

1.18.1　<u>崔寔四民月令</u>曰：“正月：地氣上騰，土長冒橛，陳根可拔，急菑①強土黑壚之田。二月：陰凍畢澤②，可菑美田、緩土及河渚小處。三月：杏華盛，可菑沙、白、輕土之田。五月六月：可菑麥田。”

①“菑”：“初耕地，反草爲‘菑’”，爲爾雅（郭璞）注所給的定義，即第一次耕地，將地面的草或茬翻到地面以下。

②“陰凍畢澤”：“陰”是太陽不能直接曬到的地方；“凍”是結着冰的；“畢”是完全；“澤”是潤澤，即有液態的水存在着。“澤”，也許該是“釋”，即“化解”（見卷三種葵第十七注解 17.3.2.①）。

1.19.1　<u>崔寔政論</u>曰：“<u>武帝</u>以<u>趙過</u>爲‘搜粟都尉’，教民耕殖。其法：三犁共一牛，一人將之，下種，挽耬，皆取備焉；日種一頃。至今<u>三輔</u>猶賴其利。今<u>遼東</u>耕犁，轅長四尺，迴轉相妨，既用兩牛，兩人牽之，一人將耕，一人下種，二人挽耬。凡用兩牛六人，一日纔種二十五畝，其懸絕如此。”案①：三犁共一牛，若今三脚耬矣；未知耕法如何？今自<u>濟州</u>已西，猶用長轅犁、兩脚耬。長轅，耕平地尚可，於山澗之間則不任用。且迴轉至難，費力。未若<u>齊</u>人蔚犁之柔便也。兩脚耬種壠，概；亦不如一脚耬之得中也。

①“案……”：這個注，係誰所作，現無法推定。

釋　文

1.1.1　<u>周書</u>説：“<u>神農</u>的時候，天落下〔雨〕小米〔粟〕來，<u>神農</u>就耕

（開地），把小米種下去。創製陶器；冶金作成小斧〔斤〕、大斧〔斧〕，造成了耒、耜、鋤、耨，來開闢〔墾〕原來長着草的荒地〔草莽〕；這樣，五穀才開始〔興〕（由人類的力量）繁盛〔助〕，各種〔百〕果實，也就成了人類保藏的物件。"世本説："倕創作耒、耜。"倕是神農家裏的"臣"。吕氏春秋説："耜有六寸寛。"

1.1.2 爾雅説："斫斸叫作'定'。"犍爲舍人注解説："斫斸就是鋤，也叫做'定'。"

1.1.3 （何承天）纂文説："培養禾苗的方法，鋤不如耨，耨不如鏟。鏟是柄長二尺，刃寛二寸的（農具），用來〔以〕和地面平行地推過去〔剗地〕除草。"

1.1.4 許慎説文説："'耒'是（靠）手（力）耕田的一條彎曲木杖；'耜'是耒頭上的（横）木；'欘'是斫，齊地的方言，稱爲'兹其'。又有一説，（裝有）天然彎曲木柄的小斧頭是'斸'。'田'是'陳'；種〔樹〕有糧食作物〔穀〕的叫做'田'；（田字的形狀）表示〔象〕着四面（的界限），中間的'十'，是田中塍埂〔阡陌〕制度。""'耕'是犁；從'耒'，從'井'得聲。又有人説，古來耕種是'井田'制度（所以從井從田作'畊'）。"

1.1.5 劉熙的釋名説："田是填，田裏面填滿五穀。""犁是利的，鋭利的才能開墾土壤，切斷〔絶〕草根。""耨，像鋤；可以'嫗耨'禾苗。""斸是誅殺；它的用處，主要在殺死鋤掉（植）物的根和低下枝條〔株〕。"

1.2.1 凡在山地和積水地〔澤〕開荒作田的，都要在七月裏（先將草）割去。等草乾了，就放火（燒）。到（第二年）春天（再）耕開。這時草根已枯朽，可以省些工夫。

1.2.2 大的成林樹木，切掉一圈樹皮〔劃：音 uen〕，將莖幹

殺死；葉已枯萎不再遮蔭〔扇〕時，就可以耕種了。三
年之後，根枯了，莖幹也朽了，再用火燒它。這樣便連
地下的也去盡了。

1.2.3　荒地耕完之後，用有（尖）鐵齒的鐵搭〔鑷榫〕（榫，音
còu）扒〔杷〕兩遍〔再〕。撒播一些黍子和穄子〔穄〕，用
“勞”（音 làu）摩兩遍；明年就可以用來種穀子。

1.3.1　耕種的時候，高地低地，都是一樣，不管是春或秋，
總之要乾溼適當〔得所〕才好。如果雨水太多或太少，
寧可在乾燥時耕，不要趁溼。乾燥時耕，雖然土地會結成
大塊，下過一次雨，就會像粉末一樣散開來。溼時耕種，土壤
就結成了硬塊，幾年（還散開不了，情形極）不好。俗話説：“溼
時耕種，帶雨鋤地，不如回去（坐在家裏）。”就是説溼耕不但無
益，而且有損。已經在溼時耕過了，等地面發白〔白背〕時，趕
快用鐵齒杷杷鬆散，還不要緊；否則結果一定很壞很壞。

1.3.2　春天耕過的地，隨即〔尋手〕摩平；古代稱爲“耰”，現在
（賈思勰所處時代）稱爲“勞”。説文解釋耰是“摩田的器械”。
現在也還將“勞”稱爲“摩”，鄉下的話〔鄙語〕就説：“耕田摩
勞。”秋天，等地面發白再摩。春天（乾）風很多，如果（耕
過）不隨即摩，地裏就會空虛乾燥；秋天田地裏積水潮溼〔墢：
音 ẓiep 現讀 ẓiè〕，溼着的時候摩，地就板結堅硬。俗話説：“耕
翻不摩，不如闖禍。”是説雨水難得，好容易才遇到好天時。桓
寬鹽鐵論説：“茂盛的林木下，沒有茂盛的草；大塊大塊的泥土
中，沒有健壯的莊稼。”

1.3.3　秋天耕地，犁下去要深；春、夏要淺。犁的行道要窄
小〔廉〕，每耕一次要摩平兩次。犁的行道窄，耕的土就鬆

細,牛也不容易疲乏。摩過兩次,土和得均勻,再旱的天氣也可以保住墒。

1.3.4　秋天耕地,能把青草蓋進地裏〔葐:音 jěn 現讀 jen〕的最好〔爲上〕。等到冬天,青草再發芽,就和小豆一樣肥美。

1.3.5　耕生地,要翻得深;(種過的地)再耕轉時,要淺。(第一次)耕,翻得不深,土壤不會均勻;再翻時如果不淺些,就會把心土〔生土〕翻上來。

1.3.6　長着茅草的地,要先趕着牛羊在上面踩過;牛羊踩踏過,根就會向上浮起來。七月間翻下去,茅草才會死。別的月分翻下去還會復活。

1.4.1　要使地變肥,最好的方法,是先種綠豆;其次(先種)小豆和脂麻。都要在五月六月,密密地撒播〔穲:音 gi 現讀 qi〕(原注是隨意撒播後再蓋土)。七、八月,犁地,蓋進地裏去悶死它們。這樣,用來作春穀田,一畝可以收到十石;和蠶糞或腐熟的人糞尿一樣肥美。

1.5.1　秋天收割後,如果(因爲收割要用牛車)牛力不够,沒有隨即作到秋耕的,如讓穀子、黍子、穄子、粱米、秫米等底茬〔茇:音 bat 現讀 ba〕留着,地就會乾瘦。趕快用人力鋒過一次的地,就可以常常保持潤澤,不至於堅硬;等到初冬(閑空時),再來耕翻摩平,還不會嫌枯燥乾旱。如果牛力還是少,就在九或十月摩一遍,到(明年)春天再稀疏點播〔稿:音 dik 現讀 di〕,也還可以。

1.6.1　禮記月令説："正月〔孟春〕，天子在一個好日子〔元日〕，向上帝請求（今年給）好收成〔祈穀〕。鄭玄注解説："是在上旬的辛日，舉行'郊'禮——祭天。春秋（左）傳説：'春天行郊禮，祭后稷，來請求〔祈〕農作（順遂）。（一般是）驚蟄後行郊禮，郊禮祭過社之後才開始耕。'上帝是太微（星座）的帝君。"隨後要選一個吉祥的日子〔元辰〕，天子在自己的車上帶着末耜，率領〔帥〕三公、九卿、諸侯、大夫，到'籍田'去，親自耕地。元辰是郊禮以後的一個吉祥的好日子。"帝籍"，即皇帝底"籍田"，是爲奉祀天神，藉百姓底力量作成的田。這個月，天上的氣向下降，地下的氣向上升騰；天氣地氣調和均匀〔同和〕，草木都開始發芽〔萌〕長大〔動〕。這就是陽氣向上蒸，到了通暢〔達〕的時節，是可以耕種的徵候。農書上説："土地向上長，遮没了木椿，去年枯死的〔陳〕根，已可以隨手拔出來，耕田的就要趕快入手"，就是這樣的情形。現在命令田司，田司就是"田畯"，也就是主管農事的官。好好地觀察〔相〕大小山頭〔丘、陵〕、陡坡〔阪〕、絶壁〔險〕、高平地〔原〕、低下地〔隰〕，看土地適宜種什麽，那種穀物容易長得好〔殖〕，來教育領導群衆。耕種的事準備整頓好〔飭〕，先定出標準來；這樣，農民便可心中有數〔不惑〕。"

1.6.2　"二月〔仲春〕，耕地的已經没有（正月那麽）緊張〔少舍〕，才開始修理門户〔闔扇〕。"舍"就是停止，蟄伏的小動物〔蟲〕都將（蟄伏處）的洞門〔户〕打開〔啓〕出來，（慢慢要擾亂人底日常生活了，所以）要在耕地的工作稍微鬆閒一點的時

候,修整雙扇〔門〕和單扇〔户〕的門板。用木作門板稱爲"闔",
用竹子葦子之類作的稱爲"扇"。不要有大擧動,以免影
響農家的耕作。"

1.6.3 "四月〔孟夏〕,慰問農民,鼓勵〔勸〕大衆,不要誤了
時令。再三〔重〕勸告〔敕〕他們。命令農民勤懇地〔勉〕勞
動〔作〕,不要在都市裏停留。"急速催促農民。王居明堂
禮所謂"無宿於國",亦即此意。

1.6.4 "九月〔季秋〕,入蟄的昆蟲,都潛藏卧伏〔俯〕在洞
裏;並且用黏土把洞户塗没〔墐〕起來。""墐"就是塗抹封
閉;這是避免(秋天的)殺氣。

1.6.5 "十月〔孟冬〕,天氣(又回轉來)向上升,地氣向下
降,天氣地氣,彼此不交通,閉塞着成爲冬天。慰問農
民,讓他們好好休息。"鄉長〔黨正〕召集〔屬〕群衆來擧行鄉
飲,按照年紀〔齒〕來排定〔正〕坐位。

1.6.6 "十一月〔仲冬〕,不要興工動〔作〕土〔土事〕。千萬
〔慎〕不要翻動〔發〕已經覆蓋好的田土,不要開啓(已
經關閉的)大小房屋;(如果開動的話,)就會〔且〕泄漏
地氣;這就稱爲開動了天地的'密房',所有潛藏的蟄
蟲會死去,群衆會發生瘟疫疾病。"鄭玄説:"這是個太陰
主持一切(用事)的月分,閉塞收藏更加重要。"案:(賈思勰説)
現在(後魏時代)有十、十一月耕地的,不但完全違反了天然的
道理,傷害了蟄蟲;耕開了的地,也没有墒,明年的收成一定
會減少。

1.6.7 十二月〔季冬〕命令田官,告訴群衆,把各種〔五〕種

穀拿出來(作準備)。命令田官告訴羣衆(將藏下)的種子
取出來,是因爲大寒過去,農業生產操作就要開始了。命令
農家,計劃(組織)耦耕的事,修理耒、耜,準備耕田的
器械。耜是耒上所裝的金屬部分;耜的寬是五寸。耕田的器
械,指"鎡錤"等類。

　　"這個月,太陽的宿處〔次〕已到終點〔窮於次〕,月
(和日)的會合〔紀〕,也到了終點,星宿在天上的循環,
又迴轉到原來開始的地方,(一年的日)數,快要完畢
了。(鄭玄說)這就是說,太陽、月、星辰的循迴運動,到這個
月,都滿了一個循環周期〔帀〕,回到原來的地方。"次"是
"舍",就是宿處;"紀"是"合",就是會合。一年,又要重新
開始。讓你的〔而〕農民們,專心從事生產,不要另外
使用。""而"就是"你";是說讓你的農民們思想專一,叫他們
預先想着種莊稼的事情。不要徵用他們來作工(徭役),徵用
了便會心志分散,生產事業便會遭到損失。

1.7.1　孟子說:"士去服'官職'〔仕〕,就像農民耕種一樣。"
　　趙岐注解說:"'士'是急於'服官職'的,正像農夫非耕田不可
　　一樣。"

1.7.2　魏文侯說:"農民,春天犁〔力〕耕,夏天鋤地除草,秋
　　天收穫貯藏。"

1.7.3　雜陰陽書說:"'亥'月是'天倉',這是耕種開始的
　　時候。"

1.7.4　呂氏春秋(任地篇)說:"冬至後五十七天,菖蒲出
　　現,菖蒲是(一年中)最早出現的(宿根)草本植物。在

這時候，開始耕田。"高誘注解説："'昌'是菖蒲，一種水生的草。"

1.8.1　淮南子（主術訓）説："耕田是勞苦的事情，織布是麻煩的事情。群衆爲什麼不會放棄〔舍〕麻煩與勞苦的事情呢？因爲大家都知道是可以（得到）衣來穿飯來吃的。人的生活不能没有衣食。衣食的來源，在耕田和織布。像耕田織布這樣的事，最初總是很勞苦的，但最後利益仍很多。"（説林）又説："不能耕田而想得到黍米和粱米；不能織布而歡喜縫（新的）衣裳；不作工作，只求得到成果〔功〕，是難事呀！"

1.9.1　氾勝之書説：耕種的基本要點，在於趨上（合宜的）時令，使土地和解，講究保持肥沃、保存水分，及早鋤地，及早收割。

1.10.1　春天，解凍之後，"地氣"開始通達，土壤第一次和解。夏至，"天氣"開始暑熱，陰氣（"地氣"）才旺盛，土壤第二次和解。夏至後九十天（按：即秋分）白晝黑夜相等，"天氣""地氣"調和，（土壤也就和解。）在這些時候去耕地，耕一次可以當得平常的五次。這時，稱爲"膏澤"（像油一樣肥的水），都是得着（適合）時令的功效的。

1.11.1　春天"地氣"通達，應當先耕堅硬的强土與黑色的壚土。一定要把泥塊（用"勞"）摩平，讓草發芽；草發芽後，再耕一遍，（把草翻下去。）天下小雨，再耕。要將土弄和匀，不要有大塊存在，（這樣）等待適合的時令〔時〕。——這就是所謂把強土變弱〔強土而弱之〕的辦法。

1.11.2　怎樣估定〔候〕春天"地氣開始通達"呢？斫一條木棒，一尺二寸長；把一尺埋（在地面以下），地面上現出二寸。立春之後，土塊分散（成小顆粒），（湧上來）把木橛（現出地面的二寸）蓋沒了，（在這時）去年枯死〔陳〕的根，（已）可以（隨手）拔出來。這就是（適合的）時令。

立春過了二十天，和氣不在〔去〕了，土就剛硬起來。在適合的時令耕地，耕一次當得四次；和氣不在時耕，耕四次還當不了一次。

1.12.1　杏花開始繁盛時，應當耕輕鬆的土地。等〔望〕杏花謝盡，再耕；耕過，應當輥壓（緊）。草（在這樣的地裹）發芽了，再下雨，土潮溼〔澤〕時，耕，再輥壓一遍。十分輕鬆的土，趕着牛羊上去踏（緊些）。這樣，地就堅強了。——這就是使弱土變為強土〔弱土而強之〕的辦法。

1.13.1　春天，（地）氣沒有通達以前，（如果耕了地）土塊就不會黏連，不能保存水分，這一年中莊稼都長不好，非加糞不能解決。

1.13.2　千萬不可以早耕！要等雜草發生（後再耕）。雜草發芽後耕過，到了可以下種的時候，再有雨，種子和土壤有了緊密的結合，單長出莊稼的秧苗，雜草都腐爛了，成了好田。這樣，耕一次可以當得五次。

1.13.3　不這麼,早耕過了,土塊是堅硬的,雜草和秧苗從同一個空隙裏發芽出來,不能鋤草整地,反而成了壞田。

1.14.1　秋天不下雨時耕地,使地氣(的連續)斷絶,(翻起的)土塊堅硬乾燥,(這樣的田)稱爲"臘田"。還有,深冬時候耕地,把地氣泄露了,土是枯燥的,(這樣的田)稱爲"脯田"。"脯田"和"臘田",都是受了傷害的。

1.15.1　田地,接連兩年長的莊稼不茂盛,就讓它休閑一年。

1.16.1　凡(預備)種麥的田,正常要在五月耕一遍。六月,再耕一遍。七月,不要耕! 好好地摩平,等待下種。五月耕,一遍當得三遍;六月,一遍當得兩遍;要是七月耕,五遍當不了一遍。

1.16.2　冬天下雪,雪停之後,隨時要用器具將雪壓進地裏;同時,把地面的雪掩住,不要讓它被風吹着飛走;以後下雪,再壓進地去。這樣,立春以後,可以保持水分,同時,蟲也凍死了,明年莊稼一定好。

1.17.1　得到時令協合,配合了土地的合宜(情況),儘管是瘦田,一畝也還可以收到十石。

1.18.1　崔寔四民月令説:"正月間,地氣上升〔騰〕,土壤上漲,把木椿蓋没的時候,去年枯死〔陳〕的根,可以(隨手)拔掉時,趕快把硬地和黑色壚土的田耕翻滅茬〔薗〕。二月,陰地的冰凍都完全消融〔畢澤〕之後,就在好地、鬆〔緩〕土和河邊洲渚上的田裏滅茬。三月,杏花茂盛時,可在白土、沙土、輕土的田裏滅茬耕翻。

五月六月，可以耕翻麥田。"

1.19.1　崔寔政論説："漢武帝用趙過作'搜粟都尉'，教群衆耕田種莊稼。他的方法，是一匹牛帶三個犂，一個人操縱〔將〕着，連下種帶拉耬都做到了；一個日工種一頃地。到現在（後漢末，即公元二世紀），三輔的農民還依靠他的辦法。目前遼東所用耕地的犂，犂轅就有四尺長，掉頭〔迴〕和轉彎〔轉〕時，彼此妨礙。使兩匹牛，得兩個人牽牛，一個人操縱耕地，一個人下種，兩個人拉耬，一共兩匹牛六個人，一個日工，僅僅種二十五畝地，相隔真是很遠。"（賈思勰？）案：三犂共一頭牛，有些像現在（作注的時代）的三脚耬；不知如何耕法？現在濟州以西，還是用長轅犂、兩脚耬。長轅，在平地耕種還可以，在有山或有澗水的地方，就不合用。而且掉頭和轉彎都極困難，極費力。不如齊州"蔚犂"的靈活〔柔〕輕便。兩脚耬種的壟，太密；也不如一脚耬合適。

收種第二

2.1.1　楊泉物理論曰："粱者，黍稷之總名；稻者，溉種①之總名；菽者，衆豆之總名。三穀各二十種，爲六十。蔬果之實助穀，各二十。凡爲百種。故詩曰：'播厥百穀'也。"

①"溉種"："種"讀去聲，即需要灌溉纔能種的。

2.2.1　凡五穀種子，浥鬱則不生；生者，亦尋死。

2.2.2　種雜者：禾，則早晚不均；春，復減而難熟；糶賣，以雜糅見疵〔一〕；炊爨，失生熟之節。所以特宜存意，不可徒然。

〔一〕"疵"：農桑輯要及根據農桑輯要校改過的學津討原本與漸西村舍刊本均作"訾"。"訾"固然很好，"疵"字也能解釋，所以不改。

2.3.1　粟、黍、穄、粱、秫，常歲歲別收：選好穗純色者，劀①才彫反。刈，高懸之。至春，治取別種②，以擬③明年種子。樓檔掩種，一斗可種一畝；量家田所須種子多少，而種之。

2.3.2　其別種種子，常〔一〕須加鋤。鋤多則無秕也。

2.3.3　先治而別埋；先治，場淨，不雜；窖埋又勝器盛。還以所治蘘④草蔽窖。不爾，必有爲雜之患！

〔一〕"常"：明鈔及祕册彙函系統本均作"嘗"，顯然是避明光宗常洛的名諱，現依金鈔改正。

①"劀"：玉篇（卷十七）刀部解爲"刈穫也"。

②"治取別種"："治"讀平聲，是"整治"；"別"是"另自"、"分開"。

③"擬"：本書常用"擬"作"準備作……用"的意思。

④"蘘"：整理莊稼所剩下的藁稈、枯葉、稃殼等，合稱爲"穰"，也可寫作"蘘"

（讀"攘"rán）。本書多用"穰"字。整理留種用植株，所得的穰，立即用來塞蓋留種用的種實，的確是"保純"的最好辦法。

2.4.1 將種前二十許日，開出，水洮^①；浮秕^{〔一〕}去則無莠。即曬令燥，種之。

2.4.2 依周官相地所宜，而糞種之。

〔一〕"浮秕"：明鈔誤作"深秕"，依金鈔及祕册彙函系統版本改正。

①"洮"："淘"字的古寫。

2.5.1 氾勝之術曰："牽馬，令就穀堆食數口；以馬踐過。爲種，無蚼蚄等蟲也^{〔一〕}。"

〔一〕"無蚼蚄等蟲也"：這一句，問題頗大。首先，字句上有許多參差：金鈔和明鈔，作"無蚼厭蚼蚄蟲也"；祕册彙函系統版本，則是"無蚼籌蚄蟲也"。學津討原本要術，據農桑輯要改正了，作"無蚼蚄等蟲也"。"籌"字，很容易看出是"等"字寫錯，而且位置也顛倒了。金鈔和明鈔，語句極不易理解。比較起來，農桑輯要的這一句，最乾淨合理，所以我們暫時照輯要所引改。

"蚼蚄"二字，所代表的是什麽蟲？必須估定。大廣益會玉篇中，只有"蚼"字，注是"蟲也"。廣韻（古逸叢書所刻覆宋本）"六止"的"蚼"，"十陽"的"蚄"，所注都是"蚼蚄，蟲名"。集韻下平聲"十陽"的"蚄"字，注說"蚼蚄，虫名"，之外"六止"（"蚼"字下）說"害稼"，"十陽"（"蚄"字下）說"食苗"。"食苗"是"害稼"中的一個例，似乎是爲害於田間植株的昆蟲。

張自烈正字通將蚼蚄解釋爲"'穀蟲'，即食米强蜱"，似乎供給了一個新鮮解釋。但張自烈底根據，自稱是齊民要術；要術中，"蚼蚄"兩字，却只見於所引氾書這一處，並無任何牽涉到"穀蟲"或"强蜱"的地方。這一點，張自烈即使不是存心作假，也是疏忽。所以把"蚼蚄"解釋爲穀蟲（即"强蜱"），至少不能以齊民要術爲材料來源。

　　早於這些"直接"注釋的,有(三國吳人)陸璣毛詩草木鳥獸蟲魚疏中的"螟,似子方而頭不赤"一條。爾雅釋蟲中,沒有"蚼蚄";只有"食苗心,螟"。邵二雲的爾雅正義、郝懿行的爾雅義疏引用陸璣這一句話時,都申明着"子方,即'蚼蚄',見齊民要術"。西北農學院周堯教授,從陸璣的話推論,"反證蚼蚄似螟而頭赤……因此我相信……蚼蚄……就是黏蟲"[1]。據南京農學院萬國鼎教授告訴我,鄒樹文教授,也同樣地認爲"蚼蚄就是黏蟲"。而且,直到現在,"蚼蚄"這個名稱,在山東、河南的兩省農村中,還在應用。因此,蚼蚄應當就是黏蟲(*Cirphus unipuncta*),可以完全確定。

　　"蚼蚄"這個名稱,雖然是古已有之的;但用兩個從"虫"的字,作爲標識字,却似乎並不很早:爾雅、小爾雅、方言、說文解字、釋名、廣雅等書中,都沒有這個詞。陸璣用無"虫"旁的"子方"兩個字,可以證明至少在三國時代,仍舊用不加偏旁的標音字。後來引用陸璣詩疏的人,聲明"蚼蚄,見齊民要術",也可以說明要術以前的書中,沒有見過從"虫"的這個名稱。

　　蚼蚄爲害"禾稼",可以成災。我們翻檢後魏以前的"正史",史記中沒有;漢書、後漢書、晉書,乃至於和後魏同時代的(南朝)宋書五行志中,都只有螟蝗,也沒有蚼蚄成災的明文紀載。只有北齊魏收所作魏書靈徵志中,却記有多次"蚼蚄害稼"。這些記載,都用着從"虫"的字作標識;所以我們可以假定,從"虫"的"蚼蚄"兩個字,在後魏到北齊,便已在書籍中通行。而且,似乎還可以假定:在那個時候,"蚼蚄害稼",已經是頗爲常見的一種災害。——雖則我們還不敢假定,在這以前"蚼蚄害稼"的事情不曾有過,但至少是"史無明文"。如果要術所引的這一條氾勝之書,能證明爲實在出自前漢的氾勝之手筆,則我國關於"蚼蚄"的最古紀載,便是這條氾勝之書了。這一點很可疑。——至

---

① 　周堯:中國早期昆蟲學研究史,科學出版社。

少，爲什麼從<u>氾勝之</u>（公元前一世紀中葉）之後，直到齊民要術出現爲止，這一段五百年長的時間中，除了上面提到的<u>陸璣詩疏</u>之外，再沒有見過其他紀載？不過，我們也可以這樣解釋：（一）<u>前漢</u>到<u>後魏</u>這一段時期許多書已陸續散佚；現在我們没有發現，不能就斷定"没有"。（二）很可能這個名稱原來只在某些地區通行，其他地區另有名稱，我們現在不知道。（三）<u>陸璣</u>特別著重説明"螟似子方而頭不赤"，則也可能過去所記的"螟災"中，包含有"蚼蚼害稼"在内，没有分辨得很仔細。

　　要術金鈔和明鈔，直接（金）間接（明），都以<u>北宋</u>初的<u>院</u>刻本爲底本；這一句，兩本相同，可見<u>北宋院</u>刻本原來也許是"無蚼厭蚼蚼蟲也"。但即使<u>北宋</u>刻本是這樣，並不就等於肯定説要術本身原來也必定是這樣。我很懷疑這一段起處的"<u>氾勝之</u>術曰"的"術"字，和這裏不可解的字句之間，有着相互糾紛之處。這段書中所描寫的一套"措施"，很顯明地是迷信的"厭勝之術"。"厭勝術"，在<u>兩漢</u>一直很流行，到<u>南北朝</u>，也並未衰歇。因此，我假想中，要術中這一段開始的地方，並不是"<u>氾勝之</u>術曰"而是"厭勝之術曰"。在"？勝之術"的上面，要術原文，是"……依周官相地所宜，而糞種之"。所謂"糞種"，即周官草人的"土化之法"，也就是本書第三篇所引氾書的 3.18 一段各節"用骨汁糞汁"處理種子的辦法。鄭玄注周官草人"土化之法"時，已經説明了，是"……若<u>氾勝之</u>術也"；因此，賈思勰便在"糞種之"下面，注上"<u>氾勝之術</u>"四字，説明"糞種"底内容。在此注底下面，這一段"牽馬食種"的"厭勝術"或"厭勝之術"；依要術引書慣例，應當有一句説明其來歷的，該是"厭勝之術曰"、"厭勝術曰"，或者，如要術中許多的例，就是簡單的"術曰"。這樣一個標題，有着一到三個字和上面的注重複。鈔寫的人，稍一疏忽，便會黏連起來，湊合成爲一句"<u>氾勝之</u>術曰"，因此造成原始的錯誤。後來讀要術的人，對於這個原始的錯誤發生懷疑，認爲這不是"<u>氾勝之</u>術"，而是"厭勝之術"；因此在"氾"字旁邊或附近的行間，記上了一個"厭"字，或者爲了表明疑惑，在"厭"下還帶上了一個

"乎"字或"與"字。再後來的讀者或鈔寫的人不瞭解這一個"校記"的意義,以爲是正文中脱漏的字,便就近歸行,寫到了"好"字下面。"乎"字和行書的"與",多少有些像"好";於是正文便長了一個"瘤",變成了"無好厭好蚜虫也"。如果這個假想成立,則這一節文章,根本與氾勝之不相干。

但是,這只是假想。這些假想,從情理上説得通,目前却没有事實作爲證明。没有進一步地尋得有力的實在證據以前,我們還只能把這一段迷信的"辦法",記在"氾勝之"户名下。從戰國以來,逐漸發展着的"陰陽五行讖緯之説",到了兩漢,已經很興盛了。要説氾勝之竟能完全不沾惹一點這些迷信思想,是不合事實的。——最低限度,"作此官,行此禮";氾勝之在西漢"元成之世",作着"議郎",而且要"教民三輔",作"親民官",自然也得"從俗"。自從漢武帝以來,從皇帝到群衆的日常生活中,馬這牲口,占有極重要的地位:皇帝的"鹵簿"要馬,軍隊要馬,交通要馬,耕種也要馬;民家還要替"官家"義務地養馬。張騫通西域,動機之一,是要得到大宛的名馬。則馬吃幾口種穀,再從種穀堆裏走過之後,所起的"神秘作用",可以使這些種穀後來所成秧苗免於某種蟲災,在當時的觀念中,是合情理的。因此,我們也還不能肯定地説,氾勝之書中,就没有這樣的"厭勝"方法,用來保藏種子的。

這裏,我們只提出了一些問題;目前的材料,還不允許我們作任何結論,希望各方面的專家,能給一些解答。

2.6.1　周官曰:"草人,掌土化①之法。以物、地,相②其宜而爲之種。"鄭玄注曰:"土化之法,化之使美,若氾勝之術也。以物、地,占其形、色,爲之種;黄白宜以種禾之屬。""凡'糞種':騂剛用牛,赤緹用羊,墳壤用麋,渴澤用鹿,鹹潟用貊〔一〕,勃壤用狐,埴壚用豕,彊㯺用蕡,輕㟬〔二〕用犬。"此草人職。鄭玄注曰:"凡所以'糞種'者,皆謂煮取汁也。赤緹，縓色也③；渴澤，故水處也；潟，鹵也④；貙，獌也；勃壤，粉解者⑤；埴壚，黏疏者；强㙙⑥，强堅者；輕票，輕脆者。故書，‘㙙’爲‘挈’，‘壚’作‘盆’⑦；杜子春‘挈’讀爲‘㙙’，謂地色赤，而土剛强也。鄭司農云：‘用牛，以牛骨汁漬其種也，謂之“糞種”；壚壤，多盆鼠也；壤，白色；蕡，麻也。’玄謂壚壤潤解。”

〔一〕“貙”：金鈔作“貆”，今本周官同；明鈔譌作“貙”（可能是因爲南宋避欽宗“桓”的名諱，凡右邊從亘的字，都缺末筆，看上去像“貙”，所以鈔錯）。現在一般都寫作“獾”或“貛”，古代另有寫作“貒”的。

〔二〕“票”：從前寫作“嫖”，因此明鈔誤作“㸘”。現在，寫成“票”，用來專稱標明價錢的紙張（鈔票、車票、船票、稅票、郵票……）；原有的輕而易流動的意義，則分別用漂、飄、僄、慓等字代替。

①“土化”：照原注字面講，是改變土壤性質。

②“相”：讀去聲，作動詞用，即體察。

③“赤緹，縓色也”：説文解釋“緹”，是“丹黄色”；即和黄丹相似的紅黄色。“縓”是“一染”，即不很濃的紅色。

④“潟，鹵也”：“潟”現在都寫作“瀉”；“瀉鹵”，一般寫作“斥鹵”，即鈉質土壤，包括鹽土、鹼土、鹽鹼土。

⑤“勃壤，粉解者”：“勃”字，一般用來形容輕而易飛散的粉末狀物質；粉解，即容易分解成粉末狀。

⑥“㙙”：音“喊”或“檻”，即堅硬的土壤。

⑦“盆”：“盆鼠”，即盆鼺鼠（或寫作“鼹鼠”、“鼴鼠”）。

2.7.1 淮南術①曰：“從冬至日，數至來年正月朔日：五十日者②，民食足；不滿五十日者，日減一斗；有餘日，日益一斗。”

①“淮南術”：淮南子（西漢時代的一部私人集撰叢書）中，有所謂萬畢術和變化術兩部分討論巫術的東西，本書還引用了一些萬畢術。這些部

分,都已失傳。但目前這幾句,則出自現存的天文訓而不是"術"。

②"五十日者":即"恰够五十日的話"。

2.8.1 氾勝之書曰:"種傷淫鬱熱①,則生蟲也。"

2.8.2 "取麥種:候熟可穫,擇穗大彊者,斬,束立場中之高燥處,曝使極燥。無令有白魚②!有輒揚治之。取乾艾雜藏之:麥一石,艾一把。藏以瓦器竹器。順時種之,則收常倍。"

2.8.3 "取禾種:擇高大者,斬一節下,把懸高燥處。苗則不敗。"

①"傷淫鬱熱":這四個字,可作兩種解釋:(甲)傷於潮溼、鬱悶和温熱。(乙)傷於潮溼,又鬱閉着熱不能散出。看上去,兩種解釋似乎很不同,其實内容還是差不多。不是溼與鬱,就不大會熱;不是溼的,鬱着也不會熱;不是熱而溼,鬱與否沒有關係。我們暫時採用前一種(甲)解釋。

②"白魚":即"衣魚"、"銀魚"、"蠹魚"、"蟫"。

2.9.1 "欲知歲所宜,以布囊盛粟等諸物種,平量之,埋陰地〔一〕。冬至後五十日,發取,量之。息①最多者〔二〕,歲所宜也。"

2.9.2 崔寔曰:"平量五穀各一升,小罌盛,埋垣北墙陰下……"(餘法同上)。

2.9.3 師曠占術曰:"杏多實〔三〕不蟲者,來年秋禾善。""五木者,五穀之先。欲知五穀,但視五木②。擇其木盛者,來年多種之,萬不失一也。"

〔一〕"埋陰地":太平御覽卷 823 引作"埋陰垣下"。

〔二〕"息最多者"：太平御覽卷 840 引無"息"字；下面"歲所宜也"作"多種之"；卷 841 所引也沒有"息"字，下句作"多種焉"。

〔三〕"杏多實……"：太平御覽卷 837 引此節，作"杏多實不蟲者，來年秋喜。五穀之先，欲知五穀，擇其木盛者，來年益種之"。

①"息"："息"是隨時間緩緩增加的東西；"子息"是後代，"利息"是利錢，都是這個意義衍出的。這裏作"漲出"解。

②"五木"：依上一句"杏多實不蟲……善"看來，所謂"五木"，應當指"五果"。五果與五穀所應包含的種類，書上的說法很分歧：五果，包含的有桃、李、梅、杏、棗、栗、梨；五穀有黍、稷、麥、菽、稻、粱、麻……（後來佛經中所說的"五穀"，是古印度傳統，差異更多）。"禾"，古代多半專指"粟"。

釋　文

2.1.1 楊泉物理論說："粱，是黍稷等（小粒穀類）的總名；稻，是水種糧食的總名；菽，是各種豆類的總名。三類穀類，各二十種，合起來共六十種。草本、木本植物的果實，可以輔助穀類的，也各有二十種。總共一百種。"所以詩經有"播種這百種穀類"的話。

2.2.1 穀類的種子，溼着〔浥〕在不通風的地方收藏〔鬱〕，就會（燠壞）而不發芽；即使發芽後，（也長不好，）很快就會死去。

2.2.2 如果用混雜的穀種，出的苗會遲早不均勻；（得到的種實）舂的時候，（有的便舂得過度，）收回量減低了，（有的還沒有熟，）難得均勻；賣出去，人家嫌〔疵〕雜亂；煮飯，也會夾生夾熟，難得調節。因此，特別要注意,不可以隨便。

2.3.1 無論粟、黍子、穄子、粱米、秫米,總要年年分別收種:選出長得好的穗子,顏色純潔的,割〔劁:音 ziau,刈〕下來,高高掛起。到(第二年)春天打下來〔治取〕,另外種下,預備明年作種用。用穄耩着地種下去,一斗種可以種一畝地;估計自己的田裏需要多少分量的種子,然後按照需要來施種。

2.3.2 這樣另種的種子,要常常鋤。鋤得多,就不會有空殼〔秕〕。

2.3.3 (收回來,)先整理〔治〕,另外埋藏。先將場地整理乾淨,不會攙雜;用窖埋,又比用器具盛的好。隨即就用打剩的藁稭,來覆蔽窖口。如果不這樣,必定免不了攙雜的麻煩。

2.4.1 預備下種之前二十多天,開窖,取出種子,用水淘洗。淘去浮着的空殼,就不會有雜草。隨即曬乾,再去種。

2.4.2 依周官所規定的,觀察適合當地土壤的種類,用糞種的方法來種。

2.5.1 氾勝之術(?)説:"牽着馬,讓它就着穀堆吃幾口穀;再(牽着它)從穀堆裏踏着走過。用這樣的穀作種,可以免除蚜蚄等害蟲。"

2.6.1 周官説:"草人,掌管'土化'的方法。針對着作物的種類與土地,看它們怎樣配合才適當,定出該種哪一種莊稼。鄭玄注解説:"'土化'的辦法,是使它變好,如氾勝之所用的技術。針對作物與土地,決定地形土色與作物種類;

像黃白色土壤該種‘禾’（穀子）之類。”“‘糞種’的辦法是：紅黃色的硬土，用牛骨湯；淡紅土，用羊骨湯；一泡就散開的土，用麋骨湯；乾涸的沼澤，用鹿骨湯；鹽土，用貊骨湯；乾時像粉末一樣散開的土，用狐骨湯；粘土，用豬骨湯；堅硬的土，用麻子湯；輕鬆的土，用狗骨湯。”這是草人的職務。鄭玄注解說：“凡用來‘糞種’的，都是說煮過取湯汁用。赤緹是淡紅色；渴澤是從前有水的地方；潟是鹽鹼地；貊是貓；勃壤是像粉一樣散開的；埴壚是粘的；彊㯺是堅硬的；輕票是輕而鬆脆的。古書上‘驔’字原來是‘挈’，‘墳’字原來是‘盆’。杜子春將‘挈’改讀爲‘驔’，解釋成地面顏色紅黃〔驔〕而土質剛硬。鄭衆說：‘用牛，是用牛骨（煮出）湯來泡種子，所以叫做“糞種”；墳壤，是地裏有許多鼴鼠在；壤是白色土；蕡是麻。’我（鄭玄自稱）以爲墳壤是加水後便會散開的土。”

2.7.1　淮南子（天文訓）說：“從冬至起，數到第二年正月初一〔朔〕，如果剛够五十日，人民就有足够的糧食；如果不滿五十日，少一天，便缺一斗；超過五十日，每多一日，便多餘一斗。”

2.8.1　氾勝之書說：“（在儲藏中的）種子，如果嫌〔傷〕潮溼、鬱悶和熱，就會發生蟲害。”

2.8.2　“收麥種：等着麥熟可以收穫時，選取穗子中粗大健全的，割下來，縛成長束，豎立在打穀場中高而乾燥的地方。曬到極乾。不要讓它有衣魚！有，就立刻簸揚趕走。用乾艾和雜着收藏：一石麥子，用一把艾。用瓦器或竹器儲存。按時令去種,收成可以得到加倍。"

2.8.3 "收禾(穀子)種:選高大的,將頭上一節斬下來,紮成小把,掛在高而乾燥的地方。這樣(收藏的種子),可以保證苗的健全。"

2.9.1 "想知道明年年歲最合宜的穀類,可以用布袋裝上各種糧食種子,平平地量好,埋在不見太陽的地方。冬至後五十天,掘開〔發〕取(出來),再量。漲出量最多的,就是明年年歲最合宜的。"

2.9.2 崔寔説:"將五穀,每種平平地量出一升,分別裝在小瓦器〔罌〕裏,埋在圍墙〔垣〕北面墙(根)陰處……"(其餘,和上面的方法相同)。

2.9.3 師曠占術説:"(今年)杏樹果實多,又不生蟲,明年秋天穀子的收成一定好。""五木是五穀的先(兆)。要知道五穀的收成,只須看五木。當年某種木特別茂盛,第二年就選擇與它相當的那種穀,多種一些,一萬回也不會有一回失誤。"

種穀第三

種穀第三"稗"附出（稗爲粟類故）

3.1.1 種穀①：穀，稷也。名"粟""穀"者，五穀之總名，非止謂粟也；然今人專以稷爲穀望②，俗名之耳。

3.1.2 爾雅曰："粢，稷也。"説文曰："粟，嘉穀實也。"

3.1.3 郭義恭廣志曰："有赤粟（白莖），有黑格雀粟，有張公斑，有含黃倉③，有青稷，有雪白粟（亦名白莖）。又有白藍、下竹頭（莖青）、白逮麥、擢石精、盧狗蹯之名種"云。

3.1.4 郭璞注爾雅曰："今江東呼稷爲粢。"孫炎曰："稷，粟也。"

3.1.5 按今世粟名，多以人姓字爲名目，亦有觀形立名，亦有會義爲稱。聊復載之云耳：朱穀、高居黃、劉豬獅、道愍黃、聒穀黃〔一〕、雀懊黃、續命黃、百日糧。有起婦黃、辱稻糧、奴子黃、㮂〔二〕（音加）支穀、焦金黃、鶴烏含反履倉〔三〕（一名麥爭場），此十四種，早熟、耐旱、免蟲；聒穀黃、辱稻糧二種味美。今墮車、下馬看、百群羊、懸蛇、赤尾、羆虎、黃雀、民泰〔四〕、馬曳韁〔五〕、劉豬赤、李浴黃、阿摩糧、東海黃、石骿良卧反〔六〕歲蘇卧反青（莖青黑，好黃）、陌南禾〔七〕、隈堤黃、宋冀癡、指張黃、兔腳青、惠日黃、寫風赤、一睌奴見反黃、山軇麤左反④、頓䅥黃，此二十四種，穗皆有毛，耐風，免雀暴；一睌黃一種易舂。寶珠黃、俗得白⑤、張鄰黃、白軇穀、鉤干黃〔八〕、張蟻白、耿虎黃、都奴赤、茄蘆黃、薫豬赤、魏爽黃、白莖青、竹根黃、調母粱、磊碨黃、劉沙白、僧延黃⑥、赤粱穀、靈忽黃、獺尾青、續德黃⑦、稈容青、孫延黃⑧、豬矢青、煙熏黃、樂婢青、平壽黃、鹿橛白、軇折筐、黃䅜稷、阿居黃、赤巴粱、鹿蹄黃、餓狗倉⑨、可憐黃、米穀、鹿橛青、阿邏邏，此三十八種中，租火穀〔九〕；白軇穀、調母粱二種味美；

稈容青〔一〇〕、阿居黃、豬矢青有⑩三種味惡；黃穋穄、樂婢青二
種易舂。竹葉青、石抑閼創怪反〔一一〕（竹葉青一名胡穀）、水黑
穀、忽泥青、衝天棒、雉子青、鴟腳穀、雁頭青、攬堆黃、青子規，
此十種，晚熟，耐水；有蟲災則盡矣。

〔一〕“聒穀黃”：明鈔“穀”作“谷”，又脫去“黃”字；金鈔，“穀”作“谷”。依祕
册彙函系統各版本作“聒穀黃”。

〔二〕“穱”：明鈔空白一格；漸西村舍刊本作“茄”，與群書校補所據鈔宋本
同。祕册彙函系統版本，漏一字，將下面“音加”兩字作爲正文。現依
金鈔補。集韻下平聲“九麻”中“穱”的注釋，是“穱支，穀名”。

〔三〕“鶇履倉”：“鶇”（現在通行的寫法是“鴟”）下的音注雙行小注“烏含
反”，祕册彙函系統本誤認“烏反”爲一個字；“含”字寫成了“合”。“倉”
字，明鈔作“命”，祕册彙函系統各版本作“今”或“令”；金鈔作古“倉”字
“仺”（可能該作“蒼”）。

〔四〕“民泰”：祕册彙函系統各版本和明鈔一樣，作“民溙”，現依金鈔改。

〔五〕“馬曳韁”：“曳”，明鈔和祕册彙函版本均作“洩”，依金鈔改正；“曳”是
“拖”，作“洩”無意義。

〔六〕“𦫶”字注音：明鈔和祕册彙函系統版本，均作“艮臥反”；金鈔作“良臥
反”。集韻“三十九過”的“盧臥切”，正是“來”母的聲母，所以依金鈔改
作“良”（作“郎”或“莨”更合適），“𦫶薉”，依小注所注的音，該讀“luò
suò”。

〔七〕“陌南禾”：明鈔作“附南木”；祕册彙函系統版本“禾”作“木”。現依金
鈔改正。

〔八〕“鈎干黃”：明鈔作“飵千黃”；祕册彙函系統作“鈎于黃”。現暫依金鈔
作“鈎干黃”；但懷疑“干”字應是“竿”或“子”，不會是“干”。

〔九〕“租火穀”：金鈔作“租火穀”，漸西村舍刊本同；祕册彙函本作“租大
穀”。“租”字無來歷，“租大穀”也並不比“租火穀”好解釋，暫保留明鈔
原狀。很懷疑上文“米穀”這個不甚可理解的名稱，是“秬米穀”（即黑

米的意思)、"粒米穀"或"粗米穀"或"粒大穀"之類寫錯的。如果這樣，則下面總結的"……調母粱(這句總結中的"調母粱"，明鈔是"調母粟"；金鈔及祕冊彙函系統各版本，和上文一樣，都是"調母粱")二種"的"二"字，便當改作"三"。

〔一〇〕"稈容青"：後面第二次提到時，明鈔、金鈔均作"捍容青"。漸西村舍刊本，兩處都改作"稈谷青"，但沒有説明根據。可能應作"稈穀青"。

〔一一〕"石抑閦"：明鈔末字寫作"闖"。金鈔作"石抨閦"；下面的夾注，第二字作"恎"。祕冊彙函系統版本作"石柳閦"；夾注"創怪反"移在全注末了。漸西村舍刊本，末字作"閦"。集韻"十七夬"收有"閦"字，音"楚快切"(音㘈)，解釋是"石抑閦，穀名"。

① "種穀"：此二字，金鈔、明鈔以及明清各種刻本，都是大字；即作爲"正文"的。但是此外別無下文(下面 3.2.1 的"凡穀……"與這兩字毫不相涉)，以下的小字，都是説明穀的種類。依文義，這兩個字便應當作"穀種"。現在寫作"種穀"，可見以下所用的小字都是替"種穀"作注的。"種穀"兩字，現成就在本篇篇目中；即是説，小字，原來是注解本篇篇目中的"種穀"的。但因現在篇目下另有"稗附出(稗爲粟類故)"的注；容易混淆，所以才另出"種穀"兩大字。也就説明，所有各篇最前面的"小字夾注"，原來都只是作注解篇目用的。

② "望"：即典型性的、"有名望"的代表。

③ "含黄倉"："倉"字，祕冊彙函系統版本脱漏了。懷疑"倉"應作"蒼"。"含黄蒼"，即帶〔含〕黄的蒼色。

④ "山矑"：可能在"矑左反"夾注下，小注本文原另有一"黄"字。因爲上下兩個品種，名稱末了都有"黄"字，説明種實顏色，所以懷疑這種也該是黄的。本書小米品種中，以"矑"字作爲品種名稱的，還有"白矑穀"、"矑折筐"。依説文及曲禮注，"矑"是"大鹹"，可能與這些名稱的意義無關；但既有"白矑"，則"山矑黄"正好相對應。

⑤ "俗得白"與"續德黄"："續德黄"的"德"字，是根據金鈔的；明鈔和祕冊彙

函系統各版本都作"得"。此二品種名，似乎是由同一人名得來，不過第一個字寫錯。

⑥"僧延黄"與"孫延黄"：懷疑只是同名稱，重複一次，並寫錯一字。

⑦見注解⑤。

⑧見注解⑥。

⑨"餓狗倉"：懷疑"倉"該作"蒼"；"蒼"字連在餓狗下無意義，"蒼"字是顔色。

⑩"有"：此字顯係多餘的。

3.2.1 凡穀：成熟有早晚，苗稈有高下，收實有多少，質性有强弱，米味有美惡，粒實有息耗①。早熟者，苗短而收多；晚熟者，苗長而收少。强苗者短，黄穀之屬是也；弱苗者長，青、白、黑是也。收少者，美而耗；收多者，惡而息也。地勢有良薄，良田宜種晚，薄田宜種早。良地，非獨宜晚，早亦無害，薄田宜早，晚必不成實也。山澤有異宜。山田，種强苗以避風霜；澤田，種弱苗以求華實也。

3.2.2 順天時，量地利，則用力少而成功多。任情返②道，勞而無獲。入泉伐木，登山求魚，手必虛；迎風散水，逆坂走丸〔一〕，其勢難。

〔一〕"丸"：明鈔和群書校補所據鈔宋本，都因避宋欽宗諱寫作"圜"。金鈔和祕册彙函系統各本不誤。

①"息耗"："息"是增長（參看注解 2.9.1.①），"耗"（應寫作"秏"）是減少。指由種實加工成爲"米"時的"成數"（比例）説的。

②"返"："返"字作"反轉"解，寫成"反"字更合適。

3.3.1 凡穀田：綠豆、小豆底爲上①，麻、黍、胡麻次之，蕪菁、大豆爲下。常見瓜底，不減綠豆。本既不論，聊復記之。

3.3.2 良地一畝，用子五升；薄地三升。此爲稙〔一〕穀，晚田加種也。

3.3.3 穀田必須歲易。颸②子，則莠多而收薄矣。（颸尹絹反）

〔一〕"稙"：明鈔、金鈔作"稙"，其他各本作"植"。參看注解 3.4.1. ① 和 3.4.1.②，就知道這字必須是"稙"。

① "綠豆、小豆底爲上"："底"即前作物收穫後的地。豆科植物，由於有根瘤細菌共生，能增加土壤中氮化物的含有量，對後作（特別是穀物）的生長有利；我國，向來用在輪作制度中，與禾穀類間作。

② "颸"：廣韻"三十三綫"和集韻都收有"颸"字；解釋都是"再揚穀；又，小風也"。"再揚穀子"或"小風子"，皆無意義；也許小注"颸"字上或下面原有另一些字。此外，這樣注音附在注末的情形，在明鈔、金鈔很少見。這是要術中"謎"之一。

3.4.1 二月、三月種者爲稙〔一〕禾①，四月、五月種者爲穉②禾。

3.4.2 二月上旬，及麻菩音倍、音勃③楊生④種者，爲上時；三月上旬，及清明節，桃始花，爲中時；四月上旬，及棗葉生，桑花落，爲下時。

3.4.3 歲道宜晚者，五月、六月初亦得。

〔一〕"稙"：明鈔本作"植"，誤，依金鈔改。

① "稙禾"：即"早禾"；"稙"和"穉"相對，"穉"是晚禾。

② "穉"："晚禾"，和"稙"相對。

③ "菩"：麻開花，稱爲"麻勃"。勃是輕而易飛散的粉末。麻是風媒花，白晝氣溫高時，花粉成陣（勃）散出的情形，很惹人注意，所以稱爲"麻勃"。本書卷二種麻第八、種麻子第九中，都用"麻勃"的名稱。這裏用"菩"字，是同音假借。

④ "楊生"：楊樹的嫩葉和柔荑花序，萌發生長。

3.5.1 凡春種欲深，宜曳重撻^①；夏種欲淺，直置自生。

3.5.2 春氣冷，生遲；不曳撻則根虛，雖生輒死。夏氣熱而生速，曳
　　　撻遇雨必堅垎。其春澤多者，或亦不須撻；必欲撻者，宜須待
　　　白背。溼撻令地堅硬故也。

①"宜曳重撻"："撻"是用一叢枝條，縛起來，在上面加上泥土或石塊壓着，
　用來壓平鬆土的農具(圖五：仿自王禎農書)。一般用牲口牽引(曳)，
　有時用人力拉。壓在撻上的東西，可輕也可重。

圖五　撻

3.6.1 凡種穀，雨後爲佳：遇小雨，宜接溼種；遇大雨，待
蔚^①生。小雨不接溼，無以生禾苗；大雨不待白背，溼輾，則
令苗瘦。蔚若盛者，先鋤一遍，然後納種^②，乃佳也〔一〕。

3.6.2 春若遇旱，秋耕之地，得仰壟^③待雨。春耕者不中也。

3.6.3 夏若仰壟，匪直盪汰^④不生，兼與草蔚俱出。

〔一〕"乃佳也"：金鈔缺"乃"字；明鈔的"乃"字也是填補的；明清刻本都有
　　"乃"字。"乃"字應當有。

①"薉"：雜草，也有時寫作"穢"。

②"納種"：即下種。本書用"納"字的例很少，多數是借用"内"字。

③"仰壟"：即"敞開田壟"。

④"盪汰"："盪"是"搖動"、"動盪"；"汰"是"衝刷"、"淘汰"；合起來，即被雨水推走。"匪直"即"不但"。（這幾句合起來說，即是春天在秋耕地裏播種後，如果天旱，可以敞開畦垺等雨；夏天，如果敞開畦垺，則不但大雨來可能將種子衝走，即使不衝走，也會因爲雜草同時發芽，不可收拾。）

3.7.1 凡田欲早晚相雜。防薉道有所宜。

3.7.2 有閏之歲，節氣近後①，宜晚田；然大率欲早，早田倍多於晚。早田淨而易治，晚者蕪穢難治。其收任②多少，從歲所宜，非關早晚。然早穀皮薄，米實而多；晚穀皮厚，米少而虛也。

①"節氣近後"：中國舊曆法，閏年有十三個太陰月。閏月以前的各個節氣，在日期上比平年早；閏月以前，特別是初春（正月向例不能置閏，最早只能閏二月），日期雖到，但節氣却還未到；亦即這段時間内，節氣落後於日期。

②"任"：即"堪"；——能够、可以、"勝任"。

3.8.1 苗生如馬耳，則鏃①鋤。諺曰："欲得穀，馬耳鏃初角切。"

3.8.2 稀豁②之處，鋤而補之。用功蓋不足言，利益動能百倍。

①"鏃"：集韻引用本書這兩句諺語，注釋"鏃"字，是"鋤也"。案："鏃"本來是箭鏃，即箭的金屬尖頭，鏃鋤大概是一種尖鋭像箭鏃式的小型鋤。

②"豁"：是"露出"的意思。（下面小注中兩句勸人補苗的話，非常有意義：說明千五百年前，農家對補苗問題的認識。）

3.9.1 凡五穀，唯小鋤①爲良。小鋤者，非直省功，穀亦倍〔一〕勝。大鋤者，草根繁茂，用功多而收益少。

3.9.2 良田，率②一尺留一科。劉章耕田歌曰："深耕概種，立苗欲疏；非其類者，鋤而去之。"諺云："迴車倒馬，擲衣不下，皆十石而收③。"言大稀大概之收，皆均平也。

3.9.3 薄地，尋壟躡④之。不耕故。

〔一〕"倍"：明鈔誤作"陪"，依金鈔及明清刻本改正。

①"小鋤"：小是指苗的大小說的；"鋤"，指定苗時鋤掉多餘植株（"間苗"）的操作。小鋤，是苗小時就"鋤"。

②"率"：讀"律"（律 lǜ）音，即"比例"。

③"迴車……而收"：這兩句諺語，雖未說明以什麼地面面積爲標準；推想起來，應當是指"畝"說的。當然，這所謂"石"（十）與"畝"，只是賈思勰時代山東地區的標準，和現行度量衡制必定不同。"迴車倒馬"，是說莊稼的"科叢"中留下的空隙，可以容許馬拉的大車掉頭（迴旋），即極稀的稀植。"擲衣不下"，是莊稼密到能將扔下的衣擋住撐起來。"稀植和極度密植，總產量都是每畝十石"，是當時的一般看法。

④"躡"：用腳尖躡，這裏是用來定苗。

3.10.1 苗出壟，則深鋤①。

3.10.2 鋤不厭數，周而復始，勿以無草而暫停。鋤者，非止除草，乃地熟而實多，糠薄，米息。鋤得十遍，便得"八米"②也。

3.10.3 春鋤，起地③；夏爲除草。故春鋤不用觸濕④，六月已後，雖濕亦無嫌。春苗既淺，陰⑤未覆地，濕鋤則地堅。夏苗陰厚，地不見日，故雖濕亦無害矣。管子曰："爲國者，使農寒耕而熱芸。"芸，除草也。

3.10.4 苗既出壟，每一經雨，白背時，輒以鐵齒鍋榛，縱橫

杷而勞之。 杷法：令人坐上，數以手斷去草。草塞齒，則傷苗。如此，令地熟軟，易鋤，省力。中鋒止⑥。

①"鋤"：從這段(3.10)以下，所説的"鋤"，才是"鋤地"，和 3.9 指"間苗"説的"鋤"，意義不同。

②"八米"：西溪叢語卷下："盧師道，……時謂之'八米盧郎'。八米，關中語：歲以六米、七米、八米，分上中下，言在穀取八米，取數之多也。"我們暫時以"八成米"爲解釋，即一百分的穀，得到八十分的米。

③"起地"："起"是使土疏鬆，參看注解 14.11.3.①。

④"觸淫"："觸"作"遇到"或"趁上"講。

⑤"陰"：借作"蔭"字用，即所遮蔽的地面。

⑥"中鋒止"："中"，讀去聲，意義是"可以"；"鋒"是用"鋒"來鬆土；"止"，是停止。這時，可以用鋒了，就不再用"鐵齒鋜楱，縱橫杷而勞之"。

3.11.1 苗高一尺，鋒①之。三遍者皆佳。

3.11.2 耩故項反②者，非不壅本，苗深，殺草〔一〕，益實；然令地堅硬，乏澤難耕。鋤得五遍已上，不煩耩。必欲耩者，刈穀之後，即鋒茇方末反下，令突起，則潤澤易耕。

〔一〕"殺草"：明鈔及祕册彙函系統各本皆作"穀草"；依金鈔改作"殺草"。

①"鋒"：鋒是一種古農具，用來鬆土；鐵製的部分，前面銳尖（所以叫"鋒"），上面固着一個彎曲的，與犁相似的木柄，柄上端安有一條橫木作爲把柄。即一種小刃的耒耜，後來不用了。（見耕田第一注解 1.5.1.②及圖四）

②"耩"：各本注音都只是古項反（讀"講"ʋiǎŋ 或"絳"ʋiàŋ）；但集韻"十九侯"另有一讀"溝"的音注。王禎農書説："無鐴（"犁耳"）而耕曰'耩'。……今耩多用歧頭。"

3.12.1 凡種，欲牛遲緩，行種人令促步，以足躡壟底。牛遲則子匀；足躡則苗茂。足跡相接者，亦不可煩撻也。

3.13.1 **熟速刈，乾速積**①。刈早，則鎌傷；刈晚，則穗折；遇風，
　　則收減；溼積，則葉爛；積晚，則損耗；連雨，則生耳②。

①“積”：“積”字，應讀去聲，和上句“刈”字叶韻（“積”字讀去聲，一般都專指
　　收穫的莊稼）。

②“生耳”：現有刻本，均作“生耳”；應是“生牙”。本書“芽”字多用“牙”，
　　“牙”字與“耳”的行書，形狀相像，所以鈔錯。“生耳”無意義；潮溼的種
　　子，在貯藏中很可能生芽。

3.14.1 **凡五穀：大判**①**上旬種者全收，中旬中收，下旬
　　下收。**

3.14.2 **雜陰陽書曰：“禾：生於棗或楊；九十日，秀；秀後六
　　十日，成。禾：生於寅，壯於丁、午，長於丙，老於戊，死
　　於申，惡於壬、癸，忌於乙、丑。”**

3.14.3 **凡種五穀，以生、長、壯日種者，多實；老、惡、死
　　日**〔一〕**種者收薄；以忌日種者，敗傷。又用成、收、滿、
　　平、定**②**日爲佳。**

3.14.4 **氾勝之書曰：“小豆忌卯，稻、麻忌辰，禾忌丙，黍忌
　　丑，秫忌寅、未，小麥忌戌，大麥忌子，大豆忌申、卯。”
　　凡九穀有忌日**〔二〕**；種之不避其忌，則多傷敗。此非虛
　　語也！其自然者，燒黍穰則害瓠。”**史記曰：“陰陽之家，
　　拘而多忌。”止可知其梗概，不可委曲從之。諺曰“以時及澤，
　　爲上策”也。

〔一〕“老、惡、死日”：明鈔和群書校補所據鈔宋本，“老”譌作“尤”（可能是破
　　損的結果？）。依金鈔和明清刻本改正。“老、惡、死”和上文“生、長、
　　壯”相對。

〔二〕“凡九穀有忌日……”這幾句，御覽卷823作“凡九穀，忌日不種之。避

其忌，可不（原作"不可"，應改）敗傷。諸事忌禁日，此非空言也。其道自然，若燒黍穰則害瓠也"。此外，第一句前面有一"種"字；第一句句末的"申、卯"作"甲"。

又御覽卷 837 也引有，省略很多，是："小豆忌卯；稻、麻忌辰；禾忌丑；秫忌未；小麥忌戌；大麥忌子。"

①"大判"：即"大半"、"大概"。

②"成、收、滿、平、定"：兩漢以來，逐漸發展着的"占候"迷信的一種，所謂"建除"的一套"日占法"。將"建、除、滿、平、定、執、破、危、成、收、開、閉"十二個字，週期地循環着，另一方面，還在每次循環中，依次再重複一個字，作成了 12×13 的大循環。這是所謂"建除家"的"方士"們，創作的把戲，一直到解放前，還在流傳中：舊曆書中，每個日子，除了月、日、干、支和與天干相對應的"金、木、水、火、土""五行"之外，還有二十八宿的循環與這種建除（所謂"日建"）的大循環，來決定這個日期的"宜""忌"。例如"正月十二日、庚子、金斗滿，宜……忌……"，"正月十四日、壬寅、水女定，諸事不宜"之類。（參看大小麥第十注解 10.14.1.①）

3.15.1　禮記月令曰："孟秋之月，修宮室，坏垣墻。"

3.15.2　"仲秋之月，可以築城郭，穿竇窖，修囷倉。"鄭玄曰："爲①民當入，物當藏也。墮②曰竇，方曰窖。"按諺曰："家貧無所有，秋墻三五堵。"蓋言秋墻堅實；土功之時，一勞永逸，亦貧家之寶也。乃命有司，趣③民收斂。務畜菜④，多積聚。"始爲御冬之備。

3.15.3　"季秋之月，農事備收。"備猶盡也。

3.15.4　"孟冬之月，謹蓋藏，循行積聚，無有不斂。"謂芻、禾、薪、蒸⑤之屬也。

3.15.5　"仲冬之月，農有不收藏積聚者，取之不詰。"此收斂尤急之時,有人取者不罪,所以警其主也。

3.15.6 尚書考靈曜⑥曰:"春,鳥星昏中⑦,以種稷。"鳥,朱
鳥鶉火也。"秋,虛星昏中,以收斂。"虛,玄枵也。

①"爲":禮記月令,鄭玄注中的"爲"字,讀去聲,解作"因爲"。依鄭玄的説
　法,"民當入,物當藏",是説農民應當歸入村居(農忙時"廬居",即在田
　地裏居住),一切有用的物品應當收藏,所以"築城郭",以保衛村莊,
　"穿竇窖,修囷倉"來儲存糧食。

②"墮"是"長圓",即今日的"橢"字。

③"趣":催促。

④"務畜菜":"畜"字,讀音同"蓄",借作儲蓄的"蓄"字用;過冬天所需要的
　菜,要預先準備,作成乾菜或"菹"。

⑤"芻、禾、薪、蒸":"芻"是乾草,作飼料用的,"薪蒸"見後校記3.16.5.〔三〕

⑥"尚書考靈曜":緯書的一種,現已佚散。

⑦"鳥星昏中":"鳥"是星宿名,已見本文小注。黃昏日落星現時,鳥宿已經
　在天空正中(即關中方言所謂"端",長江流域方言所謂"當頂")。古代
　以至現在,許多老農,都能由星宿在天空轉運的位置(星躔),説明一年
　中季節早晚。

3.16.1 莊子:"長梧封人曰:'昔予爲禾,耕,而鹵莽忙補反
之,則其實亦鹵莽而報予;芸,而滅裂之,其實亦滅裂
而報予。郭象曰:"鹵莽滅裂,輕脱末略,不盡其分。"予來年
變齊①在細反,深其耕而熟耰之,其禾繁以滋;予終年
厭飧②。'"

3.16.2 孟子曰:"不違農時,穀不可勝③食。"趙岐注曰:"使民
得務農,不違奪其農時,則五穀饒穰,不可勝食也。""諺曰:
'雖有智惠④,不如乘勢;雖有鎡錤上鎡下其〔一〕,不如待

時’”趙岐曰：“乘勢，居富貴之勢。鎡錤，田器，耒耜之屬。待時，謂農之三時。”又曰：“五穀，種之美者也；苟爲不熟，不如稊稗⑤。夫仁，亦在熟而已矣。”趙岐曰：“熟，成也。五穀雖美，種之不成，不如稊稗之草，其實可食。爲仁不成，亦猶是。”

3.16.3　淮南子曰：“夫地勢，水東流⑥；人必事焉，然後水潦⑦得谷行。水勢雖東流，人必事而通之，使得循谷而行也。禾稼春生；人必加功焉，故五穀遂長。高誘曰：“加功，謂是薅是蓘〔二〕，芸耕之也。遂，成也。”聽其自流，待其自生，大禹之功不立，而后稷之智不用⑧。”

3.16.4　“禹決江疏河，以爲天下興利，不能使水西流；后稷闢土墾草，以爲百姓力農，然而不能使禾冬生。豈其人事不至哉？其勢不可也⑨！”春生、夏長、秋收、冬藏，四時不可易也。

3.16.5　“食者，民之本；民者，國之本；國者，君之本。是故人君上因天時，下盡地利，中用人力；是以群生遂長，五穀蕃殖。教民養育六畜，以時種樹，務修田疇，滋殖桑麻，肥磽高下，各因其宜。丘、陵、阪、險，不生五穀者，樹以竹、木。春伐枯槁，夏取果、蓏，秋畜蔬食，菜食曰“蔬”，穀食曰“食”。冬伐薪、蒸，大曰“薪”，小曰“蒸”〔三〕。以爲民資。是故生無乏用，死無轉屍⑩。”轉，棄也。

3.16.6　“故先王之制：四海雲至，而修封疆；四海雲至，二月也。蝦蟇鳴、燕降，而通路除道⑪矣；燕降，三月。陰降百泉，則修橋梁。陰降百泉，十月。昏張中^⑫，則務樹穀；
三月昏，張星中於南方，朱鳥之宿。大火中，即種黍菽；大
火昏中，六月。虛中，即種宿麥；虛昏中，九月。昂星中，
則收、斂、蓄、積，伐薪木。昂星，西方白虎之宿。季秋之
月^⑬收、斂、蓄、積。所以應時修備，富國利民^⑭。”

3.16.7　“霜降而樹穀，冰泮而求穫；欲得食，則難矣^⑮。”

3.16.8　又曰：“爲治之本，務在安民；安民之本，在於足用；
足用之本，在於勿奪時；言不奪民之農要時。勿奪時之
本，在於省事；省事之本，在於節欲；節，止；欲，貪〔四〕。
節欲之本，在於反性^⑯。反其所受於天之正性也。未有
能搖其本而靖其末，濁其源而清其流者也^⑰。”

3.16.9　“夫日迴而月周，時不與人遊；故聖人不貴尺璧而
重寸陰。時難得而易失也，故禹之趨時也，履遺而不
納，冠挂而不顧。非争其先也，而争其得時也^⑱！”

〔一〕“鎡錤”：正文的“鎡錤”，今本孟子與太平御覽卷823“钁”條所引孟子
同，作“鎡基”。小字注，金鈔作“上兹下其”，最合理；祕册彙函系統版
本作“上鎡下錤”，便失却作注注音的原意了。又正文上面的“智惠”，
今通行本孟子作“惠”，本書金鈔、明鈔同；太平御覽及祕册彙函系統各
版本均作“慧”。“慧”是正字，“惠”是同音假借。

〔二〕“加功，謂是薅是蔉”：明鈔有一字空白，據金鈔補“薅”字。祕册彙函系
統各版本根本無此四字。案今本左傳有“是穮是蔉”句。孔穎達疏説，
“蔉”是“以土壅苗根”。“穮”，據廣韻下平“四宵”是“除田穢（雜
草）也”。

〔三〕“大曰‘薪’，小曰‘蒸’”：金鈔、明鈔，都是“火曰薪，水曰蒸”。祕册彙函
系統各版本作“大曰薪，小曰蒸”，今本淮南子作“大者曰薪，小者曰

蒸”。現暫依淮南子今本,作“大”“小”。

〔四〕“節,止;欲,貪”:“止”字,明鈔金鈔都作“上”,祕冊彙函系統各本與今
本淮南子同,作“止”,是對的。

①“齊”:應依原注讀去聲;解釋是“度”也,即程序、辦法。

②“厭殰”:“厭”即“饜”,飽或過飽的情形。“殰”即“飯”。案這段莊子,在則
陽篇。

③“勝”:盡,這裏指食之不盡。案這段孟子,在梁惠王章句上中。

④“雖有智惠”:“惠”字,是假借來作爲同音的“慧”字用的。這一節孟子,在
公孫丑章句上。

⑤“稊稗”:即野生的(稊)與栽培的(稗)稗子。這節孟子,在告子章句上。

⑥“夫地勢,水東流”:中國黃河與長江兩大河流之間的地帶中,所有大小河
道的流向,絕大多數是由西向東。因此,“東流”、“水向東”等,便成了
口語與文章中代表“自然趨勢”的一種説法。這一個自然趨勢,是中國
總地形西北高而東南低的必然結果;在戰國時代,交通稍微方便了一
些,大家便由旅行中,逐漸認識了這個地形與水流方向的關係。因此,
鄒衍一派“談天”的人,便附會了一個“天傾西北,地陷東南”的“共工觸
山”的神話。淮南子天文訓中,已有“地不滿東南,故水潦塵埃歸焉”的
話,原道訓更引用了那個神話,説:“昔共工之力,觸不周之山,使地東
南傾。”這裏的“地勢”,即指西北高而東南低的地形趨勢。

⑦“潦”:驟然增漲而擁擠着的水,形勢頗大的,稱爲“潦”,讀 làu;現在都寫
作“澇”。

⑧這一段淮南子,在脩務訓。

⑨這一段淮南子,在主術訓。

⑩這段淮南子,也在主術訓,但與上面的 3.16.4 不相連。

⑪“除道”:“清除道路”,包括整平、加闊、修繕橋梁。

⑫“昏張中”:“張宿”黃昏時在天空正中。下文“大火”、“虛”、“昂”都是
星宿。

⑬"昴星……季秋之月"："昴星昏中"，時令是"季秋"，即寒露、霜降兩個
　　節氣。

⑭這段淮南子，仍在主術訓，但與 3.16.4 及 3.16.5 都不相連。

⑮這段淮南子，在人間訓。

⑯淮南子中這段，在泰族訓和詮言訓中都有，字句略有異同。

⑰這兩句，在泰族訓，和上文相連；詮言訓中沒有這兩句。

⑱這一節淮南子，原道訓。

3.17.1　吕氏春秋曰："苗：其弱也，欲孤；弱，小也，苗始生，小
　　時，欲得孤特；疏數適①，則茂好也。其長也，欲相與俱；言
　　相依植，不偃仆。其熟也，欲相扶。相扶持，不傷折。是故
　　三以爲族，乃多粟。族，聚也。吾苗有行，故速長；弱不
　　相害，故速大；横行必得，從行必術②；正其行，通其
　　風。"行，行列也。

3.17.2　鹽鐵論曰："惜草芳者耗禾稼，惠盗賊者傷良人③。"

①"疏數適"："數"讀"朔"ṣuò，本來的意義是重複多次，這裏作"密"講。
　　"適"即適當、適宜。

②"術"："術"原來是"邑中道"，即大家可以共同走的正路；"技術""方術"的
　　意義從此衍生。作形容詞，便是相當寬大、正直。

③今本鹽鐵論中，没有這兩句。依文義看來，"芳"字應當是字形相近
　　的"茅"。

3.18.1　氾勝之書曰："種禾無期〔一〕，因地爲時①。"

3.18.2　"三月榆莢時，雨，高地强土〔二〕，可種禾。"

3.18.3　"薄田不能糞者，以原蠶矢②雜禾種種之，則禾
　　不蟲。"

3.18.4　"又：取馬骨，剉③一石，以水三石，煮之三沸。漉去

滓,以汁漬附子五枚。三四日,去附子,以汁和蠶矢羊矢各等分④,撓⑤呼老反,攪也。令洞洞⑥如稠粥。先種二十日時,以溲⑦種;如麥飯狀。常天旱燥時,溲之,立乾;薄布,數⑧撓,令易乾⑨;明日復溲。——天陰雨則勿溲!——六七溲而止。輒曝,謹藏;勿令復溼。至可種時,以餘汁溲而種之,則禾稼不蝗、蟲⑩。"

3.18.5 "無馬骨,亦可用雪汁。雪汁者,五穀之精也,使稼耐旱。常以冬藏雪汁,器盛,埋於地中。治種如此,則收常〔三〕倍。"

〔一〕"種禾無期":要術各版本無"禾"字。御覽卷 839 及卷 956 所引,有"禾"字。類聚和初學記所引,也都有禾字。"禾"字應當有,所以補入。

〔二〕"高地强土":要術各版本都作"膏地强"。御覽卷 839 及卷 956 所引氾勝之書,作"高地强土",才和要術前後所引氾書的說法符合,應照太平御覽改正。

〔三〕"常":御覽卷 823 誤作"萬"。

①"種禾無期,因地爲時":"種",作動詞用;"無期",是不機械地定下日期,必須"因地"(隨不同的地方)決定〔爲〕時間。這是最合理的原則。

②"原蠶矢":"原蠶"是一年多化的蠶;"矢",現在寫作"屎"。

③"剉":即斫碎、打碎;御覽卷 823 所引作"莝"。

④"蠶矢羊矢各等分":御覽卷 823 所引,無後面五字。很可能這五字並非氾勝之書的原文。

⑤"撓":依小注中所加音釋,該讀"hǎo",意義是攪拌。

⑥"洞洞":像稠粥或稀的漿糊一樣的稠度;攪時,很容易勻和,不攪時,隨即泯合。現在一般稱爲"膠凍";"凍""洞"同音。湖南長沙附近幾縣的方言中,形容稠的膠態體系,有兩種說法:一種是"sià dùn sià dùn"一種是"gua dùn gua dùn"。sià(陰去,"卸"字?)與 gua(陽去,"潰"字?)兩字是

什麼,我們暫時不管;其中的 duŋ(陰去),無疑地與"凍"(陰去)和"洞"
(陽去)有關。

⑦"溲":用少量的水或水液,和固體塊粒,一併攪和,稱爲"溲"。例如用水
淘米,稱爲"溲米";和麪,稱爲"溲麪";用水和泥,稱爲"溲埴"之類。

⑧"數":讀 şuò,即多次、頻繁。

⑨"令易乾":金鈔、明鈔都是"令則乾";御覽所引,無此句;農桑輯要所引,
只有"令乾"兩字;其餘要術版本,都作"令易乾"。"令易乾"比"令則
乾"更合乎情理,暫作"易";──但很可能"則"只是"即"的借用。

⑩"蝗、蟲":和前後文詳細核對後,我們覺得"蝗蟲"不是簡單的一個名稱,
而是"蝗與其他害蟲"。

3.19.1　**氾勝之書"區種法"曰:"湯有旱災**[一]**,伊尹作爲'區
田'**①**,教民糞種,負水澆稼**②**。"**

3.19.2　**"區田,以糞氣爲美,非必須良田也。諸山陵,近邑
高危傾坂,及丘城上**③**,皆可爲區田。"**

3.19.3　**"區田不耕旁地,庶盡地力。"**

3.19.4　**"凡區種,不先治地,便**④**荒地爲之。"**

3.19.5　**"以畝爲率:令一畝之地,長十八丈,廣四丈八尺。
當橫分十八丈作十五町;町間,分爲十四道,以通人
行**[二]**。道,廣一尺五寸;町,皆廣一丈五寸**[三]**,長四丈
八尺。"**

　　　"尺直橫鑿[四]**町作溝**⑤**。溝廣一尺**[五]**,深亦一
尺,積穰於溝間,相去亦一尺(嘗悉以一尺地積穰,不
相受;令弘**⑥**作二尺地以積穰**⑦**)。"**

3.19.6　**"種禾黍於溝間,夾溝爲兩行**⑧**。去溝兩邊各二寸
半。中央相去五寸,旁行相去亦五寸。一溝容四十四**

株，一畝合萬五千七百五十株⑨。"

3.19.7 "種禾黍，令上有一寸土。不可令過一寸，亦不可令減一寸。"

3.19.8 "凡區種麥，令相去二寸一行。一溝容五十二株；一畝凡四萬五千五百五十株⑩。"

　　　"麥上土，令厚二寸。"

3.19.9 "凡區種大豆，令相去一尺二寸。一溝容九株；一畝凡六千四百八十株⑪。"禾一斗有五萬一千餘粒，黍亦少此少許，大豆一斗一萬五千餘粒。

3.19.10 "區種苴⑫，令相去三尺。胡麻，相去一尺。"

3.19.11 "區種，天旱常溉之；一畝常收百斛。"

3.19.12 "上農夫⑬：區，方深各六寸，間相去九寸〔六〕。一畝三千七百區⑭。一日作千區。"

　　　"區：種粟二十粒；美糞一升，合土和之。畝，用種二升。秋收，區別三升粟〔七〕，畝收百斛。丁男長女⑮治十畝；十畝收千石。歲食三十六石⑯，支二十六年。"

　　　"中農夫：區，方七寸〔八〕，深六寸，相去二尺。一畝千二十七區⑰，用種一升，收粟五十一⑱石。一日作三百區。"

　　　"下農夫：區，方九寸，深六寸，相去三尺〔九〕，一畝五百六十七區⑲。用種六升⑳，收二十八石。一日作二百區。"

　　　諺曰："頃不比畝善"；謂多惡不如少善也。西兗州刺史劉仁之，（老成懿德，）謂余言曰："昔在洛陽，於宅田以七十步之

地,試爲區田,收粟三十六石。"然則一畝之收,有過百石矣;少

地之家,所宜遵用之。

3.19.13 "區中草生,芟㉑之。區間草,以利劃劃之〔一〇〕, 若㉒以鋤鋤。苗長㉓不能耘之者,以䥫鎌比地㉔刈其草 矣。"

〔一〕"湯有旱災":要術各本所引氾勝之書都相同。務本新書所引,作"湯有

七年之旱",不知根據什麼? 農政全書則將 3.19.2 以下,都引作賈思

勰底話。但 3.19.3 整條,文選(注)等書,都引作氾書,不知徐光啓由

什麼材料,證明 3.19.1 等條,不是氾書原有。

〔二〕"以通人行":金鈔、明鈔,以及祕册彙函系統版本的大多數,都作"以通

人行";但漸西村舍刻本,作"以通行人"。耕種的人,必須時常在町間

走動,所以必須"通人行"。既是田,田裏面便不能再有路來專門公開

給往來過路的"行人"。因此,只可以是"人行"。

〔三〕"一丈五寸":所有要術各種早期版本,包括金鈔、明鈔、明末所刻,這裏

都是"一尺五寸"。只有崇文書局刻本,是"一丈五寸"。依計算,畝橫

寬 18 丈,即 180 尺;分作 15 町;町間留下 14 條 1.5 尺寬的人行道。則

$$\frac{180-1.5\times14}{15}=\frac{180-21}{15}=\frac{159}{15}=10.6(尺)$$

和一丈五寸,還可以調和;若是一尺五寸,則無論如何,這個算術上簡

單的差額,不能說明,且不說下面"直橫鑿町作溝"該怎樣鑿了。這個

字底錯誤,究竟是氾勝之原書如此,還是賈思勰引錯,無法澄清。但要

術中的數字,不能核算的很多;所以,由賈思勰纏錯的可能很大。

〔四〕"尺直橫鑿":所有要術各種版本,這句前面,都有這一個"尺"字。下面

一句,已說明"溝一尺,深亦一尺";則這個"尺"字,便不是當作"每尺"

講,作爲解釋"鑿"字的副詞。因此,這個"尺"字根本沒有用處,反而障

礙着解不通;顯然是鈔寫時,承接上句末的"尺"字,多寫了一個。

　　"鑿"字,所有祕册彙函系統版本,和群書校補所據鈔本,都錯成

“鑒”字；現依金鈔、明鈔改正。

〔五〕“溝廣一尺”：“廣”字，各本都缺，依金鈔補。

〔六〕“相去九寸”：洪頤煊經典集林中，所輯氾勝之書，在這句下面，注有：“案後漢書注，九寸作七寸。”依後漢書劉般傳章懷太子注所引氾書，是“上農區田法：方深各六寸，相去七寸。”與下面的“中農夫”、“下農夫”比較，我們覺得還應當是九寸；而且，依九寸計算時，每畝的區數，比較上更接近於下文所說的三千七百（參看注解 3.19.12.⑭）。

〔七〕“秋收，區別三升粟”：要術各版本都是這樣；洪頤煊經典集林所輯氾勝之書，在這裏加注：“案後漢書注、文選注，‘丁男女治十畝’句，在‘秋收區三升’句上。”後漢書劉般傳注，是“上農……三千七百區，丁男女種十畝，至秋收，區三升粟，畝得百斛”。所以删去“區”下的“別”字。（值得注意的，後漢書注中所引，上、中、下農區田法，各段文字排列次序完全相同：都是“□農區田法，方□寸，深□寸，間相去□寸。一畝□□□區，丁男女種十畝，秋收粟，畝得□□□石”；最後總一句：“旱即以水沃之。”）

〔八〕“中農……方七寸”：洪輯和要術各本同作“九寸”；馬輯改作“七寸”，注：“齊民要術引作九寸，據後漢書注正”，改正得適合。

〔九〕“相去三尺”：要術大多數版本都是“相去二尺”；金鈔是“三尺”，與後漢書注作“三尺”的情形一樣。中農夫區的區距，已是二尺；下農夫區區距應是三尺。

〔一○〕“以利劉劉之”：祕册彙函系統各版本，都沒有“利”字。金鈔和明鈔則只有一個“劉”字。和下文“以鋤鋤”比着看，第一個“劉”字是名詞，即“以”的受格；第二個是動詞，以“之”爲受格，所以必需有兩個“劉”字才合適。漸西村舍刊本，作“以利劉劉之”，保存了“利”字，也顧全了句法底完整。我們暫依漸西村舍刊本改（“劉”是古字，現在寫作“鏟”）。

①“區田”：“區”字，據文選李善注，說“區，音鄔侯切”，即應當讀“歐”（ou）音。桂馥札樸卷七，引氾書及李善文選注之外，還說：“馥案：廣雅‘𡋡

剫，剻也’。廣韻‘剾，烏侯反，剾剫；又恪侯切，剻裏也’。馥謂‘區’當作‘剾’，謂剻刻地作方坎，以下種，使容糞，且耐旱；與壟田縵種迴異。"李善和桂馥以爲"區"字應當讀 ou 音，絕對正確。但桂馥所提出的"區"當寫作"剾"，則是"拘泥之見"。基本上，"區"字就有 ou 的音；——否則，歐、甌、鷗、嘔、漚、謳、樞、彄、敺……等過去只可讀 ou 音的形聲字從"區"，便無法解釋；而薀、褊、醔等字，也不會有兼讀 ou 音的道理。廣韻中，"區"就在十九侯，和"剾"字在一組中，不過，注解以爲是"姓"；——（案現在兩廣姓"區"的，還是讀 ao；所以"姓讀鄥侯切"也是正確的）——其實，作爲量名（豆、區、鍾、釜）之一的區，也正讀 ou 音，所以廣韻這個區別，並不盡合事實。我以爲"區"字的本義，不一定就是許慎所説的"踦區藏匿"。許慎勉强把"匚"（faŋ，受物之器，）和"匸"（xi，有所挾藏）分作兩部，理由實在薄弱。"區"字，明明應在"受物之器"的"匚"部中；它底原義，只是在地上"搹"（即"掊"）出一個小"甌"形的"區"來，盛受一些小物件。這是一個具體實際的物件；而"踦區藏匿"則是一件抽象的行爲。代表具體實際物件的字，必定比代表抽象行爲的字先造成，是大家公認的法則，所以"區"底原義，只能是掊成的"坎窞"。掊的動作，稱爲"搹"（讀 kou 或 ŋou〔＝ow〕，現在四川、湖南、江西、桂北的方言中還保存這個用法），像"區"的瓦器稱爲"甌"；盛受門軸的地面石製或木製坎窞稱爲"樞"；弓弩端上，承受弦的小凹處，稱爲"彄"；水面浮着的，像"區"一樣的空泡稱爲"漚"（平聲）；發生"漚"的水，所起的變化稱爲"漚"（去聲）；胃中的食物從口腔反出稱爲"嘔"、"歐"……一切都順理成章地可以推尋得到。"區種"或"區田"的"區"，正是"區"字底原音原義，不必再借用後來的"剾"字；——而且，要借也寧可借更近的"搹"字。

②"負水澆稼"：即運水來澆莊稼。"負"是用背和肩來承物，包括背負和肩挑。

　　　案御覽卷 821 所引，有氾勝之奏曰："昔湯有旱災，伊尹爲‘區田’，

教民糞種，收至畝百石。<u>勝之</u>試爲之，收至畝四十石”，前幾句，和
3.19.1 相似，但後面“<u>勝之</u>試爲之，收至畝四十石”，却是很特別的材
料。“奏曰”和“<u>勝之</u>試爲之，收至畝四十石”文氣很相呼應；可惜沒有
注明更詳細實在的出處，無法追查。

③“諸山陵……及丘城上”：這些，都只是不平正的地面：山是連綿的更高
的；陵是孤單的大土堆，即所謂“堲”；近邑是靠近城鎮；高危是一面峻
峭的高崖；傾阪是陡坡；丘是小土堆；城上，是城墙內側，有時作成斜
坡，仍可種植。

④“便”：“便”即“就”、“隨”、“將就”。

⑤“直橫墾町作溝”：依上文，每町長 48 尺，廣 10.5 尺，便是橫長的矩形。
直橫墾町作溝，即垂直於 48 尺的長邊，橫着町開溝。

⑥“弘”：即加寬。

⑦“積穰”：“積穰”兩個字，從現有的字面，望文生義地尋求解釋，是無法說
明的。“穰”是“打穀場”上的廢棄物品，包括藁秸、稃秕等材料。過去，
我從這方面考慮，以爲是莊稼成長後所覆蔭的地面，或者是用這些材
料作爲“基肥”，結果都不合適。後來，<u>南京農學院植物生理教研組</u><u>朱
培仁</u>先生，提出了一個極好的解釋：“積穰”是“積壤”寫錯了。壤是“息
土”，也就是掘鬆了的土。<u>九章算法</u>說：“凡穿地四尺，爲‘壤’五尺，爲
‘堅’三尺。”這就是說：把平常的地，掘鬆出來，成爲“壤”之後，容積要
增大 25%。在地面“墾町作溝，溝廣一尺、深一尺”之後，掘出的“壤”，
在“溝間”“積”起來至少要佔地一尺；很可能還“不相受”，而需要“令弘
作二尺地以積壤”。這樣解釋，在文義和事理上，都很順適。不過，“溝
間”弘作二尺以後，每町的溝數便得減少一些了。

⑧“於溝間，夾溝爲兩行”：區種法底主要原理，是使作物科叢託根處所，在
地平面以下（因此才稱爲“區”），來“保澤”（保墒）與利用“糞氣”。“區”
在地平面以下，水分的向上蒸發量可以稍微降低一些，側滲的漏出與
蒸發，則減低得很多；同時，營養物質的側滲流失，大部分也可以避免。

因此，"於溝間，夾溝爲兩行"，我們必須瞭解爲種"於溝底循溝爲兩行"；如將"溝間"解釋爲兩溝之間的地面上，便不合於區種原理，不能稱爲區種了。

⑨"四十四株，一畝合萬五千七百五十株"：這兩個數字，有問題。首先是彼此不能核對，如依上文所説的橫町鑿溝，假定溝間的"間"，也是 1 尺闊，則每町可鑿 23 溝；15 町，共 345 溝。如每溝 44 株，345 溝，共有 15180 株，不是 15750。其次，如果株距行株都依 5 寸計算，則一溝長 106 寸，除去兩端各留 2.5 寸，剩下 101 寸，只可有 21 株（20 個株間距，便是 100 寸），一溝只可有 42 株；345 溝，共 14490 株。中國科學院歷史研究所第二所錢寶琮教授，認爲每町應有 24 溝，每溝 44 株，每畝共 15840 株。

⑩"一溝容五十二株；一畝凡四萬五千五百五十株"：這條，原來接在 3.19.7 之後，則畫區的辦法，自然還是承接 3.19.6 所説的分町用溝割分。本節没有株距，只有行距。若是依"每溝容 52 株"計算，溝邊的 1 行是 26 株。106 寸，除去兩端各空 2 寸後，再分作 25 個株間，株間距應是 4 寸，即所給行距底兩倍（這種行距與株距，我們已覺得實在太小）。因爲行距是 2 寸；一溝兩行，假定行距離溝邊也是 2 寸，則溝闊至少是 6 寸。溝間闊，假定仍是 1 尺，則 48 尺長的町，共可容 31 溝，30 間。（6×31＋10×30＝186＋300＝486）15 町，共 465 溝；每溝 52 株，共 24180 株。和 45550 株相比，差得太遠。如將株距改作和行距相等，每溝應當是 104 株，465 溝是 48360 株，才能接近 45550 株的數字。但是，這樣的行距和株距（2 寸，將漢尺換算成近代的標準，是 0.046 公尺），在植株稍稍進行一兩次分蘖之後，便已經無"距"可言，而只是頗稠密的條播了。

⑪這條的數字，我們複算如下：

一溝容 9 株，株距 12 寸；9 株 8 間，96 寸，町寬 106 寸，還剩 10 寸。因此，"九"字應當是"十"；10 株 9 間，108 寸，少兩寸。

　　　　現在的溝,如果仍是 1 尺闊,種一行;則每町 24 溝,23 間。一畝
360 溝,每溝 10 株,共 3600 株。如果溝是 2 尺闊,種兩行,則每町 16
溝 15 間。一畝 240 溝,每溝 20 株,共 4800 株。這兩個數字,都和原
來的 6480 相差頗大。

　　　　如將 6480 株按 360 溝計算,則每溝應有 18 株。和原來的每溝 9
株相比,應解釋爲溝每邊 9 株。但一畦只有 1 尺闊,種兩行豆,便得和
"禾黍"一樣,兩行之間只留 5 寸的行距,即約 0.135 公尺,便又不合區
種法底原理原則了。

⑫"荏":是榨油用的"蘇子"。

⑬"上農夫":古代,歷朝將田地分給農民(授田)時,原則上是按田地底質來
　　定量分配的。産量高的好地,每丁每□的分配量低些;分得這樣的地
　　的農民,稱爲"上農"。每一分田的單位,稱爲"夫";"上農夫",約指分
　　得高產量好地一"夫"的一個"組",不一定是指從事農業生産的個別男
　　丁(後漢書注所引氾書,稱"上農區田法",沒有"夫"字)。質較低,産量
　　較小的地,因爲有"歲易"(即"輪替休閒")的必要,所以每分地底量較
　　大。因此"中農夫"地比"上農夫"多;"下農夫"比"中農夫"又多些。

⑭"三千七百區":我們計算:一畝地是 1800 寸×480 寸。如依每區方 6 寸,
　　區間 9 寸計算,則 1800 寸中,可有 120 個區,119 個間,合共是 6×120
　　+9×119＝720+1071＝1791 寸,還餘下 9 寸;480 寸中,可有 32 個
　　區,31 個間,合共是 6×32+9×31＝192+279＝471 寸,也還餘下 9
　　寸。總區數,應是 32×120＝3840 區。要是依後漢書所引的 7 寸計
　　算,480 寸中,37 區 36 間,共 474 寸,除 6 寸;1800 寸中,剛好有 139
　　區,138 間;總數是 5743 區。因此,我們仍保留 9 寸的區間距。

⑮"丁男長女":從前男子到 20 歲,稱爲"丁年",即可以服兵役的年齡。"丁
　　男"即達到丁年的男性;長女則是年歲已達到成年的女性。

⑯"歲食三十六石":據錢寶琮教授依九章算術"粟米章"計算:1 斗粟,春成
　　九折米(粺),合現在 1.08 市升,可供丁男一日之食,所以"歲食三十六

石",千石粟應可支持二十八年。

⑰"千二十七區":我們計算:480 寸中,可有 7 寸的區 18 個,20 寸的間 17 個,共 7×18＋20×17＝126＋340＝466 寸,餘 14 寸;或 19 區 18 間, 7×19＋20×18＝133＋360＝493 寸,不足 13 寸。1800 寸中,可容 67 區,66 間,共 7×67＋20×66＝469＋1320＝1789 寸,餘 11 寸;或 68 區 67 間,共 7×68＋20×67＝476＋1340＝1816 寸,不足 16 寸。共 18× 67＝1206 區,或 19×67＝1273 區,或 18×68＝1224 區,或 19×68＝ 1292 區。總之,1027 區數字太小。

⑱"五十一":錢寶琮教授認爲這個"一"字是衍文。

⑲"五百六十七區":我們計算:480 寸中,可容 9 寸的區 13 個,30 寸的間 12 個,共 9×13＋30×12＝117＋360＝477 寸,餘 3 寸。1800 寸中,可容 46 區,45 間,共 9×46＋30×45＝414＋1350＝1764 寸,餘 36 寸;或 47 區,46 間,共 9×47＋36×46＝423＋1380＝1803 寸,不足 3 寸。共可 容 46×13＝598 區,或 47×13＝611 區。

⑳"用種六升":如按上面 5000(上農約數)區用二升,1250(中農約數)區用 1 升的遞增比例算,則 600 區(下農約數)便只應用 0.75 升,充其量仍 用一升。錢寶琮教授認爲"升"字應是"合"字。

㉑"芟":這裏作動詞用,是"除芟"的意思;除芟即"連根拔掉"。

㉒"若":即"或"。

㉓"苗長":長讀上聲,即"長大了";苗長大後,不能到區中去除芟,也不能剗 或鋤,便是"不能耘"的情形。

㉔"以劬鎌比地":"劬"讀 gou;劬鎌,就是彎曲像鈎一樣的鎌刀。"比"讀去 聲,即接連;比地就是貼着地面。

3.20.1 <u>氾勝之</u>曰:"驗:美田,至十九石;中田,十三石;薄 田,一十石。"

3.20.2 "尹擇取減法神農①,復加之骨汁糞汁種種②。

　　剉馬骨、牛、羊、豬、麋、鹿骨一斗,以雪汁三斗,煮之三沸。取汁,以漬附子;——率:汁一斗,附子五枚。漬之五日,去附子。擣麋、鹿、羊矢,分等,置汁中,熟撓,和之③。候晏,温,又溲曝,狀如后稷法④。皆溲汁乾,乃止。"

3.20.3 "若無骨,煮繰蛹汁和溲。"

3.20.4 "如此,即以區種之。大旱澆之。其收至畝百石以上,十倍於后稷。"

3.20.5 "此言馬、蠶,皆蟲之先也;及附子,令稼不蝗、蟲。骨汁及繰蛹汁,皆肥,使稼耐旱,終歲不失於穫。"

①"尹擇……神農":絕對大多數的要術版本,這句都是"尹擇取減法神農";馬國翰以爲,"尹擇"就是漢書藝文志中農家書尹都尉書的作者。漢書藝文志"本注"中,明明説過"不知何世";因此,馬國翰這個推想,根據實在非常薄弱。與氾書現存材料反覆比較後,我們假定,"尹"字是"居"字之誤,"取"字是"趣"字之誤,"減"字是"咸"字之誤。即這七個字,改作"居澤,趣時,咸法神農"八個字。在字形上,這三對字底混淆,是不難理解的。"居澤"(見卷二的 15.2.1 節),"趣時",則都是氾勝之本人用的話。"咸法神農"的解釋是這樣:依我的推想,氾勝之時代,漢書藝文志中所載的農家書"神農書",可能正在流行;所以居澤趣時,"都取法於神農書"。否則照字面來説,"尹擇取減法,神農復加之",我們不但無法説明減的是什麼,加的是什麼? 而且,還得忽然在神農這個半神話式的人物之前,更假定有不見於其他任何傳説的尹擇先存在,"復"字才能有交代,就比我的假設還要難找根據了。

　　這段書是否真是氾氏原文,我們暫且保留,不作結論:就内容説,(甲)這一段除和 3.18.4 與 10.11.2 兩節,有些重複之外,整個體系却繁縟得多,不像那兩節那麼簡潔樸素;(乙)"后稷法"是什麼? 在要術及御覽所引氾書其他各條都未見過；(丙)其他各處，只提到馬骨湯，没有"繰蛹汁"；(丁)氾書常見的鹽矢，在糞種法中也是重要成分，這裏没有。其次"候晏温"這一句，也不很像氾書現存材料中的任何語句。

②"種種"：要術各版本，都是"種種"。我們由前後各節氾書，特別是 3.18.4 和 10.11.2 兩節，相互對照，覺得應當改作"糞種"。"糞種"(即以糞汁骨湯處理種子)，是氾勝之自己提出的名稱(見 3.19.1)。周官草人鄭玄注："土化之法，化之使美，若氾勝之術也"；氾勝之却"託古"，把這種處理法記在伊尹名下。這節所説的"骨汁糞汁"，正是"糞種"的方法，所以我們覺得"糞種"比不確定的"種種"更合適些。

③"和之"：所有要術各版本，都是"和之"。但下句"候晏温又溲曝"，溲曝的對象，當然只能是種子；那一句話的主格(即種子)，却省略了。這句，如果依原文作"和之"，則"之"字所代表的，不應當是種子而只能是各種屎。這樣，"糞種"這套手續中的對象，竟始終不曾明白見面。如果不在"和之"之後，加一句，"以溲種"，則必須把"之"字改作"種"字。

④"后稷法"：這裏所説的"后稷法"究竟是什麼？我們尋不出任何綫索。可能是當時流行着的，關於農業生産技術的一些傳説方法，正像農家書中的神農書、野老書之類，假託出自后稷。漢書藝文志中所收書目，像這樣假託古代名人的還很多，不過，偏就没有后稷書，所以我們的推想，只能作爲一種無根之説。3.20.4 節末了"十倍於后稷"，也應當是后稷法(參看"雜説"注解 00.2.①)。

3.21.1 "穫，不可不速，常以急疾爲務。芒張葉黄[一]，捷穫之無疑。"

3.21.2 "穫禾之法，熟過半，斷之。"

[一]"芒張葉黄"："葉"字，祕册彙函系統各版本作"棄"；依金鈔、明鈔，改正作"葉"。

3.22.1 孝經援神契①曰："黄白土宜禾。"

3.22.2 説文曰:"禾,嘉穀也。以二月始生,八月而熟,得之中和,故謂之禾。禾,木也,木王而生,金王而死②。"

3.23.3 崔寔曰:"二月三月,可種稙〔一〕禾;美田欲稠,薄田欲稀。"

〔一〕"稙":明鈔及祕册彙函系統版本作"植",依金鈔及下面所引的氾勝之書"稙禾,夏至……"改正。參看上面校記3.3.2.〔一〕和注解3.4.1.①。

①"孝經援神契":這是漢代人所作的孝經緯。原書已散佚。

②"禾,木也,木王而生,金王而死":"王"字應讀去聲,現在寫成"旺",即興盛的意思。依漢代"五行"的説法,春季屬"木";二月,是"木"旺盛的時候。秋季屬"金",八月是"金"旺盛的時候。禾二月生,八月死;所以説"木王而生,金王而死"。依五行生尅的安排,金尅木;屬於木的東西,必定被金尅制。禾既在木旺的時候生,又在金旺的時候,被金尅制而死,則禾應是"木"這一類的東西。這是許慎(?懷疑是否後人竄改的!)對於"禾"字下面從"木"的解釋。事實上,禾字下面的部分,只是葉、莖、根的形狀與"木"字相同,而並不是從"木"。

3.23.1 氾勝之書曰:"稙禾〔一〕,夏至後八十、九十日,常夜半候①之。天有霜,若②白露下,以平明時,令兩人持長索,相對,各持一端,以概③禾中,去霜露。日出,乃止。如此,禾稼五穀不傷矣。"

〔一〕"稙禾":祕册彙函系統各版本都是"植禾"。應依金鈔和明鈔,改作"稙禾"。"稙禾"是早禾,和"稺"(遲禾)相對。

①"候":"伺候",有等待、觀察、估定等含義。粵語系統的方言中,至今還保留着單用一個"候"字作爲動詞(讀陰去),表示等待窺伺的動作。

②"若":解作"或"、"及"、"與"。

③"概":用升斗斛等量器,量乾燥物件如糧食、果實等時,要用一個小器具,

把量器口上的"堆尖"括去。這一個小器具,就稱爲"概";——湖南稱
爲"盪扒子"。用概來括平的動作,就是"概括"。這裏的概,正是平着
盪去、括去的意思。

3.24.1 氾勝之書曰:"稗,既堪水旱〔一〕,種無不熟之時。又
　　特滋茂盛〔二〕,易生〔三〕。蕪穢良田,畝得二三十斛。宜
　　種之以備凶年〔四〕。"

3.24.2 "稗中有米。熟時,擣取米炊食之,不減粱米〔五〕。
　　又可釀作酒。"

3.24.3 酒勢美釅〔六〕,尤踰黍秫。魏武使典農種之,頃收二千斛,斛
　　得米三四斗。大儉,可磨食之〔七〕。若值豐年,可以飯〔八〕牛、
　　馬、豬、羊①。

〔一〕"既堪水旱":御覽卷 823 所引,無"既堪"兩字。如按御覽引文句讀(没
　　有"既堪"兩字):"稗,水旱種無不熟之時",原也很順適成文。但御覽
　　引書,常任意省略,不加聲明,遠不如要術審慎。所以這兩個字,仍依
　　要術保留。

〔二〕"茂盛":御覽卷 823 無"茂"字。

〔三〕"易生":御覽卷 823 作"易得"。

〔四〕"以備凶年":"以"字,依御覽卷 823 補。

〔五〕"粱米":御覽卷 823 作"粢米";祕册彙函系統本作"粟米"。都是錯誤
　　的。現依金鈔及明鈔本改正。

〔六〕"酒勢美釅":祕册彙函系統版本,"勢"作"甚","釅"誤作"釀"(御覽卷
　　823 所引,無此一句)。

〔七〕"可磨食之":明鈔和龍溪精舍本,"之"字作"也";依金鈔及明清刻本改
　　正作"之"。

〔八〕"可以飯":"飯"字,金鈔原鈔作"飲",後來校改"飯"。御覽所引,無
　　此二句。

①這一節，御覽卷 823 也引有，無首句和末句，而且直接連在 3.24.2 後面，作爲氾勝之書的一節正文，而未說明引自齊民要術。此外，最奇怪的一點，是將"魏武"兩字，改作"武帝"；大概因爲既是引氾勝之書，氾勝之是漢成帝時的人，不能預知魏武帝的事情，所以便改作漢成帝之前的漢武帝。洪頤煊所輯經典集林中的氾勝之書，以爲御覽是正確的，除輯入氾書之外，還倒轉來根據御覽"批評""校正"齊民要術，說"案'酒甚美'以下，齊民要術作注文，'武帝'譌作'魏武'；今改正"。馬國翰玉函山房輯佚書中所輯的氾勝之書，也有這一節，但加"按語"說："按：此乃賈思勰引氾勝之書，以證'備凶年'之意。原文作'魏武'；御覽誤作'武帝'，又訛爲氾書正文。元農桑輯要卷二，引氾勝之書，此節下全載思勰注文，亦作'魏武'，甚分明。"是正確的。洪頤煊相信後來的御覽，依御覽去校改要術，不知他所根據的理由是什麼？我們今日看來，御覽裏面有一頗顯明的漏洞："典農校尉"這一官職，據御覽卷242，是"魏武帝"曹操，作後漢的丞相時，"奏請"設立的。漢武帝時，只有"大農"與"搜粟都尉"這兩個管農業的官，沒有"典農"。因此，漢武帝令"典農"種種，便是倒轉了歷史年代。氾勝之對於"備凶年"的"重視"，我們還沒有找到更多的材料；但賈思勰對於"備荒"，極"有興趣"：凡遇到具有備荒效用的東西，總要再三強調備荒的重要性；芋、蕪菁、橡子、杏仁、杏子、桑椹，他都詳細說過。馬國翰說賈思勰自爲注語，以證"備凶年"之意，大概也體會到了這一點(?)；可惜還沒有說明爲什麼要證"備凶年之意"的理由，應該作點補充。至於馬國翰所說，"元農桑輯要引氾勝之書，……全載思勰注文"，這句話，仍有些問題：我們認爲，編農桑輯要時，只有根據齊民要術去"轉錄氾書"的可能，而不會"引"氾書，以"思勰注文""全載"下去，替氾書作注腳，——因爲在元初氾書早已失傳了！

3.25.1　蟲食桃者粟貴①。

①"蟲食桃者粟貴"：此句與上文(3.32.1 至 3.24.3)不相涉；顯然不會是氾

<u>勝之書</u>。可能是録自迷信的占候書<u>雜陰陽書</u>。卷二<u>大小麥第十</u>10.7.2 所引<u>雜陰陽書</u>"蟲食杏者麥貴",可以參證。

3.26.1 <u>楊泉物理論</u>①曰:"種作曰'稼',稼猶種也;收斂曰'穡',穡猶收也。古今之言云爾②。稼,農之本;穡,農之末。本輕而末重,前緩而後急。稼欲熟,收欲速,此良農之務也。"

①"<u>楊泉物理論</u>":是一部晉代的書,現已散佚。<u>太平御覽</u>卷 824 所引這一則,"稼欲熟"是"稼欲少苦,穡欲熟",似乎比這裏所引的更完備,但不如這兩句對稱好而且叶韻。

②"古今之言云爾":即古代和現今的説法,是這樣(分別)。這裏,"古今"兩字相連,和自序 0.1 注中的"古今"兩字分屬兩句不同。

3.27.1 <u>漢書食貨志</u>曰:"種穀:必雜五種,以備災害。<u>師古</u>曰:"歲、田有宜,及水、旱之利也。種即五穀,謂黍、稷、麻、麥、豆也。"田中不得有樹,用妨五穀。"五穀之田,不宜樹果。諺曰:"桃李不言,下自成蹊。"匪直妨耕種,損禾苗,抑亦墮夫〔一〕之所休息,豎子之所嬉遊。故<u>管子</u>曰:<u>桓公問於</u>〔二〕:"飢寒,室屋漏而不治,垣墙壞而不築,爲之奈何?"<u>管子</u>對曰:"沐①塗樹之枝。"公令謂左右伯〔三〕,"沐涂樹之枝"。期年,民被布帛、治屋、築垣墙。公問:"此何故?"<u>管子</u>對曰:"<u>齊</u>,<u>萊夷</u>之國也〔四〕。一樹而百乘息其下;以其不梢〔五〕也,衆鳥居其上,丁壯者挾丸操彈居其下,終日不歸。父老拊〔六〕枝而論,終日不去。今吾沐涂樹之枝,日方中,無尺陰;行者疾走,父老歸而治産,丁壯歸而有業。"

3.27.2 "力耕數耘,收穫如寇盜之至。"<u>師古</u>曰:"力,謂勤作之也;如寇盜之至,謂促遽之甚,恐爲風雨所損。"

3.27.3 "還廬^②樹桑；師古曰："還，繞也。"菜茹有畦；爾雅曰："菜，謂之蔌"〔七〕，"不熟曰饉"，"蔬，菜總名也；凡草菜可食，通名曰'蔬'"。案：生曰"菜"，熟曰"茹"；猶生曰"草"，死曰"蘆"。瓜、瓠、果、蓏郎果反。應劭曰："木實曰果，草實曰蓏。"張晏曰："有核曰果，無核曰蓏。"臣瓚案："木上曰果，地上曰蓏。"説文曰："在木曰果，在草曰蓏。"許慎注淮南子曰："在樹曰果，在地曰蓏。"鄭玄注周官曰："果，桃李屬；蓏，瓜瓠屬。"郭璞注爾雅曰："果，木子也。"高誘注呂氏春秋曰："有實曰果，無實曰蓏。"宋沈約注春秋元命苞曰："木實曰果；蓏，瓜瓠之屬。"王廣注易傳曰："果蓏者，物之實。"殖於疆易^③。"張晏曰："至此易主，故曰'易'。"師古曰："詩小雅信南山云：'中田有廬，疆易有瓜。'即謂此也。"

3.27.4 "雞、豚、狗、彘^④，毋失其時，女修蠶織，則五十可以衣帛，七十可以食肉。"

3.27.5 "入者必持薪樵。輕重相分^⑤，班白不提挈。"師古曰："班白者，謂髮雜色也。不提挈者，所以優老人也。"

3.27.6 "冬：民既入，婦人同巷相從，夜績女工^⑥，一月得四十五日。服虔曰："一月之中，又得夜半爲十五日；凡四十五日也。"必相從者，所以省費燎火〔八〕，同巧拙而合習俗。"師古曰："省費，燎火之費也。燎所以爲明，火所以爲温也。"燎，音力召反。

〔一〕"墮夫"：明鈔、金鈔作"墮"，學津討原作"惰"；"墮"字可借作"惰"用。

〔二〕"管子曰：桓公問於"：明鈔、金鈔都作"管子曰：桓公問於"，"於"字顯然有誤，懷疑是"云"，否則該是"故桓公問於管子曰"。

〔三〕"伯"：群書校補所據鈔宋本及祕册彙函系統版本無此字。暫依明鈔、

　　金鈔補入。

〔四〕“齊，萊夷之國也”：“萊”字明鈔及群書校補所據鈔宋本作“華”；金鈔作
　　　“葉”。依明清各本及今本管子改。

〔五〕“梢”：明清刻本誤作“稍”。“梢”是“切去枝梢”。

〔六〕“拊”：明鈔、金鈔譌作“謝”，祕册彙函系統版本與今本管子同，應作
　　　“拊”。

〔七〕“菜，謂之蔌”：金鈔與今傳本爾雅同，作“蔌”；明鈔作“藗”；祕册彙函系
　　　統版本均作“蔬”。

〔八〕“燎火”：金鈔與宋本漢書同作“尞火”；“尞”是古字；“燎”字多加了一個
　　　“火”旁，是後來的字。燎火是在地上堆着燃料點着發光；“營火”即是
　　　一種燎火。

①“沐”：“沐”即砍伐樹的小枝梢。“沐”本義是洗頭及整理頭髮，用於樹，便
　　　是整理樹冠，作及物動詞用。

②“廬”：廬是臨時性的、草率的住處，和現在所謂“工棚”相類。據從前的説
　　　法，古代農作季節時，大家在田野的廬中住着，冬天就回到都邑（市集）
　　　裏住。

③“疆易”：“易”字，後來都寫作“場”。疆場（不是疆場！）指地界或國界。

④“雞、豚、狗、彘”：豚是小豬，彘是母豬。雞、豚、狗是專供肉食用的；彘則
　　　是兼作蕃殖小豬與供肉兩方面用的。

⑤“輕重相分”：“相”應讀去聲，即酌量；“相分”，是作適當的分配。

⑥“女工”：“工”字讀guṇ（有時也寫作“女紅”，即婦女們的勞動）。

3.28.1 “董仲舒曰：‘春秋他穀不書；至於麥禾不成，則書　　之。以此見聖人於五穀最重麥禾也。’”

3.29.1 “趙過爲‘搜粟都尉’。過能爲代田，一晦三〔一〕甽，
　　　師古曰：“甽，壟也。音工犬反，字或作‘畎’。”歲代處，故曰
　　　‘代田’；師古曰：“代，易也。”古法也。”

3.29.2 "后稷始甽田；以二耜爲耦。<u>師古</u>曰："併兩耜而耕。"
廣尺深尺，曰'甽'，長終畝；一畝三甽，一夫三百甽，而
播種於甽中。<u>師古</u>曰："播，布也；種謂穀子也。"苗生葉以
上，稍耨隴草。<u>師古</u>曰："耨，鋤也。"因隤其土，以附苗
根。<u>師古</u>曰："隤，謂下之也。音頹。"故其詩曰：'或芸或
芋，黍稷儗儗。'<u>師古</u>曰："小雅甫田之詩。儗儗，盛貌；芸，音
云；芋，音子；儗，音擬。"芸，除草也；芋，附根也。言苗稍
壯，每耨輒附根。比盛暑，隴盡而根深，<u>師古</u>曰："比，音
必寐反。"能風與旱；<u>師古</u>曰："能讀曰'耐'也。"故儗儗而
盛也。"

3.29.3 "其耕、耘、下種田器，皆有便巧。"

3.29.4 "率十二夫爲田，一井一屋，故畝五頃。<u>鄧展</u>曰："九
夫爲'井'，三夫爲'屋'；夫百畝^{〔二〕}，於古爲十二頃。古^{〔三〕}百
步爲畝；漢時，二百四十步爲畝，古千二百畝，則得今五頃。"
用耦犁：二牛三人。一歲之收，常過縵田畝一斛以上，
<u>師古</u>曰："縵田，謂不爲甽者也。縵，音莫幹反。"善者倍之。"
<u>師古</u>曰："善爲甽者，又^{〔四〕}過縵田二斛已上也。"

3.29.5 "過使教田太常三輔。<u>蘇林</u>曰："太常，主諸陵；有民，故
亦課田種。"大農置功巧奴與從事，爲作田器；二千石遣
令、長、三老、力田及里父老，善田者，受田器，學耕種
養苗狀。"<u>蘇林</u>曰："爲法意狀也。"

3.29.6 "民或苦少牛，亡^①以趨澤；<u>師古</u>曰："趨，讀曰趣；趣及
也。澤，雨之潤澤也。"故平都令光^②，教過以人輓^③犁。
<u>師古</u>曰："輓，引也；音晚。"過奏光以爲丞，教民相與庸^④

輓犁。師古曰：“庸，功也；言換功共作也。義亦與庸賃同。”
率多人者，田日三十畮；少者十三畮。以故田多
墾闢。”

3.29.7 “過試以離宮卒，田其宮壖地⑤，師古曰：“離宮，別處
之宮；非天子所常居也。壖，餘也；宮壖地，謂外垣之內，內垣
之外也。諸緣河壖地，廟垣壖地，其義皆同。守離宮卒，閒而
無事；因令於壖地爲田也。壖音而緣反。”課⑥得穀皆多其
旁田，畮一斛以上。令命家田三輔公田。李奇曰：“令，
使也，命者，教也。令離宮卒教其家田公田也。”韋昭曰：“命謂
爵命者；命家，謂受爵命一爵、爲公士以上，令得田公田，優之
也。”師古曰：“令，音力成反。”又教邊郡及居延城。”韋昭
曰：“居延，張掖縣也，時有田卒⑦也。”

3.29.8 “是後，邊城、河東、弘農、三輔、太常民，皆便代
田⑧；——用力少而得穀多。”

〔一〕“三”：明鈔誤作“二”。金鈔及明清刻本俱作“三”；景祐本漢書及各家
　　注本，亦作“三”，應改正。

〔二〕“夫百畮”：明鈔及明清刻本，“畮”均作“畍”；今依金鈔改正作“畮”。
　　“畎、畮”這兩個字，“畎”和“畍”本書很少用到；“畮”字只在這節中用，
　　其餘各處作“畮”。

〔三〕“古”：明鈔及明清刻本作“故”，依金鈔改正。

〔四〕“又”：明鈔及群書校補所據鈔宋本作“以”，金鈔及祕册彙函系統版本
　　作“又”。“又”字是對的。

①“亡”：借作“無”字用。

②“故平都令光”：“故”是“過去”，舊時；即過去曾經作過，現在已經解職的。
　　“平都”是地名。“令”是“長官”。“光”是人名。此人的姓不可考，只知

道他過去（即在教趙過用人力拉犁以前）作過平都地方的長官。

③"輓"："輓"是用力牽引一個東西，使它運動。

④"庸"：現在寫作"傭"，即"傭請"。顏師古在注中所謂"換功"，是付出一定
　　物質或貨幣作代價，去"換"取人"功"；所以"義亦與傭賃同"。有一個
　　時期，農村中實行的"換功制度"，與光所教的"相與庸"完全相同。

⑤"田其宮壖地"："田"是耕墾作爲田；"壖地"，原來的小注中已有解釋。即
　　"教守離宮的兵，將他們所守離宮圍墻間的地，開作田來耕種"。

⑥"課"：課是規定辦法，推行之後，加以檢查（計算）和督促。趙過這一系列
　　的作法，很像一個農學家的工作：先根據一定的原理，想出一定的辦
　　法，在一定地面上作了一些試驗。然後根據試驗的結果，計算出來，再
　　行推廣。

⑦"田卒"：屯墾的軍隊。

⑧"便代田"：以代田爲方便。

釋　文

"稗"附後（因爲稗是穀子一類的植物，所以附在此處）

3.1.1　種穀："穀"就是"稷"。把稷的種實"粟"稱爲"穀"，是因爲
　　"穀"是包括一切穀類〔五穀〕的總名稱，並不是專指粟的。但
　　是現在（南北朝黃河流域）的人，因爲"稷"是穀類最有名的代
　　表〔望〕，所以習俗中都把粟稱爲"穀（子）"。

3.1.2　爾雅（釋草）說："粢是稷"；說文說："粟是嘉穀的種實（嘉穀
　　就是稷）。"

3.1.3　郭義恭廣志說："有赤粟（莖是白的），有黑枝〔格〕雀粟，有張
　　公斑，有含黃蒼，有青稷，有雪白粟（又稱爲"白莖"）。還有白
　　藍、下竹頭（莖是青的）、白逯麥、擢石精、黑狗脚掌〔盧狗蹄〕"
　　等等名稱。

3.1.4　<u>郭璞</u>注<u>爾雅</u>説："現在（<u>晉</u>代）<u>江東</u>把稷稱爲粢。"<u>孫炎</u>注説："稷就是粟。"

3.1.5　據我所知〔按〕，現在（<u>後魏</u>）的粟名，多半用人的姓名作名目，也有看形狀或配合〔會〕意思〔義〕作名稱的。（現在）姑且〔聊復〕記下來：朱穀、高居黃、劉豬獬、道憨黃、聒穀黃、雀懊黃、續命黃、百日糧。有起婦黃、辱稻糧、奴子黃、穊（音加）支穀、焦金黃、䳢（音 an）履倉（一名麥爭場），這十四種，成熟早而耐旱，不惹蟲；其中聒穀黃和辱稻糧兩種味道好。今墮車、下馬看、百群羊、懸蛇、赤尾、羆虎、黃雀、民泰、馬曳韁、劉豬赤、李浴黃、阿摩糧、東海黃、石騍（音 luò）歲（音 suò）青（莖青黑，成熟時〔好〕黃）、陌南禾、隈堤黃、宋冀癡、指張黃、兔腳青、惠日黃、寫風赤、一睨（音 nièn）黃、山鹺（音 cuo）、頓穭黃，這二十四種，穗子有毛，不怕風，雀鳥不傷害；其中一睨黃一種，容易舂。寶珠黃、俗得白、張鄰黃、白鹺穀、鈎干黃、張蟻白、耿虎黃、都奴赤、茄蘆黃、薰豬赤、魏爽黃、白莖青、竹根黃、調母粱、磊䃡黃、劉沙白、僧延黃、赤粱穀、靈忽黃、獺尾青、續德黃、稈容青、孫延黃、豬矢青、煙熏黃、樂婢青、平壽黃、鹿橛白、鹺折筐、黃穭穄、阿居黃、赤巴粱、鹿蹄黃、餓狗倉、可憐黃、米穀、鹿橛青、阿邏邏，這三十八種中，租火穀、白鹺穀、調母粱三種味道好；稈容青、阿居黃、豬矢青三種，味道不好；黃穭穄、樂婢青兩種容易舂。竹葉青（又名"胡穀"）、石抑閟（音 g̪uài）、水黑穀、忽泥青、衝天棒、雉子青、鴟腳穀、雁頭青、攬堆黃、青子規等十種，成熟晚，不怕潦；但是一有蟲災就全壞了。

3.2.1　穀子，成熟有早有晚，（穀）苗莖稈有高有矮，收下的種實有多有少，植株質地性狀有的堅強有的軟弱，穀米的味道有的好有的不好,穀粒舂成米時有的耗折多,有的耗折少。成熟早的,莖稈矮,但收穫量大;成熟晚的,莖稈高而收穫量少。植株堅強的,都矮小,黃穀就是這樣;植株軟弱的,就長得高,青穀、白穀、黑穀是這樣。收穫量少的味道好,但折耗多;收穫量高的,味道不好而折耗少。(另一方面,種穀的)地,肥力〔勢〕有高低,好地宜於晚些種,瘦地必須早種。好地不僅宜於晚些種,種早了也不會有妨害;瘦地必須早種,種晚了一定沒有種實可收。不同的地形條件,也應當作不同的配合。山地宜種苗堅強的,才可以避免氣候劇烈變化〔風霜〕的損害;低而多水的地,種較軟弱的,可以希望得到較高的收穫。

3.2.2　順隨天時,估量地利,可以少用些人力,多得到些成功。要是根據主觀,違反天然法則,便會白費勞力,沒有收穫。到泉水裏去砍樹,到山頂上去捉魚,只能空手回來;逆着風向潑水,從平地往坡頭滾球,勢必有困難。

3.3.1　穀子田,前作〔底〕是綠豆、小豆的地最好〔上〕,麻、黍、脂麻就差些,蕪菁和大豆的最不好。曾經見過〔嘗見〕種過瓜的地種穀子,和綠豆底一樣好。(本書)原來不預備具體討論,不過姑且記在這裏。

3.3.2　好地,一畝用五升種;瘦地用三升。這是指早〔稙〕穀說的,如果種晚田,種子分量要加高些。

3.3.3　穀田,必須年年〔歲〕更換〔易〕。㠠(音 jèn)子(?)(不更換地,)就會有多量雜草混入,收成也會減低。

3.4.1　二三月下種的,是早禾;四五月下種的,是晚禾。

3.4.2　二月上旬，趕上雄麻散花粉〔菩：音 bei 或 bo〕，楊樹出葉生花的時候下種，是最好的時令；三月上旬，到清明節，桃花剛開，是中等時令；四月上旬，趕上棗樹出葉，桑樹落花便是最遲的時令了。

3.4.3　遇到某年年運宜於晚的，到五月甚至於六月初還可以種。

3.5.1　凡春天下種的，要種得深些，而且應當用重的"撻"拖過（壓下去）；夏天下種，就要種淺些，撒下去，便可以出芽了。

3.5.2　春天温度低〔氣冷〕，出芽遲；如果不用撻壓下去，根部和泥土連結不够緊密〔虛〕，就是發了芽，也容易死。夏天温度高，發芽快，拖撻壓過之後如果遇雨，泥土乾後會結成硬塊。春天遇到雨水多的情形，也許就不該拖撻；一定要拖的話，必定要等〔須待〕地面發白。溼着拖撻，土便會堅硬。

3.6.1　種穀子，都以雨後下種爲好：下過小雨，趁〔接〕溼時種；下大雨，等雜草發芽後再種。雨下得小，不趁溼時下種，禾苗不容易發生；雨大了，如不等地面發白，溼着就去輥壓，禾苗會瘦弱。雜草如果很多，先鋤一遍，然後下種，才合適。

3.6.2　春天遇到乾旱時，（去年）秋天耕過的地，可以敞開地面〔仰壠〕等下雨。春天耕開的地可不能這麼辦！

3.6.3　夏天如果敞開地面，不僅〔匪直〕（大雨會將種子）衝去〔盪汰〕，不能發芽，而且（就算發芽，）莊稼和雜草也會混雜一處。

3.7.1 田，能有些早有些晚更好。預防（本年）年運季節宜早宜晚（有變化）。

3.7.2 有閏月的年分，（閏月以前的）節氣落後一些，應當晚點種田；但一般都應當早些種，早田要比晚田加一倍。早田乾淨，容易整理；晚田雜草多，整理麻煩。至於收成該多少，是當年年運有相宜（或不相宜），本來與早種晚種無關。但是早穀皮殼薄，米粒充實而且數量多；晚穀皮殼厚，米粒少而且不充足。

3.8.1 苗長到像馬耳（一樣長時），就用小尖鋤〔鏃：音 cu〕來鋤。俗話説："想得到穀，馬耳時鏃。"

3.8.2 缺苗〔稀〕而露出了地面〔豁〕的地方，鋤開地，（移些秧苗來）補上。（雖然）費些工夫〔用功〕，自不必説；但是所收的利益，總是〔動〕能到（功的）百倍。

3.9.1 穀類作物，總是在秧苗小時就鋤好。小時鋤，不但省功夫，所得的穀，也加倍地好。大了纔鋤，雜草（也長大了），根多而密，功夫用得多，益處却反而不大。

3.9.2 好田，間苗的標準，是一尺留下一"科"。劉章耕田歌（見漢書朱虚侯傳）説："深深地耕，密密地〔概〕種，留下的苗却要稀；凡不屬於同類的，一律都鋤掉。"俗話説："（科叢之間）可以讓車馬掉頭的，和扔件衣服也都掉不下去的，一畝總只能收十石。"意思是説，太稀太密，收成都是一樣（不好）。

3.9.3 瘦地，跟着〔尋〕壟，用脚尖踏。因爲不行中耕了。

3.10.1 苗長出壟了，深深地鋤。

3.10.2 鋤的次數不嫌多，依次序反復週期地鋤，不要因爲未見到雜草就暫時停止。鋤地，不單是爲了除草；鋤了後地均勻〔熟〕，（結的）子實多，糠薄，舂時耗折小。鋤過十遍，（十成穀）便可出八成米。

3.10.3　春天鋤，爲使土地疏鬆〔起〕；夏天鋤，爲的除草。所以春天不要在溼時鋤；六月以後，溼時鋤也無妨礙。春天禾苗没有長起來，蔭蔽地面的力量不够。溼時鋤，就會（乾成）硬（塊）。夏天，苗長大了，遮蔽面大，地面見不着太陽，所以就是溼時鋤，也不會發生妨礙。管子説："掌管國家政事的，使農夫在寒冷時耕，炎熱時'芸'。"芸就是除草。

3.10.4　苗出壠以後，每下過一場雨，地面發白時，便〔輒〕要用鐵齒杷，縱着横着杷，並且用勞摩平。杷的時候，叫人坐在"勞"上，不斷地用手把杷齒裏的草拉掉。如果草塞住杷齒，苗就會受傷。這樣，地均勻柔軟，容易鋤，省力。可以用鋒時，便不必再杷再摩。

3.11.1　苗長到一尺高，用鋒來鋒。鋒三遍的，都很好。

3.11.2　用耩（音 ɕiaŋ）的，固然並不是没有向根上壅土，使苗深入土中，又可以殺滅雜草，增加種實；但耩過，使土地堅硬，保水不够，耕翻爲難。如果鋤到了五遍以上，不必要〔煩〕耩。一定要耩的話，到割過穀子之後，馬上用鋒在禾根〔茇〕下鋒一遍，讓地突起，以後就潤澤，容易耕翻。

3.12.1　（用牛拉耬來）下種的，牛要慢慢走，下〔行〕種子的人，步伐就會緊密〔促〕，讓他用腳在壠底踏着走過去。牛走得慢，種子出得均勻；腳踏過（讓種子和土壤密接），苗長得茂盛。腳踏過的痕跡，彼此相連接，就可以免掉用撻。

3.13.1　熟了趕快收割，乾後趕快堆起。收割太早（稿稭未乾），損耗鐮刀；收割太晚，穗子可能折斷；遇着風（落粒嚴重），收穫量會減少；溼時堆積，稿稭會霉壞；堆積過晚，有種種損耗；要是遇着連綿雨，還會生芽。

3.14.1　穀類，大概凡是上旬種的，全有十足的收成；中旬種的，中等收成；下旬種的，下等收成。

3.14.2　雜陰陽書說：“禾，在棗樹或楊樹出葉時發生；九十日後孕穗（秀）；孕穗後六十日成熟。禾，‘生’日在寅，‘壯’日在丁、午，‘長’日在丙，‘老’日在戊，‘死’日在申，‘惡’日在壬、癸，‘忌’日在乙與丑。”

3.14.3　各種穀類，在它“生”、“長”、“壯”三種日子種的，結實就多。在“老”、“惡”、“死”三種日子種，收成一定減少〔薄〕。在“忌”日種，也會遭到損傷毀壞。此外，（在“日建”）逢“成”、“收”、“滿”、“平”、“定”的日子種，一定好。

3.14.4　氾勝之書說：“小豆，忌逢卯的日子；稻和麻，忌逢辰的日子；禾（穀子），忌逢丙的日子；黍子，忌逢丑的日子；秫子，忌逢寅逢未的日子；小麥，忌逢戌的日子；大麥，忌逢子的日子；大豆，忌逢申逢卯的日子。這九種穀，都有忌日，如果種的時候不避開忌日，就會遭到損傷毀壞。這不是假話！是一種自然的道理，正像（在家裹）燒黍穰，（田地裹的）壺盧就受了損害一樣。”史記說：“陰陽家們，拘泥而有許多忌諱。”我們只要稍微知道他們的一些大略〔梗概〕就行了，不可以曲意遷就〔委曲〕他們。俗話中的“趕上時令，趁地裹有墒，便是最上之策”。

3.15.1　禮記月令説：“七月〔孟秋〕，整理公〔宮〕私〔室〕房
屋，給圍墻〔垣〕屋壁〔墻〕抹泥〔坯〕。”

3.15.2　“八月〔仲秋〕，可以（發動群衆）來修整城墻、城關
〔郭〕，掘好（供儲藏用的）土竇和窖，修理倉房。”鄭玄
（解釋）説：“因爲現在大家都快要回（到城市裏）來住，收穫的
東西，也應當儲藏起來了。長圓形〔墮＝橢〕的稱爲‘竇’，方
（平底）的稱爲‘窖’。”有一句俗話説：“（別笑俺）窮人家啥都没
有，秋天打下的墻就是三五堵。”意思是説，秋天的墻堅牢些；
大家動土功的時候，一勞永逸，就算窮人家的財寶了。就叫
有職責的人，催促群衆收藏。注意〔務〕多儲藏些菜，
多積累（其他日常生活資料）。”開始作過冬的準備。

3.15.3　“九月〔季秋〕，農業生産完全〔備〕結束〔收〕。”備就
是“完全”。

3.15.4　“十月〔孟冬〕，遮蓋與閉藏，都要嚴密〔謹〕，各處去
視察〔循行〕大家積累物資的情形，不要有還未收斂
的。”像稿稭、穀粒、木柴、草柴之類。

3.15.5　“十一月〔仲冬〕，農民還有（留在外面）没有收藏累
積起來的物資，（任何人）都可以取去，不得追究
〔詰〕。”現在已經到了非收斂不可的緊要〔急〕時候，任何（其
他）人取去，不加罪責，這就是使主人警惕的道理。

3.15.6　尚書考靈曜説：“黄昏時鳥星當頂，種稷。”鳥星，就
是朱鳥（朱雀），鶉火。“秋天，黄昏時虚宿當頂，就收
斂。”虚宿，就是玄枵，即玄武中的一部分。

3.16.1　莊子（則陽篇）：“長梧封人説：‘從前我種〔爲〕禾，

耕的時候粗粗糙糙，淺耕稀種〔鹵莽：莽音 mǔ〕，禾結的實也就粗粗糙糙，稀稀疏疏地回報我；除草的時候，隨隨便便，斷折拖拉〔滅裂〕，結的實也就隨隨便便，斷折拖拉地回報我。郭象注説："鹵莽滅裂，就是馬馬虎虎，不精細不到家。"第二年，我改變辦法〔齊：音 zi〕，深深地耕，細細地耨，禾苗長得又茂盛又豐滿，我一年到頭吃得飽飽的〔厭殜〕。'"

3.16.2　孟子説："不違背農家的耕作時令，收的糧食就可以吃不完。"趙岐注釋説："讓農民專心注意農業生產工作，不違背或占用〔奪〕他們底生產時間，糧食就會豐富到吃不完。"

　　　"俗話説：'儘管有智識聰明，究竟不如藉〔乘〕權位力量〔勢〕；儘管有耕種器械〔鎡錤〕，究竟不如等待合宜的時令。'"趙岐注釋説："乘勢，是憑藉權貴的勢力。鎡錤，是耕田的器械，如耒耝之類。待時是説（等待）農家的三種時候（即春、夏、秋三季中的操作時令）。"（孟子）又説："五穀，是穀種中最好的了；可是如果種下去不能成熟，反而不如稊與稗。譬如行仁，也需要做到家才算成熟。"趙岐注釋説："熟是成熟。五穀雖然好，但種下去不成熟，反而不如稊與稗，結的種實還可以吃。行仁如果不能成熟（即不能得到結果），也就是這樣。"

3.16.3　淮南子（脩務訓）説："地勢，（是西北高而東南低，所以）河流是向東流的；但是須要人力整理〔事〕，然後正常的水和暴漲的水〔潦〕，才會在一定的水道〔谷〕中流動〔行〕。水的趨勢雖然是向東流的,還需要人整理通暢,才會在一定的水道中流行。禾苗,是該在春天發生的;但是也需要人力加工〔功〕,然後五穀才會暢適地〔遂〕生長。高誘注釋説:"加功,即所謂是薅是蕘,指除草〔芸〕,耕地等操作。遂,是順利成就。"聽從水自己流行,等待莊稼自己生長,大禹就不能建立(治水的功績),后稷也不能應用(建立耕種的方法)的智慧了。"

3.16.4（又在主術訓裏有:)"禹,開濬(長)江(流),疏通(黄)河(道),替群衆創造了有益的事,却不能使水(倒轉)向西流;后稷開闢土地,墾除雜草,讓人民大衆〔百姓〕從事農業生産,却不能讓穀子在冬天生長。這些難道是人力没有作到麼? 是事實没有可能。"(正像)春天發生,夏天長大,秋天收斂,冬天閉藏,(都必須適合)四季的氣候條件,不能更換。

3.16.5（主術訓説:)"食物是群衆(生活)的根據,群衆是國家的根據,國家是君主的根據。君主向上憑藉〔因〕天時,向下開發〔盡〕地利,中間利用人力;這樣,一切生物都順適地生長,各種穀物都有豐富的收穫。教群衆養育各種家畜家禽,按季節種植,努力整理田地,多種桑樹和麻。肥地、瘦地、高田、低田,分别〔各〕依照〔因〕所適合〔宜〕的作安排。大小山頭〔丘陵〕、陡坡〔阪〕、絶壁〔險〕,不能種糧食的,種上竹子或樹木。春天砍伐枯樹乾枝,夏天收取草木果實,秋天儲積蔬菜糧食,菜類作食物叫"蔬",籽粒作食物叫"食"。冬天斬取木柴、草柴，大的叫"薪"，小的叫"蒸"。這樣替〔以爲〕群衆作準備〔資〕。所以，活着的人，不缺乏物資，死了的人，不會有遺棄的屍首。"轉，是遺棄。

3.16.6（主術訓另一段説：）"所以，古代帝王，定下制度：天四邊都有雲氣向天中央匯合，便要修理邊防（工事）；高誘原注："四海出雲，在二月。"蝦蟇叫、燕子下來（作巢），便要修理人行路和大車道；原注："燕降，三月。"地下水位下降〔陰降百泉〕，便要修橋樑；原注："陰降百泉，十月。"黃昏時，張宿當空（在天空中），便從速種穀子；原注："三月昏，張中於南方，張星是玄鳥七宿之一。"如果大火星座當空，便種小麥和豆子；原注："大火昏中，六月。"虛宿當空，便種冬小麥；原注："虛昏中，九月。"昴宿當空，便將收穫的穀物蔬果等整理好，收藏貯積起來，同時準備過冬的柴炭。原注：昴星，西方白虎七宿之一。季秋九月，收斂蓄積。"這些都是對應着時令，預先作好準備，使國家富足，群衆得利的。"

3.16.7（人間訓説：）"下霜時種穀子，想在解凍時收穫，這樣要得到糧食是困難的！"

3.16.8（詮言訓和脩務訓都有這樣的話：）"政治的基本，必需要使群衆安居樂業；使群衆安居樂業的基本，在於使大家有足夠的應用物資；物資要足夠，就要不侵占〔奪〕生產活動的時間；就是説不要侵奪群衆從事農業生產的重要時間。要做到不侵占生產時間，先要減少要求〔省事〕；要減少對群衆的要求，先得節制貪欲；節（制遏)止貪圖享受的思想。要節制貪欲,就要回到〔反〕自然的本性〔性〕。回到從自然〔天〕得來的正當的本性。動搖着根本時,末端没有保持安靖的可能;源頭渾濁時,下游的水也不會清澈。"

3.16.9　(原道訓説:)"太陽循環着,月周轉着,時間不能隨着人的願望游走;因此,聖人將一寸光陰,看得比徑一尺的玉璧還重,就是因爲時間容易失去而難得掌握,所以禹爲趕上時間,鞋掉了來不及跋上,帽子罣住了也來不及管。並不是要搶先,只是要搶得適當的時間。"

3.17.1　吕氏春秋(辨土篇)説:"莊稼〔苗〕幼小〔弱〕時要彼此間有間隔〔孤〕;弱是幼小,莊稼剛發生還小的時候,要孤單獨立〔特〕;(只有)稀稠〔疏數〕合宜(才可以)長得旺盛。長大時,便要相互靠近;就是説彼此靠攏不倒〔偃〕覆〔仆〕。成熟時,要相互撑持。彼此扶住拉住,不會受傷折斷。就因爲這樣,幾個(原文的"三",只是"幾個"、"少數",不是機械地固定只能有"三個")植株聯成一簇〔族〕,就可以多結實。"族"是聚合。我的莊稼,有齊整的行列,所以長(作動詞用)得很快;幼小時彼此不相妨礙,所以長大也很快;横行中必定彼此相對〔得〕,直行必定正直〔術〕;每行都正直整齊,好通風。""行"是行列。

3.17.2　桓寬鹽鐵論説:"愛惜茅草,就要損耗莊稼;對盗賊行仁惠,就要傷害好人。"

3.18.1　氾勝之書説:"種穀子〔禾〕,没有(固定的)日期,要看地的情況，來決定〔爲〕（最合適的）時候。"

3.18.2 "三月間，榆樹結翅果〔莢，作動詞，即結莢〕時，如果下雨，可以在高處的'强土'上種禾。"

3.18.3 "太瘦的地，又没有能力上糞的，所以用多化〔原〕蠶的蠶糞，和入種子一齊播種；這樣，還可以免除蟲害。"

3.18.4 "將馬骨斫碎，一石碎骨用三石水來煮，煮沸三次。漉掉骨渣〔滓〕，把五個附子泡在清汁裏。三四天以後，又漉掉附子，把分量彼此相等的〔等分〕蠶糞和羊糞加下去，攪〔撓：音 hǎu〕匀，讓（混合物）像稠粥一樣地稠。下種前二十天，把種子在這糊糊裏拌和，（讓每顆種子都黏上一層糊糊，結果變成）和麥飯一樣。一般〔常〕只在天旱、（空氣）乾燥時拌和，（所以）乾得很快。再薄薄地鋪開〔布〕，再三拌動，更容易乾。第二天，再拌再晾。——陰天下雨就不要拌。拌過六七遍，就停止。立刻〔輒〕曬乾，好好的保藏，不要讓它潮溼。到要下種時，將剩下的糊糊再拌一遍後再播種，這樣的莊稼，不惹蝗蟲和其他蟲害。"

3.18.5 "没有馬骨，也可用雪水代替。雪水是五穀之精，可以使莊稼耐旱。記住經常在冬天收存雪水，用容器保藏，埋在地裏（準備着）。這樣處理〔治〕種子，常常可以得到加一倍的收成。"

3.19.1 氾勝之書中所記的區種法："湯時有旱災，（宰相）伊尹就創造了'區田'的辦法，教群衆用糞種（法處理種子），運水來澆莊稼。”

3.19.2 “區田，完全靠肥料的力量〔糞氣〕來長莊稼，所以並不一定要好地。就是大大小小的山，靠近城鎮的高崖、陡坡以及小土堆、城墙内面的斜坡上，都可以作成‘區田’。”

3.19.3 “（作了）區田，就不再耕種旁邊的地方，讓土地肥力，可以集中發揮。”

3.19.4 “種區田，不要先整地，就在荒地上動手。”

3.19.5 “以一畝地作標準來談。一畝地，十八丈長，四丈八尺闊。將這一畝地的十八丈長，橫斷作十五町；十五町之間，留下十四條道，讓（耕作的）人可以走過。每條道一尺五寸闊；每町便有一丈六寸闊，四丈八尺長。”

　　　“橫斷着町，掘成（平行的）直溝。溝闊一尺，深也是一尺。在溝與溝之間的地面上，累積鬆土〔壤〕，彼此間的距離也是一尺（曾經嘗試過，將一尺地全累積鬆土，容納不下；便加寬〔弘〕成二尺，來累積鬆土）。”

3.19.6 “種禾或黍在溝中間，沿着溝種兩行。（株）與溝兩邊距離二寸半。株距五寸；這一行和另一行，相距也是五寸。一條溝（旁兩行），共四十四株，一畝共一萬五千七百五十株。”

3.19.7 “種禾或黍，要讓（種子）上面有一寸厚的土。不要超過一寸也不可以少於〔減〕一寸。”

3.19.8 “區種麥，行與行相距二寸。每條溝容納五十二株，一畝共四萬五千五百五十株。”

　　　　“麥種上的土，讓它有二寸厚。”

3.19.9　“區種大豆，要讓各株相距一尺二寸。每溝容納九
　　　　株，一畝共六千四百八十株。”一斗穀子，有五萬一千多
　　　　粒；黍子，比這數目稍微小一些；大豆一斗，一萬五千多粒。

3.19.10　“區種蘇子，株間距三尺。區種脂麻，株間距
　　　　一尺。”

3.19.11　“區種（的作物），天旱時要常灌水。一畝常常可
　　　　以收一百斛。”

3.19.12　“上農夫：每區，六寸見方，六寸深，兩區之間的距
　　　　離是九寸。一畝地可作成三千八百四十區。一個日
　　　　工，可以作千區。”

　　　　“每一區裏面，種二十粒粟種；用一升好糞，和土
　　　混合（作為基肥）。一畝，要用二升種子。到秋天，每
　　　一區可以收三升粟，一畝可以收一百石（以上）。成年
　　　男女勞力，合起來可以種十畝；十畝的總收穫量是千
　　　石。（每人）每年的糧食，需要三十六石，（千石）可以
　　　維持（支）二十六年。”

　　　　“中農夫：區，七寸見方，六寸深，區間距離二尺。
　　　一畝地一千二百區以上。用種子一升，收五十一石。
　　　一個日工，可以作三百（？）區。”

　　　　“下農夫：區，九寸見方，六寸深，區間距離三尺。
　　　一畝地（至少）五百六十七區。用六升種，收二十八
　　　石。一個日工可以作二百區。”

俗話説："一頃不一定比一畝好"，即是説多而薄的地，不如少而好。西兗州刺史劉仁之，是一個老成而有德的人，告訴我説："(他)從前在洛陽時，在住宅的田地裏，用(方)七十步的地嘗試種區田，結果收了三十六石粟。"這樣，一畝地的收成，應當可以超過一百石；地少的人家，正應當應用這方法。

3.19.13　"區裏長了草，必須連根去掉。區間長着草，用鋒利的鏟子〔劐〕鏟掉，或者用小鋤鋤掉。禾苗長大，不容許拔草鋤草時，就用鐮刀貼着地面割去。"

3.20.1　氾勝之説："試驗結果：好地，每畝可以收十九石；中等地，十三石；瘦地，十石。"

3.20.2　"保墒，趁時，一切依照神農書的規劃。再加上用骨汁糞汁來處理種子。

　　　　把馬骨、牛、羊、豬、麋、鹿骨一斗(究竟是混合一斗？各一斗？還是馬骨一斗，加其他各骨混合一斗？或馬骨一斗？加其他骨任何一種單獨一斗？無法確定)斫碎，用三斗雪水，煮到三沸。取得清汁，再用來浸附子。比例〔率〕是：一斗清汁，五個附子。讓附子在汁裏泡五天。將等量的麋、鹿、羊(三種)糞混合，搗爛，加到這汁裏，攪拌均勻，和入種子(晾乾)。等到下午，天氣暖些的時候〔候晏溫〕，又拌和，曬乾，像后稷法所規定的。把汁都用完，才停手。"

3.20.3　"如果沒有(這些)骨頭，可以將煮蛹繅絲的汁煮熱，來和糞拌種。"

3.20.4　"這樣處理的種子，用區種法種上。太〔大〕旱，用水澆。這樣收穫量可以達到每畝百石以上，——也就是‘后稷法’（最高指標）的十倍。”

3.20.5 “這是説，馬和蠶，都是蟲中間最大的；加上了附子，就可以使莊稼不遭蝗和其他蟲害。骨湯和繅絲湯，都很肥，可以使莊稼耐旱。因此年終收穫不會有損失。”

3.21.1 “收穫必需要迅速，總之，儘量地提早〔急〕，儘量地加快〔疾〕。穀芒豎起來了，葉子發黃了，便盡快地收割，不必遲疑。”

3.21.2 “收禾，只要過一半熟了，就（把穗子）切斷收下來。”

3.22.1 孝經援神契説：“黃白色土地，宜於種禾。”

3.22.2 説文（解釋“禾”）説：“禾是好穀，二月才發生，八月就成熟了，獲得了‘天地中和’之氣，所以稱爲‘禾’（禾與和同音）。禾是木類，所以在木旺的季節萌生，在金旺的季節死亡。”

3.22.3 崔寔説：“二、三月，可以種早禾；好田要留苗稠些，薄田就稀些。”

3.23.1 氾勝之書説：“早穀子，過了‘夏至’之後八十天至九十天（案依節令算來，即“白露”、“秋分”兩個節氣之後，“寒露”、“霜降”之前），半夜後，都得留心伺候。（如果）天有霜和白露下來，便在快天明〔平明〕時，叫兩個人，拿一條長索子，相對（地拉直），一人拿着索子的一端，在穀子上面來回地括着盪着，把露水或霜括掉。太陽出來才停止。這樣，可以保證莊稼五穀不受

（霜露）傷害。"

3.24.1　氾勝之書説："稗子，因爲能忍受大水和乾旱，所以種下去沒有不能成熟的年歲。又蕃殖特別得茂盛，容易生活。凡因爲長着雜草而荒了的好田，若種稗子，每畝可以收二三十斛。應當種來準備過荒年。"

3.24.2　"稗種實中有着米。熟後，舂擣出米來蒸作飯吃，比得上粱米。又可以釀酒。"

3.24.3　酒的力量，美而且濃〔釅〕，比黍子和秫子還好。魏武帝讓管農産的"典農校尉"種稗，一頃地收了二千斛（今日的四萬六千升），一斛（一百升）可以得到三四斗（三四十升）米。荒年，可以磨來作飯吃；豐年，（至少）可以用來餵〔飯〕牛、馬、豬、羊。

3.25.1　蟲吃傷桃子的一年，粟就會貴。

3.26.1　楊泉物理論説："耕種（操）作稱爲'稼'；稼也就是種，收穫儲藏〔斂〕稱爲'穡'，穡也就是收。古代和現在言語上，是這樣（分別）的。耕種是農事的起點，穡是農事的結束。起點輕而結束重，前面緩而後面急。耕種要調勻，收穫要快，這就是生産能手〔良農〕所注意努力〔務〕的。"

3.27.1　漢書食貨志説："種糧食〔穀〕，必須錯雜着各種種類〔五種〕才可以防備災害。顏師古注解説："（因爲）年成、田地有不同的相宜，以及利於多水，或利於乾旱。（五）種，就是五穀，指黍、稷、麻、麥、豆。"田裏不可以有樹，使五穀受到樹的妨礙。"五穀田裏不應當種果樹。俗話説："桃樹李樹，並不説話，（可是樹）下面，却是被衆人踩出的路〔蹊〕。"不但〔匪直〕妨害耕種操作,損傷禾苗,而且還是懶人(偷懶)休息的地方,少年們嬉戲游蕩(的所在)。所以管子記着:齊桓公問管子:"大家餓着凍着,房屋漏了不修理,圍墻屋壁坍了也不補築,該怎麼辦?"管子説:"把大路邊樹枝剪乾淨",桓公命令左伯右伯"把大路邊樹枝剪乾淨"……一年之後,民衆都穿上布衣帛衣,修理房屋,補築圍墻屋壁……桓公問:"這是什麼道理?"管子説:"齊國是一個萊夷國家。一棵樹蔭下,歇着成百的大車。因爲樹没有剪枝,鳥群住在上面,年輕力壯的男人,拿着石子帶着彈弓,整天在下面守着,不回去;老頭們摸着樹枝談天,整天不離開……現在我們剪淨路邊的樹枝,太陽當頂時,没有一點蔭……路上的人趕快走,老頭們回去作工,年輕人回家作業。"

3.27.2　"努力耕地,多次除草,收穫要像避免土匪强盜來(那樣迅速)。顏師古説:"'力',是勤勞(努力)耕作;'如寇盜之至',是説迅速匆忙得利害,(事實上是)恐怕被風雨損害。"

3.27.3　"在耕種時住的住處〔廬〕周圍〔還〕,種上桑樹;顏師古説:"'還'就是環繞。"蔬菜有(固定的)畦;爾雅(釋器)解釋説:"菜就是'蔌'";(釋天又説:)"菜没有收成〔不熟〕,稱爲'饉'。"郭璞注釋説:"'蔬'是菜的總名;凡生活的〔草〕和已死的(菜)的草,可以供食用的,一概稱爲'蔬'"。案:生時叫"菜",熟時叫"茹";正像草生的叫"草",死了就叫"菜"一樣。瓜、瓡、果樹和草本植物的果子〔蓏:音 luǒ〕。應劭(解釋)説:"'果'是樹木結的實,'蓏'是草本植物結的實。"張晏説:"'果'有核,'蓏'没有核。"臣瓚説:"'果'是結在樹上的,

'蓏'是結在地面上的。"說文的解釋是："在樹上的是'果',在草上的是'蓏'。"許慎注解淮南子,又説："在樹上的是'果',在地面的是'蓏'。"鄭玄注解周官説："'果'是桃李之類;'蓏'是瓜瓠之類。"郭璞注爾雅説："'果'是(樹)木的子(實)。"高誘注解呂氏春秋説："有子〔實〕的是'果',無實的是'蓏'。"(南北朝)宋沈約注解春秋元命苞説："樹木結的實是'果';'蓏'是瓜瓠之類。"王廣給易傳作注,説："果、蓏是植物底(子)實。"種在疆界〔易〕上。"張晏注解説："田地到這裏'易'(換)主人,所以疆界稱爲'易'。"顔師古説："詩經小雅中的信南山篇,有兩句'中(間的)田裏有壺盧,疆場(上)有瓜',就是這種情形。"

3.27.4 "鷄、小豬、(菜)狗、母豬,都不要錯過〔失〕餵養的時候,婦女們注意養蠶織布。這樣,五十歲(以上)的人,可以有細布衣服穿,七十歲(以上)的人,可以有肉吃。"

3.27.5 "從田野回來的人,一定帶上一些柴火。輕的重的勞力,有適當的分配;(頭髮)花白的人,用不着搬(重的)東西。"顔師古説："斑白是頭髮顔色不純。不提不搬〔挈〕,是照顧〔優〕老年人。"

3.27.6 "冬季,群衆(搬)進(都邑市集中)來住〔入〕之後,同住在一條巷裏的婦女們,聚集起來〔相從〕,夜裏績麻織布作各種活〔女工〕,這樣,一個月可以得到四十五個(工作)日。服虔解釋説："一個月的白晝之外,還有夜間;(夜間可以抵白天的)一半,(合起來又)得到十五個工作日;(因此,總計)有四十五個工作日。"所以一定要聚集起來，是因爲組織起來，可以節省照明〔燎〕取煖〔火〕的材料，又可以（從相互學習中），使會作的與不會作的，彼此相補〔同巧拙〕；調和〔合〕習慣風氣〔習俗〕。"顏師古說："省費，是節省燎和火的消費。燎是照明的，火是取煖的。燎，音 liáo。"

3.28.1 "董仲舒說：'春秋經裏面，其他的穀（沒有豐收時）不作記載〔書〕，但麥和禾如果不成熟，就記載下來；這就能看出聖人將麥和禾看作五穀中最重要的兩種。'"

3.29.1 "趙過作'搜粟都尉'。趙過能行'代田'的辦法；就是將一畝地分作三畎，顏師古說："'甽'就是壟，讀工犬反（ɡyěn），又寫作'畎'。"每年輪換着（休閑），所以稱爲'代田'。顏師古說："代，就是更換。"（代田是）古代的方法。"

3.29.2 "后稷時代，已開始作爲'甽田'；用兩個耜作爲一耦。顏師古說："把兩個耜並排來耕。"一尺深一尺寬的一片地，長度和畝相等的〔長終畝〕，稱爲一'甽'。一畝地共分爲三甽，一'夫'共三百甽，在甽中播種。顏師古注說："'播'就是散布；'種'就是穀類種子。"苗上長了（三片）葉時，稍稍耨一耨壟裏的草。顏師古說："耨就是鋤。"就是把壟上的土，（撥一些）下來，培在苗底根上。顏師古說："隤是弄下來，音穨（tuéi）。"所以那時的詩，有這樣的句子：'有的鋤草，有的培土，讓黍子和稷長得茂盛。'顏師古注解："這是詩經小雅甫田的一節，'儗儗'是茂盛的情形，芸音云（yn）；芓音子（zǐ）；儗音擬（nǐ）。"芸是除草，籽是在根上培土。就是說苗稍微長大些之後，每次耨,就在根上培土,等到〔比〕天氣十分暑熱時,壟上(高出)的土已經撥完,根也壅得很深了。顏師古注解:"比音(bì)。"耐得起〔能〕風和旱。顏師古説:"'能'讀作'耐'。"所以就會儴儴地茂盛。"

3.29.3 "他(按指趙過)所使用的耕翻、除草、下種的各種田器,都有(特殊的)方便與巧妙。"

3.29.4 "標準〔率〕是十二個'夫',共有田一井(九夫)一屋(三夫),以古畝(換算成漢畝)是五頃。鄧展説:"九夫是一井,三夫是一屋,每夫百畝,按古算法,是十二頃。古來一百步一畝,漢代二百四十步一畝;所以(十二夫是)古畝一千二百畝,合漢畝五頃。"用"耦犁":即三人使用兩頭牛,一年的收成,每畝比滿種的〔縵〕田多收一斛(即一百升),顏師古注説:"縵田,即不作'甽'的田,縵音莫幹反(màn)。"會(作甽)的多收的分量還要加倍。"顏師古注説:"會作甽的,比縵田每畝要多收兩斛以上。"

3.29.5 "趙過使人教太常和三輔的農民(,都學種田的方法)。蘇林解釋説,"太常管(死了的皇帝的)墳墓〔陵〕,有農民,所以也要他們學習耕田收種的方法。"大農卿設置工巧奴和從事,作好耕田的器械;二千石(的官府)派'令'、'長'、'三老'、'力田'和民間的'父老',會作田的,承受這些耕種器械〔田器〕,學習耕田、下種和培養莊稼的説明書〔狀〕。"蘇林解釋説:"作好了(説明)方法、意義的文書〔法意狀〕。"

3.29.6 "農民有缺少牛,不能趕上〔趨〕雨耕種的;顏師古說:趨讀趣(cy),趕上的意思;澤就是雨的潤澤。"曾任(現已解職〔故〕)平都令光,教給趙過,用人力來拉〔輓〕犁。顏師古說:"輓就是牽引,音晚(uăn)。"趙過就上奏,請給光以'丞'的官職,教給群衆相互換工〔相與庸〕來拉犁。顏師古說:"庸就是功;就是說換工來共同工作。意義和出錢僱工〔庸賃〕相同。"一般人多的,一個工作日可以耕三十畝,少的十三畝,所以許多田地都開發了。"

3.29.7 "趙過試着叫(守)離宮的兵,在離宮圍墙內的空地〔壖地〕上種田。顏師古說:"離宮,是離開(正式)居處的宮,不是皇帝平常居住的地方。壖,是餘下;宮壖地,是外圍墙以內,內圍墙以外的地。其他像緣河壖地、廟垣壖地,意義也都是一樣。守離宮的兵士,閒着沒有工作,所以叫他們在圍墙外空地上種田。壖音而緣反(ruàn 或 nuàn)。"考察結果,所收的穀,都比近邊的好,一畝多收一斛以上。(因此)就命令其中的能手〔命家〕,種〔田〕三輔的公田。李奇說:"令是使,命是教;命令守離宮的兵士,教他們自己家裏的人,去耕種公田。"韋昭說"命是有爵命的,命家是受有爵命、有一級爵、作到公士以上的,命令他們可以耕公家的田;表示獎勵。"顏師古說:"令音力成反(líŋ)。"又把這方法教給沿邊幾郡和居延城。"韋昭說:"居延就是張掖郡的屬縣,當時有屯墾軍隊〔田卒〕。"

3.29.8 "此後,沿邊的城塞,和河東、弘農、三輔,以及太常的農民,都認爲代田法很便利——用的勞力少,得到的穀多。"

齊民要術卷二

後魏高陽太守賈思勰撰

黍穄第四

4.1.1 爾雅曰:"秬,黑黍。秠,一稃二米。"郭璞注云:"秠亦黑黍,但中米異耳。"

4.1.2 孔子曰:"黍可以爲酒。"①

4.1.3 廣志云:"有牛黍,有稻尾黍、秀成赤黍;有馬革〔一〕大黑黍,有秬黍;有温屯黄黍,有白黍。有'堰芒〔二〕'、'燕鴿〔三〕'之名。""穄,有赤、白、黑、青黄、燕鴿,凡五種。"

4.1.4 案今俗有鴛鴦黍、白蠻黍、半夏黍,有驢皮穄。

4.1.5 崔寔曰:"𪎭〔四〕,黍之秋熟者,一名'穄'也。"

〔一〕"馬革":"革"字,明鈔和金鈔都作"草";祕册彙函系統各版本(包括學津討原本)也都同樣。崇文書局本、漸西村舍和龍溪精舍刊本則作"革"。太平御覽卷842、初學記卷27(兩處)所引也作"革"。廣群芳譜和授時通考,顯然以太平御覽爲根據作"革"。"馬草"固然並不是不可解釋的;但"馬革"是黑褐色的東西,與"大黑"相連,很容易説明。下文"驢皮穄"也恰與"馬革"相對。下一句,"有秬黍"的"有"字,御覽所引作"或云",則秬黍正是"馬革大黑黍",也與爾雅的"秬黑黍"符合。上面的"稻尾黍",御覽無"黍"字,初學記作"南尾"。

〔二〕"堰芒":"堰"字,金鈔作"嫗"。"芒"字,祕册彙函系統各版本作"云"。漸西村舍刊本與群書校補所據鈔宋本,則和明鈔一樣。龍溪精舍作"嫗亡",是依太平御覽校改的。

"堰芒"兩字,很費解。這種黍,可能是成熟或播種很早的品種,所以借用甽神(句芒,古代"句"字讀音與"堰"極相近)爲名;也可能它的芒是鈎曲的,所以叫做"鈎芒",轉變成爲"堰芒"。

〔三〕"燕鴿":明鈔、金鈔作"鷰鴿",祕册彙函系統各版本便譌作"鶯鴿"。太平御覽卷842作"燕鴿";初學記卷27引作"燕頷"。"燕鴿",大概是像燕與鴿，胸下有鮮明的白色；燕頷則單指燕胸口的白色。

〔四〕"糜"：金鈔作"糜"；祕冊彙函系統版本，有的空白，有的"墨釘"。明鈔的"糜"字是正確的。

①"孔子曰：'黍可以爲酒'"：這句與上面的爾雅郭注無關。今本説文"黍"字下引有這麼一句；可能要術這句原來也引自説文，本來該是"説文：黍，禾屬而黏者也；……孔子曰：……"後來傳鈔中脱漏了（初學記所引正是如此，本書種穀第三、粱秫第五也都引有説文）。

4.2.1　凡黍、穄田，新開荒爲上；大豆底①爲次；穀底爲下。

4.2.2　地必欲熟。再轉乃佳；若春夏耕者，下種後，再勞爲良。

4.2.3　一畮，用子四升。

4.2.4　三月上旬種者，爲上時；四月上旬爲中時；五月上旬爲下時。

①"底"：對現在種下的作物説，稱"前作"爲"底"；大豆底，前作是大豆；穀底，前作是小米（見卷一種穀第三注解 3.3.1.①）。

4.3.1　夏種黍穄，與稙穀〔一〕同時；非夏者，大率以椹赤爲候。諺曰："椹黮黮，種黍時。"

4.3.2　燥溼候黃場①始章切。種訖，不曳撻②。

4.3.3　常記十月、十一月、十二月"凍樹"日，種之，萬不失一。"凍樹"者，凝霜封著木條也。假令月三日凍樹③，還以月三日種黍（他皆倣此）。十月凍樹，宜早黍；十一月凍樹，宜中黍；十二月凍樹，宜晚黍。若從十月至正月皆凍樹者，早晚黍悉宜也。

〔一〕"稙穀"：明鈔、金鈔同作"稙"，明清刻本多作"植"。"稙"是早禾；作"稙"是有意義的（參看卷一種穀第三注解 3.4.1.①）。

①"場"：原寫作"塲"，現在寫作"墒"，即保有一定水分一定結構的土壤。

“黄塲”,是顯黄色的溼潤土壤。

②“曳撻”:即用“撻”拖過(見卷一種穀第三注解 3.5.1.①)。

③“假令月三日凍樹”:即假使“某月初三那天,有了‘凍樹’的情況”,“凍樹”,原文小注中已有解釋。

4.4.1 苗生隴平,即宜杷勞[①];鋤,三遍乃止;鋒而不耩[②]。苗晚耩,即多折也。

①“杷勞”:用勞杷平(見卷一耕田第一注解 1.2.3.⑥)。

②“鋒而不耩”:“鋒”是用“鋒”(小而尖的手推犁)去耕;“耩”是犁不用“耳”(見卷一種穀第三注解 3.10.4.⑥,3.11.1.①;3.11.2.②)。

4.5.1 刈穄欲早,刈黍欲晚。穄,晚,多零落;黍,早,米不成。諺曰:“穄青喉,黍折頭。”皆即溼踐[①]。久積則浥鬱,燥踐多兜牟。

4.5.2 穄,踐訖即蒸而裛於劫切之[②]。不蒸者難舂,米碎,至春土臭。蒸則易舂,米堅,香氣經夏不歇也。黍,宜曬之令燥。溼聚則鬱。

①“踐”:從莊稼上將成熟子粒壓下來,稱爲“踐”。“即溼踐”即趁溼時立即脫粒。下面小注,“久積則浥鬱”,是説,積堆過久就會鬱壞。“燥踐多兜牟”,“兜牟”,從前多寫作“兜鍪”,更古稱爲“胄”,即避箭的帽子,一般稱爲“盔頭”。太乾後再脫粒,則外殼容易和種仁脫離,輥壓時會脫出許多空殼,種仁也有被壓碎的情形。

②“裛”:是沾溼,尤其是沾溼後不通風;原來寫作“浥”,用“裛”是同音假借(要術中“浥”“裛”常混用)。沾溼後不通風,温熱不大容易散出,容易引起霉壞(“漚壞”或“燠壞”),因而有氣味顏色發生改變的情形,這樣就稱爲“裛壞”(現在兩粵方言中,還保持這一用法,讀音正是“標準”的古中原音“ap”有閉口音隨)、“裛鬱”。這裏的“蒸而裛之”,是沾溼後不通風而保温的情形,用“裛”字合適;但上面小注中“久積則浥鬱”,却又

用"浥"。

4.6.1　凡黍，黏者收薄；穄味美者，亦收薄，難舂。

4.7.1　雜陰陽書曰："黍生於榆；六十日，秀；秀後，四十日成。黍生於巳，壯於酉，長於戌，老於亥，死於丑，惡於丙、午，忌於丑、寅、卯。穄，忌於未、寅。"

4.7.2　孝經援神契云："黑墳，宜黍、麥。"

4.7.3　尚書考靈曜云："夏，火星昏中①，可以種黍、菽。"火，東方蒼龍之宿；四月昏中，在南方。菽，大豆也。

①"夏，火星昏中"：即"夏天，火星在黃昏（日落星出）時，就在天空正中"。在古代以及現在，許多老農，都能按星宿在天空運轉的位置，說明季節早晚。例如現在關中老農都認爲"參端"（參星在天空正中）時種冬小麥最合適。卷一種穀第三中，已有好幾處的例（見卷一種穀第三注解3.15.6.⑦，3.16.6.⑫，3.16.6.⑬）。

4.8.1　氾勝之曰："黍者，暑也；種者必待暑〔一〕。先夏至二〔二〕十日，此時有雨，强土可種黍；諺曰：'前十〔三〕鷗張，後十羌襄①，欲得黍，近我傍。'　'我傍'謂近夏至也，蓋可以種晚黍也。一畝，三升。"

4.8.2　"黍心未生，雨灌其心，心傷〔四〕，無實。"

4.8.3　"黍心初生，畏天露。令兩人對持長索，搜〔五〕去其露，日出乃止。"

4.8.4　"凡種黍，覆土，鋤治皆如禾法。欲疏於禾。"案〔六〕：疏黍雖科，而米黃，又多減及空。今穊雖不科，而米白，且均熟不減，更勝疏者。氾氏云："欲疏於禾"，其義未聞②。

〔一〕"種者必待暑"：祕册彙函系統版本，都缺"者"字。現依金鈔、明鈔補入。

〔二〕“二”：要術各本作“二”，初學記作“三”。按夏至前三十日是小滿，種黍還嫌太早。

〔三〕“前十”：“十”字，只有金鈔本有；有“十”字，這兩句話，纔可以解釋：“前十”是夏至前十日；“後十”是夏至後十日。

〔四〕“心傷”：御覽卷 823 所引，作“必傷”，但卷 842 所引仍作“心”。“心”字是對的。

〔五〕“搜”：御覽卷 823 作“憂”。農桑輯要和祕冊彙函系統各本作“概”；“概”字，可能是編農桑輯要的人，參照 3.23.1 關於禾的“以概禾中，去霜露”所改。金鈔、明鈔，這個字都作“搜”。“搜括”這個詞，通行已久，“搜”字用在這裏，正和“概括”意義相似，作“搜”原也很適合；所以我們保留“搜”。御覽的“憂”字，字形字音，都和“搜”有相當距離。很懷疑“搜”與“憂”，都不是原文，原來可能是字形在“搜”“憂”之間的“拽”字。（玉篇中已收有“拽”字；可見這個字在南北朝已在通行中；但“拽”原應作“抴”，唐代因避唐太宗（世民）底名諱，就用“拽”代替了“抴”。）

〔六〕此“案”字，明鈔空一格，祕冊彙函系統版本根本連“空等”也沒有。現依金鈔補。

①“前十鷗張，後十羌襄”：“鷗張”是過分誇大、囂張。“羌襄”，懷疑是字音相近似的“伌躟”（廣雅卷六：惶遽也）、“劻勷”（也有時寫作“劻儴”），即窘迫過分。

②“‘欲疏於禾’，其義未聞”：賈思勰就他個人的經驗，主張小黍和穀子應當同等密植，批判氾勝之黍“欲疏於禾”的主張。但氾勝之是就西北乾旱地區説的；賈思勰的經驗，可能只是山東西部的情況。是否環境不同，處理各別，應當研究。

4.9.1　崔氏曰①：“四月蠶入簇時，雨降，可種黍、禾，謂之上時。”“夏至先後各二日，可種黍。”

4.9.2 "蟲食李者,黍貴也。"②

①"崔氏曰"這一節,出自四民月令;"氏"字可能應作"寔"字或"寔四民月令"五字。

②"蟲食李……":這一句與四民月令無關。可能仍是引自雜陰陽書的(參看種穀第三注解 3.25.1.①和大小麥第十 10.7.2)。

釋　文

4.1.1　爾雅:"秬,是黑黍。秠,是一個殼裏有兩顆米的(黍)。"郭璞注解説:"秠也是黑黍,不過裏面(含)的米不同。"

4.1.2　孔子説:"黍可以作酒。"

4.1.3　廣志説:"有牛黍、有稻尾黍、秀成赤黍;又有馬革大黑黍、秬黍;有温屯黄黍,有白黍;還有堀芒、燕鴿等等名稱。""穄有赤、白、黑、青黄、燕鴿等,一共五種。"

4.1.4　案現今(南北朝?)群衆中,有鴛鴦黍、白蠻黍、半夏黍、驢皮穄(等名稱)。

4.1.5　崔寔説:"黏〔秫〕糯〔熟〕的黍稱爲'穈',又叫做'穄'。"

4.2.1　種黍子、穄子的田,最好是新開的荒地;其次是大豆茬下的地;最次的是穀子茬下。

4.2.2　(黍子、穄子的地)務必要耕得很均匀。轉兩遍才好;要是春天夏天耕開的地,下種之後,用勞摩上兩遍更合適。

4.2.3　一畝地,用四升種子。

4.2.4　三月上旬種,是最好〔上〕的時令;四月上旬是中等時令;五月上旬是最遲的了。

4.3.1　夏天種黍子、穄子,和早穀子同一時節;不在夏天種,大概可以看桑椹發紅時爲種的標準〔候〕。俗話説:

"桑椹鬷鬷，種黍之時。"

4.3.2　不管天乾天溼，總以地下的塌音 ṣaŋ 黃色時爲合適。種後，不要拖撻。

4.3.3　常常記住十、十一、十二月（這三個月中）"凍樹"的日子，在"凍樹"的日子去下種，萬無一失。"凍樹"是霜凝結包裹着枝條的意思。假定今年是初三日凍樹，明年就在初三種黍子（其餘類推）。十月凍樹，明年宜於早黍；十一月凍樹，宜於中黍；十二月凍樹，宜於晚黍。如果從十月到正月，每月都有凍樹的情形，早黍晚黍都合宜。

4.4.1　苗長出和壟一樣高時，就要杷勞；鋤三遍就够了；只鋒地，不要構。構得太遲，秧苗易折斷。

4.5.1　穄子收割要早，黍子要晚。穄子割得晚，種實就會先落掉一些；黍子割得太早，米還没有成熟。俗話説："穄青喉，黍折頭。"（——案："青喉"，是説穗基底和稈相接的部分，相當於頸或喉的地方，還保有青綠色；"折頭"是重而彎曲。）都要趁〔即〕溼時輥壓〔踐〕下種實來。（割回後）堆積得久一點，就會漚壞〔浥鬱〕，乾了，再脱粒，就會有很多（破裂穀粒所生成的）空殼〔兜牟〕。

4.5.2　穄子脱粒下來之後，立刻蒸一遍，（趁溼熱時）密封收藏（裛：今音 ji；當時可能讀 àp）。不蒸過，（將來）難舂，米容易碎，到明年春天，發出像泥土一樣的氣味（放綫菌生長的結果）。蒸過，容易舂，米粒緊實，經過明年夏天還是香的。黍子則要曬乾。溼時收藏就悶壞〔鬱〕了。

4.6.1　黍子中，黏的收成都較低；穄子，味道好的，收成也低,而且難舂。

4.7.1　雜陰陽書説:"黍在榆出葉時發生,(發生後)六十天孕穗;孕穗後四十天成熟。黍子生日是巳,壯日是酉,長日是戌,老日是亥,死日是丑;丙和午是惡日,丑、寅、卯是忌日。稷子的忌日是未和寅。"

4.7.2　孝經援神契説:"黑色的墳壤,宜於種黍和麥。"

4.7.3　尚書考靈曜説:"夏天大火星在黃昏時當頂,這時可以種黍子和大豆〔菽〕。""大火"是東方蒼龍的星宿;四月中,在黃昏時當頂,位置在南方。菽是大豆。

4.8.1　氾勝之説:"'黍'帶有'暑'的意義;種黍,一定要等到暑天。夏至之前〔先〕二十日,這時如果有雨,'強土'可以種黍了;俗話説:"早十天,太嚚張;遲十天,太匆忙!想要黍子收成好,儘量向我靠。""向我靠"是説靠近夏至;靠近夏至,可以種晚黍。每畝地,用三升種。"

4.8.2　"黍的花序〔心〕沒有抽出〔未生〕以前,如果被雨水灌進了苗心,花序受傷,就不能結實。"

4.8.3　"黍孕穗時〔心初生〕怕露水。教兩個人相對牽一條長索,括去黍心上的露水,等太陽出來再停止。"

4.8.4　"種黍時,培土,鋤草等(操作),都和穀子相同。黍子要比禾稀。"案:稀植的黍子,科雖然大些,但米是黃的,而且不飽滿以及全空的顆粒多。現在(後魏?)密植,科叢雖然小些,但米色白,而且顆粒成熟均勻,內容飽滿,比稀植的好。氾勝之所謂"要比禾稀",道理沒有聽見過。

4.9.1　崔寔説:"四月蠶入簇(上山結繭)時,有雨,可以種黍子和穀子,這是最好的時令。""夏至前兩天和後兩天,可以種黍子。"

4.9.2 "蟲吃傷李,今年黍子貴。"

粱秫第五

5.1.1 <u>爾雅</u>曰：“虋，赤苗也；芑，白苗也。”<u>郭璞</u>注曰：“虋，今之赤粱
粟；芑，今之白粱粟。皆好穀也。”<u>犍爲舍人</u>曰：“是<u>伯夷叔齊</u>所
食<u>首陽</u>草也。”

5.1.2 <u>廣志</u>曰：“有具粱、解粱；有<u>遼東</u>赤粱，<u>魏武帝</u>嘗以作粥。”

5.2.1 <u>爾雅</u>曰：“粟，秫也。”<u>孫炎</u>曰：“秫，黏粟也。”

5.2.2 <u>廣志</u>曰：“秫，黏粟；有赤，有白者。有胡秫，早熟及麥[①]。”

5.2.3 <u>説文</u>曰：“秫，稷之黏者。”

5.2.4 案今世有黃粱、穀秫、桑根秫、櫨天棓秫[一]也。

〔一〕“櫨天棓秫”：金鈔“櫨”字作“穗”。但同樣地不可解。其中一定有錯、
漏字，需要考證。

① “及麥”：趕上和麥一同熟。

5.3.1 粱秫並欲薄地而稀：一畝用子三升半。地良多雉
尾[①]；苗概穗不成。種與稙穀同時。晚者全不收也。

5.3.2 燥溼之宜，杷勞之法，一同穀苗。

5.3.3 收刈欲晚。性不零落，早刈損實。

① “雉尾”：穀穗過於長大細頓，尖端像雉尾羽一樣屈曲下垂。

釋　文

5.1.1 <u>爾雅</u>（釋草）：“‘虋’是赤苗，‘芑’是白苗。”<u>郭璞</u>注解説：
“‘虋’，現在（晉代）稱爲赤粱粟；‘芑’，現在稱爲白粱粟，都是
好穀類。”<u>犍爲舍人</u>注解説：“<u>伯夷叔齊</u>所食的<u>首陽山</u>的草，就
是（虋和芑）。”

5.1.2 <u>廣志</u>記載“有具粱、解粱，有<u>遼東</u>赤粱，<u>魏武帝</u>曾用赤粱煮

粥"。

5.2.1 爾雅説:"粟是秫。"孫炎注釋説:"秫是黏粟。"

5.2.2 廣志説:"秫是黏粟。有紅的有白的,還有一種胡秫,成熟很早,可以趕上麥子。"

5.2.3 説文説:"秫是黏的稷子。"

5.2.4 現今(後魏)還有黄粱、穀秫、桑根秫、櫖天棓秫。

5.3.1 粱米和秫子一樣,都只要瘦地稀植,一畝地用三升半種。地太肥,種子會長成野雞尾;密植,長不成穗子。和早穀子〔稙穀〕同時下種。晚了就毫無收穫。

5.3.2 對水分的要求〔燥溼之宜〕,杷地和勞摩的需要,全和穀子一樣。

5.3.3 收割要遲。粱和秫都不落粒,收割太早,便長不飽滿,種實有損失。

大豆第六

6.1.1 爾雅曰："戎叔〔一〕謂之荏菽。"孫炎注曰："戎叔〔二〕,大菽也。"

6.1.2 張揖廣雅曰："大豆,菽也;小豆,荅也;䇠方迷切豆、豌豆,留〔三〕豆也;胡豆,䇏濟江切䞇〔四〕音雙也。"

6.1.3 廣志曰："重小豆,一歲三熟,味甘①;白豆,麤大可食;刺豆,亦可食;秬豆,苗似小豆,紫花,可爲麴,生朱提建寧。大豆:有黃落豆,有御豆(其豆角長),有楊豆(葉可食)。胡豆有青、有黃者。"

6.1.4 本草經云:"張騫使外國,得胡豆。"

6.1.5 今世大豆,有白、黑二種及"長梢"、"牛踐"之名。小豆有菉豆、赤、白三種。黃高麗豆、黑高麗豆、鷰豆、䇠豆,大豆類也;豌豆、江豆〔五〕、䓀豆,小豆類也。

〔一〕〔二〕"戎叔":金鈔、明鈔,兩處的"菽"字都缺"艸"字頭;也許宋刻本要術的原字,就是"叔";但御覽仍作"菽"。沒有"艸"字頭的,後來一般不用作豆子的名稱(只用作動詞,即"收取""拾取"豆子)。

〔三〕"留":金鈔、明鈔都作"留";太平御覽卷 841 和初學記卷 27 所引,也是"留"字。漸西村舍本和龍溪精舍本,都據御覽校過,也都是"留"。祕册彙函系統版本與今本廣雅同作"䜹"。廣韻無"䜹"字;集韻下平聲"十八尤"的"䜹"字,注:"博雅:豌豆,䜹豆也。"即是引自廣雅。康熙字典中"䜹"字下所引的書,無宋以前的;可見"䜹"字的"豆"旁,到宋代才添加上去。

〔四〕"䇏䞇":明鈔"䇏"字作"䇏",䇏字下有夾注"濟江切";"䞇也"兩字下面,有夾注"音雙"。金鈔作"䇏胡江反䞇也音愛"。祕册彙函系統版本,作"䇏江豆也"。太平御覽卷 841 所引,是"䇏攵龍切䞇音雙也"。本草綱目,"䇏䞇,音絳雙"。"䇏"字從"夅"不從"夆"是無疑的。至於它的讀

音，曹憲的博雅音作"乎江"，和御覽的"爻"、金鈔的"胡"（集韻也是"胡
江切"），同樣是喉頭擦音；廣韻"下江切"，也還是喉頭擦音。其他從
"夆"的字，除"睳"（見本書卷三種棗第三十三"逢""䅪""䕀"等字的唇
裂音之外，都是喉頭擦音或裂音，沒有讀齒舌裂擦的。"濟江切"的
"濟"字，無疑地是錯誤了；——可能原來是"淆"字，因爲和簡筆的"濟"
（宋代刻本中有這樣的簡筆字）相像，所以轉寫成了"濟"。䮑字音雙，
沒有問題，只需要把小注倒轉到"也"字上面，表明屬於"䮑"字就對了；
金鈔的"音愛"，完全是鈔錯。這幾個字，現在應改正爲"睳己江反䮑音
雙也"。

〔五〕"江豆"：金鈔、明鈔都是"江豆"；祕册彙函系統版本作"豇豆"。"豇"很
明顯地是較遲的字。

①"重小豆，……味甘"："重"字，學津討原作"種"（與初學記卷 27 所引同）；
　但太平御覽所引是"重"字。"重"沒有作爲豆名的前例；顯然是寫錯的
　字。懷疑是字形相似的"荳"，荳豆又稱爲"穋豆"、"鹿豆"（很可能也就
　是所謂"䕅豆"，因爲留字在從前讀 láu 和"荳"同音），是近於野生狀態
　的一種小豆。"味甘"，要術各本作"槧甘"，御覽和初學記所引作"味
　甘"；"槧"字無意義，作"味"是對的。

6.2.1 春大豆，次稙穀之後；二月中旬爲上時；一畝用子八
升。三月上旬爲中時；用子一斗。四月上旬爲下時。用
子一斗二升。歲宜晚者，五六月亦得，然稍晚稍加
種子。

6.2.2 地不求熟。秋鋒之地，即穊[1]種。地過熟者，苗茂而實少。

6.2.3 收刈欲晚。此不零落，刈早損實。

6.2.4 必須耬下，種欲深故。豆性强，苗深，則及澤[2]。鋒耩各
一；鋤不過再。

6.2.5 葉落盡，然後刈。葉不盡，則難治。刈訖則速耕。大豆

性雨〔一〕；秋不耕，則無澤也。

〔一〕"雨"：農桑輯要和學津討原本作"温"；祕册彙函系統版本和明鈔一樣，作"雨"；金鈔，這字像"焉"字的下段，下邊是四點並排，上面像阿拉伯數字"5"；與"雨"字的草書有些相像；懷疑這就是明鈔作"雨"的來歷。但"性温"也不好解釋。本書中，潮溼的"溼"，多半寫作"濕"，有許多地方和"温"字混淆。這裏懷疑原來是"喜濕"兩個字：金鈔所根據的宋本，只保留了"濕"字下的四點和"喜"字草書的起頭；農桑輯要所根據的，和金鈔一樣，不過認成了"雨"字。

①"樀"：讀"滴"，意義是稀疏點播（見卷一耕田第一注解 1.5.1.③和下面小豆第七校記 7.1.3.〔三〕）。

②"及澤"："及"是達到，"澤"是土壤中的水分供給。這裏的用法，和書中其他地方作"趁雨"解的不一樣。

6.3.1　種茭①者，用麥底，一畝用子三升。

6.3.2　先漫散訖，犁細淺埒良輟反②而勞之。旱則萁堅葉落，稀則苗莖不高，深則土厚不生。

6.3.3　若澤多者，先深耕訖；逆垈③擲豆，然後勞之。澤少則否。爲其浥鬱不生。

6.3.4　九月中，候近地葉有黄落者，速刈之。葉少不黄④，必浥鬱。刈不速，逢風，則葉落盡；遇雨，則爛不成。

①"茭"：説文解字解釋"茭"，是"乾芻也"，即乾貯藏的飼料。這裏所説的"種茭"，是種植豆科植物，作爲冬季飼料用的乾芻。

②"埒"：本書原小注"良輟反"，説明了這一字讀"列"（liè），意義是"耕田起土"，即犁鏵頭所翻出的土塊行列，像肋骨般排在地面上的（四川一帶，有些地方將這樣翻轉的土塊行列，稱爲"牛肋巴"）。細淺埒，便是用小鏵犁耕成的小塊淺埒（參看卷三蕪菁第十八校記 18.2.4.〔一〕）。

③"垈"：音"伐"；又寫作"墢"。意義也是耕起土，即犁頭翻起的土塊。犁起

的土塊，都有光滑的（接近犁鏡面）和較粗糙（原來地面）的兩個面；犁成的垡，因此也就有着一定的方向。這種排列，就是垡；與人走路的步伐相似，所以稱垡。明鈔、金鈔，這裏的"垡"字（上半的"伐"）都誤作"代"。

④"葉少不黃"："少"作副詞用，説明"不黃"的程度。

6.4.1 雜陰陽書曰："大豆：生於槐；九十日秀；秀後，七十日熟。豆生於申，壯於子，長於壬，老於丑，死於寅，惡於甲、乙，忌於卯、午、丙、丁。"

6.4.2 孝經援神契曰："赤土，宜菽也。"

6.5.1 氾勝之書曰："大豆保歲易爲①，宜古之所以備凶年②也。謹計家口數，種大豆；率③人五畝。此田之本也。"

6.5.2 "三月榆莢時，有雨，高田可種大豆。土和、無塊，畝五升；土不和，則益之。"
　　　　"種大豆，夏至後二十日尚可種。"

6.5.3 "戴甲而生，不用深耕。"

6.5.4 "大豆須均而稀。"

6.5.5 "豆花，憎見日，見日則黃爛而根焦④也。"

6.5.6 "穫豆之法：莢黑而莖蒼，輒收無疑。其實將落，反失之。故曰：'豆熟於場⑤。'於場穫豆，即青莢在上，黑莢在下。"

①"保歲易爲"："保"是"保證"；"歲"是"一年的收穫"；"易爲"是"容易辦到"。過去大家讀作"大豆保歲，易爲宜，古之所以備凶年也"，時常感覺難解；和小豆第七相比較後，我覺得這裏該如此斷句，才能解釋，也

才能和 7.5.1 的"小豆不保歲難得"連繫地說明。

②"凶年":即"荒年"。

③"率":讀"律"(ly),即"比例"、"標準"。

④"根焦":要術各本,與御覽卷 841 所引,都是"根焦"。"根焦"固然也可以解釋;但和上文的"黃爛"兩字並列時,似乎應作"枯焦"。——否則,"黃爛"應作"葉爛";但又與"豆花"不合。

⑤"場":即"打場"的"場地"。

6.6.1 氾勝之區種大豆法:"坎^①,方深各六寸;相去二尺。一畝得千六百八十坎^②。其坎成,取美糞一升,合坎中土,攪和,以內坎中。臨種沃之,坎三升水。坎,內^③豆三粒。覆上土勿厚;以掌抑之,令種與土相親。一畝用種二升,用糞十六石八斗。"

6.6.2 "豆生五六葉,鋤之。旱者,溉之,坎三升水。"

6.6.3 "丁夫一人,可治五畝。至秋收,一畝中^④十六石。"

6.6.4 "種之上,土纔令蔽豆耳。"

①"坎":即"窩窩",凹下去的地方;也就是區種中"區"底正常形式。

②"一畝得千六百八十坎":依上面種穀第三裏面所說的標準區種法,一畝長 18 丈,橫闊 4 丈 8 尺,則一畝 1680 株,應當是 80×21 的安排。一畝長 18 丈;80 坎,79 間,每坎 6 寸見方,坎心與坎心相距 2 尺 2 寸半時,剛好是 18 丈;坎沿與坎沿相距,應當是 1 尺 9 寸 5 分,和 2 尺相差不大。18 丈長的畝,橫闊 4 丈 8 尺,作 21 坎,20 間,坎 6 寸見方,坎沿與坎沿相距 1 尺 7 寸(也就是坎心相距二尺時),剛好 48 尺。只有這樣解釋,才可說得通。

③"內":即"納"的古寫法,"放下去"的意思。

④"中":讀去聲,即"可以"。

6.7.1 崔寔曰:"正月,可種䘏豆;二月,可種大豆。"

6.7.2 又曰:"三月昏參夕①,杏花盛,桑椹赤,可種大豆。謂之上時。"

6.7.3 "四月時雨降,可種大小豆。美田欲稀,薄田欲稠。"

①"昏參夕":"夕"字無意義,依上下各節的例比較,應當是"中"字(參看卷一種穀第三注解 3.15.6.⑦及本卷黍穄第四注解 4.7.3.①)。

釋　文

6.1.1 爾雅(釋草):"戎菽稱爲荏菽。"孫炎注釋説:"戎菽是大豆。"

6.1.2 張揖廣雅説:"'菽'是大豆;'荅'是小豆;䘏(音 bì)豆、豌豆是䜻豆;胡豆是豇豆。"(䜻:音 ɕian;當時讀 kaŋ 或 haŋ,䜻音 ʂuaŋ)。

6.1.3 廣志説:"䜻豆是小豆,一年可以收三遍,味道很好。白豆(豆粒)粗大,可以吃;刺豆,也可以吃;秬豆,苗像小豆,開紫花,可以磨麵,生在(四川)朱提、建寧。大豆有黄落豆,有御豆(它的豆角很長),有楊豆(葉子可以吃)。胡豆(豆子)有青色的黄色的。"

6.1.4 本草裹説:"張騫出使外國,帶了胡豆種子回來。"

6.1.5 現在(後魏)大豆,有白色黑色兩種,還有"長梢"、"牛踐"等名稱。小豆有綠豆、赤小豆、白小豆三種。黄高麗豆、黑高麗豆、燕豆、䘏豆,是大豆類;豌豆、豇豆、䜻豆,是小豆類。

6.2.1 春大豆,在早穀子之後(下種);二月中旬最好;一畝用八升種;其次三月上旬;一畝用十升種;最遲到四月上旬。一畝用十二升種。遇着適宜晚種的年歲,五、六月也還可以種,但愈晚愈要多用些種子。

6.2.2 **地不要很細熟。**秋天鋒過的地，就可以直接稀疏點播，太細熟的地，苗長得很旺，子實反而少。

6.2.3 **收割要晚些。**大豆不落粒，收早了種實不足。

6.2.4 **必須用耬下，**因爲要種得深些。豆子的根性强，根長得深，就可以用到地裏的墒。鋒一遍，耩一遍；鋤也只須要兩遍。

6.2.5 **葉子落盡了，再收割。**葉沒有落盡，不易整治。割後，（地）從速耕翻。大豆喜歡雨（？），秋天不耕翻，地裏就沒有墒。

6.3.1 **種來作飼料〔茭〕的，**用麥茬地，一畝地下三升種。

6.3.2 **先撒播上種子，然後用犁犁成窄而細的淺道**（埒：音 lie；當時讀 lyet?），**再摩平。**天旱，豆萁粗硬，葉少；播種稀，苗長不高；種得太深，蓋的土厚了，苗長不出。

6.3.3 **如果地很溼〔澤多〕，先深深犁翻，在和犁道相反的方向撒下種子，然後再摩平。**地不溼就不這樣做，因爲（太溼）怕豆子漚壞。

6.3.4 **九月裏，看見靠地面的老葉有變黃要落的，應趕快收割。**葉子還未發黃，（太溼）容易漚壞。不趕快收，遇風，葉就要全落；遇雨，萁就要全爛，不能收成。

6.4.1 **雜陰陽書説：**"大豆：槐出葉時發生；（發生後）九十天開花；花開過後七十天成熟。豆，生日是申，壯日是子，長日是壬，老日是丑，死日是寅，惡日是甲乙，忌日在卯午丙丁。

6.4.2 **孝經援神契説：**"赤土，宜於種大豆。"

6.5.1 氾勝之書説："(種)大豆,要保證當年有收穫,是容易作到的,所以古來用它來作爲準備渡過荒年的(作物),是很合適〔宜〕的。好好地〔謹〕計算過家裏有幾口人,(按人數來)種大豆;計算標準,是每個人需要五畝地(的大豆),這是田家的基本經營事項。"

6.5.2 "三月,榆莢結成時,有雨,可以在高地種大豆。土地調和,沒有大塊的,一畝用五升種;土不調和,就要加大播種量。"

　　"種大豆,夏至後二十天,還可以下種。"

6.5.3 "大豆(秧苗)出土時,(子葉)頂着種被〔戴甲〕出來,不需要〔用〕深耕。"

6.5.4 "大豆,株間要均勻,要稀疏。"

6.5.5 "大豆開花時,怕見到太陽;見到太陽,(豆花)便變黃發爛而枯焦了。"

6.5.6 "收穫豆子的法則:莢子(開始)發黑,莖(開始)褪色〔蒼〕就收割,不必遲疑。因爲(如果不收),老的種子就會(自己)零落反而造成損失。因此(俗話)説:'豆熟於場。'從場上去收豆子,就是上一段豆莢還青着,下一段莢已發黑時(收回來,讓豆其帶着豆莢在場上成熟)。"

6.6.1 氾勝之的區種大豆的方法:"窩六寸見方,六寸深;窩距二尺,一畝可以有一千六百八十株。窩掘好之後,拿一升好糞,與掘出的泥土攪和,仍舊填在窩底上。下種時,澆水,每窩三升。每窩裏,放下三粒豆。

蓋上土，土不要厚；用手掌按實，讓種子和土壤緊密接近。一畝，用二升種子，十六石八斗糞。"

6.6.2 "豆苗出了五六片真葉，要鋤。天乾澆下水；一窩三升。"

6.6.3 "一個全男勞動力，可以管五畝。到秋天，一畝可收到十六石。"

6.6.4 "種子上面，泥土只要剛剛遮住〔蔽〕豆子（就够了）。"

6.7.1 崔寔説："正月可以種蜱豆，二月可以種大豆。"

6.7.2 （崔寔）又説："三月黃昏時，參星當頂，杏花茂盛，桑椹紅的時候，可以種大豆，這就是上時。"

6.7.3 "四月，合時的雨落下，可種大豆、小豆。好地（下種）要稀，瘦地要稠。"

小豆第七

7.1.1 小豆,大率用麥底。然恐小晚;有地者,常須兼留去歲〔一〕,穀下①以擬②之。

7.1.2 **夏至後十日種者,爲上時**;一畝用子八升。**初伏斷手③爲中時**;一畝用子一斗。**中伏斷手爲下時**;一畝用子一斗二升。**中伏以後,則晚矣**。諺曰"立秋,葉如荷錢〔二〕,猶得豆"者,指謂宜晚之歲耳;不可爲常矣。

7.1.3 **熟耕樓下以爲良。澤多者,樓耩,漫擲而勞之,如種麻法**。未生,白背勞之,極佳。**漫擲犁𡉫次之;耬**土歷反〔三〕**種爲下**。

〔一〕"去歲":明鈔誤作"云歲";依金鈔及明清刻本改正。

〔二〕"荷錢":明鈔、金鈔俱誤作"倚錢";明清刻本作"荷錢"是對的;——荷錢是新出的幼小荷葉。

〔三〕"耬"字小注"土歷反":明鈔誤作"上歷反"。依金鈔改正;卷一耕田第一中,注音作"湯歷反",可以參證(按有些明清刻本已改正作"土";津逮秘書作"上",大概是依某一南宋本校回去的)。

①"穀下",即"穀底"或"小米茬",也就是前作是小米的地(參看黍穄第四注解4.2.1①"底")。

②"擬":"擬定",即準備、預定,或口語中"打算"(參看卷一收種第二注解2.3.1.③)。

③"斷手":"斷"是"停止";"斷手"即"停手""罷手"或"放下"。

7.2.1 鋒而不耩,鋤不過再。

7.2.2 **葉落盡,則刈之**。葉未盡者,雖治①而易漉也。**豆角三青兩黃,拔而倒豎籠叢②之,生者均熟,不畏嚴霜;從本**

　　　至末,全無秕減,乃勝刈者。

①“雖治”:“雖”字應當是“難”字,錯鈔刻成“雖”。

②“籠叢”:“籠”帶有牽連的意義,“叢”是許多條榦的累積。“籠叢”,即彼此
　　相牽連相罣礙而合成一叢。

7.3.1　牛力若少,得待春耕;亦得耩種。

7.3.2　凡大小豆生,既布葉①,皆得用鐵齒䦆楱俎遘切縱橫杷而勞之。

①“布葉”:“布”是展開的意思。真葉和子葉不同:子葉一般比真葉小,而且
　　形狀也簡單些;真葉長出來就是大形複雜的,而且展放着。因此,“布
　　葉”應當解釋爲(子葉之後出來的)真葉。也只有這樣解釋,才可以和
　　下文 7.5.3 的“生五六葉”調和。以後在關於麻的記述(8.3.1 及
　　9.6.2)中,麻的“布葉”,也應當解作生出真葉。

7.4.1　雜陰陽書曰:“小豆生於李;六十日秀;秀後,六十日成。成後,忌與大豆同。”

7.5.1　氾勝之書曰:“小豆不保歲,難得。”

7.5.2　“宜〔一〕椹黑時,注雨種。畝五升。”

7.5.3　“豆生布葉①,鋤之;生五六葉,又鋤之。”

7.5.4　“大豆、小豆不可盡治②也。古所以不盡治者:豆生布葉,豆有膏③;盡治之,則傷膏;傷則不成。而民盡治,故其收耗折也。故曰:‘豆不可盡治。’”

7.5.5　“養美田④畝可十石;以薄田,尚可畝收五石〔二〕。”諺曰:“與他作豆田。”斯言良美可惜矣。

〔一〕“宜”:要術各版本都沒有“宜”字,依御覽卷 823 所引補。

〔二〕“畝收五石”:洪頤煊經典集林所輯氾勝之書,作“畝收五石”;所注的出

處,是"齊民要術二,太平御覽八百四十一"。但要術各版本,却都作
"畝取五石";御覽卷 841,則根本沒有這一句。拿氾書和要術中其餘各
處的句法排比看來,"畝收……石"出現的次數很多,而"畝取……石"只
有這一處。"取"字,並不是不可解;但由氾書文例來看,作"收"字更適
合。要術中的"取"字,也可能原是"收"字;因字形相似,而鈔錯了。

① "布葉":見注解 7.3.2.①。

② "治":"治"字作動詞,一般讀平聲,即整理的意思。但"整理"底內容很廣
泛:由耕地、鋤草、整枝,到脱粒、去秠……,都可稱爲"治";氾書中"治"
字底用法,共有:(甲)鋤治(乙)揚治(丙)治種(丁)作成——"丁男長女
治十畝";"治肥田十畝"(戊)耕治,和單用一個"治"字而不易確定是哪
種操作的,即這裏的"治",與 3.19.4 中的"治地",和 16.3.2 的"治芋
如此"。"治地"和"治芋如此"的"治",可以解作總結一切的操作。這
裏的"治",最好的解釋是"摘取葉子,整理作爲蔬菜"(參看 14.14.3)。
我們現在就用這個解釋。

③ "膏":過去用"膏"字,指固態脂肪;膏也就是"肥"的根據(參看 1.3"膏
澤")。

④ "養美田":要術各本所引均同。"養美田"是不通的;應依 9.6.5"養麻"的
例,補一個"豆"字,即"養豆,美田……"。

7.6.1 龍魚河圖曰:"歲暮夕,四更中,取二七豆子,二七麻
子,家人頭髮少許,合麻豆著井中。呪敕井,使其家竟
年不遭傷寒,辟五方疫鬼。"

7.6.2 雜五行書曰:"常以正月旦(亦用月半),以麻子二七
顆,赤小豆七枚,置井中。辟疫病,甚神驗。"

7.6.3 又曰:"正月七日、七月七日,男吞赤小豆七顆,女吞
十四枚,竟年無病;令疫病不相染。"

釋　文

7.1.1　小豆，一般〔大率〕用麥茬地。但嫌太晚一些；有地多的，常常要留去年的穀子茬地準備〔擬〕種（小豆）。

7.1.2　夏至後十天種最好；一畝用八升種。其次初伏種完〔斷手〕；一畝用十升種。最遲到中伏種完；一畝用十二升種。中伏以後就太遲了。俗話説："立秋時，（豆）葉像荷錢一樣（小），還可以收得豆子。"是指特別宜於晚的年歲説的（只是例外），不可以認爲正常。

7.1.3　耕得很細很熟，用耬下種最好。地很溼的，用耬耩過，撒播後，再摩平，像種麻一樣。沒發芽以前，地面發白時，摩平一遍最好。其次撒播後"犁"成埒。稀疏點播〔稠：音 di〕最不好。

7.2.1　（小豆地）只鋒，不要耩，鋤也只要兩遍。

7.2.2　葉子落完就收割。葉沒有落完就收，難脱粒，又容易潮溼。豆莢〔角〕大半青小半黄時，拔回來，倒豎着，攢成堆〔籠叢〕，生的也就都熟了；（這樣，）既不怕霜；（又）從根到梢，沒有空殼或不飽滿的子粒，比割的强。

7.3.1　牛力不够，可以等到春天再耕翻地；也可以直接點播（不犁不摩）。

7.3.2　大豆小豆，已經長出真葉〔布葉〕，都得用鐵齒杷〔鑼楱：楱音 cou〕，縱橫杷過，摩平。

7.4.1　雜陰陽書説："小豆在李出葉時發生；六十日開花；花後六十日成熟。成熟後忌日和大豆相同。"

7.5.1 氾勝之書説：“小豆，不易保證當年的收穫，（種下去）難（有把握）得到收成。”

7.5.2 “應當在桑椹（熟到發）黑時，跟着大雨種。一畝地用五升種。”

7.5.3 “豆苗長出真葉後，要鋤；長了五六片葉，又鋤。”

7.5.4 “大豆小豆，不可儘量地採取葉子。從前所以不儘量地採葉用，是因爲豆出真葉之後，豆苗才能有（把自己長）肥（的依據）；如果儘量摘葉，養肥的資料就受了損失；損失之後，種實也就長不好。種豆的人，儘量地摘葉，所以收成有減少折扣。因此，（我們）説：‘豆不可儘量摘葉。’”

7.5.5 “（如此）培養豆子，好田，一畝可收十石；用薄田，還可以收到五石。”俗話説：“給他作豆田。”是説好地可惜。

7.6.1 龍魚河圖説：“大年夜，四更天，取十四顆豆子，十四顆麻子，和家裏人的一些頭髮，連麻子豆子放入井内。念咒，分付井，可以使這家人整年不害傷寒，也可以避免五方瘟疫鬼來侵犯。”

7.6.2 雜五行書説：“要在正月初一清早（也可以在十五清早），用十四顆麻子，七顆赤小豆放入井内，可以避免瘟疫，很有靈驗。”

7.6.3 （雜五行書）又説：“正月初七、七月初七男人吞七顆赤小豆，女人吞十四顆，整年不生病；可使瘟疫不相傳染。”

種麻第八

8.1.1　爾雅曰：“黂，枲實；枲，麻。”別二名。“苧[一]，麻母”。孫炎注曰：“黂，麻子；苧，苴麻盛子者。”

8.1.2　崔寔曰：“牡麻無實，好肥理①，一名爲‘枲’也。”

〔一〕“苧”：明鈔作“苧”，學津討原及祕册彙函系統版本均作“苧”。依金鈔及今本爾雅改正。今本説文作“苧”。

①“好肥理”：麻，供纖維用的是韌皮部分，也就是和“肌理”相當的部分。各本俱作“肥理”，“肥”字顯然是“肌”字寫錯，本書常有這樣的例。

8.2.1　凡種麻，用白麻子。白麻子爲雄麻。顔色雖[一]白，齧破枯燥無膏潤者，秕子也；亦不中種。市糴者，口含少時，顔色如舊者，佳。如變黑者，裛。崔寔曰：“牡麻青白無實①，兩頭鋭而輕浮。”

8.2.2　麻欲得良田，不用故墟②。故墟亦良，有點③丁破反、葉夭折之患，不任作布也。

8.2.3　地薄者糞之。糞宜熟。無熟糞者，用小豆底亦得。崔寔曰：“正月糞疇。”疇，麻田也。耕不厭熟，縱横七遍以上，則麻無葉④也。田欲歲易。抛子種則節高。

8.2.4　良田一畝，用子三升，薄田二升。概則細而不長⑤，稀則麤而皮惡。

8.2.5　夏至前十日爲上時；至日爲中時；至後十日爲下時。“麥黄種麻，麻黄種麥”，亦良候也。諺曰：“夏至後，不没狗。”或答曰：“但雨多，没橐駝。”又諺曰：“五月及澤⑥，父子不相借。”言及澤急，説非辭也。夏至後者，匪唯淺短，皮亦輕薄。此亦趨時，不可失也。父子之間，尚不相假借；而况他人者也？

8.2.6 澤多者先漬[二]**麻子令牙生。**取雨水浸之,生牙疾。用
　　井水則生遲。浸法:著水中,如炊兩石米[三],頃漉出。著席
　　上,布,令厚三四寸。數攪之,令均得地氣;一宿,則牙出。水
　　若滂沛,十日亦不生。

8.2.7 待地白背,耬耩,漫擲子,空曳勞。截雨脚即種者,地
　　溼,麻生瘦;待白背者,麻生肥。**澤少者,暫浸即出,不得
　　待牙生。耬頭中下之。**不勞曳撻。

〔一〕"雌":明鈔作"雄",祕册彙函系統版本同。依金鈔及農桑輯要改正作
　　　"雌"。

〔二〕"漬":明鈔誤作"潰";依金鈔及明清刻本改正。

〔三〕"兩石米":明鈔作"兩百步",依金鈔及農桑輯要改正作"兩石米"。

①"牡麻青白無實":這句各種版本都同一。牡麻不結實,是正確的事實;本
　　條標題小注所引爾雅,已經説明。中國古代對麻的雄、雌株,是用不同
　　的名稱"枲"和"苧"(苴)的;小注所引崔寔的話,尤其明白。但這裏再
　　來一句"牡麻青白無實",而且下面接上"兩頭鋭而輕浮",又是解釋"種
　　麻用白麻子"的,就很難理解,——至少"無實"是過多的重複。和下面
　　種麻子第九所引崔寔的話"苴麻子,黑,又實而重",對比來看,懷疑這
　　裏的六個字有錯誤,該是"牡麻子,青白色"。"牡麻子",即種子將來能
　　長成雄性植株(牡麻)的;和將來長成雌性植株(苴麻)的,"苴麻子"相
　　對待。這樣的麻子,顏色是青白的,兩頭尖,而且輕浮,和"黑,又實而
　　重"相對待,很是明白。宋代蘇頌在圖經本草中,也作了一個與崔寔這
　　一總結相似的叙述,説"農家擇其(麻)子之有斑黑文者,謂之'雌麻';
　　種之,則結子繁。他子,則不然也"。這就説明,中國農民,不但早已知
　　道麻是雌雄異株植物;而且,還知道由種子的顏色、形狀、比重等,斷定
　　將來植株的性別;由此控制着播種的植株中,取麻(雄)和取子(雌)株
　　數的比例。

②"故墟":"墟"是從前人類利用過而現在空下或荒廢了的地面。一般都從
　狹義的範圍上着想,用來專指住宅毀壞後的遺址,便不甚與原義相合。
　本書所謂"故墟",是指種植過而現在休閑的地。

③"點":這個字,明鈔、金鈔都作"點";點字下,也都有"丁破反"的一個小
　注。農桑輯要所引,這個字是"敪",注釋着"敪:丁破反,草葉壞也"。
　明清的字書中,"敪"字没有讀唾(tuò)音的。集韻去聲"三十八箇"中,
　收有"點"字,讀"丁賀反",解作"草葉壞也;故墟種麻,有點葉夭折之
　患——賈思勰説"。我從音形義的聯繫中,尋求了很久,總覺得無論怎
　樣也説不通。目前,我們暫時假定它是"藨"字鈔錯。玄應一切經音義
　卷十七,阿毗曇毗婆沙論第十六卷,有一條"麻幹",注説"麻莖也,……
　字宜作'藨''稭'二形,音皆,今呼爲'麻藨'是也"。"藨",字形與"點"
　很近似,又是指的麻莖,可與下文的"葉"字相對,所以我們認爲這個
　字,作"藨"最合宜。

④"麻無葉":刈穫後的麻,不應當帶葉(8.3.3"有葉者意爛"),但長在地裏
　的活麻,如果無葉便壞了。顯然"葉"上脱漏了一字,可能是"黄"或
　"敗"之類。

⑤"細而不長":長字應讀上聲;作動詞,即"生長"。

⑥"及澤":"及"是趕上,達到;"澤"是土壤中可供用的水分,這裏是指雨水
　(參看上面種豆第六注解 6.2.4.②)。

8.3.1 **麻生數日中,常驅雀**。葉青乃止。**布葉而鋤**。頻煩再
　遍,止。高而鋤者,便傷麻。

8.3.2 **勃如灰便收**。刈、拔,各隨鄉法。未勃者收,皮不成。放
　勃①不收,而即驪〔一〕。**櫟**〔二〕**欲小,秲**〔三〕**欲薄**;爲其易乾。
　一宿輒翻之。得霜露,則皮黄也。

8.3.3 **穫欲淨**。有葉者,意〔四〕爛。**漚欲清水,生熟合宜**。濁
　水,則麻黑;水少,則麻脆。生則難剥,大爛則不任。暖泉不冰

凍,冬日漚者,最爲柔肕〔五〕也。

〔一〕"而即驪":祕册彙函系統版本作"即驅"(崇文書局本,更將"驅"改爲
"漚");農桑輯要及學津討原本作"即曬"。"而"字顯然是多餘的,應當
删去。後兩字,應是"即驪"。驪是黃而帶黑色;麻老了之後,肕皮部因
爲有色物質(多元酚類)沉積,顏色變深,漂也不易白。

〔二〕"枲":"枲"字下,農桑輯要、學津討原及漸西村舍本有小注:"古典反;
小束也。"

〔三〕"槫":農桑輯要及學津討原本,"槫"字下有小注"普胡反",即讀 pu 音
(按現在都用"鋪"字)。

〔四〕"悥":明鈔本常以"悥"字作"喜";這字金鈔仍是"喜";但農桑輯要、學
津討原及漸西村舍本作"易"。現暫作"悥"字。

〔五〕"肕":這字,明鈔、金鈔原來都作"明";群書校補所據鈔本以及以後明
清刻本(連龍溪精舍本都一樣!)也都作"明"。只農桑輯要一系列的版
本作"韌"。本書"韌"字都用"肕";這裏也應當作"肕"字。

①"勃":"勃"是放出粉末(參看注解 8.5.2.①)。

8.4.1 衛詩①曰:"蓺麻如之何? 衡從其畝。"毛詩注曰:"蓺,
樹也。衡獵之,從獵之,種之,然後得麻。"

①"衛詩":這兩句,今本詩經在齊風南山中。衛字有問題。

8.5.1 氾勝之書曰:"種枲太早〔一〕,則剛堅,厚皮多節;晚,
則皮不堅。寧失於早,不失於晚。"

8.5.2 穫麻之法〔二〕:穗勃,勃如灰①,拔之。

8.5.3 夏至後二十日漚枲,枲和如絲。

〔一〕"早":明鈔誤作"旱",依金鈔及明清各刻本校正。

〔二〕"穫麻之法":要術各本,都作"穫麻之法"。和 8.5.3 並列來看,可以看
出這個字有問題;——應當改作"雄麻"或"枲"。由 9.6.6 和 8.5.3,知
道作"枲"更適當。

①"穗勃,勃如灰":勃是放出一陣細粉來(因此,有"勃壤"、"馬勃"等名稱)。
　　大麻是風媒花,花粉成熟後,氣溫高時,藥囊便會自動地裂開,放出一陣
　　花粉,像煙塵一樣,所以稱爲"勃"。這裏,第一個"勃"字是動詞,第二個
　　是名詞。"勃"字讀 bo 或 bei;有時寫作"苦"(見卷一種穀第三 3.4.2)。

8.6.1 崔寔曰:"夏至先後各五日,可種牡麻。"牡麻,有花無實①。

①"牡麻有花無實":這六個字,和上篇 8.2.1 的"牡麻青白無實"六個字,第
　　一、二、五、六,四個字全同;"青"字和"有"字字形相似,"白"字和"花"
　　字,也有混淆的時候。如果能證明這六個字的小注,是崔寔本人所作,
　　而不是出於賈思勰甚至於更後來作"音義"的人,便可以解決上文的問
　　題。而且即使有證據說明這六個字確是崔寔的話,爲什麼他對於"牡
　　麻無實"重複了三遍,每遍都不同? 也正是一件待解決的事。

釋　文

8.1.1 爾雅(釋草)説:"'麖'是枲的果實,枲是麻。"區別兩個名稱。
　　(又説)"茡,麻的母體"。孫炎注解説:"麖是麻子;茡是苴麻,
　　結子很茂盛的。"

8.1.2 崔寔説:"牡麻没有子實,但皮肉〔肌理〕好;也稱爲'枲'。"

8.2.1 種(雄株)麻,用白色的種子。白麻子(長大)是雄株。
　　顏色雖然白,但咬開枯燥不含油的,是空殼,也不要種;市場上
　　買來的,放在口裏含一段時候,如果顏色不變,就是好種子;如
　　含過會變黑色的,便已經漚壞了。崔寔説:"(長成)雄株麻(的
　　麻子),青白色;(將來)不結實,兩頭尖,輕,可以漂浮在水面。"

8.2.2 麻一定要好田,不可以連作〔用故墟〕。連作固然也可
　　以,(但是)有莖〔藄〕、葉早死的毛病,(至少)不能作布用。

8.2.3　瘦地，先要上糞。糞要用腐熟過的；没有熟糞，可以用小豆茬地。崔寔説："正月糞疇"，疇就是麻田。耕翻不嫌熟。縱橫耕到七遍以上，麻就没有（破爛或黄色）的葉。麻田每年要換地方。下種時，向空抛撒，將來麻藭的節間就長。

8.2.4　好地，一畝用三升種子；瘦地，用二升。太密就細弱而且不長；太稀就粗大，皮也不好。

8.2.5　夏至前十天下種，最好；夏至是中等時令；夏至後十天最遲。"麥黄種麻，麻黄種麥"，也是很好的物候。俗語説："夏至以後種的麻，（長度）遮不住狗。"有人〔或〕（代替）回答説："只要雨水多，遮得住駱駝。"又有諺語説："五月間，趁天雨〔及澤〕作莊稼活時，父子之間，都來不及互借人力。"就是説趁雨要緊〔急〕，所以説出不合情理的話〔説非辭〕來了。夏至後種的麻，（麻藭）固然矮小，皮也輕而且薄，所以必須趁早，不要失掉時機。父子之間，都來不及互借人力，旁人還用説嗎？

8.2.6　地裏水多，先把麻子浸到生芽。用雨水浸的，發芽快；用井水，發芽遲。浸的方法：炊熟兩石米（的飯）那麽久之後，漉出來。放在席子上，攤開，成三四寸厚的一層，多〔數〕攪和幾遍，讓它們均匀地得到地氣；過一宿，就出芽了。如果水給得太多（滂沛），十天也不發芽。

8.2.7　等到地面發白，耬耩，撒播種子之後，拖着空勞摩一遍。趕雨下完立刻就種的，地溼，麻苗瘦小；等地面發白後種的，麻苗肥大。地不太溼的，種子只要泡溼就播下，不要等出芽。耬頭裏面下種。下種後，不必拖撻。

8.3.1　麻出芽後幾天中，要時時驅逐麻雀。葉子發緑後就不

用管了。真葉展開後就鋤地。接連鋤兩遍就够了。苗高
了再鋤，麻會受傷。

8.3.2　花放出花粉〔勃〕像灰一樣時，便要收。割或拔，各處
有不同的習慣。沒有放粉就收的，皮沒有長成。放了粉還不
收，皮就變黄黑色了。束的把〔葉〕要小，鋪〔稬〕時要攤
得薄；這樣才乾得快。過一夜，就要翻一遍。露溼後（不
翻），皮就發黄。

8.3.3　收穫要乾淨（不帶葉）。有葉的容易霉爛。漚麻要用
清水，漚的生熟要合宜。水不清，麻要變黑；水少了，麻會
脆。漚的太生（不够久），剥起來困難；太爛了，又不經久。（最
好是）暖暖而不結冰的泉水，冬天漚出來，最柔軟最強韌。

8.4.1　詩（齊風南山）有：“怎樣種麻？先横着後縱着整理
地。”毛詩注解説：“‘蓺’，是種植〔樹〕。横〔衡〕耕整〔獵＝
躐〕，縱耕整，再種，才能得到麻。”

8.5.1　氾勝之書説：“種雄麻種得太早，莖藨就會太硬，皮
厚而節多；種晚些，不會硬。可是寧願錯在種得太早，
不要錯在種得太遲。”

8.5.2　收穫雄麻的法則：花穗放粉，粉噴出來像灰塵一樣，
就拔下來。

8.5.3　夏至後二十天，漚雄麻，所得纖維和絲一樣柔和。

8.6.1　崔寔説：“夏至前五天和後五天，可以種雄麻。”雄麻，
有花不結實。

種麻子第九

9.1.1 崔寔曰〔一〕："苴麻，麻之有'蘊'① 者，茡〔二〕麻是也。一名'黂'②。"

〔一〕"崔寔曰……"：這一段標題下的小注，明鈔和金鈔在標題直下；即表明這樣的小注，是對標題作注解的。這是本書正確的體例；但可惜的是只有這一條和卷七中白醪麴第六十五、法酒第六十七，卷八黄衣黄蒸及糵第六十八、作酢法第七十一，卷九的餳餔第八十九以及卷十五穀果蓏菜茹非中國物産者等六條，一共七處，保存着這樣正確適合的寫法。其餘大多數的例，都是作爲小字，另起一行，緊接在正文頭上，像上條種麻第八的形式；少數更變成用幾個大字"帶頭"，下面拖帶一些小字夾行，如卷四的許多條。這一點體例上的紊亂，在後來的版本中更加麻煩；像卷一開頭處的耕田第一標題小注，在宋刻本還是小字：院刻（即高山寺藏北宋崇文院刻本殘卷）是如此；明鈔、金鈔如此，群書校補所據鈔宋本也如此，可是祕册彙函系統版本，却改作了大字。據四庫全書總目提要所引錢曾讀書敏求記，則明末的湖湘本，這一段還是"細書夾注"；改作大字，顯然是胡震亨開始的。現在這一處，學津討原本和祕册彙函系統版本中多種刻本，便已提行作頂格的小字，與正文平行而不接正文；漸西村舍刊本，則提行之後，下面緊接正文。

〔二〕"茡"："茡"字，明鈔及所有明清刻本和龍溪精舍刊本均作"茡"；金鈔作"芓"，依金鈔改正（參看種麻第八校記 8.1.1.〔一〕）。

①"蘊"：王念孫在廣雅疏證中作有推斷，認爲崔寔在這裏稱爲"蘊"的，應是"麻實"（即果實種子）；而一般所謂"蘊"，則指碎麻。蘊指碎麻，是正確的；但崔寔在這裏是否一定是指麻實，還需要證明。崔寔原文是否"蘊"字，也還要考證。

②"黂"：上面種麻第八標題注中所引爾雅："'黂'，枲實也"，説明黂是麻實。

9.2.1 止取實者，種斑黑麻子。斑黑者，饒實。

9.2.2 崔寔曰："苴麻子，黑，又實而重，擣治作燭[1]。不作麻。"

[1]"燭"：古代的"燭"或"庭燎"，是在易燃的一束枝條（如乾蘆葦、艾蒿或漚麻剩下的麻莖）等材料中，灌入耐燃而光燄明亮的油類（或夾入含油頗多的物質），點着後，豎起來照明的。這就是現在的"火把"或"火炬"（"炬"是"燭"字的別寫）。蠟燭只是其中小形的一種。

9.3.1 耕須再遍。一畝，用子二升。種法與麻同。

9.3.2 三月種者爲上時，四月爲中時，五月初爲下時。

9.3.3 大率二尺留一根。概則不耕。鋤常令淨。荒則少實。

9.3.4 既放勃，拔去雄。若未放勃去雄者，則不成子實[1]。

[1]"若未放勃去雄者，則不成子實"："放勃"，是雄株放出花粉的情形。由這一句，可以知道我們祖先，對於雌雄異株植物授粉受精過程，已有很深刻的認識。

9.4.1 凡五穀地畔近道者，多爲六畜所犯；宜種胡麻、麻子以遮之。胡麻，六畜不食；麻子齧頭則科大。收此二實，足供美燭之費也。

9.4.2 慎勿於大豆地中雜種麻子！扇地[1]。兩損，而收並薄。

9.4.3 六月中，可於麻子地間，散蕪菁子而鋤之；擬收其根[2]。

9.5.1 雜陰陽書曰："麻生於楊或荊；七十日花；後六十日熟。種忌四季（辰、未、戌、丑）、戊、己。"

[1]"扇地"：即蔭蔽與蔭蔽引起的妨害（參看卷一注解1.2.2.③及本卷種瓜第十四注解14.4.3.④）。

[2]"擬收其根"：這種在麻地裏套作蕪菁的辦法，極可注意。

9.6.1 氾勝之書曰:"種麻,預調和〔一〕田。"

9.6.2 "二月下旬,三月上旬,傍雨種之。麻生,布葉,鋤之。率,九尺一樹①。"

9.6.3 "樹高一尺,以蠶矢糞之(樹三升);無蠶矢,以溷②中熟糞糞之亦善(樹一升)。"

9.6.4 "天旱,以流水澆之(樹五升);無流水,曝井水,殺③其寒氣以澆之。"

　　　"雨澤時適〔二〕勿澆。澆不欲數④。"

9.6.5 "養麻如此,美田則畝五十石,及百石,薄田尚三十石。"

9.6.6 "穫麻之法,霜下實成,速斫之。其樹大者,以鋸鋸之。"

〔一〕"調和":要術各版本,都作"調和";御覽卷823誤作"軟和"。

〔二〕"時適":祕册彙函系統各版本作"適時"。金鈔、明鈔,則作"時適": "時"對雨説,即"及時";"適"對澤説,即"合適"。兩個字,意義不相同, 而且各有專指,比泛泛的"適時"好。

①"九尺一樹":要術各本,都是"九尺一樹";這是與情理不合的;應依9.9.3 "大率二尺留一樹",改作"二尺"。

②"溷":即大的糞坑。

③"殺":讀 ṣài,即減少、降低。

④"數":讀 ṣuò,即次數多、頻繁(見注解 3.18.4.⑧)。

9.7.1 崔寔曰:"二、三月,可種苴麻。"麻之有實者爲"苴"。

釋　文

9.1.1 崔寔説:"苴麻,是有蘊的麻,也就是'荸麻'。又稱爲廬。"

9.2.1 （種麻）只〔止〕（爲）取得種子的，（應當）種斑黑色的麻子。斑黑色的，結實多。

9.2.2 崔寔説："（長成）苴麻的麻子，顏色黑，又堅實而且重。（這種麻）只擣破作火炬〔燭〕，不取纖維〔作麻〕。"

9.3.1 地要耕翻兩遍。一畝用二升種子。種法和麻一樣。

9.3.2 三月種最好，其次四月，最遲五月。

9.3.3 株距大概留成二尺。密了可以不用中耕。常常鋤淨（雜草）。雜草多，麻子就少。

9.3.4 放了花粉之後的雄株，就可以拔去（漚麻了）。如果雄株還沒有放粉就拔掉了，麻子結不成。

9.4.1 凡穀物〔五穀〕（這節中的"五""六"兩個數字，不是具體的數量）田邊在道路旁的，常被牲口侵犯；應當在這種田邊上種上脂麻或雌麻。脂麻，牲口不咬；雌麻被咬斷頭後，會長出更多側枝，成爲大科叢。這兩種油料作物的種子，收下來，可供給燈燭的費用。

9.4.2 千萬不要〔慎勿〕在大豆地裏種麻子！彼此遮蔽，相互損傷，兩樣收成都要減少。

9.4.3 六月中，可以在麻子地裏，撒一些蕪菁子，同時鋤地，準備將來收蕪菁根。

9.5.1 雜陰陽書説："麻在楊樹或荆出葉時發生；七十天開花；花後六十天成熟。種時忌逢四個季日（辰、未、戌、丑），以及戊、己日。"

9.6.1 氾勝之書説："種麻，要預先把田土耕到調和。"

9.6.2 "二月下旬，三月上旬，趁雨種。麻苗出土，真葉展開後,鋤地。株距是二尺。"

9.6.3 "植株長到一尺高時,用蠶屎來施肥〔糞之〕,每株給三升;没有蠶屎,用坑中腐熟過的人糞尿也好,每株給一升。"

9.6.4 "天旱,用流水澆,每株給五升(水);(只有井水)没有流水時,把井水曬(暖),讓它底寒氣減低〔殺〕後用來澆。"

　　 "雨水合時,墒够,就不用澆! 澆的次數不要過多。"

9.6.5 "像這樣培養的麻,好地,一畝可以收五十到一百石(6,000—12,000斤)麻子,瘦地也還可以得到三十石(3,600斤)。"

9.6.6 "收穫麻子(雌麻)的法則:下霜後,種實成熟,快快砍下。植株太粗可用鋸。"

9.7.1 <u>崔寔</u>説:"二月三月,可種苴麻。"苴麻是結子的麻。

大小麥第十 瞿麥附

10.1.1 廣雅[一]曰："大麥，麰也；小麥，䴩也。"

10.1.2 廣志曰："虜小麥[二]，其實大麥形，有縫。秫麥，似大麥，出涼州。旋麥①，三月種，八月熟，出西方。赤小麥，赤而肥，出鄭縣②。語曰：'湖豬肉，鄭稀③熟。'山提小麥，至黏弱④，以貢御。""有半夏小麥，有禿芒大麥，有黑穬麥。"

10.1.3 陶隱居本草云："大麥爲五穀長；即今'倮麥'也，一名'麰麥'，似穬麥，唯無皮耳。""穬麥，此是今馬食者⑤。"然則大穬二麥，種別名異；而世人以爲一物，謬矣⑥。

10.1.4 按世有落麥者，禿芒是也。又有春種穬麥也。

〔一〕"廣雅"：明鈔及祕册彙函系統版本誤作"爾雅"，依金鈔及漸西村舍本改正。

〔二〕"虜小麥"："小"字各本皆作"水"；只龍溪精舍本依太平御覽校改爲"小"。下文"其實大麥形，有縫"；御覽在"縫"字上還多一個"二"字。下面既說"大麥形"，是說形狀像大麥，可見它決不會是大麥；本節以大小麥爲標題，不是大麥便是小麥；而"水"字又和"小"字相像，很容易弄錯。所以照御覽改作"小"字。

①"旋麥"："旋"讀去聲，即"隨即"的意思。"旋麥"是今年種，今年隨即收，所以稱爲"旋麥"。

②"鄭縣"：這個鄭縣應該是秦漢時代的鄭縣，即在今日陝西華縣西北，不是鄭國所在的今河南鄭州。下文"湖豬肉"的湖，也應當是漢代京兆的湖縣，在現在河南的閿鄉縣。從前這兩縣是鄰縣，所以諺語中把這兩縣的名產聯了起來。

③"稀"：稀是稀植的莊稼；鄭稀，即鄭縣稀植的小麥。

④"山提小麥，至黏弱"：漸西村舍本"山提"作"朱提"（朱提是古代蜀中的地

名），但未舉出根據，因此暫仍存疑。"弱"即"軟"。

⑤"馬食者"：懷疑是"食馬者"；——食字作動詞，讀去聲，即"飼"字。

⑥"然則大穬二麥……謬矣"：這似乎是賈思勰對陶弘景的説法，推得的結論。

10.2.1 大小麥，皆須五月六月暵地①。不暵地而種者，其收倍薄。崔寔曰："五月六月〔一〕菑〔二〕麥田也。"

10.2.2 種大小麥：先㽟，逐犂㮇種者，佳。再倍省種子，而科大。逐犂擲之亦得，然不如作㮇耐旱。其山田及剛強之地，則耬下之。其種子宜加五省②於下田。

10.2.3 凡耬種者，匪直土淺易生，然於鋒鋤亦便。

〔一〕"五月六月"：金鈔、明鈔誤作"五月一日"，現依農桑輯要所引校正。

〔二〕"菑"：明鈔、金鈔均誤作"蕃"；南北朝隋唐手寫的"菑"寫作"蕾"，更容易和"蕃"字混淆，可能就是這樣纏錯的。依討原及漸西村舍本作"菑"。"菑"就是滅"茬"。

①"暵地"：即利用太陽熱力，提高土壤溫度的"曬翻"；今日稱"烤田"（浙江的説法）、"烘田"（福建的説法）。

②"加五省"：即減省到"一百五十分之一百"；也就是用三分之二（金鈔"加"誤作"如"）。

10.3.1 穬麥，非良地則不須種。薄地徒勞，種而必不收。凡種穬麥，高下田皆得用，但必須良熟耳。高田借擬①禾、豆，自〔一〕可專用下田也。

10.3.2 八月中戊社前種者，爲上時；擲者，畝用子二升半。下戊前，爲中時；用子三升。八月末九月初爲下時。用子三升半或四升。

〔一〕"自"：明鈔誤作"目"，依金鈔及明清刻本改正。

①"借擬"：即"假定已準備作爲……"。

10.4.1 **小麥宜下田**。歌曰："高田種小麥，穇穆①不成穗。男兒在他鄉，那得不憔悴?"

10.4.2 **八月上戊社前爲上時**；擲者，用子一升半也。**中戊前爲中時**；用子二升。**下戊前爲下時**。用子二升半。

10.4.3 **正月、二月〔一〕，勞而鋤之。三月、四月，鋒而更鋤**。鋤，麥倍收；皮薄麵多。而鋒、勞、鋤各得再遍，爲良也。

10.4.4 **今立秋前，治訖**。立秋後，則蟲生。**蒿艾簞②盛之，良**。以蒿艾蔽窖埋之，亦佳。窖麥法：必須日曝令乾，及熱埋之。

10.4.5 **多種、久居③供食者，宜作劁④才彫切麥：倒刈，薄布；順風放火。火既著，即以掃帚撲滅，仍打之**。如此者，經夏〔二〕蟲不生，然唯中作麥飯及麵用耳。

〔一〕"二月"：明鈔譌作"三月"，依金鈔及明清刻本改正。

〔二〕"經夏"：明鈔譌作"無夏"；祕冊彙函系統版本"夏"上缺一字。依金鈔補。"經夏"即"經過夏天"。

①"穇穆"：音"廉纖"，意義也和"廉纖"相似，即"有氣無力"、"瑟瑟縮縮"等有欠缺的情況。現在兩粵方言中，還保留着這個用法，例如形容"喪家之狗"的情形，稱爲"穇穆狗"。

②"簞"：盛種子的草織容器（見圖六，仿自王禎農書）。

③"久居"："居"是停積的意思；"久居"即預備長久儲存，並不一定指人久住一地。

④"劁"：割也（見注解 2.3.1. ①）。

10.5.1 **禮記月令曰："仲秋之月，乃勸人種麥，無或失時。其有失時，行罪無疑。"**鄭玄注曰："麥者，接絕續乏之穀，尤宜重之。”

10.6.1 孟子曰：“今夫麰麥，播種而耰之。其地同，樹之時
　　　又同。浡然^①而生，至於日至^②之時，皆熟矣。雖有不
　　　同，則地有肥、磽，雨、露之所養，人事之不齊。”

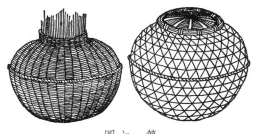

圖六　簞

①“浡然”：今本孟子，作“勃然”。案“勃然”與“浡然”，都是借用的形容語。
　　推究起來，都與“孛”字有關：“孛”是彗星或大流星群；也就是一大堆細
　　小的東西，同時爆炸式地表露出來。因此，同時放出一陣粉末稱爲
　　“勃”（見注解8.5.2.①）；一陣小氣泡從水中冒出，稱爲“浡”（就是今日
　　的“泡”字）；在粵語系統方言中仍稱爲“浡”（bot）。
②“日至”：即“夏至”、“長至”。

10.7.1 雜陰陽書曰：“大麥生於杏；二百日秀；秀後，五十
　　　日成。麥生於亥，壯於卯，長於辰，老於巳，死於午，惡
　　　於戌，忌於子、丑。小麥生於桃；二百一十日秀；秀後，
　　　六十日成。忌與大麥同。”

10.7.2 “蟲食杏者，麥貴。”

10.8.1 種瞿麥^①法：以伏爲時。一名“地麵”。良地，一畝用子
　　　五升；薄田，三四升。畝收十石。

10.8.2 渾^②蒸，曝乾，舂去皮；米全，不碎。炊作飧^③，甚

滑。細磨,下絹篩^④,作餅,亦滑美。

10.8.3 然爲性多穢:一種此物,數年不絕;耘鋤之功,更益劬勞。

① "瞿麥":石竹科的瞿麥,種子雖有些像麥,但並沒有用作食物的。懷疑是"燕麥";燕麥有時誤稱爲"雀麥","雀"字和"瞿"字容易混淆。

② "渾":即"整個"("渾沌"就是沒有分開的"整一");"渾蒸"就是連殼帶仁一齊蒸。

③ "飧":熟飯,用湯汁泡着吃,稱爲"飧"。

④ "篩":即現在的"篩"字,見集韻。依説文及玉篇,應作"籭"。

10.9.1 尚書大傳曰:"秋,昏,虛星中,可以種麥。"虛,北方玄武之宿;八月昏中,見於南方。

10.10.1 説文曰:"麥,芒^{〔一〕}穀。秋種厚埋,故謂之'麥'。麥金王而生,火王而死。"

〔一〕"芒":明鈔和祕册彙函系統版本誤作"芸";金鈔原作"其",校改作"芒"。作"芒"是正確的;現依金鈔及今本説文改作"芒"。

10.11.1 氾勝之書曰:"凡田有六道,麥爲首種。種麥得時,無不善。夏至後七十日,可種宿麥^①。早種則虫而有節^②;晚種,則穗小而少實^{〔一〕}。"

10.11.2 "當種麥,若天旱無雨澤,則薄漬麥種以酢且故反漿^③並蠶矢。夜半漬,向晨速投之,令與白露俱下。酢漿令麥耐旱,蠶矢令麥忍寒。"

10.11.3 "麥生,黄色,傷於太稠。稠者,鋤而稀之。"

10.11.4 "秋,鋤,以棘柴樓之(以壅麥根)。故諺曰:'子欲富,黄金覆!''黄金覆'者,謂秋鋤麥,曳柴壅麥根也。"

10.11.5 "至春凍解，棘柴曳之，突絕其乾葉。須麥生[4]，復鋤之。到榆莢時，注雨[5]止，候土白背[6]，復鋤。如此，則收必倍。"

10.11.6 "冬雨雪，止，以物輒藺麥上，掩其雪，勿令從風飛去。後雪，復如此。則麥耐旱多實。"

〔一〕"少實"：要術各版本都是"少實"；御覽卷838所引無"實"字。

①"宿麥"：即冬麥；種下去，要過一年才能收穫，所以稱爲"宿"（參看上面注解10.1.2.①的"旋麥"，即春麥）。

②"虫而有節"：這句，意義很難瞭解。懷疑應作"免蟲而有息"，和下文對舉。卷一種穀第三，說明早熟的穀子可以免蟲（遲熟的"有蟲則盡矣"），而且整治成粒時耗折少（多息）；似乎也可以應用到麥上。加一個"免"字，句法可以和下句相稱；"有息"也和"少實"相對。據日本大阪市立大學天野元之助教授函告，他所見的太平御覽，所引氾書，這一句是"穗强而有節"，則"虫"是"强"字爛成。

③"酢漿"："漿"是熟澱粉的稀薄懸濁液；"酢"是酸。"酢漿"，是熟澱粉稀薄液經過適當的發酵變化，產生了一些乳酸，有酸味也有香氣；古代用來作爲清涼飲料。——漿和水、醴（發酵所得醅汁，帶有原來的飯粒的）、涼（漉清了的醴加上水）、醫（剛起酒精發酵的稀粥湯，酒味不濃，更沒有酸味的）和酏（稀粥），合稱"六飲"。

④"須麥生"："須"是等待（見注解1.13.2.④），這裏的"生"，不能解作"出芽"、"生苗"，而只能是"回青"。

⑤"注雨"：注是傾瀉的意思；從前常有"大雨如注"的說法。

⑥"白背"：土壤溼時，地面是黑的；表面現出白色時，便是表面已乾，但裏面還有潮溼的情形。

10.12.1 "春凍解，耕和土[一]，種旋麥①。麥生，根茂盛，莽鋤[二]如宿麥。"

〔一〕"耕和土"："和"字，祕册彙函系統刊本，都誤作"如"，現依金鈔、明鈔改正。

〔二〕"莽鋤"：要術各版本所引，大多數都是"莽鋤"，金鈔作"苯鋤"；明鈔作"莽鋤"。據康熙字典引干禄字書，"莽"是"莽"俗字。"莽"字可能是明鈔鈔手所寫的俗字；金鈔的"苯"，可能是"本"字寫錯：——"本蕁"，玉篇解釋是"草叢生也"，但只和蕁字聯用，仍不能解決我們這裏的問題。目前暫時假定是"莽"字，解作"粗"——"鹵莽"、"莽撞"。

① "旋麥"："旋"是"隨即"；"旋麥"，是今年種，今年隨即可收的春麥，和今年種明年才能收的"宿麥"——冬麥——相對待（參看注解 10.1.2. ① 和 10.11.1. ①）。

10.13.1　氾勝之區種麥："'區'大小如'中農夫區'。禾收，區種。凡種一畝，用子二升。覆土，厚二寸；以足踐之，令種土相親。"

10.13.2　"麥生根成①，鋤區間秋草。緣②以棘柴律③土，壅麥根。秋旱，則以桑落時〔一〕澆之。秋雨澤適，勿澆之！"

10.13.3　"麥凍解④，棘柴律之，突絕去其枯葉。區間草生，鋤之。"

10.13.4　"大男大女治十畝。至五月，收；區一畝得百石以上，十畝得千石以上。"

〔一〕"桑落時"："時"字，祕册彙函系統本，作"曉"。金鈔、明鈔作"時"，"桑落時"，即桑樹落葉的時候，是很明顯的物候，比"曉"字好。

① "成"：要術各版本都作"成"。"成"字不易解；參照 10.12.1 條旋麥"麥生，根茂盛，莽鋤如宿麥"的"茂盛"，應改作"茂"或"盛"。"盛"或"茂"兩字，都很容易誤寫作字形相似的"成"。

②“緣”：各本，都作“緣”。“緣”字不可解；可能應改作字形相近的“還”。

③“律”：本條中有兩處“棘柴律之”。“律”字底解釋，應當和 10.11.4 條的“棘柴稷之”的“稷”字以及 10.11.5 條的“棘柴曳之”的“曳”字相似。現在粵語系統的方言中，用手排除障礙向前推進，稱爲“律（lat）過”，可以作這裏“律”字的解釋。

④“麥凍解”：要術各刻本，都是“麥凍解”。“麥”字可以勉强説得通；但比照 10.11.5 和 10.12.1 各條，應當改作“春”字。“麥”字行書“麦”，和“春”字很容易相混；可能就是這樣引起的錯誤。

10.14.1 “小麥忌戌；大麥忌子。除日①不中②種。”

①“除日”：我們祖國的曆法，最初便是很正確的：兼顧了太陽（日）和太陰（月）兩種週期，作了妥善的安排，因此，對於氣候、物候、日月躔道等，都可作正確的預告。甲骨文字中已存在的干支，一直就沿用着作爲紀年、紀月、紀日、紀時的次第。由干支配合所演生的“六十甲子”，記載着年、月、日的循環，也很便利。但是在演進的過程中，逐漸沾染了許多唯心的成分。於是乎就有歲占、月占、日占等附會迷信的附加物。所謂“建除”，便是其中之一。“建除”大概是戰國到秦代逐漸發展着的。淮南子天文訓中，有“寅爲建，卯爲除，辰爲滿”等以“建、除、滿、平、定、執、破、危、成、收、開、閉”十二個字，配合着地支的“十二辰”。最初，這十二“建除”，在紀月紀日兩方面都應用，作用和地支完全相似。但是，在紀日中，却逐漸又發展了新的“附加”，即作爲“日建”時，除了十二個字的小循環外，又加上了每個小循環中依次序重複一個字的大循環：如第一個循環，是“建、建、除、滿、平……”第二個循環是“建、除、除、滿、平……”之類。於是由十二個十二日的循環，變成了十二個十三的循環，結果不能與“十二辰”再重合，失掉了原來記次第的正確意義，專保存了迷信唯心的“占候”成分。這裏所謂“除日”，是指“日建”逢“除”，不是指“大年夜”（陰曆每年最後一日）的“歲除日”。（參看種穀第三注解 3.14.3.②）

②"中"：讀去聲，即"可以"。

10.15.1 崔寔曰："凡種大小麥，得白露節，可種薄田；秋分，種中田；後十日，種美田。"

10.15.2 "唯穬，早晚無常。"

10.15.3 "正月，可種春麥、睥豆①。盡二月②止。"

①"睥豆"：上面大豆第六條末了，也引有崔寔的話，是"正月，可種睥豆；二月……"却没有"春麥"兩字。可能現在這一句，纔是崔寔四民月令的原文。

②"盡二月"：盡字讀上聲；現在，讀上聲的盡，多已經寫作"儘"。

10.16.1 青稞麥，治〔一〕打時稍難，唯伏日用碌碡碾。右①每十畝，用種八斗。與大麥同時熟。好，收四十石，石，八九斗〔二〕麵。

10.16.2 堪作麨及餺飥〔三〕，甚美；磨盡無麩〔四〕。

10.16.3 鋤一遍，佳；不鋤亦得。

〔一〕"治"：明鈔作"特"，金鈔作"持"；依農桑輯要改正。"治"就是"整治"，"治打"即脱粒。祕册彙函系統版本與農桑輯要相同。

〔二〕"石，八九斗"：明鈔、金鈔都只上句末了有一"石"字；群書校補所據鈔宋本同。祕册彙函系統版本，"石"字重疊。依文義説"八九斗麵"上如果有這"石"字（意思是"每石"，説明麵的來歷），便交待得清楚些，所以依明清刻本補一"石"字。但麵用斗（容量）作爲計算單位，頗爲離奇；恐怕還有其他問題（麵雖不用斗量，麩皮却是用斗計算的，如果是由麩皮的分量，倒折回來，也許一石麥得到一兩斗麩，就可算是八九斗麵，但又和下文"磨盡無麩"衝突）。

〔三〕"麨及餺飥"："麨"字，明鈔、金鈔、群書校補所據鈔宋本都作"飯"；"餺"字，作"餅"。依農桑輯要及學津討原改作"麨及餺飥"，比較合理。祕

册彙函本“麨”和農桑輯要一樣；但“餺”仍作“餅”。“麨”是“炒麵’（見

卷四種棗第三十三注解 33.13.1.①）。

〔四〕“磨盡無數”：明鈔、金鈔、祕册彙函系統各版本，“磨”字下面多一個

“總”字。“總”字在這裏，没有意義。商務印書館叢書集成初編中的農

桑輯要，是根據“聚珍本”（武英殿叢書）排印的；其中所引這一段，没有

“總”字。漸西村舍刊本，也没有“總”字。漸西村舍叢書中，也刻有“據

聚珍本覆刻”的農桑輯要。推想漸西村舍主持校勘的人，可能把這兩

部書互校過，所以漸西村舍刊本的要術，許多處都依農桑輯要校改過。

而自稱曾據武英殿叢書校過的學津討原本，這一“總”字，却仍保留，

想是校漏了。

①“右”：這“右”字，在這裏無任何意義。明鈔本，這“右”字，左邊，即下一

行，正是上面校記 10.16.1.〔二〕所記的“四十石，石八九斗”中的“十”

字；因此懷疑這字就是原來宋刻本中四十石的“石”字，刻之前鈔寫時

錯到了上一行中，又稍微寫多了一點，刻時便將錯就錯，弄到讀不

懂了。

釋　文

10.1.1　廣雅記着：“大麥稱爲麰，小麥稱爲麳。”

10.1.2　廣志説：“（有）虜小麥，它的子實，形狀像大麥，有縫。秫

麥，也像大麥，出在涼州。有旋麥，是三月種，八月就收的，出

在西邊。有赤小麥，子實紅而肥，出在關中的鄭縣，俗話説：

‘湖縣的豬肉，鄭縣的紅麥。’山提小麥，很黏很軟〔弱〕，是進貢

給皇帝吃的〔貢御〕。還有半夏（旱）小麥，有禿芒大麥，有黑

穬麥。”

10.1.3　陶隱居本草説：“大麥是五穀之長；就是現在（南朝）所謂

‘稞麥’，又叫做‘麰麥’，和穬麥很相像，只是没有皮〔稞〕。”（又

説:)"穬麥,這是現在(南朝)餵馬的。"這樣看來,大麥和穬麥,是兩種不同的穀,名稱也彼此相異;現在的人,以爲是一種東西,就錯誤了。

10.1.4 現在(後魏)有落麥,即無芒〔禿芒〕的麥。也還有春天下種的穬麥。

10.2.1 大麥小麥,都要在五、六月,先把地耕開來曬過〔暵〕。不暵地就種,收成加倍地少。崔寔(四民月令)説:"五、六月麥田要滅茬〔菑〕。"

10.2.2 種大小麥,先耕成"埒",隨犂點播蓋土〔掩種〕的最好。種子省了兩倍,而且科叢大。犂後撒播也可以,但不如掩種的耐旱。山地和剛強的地,用耬下種。用的種要比低田省去三分之一。

10.2.3 用耬下種的,不但蓋的土不厚,容易出芽,鋒地鋤地,也比較方便。

10.3.1 穬麥,如果不是好地,就不必種。瘦地種穬麥,白費氣力,種下沒有收穫。種穬麥,高地低地都可以,但是必須要好地熟地。高地如果打算〔借擬〕種穀子和豆子,就可以專用低地。

10.3.2 八月中旬的戊日,趕(秋)社以前種,是最好的時候;撒播時,每畝用二升半種子。下旬戊日,是中等時候;每畝用三升種子。八月底九月初是最遲的時候。(每畝)用三升半至四升種子。

10.4.1 小麥要種低地。有個歌:"高原田裏種小麥,有氣無力不結穗。正像男兒在他鄉,怎能歡喜不憔悴?"

10.4.2 八月上戊日之前最好;撒播的,每畝用一升半種。中旬戊日前是中等時候；用二升種。下旬戊日前最遲了。用二升半種。

10.4.3　正、二月，摩平，鋤整。三、四月鋒過再鋤。鋤了，麥收成可以增加一倍，皮薄麵多。鋒、摩、鋤都來上兩遍，就好。

10.4.4　在當年立秋以前，一定要整治完畢。過了立秋，就會生蟲。用蒿艾（莖稈）編成的篢子〔簞〕盛，便很好。埋在窖裏，用蒿艾塞住窖口也好。窖藏的方法：必須先在太陽底下曬乾，趁熱時進窖。

10.4.5　種得多，預備長久儲存〔居〕來供給食糧的，應當作成"劁（音 zìau）麥"：割下放倒，鋪成薄層，順風放火；火著了以後，用掃帚撲滅。然後脫粒。這樣可以經夏天可不生蟲；不過，這種劁麥，只可作麥飯，磨麵粉。

10.5.1　禮記月令説："八月〔仲秋〕，就勸人種麥，不允許偶爾失了時機。如果失掉了時令，可以不加考慮就加以處罰。"鄭玄注解説："麥是接濟缺糧、彌補匱乏時的穀物，更應當重視。"

10.6.1　孟子（告子章句上）説："拿大麥來説，種下去，耰過了。土地是一樣的，種下去的時間也是一樣的。（一樣地）蓬蓬勃勃地生長起來，到了夏至，便都熟了。雖然還是有差異，那是地有肥瘦，雨露的營養，人力培植等種種原因不能完全一致之故。"

10.7.1　雜陰陽書説："大麥在杏出葉時發生，二百天孕穗，孕穗後五十天成熟。麥生日在亥，壯日在卯，長日在辰，老日在巳，死日在午，戊日是惡日，子丑是忌日。

小麥在桃出葉時發生；二百一十天孕穗，孕穗後六十天成熟，忌日和大麥一樣。」

10.7.2 「蟲吃傷杏實的一年，麥貴。」

10.8.1 種瞿麥的方法：以起伏爲下種的時令。又名爲「地麵」。好地，每畝用五升種，瘦地三至四升。每畝可以收十石。

10.8.2 整粒〔渾〕蒸過，曬乾，再舂去皮；米就是整粒的，不破碎。炊熟作爲和水的飯〔飱〕，很滑。如果磨成細粉，用絹篩篩過，再作成餅，也很滑很好。

10.8.3 但瞿麥是一種容易變成雜草的植物，種了一次，幾年還不能斷絕；往後除草鋤草的工夫，就要增加勞苦。

10.9.1 尚書大傳説：「秋天，黃昏時，虛宿當頂，是種麥的時候。」虛宿是北方玄武星宿；八月黃昏時運行到正南方當頂。

10.10.1 説文説：「麥是有芒的穀。秋天下種，厚厚的埋（在地裏），所以稱爲‘麥’。麥在金旺的季節發生，在火旺盛的季節死去。」

10.11.1 氾勝之書説：「田地可以接連種六期作物，麥是第一期。在適當的季節種麥，（收成）沒有不好的。夏至後七十天，就可以開始種冬麥。種得太早，也許（可以不）遭到蟲害（？），而且稈節堅硬；種得太遲，穗子不大，子粒不飽滿。」

10.11.2 「該種麥的時候到了，遇到乾旱，天不下雨，地裏又沒有（足够的）墒，就用酸〔酢：音 cù〕漿水浸上蠶糞，短時間地〔薄〕泡着麥種。半夜泡，在天没亮以前〔向晨〕趕快播下，讓（種子）和露水一齊下到地裏。酸漿水能使麥耐旱，鹽矢可以使麥耐寒。”

10.11.3 “麥苗出土後，如果顏色黄，是太密所引起的損害。太密，可以鋤稀一些。”

10.11.4 “秋天鋤麥（後），用酸棗柴拖一遍，（把土）壅在麥根上。俗語説：‘你想致富，用黄金覆’。‘黄金覆’，就是秋天鋤過麥，拖着（酸棗）柴向麥根壅土的意思。”

10.11.5 “到春天解凍後，用酸棗柴拖過，把乾枯的葉子拉斷〔突絶〕去掉。等到麥回青後，再鋤。到榆莢生成，連綿大雨停止後，等地面乾到現白色時，再鋤。作到這些，收成可以增加一倍。”

10.11.6 “冬天，下雪，雪停止後，就要用器具在麥（地）上輥壓，把雪壓進地裏，不讓它隨風吹去。再下雪，又這樣壓。這樣，麥就能耐旱，而且種實多。”

10.12.1 “春天解凍後，將和解的土耕出，種當年可收〔旋〕的（春）麥。麥發芽後，根茂盛的時候，像鋤冬麥一樣地粗鋤。”

10.13.1 氾勝之區種麥：“區底大小，和‘中農區’一樣（——即“方七寸，相去二尺”）。禾收了之後就開始區種。種每一畝，用二升種。種子上，蓋二寸土；用脚踏實，使種子和土緊密接近。”

10.13.2 “麥出苗，根長好之後，把區間的秋草鋤掉。又用酸棗柴拖過地面，把泥土壅在麥根上。秋天天旱，待

桑樹落葉時澆水。（如果）秋天雨好，或地裏還有墒，
就不要澆。"

10.13.3 "春天解凍後，用酸棗柴拖過，把枯葉拉斷去掉。
區間長了草，要鋤。"

10.13.4 "成年男女勞動力，每人管十畝，到五月，收割；一
畝地可以得到百石以上，十畝就是千石以上。"

10.14.1 "小麥，忌逢戌的日子，大麥忌逢子的日子。日建
逢除，都不可以種。"

10.15.1 崔寔説："種大麥和小麥，白露節過後，薄地就可
以開始種；中等地，秋分後開始；好地秋分後十天
開始。"

10.15.2 （又説：）"只有穬麥没有一定的早晚。"

10.15.3 （又説：）"正月可以種春麥和䘏豆，到二月底止。"

10.16.1 青稞麥，脱粒比較難些，只有在伏天曬透，用碌碡碾。
每十畝地用八斗種子，和大麥同時熟。種實很好，（十
畝地）可以收四十石，每石可以得八、九斗麵。

10.16.2 可以作炒麵、烙餅，味好，磨盡不出麩皮。

10.16.3 鋤一遍（固然）好，不鋤也可以。

水稻第十一

11.1.1　爾雅曰:"稌,稻也。"郭璞注曰:"沛國今呼稻爲'稌'。"

11.1.2　廣志云:"有虎掌稻、紫芒稻、赤芒稻(白米)〔一〕。南方有蟬鳴稻(七月熟),有蓋下白稻(正月種,五月穫;穫訖,其莖根復生,九月熟),青芋稻(六月熟)、累子稻、白漢稻(七月熟),此三稻大而且長,米半寸,出益州。秔有烏秔、黑穬、青函、白夏之名。"

11.1.3　説文曰:"穤,稻紫莖,不黏者。""秔,稻屬。"

11.1.4　風土記①曰:"稻之紫莖〔二〕;秫,稻之青穗。米皆青白也。"

11.1.5　字林②曰:"秅力脂反,稻今年死,來年自生,曰'秅'。"

11.1.6　案今世有黄瓮稻、黄陸稻、青稗稻、豫章青稻、尾紫稻、青杖稻、飛蜻稻、赤甲稻、烏陵稻、大香稻、小香稻、白地稻、菰灰〔三〕稻(一年再熟)。

11.1.7　有秫稻;秫稻米,一名"糯奴亂反米",俗云"亂米",非也。有九格秫、雉目秫、大黄秫、棠秫、馬牙秫、長江秫、惠成秫、黄般秫、方滿秫、虎皮秫、薈奈秫,皆米也。

〔一〕"赤芒稻(白米)":金鈔"白米"下還有"稻"字;祕册彙函系統版本和龍溪精舍刻本也有,初學記所引也有;御覽卷839所引,"赤芒"作"赤穬",下面没有"白米"兩字。明鈔、漸西村舍本和學津討原本没有"白米"後的"稻"字。由上文看,紫芒赤芒,是穀粒外面的附屬物有紫色或赤色色素,但胚乳(米)是白的,則"稻"字是多餘。

〔二〕"稻之紫莖":與下句對比看,這句上面顯然脱去了一個作爲這一句的"主格"的一個字;太平御覽卷839所引風土記,這個字作"穬",仍舊是錯誤的。依説文,應是"穤"。

〔三〕"菰灰":各本皆作"孤灰",金鈔作"菰灰"。"菰灰"可能是説稻熟時,

"菰首"(菱鬱、菱白)中的胞子也成熟而顯現着灰色。

①"風土記":是一部已經散佚的書;作者周處,晉代人。

②"字林":呂忱著的字書,現已散佚。

11.2.1 稻,無所緣;唯歲易爲良。選地,欲近上流。地無良薄,水清則稻美也。

11.2.2 三月種者爲上時,四月上旬爲中時,中旬爲下時。

11.2.3 先放水;十日後,曳陸軸①十遍。遍數唯多爲良。

①"陸軸":輥壓水田,平地同時壓死雜草的一種農具。是一個木架,具有榫軸,軸上裝一重的石製或木製重輥。見圖七(仿自王禎農書)。

11.3.1 地既熟,淨淘種子,浮者不去〔一〕,秋則生稗。漬。經五宿,漉出,內①草篅②反中裹③之。復經三宿,牙生。長二分,一畝三升〔二〕,擲。

11.3.2 三日之中,令人驅鳥。

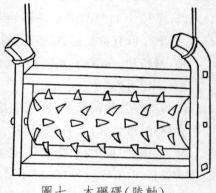

圖七　木礰礋(陸軸)

〔一〕"浮者不去":明鈔、金鈔作"浮者去之",依農桑輯要及明清刻本改正。

〔二〕"升":金鈔作"斗"。

①"內":即"納"的古字;本書多用"內"代替。

②"篅":盛穀的圓形容器,用草編織成;見廣韻"五支"。

③"裹":保溫保溼的處理,對有萌發力的稻種子,有催促萌發的效果。但如所用溫度過高,再"裹"便可消滅發芽力(參看黍穄第四注解 4.5.2.②)。

11.4.1 稻苗長七八寸,陳草復起,以鐮侵水芟之,草悉膿死。稻苗漸長,復須薅;拔草曰"薅",虎高切。薅訖,決去水,曝根令堅。量時水旱而溉之。

11.4.2 將熟,又去水。

11.5.1 霜降穫之。早刈,米青而不堅;晚刈,零落而損收。

11.6.1 北土高原,本無陂澤,隨逐隈曲而田者,二月,冰解地乾,燒而耕之①,仍即下水。十日,塊既散液②,持木斫③平之。

11.6.2 納④種如前法。既生,七八寸,拔而栽之。既非歲易,草稗俱生,芟亦不死。故須栽而薅之。溉灌收刈,一如前法。

11.6.3 畦埒大小無定,須量地宜,取水均而已。

①"燒而耕之":用火燒地,有(甲)提高土壤溫度;(乙)消滅一部分原生動物和不利於高等植物的細菌;(丙)催促硝化;(丁)使某些有機質腐敗中間產物揮散等有利的作用。現在福建省還有"烘田"的操作。

②"液":作動詞用,即變成融和流動的情況。

③"木斫":即"欚",——一種大的木椎(槌)(見圖八,仿自王禎農書)。

④"納":這是本書中用"納"字的少數例之一(比較上面注解 11.3.1.①)。

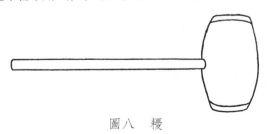

圖八　欚

11.7.1 藏稻，必須用簞；此既水穀，窖埋得地氣則爛敗也。若
欲久居者，亦如劁麥法。

11.8.1 舂稻：必須冬時，積日燥曝，一夜置霜露中，即舂。
若冬春不乾，即米青、赤脈起；不經霜，不燥曝，則米碎矣①。

①這幾句小注，可能有次序顛倒的情形。"不燥曝"三字，也許該在"不乾"
上面或下面。"不經霜"下面，可能漏一"露"字。

11.9.1 秫稻法，一切同。

11.10.1 雜陰陽書曰："稻生於柳或楊；八十日秀；秀後，七
十日成。戊、己、四季日爲良，忌寅、卯、辰，惡甲、乙。"

11.11.1 周官曰："稻人掌稼下地。"以水澤之地種穀也；謂之
"稼"者，有似嫁女相生。

11.11.2 "以'豬'①蓄水，以'防'②止水，以'溝'蕩水，以
'遂'均水，以'列'舍水，以'澮'寫水，以涉揚其芟〔一〕，
作田。鄭司農③説"豬""防"，以春秋傳曰："町原防，規偃
豬"；"以列舍水"，"列"者非一道以去水也；"以涉揚其芟"，以
其水寫，故得行其田中，舉其芟鉤也。杜子春讀"蕩"爲"和
蕩"；謂"以溝行水也"。玄謂："'偃豬'者，畜流水之陂也；
'防'，豬旁堤也；'遂'，田首受水大溝也；'列'，田之畦埒也；
'澮'，田尾去水大溝；'作'，猶治也。開遂，舍水於列中，因涉
之，揚去前年所芟之草，而治田種稻。"凡稼澤，夏，以水殄
草，而芟夷〔二〕之。"殄，病也〔三〕，絶也。鄭司農説"芟、夷"，
以春秋傳曰："芟夷、蘊崇之。"今時謂"禾下麥"爲"夷下麥"，言
芟刈其禾，於下種麥也。玄謂："將以澤地爲稼者，必於夏六月
之時，大雨時行，以水病絶草之後生者；至秋，水涸，芟之。明

年乃稼。”

11.11.3 “澤草所生，種之‘芒種’。”鄭司農云〔四〕：“澤草之所生，其地可種‘芒種’。”“芒種”，稻、麥也。

〔一〕“以涉揚其芟”：明鈔、金鈔，這句第一個字“以”缺去；由注文所引鄭衆的話，就已經説明“以”字不能少。現依今本周官補入。

〔二〕“芟夷”：明鈔作“芟黄”；以下各處的“夷”字，除“夷下麥”一處之外，也都是從艸的“黄”字。金鈔只有這個字有艸頭，小注中則都是“夷”字。今本春秋傳，是有艸頭的字；但今本周官中的“夷”，却没有艸頭。爲了減少一些不必要的紛歧，一律都去掉艸頭。

〔三〕“殄，病也”這句小注前面，祕册彙函版本，都和今本周官一樣，還有“鄭注”兩字。明鈔、金鈔没有。

〔四〕“鄭司農云”：這句小注前，祕册彙函系統版本，和今本周官一樣，有“鄭玄注曰”四字，明鈔、金鈔没有。

①“豬”：現在多寫作“潴”。

②“防”：防字的本義，是土築的厚墙，作爲遮蔽或阻擋某些災害用的。

③“鄭司農”：鄭衆，因爲在鄭玄之前，所以稱爲“先鄭”或“鄭司農”：以便和“後鄭”區别（“鄭司農云”，一般是鄭玄所引用的話）。

11.12.1 禮記月令云：“季夏，大雨時行；乃燒、薙、行水，利以殺草，如以熱湯。鄭玄注曰：“薙，謂迫地殺〔一〕草。此謂欲稼菜地，先薙其草；草乾，燒之。至此月大雨流潦，畜於其〔二〕中，則草不復生，地美可稼也。”“薙氏，掌殺草：春草生而萌之，夏日至而夷之，秋繩〔三〕而芟之，冬日至而耜之。若欲其化也，則以水火變之。”可以糞田疇，可以美土彊。”注曰：“土潤，溽暑，膏澤易行也。糞美，互文；土彊，彊檃之地。”

〔一〕“殺”：祕册彙函系統各本與今本禮記同作“芟”。金鈔、明鈔同作“殺”。

〔二〕"其":祕册彙函系統各本與今本禮記同作"芰"。金鈔、明鈔作"其"。"其"字更妥貼。

〔三〕"繩":今本周官作"繩",明鈔作"綃",金鈔作"終"。綃字不見於字書,暫依周官改作"繩"("繩",各家解釋爲"孕")。

11.13.1 孝經援神契曰:"汙〔一〕泉宜稻。"

〔一〕"汙":明鈔作"汙";金鈔漏去此字。依農桑輯要、太平御覽及本書明清各刻本改正。

11.14.1 淮南子曰:"蘺先稻熟,而農夫薅之者,不以小利害大穫。"高誘曰:"蘺,水稗。"

11.15.1 氾勝之書曰:"種稻:春凍解,耕反其土。種稻區不欲大,大則水深淺不適。"〔一〕

11.15.2 "冬至後一百一十日〔二〕,可種稻。稻,地美,用種畝四升〔三〕。"

11.15.3 "始種,稻欲溫〔四〕。溫者,缺其塍①,令水道相直②。夏至後,大熱,令水道錯。"

〔一〕這一節,御覽引用兩次,卷839所引與要術各本相同。但御覽卷823所引,作"種稻,春凍解,地氣和時耕"。"地氣和時"四字,值得注意。

〔二〕"一百一十日":御覽卷823所引,是"一百三十日";卷839所引,則與要術同是"一百一十日"。案冬至後一百二十日,是"穀雨"節;種稻不能遲於穀雨,所以應保留"一百一十日"的"一"字。

〔三〕"四升":御覽卷839所引,作"四斗"。

〔四〕"溫":句末和下句起處的"溫"字,祕册彙函系統版本作"濕"、"淫"。很顯然的,"淫"字是"濕"字傳寫後改的;"濕"字,則是字形相近的"溫"寫錯。依金鈔及明鈔改正。

①"塍":音"神"(shèn),即隔在兩"坵"田相鄰處的土埂,現在湖南、江西口語

中還保存這個字（四川稱爲"田埂"，埂讀 kǎn）。

②"相直"："直"字，依現在的習慣應改寫作"值"。"相值"，即在一條綫上，相當、相對。水道相值，水的流動只是局部的，所以一"坵"田中的水，溫度變化比較小；白天曬熱後，晚上還可以保持溫暖。如"水道錯"，則兩坵田中水的流動面就大了（因爲更換得多），所以可避免過高的水溫。

11.16.1 崔寔曰："三月可種稉稻。稻：美田欲稀，薄田欲稠。"

11.16.2 "五月可別種〔一〕及藍，盡夏至後二十日，止。"

〔一〕"可別種……"：古逸叢書本玉燭寶典所引崔寔四民月令，這句是"五月可別稻"；應依玉燭寶典改作"稻"字。

釋　文

11.1.1 爾雅（釋草）説："稌是稻。"郭璞注解説："沛國現在稱稻爲'稌'。"

11.1.2 廣志説："有虎掌稻、紫芒稻、赤芒稻（米是白的）。南方有蟬鳴稻，七月成熟。有蓋下白稻，正月種，五月就可收穫；收過，根上又發生（稻蒸），九月（又）成熟了。青芋稻（六月成熟）、累子稻、白漢稻（七月成熟），這三種，米粒大而且長，一粒米長到半寸，出益州（四川）。秔，有烏秔、黑穬、青函、白夏等名目。"

11.1.3 説文記有："秫，是莖幹紫色的稻，不黏的。""稉，稻類。"

11.1.4 風土記説："（秫）是紫莖的稻，秫是青穗的稻，米都是青白色。"

11.1.5 字林説："'秜'（音 ni），今年死，明年自然又發生的稻，叫

'秬'."

11.1.6　現在(後魏?)有黄瓮稻、黄陸稻、青稗稻、豫章青稻、尾紫稻、青杖稻、飛蜻稻、赤甲稻、烏陵稻、大香稻、小香稻、白地稻、菰灰稻(一年兩熟)。

11.1.7　還有秫稻:秫稻米又名爲糯米,一般誤稱"亂米",是錯誤的。有九格秫、雉目秫、大黄秫、棠秫、馬牙秫、長江秫、惠成秫、黄般秫、方滿秫、虎皮秫、薈柰秫,都是(秫)米。

11.2.1　稻不要什麼特殊條件〔緣〕;只要每年換田就好了。選地,要靠近上游。不論地好地壞,總之水清就長得好。

11.2.2　三月種,是上等時令;四月上旬是中等時令;四月中旬便是最遲了。

11.2.3　先將水放乾;十天之後,用陸軸拖十遍。遍數越多越好。

11.3.1　地熟之後,將稻種淘淨,浮的不除掉,秋天就生成稗子。用水泡着。過了五夜,漉出來,放在草籃〔篅:音ṣuei〕中保温保溼。再經過三夜,芽就出來了。(芽)有二分長時,一畝地播種三升種子。

11.3.2　播種之後,三天之内,要有人守着趕鳥。

11.4.1　稻秧有七至八寸長時,已死的〔陳〕雜草,又長起來了,用鐮刀就水面以下〔侵〕割掉,草全泡壞死了。稻苗慢慢長大,要再薅;拔草叫薅,音 hāo。薅完,放掉水,讓太陽把根曬硬。依天時的水旱,估量着灌些水。

11.4.2　稻子快熟時,又放掉水。

11.5.1　霜降時收穫。割得太早,米綠色,不堅實;太晚,落粒,會減損收成。

11.6.1　北方高原，本來沒有畜水的陂和塘，只隨地勢低窪些的地方〔隈曲〕作成稻田的，二月間，解凍了，地面乾了，燒過耕翻，隨即放水進去。十天後，土塊都已泡散化開〔散液〕，用木作的"斫"，打平。

11.6.2　像上面的方法下種。秧苗生出，有七八寸長後，拔起來栽過。因爲不是每年換田，草和稗子生出來的很多，芟也芟不死，只有移栽了之後來薅。澆灌和收割，都和上面說的一樣。

11.6.3　種稻的田，畦子大小沒有定準，全看地勢決定，不過務必要使田裏水（的深度）平均。

11.7.1　貯藏稻種，必須用簞；稻本來是水生穀類，埋在窖裏，得到地氣，就會腐爛敗壞。如果想保藏得久些，也可以用作䬡麥的方法。

11.8.1　春稻：必須在冬天，連曬幾日，乾後，在霜露裏過一夜，立即舂。如果冬天舂而不乾，米就會起青色紅色的紋道〔脈〕；不經霜露，不曬乾，一舂就碎了。

11.9.1　秫稻的一切種植栽培方法，都和粳稻一樣。

11.10.1　雜陰陽書說："稻在楊樹或柳樹出葉時發生；生後八十天孕穗，孕穗後七十天成熟。戊、己和四季日好，忌日是寅、卯、辰，甲乙是惡日。"

11.11.1　周官說："'稻人'掌管在低地種莊稼。"就是在有水的沼澤地裏種穀物；稱爲'稼'，是因像嫁女一樣，可以獲得同類的後裔。

11.11.2 “水，用‘瀦’〔豬〕蓄積着，用堤〔防〕阻攔着，用幹
渠〔溝〕通出去，用給水大渠〔遂〕來分配；讓水在畦
〔列〕中停留些時，然後由排水渠〔澮〕排瀉出去。隨
着，便可以從蓄水的地裏，涉着水走過，將刈斷的野草
排除，作成稻田。鄭玄注解説：“鄭衆用春秋左氏傳‘町原
防，規偃豬’兩句，來解釋‘豬’和‘防’。用‘列是許多水道來排
去水’來解‘以列舍水’。用‘因爲水已瀉去，所以可以在田中
揚動芟鈎’來解‘以涉揚其芟’。杜子春將‘蕩’體會成‘和蕩’
（蕩動調和）的‘蕩’；所以‘以溝蕩水’該解作‘用溝來使水和蕩
運行’。我（鄭玄）以爲‘偃豬’是成片的大窪地，可以截蓄流水
的；‘防’，就是‘偃豬’旁邊的堤；‘遂’，是田和溝接頭的地方，
承受水的大渠；‘列’，是田中的畦埒；‘澮’，是田距溝遠一端
的，排水出去的大溝；‘作’就是‘整治’。將‘遂’開開，讓水到
行列中停留，隨後涉水走過，把去年所芟的草揚開，作成田來
種稻。”要在停水的地方種莊稼，便得在夏天有水時，讓
水把野草淹死，割平它們。”鄭玄注：“殄是使……受害，
使……斷絕。鄭衆用春秋左氏傳的‘芟夷、蘊崇之’來解釋
‘芟、夷’。以爲現在（應當理解爲二鄭底當時！）將‘禾後麥’稱
爲‘夷下麥’，就是説芟夷了禾，在禾茬地裏種麥。我（鄭玄）以
爲如想在沼澤地種莊稼，必須在夏天六月間，常下大雨的季節
裏，讓水把後來生出來的野草淹死。到秋天水乾後，割去已淹
死的草。明年才可以種莊稼。”

11.11.3 “‘長澤草’的地方，種各種有芒的‘芒種’。”鄭衆注
解説：“澤草生長的地方，可以種‘芒種’。”“芒種”，指稻子
麥子。

11.12.1　禮記月令説："六月〔季夏〕,常降大雨,就燒掉平地面,割下來〔薙〕的草,讓水來浸着,利用它來殺草,像用熱水〔湯〕一樣。鄭玄注解説："薙（即剃頭的剃）是貼近〔迫〕地面殺掉草。這就是説,要在長草的地上種莊稼,先要薙掉草;草乾後,燒掉它。到六月,大雨,將潦水留在地裏,草不能再生出來,地也就肥沃可以種了。（周官）'薙氏',專管殺草:青草發芽時,除掉已經長出的萌芽,夏天,夏至（前後）用鐮貼地割〔夷＝薙〕掉,秋天結實〔繩＝孕〕時割去,冬天用相把它耕翻。如果還想使它變化到土地裏,可以用水浸或火燒。"可以使田肥〔糞〕,可以使硬〔彊〕土變好。"鄭玄注解説："土潮溼,天氣溼熱,肥水容易見效。肥〔糞〕和美是一件事;土彊,指彊礬之地。"

11.13.1　孝經援神契説："低窪〔汙〕和有地下水〔泉〕的地,宜於種稻。"

11.14.1　淮南子（泰族訓）説："水稗〔蓫〕比稻子先成熟,但農夫却要薅掉它,不因爲有小的利益,妨害大的收穫。"高誘注解説："蓫就是水稗。"

11.15.1　氾勝之書説："種稻,春天解凍後,把田裏的土耕翻轉來〔反〕。種稻的窩〔區〕不可以太大,大了,水的深淺不容易調節得合適。"

11.15.2　"冬至後一百一十日,可以種稻。好田,一畝地用四升種子。"

11.15.3　"稻苗剛出不久,要溫暖些,如果使田塍的缺口相對,讓水成直綫流動,就可以保溫。夏至以後,（水曬得)太〔大〕熱,就該使水流的方向,彼此錯開。"

11.16.1 崔寔（四民月令）説:"三月可以種稉稻。稻子,好田要稀,瘦田要稠。"

11.16.2 "五月,可以分栽稻和藍,直到夏至後二十天爲止。"

旱稻第十二

12.1.1 旱稻用下田；白土勝黑土。非言下田勝高原，但夏停水者〔一〕，不得禾、豆、麥。稻，田種，雖澇亦收；所謂彼此俱獲，不失地利故也。下田種者，用功多；高原種者，與禾同等也。

12.1.2 凡下田停水處，燥則堅垎，溼則汙泥，難治而易荒，墝埆〔二〕而殺種①（其春耕者，殺種尤甚！）。故宜五六月曄之，以擬穬麥。麥時，水潦不得納種者，九月中復一轉；至春種稻，萬不失一。春耕者，十不收五，蓋誤人耳。

〔一〕"夏停水者"："夏"字，祕冊彙函系統各版本作"下"；農桑輯要作"不"。下面"不得禾、豆、麥。稻，田種"中的"不"字，農桑輯要作"下"，"田"字作"四"。金鈔"田"也作"四"。比較看來，明鈔最合理；但仍有脫漏和錯字的可能。懷疑這整個小注，應當是"非言下田勝高原，但夏停水者，不得禾、豆、麥。下田種稻，雖澇亦收；所謂彼此俱穫，不失地利故也。下田種豆、麥者，用功多；高原種者，與禾同等也"。上面大小麥第十，曾說明小麥需要下田；但夏天停水的下田，仍不宜於種麥，因爲麥究竟是怕夏澇的。稻，無論水稻旱稻，都能耐澇，所以"雖澇亦收"，與小麥不同。這樣反覆着重地說明稻特別適宜於下田，其他作物，在下田中沒有像稻那麼有利，是"用下田"的理由所在。萬有文庫本，"豆"字改作"且"，作"且麥稻田種，雖澇亦收"，文句很好，但麥究竟是怕澇的，"雖澇亦收"對麥仍有問題。

〔二〕"墝埆"："埆"，明鈔譌作"埇"。墝埆，是田土瘠薄，現在習慣用"石"字旁的"磽确"。

①"殺種"：即耗費種子。

12.2.1 凡種下田，不問秋、夏，候水盡，地白背時，速耕，杷、勞，頻煩^①令熟。過燥則堅，過雨則泥，所以宜速耕也。

12.2.2 二月半種稻，為上時，三月為中時，四月初及半為下時。

12.2.3 漬種如法，裹令開口。耬耩掩種^②之，掩種者，省種而生科，又勝擲者。即再遍勞。若歲寒早種，慮時晚，即不漬種，恐牙焦^③也。

12.2.4 其土黑堅彊之地，種未生前遇旱者，欲得令牛羊及人履踐之。湮，則不用一迹入地。稻既生，猶欲令人踐壠背。踐者茂而多實也。

①"頻煩"：即重複多次。

②"掩種"：依卷一耕田第一中（1.3.4）的用法，"掩"字應作從"禾"的"稌"，即耕時將耕翻的土塊，蓋在種子上面。

③"牙焦"：牙即芽字。芽焦，是已發芽的稻種，如果撒種後遇了寒冷，可能枯焦，反不如用未浸過而沒有發芽的，抗寒力大。

12.3.1 苗長三寸，杷、勞而鋤之。鋤唯欲速。稻苗性弱，不能扇^①草，故宜數鋤之。每經一雨，輒欲杷、勞。苗高尺許，則鋒。

12.3.2 天雨無所作，宜冒雨薅之。

12.3.3 科大，如稴者，五六月中，霖雨時，拔而栽之。栽法欲淺，令其根鬚四散，則滋茂；深而直下者，聚而不科。其苗長者，亦可掠去葉端數寸^②，勿傷其心也。入七月，不復任^③栽。七月百草成，時晚故也。

①"扇"：即蔭蔽妨礙（參看本卷種瓜第十四注解 14.4.3.④）。"扇草"，即生長比草快，將草壓倒。

②"掞去葉端數寸"：這樣糾正過盛的營養性生長，來催促開花，是稻農們所熟知的一種補救辦法；凡氮肥過多，稻葉長得太旺時，都可以這樣作。又這樣"分科"，應當就是上節末了所引崔寔四民月令中"五月可別種（稻）"所指的辦法。

③"任"："任"是"擔任"、"勝任"、"任務"等詞的根據，當"可能"、"有可能"、"作得到"等解。

12.4.1 其高田種者，不求極良，唯須廢地。過良則苗折①，廢地則無草。

12.4.2 亦秋耕，杷、勞，令熟；至春，黃場納種②。不宜溼下。餘法悉與下田同。

①"過良則苗折"：折是倒伏。

②"黃場納種"："場"字即"墒"（參看黍穄第四注解 4.3.2.①）。"納"字是本書不常見的字；上一段和這一段，連用了兩次"納種"。

釋　文

12.1.1 旱稻用低〔下〕地；白土比黑土好。（用低地，）並不是說低地比高原好，只是因爲夏天積〔停〕水的地，不能種穀子、麥或豆子。稻，種在低地，就是有潦水，也有收成；這樣，兩種地都有收穫，不會有損失地力的情形。低地種的，用的人工多；高原種的，用的人工和穀子一樣。

12.1.2 有積水的低田，乾時硬而板結，溼時成漿；難於耕種，容易長草；地瘦，耗費種子很多（春天耕的，耗費種子的分量更大）。應當在五月、六月翻開來，讓太陽曬過，預備種穬麥。到了種麥時，潦水存留着不能下種的，九月間再翻轉一遍；到第二年春天種稻，便萬無一

失。春天才耕的,十成難有五成收成,就會誤事了。

12.2.1 種低下地,不管秋天或夏天,等水乾後,地面發白時,趕快耕翻、杷、摩平,多次地〔頻煩〕整治,使它和熟。太乾是硬的,雨多時是漿的,所以要趕快耕翻。

12.2.2 二月半下種,是最上的時令,三月是中等,四月初到四月半,便是最遲的。

12.2.3 浸種像(前篇所説的)辦法,保溼保温,讓種裂開〔開口〕。摟構點下,蓋土〔淹種〕,淹種的,種子用得省,科叢大,比撒播強。跟着摩兩遍。如果某年春天還很寒冷,需要早些種,擔心〔慮〕時令遲,就不要浸種;浸過的種子,發了芽的,可能(受凍而)枯焦。

12.2.4 土黑而堅實的地,種下去没發芽,遇着天旱,要叫牛羊和人踏過。溼時,就不可有一隻脚進地裏去。稻發芽後,還要有人從墾脊上踏過。踏過,苗就長得茂盛,結實多。

12.3.1 苗有三寸長時,杷、摩平,再鋤。鋤務必要快。稻苗柔弱,不能將雜草蔭蓋下去〔扇〕,所以要多鋤,除草。每下過一次雨,就要杷、摩。秧苗到一尺左右高,就改用鋒。

12.3.2 天下雨,作不了其他活時,就冒雨去薅稻田(的草)。

12.3.3 稻科叢長大了,如嫌太稠,五六月裏,下大雨時,拔起來另外栽。栽要淺淺地着土,叫根鬚向四面散開,就長得茂盛;如果深栽,根直往下長,攢緊〔聚〕着的科叢長不大。苗太長時,可以把葉尖擰〔捩〕掉幾寸,但注意不要扭斷了花序

〔心〕。到七月，便不能再移栽了。七月草本植物已經停止生長，時間太晚了。

12.4.1 高地種旱稻，不要求極肥的田，只須用剛種過的〔廢〕地。太肥的地容易倒伏，種過的地就沒有很多雜草。

12.4.2 也是秋天耕翻，杷過、摩平，要勻要熟，到春天趕黃（色）墒下種。不要太溼時下。其餘辦法，和低地種的一樣。

胡麻第十三

13.1.1　漢書張騫外國得胡麻①；今俗人呼爲“烏麻”者非也。

13.1.2　廣雅曰：“狗蝨〔一〕、勝茄，胡麻也。”

13.1.3　本草經曰：“胡麻，一名巨勝②，一名鴻藏。”

13.1.4　案今世有白胡麻、八稜胡麻。白者油多，人可以爲飯〔二〕。

　　　　柱治脱之煩也③。

〔一〕“狗蝨……”：各本皆同明鈔，作“狗蝨、勝茄，胡麻也”。王念孫作廣雅

　　　疏證時，“據齊民要術、初學記、太平御覽、開寶本草注諸書引廣雅”補

　　　作“狗蝨、鉅勝、藤宏（原來應是“弘”字，避清高宗弘曆諱，寫作“宏”），

　　　胡麻”，無“茄”字。

〔二〕“飯”：明鈔、金鈔、群書校補所據鈔宋本，都作“版”，漸西村舍刊本改作

　　　“飯”是對的。祕册彙函系統版本，此句全缺。

①“張騫外國得胡麻”：省去一“自”字。

②“胡麻，一名巨勝”：祕册彙函系統版本，作“菁蘘一名巨勝”。據本草綱目

　　所引陶弘景名醫別録，是“胡麻，又名巨勝；菁蘘，巨勝苗也”。

③“柱治脱……”：“柱”字不可解，應當是“但”或“惟”。兩字都和“柱”字有

　　些相像，寫時混了。“治”是“整治”（見卷一收種第二注解2.3.1.②，本

　　卷大小麥第十校記10.16.1.〔一〕）。

13.2.1　胡麻宜白地種。二、三月爲上時，四月上旬爲中

　　　　時，五月上旬爲下時。月半前種者，實多而成；月半後種

　　　　者，少子而多秕也。

13.2.2　種，欲截雨脚；若不緣溼，融而不生①。一畝用子

　　　　二升。

13.2.3　漫種者，先以耬耩，然後散子，空曳勞②。勞上加人，

則土厚不生。**耬耩者，炒沙令燥，中和半之。**不和沙，下不均；壟種若荒，得用鋒耩。

13.3.1　**鋤不過三遍。**

①"融而不生"："融"是"融和"、"消融"。脂麻種子很小，留在耕過的乾燥土壤中，可能由於被鳥類啄食或地裏面的小動物吃掉搬走，尚未發芽便"自然消滅"了。

②"空曳勞"："勞"是一種用牲口拉着（曳）來蕩平耕地的農具（見卷一耕田第一注解1.2.3.⑥）上面可以坐人；"空曳勞"就是拖着上面不坐人的空勞。

13.4.1　**刈束欲小**，束大則難燥；打，手復不勝。**以五六束爲一叢，斜倚之。**不爾，則風吹倒，損收也。

13.4.2　**候口開，乘車詣田斗藪**①，倒豎，以小杖微打之。**還叢之。三日一打，四五遍乃盡耳。**若乘溼橫積，蒸熱速乾，雖曰鬱裛，無風吹虧損之慮。裛者，不中爲種子；然於油無損也。

①"斗藪"：現寫作"抖擻"，即提起來敲打。

13.5.1　**崔寔曰："二月、三月、四月、五月，時雨降，可種之。"**

釋　文

13.1.1　漢書記載：張騫（從）外國得來胡麻；現在（後魏）人稱爲"烏麻"是錯誤的。

13.1.2　廣雅説："狗蝨、巨勝、藤弘，就是胡麻。"

13.1.3　本草經説："胡麻又名巨勝，又名爲鴻藏。"

13.1.4　案：現在（後魏）有白胡麻、八棱胡麻。白的油多，

種仁〔人〕可以作成飯吃，不過脫皮很麻煩。

13.2.1　胡麻該種白地。二、三月種是最好的時令，四月上旬是中等時令，最遲五月上旬。月半以前種的，種子多而飽滿；月半以後種的，子少而空殼多。

13.2.2　要趁雨還沒有完全停時，就播下；如不趁溼播下，就化掉〔融〕了，不發芽。一畝用二升子。

13.2.3　撒播時，先用樓耩，然後撒子，再用空勞摩平。勞上加了人的重量，蓋的土就嫌厚，不出芽。用樓耩下種的，先把沙炒乾，和上沙，一半一半地下。不加沙，不容易下均勻；壟種時，如果地裏已經長了雜草，可以鋒或者耩。

13.3.1　鋤，不過三次。

13.4.1　收割後，作成的把要小，把太大不容易乾，打時手也不容易握住。五六把作成一叢，斜斜地彼此靠着。不然，風一吹倒，子就損失掉一些了。

13.4.2　等果皮裂開，乘着大車到田裏去“斗藪”，倒豎着，用小棍輕輕敲打。再堆成叢。三天打一次，打四五遍，才收得完。要是趁溼橫着堆積，鬱積着有熱氣，反倒還乾得快些。這樣，雖說“燠”過了，究竟不怕有風吹散去的損失。燠過的，不能用來作種子；但油量不會損失。

13.5.1　崔寔説：“二、三、四、五月，下了合時的雨，可種胡麻。”

種瓜第十四〔一〕

〔一〕"種瓜第十四":這個篇標題,在卷首總目中,各本都同樣是"種諸色瓜第十四茄子附",與篇中内容相稱。

14.1.1 廣雅曰:"土芝①,瓜也。其子謂之'瓝'力點反。"瓜,有"龍肝②、虎掌、羊骹、兔頭、瓝音温瓝大昆反③、狸頭、白㼏秋④、無餘。縑瓜⑤,瓜屬也"。

14.1.2 張孟陽⑥瓜賦曰:"羊骹累錯,㼏子廬江⑦。"

14.1.3 廣志曰:"瓜之所出,以遼東、廬江、燉煌之種爲美。有烏瓜⑧、縑瓜、狸頭瓜、蜜筩瓜、女臂瓜、羊髓瓜⑨。瓜州大瓜,大如斛,出涼州。厭須⑩舊陽城御⑪瓜,有青登瓜,大如三升魁⑫。有桂枝⑬瓜,長二尺餘。蜀地温,食⑭瓜至冬熟。有春白瓜,細小小瓣,宜藏⑮;正月種,三月成。有秋泉瓜,秋種,十月熟;形如羊角,色黄黑。"

14.1.4 史記曰:"邵平〔一〕者,故秦東陵侯。秦破,爲布衣,家〔二〕貧;種瓜於長安城東。瓜美,故世謂之'東陵瓜'〔三〕,從邵平始〔四〕。"

14.1.5 漢書地理志⑯曰:"燉煌,古瓜州地,有美瓜。"

14.1.6 王逸瓜賦曰:落疏⑰之文。

14.1.7 永嘉記⑱曰:"永嘉美〔五〕瓜,八月熟,至十一月肉青瓝⑲赤,香甜清快,衆瓜之勝。"

14.1.8 廣州記⑳曰:"瓜冬熟,號爲金釵瓜。"

14.1.9 説文曰:"蒂,小瓜;瓞也㉑。"

14.1.10 陸機瓜賦曰:"括樓、定桃㉒,黄㼏、白搏㉓;金釵、蜜筩,小青、大斑;玄骭、素腕,狸首、虎蟠。東陵出於秦谷㉔,桂髓起於巫山”也。

〔一〕“邵平”：“邵”，明鈔及明清刻本史記作“邵”，金鈔、建安本史記及太平御覽
　　所引作“召”。

〔二〕“家貧”：建安本史記無“家”字。

〔三〕“故世謂之‘東陵瓜’”：建安本史記，“世”字後有“俗”字。

〔四〕“從邵平始”：建安本史記，作“從召平以爲名也”（案這一節見史記蕭相
　　國世家）。

〔五〕“美”：明鈔及明清刻本作“襄”，依金鈔改正。

　　注解：這一段標題小注，錯字很多，現在以明鈔爲根據，依各本
校正如下。由對校推斷，與明鈔不同的，用·記出（注解只留“注”
字；號碼省去）。14.1.1 廣雅曰：“土芝注，瓜也；其子謂之‘瓝’力點
反。”瓜，有“龍蹏、虎掌、羊骹、兔頭、瓝音温瓝大昆反注、狸頭、白𤬏卜犬
反、無餘、縑瓜注，瓜屬也”。14.1.2 張孟陽注瓜賦曰：“羊骹、虎掌，
桂枝、蜜筩，累錯、𤫨子，温屯、廬江注。”14.1.3 廣志曰：“瓜之所出，
以遼東、廬江、燉煌之種爲美。有烏瓜注、縑瓜、狸頭瓜、蜜筩瓜、女
臂瓜、羊骹瓜、桂髓瓜注。瓜州大瓜，大如斛，出涼州。厭次注、舊陽
城注進御注瓜，有青登瓜，大如三升魁注。有桂枝注瓜，長二尺餘。
蜀地温良注，瓜至冬熟。有春白瓜，細小小瓣，宜藏注；正月種，三月
成。有秋泉瓜，秋種，十月熟，形如羊角，色黃黑。”14.1.4 史記曰：
“召平者，故秦東陵侯。秦破，爲布衣，家貧；種瓜於長安城東。瓜
美，故世謂之‘東陵瓜’，從召平始。”14.1.5 漢書地理志注曰：“燉
煌，古瓜州地，有美瓜。”14.1.6 王逸瓜賦有“落疏”注之文。14.1.7
永嘉記注曰：“永嘉美瓜，八月熟，至十一月肉青瓟注赤，香甜清快，
衆瓜之勝。”14.1.8 廣州記注曰：“瓜冬熟，號爲金釵瓜。”14.1.9 説
文曰：“𤓰，小瓜。”“㼎注，㽅也。”14.1.10 陸機瓜賦曰：“括樓、定
陶注，黃𤬏、白摶注；金釵、蜜筩，小青、大斑；玄骭、素腕，狸首、虎蹯。

東陵出於秦谷[注]，桂髓起於巫山”也。

① “土芝”：今本廣雅作“水芝”。

② “肝”：明鈔、金鈔、祕册彙函系統本俱作“肝”；今本廣雅作“蹏”，太平御覽卷978所引廣志亦作“蹏”。御覽引郭子橫洞冥記，有“龍肝瓜，長一尺，花紅葉素，生於冰谷，所謂冰谷素葉之瓜”，只是一種神話中的東西。瓜像動物的“蹏”，橢圓長形，可以想像；形狀或顏色像任何動物的肝，不可想像。也可能是“骭”字，陸機瓜賦中就有“玄骭”的名稱在。“骭”與“蹏”或“肝”都容易混淆。

③ “瓹大昆反”：“瓹”字，各本多譌作“瓫”；“昆”字，金鈔誤作“豆”，明鈔作“具”（可能是“展”字的殘餘，也就是金鈔誤作“豆”底起點）。上面黍穄第四所舉的黍類品種中，有“溫屯黃黍”；“溫屯”“瓹瓹”，可能同樣是指某一種色調的黃色。“屯”字的韻母，用“昆”字比較合適，也和明鈔的那個破體字最相似。

④ “秋”：金鈔和明鈔，這個位置是“秋”字；明清各刻本是“狄”字。今本廣雅，這裏並無空格。“秋”字在此，毫無意義。因此推斷它原來是三個字的音切小注；而且，音切第三個字的“反”，誤會成“火”旁或“禾”旁，代表韻母的“反切下字”則應與“火”字相似。最簡單的情形是“卜犬反”。

⑤ “縑瓜”：今本廣雅，這一條都是一些兩個字的瓜名；最後“無餘縑瓜屬也”，其中“瓜屬”兩個字應相連成爲一個名詞；這句話，便可能有三種解釋：第一是“無餘縑”三字是一個名稱；第二是“縑”是一個名稱；第三是“縑瓜”的“瓜”字，因爲下面另有“瓜”字而漏掉了。第三個情形，似乎最合理。下文所引廣志中，就有“縑瓜”。

⑥ “張孟陽”：晉代人，名載。這一段賦，藝文類聚卷87、御覽引作“羊骹、虎掌，桂枝、蜜筩。玄表丹裏，呈素含紅。豐敷外偉，緑瓤内釀”。

⑦ “廬江”：“廬”字，今本廣雅作“廬”；祕册彙函系統版本字作“市”，不知怎樣錯誤來的。廣雅所引張載瓜賦，是“羊骹、虎掌、桂枝、蜜筩、累錯、瓠

子、温屯、蘆江”。

⑧“烏瓜”：龍龕手鑑瓜部所引，是“烏瓜魚瓜”。

⑨“羊髓瓜”：可能“髓”字是“骹”字之誤。也可能是“羊骹瓜、桂髓瓜”漏了“骹瓜桂”三個字。

⑩“厭須”：各本作“厭須”。地名中未見“厭須”，只有“厭次”；“次”字和“須”字的行書有些相像，可能是這樣弄錯的。但御覽所引廣志無“厭須舊”三字。

⑪“御”：御覽所引無“御”字，上文“出涼州”下，直接就是“陽城瓜”。“御”前疑當有一“進”字。

⑫“魁”：盛湯的大碗，“三升魁”是盛“三升”的碗（參看卷五種榆白楊第四十六注解46.4.10.⑥）。

⑬“桂杖”：初學記卷28和龍龕手鑑瓜部引作“柱杖”，可能是對的，因爲長二尺餘，是頗長的瓜，誇大一點，説它像柱杖，是合情的。

⑭“食”：初學記“食”字作“良”，屬於上句。

⑮“藏”：藏瓜，即預備保藏（作“瓜菹”“醬瓜”……）下來的瓜。

⑯“漢書地理志”：景祐本漢書，“燉煌”下注“杜林以爲古瓜州，地生美瓜”。

⑰“瓜賦曰：落疏”：“落疏”上面“曰”不可解，疑當是“有”字。“落疏”兩字還尋不到解釋。

⑱“永嘉記”：作者鄭緝之，據胡立初考訂，可能是東晉末，宋至梁（南朝）的人。

⑲“瓡”：明鈔的“瓡”字不好解，金鈔空白。依文義，應改爲“瓢”字。

⑳“廣州記”：據御覽所引，這一段是裴淵廣州記；裴淵，據胡立初先生考證，大致是東晉時代的人。

㉑“㽅也”：“㽅”字與上文無涉。若不去掉“㽅”，就要依説文在下面補上“瓝”，以使“㽅”字有交待。

㉒“定桃”：要術及御覽作“定桃”，金鈔作“定提”，應依卷十餘甘條所引異物志“理如定陶瓜”句，改正作“陶”。“定陶”是地名，在山東曹州附近。

㉓"黃觚白搏"：御覽作"黃扁白搏"；初學記"搏"也作"搏"。扁字與觚同音，只是一字的兩種寫法。"搏"字應是"搏"字寫錯。"扁"與"搏"，都是指形狀的（"搏"現在寫作"團"）；而且陸機這段文章，既是"賦"，便得叶韻；在這裏只有作"搏"才能叶韻，作"搏"便失韻了。

㉔"秦谷"：金鈔作"泰谷"。按"東陵瓜"出在長安城東，所以只能是"秦"。

14.2.1 收瓜子法：常歲歲先取"本母子"瓜，截去兩頭，止取中央子。"本母子"者，瓜生數葉，便結子；子復早熟[1]。用中葦瓜子者，蔓長二三尺，然後結子；用後葦子者，蔓長足，然後結子，子亦晚熟。種早子，熟速而瓜小；種晚子，熟遲而瓜大。去兩頭者：近蒂子，瓜曲而細；近頭子，瓜短而喎[2]。凡瓜：落疏、青黑者爲美；黃白及斑，雖大而惡。若種苦瓜，子雖爛熟氣香，其味猶苦也。

14.2.2 又收瓜子法：食瓜時，美者收取；即以細糠拌之，日曝向燥。挼[3]而簸之。淨而且速也。

[1] "子復早熟"：意思是說"本母子瓜"的子，結瓜〔子〕較早，而且所結的瓜，成熟也早。

[2] "喎"：現在寫成"歪"的字；從前讀"瓜""蛙""誇"等音。

[3] "挼"：讀 nuō，兩手搓叫"挼"；現在粵語系統方言中，還保存這個字與這個用法。

14.3.1 良田小豆底佳；黍底次之。刈訖即耕，頻煩轉之。

14.3.2 二月上旬種者爲上時，三月上旬爲中時，四月上旬爲下時。

14.3.3 五月六月，上旬可種藏瓜。

14.4.1 凡種法：先以水淨淘瓜子，以鹽和之。鹽和則不籠[1]死。

14.4.2　先臥鉏②，耬却燥土；不耬者，坑雖深大，常雜燥土，故瓜不生。**然後掊③坑，大如斗口，納瓜子四枚，大豆三個，於堆旁向陽中。** 諺曰："種瓜黃臺頭。"

14.4.3　瓜生數葉，掐去豆。 瓜性弱，苗不能獨生，故須大豆爲之起土。瓜生不去豆，則豆反扇④瓜，不得滋茂。但豆斷汁出，更成良潤。勿拔之！拔之，則土虛燥也。

14.4.4　多鉏則饒子，不鉏則無實。 五穀、蔬菜、果〔一〕、蓏之屬，皆如此也。

14.4.5　五六月種晚瓜。

〔一〕"果"：明鈔作"栗"，依金鈔及明清刻本改正。

①"籠"：這顯然是瓜底一種病，由14.5.1節看來，似乎是蟲害所引起的。

②"臥鉏"：即與地面平行地鏟平。

③"掊"：古代讀"peu"，現在口語中，則多用"páu"音；一般往往寫作"刨"字。"掊坑"這句話，現在也還通用。

④"扇"：見卷一耕田第一注解1.2.2.③；本卷種麻子第九注解9.4.2.①，旱稻第十二注解12.3.1.①。

14.5.1　治瓜籠法： 旦起，露未解，以杖舉瓜蔓，散灰於根下。後一兩日，復以土培其根。則迥無蟲矣。

14.6.1　又種瓜法： 依法種之，十畝勝一頃。**於良美地中，先種晚禾。** 晚禾令地膩①。**熟，劃②刈取穗，欲令茇③方末反長。秋耕之。** ——耕法：弿縛犁耳④，起規逆耕⑤；耳弿，則禾茇頭出而不沒矣。——**至春，起復順耕；亦弿縛犁耳，翻之，還令草頭出。耕訖，勞之，令甚平。**

14.6.2　種稙穀時種之。 種法：**使行陣整直，兩行微相近，兩行外相遠，中間通步道；道外還兩行相近。如是作，**

次第經四小道,通一車道。凡一頃地中,須開十字大巷,通兩乘車,來去運輩。其瓜,都聚在十字巷中。

14.6.3　瓜生比至初花,必須三四遍熟鋤。勿令有草生。草生,脅⑥瓜無子。

14.6.4　鋤法:皆起禾茇,令直豎。

①"地膩":"膩"是肥潤細緻。

②"刈":依玉篇,"刈"即"刈"的意思。

③"茇":即禾本科作物殘留在地裏的"茬"。

④"弭縛犁耳":"弭"是平,即將犁耳,平平地縛上。

⑤"起規逆耕":將一片地,平半分開,依對分綫耕一路過去,然後向兩側分開繞圈;結果,是在這片地裏耕起了沿中綫對稱的兩種垺紋,田裏的垺紋圖案,像規(即圓周與直徑)一樣。逆耕,則使犁開的垺,向內翻轉,結果,兩側的垺相對,禾茇基部(頭)翻了出來,在垺外面。至明年春,却依正常的情形再耕(順耕),於是垺也是正常地倒向一側,禾茇基部,仍留在垺外。(這一個注,是向西北農學院耕作教研組黃志尚教授、鈕溥副教授兩位請問後作的;在這裏聲明致謝!)

⑥"脅":從旁逼迫稱爲"脅"。

14.7.1　其瓜蔓本底,皆令土下四廂高①。微雨時,得停水。

14.7.2　瓜引蔓,皆沿茇上;茇多則瓜多,茇少則瓜少。——茇多則蔓廣,蔓廣則歧多,歧多則饒子。其瓜,會是歧頭而生;無歧而花者,皆是浪花,終無瓜矣。故令蔓生在茇上,瓜懸在下。

①"土下四廂高":是說"瓜蔓(藤)本(根)底(下面),要泥土低〔下〕而周圍〔四廂〕高,即成一個鉢的形式;因此下小雨時,水可以聚集在鉢裏面,'停'積'水'分"。

14.8.1　摘瓜法：在步道上，引手而取；勿聽浪人踏瓜蔓，及翻覆之。踏則莖破，翻則成細。皆令瓜不茂而蔓早死。

14.9.1　若無茇而種瓜者，地雖美好，正得長苗直引，無多樤歧；故瓜少子。

14.9.2　若無茇處①，豎乾柴亦得。凡乾柴草，不妨滋茂。

①"若無茇處"：指瓜蔓長到的地方，剛好碰上沒有禾茇。這時可以插些乾柴代替禾茇頭。

14.10.1　凡瓜所以早爛者，皆由脚躡，及摘時不慎翻動其蔓故也。若以理慎護，及至霜下葉乾，子乃盡矣。但依此法，則不必別種早晚及中三輩之瓜。

14.11.1　區種瓜法：六月雨後，種菉豆。八月中，犁掩殺之。十月又一轉，即十月中種瓜。

14.11.2　率：兩步爲一區。坑大如盆口，深五寸；以土壅其畔，如菜畦形。坑底必令平正，以足踏之，令其保澤。

14.11.3　以瓜子大豆各十枚，遍布坑中。瓜子大豆，兩物爲雙，藉〔一〕其起土①故也。以糞五升覆之。亦令均平。又以土一斗，薄散糞上，復以足微躡之。

14.11.4　冬月大雪時，速併力推雪於坑上爲大堆。

14.11.5　至春，草生，瓜亦生；莖葉肥茂，異於常者。且常有潤澤，旱亦無害。

14.11.6　五月瓜便熟。其掐〔二〕豆鋤瓜之法與常同。若瓜子盡生，則太概，宜掐去之。一區四根，即足矣。

〔一〕"藉"：明鈔誤作"籍"。

〔二〕"掐"：明鈔誤作"稻"。

①"起土"：使土鬆動後向上升起。

14.12.1 又法：冬天以瓜子數枚，内熱牛糞中，凍則拾聚，置之陰地。量地多少，以足爲限。

14.12.2 正月地釋，即耕，逐䎃布之。率：方一步，下一斗糞，耕土覆之。肥茂早熟。雖不及區種，亦勝凡瓜遠矣。凡生糞糞地，無勢；多於熟糞，令地小荒矣。

14.13.1 有蟻者，以牛羊骨帶髓者，置瓜科左右；待蟻附，將①棄之。棄二三，則無蟻矣。

①"將"："將"作動詞用時，解作"持"。

14.14.1 氾勝之區種瓜："一畝爲二十四科①。區方圓三尺，深五寸。一科用一石糞；糞與土合和，令相半。以三斗瓦甖，埋著科中央，令甖口上與地平。盛水甖中，令滿。種瓜，甖四面，各一子。以瓦蓋甖口。水或減，輒增，常令水滿。"

　　"種：常以冬至後九十日、百日，得戊辰日，種之。"

14.14.2 "又，種薤十根，令週迴甖，居瓜子外。至五月，瓜熟，薤可拔賣之，與瓜相避。"

14.14.3 "又，可種小豆於瓜中；畝四、五升；其藿②可賣。"

　　"此法，宜平地。瓜收，畝萬錢。"

①"科"：禾本科植物的許多分蘖，總合起來，稱爲一"科"；"科"字因此有同類彙合一處的衍生意義。又有窪下處的意思。區種法的"區"，也就常與"科"相當。

②"藿"：豆葉稱爲"藿"，嫩時摘下來可以作蔬菜。

14.15.1 <u>崔寔</u>曰：“種瓜，宜用戊辰日。”“三月三日可種瓜。”“十二月臘時祀炙萐[①]，樹瓜田四角，去‘蝥’。胡濫反[②]。”瓜蟲謂之“蝥”。

① “祀炙萐”：這一個“迷信用品”，是個什麼東西？還得另外考證。可能是農曆十二月“蜡祭”（“臘”字就是這麼來的；蜡祭日，在冬至後第三戌）時用的一個與扇子（箑）形狀相似的，掛炙肉的“萐”或“翣”之類的草束。

② “蝥”：這種害瓜的蟲，究竟是“守瓜”之類的鞘翅類成蟲，還是其他昆蟲，還待考證。<u>廣韻</u>“五十四闞”的蝥字，解爲“瓜蟲”；<u>集韻</u>解作“蟲名，食桑瓜者”。<u>郝懿行爾雅義疏</u>，特別聲明蝥不是“守瓜”，但未説出理由。

14.16.1 <u>龍魚河圖</u>曰：“瓜有兩鼻者殺人。”

14.17.1 種越瓜、胡瓜法：四月中種之。胡瓜宜豎柴木，令引蔓緣之。

14.17.2 收越瓜，欲飽霜；霜不飽則爛。收胡瓜，候色黄則摘。若待色赤，則皮存而肉消也。並如凡瓜，於香醬中藏之，亦佳。

14.18.1 種冬瓜法：<u>廣志</u>曰[①]：“冬瓜，蔬𤬫，<u>神仙本草</u>謂之‘地芝’也。”傍墻陰地作區，圓二尺，深五寸，以熟糞及土相和。

14.18.2 正月晦日種。二月、三月亦得。既生，以柴木倚墻，令其緣上。旱則澆之。

14.18.3 八月斷其梢，減其實，一本但留五六枚。多留則不成也。

14.18.4 十月霜足，收之，早收則爛。削去皮子，於芥子醬中或美豆醬中藏之，佳。

①"廣志曰：'冬瓜，蔬也，神仙本草謂之"地芝"也'"：這個小注，經過考證後，我們的結論是應當改正作"廣雅曰：'冬瓜，瓝也'；神農本草謂之'地芝'也"。考證全文，將來另行發表。

14.19.1 冬瓜、越瓜、瓠子，十月區種，如區種瓜法。

14.19.2 冬，則推雪著區上爲堆，潤澤肥好，乃勝春種。

14.20.1 種茄子法：茄子九月熟時，摘取，擘破。水淘子，取沉者，速曝乾，裹置。

14.20.2 至二月畦種。治畦下水，一如葵法。性宜水，常須潤澤。著四五葉，雨時，合泥移栽之。若旱無雨，澆水令徹澤〔一〕，夜栽之。向日以蓆蓋，勿令見日。

14.20.3 十月種者，如區種瓜法，推雪著區中，則不須栽。

14.20.4 其春種，不作畦，直如種凡瓜法者，亦得，唯須晚夜①數澆耳。

14.20.5 大小如彈丸〔二〕，中生食②，味似小豆角。

〔一〕"徹澤"："徹"，明鈔、金鈔皆作"澈"。"澈"是"水清見底"，不能用在這裏。依本書後面各條（例如卷三種葵第十七）的例，改作"徹"。徹是通徹到底；徹澤即"溼透"。

〔二〕"丸"：明鈔作"圓"，是宋刻避諱宋欽宗名"桓"的遺跡。金鈔仍作"丸"；祕册彙函系統版本，均已改作"圓"。

①"晚夜"：懷疑是"曉夜"，字形相近鈔錯。

②"中生食"："中"是"可以供……"的意思。茄子在後魏時代，除"焦"（見卷九素食第八十七 87.11.1 條"焦茄子法"）以外，"生食"的食法也有（大概該是和現在河南、河北各省的吃法相似）。

釋　文

14.1.1 廣雅説："土芝就是瓜，瓜子稱爲'瓟'音(liǎn)。"（廣雅還記載着)瓜(的種類),有"龍蹏、虎掌、羊骹、兔頭、瓝(音 uén)㺄(音 tuén)、狸頭、白瓤(音 bian)、無餘。縑瓜,都是瓜類"。

14.1.2　張孟陽瓜賦(所記瓜名)有"羊骹、(虎掌、桂枝、蜜筩)……累錯、瓤子、温屯、廬江"。

14.1.3　廣志説:"瓜,出在遼東、廬江、燉煌的種類最好。有烏瓜、縑瓜、狸頭瓜、蜜筩瓜、女臂瓜、羊骹瓜、桂髓瓜。瓜州大瓜,有斛那麽大,出在涼州。厭次(在今山東)和舊日陽城(在今河南)(進貢)的瓜,有所謂青登瓜,有容三升大湯碗〔魁〕那麽大。有桂枝瓜,兩尺多長。四川地方温和,瓜到冬天,(還能)成熟。有春白瓜,瓜小,瓜子〔瓣〕也小,宜於作'藏瓜';正月種,三月成熟。有秋泉瓜,秋天種,十月成熟;樣子像羊角,色黄帶黑。"

14.1.4　史記説:"召平,本來是秦(帝國)的東陵侯。秦亡後,他成了平民〔布衣〕,家裏窮了,就在長安東門外種瓜。瓜很好,所以人稱爲'東陵瓜',是從召平起的。"

14.1.5　漢書地理志:"燉煌,古時是瓜州地方,有很好的瓜。"

14.1.6　王逸瓜賦,有"落疎"的文句。

14.1.7　(鄭緝之)永嘉記説:"永嘉有好瓜,八月熟,到十一月,外肉青緑,裏面瓤紅色,香甜爽口,是一切瓜中最好的。"

14.1.8　(裴淵)廣州記説:"(有)瓜冬天熟,名爲'金釵瓜'。"

14.1.9　説文説:"蒢(音 yén 或 xién)是一種小瓜;㼰(音 die)是瓝(音 bo)。"

14.1.10　陸機瓜賦:"括樓(現在的王瓜)、定陶、黄瓤,白摶;金釵、蜜筩,小青、大斑;玄骭(青腿)、素腕(大概就是所謂女臂瓜),狸首、虎蹯(大概就是張載所謂"虎掌")。東陵瓜出在秦中的谷地,桂髓瓜出在巫山。"

14.2.1　收瓜子的法則:每年揀"本母子瓜"收下,截掉兩頭,只用中間一段的種子。"本母子"是剛剛長出幾片葉後,就結成的瓜。這樣的瓜,(它的種子所長成的植株)將來結瓜也早。用中批〔輩〕瓜的瓜子作種,(瓜苗)要長了二三尺的瓜蔓,才會結實;用遲瓜瓜子種成的瓜苗,蔓子長足了之後,才會結瓜,瓜成熟得也很晚。種早瓜的瓜子,結的瓜成熟早而瓜小;種遲瓜的瓜子,瓜成熟遲,但瓜大。(所以要將瓜)兩頭的種子去掉,(是因爲)靠蒂的種子,長出的瓜苗,結的瓜彎曲細小,靠瓜頭上的子,秧苗結的瓜,短而歪斜。瓜類中,"落疏"和青黑色的味道都好;黄色、白色和有花斑的,儘管大,味還是不好。(有的瓜味苦)這種苦瓜,就是熟爛了,氣味香了,味道還是苦的。

14.2.2　又,收子的法則:吃瓜時,遇着好味道的,收下種子。隨即用細糠拌和,曬到快乾(注意不是完全曬乾!)時。挼去所黏的糠,一簸,又乾淨又快。

14.3.1　好地,尤其是小豆茬地最好;其次用黍子茬地。割過這兩種莊稼就耕翻,要多轉幾遍。

14.3.2　二月上旬種是最好的時令,其次三月中旬,最遲四月下旬。

14.3.3　五月和六月上旬,可以種作"藏瓜"用的瓜。

14.4.1　種瓜法:先用水將瓜子洗淨,用鹽拌着。鹽拌過,就不患病。

14.4.2　先用鋤,平行於地面,鏟去地面的乾泥土;不鏟去地面的乾土,坑開得再深且大,也還因爲有乾土在内,瓜不易發芽。然後掊一個口像大碗大小的坑,在坑裏向陽的一面,攔四顆瓜子,三顆大豆。俗話説:"種瓜黄臺頭。"(即

是說在向陽的一面種瓜)

14.4.3　等到瓜苗上長出幾片真葉後,便將豆苗掐掉。瓜苗軟弱,單獨生長時,長不出土,所以要靠豆苗幫助頂開泥土。瓜長出來後,如不把豆苗掐掉,則豆苗反而會妨害瓜的生長,使瓜不能旺盛。把豆苗掐斷,斷口上有水流出,可以使土潤溼。切記不要拔! 一拔,土就疎鬆了,容易乾燥。

14.4.4　鋤的次數多,結實也多,不鋤就沒有果實。五穀、蔬菜、瓜果之類都是這樣。

14.4.5　五、六月種晚瓜。

14.5.1　治瓜籠(病)法:清早起來,趁露水還在,用小棍把瓜蔓挑高,在根附近撒些灰。過一兩天,再用土培在根上,以後就沒有蟲了。

14.6.1　又種瓜法:依此法種瓜,種十畝比一頃強。在上好地裏,先種一道遲穀子〔晚禾〕。遲穀子可以使地細膩。穀子熟後,割下穗,長長地留下茇〔茇:音 bá 或 fú〕。到秋天耕翻。──耕的方法:把犂耳向下縛平〔弲〕些,破田心〔規〕繞圈,反着〔逆〕耕,因爲犂耳平,所以穀茇兜翻出來不會再下到地裏面去了。──到春天再順着耕,也還是將犂耳縛平,順向翻一遍,讓禾頭出在地面上,耕完,摩得很平很平。

14.6.2　(第二年)種早禾的時候,種瓜。種法:一定要行列整齊正直,兩行彼此稍微靠近些,和(另外的)兩行,中間又隔遠一些,中間留着可以過人的路〔步道〕;路外又是兩行彼此靠近的。像這樣,每隔四條小路,作一條大車道。每一頃地裏,要開十字形的大巷道,(道裏要)可以容兩乘大車(來往)。來去搬運(摘下)的瓜,都積聚在十字巷道中。

14.6.3　瓜發芽到開始開花之間,必須好好地鋤三四遍。不要讓草生長。草長起來,擠着瓜,瓜就不結實。

14.6.4　鋤的方法,要將穀茬豎起,直着向上。

14.7.1　瓜蔓根底下,要讓土四圍高(中間窪下去)。下小雨時,水可以積在裏面。

14.7.2　瓜牽蔓時,都沿着穀茬向上長,茬多瓜也多,茬少,瓜也少。——茬多蔓長得大,蔓大就分叉〔歧〕多,分叉多結果就多。瓜,一定是在分叉枝的頭上生長的;不分叉的地方開的花,都是空花,不會結瓜。因此必須叫蔓生在禾茬上,瓜懸在蔓下面。

14.8.1　摘瓜的方法:在瓜田(留出的)步道上,伸手去摘;不要聽任粗魯〔浪〕的人,踏在瓜蔓上或翻轉瓜蔓。踏會踏破蔓莖,翻轉,(已結的瓜)就長不大;這樣,都會使瓜長不旺盛,而且蔓子死得早。

14.9.1　如果沒有穀茬來種瓜,地再肥些,也只能長一條長長的蔓,直長過去,分叉不多;所以結瓜少。

14.9.2　沒有禾茬的地方,把乾柴豎着(接上)也可以。乾柴乾草,不會妨害到瓜的滋長茂盛。

14.10.1　瓜所以會早爛壞,是由於腳(把蔓)踏傷,以及摘的時候不小心翻動了蔓所引起的。如果按道理好好保護,等到霜降了,葉子乾死時,瓜才完畢。只要依這個方法種,就不必分別種早、中、晚三批〔輩〕的瓜。

14.11.1　區種瓜法:六月下過雨,種下綠豆。八月中,犁
翻,蓋下去,悶死它。十月,又翻一轉,就在十月裏
種瓜。

14.11.2　標準辦法〔率〕:兩步作成一個區。搭成坑,坑口
和盆口一樣大,五寸深;在坑周圍用土堆起來,像菜畦
一樣。坑底必定要平正,用腳踏(緊),讓水可以保存
着(不滲出去)。

14.11.3　將十顆瓜子,十顆大豆,布置在坑裏。瓜子、大豆,
每處配成一對,藉豆子的力量來把土頂破。上面蓋上五升
糞,也要弄均勻平正。再用十升土薄薄地蓋在糞上面,
用腳輕輕踏一遍。

14.11.4　冬天,下大雪的時候,趕急糾合〔併〕人力,把雪推
到(種有瓜子的)坑上,作成一個大堆。

14.11.5　到春天,草長出來時,瓜也發芽了;莖和葉肥壯茂盛,
和一般〔常〕的大不相同。而且地常是潤的,不怕旱。

14.11.6　五月瓜就熟了。其中,掐去豆苗,鋤瓜地的辦法,和尋
常(按即 14.4 下各條)一樣。如果十顆瓜子都發芽了,就嫌太
密,應當掐掉些。一區留下四株就夠了。

14.12.1　另一方法:冬天把幾顆瓜子,放到熱牛糞裏面,結
凍後,撿起,積聚在陰處。估量有多少地,要聚到夠用。

14.12.2　正月地(裏的冰)化了,就耕翻,趕墒種下去。標
準,是一方步下十升糞,耕起土來蓋上。(這樣的瓜)
肥壯茂盛,成熟也早。雖然趕不上區種的,却比普通

的瓜强得多了。生糞下地，没有力；如果生糞用得比熟糞多，就會使地少〔小〕現“荒”象。

14.13.1　（瓜田）有蟻，用帶有髓的牛羊骨，放在瓜科附近；等蟻爬到骨上，拿去抛掉。抛掉幾次，就没有蟻了。

14.14.1　氾勝之的區種瓜：“一畝地分作二十四科（每科占地十方步）。（科中，作成）區，對徑三尺，深五寸。每科用一石糞；將糞與泥土，對半地和起來。科中心，埋一個能盛三斗水的瓦甕子，讓甕口和地面平。甕裏要盛滿水。甕底外面四邊，每邊種一顆瓜子。用瓦把甕口蓋上。（甕裏的）水如果減少了，立刻加水，總要使它滿滿的。”

“種瓜，要在冬至以後九十天到一百天（春分後），遇到戊辰日，下種。”

14.14.2　“在甕周圍，瓜子外面，種十株薤子。到五月，瓜成熟了，可將薤子拔來出賣，免得和瓜相妨礙。”

14.14.3　“也可以在瓜田空處種上小豆；每畝四五升；豆的嫩葉，可以作蔬菜賣。”

“這方法，宜於在平地上用。瓜收成時，一畝地可以得到一萬文錢。”

14.15.1　崔寔説：“種瓜，宜於在戊辰日。”“三月三日可以種瓜”。“十二月臘祭時，掛炙肉的草把，插在瓜田四角，可以解除瓜蟲〔蟿：音 hàn；過去應讀 kham。〕”害瓜的虫叫“蟿”。

14.16.1　龍魚河圖説：“瓜有兩個鼻的，吃了會死。”

14.17.1　種越瓜、胡瓜的方法：四月中種。胡瓜，要豎些柴枝,讓它底蔓緣着(向上長)。

14.17.2　越瓜,要受够了霜再收;没有受够霜的就會爛。胡瓜,等顏色變黄了收。如果等它變紅,就只剩有皮,肉都化掉〔消〕了。都和普通的瓜一樣,在香醬中藏着(作醬瓜),也很好。

14.18.1　種冬瓜法:廣雅説:"冬瓜就是'蔬'"。神仙本草把它稱作"地芝"。靠墻陰地捔一個坑,二尺周圍,五寸深,用熟糞和在土裏。

14.18.2　正月月底的一天下種,二月、三月也可以。發芽後,用柴枝靠着墙,讓蔓緣上(墙去)。天旱就澆水。

14.18.3　八月斷掉苗尖,除掉一部分果實,一條蔓只留五六個。留多長不成。

14.18.4　十月,霜打够了,收下來,收早了會爛。割去皮,除掉子,在芥子醬或好豆醬裏保藏着,很好。

14.19.1　冬瓜、越瓜、瓠子,十月間作成區,像區種瓜的方法種。

14.19.2　冬天,把雪推到區上,作成堆,潤澤肥美,比春天種的强。

14.20.1　種茄子法:茄子九月間成熟時,摘回來擘開。用水淘出子來,取沉在水底的子,快快曬乾,包裹着收藏。

14.20.2　到二月,作成畦,種下去。作畦,灌水,和種葵一樣。茄子愛水,常常需要潤澤。長了四、五片葉子後,下雨時,連泥移栽。如遇天旱無雨,澆水,讓地溼透,夜間移栽。到白天用席子蓋着,不要讓它見太陽。

14.20.3　十月間種的，像區種瓜的辦法，把雪推到區裏面，這樣可以不必移栽。

14.20.4　春天裏，不作畦，像普通種瓜的方法一樣也可以，不過早晚要多澆幾次水。

14.20.5　（茄子果實）和彈丸一樣大小，可以生吃，味道和小豆莢差不多。

種瓠第十五

15.1.1 衛詩曰：“匏有苦葉。”毛云：“匏謂之瓠。”

15.1.2 詩義疏云：“匏葉，少時可以爲羹，又可淹煮，極美；故云：‘瓠葉幡幡，采之亨之。’河東及揚州常食之。八月中，堅强不可食，故云‘苦葉’。”

15.1.3 廣志曰：“有都瓠，子如牛角，長四尺。有約腹瓠，其大數斗，其腹窈挈，緣蒂爲口[①]，出雍縣；移種於佗則否。朱崖有苦葉瓠，其大者受斛餘。”

15.1.4 郭子曰：“東吳有長柄壺樓。”

15.1.5 釋名曰：“瓠蓄〔一〕，皮[②]瓠以爲脯，蓄積以待冬月用也。”

15.1.6 淮南萬畢術曰：“燒穰殺瓠，物自然也。”

〔一〕“瓠蓄”：明鈔、金鈔、祕册彙函系統各版本，“蓄”字均作“畜”。今本釋名作“蓄”。“蓄”字本來可以用“畜”；但下一句“蓄積以待冬月”的“蓄”，既作從“艸”的字，這裏最好也一致。

①“緣蒂爲口”：“緣”是“隨機會的方便（利用）”；“蒂”，現在寫作“蒂”；“口”就是“壺盧”（現在寫作“葫蘆”，本注下面所引郭子作“壺樓”）的口。把蒂去掉，利用現成穿孔作爲口。

②“皮”：作動詞用，有“去皮”與“連皮切開”兩種解釋。

15.2.1 氾勝之書種瓠法：“以三月，耕良田十畝，作區[①]。方深一尺；以杵築之，——令可居澤[②]；相去一步。區，種四實；蠶矢一斗，與土糞合。澆之，水二升；所乾處，復澆之。”

15.2.2 “著三實[③]，以馬箠[④]靸〔一〕其心，勿令蔓延。——多實，實細。以藁薦其下，無令親土，——多瘡瘢[⑤]。”

　　　“度⑥可作瓢，以手摩其實，從蒂至底，去其
毛。——不復長，且厚。八月微霜下，收取。”

15.2.3　“掘地深一丈，薦以藁，四邊各厚一尺。以實置孔
　　　中，令底下向。瓠一行，覆上土，厚三尺。”

　　　　“二十日出，黃色，好；破以爲瓢。其中白膚⑦以養
豬，致⑧肥。其瓣⑨以作燭，致明。”

15.2.4　“一本三實，一區十二實，一畝得二千八百八十實。
　　　十畝，凡得五萬七千六百瓢。瓢直十錢，並直五十七
　　　萬六千文。用鹽矢二百石，牛耕功力，直二萬六千文。
　　　餘有五十五萬。肥豬明燭，利在其外。”

〔一〕“㲉”：金鈔誤作“散”，是因爲字形相似而寫錯。㲉字，現在該讀 qiò 音
　　　（古代可能讀 kyok，即㲉、愨、穀、觳、毃、㲉、㲉、㲉、㲉、㲉、㲉……等字
　　　底“音符”）；實際上，也就和“㲉”乃至於“敲”“考”同是一字，即“打”的
　　　意思。像“磕頭”、“磕瓜子”、“磕牙”……等，都只是“㲉”字或㲉字底
　　　另一寫法。

①“區”：“區”的解釋，見卷一種穀第三注解 3.19.1.①。

②“居澤”：“居”是停留，“澤”是水分。

③“實”：從 15.2.2 條以後，至 15.2.4，“實”字都作“果實”解；和 15.2.1“區
　　　種四實”的“實”字作種子解不同。

④“馬箠”：“㲉”馬的竹杖，即“馬鞭”。

⑤“無令親土，——多瘡瘢”：“親”是直接接觸；“瘡”是受傷傷口潰爛；“瘢”
　　　是瘡好後留下的痕跡，即“瘢”。

⑥“度”：作動詞，讀 duó，即“估量”。

⑦“膚”：在這裏，應解釋爲皮以下柔軟的肉，不是“皮膚”（表皮）。

⑧“致”：同“至”，達到。

⑨“瓣”：“瓣”字原來的意義是“瓜子”。

15.3.1　氾勝之書區種瓠法：“收種子①，須大者。若先受一斗者，得收一石；受一石者，得收十石。”

　　　　“先掘地作坑。方圓、深各三尺。用蠶沙②與土相和，令中半；若無蠶沙，生牛糞亦得。著坑中，足躡令堅。以水沃之，候水盡，即下瓠子十顆，復以前糞覆之。”

15.3.2　“既生，長二尺餘，便總聚十莖一處，以布纏之，五寸許，復用泥泥之。不過數日，纏處便合爲一莖。留強者，餘悉掐去。引蔓結子，子外之條，亦掐去之，勿令蔓延。”

15.3.3　“留子法：初生二、三子，不佳，去之；取第四、五、六。區留三子即足。”

15.3.4　“旱時，須澆之：坑畔周匝小渠子，深四、五寸，以水停之，令其遙潤。不得坑中下水。”

①“子”：“子”字，當果實講，看下文“留子法”“引蔓結子，子外之條”等處，可以知道。只有“下瓠子十顆”的“子”，才指種子。

②“蠶沙”：即蠶糞。氾書一直稱蠶矢。“沙”字和上面注解 15.3.1. ①的“子”字（氾書他處用“實”），“足躡令堅”的“躡”字（氾書他處用“踐”），“小渠子”等處，與氾書其他文字大不相類，懷疑這一段不是真實的氾勝之書，而是後人攙入的。

15.4.1　崔寔曰：“正月可種瓠。六月可畜瓠①。八月可斷瓠作蓄瓠〔一〕。瓠中白膚實，以養豬，致肥。其瓣則作燭，致明。”

〔一〕“作蓄瓠”：明鈔和明清刻本一樣，誤爲“作蒩瓠”，依金鈔改正。

①“畜瓠”：崔寔這一段話（出自他的四民月令）中，“六月可畜瓠”和“八月可

斷瓠作蓄瓠”,應當是不同的兩件事:畜瓠可能是把瓠切開曬乾,作成
“瓠蓄”(如標題注中所引釋名中說的),預備冬天吃。斷瓠作“蓄瓠”,
(如無錯字)則應當是上面 15.2 段“八月微霜下……”把瓠窖藏起來,
預備“作瓢”的手續;——因爲以下所說利用“白膚”養豬,用“瓣”(瓜
子)作燭,兩處完全一樣。

15.5.1 家政法曰:“二月可種瓜瓠。”

釋　文

15.1.1 衛詩(邶風)有“匏有苦葉”句,毛公解釋爲“匏謂之瓠”。

15.1.2 詩義疏説:“匏葉嫩時可以作湯,又可以醃或煮,極好吃,所以
　　　詩(魚藻)有‘瓠葉幡幡,采之亨之’兩句。河東和揚州常常吃。
　　　到了八月中,便老硬不能吃了,所以又有‘匏有苦葉’的説法。”

15.1.3 廣志説:“有都瓠,果實〔子〕像牛角一樣,有四尺長。有細
　　　腰〔約腹〕瓠,大可以容幾斗(約等於今日的幾升),腹部凹陷細
　　　小,就蒂作口,出在雍縣;移種到旁的地方,就變樣了。朱崖有
　　　苦葉瓠,大的可以容納一斛(十斗,合今日一升)多。”

15.1.4 郭子説:“東吳有長柄壺樓。”

15.1.5 (劉熙)釋名(釋飲食)説:“瓠蓄,是把瓠連皮切開〔皮〕,作
　　　成乾,蓄積起來冬天食用。”

15.1.6 淮南萬畢術説:“(家裏)燒黍穰,地裏的瓠就死了,這是自
　　　然的道理。”

15.2.1 氾勝之書種瓠法:“三月間,耕出十畝好田,作成
　　　“區”。每區都是方一尺,深也是一尺;(底下和四畔)
　　　用杵築緊些,——讓它可以保留水分;區與區之間,距
　　　離是一步。每區裏,種下四顆種〔實〕;用一斗蠶糞,和

上土糞（放在區裏，作爲基肥）。每區澆上二升水；哪裏乾得太快，就再加上一些水。"

15.2.2 "（每條蔓）結〔著〕了三個果實之後，就用馬鞭打掉蔓心，不讓蔓長長〔延〕。——因爲果實（總數）結得多，各個果實就長不大。用稿稭〔藁〕墊〔薦〕在瓠的果實底下，不要讓果實直接與泥土接觸，——（和泥土直接接觸的果實）容易受傷成瘡，結瘢。"

"估量够作瓢（的大小）了，用手在果實外面，從蒂到底，（整個地）摩擦一遍，把（果面上的）毛去掉。——這樣，就不再長大而只長厚。八月，稍微見霜後，就收取回來。"

15.2.3 "掘一個一丈深的土坑，坑（底上和）四邊，都用（乾）稿稭鋪上一尺厚的一層。把（收來的）瓠，擱在坑洞裏，讓瓠底朝下（蒂朝上）。一層瓠上，（鋪一層）三尺厚的（乾）土。"

"二十天以後，（從坑裏）掊出來，瓠已經變成黃色，便好；破開，作成瓢。裏面白色的肉，用來養豬，使膘肥。瓠種子用來作火炬材料，可以照明。"

15.2.4 "一條蔓上結三個瓠，一區（四條蔓）得到十二個瓠，一畝地可得到二千八百八十個瓠。十畝地，可得到二萬八千八百個瓠，破開後得到五萬七千六百個瓢。每個瓢，值〔直〕十文錢，一共值五十七萬六千文錢。一共用去二百石鹽糞，再加上牛耕地用的人力畜力工本費，估計是二萬六千文錢。這樣，淨餘五十五萬文錢。用瓠肉養肥的豬，種子所作的火炬，所獲利潤，還不曾計算在內。"

15.3.1　氾勝之書區種瓠的方法："收種時，要選大形果實。原來容量一斗的，（區種後）可以收到容一石的；原來容一石的，可以收到容十石的。"

　　　　"先在地裏掊坑。坑三尺對徑，三尺深。用蠶糞和泥土，對半地混和起來；沒有蠶糞，也可以用生牛糞。放在坑裏，用腳踏緊。澆水下去，等水滲盡了，種下十顆種子，再用先和好的（蠶糞和泥土各半的）混和物蓋上。"

15.3.2　"發芽，長了二尺多長的莖之後，把十條莖集合在一處，用布纏起來，纏五寸上下長，外面用泥土密封。過不了幾天，纏着的地方便愈合成一個整體了。然後，留下莖中最強的（一條），其餘（九條）全部掐掉。讓蔓長出去，結實之後，其餘未結實的梢，也都掐掉，不要讓蔓徒長。"

15.3.3　"留果的法則：最初結的三個果不好，去掉它們；只留第四、第五、第六。每一區，只留三個果實。"

15.3.4　"天旱，須要澆水：可以在坑周圍掘一道深四五寸的小溝，在溝裏留着水，讓水從遠處浸過去。不可以向坑裏澆水。"

15.4.1　崔寔（四民月令）説："正月可以種瓠，六月可以作'瓠蓄'。八月，可以斷下瓜來作蓄瓠。瓠裏的白肉，用來養豬，可使膘肥。瓜子作火炬，用來照明。"

15.5.1　家政法説："二月可以種瓜和瓠。"

種芋第十六

16.1.1 説文曰:"芋,大葉實根駭人者,故謂之'芋'。齊人呼芋爲'莒'。"

16.1.2 廣雅曰:"渠,芋,其葉謂之'䕅'必杏反①。""藉姑,水芋也;亦曰'烏芋'②。"

16.1.3 廣志曰:"蜀漢既繁芋,民以爲資。凡十四等:有君子芋,大如斗,魁③如杵簁。有車轂芋,有鋸子芋,有旁巨芋,有青邊芋,——此四芋多子。有談善芋,魁大如瓶,少子;葉如散蓋④,紺色;紫莖,長丈餘;易熟,長味,芋之最善者也;莖可作羹臛,肥澀,得飲乃下。有蔓芋,緣枝生;大者次二三升⑤。有雞子芋,色黄。有百果芋,魁大,子繁多;畝收百斛(種以百畝,以養豜)。有旱芋〔一〕,七月熟。有九面芋,大而不美。有象空芋,大而弱,使人易飢。有青芋,有素芋;子皆不可食,莖可爲菹。凡此諸芋,皆可乾臘;又可藏至夏食之。又百子芋,出葉俞縣。有魁芋,無旁子,生永昌縣⑥。有大芋,二升,出范陽、新鄭。"

16.1.4 風土記曰:"博士芋,蔓生,根如鵝鴨〔二〕卵。"

〔一〕"旱芋":明鈔及祕册彙函系統版本均作"旱芋",依金鈔改正。七月熟,是相當早的早熟種。

〔二〕"鴨":明鈔誤作"雞"。

①"渠,芋,其葉謂之'䕅'必杏反":今本廣雅,"渠"作"藁","葉"作"莖"。"渠"字有無艸頭,問題不太大;"䕅"究竟是"葉"是"莖",是值得推究的。王念孫廣雅疏證中,引下文"青芋、素芋……莖可爲菹",說明"䕅之爲言莖也";即是說讀音相似的字,代表同一物。其實,"莖"字本身,雖然正讀爲"鏗",一般口語中,都稱爲"梗子",簡直就和"䕅"同音。而芋供食的除了塊莖外,普通稱爲"芋蒿"(雲、貴、川)"芋荷"(兩湖)"芋

栒"(兩廣)的,雖是葉柄,在一般看法中,仍應當算"莖"不算"葉"。作"莖"是正確的。下面注音切的三個小字,祕册彙函版本没有;明鈔和群書校補所據鈔宋本,同作"必杏反",金鈔作"分杏反"。這兩個聲母,都不合適,應當是"見紐"的字。按玉篇作"公幸反";廣韻去聲"三十九耿"作"古杏反";集韻分部和讀音,都與廣韻相同。可能金鈔的"分"字,是"公"字寫錯,而"必"字也是"公"字"爛"成的。

②"亦曰'烏芋'":今本廣雅"烏芋"上無"亦曰",而直接連在"水芋"下"也"字上面;因此王念孫認爲齊民要術誤引。其實,藉姑是慈姑,烏芋是荸薺,根本都與芋無關,不過同有"芋"名而已。

③"魁":"魁"原義是"羹斗",即盛湯的大木椀(今作"碗")。碗的大小大概和人的頭差不多,所以"魁"字便也"假借"去代替"頄"(字形也多少有些相似),作爲"頭"解;這就是"魁首""渠魁"等"魁"字的解釋。芋魁,即芋的地下部分(塊莖)中的主幹。

④"散蓋":王念孫廣雅疏證引作"繖蓋"是對的。"繖蓋"即現在湘中方言中所謂"羅傘""統傘"的一種"儀仗"用具,用綢或布作的,圓形、平頂而周圍下垂,中間用一個長柄撑着,和一般的雨傘不一樣。

⑤"次二三升":"次"字懷疑是"及"字寫錯,御覽卷975所引,無"次"字。

⑥"葉俞縣……永昌縣":由漢到晉,葉俞是屬於犍爲郡的縣,應在今四川省。永昌是屬於燹道的縣。

16.2.1 氾勝之書曰:"種芋:區方深皆三尺。取豆萁内區中,足踐之,厚尺五寸。取區上溼土,與糞和之,内區中萁上,令厚尺二寸。以水澆之,足踐令保澤。"

16.2.2 "取五芋子,置四角及中央。足踐之。旱,數澆之。其爛,芋生,子皆長三尺。一區收三石。"

16.3.1 "又種芋法:宜擇肥緩土近水處。和柔,糞之。二月注雨,可種芋。率:二尺下一本。"

16.3.2 "芋生,根欲深,劚其旁,以緩其土。旱則澆之。有
　　　草鋤之,不厭數多。"

　　　　　"治芋如此,其收常倍。"

16.4.1 列仙傳曰:"酒客爲梁丞,使民益種芋[一]。'三年當
　　　大饑!'卒如其言,梁民不死。"按:芋可以救饑饉,度凶年。
　　　今中國多不以此爲意。後生有耳目所不聞見者,及水、旱、風、
　　　蟲、霜、雹之災,便能餓死滿道,白骨交横。知而不種,坐致泯
　　　滅,悲夫! 人君[二]者,安可不督課之哉?

〔一〕"酒客爲梁丞,使民……":明鈔、金鈔俱作"酒客爲梁,使烝民……";學
　　　津討原本和漸西村舍刊本,據農桑輯要改作"……丞,使民……";太平
　　　御覽卷 975 作"……承使民……",承字是丞字寫錯;可見原字是"丞"。
　　　吴琯所刻列仙傳也作丞,今改正。

〔二〕"人君":明鈔誤作"人居",依金鈔及明清各刻本改正。

16.5.1 崔寔曰:"正月,可菹芋。"

16.6.1 家政法曰:"二月,可種芋也。"

釋　文

16.1.1 説文説:"芋,葉大,實根也大得駭人,所以叫做'芋';齊人
　　　把芋稱爲'莒'。"

16.1.2 廣雅説:"'渠'就是芋,它的莖稱爲'䕲'(音 kěŋ)。""藉姑,
　　　就是水芋,也稱爲烏芋。"

16.1.3 廣志説:"蜀漢芋很繁盛,群衆用作生活物資。共有十四
　　　種:(1)有君子芋,像斗那麼大,中心大塊莖〔魁〕有飯桶〔杵簁
　　　＝筥簁〕大小。(2)有車轂芋。(3)有鋸子芋。(4)有旁巨芋。
　　　(5)有青邊芋。這四種,側面的小塊莖(子)多。(6)有談善芋,

中心塊莖有汲水瓶大；但子少；葉像傘，紅色；葉柄〔莖〕紫色，
有一丈多長；容易熟，味好，是最上等的芋；菝可作湯煮肉，很
肥，很膩人，要有好清涼飲料才能解口。(7)有蔓芋，緣枝條生
(子)；大的(到〔及〕)二三升。(8)有雞子芋，色黃。(9)有百果
芋，魁大，子也多，一畝地可以收一百斛(種一百畝，可以養
豬)。(10)有早芋，七月熟。(11)有九面芋，大而不好。(12)
有象空芋，大而軟，吃了容易餓。(13)有青芋。(14)有素芋，
這兩種芋，子都不能吃，只有莖可以醃作菹。這些芋，都可以
曬乾；也可以藏到夏天來吃。此外，葉俞縣出一種百子芋。有
一種魁芋，沒有側生的芋子，出在永昌縣。范陽和新鄭出一種
大芋，有二升大。"

16.1.4 風土記說："博士芋，蔓生，根像鵝蛋、鴨蛋。"

16.2.1 氾勝之書說："種芋：區三尺見方，三尺深。掘好
後，在區底上鋪上豆萁，踏緊，要有一尺五寸厚。將區
裏掊出來的溼土，和糞拌勻，在區裏豆萁層上，鋪一尺
二寸厚的一層。澆上水，踏過，讓水分可以保存住。"

16.2.2 "取五個小芋，擱在區四角和中央。踏緊。天旱時
多澆幾次水。到豆萁爛後，芋發芽，芽子都可有三尺
長。一區可以收三石芋。"

16.3.1 "種芋法：應當選肥、鬆而靠水近的田地。細鋤到
調和鬆軟，再加糞。到二月，下連緜雨時，種芋。標準
的株距是二尺。"

16.3.2 "芋頭出芽後，根要長得深。可在根四圍用小鋤鋤
〔劇〕，使土疏鬆。旱時就澆。有草就鋤，鋤的次數越
多越好。"

　　"像這樣管理芋，常常可以得到加倍的收成。"

16.4.1　列仙傳説："酒客，在梁作丞，叫大家多種芋。'三年後有大饑荒！'後來果真像他所説的，梁的人民（因爲有準備），所以没有餓死。"按：芋可以救饑饉，度過荒年。現在（後魏）中國的人，都不在意它。後來的人〔後生〕見聞不廣，等到水、旱、風、蟲、霜、雹等天災一來到，就可以見到路上有餓死的人，白骨到處堆積。（也有人）知道，却不去種，因此〔坐〕招致滅亡，實在可悲。作皇帝的人，怎麽能不督促大家種呢？

16.5.1　崔寔説："正月，可以作芋菹。"

16.6.1　家政法説："二月可以種芋。"

齊民要術卷三

後魏高陽太守賈思勰撰

〔一〕“蕪”字，明清兩代各種刻本多作“蔓”；依明鈔本作“蕪”。

〔二〕這一個標題注，只明鈔本有。

〔三〕這一個標題注，只明鈔本有。

種葵第十七

17.1.1 廣雅曰:"蘬,丘葵①也。"

17.1.2 廣志曰:"胡葵,其花紫赤。"

17.1.3 博物志曰:"人食落葵,爲狗所齧〔一〕,作瘡則不差②;或至死。"

17.1.4 按今世葵有紫莖、白莖二種,種別復有大小之殊。又有鴨腳葵也。

〔一〕"爲狗所齧":"狗"字據明鈔及群書校補所據鈔宋本改正;祕册彙函系統本作"荷"。

①"丘葵":"丘"是大的意思。但今本廣雅無此"丘"字。

②"差":從前,借用"差"字,當作病痛(現在寫作"愈")講的"瘥"。

17.2.1 臨種時,必燥曝葵子。葵子雖經歲不泄①;然澀種者,疥〔一〕而不肥也。

17.2.2 地不厭良,故墟彌善,薄即糞之。不宜妄種。

17.2.3 春必畦種、水澆。春多風旱,非畦不得;且畦者,省地而菜多,一畦供一口。畦長兩步,廣一步。大則水難均,又不用人足入。深掘,以熟糞對半和土覆其上,令厚一寸;鐵齒杷耬之,令熟;足蹋②使堅平;下水,令徹澤③。水盡,下葵子;又以熟糞和土覆其上,令厚一寸餘。

17.2.4 葵生三葉,然後澆之。澆用晨夕,日中便止。

17.2.5 每一掐,輒杷耬地令起,下水加糞。

〔一〕"疥":漸西村舍刊本"疥"作"瘠",比較合理;但未説明根據。

①"泄":本書"泄""裛"兩字常常混用。沾溼後密閉生霉以至朽壞,稱爲"裛

鬱"。本書慣例用"裛"字（如本卷種韭第二十二中 22.2.1，胡荽第二十

　四中 24.3.2 和雜說第三十的 30.101.6），但也常寫作"浥"。

②"蹋"：即踐踏的"踏"字原來的寫法。本書一般已改用後來通行的踏字，

　如種瓜第十四 14.8.1 的"勿聽浪人踏瓜蔓"和下文 17.3.2 的"人足踐

　踏之"，17.5.6 的"驅羊踏破地皮"……等。

③"徹澤"："徹"是"通透"，澤是"潤溼"；徹澤就是溼透。

17.3.1 三掐更種。一歲之中，凡得三輩。凡畦種之物，治畦
　皆如種葵法，不復條列煩文。

17.3.2 早種者必秋耕；十月末，地將凍，散子勞之。一畝三
　升。正月末散子亦得。**人足踐踏之乃佳。**踐者菜肥[一]。
　地釋①**即生，鋤不厭數**②。

17.3.3 五月初，更種之。春者既老，秋葉未生，故種此相接。

17.3.4 六月一日，種白莖秋葵。白莖者宜乾；紫莖者，乾即黑
　而澀。

17.3.5 秋葵堪食，仍留五月種者取子③。春葵子熟不均，故
　須留中輩。**於此時，附地剪却春葵，令根上枿**④**生者，柔
　輭至好，仍供常食，美於秋菜。**留之⑤亦中爲榜簇⑥。

17.3.6 掐秋菜，必留五六葉。不掐，則莖孤；留葉多，則科大。
　凡掐，必待露解。諺曰："觸露不掐葵，日中不剪韭。"

17.3.7 八月半剪去，留其歧⑦。歧多者，則去地一二寸；獨莖
　者，亦可去地四五寸。**枿生肥嫩；比至收時，高與人膝
　等，莖葉皆美。科雖不高，菜實倍多。**其不剪早生者，雖
　高數尺，柯葉堅硬[二]，全不中食。所可用者，唯有菜心；附
　葉⑧黃澀至惡，煮亦不美。看雖似多，其實倍少。

〔一〕"肥"：明鈔原作"把"，依明清各刻本改正。

〔二〕"柯葉堅硬"：明鈔"堅"誤作"莖"，依明清刻本及農桑輯要所引改正。

①"釋"：冰凍後堅硬了的地，春初解凍後，漸漸鬆軟。

②"數"：讀"朔"（ṣuo），即多次重複。

③"仍留五月種者取子"：是指"秋葵堪食"的時候（秋播的葵已經可以採取供食時），仍要在地裏留下一些五月初播種的植株，以供收取種子。

④"柿"：植物主幹切斷後，下部近根的腋芽、不定芽或潛伏芽，迅速生長所形成的新條稱爲"柿"（音臬 nie），也寫作"蘖"、"櫱"、"不"。

⑤"留之"："之"，指這時剪下的春葵老枝。

⑥"榜簇"："榜"是"高高提出"（現在所謂"標榜"的"榜"字，作動詞用的，是這個意義；"發榜"、"出榜"等作名詞的"榜"字，也是這個意義）；"簇"則是一束枝條。"榜簇"即將成束的枝條，作成支架，供晾曬之用。種秋葵時剪下的春葵枝條，正好留到霜降後。全部摘取葵葉來晾乾時，作晾（只能是晾而決不是"曬"，因爲下文説明"榜簇"皆須陰中）乾的支架。由本節末所引崔寔"九月作葵菹、乾葵"的話，可知從前葵有乾藏的辦法。

⑦"歧"：明鈔和明清刻本都作"岐"。"岐"是山名，無意義；應當是作分叉講的"歧"字。

⑧"附葉"："附"是"依""近""著""旁"……附葉，即菜心上著生的葉子（也許是"跗葉"，即近臺的葉子）。

17.4.1 收待霜降；傷早黃爛，傷晚黑澀。**榜簇皆須陰中**。見日亦澀。**其碎者，割訖，即地中尋手紀**①**之。待萎而紀者必爛。**

①"紀"：即"糾"字的另一寫法。糾是將許多條形的東西曲折地結聚組織成爲一束；"糾合""糾集"以至於"糾察"，都有組織聚合的意思在内（右邊的乚或丩，是象形而兼指事的符號）。

17.5.1 **又，冬種葵法：近州郡都邑有市之處，負郭良田三**

十畝。九月收菜後，即耕；至十月半，令得三遍，每耕即勞，以鐵齒杷耬去陳根，使地極熟，令如麻地①。

17.5.2 於中，逐長穿井十口；井必相當②，邪③角則妨地。地形狹長者，井必作一行；地形正方者，作兩三行亦不嫌也。井別作桔槔、轆轤。井深用轆轤④，井淺用桔槔⑤。柳罐⑥令受一石。罐小，用則功費。

17.5.3 十月末，地將凍，漫散子，唯概⑦爲佳。畝用子六升。散訖，即再勞。

17.5.4 有雪，勿令從風飛去；勞雪，令地保澤，葉又不蟲。每雪輒一勞之。

17.5.5 若竟冬無雪，臘月中汲井水普澆，悉令徹澤。有雪則不荒⑧。

17.5.6 正月地釋，驅羊踏破地皮。不踏即枯涸，皮破即膏潤。

17.5.7 春暖，草生，葵亦俱生。三月初，葉大如錢，逐概處拔大者賣之。十手拔乃禁取⑨。兒女子七歲已上，皆得充事⑩也。一升葵還得一升米。日日常拔，看稀稠得所乃止。有草拔却，不得用鋤。一畝得葵三載⑪。合收米九十車⑫；車准二十斛，爲米一千八百石。

17.5.8 自四月八日(?)以後，日日剪賣〔一〕。其剪處，尋以手拌斫⑬斸地令起，水澆、糞覆之。四月亢旱，不澆則不長；有雨即不須。四月已前，雖旱亦不須澆，地實保澤，雪勢未盡故也。比及剪遍，初者還復；周而復始，日日無窮。至八月社日止，留作秋菜。九月指地賣，兩畝得絹一疋。

17.5.9 收訖，即急耕，依去年法；勝作十頃穀田。止須一

乘車牛，專供此園。耕、勞、輦糞、賣菜，終歲不閑。

17.5.10　若糞不可得者，五、六月中穊種菉豆，至七月、八月，犂掩⑭殺之，如以糞糞田⑮，則良美與糞不殊，又省功力。其井間之田，犂不及者，可作畦，以種諸菜。

〔一〕“日日剪賣”：“日日”<u>明</u>鈔作“日月”，依<u>明</u><u>清</u>各刻本改正。上文“四月八日”，“八日”兩字懷疑是“入月”寫錯，“入月”，即初一日，月的開始。“四月八日”雖有“浴佛節”這麼一個解釋，但很牽强；此外還找不出單獨指明這一天的理由。

①“麻地”：即合於種麻的地。

②“井必相當”：“當”是相對，即排成直綫。

③“衺”：“衺”，也寫作“褏”，意思是不正；現在都寫作“斜”。與上文“井必相當”相連，即是説，使所開的井，横直都排成直綫，不要讓聯結各井的綫，彼此斜交，形成“衺角”。

④“轆轤”：一種利用輪軸的汲水器械，用繩挽起容器汲水。（圖九：仿自圖書集成）

⑤“桔槔”：一種利用槓桿的汲水器械；用一個或兩

圖九　轆轤

個直立的木柱,作爲支架,另用一條長的橫木,中央固定在支架上,橫木的一端,裝上汲水的容器,另一端,綁一重物。將重的"墜子"向上推,汲器就下到井裏;再將墜子向下一拉,汲的水,就出井了。(圖十:仿自圖書集成)

⑥"鑵":"鑵"是"汲器",即從井裏汲水出來"灌"地用的,現在多寫作"罐"。有些地方,用柳枝編成,輕而易用,並可免在撞擊中碰破。

⑦"稹":即稠密。

⑧"有雪則不荒":這個小注,懷疑應在上節(17.5.4)"每雪輒一勞之"後面;否則,"雪"字應是"澤"字或者"荒"應是"澆"字。

⑨"禁取":"禁"讀平聲,是"勝任"的意思。

⑩"充事":"充"是"填滿";"充事",即"滿足要求"。

⑪"載":即一車所能載得下的。

⑫"合收米九十車":"米"字必定是"菜"字刻錯。

⑬"手拌斫":"拌"即"判",拌斫是一種有刃的小形農具。

⑭"掩":應當是"揜"。

⑮"如以糞糞田":意思是"如糞以糞田"。

圖十　桔槔

17.6.1 崔寔曰：“正月可種瓜、瓠、葵、芥、薤，大小葱，蘇〔一〕。苜蓿及雜蒜亦可種（此二物皆不如秋）。”

17.6.2 “六月六日可種葵；中伏後，可種冬葵。”

17.6.3 “九月作葵菹、乾葵。”

〔一〕“蘇”：明清各刻本均作“蒜”，明鈔本獨作“蘇”。據古逸叢書刻舊鈔卷子本“玉燭寶典”所引，是“蓼、蘇”，即這句應讀作“……大、小葱、蓼、蘇”。

17.7.1 家政法曰：“正月種葵。”

釋　文

17.1.1 廣雅説：“蘬就是葵。”

17.1.2 廣志説：“胡葵，花紫紅色。”

17.1.3 博物志説：“吃了落葵的人，遭狗咬後，長的瘡，一輩子也不會好，甚至可以因此而死亡。”

17.1.4 現在（後魏）的葵，有紫莖和白莖兩種，每種都有大有小。此外還有鴨脚葵。

17.2.1 葵在下種之前，一定要把種子曬乾。葵子雖然可以過一年不會燠壞，但是溼的種下去，瘦〔瘠？或者疥＝有瘢〕而長不肥。

17.2.2 地越肥越好，種過葵的地連作更好，瘦了，就加糞。不要隨便種。

17.2.3 春天，一定要開畦種下，用水澆。春天不下雨〔旱〕和吹乾風的日子多，非開畦種不可；而且開畦種的，省地面，收菜多，一畦地可以供給一口人。畦長十二尺〔兩步〕，闊六尺

〔一步〕（後魏的尺）。畦大了，水難澆得均勻；而且菜畦裏是不許人踐踏的。（太大的畦，這一點就辦不到了。）掘得深些；再用熟糞和掘起的土，對半和起來，在畦面上，蓋上一寸厚的一層；用鐵齒耙耬過，混和均勻〔熟〕；再用腳踏過，讓泥土貼實而且平勻；澆水，讓地溼透。水滲完之後，撒下葵種子；再用熟糞和泥土對半和勻，在種子上面蓋上一寸多厚的一層。

17.2.4　葵（苗出土），共長了三片葉時，才開始澆水。只在早上和晚上澆，太陽快當頂時便停止。

17.2.5　每掐一次，就把土地杷鬆、耬鬆，澆一次，上一次糞。

17.3.1　掐過三次，就拔掉再種過。一年要種三批〔輩〕。所有開畦種的作物蔬菜，都像種葵這樣的開法，（以後）不再作詳細叙述了。

17.3.2　早種的，必須在秋天，先把地耕好；十月底，地快要結凍時，撒上子，摩平。每畝地三升子，正月底撒子也可以。這時，要人踏過纔好。踏過的，菜長得肥些。地解凍後，就發芽了，以後，總不怕鋤的遍數多．

17.3.3　五月初，再種一批。春天發芽的已經老了，秋季（吃的）還沒有發芽，所以種這一批來接上（過渡）。

17.3.4　六月初一，種白莖的秋葵。白莖的才可以作成葵乾；紫莖的乾了就發黑而且粗糙〔澀〕。

17.3.5　秋葵可以吃的時候，還要將五月間種的留下一些來收子。春葵種子，成熟不均勻，所以必須用第二批的來留種子。這時將春葵貼平地面剪掉，讓它從根上發生新枝條〔杭〕；這樣的新枝條，嫩而肥，很好吃，比秋葵還好。剪下的莖，也可以留着作〔晾葵乾〕的支架〔榜簇〕。

17.3.6　掐秋菜時，必須留下五六片葉。不掐，只有一條孤單的主幹；留的葉多，（長的側枝也會多，結果）科叢大。要等露水乾後才掐。俗話説："不要趁露水掐葵，不要在太陽當頂時剪韭菜。"

17.3.7　八月半，剪除，留下分叉（的底部）。分叉多的，離地面一兩寸剪；單莖的，也可以在離地面四五寸的地方剪。（讓下面的側枝長出來。）長出的新枝條，又肥又嫩；到收的時候，齊人膝頭那麼高，莖和葉子都好。科叢雖然不太高，菜的分量却加了一倍。之所以不剪八月半之前生者，因其雖然有幾尺高，下面的粗枝大葉，又老又硬，不能吃。能够供用的，只有菜心；（甚至於）靠薹（?）的葉，都是萎黃而粗糙的，很壞很壞；煮也不好吃。看起來分量好像很多，事實上非常的少。

17.4.1　下過霜後，就開始收；收得早了，容易發黃爛掉；收得晚些，會變黑而且粗糙。要支架在蔭處（來晾乾）。見了太陽，也會粗澀。剩下的零碎，在割完後，就在地裏隨手收集後結起來。等到不新鮮了再結，必定會破爛。

17.5.1　又冬天種葵的方法：州、郡的大城市與集鎮，有市場的地方，近郊〔負郭〕，（取得）三十畝好地。九月收過秋葵後，就耕翻；到十月半，一共要耕三遍，耕一遍就摩平，用鐵齒杷把枯死的〔陳〕根耬掉，讓土壤細軟均勻，和種麻的地一樣。

17.5.2 在(地)裏面,依地的長向,打十口井;井一定要打成直線〔相當〕,如果成斜線,就糟踏了地。如果地形窄長,就成直線打井;正方形的地,打成兩三行也不錯。每口井都作一個桔槔或轆轤。深井用轆轤,淺井用桔槔。用可以容一石水的柳條栲栳〔罐〕(汲水)。太小的栲栳,費的功夫多。

17.5.3 十月底,地快結凍時,撒播種子,愈稠愈好。每畝下六升種子。撒過,摩兩遍。

17.5.4 下雪,不要讓(雪)被風吹走;雪摩到地裏,可以使地保墒,葉也不會生蟲。下一次雪就摩一次。

17.5.5 如果一冬沒有下過雪,臘月裏,汲出井水來,普遍地澆一次,讓地溼透。有雪就不會多雜草。

17.5.6 正月,地面凍的冰融化了,趕着羊在地裏跑一遍,把地面踩開。不踩開,就乾枯了,踩開才有潤澤。

17.5.7 春天暖和的時候,雜草發芽,葵也都發芽了。三月初,葵葉長到了像銅錢大小,揀稠密的〔逐概〕地方把大的拔出來賣。要十個人拔才來得及,七歲以上的男女小孩,都適合做這種工作。一升葵可以換得一升米。天天拔,到稀稠合適〔得所〕時才罷手。有雜草,拔掉它,不要用鋤。一畝地可以出三大車的葵,(三十畝)共收九十大車葵;每車可以換二十斛米,共換得一千八百石〔石=斛〕米。

17.5.8 從四月初八日(?)起,天天剪下來賣。剪過的地方,隨即用"手拌斫"把地掊鬆,澆上水,蓋上糞。四月乾〔亢=旱〕旱,不澆水就不生長;有雨便不須要澆水。四月以前,天不下雨,也不必澆,地裏其實有墒,(去年冬天積下的)雪力量還没有消耗完畢。等到(每畝地)都剪過了一遍,開始剪的地方,已經又長出來〔復〕了;像這樣循環地剪,每天都有可剪的。到八月社日止,留下來,作爲秋菜。九月,就地"盤賣"出去,兩畝地的菜,可以賣得一匹絹。

17.5.9　(九月中)菜全部收清之後,趕快又耕翻,依照去年的辦法再種;(這樣)三十畝地,比一千畝〔十頃〕穀田還强。只〔止〕須要一輛牛車,專門供這菜園用。耕地、摩地、運〔輦〕糞、賣菜,一年到頭够忙的。

17.5.10　如果没有糞,每年六月裏,密密地種下緑豆,到七月八月犁翻,悶下去,像用糞一樣來肥田,地也就和上過糞一樣的肥,而且省功夫。兩井之間的(一條)地,牛犁不到的,可以作成畦,種其他各種菜。

17.6.1　崔寔説:"正月可種瓜、瓠、葵、芥、薤、大葱、小葱、蓼、蘇。苜蓿和雜蒜也可以種(這兩樣都不如秋天種的好)。"

17.6.2　"六月六日可以種葵;中伏後可以種冬(天吃的)葵。"

17.6.3　"九月醃葵菹、曬乾葵。"

17.7.1　家政法説:"正月種葵。"

蔓菁第十八^{〔一〕}

〔一〕"蔓"：各種刻本均作"蔓"。但明鈔本本卷首總目錄作"蕪"，與正文内
容符合。很顯明的，這字應當是"蕪"。原書卷首總目，本篇篇標題下，
有"菘、蘆菔附出"一個小字夾注。

18.1.1　爾雅曰"葑蓯，蓯^①"；注^{〔一〕}"江東呼爲蕪菁，或爲菘"，"菘"
"葑"音相近，葑則蕪菁^②。

18.1.2　字林曰："蓯，蕪菁苗也"，乃齊、魯云。

18.1.3　廣志云："蕪菁有紫花者、白花者。"

〔二〕"注"：標題注中引爾雅"葑蓯蓯"下，明清刻本有一"汪"字，學津討原本
和漸西村舍本則作"注"。明鈔缺此字。這個字應當有，而且必須是
"注"字。郝懿行爾雅義疏"葑蓯蓯"條，引有此"注"，並且推論説："要
術所引，蓋舊注之文。"

①"葑蓯，蓯"：這三字，過去大家都認爲該句讀成"葑，蓯蓯"。我懷疑這樣
句讀是否正確。依我的推想"葑蓯"兩字是一個名稱，"葑蓯"（syfuŋ）
兩字連讀，可以同化成"suŋ"或"zuŋ"，即"菘"或"葑"；正像蒺藜 zili 可
以連讀成茨 zi，壺盧 hulu 可以連讀成瓠 hu。"松"字，現在湖南口語和
粵語系統方言中正讀"從"（cuŋ）；"松""樅"古來也常混用。所以我以
爲這句該讀作"葑蓯，蓯"。

②"葑則蕪菁"："則"字作"即"字用。本書"則""即"常互換着用；如 1.3.1
的"地則粉解"，應解爲"地即粉解"。

18.2.1　種不求多，唯須良地；故墟新糞壞墙垣^①乃佳。若
無故墟糞^②者，以灰爲糞，令厚一寸；灰多則燥^{〔一〕}，不生也。
耕地欲熟。

18.2.2　七月初種之，一畝用子三升。從處暑至八月白露節，

皆得。早者作菹,晚者作乾。**漫散而勞;種不用溼。**溼則
地堅葉焦。**既生不鋤。**

18.2.3 **九月末收葉,**晚收則黃落。**仍留根取子。**

18.2.4 **十月中,犁麤埅**〔二〕,**拾取耕出者。**若不耕埅,則留者
英③不茂,實不繁也。

〔一〕"燥":明清刻本作"燥",是對的,明鈔誤作"爆"。

〔二〕"埅":農桑輯要"埅"字下有小字夾注"力輟反,耕田起土也";學津討原
本和漸西村舍刊本同。

①"故墟新糞壞墻垣":故墟是原來種過的地,現在休閑着(因此稱爲"墟");
"新糞壞墻垣",是新近用舊墻土作糞上過。用舊墻土作肥料的意義,
至少有兩種可能,都是與土壤中微生物的氮循環活動有關的:一種,是
非共生性固氮細菌和藍綠藻,可能在這種長期休閑(版築的墻,一般都
是就地取土)的土壤裏,得到了它們的合適生長條件,因此固定了一些
大氣氮,成爲氮化物。一種,是硝化細菌群,在這樣的墻土中,積累了
一些硝酸鹽。現在連微生物帶土,帶微生物加工所得氮化物,一併接
種在土壤中,便可以提高土壤肥沃度。

②"故墟糞":懷疑"墟"字是"垣"字,即用作糞用的"故垣"(舊墻壁土)。

③"英":英字歷來有兩種解釋:一種是不結實的花;所謂"落英",是指花說
的。另一種是花以外的嫩枝和葉;下文所說"九英蕪菁",即用這個意
義。"九"是"數之極",即很多很多,九英則是分枝繁茂。現在長江流
域方言中,還保存着"蘿蔔英子"這句話。

18.3.1 **其葉,作菹者,料理如常法。**

18.3.2 **擬作乾菜及釀**人丈反〔一〕**菹者,**釀菹者,後年正月始作
耳,須留第一好菜擬〔二〕之。其菹法列後條①。**割訖,則尋
手擇治而辮②之,勿待萎;**萎而後辮則爛。**挂著屋下陰**

中風涼處,勿令煙熏;煙熏則苦。燥則上在廚③,積置以
苦④之。積時宜候天陰潤,不爾多碎折。久不積苦,則澀也。

〔一〕“人丈反”:明鈔本,這個注音的小注中,第二字模糊,很像“文”字。<u>明
清刻本</u>,第一字作“人”,<u>農桑輯要</u>及<u>學津討原</u>,用<u>廣韻</u>的音切,作“女亮
反”,即讀 niàɳ(<u>廣韻</u>原作“女亮切”)。

〔二〕“擬”:<u>明清刻本</u>和<u>農桑輯要</u>一樣作“擬”,<u>明鈔本</u>作“醲”;<u>萬有文庫</u>排印
本改作“醲”,但未説明理由。按本書用字的習慣看來,正應當是當“打
算作……用”的“擬”字。

①“其菹法列後條”:卷九作菹藏生菜法第八十八中,有“葵、菘、蕪菁、蜀芥
鹹菹法”(88.1),“湯菹法”(88.2),“釀菹法”(88.3),“作菘鹹菹法”
(88.7),“菘根榓菹法”(88.26),“菘根蘿蔔菹法”(88.29)等各分條。

②“辮”:作動詞用,即編成辮。

③“廚”:廚是房屋中閣(現在寫作“擱”)藏各種物品的高架,現在寫作“櫥”
字。“廚”字,現在幾乎成爲炊爨室的專稱了。

④“苦”:草或藁稭編成的箔蓋;現在<u>湖南</u>、<u>貴州</u>、<u>四川</u>一些地區的方言中,還
保存着“茅苦”這個名稱,讀 gàn 或 gèn。

18.4.1 春夏畦種供食者,與畦葵法同。翦訖更種,從春至
秋,得三輩,常供好菹。

18.4.2 取根者,用大小麥底①,六月中種;十月將凍,耕出
之。一畝得數車,早出者根細。

①“小麥底”:即前作爲小麥的地。

18.5.1 又多種蕪菁法:近市良田一頃,七月初種之。六月
種者,根雖麤大,葉復蟲食;七月末種者,葉雖膏潤,根復細小;
七月初種,根葉俱得。

18.5.2 擬賣者,純種九英。九英葉根麤大,雖堪舉賣,氣味不

美。欲自食者，須種細根。**一頃取葉三十載；正月二月，賣作釀菹，三載得一奴**①。

18.5.3　**收根：依埒法，一頃收二百載。二十載得一婢。**細剉，和莖飼牛羊；全擲乞〔一〕豬，並得充肥，亞於大豆耳。

〔一〕"擲乞"：明鈔與群書校補所據鈔宋本作"擲乞"，祕册彙函系統版本多作"擬乞"，漸西村舍刊本作"擬擲乞"。"乞"字可解作"予"；（欒調甫先生的説法。案漢書朱買臣傳有"更卒更乞丐之"句，"乞讀氣"，"乞丐"，就是"給予"；本書卷八作醬法第七十 70.3.1 中，引有"術曰：乞人醬時"，也應解作"給予"。）但這個用法，出於賈思勰自己的文章的，只有這一處。因此，仍懷疑此"乞"字，可能是字形相似的"之"寫錯。"擲之豬"，即將根"投"（現在口語中讀 diu，寫作"丟"）給豬；或者竟是"擬之"，即本書常用的"打算作……用"。

①"三載得一奴"：三載菜葉的市價，等於一個男性奴隸的身價。和下文 18.5.3."收根"中"二十載得一婢"相對比，可以知道當時人口買賣中，男性奴隸與女性奴隸的買賣價值。

18.6.1　**一頃收子二百石。輸與壓油家，三量成米**①，**此爲收粟米六百石，亦勝穀田十頃。是故漢桓帝詔曰："橫水**②**爲災，五穀不登，令所傷郡國，皆種蕪菁，以助民食。"然**③**此可以度凶年，救饑饉。**

18.6.2　**乾而蒸食，既甜且美，自可藉口，何必饑饉？**若值凶年，一頃乃活百人耳。

①"三量成米"，是可以換成三倍量的米。

②"橫水"：御覽卷 979 所引東觀漢記："桓帝永興二年，詔司隸：'蝗水爲災，五谷不登'……"橫字從前本讀 uáŋ 與"蝗"字同音（現在許多地區的口語中，橫還是讀"王"）。橫字可能是因爲同音而寫錯。但究竟是東觀

漢記寫錯，還是賈思勰寫錯，不能確定。這一點也是欒調甫先生提出的。另一方面，"橫"可能是"橫蟲"，即食葉的鱗翅類幼蟲。

③"然"：懷疑"然"字下還應有一"則"字。

18.7.1 蒸乾蕪菁根法①：作湯，淨洗蕪菁根，漉著一斛瓮子中。以葦荻塞瓮裏以蔽口，合著釜上②，繫甌帶。以乾牛糞然火，竟夜蒸之。皺細均熟，謹謹③著牙，真類鹿尾。蒸而賣者，則收米十石也。

①下面"作湯……十石也"一段，都應當是大字正文；由 18.5.1，24.9.1 等條，可以證明。

②"合著釜上"：即將裝滿蕪菁根，用蘆葦填了口的"瓮"（現在一般寫作"甕"字），倒覆在鍋口上。明清刻本無"合"字；應以有"合"字的爲對。"合"字這一特別用法，現在粵語系統方言中，還保留着；讀作 kap。

③"謹謹"：細密的意思；現在湖南南部方言中，還保存這個形容詞。

18.8.1 種菘、蘆菔①蒲北反法，與蕪菁同。

18.8.2 菘，菜似蕪菁，無毛而大。方言曰："蕪菁，紫花者謂之蘆菔。"案蘆菔，根、實麤大，其角及根葉，並可生食，非蕪菁也；諺曰："生噉蕪菁無人情。"

18.8.3 取子者，以草覆之，不覆則凍死。

18.8.4 秋中賣銀②，十畝得錢一萬。

18.8.5 廣志曰："蘆菔一名雹突③。"

①"蘆菔"；現在寫作"蘿蔔"、"萊菔"。今本爾雅"菔"字作"蔔"。

②"銀"：漸西村舍刊本改作"錢"。"賣銀"的話，本書他處不見，明代以前銀是否通用作爲交易貨幣，頗有問題（卷五種樹各條所記價格，都以緡錢爲計算單位）。但改作"錢"字，下文"得錢一萬"，又嫌重複。也許"銀"字只是"根"（或"根葉"）寫錯了。

③"氊突":從前這兩字是叠韻字。

18.9.1 <u>崔寔</u>曰:"四月,收蕪菁及芥、葶藶、冬葵子。"

18.9.2 "六月中伏後,七月可種蕪菁,至十月可收也。"

釋　文

18.1.1 <u>爾雅</u>説:"蕦薞,蕵";(舊)注説:"<u>江東</u>叫'蕪菁'或'菘'。"菘和蕦音相近,蕦就是蕪菁。

18.1.2 字林説:"薞是蕪菁苗",正是<u>齊魯</u>的方言。

18.1.3 <u>廣志</u>説:"蕪菁有開紫花的,有開白花的。"

18.2.1 種蕪菁不要太多,但必須(用)好地;新近用舊墻土當糞上過的舊連作地最好。如果没有舊連作地(没有舊墻土?)作糞上的,可以用灰作糞,要鋪一寸厚;灰再多,地就嫌太乾,不容易發芽了。地要耕得細軟均匀。

18.2.2 七月初下種,每畝地下三升種子。從處暑到八月白露節止,都可以種。早種的可以醃,遲種的作乾菜。撒播後摩平;種時,不要趁溼地。溼時地面堅硬,出來的葉子會枯焦。發芽後,不要鋤。

18.2.3 九月尾,收取葉子;收晚了,葉就要發黄凋落。但仍把根留在地裏,預備收種子。

18.2.4 十月中,犁成粗"垻",把翻出來的根撿起來。如果不耕翻,留下來的(明年長出的)嫩葉不茂盛,結的果實也不多。

18.3.1 葉子,(預備)醃〔作菹〕的,用尋常方法處理。

18.3.2 預備作乾菜和"釀(音 niàŋ)菹"的葉,作釀菹要第二年正月才動手,須要留頭等好葉準備着。作法,後文另有專條(說明)。割回來後,隨即選擇清理,結成瓣,不要讓它萎縮;萎縮後再結瓣,就會破爛。(結好,)掛在屋裏不見太陽而有風不熱的地方,不要讓煙熏;烟熏過味道就會苦。乾了之後,擱在架子上,堆積好,用席箔〔苫〕蓋住。堆積的時候,應當等候潮潤的陰天,不然,葉就會破碎折斷。長時期不堆積起來蓋好,就會粗老。

18.4.1　春、夏天,開畦種來作菜的,與開畦種葵的方法一樣。剪掉再種,從春到秋,可以種得三批。經常供給很好的菹。

18.4.2　預備收根的,用大麥小麥茬地,六月中種,十月間快要結凍時,耕翻出來收取。一畝地可以得到幾車根,早收的根小些。

18.5.1　又多種蕪菁的方法:靠近都市的好地一頃,七月初種。六月種的,根固然粗大些,但葉子易遭蟲吃;七月底種的,葉子固然肥嫩,但根却細小;只有七月初種的,根和葉子都合適。

18.5.2　打算賣給人的,專種九英。九英蕪菁,葉和根都粗大,雖然好賣,氣與味都不好。預備自己吃的,宜於種細根品種。一頃地,可以收三十大車〔載〕葉。正、二月,賣(給人家)作釀菹,三大車葉的價錢,可以換一個奴。

18.5.3　收根時,依"耕粗埒拾取"的方法,一頃地可以收二百大車,二十載根可以換一個婢。斫碎,和莖一併餵牛羊;或整的扔給豬吃,都可以長臕〔充肥〕,比大豆差一點。

18.6.1 一頃地，可以收二百石子，把子轉賣給榨油坊〔壓油家〕，可以換成三倍分量的米，也就是收得六百石米，也比十頃穀田強。所以漢桓帝下詔説：“蟲和水成災，五穀不收，讓受了損害的郡國，都種上蕪菁，接濟糧食。”這就説明，它可以供人過荒年，救飢餓。

18.6.2 而且，曬乾蒸熟了吃，又甜又好，已經很成理由，何必一定要用來過荒年？過荒年時，一頃地的蕪菁，可以養活一百人。

18.7.1 蒸乾蕪菁根的方法：燒熱水，把（乾）蕪菁根洗淨，漉到盛一斛（舊時的一百升，約合今日二三斗）的瓦甕〔瓮〕中，將葦荻塞進去，遮住口，倒覆〔合〕在瓦釜上，繫上甑帶（使甕固定）。下面用乾牛糞燒着，蒸一整夜。粗的細的都熟了，咬時，感覺細緻緊密，像鹿尾一樣。蒸熟出賣，（一石?）可以換十石米。

18.8.1 種白菜〔菘〕、蘿蔔〔蘆菔。菔音 be〕法，和蕪菁相同。

18.8.2 菘，是像蕪菁的菜，（莖葉上）沒有毛，大些。揚雄方言以爲：“開紫花的蕪菁叫‘蘆菔’。”案：蘆菔的根和種子都粗而且大，它結的角和它的根與葉子，都可以生吃，並不是蕪菁；（蕪菁是不能生吃的）所以俗話説：“生吃蕪菁，沒有人情。”

18.8.3 （預備）收子的，冬天要用草蓋着，不蓋就會凍死。

18.8.4 秋天出賣根（?），十畝地可以得到一萬文錢。

18.8.5 廣志説：“蘆菔又叫雹突。”

18.9.1 崔寔説：“四月，收蕪菁子、芥子、葶藶子、冬葵子。”

18.9.2 “六月中伏以後，到七月可以種蕪菁，到十月就可以收了。”

種蒜第十九 澤蒜附出〔一〕

〔一〕“澤蒜附出”這四個字的篇標題注，明鈔本有，在篇標題下面；明清刻本沒有。明鈔本卷首總目中也沒有。這就説明，本文中關於澤蒜的記載，似乎是成書後臨時添的；因此，在篇標題下雖然記下了新添材料，總目中却未注明。

19.1.1 説文曰：“蒜，葷菜也。”

19.1.2 廣志曰：“蒜，有胡蒜、小蒜。黄蒜長苗無科①，哀牢②。”

19.1.3 王逸曰：“張騫周流絶域，始得大蒜、葡薥③、苜蓿④。”

19.1.4 博物志曰：“張騫使西域，得大蒜、胡荽。”

19.1.5 延篤⑤曰：“張騫大宛⑥之蒜。”

19.1.6 潘尼⑦曰：“西域之蒜。”

19.1.7 朝歌⑧大蒜甚辛，一名“葫”；南人尚有齊葫之言。又有胡蒜，澤蒜也。

①下面明鈔本原空一格，由文義看來，應補“出”字。

②“哀牢”：西漢到晉，將現在雲南西南部稱爲“哀牢夷”。

③“葡薥”：顯然是“葡萄”寫錯。

④“苜蓿”：顯然是“苜蓿”寫錯。

⑤“延篤”：後漢時代的文學家。

⑥“大宛”：“宛”字讀苑(yēn)，是葱嶺附近的一個古代國家。

⑦“潘尼”：晉代的文學家。

⑧“朝歌”：地名，殷代的都城，約在今河南淇縣附近。

19.2.1 蒜宜良輭地。白輭地，蒜甜美而科大；黑軟次之〔一〕；剛強之地，辛辣而瘦小也。三遍熟耕，九月初種。

19.2.2 種法，黄場時，以樓構，逐壟手下之。五寸一株。

諺曰："左右通鋤，一萬餘株。"**空曳勞。**

19.2.3 **二月半鋤之，令滿三遍**。勿以無草則不鋤，不鋤則科小。**絛，拳而軋之**。不軋則獨科。

〔一〕"次之"：<u>學津討原</u>本依<u>農桑輯要</u>作"次之"，是對的。<u>明</u>鈔本作"次七"，
<u>群書校補</u>所據鈔<u>宋</u>本作"次大"，不可解。

19.3.1 **葉黃，鋒出，則辮，於屋下風涼之處桁之**。早出者，皮赤科堅，可以遠行；晚則皮皴〔一〕而喜碎。

19.3.2 **冬寒，取穀𥢶**①奴勒反**布地，一行蒜一行𥢶**。不爾則凍死。

〔一〕"皴"：<u>祕册彙函</u>系統版本作"壞"；<u>明</u>鈔作"皱"；<u>群書校補</u>所據鈔<u>宋</u>本作"皱"，下有一"壞"字的小字夾注；<u>學津討原</u>根據<u>農桑輯要</u>作"皴"，另外，在注之後附有"皴，他骨反，皮壞也"。比較這些情形後，可以看出，本書原來應是和<u>農桑輯要</u>同樣作"皴"的。可能"皴"字下還有"皮壞也"三字小字夾注；"也"和"皮"並列，看上去很像"皴"字重複，所以<u>群書校補</u>所據鈔<u>宋</u>本，就把"皮""也"兩字去掉，又把"皴"看成字形意義都相似的"皱"，於是便成了"皱"下夾注"壞"。<u>明</u>鈔把"壞"字去掉，留下"皱"；<u>胡震亨</u>（或<u>馬直卿</u>?）則去"皴"而留"壞"。<u>集韻</u>中，"皴"字在入聲中共出現三次：一次，是"十一没"中的"他骨切皮壞也"；一次是"十三末"的"他括切皮壞也"；一次是"十七薛"中的"椿劣切皮剥也"。<u>農桑輯要</u>所保留的注，顯然是以<u>集韻</u>"十一没"爲根據。

①"𥢶"："𥢶"讀 ne，是"穀穰"，即脫粒後所餘藁稭秕殼。

19.4.1 **收絛中子**①**種者，一年爲獨瓣；種二年者，則成大蒜，科皆如拳，又逾於凡蒜矣**。

①"絛中子"：蒜薹頂上，花序中夾着的"珠芽"，形狀像小蒜瓣；種下，第二年也可以長出苗葉。

19.5.1 瓦子壅底,置獨瓣蒜於瓦上,以土覆之,蒜科横闊而大,形容殊別,亦足以爲異。

19.5.2 今并州無大蒜,朝歌取種,一歲之後,還成百子蒜矣;其瓣麤細,正與條中子同。蕪菁根,其大如碗口,雖種他州子,一年亦變大。蒜瓣變小,蕪菁根變大,二事相反,其理難推。又八月中方得熟,九月中始刈得花子。至於〔一〕五穀蔬果,與餘州早晚不殊,亦一異也。

19.5.3 并州豌豆,度井陘已東,山東穀子入壺關上黨,苗而無實,皆余目所親見,非信傳疑。蓋土地之異者也。

〔一〕"至於":明鈔和群書校補所據鈔宋本均作"全於",依學津討原本據農桑輯要改正。

19.6.1 種澤蒜法:預耕地,熟時,採取子漫散勞之。

19.6.2 澤蒜可以香①食(吳人調鼎,率多用此)。根葉解菹〔一〕,更勝葱、韭。

19.6.3 此物繁息,一種永生,蔓延滋漫,年年稍廣。間區麤取,隨手還合;但種數畝,用之無窮。種者地熟,美於野生。

〔一〕"解菹":農桑輯要作"作菹",祕册彙函系統本同。明鈔作"解菹",依卷八70.4.5及73.1.10等處"解"字的用法(作調和稀釋講)看來,作"解菹"並不錯;而蒜根葉或葱韭,却不是醃菹用的材料。因此暫保存明鈔的"解菹"字。

①"香":"香"在這裏作動詞用,讀去聲;即將具有香氣的"調和"或"作料",加到烹調着的或已烹好的熟食物中,使食物得到香氣。現在長江流域各省方言中,還有很多保存有這個用法的;如"香點葱"與"香料"、"香頭"之類。

19.7.1　崔寔曰：“布穀鳴，收小蒜；六月七月，可種小蒜；八月，可種大蒜。”

釋　　文

19.1.1　説文説：“蒜，是有薰人氣味〔葷〕的菜。”

19.1.2　廣志説：“蒜，有胡蒜、小蒜，有一種黄蒜，苗很長，没有蒜頭〔科〕，出在哀牢。”

19.1.3　王逸説：“張騫在離中國極遠的地方〔絶域〕旅行，才得到大蒜、葡萄、苜蓿（等植物帶回中國）。”

19.1.4　博物志説：“張騫出使西域，得到了大蒜和胡荽。”

19.1.5　延篤説：“張騫從大宛（帶了）蒜（回來）。”

19.1.6　潘尼（賦中）有“西域之蒜”句。

19.1.7　朝歌的大蒜很辣。大蒜又稱爲“葫”；現在（後魏）的南方人，還有“齊葫”的説法。另有一種“胡蒜”，則是“澤蒜”。

19.2.1　蒜宜於種在肥好軟熟的地裏。白頓地，蒜味甜，蒜頭也大；黑軟地就差些；堅實的地，蒜的味道辣，（蒜頭也）瘦小。細細地耕三遍，九月初種。

19.2.2　種法：地裏有“黄墒”的時候，用耬構過，跟着壟一壟壟地用手貼種。株距五寸。俗話説：“（種蒜，）左右鋤頭通得過，一畝地一萬顆。”用（不加人的）空勞摩一遍。

19.2.3　二月半，開始鋤，一共要鋤滿三遍。不要因爲没有草就不鋤，不鋤蒜頭就長不大。把蒜薹〔條〕捲〔拳〕起來，壓〔軋〕一遍。不壓就只能得到獨瓣的蒜頭。

19.3.1　葉子發黄了，用鋒鋒出蒜頭，結成辮，掛在屋裏有風涼爽的地方，兩頭都固定着，中間懸空〔桁〕。早鋒出來的，皮色紅，蒜頭緊密，可以運到遠處；鋒出較遲的，皮會自己破碎剝落〔皱〕，（蒜頭也）鬆碎。

19.3.2 冬天天氣冷時，將穀秄〔得：音 ne〕鋪在地面，穀秄上面，再一層蒜一層秄殼地鋪着。不然蒜就會凍死。

19.4.1 用蒜薹中的蒜子〔條中子〕來種，第一年只能得到獨瓣的蒜頭；種到第二年，才成為大蒜，蒜頭有拳頭大，又比普通的蒜強。

19.5.1 在壟底上放一片小瓦片，將獨瓣蒜放在瓦片上，再蓋上土，蒜頭就長成扁而闊的，（看起來）很大，形狀特別，也很新奇。

19.5.2 現在（山西）并州沒有大蒜，都得向朝歌（河南）去取得蒜種。種了一年，又成了百子蒜——蒜瓣只有蒜薹〔條〕中珠芽〔子〕那麼小。（而并州的）蕪菁根都有碗口大，就是從旁的州郡取子來種，種下一年，也會變大。蒜瓣變小，蕪菁根變大；兩個變化，（方向）相反，不容易推測理由。此外（蕪菁）八月才長得成，九月中才有花和種子可以收割。至於五穀，其他蔬菜、果實，成熟底早晚，卻又和其他州郡同樣，也很特別。

19.5.3 還有并州產的豌豆，種到井陘口以東，山東的穀子，種到山西壺關、上黨，便都徒長而不結實。這都是我親眼見到的，並不是單聽傳說。總之，都是土地條件的不同。

19.6.1 種澤蒜的方法：先把地耕翻，到耕熟後，採子，撒播，摩平。

19.6.2 澤蒜可以作烹調時的香料（江南吳人烹調食物，一般〔率〕都用它）。根葉用來調和菹，比葱和韭菜都強。

19.6.3 這種東西繁殖很快很多，種一次，以後就常有，蔓延散布，一年比一年多。分區輪流地掘來用，隨即又長滿〔合〕了；種得幾畝地，就用不完。種的，因爲地熟，比野生的好。

19.7.1　崔寔説："布穀鳥叫的時候，收小蒜；六月七月，可以種小蒜；八月可以種大蒜。"

種薤第二十

20.1.1 爾雅曰："薤，鴻薈。"注曰〔一〕："薤菜也。"

〔一〕"注曰"：今本爾雅，"注曰"下還有"即"字，御覽卷477所引也有。

20.2.1 薤宜白輭良地，三轉乃佳。

20.2.2 二月三月種。八月九月種，亦得。秋種者，春末生。**率七八支爲一本**。諺曰："蔥三薤四。"移蔥者，三支爲一本；種薤者，四支爲一科。然支多者科圓大，故以七八爲率。

20.3.1 薤子①三月葉青便出之，未青而出者，肉未滿，令薤瘦。**燥曝，按去莩餘，切却彊根②**。留彊根而溼者，即瘦細不得肥也。**先重穛構地，壟燥，掊**〔一〕**而種之**。壟燥則薤肥，穛重則白長。

20.3.2 **率一尺一本。葉生即鋤，鋤不厭數**。薤性多穢，荒則羸惡③。

20.3.3 **五月鋒，八月初構**。不構則白短。

20.3.4 **葉不用翦**。翦則損白，供常食者，別種。

20.3.5 **九月十月出賣**。經久不任也。

〔一〕"掊"：明鈔作"掊"，即"掊坑"（"搯坑"、"挖坑"）是對的。祕册彙函和農桑輯要作"培"，便不如"掊"字好。

①"薤子"：這個"子"字，所指的不是果實種子，只是供蕃殖用的舊鱗莖。

②"彊根"："彊"字，學津討原依農桑輯要作"殭"。"彊"字可以借作"殭"用；明鈔作"彊"，還是可以的。殭根即已經枯死的根。

③"薤性多穢，荒則羸惡"：穢是雜草，多穢是易生雜草。薤葉直立，又纖細，科叢外容易有雜草；不鋤，草便會多〔荒〕；"荒"（草多），薤便瘦了。

20.4.1 擬種子①，至春地釋，出即曝之〔一〕。

〔一〕"出即曝之"：農桑輯要和祕册彙函系統版本無"出"字。依 20.3.1 解釋爲"取出，未種之前先曬"，則"出"字很有意義。

①"擬種子"：預備作種用的"子"。

20.5.1 崔寔曰："正月可種蒜、韭、芥〔一〕。七月別種①蒜矣。"

〔一〕"蒜、韭、芥"："芥"字，明鈔有；明清刻本均無。似不應有，暫時存疑。

①"別種"：即分栽。

釋　文

20.1.1 爾雅説："蒜是鴻薈。"（郭璞）注説："就是蒜菜。"

20.2.1 蒜要種在白軟的好地，耕轉三遍才好。

20.2.2 二月三月種。八月九月種也可以。秋天種的，（第二年）春末才發芽。標準是一窩種下七八支。俗話説："葱三蒜四。"移栽葱的，三支作一窩；栽蒜，四支作一窩。但是支數多的，科圓而且大，所以將七八支作爲標準。

20.3.1 蒜子，三月間，葉子回青時掘出來，沒有回青就掘出來，肉沒有長滿，蒜子是瘦小的。曬乾，挼掉外面的枯皮〔荸餘〕，切掉乾了的死根〔彊根，參看注解〕。留着乾根，又沒有曬乾的，就瘦弱，細小，不會肥大。先用耬把地耩兩次，等壟乾了，挖坑種下。壟乾的，蒜子長得肥些，用兩次耬，（地翻得更鬆，）蒜白也長得長些。

20.3.2 標準窩距是一尺。新葉發出就開始鋤，鋤的次數愈多愈好。蒜地裏容易長雜草，草多了，蒜子便瘦弱。

20.3.3 五月鋒一遍，八月初，耩一遍。不耩，蒜白短。

20.3.4　葉子不要剪。剪葉薤白長不好，想經常用來作菜的，應當多分栽〔別種〕一些。

20.3.5　九月十月，（掘）出來賣。再經久些，就不中用了。

20.4.1　預備作種的薤頭，到了春天地解凍時，取出來，隨即曬乾。

20.5.1　崔寔說："正月可種薤、韭菜、芥菜。七月就分栽薤子。"

種葱第二十一

21.1.1 爾雅曰:"茖,山葱。"注曰:"茖葱,細莖大葉。"

21.1.2 廣雅曰:"藿、蓊、藉,葱也;其蓊謂之薹。"①

21.1.3 廣志曰②:"葱有冬春二種。""有胡葱、木葱、山葱。"

21.1.4 晉令曰:"有紫葱。"

①"廣雅曰:'藿、蓊、藉,葱也;其蓊謂之薹'":今本廣雅,是"蓊藉葱也""蓊薹也"這麼相連而不相涉的兩條;"藿"是豆葉,則在前面相距頗遠的一條中。究竟是本書傳鈔刻寫有錯,或是廣雅錯誤,還待考證("藉"字與"藉",王念孫在廣雅疏證中作有考證)。

②"廣志……":御覽卷 977 所引,只有"葱有胡葱木葱"六字,無要術所引上下文。

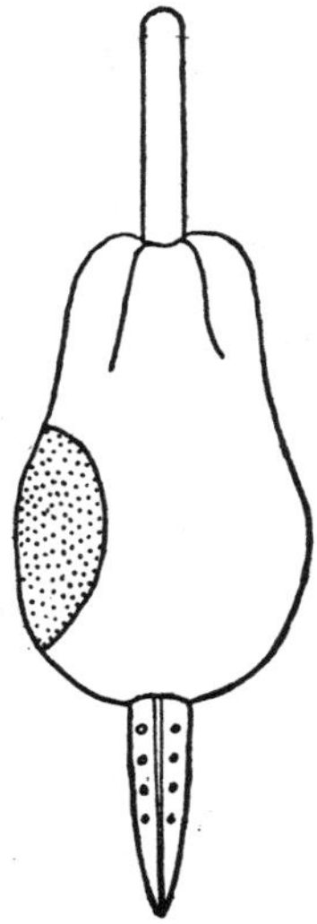

21.2.1 收葱子,必薄布陰乾,勿令浥①鬱。

　　此葱性熱,多喜浥鬱;浥鬱則不生。

21.2.2 其擬種之地,必須春種綠豆,五月掩②殺之。比至七月,耕數遍。

21.2.3 一畝用子四五升。良田五升,薄地四升。炒穀拌和之。葱子性澀,不以穀和,下不均調;不炒穀,則草穢生。兩樓重耩,窺瓠③下之;以批蒲結反契蘇結反④繫〔一〕腰曳之。

圖十一　窾瓠

〔一〕"繫":明鈔作"繼",圖書集成引作"維"。"繫",現在長江中上游、廣西北部、雲、貴等處,口語中都還與"繼"字同音(由"繫"字上半標音的"穀"字看,讀腭裂音也是合理的),可能就是寫錯的原因。"繼"字仍作"繫"解。

①"浥":應作"裛"。

②"掩":應作"罨"。

③"窍瓠":用乾壺盧作成的、下種用的器具(見圖十一,仿自王禎農書)。

④"批契":"批"是從中劈破;"契"是一頭大一頭小的木"楔"子(見圖十二)。

圖十二　批契

21.3.1 七月納種,至四月始鋤,鋤遍乃翦。翦與地平;高留則無葉,深翦則傷根。翦欲旦起,避熱時。

21.3.2 良地三翦,薄地再翦;八月止。不翦則不茂,翦過則根跳。若八月不止,則葱無袍①而損白。

①"袍":葱葉基部,層層包裹着,稱爲"袍"。

21.4.1 十二月盡,掃去枯葉枯袍,不去枯葉,春葉則不茂。二月三月出之。良地二月出,薄地三月出。

21.5.1 收子者,別留之。

21.6.1 葱中亦種胡荽,尋手供食;乃至孟冬爲菹①,亦不妨。

①"孟冬爲菹":是指胡荽可以留到十月作菹,也不妨害葱的生長。

21.7.1 崔寔曰:"三月別小葱,六月別大葱。七月可種大、小葱。"夏葱曰小,冬葱曰大①。

①"夏葱曰小,冬葱曰大":"曰"字,似乎該是"白"字。夏天的葱,葱白較小也較短;冬天的葱,葱白才較大。如果只有夏葱才是"小"葱,則"三月別種"的,不應當是小葱,而七月種的"小"葱,已不是夏,是否算夏葱,就有點不好説了。

釋 文

21.1.1 爾雅説："茖，是山葱。"郭璞注解説："茖葱，莖小葉大。"

21.1.2 廣雅説"藿（？）、薵、菭，是葱；它的翁稱爲薹。"

21.1.3 廣志説："葱有冬葱春葱兩種。""有胡葱、木葱、山葱。"

21.1.4 晉令中（記着）有紫葱。

21.2.1 收得的葱子，必須薄薄地鋪開，陰乾，不要讓它燠壞。葱性熱，很容易燠壞；燠壞了就不發芽。

21.2.2 預備種葱的地，必須在春天（先）種上緑豆，五月間，（把緑豆）翻下去悶殺。到七月，再翻耕幾遍。

21.2.3 每畝地用四至五升種子。好地五升，瘦地四升。將炒過的穀子拌和着。葱子有棱角、粗澀，不用穀子拌和，下種不容易均匀；穀子如不炒過，就會長成"雜草"。用兩個樓重複耩過，將拌和的種子在"竅瓠"裏播下；將批契（音 pie sie）繫在腰上拉。

21.3.1 七月下種，到四月裏才鋤一遍，鋤完才剪。剪得和地面一樣平。留得高，後來葉就少；剪得再深，根會受傷。剪，應當在早晨剛起來以後，要避免太熱的白晝。

21.3.2 好地，可以剪三次，瘦地剪兩次；八月就不要再剪了。不剪，不會茂盛；剪得太多，根向地面上升〔跳〕。八月還不停止，葱就没有"袍"，葱白也減少了。

21.4.1 十二月底，把地裏的枯葉枯袍去掉。枯葉（枯袍）不去掉，春天葉不會茂盛。二、三月間，掘出來。好地二月就要掘，瘦地等到三月。

21.5.1　預備收種子的，要分栽後另外留下。

21.6.1　可以在葱地裏（套）種一些胡荽，隨時供給食用；也可以到十月間作（胡荽）菹，還不會妨害葱的生長。

21.7.1　崔寔說：“三月分栽小葱；六月分栽大葱。七月，可以種大葱小葱。”夏葱白頭小，冬葱白頭大。

種韭第二十二

22.1.1　廣志曰:"弱韭〔一〕長一尺,出蜀漢。"

22.1.2　王彪之關中賦曰"蒲韭冬藏"也。

〔一〕"弱韭":明鈔"弱"字前面,還多一"白"字,但明清刻本都没有;——也
　　　不應當有。可能上面種葱第二十一末尾的夾注中,"曰"字應作"白",
　　　某校注者記下後,重刻時錯移到這裏。

22.2.1　**收韭子如葱子法。**若市上買韭子,宜試之:以銅鐺①盛
　　　水,於火上微煮韭子。須臾牙②生者好,牙不生者,是裹鬱矣。

22.2.2　**治畦、下水、糞覆,悉與葵同;然畦欲極深。**韭一剪
　　　一加糞,又根性上跳,故須深也。

22.2.3　**二月、七月種。種法,以升蓋合地③爲處,布子於圍
　　　內。**韭性內生,不向外長〔一〕,圍種令科成。

22.2.4　**蒘令常淨。**韭性多穢,數拔爲良。

〔一〕"外長";明鈔本作"外畏",依農桑輯要及明清刻本改正。

①"鐺":小鍋,讀ɡeŋ。

②"牙":即"芽"。

③"合地":即向地面覆下,印成一圓形窪。

22.3.1　**高數寸,剪之。**初種,歲止一剪。

22.4.1　**至正月,掃去畦中陳葉。凍解,以鐵杷耬起;下水
　　　加熟糞。**

22.4.2　**韭高三寸便剪之,剪如葱法。一歲之中,不過五
　　　剪。**每〔一〕剪,杷耬、下水、加糞,悉如初。

22.4.3　**收子者,一剪即留之。**

〔一〕“每”：明鈔本作“疾”，依農桑輯要及明清刻本改正。

22.5.1 若旱種者，但無畦與水耳，杷糞悉同。一種永生。

諺曰“韭者，懶人菜”，以其不須歲種也。聲類曰：“韭者久長也，一種永生。”

22.6.1 崔寔曰：“正月上辛日，掃除韭畦中枯葉。七月藏韭菁。”菁，韭花也〔一〕。

〔一〕“菁，韭花也”：明鈔本作“菁韭杷出”，依農桑輯要及明清刻本改正。說文及廣雅也都有“菁”是韭菜花的解釋。

釋　文

22.1.1 廣志說：“弱韭，有一尺長，出在蜀漢。”

22.1.2 王彪之關中賦，有“蒲韭冬藏”（冬天有藏下的蒲芽和韭菜）的文句。

22.2.1 收藏（作種用的）韭菜子，方法和收葱子一樣。如果在市上買韭菜種子，應當先試過：用小銅鍋，盛些水，在火上稍微煮一煮。韭菜子不多久〔須臾〕便出芽的，是好種子；不出芽，就是燠壞了的。

22.2.2 作畦、澆水、蓋糞土，一切都和種葵一樣；但是畦要作得深。韭菜每剪一次，就得加一次糞，它的根又容易向地面升上來〔跳〕，所以畦一定要作得深。

22.2.3 二月、七月種。種法：用（容量）一升的盞子，扣〔合〕在畦底上，作成一個小窟；將韭菜種子撒在窟的範圍以內。韭菜根只向內發展，不向外面擴展，作成窟圍來種，可以得到圓形的科。

22.2.4　常常要薅淨雜草。韭菜地容易長雜草，所以要勤於拔草才好。

22.3.1　長到有幾寸高時，就剪一次。新種的，第一年只能剪一次。

22.4.1　到正月間，掃除畦裏的死葉。解凍後，用鐵齒杷耬鬆；澆水，加熟糞。

22.4.2　韭菜長到三寸高時，剪一次。剪法，和剪葱一樣，一年中，只可剪五次。每次剪後，就和第一次剪一樣，用杷耬過，澆水，加糞。

22.4.3　預備收種子的韭菜，只剪一次就留下（不要再剪）。

22.5.1　如果在旱地種，只是不作畦不澆水，杷耬、加糞都還是一樣。種下去，以後就長久生長了。俗話説"韭菜是懶人菜"，因爲它不用每年種新的。聲類説："韭是久長的意思，種一次，永久都有。"

22.6.1　崔寔説："正月第一個辛日，把韭菜畦裏的枯葉掃除。七月，醃韭菁。"韭菁就是韭花。

種蜀芥、芸薹、芥子第二十三

23.1.1 吳氏本草云：“芥葙，一名水蘇，一名勞抯。”〔一〕

〔一〕“芥葙，一名水蘇，一名勞抯”：學津討原本，作“芥葙名水蘇，一名勞
　　　抯”。本卷末篇荏蓼第二十六所引本草，是“芥葅（音租）一名水蘇”，前
　　　後互異。吳氏本草，書已失傳，現在只能從其他書中所徵引的來參證。
　　　太平御覽卷977“蘇”下，所引的是“本草經曰：‘芥葙一名水蘇’”，下面
　　　有小字夾注“吳氏曰：‘假蘇一名鼠蓂，一名薑芥也。’”卷980“芥”下，所
　　　引是“吳氏本草曰：‘芥葙，一名水蘇，一名勞租。’”李時珍本草綱目卷
　　　十四“水蘇”條釋名所引，是“芥葙”（音租）“芥苴”。現在假定是：本文
　　　原來該作“芥葙，一名水蘇，一名勞葙”。“葙”字，御覽卷977、綱目和本
　　　篇同一寫法，與討原本的寫法也相似；依廣韻“十一模”讀“租”音。御
　　　覽卷980所引爲全文，但“葙”字寫錯。御覽卷977和本書荏蓼第二十
　　　六所引，都略去“一名勞葙”句。綱目所引，根據陶弘景名醫別錄，所
　　　以又有些不同。水蘇是脣形科植物，與本篇所討論的十字花科植物
　　　“芥”無關。

23.2.1 蜀芥、芸薹取葉者，皆七月半種。

23.2.2 地欲糞熟。蜀芥一畝，用子一升①。芸薹一畝。用子
　　　四升②。

23.2.3 種法與蕪菁同。

①②兩處小注，都應當作正文。

23.3.1 既生，亦不鋤之。

23.3.2 十月，收蕪菁訖時收蜀芥。中爲鹹淡二葅，亦任爲乾
　　　菜。芸薹足霜乃收。不足霜即澀。

23.4.1 種芥子及蜀芥、芸薹取子者，皆二三月好雨澤時

種。三物性不耐寒，經冬則死，故須春種。**旱則畦種水澆。**

23.4.2　**五月熟而收子。**芸薹冬天草覆，亦得取子，又得生茹供食。

23.5.1　**崔寔曰："六月大暑中伏後，可收芥子。七月八月可種芥。"**

釋　文

23.1.1　吳氏本草説："芥葙，又叫水蘇，又叫勞葙。"

23.2.1　預備用葉子作食物的蜀芥和芸薹，都在七月半下種。

23.2.2　地要加糞，要均勻細熟。蜀芥每畝用一升子，芸薹每畝用四升子。

23.2.3　種法和種蕪菁一樣。

23.3.1　發芽後，不要鋤。

23.3.2　十月蕪菁收完，就收蜀芥。可以醃作鹹菹或淡菹，也可以曬作乾菜。芸薹要霜下足了才收。霜不足菜還是粗老的。

23.4.1　種芥子、蜀芥和芸薹預備收子用的，都在二、三月間雨水好的時候種。三種植物都不耐寒，過冬會死，所以要春天種。天旱，就作畦種，用水澆。

23.4.2　五月，子熟了就收子。芸薹冬天用草蓋着，也可以（過冬，到第二年）收子；而且還可以得到生菜供食用。

23.5.1　崔寔説："六月，大暑中伏以後，可以收芥子，七月八月可以種芥。"

種胡荽第二十四

24.1.1 胡荽宜黑輭青沙良地，三遍熟耕。樹陰下，得；禾豆
處，亦得〔一〕。

〔一〕"樹陰下，得；禾豆處，亦得"：明鈔、農桑輯要及學津討原本，都是這樣。
但祕册彙函各本及農政全書所引要術，這兩句是"樹陰下不得和豆處
亦得"；其中"和"字顯然是"禾"字，因同音寫錯。胡荽不需要強烈的日
照，在樹陰下可以生長，所以"樹陰下得"，是容易瞭解的。禾（穀子）和
豆，却是不耐蔭的，"禾豆處亦得"，便不合理，而"處"字也不很好講。
因此，應當依農政全書所引，加一"不"字，即"樹陰下，不得禾豆處，亦
得"。——樹陰下，禾、豆不能生長的地方，種胡荽還合適——這樣，既
與事理相合，語氣也更順適。卷四種桑柘第四十五中 45.3.2 條，桑樹
定植時"率：十步一樹"下的小注"陰相接者，則妨禾豆"，——如果樹陰
彼此連接，就妨害到（樹隙中間）所種的穀子或豆子，——看來，"樹陰
下"便也正應當是"不得禾豆"的地方。

24.2.1 春種者，用秋耕地。開春凍解地起，有潤澤時，急
接澤①種之。

24.2.2 種法：近市負郭田，一畝用子二升；故概種②，漸鋤
取，賣供生菜也。

24.2.3 外舍無市之處，一畝用子一升，疎密正好。

①"接澤"：即趁溼或趕墒。
②"故概種"："故"是"故意"、"特地"，不作"所以"講。概是密（見上種葵第
十七注解 17.5.3.⑦）。

24.3.1 六七月種，一畝用子一升。

24.3.2 先燥曬。欲種時，布子於堅地，一升子與一掬溼土

和之，以脚蹉^①，令破作兩段。多種者，以甎瓦蹉之亦得，以木礱礱之亦得。子有兩人，人各著^{〔一〕}，故不破兩段，則疎密水裏而不生。著土者，令土入殼中^{〔二〕}，則生疾而長速。種時欲燥，此菜非雨不生，所以不求溼下也。

24.3.3 於旦暮潤時，以樓構作壟，以手散子，即勞令平。

春雨難期，必須藉澤；蹉跎失機，則不得矣。地正月中凍解者，時節既早，雖浸，牙不生，但燥種之，不須浸子。地若二月始解者，歲月稍晚，恐澤少，不時生，失歲計矣。便於暖處，籠盛胡荽子，一日三度，以水沃之，二三日則牙生；於旦暮時，接潤漫擲之，數日悉出矣。大體與種麻法相似。假令十日二十日未出者，亦勿怪之，尋自當出。有草，乃令拔之。

24.3.4 菜生三二寸，鋤去穊者，供食及賣；十月足霜，乃收之。

〔一〕"子有兩人，人各著"：農桑輯要和祕册彙函系統各版本，這兩句是："子有兩仁，仁仁各著。"明鈔和學津討原本，則作"……人，人各著"。種仁的"仁"，從前是用"人"字的；"著"字也比較後起，最初只用"箸"，後來纔有"著"。這兩句暫保存明鈔本原狀。

〔二〕"令土"：明鈔和群書校補所據鈔宋本，都作"令土"，農桑輯要、學津討原和祕册彙函系統版本，作"令注"。

案：胡荽的果實，和所有繖形科植物一樣，都是稱爲"懸果"的複子房果；每個子房中，只有一個種子。果實成後，兩個乾燥的分果，都沿中線由果柄上分裂離開，只有原來種孔所在的一端，連在原來的果柄上；原來的種孔，便由果柄堵塞着。只有完全脫離了果柄的分果，種孔露出的，水分與氣體才可以很快地由種孔透過。賈思勰對於懸果這些構造上的特徵，也許並沒有深入地觀察；但是對於懸果種子發芽所需條件，却認識得非常周到精確，因此才能有這

樣細密的紀述。不過,上面校記 24.3.2.〔一〕,24.3.2.〔二〕兩處却
很費解。懷疑 24.3.2.〔一〕所記的兩句,應當是"子有兩人,人各著
殼"。下文,是"故不破兩段,則著土者,(遂)水裏而不生,因致疏
密"。——即"所以,不破作兩段的,則著了土的,便因爲水浸燠壞,
不能發芽,因此會有些地方缺苗,結果疏密不均勻"。24.3.2.〔二〕
所記的地方,應當是"破後,令土注入殼中,則……"。鈔寫時顛倒
了幾個字,意義便模糊了。

①"蹉":從前有"蹉跎"這疊韻的詞,翻譯成近代語,即"踱來踱去"。這裏的
　"蹉"字,顯然只是用脚來回"蹉",和蹉跎的意義相近,也就和用手"搓"
　的意義極相似。手搓的話,現在各處的方言中都還保存,"搓"字的讀
　音,也仍與"蹉跎"的蹉相同,——是 cuo;但脚蹉的"蹉",各處都讀作
　cǎi,大家都寫成"踩"了。"差"字有 cuo、ɕai、ci、ɕa 四個讀法,則"蹉"字
　改讀 cai 也是可以理解的。

24.4.1 取子者,仍留根,間古莧反拔令稀,槪即不生。以草
　　覆上。覆者得供生食,又不凍死。

24.4.2 又五月,子熟,拔取曝乾,勿使令溼,溼則裛鬱。格柯
　　打出,作蒿篅盛之①。

24.4.3 冬日亦得入窖,夏還出之。但不溼,亦得五六
　　年停②。

24.4.4 一畝收十石,都邑糶賣,石堪一匹絹。

①"格柯打出,作蒿篅盛之":"格"讀"各",即阻隔;"柯"是枝條;格柯即將枝
　條架起來。這樣,捶打時不會碎裂。"篅"字即用藁稭編成的盛器。
　"蒿篅",固然可以解作用蒿莖編成的容器,但更可能的是"蒿"字原應
　是"藁"字,即"藁篅"。
②"停":保存的意思。

24.5.1　若地柔良，不須重加耕墾者，於子熟時，好子稍有零落者，然後拔取。直深細鋤地一遍，勞令平。

24.5.2　六月連雨時，穭①音吕生者亦尋滿地，省耕種之勞。

①"穭"：本應作"旅"，也有些書上寫作"秜"。即栽培植物（特別指稻）遺留的種子，發生所成半野生狀態的新植株（"旅"字有時解作"屢"，即重複多次；也就是在一個正常不該停留的地方，重複停留）。

24.6.1　秋種者，五月子熟，拔去，急耕。十餘日又一轉；入六月，又一轉，令好調熟（調熟如麻地〔一〕）。

24.6.2　即於六月中旱時，樓構作壟。蹉子令破，手散還勞令平，一同春法。但既是旱種，不須樓潤。此菜旱種〔二〕，非連雨不生；所以不同春月，要求溼下。種後，未遇連雨，雖一月不生，亦勿怪。

24.6.3　麥底地亦得種，止須急耕調熟。

24.6.4　雖名秋種，會在六月。六月中，無不霖望；連雨〔三〕，生，則根彊科大。

24.6.5　七月種者，雨多亦得，雨少則生不盡，但①根細科小，不同六月種者，便十倍失矣。

〔一〕"調熟如麻地"：農桑輯要和學津討原本，無"調熟"兩字，即連上句，作"六月又轉令好，調熟如麻地"。明鈔本"調熟"兩字重複，固然可能是鈔錯，但也可能這五個字只是賈思勰自加的注解。

〔二〕"此菜旱種"："旱"字明鈔本誤作"早"，依農桑輯要及明清刻本改正。

〔三〕"六月中，無不霖望；連雨"：農桑輯要"望"字作"遇"。和上文"種後，未遇連雨"排比看時，似乎"遇"字是對的。但也許是"望、遇"兩字都有，即"六月中沒有不下連綿大雨的情形，遇着連綿雨……"。

①"但"：懷疑是"且"字寫錯。

24.7.1 大都不用觸地溼入中[一]。

24.7.2 生高數寸，鋤去概者，供食及賣。

24.7.3 作菹者，十月足霜乃收之。一畝兩載，載直絹三匹。

24.7.4 若留冬中食者，以草覆之，尚得竟冬中[①]食。

〔一〕"不用觸地溼入中"：明鈔本"地"原作"池"，顯然是錯誤的，依農桑輯要改正。"入中"兩字，農桑輯要及明清刻本皆缺。但解爲不要在地潮溼的時候進到地中去（免得地被踐踏到緊實），則"入中"兩字，正很有意義。

①"中"："中"，應讀去聲；和上面的"冬中"不同，即"適合作……之用"。

24.8.1 其春種小小供食者，自可畦種。

24.8.2 畦種者，一如葵法。若種者，挼生子[①]，令中破，籠盛，一日再度以水沃之，令生牙，然後種之。再宿，即生矣。晝用箔蓋，夜則去之。晝不蓋，熱，不生；夜不去，蟲耬[一]之。

24.8.3 凡種菜，子難生者，皆水沃令牙生，無不即生矣。

〔一〕"耬"：明清刻本和明鈔同作"耬"，學津討原依農桑輯要作"棲"。"蟲耬"，是蟲在上面爬行的意思，現在粵語系統中仍保存這個用法。

①"挼生子"：即用手將生活的種子搓（破）。

24.9.1 作胡荽菹法：湯中渫[①]出之，著大瓮中，以暖鹽水經宿浸之。明日，汲水淨洗，出別器中，以鹽酢浸之，香美不苦。

24.9.2 亦可洗訖，作粥津麥䴷，味如蘸芥菹法[②]，亦有一種味。

24.9.3 作裹③菹者,亦須渫去苦汁,然後乃用之矣。

①"渫":在沸水中煮叫"渫",在沸油中煎叫"煠"。後一字,現在在全國各地的方言中,幾乎普遍保留;不過一般都錯寫成"炸"字。前一字在山東、河北、河南、安徽、湖南和兩粵方言中保存着;湖南、河南等處,讀 za 或 za,與"煠"同音;粵語讀作 ṣap。

②"作粥津麥麨,味如……":懷疑是"著粥清麥麨末,如……"。即"著"字錯成爲音相近的"作","末"字錯成爲形相近的"味"(參看卷九作菹藏生菜法第八十八 88.1 和 88.3 兩節)。

③"裹":本書許多作"菹"的方法(卷九第八十八篇)中,没有"裹菹"一項,可能是"釀菹"的"釀"字鈔錯,——字形多少有些相似。

釋　文

24.1.1 胡荽宜於黑、軟、青沙的好地,要熟耕三遍。樹陰下,可以;(不能種)禾或豆子的地,也可以。

24.2.1 春天種的,要用去年秋天耕翻好了的地。開春後,解凍了,地也鬆動了。地裏有水的時候,趕墒種下去。

24.2.2 種法:靠近市場的近郊地,一畝下二升種;特意種密些,慢慢鋤出一些來,賣給人家作生菜吃。

24.2.3 鄉村不靠近市場的地方,每畝只下一升種,稀密正合適。

24.3.1 (如果)六七月種,每畝也下一升種子。

24.3.2 種子先乾着曬。要種之前,把種子鋪在硬地上,一升子,和上一把溼土,用脚來回地踩,讓種實破成兩段。種得多的,用甎瓦來回搓也可以,或者用(礱穀的)木礱推也可以。種實裏有兩個種仁,種仁是分開生着的。如果不搓破成爲兩段,便會因爲有些(種子被)水悶住,不能發芽,因此地裏有疎有密。着土之後,讓(溼)土進到殼裏面去,發芽便快,生長也快。種的時候,種實要乾,這種菜没有雨長不好,所以不要求用溼種子下種。

24.3.3 清早或黄昏後,(土壤比較)潮溼的時候,用耬耩成壠,隨即用手撒下子,摩平。春雨難得遇見,必須趁墒;拖拉一下,錯過了機會,就不能種了。在正月裏地就解了凍,這時季節太早,種子就是泡着也不會發芽,只管將乾的種下去,不須泡種。要是二月才解凍的,季節稍微晚了一些,恐怕墒不夠,不能及時發芽,就打亂了今年的計劃。這時應當在温暖地方,用籃子盛着胡荽種子,一天用水澆三次,兩三天後,就發芽了;清早或晚上,趁潮潤時撒播下去,幾天之後,便出苗了。辦法大致和種麻相像。如果十天到二十天還没有出苗,也不必奇怪,等等仍舊會出的。有草,就拔掉。

24.3.4 菜長到兩、三寸長時,把密的鋤出來,供食或出賣;十月霜下得夠了,就收割。

24.4.1 預備留種的,初冬收割後,讓根留在地裏,間音 qiàn 拔(去掉)一部分,使留下的稀疎些。密了不會再發芽。用草蓋上。蓋着的,(再生後)可以供給生吃,又不會凍死。

24.4.2 到第二年五月,種子成熟後,整株拔出來,曬乾,不要讓它潮溼,溼了就會燠壞。格着枝條打下來,用蒿草編的容器〔篅〕盛着。

24.4.3 冬天,可以擱到窖裏去,夏天再取出來。只要不受潮,也可以保存五、六年。

24.4.4 一畝地,可以收十石胡荽子;在大都市裏出賣,每石可以換到一匹絹。

24.5.1　如果地很軟很肥，用不着再耕翻的，可以等種子成
　　　　熟時，好的（早熟的）種子稍微有些（自然）零落以後，
　　　　再拔掉。然後再深深地細鋤一遍，摩平。

24.5.2　到六月，下連縣雨時，自己發生〔穭：音 ly〕的，也會
　　　　長滿一地，就免得耕翻播種等工作。

24.6.1　秋天種的，五月間（原有的一批）種子成熟後，拔
　　　　掉，趕快耕翻。十幾天後，再轉一遍；到六月，再轉一
　　　　遍。讓地好好地調勻軟熟（到和種麻的地一樣）。

24.6.2　就在六月裏乾旱的時候，用耬耩出壠來。把種子
　　　　踩破，手撒下去，又摩平，一切都和春天種的情形一
　　　　樣。但是，現在既是旱天種的，耬時便不需要潤溼的
　　　　地。這種菜，旱天種的，沒有遇到連縣雨就不會發生；
　　　　所以和春天不同，（不像春天那樣）需要溼時下種。下
　　　　種後，沒有遇到連縣雨，即使一個月裏還沒出苗，也不
　　　　要覺得奇怪。

24.6.3　麥茬地也可以種，只要趕快耕到調勻軟熟。

24.6.4　名義上雖是“秋種”，事實上總還要在六月。六月
　　　　裏，沒有不下連縣雨的情形；（遇到）連雨，就發芽了，
　　　　根壯實，科也大。

24.6.5　七月裏種的，雨多也還可以；雨少，就不盡能發苗，
　　　　而且根細弱，科也小，比不上六月種的，這樣，便損失
　　　　了十倍。

24.7.1　（種了胡荽，）地溼的時候，不可以趕溼時走進地

裏去。

24.7.2 苗長到幾寸高時,鋤掉密的,供食或出賣。

24.7.3 作菹的,到十月,下足了霜時再收,每畝收得兩大車,一車可值三匹絹。

24.7.4 要想留在冬季裏吃的,用草蓋上,整個冬天都可以吃。

24.8.1 春天種少量供食的,當然可以開畦來種。

24.8.2 開畦種胡荽,(準備手續)和種葵一樣。種時,把(能)生活的種子,用手搓破成兩段,盛在籃裏,一天澆兩次水,讓它發芽,然後種下去。過兩夜,就出苗了。白天用箔子蓋上,夜間揭掉。白天不蓋,(太)熱,不發芽;夜間不揭掉,會惹上蟲在裏面活動。

24.8.3 種菜時,遇着種子不易發芽的,都可以用水澆後(保溫、保溼),讓它發芽,再播種,便沒有不出苗的了。

24.9.1 作胡荽菹的方法:在開水〔湯〕裏煮〔渫〕一下,漉出來,放在大甕子裏,用暖鹽水泡一隔夜。第二天(新)汲水洗淨,取出來放在另外的容器中,用鹽醋浸着,又香又好吃,沒有苦味。

24.9.2 也可以在洗淨後,加稀粥清麥䴺末,像作釀芥菹一樣,另有一種味道。

24.9.3 作"裏(?)菹"的,也要(先)渫掉苦汁,然後再用。

種蘭香第二十五

25.1.1 蘭香者,羅勒也。中國①爲石勒諱,故改;今人因以名焉。
且蘭香之目,美於羅勒之名,故即而用之②。

25.1.2 韋弘賦叙曰:"羅勒者,生崐崙之丘,出西蠻之俗。"

25.1.3 按今世大葉而肥者,名朝蘭香③也。

①"中國":當時指黄河流域。

②"蘭香者……用之":這一小節,文體不像引用古書;似乎只是賈思勰自己
的陳述,專爲解釋篇名標題的。因此我們可以推想到每篇最前面的小
字,應當都是篇名標題注。

③"朝蘭香"的"朝"字,懷疑是"胡"。"胡"本有肥大的意義,再連上所引韋
弘賦叙中"西蠻之俗"一句,都與"胡"字有關,而"朝"字却没有可以尋
繹的意思。

25.2.1 三月中,候棗葉始生,乃種蘭香。早種者,徒費子耳;
天寒不生。

25.2.2 治畦下水,一同葵法。及水①散子訖;水盡,籢②熟
糞,僅得蓋子便止。厚則不生,弱苗故也③。

25.2.3 晝日箔蓋,夜即去之。晝日不用見日,夜須受露氣。
生即去箔。常令足水。

25.2.4 六月連雨,拔栽之。掐心④著泥中,亦活。

①"及水":及是"趁"的意思。

②"籢":現寫作"篩";更早的字是"籭"。

③"弱苗故也":應解釋爲"苗弱故也"。

④"掐心":"心"指苗尖;"掐心著泥中",即掐下苗尖,扦插在泥土裏面。

25.3.1 作菹及乾者,九月收。晚即乾惡。

25.3.2 作乾者：大晴時，薄地^①刈取，布地曝之。乾，乃挼取末，瓮中盛；須則取用。拔根懸者，裛爛，又有雀糞塵土之患也。

25.3.3 取子者十月收。自餘雜香菜不列者，種法悉與此同。

①"薄地"："薄"即"迫"，"薄地"就是"迫地"，"靠近地面"。

25.4.1 博物志曰："燒馬蹄羊角成灰，春散著溼地，羅勒乃生。"

釋　文

25.1.1 蘭香就是"羅勒"。中國爲了避石勒的名諱，所以改稱，現在(後魏)也就沿用了這個名稱。"蘭香"這個名目，究竟比羅勒這名稱好，所以(我)也就着用它了。

25.1.2 韋弘賦叙有："羅勒，生在崐崙山，(用它)是西蠻的風俗。"

25.1.3 現在(北魏)把葉大而肥壯的，稱爲"朝蘭香"。

25.2.1 三月中，看着〔候〕棗葉才發芽時，才能種蘭香。早種的，只白耗費種子；天冷不出苗。

25.2.2 作畦，澆水，都和種葵的方法一樣。趁水撒下種子；等水(滲)盡了，篩些熟糞，剛剛蓋没種子就够了。太厚了，就不出苗，因爲它的苗太軟弱。

25.2.3 白天用箔子蓋着，夜間撤掉。白天不要(讓它)見太陽，晚上必須受到露水(涼)氣。出苗後箔子就要撤掉。時常維持足够的水。

25.2.4 六月間，下連縣雨時，拔出來栽。掐下苗尖插在泥裏，也可以活。

25.3.1　預備作菹或者作乾菜的，九月間就要收。再晚些，便乾了，不好了。

25.3.2　作乾菜的：大晴天，靠近地面割下，鋪在地上曬。乾了，就挼成粉末，藏在甕子裏；需要時便取出應用。連根拔的，容易懊爛，又有沾上麻雀糞和灰土的麻煩。

25.3.3　預備收取種子的，十月間收。其餘各種雜色香菜，没有專門列入的，種法都和蘭香一樣。

25.4.1　博物志説：“把馬蹄和羊角燒成灰，春天撒在溼地上，就生出羅勒。”

荏、蓼第二十六

26.1.1 紫蘇、薑芥①、薰葇，與荏同時，宜畦種②。

26.1.2 爾雅曰：“薔，虞蓼。”注云：“虞蓼，澤蓼”也。“蘇，桂荏”，
　　　“蘇，荏類，故名‘桂荏’也”③。

26.1.3 本草曰：“芥菹音租一名水蘇。”吳氏曰：“假蘇一名鼠蓂，一
　　　名薑芥。”

26.1.4 方言曰：“蘇之小者謂之穰菜④。”注曰：“薰菜也。”

①“薑芥”：是一種植物，不是兩種。

②“紫蘇……宜畦種”：這一小節，很顯明地只能是爲篇名標題作注的（參看
　注解 25.1.1.②）。

③“……故名‘桂荏’也”：這一句，顯然是爾雅郭璞注；但今本爾雅郭注，最
　後是“亦名‘桂荏’”，與這裏所引的不同。

④“穰菜”：今本方言是“蘇，芥草也……其小者謂之釀菜”。

26.2.1 三月可種荏、蓼。荏，子白者良，黃者不美。

26.2.2 荏性甚易生。蓼尤宜水畦種也。

26.2.3 荏則隨宜，園畔漫擲，便歲歲自生矣。

26.3.1 荏子，秋末成，可收蓬於醬中藏之。蓬，荏角也；實成
　　　則惡。

26.3.2 其多種者，如種穀法。雀甚嗜之，必須近人家種矣。
　　　收子壓取油，可以煮餅。荏油色綠可愛，其氣香美；煮餅亞
　　　胡麻油，而勝麻子脂膏（麻子脂膏，並有腥氣）。然荏油不可爲
　　　澤①。（焦人髮。）研爲羹臛，美於麻子遠矣。又可以爲燭。良
　　　地十石，多種博穀②則倍收〔一〕，與諸田不同。**爲帛煎油③彌
　　　佳**。荏油性淳④，塗帛勝麻油。

〔一〕"則倍收"："收"字，<u>明</u>鈔作"取"，依<u>農桑輯要</u>改正。

①"澤"：這裏作"潤髮油"講。

②"多種博穀"："博穀"兩字費解；可能是與穀輪栽的意思。

③"帛煎油"：作油布，要將乾性油（即可由大氣氧化而變成固體的油類），和某些重金屬氧化物共同加熱〔煎〕過，使它氧化得更快，更容易乾，稱爲"光油"。帛煎油，很顯然地正是像這樣煎過的、製油布用的油。這一套有趣的加工處理，是我們祖先極有用的發明。

④"淳"：濃厚，即"黏滯度大"；在這裏，似乎還應當包括有不透水的意思。

26.4.1 蓼作菹者，長二寸，則翦。絹袋盛，沉於醬瓮中。又長，更翦，常得嫩者。若待秋，子成而落，莖既堅硬，葉又枯燥也。

26.4.2 取子者，候實成速收之。性易凋零，晚則落盡。

26.4.3 五月六月中，蓼可爲齏，以食莧。

26.5.1 崔寔曰："正月可種蓼。"

26.6.1 家政法曰："三月可種蓼。"

釋　文

26.1.1 紫蘇、薑芥（假蘇）、薰柔（小蘇），和（壓油用的）蘇〔荏〕同時，宜於作畦來畦種。

26.1.2 <u>爾雅</u>説："薔是虞蓼。"<u>郭璞</u>注解説："虞蓼就是澤蓼。"又説："蘇，桂荏"，（<u>郭</u>注説）"蘇和荏同類，（但有香味，）所以稱爲'桂荏'。"

26.1.3 <u>本草</u>説："芥蒩（音 zū）也叫作'水蘇'。"<u>吳普</u>説："假蘇又叫作'鼠蓂'，又叫作'薑芥'。"

26.1.4 <u>方言</u>説："蘇中有小的，稱爲'穰葇'。"<u>郭璞</u>注説："就是薰葇

（香薷）。"

26.2.1 三月間，可以種荏和蓼。荏，要結白色種子的才好，黃
　　　　色種子的不好。

26.2.2 荏，非常容易生長。蓼，作成（澆）水的畦來種更
　　　　合適。

26.2.3 荏，可以隨便在園地旁邊撒播，以後就每年自己發
　　　　芽生長。

26.3.1 荏子，秋末成熟，可以將它所結的果實〔蓬〕摘來，
　　　　放在醬裏保藏着，（作爲醬菜。）"蓬"是荏（結）的蒴果
　　　　〔角〕；要在嫩的時候摘，成熟後就不好吃了。

26.3.2 要多種，就像種穀子一樣種法。麻雀非常歡喜吃荏
　　　　子，所以必須種在住宅附近（才可以免得被雀吃光）。收取種
　　　　子，榨〔壓〕得的油，可以作麵食〔煮餅〕。荏子油綠色可
　　　　愛，氣味也很香；煮餅，雖比不上〔亞〕脂麻油，但比麻子油强
　　　　（麻子油都有腥氣）。但荏子油不能作梳頭油〔澤〕用，（用了，
　　　　頭髮枯焦。）如果研碎來作濃湯〔羹臛〕，就比麻子强得多。也
　　　　可以作燭用。用好地種，（每畝）收十石；多種，和穀子輪栽
　　　　（?），收成可以加一倍，和其他的田不同。作塗油布的油
　　　　〔帛煎油〕更好。荏油濃稠不透水，塗油布，比麻油强。

26.4.1 蓼（預備）作菹的，苗有二寸長時，就剪下，用絹袋
　　　　盛着，沉在醬甕裏。再長出來時，再剪，（就可以）經常
　　　　得到嫩芽。如果等到秋天，子成熟落下時，莖便粗老硬澀，
　　　　葉也會乾枯。

26.4.2 預備收子的，等果實成熟時趕快收取。種子容易脱

落，收晚些，就會落盡。

26.4.3　五、六月裏，可以把蓼作成虀，來和莧菜一同吃。

26.5.1　崔寔説："正月可種蓼。"

26.6.1　家政法説："三月可種蓼。"

種薑第二十七

27.1.1 字林曰："薑,御溼之菜。""茈音紫,生薑也。"

27.1.2 潘尼曰："南夷之薑。"

27.2.1 薑宜白沙地,少與糞和。熟耕如麻地;不厭熟,縱
橫七遍尤善。

27.2.2 三月種之。先重樓構,尋壟下薑,一尺一科,令上
土厚三寸,數鋤之。

27.2.3 六月,作葦屋覆之。不耐寒熱①故也。

27.2.4 九月掘出置屋中。中國②多寒,宜作窖,以穀得合埋之。

①"寒熱":疑應作"暑熱"。

②"中國":當時的"中國",只指黃河流域,長江流域稱爲"江南"、"南方"。

27.3.1 中國土①不宜薑,僅可存活,勢不滋息。種者,聊②
擬藥物小小耳。

①"土":"土",指"土宜",包括土壤與氣候。

②"聊":"姑且"、"勉強"。

27.4.1 崔寔曰："三月清明節後十日,封生薑;至四月立夏
後,蠶大食,牙生①,可種之。"

27.4.2 "九月藏茈薑、襄荷。其歲若溫,皆待十月。"生薑謂
之茈薑。

①"蠶大食,牙生":蠶食量加大時,薑出芽(要術常用"牙"字表示植物
的芽)。

27.5.1 博物志曰："妊娠不可食薑,令子盈指①。"

①"盈指":"盈"是多出的意思。

釋　文

27.1.1 字林説:"薑是辟溼氣的菜。""茈(音紫)就是生薑。"

27.1.2 潘尼(釣賦)説:"南夷的薑。"

27.2.1 薑宜於(種在)白沙地裏,稍微和上一些糞。要耕得很熟,和種麻的地一樣;總不嫌太熟,縱橫合計耕到七遍更好。

27.2.2 三月間種。先用耬構兩遍,(再作成壠,)隨壠擱下(種)薑,每科相距一尺,(科上)蓋三寸厚的土,多鋤幾遍。

27.2.3 六月,在薑畦上用葦箔子作棚〔屋〕遮住。薑禁不住熱。

27.2.4 九月,掘出來,在房屋裏存放。黃河流域太寒冷,應當作成土窖,用穀穰和着埋藏。

27.3.1 黃河流域,土宜情況,對薑不相宜,只能種活,不能大量蕃殖。種薑,只是勉强〔聊〕打算作藥物,少量地使用。

27.4.1 崔寔説:"三月清明節後十天,把生薑(用泥土)封起來;到四月,過了立夏,當薑食量加大的時候,(封着的)薑也發芽了,(就掊出來)種到地裏。"

27.4.2 "九月裏,生薑〔茈薑〕、蘘荷,可以掘出埋藏。如果當年天氣特別溫和,可以等到十月。"生薑叫做"茈薑"。

27.5.1 博物志説:"懷孕(的女人)不可以吃薑,吃了薑,腹中的胎兒〔子〕就會多長手指。"

蘘荷、芹、蒩第二十八^{〔一〕}

〔一〕原書卷首總目錄,在"蘘"字前有"種"字;篇標題下有"芹、胡葸附出"一個小注。

28.1.1 説文曰:"蘘荷,一名菖蒩。"

28.1.2 搜神記曰:"蘘荷或謂嘉草。"

28.1.3 爾雅曰:"芹,楚葵也。"

28.1.4 本草曰:"水靳^{〔一〕}一名水英";"蒩,菜似蒯^①"。

28.1.5 詩義疏曰:"蒩,苦菜;青州謂之'苣'^{〔二〕}。"

〔一〕"水靳":"靳"字,本草綱目(卷二十六)作"靳"。學津討原本缺少所引這兩句。

〔二〕"蒩,苦菜;青州謂之'苣'":菜字,明清各刻本(包括學津討原本)均誤作"葵",明鈔和漸西村舍本不誤。"苣",明清各刻本誤作"苞",漸西村舍本誤作"苢"。

① "蒯":"蒩"是菊科的苦蕒菜,本草綱目(卷二十七)解釋"苦苣"時,説:"許氏説文'苣'作'蒩';吴人呼爲苦蕒……。"它便不應當和莎草科的"蒯"相似;這個"蒯"也許另是一種植物,不能是莎草科和"菅"相類的東西。夏緯瑛先生認爲該是"薊"字寫錯:植物既和苦蕒同一科,字形也極相似。

28.2.1 蘘荷宜在樹陰下。二月種之。一種永生,亦不須鋤。微須加糞,以土覆其上。

28.3.1 八月初,踏其苗令死。不踏,則根不滋潤。

28.3.2 九月中,取旁生根爲菹。亦可醬中藏之。

28.3.3 十月中,以穀麥種^①覆之。不覆則凍死。二月掃去之。

①"穀麥種"：壅菜根，決不會用到完整的穀粒；因此這裏的"種"字，一定有錯誤；可能是"稈"或"稃"或"穅"（欒調甫先生提出應是"穅"字）寫錯的。王旻山居録中關於蘘荷的一段，和本書極相似，末了說："十月中以穅覆其根下，則過冬不凍死也"，正是用穀殼，可以作爲參證。

28.4.1 **食經[①]藏蘘荷法[②]**：蘘荷一石，洗，漬[③]。以苦酒[④]六斗，盛銅盆中，著火上，使小沸[⑤]。以蘘荷稍稍投之，小萎便出，著席上，令冷。下苦酒三斗[⑥]，以三升鹽著中，乾梅三升，使蘘荷一行[⑦]，以鹽酢澆上，綿覆罌口。二十日便可食矣。

①"食經"：據胡立初先生考證，隋以前共有五種"食經"，現在都已失傳。其中一種是後魏崔浩的母親所作；據崔浩所作的序文，知道内容是食物的保存、加工、烹調、修治等。這一條，出自何種"食經"，無從考證。

②"藏蘘荷法"，以下的小注，本來應作大字正文。24.9.1 作胡荽菹法，正是同樣的材料，都是大字，可以證明。

③"漬"：用水浸着。

④"苦酒"：即醋，見卷八。

⑤"小沸"："沸"是煮"開"或煮"滾"（現寫作"滾"）；小沸，即剛剛滾而不到大翻騰的程度。

⑥"下苦酒三斗"：句上，省去了"於罌中"幾個字。

⑦"使蘘荷一行"：即鋪蘘荷一層。"乾梅三升"句上，似乎還應有"又下"等字。

28.5.1 **葛洪方曰："人得蠱，欲知姓名者，取蘘荷葉著病人卧席下，立呼蠱主名也。"**

28.6.1 **芹、藘，並收根，畦種之。常令足水，尤忌潘[一]泔及鹹水。**澆之即死。

28.6.2 **性並易繁茂，而甜脆勝野生者。**

〔一〕農桑輯要"潘"字下有小注"普官切,淅米汁也"。學津討原本同,顯然
　　是引自輯要的。漸西村舍本作"孚袁切,米汁"。現在稱爲"淘米水"
　　"米泔"或"米漱(sàu)水"。

28.7.1 白蘘尤宜糞,歲常可收。

28.8.1 馬芹子,可以調蒜韲①。

①"韲":即"虀","齏"字。

28.9.1 蓳①及胡葸〔一〕,子熟時收子。收又②,冬初畦種之。開春早得,美於野生。

28.9.2 惟概爲良,尤宜熟〔二〕糞。

〔一〕"胡葸":學津討原作"胡荽"。本書説"菓耳"時,常用"葸耳"、"胡菓"、
　　"胡葸"等名稱(參看本卷雜説第三十注解 30.5.2.⑦,卷六養羊第五
　　十七注解 57.9.3.①)。卷十中,又用"胡荽"。卷十胡荽條(92.70),還
　　列舉出許多別名。

〔二〕"熟":明鈔作"熱",依農桑輯要及明清刻本改正。

①"蓳":據本草綱目的説法,即是"旱芹"。

②"收又":學津討原無上句的"收子"兩字,只有"收又"。由文義看"收子"
　　兩字應有;"收又"兩字可能是多餘的,也可能是"取子"兩個字形相近
　　的字。

釋　文

28.1.1 説文説:"蘘荷,也稱爲'葍萬'。"

28.1.2 搜神記説:"蘘荷,或稱爲'嘉草'。"

28.1.3 爾雅説:"芹,楚葵。"(郭璞注解説:"今水中芹菜。")

28.1.4 本草説:"水靳,一名水英";"蘘是像蕱的菜"。

28.1.5 詩義疏説:"蘘就是苦菜,青州稱爲'芑'。"

28.2.1　蘘荷宜於種在樹蔭下面。二月間種。一種之後，（宿根存在）可以不斷地發生，也不用鋤。只須稍微加點糞，再用土蓋上。

28.3.1　八月初，把（地上的）苗踏死。苗不踏死，根就不够滋潤。

28.3.2　九月裏，將旁邊（新）生的根（實際是新的芽），掘取作菹，也可以在醬裏保藏。

28.3.3　十月中，用穀麥秠殼蓋上。不蓋就會凍死。二月間，（把秠殼）掃掉。

28.4.1　食經（中所記的）蘘荷（醃）藏法：蘘荷一石，洗淨，用水泡着。銅盆內盛六斗醋，放在火上，煮到"小沸"。把少數蘘荷，擱在熱醋裏，稍變軟後，便取出來，攤在席子上，讓它冷却。隨後，（在瓦容器裏）倒入三斗醋，加三升鹽，再加三升乾梅子，一層層鋪上蘘荷，最後（撒上）鹽，澆上醋，用絲綿蓋上口（紮緊）。二十天後，就可以吃了。

28.5.1　葛洪方説："人中了蠱（生病）時，如果要知道放蠱人〔蠱主〕的姓名，可以用蘘荷葉放在病人睡處席下，（病人）就會叫出蠱主姓名來。"

28.6.1　芹和蘧，都是收取（宿）根，開畦來種。常常要有足够的（清）水，特別怕用淘米水和鹹水來澆。澆上就會死。

28.6.2　（兩種菜）都容易繁殖茂盛，種的甜而脆，比野生的强。

28.7.1　白蘧更宜於加糞，一年中常有可以收取的。

28.8.1 馬芹子，可以調在用蒜（作的）齏裏。

28.9.1 旱芹和蒘耳，在種子成熟時收下來。冬初，作畦種下。明年開春，很早就可以收取，比野生的好。

28.9.2 要種得稠，上熟糞特別合宜。

種苜蓿第二十九

29.1.1 漢書西域傳曰[1]："罽賓⋯⋯有⋯⋯苜蓿。大宛⋯⋯馬。（武帝時，得其馬。）漢使採⋯⋯苜蓿種歸，天子益種離宮別館旁。"

29.1.2 陸機與弟書曰："張騫使外國十八年，得苜蓿歸。"

29.1.3 西京雜記曰〔一〕："樂遊苑自生玫瑰樹，下多苜蓿。苜蓿一名'懷風'，時人或謂'光風'；光風在其間，常蕭然[2]，自照其花，有光彩，故名苜蓿'懷風'。茂陵人謂之'連枝草'。"

〔一〕今本西京雜記這一段是："樂遊苑自生玫瑰樹，樹下多苜蓿。苜蓿一名'懷風'，時人或謂之'光風'；風在其間常蕭蕭然，日照其花有光采，故名苜蓿爲'懷風'。茂陵人謂之'連枝草'。"太平御覽卷996所引，省去的字很多，幾乎讀不成句。農政全書所引與今本西京雜記相近，只"時人或謂光風"句下多一"草"字；"樹"字缺一個，"故名"下無"苜蓿爲"三字。

①"漢書西域傳"：這一段引文是節録的。

②"蕭然"："蕭"字應重複。"蕭蕭"與"蕭蕭"，意義相同，都是描繪風聲的。

29.2.1 **地宜良熟。七月種之；畦種水澆，一如韭法。亦一**
剪一上糞，鐵耙耬土令起，然後下水〔一〕。

29.2.2 **旱種者，重樓耩地，使壟深闊；竅瓠[1]下子，批契[2]曳之。**

29.2.3 **每至正月，燒去枯葉。地液輒耕壟，以鐵齒鎘榛鎘**
榛之，更以魯斫[3]斸其科土，則滋茂矣。不爾瘦矣。

〔一〕"水"：明鈔作"米"，依明清刻本改正。

①"竅瓠"：見本卷種蔥第二十一注解21.2.3.③。

②"批契"：見前種葱第二十一注解 21.2.3.④。

③"魯斫"：即"钁"，王禎農書有圖；即現在通稱爲"鋤"的農具。"魯"是粗的
意思(圖十三：仿自王禎農書)。

29.3.1 一年三刈；留子者，一刈
則止。

29.4.1 春初既中生噉①，爲羹甚
香；長宜飼馬，馬尤嗜此物。

29.4.2 長生②，種者一勞永逸。
都邑負郭，所宜種之。

①"既中生噉"：新生的苜蓿，特別是由宿
根發出的嫩苗，是頗好的食品，"爲羹
甚香"。生長一段時期，莖葉粗硬，便
只好作爲家畜飼料，家畜都很愛吃，
"馬尤嗜此物"。懷疑這四個字中，第
二第三字顛倒了："既生中噉"，即"春
初便已出苗，可以作食物"。但也許

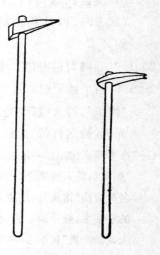

圖十三　魯斫(钁)

"既中生噉"是説既然可以生吃，與"爲羹"(即煮熟吃)相對待。

②"長生"：懷疑上面有"此物"兩字，因爲和上句末了重複，鈔寫時漏掉了；
也可能是上句末了漏了一個"之"字，而"此物"兩字和"長生"兩字連爲
一句。農桑輯要和農政全書所引，正是上句末了有一個"之"字，此句
爲"此物之長生"。

29.5.1 崔寔曰："七月八月，可種苜蓿。"

釋　文

29.1.1 漢書西域傳中有："罽賓國(的物産)，有……苜蓿。……大
宛國……(出好)馬。……(武帝時，得到了大宛馬。)漢朝出使

（到西域）的人，採了……苜蓿種回來，皇帝便在離宮（別館）旁邊，增加〔益〕種苜蓿的地。"

29.1.2　陸機寫給他弟弟的信裏説："張騫出使外國十八年，帶了苜蓿回來。"

29.1.3　西京雜記載："樂遊苑有野〔自〕生的玫瑰樹，樹下很多苜蓿。苜蓿又名'懷風'，現在〔時〕人也有稱它爲'光風'的；因爲風穿過時，枝葉搖動〔蕭蕭〕，太陽照着它的花，也有光采，所以稱爲'懷風'。茂陵人把它叫作'連枝草'。"

29.2.1　地要好要熟。七月間下種；開畦、下種、澆水，一切都和種韭菜的方法一樣。每剪一次，也要加一次糞，用鐵杷將土耬鬆，然後澆水。

29.2.2　旱地種的，用耬將地構過兩次，讓壟又深又闊；用竅瓠下種，牽着批契拖過。

29.2.3　每到正月，用火把地面的枯葉燒去。地解凍〔液〕後，立即耕翻壟，用鐵齒𨫍榛杷一遍，再用粗鋤把科上的土塊敲開，就會長得很茂盛。不然，就瘦了。

29.3.1　一年可以收割三次；（預備）留種的，收一次就停手。

29.4.1　苜蓿，在春初（菜少）的時候，可以生吃，作湯也很香；長大之後，可以餵馬，馬非常喜歡吃。

29.4.2　這種植物很長命，種下去，一勞永逸，（以後每年可以收割幾次。）城市集鎮的近郊，宜於種上一些。

29.5.1　崔寔説："七月八月，可種苜蓿。"

雜説第三十

30.1.1 <u>崔寔</u>四民月令曰："正旦,各上椒酒於其家長,稱觴舉壽,欣欣如也。"

30.1.2 "上除若十五日①,合諸膏、小草續命丸、散〔一〕,法藥②。"

30.1.3 "農事未起,命成童以上,入太學,學五經。謂十五以上至二十也③。硯冰釋〔二〕命幼童入小學,學篇章〔三〕。"謂九歲以上,十四以下。篇章謂六甲、九九、急就、三倉之屬。

30.1.4 "命女工④趨⑤織布,典饋⑥釀春酒。"

〔一〕"散":玉燭寶典所引四民月令(古逸叢書影刻舊寫卷子本),"散"字不在這裏,而在"法藥"下面的一句"及馬舌下散"中。

〔二〕"硯冰釋":玉燭寶典所引,作"硯凍釋"。

〔三〕"學篇章":玉燭寶典所引,"學"字下有"書"字。與上文"學五經"對稱,則"書"字似可省去。

① "上除若十五日":"上除",是上旬的"除"日("除日",參看卷一種穀第三注解3.14.3.②);"若"是"或者"或"及"。如正月上旬無除日,則在正月十五日。

② "法藥":嚴格要求遵照一定特殊條件(如某天取某種藥材,用另一個某天的某種材料配制之類)製備的藥。這些條件,往往只有迷信意義。

③ "謂十五以上至二十也":解釋正文的"成童";下面"九歲以上,十四以下"解釋"幼童"。

④ "女工":玉燭寶典所引,寫作"女紅",可見這不是平常的"女工",而是專管紡織縫紉等工作的女奴。

⑤ "趨":"趨"字與"趣"字,<u>六朝</u>以前常互換着用,作"從速"講;作動詞、副詞

或"助動詞"。

⑥"典饋"："典"是"掌管"、"專司"；"饋"是食物。"典饋"，即專管食物
　　的人。

30.101.1 染潢①及治書法：

30.101.2 凡打紙欲生，生則堅厚，特宜入潢。

30.101.3 凡潢紙減白便是②，不宜太深；深則年久色闇③也。

30.101.4 人浸蘗〔一〕熟，即棄滓直用純汁，費而無益。蘗熟後，漉滓
　　擣而煮之；布囊壓訖，復擣煮之；凡三擣三煮，添和純汁者，其
　　省四倍，又彌明淨。

30.101.5 寫書經夏然後入潢，縫不綻解。其新寫者，須以熨斗縫
　　縫熨而潢之。不爾，入④則零落矣。

30.101.6 豆黃⑤特不宜裹〔二〕，裹則全不入黃矣。

〔一〕"蘗"：各本多作"蘖"，明鈔也不例外。萬有文庫排印本改作"蘗"是正
　　確的。"黃蘗"（一般多寫作"黃柏"）所含黃色色素，可作染料。

〔二〕"裹"：明鈔本作"褁"，依明清刻本改正。

①"染潢"：即用黃色染料將紙染成黃色；現在許多方言中都還保存"裝潢"
　　的説法。

②"是"：懷疑是字形相似的"足"字寫錯。

③"色闇"："闇"假藉作"黯"字，即顏色發黑。

④"入"："入"字下應有"潢"字。

⑤"豆黃"：如解作"豆瓣"（見卷八注解 70.1.3.⑥）便無法解釋。但可能是
　　"豆黏"（見下 30.401.1"上犢車篷軬……法"）；豆黏容易"裹壞"，所以
　　鄭重申明。

30.102.1 凡開卷讀書，卷頭首紙不宜急①卷，急則破折，折則裂。

30.102.2 以書帶上下絡首紙者，無不裂壞。卷一兩張後，乃以書
　　帶上下絡之者，穩而不壞〔一〕。

30.102.3　卷書勿用扁^{〔二〕}帶^②而引之。匪直帶淫損卷^③，又損首紙令穴；當御竹^④引之。

30.102.4　書帶勿太急，急則令書腰折；騎驀^⑤書上過者，亦令書腰折。

〔一〕"壞"：明鈔誤作"壞"，依明清刻本改正。

〔二〕"扁"：祕冊彙函系統版本誤作"萹"。

①"急"：即"緊"。

②"扁帶"："扁"，儀禮士喪禮注，是"搤"也，即拇指與食指都伸直的情形。現在兩湖口語中稱爲"kā"（讀陰平）。扁帶，即是將食指與拇指伸直，把書帶張開弸直的情形。

③"帶淫損卷"："淫"字，可能指手汗染淫書帶的情形（夏緯瑛先生以爲應這樣解釋）。但手汗不是經常必有，也很少有會將書帶完全淫透的情況，懷疑是音形相似的"濇"字寫錯。

④"御竹"：即"憑竹軸"。

⑤"騎驀"："騎"是上馬，"驀"也是"上馬"。"騎驀書上過"，也許是"橫跨着"夾取的一種情形。

30.103.1　書有毀裂^{〔一〕}，剾^{〔二〕}方紙而補者，率皆攣拳^①，瘢瘡硬厚，瘢痕^②於書有損。裂薄紙如薤葉，以補織，微相入^③，殆無際會。自非向明，舉而看之，略不覺補。

30.103.2　裂若屈曲者，還須於正紙上，逐屈曲形勢，裂取而補之。若不先正元理^④，隨宜裂斜紙者，則令書拳縮。

〔一〕"毀裂"：祕冊彙函系統各本作"錢裂"；學津討原作"殘裂"。明鈔作"毀裂"。毀字最好。

〔二〕"剾"：明鈔作"鄽"，誤；依漸西村舍刊本作"剾"。剾是"分割"（但並不一定用刀）的意思。現在粵語系統的方言中，用手斯（撕）破還叫"剾開"（不過仍讀作"li"，而不是讀"lei"）。

　　案：這一段，内容和文字都和四民月令不同，顯然不是崔寔的書，而只是因爲崔寔談到要讓家庭裏的幼童、成童去讀"書"，所以賈思勰便將關於"書"的製造保存等一套方法，"附録"在這裏。下一段"雌黄治書法"，也是因爲同一理由而附在這裏的。但這兩段都是正式關於方法的文字，並不是注解標題的，因此都應作"正文大字"，不應作小注。本書許多地方（尤其是卷六、七、八）都有像這樣體例紊亂的情形。

①"攣拳"："攣"字見序文校記 0.7.〔三〕。"拳"是手指向掌心卷縮的情形。"攣拳"，即向内縐縮卷曲，不能平直。

②"瘢痕"：上面已有"瘢瘡"兩字，因此懷疑這兩字是誤多的。

③"微相入"：使補處和被補處，彼此泯合無縫。

④"元理"："元"是"基本"；"元理"如解作"基本的紋理"或"原來的紋理"，也可勉强解釋。但懷疑是"文理""分理"之誤。文理現在寫作"紋理"；意義很顯明。"分理"，見説文，也正是"文理"的意思。

30.104.1　足點①書記事，多用緋縫②。繒體硬彊，費人齒力；俞③污染書，又多零落。若用紅紙者，厓直明淨無染，又紙性相親，久而不落。

①"足點"："足"字懷疑是"凡"字。明清刻本多作"凡"，群書校補所據鈔宋本仍作"足"。"點"字，懷疑是"貼"；下文"多零落"及"紙性相親，久而不落"，可以説明是貼上去的"記事"。

②"緋縫"：懷疑是"緋絳"，即深紅色的（絲織品）。

③"俞"：懷疑是"渝"，變色的意思。

30.201.1　**雌黄治書法**：先於青硬石上，水磨雌黄，令熟。曝乾，更於甆椀中，研令極熟。曝乾，又於甆椀中研令極熟。乃融好膠清①，和，於鐵杵臼中熟擣，丸②如墨丸，陰乾。以水研而治書，永不剥落。

30.201.2 若於槐中和用之者,膠清雖多,久亦剝落。

30.201.3 凡〔一〕雌黃治書,待潢訖治者佳〔二〕。先治,入潢則動。

〔一〕"凡":明鈔作"丸",明清刻本作"凡";"凡"字似乎更好些。

〔二〕"佳":明鈔本原作"使",依明清刻本改正。

①"膠清":即流動性大,而沒有渣滓的膠(見卷九90.7.5)。

②"丸":作動詞用,即"作成丸"。

30.202.1 書廚中,欲得安麝香、木瓜,令蠹蟲不生。

30.202.2 五月溼熱,蠹蟲將生,書經夏不舒展者,必生蟲也。五月
　　　　　十五日以後,七月二十日以前,必須三度舒而卷之。須要晴
　　　　　時,於大屋下風涼處,不見日處。

30.202.3 日曝書,令書色暍①。熱卷,生蟲彌速。陰雨潤氣,尤須
　　　　　避之。慎書如此,則數百年矣。

①"暍":暍只是"傷暑";這裏應是作變色解的"虧"字。

30.2.1 "二月:順陽①習射,以備不虞。"

30.2.2 "春分中,雷且發聲,先後各五日,寢別內外。"有不
　　　　　戒者,生子不備②。

30.2.3 "蠶事未起,命縫人浣冬衣,徹複爲袷③;其有羸④
　　　　　帛,遂供秋服。"

30.2.4 凡浣故帛,用灰汁則色黃而且脆。擣小豆爲末⑤,下絹篩,
　　　　　投湯中以洗之,潔白而柔肕⑥,勝皂莢矣。

30.2.5 "可糶粟、黍、大小豆、麻、麥子等,收薪炭。"

30.2.6 炭聚之下,碎末,勿令棄之。擣、篩,煮淅米泔溲之,更擣令
　　　　　熟,丸如雞子,曝乾。以供籠爐種火⑦之用,輒得通宵達曙;堅
　　　　　實耐久,踰炭〔一〕十倍。

〔一〕"炭"：明鈔本原作"灰"，依明清諸刻本改正。

①"順陽"："順隨陽氣"的意思。

②"不備"："備"的意思，是"完全無闕"。

③"徹複爲袷"："徹"是"到底"，也就是"取去"，現在將作"取去"解的字，專
　　寫作"撤"。"複"，是"褚之以綿"的衣，"褚"的意思是塞，也就是棉衣
　　（草棉未輸入中國以前，大家都用絲綿）。"袷"是夾衣。

④"贏"：假借作爲同音的"贏"字，即有餘。玉燭寶典所引正作"贏"字。

⑤"擣小豆爲末"：許多豆類種子中都含有稠圜萜類的"皂素"化合物，能去
　　污。豆類種子含有去污性皂素的記載，可能以本書最早。

⑥"朸"：齊民要術中一律用"朸"字；"韌"、"靭"這兩個字比較後起。

⑦"種火"：現在一般稱爲"火種"。這一段，是"炭墼"的早期紀載之一。
　　"墼"是擣實曬乾塊；現在吳語區域的方言中，還有"炭墼"這名稱，不過
　　常寫作"炭基"。

30.301.1 漱素鈎反①生衣絹②法：以水浸絹令没③，一日數度迴
轉之。六七日，水微臭，然後拍④出。柔朊潔白，大勝用灰。

①"漱"："漱"即洗濯。依原來的音注，應讀 sōu；但現在口語中，多用去聲。
　　例如漱口，讀 sòu，用水洗滌器皿内部讀 xyàn，淘米水讀 sàu 之類。

②"生衣絹"：是未經練過的，作衣服用的絹。

③"没"：物件浸到水面以下。

④"拍"：拍是拍打，用在這裏不合適，懷疑是"搋"、"抒"、"挹"（現在寫作
　　"抓"）、"扯"、"扱"等字形相似的字寫錯。

30.401.1 上犢車蓬軬①及糊屏風、書袠②，令不生蟲法：水
浸石灰，經一宿，泲③取汁，以和豆黏及作麵糊，則無蟲。若黏
紙寫書，入潢則黑矣。

①"蓬軬"："軬"音"反"，或音"本"，也是車蓬。"蓬"字，今日多依揚雄方言
　　作"篷"。

②"書褭"："褭"是"書函"；目前綫裝書的"書函"，和過去"卷子"式書的書函，形式自然不會全同；希望有人能説明"卷子"的"褭"，是什麽形狀。

③"挹"：應當是"挹"字。

30.501.1 **作假蠟燭法**：蒲熟時，多收蒲臺①。削肥松②，大如指，以爲心。爛布纏之，融羊牛脂，灌於蒲臺中；宛轉於板上，按令圓平。更灌更展，麤細足便止。融臘③灌之，足得供事。其省功十倍也。

①"蒲臺"：香蒲的花軸。

②"肥松"：有松香的松枝。

③"臘"：應作"蠟"；由標題"作假蠟燭法"可以證明。"灌"之懷疑是"裏"之。這四個字的一句，明清刻本都没有。

30.3.1 "三月：三日及上除①，採艾及柳絮。"絮止瘡痛②。

30.3.2 "是月也，冬穀或盡，椹麥未熟；乃順陽布德，振③贍窮乏，務施九族，自親者始。無或蘊財，忍④人之窮；無或利名，罄家繼富；度⑤入爲出，處厥中焉。"

30.3.3 "蠶農尚閑，可利溝瀆⑥，葺治牆屋，修門户，警設守備，以禦春饑草竊之寇。"

30.3.4 "是月盡，夏至；煖氣將盛，日烈暵燥。利用漆油⑦，作諸日煎藥⑧。"

30.3.5 "可糶黍，買布。"

①"上除"：解釋見上文注解30.1.2.①。

②"絮止瘡痛"："絮"，指柳絮。"瘡"，懷疑應是泛指一切傷口的"創"字，不是專指炎腫化膿的"瘡"。用柳絮、蒲黄、蒲茸，甚而至於陳石灰、香灰等細而柔軟的物體，敷在出血的傷口上，使血液凝固，可以減少傷口的痛感，在群衆中流傳已久，這是最早記載之一。

③“振”：作“救濟”、“拯救”、“扶助”……解。近代多寫作“賑”。

④“忍”：“忍受”、“忍耐”，有勉强安心的意義。

⑤“度”：作動詞，讀 duo，即“估量”。

⑥“利溝瀆”：這個“利”字，作及物動詞用，當“使……順利”解。與上面“無或利名”的利字，作“貪”解稍有不同。

⑦“利用漆油”：這個“利”字，和上兩個都不同；是自動不及物動詞，兼領“用漆油”和“作諸日煎藥”，依現在的用法，“利”字下面還要加一“於”字。

⑧“日煎藥”：“煎”讀去聲；即加熱蒸去水分，使溶液濃縮。“日煎”是利用太陽熱力來濃縮。

30.4.1 “四月：繭既入簇，趨①繰。剖線②，具機杼，敬經絡③。草茂，可燒灰④。”

30.4.2 “是月也，可作棗糒〔一〕，以禦賓客。可糴麫⑤及大麥、弊絮。”

〔一〕“棗糒”：明鈔與祕册彙函系統各版本皆作“棄蛹”。依玉燭寶典及太平御覽卷 860 所引崔寔四民月令作“棗糒”。漸西村舍刊本依北堂書鈔改作“秉糒”，龍溪精舍刊本已依御覽改正。棗糒，是和有棗肉的乾糧。

①“趨”：即“從速”。

②“剖線”：玉燭寶典所引四民月令作“剖綿”，綿字可能更合適：因爲用已出蛾的開口繭，不能繰絲，只可撕開〔剖〕作“綿”。大概是字形相似看錯。

③“經絡”：這裏所説的經絡，是織布用的經，和預備作緯用的“絡”。

④“草茂，可燒灰”：是作“灰汁”（染色用媒染劑）的準備。

⑤“麫”：玉燭寶典所引作“穬”，與下文五月相同。

30.5.1 “五月：芒種節後，陽氣始虧，陰慝①將萌；煖氣始盛，蟲蠹並興。乃弛〔一〕角弓弩，解其徽絃②；張竹木弓

弩,弛其絃。以灰藏旃③裘毛毳之物及箭羽。以竿挂
油衣④,勿辟藏⑤。"暑溼相著〔二〕也。

30.5.2 "是月五日,合止痢黃連圓⑥、霍亂圓,採蒼耳⑦、取
蟾蜍,以合血疽瘡藥⑧。及東行螻蛄。"螻蛄有刺,治去刺,
療産婦難生,衣⑨不出。

30.5.3 "霖雨將降,儲米、穀、薪、炭,以備道路陷滯不通。"

30.5.4 "是月也,陰陽爭,血氣散。夏至先後各十五日,薄
滋味,勿多食肥醲⑩。距立秋,無食煮餅及水引餅⑪。"
夏月食水時;此二餅,得水即堅強難消,不幸便爲宿食傷寒病
矣。試以此二餅置水中,即見驗。唯酒引餅,入水即爛矣。

30.5.5 "可糶大小豆、胡麻,糴穬⑫、大小麥。收弊絮及布
帛。至後⑬,糴穈䅟⑭,曝乾,置甖中密封,使不生蟲。
至冬可養馬。"

〔一〕"弤":即"弛"字,明清刻本即皆作"弛"。"弛"即"放鬆"。

〔二〕"暑溼相著":玉燭寶典所引四民月令,作"得暑溼,相著黏也",著黏兩
字如倒植,比要術這句更明確。

①"慝":一切禍害過惡,都稱爲"慝"。

②"徽絃":"徽",説文解爲"三糾繩",即三股糾合所成的繩,作弓絃(弦)
用的。

③"旃":"氈"字的原來寫法,即粗製毛織物。

④"油衣":即雨衣,衣的外面塗有一層乾性的油(可以是先作成油布,然後
裁製;也可以是先裁製成衣,然後塗油)。所塗的乾性油,必須經過"煎
製",加速氧化,然後才可以防雨。煎製乾性油,我國歷來都要加入重
金屬的氧化物(普通用氧化鉛、氧化錳、氧化鐵)作爲催化劑,來加速氧
化。"油衣"的出現,必然要在有了煎油的技術以後或同時;因此我們

可以推定,油衣的出現,至少也可以作爲我們祖先利用無機催化劑的時代指標。就目前這條材料來説,可以斷定至少在崔寔(公元二世紀)時,我們祖先已在利用無機催化劑了。

⑤"勿辟藏":"辟"字,玉燭寶典所引作"襞",即摺叠的意思。罌子桐是長江流域及以南地方的植物;在兩漢時代可能還没有加以利用。那時的乾性油,只是"荏油"(見上 26.3.2),在油氧化乾燥後,熔點還不够高,"溼"便會"相黏著",因此必須用竹竿挂着,不能摺叠着收藏。

⑥"圓":"圓"字應作"丸";南宋時,避欽宗名諱(桓),寫作"圓"(玉燭寶典正作"丸"字)。

⑦"蒠耳":即"菜耳"。

⑧"血疽瘡藥":藝文類聚卷四、太平御覽卷 949 所引,作"惡疽瘡藥"。"惡"字較合適。

⑨"衣":胎盤俗稱"衣"、"胞衣"、"衣胞"。

⑩"肥醲":"醲"字,據説文是"厚酒也",也就是"味厚"的意思。

⑪"水引餅":即用水和麵,擀壓成爲麵條(玉燭寶典"引"作"溲")。

⑫"穬":穬麥,見卷二大小麥第十 10.1.3。

⑬"至後":指夏至之後。

⑭"麳䴤":音 fu sie,即麥麩、麥糠。

30.6.1 "六月:命女工織縑練① 。絹及紗縠之屬。可燒灰,染青、紺雜色②"

①"縑練":縑是生絲織成的;練是熟絲織成,或將生絲織品加以煮槌("練"就是槌打漂煮)使其成爲熟絲品。

②"燒灰染青紺雜色":過去,我國使用各種植物性染料時,用含有氧化鐵及氧化鋁的灰汁作媒染劑,已有很久的歷史。這是早期記載之一。

30.7.1 "七月:四日,命治麴室,具箔槌① ,取淨艾。六日饌治②五穀磨具。七日,遂作麴。及曝經書與衣裳,作乾

糗，採菫耳。"

30.7.2 "處暑中，向秋節，浣故製新；作袷薄③，以備始涼。"

30.7.3 "糴大小豆麥，收縑練。"

①"箔槌"："箔"是整條小竹子或葦子編成的粗"簾"子；"槌"是作支架用的
　　條子。"箔"和"槌"，都是在室內作成支架，爲製麴或養蠶作準備時所
　　需的材料。

②"饌治"："饌"字作動詞，包括將食物準備、烹調直到可以供食爲止，所需
　　要的一切手續。

③"袷薄"：袷是夾衣；薄，是薄"褚衣"，即薄縑衣。

30.8.1 "八月：暑退，命幼童入小學，如正月焉。"

30.8.2 "涼風戒寒，趣練縑帛，染綵色。"

30.601.1 河東染御黃法①：碓擣地黃根，令熟，灰汁②和之，攪令
　　匀，搦③取汁，別器盛。

30.601.2 更擣滓使極熟，又以灰汁和之，如薄粥。瀉入不渝釜④
　　中，煮生絹，數迴轉使匀；舉看有盛水袋子，便是絹熟。

30.601.3 抒出，著盆中，尋繹舒張。少時捩出，淨振⑤去滓，曬
　　極乾。

30.601.4 以別絹濾白淳汁⑥，和熱抒出⑦，更就盆染之，急舒展，令
　　匀。汁冷捩出，曝乾，則成矣（治釜不渝法在醴酪條中）。

30.601.5 大率三升地黃，染得一匹御黃。地黃多則好。柞柴、桑
　　薪、蒿灰等物，皆得用之。

①"河東染御黃法"：各本均作小字夾注。依本書體例，這一段應另起一行，
　　附在本節後面，像上面"正月"一節後所附"染潢及治書法"和"雌黃治
　　書法"，"二月"一節所附"漱生衣絹法"、"上犢車篷……法"、"作假蠟燭
　　法"等一樣。

②"灰汁"：見注解 30.6.1.②；四月就開始燒灰，準備到六月八月用。

③"搦"：現在寫作"扭"。

④"不渝釜"：不變色的鐵鍋。

⑤"捩"：字義不適合，懷疑是"振"寫錯。

⑥"濾白淳汁"："白"字前似乎應有一"得"字；"白"是"空白"，即未加灰汁的。

⑦"抒出"：本節中兩處，寫法不同，上一行中明鈔本作"杼出"，應當都用"抒"字。

30.8.3 "擘綿治絮，製新浣故。"

30.8.4 "及韋履賤好①，預買以備冬寒。"

30.8.5 "刈雈②、葦、蒭、茭。"

30.8.6 "涼燥，可上角弓弩；繕理檠鋤③，正縛〔一〕鎧絃④，遂以習射。弸竹木弓弧⑤。"

30.8.7 "糶種麥，糴黍。"

〔一〕"縛"：明鈔本原作"縛"，明清刻本作"縛"更合理。

①"及韋履賤好"："及"即"趁"。"韋"是"熟皮"。

②"雈"：明鈔本作"雈"，或依近代寫法作"萑"。

③"檠鋤"："檠"是"正弓器"，不是燈，也不是有角的器皿；"鋤"在這裏所指是什麼，無法推定（玉燭寶典所引無"鋤"字，可能要術誤多一字）。

④"鎧絃"："鎧絃"不甚好解；玉燭寶典所引"徽絃"，恰好和五月的"解其徽絃"相對應，應依寶典改正。

⑤"弸竹木弓弧"：此句似應在"可上角弓弩"之後。

30.9.1 "九月：治場圃，塗困倉，脩篅窖〔一〕。"

30.9.2 "繕五兵①，習戰射，以備寒凍窮厄之寇。"

30.9.3 "存問九族孤、寡、老、病不能自存者，分厚徹重②，以救其寒。"

〔一〕"脩簟窖":"簟"字,祕册彙函系統各版本,均作"竇"。明鈔本及群書校
補所據鈔宋本,却都作"簟"。依王禎農書,"簟"是儲藏種子的草織容
器(參看11.7.1),作"簟"合適。

①"五兵":禮記月令注:"五兵:弓矢、殳、矛、戈、戟",即各種武器。

②"重":讀平聲。"重複"即同樣而多出的;徹重,是將同樣而多的分出來
(給人家)。

30.10.1 "十月:培築垣墙,塞向墐户。"北出牖謂之"向"。

30.10.2 "上辛,命典饋漬麴,釀冬酒;作脯臘。"

30.10.3 "農事畢,命成童入太學,如正月焉。"

30.10.4 "五穀既登,家儲蓄積;乃順時令,敕喪紀①。同宗
有貧窶久喪,不堪②葬者,則糾合宗人,共興〔一〕舉之,
以親疏貧富爲差,正心平斂,無相踰越,先自竭以率
不隨③。"

30.10.5 "先冰凍,作'涼餳',煮'暴飴'。"

30.10.6 "可柝④麻,緝績布縷。作'白履','不借'〔二〕。"草
履之賤者曰"不借"。

30.10.7 "賣縑、帛、弊絮,糴粟、豆、麻子。"

〔一〕"興":祕册彙函系統版本作"與",玉燭寶典亦作"與"。漸西村舍刊本,
依與群書校補所據鈔宋本相同的本子改爲"興",與明鈔同。

〔二〕"不借":明清刻本多作"不惜";方言、儀禮注等亦作"不惜"。

①"敕喪紀":"敕"是"整頓";"喪紀"是"喪葬方面的規矩"。

②"堪":即"能"。

③"以率不隨":"率"是"帶領",從前常和"帥"字互用(現在北方口語中這兩
字還同讀一音);"隨"是"跟隨"。

④"柝":明鈔作"柝",明清刻本作"拆",寶典作"折"。應當是"析"字。"析麻",把析得的"麻縷",緝合績成織布的"縷"。

30.11.1 "十一月:陰陽争,血氣散。冬至日先後各五日,寢別内外。"

30.11.2 "硯冰〔一〕凍,命幼童讀孝經、論語、篇章,入小學。"

30.11.3 "可釀醢。"

30.11.4 "糶秔稻、粟、豆、麻子。"

〔一〕"冰":明鈔作"冰",漸西村舍刊本同。祕册彙函系統本作"水",玉燭寶典所引也作"水"。作"水"似更適合。

30.12.1 "十二月:請召宗、族、婚姻、賓、旅①,講好和禮,以篤恩紀。休農息役,惠必下浹。"

30.12.2 "遂合耦②田器,養耕牛,選任田者,以俟農事之起。"

30.12.3 "去③豬盍車骨,後三歲可合瘡膏藥。及臘日祀炙萐,萐一作"簁",燒飲,治刺入肉中;及樹瓜田中四角,去蠦〔一〕蟲。東門磔白雞頭。"可以合法藥。

〔一〕"蠦":明鈔本誤作"蟊",依明清刻本改正。這一節可以和卷二種瓜第十四14.15.1 參照;那裏是:"崔寔曰:'……十二月臘時祀炙萐,樹瓜田四角,去蠦'。"

①"請召……賓旅":"請"是對長輩、尊貴的人,"召"是對一切非請的對象。"宗"是最親近的同姓,"族"是一般同姓,"婚姻"是異姓的"親戚","賓"是貴客,"旅"是一般的寄居在當地的人。這一句話,包含着種種複雜的社會關係,以及對這些關係的不同處理。

②"合耦":這裏的"耦",只當"配合修理"講,並不一定是成對稱的雙件。

③"去":也寫作"弆",即收藏的意思。收藏豬的"盍車骨"作瘡膏藥;收藏

"祀炙蓳"和白雞頭,也預備作藥材(盍車骨即豬牙床骨,本草綱目中,引有豬牙車骨醫"浸淫諸瘡"的方法)。

30.13.1　范子計然曰:"五穀者,萬民之命,國之重寶。故無道之君及無道之民,不能積其盛有餘之時,以待其衰不足也。"

30.13.2　孟子曰:"狗彘食人之食〔一〕,而不知檢;塗有餓莩,而不知發。言豐年人君養犬豕,使食人食,不知法度檢斂;凶歲,道路之旁,人有餓死者,不知發倉廩以賑之。原①孟子之意,蓋"常平倉"之濫觴②也。人死則曰:'非我也,歲也!'是何異於刺人而殺之曰:'非我也,兵③也!'"人死,謂餓役死者④。王政使然,而曰:"非我殺之,歲不熟殺人。"何異於用兵殺人,而曰:"非我殺也,兵自殺之。"

〔一〕"人之食":今本孟子無"之"字。

①"原":"推尋"。

②"濫觴":最初開始時微小的事物。

③"兵":有刃的武器。

④"餓役死者":"餓"是沒有吃的,死於饑餓;"役"是死於勞役。

30.14.1　凡糶五穀菜子,皆須初熟日糶,將種時糴,收利必倍。凡冬糴豆穀,至夏秋初雨潦之時糶之,價亦倍矣。蓋自然之數。

30.14.2　魯秋胡曰:"力田不如逢年①。"豐年〔一〕尤宜多糴。

30.14.3　史記貨殖傳曰:"宣曲任氏②,為督道倉吏。秦之敗,豪桀〔二〕皆爭取金玉,任氏獨窖倉粟。楚漢相拒滎陽,民不得耕,米石至數萬;而豪桀金玉,盡歸任氏,任

氏以此起富。"其效也。且風、蟲、水、旱,饑饉荐臻③,
十年之内,儉居四五,安可不預備④凶災也?

〔一〕"豐年":"年"明鈔及祕册彙函系統版本均誤作"者";依群書校補所據
　　鈔宋本及漸西村舍本改作"年"。

〔二〕"桀":今本史記及明清刻本要術,皆作"傑"。

①"力田不如逢年":即"用力去耕種,不一定有收穫,不像年景好,收成一
　　定好"。

②"宣曲任氏":史記原文,是"宣曲任氏先",即是説,是他家的祖先。

③"饑饉荐臻":"饑",糧食歉收;"饉",菜不夠;"荐",重複;"臻",到來。

④"預備":"預"是"預先","備"是"準備抵抗"。現在用這兩個字,只有"準
　　備"的意義,"事先"和"抵抗"的含義,似已不包括在内。

30.15.1　師曠占五穀貴賤法:"常以十月朔日,占春糴貴
　　賤:風從東來,春賤;逆此者,貴。以四月朔占秋糴:風
　　從南來、西來者,秋皆賤;逆此者,貴。以正月朔占夏
　　糴:風從南來、東來者,皆賤;逆此者,貴。"

30.15.2　師曠占五穀,曰:"正月:甲戌日,大風東來折樹
　　者,稻熟;甲寅日,大風西北來者,貴;庚寅日,風從西、
　　北來者,皆貴。二月:甲戌日,風從南來者,稻熟;乙卯
　　日,稻上場〔一〕,不雨晴明,不熟。四月四日雨,稻熟;
　　日月珥,天下喜;十五日十六日雨,晚稻善,日月蝕① 。"

30.15.3　師曠占五穀早晚,曰:"粟米常以九月爲本。若貴
　　賤不時,以最賤所之月②爲本。粟以秋得本,貴在來
　　夏;以冬得本,貴在來秋。此收穀遠近之期也。早晚
　　以其時差之:粟米春夏貴去年秋冬什七,到夏復貴秋

冬什九者，是陽道之極也，急糶之勿留，留則太賤也。"

30.15.4　黃帝問師曠曰："欲知牛馬貴賤?""秋葵下有小葵生，牛貴〔二〕；大葵不蟲，牛馬賤。"

〔一〕"稻上場"：此三字，明清刻本皆在下文"不雨晴明"之下。

〔二〕"牛貴"：據藝文類聚卷82及太平御覽卷979所引均作"牛馬貴"。與下文對比，可知應有"馬"字。

① 這一段，恐怕有許多顛倒錯亂的地方。例如末句"日月蝕"，很可能應在"晚稻善"之上。

② "所之月"：費解，懷疑是"所在之月"，脫去"在"字。

30.16.1　越絕書①曰："越王問范子曰：'今寡人欲保穀，爲之奈何?'范子曰：'欲保穀，必觀於野，視諸侯所多少爲備。'越王曰：'所少可得爲困〔一〕，其貴賤亦有應乎?'范子曰：'夫知穀貴賤之法，必察天之三表，即決矣。'越王曰：'請問三表。'范子曰：'水之勢勝金，陰氣畜積大盛，水據金而死，故金中有水。如此者，歲大敗，八穀皆貴。金之勢勝木，陽氣蓄積大盛，金據木而死，故木中有火。如此者，歲大美，八穀皆賤。金、木、水、火，更相勝，此天之三表也，不可不察。能知三表，可以爲邦寶。……'越王又問曰：'寡人已聞陰陽之事，穀之貴賤，可得聞乎?'答曰：'陽主貴，陰主賤。故當寒不寒穀暴貴，當温不温穀暴賤。……'王曰：'善!'書帛，致於枕中，以爲國寶。"

30.16.2　范子②曰："堯、舜、禹、湯，皆有預見之明；雖有凶年，而民不窮。"王曰："善!"以丹書帛，致之枕中，以爲國寶。

〔一〕"所少可得爲困":"少"字,明清刻本作"多"。"困"字,吴琯刻本越絶書
作"因",不如"困"字好。

①"越絶書":是東漢初年吴平所作的一部書,叙述戰國時吴越相爭的歷史。
要術所引這段,現在在越絶外傳枕中第十六中。與明吴琯所刻古今逸
史,文字尚略有差異。大致説來,要術所引比吴琯所刻的强。

②這一段,在越絶書枕中第十六末了;太平御覽所引,題爲"范子"。

30.17.1 鹽鐵論曰:"桃李實多者,來年爲之穰〔一〕。"

30.17.2 物理論曰:"正月望夜占陰陽。陽長即旱,陰長即
水。立表以測其長短,審其水旱。表長丈〔二〕二尺。
月影長二尺者以下①大旱;二尺五寸至三尺小旱;三尺
五寸至四尺,調適,高下皆熟;四尺五寸至五尺小水;
五尺五寸至六尺大水。月影所極,則正面也,立表中
正,乃得其定。"

30.17.3 又曰:"正月朔旦,四面有黄氣,其歲大豐。此黄
帝用事,土氣黄均,四方並熟。有青氣雜黄,有螟蟲。
赤氣大旱。黑氣大水。"

30.17.4 "正朝占歲星:上有青氣宜桑,赤氣宜豆,黄氣
宜稻。"

30.17.5 史記天官書②曰:"正月旦,決八風:風從南方來,
大旱;西南,小旱;西方,有兵;西北,戎菽爲,戎菽,胡豆
也;爲,成也。趣兵③;北方,爲中歲;東北,爲上歲;東
方,大水;東南,民有疾疫,歲惡。""正月上甲④,風從東
方來,宜蠶;從西方,若旦黄雲,惡。"

30.17.6 師曠占曰："黃帝問曰：'吾欲占歲苦樂善惡〔三〕，可知不?' 對曰：'歲欲甘，甘草先生薺；歲欲苦，苦草先生葶藶；歲欲雨，雨草先生藕；歲欲旱，旱草先生蒺藜；歲欲流，流草先生蓬；歲欲病，病草先生艾。'"

〔一〕"穰"：鹽鐵論這一句在非鞅篇，今本是"夫李梅實多者，來年爲之衰，新穀熟，舊穀爲之虧。自天地不能兩盈，而況於人乎？"原義是指果樹的"大小年"現象，所以説"不能兩盈"，"衰"是必然，通典卷十所引鹽鐵論也是"來年爲之衰"。但藝文類聚卷86，初學記卷28，御覽卷967、968所引，却與要術所引同；很可能是齊民要術某本，將"衰"字錯寫成字形相似的"襄"，再轉變成"穰"。後來的類書，只是以訛傳訛地照鈔要術，並未與鹽鐵論原文校對，所以便發生紛歧。

〔二〕"丈"：明鈔本有，明清刻本均無；以有"丈"字爲正確。

〔三〕"占歲苦樂善惡"：明鈔本原作"苦樂善一心"，學津討原本、漸西村舍刊本作"占藥善一心"。現依太平御覽添改。下文卷17所引，作"黃帝問師曠曰：'吾欲知歲苦樂善惡，可知否?' 師曠對曰：'歲欲豐，甘草先生，薺也；歲欲饑，苦草先生，葶藶也；歲欲惡，惡草先生，水藻也；歲欲旱，旱草先生，蒺藜也；歲欲溜，溜草先生，蓬也；歲欲病，病草先生，艾也。'"卷994所引，幾乎全同，只"溜"字作"潦"。"潦"(即今日的"澇"字)與旱對舉，是適合的。"潦"與"流"字雙聲，韻也很相近，"流潦"常常連用。因此相涉而誤寫，可能是明鈔作"流"的來歷。祕册彙函系統各本的"荒"，則是從"流"字的半邊(充)有些相似。因而傳訛。

① "二尺者以下"：似應爲"二尺以下者"。

② "天官書"：這一段是魏鮮所作占候。

③ "趣兵"：今本史記，"趣兵"上面還有"小雨"兩字；但徐廣注以爲這兩個字有些板本沒有。

④ "正月上甲"：這一段是魏鮮占候快結束時的另一節。

釋　文

30.1.1　崔寔四民月令説:“正月初一〔正旦〕,一家的小輩,分別給家長敬〔上〕一杯花椒酒。在舉杯敬酒〔稱觴〕時,同時祝賀長壽,大家都非常高興。”

30.1.2　“正月上旬的除日或正月十五日,配製各種藥膏、‘遠志〔小草〕續命丸’、(各種藥)散、(各種)法藥。”

30.1.3　“農業操作還未開始時,讓‘成童’以上的(男孩),上太學,學五經。(成童)指十五歲到二十歲的(男孩)。硯池(中結的)冰融化後,讓‘幼童’上小學,學‘篇章’。”(幼童)指九歲到十四歲的(男孩)。“篇章”,是“六甲”、“九九”,“急就章”、三倉等字書。

30.1.4　“令家裏專管紡織縫紉等工作的女奴〔女工〕,從速織布;令專管食物的人〔典饋〕,釀造春酒。”

30.101.1　染潢和製備保存〔治〕書的方法:

30.101.2　爲寫書用所打的紙,要打得鬆些〔生〕,生紙厚而堅牢,特別適於“入潢”(因爲吸收性强)。

30.101.3　潢紙,只要不見〔滅〕白色底子就可以了,顏色不宜過深;顏色深了,年代久些就變成深黯(不顯字跡了)。

30.101.4　(現在的)人,把黄蘗浸水,(得到)汁後,就把(黄蘗)渣滓棄去,專用純汁,浪費多而没有得到好處。黄蘗浸熟(透)之後,把渣滓漉出來,擣碎,煮一遍;用布袋盛着壓出汁來,把渣滓再擣再煮;可以擣三次煮三次,將(三次所得的)汁,添和在第一次得到的純汁裏,可以節省四倍原料,而蘗汁又更清明潔淨。

30.101.5　寫成的書，經過一個夏天之後再來入潢，則紙接縫的地方才不會裂開〔綻解〕。新近寫好的書，（如果未經夏天要想隨時入潢），必須先用熨斗將每條縫都熨過，然後再潢。不這樣〔爾〕，一浸到〔入〕潢汁裏就要散開〔零落〕。

30.101.6　豆黏（黏成的書）特別不可燺壞，燺壞後，便染不黃。

30.102.1　把（捲着的）書攤開來讀時，卷頭的"首紙"，不要捲得太緊〔急〕，緊了會破折；折了，就會裂開。

30.102.2　開卷後，如果用書帶（直接）上下把"首紙"纏（一圈），沒有不裂開，損壞的。捲一兩張書紙之後，再將書帶連首紙和書紙一并上下纏一圈，書就穩定而不會壞。

30.102.3　捲書的時候，不要用手指將書帶彌直拉開〔引〕。這樣，不但帶子滯住〔濇〕會把書的天地頭磨壞，而且（因爲拉時着力），"首紙"（受的力太大），便會穿成洞〔穴〕。應當捉着書當上的竹（條），慢些拉開（，然後捲）。

30.102.4　書帶不要繫得太緊，緊了，書會當腰折斷；橫跨着在腰上壓過，書也會腰折。

30.103.1　書有壞了〔毀〕或破裂的地方，可割一方形的紙補在（後面），一般〔率〕（在補的地方）都會攣縮不平，有着又硬又厚的瘢瘢，對於書是一種損害。應當把像薤葉（白色部分那麼薄的）薄紙，裂取一點下來，像織補一般，（刮薄弄勻）補上，使補入的紙和書紙完全泯合，幾乎〔殆〕（看不出）邊緣〔際〕會合。如果不是舉起對光透着看過去，幾乎〔略〕不會覺察到（是才補好的）。

30.103.2　如果裂口是彎曲的，也應當在正向的紙上，依照（裂口的）彎曲形勢，取出紙來補。如果不先對正紙的紋理，隨便扯取斜向的紙來補，書就會縐縮不平。

30.104.1 在書上貼記事的（籤注），（近來）常用紅綢。綢子硬直不易彎，（咬破撕開）很費牙齒力；而且脱色，染污着書；貼後又容易掉下。如果用紅紙，不但清晰乾淨，不會污染，而且紙與紙性質相同，容易親密連結，長久不會脱落。

30.201.1 雌黄治書的辦法：先在青硬石上，用水磨雌黄，讓它成爲熟（粉）。曬乾，再在甖碗裏，研到極細極勻。再曬乾，又在甖碗裏研到極細極勻。將上好的“膠清”，（加熱）融化，和上（研過的雌黄），用鐵杵在鐵臼中擣和勻熟，團成像墨丸一樣的丸子，陰乾。（用時）加水研磨，（像磨墨一樣，）用來塗在書面上，永遠不會脱落下來。

30.201.2 如果只在碗裏（臨時）和上膠來用，膠清用得再多，久了還是會脱落。

30.201.3 凡要用雌黄塗在書面上來保存書的，等潢好之後再塗更好。如果塗雌黄再潢，染時雌黄就走掉〔動〕了。

30.202.1 書廚裏，要放些麝香或木瓜，可以避免蠹魚發生。

30.202.2 五月間，天氣溼熱，蠹蟲快要發生，書如果過一個夏季未展開過，就會生蟲。五月十五日以後，到七月二十日以前（的六十五日之内），必須將所有的書攤開〔舒〕，再卷起。必須選晴天，在大屋子裏風涼而太陽不能直曬的地方進行。

30.202.3 太陽曬書，書的顔色會變暗。趁熱捲起，生蟲更快。陰雨天的潮氣，更要避免。像這樣謹慎地來保護書，可以保存幾百年。

30.2.1 “二月順隨陽氣，（講究）學習射箭，作爲對意外〔不虞〕事件的準備。”

30.2.2 "春分中,雷快要開始發聲了;在春分前五天和後五天,男女分床〔寢別内外〕。"不遵守這戒條的,所得的嬰兒,生出來會不完備。

30.2.3 "養蠶的工作還未開始,命令縫衣的人,把冬天的衣服洗淨,將綿衣〔複〕中的綿拆出,改成夾衣〔袷〕;如有多餘的細布,就作成秋天的衣服。"

30.2.4 舊白綢,用灰汁洗,顏色會變黄,質地也會變脆。把小豆搗成粉末,用絹篩將細粉篩入熱水中,用水洗綢,潔白柔軟,比皂莢還好。

30.2.5 "可以賣出小米、黍子、大豆、小豆、麻子、麥種,收買柴炭。"

30.2.6 炭堆下面的碎末,不要丟棄。搗細,篩過,把淘米水煮沸,(作成澱粉漿)和進炭末裏,再搗和熟,作成雞蛋大的團子〔丸〕,曬乾。用來作火爐裏的火種,往往可以過一夜到第二天早晨;堅實耐久,比炭强十倍。

30.301.1 洗〔漱:音 sou〕生絲衣和生絲絹的方法:用水浸後,每天翻動幾次。六、七天之後,水有點臭氣時,再取出來。這樣既柔軟又潔白,比用灰洗的强(參看 30.2.4)。

30.401.1 上犢車蓬〔軬〕、糊(紙)屏風、糊書袠等,讓它不生蟲的辦法:用水泡浸石灰,過一夜,取得上面的清汁,和入豆黏或麵糊,就不會生蟲。但這樣的漿糊,如用來黏接寫書的紙,書入潢時,就會變黑。

30.501.1 作假蠟燭的方法:香蒲成熟時,多收些蒲薹。把含有松脂的松木,削成指頭粗細的條,用作燭心。在蒲薹外,用爛布纏一層,融些牛羊脂膏,灌在蒲薹裏;趁熱,來回在平板上搓到平而圓。再灌,再搓,到粗細合適時停手。再融些蠟包在外面,就可以用了。可以省十倍人工。

30.3.1 "三月初三日和上旬除日,採集艾和柳絮。"柳絮可以使瘡口不痛。

30.3.2 "這個月,(可能有些人)冬天儲蓄的糧食,已經吃完。桑椹和麥子又還未成熟,(就會没有吃的);應當順隨陽氣,散布恩德,救濟窮困貧乏的人,盡力向親族施與,從最親的起。不要藏匿物資,眼看着人家捱餓;也不要貪名,盡家裏所有的,送給富有的人;(總之,)'量入爲出',守〔處〕在適中的地方。"

30.3.3 "養蠶和農業操作兩方面,都還未到大忙的時候,可以整理溝渠水道、補墙壁房屋、修治門户、留心設置守備,抵禦因爲春天缺糧而出來的盗賊。"

30.3.4 "這個月過完,夏天就到了;暖氣會加强,太陽光强烈,曬熱曬乾的力量加大了。(這樣,就)利於用漆、用油(塗飾器具),也利於作'日煎藥'。"

30.3.5 "可以出賣黍子,收買布匹。"

30.4.1 "四月,(蠶)已經上簇作了繭,趕急繰出絲來。剖出絲綿,準備機杼,好好地檢查〔敬〕經絡。草長茂盛了,可以燒作灰。"

30.4.2 "這個月,可以開始作'棗糒',準備客人來時應用。可買進穬麥、大麥和舊絲綿。"

30.5.1 "五月芒種節之後,'陽氣'開始虧損,屬於'陰氣'的一切禍患將要發生;煖氣興盛起來,各種害蟲一起

都出現了。將角製的弓弩放鬆，解開所上的繩弦；竹
木製的弓弩，弦也鬆下來，但弓弩背却要另外弸緊
〔張〕。用灰藏氊、皮衣、毛織物和箭翎（避免蟲蛀）。
用竿子將油衣掛起，不要摺叠來收藏。"熱天潮溼就會
黏着。

30.5.2　"這個月初五日，配合'止痢黄連丸'、'霍亂丸'，採
　　　 菜耳、捉蟾蜍，準備配製血疽瘡藥。取向東行的螻蛄。"
　　　 螻蛄有刺，弄掉刺（可以作藥），治難産，胎盤不下。

30.5.3　"連縣的大雨快到了，儲蓄米、穀、柴炭，作爲道路
　　　 泥濘阻滯不通時的準備。"

30.5.4　"這個月，'陰陽相争'，人身'血氣分散'。夏至之
　　　 前和夏至之後的十五天之内，不要多吃重油和過濃厚
　　　 的食物。到立秋以前，不要吃'煮餅'和水調麵所作的
　　　 '煮餅'和麵條〔水引餅〕。"夏天是喝水（最多）的季節；這
　　　 兩種食物，在水裏堅强不消化，弄得不好，便會得"夾食傷寒"
　　　 的病。把這兩種食物在水裏浸着試看，就可以看出效驗。只
　　　 有用酒和麵作成的餅，見水就爛。

30.5.5　"可賣出大豆、小豆、脂麻，買進穬麥和大麥、小麥。
　　　 收買舊絲綿和綢布。（夏）至以後，買麥麩、麥糠，曬
　　　 乾，擱在瓦器裏密封着，避免生蟲。到冬天，可用來
　　　 養馬。"

30.6.1　"六月，叫管理紡織的女奴織'縑'和'練'。絹、紗、
　　　 縠之類。可以燒草灰，染青色、紫色等雜色。"

30.7.1　"七月：初四日就叫人把製麴室整理好，將匡區

〔箔〕支架〔槌〕準備妥當，採取乾淨的好艾。初六日'饌'五穀，準備磨具。到初七日就作麴。初七日，還要曬經書、衣服、皮衣，作乾糧、採葈耳。"

30.7.2 "處暑後，到秋分〔秋節〕，把舊衣洗淨，添製新衣；作好袷衣和薄綿衣，作新涼天氣的準備。"

30.7.3 "出賣大豆、小豆、大麥、小麥，收買縑練。"

30.8.1 "八月暑氣已退，和正月一樣，讓幼童上小學。"

30.8.2 "涼風警誡（我們），寒冷的天氣（就要到了），趕快將生縑生帛擣練好，染成各種綵色。"

30.601.1 河東染御黃法：將地黃根在碓裏擣碎到極熟，加上灰汁，調和，攪勻，扭〔搦〕出汁來，另外用容器盛着。

30.601.2 把地黃渣淬在碓裏，擣到極熟，再和上灰汁，成爲稀粥一樣。倒在不會變色的大鐵鍋裏，煮生絹，多翻動，使它均勻；提起來看，裏面有包着水的小口袋，絹就熟了。

30.601.3 平平地拖出〔抒〕來，攔在盆裏，順着拉伸扯直。等一會，擰〔捩〕乾，將上面所黏的渣淬抖乾淨，曬到極乾。

30.601.4 用另外的絹把没有灰的〔白〕濃汁濾出來，（將熟絹放到汁中去煮，）趁熱平拖出來，又在盆裏染，快些拉平，讓它染得均匀。等汁冷却，擰出曬乾，就成功了（把鐵鍋治到不變色的辦法，在醴酪條中，見卷九醴酪第八十五，85.2）。

30.601.5 大概三升地黃，染得一匹御黃。地黃愈多，顏色愈好。柞柴灰、桑柴灰、蒿灰，都可以用。

30.8.3 "擘開絲綿，作成綿絮，製作新衣，洗滌舊衣。"

30.8.4 "趁熟皮鞋子賤時，揀好的，預先買下，預備冬天寒冷時穿。"

30.8.5 "割下蘆葦、乾草和飼料用草。"

30.8.6 "天氣涼爽而乾燥時,把(五月鬆放下來的)角製弓弩上好;修補整理'正弓器'〔檠〕和鉏(?),綁好繩絃,隨即去學習射箭。也把(五月弸上)的竹木弓背〔弧〕放下來。"

30.8.7 "出賣種麥,買進黍子。"

30.9.1 "九月,整治打場的地和菜園,穀倉外面加塗泥,修理儲藏種子用的容器〔窶〕和土窖。"

30.9.2 "修理各種武器,練習戰陣和射箭,準備防禦因冬天寒凍窮困而沒有出路〔厄〕的盜賊。"

30.9.3 "慰問親族中孤、寡、老、病、無力養活自己的那些人,將厚的、多餘的衣服分些給他們,救濟他們以免受凍。"

30.10.1 "十月,培補舊有,加築新的圍墙〔垣〕和屋壁〔墙〕,塞住向北的透光窗〔向〕,用泥塗沒〔墐〕門(縫)。"向北開的透光墙洞〔牖〕,稱爲"向"。

30.10.2 "第一個辛日,叫家裏專管食物的人,泡上酒麴,釀冬酒;作些肉脯和臘肉。"

30.10.3 "農忙已畢,讓成童和正月一樣,去上太學。"

30.10.4 "五穀都已收穫了,各家都有蓄積;現在,可以按照時令,整頓〔敕〕喪葬方面的規矩〔紀〕。同宗裏有窮的人家,死亡很久,還沒有能力營葬的,現在應糾合同宗的人,大家來辦理,以親屬的親疏和富有的程度作分別〔差〕,公平地收取些錢,不要爭奪,總是先盡自己的力量，來帶動不肯幫助的。"

30.10.5 "在凍冰以前，作'涼餳'，煮'暴飴'。"

30.10.6 "可以破麻纖，緝合着績成（織布用的）縷。作些'白履'、'不借'。"不好的草鞋稱爲"不借"。

30.10.7 "出賣縑、帛、舊棉絮，收買小米〔粟〕、豆子、麻子。"

30.11.1 "十一月，陰陽相争，人身'血氣分散'。在冬至前五天和冬至後五天，男女要分床睡覺。"

30.11.2 "硯裏水結冰了，讓幼童讀孝經、論語、篇章，上小學。"

30.11.3 "可以作醬。"

30.11.4 "收買秔稻、小米、豆子、麻子。"

30.12.1 "十二月，將宗族、親戚、貴客和一般的外鄉人，邀請召集來，講論和好，校正〔和〕禮節，來加深〔篤〕親愛〔恩〕團結。讓從事勞役的人休息，務必使恩惠達到下面的人群裏。"

30.12.2 "隨時配合修理農具，養好耕牛，選定掌作〔任田〕的人，爲農業操作的開始作準備。"

30.12.3 "收藏豬牙床骨，三年後配合醫瘡的膏藥要用。收積'臘'日祭祀時掛炙肉的竿子〔蓮〕，蓮也寫作"簾"，燒灰用水吞下，治刺進到肉裏拔不出；也可以插在瓜田四角，辟瓜蟲。到東門斬下白雞的頭留着。"可以配製"法藥"。

30.13.1 范子計然說："五穀是（億）萬人民的命，國家貴重的財寶。没有德行的國君和没有德行的人民，不能在豐盛有餘的時候蓄積,來準備衰耗不足時的需要。"

30.13.2　孟子説:"豬狗吃着人吃的糧食,不知道檢查;路
旁有餓死的人,還不知道開倉(來賑救)〔發〕。"意思是
説豐年時,國君養的豬、狗用着人吃的糧食,不知道按法律制
度去禁止〔檢〕與收斂〔斂〕。荒年,道路旁邊,人有餓死的,還
不知道開倉廩來賑濟。推尋孟子的意思,正是"常平倉"的起
點。人死了,就説:'不是我(害死的)呀! 年歲不好
呀!'這和在(用刀)刺死了人之後,却説:'不是我呀,
是刀殺死的呀!'有什麼不同?"人死了,是説死於飢餓和
勞役。(人死)是國君政治措施所引起的;現在却説:"不是我
害死的,是年歲不好,没有收成餓死的。"這和用刀〔兵〕殺死
人,却説:"不是我殺死的,是刀殺死的。"有什麼不同?

30.14.1　凡收買五穀和蔬菜種子,都要在初成熟時收買,
快要下種時賣出,就可以得到加倍的利息。在冬天收
買豆子穀子,到夏天秋初,大雨漲水的時候出賣,價格
也要漲一倍。這是自然的道理。

30.14.2　魯國的秋胡説:"勞力種田,不如逢上豐年。"豐年
更要多收買一些糧食。

30.14.3　史記貨殖列傳記着:"宣曲地方任家,(祖宗)是
(秦代)督道管倉的小吏。秦代敗亡,豪傑都搶着收取
金玉寶物,任家却把倉裏的糧食用窖埋藏起來。到楚
軍漢軍在滎陽對陣作戰,農民不能耕種,一石米賣到
幾萬文錢;(結果)豪傑們所搶得的金玉,都歸了任家,
任家因此就富有了。"這是儲糧的效驗。而且,風災、

蟲災、潦災、旱災，饑荒年歲常常有，十年中，收成不好〔儉〕的占四五年，又怎能不事先預備凶年和天災呢？

30.15.1 師曠占中占卜五穀貴賤的方法：“在每年十月初一，預卜（明年）春天糶賣的價格：東風，春天糧食賤；西風，春天糧食貴。又在四月初一，預卜（當年）秋天糶賣（的價格）：南風、西風，糧食都賤；風向相反，糧價就貴。又在正月初一預卜（當年）夏天糶賣（價格）：南風、東風，糧食都賤；相反則貴。”

30.15.2 師曠占預卜五穀的説法：“正月：甲戌日，如果有大風從東吹來，（大到）樹都被吹折的，稻收成好；甲寅日，大風從西北來，稻貴；庚寅日，風從西面北面來，都貴。二月：甲戌日，風從南來，稻收成好；乙卯日，稻上場，不下雨，晴明，（稻？）收成不好。四月：四日下雨，稻收成好。日月外有環〔珥〕，舉國豐收。十五、十六下雨，晚稻好，日月蝕。”

30.15.3 師曠占中關於五穀（價格）早晚（的變化，有預知的方法）説：“粟和米，常常以九月（的價格）爲‘本’。如果貴賤變化不定〔不時〕，就以（價格）最賤的一個月爲‘本’。粟如果在秋天遇到‘本’（即最賤的一個月在秋季），則明年夏天最貴；如果在冬天遇到‘本’，明年秋天貴。這種（變化）與收穀遠近時間有關。早晚如有差別，可由時間（推定）：粟米，春夏（之交）比去年秋冬貴了百分之七十〔什七〕，到夏天，又比秋冬貴了百分之九十，這已經到了‘陽道’的極端，趕緊脱手，不要再留，留下就會變賤了。"

30.15.4 黃帝問師曠："想（預）知牛馬價格的貴賤（，有無徵候）？"（師曠回答説：）"秋葵下生出小葵，牛馬貴；大葵未受蟲傷，牛馬賤。"

30.16.1 越絶書中記有："越王（勾踐）問范子（蠡）：'我現在要保護五穀（從而保護人民），該如何作？'范子回答：'想要保護五穀，必須向外面〔野〕看，看其他各國〔諸侯〕所多或所少的，作爲準備。'越王問：'（其他各國）所少的，可以困住外國，也有徵候〔應〕嗎？'范子回答：'知道穀價貴賤的方法，是看天的"三表"；知道"三表"，就可以決定了。'越王説：'請問"三表"是什麼？'范子説：'水勢勝過金，就是陰氣蓄積，蓄積太盛，水就死在金裏，所以金中有水。若如此，年成將大敗，八種穀物都貴。金勢盛過木，就是陽氣蓄積，蓄積太盛，金就死在木裏，所以木中有火。像這樣，年成必豐盛，八種穀物都賤。金、木、水、火交替相勝，這就是"天之三表"，不可不察知。察知了"三表"，就可視爲國家〔邦〕之寶。……'越王又問：'陰陽的道理，我已經聽到了；穀價的貴賤，可以告訴我麼？'范子回答：'陽主貴，陰主賤。因此，該寒冷而不寒冷（陽太盛），穀會驟然〔暴〕貴；該温暖而不温暖（陰盛），穀就驟然賤。……'王説：'好！'寫在綢子上，藏在枕内，作爲傳國之寶。"

30.16.2 范子説："堯、舜、禹、湯，都有預見之明；（因此）儘管遇到荒年，民衆也不會受苦。"王説："好！"用銀朱

〔丹〕寫在綢子上，藏在枕内，作爲傳國之寶。

30.17.1　（桓寬）鹽鐵論説：“桃李結實多，第二年果實就少。”（據鹽鐵論今本譯出）

30.17.2　楊泉物理論説：“正月十五夜，占陰陽。陽長今年旱，陰長今年水。竪立一個‘表’，測定表影的長短，來審定水旱。表長十二尺。月影長二尺以下的，今年大旱；二尺五寸至三尺小旱；三尺五寸至四尺，水旱調匀合適，高低地都豐收；四尺五寸至五尺小水；五尺五寸至六尺大水。月影（要測到）極度，即在正面量，所以表要立得正直，才可得到定準。”

30.17.3　又説：“正月初一，四面有黄氣，今年大豐年。（因爲）這是黄帝管事，土氣黄，均匀，四方都豐收。如果黄氣裏雜有青氣，有螟蟲。有赤氣，大旱。有黑氣，大水。”

30.17.4　“正月初一看歲星：上面有青氣，今年桑好；有赤氣，豆好；有黄氣，稻好。”

30.17.5　史記天官書説：“正月初一，看八（方的）風，決定年歲：風從南方來，大旱；西南來，小旱；西方來，有戰争；西北來，戎菽收成好〔爲〕，戎菽就是胡豆，“爲”是收成好。（如果還有小雨，）很快將起戰争；北方來，中等收成；東北來，上好豐年；東方來，大水；東南來，百姓有瘟疫，收成壞。”“正月第一個甲日，有東風，蠶好；西風或清早有黄雲，收成壞。”

30.17.6　師曠占説：“黄帝問：‘我想預知一年的苦、樂、善、

惡，可以知道麽？'（師曠）回答説：'今年甘，先發生的
是甘草薺；今年苦，先發生的是苦草葶藶；今年雨多，先
發生的是雨草藕；今年乾旱，先發生的是旱草蒺藜；今
年潦，先發生的是潦草蓬；今年多病，先發生的是病
草艾。'"

齊民要術卷四

後魏高陽太守賈思勰撰

〔一〕這一個標題下注，明鈔、金鈔都有，明清各刻本中，學津討原與漸西村
　　舍本依宋本補了，其餘各本沒有。

〔二〕這個"柰"字，明清刻本沒有，明鈔、金鈔有。

〔三〕標題小注，情形和校記〔一〕一樣。

〔四〕"插"字，明清刻本都作"種"；金鈔原是"種"字，依唐摺本改正爲"插"。
　　現依明鈔。

園籬第三十一

31.1.1 凡作園籬法：於墙基之所，方整深耕。凡耕作三壠，中間相去各二尺。秋上，酸棗熟時，收，於壠中概種之。

31.1.2 至明年秋，生高三尺許，間①䥍去惡者；相去一尺留一根；必須稀概均調，行伍條直相當。

31.1.3 至明年春，剗䤨傳反②去橫枝。剗必留距③；若不留距，侵皮痕大，逢寒即死。剗訖，即編爲巴籬④，隨宜夾縛⑤，務使舒緩。急則不復得長故也。

31.1.4 又至明年春，更剗其末，又復編之。高七尺便足。
欲高作者，亦任人意。

①"間"：讀去聲，隔開來，中間有空，稱爲"間隔"。

②"剗"：讀音如"船"（ɡyán），意義是切斷樹枝。

③"距"：切斷樹枝時，留下靠莖一小段，像雄鷄的"距"（關中稱爲"揚爪"，河北稱爲"後爪跟"）一樣。

④"巴籬"：現在的"籬笆"，漢代至唐代都稱爲"巴籬"、"芭籬"、"笆籬"。

⑤"縛"：音"篆"（zyàn）。雖也解作"束"起來，但字形和"縛"字不同。

31.2.1 匪直姦人憖笑而返，狐狼亦自息望而迴。行人見者，莫不嗟嘆，不覺白日西移，遂忘前途尚遠，盤桓瞻矚，久而不能去。

31.2.2 "枳棘之籬"①，"折柳樊圃"〔一〕②，斯其義也。

〔一〕"圃"：明鈔本誤作"園"，依金鈔及明清刻本改正。詩經（齊風東方未明）現行本也作"圃"。

①"枳棘之籬"：枳和棘，都是有刺的小灌木，可以種來作青籬用的。

②"折柳樊圃"：這是詩經齊風東方未明中的一句。"樊"是用樹枝圍起來。

31.3.1　其種柳作之者，一尺一樹；初即斜插，插時即編。

31.3.2　其種榆莢者，一同酸棗。

31.3.3　如其栽榆與柳，斜直高共人等，然後編之。

31.4.1　數年成長，共相蹙迫，交柯錯葉，特似房籠〔一〕①。
　　　　既圖龍蛇之形，復寫鳥獸之狀。緣勢嶔崎，其貌非一。

31.4.2　若值巧人，隨便採用，則無事不成（尤宜作机②），其
　　　　盤紆莕鬱，奇文互起，縈布錦繡，萬變不窮。

〔一〕"籠"：明清刻本多已依後來的習慣作"櫳"；明鈔、金鈔却還作"籠"。

①"籠"：疎疎的木條窗，稱爲"槥"（一般都用當作裝獸的木檻講的"櫳"字代
　　替，寫成"房櫳"、"簾櫳"）。

②"机"：據説文"机"是"承物者"，包括現在的"茶几"、"香几"以及稱爲"坐
　　子"（座子）的那些東西；原來不應當有"木"字旁。祕册彙函系統版本
　　作"机"，是明以後的通行字。利用盤枝的木料，作成小桌、瓶坐、花盆
　　架、爐架，以至於小圍屏、槅扇等富有裝飾意義的家具，是我國過去室
　　内布置的一個特色；晉以後到隋唐的人物畫中，已經常常見到，詳細的
　　文字紀載，却很少有。

釋　文

31.1.1　凡要作園籬，方法是（這樣）：（先）在（預備）作墻基
　　　　的地方，方方正正地整理過，深些耕翻。一共〔凡〕耕
　　　　成三壟，（壟與壟）相距二尺。秋天，酸棗成熟時，收下
　　　　酸棗，在壟裏密些播種下去。

31.1.2　到第二年秋天，（新）出的（酸棗苗），已有三尺上下

高的時候,就間隔着將不好的斫去一些;隔一尺留一棵;務必要留得稀密均勻,而且一行行一列列地對準〔相當〕。

31.1.3　到第三年春天,把橫枝切(剶:音ɕуán)掉。切的時候,留下一點"跟"〔距〕。如果不留"跟",皮上的傷痕過大,遇着冷天,就會凍死。切過,隨手編成籬笆,看情形混合〔夾〕着綁結起來,但總要綁得鬆活一些。因爲太緊就不能長了。

31.1.4　到第四年春天,又把末梢切掉,再編結起來。到有七尺高時,也就够了。想作得再高些,也可以隨人高興。

31.2.1　(像這樣作好的"生籬")不但(晚上出來)爲非作歹〔姦〕的人(遇到),慚愧地笑一笑回頭走了,狐狸、狼(遇着),也得放下念頭掉頭回去。過路的人看見,没有不讚嘆,不覺得太陽已經向西移動,竟忘了向前趕路。在(籬旁)來回〔盤桓〕賞玩看望,許久都捨不得離開。

31.2.2　所謂"枳和棘的籬笆",和(詩經的)"折下柳枝來插着圍菜園〔圃〕",都是這個意思。

31.3.1　種柳樹作籬笆的,隔一尺栽一棵;栽時就斜着插下,插好就編起來。

31.3.2　種莢榆樹(作籬笆)的,方法和酸棗一樣。

31.3.3　如果又栽榆樹又栽柳,就等斜的(柳)與直的(榆)都長到和人一樣高的時候,再混起來編。

31.4.1　長過幾年,大家擠在一處,彼此逼着,枝條和葉子相互交錯，很像房屋的窗櫺。（看上去）既有像畫着龍蛇（蟠屈）的情形，又似乎描摹着鳥獸（飛集）的狀態。隨〔緣〕勢高昂〔嶔崎〕，外貌有種種變化。

31.4.2　遇着心靈手巧的人，依方便採作材料應用，沒有什麼作不出的，——尤其宜於作小几和坐子。——盤曲紆迴，散布屈曲，奇怪的花紋參差出現，圍繞〔縈〕着鋪展〔布〕開來，像錦絹一樣，千變萬化，無窮無盡。

栽樹第三十二

32.1.1 凡栽①**一切樹木，欲記其陰陽，不令轉易。** 陰陽易位則難生。小小栽者，不煩記也。

32.1.2 大樹髡②**之；** 不髡風搖則死。小則不髡。

32.1.3 先爲深坑。內③**樹訖，以水沃**④**之，著土令如薄泥；東西南北，搖之良久，** 搖，則泥入根間，無不活者；不搖，根虛多死。其小樹，則不煩爾。**然後下土堅築**⑤**。** 近上三寸不築，取其柔潤也。

32.1.4 時時灌溉，常令潤澤。 每澆，水盡即以燥土覆之。覆則保澤，不然則乾涸。

32.1.5 埋之欲深，勿令撓⑥**動。**

32.1.6 凡栽樹訖，皆不用手捉及六畜觝突〔一〕**。** 戰國策曰："夫柳，縱橫顛到，樹之皆生。使千人樹之，一人搖之，則無生柳矣。"

〔一〕"觝突"：明鈔本誤作"瓶突"；依金鈔及農桑輯要改正。"觝"是用頭和角來觸擊；"突"是頭撞。

①"栽"：作動詞用，是將已有的植株（樹苗），移植到新的地方。

②"髡"：原來的意義，是將頭髮剪短；現在用在樹木，便是剪去一部分枝條。

③"內"：讀作"納"，放進去的意思。

④"沃"："沃"是用大量的水向下灌。

⑤"築"：用杖或杠杆，將鬆土杵緊舂實。

⑥"撓"："撓"字，可讀爲"蒿"，即攪動（依漢書鼂錯傳注）。這裏的"撓"，只能作攪動講。夏緯瑛先生認爲是"搖"字寫錯。

32.2.1 凡栽樹，正月爲上時， 諺曰："正月可栽大樹"，言得時則易生也。二月爲中時，三月爲下時。

32.2.2 然棗、鷄口，槐、兔目，桑、蝦蟇眼，榆、負瘤散[①]，自餘雜木，鼠耳，䗈翅[②]，各其時[③]。此等名目，皆是葉生形容之所象似。以此時栽種者，葉皆即生；早栽者，葉晚出。雖然，大率寧早爲佳，不可晚也。

① “負瘤散”：農桑輯要無“散”字；金鈔與明鈔都有“散”字。這三個字連用，意義不明。榆樹葉芽，都是小顆粒形，將舒展時，便散開來；可能是將小顆粒比擬成“負瘤”，散字讀上聲，當自動詞用（金鈔“負”本寫作“員”，後來依唐摺本校正作“負”）。

② “䗈翅”：“䗈”，今日通用“虻”字；是一種大型的吸血雙翅類昆蟲，常擾害人畜。

③ “各其時”：即“各以其時”的意思；凡葉生出，達到鷄口、兔目……䗈翅等大小的時候，最合於移栽。

32.3.1 樹，大率種數既多，不可一一備舉；凡不見者，栽蒔之法，皆求之此條。

32.4.1 淮南子[①]曰：“夫移樹者，失其陰陽之性，則莫不枯槁。”高誘曰：“失，猶易。”

32.4.2 文子[②]曰：“冬冰可折，夏木可結，時難得而易失。木方盛，終日採之而復生；秋風下霜，一夕而零。”非時者功難立。

① 這一段在原道訓中，今本淮南子，起處“夫移”作“今夫徙”。

② “文子”：這一部書，是雜亂地鈔襲許多書（主要的是淮南子）編成的。作者是誰，尚無定論，章炳麟以爲出自後魏張湛之手。本書所引這幾句與今本文子相同，而與淮南子説林訓稍有差異。賈思勰稍後於張湛（大約一百年左右？），由此似乎可以間接證明，將“文子”撰集成書的，

很可能就是張湛。

32.5.1 崔寔曰:"正月,自朔暨^①晦,可移諸樹:竹、漆、桐、梓、松、柏、雜木。唯有果實者,及望而止,望謂十五日。過十五日,則果少實。"

①"暨":即"至"。

32.6.1 食經曰:"種名果法:三月上旬,斫取好直枝,如大母指^①,長五尺,内著芋魁中^②種之。無芋,大蕪菁根亦可用。勝種核;核,三四年,乃如此大耳。可得行種^③。"

①"大母指":即"大拇指"。

②"内著芋魁中":"内"即"納"。"芋魁"是芋的中心主幹塊莖。

③"可得行種":"行種",可能作"暫時種"(即假植)講,也可能是作"成行列地種"講。

32.7.1 凡五果^①,花盛時遭霜,則無子。常預於園中,往往^②貯惡草生糞。天雨新晴,北風寒切,是夜必霜。此時放火作煜^③,少得煙氣,則免於霜矣。

①"五果":按習慣,是指"桃、李、梅、栗、棗";但事實上應是泛指各種果樹説的。因爲梅花開時不可能有霜害,棗花卻只在晚霜後才開花。

②"往往":即"隨時"。

③"煜":"鬱煙",即不見火燄的燃燒,發生許多煙。

32.8.1 崔寔曰:"正月盡^①、二月,可剶樹枝。二月盡、三月,可掩樹枝。"埋樹枝土中,令生^②,二歲已上,可移種矣。

①"盡":即"月尾"。

②"令生":此下可能是脱落了一個"根"字或"栽"字。

釋　文

32.1.1　凡屬（移）栽樹木，都要記下它的陰面陽面，（照原有位置栽下）不要改換。改換了原有的陰陽面，就不容易成活；很小很小的樹苗，移栽時可以不必記。

32.1.2　大樹，要把枝葉剪去〔髡〕；不剪掉，風吹搖動，（根不牢固，）就會死掉。小的就不必剪。

32.1.3　先掘成深坑。樹放下之後，灌上水，讓土和成稀泥漿；向東西南北四面各搖一大陣，搖過，泥土進到根中間，沒有不活的；不搖，根中間空虛，死亡的多。小樹，可以不必這麼〔爾〕（搖）。然後將土撥下坑去，（用杵）築緊。靠面上的三寸不要築，讓它軟和〔柔〕潤澤。

32.1.4　時時灌水，保持經常溼潤。每澆一次水，水都滲下去以後，就蓋上一層乾土。蓋住的，可以保持溼潤，不蓋就會乾涸。

32.1.5　（根）要埋得深，不要讓它搖動。

32.1.6　凡栽下的樹，栽了，不要再用手去摸，也不要讓牲口（頭角身體）碰動。戰國策裏有一段話：“柳樹，直栽橫栽倒栽，都可以成活。但是一千人種下的柳樹，只要有一個人把它們都搖過，就不會有活柳樹了。”

32.2.1　凡屬移樹，最好是在正月裏移，俗話說，“正月可以栽大樹”，是說時令合宜，容易成活。其次是二月間，三月已是最遲了。

32.2.2　不過棗樹移雞口，槐樹移兔兒眼，桑樹移蝦蟇眼，榆樹移"小包包"。其餘各種樹,像老鼠耳朵,牛虻翅膀……各有相當的時候。這些名目,都是葉芽綻開時,形狀所像的東西。在這些時候栽,葉子可以隨即發出,栽得早,葉便出得遲。(可是)儘管這樣,總寧願早些移,不要太晚。

32.3.1　樹底種類很多,不能全部都在這裏説完;本書中没有專篇討論的,栽種的方法,都以這條作標準。

32.4.1　淮南子説:"移樹時,如果失去了(原來的)陰陽方向,就没有不枯死的。"高誘(注解)説:"失去就是改變。"

32.4.2　文子説:"冬天可以折冰,夏天可以編樹,時間難於把住而容易喪失。樹木生長茂盛的季節,採折(葉子)之後,還可以再發生;秋風下霜之後,一夜工夫,(不折)也都落盡了。"不在適當的時候,難得有功。

32.5.1　崔寔説:"正月,從初一〔朔〕到月底〔晦〕,可以移栽各種樹:竹、漆樹、桐樹、梓樹、松樹、柏樹和各種雜木。但是有果實的樹,必須在十五日〔望〕以前,望是十五日。過了十五日移的,果實就會減少。"

32.6.1　食經裏種名果的方法:"三月初旬,(從好樹上)斫取好的、直的枝條,有大拇指(粗細)的,(大約)五尺長,插在大芋魁裏面去種下。没有芋魁,用大蕪菁根也可以。這樣,比種果樹核强;種核的,三四年,才長得這樣大。而且還可以'假植'〔行種〕。"

32.7.1　各種果樹,花開得旺盛時遇到結霜,便不能結實。應當隨時在園裏積蓄一些雜草、爛葉、生牲口糞,作爲準備。雨後新晴,吹着北風,寒氣驟猛,夜間必定結霜。這時放火燒草，作成暗火，發生一些煙，就可保護果樹，不受霜的侵害。

32.8.1　崔寔（四民月令）説："正月底〔盡〕二月，可切除樹枝。二月底三月，可以掩埋樹枝（作低枝壓條）。"把樹枝埋在地裏，讓它生（根），兩年以後，可以移栽。

種棗第三十三〔一〕

33.1.1 爾雅曰〔一〕:"壺棗;邊,要棗;櫅,白棗;樲,酸棗;楊徹,齊棗;遵,羊棗;洗,大棗;煮填棗;蹶泄,苦棗;晳,無實棗;還味,棯棗。"郭璞注曰:"今江東呼棗大而銳上者,爲'壺',壺猶瓠也。'要',細腰,今謂之鹿盧①棗。'櫅'即今棗子白熟②。'樲',樹小實酢。(孟子曰:"養其樲棗。")'遵',實小而員③,紫黑色,俗呼羊矢棗。(孟子曰:"曾子〔二〕嗜羊棗。")'洗',今河東猗氏縣出大棗,子如雞卵。'蹶泄',子味苦。'晳',不著子者。'還味',短味也。'楊徹'、'煮填'未詳。"

33.1.2 廣志曰:"河東安邑棗;東郡穀城紫棗,長二寸;西王母棗,大如李核,三月熟;河内汲郡棗,一名墟棗;東海蒸棗;洛陽夏白棗;安平信都大棗;梁國夫人棗;大白〔三〕棗,名曰'蹙咨',小核多肌〔四〕;三星棗;駢白棗;灌棗。又有狗牙、鷄心、牛頭、羊矢、獼猴、細腰之名。又有氏棗、木棗、崎廉棗、桂棗、夕棗也。"

33.1.3 鄴中記:"石虎苑中,有西王母棗,冬夏有葉;九月生花,十二月乃熟,三子一尺。又有羊角棗,亦三子一尺。"

33.1.4 抱朴子曰:"堯山有歷棗。"

33.1.5 吳氏本草曰:"大棗者,名'良棗'。"

33.1.6 西京雜記曰:"弱枝棗、玉門棗、西王母棗、棠棗、青花棗、赤心棗。"

33.1.7 潘岳閒居賦有"周文弱枝之棗"。丹棗④。

33.1.8 案青州有樂氏棗,豐〔五〕肌細核,多膏,肥美爲天下第一。

父老相傳云，樂毅破齊時，從燕齎來所種也。齊郡西安、廣饒二縣所有名棗，即是也。今世有陵棗，幪弄棗也。

〔一〕“爾雅曰：‘壺棗……’”依本書其他各卷的例，這一段大字，原是注解大標題的“棗”字的，應當是小字夾注；可能因爲下面所引爾雅郭注，在爾雅原書是小字，移入本書，該作注中小注，所以臨時改變了。以下還有幾處，也有同樣的情形。“壺棗”之上，祕册彙函系統版本還多一個“棗”字。爾雅原文是有這個棗字的；但它是總領以下各種棗類的一個提綱總名；現在引用爾雅中各種棗名，只是爲標題中“棗”字作注，便不再需要這個總領名稱。明鈔、金鈔、群書校補所據鈔宋本，都沒有這個字；沒有才是正確的。

〔二〕“曾子”：今本孟子作“曾晳”，金鈔、明鈔及明清刻本的“子”字，是錯誤的。

〔三〕“大白”：明鈔作“太白”；金鈔、明清刻本，及初學記卷28，太平御覽卷965所引廣志，都是“大白”，照改。

〔四〕“肌”：明鈔、金鈔及祕册彙函系統各刻本均作“肥”，只崇文本作“肌”。初學記及太平御覽所引正作“肌”。“肌”字是正確的。

〔五〕“豐”：明鈔本作“曹”；祕册彙函系統各刻本，都缺這一個字；金鈔作“豊”。“豊”顯然是“豐”字的錯寫，因爲字形相似，又誤作“曹”。“曹”字無法解釋，於是祕册彙函本就連“曹”字也爽性省去，把這幾句讀成“肌細、核多、膏肥……”而不曾想到“核多、膏肥”的不通。

①“鹿盧”：郝懿行爾雅義疏：“鹿盧，與轆轤同，謂細腰也。齊民要術引廣志曰：棗有……細腰之名。”解釋得很清晰。

②“棗子白熟”：郝懿行爾雅義疏：“白棗者，凡棗熟時赤，此獨白熟爲異……。”

③“員”：即“圓”字的假借。

④“丹棗”：各本“丹棗”兩字都在潘岳賦句中。但今本文選中的潘岳閑居賦，以及初學記等書引用閑居賦，並無“丹棗”。西京雜記説上林苑有

七種棗,所舉名稱,有六種與本書所引的相同。本書所缺一種,今本西京雜記作“樗棗”,次序在“赤心棗”上。依金鈔本看,赤心棗恰好與“丹棗”隔行並列。因此,懷疑“丹棗”應是原來賈思勰所見到的西京雜記所記七種之一,後來的西京雜記改作“樗棗”了,或者西京雜記今本的“樗棗”不誤,但賈思勰引用時誤作“丹棗”;宋代校刊時,便排在隔行而且同樣以“弱枝棗”起首的閑居賦中去了(太平御覽所引的西京雜記也是“樗棗”)。

33.2.1 常選好味者,留栽之。

33.2.2 候棗葉始生而移之。棗性硬,故生晚;栽早者,堅垎,生遲也。三步一樹,行欲相當。地不耕也。

33.2.3 欲令牛馬履踐、令淨。棗性堅彊,不宜苗稼,是以耕[①];荒穢則蟲生,所以須淨;地堅饒實,故宜踐也。

①“是以耕”:這一段小注,各本錯誤脱落很多。金鈔和明鈔本全同,但金鈔注尾空白一格,空白之上,有一個“一”字,而這“一”字又用斜勾畫上,表示不要。由文義上説,似乎“耕”字上必需有一個“不”字,然後纔能講解,句法也纔整齊;同時也就可以説明爲什麽小注末尾,原書應有一格空白。上面“行欲相當”下的小注,也有“地不耕也”的話;這裏,説明爲什麽“不耕”。

33.3.1 正月一日日出時,反斧斑駁椎之[①],名曰“嫁棗”。不斧則花而無實;斫則子萎而落也。

33.3.2 候大蠶入簇,以杖擊其枝間,振去狂花。不打,花繁,不實成。

①“反斧斑駁椎之”:“椎”字,現在多用“錘”“捶”“棰”“鎚”“槌”“搥”等同音字代替;是用重而鈍的東西打擊。“駁”字,一般寫作“駮”,意義和“斑”相近(原來是“馬色不純”,即有大片不同色的毛,“斑”是小塊的雜色)。

斑駁,即是零星散亂不均勻的分佈。"反斧"是反過來,用非刃口的鈍頭。全句是"用斧的鈍頭,到處敲打"。

33.4.1 全赤即收。收法,日日撼_{胡感切}而落之爲上。半赤而收者,肉未充滿;乾則色黄而皮皺。將赤,味亦不佳美。赤久不收,則皮破,復有烏鳥之患。

33.5.1 曬棗法:先治^①地,令淨。有草萊,令棗臭。布椽於箔下,置棗於箔上。以杴^②聚而復散之,一日中二十度乃佳。夜仍不聚。得霜露氣,乾速。成^③陰雨之時,乃聚而苫蓋之。

33.5.2 五六日後,別擇:取紅軟者,上高廚而暴之。廚上者已乾;雖厚一尺,亦不壞。擇去脝^④爛者。脝者永不〔一〕乾,留之徒令污棗。

33.5.3 其未乾者,曬曝如法。

〔一〕"不":明鈔本作"下";金鈔和明清刻本俱作"不","不"字是正確的。

①"治":讀去聲,即整理。

②"杴":明清刻本多作"扒",正是現在通行的字。王禎農書中有"杴",是"無齒杷"。

③"得霜露氣,乾速。成……":許多加句讀的版本,都將"成"字連在"速"字下斷句,讀爲"速成"。但"得霜露氣乾",是不可解的。霜露氣,是説夜間大氣温度低,因此達到水汽飽和所需要的汽分壓也低,空氣不會乾燥。但經過一天的曝曬,棗是熱的,夜間在冷空氣裏蒸發,還是比堆積起來時乾得快,所以"乾速"應是一句。"成"字,很可能是"或",即偶然的意思,偶然陰雨,大氣溼度既大,又可能有點濺入,所以要苫蓋。

④"脝":音膖,一切經音義卷一引埤蒼,解作"腹滿也"。也可讀去聲;現在寫成"胖"的,應當就是"脝"字。現在湖南長沙附近的方言中,還用"脝爛"(都讀陰平)來形容豐滿充足。

33.6.1 其皐勞[一]之地，不任耕稼者，歷落種棗，則任矣。

棗性炒①故。

〔一〕"皐勞"：金鈔作"旱勞"，祕册彙函系統刻本改作"旱勞"，和"皐勞"同一不可解。夏緯瑛先生以爲是"皐旁"，即土堆旁邊小坡上的地。"旁"字誤作"勞"，本書常有（例如插梨第三十七校記37.5.1.〔一〕）。

①"炒"：金鈔和明鈔作"炒"，農桑輯要及祕册彙函系統各本作"燥"。與上文另一小注"棗性堅强"對比，"炒"固然不可解，"燥"也不合理。懷疑是"炕"（去聲），即展開的意思。

33.7.1 凡五果①及桑，正月一日鷄鳴時，杷②火遍照其下，則無蟲災。

①"五果"：即各種果樹。

②"杷"：即"把"字，手握住的意思。

33.8.1 食經曰："作乾棗法：新菰蔣[一]，露於庭，以棗著上，厚二寸，復以新蔣覆之。"

33.8.2 "凡三日三夜。撤覆露之，畢日曝取乾，内屋中。"

33.8.3 "率①：一石，以酒一升，漱②著器中，密泥③之，經數年不敗也。"

〔一〕"菰蔣"：明鈔本作"收蔣"，漸西村舍本作"收菰蔣"。現依金鈔改正。菰蔣是"茭瓜"（茭白）的葉子。

①"率"：音"律"，即"比例"。

②"漱"：雜説第三十注解30.301.1.①。

③"泥"：作動詞，即"用泥封"。

33.9.1 棗油法：鄭玄曰："棗油：擣棗實，和①，以塗繒上，燥而形似油也，乃成之。"

①"和"："均勻"；把棗擣爛和勻。這樣的加工品，現在普通稱爲"膏"，只有
　　具流動性的纔稱爲油。

33.10.1　棗脯法：切棗曝之，乾如脯也。

33.11.1　雜五行書曰："舍南種棗九株，辟縣官①，宜蠶桑。"

33.11.2　"服棗核中人②二七枚，辟疾病③。"

33.11.3　"能常服棗核中人及其刺，百邪不復干④矣。"

①"辟縣官"，辟是"被召選"；下面的"辟疾病"是"避免"，和"辟邪"、"辟穢"
　　等詞同一意義。或者，依夏緯瑛先生説，兩個字同作"避"解（在從前老
　　百姓的生活中，"縣官"常是禍害的來源，便和疾病同樣，要極力避免遇
　　見的）。

②"人"：即核中的"仁"（以前都用"人"字）。

③"辟疾病"：見上注。

④"干"："干擾"、"干犯"、"相干"等詞中的"干"，有侵犯、牽連的意義。

33.12.1　種楔棗法①：陰地種之，陽中則少實。足霜色殷②，然後
　　　　　乃收之。早收者澀，不任食之也。説文云："楔棗也，似柿
　　　　　而小。"

①依本書體例，"説文云：……"這十個字，只應當是小注，而且只應當在標
　　題之下；而"陰地……食之也"，却應當是正文。楔棗，是和柿相似的一
　　種樹，與棗不同。

②"殷"：讀作"煙"，帶黑的深紅色。

33.13.1　作酸棗麨①法：多收紅軟者，箔上日曝令乾，大釜中煮
　　　　　之，水僅自淹。一沸即漉出，盆研之②。生布絞取濃汁，塗盤
　　　　　上或盆中。盛暑，日曝使〔一〕乾，漸以手摩挲，取爲末。以方寸
　　　　　匕③投一椀水中，酸甜味足，即成好漿④。遠行用和米麨，飢渴
　　　　　俱當也。

〔一〕“使”：明鈔作“便”，依金鈔及明清刻本改正。

① “麨”：音“炒”，即將麥、稻等穀物，炒熟，磨成麵，或先磨後炒，作乾糧〔糗糒〕用。“酸棗麨”，並不是用酸棗的澱粉作成的麨，而是用乾酸棗汁來和麨。後面的杏李麨和酸棗麨一樣；奈麨則專用奈果實的澱粉；林檎麨用林檎果實澱粉作成，但可以與米麨混和用。

② “即漉出，盆研之”：“漉”是隔出水中的固體浮游物。依下文另兩種麨的作法（第三十六的“杏李麨”和第三十九的“奈麨”）比並看來，“盆”字下面還應當有一個“中”字。

③ “方寸匕”：是量粉末的一個數量單位。名醫別録説：“方寸匕者，作匕正方一寸，抄（取）散（藥粉），取不落爲度。”（必須注意：所謂“寸”，是陶弘景時代的尺度！）

④ “漿”：有酸甜味的飲料。

釋　文

33.1.1 　爾雅解釋（棗的種類）説：“有（瓠形的）壺棗；‘邊’是（細）腰〔要〕棗；櫅是白棗；樲是酸棗；楊徹是齊地的棗；遵是羊棗；洗是大棗；煮填棗；蹶泄是苦棗；皙是没有核的棗；味不好〔還味〕的是楰棗。”郭璞（爲這一段爾雅所作的）注解，是：“現在（晉代）江東將（下面）大而蒂端〔上〕尖〔鋭〕的棗叫做‘壺’，‘壺’也就是‘瓠’。‘要’是細腰，現在叫做‘鹿盧棗’。櫅，就是現在的白熟（熟後不紅而白）棗子。‘樲’，樹小而果實酸，也就是孟子（告子上）所謂‘養其樲棗’的樲。‘遵’，果實小而形狀圓，紫黑色，俗名‘羊屎〔矢〕棗’。孟子裏（盡心下）有‘曾皙歡喜吃〔嗜〕羊棗’的話。‘洗’，像現在河東猗氏縣出的大棗，果實〔子〕有雞蛋大。‘蹶泄’，果實味苦。‘皙’是不結果的。‘還味’是味道不好〔短〕。‘楊徹’‘煮填’,(郭璞)不清楚〔未詳〕。”

33.1.2 廣志説:“河東安邑出産棗;東郡穀城的紫棗,有二寸長;西
王母棗,(只)有李核那麼大小,三月就熟了;河内汲郡出的棗,
又叫做‘墟棗’;東海蒸棗、洛陽夏(熟的)白棗、安平信都大
棗;梁國夫人棗;有大白棗,叫作‘蹙咨’,核小肉〔肌〕多;有三
星棗;駢白棗;灌棗。還有狗牙、雞心、牛頭、羊屎、獼猴、細腰
之類的名目。此外還有氏棗、木棗、崎廉棗、桂棗、夕棗。”

33.1.3 陸翽鄴中記説:“石虎的花果園〔苑〕中,有西王母棗,冬天
夏天都有葉子;九月開花,十二月才成熟,三個棗子相接聯時
有一尺長。又有羊角棗,也是三個就有一尺長。”

33.1.4 抱朴子裏記載:“堯山有歷棗。”

33.1.5 吳氏本草説:“大棗稱爲‘良棗’。”

33.1.6 西京雜記記有:“軟〔弱〕枝棗、玉門棗、西王母棗、棠棗、青
花棗、赤心棗。”

33.1.7 潘岳閒居賦中有(一句)“周文弱枝之棗”。丹棗。

33.1.8 青州有一種“樂氏棗”,多肉〔豐肌〕而核小,汁多,肥美爲天
下第一。老人們相傳,(説它)是樂毅破齊軍時,從燕國帶來種
下的。齊郡的西安(現在的臨淄縣附近)、廣饒兩縣所出的著
名好棗,就是(樂氏棗)。現在(後魏)還有陵棗,就是懞弄棗。

33.2.1 常常選取味道好的棗核(即種子),留下來種〔栽〕。

33.2.2 等棗樹葉子剛發生的時候,移植樹苗。棗樹性質耐
旱〔硬〕,所以葉子發生很晚;移栽太早,(土壤)堅硬,生長(成
活)反而較遲。三步一棵,要排成行。以後地不要耕。

33.2.3 (種有棗樹的地,)要讓牛馬在(上面)踐踏,使(地
面)乾淨。棗樹吸收水分的本領大〔性堅彊〕,(樹下)不宜於

種其他秧苗或莊稼，所以（不要）耕翻；不耕〔荒〕長着雜草〔穢〕，容易生蟲，所以要乾淨；地硬，果實多〔饒〕，所以要牲口踐踏。

33.3.1 正月初一日，太陽出來的時候，用斧頭的鈍頭，在樹上到處敲打，稱爲“嫁棗”。不敲，就只開花不結實；用斧刃斫，嫩果就會萎蔫脫落。

33.3.2 到大醮上山結繭〔入簇〕時，用棍在枝條中敲打，使“狂花”因搖動〔振〕而落去。不打，花太多，不結實，（結了）也不能（全）成熟。

33.4.1 （棗子）完全紅了就收。收法，天天把樹搖動〔撼：原注音是 hàm，今音 hàn〕，使（熟棗）落下最好。半紅就收，肉沒有長飽滿；乾後顏色黃，皮皺。快紅的，味道也不好。紅了很久不收，皮會裂開；而且還會有被烏鴉和（其他）鳥啄吃的麻煩。

33.5.1 曬棗的方法：先把地面整理乾淨。地面有生草〔草〕或枯草〔萊〕，棗就會發臭。用椽條支着席箔，棗放在席箔上。用杴翻動，堆聚後又散開，一天（翻動）二十遍才好。夜晚還是不要堆聚。晚間得到霜露氣，乾得快。只有偶然〔或〕遇了陰雨的時候，才堆起來用茅苫蓋上。

33.5.2 過了五六天，分別揀擇：將紅的軟了的，擱到高架〔廚〕上去曬。高架上的，已經乾了；就是堆聚到一尺厚，也不會壞。胮爛的擇出來（不要）。胮爛的，再也不會乾，留下只會污染（其餘的好）棗。

33.5.3 沒有乾的，（繼續）如法再曬。

33.6.1　土堆〔阜〕旁地小坡上不能耕（來種莊稼）的，零星〔歷落〕種上棗樹，是可以〔任〕的。因爲棗樹是向外展開〔炕〕的。

33.7.1　所有果樹和桑樹，在正月初一雞鳴的時候，把着火炬在樹下照一遍，就没有蟲災。

33.8.1　食經所記作乾棗的辦法："新收的茭白葉子，排在院子裏地面，將棗子攤在上頭，二寸厚之後，再用新茭白葉子蓋上。"

33.8.2　"過了三天三夜，去掉蓋的，露出棗來。此後，讓太陽曬到乾，收進屋子裏。"

33.8.3　"按一石棗一升酒的比例，用酒把棗洗過，裝進盛器裏，用泥土封密，可以經過幾年不至於敗壞。"

33.9.1　棗油（作）法：鄭玄説："棗油：把棗子擣爛，和匀，塗在絹上，乾了，像油一樣，就成功了。"

33.10.1　棗脯（作）法：把棗子切開來曬乾，像（曬）肉乾〔脯〕一樣。

33.11.1　雜五行書説："房屋南邊種九株棗樹，可以希望被徵辟去作縣官，也宜蠶桑。"

33.11.2　"吃下二十七枚棗仁，可以避免生病。"

33.11.3　"能常吃棗核裏的仁和棗樹刺，一切妖邪都不能侵犯。"

33.12.1　種楔棗的方法：要種在陰地，種在陽地，果實不會多。（果實）經過足够的霜，顏色變成帶黑的深紅後，才收積。收得早的，有澀味不好吃。説文説："楔棗，像柿子，但（形體較)小。"

33.13.1 作酸棗麨的方法：多多收集紅了軟了的酸棗果實，在箔上讓太陽曬乾，放在大鍋裏煮，水剛剛淹過棗面就够了。一開，就漉出來，在盆裏研磨。用未練過的〔生〕布絞得濃汁，塗在盤上或盆底上。大熱天，在太陽下曬乾，慢慢用手指摩下，取得乾粉。（將這樣的乾粉）一"方寸匕"，投在一碗水裏，酸味甜味都够了，就是一碗好飲料。旅行時（用這種麨）來和炒米粉，解渴和充飢同時都作到了。

種桃奈第三十四

34.1.1 爾雅曰:"旄,冬桃;櫷桃,山桃。郭璞注曰:"旄桃,子冬熟。山桃,實如桃而不解核[一]。"

34.1.2 廣志曰:"桃有冬桃、夏白桃、秋白桃、襄桃(其桃美也),有秋赤桃。"

34.1.3 廣雅曰:"柢子①者,桃也。"

34.1.4 本草經曰:"桃梟,在樹不落,殺百鬼。"

34.1.5 鄴中記曰:"石虎苑中有句鼻桃,重二斤。"

34.1.6 西京雜記曰:"核桃、櫻桃、緗核桃、霜桃(言霜下可食)、金城桃、胡桃(出西域,甘美可食)、綺蔕桃、含桃、紫文桃。"

〔一〕"實如桃而不解核":要術各版本都是這樣。今本爾雅,"而"字下有"小"字;"小"字似乎應有。

①"柢子":明鈔誤作"抵子",金鈔作"柢子"。今本廣雅作"桅子,楮桃也",與桃不相干。"柢"字可讀"桅"音。

34.2.1 **桃奈桃欲種法**①:**熟時,合肉全埋糞地中**;直置凡地,則不生,生亦不茂。桃性早實,三歲便結子,故不求栽[一]也。**至春既生,移栽實地。**若仍處糞中,則實小而味苦矣[二]。

34.2.2 **栽法:以鍬合土掘移之。**桃性易種難栽②,若離本土,率多死矣,故須然矣。

34.2.3 **又法**③:桃熟時,於墙南陽中煖處,深寬爲坑。選取好桃數十枚,擘取核,即内牛糞中,頭向上,取好爛糞,和土厚覆之,令厚尺餘。至春,桃始動時,徐徐撥去糞土,皆應生芽。合取核種之,萬不失一。其餘④以熟糞糞之,則益桃味。

〔一〕"栽":明鈔本作"殺"。祕册彙函系統各版本,這個字作"穀"、"殺"、"栽穀”，很混亂。今依金鈔及農桑輯要改正。“栽”是可以作扦插用的枝條。

〔二〕“苦矣”：明鈔作“若者”，金鈔作“苦者”；農桑輯要只有一個“苦”字；祕册彙函系統本作“苦矣”。作“者”固然可以，但“矣”字更合本書慣例。

① “桃柰桃欲種法”：這幾個字聯綴起來，固然不是絕不能解釋，但極勉強。今本西京雜記所記，上林苑有桃十種，本書只有九種。九種中，第一第二兩種，明鈔本是“核桃、櫻桃”，學津討原及根據學津討原校過的漸西村舍刊本和明鈔本同；金鈔是“櫺桃、櫻桃”；祕册彙函系統及其他版本是“核桃、櫺桃”；今本西京雜記則是“秦桃，櫺桃”，櫻桃在第三；太平御覽所引是“秦桃、櫻桃”，其餘七種與本書次序不同，但名稱還是相同的。西京雜記中多出的“秦桃”，頗可懷疑。“秦”字如指地區，則上林苑正在關中，秦桃並不特別值得認爲“名果異樹”來“獻”給皇帝。“秦”字也不見是“奇麗”的美名。這就與“上林苑品種”的資格（據西京雜記説，漢武帝時，“……初修上林苑，群臣遠方，各獻名果異樹，亦有製爲美名，以標奇麗……”）不符合。但“秦”字字形和“柰”有些相似；本節下文34.5.1“術曰”之下，就有“柰桃”之名。可能雜記中的“秦桃”，原是“柰桃”；賈思勰引用時，認爲柰桃不是真正的桃，只是“桃類”，因而改排在最後，同時加以注明“柰桃，桃類”。傳寫中，這四個字錯成了“桃柰桃類”。“類”字草書和“欲”字相像，於是鈔寫中又錯成了“欲”。“桃柰桃欲”不成文理，便只好連在“種法”之上，成了正文。於是原文“種法”兩字作爲一節小標題的本來面貌，便完全改變了。

這一篇的大標題是“種桃柰”，標題中雖有“柰”字，正文中却沒有涉及柰的地方；而下面却另有一篇柰林檎第三十九，討論着柰。本篇除了“桃”之外，兼帶叙述了櫻桃和葡萄；葡萄最初原寫作“蒲桃”、“葡桃”，所以“顧名思義”（其實是因爲它們味似桃又有核，名由義出！）櫻桃、葡萄都是“桃類”。因此，懷疑大標題中的“柰”字，如非誤添，便應當是“類”字。寫錯了。

② “易種難栽”：“種”是種核，即由實生苗直接定植不移；“栽”是利用扦插、

壓條，或移植野生的實生苗。

③"又法"：照我們現在的習慣，"又法"下面的文章，正是正文，應當用大字；但這兩段却都寫成了小注。這種情形，可能是原著者在書成之後，臨時有所見聞，隨時補入，但空處太小，寫不下了，所以寫成小字，後來鈔刻，也就沒有改正。本書中這樣的例很多。

④"其餘"：意思是"以後"。

34.3.1 桃性皮急。四年以上，宜以刀豎劙其皮；不劙者，皮急則死。七八年便老，老則子細。十年則死。是以宜歲歲常種之。

34.3.2 又法①：候其子細，便〔一〕附土斫〔二〕去；栽上生者，復爲少②桃。如此，亦無窮也。

〔一〕"便"：明鈔、金鈔都作"使"，依農桑輯要改正。

〔二〕"斫"：明鈔作"研"，顯然是字形相近寫錯的；依金鈔及農桑輯要改正。

①"又法"：見 34.2.3.③的注解。

②"少"：讀去聲，即"幼年"、"少壯"。

34.4.1 桃酢法：桃爛自零①者，收取；内之於瓮中，以物蓋口。七日之後，既爛，漉②去皮核，密封閉之。三七日酢成，香美可食。

①"零"："落下"。

②"漉"：見種棗第三十三注解 33.13.1.②。

34.5.1 術曰："東方種桃九根，宜子孫，除凶禍。胡桃〔一〕、奈桃種亦同。"

〔一〕"胡桃"：明鈔及明清多種刻本，皆作"明桃"；依金鈔及崇文書局刻本改作"胡"字。

34.11.1 櫻桃：爾雅曰：“楔，荆桃〔一〕。”郭璞曰：“今櫻桃。”

34.11.2 廣志〔二〕曰：“楔桃，大者如彈丸，子有長八分者，有白色〔三〕者，凡三種。”

34.11.3 禮記曰：“仲夏之月，天子羞以含桃。”鄭玄注曰：“今謂之櫻桃。”

34.11.4 博物志曰：“櫻桃者①，或如彈丸，或如手指；春秋冬夏，花實竟歲。”

34.11.5 吳氏本草所說云：“櫻桃，一名朱桃〔四〕，一名英桃。”

〔一〕“荆桃”：明鈔作“荆枕”；明清刻本也多是作“枕”的。今依金鈔、農桑輯要及今本爾雅改正。

〔二〕“廣志”：各本作廣雅，依藝文類聚、初學記、太平御覽等改正作“廣志”。

〔三〕“白色”下，明鈔本原空一格；金鈔本，在這空格處原鈔有“服”字，後依“唐摺本”改正作“肥”。據太平御覽卷969、初學記卷28及藝文類聚卷86所引的廣志（不是廣雅！）則“白色”兩字下有“多肌”（類聚作“多肥”）兩字。這兩個字應當是原來廣志正文。本書引用時，誤作廣雅，又誤落一字。今本廣雅中，沒有這幾句，只有“含桃、櫻桃也”。下文“凡三種”的“三”，太平御覽所引是“二”，類聚和初學記是“三”；“三”是正確的。

〔四〕“朱桃”：要術各本及初學記所引，均作“牛桃”；據太平御覽所引，應當是“朱桃”。朱是指櫻桃正紅的顏色，很合理；“牛桃”便毫無意義，所以依太平御覽改正。本草綱目所引名醫別錄中的異名，也作“朱桃”。

　　　　下文“一名英桃”，御覽所引作“一名麥英”；本草綱目所引別名是“麥櫻”。其他書中，這三個名稱都有，常常錯見互引，沒有選擇的標準，暫依明鈔原樣保留。

①“櫻桃者”：今本博物志及藝文類聚所引，作“櫻桃大者……”“大”字應當有。

34.12.1 二月初，山中取栽；陽中者，還種陽地；陰中者，還種陰地。若陰陽易地則難生，生亦不實。

34.12.2 此果性生陰地，既入園圃，便是陽中，故多難得生。

34.12.3 宜堅實之地，不可用虛糞也。

34.21.1 蒲萄：漢武帝使張騫至大宛，取蒲萄實，於離宮別館旁盡種之。西域有蒲萄，蔓延實並似蘡①。

34.21.2 廣志曰：“蒲萄有黃、白、黑三種者也。”

①“蘡”：“蘡”即“蘡薁”，是 *Vitis Thunbergii* 及其相近的種類。在中國黃河、長江流域，向來很普遍。參看本書卷十“薁”條92.32。

34.22.1 蔓延，性緣，不能自舉。作架以承之，葉密陰厚，可以避熱。

34.23.1 十月中，去根一步許，掘作坑，收卷蒲萄，悉埋之。近枝莖薄安黍穰彌佳，無穰直安土亦得〔一〕。

34.23.2 不宜溼，溼則冰凍。

34.23.3 二月中，還出，舒而上架。

34.23.4 性不耐寒，不埋即死。

34.23.5 其歲久根莖麤大者，宜遠根作坑，勿令莖折。其坑外處，亦掘土并穰培覆之。

〔一〕“安土亦得”：明鈔作“安上弗得”。今依金鈔、農桑輯要及明清刻本改作“安土亦得”。“安”是“安放”的意思。

34.25.1 摘蒲萄法：逐熟〔一〕者，一一零疊一作〔二〕摘取；從本至末，悉皆無遺。世人全房折殺者，十不收一。

〔一〕“逐熟”：“逐”字，萬有文庫本譌作“極”；“熟”，祕册彙函各本譌作“熱”。

〔二〕“零疊一作”：這一處，各種版本，都很紊亂。明鈔本，“一作”兩個字偏在右邊，左邊空白，表示至少還有一個字。祕册彙函系統各本，都將

"一作"排在中間,和上下文相聯,於是"一作"便和下文"摘取"連成了一句,似乎"'零疊'一作'摘取'"。和下面"作乾葡萄法"對比一看,就知道"零疊"很顯然地和"一一"同是形容"摘取"的副詞,而不是作動詞用的。金鈔"零叠"之下是三個字的夾注,右邊是"一作",和明鈔本相同;左邊的一個字,可惜影印本字跡模糊,不能看出是什麼字。但是它却正面地證明:(一)"一作"決不直接與"摘取"相連;(二)明鈔本左邊所留空白,只能是一個字。金鈔這一個模糊的字,隱約地可以看出左下角是兩長豎,右下角是一個"小"字,即可能是以"水"、"木"、"系"等作爲終結筆畫的字。從文義上説,這個字是"作"的受格,應當是與"叠"有關的字,尤其以與"叠"同音的可能性最大。綜合這些條件,現在初步假定它是"渫"字。"渫"字與"叠"字從前同音(diep),有時可以借"渫"爲"叠"(淮南子中有這種例:"積渫旋石,以備脩碕";"渫"就是"叠")。這樣,本書這一處地方的原來面貌,應當是"零叠一作渫"。……廣雅卷二,最後一條:"塌、叠、髳、落、零、墜、遺、墮也","零""叠"都解作"落";"零叠"可寫作"零渫",也就是"零落",即零星、零碎、伶仃……。

34.26.1　作乾蒲萄法:極熟者,一一零叠摘取。刀子切去蒂,勿令汁出。蜜兩分,脂一分,和内蒲萄中,煮四五沸,漉出陰乾,便成矣。非直滋味倍勝,又得夏暑不敗壞也。

34.27.1　藏蒲萄法:極熟時,全房折取。於屋下作廕坑,坑内近地,鑿壁爲孔,插枝於孔中,還〔一〕築孔使堅。屋子①置土覆之,經冬不異也。

〔一〕"還":明鈔及祕册彙函系統本作"選",依金鈔改正。

①"屋子":這兩個字非常費解。可能"子"字是"中"字寫錯;也可能是下文"置土"兩字,曾經誤寫爲字形相近的"屋子",校者改正後,鈔寫時連正帶謁一併寫上了。

釋　文

34.1.1　爾雅説:"旄是冬桃,榹桃是山桃。"郭璞注解説:"旄桃果實冬天成熟。山桃果實像桃,但核和肉不離解。"

34.1.2　廣志説:"桃有冬桃、夏白桃、秋白桃、襄桃(它的桃子好吃),有秋赤桃。"

34.1.3　廣雅説:"柢子是桃。"

34.1.4　本草經説:"桃梟(是乾枯的桃子),在樹上不落的,可以殺一切鬼。"

34.1.5　陸翽鄴中記説:"石虎花果園中,有一種'句鼻桃',(一個果實)有二斤重。"

34.1.6　西京雜記記有:"核桃、櫻桃、緗核桃、霜桃(因爲它的桃要下過霜才可以吃)、金城桃、胡桃(出在西域,甘美可食)、綺蒂桃、含桃、紫文桃。"

34.2.1　種(桃)法:桃子成熟時,(連皮)帶肉(和核),一齊埋在有糞的地裏;就這麼〔直〕種在一般〔凡〕地裏,多半不發芽;發芽,苗也不茂盛。桃樹結實很早,三歲的樹,就可以結果,所以不用扦插。到明年發芽後,移栽到實地裏。如果再留在糞地裏,果實小,味道也苦。

34.2.2　移栽的方法:用鍬連樹根帶土一併鍬起來,移過去。桃樹容易種,難得栽;離開原來着根的土,大半都會死,所以只能這麼移栽。

34.2.3　另一方法:桃子成熟時,在墙根南面向陽温暖的地方,掘一個又深又寬的坑。選出幾十個好桃,擘出核來,放在牛糞裏,核頭向上。取好的爛熟的糞和着泥土,蓋上一尺多厚。到明年春天,桃(葉)要舒展〔動〕時,輕輕撥掉(桃核上的)糞土,核應當都已經出了芽。這時,連殼取出來種上,萬無一失。此後,用熟糞加肥,桃子味道便會更加好。

34.3.1　桃樹皮緊實〔急〕。到了四年以後,應該用刀在樹皮上豎着劃〔劚〕一些口;不劃的,皮緊,樹就會死。七八年,樹就老了。老了果實細小。十年就死去。所以每年都得種一些(準備遞補)。

34.3.2　另一方法:等桃子果實變細小時,平地面〔附土〕斫掉;新發生的枝條〔栻〕,又是少壯的新桃樹。這樣也可以不至於死盡。

34.4.1　(用)桃子作醋的方法:桃子熟爛,自己落下的,收來;放在甕裏,用東西將口蓋住。七天之後,完全爛了,漉掉(不能爛的)皮和核,密密地封閉起來。二十一天以後,醋已作成,香美可食。

34.5.1　術説:"房屋東邊種九棵桃樹,宜子孫,除凶禍。種胡桃或柰桃也一樣。"

34.11.1　櫻桃:爾雅説:"楔是荆桃。"郭璞注解説:"現在稱爲櫻桃。"

34.11.2　廣志説:"櫻桃,大的像彈丸一樣;果實〔子〕有八分長的,有白色而多肉的,共有〔凡〕三種。"

34.11.3　禮記説:"五月〔仲夏〕這月,天子用含桃作爲'美食'〔羞〕。"鄭玄注解説:"現在稱爲櫻桃。"

34.11.4　博物志説:"櫻桃,大的像彈丸,或者像手指;春、秋、冬、夏,一年到頭開花結果。"

34.11.5　吳氏本草説:"櫻桃,一名朱桃,又名英桃。"

34.12.1 二月初,山裏去尋取小秧苗回來栽;陽地裏的,移栽在陽地;陰地裏的,移栽在陰地。如果陰陽移換,就難得成活,成活後也不結實。

34.12.2 這種果樹,性質是生在陰地裏的;栽進果園,便是移到了陽地中,所以多半難得成活。

34.12.3 宜於堅實的地,不可以用鬆〔虛〕的糞地。

34.21.1 蒲萄:漢武帝叫張騫出使到大宛,取得了葡萄種實,在所有的離宮別館種着。西域有蒲萄,蔓的延展和果實(的性狀),都像蘡薁。

34.21.2 廣志説:"蒲萄有黃、白、黑三種。"

34.22.1 蔓延展後,性質是要攀緣上去,不能自己獨立的。作成架把它抬起來,葉子稠密有很厚的蔭蔽,可以(在下面)避熱。

34.23.1 十月中,隔根五六尺遠,掘一個坑,把葡萄蔓收起來卷着,全埋在(坑裏面)。靠近莖枝,薄薄地放些碎藁稭穅殼〔黍穰〕更好,沒有黍穰,直接放泥土也可以。

34.23.2 不可以潮溼,溼了就會結冰凍壞。

34.23.3 (明年)二月裏,再清理出來,拉直,蟠上架去。

34.23.4 葡萄性質不耐寒,不埋就會凍死。

34.23.5 年歲久些的(葡萄蔓),根幹粗大,就應當隔根遠些掘坑,免得(埋藏時因爲急彎)使莖折斷。坑外(露出的)一段,也要掘一些(乾)土,和上黍穰堆高〔培〕覆蓋着。

34.25.1 摘蒲萄的方法:跟着每一顆熟了的,一顆顆地零星摘下來;這樣從頭到尾,全部不會有任何損失。一般人整穗〔全房〕地折下來,十成收不到一成。

34.26.1 作乾葡萄的方法：(揀)極熟的(葡萄)，一顆顆零星地摘下來，用刀子切掉蒂，不要(弄破)，讓汁水流出來。用兩分蜜，一分油和勻，倒入葡萄中，煮四五開，漉出陰乾，就成功了。這樣，不但味道加倍地好，而且可以過夏天，不會敗壞。

34.27.1 藏(鮮)葡萄法：葡萄極熟時，整叢地摘下來。在屋子裏面掘一個不見光的坑，在坑四邊近底的地方，壁上鑿許多小孔，把果叢柄插進去，再用泥築緊。屋裏邊(坑上)堆土，蓋着，過一個冬還不會變。

種李第三十五

35.1.1 爾雅曰："休，無實李；痤，接慮李；駁，赤李。"

35.1.2 廣志曰[①]："赤李。麥李（細小有溝道）。有黃建李、青皮李、馬肝李、赤陵李。有餾李（肥黏似餾）。有柰李（離核，李似柰）。有劈李（熟必劈裂）。有經李，一名老李（其樹數年即枯）。有杏李（味小酸，似杏）。有黃扁李。有夏李、冬李（十一月熟）。有春季李，冬花春熟。"

35.1.3 荊州土地記曰："房陵、南郡有名李。"風土記曰："南郡細李，四月先熟。"

35.1.4 西晉傅玄賦曰："河沂黃建，房陵縹[②]青。"

35.1.5 西京雜記曰："有朱李、黃李、紫李、綠李、青李、綺李、青房李、車下李、顏回李（出魯）、合枝李、羌李、燕李。"

35.1.6 今世有木李，實絕大而美。又有中植李，在麥後穀前而熟者。

①"廣志曰……"：太平御覽卷 968 所引廣志共三段："鼠李、朱李可染"，"車下李、車上李亦春熟可染也"，"麥李，細小有溝道。李有黃建李、青皮李、馬肝李、赤李、房林李；有餺余石切李（肌黏茹似餺）；有柰李、離核李（李似柰）；有璧李（熟必先劈裂）；有經李，一名'老李'（其樹數年則枯）；有杏李（味小酢似杏）；有黃扁李；有夏李；有冬李，十一月熟（此三李種鄴園）；有春李，冬華春熟"。鼠李另是一種植物。車下李、車上李、麥李都是"郁李"（即"棠棣"，奧，……異名還很多）。本書所謂"赤陵李"，顯然是"赤李、房陵李"五個字，脫漏了"李房"兩個字。藝文類聚卷 86 所引廣志，正是"赤李、房陵李……"，房陵是地名（今湖北房縣）；潘岳閑居賦中有一句"房陵朱仲之李"；本書下文所引傅玄賦中也有"房陵縹青"，荊州土地記有"房陵南郡有名李"；御覽的"林"字是同音寫錯。

"餺"字,據御覽所注音,應當以御覽所寫的"餺"爲正確原文;但餺字作"黏茹"的食物講的,不見字書(集韻入聲二十三錫收有"餺"字,解作"飯壞也",不是"黏茹")。可能仍應依本書作"餯";御覽注音也只是"將錯就錯"。金鈔原來有"茹"無"黏";後來纔依唐摺本校改,添入"黏"字。"壁"、"則"兩字,是御覽寫錯。"酢"字應依御覽;本書也常用"酢"字代表酸味。"此三李種鄴園"一句,很值得注意:廣志作者郭義恭的年代,還没有確定;這句便說明了郭義恭應當是"五胡之亂"以後的人;所以他纔能將石虎鄴中苑栽種過作爲"故實",點染這三種李。

　　本書引西京雜記上林苑李是十二種;初學記卷 28 所引,多一種"猴李";太平御覽卷 968 所引多出"蠻李""猴李"兩種;"青李、綺李"在御覽是"青綺李"一種,與今本西京雜記同,今本西京雜記除御覽的十三種外,還多出"同心李""金枝李"兩種。本書所引與御覽同樣是"合枝李"的,今本西京雜記作"含枝李";因此懷疑"金枝李"也是誤寫多出的。"顏回李",御覽和今本西京雜記都作"顏淵李",初學記作"顏回李"。

②"縹":淡青白色。

35.2.1　李欲栽。李性堅實晚,五歲始子,是以藉栽。栽者三歲便結子也①。

35.2.2　李性耐久,樹得三十年;老雖枝枯,子亦不細。

①"李欲栽……結子也":這二十四個字的小注,應當是正文;至少"李欲栽,栽者三歲便結子也"是正文,其餘十三個字,可以是"李欲栽"的說明。

35.3.1　嫁李法:正月一日或十五日,以磚石著李樹歧中,令實繁。

35.3.2　又法:臘月中,以杖微打歧間;正月晦日,復打之,亦足子也。

35.3.3 又法[①]：以煮寒食醴酪火栒[②]著樹枝間，亦良。樹多者，故多束枝，以取火焉。

①"又法"：以下該是正文，不應當作小注。

②"煮寒食醴酪火栒"：說文解釋"栒"是"炊竈木"（段玉裁説"今俗語云'竈栒'是也"，大概是清中葉江南的方言），即在竈中燃着的長條木柴。"煮寒食醴酪"，參看卷九醴酪第八十五。

35.4.1 李樹桃樹下，並欲鋤去草穢，而不用耕墾。耕則肥而無實，樹下犁撥亦死之[①]。

35.4.2 桃李大率方兩步一根。

35.4.3 大概連陰，則子細，而味亦不佳。

35.4.4 管子曰："三沃之土，其木宜梅李[②]。"

35.4.5 韓詩外傳云："簡王曰：'春樹桃李，夏得陰[③]其下，秋得食其實。春種蒺藜，夏不得採其實，秋得刺焉。'"

①"樹下犁撥亦死之"：懷疑有錯字，可能該是"根下犁撥亦死亡"。

②"三沃之土，其木宜梅李"：今本管子地員篇是"……五沃……宜彼群木……其梅其李。"

③"陰"：讀去聲，即"受蔭"。

35.5.1 家政法[一]曰："二月徙[二]梅李也。"

〔一〕"家政法"：明鈔本誤作"寡政法"，依金鈔及農桑輯要改正。

〔二〕"徙"：明鈔及明清刻本均作"從"；金鈔原作"徙"，後依唐摺本改作"徙"。

35.6.1 作白李法：用夏李。色黃便摘取，於鹽中接之。鹽入汁出，然後合鹽曬令萎，手捻之令褊[①]。復曬更捻，極褊乃止。

曝使乾。

35.6.2 飲酒時，以湯洗之，漉著蜜中，可下酒矣。

①"褊"：借作"扁"字用。

釋　文

35.1.1 爾雅説："'休'，是不結實的李樹；'痤'，是接慮李；'駮'是（結）紅果的李。"

35.1.2 廣志説："赤李。麥李（果實細小，一邊有一道溝）。有黃建李、青皮李、馬肝李、赤李、房陵李。有饊李（肥黏，像饊一樣）。有奈李（離核，李形像奈）。有劈李（成熟後必定自己裂開）。有經李，也稱爲'老李'（樹只有幾年就會枯死）。有杏李（味道有點酸，像杏子）。有黃扁李。有夏李。冬李（十一月成熟）。有春季李，冬天開花，春天成熟。"

35.1.3 荊州土地記説："房陵、南郡有著名的李。"（周處）風土記説："南郡細李，四月先成熟。"

35.1.4 西晉傅玄（李）賦有："河沂的黃建李，房陵的縹青李。"

35.1.5 西京雜記説："（上林苑）有朱李、黃李、紫李、綠李、青李、綺李、青房李、車下李、顏回李（魯國出產）、合枝李、羌李、燕李。"

35.1.6 現在（後魏）有木李，果實無比地〔絶〕大，也很好。又有中植李，麥熟後穀熟前成熟。

35.2.1 李樹要扦插〔栽〕。李性質堅強，結實遲，五年才結實；所以要扦插。插扦的，三年便可結實。

35.2.2 李樹耐久，一棵樹有三十年壽命；老李樹雖然有着枯枝，果實却不變小。

35.3.1 嫁李法：正月初一日或十五日，用磚石擱在李樹丫叉中間，結實就多。

35.3.2 另一方法：臘月裏，用棍在丫叉間輕輕敲打；正月底，再打，也可以多結實。

35.3.3 另一方法：將寒食煮醴酪的柴枝〔火杴〕，擱在樹枝中間，也好。李樹多的，有人故意多束些樹枝去燒，取得（够數的）火杴。

35.4.1 李樹桃樹下，都要用鋤鋤掉雜草，但不可以耕翻。耕過，樹長得肥，但不結實；樹下受犁撥動，也會死。

35.4.2 桃樹李樹，一般標準是見方兩步一棵。

35.4.3 太密，樹陰相連接時，果實細小，味也不好。

35.4.4 管子說：「五沃之土，種樹，宜於梅樹李樹。」

35.4.5 韓詩外傳中，記着：簡王說：「春天種桃李，夏天可以在樹下遮蔭，秋天可以得到果子吃。春天種蒺藜，夏天不能採得果實，秋天得到的是刺。」

35.5.1 家政法說：「二月移栽〔徙〕梅樹李樹。」

35.6.1 作「白李」的方法：材料用夏熟李。李色變黃就摘下，在鹽裏搓。鹽進去，汁出來了，再連鹽一併曬到萎軟，用手捻扁。再曬再捻，到極扁才罷手。曬到乾透。

35.6.2 飲酒的時候，用熱水洗浸，漉出來放在蜜裏，可以下酒。

種梅杏第三十六^{〔一〕}

〔一〕原書卷首總目,本篇篇名標題下,有"杏李附出"一個小字夾注。

36.1.1 爾雅曰:"梅,柟也;時,英梅也。"郭璞注曰:"梅似杏,
實醋;英梅未聞。"

36.1.2 廣志曰:"蜀名梅爲'蘇',大如雁子。梅杏皆可以爲油、脯。
黃梅,以熟蘇作之。"

36.1.3 詩義疏云:"梅,杏類也;樹及葉,皆如杏而黑耳。實赤於
杏,而醋,亦可生噉也。煮而曝乾,爲蘇^①,置羹、臛、齏中。又
可含以香口。亦蜜藏而食。"

36.1.4 西京雜記曰:"侯梅、朱梅、同心梅、紫蔕梅、燕脂梅、麗
枝梅。"

36.1.5 案梅花早而白,杏花晚而紅;梅實小而酸,核有細文,杏實
大而甜,核無文采;白梅任調食及齏,杏則不任此用。世人或
不能辨,言梅杏爲一物,失之遠矣。

①"蘇":字書中没有這個字;郝懿行爾雅義疏引要術轉引詩義疏作"膌"。
太平御覽卷970引作"蘇"。依上文,應即是"蘇"字。

36.2.1 廣志曰:"榮陽有白杏,鄴中有赤杏,有黃杏,有奈杏。"

36.2.2 西京雜記曰:"文杏(材有文彩);蓬萊杏(東海都尉于台獻,
一株花雜五色),云是仙人所食杏也。"

36.3.1 栽種,與桃李同。

36.4.1 作白梅法:梅子酸。核初成時,摘取,夜以鹽汁漬之,晝
則日曝。凡作十宿,十浸、十曝便成。

36.4.2 調鼎和齏,所在多入也。

36.4.3 作烏梅法:亦以梅子核初成時摘取,籠盛,於突上熏之,

令乾，即成矣。

36.4.4　烏梅入藥，不任調食也。

36.5.1　**食經曰**："蜀中藏梅法：取梅極大者，剥皮陰乾，勿令得風。經二宿，去鹽汁，内蜜中。月許更易蜜，經年如新也。"

36.6.1　**作杏李䬾法**：杏李熟時，多收爛者，盆中研之；生布絞取濃汁，塗盤中，日曝乾，以手磨①刮取之。可和水漿及和米䬾，所在入意也。

①"磨"：應當是"摩"字，字形相似鈔錯。

36.7.1　**作烏梅欲令不蠹法**：濃燒穰①，以湯沃之，取汁。以梅投之，使澤，乃出，蒸之。

①"濃燒穰"：燒穰是不可以"濃"的；這個濃字，應當在下文"取汁"上面或中間，即"濃取汁"或"取濃汁"，顯然是鈔錯了地方。

36.11.1　**釋名曰**："杏可爲油。"

36.12.1　**神仙傳曰**："董奉居廬山，不交人①。爲人治病，不取錢。重病得愈者，使種杏五株；輕病愈，爲栽一株。數年之中，杏有數十萬株，鬱鬱然成林。其杏子熟，於林中所在作倉。宣語買杏者：'不須來報，但自取之；具一器穀，便得一器杏。'有人少穀往而取杏多，即有五虎逐之。此人怖遽，擔傾覆〔一〕，所餘在器中，如向②所持穀多少，虎乃還去。自是以後，買杏者皆於林中自平量，恐有多出。奉悉以前所得穀，賑救貧乏。"

36.12.2　尋陽記曰："杏在北嶺上，數百株，今猶稱董先生杏。"

〔一〕"此人怖遽，擔傾覆"：明鈔"遽"作"虎"，"擔"作"檐"；金鈔作"遽"。"遽"是急走，即"跑"，"怖遽"，是被老虎諕得快跑；所以擔子也傾倒了。

①"不交人"：今本神仙傳作"不種田"。

②"向"：即"曏"字，意思是"從前"或"原來"。

36.13.1 嵩高山記曰："東北有牛山，其山多杏，至五月爛然黃茂。
　　　　自中國喪亂，百姓飢餓，皆資此爲命，人人充飽。"

36.13.2 史游急就篇曰："園菜果蓏助米糧"。

36.13.3 案杏一種，尚可賑貧窮，救飢饉，而況五果蓏菜之饒，豈直
　　　　助糧而已矣？注[1]曰："木奴千，無凶年。"蓋言果實可以市易五
　　　　穀也。

[1]"注"：注，文意似乎指急就篇注；但急就篇注本中沒有這句話。懷疑應是
　　"語"或"諺"字。

36.14.1 杏子人[1]，可以爲粥。多收賣者，可以供紙墨之直也。

[1]"杏子人"：種仁的"仁"字，本書都用"人"（參見卷三種胡荽第二十四校記
　　24.3.2.〔一〕）。

釋　文

36.1.1 爾雅説："梅，就是枏；時，是英梅。"郭璞注解説："梅
　　　　像杏，果實酸；英梅没聽説過〔未聞〕。"

36.1.2 廣志説："蜀人把梅稱爲'藤'，有雁的蛋那樣大小。梅和杏
　　　　都可以作油作脯。黃梅用熟藤作成。"

36.1.3 詩義疏説："梅是杏子一類的；樹和葉，都像杏，不過顏色黑
　　　　些。果實比杏子紅，味酸，也可以生吃。煮熟曬乾作成藤，放
　　　　在菜湯肉湯或齏裏面。含在口裏，可以使口氣香，也可以用蜜
　　　　保藏着吃。"

36.1.4 西京雜記有："侯梅、朱梅、同心梅、紫蔕梅、燕脂梅、麗
　　　　枝梅。"

36.1.5 案：梅花開得早，花是白的；杏花開得晚，是紅的。梅果實
　　　　小，味酸，核上有細紋；杏果實大，味甜，核上没有花紋。白梅

可以調和食物和齏，杏子不能這麼用。現在（後魏）的人有分辨不清的，以爲梅和杏是同一植物，就錯得遠了。

36.2.1　廣志説："滎陽有白杏，鄴中有赤杏，有黃杏，有奈杏。"

36.2.2　西京雜記記有："文杏（木材有花紋）；蓬萊杏（東海都尉于台進貢〔獻〕的，一株樹上，花有五種顏色），説是仙人所吃的杏。"

36.3.1　栽種的方法，和桃李相同。

36.4.1　作"白梅"的方法：梅子是酸的。梅核剛長成的時候，摘下來，夜裏用鹽醃〔漬〕着，白天讓太陽曬。一共過十夜，也就是浸十夜，曬十天，就成功了。

36.4.2　用來調和食物，或和入齏裏面，到處可以用。

36.4.3　作烏梅的方法：也是在梅子剛長成的時候摘下，用籠子盛着，在煙囪〔突〕上熏到乾，便成功了。

36.4.4　烏梅只作藥用，不能調和食物。

36.5.1　食經引："蜀中藏梅法：取極大的梅子，剝皮，陰乾，不要讓它見風。（鹽醃）經過兩夜後，去掉鹽汁，放到蜜裏面。一個月上下之後，再換蜜，經過幾年，還能和新鮮的一樣。"

36.6.1　作杏李麨的方法：杏子李子成熟時，多多收集已經爛了的，在盆中研磨；用生布絞取濃汁，塗在盤底，太陽曬乾後，用手摩着刮下來。可以和水作成飲料，或者和到米麨裏，隨人歡喜，都很方便〔所在入意〕。

36.7.1　作好的烏梅，希望它不生蟲的方法：燒些穰，濃濃地，用熱水澆過，取得（灰）汁。把烏梅泡在裏面，讓它軟潤，然後取出，蒸過。

36.11.1　（劉熙）釋名説："杏子可以作成（杏）油。"

36.12.1 神仙傳載有：“董奉住在廬山，不和人來往〔交〕。替人治病，不取錢。重病治好了的，叫他種上五株杏；輕病，治好了的，也得栽一株。幾年中，積成了幾十萬株杏樹，茂盛得很，成了一個樹林。杏子熟了，就在杏林裏隨處作成一些倉庫。告訴大家，誰來買杏，‘不須要當面説，自己去取就行了；拿一個容器的穀來，就換一容器的杏去’。有人拿少量穀去，取了多量的杏，就有五隻老虎來追。這人被老虎諕得趕快跑，所擔的擔子也傾倒了，容器裏剩下的杏，和原來拿去的穀剛好一樣多，虎也就回去了。從此以後，買杏的都在林中平準地量好，唯恐取多了(杏)。董奉把所得的穀救助窮人和有困難的人。”

36.12.2 尋陽記説：“杏在北嶺上，有幾百株，至今還稱爲‘董先生杏’。”

36.13.1 嵩高山記説：“東北有一個牛山，山裏杏樹很多，到了五月，杏子黄了，燦爛茂盛。黄河流域經過許多人禍，老百姓們捱餓時，都靠這杏來養命，個個都能吃飽。”

36.13.2 史游急就篇有一句，“園菜蔬果助米糧”。

36.13.3 案：杏子這一種果實，就可以幫助貧窮(董奉的故事)，救濟飢餓(牛山的情形)，何況五果蓏菜，種類之多，豈止是幫助米糧而已？俗語有“木奴千，無凶年”的話，也就是説果實可以在市場換得五穀。

36.14.1 杏仁可以煮粥。多收集了來出賣，也可以賺到紙墨費用。

插梨第三十七

37.1.1 廣志曰："洛陽北邙，張公夏梨，海内唯有一樹。常山真定，山陽鉅野，梁國睢陽，齊國臨菑①，鉅鹿，並出梨。上黨樟梨，小而加甘。廣都梨②（又云"鉅鹿豪梨"）重六斤，數人分食之。新豐箭谷梨，弘農、京兆、右扶風〔一〕郡界諸谷中梨，多供御。陽城秋梨、夏梨。"

37.1.2 三秦記曰："漢武果園，一名'御宿'；有大梨如五升〔二〕，落地即破；取者以布囊盛之，名曰'含消梨'。"

37.1.3 荆州土地記曰："江陵有名梨。"

37.1.4 永嘉記："青田村民家，有一梨樹，名曰'官梨'；子大，一圍五寸，常以供獻，名曰'御梨'。實落地即融釋。"

37.1.5 西京雜記曰："紫梨、芳梨（實小）、青梨（實大）、大谷梨〔三〕、細葉梨、紫條梨、瀚海梨（出瀚海地，耐寒不枯）、東王梨（出海中）。"

37.1.6 別有胸山梨，張公大谷梨，或作麋雀梨〔四〕也。

〔一〕"右扶風"：明鈔本、學津討原及漸西村舍刊本，均作"又扶風"；金鈔本誤作"左扶風"。依太平御覽卷969所引，改正作"右扶風"。

〔二〕"如五升"：明鈔本作"如五斗"；金鈔作"如五升"，和三輔黃圖、藝文類聚及初學記所引三秦記"如五升瓶"相合。太平御覽所引亦作"五升"。

〔三〕"大谷梨"：明鈔和祕册彙函系統版本，作"大容梨"。金鈔及今本西京雜記都作"大谷梨"；下文也有張公大谷梨，以作"谷"爲是。

〔四〕"麋雀梨"：明鈔本及群書校補所據宋本作"麋崔"，金鈔作"麋雀"。"崔"顯然係"雀"之誤。祕册彙函系統根本没有這一節。

①"臨菑"：明鈔、金鈔、明清各本多作"菑"，只有崇文書局本作"淄"；太平御覽卷969所引廣志亦作"淄"。齊郡應當是山東，山東的臨淄在淄水

上，作"淄"纔對。

②"廣都梨……"：太平御覽卷969所引廣志，最後是"廣都梨，重六斤，可數
　　人分食之"；"鉅野豪梨"，在"上黨樿梨"之前，與"重六斤……"不相涉。
　　初學記作"鉅野膏梨"，也與"重六斤……"不相涉。"重六斤……"的仍
　　是"廣都梨"。

37.2.1 種者，梨熟時，全埋之。經年，至春，地釋，分栽之；多著熟糞及水。

37.2.2 至冬，葉落，附地刈殺之，以炭火燒頭。

37.2.3 二年即結子。

37.2.4　若穭〔一〕生及種而不栽者，則著子遲。

37.2.5　每梨有十許子，唯二子生梨，餘皆生杜。

〔一〕"穭"：明鈔、金鈔、明清刻本多作"櫓"；只有農桑輯要作"穭"。"穭"是
　　正確的；參看卷三種胡荽第二十四注解24.5.2.①。

37.3.1 插者彌疾。插法：用棠杜。棠，梨大而細理①；杜次之；桑，梨大惡；棗、石榴上插得者，爲上梨，雖治十，收得一二也。杜如臂已上皆任插。當先種杜，經年後，插之。主客〔一〕俱下亦得；然俱下者，杜死則不生也。

37.3.2 杜樹大者，插五枝；小者，或三或二。

37.3.3 梨葉微動爲上時，將欲開莩②爲下時。

〔一〕"主客"：明鈔作"至客"，農桑輯要及明清各本更譌作"至冬"。金鈔和
　　漸西村舍刊本作"主客"。梨和杜都不能冬播，"至冬"是完全錯誤的。
　　"至"是"主"的譌字。"主"代表砧木，"客"代表接穗；因此説"主客
　　俱下"。

①"細理"："理"是"組織"、"結構"，所以有"紋理"、"肌理"、"條理"、"道理"
　　等詞。細理，即"肉細緻"。下面"雖治十"，是"即使作了十個"。用棗

和石榴這樣親緣很遠的砧木來接插梨樹,成功自然很不容易。這一段,説明了我們祖國從前在果樹園藝方面技術之高! 這樣困難的嫁接,仍有百分之十至二十的成活率。

②"開莩":"莩"是"莩甲"的"莩"。"甲"是子生苗,"莩"是多年生植物的葉芽或花芽。(長江流域方言中,把多年生植的芽〔特別是花芽〕稱爲〔bāu〕上聲,一般都寫作"苞"或"葆",實在就是"莩";孟子"塗有餓莩"的"莩",借用"莩",即莩字可讀唇裂音聲母,au 韻母,上聲的證據。)開莩,就是葉芽舒展。

37.4.1 先作麻紖汝珍反〔一〕,纏十許匝;以鋸截杜,令去地五六寸。不纏,恐插時皮披①。留杜高者,梨枝葉茂,遇大風則披。其高留杜者,梨樹早成;然宜高作蒿簞盛杜,以土築之令没;風時,以籠盛梨,則免披耳。

37.4.2 斜攕②竹爲籤,刺皮木之際③,令深一寸許。

37.4.3 折取其美梨枝,(陽中者!)陰中枝則實少。長五六寸,亦斜攕之,令過心;大小長短與籤等。

37.4.4 以刀微劀梨枝斜攕之際,剥去黑皮。勿令傷青皮! 青皮傷即死。拔去竹籤,即插梨令至劀處。木邊向木,皮還近皮。

37.4.5 插訖,以綿冪④杜頭,封熟泥於上。以土培覆,令〔二〕梨枝僅得出頭。以土壅四畔。當⑤梨上沃水,水盡,以土覆之,勿令堅涸。百不失一。梨枝甚脆,培土時宜慎之。勿使掌撥⑥,掌撥則折。

37.4.6 其十字破杜者,十不收一。所以然者,木裂皮開,虚燥故也。

37.4.7 梨既生,杜旁有葉出,輒去之。不去勢分⑦,梨長必遲。

〔一〕“紉”下的音注，明鈔、金鈔及明清刻本作“支珍反”；廣韻“十七真”所收
“紉”字，讀音“女鄰切”；這個“支”字，顯然是“女”字寫錯。農桑輯要及
據農桑輯要校過的學津討原和漸西村舍刊本作“汝珍反”（龍溪精舍本
自稱據漸西村舍本校過，但並沒有校正這個小注）。紉字讀“ren”，用
“汝”字作聲母合適；用“女”字只是江南音。所以暫作“汝珍反”。

〔二〕“令”：明鈔本誤作“今”；（明清刻本中以祕册彙函本爲祖的，根本上缺
這幾句）現依金鈔及農桑輯要改正。

①“披”：即裂開；現在長江流域和嶺南方言中，還有多處保存這個用法。

②“攕”：作動詞用，即削“尖”（現在寫作“尖”）。

③“皮木之際”：意思是樹皮與木材“相接”的地方，也就是形成層附近。

④“冟”：明鈔、金鈔均作“莫”；農桑輯要作“莫”之外，加小注“同冪”；漸西村
舍本便改作“冪”。冪，即“封”的意思。明清刻本作“幕”，不如作“冪”。

⑤“當”：讀去聲，即“正對着”。

⑥“掌撥”：“撥”是“動”；“掌”讀ɡěn，與“掌”“㨅”同，還有“根”“敁”“㨪”等寫
法，現在一般寫作“撑”“撐”，即斜靠上（參看卷五種榆白楊第四十六中
種榆條，校記 46.4.6.〔二〕）。

⑦“勢分”：“勢”代表生長力量與條件；分是分散。

37.5.1　凡插梨：園中者，用旁枝；庭前者，中心。旁枝〔一〕樹
下易收，中心上聳不妨。

37.5.2　用根蔕小枝，樹形可憘①，五年方結子；鳩脚老枝，
三年即結子，而樹醜。

〔一〕“旁枝”：明鈔及祕册彙函系統版本，“旁”都誤作“勞”；依金鈔及農桑輯
要改正。“旁枝樹下易收”，指果園中的樹，接穗作成旁枝的形式，使樹
形偏於向下傾斜，易於收採果實。“中心上聳不妨”，庭前的樹，接穗成
直上的枝條，使樹形也傾於直上（聳），免與房屋相妨礙。

①“憘”：明鈔及金鈔均作“憘”，其餘農桑輯要以下明清刻本作“喜”。“憘”
　　字可以借作“喜”用。

37.6.1 吳氏本草曰：“金創^①、乳婦，不可食梨。梨多食，則損人，非補益之物。産婦蓐中^②及疾病未愈，食梨多者，無不致病。欬逆氣上^③者，尤宜慎之。”

①“金創”：“創”讀平聲，後來習慣寫成“瘡”字。金創是爲金屬所創傷；例如
　　中箭或被割傷之類。從前口語中的“金瘡”，就是“金創”。

②“蓐中”：“蓐”是草薦，也就是“臥具”；“蓐中”是睡在臥具裏，即産後休息
　　復原的這一段時間。現在多將“蓐”字寫作“褥”，而將産後休息稱爲
　　“産褥”。

③“欬逆氣上”：“欬”是嗆嗽，現在多借用小孩笑聲的“咳”字。“逆”是呼吸
　　不舒。“氣上”是喘。

37.7.1 凡遠道取梨枝者，下根^①即燒三四寸，亦可行數百里猶生。

①“下根”：即“離根”，燒過可以防止傷口腐變。

37.8.1 藏梨法：初霜後，即收。霜多，即不得經夏也。於屋下掘作深廕坑，底無令潤溼。收梨置中，不須覆蓋，便得經夏。摘時^{〔一〕}必令好接，勿令損傷。

〔一〕“摘時”：明鈔及祕册彙函系統版本均作“接時”；依金鈔及學津討原本
　　改正。摘梨，應在樹下好好承接，讓梨掉下時不碰傷，便易保存。

37.9.1 凡醋梨，易水熟煮^①，則甜美而不損人也。

①“醋梨”：即“酸梨”；“易水”即換水。

釋　文

37.1.1 廣志説：“洛陽北邙山的張公夏梨，四海以内只有這一棵。

常山的真定，山陽的鉅野，梁國的雎陽，齊國的臨淄和鉅鹿，都
出梨。上黨的椁梨，梨小但味道却分外〔加〕甜。廣都梨（也有
說是鉅野豪梨的）重六斤，可以供幾個人分着吃。新豐箭谷梨
和弘農、京兆、右扶風郡界內許多山谷裏的好梨，都是供皇帝
吃的。陽城有秋梨、夏梨。"

37.1.2　三秦記說："漢武帝的果園，又稱爲'御宿'；有大梨，（果實）
有五升大，落到地面就破碎了；摘取的人，用口袋先盛着（才
取），名爲'含消梨'。"

37.1.3　荆州土地記說："江陵有著名的梨。"

37.1.4　永嘉記說："青田一個村民家，有一棵梨樹，稱爲'官梨'；果
實很大，一個，周圍有五寸，經常供獻給皇帝，所以名叫'御
梨'。果子落到地面就破碎到不可收拾〔融釋〕了。"

37.1.5　西京雜記說："（上林苑有）紫梨、芳梨（果實小）、青梨（果實
大）、大谷梨、細葉梨、紫條梨、瀚海梨（出在瀚海地方，耐寒，冬
天不枯）、東王梨（出海中）。"

37.1.6　還有朐山梨。張公大谷梨，也叫"糜雀梨"。

37.2.1　培植實生苗的，梨熟了的時候，整個地埋下。（讓
新苗）過一年，到春天地解凍後，分開來栽；多用些熟
糞（作基肥），多澆些水。

37.2.2　冬天落葉後，平地面割掉，用炭火燒灼傷口。

37.2.3　再過兩年，就結實了。

37.2.4　野生的樹苗和定植未移的實生苗，結實都很遲。

37.2.5　每一個梨，有十來顆種子，只有兩顆能發生成梨，其餘都生
成杜樹。

37.3.1　插接的更快。插的方法：用棠樹或杜樹（作砧木）。

用棠樹的,梨結得大而果肉細密;其次是杜樹砧;桑樹作砧最壞;棗樹或石榴樹上接插所得的是上等梨,就是接十個,也只能活一兩個。有胳膊粗的杜樹,就可以作砧木。應當先種杜樹,隔一年,用來作砧木。砧木和接穗同時種,固然也可以;但同時下種的,杜樹(砧木)如果死了,(作接穗的梨樹苗)也沒法存活。

37.3.2　粗壯的杜樹,可以接五個枝;小些的三枝或兩枝。

37.3.3　梨葉芽剛剛萌動時最好,最遲不能過快要開花的時候。

37.4.1　先用麻縷,在樹樁上纏十道光景;用鋸將杜截成離地五六寸的樁。不先纏麻,插時樹皮恐怕要綻裂。杜樹樹樁留得太高,梨樹接穗枝葉茂盛,遇了大風,也會綻裂。如果杜樹樁留得高些,梨樹成活也就早些;最好用草袋圍着杜樁,用土填滿築緊,到把樁遮沒;刮大風時,再用竹籠圍着梨,可以避免綻裂。

37.4.2　將竹片斜斜削尖,成為竹籤,刺入砧木上樹皮和木質部之間,到一寸多深。

37.4.3　在好梨樹上,折取(作接穗用的)枝條,(必須要陽面枝條。)陰面的枝條,結實要少些。要五六寸長,也削成過心的斜尖(即一面尖);尖角大小長短,都和竹籤相等。

37.4.4　用刀在斜面以上,平着輕輕刻畫一圈,將表面的黑皮剝掉。不要讓綠皮層受傷,綠皮受傷就會死去。把(砧木上原先插的)竹籤拔去,(在籤孔裏)插上梨枝,一直插到刀刻的圈那兒爲止。讓接穗的木材這一邊,和砧木木質部靠穩,接穗的樹皮和砧木的樹皮相連。

37.4.5　插好,用絲綿將杜椿裹嚴,在上面封上熟泥。用土掩蓋,讓梨枝只露出一點尖。再在四圍堆上泥土。對準梨枝澆上水,水吸盡了,再蓋些土,不要讓土發硬乾涸。這樣,百無一失。梨枝很脆弱,蓋土時,要小心些,不要碰動它,碰動就會折斷。

37.4.6　如果把杜椿十字形劈開來夾插,插十個也活不了一個。因爲木部破裂,樹皮也爆綻開來,留有空隙,便會乾掉。

37.4.7　梨已長好,杜椿上長出的葉就要去掉。不去掉,力量分散,梨樹便長得慢。

37.5.1　凡屬插梨,如果是在果園裏種的樹,接穗就作成旁枝的形式;院子裏的,就讓它在中心。作成旁枝,樹向低處長,容易收(果);在中心的,樹向上長,不至妨礙(房屋)。

37.5.2　用近根的小枝條作接穗,樹的形狀美好可愛,但要五年後才能結實。用分叉像斑鳩腳的老枝條,作爲接穗,三年就可結實,不過樹不美觀。

37.6.1　吳氏本草説:"'金創'和哺乳的婦人不可以吃梨。梨吃多了損害人,不是補益的食物。産婦未滿月前〔蓐中〕,病人病沒有好,多吃梨,沒有不發病的。咳嗽、呼吸不舒、哮喘的,更應當謹慎。"

37.7.1　凡屬從遠地取梨枝(供扦插)的,離根之後,就把下面三四寸燒一下,也就可以走三四百里,還能保持成活。

37.8.1 藏梨法：初霜過後，趕快收摘。經霜次數多，就不能過夏天了。在屋裏掘一個不見光的深坑，坑底要乾。梨就放在坑裏。不必蓋，也可以過明年夏天。摘的時候，一定要好好地接着，不要損傷。

37.9.1 酸梨，換水煮熟，味就甜美，而且不會損害人。

種栗第三十八

38.1.1 廣志曰:"栗〔一〕,關中大栗,如雞子大。"

38.1.2 蔡伯喈曰①:"有胡栗。"

38.1.3 魏志云:"有東夷韓國,出〔二〕大栗,狀如梨〔三〕。"

38.1.4 三秦記曰:"漢武帝栗②園,有大栗,十五顆一升。"

38.1.5 王逸曰:"朔濱之栗。"

38.1.6 西京雜記曰:"榛栗、瑰栗、嶧陽栗(嶧陽都尉曹龍③所獻,其大如拳)。"

〔一〕"栗":明清刻本多無此字,明鈔及金鈔有,但其實不必有。太平御覽卷964所引,這個"栗"字之上還有"栗有侯"三個字,即"栗:有侯栗,關中大栗……"

〔二〕"出":明鈔及明清刻本作"山",金鈔作"生",魏志卷30馬韓傳作"出"。"出"字最合理(後漢書卷76東夷傳,馬韓國:"馬韓國出大栗如梨",亦作"出"字)。

〔三〕"狀如梨":"狀"字,魏志作"大",比"狀"字更合理。後漢書"如梨"上直接接"大栗",就是省略了一個"大"字的情形。爲保留要術原狀,暫不改。

① "蔡伯喈曰……":蔡伯喈是蔡邕的"字"。蔡邕有一篇傷故栗賦,序文説:"人有折蔡氏祠前栗者,故作斯賦";藝文類聚、初學記、太平御覽都節錄有這篇賦。漢魏百三家集將這篇賦題名誤爲"胡栗";因此胡立初以爲賈思勰"即引邕集胡栗賦也"。但賦中並沒有"胡栗"的字句。因此,懷疑本書這一句原文可能是"蔡伯喈有故栗賦"。否則這句話別有來歷,與"故栗賦"無關。不過"胡栗"還是可疑得很;因爲栗樹是否能生在"胡"地,頗有問題。

② "栗園":"栗"字懷疑是字形相類的"果"字寫錯。上篇插梨第三十七所引

三秦記,有"漢武果園";單獨的栗園,多稱爲"栗林"。

③"曹龍":今本西京雜記與本書同作"曹龍";太平御覽卷964引作"曹寵"。

38.2.1 栗,種而不栽。栽者,雖生,尋死矣。

38.2.2 栗初熟,出殼,即於屋裏埋著溼土中。埋必須深,勿令凍徹〔一〕。若路遠者,以韋囊盛之。停二日已上,及見風日者,則不復生矣。至春二月,悉芽生,出而種之。

38.2.3 既生,數年不用掌近①。凡新栽之樹,皆不用掌近;栗性尤甚也。

〔一〕"徹":明鈔本誤作"撤",依金鈔及明清各本改正。

①"掌近":見上插梨第三十七注解 37.4.5.⑥"掌撥"。"掌近"即"撐近"。

38.3.1 三年內,每到十月,常須草裹;至二月乃解。不裹則凍〔一〕死。

〔一〕"凍":明鈔本作"邃",祕册彙函系統各本作"還";凡用農桑輯要校過的版本都作"凍",與金鈔同,現依金鈔改正。

38.4.1 大戴禮夏小正曰:"八月栗零,而後取之,故不言'剝'之。"

38.5.1 食經藏乾栗法:取穰灰,淋取汁漬栗,出日中曬,令栗肉焦燥,可不畏蟲。得至後年春夏。

38.6.1 藏生栗法:著器中。曬細沙可燥〔一〕,以盆覆之。至後年五月〔二〕,皆生芽而不蟲者也。

〔一〕"曬細沙可燥":明鈔及群書校補所據鈔宋本作"曠細沙可爆";金鈔作"曬細沙可燥",祕册彙函系統各版本作"細沙可煨"。金鈔的"曬"、"燥"是正確的;"可"字不能解釋,應當是"使"、"候"、"保";最可能是"候",因爲"候"字讀音,從前與"可"字最近。

〔二〕"五月":明鈔本、明清各本作"二月";依金鈔改正。

38.11.1 榛：周官曰："榛,似栗而小。"

38.11.2 説文曰："榛,似梓實如小栗。"①

38.11.3 衛詩曰："山有蓁";詩義疏云②:"蓁,栗屬,或從木。有兩種:其一種,大小、枝葉,皆如栗,其子形似杼子③,味亦如栗,所謂'樹之榛栗'者。其一種,枝莖如木蓼,葉如牛李色,生高丈餘,其核心悉如李,生作胡桃味,膏燭又美,亦可食噉。漁陽、遼、代、上黨皆饒。其枝莖生樵爇燭,明而無煙。"

38.11.4 栽種與栗同。

①"説文曰……":宋本及今本説文,"榛"字作"親",無"似梓"兩字。

②"詩義疏云……":應當是指陸璣的毛詩草木鳥獸蟲魚疏。太平御覽卷973"榛"條下,重複引有兩次詩義疏。第一次是"陸璣毛詩疏義",摘録非常簡略。第二次所引,與這裏的引文相似,不過"蓁"字作"榛",無"或從木","葉如牛李色","其核中悉如李","膏燭又美,亦可食噉"等字句,又只到"……上黨皆饒"爲止。

③"杼子":"杼"應寫作"栩"、"柔"或"芧"(讀 ky,qy̆,或 xy̆)。"杼"只作爲織布機上的"杼軸"解,讀ɕu。

釋　文

38.1.1 廣志説:"關中大栗,有雞蛋大小。"

38.1.2 蔡伯喈説:"有胡栗。"

38.1.3 魏志説:"東夷有韓國,出大栗,像梨。"

38.1.4 三秦記記着:"漢武帝栗園,有大栗,十五顆就滿一升。"

38.1.5 王逸(荔支賦)有一句:"北燕薦朔濱之鉅栗。"

38.1.6 西京雜記記有:"榛栗、瑰栗、嶧陽栗(是嶧陽都尉曹龍貢獻的,栗有拳頭大)。"

38.2.1 栗只可以種,不能栽。移栽的,即使成活了,也還是很快就會死掉。

38.2.2　栗剛剛成熟，從殼中剝出後，立即放在房屋裏面用濕土埋着。必須埋得够深，不要讓它凍透。如果從遙遠的地方(取種)的，用熟皮口袋〔韋囊〕盛着。凡剝出後(在大氣中)停留過兩天以上，見過風和太陽的，都不能發芽。到第二年春天二月間，都已經生了芽，就拿出來種上。

38.2.3　發生了之後，幾年之中，不要撐它碰動它。所有新栽的樹，都不要碰，栗樹尤其如此。

38.3.1　發生後三年以內，每到了十月，常常要用草包裹；到第二年二月解掉。不裹就會凍死。

38.4.1　大戴禮(記)夏小正說：“八月，栗子已經(自己)零落下來，然後才收取，所以不說‘剝’(栗)。”

38.5.1　食經所記藏乾栗的方法：取得穰灰，(用熱水)淋溶，得到灰汁，浸着栗子，(然後)取出來，在太陽下曬到栗肉完全乾〔焦〕燥，便可以不怕蟲蛀。而且能够〔得〕(保存)到第二〔後〕年春天或夏天。

38.6.1　保藏新鮮〔生〕栗的方法：放在容器裏。加上曬乾了的細沙，用瓦盆蓋在口上。到第二年五月，都發芽了，但不生蟲。

38.11.1　榛：周官(注)：“榛子像栗子，但小些。”

38.11.2　說文解釋：“榛，像梓樹(?)；果實像小的栗子。”

38.11.3　衛詩(邶風簡兮)有一句：“山有榛”；詩義疏解釋說：“榛，屬於栗一類，(字)或從‘木’(作‘榛’)，共有兩種：其中一種，(樹的)大小、枝葉，都像栗子，它的果實〔子〕，形狀像橳子〔柔〕，味道也像栗子，這就是(衛風定之方中)所謂‘樹之榛栗’的榛。另一種，枝和莖像木蓼，葉子顏色像牛李，樹有一丈多

高,核中(?)完全像李(栗?),生吃味道像胡桃仁,油作燭極好,
也可生吃。渔陽、遼、代、上黨都很多。它底枝莖,生斫回來,
燒着作'燭',光亮而沒有烟。"

38.11.4 栽種(的方法)和栗相同。

柰林檎第三十九

39.1.1 廣志曰："櫅、掩、蘫，柰也〔一〕①。"

39.1.2 又曰："柰有白、青、赤三種。張掖有白柰，酒泉有赤柰。西方例多柰，家以爲脯，數十百斛，以爲蓄積，如收藏棗栗。"

39.1.3 魏明帝時，諸王朝，夜賜東城柰〔二〕一匲。陳思王謝曰："柰以夏熟，今則冬生；物以非時爲珍，恩以絕口爲厚。"詔曰："此柰從涼州來。"

39.1.4 晉宮閣簿曰："秋有白柰。"

39.1.5 西京雜記曰："紫柰、綠柰。"別有素柰、朱柰。

39.1.6 廣志曰："理琴似赤柰②。"

〔一〕"廣志曰：櫅、掩、蘫，柰也"："櫅掩蘫柰也"，是廣雅中的句子，這裏是本書引書錯誤。下文"柰有白青……"纔是廣志。藝文類聚卷86、初學記卷28和太平御覽卷970，都引有39.1.2這一節廣志。

〔二〕"東城柰"：金鈔獨作"冬成柰"；由曹植謝表所說"……賜臣等冬柰一匲。柰以夏熟，今則冬生，……"看來，"冬成"似乎更合適。

①"櫅掩蘫柰也"：據王念孫在廣雅疏證中的考證，"柰"應作"㮈"；"櫅"是木生瘦瘤；"掩"是已死的木；"蘫"是枯死的木；"㮈"是"木立死"，即已死而未仆的樹。這句話與"柰"這植物無關；只是因爲"柰"字有時寫作"㮈"，所以才引到了"柰"下面。

②"理琴似赤柰"："理"字，群書校補所據鈔宋本和金鈔均作"里"；明鈔本的"理"字，也可以看出是由"里"字改成。明鈔本"似"作"以"，據金鈔本改正。里琴固然無法"望文生義"，"理琴"也並不很合文法。藝文類聚卷87林檎下，所引廣志是"林檎似赤柰子；亦名'黑檎'；又曰：'一名來禽'，言味甘，熟則來禽也"。太平御覽"林檎"(卷971)所引廣志"黑琴似赤柰"下有小注"亦名'黑琴'"。這兩三個"黑"字，顯然都是"里"字

錯寫。因此懷疑"里琴"或"理琴"都是"林檎"這個音譯名的最初形式。
林檎不是中國原産;晉代的譯名是"來禽"(王羲之時代通用的名稱)。
"里"和"來",到唐初還幾乎是同音字;"禽"和"琴"更是一直同音(ki-
em)。"來禽"、"里琴",顯然同是音譯名,指"似赤柰"的這一個外來果
類的。

39.2.1 柰、林檎,不種,但栽之。種之雖生,而味不佳。**取
栽**①**,如壓桑法。**此果根不浮薉〔一〕,栽故難求,是以須壓也。

39.2.2 又法:於樹旁數尺許,掘坑,洩②其根頭,則生栽矣。凡樹
栽者皆然矣。**栽如桃李法。**

〔一〕"薉":明鈔本作"藏";祕册彙函系統各版本,也都同樣。依金鈔及農桑
輯要改正。

①"取栽":"栽"是可供移植的幼株,包括"壓條"、插條、籽苗等。

②"洩":露出,現在還有"泄漏"的話。

39.3.1 林檎樹,以正月二月中,翻斧斑駁〔一〕椎之,則饒子。

〔一〕"駁":明鈔及祕册彙函系統各本均作"駮",由上面種棗第三十三嫁棗
條,可知應作"駁"或"駮"。金鈔及農桑輯要正作"駁"。上文"翻斧"的
翻,也就是"嫁棗"的"反"。

39.4.1 作柰麨法:拾爛柰,内瓮中,盆合口,勿令蠅入。

39.4.2 六七日許,當大爛。以酒淹,痛抨〔一〕之,令如粥狀。下水,
更抨,以羅漉去皮子〔二〕。良久清澄,瀉去汁,更下水,復抨如
初。臭,看無氣①,乃止。

39.4.3 瀉去汁,置布於上,以灰飲②汁,如作米粉法。

39.4.4 汁盡,刀劙〔三〕大如梳掌③,於日中曝乾,研作末,便成。

39.4.5 甜酸得所,芳香非常也。

〔一〕"痛抨":明鈔作"病秤";以後各種版本,都承襲了這兩個錯字,不能解

釋。漸西村舍刊本改作"痛拌",但没有説出根據。群書校補也没有校
記。金鈔作"痛枰"。今依下文及卷五種藍第五十三(在那裏"抃"字還
有注音)改正爲"痛抃"。痛是極用力,抃是攪和與打擊同時。

〔二〕"皮子":明鈔及明清刻本作"受子";漸西村舍刊本改作"皮子",與金鈔
合。今依金鈔改正。即果皮與種子。

〔三〕"刀劙":明鈔本"刀"誤作"力",明清各本"劙"作"剔"。金鈔本作"刀
鄜",顯然是鈔錯。現分別改正。"劙"字底解釋,見卷三雜記第三十校
記 30. 103. 1.〔二〕。

①"臭,看無氣":祕册彙函系統及學津討原各本,均作"看無臭氣";明鈔和
金鈔,則作"臭看無氣"。依語意,應當是"臭,看無臭氣"。第一個"臭"
字,是動詞,即用鼻去辨氣味,現在習慣寫作"嗅"。第二個,是形容詞,
即"不良的"(氣味)。在現在這一句,有了第一個作爲動詞的"臭",則
第二個很可省略。因此,金鈔、明鈔的"臭看無氣"是合適的。

②"飲":讀去聲,作自動詞用,當吸去水分講解。

③"梳掌":梳上有許多齒,像手指,梳背像手掌;所以叫"梳掌"。——也就
是一面厚一面稍薄的片。

39.5.1 **作林檎麨法**:林檎赤熟時,擘破,去子、心、蒂,日曬令乾。

39.5.2 或磨或擣,下細絹篩。麤者,更磨擣,以細盡爲限。

39.5.3 以方寸匕投於椀中,即成美漿。

39.5.4 不去蒂,則太苦;合子,則〔一〕不度夏;留心,則太酸。

39.5.5 若乾噉者,以林檎麨一升,和米麵①二升,味正調適。

〔一〕"則":明鈔本獨作"得",依金鈔及其餘各本改正。

①"米麵":應當是"米麨"。

39.6.1 **作柰脯法**:柰熟時,中破曝〔一〕乾,即成矣。

〔一〕"曝":明鈔誤作"爆"。

釋　文

39.1.1 廣雅説:"橘、掩、蘸、柰,都是死樹。"

39.1.2 廣志説:"柰有白、青、赤,三種。張掖有白柰,酒泉有赤柰。西方各處,都出産柰,每家都拿來作成柰脯,幾十到百石地儲藏着,作爲蓄積,像内地收藏乾棗栗子一樣。"

39.1.3 魏明帝(曹叡)的時候,各親王來朝見他;夜間各人都賞賜了一盒〔匲〕東城(冬成?)柰。陳思王(曹植)有一道謝表説:"柰是夏天成熟的,現在(居然)冬天還是新鮮的;像這樣不當時令的東西才很珍貴,而(您,陛下)割捨食物〔絶口〕來賞賜,恩情更是隆厚。"回答的詔書説:"這柰是從涼州來的。"

39.1.4 晉宮閣簿記載:"秋天,有白柰。"

39.1.5 西京雜記記載:(上林苑中)"有紫柰、綠柰"。另外有素柰、朱柰。

39.1.6 廣志説:"理琴像赤柰。"

39.2.1 柰和林檎,都不用種子種,只用扦插。種種子,也可以生苗,但(實生苗的果子)味道不好。要取得插條〔栽〕,可用像栽桑一樣的壓條法。這兩種果樹的根不近地面〔浮〕,不容易出不定芽〔蒇〕,難得遇見天然可用的插條,因此必須用壓條的方法。

39.2.2 還有一個辦法:在樹周圍幾尺的地面,掘一個坑下去,把樹的支根末端露出來,(切傷,)就會在這些地方(長出不定芽)生成插條。所有要取"栽"的樹,都可以這樣辦。移栽的方法,和桃李一樣。

39.3.1 林檎樹,在正月二月裏,翻轉斧頭,(用鈍頭)到處敲打，就結實多。

39.4.1　作柰麨的方法：拾得爛柰，放到甕子裏，用盆子把甕口蓋嚴，不要讓蒼蠅進去。

39.4.2　六七天後，會全部發爛。倒下酒去，淹没着，出力〔痛〕攪拌打擊，讓它變成（稀糊），像粥一樣。加水，再出力攪拌，用羅隔着，漉掉果皮和種子。過了很久，完全澄清之後，倒掉〔瀉去〕（上面）的清汁，再加水，又像原先一樣攪打。（再澄清，傾瀉，加水，攪打幾回，）到嗅上去没有臭氣了，才放手。

39.4.3　傾瀉掉上面的清汁後，用布蓋在上面，用灰把裏面的汁吸去〔飲〕，像作米粉的方法（見 52.211.7）。

39.4.4　汁乾之後，用刀切開成梳子大小的塊，在太陽裏曬乾，研成粉末，就成功了。

39.4.5　（這樣的柰麨，）甜酸味道適當，又很芳香，不是尋常的東西。

39.5.1　作林檎麨的方法：林檎紅了熟了，（摘來）切開，去掉中間的種子、心和蔕，在太陽裏把它曬乾。

39.5.2　跟着磨碎或擣碎，用細絹篩篩過。粗的，再磨或再擣，總要全部都細了才罷手。

39.5.3　每次用一方寸匕，放到一椀（水）裏面，就成了好飲料。

39.5.4　不去蔕，味道太苦；連種子，不能保存過夏天；留着果心，太酸。

39.5.5　打算乾吃的，用一升林檎麨，和上二升米麨，味道正合適。

39.6.1　作柰脯的方法：柰成熟時，從中破作兩半，曬乾，就成功了。

種柿第四十

40.1.1 説文曰:"柿,赤實^①果也。"

40.1.1 説文曰:"柿,赤實[①]果也。"

40.1.2 廣志曰:"小者如小杏。"又曰:"梬棗,味如柿。晉陽梬,肌細[一]而厚,以供御。"

40.1.3 王逸曰:"宛中朱柿[二]。"

40.1.4 李尤曰:"鴻柿若瓜[三]。"

40.1.5 張衡曰:"山柿。"左思曰:"胡畔之柿。"潘岳曰:"梁侯烏椑之柿。"

〔一〕"肌細":要術各本作"肥細",依太平御覽卷973改正。

〔二〕"宛中朱柿":明鈔、金鈔及明清刻本作"苑中牛柿",至少"牛柿"不甚好解。太平御覽卷971所引,是王逸荔支賦,作"宛中朱柿"。"宛"是地名,"朱"是顏色;兩個字都依御覽改正。

〔三〕"若瓜":"若"字,金鈔、明鈔及明清刻本,都誤作"苦"。今依御覽卷971所引改正。"鴻"是大,"鴻柿若瓜",即"大柿子有瓜那麼大"(按御覽引作李尤'七款'曰")。

①"赤實":依段玉裁底解釋,"實"是"中"。"赤中與外同色,惟柿";用近代語説,"只有柿子是透心紅的果子"。

40.2.1 柿,有小者,栽之;無者,取枝於梬棗根上插之,如插梨法。

40.3.1 柿有樹乾者,亦有火焙令乾者[一]。

〔一〕"有火焙令乾":祕册彙函系统的版本,根本没有這個注。明鈔本、群書校補所據鈔宋本及漸西村舍刊本這幾個字亦作"亦□東□冷乾",現依金鈔本補正。

40.4.1 食經藏柿法:柿熟時,取之;以灰汁澡[一]再三。度乾,令

汁絕。著器中，經十日可食。

〔一〕"澡"：明鈔本和祕册彙函系統版本，都作"燥"。群書校補没有聲明所據鈔宋本這裏和明清刻本不同，似乎也不例外。依金鈔作"澡"，便容易解説。在"澡"字以下的文字，像這樣標點後，可以讀，但意義仍含糊。懷疑應當是"以灰汁澡再三度訖，合汁把著器中"："訖"字和"乾"字，"令"字和"合"字，"把"字和"絕"字，字形極相似，很容易混淆。如果照所改的情形説，正是至今還通行的、用灰水泡柿的"酺柿法"。另一方面，如所用"灰水"是石灰水，能使果膠酸成鈣鹽沉澱，便可以得到"脆柿"。這種簡單而特殊的處理，可使柿果肉中鞣質在鹼性環境中水解，解除澀味，是我國的發明。

釋　文

40.1.1　説文説："柿，是透心紅的〔赤實〕果子。"

40.1.2　廣志説："小的，像小杏子。"又説："梗棗味道像柿子。晉陽的梗，肉〔肌〕細而厚，是進貢給皇帝吃的。"

40.1.3　王逸〈荔支賦〉説："宛中的紅柿。"

40.1.4　李尤〈七款〉説："大柿子像瓜。"

40.1.5　張衡説："山柿。"左思賦説"胡畔之柿。"潘岳賦説："梁侯烏椑之柿。"

40.2.1　柿子，有現成的小樹，就移栽；没有，取下枝條，在梗棗樁上接嫁〔插〕，像插梨的方法一樣。

40.3.1　柿子有在樹上自己乾的，也有摘下來用火焙乾的。

40.4.1　食經藏柿法：柿子熟時摘取，用灰汁再三洗過，連灰汁裝到容器裏，過了十天，就可以吃了。

安石榴第四十一

41.1.1　陸機曰：“張騫爲漢使外國，十八年，得塗林。”塗林，安石榴也。

41.1.2　廣志曰：“安石榴有甜酸二等。”

41.1.3　鄴中記云：“石虎苑中有安石榴，子大如盂椀，其味不酸。”

41.1.4　抱朴子曰：“積石山有苦榴。”

41.1.5　周景式廬山記曰：“香爐峰頭，有大磐石，可坐數百人；垂生山石榴。二月中作花，色如石榴而小，淡紅敷①紫萼，燁燁可愛。”

41.1.6　京口記曰：“龍剛縣有石榴。”

41.1.7　西京雜記曰：“有甘石榴也。”

①“敷”：花萼的底部，稱爲“花柎”；有“不”、“跗”、“敷”等別寫。

41.2.1　**栽石榴法**：三月初，取枝大如手大指者，斬令長一尺半。八九枝共爲一窠。燒下頭二寸。不燒則漏汁矣。

41.2.2　**掘圓坑，深一尺七寸，口徑尺。豎枝於坑畔**，環圓布枝〔一〕，令勻調也。**置枯骨礓石①於枝間**，骨石此是②樹性所宜。**下土築之。一重土，一重骨石，平坎止。**其土，令没枝頭一寸許也。

41.2.3　**水澆，常令潤澤。**

41.2.4　**既生，又以骨石布其根下，則科圓滋茂可愛。**若孤根獨立者，雖生亦不佳焉。

〔一〕“環圓布枝”：明鈔缺“環”字，空白；“枝”作“枚”。祕册彙函系統（並學津討原本在内）作“環口布枝”。今依金鈔、農桑輯要及漸西村舍本改正。

①"礓石"：廣韻十陽"礓"注解是"礓石"，玉篇石部"礓，礫石也"；現在河淮
　　流域還有"礓石""沙礓"的名稱，不過一般都寫作"薑"字。

②"此是"：可能是鈔寫顛倒，即"是此"；也可勉强解釋爲"這就是……"。農
　　桑輯要及據它校過的學津討原與漸西村舍本缺"此"字。

41.3.1 十月中，以蒲藁裹而纏之；不裹則凍死也。二月初乃
　　　　解放。

41.4.1 若不能得多枝者，取一長條，燒頭，圓屈如牛拘①而
　　　　横埋之，亦得。然不及上法根彊早成。

41.4.2 其拘中，亦安骨石。

①"牛拘"：穿在牛鼻孔中的圓圈形木條，現在河北稱爲"牛鼻圈"。南方稱
　　爲"牛桊"。玄應一切經音義卷四所引大灌頂經卷七，引有"牛桊"及字
　　書解釋："桊是'牛拘'，今（案指唐代）江南以北皆呼'牛拘'，以南皆曰
　　'桊'。"説文解釋"桊"，是"牛鼻環"。

41.5.1 其斸根栽者，亦圓布之，安骨石於其中也。

釋　文

41.1.1 陸機（寫給他弟弟陸雲的信中）説："張騫替漢朝出使外國，
　　　　經過十八年，得了塗林。"塗林，就是安石榴。

41.1.2 廣志説："安石榴有甜酸兩種。"

41.1.3 鄴中記説："石虎苑中有安石榴，果實〔子〕有杯或飯椀大
　　　　小，味道不酸。"

41.1.4 抱朴子裏有："積石山有苦榴。"

41.1.5 周景式廬山記説："香爐峰頂上，有一塊大而扁平的石頭
　　　　〔磐石〕，可以坐幾百人；上面垂覆着有山石榴。二月中開花，
　　　　和石榴相像，不過小些，淡紅色的'跗'，紫色的萼，光輝可愛。"

41.1.6　京口記説:"龍剛縣有石榴。"

41.1.7　西京雜記中,記着(上林苑)有甘石榴。

41.2.1　栽石榴的方法:三月初,取得像手指粗細的枝條,斬成一尺半長的小段。八九枝合作一窠。(每枝)都將下頭("根極")二寸燒一下。不燒汁就會漏掉。

41.2.2　掘一個圓坑,深一尺七寸,坑口對徑一尺。把(一窠的八、九)枝,都豎立在坑周圍,圍着坑布置這些枝,使它們排列均匀。在枝中間放些枯骨和"礓石",枯骨和礓石是和這樹相宜的。攔下(一層)土,(用杵)築實。一層土,一層枯骨礓石,到和坑口平爲止。所用的土,應當把枝頭埋没住,只留出一寸多些(在土面以外)。

41.2.3　用水澆,時常保持潤澤。

41.2.4　成活後,再用枯骨和礓石散布在根科周圍,科叢就旺盛茂密可愛。如果單獨地種一枝,就是成活了,也長不好。

41.3.1　十月中,用蒲和藁稭裹住纏好;不裹就會凍死。二月初,再解放出來。

41.4.1　如果不能得到許多枝條,可以取一條長的,把"根極"燒過,彎曲成圓形,像牛鼻圈一樣,橫埋在地裏,也可以。但是不如上面所説的方法好,——那樣根强些,成活也早些。

41.4.2　圈中,也應當放些枯骨和礓石。

41.5.1　斫取根來栽種的,也要作圓形擺布,在中央放枯骨和礓石。

種木瓜第四十二

42.1.1 爾雅曰："楙，木瓜。"郭璞注曰："實如小瓜，酢，可食。"

42.1.2 廣志曰[①]："木瓜，子可藏，枝可爲數號，一尺百二十節。"

42.1.3 衛詩曰："投我以木瓜"，毛公曰："楙也。"詩義疏曰："楙，葉似柰葉；實如小瓜[一]，上黃，似著粉，香。"欲啖者，截著熱灰中，令萎蔫，淨洗，以苦酒歇汁蜜度之[②]，可案酒食。蜜封藏百日，乃食之，甚益人。

〔一〕"實如小瓜"：金鈔作"實如小瓢瓜"。

①本書所引這一段廣志，各本皆同；太平御覽卷 973 所引，"枝可爲"下空白兩字。藝文類聚所引，中間作"枝可爲杖"。但無論如何，總還是費解，"子可藏"的果實很多，何以木瓜要特別指出？"一尺百二十節"的"樹枝"，在草本植物短縮莖不算稀奇；木瓜屬植物，初發葉時，節間的確很短，但一尺却無論如何不能有一百二十節。木瓜的果實，所含種子，在胎座上的排列，很是整齊，和壺盧科植物相似（所以有木"瓜"之名）。一尺的距離中，排一百二十顆種子，沒有什麼問題。如果把乾木瓜子連綴成串，用作計數的工具，頗爲方便。因此，我懷疑這一段廣志，原文是否"木瓜子，可藏'之'爲數號，一尺一百二十節?"即"枝可"兩字，原是一個"之"字。

②"蜜度之"："度"懷疑是"浸"或"漬"字。

42.2.1 木瓜，種子及栽皆得；壓枝亦生。栽種與李同。

42.3.1 食經藏木瓜法：先切去皮，煮令熟。著水中，車輪切。百瓜，用三升鹽，蜜一斗，漬之。晝曝，夜內汁中，取令乾，以餘汁蜜藏之。亦用濃杬[①]汁也。

①"杬"：爾雅"杬"的郭注是："杬，大木，子似栗；生南方。皮厚汁赤，中藏卵果。"

釋　文

42.1.1 爾雅説："楙，就是木瓜。"郭璞注解説："果實像小瓜，有酸味，可以吃。"

42.1.2 廣志説："木瓜，果實〔子〕可以醃着保存，（種子）可以作爲記數的號碼，一尺中有一百二十個節。"

42.1.3 衞詩（衞風）有一句："投我以木瓜"，毛公解釋説："（木瓜）是楙。"詩義疏説："楙的葉子像柰葉，果實像小瓜，面上黄的，像蓋有粉，氣味很香。"要吃它，横切斷，埋在熱灰裏，讓它變軟〔萎蔫〕，再洗淨，用醋〔苦酒〕豉汁（或）蜜浸着，可以下酒食。加蜜，封藏過一百天，再吃，對人很有益。

42.2.1 木瓜，種種子和插條〔栽〕都可以；壓條也可以發生。栽種方法，和種李樹一樣。

42.3.1 食經藏木瓜的方法：先切掉皮，煮熟。放在水裏面，切成車輪樣的（横片）。一百個瓜，用三升鹽，十升蜜浸着。白天漉出來曬，夜間又浸在汁裏，到後來乾了之後，用剩下的汁和蜜保藏。也可以用濃的（紅）杬皮汁浸。

種椒第四十三

43.1.1 爾雅曰：“檓，大椒。”

43.1.2 廣志曰：“胡椒出西域”。

43.1.3 范子計然曰：“蜀椒出武都，秦椒出天水。”

43.1.4 案今青州有蜀椒種。本商人，居①椒爲業，見椒中黑實，乃遂生意種之。凡〔一〕種數千枚，止有一根生。數歲之後，便〔二〕結子。實芬芳，香、形、色與蜀椒不殊，氣勢微弱耳。遂分布栽移，略②遍〔三〕州境也。

〔一〕“凡”：明鈔作“此”（羣書校補所據鈔宋本同）；祕册彙函系統版本（包括學津討原）都作“凡”，金鈔本也作凡。“凡”是對的。

〔二〕“便”：各本皆作“更”，依金鈔改正。

〔三〕“遍”：各本皆作“通”，依金鈔改作“遍”，即“遍及”。

①“居”：“居積”，即留存貨物。

②“略”：漸漸前進。

43.2.1 熟時收取黑子。俗名“椒目”。不用人手數①近，捉之則不生也。四月初，畦種之。治畦下水，如種葵法。方三寸一子。篩土覆之，令厚寸許，復篩熟糞以蓋土上。

43.2.2 旱輒澆之，常令潤澤。

①“數”：讀“朔”，即多次屢次。

43.3.1 生高數寸，夏連雨時，可移之。

43.3.2 移法：先作小坑，圓深三寸；以刀子圓劙椒栽①，合土移之於坑中，萬不失一。若拔而移者，率多死。

43.3.3 若移大栽者，二月三月中移之。先作熟襄泥，掘出，即封根，合泥埋之。行百餘里猶得生之。

①"栽"：可供移植的實生苗或插條（參看種桃李第三十四注解 34.2.2. ②
　"易種難栽"及柰林檎第三十九注解 39.2.1. ①"取栽"）。

43.4.1 此物性不耐寒：陽中之樹，冬須草裹；不裹即死。其
生小陰中者，少稟寒氣①，則不用裹。所謂"習以性成"。
　　一木之性，寒暑異容；若朱藍之染，能不易質②？ 故觀鄰識士，
　　見友知人也。

①"少稟寒氣"："少"，即"幼年"；"稟"，是"取得"。

②"易質"：即起了本質上的變化。這一段，說明我國人從前對於環境因素
　影響遺傳變異，有些什麼認識。

43.5.1 候實口開，便速收之。

43.5.2 天晴時摘下，薄布①，曝之令一日即乾，色赤椒好。
　　若陰時收者，色黑失味。

①"薄布"："布"是展開，薄布是攤開成薄層。

43.6.1 其葉及青摘取，可以爲菹；乾而末之，亦足充事。

43.7.1 養生要論〔一〕曰："臘夜，令持椒臥房床傍，無與人
言，內井中，除温病。"

〔一〕養生要論：這是一部已經散佚的書。明鈔本誤將"養生"兩字黏在上節
　　末了，書名割裂，便不好解了。現依金鈔改正。這一件迷信的行爲，不
　　但意義不明，連文字也不大好瞭解。

釋　文

43.1.1 爾雅説："檓，是大（花）椒。"

43.1.2 廣志説："胡椒出在西域。"

43.1.3　范子計然書説:"蜀椒出在武都,秦椒出在天水。"

43.1.4　案:現在青州有蜀椒種。原來〔本〕有一個商人,屯積花椒作生意,看見花椒中黑色種實,就轉念頭要種它。一共〔凡〕種了幾千顆,只生出一株幼苗。幾年後這株幼苗,也結了果實。果實芬芳,香味、形狀、顏色,都和蜀椒没有大差別,只是氣勢稍微差一些。此後分布栽種移植,漸漸遍滿了青州一州。

43.2.1　花椒成熟時,收取裏面黑色的種子。俗名"椒目"(因爲像人的瞳孔)。不要讓人的手常常播弄它,播弄多了,就不發芽。四月初,開畦來種。整理,灌水等等,像種葵的方法一樣。每方隔三寸,下一顆種子。篩些細土蓋上,要蓋到一寸上下,再篩些熟糞蓋在上面。

43.2.2　天不下雨,就澆水;常常使它保持溼潤。

43.3.1　苗長到幾寸高以後,夏天遇到連緜雨時,可以移栽。

43.3.2　移栽的方法:先掘一個小圓坑,對徑和深,都是三寸;用小刀在秧苗(根周圍)圓圓地挖(下去),連土一併取出來,移到坑裏,萬無一失。如果拔起秧苗來移栽,一般就是死的多(成活的少)。

43.3.3　如果要移栽大的植株,就要在二月三月裏移。先將穀穰〔襄〕與泥和熟,植株掘出來之後,就用這樣的穰泥包〔封〕着根,連泥埋到地裏。(這樣用泥封過)可以搬運百多里還能成活。

43.4.1　花椒這植物不耐寒:原來長在陽地的樹,冬天須要用草包裹;不包裹就會凍死。生在比較上〔小〕向陰處所的，從小獲得了〔禀〕寒冷的習慣〔氣〕，就不必包裹。這就是所謂"習慣成本性"。一種樹的本性，耐寒與否，有不同的表現〔異容〕；正像碰着紅土〔朱〕藍澱，就會染上顏色一樣，性質怎能不發生改變？所以由鄰居和朋友，可以推想到某人的性情。

43.5.1　等到（成熟的）果實裂開了口子，便趕快收穫。

43.5.2　天晴時摘下來，薄薄地攤開，要在一天之内曬乾，這樣顏色是紅的，品質也好。如果陰天收的，顏色黑，香味也不够。

43.6.1　花椒葉，青時摘取，可以醃菹；曬乾研成粉，也可以供用〔充事〕。

43.7.1　養生要論説："臘日的夜間，教人拿着花椒，睡在卧房床邊，莫和人説，放在井裏，除温病。"

種茱萸第四十四

44.1.1 食茱萸也，山茱萸則不任食。

44.2.1 二月、三月栽之。宜故城、堤、冢，高燥之處。

44.2.2 凡於城上種蒔者，先宜隨長短掘墐，停之經年，然後墐中種蒔。保澤沃壤，與平地無差。不爾者，土堅澤流，長物至遲，歷年倍多，樹木尚小〔一〕。

〔一〕"尚小"：明鈔本獨作"尚少"，顯然是筆誤。

44.3.1 候實開便收之，挂著屋裏壁上，令廕乾；勿使煙熏。煙熏，則苦而不香也。

44.3.2 用時，去中黑子。肉醬、魚鮓①，遍〔一〕宜所用。

〔一〕"遍"：明鈔、金鈔均作"偏"，祕册彙函系統各本作"遍"；"遍"字更合適。
①"鮓"：讀"詐"，即鹽藏而帶汁液的食物（參看卷八作魚鮓第七十四）。

44.4.1 術曰："井上宜種茱萸，茱萸葉落井中，飲此水者，無温病。"

44.5.1 雜五行書曰："舍東種白楊、茱萸三根，增年益壽，除患害也。"

44.5.2 又術曰："懸茱萸子於屋内，鬼畏不入也。"

釋　文

44.1.1 這篇是談"食茱萸"的，山茱萸不能吃。

44.2.1 二月三月移栽。宜於種在舊城墙、堤、大墳等高而較乾燥的地方。

44.2.2 凡屬在城墻上種的，先要按長短掘一個坑，讓它過一兩年，然後再在坑裏種。這樣，保住墒，土也肥沃，與平地没有分別。
不然，土堅硬，水分流走了，植物生長很遲，過了加倍的年限，
樹木還只是小小的。

44.3.1　等到果實裂開，就收回來，掛在屋内壁上，讓它陰
乾；不要用烟熏。烟熏的味苦，也不香。

44.3.2　用時，去掉中間的黑子。作肉醬、作魚鮓，都合適。

44.4.1　術説："井上宜於種茱萸，茱萸葉落到井中，飲用這
種井水的，不害温病。"

44.5.1　雜五行書説："房屋東邊種三株白楊三株茱萸，延
年益壽，除一切禍害。"

44.5.2　又術説："在屋裏掛着茱萸子，可以使鬼畏懼，不敢
靠近來。"

齊民要術今釋

中

〔北魏〕賈思勰　撰

石聲漢　校釋

中華書局

齊民要術卷五

後魏高陽太守賈思勰撰

種桑柘第四十五〔一〕

〔一〕原書卷首總目,本篇篇標題下,有"養鼉附"一個小字夾注。

45.1.1 爾雅曰:"桑辨有葚①,栀。"注云:"辨,半也。""女桑,桋桑。"注曰:"今俗呼桑樹小而條長者,爲女桑樹也。""檿〔一〕桑、山桑。"注云:"似桑,材中②爲弓及車轅。"

45.1.2 搜神記曰:"太古時,有〔二〕人遠征;家有一女,並馬一匹。女思父,乃戲馬云:'能爲我迎父,吾將嫁於汝!'馬絕〔三〕韁而去,至父所。父疑家中有故,乘之而還。馬後見女,輒怒而奮擊。父怪之,密問女,女具以告父。父射殺馬〔四〕,曬皮於庭。女至皮所,以足蹴③之曰:'爾馬,而欲人爲婦,自取屠剥。如何?'言未竟,皮蹷然起,卷④女而行。後於大樹枝〔五〕間,得女及皮,盡化爲鼉,績於樹上。世謂鼉爲'女兒',古之遺言也。因名其樹爲'桑'。'桑',言'喪'也。"

45.1.3 今世有荆桑、地桑〔六〕之名。

〔一〕"檿":明鈔及祕冊彙函系統的版本,都誤作"檿"。院刻、金鈔、農桑輯要及學津討原本,則和今本爾雅同樣,作"檿"。"檿"是對的。

〔二〕"有":明鈔本誤作"省"。

〔三〕"絕":明鈔、金鈔、祕冊彙函系統版本都作"絁",依院刻改作"絕"。

〔四〕"父射殺馬":院刻和金鈔作"父射馬殺";明鈔、群書校補所據鈔宋本,則作"父射殺馬";祕冊彙函系統版本(包括漸西村舍刻本與龍溪精舍刻本)都依今本搜神記作"父屠馬"。"射馬殺",殺字當作動詞過去分詞被動式,是可以解得通的;作"射殺馬",更簡單明白。太平御覽卷825所引亦作"射殺馬"。

〔五〕"枝":明鈔及祕冊彙函系統版本皆作"之"。院刻、金鈔(及太平御覽)作"枝"。

〔六〕"地桑"：院刻及明鈔作"虵桑"；金鈔和明清刻本作"地桑"。崇文書局本獨作"魯桑"。暫依金鈔作"地"（農桑輯要有"地桑"）。

①"桑辨有葚"：桑樹的聚合果稱爲"葚"，也寫作"椹"或"黮"。本書就常用"椹"字。"辨"是"一半"的意思；"辨有葚"，即一半有果實。桑是雌雄異株的植物，偶然有同株的，究竟不太多。"一半有葚"，大體上是正確的。

②"中"：讀去聲，即可以。

③"蹴"：院刻、金鈔、明鈔，均作"蹴"，其他版本有作"戚"的。現在多寫作"蹴"，即"踢"。

④"卷"：作動詞用，讀上聲，現在多寫作"捲"。

45.2.1 **桑椹熟時，收黑魯椹**①。黃魯桑不耐久。諺曰："魯桑百，豐綿〔一〕帛。"言其桑好，功省用多。**即日以水淘取子，曬燥。仍畦種。**治畦下水，一如葵法②。**常薅令淨。**

45.2.2 **明年正月，移而栽之。**仲春、季春亦得。**率：五尺一根。**未用耕故。凡栽桑不得者，無他故，正爲犁撥耳。是以須概，不用稀；稀通耕犁者，必難慎，率③多死矣。且概則長疾。

45.2.3 大都種椹長遲，不如壓枝之速〔二〕。無栽者，乃種椹也。

45.2.4 **其下，常斸掘，種菉豆小豆。**二豆，良美潤澤，益桑。

〔一〕"綿"：院刻和金鈔作"綿"，龍溪精舍本同。明鈔、農桑輯要及祕册彙函系統版本作"錦"。養蠶一定可以得到絲"綿"，但不一定要作成"錦"；所以，"綿"字比"錦"字更合適。

〔二〕"速"：明鈔誤作"遠"。

①"黑魯椹"：黑魯桑的椹。

②"治畦下水，一如葵法"：即和種葵法一樣地整治出畦來，灌水下糞，然後播種。

③"率":率解作"均"。

45.3.1 栽後二年,慎勿採沐①。小採者,長倍遲。

45.3.2 大如臂許,正月中移之。亦不須髠。率:十步一樹。

　　陰相接②者,則妨禾豆。

45.3.3 行欲小掎角③,不用正相當④。相當者,則妨犁。

①"沐":即修剪樹枝;參看卷一注解 3.27.1.①。

②"陰相接":"陰"指"樹蔭";"樹冠"邊緣相接,樹蔭便相連。

③"小掎角":"掎"即"敲",就是偏斜,"掎角"是偏斜彎曲,像牛羊角;"小掎
　　角"就是偏斜不要太大。現在粵語系統方言中,還有"掎曲"的説法。

④"相當":"當"字讀去聲,相當就是相對、相值。

45.4.1 須取栽者,正月二月中,以鈎弋①壓下枝,令著地;
　　條②葉生,高數寸,仍以燥土壅之;土溼則爛。明年正月
　　中,截取而種之。住宅上及園畔者,固宜即定③;其田中種
　　者,亦如種椹法,先穊種,二三年然後更移之。

①"鈎弋":"弋"字又寫作"杙",即短小的木樁。鈎弋,是鈎狀的弋,即一個
　　帶有鈎的木樁或"木椓"。"壓下枝",即將下部的枝條,用鈎弋固定(到
　　土地內面)。

②"條":"條"的本來意義是"枝之小者",現在普通還叫枝條。這裏所指的
　　條,應當是"壓下"地面後的枝條,露出在地面上的末梢。

③"定":即"定植"。

45.5.1 凡耕桑田,不用近樹。傷桑破犁,所謂兩失。其犁不
　　著處,钁①地〔一〕令起。斫去浮根,以蠶矢糞之。去浮
　　根,不妨耬犁,令樹肥茂也。

45.5.2 又法②:歲常〔二〕繞樹一步③散蕪菁子。收穫〔三〕之後,放

豬啄之。其地柔軟，有勝耕者。

45.5.3 種禾豆，欲得逼④樹。不失地利，田又調熟。繞樹散蕪菁者，不勞逼也。

〔一〕"地"：明鈔及祕册彙函系統版本，作"斷"。院刻、金鈔及農桑輯要作"地"。但學津討原本及漸西村舍刊本仍作"斷"，並未依農桑輯要校改。作"地"是正確的。

〔二〕"常"：明鈔因爲"避諱"，作"嘗"；群書校補所據鈔宋本也作"嘗"。院刻、金鈔、農桑輯要皆作"常"。這裏只有作"常"纔正確（因此，群書校補所據鈔宋本，便不會是明光宗以前的鈔本）。

〔三〕"穫"：明鈔作"獲"，依院刻及金鈔改作"穫"。

①"劇"：即小鋤。卷一注解 1.1.4.⑩。

②"又法"：以下應是正文。

③"繞樹一步"：步是長度單位，即五尺。

④"逼"：極接近。

45.6.1 剝桑：十二月爲上時，正月次之，二月爲下。白汁出，則損葉①。

45.6.2 大率桑多者，宜苦②斫；桑少者，宜省剝。

45.6.3 秋斫欲苦，而避日中；觸熱樹燋枯，苦斫春條茂③。冬春省剝，竟日得作。

①"白汁出，則損葉"：白汁指桑樹的上升"養分流"；這是葉芽舒發時的物質根據。

②"苦"：即"盡致"、"儘量"。要術中"苦"字與"痛"字作副詞用時，意義相似，而和我們今日的用法大不相同，都當"盡力""盡致""儘量"講。

③"觸熱樹燋枯，苦斫春條茂"：觸熱，即逢熱，也就是説是氣温高，而蒸發量大，這時斫樹；傷口容易過分乾燥。"苦斫春條茂"，是老榦切除得愈多，明年春天，由定芽（並生副芽）和不定芽形成的新條愈多。

45.7.1 春採者，必須長梯高机，數人一樹，還條復枝，務令淨盡；要欲旦暮①，而避熱時。梯不長，高枝折；人不多，上下勞；條不還，枝仍曲；採不淨，鳩脚多；旦暮採，令潤澤；不避熱，條葉乾。

45.7.2 秋採欲省，裁〔一〕去妨者。秋多採，則損條。

〔一〕"裁"：明鈔誤作"栽"；依院刻金鈔改正作"裁"。這裏的"裁"字似乎不應作"裁剪"的裁講，而只應當解釋作"纔"，"纔"即"剛剛"（祕册彙函系統版本，從 45.5.1 起缺去一大段，這個字根本没有）。

①"要欲旦暮"："要"字讀平聲；即"總之"或"在原則上"。"旦"是"清早"，"暮"是"黄昏"，即氣温低，蒸發量小的時候。

45.8.1 椹熟時，多收，曝乾之；凶年粟少，可以當食。

45.8.2 魏略曰："楊沛爲新鄭長。興平①末，人多飢窮。沛課民益畜乾椹〔一〕，收豋豆，閱其有餘②，以補不足，積椹得千餘斛。會太祖③西迎〔二〕天子，所將千人，皆無糧。沛謁見，乃進乾椹。太祖甚喜。及太祖輔政，超爲鄴令，賜其生口④十人，絹百匹；既欲勵之，且以報乾椹也。"

45.8.3 今〔三〕自河以北，大家收百石，少者尚數十斛。故杜葛⑤亂後，饑饉荐臻，唯仰以全軀命。數州之内，民死而生者，乾椹之力也。

〔一〕"課民益畜乾椹"：明鈔及群書校補所據鈔宋本，作"使民益蓄熟椹"。院刻、金鈔、農桑輯要及學津討原本是"課民益畜乾椹"。"課"、"乾"兩個字，必須照院刻等改正；"蓄"、"畜"可以通用。"課"是"規定辦法，推行後加以檢查督促"；"蓄"是"儲蓄"。

〔二〕"西迎"：明鈔及群書校補所據鈔宋本，"迎"誤作"征"，依院刻、金鈔改正。

〔三〕"今"：農桑輯要及學津討原本誤作"令"。

①"興平":漢獻帝年號(公元 194—195 年),190 年,董卓把洛陽燒掉,將都
　城和皇帝搬到長安。195 年二月,李傕發兵,把漢獻帝擄到了他的兵
　營裏。
②"收荳豆;閱其有餘":"荳豆"又名"鹿豆",是一種半野生的豆科植物(參
　看校記 6.1.2.〔三〕及注解 6.1.3.①)。"閱"是"聚集"(見淮南子)或
　"點數"(一般的意義)。
③"太祖":"太祖"指曹操;西迎"天子",是託詞去迎接被郭汜搶去了的漢獻
　帝;"所將(去聲)千人",是曹操帶的部隊。曹丕時,替曹操"上尊號"爲
　"太祖武皇帝";魏略是魏的國史,所以稱曹操爲太祖。
④"生口":活的俘虜,作爲奴隸的。
⑤"杜葛":杜洛周與葛榮的起義(公元 526 年)。

45.21.1 種柘法:耕地令熟,樓耩作壟。

45.21.2 柘子熟時,多收,以水淘汰令淨,曝乾。散訖,勞
　之。草生拔却,勿令荒没。

45.21.3 三年,間①劚去,堪爲渾心扶老杖②;一根三文。十
　年,中四破爲杖③,一根直二十文。**任爲馬鞭胡床**④;馬
　鞭一枚直十文,胡床一具直百文。十五年任爲弓材,一張
　三百。**亦堪作屐**⑤,一兩六十。裁截碎木,中作錐刀
　靶⑥;音霸。一個直三文。二十年,好作犢車材。一乘⑦
　直萬錢。

45.21.4 欲作鞍橋⑧者,生枝長三尺許,以繩繫旁枝,木橛
　釘著地中,令曲如橋。十年之後,便是渾成⑨柘橋。一
　具直絹一匹。

45.21.5 欲作快弓材者,宜於山石之間,北陰中種之。
①"間":讀去聲,"間劚去",即用間斷地鋤掉一些的方法來"間苗"。

②"渾心扶老杖"：渾即整個，"渾心"即整條，（帶着原來的）樹心；"扶老杖"，即老年人所用的拄杖。

③"中四破爲杖"："中"讀去聲，即可以。"四破"是破開成四條。上文"渾心扶老杖"，是整個幼樹幹，帶心，作成老人用的拄杖。這個杖，便是四破之後，再加工作成的長條，如"儋杖"（即"扁擔""扁挑"）"擀麵杖"……之類。

④"胡床"：可摺疊的椅子，稱爲"交椅"或"交床"；再老些的名稱便是"胡床"，——因爲相傳是從胡地傳來的。

⑤"履"：各本皆同。但仍懷疑，該是字形極相似的"屐"字鈔寫有錯。履，古代文字記載中有絲織的、絲綢裁製的、絲麻織而鑲嵌金和珠寶的、麻織的、草織的、革（生皮）作的，韋（熟皮，見30.8.4）作的，但還沒有用木作"履"的記載。"屐"是"行泥"與"登山"的，鞋底應高出，所以多用木作。目前<u>湖南</u>、<u>江西</u>兩省，用木作底的木屐，還很盛行。<u>閩南</u>和<u>兩粵</u>有木"屧"；兩廣一般仍用"木屐"作木屧的名稱。因此懷疑是"屐"而不是"履"。下文小注中"一兩"即今日口語中的"一雙"或"一對"（粵語系統方言至今還用"一對"），<u>世説新語</u><u>阮孚</u>未知"一生當著幾兩屐"是一個有名的故事。

⑥"靶"：靶字原義是"彎首"即"馬絡頭"。現在用作"射的"的靶子，和本書的用法（借作"把"字）是同一個字兩種不同的借用。

⑦"一乘"：即"一張"車、"一輛"車、"一駕"（現在多寫作"一架"）車、"一部"車。

⑧"鞍橋"：馬鞍的木架，中間高，兩端低，像一個橋，所以稱爲鞍橋。目前<u>長江</u>中部方言還保存着"馬鞍橋"的口語。

⑨"渾成"：天然生成，不需多加人工，稱爲"渾成"。

45.22.1　其高原山田，土厚水深之處，多掘深坑，於坑中種桑柘者，隨坑深淺，或一丈、丈五，直上出坑，乃扶疎四散。

45.22.2 此樹條直，異於常材；十年之後，無所不任。一樹直絹十匹。

45.23.1 柘葉飼蠶，絲好；作琴瑟等絃，清鳴響徹，勝於凡絲遠矣。

45.9.1 禮記月令曰："季春無伐桑柘。"鄭玄注曰^{〔一〕}："愛養蠶食^①也。""具曲、植、笿、筐。"^②注曰："皆養蠶之器：曲，箔也；植，槌也。""后妃齋戒，親帥^③躬桑。以勸蠶事，無爲散惰。"

〔一〕今本禮記鄭玄注，"愛"字下無"養"字；"皆養蠶之器"，作"所以養蠶器也"；都不如本書所引的順當。

①"愛養蠶食"："愛"是節省，"養"是"保護"，"蠶食"是蠶的食物。

②"具曲、植、笿、筐"與"后妃齋戒……無爲散惰"，這幾句小字，都是"正文"，應作大字。這是本書"自壞體例"之處的另一種情形。下面一段（周禮曰……）則剛好相反，把注（注曰："質，平也……"）作成正文大字了。

③"帥"：應讀入聲，即"率"字；現在北方方言兩字仍同音，讀去聲。

45.31.1 周禮曰："馬質，禁原蠶者。"注曰："質，平也；主買馬平其大小之價直者。原，再也。天文'辰爲馬'；蠶書：'蠶爲龍精。'月直大火，則浴其蠶種。是蠶與馬同氣。物莫能兩大；故禁再蠶者，爲傷馬與？"

45.10.1 孟子曰："五畝之宅，樹之以桑；五十者可以衣帛矣。"

45.32.1 尚書大傳^①曰："天子諸侯，必有公桑^②；蠶室就川而爲之。大昕^③之朝，夫人浴種^④於川。"

①"尚書大傳"：這一段今本（涵芬樓左海文集本）在卷二上末尾；詩大雅蕩之什瞻卬第四篇，"休其蠶織"的鄭玄"箋"，禮記祭義，都也有與尚書大

傳相似的文句。

②“公桑”：大概應當是與“公田”相當的一種制度，即由農民義務勞役替統
　　治者種下的桑園。

③“大昕”：原注：“季春朔日之朝也。”（即三月初一天剛亮）

④“浴種”：把蠶種在水中洗過。詩鄭箋和禮記祭義，這句是“種浴於川”，説
　　得非常明顯。

45.33.1 春秋考異郵曰：“蠶，陽物，大惡水^①，故蠶食而不
飲。陽立於三春，故蠶三變而後消。死於七，三七二
十一，故二十一日而繭。”

①“大惡水”：太平御覽卷 825 所引春秋考異郵，作“蠶陽者，大火惡水……”，
　　“物”字與“者”，相差不大；“大火”的“火”字，則很重要。與下文“惡水”
　　兩字相應，應當有。不過要術各版本都沒有，暫不改。

45.34.1 淮南子曰^①：“原蠶一歲再登，非不利也；然王者法
禁之，爲其殘桑也。”

①“淮南子曰”：這段在泰族訓中。

45.11.1 氾勝之書〔一〕曰：“種桑法：五月，取椹著水中，即以
手漬〔二〕之。以水灌洗，取子，陰乾。”

45.11.2 “治肥田十畝——荒田久不耕者尤善！——好耕
治之。每畝，以黍椹子各三升合種之。”

45.11.3 “黍桑當俱生。鋤之。桑令稀疏調適。”

45.11.4 “黍熟穫之。桑生，正與黍高平；因以利鐮摩地刈
之，曝令燥。後有風調，放火燒之，常逆風起火。桑至
春生，一畝食^①三箔蠶。”

〔一〕“氾勝之書”：院刻及金鈔無“書”字。

〔二〕"漬"：明鈔、農桑輯要及明清刻本，均作"漬"；院刻及金鈔作"潰"。"潰"，是在水中浸到融溶，也就是今日各處口語中"垮"(kua)的原字。"漬"是浸洗，或"漚"(見説文)，作"潰"不如作"漬"好解釋。因此保留明鈔的"漬"字。

①"食"：讀去聲，作動詞用，就是"飼"。

45.35.1 俞益期牋曰："日南蠶八熟①，繭軟而薄，椹採少多②。"

①"日南蠶八熟"："日南"是越南的古名；蠶八熟，是一年收八次繭。

②"椹採少多"：這句不甚好解，懷疑有錯漏。

45.36.1 永嘉記曰："永嘉有八輩蠶：蚖①珍蠶，三月績。柘蠶，四月初績。蚖蠶，四月初績②。愛珍，五月績。愛蠶，六月末績。寒珍，七月末績。四出蠶，九月初績。寒蠶，十月績。"

45.36.2 "凡蠶再熟者，前輩③皆謂之'珍'。養'珍'者，少養之。"

45.36.3 "'愛蠶'者，故蚖蠶種也：蚖珍三月既績，出蛾，取卵，七八日便剖卵蠶生。多養之，是爲'蚖蠶'。欲作'愛'者，取蚖珍之卵，藏内甖中，(隨器大小，亦可十紙。)蓋覆器口，安硎④苦耕反、泉、冷水中，使冷氣折其出勢。得三七日，然後剖生；養之⑤，謂爲'愛珍'，亦呼'愛子'。"

45.36.4 "績成繭，出蛾，生卵；卵七日又剖成蠶；多養之，此則'愛蠶'也。"

45.36.5 "藏卵時，勿令見人。應用二七赤豆安器底，臘月

桑柴二七枚，以麻卵紙⑥。”

45.36.6 “當令水高下，與重卵相齊。若外水高，則卵死不復出；若外水下卵，則冷氣少，不能折其出勢。不能折其出勢，則不得三七日；不得三七日，雖出‘不成’也。‘不成’者，謂徒續成繭、出蛾、生卵，七日不復剖生，至明年方生耳。”

45.36.7 “欲得蔭[一]樹下。亦有泥器口三七日，亦有成者。”

〔一〕“蔭”：院刻、金鈔作“蔭”，明鈔作“陰”，“陰”字本可以借作“蔭”，但作“蔭”更明白。

① “蚖”：“蚖”字，依説文解釋，是“蠑蚖”；但這類兩棲動物的名稱，現在都只用“蝾”字。太平御覽卷825蠶條所引的永嘉記，則寫作“蚖”；續博物志（也是宋朝的書），也作“蚖”。“蚖”字是寫錯，不必考慮。“蚖”字，可能仍只是原蠶的“原”。永嘉記作者，也許忘了甚或不知道周禮中的“原蠶”，正是多化蠶，只依口語語音，寫了這麼一個“別”字。本書卷一種穀第三3.18.3所引氾勝之書，提到用原蠶矢處理種子；本篇上兩段還特別引了周禮“馬質禁原蠶者”及注文。但賈思勰對所引永嘉記中的“蚖”字，却沒有説明應當就是“原”，因此我這個假定還要再加考證。

② “蚖蠶，四月初績”：要術各本，太平御覽卷825所引，都是這樣，似乎不會有錯誤。但推究一下，却頗有問題：最明顯的，是與上一批的“柘蠶”，同在四月初績；似乎就不够資格作爲另一批；這一點還可以用飼料不同，成熟期不一來解釋，可能作繭同時，柘蠶的卵孵期却比蚖蠶早。但是，再往下追，看下文時，就會覺得日期仍是不合：（一）依下文，蚖珍，三月作繭，即使是三月初一日吧，結繭後，要幾天才能破繭出蛾，出蛾後至少要一天才能產卵，卵要八日才能孵化〔剖生〕出蟻；則蚖蠶至早要在三月半以後才能出蟻；出蟻到再作繭，假定是二十五日，也已到四月

初十以後，便決不可能在"四月初績"。如果蚖珍不是三月初一日結繭，則蚖蠶結繭的日期更要向後推遲。上文蚖珍並沒有注明"三月初績"，則蚖蠶便也不會在四月初績。（二）作"愛珍"，是將蚖珍的卵，用低溫處理，使休眠期由七八日延長到"三七"即二十一日。換句話説，低溫處理的結果，蚖珍的卵，延長了十三、十四日的休眠，因此，所成的蠶，便不稱爲"蚖蠶"而稱爲"愛珍"。則愛珍與蚖蠶的成熟期，也只應當相差十三、十四日。愛珍的結繭期是五月；即使是五月初吧，上推十三、十四日，也只能是四月中旬，而不會是"四月初"。（三）所有再熟蠶的前輩，都稱爲"珍"，每一輩"珍"與相當的後輩，結繭期之間的距離，不應當相差太遠。這八輩中，"愛珍"與"愛蠶"的結繭期是五月與六月末，即約一個半月以上；"寒珍"與"寒蠶"的結繭期是七月末與十月，天氣已涼（所以才稱爲"寒"）；需要近三個月。蚖珍"三月績"，蚖蠶即四月初績，氣溫和七月到十月相似，比五月冷得多，但結繭期相距只有半個月至多一個月，更是不可能的。因此我認爲"初"字是錯誤的，應當是"末"。和下文小注的"六月末""七月末"一樣。

③"前輩"：即上一代或上一"化"。

④"硎"：尚書序疏"始皇令冬月種瓜於驪山硎谷之中溫處"，康熙字典將"硎"認爲驪山中一個谷的"專名"，讀"形"音。左思賦中有一句"右號臨硎"；康熙字典依廣韻將"硎"讀作"阮"，但仍解作一個宮門的"專名"。似乎"硎"字作爲地方或宮門的專名的時候，泛用時少；——除解作磨刀石之外，別無其他意義。但"硎"與"阮"有時就是同一個字；在康熙字典中"阮"字下所引廣韻中，也説明"阮，同坑，亦同硎"。本書硎字下注着"苦耕反"的音，就是讀"阮"。"硎谷"即"阮谷"，——山中有時有溪水流着的谷；是一個普通的名稱，並不是專名。三四月間，山中的溪水，溫度可能較氣溫低得多，可以利用來作低溫處理，壓遲蠶的孵化。

⑤"養之"："養"字上面省去了一個"少"字。上文已説明"養珍者少養之"，

　　下文又説明“多養之，此則‘愛蠶’也”，所以知道這裏省了一個“少”字。

⑥“以麻卵紙”：“麻”字很費解。是否連上文“二七枚”的“枚”字，一樣都是
　　錯字？（“枚”應當是“枝”；“麻”字是否是“庶”、“庋”、“承”等形狀相似
　　的字？）下文“當令水高下，與重卵相齊……”是説這種低温處理的安
　　排：瓦罋〔罌〕底上，放幾顆赤小豆，將最下一張蠶卵紙墊高；在這上面，
　　擱幾條細桑柴枝，再放一張卵紙，每一張卵紙都這樣用桑柴支起來，彼
　　此不相擠壓。罋子外面，用冷的溪澗水“冰”着；外面的水面和罋子内
　　最頂上一張卵紙一樣高。“若外水高，則卵死不復出”，即冷得太過；
　　“若外水下卵，則冷氣少，不能折其出勢”，即冷水水面，若在蠶卵紙以
　　下，則在水面以上的卵，没有冷夠，仍可依正常情況中的速度，發育，孵
　　化成蟻。

45.37.1 雜五行書曰：“二月上壬①，取土泥屋四角，宜蠶；吉。”

①“上壬”：上旬中，天干遇壬的日子。

45.38.1 按① 今世有三卧一生蠶，四卧再生蠶，白頭蠶，頡石蠶，楚
　　蠶，黑蠶，兒蠶（有一生再生之異），灰兒蠶，秋母蠶，秋中蠶，老
　　秋兒蠶，秋末老獬兒蠶，綿兒蠶。同繭〔一〕蠶，或二蠶三蠶，共
　　爲一繭。凡三卧四卧，皆有絲綿之別。凡蠶從小與魯桑者，乃
　　至大入簇，得飼荆魯二桑；小食荆桑〔二〕，中與魯桑，則有裂腹
　　之患也。

〔一〕“繭”：“繭”字，院刻、金鈔均作“功”；明鈔和祕册彙函系統各版本皆作
　　“繭”。這個字，很值得研究：現在將“二蠶或三蠶共爲一繭”的情形，稱
　　爲“雙宫”、“三宫”，以爲是共住一個房屋。若依宋本寫作“功”字，則是
　　同作一件工作。

〔二〕“荆桑”：明鈔誤作“則桑”。群書校補所據鈔宋本，這個字還是和院刻、
　　金鈔一樣作“荆”的。祕册彙函系統版本，這字都作“則”；下面“則有裂

腹之患"的"則"却換作了"荆"。

①"按……"這一段,應附在前節所引永嘉記末了;是說明賈思勰時代,山東
蠶品種的情形的。這個"錯簡"的例,可能是鈔寫時的錯誤,也可能是
原書寫錯了地方。

45.39.1 楊泉物理論曰:"使人主之養民,如蠶母之養蠶;其用,豈徒絲繭而已哉?"

45.51.1 五行書①曰:"欲知蠶善惡,常以三月三日:天陰,如無日,不見雨,蠶大善。"

45.51.2 又法②:埋馬牙齒於槌下,令宜蠶。

①"五行書":"五"字上,懷疑還應當有一個"雜"字。33.11.1、44.5.1以及
本篇45.37.1、45.53.2等節和50.25.1、58.7.1等節,所引都是"雜五
行書"。

②"又法"下小字,應是正文,該作大字;這一段不是占候,是"厭勝"。

45.52.1 龍魚河圖曰:"埋蠶沙於宅亥地,大富,得蠶絲;吉利。以一斛二斗,甲子日鎮宅,大吉,致財千萬。"

45.41.1 養蠶法:收取種繭,必取居簇中者。近上則絲薄,近下則子不生也。

45.41.2 泥屋,用福、德、利①上土。

45.41.3 屋欲四面開窗,紙糊;厚爲籬②,屋內四角著火。火若在一處,則冷熱不均。

45.41.4 初生,以毛掃。用荻掃,則傷蠶。調火,令冷熱得所。熱則焦燥,冷則長遲。

45.41.5 比至再眠,常須三箔:中箔上安蠶,上下空置。下箔障土氣,上箔防塵埃。

45.41.6 小時,採福、德上桑,著懷中令暖,然後切之。蠶小

不用見露氣，得人體則衆惡除。

45.41.7 每飼蠶，卷窗幃，飼訖還下。蠶見明則食，食多則生長。

①"福、德、利"：迷信中的"歲向"方位。

②"籭"：也許該是"簾"字。

45.42.1 老時值雨者，則壞繭；宜於屋裏簇之：薄布薪於箔上，散蠶訖，又薄以薪覆之。一槌得安十箔。

45.42.2 又法①：以大科蓬蒿爲薪；散蠶令遍。懸之於棟、梁、椽、柱；或垂繩、鈎弋、鵄爪〔一〕、龍牙②，上下數重，所在皆得。懸訖，薪下微生炭，以煖之。（得煖則作速，傷寒則作遲。）數入候看，熱則去火。蓬蒿疎涼，無鬱浥之憂；死蠶旋墜，無污繭之患；沙葉不住〔二〕，無瘢痕之疵。鬱浥則難繅，繭污則絲散，瘢痕則緒斷〔三〕。設令無雨，蓬蒿簇亦良：其在外簇者，脱遇天寒，則全不作繭。

〔一〕"……鈎弋、鵄爪……"："弋"，明鈔本誤作"戈"；祕册彙函系統版本同。"鵄"，祕册彙函系統版本作"鴟"。農桑輯要沒有引這一段，所以學津討原這幾個字和祕册彙函本完全同樣。現依院刻及金鈔改正。"爪"，院刻誤作"瓜"。

〔二〕"沙葉不住"：明鈔作"沙榮不住"，祕册彙函系統版本同。院刻及金鈔作"沙葉不作"。"沙"是蠶糞，即蠶沙；葉是食殘的桑葉。如果沙和葉留住簇上，可能罣入繭衣，作成瘢痕；因此"沙葉不住"是有利的條件。"作"字似乎不如"住"字合適。

〔三〕"……緒斷。設令……"：明鈔本"緒"下有三格空白；祕册彙函系統版本沒有，連"緒"字也改掉了。現依院刻及金鈔補入。

①"又法"以下，應是大字正文。

②"鈎弋、鵄爪、龍牙"：鈎弋（見本節注解 45.4.1. ①），是簡單的曲鈎；"鵄

爪"是一個柄上某一處集中地有幾個彎曲的枝條；"龍牙"是一個柄上有一長排許多側枝。

45.43.1 用鹽殺繭⁽一⁾，易繰⁽二⁾而絲肕；日曝死者，雖白而薄脆。縑練衣著，幾將倍矣；甚者，虛失歲功，堅脆懸絕。資生要理，安可不知之哉？

〔一〕"鹽殺繭"：明鈔這三個字空白着，和上文"斷設令"（即校記 45.42.2.〔三〕所記的地方）隔行並排，都是空闕。院刻這兩行的三個字，也是隔行並排，可見明鈔所根據的，是行款與院刻相類的宋本或仿宋本。院刻"殺"字也有半邊模糊，現依金鈔補正。群書校補所據鈔宋本，這兩處也各空三格，可見它所據的刻本，已在院刻之後。

〔二〕"繰"：明鈔及祕册彙函系統本誤作"練"。依院刻及金鈔改正。

圖 14　蠶槌（根據王禎的農書卷 20）

45.44.1 崔寔曰："三月清明節，令蠶妾①治蠶室，塗隙穴，具槌持②箔、籠。"

①"蠶妾"："妾"是服役的"女奴"，蠶妾是專門主管養蠶的女奴。

②"持"：恐係"栬"字，即蠶樆、蠶槌。見附圖 14（仿自王禎農書），"槌"的解釋，見下種榆白楊第四十六注解 46.13.2.②。

45.53.1 龍魚河圖曰："冬以臘月鼠斷尾。"

"正月旦，日未出時，家長斬鼠，著屋中。祝^①云：'付敕屋吏，制斷鼠蟲，三時言功！'鼠不敢行。"

45.53.2　雜五行書曰："取亭部^②地中土塗竈，水、火、盜、賊不經。塗屋四角，鼠不食蠶。塗倉、簞，鼠不食稻。以塞坎，百日鼠種絕。"

45.53.3　淮南萬畢術曰："狐目狸腦，鼠去其穴。"注曰："取狐兩目，狸腦大如狐目三枚，擣之三千杵，塗鼠穴，則鼠去矣。"

①"祝"：讀去聲，即現在所謂"呪"。

②"亭部"：亭長是秦漢以來的一個小官（即保甲長或相等的地位，在"鄉"之下），部即"官署"。"亭部"便是亭長辦公處。

釋　文

45.1.1　爾雅說："桑樹，一'辨'能結葚的，稱爲'梔'。"（郭璞）注解說："辨就是半。""女桑就是桋桑。"（郭璞）注解說："現在（按指晉代）一般將矮小而枝條長的桑樹稱爲'女桑樹'。""檿，就是山桑。"（郭璞）注解說："像桑，木材可以製弓和車轅。"

45.1.2　搜神記中（有這麼一段故事）：很早很早〔太古〕的時候，有一個人，離家遠出〔遠征〕；家裏留下有個女兒，還有一匹馬。女孩想念着父親，就向馬說着玩："你能替我把父親接回來，我就嫁給你！"馬拽斷韁繩走掉了，到了父親那裏。父親（見了馬），疑心家裏出了事〔有故〕，便騎着它回家了。到家之後，馬一見到女孩，就發怒蹦跳。父親覺得奇怪，私地〔密〕問女孩，女孩就原原本本〔具〕告訴了父親。父親把馬射死，皮（剝下來）在院子〔庭〕裏曬着。女兒走到馬皮旁邊，用腳踢〔蹙〕着它說："你是馬呀，却想人來作妻，不是自己找來的殺死剝皮麼？"

話還沒有説完,皮就一下起來,把女孩捲着走了。後來在大樹
的樹枝中間,找到了這女孩和(裹着她的馬)皮,都變成了蠶,
在樹上續絲。世人把蠶叫做"女兒",就是古代流傳下來的説
法〔遺言〕。這種樹,也就稱爲"桑樹","桑"就是"喪"的意思。

45.1.3　現在(後魏?)有荆桑、地桑等名稱。

45.2.1　桑椹成熟時,揀黑魯桑的椹收下。黄魯桑不耐久。
俗話説:"魯桑樹一百,多綿又多帛。"説魯桑(葉)好,功夫少,
用處多。當天用水淘洗,取得種子,曬乾。還是作畦種
植。開畦灌水,一切都像種葵的方法一樣。畦裏常常薅
乾淨。

45.2.2　明年正月,移苗重栽。到二月三月也可以。標準是
五尺一根。因爲不可以(在樹中間)再犁耕。一般移栽的桑
樹栽不好,沒有其他原因,只是犁撥動的結果。因此務必種密
些,不要稀。稀到犁能通過的,必定不容易小心仔細,死亡的
便多。況且,種得密,也就長得快。

45.2.3　一般種桑椹的,樹都長得遲,不如壓條的快。只在沒有插
條可用時,才種桑椹。

45.2.4　桑樹下,常常用鑴掘開地,種些綠豆小豆。這兩種
豆肥美,又保持潤澤,對桑樹有益。

45.3.1　移栽後頭兩年,千萬〔慎〕不要採葉截枝。小時採
葉,生長加倍地遲。

45.3.2　有胳膊粗細時,在正月裏再移栽。也不必截枝。(現
在的)標準,是十步一株樹。如果樹陰彼此連接,就妨害
到所種的穀子或豆子了。

45.3.3　行裏要有些小偏斜,不要排成正正相對。正正相

對,就不好用犁。

4.5.4.1　須要取得插條的,正月二月間,用帶鈎的棳把低〔下〕枝(中段)壓下去,讓它與地面相接;等到這樣的枝條(露出的末端)發芽生葉後,而且長到幾寸高之後,再用些乾土雍着;用溼土就會爛。明年正月間,截斷取來移栽。在住宅旁邊和園周圍的,固然應當立即定植(不再移動);栽在田中間的,還是應當像種椹子一樣,先比較稠密地假植着,兩三年後再移。

45.5.1　犁耕有桑樹的田時,不可以靠近桑樹使用犁。桑樹會受傷,犁也會破,所謂“兩面損失”。犁不到的地方,用劚把地劚鬆〔起〕。將(靠近地面的)淺〔浮〕根斫去,用蠶糞(作肥料)加肥〔糞〕。淺根去掉,就不至於妨礙耬犁,(同時)也可以使樹長得肥好茂盛。

45.5.2　另一方法:每年,在樹根周圍一步以内,撒下一些蕪菁子。收穫了(蕪菁葉和根)之後,放豬去樹下吃(蕪菁的殘根)。(結果,豬把)地(墾)鬆了,柔和軟熟,比犁耕的還好。

45.5.3　(在桑樹間隙裏)種禾或豆子,就要緊挨着〔逼〕樹。地利没有損失,田也調和軟熟。如在樹周圍撒種蕪菁的,便不要求〔勞〕緊挨着樹。

45.6.1　截除桑樹枝條,十二月是最上選的時令,其次正月,二月最下。截除後有乳汁流出,就損傷葉子了。

45.6.2　一般説,桑樹種得多的,應當儘量斫去老枝;樹少,就得少截掉些。

45.6.3　秋天斫時,應當儘量多,但要避免正午前後;樹遇着熱,容易枯焦;斫得愈多,明年春天發出的嫩條長得愈茂盛。冬天春天,截枝要少,整天從早到晚,都可以作。

45.7.1　春天採桑葉時,必須要够長的梯或够高的架〔机〕,幾個人同時採一株樹,採過後,枝要放回原來的位置,葉子要摘得乾淨,不要餘留;總之〔要〕儘清早和黃昏工作,避免熱的時間。梯不够長,高枝會攀斷〔折〕;人不多,上下頻繁,勞動多而效率少;枝條不放回,將來就彎曲;採摘不乾淨,會長出許多密丫叉〔鳩脚〕;清早黃昏採,保持潤澤;不避免熱時,採過的枝條和採回的葉子都會乾。

45.7.2　秋天採葉,要節約一些,只把相妨的葉去掉。秋天採摘過多,枝條就要受損傷。

45.8.1　桑椹成熟時,多收積些,曬乾(留下);荒年糧食不够時,可以當飯。

45.8.2　魏略説:"楊沛作過新鄭縣的縣官〔長〕。漢獻帝興平末了,許多平民捱餓受難。楊沛定出辦法,叫大家多積蓄乾桑椹,採集野小豆;加以檢查,將有餘的收集起來,補足不够的,積累了千多斛乾椹。遇到魏太祖(曹操)出兵向西邊去迎接皇帝,所帶的部隊千多人,都没有帶糧。楊沛迎見魏太祖時,就把乾桑椹交納出來。魏太祖很歡喜。到魏太祖掌握朝政時,將楊沛特別提升〔超〕作鄴令,並且賞給他十名作工的俘虜,一百匹絹;一方面是勸勉他,一方面也是回報他交納的乾桑椹。"

45.8.3　現在黃河以北,大些的人家,收藏到一百石,少的也有幾十斛。因此杜葛起義〔亂〕之後,連年饑荒,只靠乾桑椹保全了生命。幾州地方的人民,還没有餓死,就是乾桑椹的功勞。

45.21.1　種柘的方法:把地犁耕到很熟,用耬構成壟。

45.21.2　柘樹種子成熟時，多收些，用水淘得乾乾淨淨，曬乾。散種後，用勞摩平。草發生後，拔掉，不要讓草長到遮住〔没〕柘苗。

45.21.3　第三年，間隔着鋤掉一些，（鋤掉的）可以〔堪〕作整條的老年人用的拄杖；一根值三文繒錢。十年，（疏伐出來的）可以〔中〕直破作四根杖，一根值二十文。也可以作馬鞭和交椅（架子）；馬鞭一枚值十文，交椅架子一張值一百文。十五年，可以作弓背材料，一張值三百文。也可以作屐，一雙六十文。裁截剩下的碎木料，可以作錐把刀把〔靶〕；靶音霸，一個值三文。二十年後，好作作牛車的料。一乘車值一萬文錢。

45.21.4　想作鞍橋的，將活的嫩枝條，有三尺左右長的，（一端）用繩繫在旁邊的枝條上，（一端）用木椿釘到地裏面，讓它像橋一樣彎曲着。十年之後，便是天然〔渾成〕的柘橋了。一套值一匹絹。

45.21.5　想作稱心如意〔快〕的弓背材料的，應當在山上石頭中間，北面向陰的地方種下。

45.22.1　高原上，山上的田，土層厚（地下）水（位）深的地方，多掘些深坑，在坑裏種桑樹柘樹的，隨坑的深淺，在坑口上露出一丈到一丈五尺，然後向四面散開。

45.22.2　柘樹條幹直長，和普通樹不同；十年之後，可以供各種用途。一棵可以值十匹絹。

45.23.1　柘樹葉養的蠶，（所得的）絲（質地很）好；作琴瑟等樂器的絃，發的聲音〔鳴〕乾淨〔清〕，響亮，而且及遠

〔徹〕,比普通〔凡〕絲强得多。

45.9.1. 禮記月令説:"三月〔季春〕,不要砍伐桑樹柘樹。"
鄭玄注釋説:"爲的節省〔愛〕養〔保護〕蠶的食料。""準備蠶箔
〔曲〕、箔架〔植〕、桑籠〔筥〕、桑筐。"注釋説:"都是養蠶的器具:
'曲'是蠶箔,'植'是攔蠶的架子〔槌〕。""皇后、皇妃,齋戒了親
自〔躬〕帶頭去採桑,來提倡〔勸〕養蠶的事,不要散漫懶惰。"

45.31.1 周禮(夏官司馬)中,有(管定馬價的官)"馬質",
禁止養"原蠶"。鄭玄解釋説:"'質',是'評定';專管
買馬時評定馬的價格值多少。'原'是'再'。依天文
書,'辰'星是馬;依蠶書(一部已佚的書?)説:'蠶是龍
精。'(辰屬龍)大火(辰宿)當天中的那個月,要用水洗
蠶種。這些都説明蠶和馬是血氣相通的同類。兩個
同類的東西,不能同時都旺盛。禁止養二化蠶,爲的
是恐怕馬受傷害吧?"

45.10.1 孟子説:"五畝地,(蓋的)住房(旁邊)種上桑樹;
五十歲的人,可以穿細布〔帛〕了。"

45.32.1 尚書大傳説:"天子、諸侯,都有'公桑';靠近河
水,修建'蠶室'。'大昕'那天清早,夫人把蠶種在河
裏洗〔浴〕過。"

45.33.1 春秋考異郵説:"蠶是'陽'類的東西,(陽類的東
西)都極不喜歡〔惡〕水,所以蠶只吃而不喝水。'陽'
建立於'三春',所以蠶經過三次改變就消釋了。'陽'
到七就死亡,三個七是二十一,所以蠶活了二十一天
就結繭。"

45.34.1　淮南子(泰族訓)説："原蠶,一年有兩次〔再〕收成〔登〕,不是没有利益的;但是(賢明的)帝王立法禁止大家這樣作,爲的是(怕)桑樹受到過多的損害〔殘〕。"

45.11.1　氾勝之書説："種桑法:五月收取(成熟的)桑椹,浸在水裹,用手搓揉〔漬〕。用水沖洗,取得種子,陰乾。"

45.11.2　"整理十畝肥田,——許久没有耕種的荒田更好! ——好好地耕,整理。每畝,混合三升黍子與三升桑種子播種。"

45.11.3　"黍子會和桑子一齊發芽出苗。鋤整。桑苗要鋤到稀稠合宜。"

45.11.4　"黍子熟了,就收黍子。——這時桑苗正和黍子一樣高〔高平〕;用鋒利的鎌刀,平地面〔摩地〕(和黍子一齊)割下來,把(割下的)桑苗曬乾。後來,有風而方向適合〔調〕時,便逆着風放火,(把地面燒一遍。)到明年春天,(從根上發出的新)桑苗,所生的葉,一畝地够作三箔蠶的飼料。"

45.35.1　俞益期的書信〔牋〕記有:"日南的蠶,一年成熟八次,繭軟而薄。桑椹採得稍微多些(?)。"

45.36.1　永嘉記説："永嘉,一年中有八批〔輩〕蠶:蚖珍蠶,三月作繭。柘蠶,四月初作繭。蚖蠶,四月底(?)作繭。愛珍,五月作繭。愛蠶,六月底作繭。寒珍,七月底作繭。四出蠶,九月初作繭。寒蠶,十月作繭。"

45.36.2　"凡一年有兩化的蠶,前一化〔輩〕都稱爲'珍'。養'珍'的,都只養少數。"

45.36.3 "'愛蠶',本來〔故〕就是蚖蠶的種:'蚖珍'三月結繭之後,出蛾,産卵,七八天之後,卵就破開〔剖〕出蠶(蟻)。(這次)該多養些,這就稱爲'蚖蠶'了。想作'愛蠶'的,將'蚖珍'的卵,藏在大腹小頸的瓦器〔甖〕中。——按照瓦器的大小,(最多)可以放到十張(卵)紙。——蓋上甖口,放在溪流〔硎:苦耕反,音 keŋ〕、泉水,或其他冷水裏,讓冷氣把卵孵化的速度〔出勢〕延遲〔折〕。這樣可以〔得〕延遲到二十一〔三七〕日,然後才破卵〔剖〕出蟻〔生〕;養這種蟻蠶,稱爲'愛珍'或'愛子'。"

45.36.4 "愛珍結了繭以後,出蛾,産卵;卵過七天,又破出蟻蠶來,這時該多養,就是'愛蠶'了。"

45.36.5 "藏卵時,不要讓人家知道。還要在瓦甖底上,放十四顆赤豆,此外,用臘月桑樹枝柴枝十四枝,把卵紙墊高。"

45.36.6 "要使外面水面底高低,和最上面的一張卵紙齊。要是外面水面太高,蠶卵便凍死,再也不會孵出;要是外面水面在卵紙以下,那麼冷氣不够,不能阻折孵出的勢頭。不能阻折孵出的勢頭,便等不到二十一日;等不到二十一日,就算孵出來,也達不到(再傳種)的目標,稱爲'不成'。'不成'就是只〔徒〕結繭,産卵了,所産的卵,(當年)不再孵化,到明年才能出蟻。"

45.36.7 "要擱在樹蔭下面。也有用泥封住甖口二十一日,也可以成功。"

45.37.1 雜五行書説:"二月上旬逢壬的日子,取些土,和成泥,塗在屋四角,可以使蠶興旺〔宜蠶〕,吉利。”

45.38.1　案:現在(後魏?)有三眠〔卧〕一生蠶,四眠再生蠶,白頭蠶,頡石蠶,楚蠶,黑蠶,兒蠶——有“一生”和“再生”的差別——灰兒蠶,秋母蠶,秋中蠶,老秋兒蠶,秋末老獮兒蠶,綿兒蠶。同繭蠶,有兩條或三條蠶,合起來作一個繭。凡三眠四眠的,都有絲有綿。凡蠶從小時就吃魯桑的,一直到大眠上簇,都可以換着將荆桑魯桑餵;如果小時吃慣荆桑,中間換魯桑餵,就會有“裂腹”的毛病。

45.39.1　楊泉物理論説:“假使君主養百姓,能像蠶母養蠶一樣,所得的效用,難道單只是絲和繭麽?”

45.51.1　五行書説:“要知道今年蠶(繭收成)好壞,就要看三月初三日:(如果這天)天陰,没有太陽,又不見雨,蠶收成特別好。”

45.51.2　還有一個方法:在蠶箔架子柱〔槌〕底下,埋馬牙和馬齒,可以招致蠶的好收成〔令宜蠶〕。

45.52.1　龍魚河圖説:“在住宅亥向地埋蠶沙,可以招致大富;蠶絲可得好收成,吉利。用一斛二斗蠶沙,在甲子日‘鎮宅’,大吉,可以招致千萬財富。”

45.41.1　養蠶的方法:收取作種的繭,一定要用蠶簇中間的。靠簇上面的,(將來孵出的蠶)絲薄;靠近下面的,(卵)不發生。

45.41.2　塗(養蠶)房屋的泥,要用“福”、“德”、“利”三個方位上的土。

45.41.3　養蠶的房屋,要四面開窗,(窗上)用紙糊;厚些作“籬”,屋子裏四角都生火爐。火如果集中在一處,冷熱就不得均勻。

45.41.4 蠶蟻生出來時，用（羽）毛掃。用荻（花）掃的，蠶蟻會受傷。調整火爐的火，使冷熱合適。太熱就焦枯乾燥，太冷生長遲緩。

45.41.5 到再眠（以前），常常用三層箔：中層箔才（真正）安放蠶，上下兩箔空着。下箔遮斷土氣，上箔防止塵埃。

45.41.6 蠶蟻小時，從"福""德"方位上採回桑葉，在懷裏煨煖，然後再切。蠶小時不可以見露氣；在人身上煨過，便消除了一切毛病。

45.41.7 每次餵葉，都把窗上的窗幃捲起來，餵完，再放下。蠶見到陽光就吃；吃得越多長得越快。

45.42.1 蠶老時，遇着雨天，容易壞繭；這時最好在房子裏面讓它們"上簇"：在箔上薄薄地鋪一層小柴枝，將蠶散在柴上之後，又用一層柴枝薄薄地蓋着。一個箔架上，可以安置十箔。

45.42.2 另一方法：用大棵的乾蓬蒿柴，將蠶散在上面，讓它們布滿。將這些草柴，掛在房屋（裏面的木架）——棟、梁、椽、柱上，或者用繩索垂着各種樣式木鈎——簡單的〔鈎弋〕，叢枝的〔"鶚爪"〕，上下重列的〔"龍牙"〕，上上下下多重，到處都行。掛好之後，在柴下生一點小小的炭火，使它們溫煖——溫煖作繭就快，嫌冷〔傷寒〕就結得慢——多多進去察看，嫌熱就把火移開。蓬蒿稀疏涼爽，不會嫌溼煖；死了的蠶，也會自己掉下來，不會把（其餘的）好繭染髒；蠶糞〔沙〕碎桑葉不會夾進繭中，繭上就沒有結瘢。溼煖着，難得繰；沾染髒了的繭，絲就會

散；有結瘢，繅時絲會斷。假使沒有雨，用蓬蒿作簇也還有好
處；在外面上簇的，如果〔脫〕遇了冷天，就不會作繭了。

45.43.1 用鹽來殺繭的，容易繅，繅得的絲也强韌；太陽曬死的繭
雖白，但繭薄絲脆。作成的雙絲綢〔縑〕、熟絲綢〔練〕衣服，幾
乎要差一倍；甚至於一年的工夫都白費了，堅牢和脆弱的，相
差很遠。這是經營生產的重要條件，怎麼可以不（預先）知道？

45.44.1 崔寔（四民月令）說："三月清明節，叫專管養蠶的
女奴〔妾〕，整理養蠶的房屋，塗塞蠶室中的墻縫和洞
穴，預備直架、横木、蠶箔、桑籠。"

45.53.1 龍魚河圖說："冬天，在臘月裏，老鼠斷尾巴。""正
月初一日，太陽没出來以前，家長把鼠斬着，安放在房
子裏，（念着）祝語說：'交待〔付敕〕管房屋的小神〔屋
吏〕，制裁老鼠和昆蟲，三時（來我這裏）報告（除鼠）的
功績！'老鼠便不敢行動了。"

45.53.2 雜五行書說："取驛亭官舍地中的泥土來塗竈，
水、火、盜、賊都不在（家裏）經過。塗在房子四角，老
鼠不吃蠶。塗倉和種簞，老鼠不吃稻。用來塞洞，百
日之後，老鼠絶種。"

45.53.3 淮南萬畢術說："狐目狸腦，鼠去其穴。"注解說：
"取得狐的兩隻眼，狸腦像狐眼大的三個，（混合）用杵搗三千
下，塗在老鼠洞口，老鼠就（離開洞）走了。"

種榆白楊第四十六

46.1.1 爾雅曰："榆，白枌。"注曰："枌、榆，先生葉，卻著莢；皮色白。"

46.1.2 廣志曰："有姑榆，有朗榆①。"

46.1.3 案：今世有刺榆，木甚牢肕，可以爲犢車材；枌榆，可以爲車轂及器物；山榆，人②可以爲蕪荑③。

46.1.4 凡種榆者④，宜種刺、梜〔一〕兩種，利益爲多；其餘軟弱，例非佳木也。

〔一〕"梜"：明鈔作從"手"的"挾"，祕册彙函系統各本同。依院刻及金鈔改正從"木"。

①"朗榆"：祕册彙函系統版本均作"郎榆"，現在通用"榔榆"爲名。太平御覽所引廣志，亦作"郎榆"。

②"人"：本書所有"種仁"的"仁"，都用"人"字（參看卷三種胡荽第二十四校記24.3.2.〔一〕，卷四種梅杏三十六注解36.14.1.①）。

③"蕪荑"：醬名。

④"凡種榆者"：此句即爲正文的起點，不應當是小字。

46.2.1 **榆性扇地；其陰下，五穀不植。** 隨其高下廣狹，東、西、**北三方①，所扇各與樹等。** 種者，宜於園地北畔。秋耕令**熟；至春，榆莢落時，收取漫散，犂細埒，勞之。**

46.2.2 **明年正月初，附地芟殺，以草覆上，放火燒之。** 一根上必十數條俱生；止留一根强者，餘悉掐去之。**一歲之中，長八九尺矣。** 不燒則長遲也。

46.2.3 **後年正月、二月，移栽之。** 初生即移者，喜曲；故須叢林長之三年，乃移種。

46.2.4 初生三年，不用採葉，尤忌掐心⁽一⁾。掐心則科茹不長②，更須依法燒之，則依前茂矣。**不用剝沐**。剝者長而細，又多瘢痕。不剝雖短穊而無病。諺曰："不剝不沐，十年成轂⁽二⁾。"言易穊也。必欲剝者，宜留二寸。

〔一〕"掐心"：明鈔"心"作"之"；祕冊彙函系統版本原作"心"不誤，群書校補却依所據鈔宋本校作"之"。下面小注起處就有"掐心"兩字，院刻、金鈔也作"心"，可見應當是"心"字。小注明鈔作"將心則科茹太長"，也依院刻及金鈔改正。

〔二〕"轂"：明鈔本誤作"穀"。

①"東、西、北三方"：在北緯地區，樹南面不會有陰影。這一句，可以表明我們祖先對於自然現象觀察精細正確的程度。

②"科茹不長"：科是根近旁的莖基部，"茹"是和莖連着的根。長讀上聲，作動詞用。

46.3.1 於甓坑中種者，以陳屋草布甓中，散榆莢於草上，以土覆之。燒亦如法。陳草速朽⁽一⁾，肥良勝糞。無陳草者，用糞糞之亦佳。不糞，雖生而瘦。既栽移者，燒亦如法也。

〔一〕"速朽"：明鈔本及群書校補所據鈔宋本均誤作"還根"，祕冊彙函本更將"根"字改作"似"；依院刻、金鈔及農桑輯要改正。

46.4.1 又種榆法：其於地畔種者，致雀損穀；既非叢林，率多曲戾；不如割地一方種之。

46.4.2 其白土薄地，不宜五穀者，唯宜榆及白榆。

46.4.3 地須近市。賣柴、莢、葉，省功也。

46.4.4 梜榆、刺榆、凡榆①三種，色別②種之，勿令和雜。梜榆莢葉味苦，凡榆莢味甘。甘者，春時將⁽一⁾煮賣，是以須別也。

46.4.5 耕地收莢，一如前法：先耕地作壟，然後散榆莢。壟者看好③，料理又易。五寸一莢，稀穊得中。散訖，勞之。

46.4.6 榆生，共草俱長，未須料理。明年正月，附地芟殺，放火燒之。亦任生長，勿使掌_{杜康反}〔二〕近。

46.4.7 又至明年正月，劚去惡者。其一株上有七八根生者，悉皆斫去，唯留一根麤直好者。

46.4.8 三年春，可將莢葉賣之。

46.4.9 五年之後，便堪作椽。不楋④者即可斫賣；一根十文。楋者，鏇作獨樂⑤及盞。一個三文。

46.4.10 十年之後，魁⑥、椀、瓶、榼，器皿，無所不任。一椀七文；一魁二十；瓶、榼，各直一百文也。

46.4.11 十五年後，中爲車轂及蒲桃㼻⑦。㼻一口，直三百；車轂一具，直絹三匹。

46.4.12 其歲歲科簡剝治之功，指柴雇人，（十束雇一人，）無業之人，爭來就作。

46.4.13 賣柴之利，已自無貲；歲出萬束，一束三文，則三十貫；莢葉在外也。況諸器物，其利十倍。於柴十倍，歲收三十萬。

46.4.14 斫後復生，不勞更種，所謂"一勞永逸"。

46.4.15 能種一頃，歲收千匹。唯須一人，守護、指揮、處分。既無牛、犁、種子、人功之費，不慮水、旱、風、蟲之災；比之穀田，勞逸萬倍。

46.4.16 男女初生，各與小樹二十株；比至嫁娶，悉任車轂。一樹三具，一具直絹三匹，成絹一百八十匹；娉財

資遣，粗得充事。

〔一〕“將”：明鈔這個字很模胡，有些像“捋”。依院鈔、金鈔訂正。

〔二〕“掌杜康反”：明鈔本注作“止兩反”；群書校補所據鈔宋本同。祕册彙函系統的版本，作“長止兩反”。院刻、金鈔、農桑輯要作“棠杜康反”。學津討原本並沒有依農桑輯要改，却依據祕册彙函，只將小注中的“止”改作“正”。“棠”除了作爲“木名”（即一種植物的專名）之外，又是“車兩旁横木……蹀𧄼使不得進却也”。這個“蹀”字，讀“丑庚反”，與“蹚”同。“蹚”字，又與“撐”這個“俗字”相通。“撐”本應當寫作“橕”、“牚”、“党”、“樘”。總之，有許多從“尚”的字，顛來倒去，彼此相“通”，同有着“相拒”或“相歫”的意義。相拒或相歫，必需從互相接近起，所以這些字也就有着相接近的意思。本書卷四種栗第三十八中，有着“不用掌近”（38.2.3）的一句。那個“掌近”也就正是現在的“掌近”。所以我們在這裏便選着保留“掌”字。而不用專作木名的“棠”，以免混淆。至於讀音，“杜康反”與“丑庚反”，原也並不矛盾：因爲“陽”“唐”“庚”原是極相近的三個韻母（“康”字，就與“唐”字同是“從庚”的字）；“杜”與“丑”，只是舌齒音破裂與裂擦的差異。因此，樘、党、鏜……等字，同時有“杜康反”和“丑庚反”的兩個讀法。也許宋代口語中，讀“杜康反”，而從“尚”字得音的某些字，是專指相近相拒的，所以爲要術作音義的孫氏（？或其他作注的人），才特别提出這個音切出來，使當時的讀者容易明白。因此我們也保留“杜康反”這一個音切。爲有興趣的人，供進一步研究的材料。

①“凡榆”：即普通的榆。

②“色别”：即分别。

③“看好”：即有希望。

④“梜”、“不梜”：即“梜榆”和“不是梜榆的”（後者就是“刺榆”與“凡榆”）。

⑤“獨樂”：小兒玩具，現在一般寫作“陀羅”；長沙方言稱爲 delo，粵語稱爲 diŋlok。

⑥“魁”：“羹斗也”，即盛湯的大木碗。

⑦“瓾”：可能就是“瓨”，現在寫作“缸”。

46.5.1　術曰：“北方種榆九根，宜蠶、桑，田穀好。”

46.6.1　崔寔曰：“二月榆莢成，及青收，乾以爲旨蓄。”旨，美也；蓄，積也。司部①收青莢，小蒸，曝之。至冬，以釀酒，滑香，宜養老。詩云：“我有旨蓄，亦以御冬”也。

46.6.2　“色變白，將落，可作醬酶。隨節早晏，勿失其適。”醬音牟，酶音頭，榆醬。

①“司部”：待考證。

46.11.1　白楊：一名“高飛”，一名“獨搖”。**性甚勁直，堪爲屋材；折則折矣，終不曲撓。**奴孝切。榆性軟，久無不曲；比之白楊，不如遠矣。且天性多曲，條直者少；長又遲緩，積年方得。

46.11.2　凡屋材，松柏爲上，白楊次之，榆爲下也。

46.12.1　種白楊法：秋，耕令熟。至正月二月中，以犁作壟；一壟之中，以犁逆順各一到；疄中寬狹，正似作葱壟。

46.12.2　作訖，又以鍬掘底一坑作小塹。

46.12.3　斫取白楊枝，大如指，長三尺者，屈著壟中。以土壓上，令兩頭出土，向上直豎，二尺一株。

46.12.4　明年，正月中，剝去惡枝。

46.13.1　一畝三壟，一壟七百二十株；一株兩根，一畝①四千三百二十株。

46.13.2　三年，中爲蠶樀②都格反；五年，任爲屋椽；十年，堪爲棟梁。

46.13.3 以鹽櫨爲率，一根五錢，一畝歲收二萬一千六百
文。柴及棟梁椽柱在外。歲種三十畝，三年九十畝；一
年賣三十畝，得錢六十四萬八千文。周而復始，永世
無窮。比之農夫，勞逸萬倍。去山遠者，實宜多種；千
根以上，所求必備。

①和本書其餘的許多計算一樣，這些估計都是"紙面上的數字"，與實際情
形不符合的。一畝四千三百二十株白楊，秋苗也許可以容納得下，但
如本書所說的"一畝三壟，一壟七百二十株"，就已無法安排。十年之
後，"堪爲棟梁"的時候，一畝還有四千三百二十株，而且它們同時供給
着棟、梁、鹽櫨和柴，更是不可想象的情形了。

②"櫨"：字或作"㭨""㭼""檍"。"㭨"是直立的柱子，櫨是橫闊的小柱，聯合
起來，放置鹽箔（參看圖14）。

釋　文

46.1.1 爾雅說："楡，就是白枌。"（郭璞）注解說："枌、楡樹，先出
葉，隨後〔卻〕才長莢；樹皮白色。"

46.1.2 廣志說："有姑楡，也有郎楡。"

46.1.3 案：現在（北魏）有刺楡，木材很牢很韌，可以供作牛車的木
料；枌楡，可以作車轂和各種器皿；山楡，果仁〔人〕可以作蕪荑
（醬）。

46.1.4 凡種楡樹的，應當種刺楡和梜楡這兩種，獲得的利益最多；
其餘的楡樹，都軟弱，一般〔例〕不是好木材。

46.2.1 楡樹遮蔽力強；在它的蔭蔽下，五穀都長不好。依
它（樹冠）的高低寬窄，東、西、北三個方向所遮蔽的（範圍），和

樹冠一樣。（因此）種榆樹的，應當在園地北面種。秋天，先把地耕到和熟；到春天榆莢成熟零落時，收取榆莢，隨便散播，犁成細垺，再用勞摩平。

46.2.2 第二年正月初，平着地割掉，將草蓋在上面，放火一燒。（過一陣）一個根上必定就會長出十幾條新條來；只留下一條最强壯的，其餘都掐掉。一年下來，就長到八九尺高了。不燒，便長得慢。

46.2.3 第三年，正月或二月，再移栽。初生的秧苗，移栽後容易彎曲；所以要在叢林裏長養，過三年後，才移栽。

46.2.4 初生的三年中，不要採葉，尤其不可以摘頂芽。摘過頂芽的，長不高長不大，須要依（上面所説的）方法燒過，才可以像從前一樣茂盛。不要整枝〔剟〕修頂〔沐〕。整枝過的，（樹幹）細而長，又有許多瘢痕。不整枝，雖然矮些粗些，但没有毛病。俗話説："不剟枝，不修頂，十年長成車轂心。"就是説不修整便容易長粗。一定要整枝，必須留下兩寸。

46.3.1 要在坑裏種的，先在坑底上鋪些舊（陳）的（蓋）屋草，把榆莢撒在草面上，再蓋土。發生後，依上述（46.2.2 的）方法用火燒。陳屋草很快就腐爛〔朽〕了，比糞還肥好。没有陳屋草，也可以用糞。如果不加肥，發生的樹苗瘦弱。已經移種過的"栽"，也要依這個方法用火燒。

46.4.1 又，種榆法：凡在田地邊上種榆樹的，（一方面）招惹〔致〕麻雀損害穀物；（另一方面，因爲）不在叢林中，樹幹都〔率〕常常長得彎曲歪斜〔戾〕；不如分出一片地來專種的好。

46.4.2 白色土壤的瘦地,不宜於種五穀的,却宜於種榆樹和白榆。

46.4.3 地要靠近市集。賣柴、賣榆莢、賣榆葉都省人工。

46.4.4 梜榆、刺榆和普通的榆樹,這三種,應當分開來種,不要混雜。梜榆的莢和葉,味是苦的;普通榆樹,莢(和葉)是甜的。甜的預備在春天取來煮熟出賣,所以必須分開來。

46.4.5 耕地和收莢的辦法,都和前面一樣,先把地耕成壟,然後播種榆莢。作成壟的有希望(長得直),又容易照料整理。五寸一窩榆莢,便稀稠合適了。撒種後,用勞摩平。

46.4.6 榆莢發芽出苗後,和雜草一起生長,這時不必去照料整理。到明年正月,平地面割掉,再放火燒。(燒過,)讓它們自己生長,不要去撩撥〔掌近〕它們。

46.4.7 再(過一年),到明年正月,斫掉些不好的。凡一個樹椿上長出七八條枝條的,只留下粗大而直順的好枝條,其餘的都斫掉。

46.4.8 (發芽後的)第三年春天,可以採取莢葉出賣了。

46.4.9 五年之後,就可以作椽條。不是梜榆的樹,便可以斫來出賣;一根十文緡錢。梜榆可以上鏇床,作成陀羅、小杯〔盞〕。每個三文錢。

46.4.10 十年之後,(梜榆)便可以作爲鏇製大湯碗〔魁〕、小碗、瓶子、帶蓋的盒子〔槅〕等材料,樣樣器皿都好作了。一個碗七文錢,一個大湯碗二十文錢,瓶和帶蓋的盒,都值得一百文。

46.4.11 十五年之後，可以作車轂或鏇葡萄缸。一口缸值三百文，一副車轂值三匹絹。

46.4.12 每年疏伐〔科簡〕修剪〔剗治〕的人工，可以指定柴來雇零工。（十捆〔束〕柴雇一個工。）没有事作的人，便争着來幫工了。

46.4.13 （單只）賣柴的利潤，已經是算不盡〔無貲〕的；一年一萬捆柴，每捆三文錢，就已經是三萬文；莢葉還不在内。再加上各種器具材料，又有柴價的十倍。柴價的十倍，就是每年三十萬文。

46.4.14 （而且）斫去之後，又會再生出來，不須要重新種，真是"一勞永逸"。

46.4.15 種一頃地（的樹），一年收一千匹（絹）。只須要一個人守護，指揮處分。既没有牛、犁、種子、人工等費用，又不怕〔慮〕水、旱、風、蟲等天災；比起種五穀田地來，勞逸相差萬倍。

46.4.16 男女（小孩）剛生下，給他（或她）們各人種二十棵小樹；等到結婚的年齡，樹已長到可以作車轂。一棵樹可以作三副車轂，一副值三匹絹，合起來就是一百八十匹絹。聘禮或嫁奩，已勉强〔粗〕够了。

46.5.1 （厭勝?）術記着："房屋北面種九棵榆樹，對蠶桑都很相宜，對穀田也好。"

46.6.1 崔寔（四民月令）記着："二月，榆莢長好了，趁〔及〕青時收集，曬乾，用來作'旨蓄'。"旨就是美；蓄就是蓄積。司部收集青榆莢，稍微蒸一下，曬乾。到冬天，用來釀酒，又香又滑，宜於養老。詩（邶風谷風）裏有"我儲蓄着好吃的東西，也可以過冬天"〔我有旨蓄，亦以御冬〕。

46.6.2　"（榆莢）顏色變白，快要落下時，可以作'醤酺醤'。隨着季節的早晚，不要失掉最適當（的時機）。"醤音牟mou，酺音頭tou，醤酺是榆莢作的醤。

46.11.1　白楊樹，又名"高飛"，又名"獨搖"。性質强勁順直，可以作房屋材料；可以斷折，但不會屈曲〔撓：音náu〕。榆樹性質比較軟，時間久些，便會彎曲；比起白楊來，差得遠了。而且榆樹天然彎曲的多，直長的少；生長又緩慢，要很多年才能成材。

46.11.2　建築房屋的木材，松柏最好，其次是白楊，榆樹最不好。

46.12.1　種白楊的方法：秋天，把地耕到和熟。到第二年正月二月中，用犂作成壟；每一壟，都用犂順耕一遍，逆耕一遍；壟中的寬度，正像種葱的壟一樣。

46.12.2　作成壟後，又用鍬在壟底上掘一道坑，作成小塹。

46.12.3　斫些白楊枝條，像手指般粗細，三尺長的，彎在壟（底的坑）裏面。用土壓蓋住，讓枝條兩端都露在土外面，向上直豎着，每二尺一株。

46.12.4　第二年正月，修剪掉不好的枝條。

46.13.1　每畝三壟，每壟七百二十株；一株兩根，一畝總共四千三百二十根。

46.13.2　三年，（樹幹）已經可以作蠶箔架的小柱子〔栻：音de〕；五年，可以作椽條；十年，可以作棟梁。

46.13.3　拿蠶栻作標準說，一根值五文錢，每畝地每年可以賣二萬一千六百文。柴和棟梁椽柱在外。每年種三十畝,三年種九十畝;每年出賣三十畝,就可以得到六十四萬八千文。(三年)輪流着(由九十畝來供應),周而復始,永世無窮。和(種莊稼的)農夫比起來,勞苦安逸,相差萬倍。隔山(林)遠的,實在應當多種;種了一千根以上,任何要求都可解決。

種棠第四十七

47.1.1 <u>爾雅</u>曰："杜，甘棠也。"<u>郭璞</u>注曰："今之杜梨。"

47.1.2 <u>詩</u>曰："蔽芾甘棠。"<u>毛</u>云："甘棠，杜也。"<u>詩義疏</u>云："今棠梨，一名杜梨；如梨而小，甜酢可食也。"<u>唐詩</u>曰："有杕之杜。"<u>毛</u>云："杜，赤棠也①。""與白棠同②，但有赤白美惡：子白色者，爲白棠，甘棠也；酢滑而美。赤棠子澀而酢，無味；俗語云：'澀如杜'。""赤棠木理赤，可作弓幹。"

47.1.3 案：今棠葉有中染絳者，有惟中染土紫者③，杜則全不用。其實，三種別異。<u>爾雅</u><u>毛</u><u>郭</u>以爲同，未詳也。

①"杜，赤棠也"：今本<u>詩</u>，這一句<u>毛傳</u>，在<u>唐風杕杜</u>章，不在"有杕之杜"。

②"與白棠……"至"可作弓幹"，與今本<u>詩疏</u>，大同小異，所以與上文一樣，應當還有"<u>詩義疏</u>曰"四字引起，現在省掉了。

③"棠葉有中染絳"與"中染土紫"：棠梨樹葉中，含有多種花青素類及多種多元酚類，可以染紅及紫色；但染絳（大紅），現在却不可能。也許是古代另有方法（如加特殊媒染劑……），也許古代所用的棠，和現在的有些不同。另一方面，顏色的標準，也許不一樣：古代所謂絳，未必是今日的大紅——至少不如現在的鮮艷。

47.2.1 **棠熟時，收種之。否則春月移栽。**

47.3.1 **八月初，天晴時，摘葉薄布，曬令乾，可以染絳。**

47.3.2 必候天晴時，少摘葉；乾之，復更摘。慎勿頓①收：若遇陰雨，則浥；浥，不堪染絳也。

47.3.3 **成樹之後，歲收絹一匹。**亦可多種，利乃勝桑也。

①"頓"：立刻。"頓收"，是短時期內大量收採。

釋　文

47.1.1　爾雅説："杜，是甘棠。"郭璞注解説："現在（晉代）稱爲杜梨。"

47.1.2　詩（召南）有："蔽芾甘棠。"毛傳注釋説："甘棠就是杜。"詩義疏解釋説："今日的棠梨，也叫杜梨；像梨一樣，但形狀小些，味甜帶酸，可以吃。"詩唐風"有杕之杜"（兩處），（杕杜章的）毛傳説"杜是赤棠"。詩義疏説："（赤棠）與白棠同，但（果實）有紅色與白色、不好吃與好吃的分别：果實〔子〕白色的，稱爲'白棠'，也就是'甘棠'；味酸甜，細嫩好吃。赤棠果子粗糙而酸，没有味；俗話説'澀如杜'——像杜一般粗澀。""赤棠，木材紅色，可以作弓幹。"

47.1.3　案：現在（北魏）的棠，葉子可作大紅染料的，有只可以染"土紫"的，杜葉全不中用。（這就是説）事實上，三樣是完全不同的東西。爾雅、毛、郭，以爲是相同的植物，正是没有詳細區分。

47.2.1　棠（果實）成熟時，收集來種下。要不，就春天移栽。

47.3.1　八月初，天晴的時候，摘下葉子來，薄薄地鋪開，曬乾，可以染大紅〔絳〕。

47.3.2　必須等候天晴的時節，少量摘些葉子；乾了之後，再摘些來曬乾。千萬不要一下大量地〔頓〕收採：（因爲）如果遇了陰雨的天氣，葉子就會燠壞，燠壞就不能染成大紅了。

47.3.3　樹長成之後，每年可以收得（價值等於）一匹絹（的葉子）。也可以多種些，利潤比桑樹還大。

種穀楮第四十八

48.1.1 説文曰:"穀者^①,楮也。"案今世人,乃有名之曰"角楮",非也,蓋"角""穀"聲相近,因訛耳。其皮可以爲紙者也。

48.1.2 **楮,宜澗谷間種之;地欲極良。**

①"穀者":今本説文,各種版本均無"者"字;由説文的體例説,也不應當有。可能由於下面的"楮"字右邊是"者",鈔寫時看錯,多寫了一個"者"字。

48.2.1 **秋上,楮子熟時,多收;淨淘,曝令燥。耕地令熟,二月耬耩之,和麻子漫散之,即勞。秋冬仍留麻勿刈,爲楮作暖。若不和〔一〕麻子種,率〔二〕多凍死。明年正月初,附地芟殺,放火燒之。一歲即没人^①。**不燒者瘦,而長亦遲。

48.2.2 **三年便中斫。**未滿三年者,皮薄不任用。

48.2.3 **斫法:十二月爲上,四月次之。**非此兩月而斫者,楮多枯死也。

48.2.4 **每歲正月,常放火燒之。**自有乾葉在地,足得火燃。不燒,則不滋茂也。**二月中,間劚去惡根。**劚者,地熟楮科^②,亦所以〔三〕留潤澤也。

48.2.5 **移栽者,二月蒔之;亦三年一斫。**三年不斫者,徒失錢,無益也。

〔一〕"和":明鈔誤作"知",依院刻、金鈔及明清刻本改正。

〔二〕"率":院刻、金鈔皆作"卒"。"卒"可以解釋爲"最後"或"猝然",但不如作解釋爲"均"的"率"方便,所以保留明鈔的"率"。

〔三〕"亦所以":明鈔及祕册彙函系統版本缺"所"字,依院刻及金鈔補。

①"没人":高與人齊,人進到裏面便"遮没"了。

②"科"作動詞用,"科"即長得好。

48.3.1 指地賣者,省功而利少;煮剝賣皮者,雖勞而利大。其柴足以供然。自能造紙,其利又多。

48.3.2 種三十畝者,歲斫十畝;三年一遍。歲收絹百匹。

釋　文

48.1.1 説文解釋説:"穀就是楮。"案:現在(北魏)的人,有把這樹稱爲"角楮"的,不對。只是因爲"角""穀"讀音相近,所以纏錯了。它的樹皮,可以造紙。

48.1.2 楮樹,應當在澗邊或山谷間種;須要極好的地。

48.2.1 秋天,楮樹果實成熟時,多多收取;在水裏泡着,淘洗潔淨,然後曬到乾。把地耕到和熟,二月間,用耬耩一遍,和雌麻〔麻子〕一同撒播後,用勞摩平。秋冬,還是將麻留着不要割,讓它們給楮保住暖。如果不和雌麻種,便多數要凍死。到明年正月初,貼近地面割下放火燒。(這樣,長足)一年,就長到比人還高了。不燒的樹瘦,長得也緩慢。

48.2.2 三年便可以斫了。不滿三年的,皮太薄,不合用。

48.2.3 斫法:十二月斫最好,其次四月。不是這兩個月斫的,楮樹便多數枯死了。

48.2.4 每年正月,常要放火燒。本來便有乾葉在地面上,够引火燃燒。不燒,就長不茂盛。二月中旬,把中間不好的植株間伐掉。這樣剷過,地和熟了,楮樹科叢長得好,同時也可以保留土壤水分。

48.2.5 移栽的，二月間種；也要三年斫一次。三年還不斫，白白損失錢，沒有益處。

48.3.1 整片地面出賣的，人工省些，利錢也少些；煮過剝下皮來賣的，付出的勞力雖然增多些，但利錢大。柴就可以供燃燒。要是能夠自己造紙，利錢又更加大了。

48.3.2 種三十畝地的楮樹，每年斫十畝；三年一個循環。每年可以收得一百匹絹。

種漆第四十九①

①"種漆第四十九"：本卷卷首總目錄中，篇的標題是"種漆第四十九"，各本都是一樣。正文標題中，沒有"種"字，也各本都相同。本篇內容，只有漆器的保存與使用方法，沒有一個字涉及"種漆"，標題中沒有"種"字是合適的。但這樣一篇記載，便不應當夾雜在種樹與種染料植物的各種種植方法之中。因此，懷疑：(一)賈思勰原書曾有過關於種漆方法的記載，後來佚散了；鈔刻時，因爲篇中沒有"種"法，所以刪去了篇標題中的"種"字；或者(二)賈思勰曾計劃搜集一些關於種漆方法的材料，後來沒有找到實際材料，因此放棄了，同時就自己刪去了標題中的"種"字。詩廊風定之方中有"椅桐梓漆"，可見漆樹在春秋時曾在黃河中游種植；則後魏人在山東試種，也許有人作過。

49.1.1 凡漆器，不問真僞，過客之後，皆須以水淨洗，置床箔上，於日中半日許曝之使乾，下晡乃收，則堅牢耐久。

49.1.2 若不即洗者，鹽醋浸潤氣徹，則皺；器便壞矣。

49.1.3 其朱①裏者，仰而曝之。（朱本和油，性潤耐日故。）

①"朱"：指作爲紅色顏料用的"朱砂"，即氧化低汞；"朱裏"，是用朱砂漆塗在裏面的器皿。

49.2.1 盛夏連雨，土氣蒸熱，什①器之屬，雖不經夏用，六七月中，各須一曝使乾。

49.2.2 世人見漆器暫在日中，恐其炙壞，合著陰潤之地；雖欲愛慎，朽敗更速矣。

①"什"："什"本來的意義應當是整十件東西，合成一套或一副；後來引申開來，指一定數量成套成副的器物，可以同時應用的。

49.3.1　凡木畫、服翫[①]**、箱、枕之屬。** 入五月[②]，盡，七月、九月中，每經雨，以布纏指，揩令熱徹，膠不動作，光淨耐久。

49.3.2　若不揩拭者，地氣蒸熱，遍上生衣[③]，厚潤徹膠，便皺；動處起發，颯然破矣。

①“木畫、服翫”：在木版上，用朱漆或黑漆作地，再用單色或多色的漆繪畫，亦稱爲“漆畫”，作爲藝術作品。另一種木畫，是用不同色的木材，鑲成爲圖畫。本書所説，應當是前一種所謂“漆畫”的物件，和服翫、箱、枕等，同是漆製的，所以才要用保護漆器的辦法保存。“服翫”，是“好翫（現在寫作“玩”）的物件”。

②“入五月……”：這一些小字，與上文相連，應當同樣作大字，或同樣作小字。現在寫作小字，似乎説明這一條是成書之後臨時添入的，因爲“篇幅限制”，所以寫成了小字。

③“生衣”：即霉類著生後，長成菌絲體之外，同時也出現了子囊柄，成了頗厚的一層被覆，像“衣”一樣。

釋　文

49.1.1　所有漆器，不管是真漆或假漆器——客來用過之後，都必須用水洗潔淨，放在架子〔床〕或席箔上，在太陽下曬上半天，讓它乾，到黃昏〔下晡〕再收起，就堅固牢實耐久用。

49.1.2　如果不立刻洗淨，讓鹽醋泡着〔浸潤〕滲進了漆衣裏面，就會皺起來，這樣，這個器皿就壞了。

49.1.3　裏面朱漆的漆器，可以敞開〔仰〕起來曬。朱（漆）本來是和油作的，性質潤澤，能耐日曬。

49.2.1　大熱天，下着連緜大雨，地面的水汽，使空氣潮溼〔蒸〕

熱悶，各種成套〔什〕的（漆）器，雖然不是整個夏天都在使用中的，六月七月裏，也都要取出曬一次，讓它們乾燥。

49.2.2　現在〔世〕人，看見漆器偶然在太陽下面，怕它曬壞了，便拿來倒覆〔合〕在陰溼的地方；自己以爲是愛護謹慎了，其實朽爛敗壞得更快些。

49.3.1　所有漆畫、漆製小用具〔服翫〕、漆箱、漆枕之類的東西。到了五月底，七月中，九月中，每下了一場雨之後，就用布裹在手指上，揩抹到全面〔徧〕發熱，膠就不會移動變易，光明潔淨耐久用。

49.3.2　如果不這樣揩抹過，地面水汽潮溼熱悶，使器皿表面生霉，含着足夠的水氣，滲透到膠裏面，便會皺褶；稍有移動變化，再高起來，一下便破了。

槐、柳、楸、梓、梧、柞第五十〔一〕

〔一〕本卷卷首總目録中,篇的標題是"種槐、柳、楸、梓、梧、柞第五十",此處少一"種"字。

50.1.1 爾雅曰:"守宮槐,葉晝聶宵〔一〕炕。"注曰:"槐,葉晝日〔二〕聶合而夜炕布①者,名守宮。"孫炎曰:"炕,張也。"

〔一〕"宵":明鈔及金鈔誤作"霄",依院刻本改正作"宵"。

〔二〕"日":院刻、金鈔及明鈔本都誤作"曰"。依今本爾雅校正(下文有"夜"字,可知一定只能是"晝日")。

①"晝日聶合而夜炕布":"聶合",即槐的複葉,小葉片成對地互相貼合;"炕布"是"舒展"。

50.2.1 槐子熟時,多收,擘取;數曝,勿令蟲生。

50.2.2 五月,夏至前十餘日,以水浸之;如浸麻子法也。六七日,當芽生。好雨種麻時,和麻子撒之。

50.2.3 當年之中,即與麻齊。

50.2.4 麻熟刈去,獨留槐。

50.2.5 槐既細長,不能自立,根別①豎木,以繩欄之。冬天多風雨,繩欄宜以茅裹;不則傷皮,成痕瘢也。

50.2.6 明年,斸地令熟,還於槐下種麻。脅②槐令長。

50.2.7 三年正月,移而植之;亭亭③條直,千百若一。所謂"蓬生麻中,不扶自直"。

①"根別":"每一根,分別地"。

②"脅":"裹脅",即以群的力量强迫向前。

③"亭亭":無依靠而自己直向上,稱爲"亭亭"。

50.3.1　若隨宜①取栽，匪直長遲，樹亦曲惡。宜於園中割地
　　　種之。若園好，未移之間妨廢耕墾也。

①"隨宜"：即"隨意"、"隨緣"、"隨便"。

50.11.1　種柳：正月二月中，取弱柳①枝，大如臂，長一尺
　　　半，燒下頭二三寸，埋之令没，常足水以澆之。

50.11.2　必數條俱生。留一根茂者，餘悉掐去。別豎一柱
　　　以爲依主。每一尺，以長繩柱欄之②。若不欄，必爲風所
　　　摧〔一〕，不能自立。

50.11.3　一年中，即高一丈餘。其旁生枝葉即掐去，令直
　　　聳上。

50.11.4　高下任人，取足便掐去正心，即四散下垂，婀娜可
　　　愛。若不掐心，則枝不四散；或斜或曲，生亦不佳也。

〔一〕"必爲風所摧"："摧"字，明鈔本作"推"；漸西村舍本同。今依院刻、金
　　　鈔及農桑輯要改正。上面的一句小注"若不欄"，明鈔本誤作"若
　　　不爛"。

①"弱柳"："弱"是細而軟，垂柳枝條正是細而軟的，所以垂柳稱爲"弱柳"。

②"長繩柱欄之"："欄"字，在這裏只可以作及物副動詞用（以"之"字爲目的
　　　格），形容上面"以長繩柱"的動作。"長繩"是"以"的目的格，"柱"如何
　　　與"長繩"發生關係，還得有一個動詞來交待，可能是"繫"或"就"等字，
　　　漏掉了。

50.12.1　六七月中，取春生少①枝種，則長倍疾。少枝葉青
　　　而壯，故長疾也。

①"少"：讀去聲，即"幼年"。

50.13.1　楊柳：下田停水之處，不得五穀者，可以種柳。

50.13.2　八九月中，水盡，燥溼得所時，急耕則鎺樓之①。

50.13.3　至明年四月，又耕熟，勿令有塊；即作畦壟，一畝三壟；一壟之中，逆順各一到；畦中寬狹，正似葱壟。

50.13.4　從五月初，盡七月末，每天雨時，即觸雨②折取春生少枝，長一尺已上者，插著壟中。二尺一根。數日即生。

①"則鎺樓之"："則"，當"即"字用。

②"觸雨"：即"趁雨"。

50.14.1　少枝長疾，三歲成椽；比如餘木，雖微脆，亦足堪事。

50.14.2　一畝，二千一百六十根，三十畝，六萬四千八百根；根直八錢，合收錢五十一萬八千四百文。

50.14.3　百樹得柴一載，合柴六百四十八載；載直錢一百文，柴合收錢六萬四千八百文。都合收錢五十八萬三千二百文。

50.14.4　歲種三十畝，三年種九十畝；歲賣三十畝，終歲無窮。

50.15.1　憑柳，可以爲楯、車輞①、雜材及枕。

①"輞"：車輪外廓。

50.16.1　術曰①："正月旦，取楊柳枝著戶上，百鬼不入家。"

①按本書其他各節的例，這一條應在下兩節 50.18.1"陶朱公術曰"之後。

50.17.1　種箕柳①法：山澗、河旁及下田不得五穀之處，水盡乾時，熟耕數遍。

50.17.2 至春凍釋,於山陂河坎之旁,刈取箕柳,三寸截之,漫散,即勞;勞訖,引水停之^②。至秋,任爲簸箕。

50.17.3 五條一錢;一畝歲收萬錢。山柳赤而脆,河柳白而肕。

①"箕柳":是可以作箕的柳。

②"停之":停是聚集留下;"之"代表"水"。

50.18.1 陶朱公術曰:"種柳千樹,則足柴。十年以後,髡一樹得一載;歲髡二百樹,五年一周。"

50.21.1 楸梓:詩義疏曰:"梓,楸〔一〕之疎理;色白而生子者,爲梓。"

50.21.2 説文曰:"檟,楸也。"

50.21.3 然則"楸"、"梓"二木相類者也。白色有角者,名爲"梓";似〔二〕楸有角者名爲"角楸",或名"子楸";黃色無子者爲"柳楸"。世人見其木黃,呼爲"荆黃楸"也。

50.21.4 亦宜割地一方種之。梓楸各別,無令和雜。

〔一〕"梓,楸……":明鈔及祕册彙函系統各本,都倒作"楸梓";院刻、金鈔、農桑輯要,則與陸璣詩疏同作"梓楸"。應改正作"梓,楸……"。

〔二〕"似":明鈔本和院刻及金鈔一樣,都作"以"。農桑輯要及祕册彙函系統版本,都作"似"。今本詩疏也作"似"。作"似"容易解釋,所以仍改作"似"。

50.22.1 種梓法:秋,耕地令熟。秋末冬初,梓角熟時,摘取,曝乾,打取子。耕地作壟,漫散即再勞之。

50.22.2 明年春生,有草拔令去,勿使荒没。

50.22.3 後年五月間,斸移之,方兩步一樹。此樹須大,不得概栽。

50.23.1　楸既無子,可於大樹四面,掘坑,取栽,移之①。

50.23.2　亦方兩步一根。兩畝一行②,一行百二十株;五行合六百樹。

50.23.3　十年後,一樹千錢;柴在外;車、板、盤、合③、樂器,所在任用。以爲棺材,勝於松柏〔一〕。

〔一〕"勝於松柏":院刻、金鈔皆作"勝於柏松";祕册彙函系統版本作"勝於松柏";兩字顛倒,關係不大。農桑輯要(及學津討原本)將這四字作爲正文,説明了"以爲棺材"的理由,是正確的。

①"掘坑,取栽,移之":在大樹根周圍掘坑,使一部分根折斷,從傷口上發生不定芽和不定根,成爲可供扦插用的新條(栽),是本書特別記載的方法(見卷四柰林檎第三十九注解39.2.1.①)。

②"兩畝一行":這所謂"畝",應當是一步闊二百四十步長的一長條土地。一棵樹四面都要兩步,所以須要兩畝並列,才能種一行。下文"五行",則是十畝地合併來種,共有五行。

③"合":即現在的"盒"字。

50.24.1　術曰:"西方種楸九根,延年,百病除。"

50.25.1　雜五行書曰:"舍西種梓楸各五根,令子孫孝順,口舌〔一〕消滅也。"

〔一〕"令子孫孝順,口舌……":"舌"字,明鈔本誤作"告"。祕册彙函系統版本,"舌"字不誤,但缺"令"字。值得注意的是農桑輯要和學津討原本,將這兩句,作爲正文。從文理上説,這是合適的。院刻、金鈔和明鈔,都把這兩句作小注,正是本書自亂體例的情形。

50.31.1　梧桐:爾雅曰:"榮,桐木",注云:"即梧桐也。"又曰:"櫬,梧。"注云:"今梧桐。"是知榮、桐、櫬、梧,皆梧桐也。桐葉花而

不實者,曰"白桐";實而皮青者,曰"梧桐"。案今人以其皮青,
號曰"青桐"也。**青桐,九月收子;二三月中,作一步圓畦
種之。**方大則難裹,所以須圓小。**治畦下水,一如葵法。
五寸下一子,少與熟糞和土覆之。**

50.31.2　**生後,數**① **澆令潤澤。**此木宜溼故也。**當歲即高
一丈。**

50.31.3　**至冬,豎草於樹間令滿,外復以草圍之;以葛十道
束置。**不然則凍死也。

50.31.4　**明年三月中,移植於廳齋之前,華淨妍雅,極爲
可愛。**

50.31.5　**後年冬,不復須裹。**

50.31.6　**成樹之後,樹別下子一石。**子於葉上生②;多者五
六,少者二三也。**炒食甚美。**味似菱芡,多噉亦無妨也。

①"數":讀"朔",即多次、屢屢。

②"子於葉上生":梧桐蓇葖果,每一個心皮,從幼嫩到老熟,都保持着和葉的
　相似。成熟後,依胎座縫綫裂開;成熟的種子,就黏在縫綫上。因此,
　"子於葉上生",不能算是大錯誤。

50.32.1　**白桐無子。**冬結似子者,乃是明年之花房①。**亦遠大
樹掘坑,取栽,移之**②。

50.32.2　**成樹之後,任爲樂器。**青桐則不中用。**於山石之間
生者,樂器則鳴**③。

①"花房":這裏所謂"花房",所指的應當是"花芽"。

②"掘坑,取栽,移之":見注解 50.23.1.①。

③"樂器則鳴"上,似乎應有一"作"字。<u>農桑輯要</u>這句作"作樂器尤佳";所

以學津討原本作"作樂器則鳴"。

50.33.1　青白二材，並堪車、板、盤、合、木屧①等用。

①"木屧"：即以一片木版，代替鞋。現在兩廣還用這種"屧"，不過通稱爲
　"屐"，讀 kiek；日本的"下馱"，也就是它。一般至今都還是用桐木作。

50.41.1　柞：爾雅曰："栩，杼也。"注云："柞樹。"案俗人呼杼爲"橡
　　子"，以橡殼爲"杼斗"，以剜剜似斗故也〔一〕。橡子，儉歲可食，
　　以爲飯；豐年放豬食之，可以致肥也。**宜於山阜之曲，三遍**
　　熟耕，漫散橡子，即再勞之。生則薅治，常令淨潔。一
　　定不移。

〔一〕"以剜剜似斗故也"：院刻、金鈔、明鈔及群書校補所據鈔宋本與學津討
　　原本均同。祕册彙函系統本，只有一個"剜"字。農桑輯要作"以成
　　剜……"。案"剜"用作動詞，即今日通用的"挖"字（即"掐"字寫錯），當
　　然也可以作形動詞用；但連用兩個"剜"字，很費解。懷疑上一個"剜"
　　字是"形"字；即"形剜似斗"。也可能"以"字是"樣"（"橡"字本來寫作
　　"樣"），即"'杼斗'、'樣剜'（現在川西叫橡殼作"橡碗"），剜似斗故也"。

50.42.1　十年中椽〔一〕，可雜用；一根直十文。二十歲中屋
　　榑①。一根直百錢。——柴在外。

50.42.2　斫去尋生，料理還復。

〔一〕"椽"：金鈔本作"橡"；院刻，這字剛好在頁的右上角，因此字右上角缺
　　了一些，不甚清楚，有些像"橡"。如作"橡"，則這個字該連在下面"可
　　雜用"上，成爲一句，而上面的"中"（現在暫讀去聲），應是平聲，即"十
　　年之中"；但不甚合理。所以保留明鈔及明清諸刻本的"椽"字。

①"榑"：這個字，字書中所集的解釋，都不合本書的要求。懷疑是"欂"（欂，
　　壁柱也）。

50.51.1 凡爲家具者，前件木皆所宜種。 十歲之後，無求不給。

釋　文

50.1.1　爾雅説：“守宮槐，葉子白天閉合，夜晚開張〔炕〕。”（郭璞）注解説：“槐樹中，葉子在白天閉合而夜間開展的，名叫守宮槐。”孫炎説：“炕是開張。”

50.2.1　槐樹種子成熟的時候，多多收集，剝開〔擘〕取得種子；多曬幾回，不要讓它生蟲。

50.2.2　五月間，夏至以前的十多天，用水浸着；像浸麻子的方法。過六七天，就會出芽。雨水好，可以種麻的時候，和麻子一齊撒下。

50.2.3　當年裏，就會長高到和麻一樣。

50.2.4　麻成熟後，把麻割去，單獨留下槐樹秧苗。

50.2.5　（這樣的）槐樹（秧苗），又細又長，不能自己獨立，得每一根旁邊豎一枝木條，用繩子欄在木條上。冬天風多雨多，繩子欄的地方，還得用茅草裹住；不然，樹皮會受傷，皮傷後就有瘢痕。

50.2.6　明年，把地鋤熟，在槐秧苗叢下面，再種一批麻。強迫着槐樹秧苗，讓它長長。

50.2.7　到第三年正月，移栽；這時，（棵棵）自己直立向上，正直得很，千百棵都是一樣。這就是（荀子中）所謂“蓬生麻中，不扶自直”的情形。

50.3.1　如果（不加選擇），隨便尋取插條來用，不但長得慢，樹也彎曲不好。應當在園子裏特別畫出一些地來種。如果園子裏土地好，則長出的秧苗，沒有移栽以前，會妨礙耕地的工作。

50.11.1　種柳：正月到二月中，取得胳膊粗細的垂柳枝條，長一尺半左近的，把下頭（"根極"）的二三寸燒一燒，埋在土裏，全部用土蓋上〔沒〕，（並且）經常把水澆够。

50.11.2　必定同時〔俱〕長出許多枝條來。將其中最茂盛的一枝留下，其餘的都掐掉。另外插一條直柱作爲依傍的中心〔主〕。每一尺高的地方，用一條長些的繩繫在柱上攔着。如果不攔着，必定被風吹斷，不能自己獨立的。

50.11.3　一年之內，可以長到一丈多高。旁邊長出的枝條和葉，都要掐掉，讓它直立向上聳。

50.11.4　（樹幹總的）高矮，隨人的需要留够之後，就掐掉頂芽〔正心〕，（現在，許多側芽同時發展，）向各方各面散開〔四散〕垂下來，婀娜可愛。如果不掐掉頂芽，枝條不會向各方面散開；（樹幹）歪斜或者彎曲，長出來也不好。

50.12.1　六七月中，取今年春天的嫩枝條來栽種，生長可以加倍地快。嫩枝條葉青綠，勢子也健壯，所以長得快。

50.13.1　楊柳：低田停瀦着水的地方，不能種五穀的，可以種楊柳。

50.13.2　八九月中，水涸了之後，不太乾也不太溼時，趕急耕翻，隨即用鐵齒杷杷過。

50.13.3　到明年四月，又耕到和熟，不要讓它有大的土塊留存；跟着，作成畦壠，一畝分作三壠；每壠中，順着倒着各耕一道;壟的寬窄,正像種葱的壟一樣。

50.13.4　從五月初起,到七月底止,每遇到下雨,就趁雨折下當年春天發出的嫩枝,有一尺多長的,插在壟裏。每根相距二尺。幾天就活了。

50.14.1　嫩枝條長得快,三年就可以作椽條;和其餘木材相比,雖然稍微脆一些,也還可以供用。

50.14.2　一畝,有二千一百六十根,三十畝,共有六萬四千八百根;每根值八文錢,合計收得五十一萬八千四百文。

50.14.3　一百棵,可以供給一大車的柴,(三十畝的樹,)合共供給六百四十八車柴;每車柴值一百文錢,柴共收入六萬四千八百文。兩樣合計,收錢五十八萬三千二百文。

50.14.4　每年種三十畝,三年種九十畝;每年出賣三十畝,(循環斫伐,)一生一世無窮無盡。

50.15.1　憑柳,可以作欄杆、車輪外廓、雜用材料、枕頭。

50.16.1　術說:“正月初一早晨,取楊柳枝,放在門上,所有的鬼都不進到家裏來了。”

50.17.1　種“箕柳”的方法:山澗、河旁邊以及低下不能種五穀的地方,到水盡涸乾後,好好耕幾遍。

50.17.2　到了春天,冰化了,就在山邊河旁低處,割些箕柳枝條,截成三寸長的段,隨便撒下,(蓋上土,)摩平;摩後,引水過來淹着。到秋天,長出的柳條,可以作簸箕了。

50.17.3　每五條值一文錢；一畝地可以收到一萬文。山柳紅色而脆，河柳白色而韌。

50.18.1　陶朱公術說："種一千株柳樹，就可有足夠的柴。十年以後，修一棵樹可以得到一車柴；每年修二百棵樹，五年一個循環。"

50.21.1　楸梓：詩義疏說："梓是木材〔理〕疏鬆的楸樹；木材顏色淡，樹能結子的，是梓。"

50.21.2　說文說："檟，就是楸樹。"

50.21.3　這樣看來，楸和梓是兩種相類似的樹。木材白色，能結角的，名爲"梓"；像楸樹而結角的，稱爲"角楸"，或者叫"子楸"；木材黃色，不結子的，稱爲"柳楸"。一般人見到它的木材是黃的，所以叫它"荆黃楸"。

50.21.4　也應當畫出一塊地來專門種，（而且）楸樹梓樹應當分開來，不要讓它們混雜。

50.22.1　種梓法：秋天，把地耕到和熟。秋末冬初，梓樹角子成熟時，摘回來，曬乾，打出種子。地上耕成壟，撒下後，摩兩遍。

50.22.2　明年春天，發芽了，有草就拔掉，不要讓草長到遮住秧苗。

50.22.3　後年五月間，鋤出移栽，每株每方要留下兩步（十二尺）。這種樹將來長得很大，不可栽得過密。

50.23.1　楸樹不結子，（只）可以在大樹四面，掘坑（造成不定芽發生的枝條）作爲插條〔栽〕，拿來移植。

52.23.2　也是每株每方要（留下）兩步。兩畝聯起來作一行，一行（二百四十步）種一百二十株；（五畝）五行，共六百株樹。

50.23.3 十年之後，每株樹值得一千文；（枝條所供給的）柴在外；（樹幹正材作）車架、木板、盤子、盒子、樂器，都很合用。作棺木材料，比松樹柏樹還好。

50.24.1 術説："西方種九根楸樹，可以（使人）延年，百病消除。"

50.25.1 雜五行書説："房屋西面，種五根梓樹五根楸樹，可以使子孫孝順，口舌是非消滅。"

50.31.1 梧桐：爾雅裏面，有"榮，桐木"，（郭璞）注解説："就是梧桐。"又有"櫬，梧"，注説："現在的梧桐。"由此可見榮、桐、櫬、梧，都是梧桐。葉像梧桐，只開花不結果的，稱爲"白桐"；結果的青皮桐樹，稱爲"梧桐"。案現在（北魏）人因爲它的皮是青色的，所以叫"青桐"。青桐，九月間收子；二月三月中，作成直徑一步的圓形畦種下。方畦大些，包裹爲難，所以要作成圓而小的畦。作畦灌水，一切都和種葵（參看17.2段）同樣。每隔五寸下一棵種子，用少量和有熟糞的土蓋上。

50.31.2 出苗後，常常用水澆到够潮溼。因爲這種樹需要溼。當年可以長到一丈高。

50.31.3 到了冬天，在樹與樹之間，豎着立些草束，把空處填滿，外面再用草圍上；最後，用葛麻纏綁十道。不然就會凍死。

50.31.4 明年三月中，移栽到客廳或書房前面，華麗、潔淨、漂亮、清雅,極爲可愛。

50.31.5 後年冬天,不須再包裹。

50.31.6 樹成熟之後,每株〔樹別〕能落下一石種子。種子生在葉子上;多的,一片葉上有五六個,少的二三個。炒來吃,味很美。味道像菱角與雞頭,多吃也不會出毛病。

50.32.1 白桐不結果。冬天結着像果的,是明年的花芽。(白桐)也要繞着大樹掘坑,取得插條來移植。

50.32.2 樹長成了之後,可以作樂器材料。青桐却不能作樂器用材。生在山上石縫裏的,(作)樂器聲音更好〔鳴〕。

50.33.1 青桐白桐的木料,都可以作車架、板、盤、盒子、木鞋等。

50.41.1 柞:爾雅説:"栩是杼。"(郭璞)注解説是"柞樹"。案:一般人將杼叫作"橡子",把橡殼叫作"杼斗",因爲橡殼窩窩地像斗一樣。橡子荒年可以用來作飯;豐年給豬吃,也容易長膘〔致肥〕。應當在土山土堆旁邊低處〔曲〕,和熟地耕過三遍,滿地撒上橡子,摩兩遍。出苗之後,薅去雜草,常常保持潔淨,一次定苗,不移栽。

50.42.1 十年之後,可以作椽條,也可以供各種雜用;一根值十文錢。二十年,可以作壁柱。一根值一百文錢。柴在外。

50.42.2 斫去,根上又發生櫱條,照料整理,可以循環利用。

50.51.1 所以預備製作家具的,以上各種木料,都應當種些。十年之後,沒有一種要求不能自己供給。

種竹第五十一

51.1.1 中國①所生，不過淡苦二種。其名目奇異者，列之於後條也②。

51.1.2 **宜高平之地**；近山阜尤是所宜。下田得水，則死。**黃白軟土爲良。**

①中國，在當時只指黃河流域一帶。

②"列之於後條也"：後條是指卷十中"竹"（92.62）一段説的；那裏列舉有長江以南的許多竹類。

51.2.1 **正月二月中，斸取西南引根並莖，芟去葉，於園内東北角種之。**

51.2.2 **令坑深二尺許，覆土厚五寸。**竹性愛向西南引，故於園東北角種之。數歲之後，自當滿園。諺云："東家種竹，西家治地"，爲滋蔓而來生也。其居東北角者，老竹；種不生，生亦不能滋茂。故須取其西南引少根也。**稻麥糠糞之，二糠各自堪糞，不令和雜。不用水澆！**澆則淹死。

51.2.3 **勿令六畜入園。**

51.3.1 **二月食淡竹筍，四月五月，食苦竹筍。**蒸、煮、魚、酢①，任人所好。**其欲作器者，經年乃堪殺。**未經年者，軟未成也。

①"酢"：可能是"鮓"字鈔錯；否則應當是"菹"。參看卷九88.23。

51.11.1 **筍**：爾雅曰："筍，竹萌也。"説文曰："筍，竹胎也。"**孫炎**曰："初生竹謂之筍。"

51.11.2 **詩義疏云**："筍皆四月生，唯巴竹筍八月生，盡九月，成都有之。篛,冬夏生。始數寸,可煮;以苦酒浸之,可就酒及食。又可采[一]藏及乾,以待冬月也。”

〔一〕“采”:院刻、金鈔、明鈔及祕册彙函系統版本,均作“米”;漸西村舍刊本作“采”。“米藏”費解,暫依漸西村舍作“采”。可能另有錯字。

51.12.1 永嘉記曰:“含箭[一]竹,筍六月生,迄九月,味與箭竹筍相似。”

51.12.2 “凡諸竹筍,十一月掘土取,皆得長八九寸。”

51.12.3 “長澤民家,盡養黃苦竹;永寧南漢,更年上[①]筍;大者一圍五六寸。明年應上今年十一月筍,土中已生,但未出,須掘土取。可至明年正月出土,訖[②]五月。”

51.12.4 “方過六月,便有含箭筍;含箭筍迄七月八月。九月已有箭竹筍,迄後年四月。竟年常有筍不絕也。”

51.12.5 竹譜曰:“棘竹筍味淡,落人鬢髮。篁、篛二筍,無味。雞頸竹[二],筍肥美。篛竹,筍冬生者也。”

51.12.6 食經曰:“淡竹筍法:取筍肉五六寸[三]者,按鹽中一宿。出,拭鹽令盡。煮糜[四]斗,分五升與一升鹽相和,糜熱[五]須令冷。内竹筍鹹[六]糜中,一日,拭之。内淡糜中,五日,可食也。”

〔一〕“含箭”:院刻及金鈔作“含隨”;明鈔及祕册彙函系統版本作“含箭”;今本竹譜作“箇箭”。既都只是記音的字,不必改動。

〔二〕“雞頸竹”:院刻及金鈔作“雞頸竹”;明鈔及祕册彙函系統各本,“頸”作“頭”。今本竹譜作“雞脛竹”(宋贊寧筍譜作“雞頭竹”,“頭”字顯然是“頸”字的誤寫)。據竹譜的叙述,雞脛竹“纖細,大者不過如指……”作“雞脛”,正是形容它纖細;“筍美”,則也可以用“雞頸”來比擬。暫且保留“頸”字。

〔三〕"寸";明鈔本誤作"升",依院刻、金鈔改正。

〔四〕"糜":明鈔本作"糜",是鈔寫時的錯誤。糜是"稀粥"。

〔五〕"熱":明鈔本誤鈔作"熟"。

〔六〕"鹹":明鈔本和院刻及金鈔都誤作"醎"。

①"上":進貢。

②"訖":"訖"字,懷疑是"迄"字,與上下文相同。但也可解作"盡五月"。

釋　文

51.1.1　黃河流域〔中國〕所生的竹,只有淡竹苦竹兩種。其餘名目奇特新異的,列在後面(卷十)。

51.1.2　竹應當種在高而平的(原)地上;靠近山的小土堆更合宜。低地有積水的,就會死亡。黃白色軟鬆土合適。

51.2.1　正月或二月裏,鋤取向西南方生長着的地下莖〔根〕和莖幹,芟掉葉子,在園的東北角上種着。

51.2.2　(先掘)二尺上下深的坑,(放下竹鞭後,)蓋上五寸厚的泥土。竹的本性愛向西南方向延展,所以要在園子的東北角上種。幾年之後,自然會長滿一園。俗話說"東家種竹,西家整地",就是說(竹子)會漸漸蔓延過來。在東北角上的,是老竹子;移來種,不會發生,發生也不會蕃盛。所以必須取向西南角延展的嫩〔少〕根。用稻糠或麥糠作肥料,兩種糠單獨都可以作肥料,不要混和。不要澆水!澆了就會淹死。

51.2.3　不要讓牲口進竹園。

51.3.1　二月吃淡竹筍,四月、五月,吃苦竹筍。蒸、煮、魚、鮓,隨各人的愛好。要作器具的,必須經過一年,才可以砍來用。沒有過年的竹子,太軟,沒有長成。

51.11.1　筍：爾雅説："筍是竹的芽。"説文解釋："筍是竹胎。"孫炎説："剛生的竹子是筍。"

51.11.2　詩義疏説："筍都是四月間出生，但巴竹筍八月出生，到九月還在，成都就有。菅竹，冬天夏天都有。才生出來，幾寸長時，可以煮；（煮後）用醋〔苦酒〕浸着，可以下酒作食品。也可以采來鮮藏或乾藏，預備冬天用。"

51.12.1　永嘉記説："含藉竹，筍六月生出，到九月還有，味和箭竹筍相像。"

51.12.2　"所有竹筍，如果在十一月裏掘開地面去找，都已有八九寸長。"

51.12.3　"長澤縣民衆，都栽種黄竹苦竹；永寧縣、南漢縣，間一年就進貢一次筍，大筍，一棵有五六寸圍。明年應當進貢今年十一月的筍，已經在土中生長了，但還沒有出土，須掘開地面去尋。可以等到明年正月出土，到五月間還有繼續出來的。"

51.12.4　"剛過了六月，就已經有含藉筍；含藉筍可吃到七月八月。九月又有了箭竹筍，可以吃到第二年四月。因此，一年到頭〔竟年〕，常常有筍，不會斷絶。"

51.12.5　竹譜説："棘竹筍味淡，吃下，使人鬢髮脱落。簜筍和節筍没有味。雞頸竹，筍肥美。菅竹，筍冬天出生。"

51.12.6　食經説："淡竹筍作法：取五六寸長的筍肉，壓〔按〕在鹽下面過一夜。取出來，把鹽揩淨。煮一斗稀粥，分出五升來，加上一升鹽，讓熱粥冷透。把鹽中藏過的筍，在鹹粥裏面泡一天，揩淨。放在淡粥中泡五天，就可以吃了。"

種紅藍花、梔子第五十二[一]

〔一〕本篇篇標題,是"種紅藍花梔子";但正文中並無關於梔子的記述。這
　　種"文不對題"的情形,本書中也還不少:種漆第四十九正文中就沒有
　　"種法"。又:原書卷首總目中,本篇篇題下,有"燕支香澤面脂手藥紫
　　粉白粉附"一個小字注。

52.1.1　花地①欲得良熟。二月末三月初種也。

52.1.2　種法:欲雨後速下;或漫散種,或樓下,一如種麻
　　　　法。亦有鋤掊②而掩種者,子科大而易料理。

52.1.3　花出,欲日日乘涼摘取;不摘則乾。摘必須盡。留餘
　　　　即合③。

52.1.4　五月子熟,拔曝令乾,打取之。子亦不用鬱浥。

①"花地……":這個小注,應當是大字。

②"掊":這裏應讀"pou",即現在口語中,"掘地"稱爲"pau 土"的"pau"(參
　　看卷二種瓜第十四注解 14.4.2. ③。)

③"合":即"閉闔";紅藍花花序,開過一天,到晚上就蔫了閉闔起來。

52.2.1　五月種"晚花"。春初即留子,入五月便種;若待新花熟
　　　　後取子,則太晚也。七月中摘,深色鮮明,耐久不黦,勝
　　　　春種者。

52.3.1　負郭良田,種一頃者,歲收絹三百匹。一頃收子二
　　　　百斛,與麻子同價:既任車脂①,亦堪爲燭。即是直頭
　　　　成米,二百石米②,已當穀田;三百匹絹,超然在外。

①"車脂":車轂用的潤滑油。

②"二百石米……":應當連在上句"即是直頭成米"下面,字的大小應與"直

頭成米”一句相同。這句話的意思是：二百石紅藍花種子，本身便與麻子同價；即使再折低些，只算“直頭”成米的價錢，也就等於二百石米，已經可以當得過種穀子的田……。

52.4.1　一頃花，日須百人摘；以一家手力，十不充一。

52.4.2　但駕車地頭，每旦當有小兒僮女，十百餘群，自來分摘；正須平量，中半分取。是以單夫隻婦①，亦得多種。

①“隻婦”：即孤獨的女人。

52.11.1　殺花法：摘取即碓擣〔一〕使熟，以水淘，布袋絞去黃汁。

52.11.2　更擣，以粟飯漿清而醋者淘之。又以布袋絞去汁。即收取染紅，勿棄也！絞訖，著瓷器中，以布蓋上。

52.11.3　雞鳴，更搗①令均，於蓆上攤而曝乾，勝作餅。作餅者，不得乾，令花浥鬱也。

〔一〕“碓擣”：明鈔誤作“碓擣”，祕册彙函系統版本更誤作“碓持”。依院刻、金鈔及農桑輯要改正（農桑輯要中，這一段不作注而作正文，更合於正常的體例）。

①“搗”：即“擣”。

52.101.1　作臙脂法：預燒落藜①、藜、藋〔一〕及蒿作灰；無者，即草灰亦得。以湯淋取清汁，初汁純厚太釅，即教〔二〕花不中用，唯可洗衣。取第三度淋者，以用揉花，和，使好色也。揉花。十許遍，勢盡乃止。

52.101.2　布袋絞取淳汁，著瓷椀中。取醋石榴兩三箇，擘取子，擣破，少著粟飯漿水極酸者和之；布絞取瀋，以和花汁。若無石榴者，以好醋和飯漿，亦得用〔三〕。若復無醋

者，清飯漿極酸者，亦得空用之②。

52.101.3　下白米粉大如酸棗，粉多則白。以淨竹箸不膩者，良久痛攪；蓋冒。

52.101.4　至夜，瀉去上清汁，至淳處止；傾著帛〔四〕練角袋子中，懸之。

52.101.5　明日，乾湢湢③時，捻〔五〕作小瓣，如半麻子，陰乾之，則成矣。

〔一〕"藋"：明鈔本誤作"藿"。

〔二〕"教"：院刻及明鈔作"殺"；祕册彙函系統版本作"放"。依金鈔作"教"。

〔三〕"用"：明鈔本作"可"，祕册彙函系統本空等，依院刻及金鈔作"用"。

〔四〕"帛"：明鈔及明清刻本作"白"，依院刻、金鈔改正作"帛"。

〔五〕"捻"：明鈔本誤作"稔"。

①"落藜"："落藜"無法解釋，懷疑其中必有一個錯字，最可能的是"落"字是字形多少有些相似的"藜"——藜藜灰中鉀鈉鎂分量相當高，可以製灰碱。其次，可能是"蓬、藜"，下文多了一個藜字；"蓬"字破爛，容易與"落"字相混。"碱蓬"，也是有名的鹽碱地植物。再，也可能是落葵。

②"空用之"：即單用極酸的清飯漿。這是一套很有趣的，碱提取液（用灰中的鹼金族碳酸鹽作成溶液）用弱酸（酸石榴中有大量的多羧酸，比用醋酸或醋酸乳酸混合液——清飯漿——安穩）來中和的辦法。

③"湢湢"：即帶水半乾。

52.111.1　合香澤①法：好清酒以浸香。夏用冷酒，春秋溫酒令煖，冬則小熱。雞舌香、俗人以其似丁子②，故爲丁子香也。藿香、苜蓿③、澤蘭香，凡四種；以新緜裹而浸之。夏一宿，春秋再宿，冬三宿。

52.111.2　用胡麻油兩分，豬脂一分，內銅鐺④中，即以浸香酒和之。

52.111.3 煎數沸後，便緩火微煎；然後下所浸香，煎。緩火至暮，水盡沸定，乃熟。以火頭内澤中。作聲者，水未盡；有煙出無聲者，水盡也。

① "香澤"："澤"是"膏澤"；香澤即有香氣的頭髮油。
② "丁子"：現在寫作"釘子"。過去我們中國的釘，頭上膨大的部分，並不是平頂的，釘的莖部，也有稜角。"丁香"是陰乾的花芽，顏色形狀，都像鐵釘，所以稱爲"丁子香"，省稱"丁香"。"雞舌香"也是象形。下面一句"故爲丁子香也"，"爲"字上應有一"謂"字。
③ "苜蓿"：苜蓿從來不用作爲芳香油料；懷疑是字形極相近似的"荳蔻"兩字誤寫；或者是指相近的"草木樨"（草木樨可以用作香料）。
④ "鐺"：在這裏讀"撐"，即"鍋"（粵語系統方言，保存了這個音和意義，但一般卻寫作"䥶"，字形多少還有些痕跡可尋）。

52.112.1 澤欲熟時，下少許青蒿以發色。

52.112.2 以綿冪鐺觜①瓶口，瀉著瓶中。

① "觜"：即"嘴"。

52.121.1 合面脂法：用牛髓。牛髓少者，用牛脂和之；若無髓，空用脂亦得也。温酒浸丁香藿香二種，浸法如煎澤方。煎法一同合澤①，亦著青蒿以發色。

52.121.2 緜濾著瓷漆盞中，令凝。

① "煎法一同合澤"：煎的方法，一切與"合香澤法"相同。這兩套操作，都是用醇稀薄溶液，浸取植物性芳香油（芳香油都是脂溶性物質，在水中不溶，可溶於醇）後，過渡到脂性物質裏面，再蒸去所含的水分。提鍊和除水的技術，都很精細；尤其是用淬火的方法，來檢驗製品中殘餘的水分，非常巧妙。

52.122.1 若作脣脂者，以熟朱〔一〕和之，青油裹之。

〔一〕“朱”：明鈔誤作“米”；依院刻、金鈔及明清刻本改正。“熟朱”是研過“飛”過，顆粒大小均勻的朱砂。下文“青油”，金鈔本“青”字空一格；青油究竟是什麼？還需要考證；很可能就是上文所説用青蒿染色的油。

52.123.1 其冒霜雪遠行者，常齧蒜令破，以揩脣；既不劈裂，又令辟惡。

52.124.1 小兒面患皴①者，夜燒梨令熟，以糠湯洗面訖，以暖梨汁塗之，令不皴。

52.124.2 赤蓬染布，嚼以塗面，亦不皴也。

① “皴”：音 cuēn；皮膚暴露在乾燥空氣中後，自行裂開成小裂口稱爲皴。大而深的裂口，一般稱爲“皸”（古代寫作“龜”字）。糠湯所供給的乙種維生素複合物，對於皮膚，很有益處；再加上梨汁中糖分吸潮後所維持的溼潤，便可以減少皮膚的乾裂。

52.131.1 合手藥①法：取豬脂②一具，摘去其脂。合蒿葉，於好酒中痛挼，使汁甚滑。

52.131.2 白桃人二七枚③，去黄皮，研碎，酒解取其汁。以綿裹丁香、藿香、甘松香、橘核十顆，打碎。著脂汁中。仍浸置勿出，瓷瓶〔一〕貯之。

52.131.3 夜煮細糠湯，淨洗面，拭乾，以藥塗之。令手軟滑，冬不皴。

〔一〕“瓶”：明鈔及明清各種版本俱缺，金鈔也是校正時補入的。院刻本原有這個字。

① “手藥”：即保持手和面部不皴裂的“不龜——音軍——手藥”。

② “脂”：現在多用“胰”字。胰臟可以供給脂肪乳化劑。

③ “白桃人二七枚”：白色桃仁〔人〕二十七顆，酒解取汁後，可以供給另一部

脂肪乳化劑。

52.201.1 作紫粉法：用白米英粉①三分，胡粉一分，不著胡
　　粉，不著人面②。和合均調。

52.201.2 取落葵子③熟蒸，生布絞汁，和粉，日曝令乾。

52.201.3 若色淺者，更蒸取汁，重染如前法。

①"英粉"：最精最細的澱粉，稱爲"英粉"，製法見下段。

②"不著胡粉，不著人面"：胡粉是鉛粉，製法從胡族傳來。第一個"著"字是
　　"加"，第二個"著"字是"附著"。

③"落葵子"：落葵成熟果實，含有大量花青素，可用作食用澱粉的染料，染
　　成的顏色極鮮豔，和苯胺染料中的"富克新"一樣。現在四川西南還有
　　利用的。因此落葵在川西稱爲"染絳菜"或"染絳"。祕册彙函系統版
　　本"落葵"的"落"字漏去，便不易解釋。

52.211.1 作米粉法：粱米第一，粟米第二。必用一色純米，
　　勿使有雜。帥①使甚細；簡去碎者。各自純作，莫雜餘
　　種。其雜米、糯米、小麥、黍米、穄〔一〕米作者，不得好也。

52.211.2 於木槽中下水，脚蹋十遍；淨淘，水清乃止。

52.211.3 大瓮中，多著冷水，以浸米。春秋則一月，夏則二十
　　日，冬則六十日。唯多日佳。不須易水，臭爛乃佳。日若
　　淺者，粉不滑美。

52.211.4 日滿，更汲新水，就瓮中沃②之。以手把攪，淘去
　　醋氣。——多與遍數，氣盡乃止。

52.211.5 稍稍出著一砂盆中，熟研；以水沃，攪之；接取白
　　汁，絹袋濾，著別瓮中。麤沉者，更研，水沃，接取
　　如初。

52.211.6 研盡，以杷子就甕中良久痛抨，然後澄之，接去清水。貯出淳汁③，著大盆中，以杖一向攪——勿左右迴轉！——三百餘匝④，停置，蓋甕，勿令塵污。

52.211.7 良久清澄，以杓徐徐接去清。以三重布帖粉上，以粟糠著布上，糠上安灰。灰溼，更以乾者易之，灰不復溼乃止。

52.211.8 然後削去四畔麤白無光潤者，別收之，以供麤用。麤粉，米皮所成⑤，故無光潤。其中心圓如鉢形，酷似鴨子白⑥光潤者，名曰"粉英"。英粉，米心所成，是以光潤也。

52.211.9 無風塵好日時，舒布於床⑦上，刀削粉英如梳，曝之。乃至粉乾足將住反〔二〕，手痛接勿住。痛接則滑美，不接則澀惡。擬⑧人客作餅；及作香粉，以供粧摩身體。

〔一〕"稬"，明鈔本，作從禾從黍的一個字，祕册彙函系統各本作"榛"。依院刻及金鈔改正。

〔二〕"將住反"："住"，明鈔作"仕"，院刻作"任"，均誤，依金鈔及明清刻本作"住"。"足"字，在這裏當"滿足"講。

① "帅"：這個字，院刻、金鈔、明鈔，右邊都與"姊"字相同，祕册彙函系統版本，把這個字拆開當作兩個字，連在上文的小注中，在小注"純"字下添一個"弟"，"雜"字下添一個"白"，造成了一個離奇的錯誤。依廣雅、玉篇、廣韻等字書和玄應一切經音義，這字右邊應當是與"肺""沛"等字相同的"市"。讀音應是 fei 或 fa(t)；解釋是"春"。本書卷七、八、九中，有多處用着這個字。

② "沃"：用水沖洗。

③ "淳汁"："淳"是"濃"；淳汁即濃汁。

④“匝”：“周圍”。以杖一向（向一個方向）攪三百餘匝，是利用遠心力來使
　　懸濁液沉澱分離的方法。本書這樣詳細正確的紀載，在全世界科學紀
　　録中可能是最早的。

⑤“麤粉，米皮所成”：本書中，“粗”字與“麤”字混用，更有作“麄”的。“粗
　　粉”中，包括種實外殼和糊粉層，所以説是米皮所成，和“英粉”（粉英）
　　是中心部分胚乳（米心）所成的不同。

⑥“鴨子白”：即“鴨蛋白”。

⑦“床”：只是一個高架，上面寬而平的，不一定指睡眠用的床。

⑧“擬”：即“準備作……之用”。

52.221.1 作香粉法：唯多著丁香於粉合①中，自然芬馥。

52.221.2 亦有擣香末絹篩和粉者，亦有水浸〔一〕香以香汁溲粉者。
　　　　皆損色，又費香。不如全著合〔二〕中也。

〔一〕“浸”：明鈔及祕册彙函系統版本作“没”，依院刻、金鈔改正。

〔二〕“合”：院刻、金鈔作“香”，明鈔作“合”；依文義看，作“合”更好。

①“合”：即盒。

釋　文

52.1.1 種花的地，要好，要耕得和熟。二月尾三月初種。

52.1.2 種法：要在雨停後趕快播種；或者滿地撒播，或者
　　　　用耬播，像種麻一樣。也有用鋤掊成窩窩下種後蓋土
　　　　的，這樣，科叢大，也容易照料整理。

52.1.3 花開後，要每天趁天涼時摘；不摘就乾壞了。摘要儘
　　　　量摘完。留下的就蔫了〔合〕。

52.1.4 五月間，種子成熟，拔下，曬乾，打下儲藏。紅花種
　　　　子也不可以燠。

52.2.1　五月種"晚花"。春初就預先留下一部分種子,五月初便下種;如果等到新花結子成熟後再取新種子(來種),就太遲了。七月中摘的,顏色鮮明,耐久不變色〔甐〕,比春天種的強。

52.3.1　靠近城市的好地,種上一頃紅花,每年可以收到三百匹絹。一頃地收得二百石〔斛〕種子,種子和麻子價值相同:可以作車轂潤滑油,也可以作燭。就是直接折作米價,(種子換得的)二百石米,已經抵得過穀田的收穫;還有花所換得的三百匹絹在外。

52.4.1　一頃花,每天要一百人摘;單靠一家人自己的人手力量,十家也沒有一家會够的。

52.4.2　只要把車駕到地頭上,每天清早,便會有男女小孩,幾十個到幾百個,一群一群,來幫助摘花;但須要公平地量,大家對分。因此,就是單身男女,也可以放心多種。

52.11.1　殺花法:紅花摘回來之後,就用碓擣爛和勻〔熟〕。加水淘洗一遍,用布袋盛着,絞去黃色的汁。

52.11.2　再擣,用發酸的澄清粟飯漿來淘。又用布袋把汁絞出來。這次絞出來的汁,收下來可以染紅,不要丟掉。絞乾後,(把花)放在小口的容器中,用布蓋着。

52.11.3　(天明)雞叫時,再擣勻,攤在席子上曬乾,比作成餅強。作成餅,不能乾透,花便燠壞了。

52.101.1　作臙脂法:預先燒(好)蒺藜、藜、藋和蒿等,取得鹼灰;沒有,用普通的草灰也可以。用熱水〔湯〕淋,取得清灰汁，第一次淋得的汁太濃，立即使花不中用了，只可以洗衣。淋過兩遍，取第三遍的用來揉花，溫和些，可以得到很好的顏色。揉花。要揉十多次，花揉透才停止。

52.101.2　用布袋絞出（灰汁）揉得的濃〔淳〕汁出來，放在瓷碗裏。另外，取兩三個酸石榴，破開〔擘〕取出子來，擣破，加很少量極酸的粟飯漿水和勻；布包着，絞出酸汁來，和到花汁裏面。如果沒有石榴，用好的醋和上飯漿，也可以。要是連醋也沒有，極酸極酸的清飯漿，也可以單獨使用。

52.101.3　將酸棗大的一份白澱粉，放下去，粉多了，顏色嫌淡。用沒有油膩的乾淨竹筷子，用力攪拌一陣；蓋住。

52.101.4　到夜裏，倒掉上面的清汁，到濃厚的地方，停止；倒進一個用生綢〔帛〕或熟綢〔練〕作的、三角形的袋子裏，高掛起來。

52.101.5　明天，半乾半溼時，捻成小片，像半顆麻子大小，讓它陰乾，就成功了。

52.111.1　配合“香澤”的方法：用好的清酒來浸香料。夏天用冷酒；春天秋天，把酒燙暖；冬天要把酒燙到熱熱的。香料，用鷄舌香、一般人因爲鷄舌香形狀像小釘子，所以稱爲“丁子香”（現在叫“丁香”）。藿香、豆蔲、澤蘭香四種；用新絲綿包着，浸在酒裏。夏天，過一夜；春秋天兩夜；冬天，三夜。

52.111.2　把兩分麻油，一分豬油，放在小銅鍋裏。加上浸香的酒。

52.111.3 煮沸幾遍後,將火退小,慢慢地煎。隨後再將浸過的香一起煎,更要小火。到晚上(酒帶來的)水煎乾了,也不再沸了,就已成功。拿火頭淬到香澤裏,如果有聲音,表示水還没乾;出烟而不響,便是水乾了。

52.112.1 "澤"快要成功時,加少量的青蒿,使它發生青色。

52.112.2 用絲絮蓋着鍋嘴和瓶口(過濾),倒到瓶中(儲存)。

52.121.1 配合"面脂"的方法:用牛骨髓油。牛骨髓油不够,可以和上些牛脂;如果没有牛骨髓油,淨用牛脂也可以。把酒燙暖,浸着丁香和藿香兩種香,浸法,和配合香澤一樣。煎法和配合香澤一樣,也加些青蒿來着色。

52.121.2 用絲絮濾到瓷或漆的小容器裏面,讓他冷凝。

52.122.1 如果要作(塗在嘴唇上的)"唇脂",可以和上一些熟朱砂,外面用"青油"包裹。

52.123.1 有要冒着霜雪的遠程旅行的,常常把蒜咬破,揩在嘴唇外面;既可以防止嘴唇裂開,又可以辟除邪惡。

52.124.1 小孩們有臉上發皴的,晚間,把梨燒熟,先用糠湯洗過臉,再用暖梨汁塗,可以不皴。

52.124.2 赤蓬染的布,嚼出汁來,塗在小孩們臉上,也不皴。

52.131.1 配合"手藥"的方法:取一副〔具〕豬胰,把(附著的)脂肪組織摘掉。加上青蒿葉子,在好酒裏面,用力挼揉,讓汁液滑膩。

52.131.2 用二十七枚白桃仁,剝去黃色的種皮,研碎,用酒浸取汁。用絲絮包裹丁香、藿香、甘松香和十顆打碎了的橘核，一同放在胰子汁裹。讓它們浸着，不要取出來，擱在瓷瓶裏貯藏着。

52.131.3　晚上，把煮細糠（所得到的）湯，將手臉洗淨，擦乾。將手藥塗上，可以使手柔軟滑潤，冬天不皴裂。

52.201.1　作"紫粉"的方法：用白色的細澱粉〔米英粉〕三分，鉛粉〔胡粉〕一分，不加胡粉，不容易附上人的皮膚。混合均匀。

52.201.2　將落葵果實蒸熟，用生布絞出（紫色的）汁子來，和在粉裏，在太陽下曬乾。

52.201.3　如果顏色嫌淺，再蒸些落葵果實，取得汁子，像前面那樣重新染過。

52.211.1　作米粉法：粱米最好，其次粟米。必定要用清一色的純米，不要使它有雜色米在。舂到很白。把碎米揀掉。每一種米，單純地作，不要讓另外的米混進去。雜米、糯米、小麥、黍子、穄子作的米粉都不好。

52.211.2　（把米攔在）木槽裏，加水，用脚踏十遍；淘淨，到水清爲止。

52.211.3　在大瓮子裏，多攔些冷水，將米泡着。春秋兩季，浸一個月；夏季浸二十天；冬季浸兩個月。越久越好。不要換水，發臭爛了才會好。日子不够久，粉就不够細滑。

52.211.4　日子滿了之後，汲新水換上，就在瓮子裏洗。用手扒開攪動，把酸氣淘掉。多洗幾遍，到沒有氣味時才放手。

52.211.5　現在倒一點出來，在一個沙盆裏，儘量地研；倒

上水,攪動;將白汁接到絹口袋裏面,向另外的瓮中濾
出。沉在盆底的粗粒,再研,再倒上水,再攪,再接到
絹口袋裏去濾。

52.211.6 研完,用杷子把瓮中聚積的粉汁,用力攪拌,然
後澄清。舀掉上面的清水,將釅汁倒在一個大盆裏,
用一枝杖,向一個方向,攪三百多下,不要換方向! 然
後靜置,蓋好甕口,別讓灰塵掉下去。

52.211.7 很久以後,澄清了,便輕輕地用杓子將上面的清
水舀掉。在溼粉面上,帖上三重布,布上鋪一層粟殼
(糠),糠上再攔灰。灰溼透後,換上乾的,到灰不再溼
爲止。

52.211.8 最後,將這塊粉四邊粗些、白些、沒有光澤的,削
下來,另外收藏作粗粉用。粗粉是米皮,所以沒有光澤。
粉塊中心,像鉢一樣圓圓的一塊,和熟鴨蛋白一樣光
澤的,叫做"粉英"。粉英的粉,是米心所成,所以有光澤。

52.211.9 等沒有風,沒有塵土,又有好太陽的時候,攤在
矮架上,用刀將粉削成梳掌形的片,曬乾。乾後,儘量
用手使力搓散。搓時用力大,粉就細滑,不搓就粗糙不滑。
留來預備作餅待客,也可以作爲撲身的香粉。

52.221.1 作香粉法:只要在粉盒子裏多放些(整顆)的丁
香,自然就芬香馥郁。

52.221.2 有人把香擣成末,絹篩篩過和到粉裏面的;也有用水浸
着香料,用香汁和粉的。都使粉色不白,而且費香。不如整顆
放在盒中的好。

種藍第五十三

53.1.1　爾雅曰:"葳,馬藍。"注曰:"今大葉冬藍也。"

53.1.2　廣志曰:"有木藍。"

53.1.3.　今世有芨①,赭藍也。

53.2.1　藍地欲得良,三遍細耕。

53.2.2　三月中,浸子令芽生,乃畦種之。治畦下水,一同葵法。

53.2.3　藍三葉,澆之;晨夜再澆之。薅治令淨。

53.2.4　五月中,新雨後,即接淶樓構,拔栽之。夏小正曰:
　　　　"五月浴灌藍蓼。"

53.2.5　三莖作一科,相去八寸。栽時,宜併功〔一〕急手,無令地
　　　　燥也。白背即急鋤,栽時既淶,白背不急鋤,則堅确②也。
　　　　五遍為良。

〔一〕"功":明鈔原作"工",農桑輯要作"力";依院刻及金鈔改正作"功"。

①"芨":明鈔本、群書校補所據鈔宋本、金鈔及院刻均作"芨"。"芨"字,爾
　　雅中有"苔……白華芨",陸璣以為是鼠尾草,可以染皂;陶弘景(根據
　　李當之)以為是瞿麥根,吳普以為是紫葳。此外"藆芨"、"芨菋"、"藃
　　芨"都是連用,不作單名。芨赭連用,也考不出。懷疑與"莫"字有些關
　　係:莫是紫草,可以"染紫,染留黄,染綠"。赭藍相加,即是紫色;所以
　　説"莫,赭藍也"。

②"堅确":懷疑應作"堅垎"(見卷一耕田第一注解 1.3.1.②)。

53.3.1　七月中,作坑,令受百許束;作麥得〔一〕泥泥之,令深
　　　　五寸;以苦蔽〔二〕四壁。

53.3.2　刈藍倒豎於坑中;下水,以木石鎮壓令没。

53.3.3　熱時一宿,冷時再宿,漉去荄①,内汁於瓮中。

53.3.4　率：十石瓮，著石灰一斗五升，急手抨普彭反之。

53.3.5　一食頃止，澄清，瀉去水。別作小坑，貯藍澱②著坑
　　　　中；候如強粥，還出瓮中盛之，藍澱成矣。

〔一〕"䅭"：明鈔作"䅭"，祕册彙函系統本同；依院刻及金鈔改正作"䅭"。
　　"麥䅭"是麥種實外殻，見卷三種蒜第十九注解19.3.2.①。

〔二〕"薂"：明鈔本作"蔽"。

①"荄"：即莖葉殘餘。

②"藍澱"：現在寫作藍靛。

53.4.1　種藍十畝，敵穀田一頃；能自染青者，其利又倍矣。

53.5.1　崔寔曰："榆莢落時，可種藍；五月，可刈藍。"

53.5.2　"六月可種冬藍。"冬藍，木藍也；八月用染〔一〕也。

〔一〕"染"：明鈔本作"葉"，學津討原本改作"藥"（萬有文庫本大概是依學津
　　討原校改的）；祕册彙函系統本整句作"人月用藥"；漸西村舍本與群書
　　校補所據鈔宋本，和明鈔本同。今依院刻及金鈔校正作"染"。玉燭寶
　　典所引四民月令，"六月"中只有"可燒灰染青紺雜色"（本書卷三雜説
　　第三十30.6.1也引有），沒有"冬藍，木藍也"這個注，"八月"正文只有
　　"染綵色"，沒有"用染也"。這兩句，顯然是賈思勰所加按語及注釋。

釋　文

53.1.1　爾雅説："葴是馬藍。"（郭璞）注解説："就是現在的大葉冬藍。"

53.1.2　廣志記有木藍。

53.1.3　現在有莧（？）草，是赭藍。

53.2.1　種藍的地要好地，細細耕過三遍。

53.2.2　三月中，把種子用水泡着，讓它們發芽，再在畦裏
　　　　種下。整畦灌水，一切和種葵的方法一樣。

53.2.3　藍苗出了三片葉，就要澆水；清早、夜晚共澆兩遍。
　　　　把雜草薅乾淨。

53.2.4　五月中，新近下過雨，就趁溼用耬把地構開，拔出
　　　　藍苗來移栽。夏小正說："五月浴灌藍蓼。"

53.2.5　三株共作一科，每科相距八寸。栽時，務必要趕工急
　　　　急下手，不要讓地乾。地面發白〔白背〕就趕緊鋤，栽時地
　　　　是溼的，白背時如果不趕緊鋤，就會硬結。鋤五遍才好。

53.3.1　七月裏，掘一個能容納一百來把（藍）的坑；將麥糠
　　　　和上泥在坑（的五面）都塗上五寸厚一層；坑口上，用
　　　　茅苫遮住四面。

53.3.2　割下藍來，（葉朝下）倒豎在坑裏；灌上水，用石頭
　　　　或木柱壓着藍，使它不浮起。

53.3.3　熱天，過一夜，冷天，過二夜，將植物殘渣漉出去。
　　　　將剩下的汁，移到瓦瓮中。

53.3.4　瓮如容十石，加石灰一斗五升，照此比例〔率〕（增
　　　　減石灰），從速攪和。

53.3.5　一頓飯久後，停止，讓它澄清，把上面的清水去掉。
　　　　另外掘一個小坑，把瓮底的藍色沉澱倒在坑裏；等這
　　　　沉澱乾到像濃粥一樣時，再舀回瓮中，就成了藍澱。

53.4.1　種十畝的藍，抵得過一百畝的穀田；能夠自己染青
　　　　的，利益又要增加一倍。

53.5.1　崔寔（四民月令）說："榆莢落時，可以種藍；五月，
　　　　可以收割藍。"

53.5.2　"六月可種冬藍。"冬藍就是木藍；八月間用來染色。

種紫草第五十四

54.1.1 爾雅曰："藐，茈草也"，一名紫茂草〔一〕。

54.1.2 廣志曰："隴西紫草，染紫之上者。"

54.1.3 本草經曰："一名紫丹。"

54.1.4 博物志曰："平氏山之陽，紫草特好也。"

54.2.1 宜黃白軟良之地，青沙地亦善；開荒，黍穄下①大佳。性不耐水，必須高田。

54.2.2 秋耕地，至春又轉耕之。

54.2.3 三月種之：耬耩地，逐壟手下子。良田一畝，用子二升；薄田用子三升。

54.2.4 下訖，勞之。鋤如穀法，唯淨爲〔二〕佳。其壟底草則拔之。壟底用鋤，則傷紫草。

54.2.5 九月中子熟，刈之。候秄②芳蒲反燥載③聚，打取子。溼載，子則鬱浥。

54.2.6 即深細耕。不細不深，則失草矣。

〔一〕本書所引爾雅，多一個"也"字；"一名紫茂"草是郭注，本書多一"草"字。祕册彙函系統版本，沒有這兩個字，大概是參照今本爾雅删去的。

〔二〕"唯淨爲佳"：明鈔及祕册彙函系統版本這句作"唯淨唯佳"；依院刻、金鈔改作"唯淨爲佳"。

①"開荒，黍穄下"：新開墾的荒地，和剛種過黍穄的熟地（"下"即"底"，見卷二小豆第七"穀下"條，注解 7.1.1.①）。

②"秄"：果實外面的包被，包括宿存萼和苞等。

③"載"：這個作動詞用的"載"字，用法頗爲特別。可能應當解作"裁"，即切斷；更可能該解作讀去聲的"積"。

54.2.1 尋壟以杷耬取、整理。收草宜併手力,速竟爲良;遭雨,則損草也。一扼①隨以茅結之;擘葛彌善。四扼爲一頭。

54.3.2 當日則斬齊。顛倒十重②許爲長行,置堅平之地,以板石鎮之令扁。溼鎮,直而長;燥鎮則碎折;不鎮,賣難售也。

54.3.3 兩三宿,豎頭著日中曝之,令浥浥③然。不曬則鬱黑,太燥則碎折。

54.3.4 五十頭作一"洪"。洪,十字大頭向外④,以葛纏絡。著敞屋下陰涼處棚栈上。其棚下,勿使驢馬糞及人溺;又忌煙。——皆令草失色。其利勝〔一〕藍。

〔一〕"勝":明鈔本誤作"蒢"。

①"扼":即現在所謂"把":拇指和食指,作成的圍。

②"重":讀平聲,解爲"層"。

③"浥浥":半乾半溼。

④"十字大頭向外":採回整理過壓乾了的紫草,四扼作成一"頭",五十頭再集合成一"洪"。當然,每扼都有一端粗大一端小,每頭中的四扼,便應當都是大端與大端並排,小端與小端並排的。現在,再一頭一頭地將大端〔大頭〕(這個"頭"便不再當四扼集合所成的"頭"解)向外,小端向內,十字交叉地排成"洪",用葛纏起來。

54.4.1 若欲久停者,入五月,内著屋中。閉户塞向,密泥,勿使風入漏氣。過立秋,然後開出,草色不異。

54.4.2 若經夏在棚栈上,草便變黑,不復任用。

釋　文

54.1.1 爾雅説:"藐是茈草",(郭璞注解説:)"(可以染紫)又名紫莫草。"

54.1.2　廣志："隴西所出的紫草,是最好的染紫染料。"

54.1.3　本草經説："一名紫丹。"

54.1.4　博物志説："平氏山的南面〔陽〕,紫草分外好。"

54.2.1　應當種在黄白色軟和的好地上,青沙地也好;新開荒,或者前作是小米糜子的地最好。不耐潦,所以一定要高地。

54.2.2　秋天耕過的地,到春天又轉耕。

54.2.3　三月間下種:用樓把地樓成壟,逐壟下種子。好地每畝用二升種子,瘦地每畝用三升。

54.2.4　下種後,摩平。鋤的法則,和穀子一樣,愈乾淨愈好。壟脚下的草,用手拔掉。壟脚用鋤鋤時,紫草容易受傷。

54.2.5　九月中,種子成熟了,割下來。等外殼〔稃:音 fu〕乾燥了,再積起來,打下種子收存。溼時積着,種子就會煨壞。

54.2.6　隨即很深很細地把地耕翻。不細不深,(根不會全翻出來,)紫草的收穫,就受到損失了。

54.3.1　每一壟,都用耙樓過,(把根清出來,)加以整理。收草,要人多儘量趕着快些弄完才好;遇到下雨,草就損失了。每一把〔扼〕,隨即用茅(草葉)紮起來;撕葛皮來紮更好。四把合成一"頭"。

54.3.2　當天,把(紮好的"把"和"頭")斬齊。頭尾相錯〔顛倒〕叠上十層左右,累積成為長行,放在硬而平的地面上，用石板壓扁。溼時鎮壓，（草）又直又長；乾了再鎮，就會斷折破碎；没有鎮壓過的，賣不出去。

54.3.3　過了兩三夜，把頭豎着，在太陽裏曬到半乾半溼。不曬過，燠了就會變黑，太乾又會破碎斷折。

54.3.4　五十"頭"，合成一"洪"。每一洪中，十字交叉地把每頭的粗大一端向外排着，用葛纏綁起來。放在開敞的房屋裏，陰涼的地方，木條架〔棚棧〕上。棚下，不要讓牲口和人大小便；又不可有火煙。——這些情形都會使草損失顏色。（種紫草的）利益，比藍還强。

54.4.1　如果想保留得久些，五月中，放在一間屋裏，把門關嚴，窗塞上，還用泥塗到泯縫，不讓風進去或漏氣出來。過了立秋，再開開取出來，草的顏色不會有變化。

54.4.2　如果在棚棧上過夏天，草便變成黑色不能再用。

伐木第五十五 種地黃法附出[①]

①"種地黃法附出"：種地黃法，依材料性質説，應當是與"種紅藍花"、"種藍"、"種紫草"等染料植物栽培法平行的一條；至少，也得作爲以上三節中任一節的附錄。附在"伐木"後面，是作者臨時將材料補入"卷"末尾的一種變通排法。用地黃作染料染色的方法，見卷三雜説第三十 30.601。

55.1.1 凡伐木，四月七月，則不蟲而堅肕。

55.1.2 榆莢下，桑椹落，亦其時也。

55.1.3 然則凡木有子實者，候其子實將熟，皆其時也。非時者，蟲而且脆也。

55.2.1 凡非時之木，水漚一月，或火煏[①]取乾，蟲皆不生。水浸之木，更益柔肕。

①"煏"：農桑輯要有小注"皮逼反"（案即讀作"逼"），就是逼近火旁烘烤。現在長江流域方言中還保存這個字。

55.3.1 周官曰："仲冬斬陽木，仲夏斬陰木。"鄭司農云："陽木，春夏生者；陰木，秋冬生者（松柏之屬）。"鄭玄曰："陽木生山南者，陰木生山北者。冬則斬陽，夏則斬陰，調堅軔也。"

55.3.2 按柏之性，不生蟲蠹，四時皆得，無所選焉。山中雜木，自非七月四月兩時殺者，率多生蟲，無山南山北之異。鄭君之説，又無取。則周官伐木，蓋以順天道調陰陽，未必爲堅肕之與蟲蠹也。

55.4.1 禮記月令："孟春之月，禁止伐木。"鄭玄注云："爲盛德所在也。"

55.4.2 "孟夏之月，無伐大樹。"逆時氣也。

55.4.3 “季夏之月，樹木方盛，乃命虞人，入山行木，無爲斬伐！”爲其未[一]堅朋也。

55.4.4 “季秋之月，草木黄落，乃伐薪爲炭。”

55.4.5 “仲冬之月，日短至，則伐木取竹箭。”此其堅成之極時也。

〔一〕“未”：明鈔誤作“木”，依院刻、金鈔、明清刻本及今本禮記改作“未”。

55.5.1 孟子曰：“斧斤以時入山林，材木不可勝用。”趙岐注曰：“時謂草木零落之時；使材木得茂暢，故有餘。”

55.5.2 淮南子曰：“草木未落，斤斧不入山林。”高誘曰：“九月，草木解也。”

55.5.3 崔寔曰：“自正月以終季夏，不可伐木；必生蠹蟲。或曰：‘其月無壬子日，以上旬伐之。’雖春夏不蠹，猶有剖析間解①之害；又犯時令；非急無伐。”“十一月，伐竹木。”

①“剖析間解”：即依縱向與斜向裂開。

55.101.1 種地黄法：須黑良田，五遍細耕。三月上旬爲上時，中旬爲中時，下旬爲下時。

55.101.2 一畝下種五石，其種還用三月中掘取者；逐犁後如禾麥法下之。

55.101.3 至四月末、五月初，生苗訖。至八月盡，九月初，根成，中染。

55.102.1 若須留爲種者，即在地中勿掘之。待來年三月，取之爲種。計一畝可收根三十石。

55.102.2 有草,鋤不限遍數。鋤時,別作小刃鋤,勿使細土覆心!

55.103.1 今秋取訖,至來年更不須種,自旅生^①也,唯須鋤之。

55.103.2 如此,得四年不要種之,皆餘根自出矣。

①"旅生":即"穭生",見卷三種胡荽第二十四注解 24.5.2.①。

釋 文
(種地黃法附在這裹)

55.1.1 凡四月七月砍伐的木材,不生蟲,而且堅實牢韌。

55.1.2 榆樹落莢,桑樹落椹,也就是砍伐榆樹和桑樹(最好)的時候。

55.1.3 由此可見,所有能結果實的樹木,等它的果實將要成熟的時候砍伐,也都合適。不合時砍伐的,容易生蟲,而且脆。

55.2.1 不在合適時令砍伐的樹,在水裏泡着漚一個月,或者在火旁邊烘乾,也都可以避免生蟲。水泡的木材,更加柔和牢韌。

55.3.1 周官(地官司徒山虞)説:"十一月〔仲冬〕斬陽木,五月〔仲夏〕斬陰木。"鄭衆解釋説:"陽木,是春夏生的;陰木,是秋冬生的,像松柏之類。"鄭玄解釋説:"陽木,是生在山的南面的;陰木,是生在山北面的。冬天斬陽木,夏天斬陰木,可以調度堅輭。"

55.3.2 按柏樹的本性,不生蟲蠹,一年四季,砍來都可應用,沒有

選擇的必要。至於山中的其餘雜樹,如果不是四月與七月砍
殺的,大多會生蟲,山南面山北面的都一樣。鄭玄的説法,也
没有根據。周官關於伐木的規定,只是"順天道調陰陽",未必
一定是爲了堅韌或蟲蠹的問題。

55.4.1　禮記月令:"正月〔孟春〕禁止伐木。"鄭玄注解説:"因
爲孟春盛德在木。"

55.4.2　"四月〔孟夏〕不要伐大樹。"(鄭玄注解説)因爲和時氣
相反。

55.4.3　"六月〔季夏〕,樹木正茂盛,就命令'虞人',到山裏
巡行,察看樹木,不要有斬伐的事情!"(鄭玄注解説)因
爲還没有堅肕。

55.4.4　"九月〔季秋〕,草木黄落,才伐木,燒炭。"

55.4.5　"十一月〔仲冬〕,冬至了,就砍伐樹木,取竹作箭。"
這是竹與木堅硬成熟到極點的時令。

45.5.1　孟子裏有:"大小斧頭,只要在一定的時期進山林,
成材的木料便用不完。"趙岐注解説:"一定的時期,指草木
零落的時候;這樣,成材的木料可以長得茂盛暢遂,所以
有餘。"

55.5.2　淮南子(主術訓)裏有:"草木没有落葉以前,大小
斧頭不上山。"高誘注解説:"九月,是草木(關節)解散的
時令。"

55.5.3　崔寔説:"從正月到六月,不要砍樹作材料;砍回必
定生蟲。也有人説:'如果某個月中没有壬子日,可以
在這個月上旬去砍伐。'但這樣,儘管當年春天夏天不

生蟲，也會生縱斜裂縫；又犯時令；如果不是急需，不要砍伐。""十一月，伐竹木。"

55.101.1　種地黃的方法：須要黑土好地，先細細耕五遍。三月上旬最好，其次三月中旬，最遲是三月下旬。

55.101.2　一畝下五石種子，用三月間掘出的（根）作種；跟着犁後面像種禾和麥一樣種下去。

55.101.3　到了四月底、五月初，該都出苗了。到八月底九月初，根已經長好，可以作染料。

55.102.1　如果須要留來作種的，就留在地裏不要掘出來。等到明年三月，拿來作種。每畝可以收三十石根。

55.102.2　有草，儘量鋤，遍數沒有限制。鋤時，應該另外作成一種小刃口的鋤，免得泥土蓋住苗心。

55.103.1　今年秋天收完後，明年不須要再種，自然會有宿根發生，只要鋤整。

55.103.2　像這樣，可以連續四年不要下種，剩下的根，自然會出苗的。

齊民要術卷六

後魏高陽太守賈思勰撰

養牛、馬、驢、騾第五十六〔一〕

〔一〕原書卷首總目，在標題下還有"相牛馬及諸病方法"的小字夾注。

56.1.1 服牛①乘馬，量其力能；寒温飲飼，適其天性；如不肥充繁息者，未之有也。

56.1.2 金日磾②降虜之煨燼③，卜式④編户齊民；以羊馬之肥，位登宰相。公孫弘⑤、梁伯鸞⑥，牧豕者，或位極人臣，身名俱泰；或聲高天下，萬載不窮。甯戚⑦以飯牛見知，馬援〔一〕⑧以牧養發迹。莫不自近及遠，從微至著。嗚呼！小子！何可已乎？故小童⑨曰："羊去亂群，馬去害者。"卜式曰："非獨羊也，治民亦如是：以時起居，惡者輒去，無令敗群也。"

〔一〕"馬援"："援"字，明鈔誤作"稷"，祕册彙函系統版本同。金鈔原作"授"，校改作"援"；漸西村舍本亦作"援"。"援"字是對的。

①"服牛"：服牛，就是役使牛來駕車。

②"金日磾"：金日磾（磾讀"低"di）原來是匈奴休屠王的太子，漢武帝初年，向漢帝國朝廷投降，武帝叫他作"馬監"——替皇家管理馬匹，把馬養得很肥。因他忠誠可靠，得到漢武帝信任，最後作到宰相。

③"煨燼"："煨"是燃燒，但不能起燄，也就是力量不强的火；燼是熱灰。煨燼即燃燒後殘餘下來的火。匈奴〔虜〕本來很强盛，但向漢帝國投降了的休屠王，再也沒有成爲强盛國家的可能；因此説金日磾是"降虜之煨燼"。

④"卜式"：卜式也是漢武帝時候的人，他是當時河南的百姓〔編户齊民＝編入保甲的"户"口中的一個平民〕，因爲善於經營生産，牧羊累積了許多財産；曾把家財捐獻給皇家作軍餉，漢武帝很重視他。後來在長安替皇帝經營牧羊事業，成績也很好，並且以養羊的方法向皇帝説明管理老百姓的道理（見本段末）。最後也作過宰相。

⑤"公孫弘"：<u>前漢</u>時人，年輕時作過獄吏，犯錯誤免職後，貧困得很，在海邊牧豬。晚年也作過<u>武帝</u>的宰相。

⑥"梁伯鸞"：<u>梁鴻</u>，字伯鸞，<u>後漢</u>時人，幼年無父母，家裏很窮，靠牧豬爲生。後來和妻子<u>孟光</u>遷到<u>吳郡</u>，替人家舂米。一直在<u>吳郡</u>住着，很有聲名。

⑦"甯戚"：傳說中是<u>春秋</u>時<u>衛國</u>的賢人。<u>王逸楚辭注</u>說："甯戚，<u>衛</u>人，修德不用而商賈，宿<u>齊</u>東門外。（<u>齊</u>）桓公夜出，<u>甯戚</u>方飯牛而歌；桓公聞之，知其賢，舉用爲客卿。"他的"飯牛"，還只是自己作商賈時，偶然或故意作過一次餵牛的事。但在後來的傳說中，則是因爲無法謀生，只能替人餵牛。另一方面，却又傅會着說他作過一部<u>牛經</u>，專門討論"相牛"和養牛的方法。本篇 201 等段所引"<u>牛經</u>"，<u>賈思勰</u>還不曾指實是<u>甯戚</u>所作，而且還有着"<u>甯公</u>所飯也"一個小注，似乎可以說明這部"<u>牛經</u>"，在<u>後魏</u>時，還並沒有認作<u>甯戚</u>本人自己作的；即"<u>甯戚</u>"和"牛經"相連，是<u>後魏</u>以後的事。

⑧"馬援"：<u>東漢</u>初的功臣。在加入<u>東漢光武帝劉秀</u>的軍隊以前，曾在"北邊"養過大群的馬，累積了大量財產，也獲得了許多馬匹。

⑨"小童"：這句，顯然是<u>莊子徐無鬼篇</u>中的："牧馬小童曰：'夫爲天下者，亦奚以異乎牧馬哉？亦去害馬者而已矣……'"

56.2.1 諺云："羸牛劣馬寒食①下。"言其乏食瘦瘠，春中必死。務在充飽調適而已。

56.2.2 <u>陶朱公</u>曰："子欲速富，當畜五牸〔一〕。"牛、馬、豬、羊、驢，五畜之牸。然②，畜牸則速富之術也。

〔一〕"牸"：<u>明鈔</u>作"特"，<u>金鈔</u>及<u>祕册彙函</u>系統版本作"牸"。"特"字沒有什麼根據；"牸"是母牛母馬的名稱（"字"就是"孳"，即生殖）。作"牸"是正確的。這一節與這一個"牸"字，都得參看自序校記 0.7.〔一〕。

①"寒食"：清明節前一天或兩天稱爲"寒食"。

②"然，畜牸則速富之術也"：這句，固然也可在"然"字後點斷，解作"這樣"，

但不甚合理。懷疑鈔寫有錯誤,即"則"字應在"然"字之下、"畜"字之上。

56.3.1　禮記月令曰:"季春之月,合累牛騰馬,遊牝于牧。"

累、騰,皆乘匹之名。是月,所以合牛馬[一]。

56.3.2　"仲夏之月,遊牝別群,則縶騰駒。"孕任[二]欲止,爲其牝氣[三]有餘,恐相蹄齧也。

56.3.3　"仲冬之月,牛、馬、畜獸①,有放逸者,取之不詰。"

王居明堂禮曰②:"孟冬,命農畢積聚,繼放牛馬[四]。"

〔一〕"所以合牛馬":"以"字,要術各本有;通行本和宋本禮記没有。有"以"字語句才完整。

〔二〕"孕任":"任"字,要術各本同作"任";宋本禮記作"妊之",今本作"字之"(現在的寫法是"孕姙"或"孕娠"。宋本禮記作"妊")。

〔三〕"牝氣":要術各版本都是作"牝氣"的;但今傳本禮記(包括宋刻的"纂圖互注本")都作"牡氣"。牝氣指牡馬"發情"後的衝動;應當是"牡"字。但爲了要術底傳鈔真象,暫仍保存"牝"字。

〔四〕"繼放牛馬":宋本及今本禮記作"繫收"。"繼"字可借作"繫"(見校記21.2.3.〔一〕),問題不大;"放"和"收"是根本對立的,依文義却該作"收",是字形相似寫錯了。

①"牛、馬、畜獸":按周秦和漢初的文例看,"畜"是馴養後已經開始蕃殖的"家畜","獸"則是捕獲後正在馴養中的"野獸"。這裏"牛馬"和"畜"并列,則應除去牛與馬兩種家畜。因此孫希旦在禮記集解中,認爲這裏的"畜獸"是"羊豕之屬也"。推究起來,可能在"羊、豕"兩種家畜之外,還有麋、鹿等"半馴養家畜"。

②"王居明堂禮曰":這一段,是禮記月令中鄭玄的注。

按:以上三段及56.1和56.2,説明畜牧在農業生産中的地位,56.3説明"古代"政治中對民間畜牧的管理。

56.4.1 凡驢、馬駒，初生，忌灰氣；遇新出爐者，輒死。經雨者則不忌〔一〕。

〔一〕這一節，是“經驗方法”中對駒的保護（是否合理，是另一問題）；明鈔本和祕冊彙函系統中多種版本，在此分段是正確的。金鈔、學津討原本都誤與下面“馬頭爲王……”一段黏連。以下幾節，都是“相馬法”，各種刻本分段錯亂的地方很多；需要詳細研究整理。

56.11.1 馬頭爲王，欲得方；目爲丞相，欲得光；脊爲將軍，欲得强；腹脅爲城郭，欲得張；四下爲令①，欲得長。

①“四下爲令”：“四下”即四肢；“令”是“地方官”。

56.12.1 凡相馬之法，先除三羸①五駑，乃相其餘。

56.12.2 大頭小頸②，一羸；弱脊大腹③，二羸；小脛大蹄④，三羸。

56.12.3 大頭緩耳⑤，一駑；長頸不折⑥，二駑；短上長下⑦，三駑；大髂枯價切短脅⑧，四駑；淺髖薄髀〔一〕⑨，五駑。

〔一〕“髀”：明鈔原作“髆”，祕冊彙函系統版本多作“騙”。群書校補所據鈔宋本作“騪”（龍溪精舍本依陸氏校補校改）。金鈔作“髀”。漸西村舍刊本已改作“髀”，未說明根據。太平御覽卷896所引伯樂相馬經作“脾”，顯然是錯字，但却指明了這個字右邊應當從“卑”。這是“字形”方面。其次，就意義說：“髀”又寫作“脾”（下文有：56.15.3“脾重有肉”，56.37.9“脾欲得圓而厚”，脾都是髀），即今日口語中的“大腿”，粵語系統方言，還保存着“大髀”這名稱。“髀”可以和“髖”（說文：“髖，髀上也”）相聯繫。下文（56.22.10）的“髀欲廣厚”，正說明了髀薄是駑相，“脾重”“脾欲……厚”也可作爲“髀欲廣厚”的佐證。因此，金鈔作“髀”是完全正確的。“建文元年（1663年）高麗本”的集成馬醫方所引，也是“薄髀”。

①“羸”：“羸”是弱（原來的意義，是指瘦弱的羊，後來擴大指一切生物）；和駑相對來說，弱是不能荷重，“駑”是不能行速。

②“大頭小頸”：頭大頸小，表示早期生長中營養不良，保持着幼態，所以是“羸”（弱）的一個條件。

③“弱脊大腹”：“弱脊”是脊柱頓弱下垂，弱脊大腹的馬，肺活量不夠大，而腸胃鬆弛，自身成爲一種負擔；這樣的馬，持久力也不夠。

④“小脛大蹄”：腿骨細弱而蹄相對肥大，也是營養不良的情況。

⑤“大頭緩耳”：緩是不緊張，弛緩無力，頭部相對地大，耳又不是很有力地豎立的，就不會是精力充沛的馬。

⑥“長頸不折”：不折是彎曲程度不夠，也就是頸部肌肉神經發育不夠高，便不是能“疾走”的馬。

⑦“短上長下”：這是四肢上下段的比例。

⑧“大髂短脅”：“髂”字，玉篇和廣韻解釋爲“腰骨”。“脅”，據說文解釋，是“兩膀”，即臂所夾的地方，也就是腋以下胸部兩側。左傳（僖廿三年）晉公子重耳“骿脅”，依歷來的解釋，是肋骨相互合生，因此也有人以爲“脅就是肋骨”。但說文解釋肋是“脅骨”，即在脅部的骨，可見“肋”與“脅”並不是完全等同的。胡培翬儀禮正義所引禮經釋例：“凡牲，脊兩旁之肋謂之脅”，我認爲分別得很清楚。脅包括肋在内，即從肩以下，胸兩側連背在内的骨和肉，肋則是脅中的骨；因此，脅可以包括肋，而肋不能包括脅。下文56.22.5及56.35.1兩處提到“脅肋”，專指“真肋”（和“季肋”即“浮肋”相對舉），可見肋不全在脅中。大髂短脅，應是胸部短而腰部粗大，和“弱脊大腹”相似而不同。弱脊大腹主要是發育不全的障礙，基礎細弱；大髂短脅，發育與營養方面的關係較小（也許竟是營養頗好），但結構方面不合適；這樣的馬，因爲肺活量不夠，不會快走。

⑨“淺髖薄髀”：“髖”是骨盆（說文解釋是“髀上也”）；“髀”即“大腿”。骨盆小，大腿不厚重，容易疲勞。

56.13.1 騮馬驪肩,鹿毛□□〔一〕馬、驒、駱馬,皆善馬也。

56.13.2 馬生,墮地無毛,行千里;溺①,舉一脚,行五百里。

〔一〕"鹿毛"兩字下空格,明鈔及金鈔,都只一格。群書校補所據鈔本,是
　　 "宋空二格";學津討原本也是空二格。農政全書没有引用這一小段。
　　 授時通考(卷七十)所引,這兩個字是"闕黄",雖未説明來歷,但目前還
　　 没有更好的根據來補足缺字,暫時只能就這兩字着想。按:闕黄兩字
　　 聯用,只可作"望文生義"的解釋。但爾雅釋畜,有"回毛……在背,'闞
　　 廣'",可能是將"廣"字錯成了"黄"。不過這一小段中,"騮(即栗褐色
　　 或乾棗色)馬驪(即深黄而帶黑色)肩,驒(音鼉,據郭璞注:毛色深淺
　　 不均,看上去像有魚鱗紋,所以稱爲"連錢驄"。)駱(白馬黑鬣)……",
　　 都是討論毛色的,中間插一項回毛,似乎不很相稱;所以"闞廣"也不是
　　 最好的解釋。懷疑這二字是"闌黄",上文的"鹿毛"則是"鹿色",即"鹿
　　 色闌(或間)黄",正可和上下文一致,都是毛色斑駁的馬。

①"溺":是排尿。據太平御覽卷896,這一段兩節,也出自伯樂相馬經。

56.14.1 相馬五藏法①:肝欲得小;耳小則肝小,肝小則識
　　　　 人意。

56.14.2 肺〔一〕欲得大;鼻大則肺大,肺大則能奔。

56.14.3 心欲得大;目大則心大,心大則猛利不驚。目四
　　　　 滿則朝暮健②。

56.14.4 腎欲得小。

56.14.5 腸欲得厚且長;腸厚則腹下廣方而平。

56.14.6 脾欲得小;賺③腹小則脾小,脾小則易養。

〔一〕"肺":明鈔及金鈔均作"胏"。

①"相馬五藏法":依照我國向來的習慣,高等脊椎動物體腔内有"五
　 藏",——即"五臟"——是:心、肝、脾、肺、腎。這一段,除了列舉着心、

肝、脾、肺、腎等五藏之外,還有兩句關於"腸"的,——"腸",向來屬於

"六府"(六腑)。——而且文句的結構,也和心、肺、肝、脾不同。另外,

"腎欲得小",却没有下文交待。因此懷疑這一段有不少錯漏的地方。

②"目四滿則朝暮健":"健"字,明鈔本作"健";金鈔,原鈔作"健",校者改作

　　從"彳"的字。"健"是正字,不應當改。"目四滿",由下文參照看來,是

　　"眼神飽滿,眼光四射"的意思;精神飽滿的馬,從清早到黃昏都可以

　　"健"行。

　　　　要術最重要的優良作風之一,是引書都注明出處;因此讀者很容

　　易找出根據來對證。凡要術中没有注明出處的材料,我們都可以懷疑

　　它是(甲)賈思勰採訪得來的,"民間"流傳着的古説法。(乙)採訪得來

　　的,當時群衆的經驗與知識。(丙)賈思勰自己的經驗。這一大段,没

　　有注明出處。後漢書馬援傳中唐章懷太子注,和宋太平御覽卷 896,

　　都引有馬援銅馬相法,其中絶大多數的字句,都與要術這一大段中的

　　字句相同。我們固然可以假設要術是引自銅馬相法這部"書"的;但隋

　　書經籍志、舊唐書經籍志、唐書藝文志中,都没有銅馬相法,似乎説明

　　銅馬相法在隋唐兩代,並没有成"部"的"書"在流傳中。反過來,我倒

　　懷疑隋唐兩代中,有人從要術摘出了一些條文,假託爲伯樂相馬經、馬

　　援銅馬相法和甯戚飯牛經這麽幾部假書;章懷太子所見的書,正是僞

　　託的。另一可能,則這些材料,全部或大部是後人向要術中"增附"的,

　　與賈思勰無關,所以不依要術底規矩,没有注明出處。

③"膁":據集韻,現在應讀 qien(當時讀 kyam?),是"牛馬肋後胯前",也就

　　是今日口語中所謂"軟肚皮"。粤語系統方言中所謂"肚 nam"的 nam,

　　一般寫作"腩"的,也可能是這個字。

56.15.1　望之大,就之小,筋馬也;望之小,就之大,肉馬

　　　　也;皆可乘致①!

56.15.2　致瘦②,欲得見其肉;謂前肩守肉。致肥②,欲得見

其骨。骨謂頭顱。

56.15.3　馬：龍顱，突目；平脊，大腹；脛重，有肉；此三事備者，亦千里馬也。

①"皆可乘致"："乘致"兩字，懷疑有錯漏。——或者是"遠乘"，落了一個"遠"字之後，因爲下文起首處是"致"字，誤添了一個"致"字。也可能是"致遠"，把"遠"字落了，加了一個"乘"字在"致"字前面。當然，只就字面作"望文生義"的解釋，也還是可以把"致"當作"就"（就近）講，即都"可以騎乘，可以就近"，但不很合於文義的要求。

②"致瘦""致肥"：兩個"致"字，都應作"致極"（即極端）解。

56.16.1　水火欲得分〔一〕。水火，在鼻兩孔間也。

56.16.2　上脣欲急而方，口中欲得紅而有光；此馬千里。

56.16.3　馬上齒①欲鈎，鈎則壽；下齒欲鋸，鋸則怒。

56.16.4　頷下欲深，下脣欲緩。

56.16.5　牙②欲去齒一寸，則四百里；牙劍鋒，則千里。

〔一〕"水火欲得分"：太平御覽卷 896 所引，作"水火欲得明"；後漢書章懷太子注所引，作"水火欲分明"。應依後漢書注作"分明"，才可解釋；但要術各版本都是"欲得分"，暫不改動。

①②"齒""牙"：這兩字，有時連用，有時分別用。分別時，"牙"專指口腔前面的"門齒""犬齒"，"齒"則專指後面的"大、小臼齒"。

56.17.1　嗣骨欲廉①如織杼而闊，又欲長。頰下側小骨是。

①"廉"：作爲名詞時廉是物體的棱；現在作形容詞，即有廉，也就是有棱。

56.18.1　目欲滿而澤；眶欲小，上欲弓曲，下欲直。

56.19.1　素中欲廉而張。素，鼻孔上。

56.20.1　"陰中"欲得平。股下。"主人"欲小。股裏上近前也。"陽裏"欲高，則怒①。股中，上近"主人"。

①"怒"：馬肥壯飽滿，精神奮發，稱爲"怒"馬。下齒"鋸"，"陽裏"高和"飛
　　鳧"見，兩肩骨深，都是"怒"馬的條件。

56.21.1　額欲方而平。"八肉"欲大而明。耳下。"玄中"欲
　　　　　深。耳下近牙。

56.21.2　耳欲小而銳如削筒；相去欲促。

56.21.3　鬐欲戴中骨，高三寸。鬐中〔一〕骨也。

56.21.4　易骨欲直。眼下直下骨也。

56.21.5　頰欲開尺〔二〕長。

56.21.6　膺下欲廣：一尺以上，名曰"挾一作扶尺"，能久走。

56.21.7　軗欲方；頰前。喉欲曲而深；胸欲直而出；髀間前
　　　　　向。"鳧間"①欲開，望視之如雙鳧。

〔一〕"鬐中"：明鈔作"鬐中"，依金鈔及明清刻本改正。

〔二〕"尺"：明鈔及明清刻本皆作"赤"，依金鈔作"尺"。"開尺長"，似乎是
　　　"長出一尺以外"的意思。太平御覽卷896所引，是"而"不是"尺"，也
　　　沒有"長"字；很可能該是"而"字，和下文"膺下欲廣"相連成句的。

①"鳧間"：胸兩邊的兩組大肌肉，稱爲"雙鳧"，鳧間是雙鳧之間。

56.22.1　頸骨欲大。肉次之。鬐，欲桯而厚且折。

56.22.2　"季毛"欲長，多覆，肝肺〔一〕無病。髪後毛是也。

56.22.3　背欲短而方，脊欲大而抗。膂①筋欲大。夾脊筋
　　　　　也。飛鳧見者怒②。臍後筋也。

56.22.4　三府欲齊。兩髂③及中骨也。尻〔二〕欲頹而方。尾
　　　　　欲減，本欲大。

56.22.5　脅肋④欲大而窪；名曰"上渠"，能久走。"龍翅"欲

廣而長。"升肉"欲大而明。髀外肉也。"輔肉"欲大而
明。前脚下肉。

56.22.6 腹欲充，腔欲小。腔，羸。

56.22.7 季肋⑤欲張。短肋⑥。

56.22.8 "懸薄"欲厚而緩。脚脛。"虎口"欲開。股內。

56.22.9 腹下欲平、滿，善走；名曰"下渠"，日三百里。"陽
肉"欲上而高起。髀外近前。

56.22.10 髀欲廣厚。汗溝⑦欲深明。直肉欲方，能久走。
髀後肉也。輸一作翰鼠〔三〕欲方。直肉下也。肕肉欲急。
髀裏也。間筋欲急、短而減，善細走。輸鼠下筋。機骨
欲舉，上曲如懸匡。

〔一〕"肺"：見校記56.14.2.〔一〕。

〔二〕"尻"：各本都如此，只有崇文書局刊本作"尻"。案"尻"是"居"字的古
寫；用在這裏，顯然不合適。如不作"尻"，便應當作"屍"（"臀"字的古
寫法）。

〔三〕"輸鼠"：明鈔"鼠"作"鼅"，依上面正文，金鈔及明清刻本改正。

①"脢"：讀梅（音 méi）；說文解作"背肉"，現在粵語系統方言中，還保存這
個用法；長江以北一般稱爲"liqi"（脊肌：普通多寫作"里脊"）肉。

②"怒"：見注解56.20.1.①。

③"髂"：髂是腰骨，腰椎骨雖然較粗大，但外面包有皮肉的腰椎，却不容易
看出椎骨兩邊的橫突與椎上的棘突並立的情況，因此懷疑這個"髂"字
可能是"髖"字纏錯了的。

④"脅肋"：指脅旁的肋骨，即"真肋"；和下文的"季肋"（即"浮肋"或"假肋"）
相對。

⑤⑥"季肋""短肋"：即與胸骨不直接相連結的"浮肋"。

⑦"汗溝"：由尾基起到會陰的褶縫。

56.23.1 馬頭[①]欲高。距骨欲出，前間骨欲出[②]前後曰外
　　　鳧，臨蹄骨也。附蟬欲大。前後目。夜眼。

①"馬頭"："馬"字似乎應改作"烏"。"烏頭欲高"這句，後面(56.37.12)還
　　有一處。

②"間骨欲出"以下，一直到"前後目"止，可以顯明地看出，是有鈔錯字句
　　的。其中小注"外鳧，臨蹄骨也"，説明正文中一定有"外鳧"兩字，現在
　　也不見了。

56.24.1 股欲薄而博，善能走。後髀前骨。

56.24.2 臂欲長而膝本欲起；有力。前脚膝上向前。

56.24.3 肘腋欲開，能走。

56.24.4 膝欲方而庳。髀骨欲短。

56.24.5 兩肩骨欲深，名曰"前渠"；怒。

56.24.6 蹄欲厚三寸，硬如石；下欲深而明；其後開如鷂
　　　翼，能久走。

56.25.1 相馬從頭始：頭欲得高峻，如削成。頭欲重，宜少
　　　肉如剥兔頭。壽骨欲得大，如縣絮苞圭石[①]。壽骨者，
　　　髮所生處也。

56.25.2 白從額上入口，名"俞膺"[②]，一名"的顱"。奴乘客
　　　死，主乘弃市[③]，大凶馬也。

①"圭石"：即可以作"圭"的白色石頭；——一般是"水合矽酸"結晶。

②"俞膺"：太平御覽引伯樂相馬經，作"榆寫"。

③"弃市"："弃"即"棄"的古字。古代被判死刑的罪人，在"市"中當衆處決
　　的，稱爲"棄市"。

56.26.1 馬眼欲得高；眶，欲得端正；骨，欲得成三角；睛，

　　　欲得如懸鈴,紫、豔、光。

56.26.2　目不四滿,下脣急,不愛人;又淺,不健食^①。

56.26.3　目中縷貫瞳子者,五百里;下上徹者,千里。

56.26.4　睫亂者傷人。

56.26.5　目小而多白,畏驚。瞳子前後肉不滿,皆凶惡。

56.26.6　若旋毛眼眶上,壽四十年;值眶骨中,三十年;值中眶下,十八年。在目下者,不借^②。

56.26.7　睛却轉,後白不見者^③,喜旋而不前。

56.26.8　目睛欲得黃^④,目欲大而光,目皮欲得厚。

56.26.9　目上、白中有橫筋,五百里;上下徹者,千里。

56.26.10　目中白縷者,老馬子。

56.26.11　目赤、睫亂,齧人。反睫者,善奔,傷人。

56.26.12　目下有橫毛,不利人。

56.26.13　目中有"火"字者,壽四十年。

56.26.14　目偏長一寸,三百里。目欲長大^⑤。

56.26.15　旋毛在目下,名曰"承泣",不利人。

56.26.16　目中五采盡具,五百里,壽九十年。

56.26.17　良多赤,血氣也;駑多青,肝氣也;走多黃,腸氣也;材知多白,骨氣也;材□多黑^⑥,腎氣也。

56.26.18　駑,用策乃使也^⑦。

56.26.19　白馬黑目^⑧,不利人。

56.26.20　目多白,却視有態,畏物喜驚。

①"下脣急,不愛人;又淺,不健食":這幾句,望文生義,可以勉強解釋,但很牽强。元亨療馬集所引相馬經作:"上瞼急,下瞼淺,不健食";"瞼"是

眼上下皮，與上下文專門談眼的情形聯繫，比本書文理更順暢更合情
理，可惜別無佐證。目前，暫時保存本書原文。

②"不借"：依下面 56.26.15 的一節"旋毛在目下，名曰'承泣'，不利人"來
看，則"借"字，可能是"利"，也可能和"草履"名"不借"或"不惜"一樣，
只是"輕賤"的一種説法。

③"睛却轉，後白不見者"：即瞳仁在眼球中佔有很大的比例，所以眼球向後
移動時，後面不見"眼白"。

④"目睛欲……"：從此以下，和上面有多處重複，因此懷疑是從另一來源引
録的，應從此另分一段。

⑤"目欲長大"：懷疑這四個字是爲上一句"目偏長一寸，三百里"作注解的。
目偏長一寸，便是長大的情形之一。

⑥"材知多白……材□多黑"：和上面幾句排比看時，可以看出這兩句是有
錯誤的："材知多白"，應作"知多白"（"知"當"智"字用）；下面"材"字下
的空格是多餘的。或者顛倒過來，作"材多白，……知多黑"。

⑦"駕用策乃使也"：各本與上文相連，看來應另起一段。"駕用策乃使"
（"使"字可能是"駛"字寫錯）。意義和上文不相聯繫，如不是寫錯地
方，就得另作一段。

⑧"白馬黑目"：懷疑這句是鈔錯了地方的，下面 56.33.1 有"白馬黑髦不利
人"的一節，"髦""目"讀音有些相似，所以牽纏着寫多了這麼一句。一
般地説，馬底瞳仁，——所謂"黑眼珠子"——總是黑的；白馬也只是顏
色稍淡，不會脱離"黑"的範圍；如果"白馬黑目不利人"，所有白馬便都
是"不利人"的了。

56.27.1　馬耳，欲得相近而前豎〔一〕。小而厚。

56.27.2　一寸，三百里；三寸，千里。

56.27.3　耳欲得小而前竦〔二〕①。

56.27.4　耳欲得短殺②者，良；植者，駑；小而長者，亦駑。

56.27.5 耳欲得小而促，狀如斬竹筒③。

56.27.6 耳方者，千里；如斬筒，七百里；如雞距者，五百里。

〔一〕"豎"：明鈔誤作"堅"；依金鈔和明清刻本改正。

〔二〕"竦"：明鈔誤作"疎"；依金鈔及明清刻本改正。

① 這一節和 56.27.1 內容重複。

② "殺"：應讀去聲，即逐漸減小，也就是"斜截"。

③ 這一節和 56.21.2 內容完全重複。

56.28.1 鼻孔欲得大。鼻頭文如"王"、"火"，字欲得明。

56.28.2 鼻上文如"王""公"，五十歲；如"火"，四十歲；如"天"，三十歲；如"小"，二〔一〕十歲；如"今"①，十八歲；如"四"，八歲；如"宅"②，七歲。

56.28.3 鼻如"水"文，二十歲。

56.28.4 鼻欲得廣而方。

〔一〕"二"：明鈔及明清各刻本皆作"一"；金鈔作"二"。依上下文看，依一般習慣的計數方式，都以作"二"爲是。下節"鼻如'水'文，二十歲"；"水"字和"小"字相似，更可證明"二"是正確的。

① "如今"：高麗本集成馬醫方，"今"作"介"。"介"字字形是對稱的，似乎比"今"更合適。但這本馬醫方中，所有"个"字幾乎都刻作"介"，可能原來還是與"今"字更相似的"个"字。元亨療馬集所引正是"个"字。

② "如宅"："宅"字字形不對稱，懷疑是"穴"字。

56.29.1 脣不覆齒，少食。上脣欲得急，下脣欲得緩；上脣欲得方，下脣欲得厚而多理①。故曰："脣如板鞿②，御者啼。"

56.29.2 黃馬白喙，不利人。

①"理"：皮上顯出褶皺的"紋理"。

②"板鞮"：板是"木片"；"鞮"是一片牛皮(革)作成的鞋。"脣如板鞮"是
脣薄。

56.30.1 口中色，欲得紅白如火光，爲善材；多氣，良，且
壽。即黑①，不鮮明，上盤不通明②，爲惡材；少氣，
不壽。

56.30.2 一曰：相馬氣：發口中，欲見紅白色，如穴中看火，
此皆老壽。

56.30.3 一曰：口欲正赤；上理文欲使通直，勿令斷錯。口
中青者，三十歲；如虹腹下③，皆不盡壽④，駒齒死矣。

56.30.4 口吻欲得長。口中色，欲得鮮好。

56.30.5 旋毛〔一〕在吻後爲"銜禍"，不利人。

56.30.6 "刺芻"欲竟骨端。"刺芻"者，齒間肉。

〔一〕"旋毛"：明鈔本誤作"族毛"，依金鈔及明清刻本改正。

①"即黑"："即"是"接近"或"趨向"；即黑，是近於黑。

②"上盤不通明"："盤"是屈曲，屈曲可能"盤紆交錯"，因此"不通"。下文有
"上理欲使通直"，就是說"盤不通""爲惡材"。

③"如虹腹下"：像"虹"腹側下面的顏色；也就是帶紫的暗灰色。

④"皆不盡壽"：都不能達到壽命極限，就是"駒齒"(還沒有長出"成齒")的
時候已經死了。

56.31.1 齒：左右蹉，不相當①，難御。齒不周密，不久
疾②；不滿、不厚，不能久走。

56.31.2 一歲，上下生乳齒各二；二歲，上下生齒各四；三
歲，上下生齒各六；四歲，上下生成齒二；成齒，皆背三入

四③方生也。**五歲,上下著成齒四;六歲,上下著成齒六。**兩廂黃,生區④受麻子也。

56.31.3　**七歲,上下齒兩邊黃,各缺區,平,受米⑤;八歲,上下盡區如一,受麥;九歲,下中央兩齒白,受米;十歲,下中央四齒白;十一歲,下六齒盡白。**

56.31.4　**十二歲,下中央兩齒平;十三歲,下中央四齒平;十四歲,下中央六齒平。**

56.31.5　**十五歲,上中央兩齒白;十六歲,上中央四齒白;**若看上齒,依下齒次第看。**十七歲,上中央六齒皆白。**

56.31.6　**十八歲,上中央兩齒平;十九歲,上中央四齒平;二十歲,上下中央六齒平。**

56.31.7　**二十一歲,下中央兩齒黃;二十二歲,下中央四齒黃;二十三歲,下中央六齒盡黃〔一〕;二十四歲,上中央二齒黃;二十五歲,上中央四齒黃;二十六歲,上中齒盡黃。**

56.31.8　**二十七歲,下中二齒白;二十八歲,下中四齒白;二十九歲,下中盡白;三十歲,上中央二齒白;三十一歲,上中央四齒白;三十二歲,上中盡白。**

〔一〕"下中央六齒盡黃":"下"字,明鈔、金鈔及明清刻本皆作"上",只有學津討原本作"下";龍溪精舍刊本作"上下"。由上下文看,可以知道只應當作"下"。高麗本集成馬醫方相齒圖二十三歲正作"下中";元亨療馬集所引口齒論也作"下"。(龍溪精舍刊本,"二十六歲"下面作"上中央六齒盡黃";所添"央六"兩字也並不是必要的:下文"二十九歲……三十二歲……"便都省略了。上文"二十歲,上下中央六齒平",所用的下字,雖似乎過剩;但因爲下中央六齒平是十四歲,到這裏已隔了六年,所以重複總説一句,至少没有毛病。至於"上中央六齒黄"是二十六歲的事,尤其不應當在二十三歲時預先就作總結。龍溪精舍校改爲"上下",完全錯誤。)

①"蹉,不相當":"蹉",在這裏應當作"差錯"、"蹉跎"講,即"不能剛好相合"。"當"字應讀去聲;相當,即"當頭"(現在許多地區的方言中還保存"當頭"的話,不過一般却寫作"檔頭"),相對相值。

②"不久疾":"疾"是走得快;"不久疾"是快而不能長久地保持高速度。

③"背三入四":即今日俗語"滿三歲進四歲"。

④"生區":"區"字,似乎該讀"甌",即四面高中間凹入的情形。

⑤"區,平,受米":缺出的區,底下平,可以容納一顆米,——這個米字,應當是北方的"米"(即小米,如粟、黍、粱……)而不是南方的"大米"。

56.32.1 頸欲得腿①而長,頸欲得重②。

56.32.2 頷欲折,胸欲出,臆③欲廣,頸項欲厚而强。

56.32.3 迴毛在頸,不利人。

①"腿":音"混",圓而長。

②"頸欲得重":"頸"字懷疑是"頭"字寫錯。56.25.1有"頭欲重"的話,頭是應當重的;頸重無意義。頭重,頷才會"折"。

③"臆":字本應作"肊"。依説文解釋,是"胸骨",實際上是"鎖骨"(口語中稱爲"琵琶骨")。

56.33.1 白馬黑髦〔一〕,不利人。

56.33.2 肩肉欲寧。寧者,却也。"雙鳧"欲大而上。"雙鳧",胸兩邊肉如鳧。

〔一〕"髦":學津討原本及祕册彙函系統版本皆譌作"毛"。"髦"是"馬鬣"。"白馬"而又"黑毛"是不可能的,"白馬黑鬣"則有可能,即所謂"駱馬"。

56.34.1 脊背欲得平而廣,能負重。背欲得平而方。

56.34.2 鞍下有迴毛,名"負尸",不利人。

56.35.1 從後數其脅肋,得十者良①。凡馬:十一者,二百
里;十二者,千里;過十三者,天馬;萬乃有一耳。一云:
十三肋五百里,十五肋千里也。

①"良":懷疑這個良字是多餘的;即"得十者,凡馬;十一者,二百里;……"
真肋愈多愈能行遠(是否事實,是另一問題);"凡馬",是"平凡"的,不
好的馬。

56.36.1 腋下有迴毛,名曰"挾尸",不利人。

56.36.2 左脅有白毛直下,名曰"帶刀",不利人。

56.36.3 腹下欲平,有"八"字;腹下毛,欲前向。腹欲大而
垂。結脈欲多;"大道筋"欲大而直。大道筋,從腹下抵
股者是。

56.36.4 腹下陰前,兩邊生逆毛入腹帶者,行千里;一尺
者,五百里。

56.36.5 三"封"欲得齊①,如一。三封者,即尻上三骨也。

①"三'封'欲得齊":這就是上面 56.22.4 所説的"兩髂及中骨"的"三府"。

56.37.1 尾骨欲高而垂。尾本欲大,欲高。尾下欲無毛。
汗溝欲得深①。

56.37.2 尻②欲多肉,莖欲得麤大。

56.37.3 蹄欲得厚而大。踠③欲得細而促。

56.37.4 髂骨欲得大而長。

56.37.5 尾本欲大而強。

56.37.6 膝骨欲圓而長,大如杯盂。

56.37.7　溝上通尾本者，踣④殺人。

56.37.8　馬有雙脚脛，亭行⑤六百里。迴毛起踠膝，是也。

56.37.9　胜欲得圓而厚裹肉生焉⑥。

56.37.10　後脚欲曲而立。臂欲大而短。骹⑦欲小而長。

56.37.11　踠欲促而大〔一〕，其間纔容靽⑧。

56.37.12　"烏頭"欲高。烏頭，後足外節。後足輔骨欲大。
　　　輔足骨者，後足骹之後骨。

56.37.13　後左右足白，不利人。白馬四足黑，不利人。黃
　　　馬白喙，不利人⑨。後左右足白，殺婦⑩。

〔一〕"大"：金鈔這個字留一個空白；明清刻本一律作"大"。和上文 56.37.3
　　（與此句完全重複）對比，"大"字顯然是錯誤的，應當是"細"。

①"汗溝欲得深"：這句已見前 56.22.10。

②"尻"：應作"尻"或"屍"，見校記 56.22.4.〔二〕。

③"踠"：懷疑應作"踝"或"腕"（後漢書班固傳中"馬踠餘足"的踠，當"屈足"
　　講，不是四肢的部分）。

④"踣"：即"蹋""踏"。見注解 17.2.3.②。

⑤"亭行"：亭可作"直"講，即"一口氣、不停"。

⑥"裹肉生焉"：金鈔無"生"字；"裹"字寫作"衷"，懷疑是"裹"字寫錯。如果
　　這樣，便是"胜欲圓而厚裹肉焉"，不難講解；否則很費解。

⑦"骹"：説文解釋："骹，脛骨也。"

⑧"靽"："羈絆"的"絆"字，以前寫作從"革"的"靽"（絆在馬身上的一切套
　　索，總稱爲"羈絆"）。

⑨此句與 56.29.2 重複。

⑩此句與本節第一句及後面的 56.38.1 交錯，並且有衝突。

56.38.1　相馬視其四蹄：後兩足白，老馬子；前兩足白，駒

馬子。白毛者，老馬也。

56.38.2 四蹄欲厚且大①。**四蹄顛倒若豎履**②，**奴乘客死，主乘棄市，不可畜。**

以上，是"相馬法"：即根據體形、眼球色、毛色、旋毛位置、牙齒等，推斷馬的性情、能力、年齡等的方法。可能是從許多不同的來源鈔集攏來的，所以有重複與矛盾。更可能是除了賈書原有材料之外，還夾雜着有後來讀者隨手鈔入的條文，所以顯得很零亂很破碎，不成章法。

①這句與上面 56.37.3 重複。

②"豎履"：這兩個字的本意不瞭解。可能是小奴隸（豎）穿的鞋，特別輕便耐久的；也可能是像一隻豎立着的履。但後一種形狀，和顛倒的馬蹄如何相似，很難想像。

56.51.1 久步，即生筋勞；筋勞則發蹄，痛凌氣。一曰：生骨則發癰腫。一曰：發蹄，生癰也①。

56.51.2 久立，則發骨勞；骨勞即發癰腫。

56.51.3 久汗不乾，則生皮勞；皮勞者，驟②**而不振。**

56.51.4 汗未善〔一〕**燥而飼飲之，則生氣勞；氣勞者，即驟而不起**③。

56.51.5 驅馳〔二〕**無節，即生血勞；血勞則發强行**④。

〔一〕"善"：學津討原本根據農桑輯要刪去"善"字，是合適的。

〔二〕"驅馳"：學津討原本依農桑輯要作"馳驅"。現在的習慣，都是作"馳驅"的；但古代却常用"驅馳"。驅是"策馬"，馳是"疾走"；"驅馳"連用，是"策走馬"，也就是俗語所謂"快馬加鞭"。照時代説，賈思勰時代，"驅馳"正是通用着的；照字面的道理説，"驅馳"也比較合理。所以應保留明鈔本和金鈔本的原樣。

①"一曰：生骨……"：這一個小注，很可懷疑。"生骨"與"筋骨"似乎不相干；"發癰腫"，則是下節"骨勞"下面的正文。元亨療馬集及高麗本集成馬醫方"五勞"中，也引有這一段，但"筋勞則發蹄痛凌氣"的正文，"發"字重疊。這個小注則是"發蹄，謂毒氣發於蹄間，其痛凌氣也"。"發蹄"是一個病名，即"蹄間發痛"，"發發蹄"，是發生了"發蹄"，與"痛凌氣"對舉，便將"筋勞"交待清楚了。我懷疑要術所引這一段，原來應當和這兩部書中所引的一樣；但後來傳鈔中發生了許多錯誤。（甲）"一曰"兩字，是因爲涉及下句"一曰：發蹄，生癰也"誤多的。（乙）"發發蹄"的一個"發"字，放錯了，到了第二行的"骨勞"兩字上，把那裏原有的一個"生"字，擠到了這個小注中來。（丙）這個小注中的"生骨則發癰腫"，"生"字是由下一行正文中擠出來的，"骨則發癰腫"，這五個字，顯然就是將下行正文重複了一下，錯到這裏來的。（丁）這個小注下一句："一曰發蹄生癰也"，才可能是原來應有的，但"一曰"之上，應當是那兩部獸醫書中所引"發蹄，謂毒氣發於蹄間，其痛凌氣也"，現在却鈔掉了，或者說，被上半的"一曰生骨則發癰腫"代替了。下一節"發骨勞"的"發"字，與其餘四"勞"都稱"生"的不符合，原因也就在這裏面。

②"騬"："字典"注"音戰"，解作"馬轉臥土中"，即"馬土浴"，即"打滾"。

③"即騬而不起"：這句和56.52總結的"振而不噴，氣勞也"，及56.53.4"氣勞……噴而已"衝突。應當改爲"'振'而不噴"。大概因爲"振"字像"騬"，所以寫錯。

④"強行"："強"字應當讀去聲，即倔強的情形。

56.52.1 何以察五勞？終日驅馳〔二〕，舍而視之：不騬者，筋勞也；騬而不時起者，骨勞也；起而不振者，皮勞也；振而不噴，氣勞也；噴而不溺者，血勞也。

56.53.1 筋勞者，兩絆①，却行三十②步而已③。一曰：筋勞者,驪,起而絆之④,徐行三十里而已。

56.53.2 骨勞者,令人牽之起⑤,從後笞之,起,而已。

56.53.3 皮勞者,俠脊⑥摩之,熱,而已。

56.53.4 氣勞者,緩繫之櫪上,遠餧草,噴,而已。

56.53.5 血勞者,高繫,無飲食之,大溺,而已。

〔一〕"驅馳":見校記 56.51.5。〔二〕

①"兩絆":不知如何解釋。懷疑"兩"字是字形相似的"再"。或者是"重"字,即重新上絆。誤解爲兩重,寫成了"兩"。

②"三十":懷疑是"三千"。

③"已":即"痊愈"。

④"驪,起而絆之":這個"驪"字,必須解釋爲强迫它打滾;否則與 56.52 的"不驪"矛盾無法解釋。

⑤"起":這是對"不時起"所作的處理,即硬牽起來。

⑥"俠脊":"俠",農桑輯要作"夾",是正寫,"俠"是借用。

56.54.1 飲食之節①:食有三芻,飲有三時。

56.54.2 何謂也? 一曰惡芻,二曰中芻,三曰善芻〔一〕。

56.54.3 "善",謂飢時與惡芻,飽時與善芻,引之令food;食常飽,則無不肥。剉草麤,雖足豆穀,亦不肥充。細剉無節,簁去土〔二〕而食之者,令馬肥,不啌苦江反②,自然好矣。

56.54.4 何謂三時? 一曰朝飲,少之;二曰晝飲,則胷饜〔三〕水;三曰暮③,極飲之。

56.54.5 一曰:夏汗冬寒,皆當節飲。諺曰:"旦起騎穀,日中騎水。"斯言旦飲須節水也。每飲食,令行驟④,則消水;小驟數百步亦佳。十日一放,令其陸梁⑤舒展,令馬硬實也。

56.54.6 夏即不汗,冬即不寒;汗而極乾。

〔一〕"善芻"：明鈔原作"下芻"；金鈔作"善"。祕册彙函系統版本皆作"善"。群書校補所據鈔宋本和明鈔同，作"下"。"善"是正確的。高麗本馬醫方和元亨療馬集所引，也作"善"（參看欒調甫齊民要術版本考中對祕册彙函本的評論）。

〔二〕"土"："土"字，依農桑輯要補。這一個夾注，明鈔和金鈔本完全相同。農桑輯要和根據農桑輯要的學津討原本，除多出這一個"土"字之外，"不哽"下面還多一句"如此喂飼"；又"哽"字音切，移在注末，不作小字夾注。後一點，無關重要；只是刻書時的一般的通例，這樣更方便些。"如此喂飼"一句，則可以斷定決不是賈書原樣。因爲作"給……吃"的他動詞，本書絕對大多數的例都用"飼"及更古的寫法"食"；只有一處作"餧"（56.53.5的"遠餧草"）；"喂"和"餵"，都是元明以後的字，賈思勰不會用到。

〔三〕"饜"：明鈔誤作"曆"。依金鈔及農桑輯要改正。

①"飲食之節"：這以上所説的是"使用注意"及"五勞"的治法；以下所説的是"飲食注意"，應另起一段。

②"哽"：集韻解作"嗽也"；又解作"喉瘑也"，即"骾着"或"卡住"的情形。對馬説，馬吃了過分乾的東西，骾住喉時，就會咳到"哽哽"有聲。所以，兩個解釋，可能同指一事。

③"三曰暮"："暮"字下，似乎缺少一個"飲"字。

④"令行驟"："令"字，農桑輯要作"勿"。"勿"字似乎更合情理。飼飽飲够，不作劇烈運動，使消化器官得到更充分的循環液供給，則消化吸收，都較順利，可不至"腹脹"。下面"小驟數百步亦佳"，可作爲"應當有緩和運動"的補充説明。但應當有緩和運動，究竟不能説明必需作劇烈運動；所以原來是"令行驟"或"勿行驟"，不容易斷定。姑且保留"令"字，等待進一步的證據。

⑤"陸梁"：即"跳躍"（見揚雄甘泉賦）或自由行走（見張衡西京賦）。

56.55.1 飼父馬①令不鬭②法：多有父馬者，别作一坊，多置槽

廄；剉芻及穀豆，各自別安。唯著鞴[一]頭，浪放不繫。非直飲食遂性，舒適自在；至於糞溺，自然一處，不須掃除。乾地眠臥，不溼不污。百匹群行，亦不鬥也。

〔一〕“鞴”：明鈔誤作“鞲”；依金鈔及學津討原改正。

①“父馬”：即作種馬用的牡馬。

②“鬥”：“鬪”字的一種俗寫。

56.56.1 飼征馬①令硬實法：細剉芻，枚擲②，揚去葉，專取莖[一]，和穀、豆秣③之。置槽於迥地④，雖復雪寒，勿令安廄下。一日一走，令其肉熱；馬則硬實而耐寒苦也。

〔一〕“莖”：明鈔作“取”；祕册彙函系統版本同；漸西村舍刊本改作“剉”，龍溪精舍本改作“蓛”，都未説明根據。現依金鈔改正作“莖”。

①“征馬”：“征”是“遠行”；“征馬”是能遠行的馬。

②“枚擲”：“枚”（現在讀 xien，從前讀 hiem 或 kiem，見圖 15，仿自王禎農書）是一個有長柄的農具，作翻動土壤穀物等用途的。現在這個農具和它底名稱以及讀法，還在黃河流域各省保存着。“枚擲”剉碎的草，就是用枚來翻動拋揚，利用下墜時因比重不同而落下的遠近有差別，使芻草中的莖桿集在中間，葉在外圍。

③“秣”：作動詞用，即用秣來餵。

④“迥地”：另一地方。

56.61.1 贏：驢覆馬，生贏則難[一]。常以馬覆驢，所生騾者，形容壯大，彌復勝馬。然必選七八歲草驢①，骨目[二]正大者。母長則受駒，父大則子壯。

56.61.2 草騾不產，產無不死；養草騾[三]常須防，勿令雜群也。

〔一〕“則難”：“難”字，明鈔及明清刻本都作“淮”；龍溪精舍刊本作“準”；金鈔，這個字很像“俗寫”的“難”，即“难”。本來贏（騾）才是“驢父馬母”

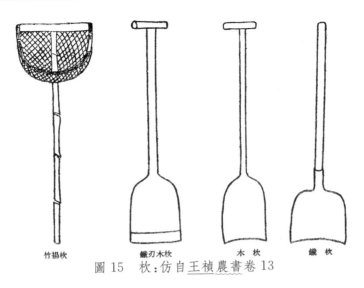

竹揚枚　　　鐵刃木枚　　　木　枚　　　鐵　枚

圖 15　枚：仿自王禎農書卷 13

的雜交後代；馬父驢母的稱爲"駃騠"。大概在後魏時代驢父馬母的騾
不多，所以說"難"。

〔二〕"骨目"：明鈔、金鈔、群書校補所據鈔宋本，都作"骨目"；祕册彙函系統
版本作"骨口"。但"骨目""骨口"同樣費解，懷疑是"骨肉"："肉"字本
作"月"，與"目"字很易混淆。

〔三〕"草騾"："騾"字，金鈔、明鈔之外，後出刻本都譌作"驢"；可能是因爲前
面有一處"草驢"，所以連這兩處也都寫錯或改錯了。

① "草驢"：草即"牝"；現在許多地方農村的言語中，還一直用着這個字。

56.62.1 驢大都類馬，不復別起條端。

56.63.1 凡以豬槽飼馬；以石灰泥馬槽；馬汗，繫著門——
　　　　此三事皆令馬落駒①。

56.63.2 術曰："常繫獼猴於馬坊，令馬不畏，辟惡，消百病也。"

① "落駒"：即"小產"。

　　以上是飼養和役使,附帶說明了羸驢與馬的關係;以下便是治馬病的各種醫方。

56.101.1　治牛馬病疫氣方:取獺屎煮以灌之。獺肉及肝彌〔一〕良,不能得肉肝,只用屎耳。

〔一〕"彌":明鈔作"猶",依金鈔及明清刻本改正。

56.102.1　治馬患喉痺①欲死方:纏刀子,露鋒刃一寸,刺咽喉,令潰破,即愈。不治,必死也。

①"喉痺":農桑輯要中收有同樣的一個治方,但所治是"馬喉腫"。懷疑是當"腫"解的"痺"字。

56.103.1　治馬黑汗方:取燥馬屎置瓦上,以人頭亂髮覆之。火燒馬屎及髮,令煙出,著馬鼻下熏之,使煙入馬鼻中。須臾即差也。

56.103.2　又方:取豬脊引脂①、雄黃、亂髮,凡三物,著馬鼻下燒之,使煙入馬鼻中。須臾即差。

①"脊引脂":"脊引"是什麼不知道。懷疑是"脊外脂"。

56.104.1　馬中熱方:煮大豆及熱飯,噉馬;三度,愈也。

56.105.1　治馬汗凌方:取美豉一升,好酒一升。夏著日中,冬則溫熱。浸豉使液,以手搦之,絞去滓,以汁灌口。汗出則愈矣。

56.106.1　治馬疥方:用雄黃、頭髮二物,以臘月豬脂煎之,令髮消。以塼〔一〕揩疥,令赤,及熱塗之,即愈也。

56.106.2　又方:湯洗疥,拭令乾。煮麵糊熱塗之,即愈也。

56.106.3　又方:燒柏脂塗之,良。

56.106.4　又方:研芥子塗之,差。六畜疥悉愈。然柏瀝①、芥子,

並是躁藥；其遍體患疥者，宜歷落班駮，以漸塗之，待差更塗餘
處。一日之中，頓塗遍體，則無不死。

〔一〕"塼"：明鈔作"博"；祕册彙函系統版本同。依金鈔改正。塼即"甎"字，
現在多寫作"磚"。

①"柏瀝"：即上文 56.106.3"燒柏脂塗之"所用的藥。我國古代常將新鮮的
植物枝葉，用火燒灼，取得滴出的液體作藥物用，稱爲"瀝"；有"竹瀝"
"葦瀝"等等。柏脂燃燒時，便會有"溚"（即煤焦油）性的物質，成爲"柏
瀝"滴出。

56.107.1 治馬中水方：取鹽著兩鼻中（各如雞子黃許大），捉
鼻，令馬眼中淚出，乃止。良也。

56.108.1 治馬中穀方：手捉甲①上長鬣，向上提之，令皮離肉。
如此數過，以鈹刀子②刺空中皮，令突過。以手當刺孔，則有
如風吹人手，則是穀氣耳。令人溺上，又以鹽塗。使人立乘數
十步，即愈耳。

56.108.2 又方：取餳如雞子大，打碎，和草飼馬，甚佳也。

56.108.3 又方：取麥蘗末三升，和穀飼馬，亦良。

①"甲"：據劉熙釋名，"甲，闔也；與胷脅背相會闔也"，即肩胛的"甲"字。
②"鈹刀子"：鈹讀"披"。鈹刀，是"大針"，就是兩側有刃、狹長而尖的小刀；
也就是所謂"披針"。這是中國早期的外科手術用具之一。

56.109.1 治馬脚生附骨①（不治者，入膝節，令馬長跛）方：
取芥子，熟擣，如雞子黃許。取巴豆三枚，去皮留臍，三枚②亦
擣熟。以水和令相著。（和時，用刀子；不爾，破人手。）當附骨
上，拔去毛；骨外，融蜜蠟周匝擁之。（不爾，恐藥躁瘡大。）著
蠟罷，以藥傅骨上；取生布割兩頭，作三道，急裹之。骨小者，
一宿便盡，大者不過再宿。然須要數看，恐骨盡便傷好處。看

附骨盡,取冷水淨洗。瘡上,刮取車軸頭脂作餅子,著瘡上,還以淨布急裹之。三四日,解去,即生毛而無瘢。此法甚良,大勝炙者。然瘡未差,不得輒乘。若瘡中出血,便成大病也。

①"附骨":"附骨疽",很可能是骨膜結核病。

②"三枚":上面已有"巴豆三枚"一句;這兩字,懷疑是誤多的。

56.110.1　治馬被刺脚方:用穬麥和小兒哺①塗,即愈。

①"小兒哺":小孩嚼爛的飯。

56.111.1　馬炙瘡:未差,不用令汗;瘡白痂時,慎風。得差後,從意騎耳。

56.112.1　治馬瘙蹄方:以刀刺馬踠叢毛中,使血出,愈。

56.112.2　又方:融羊脂塗瘡上,以布裹之。

56.112.3　又方:取鹹土兩石許,以水淋取一石五斗,釜中煎取二斗。剪去毛,以泔清淨洗,乾,以醎汁洗之。三度即愈。

56.112.4　又方:以湯淨洗,燥拭之。嚼麻子塗之,以布帛裹。三度愈。若不斷,用穀①塗五六度,即愈。

56.112.5　又方:剪去毛,以鹽湯〔一〕淨洗,去痂,燥拭。於破瓦中煮人尿令沸,熱塗之,即愈。

56.112.6　又方:以鋸子割所患蹄頭,前正當中,斜割之,令上狹下闊,如鋸齒形。去之,如剪箭括②。向深一寸許,刀子摘令血出,色必黑。出五升許,解放,即差。

56.112.7　又方:先以酸泔清③洗淨,然後爛煮豬蹄,取汁,及熱洗之,差。

56.112.8　又方:取炊底釜湯淨洗,以布拭水令盡。取黍米一升,作稠粥;以故布廣三四寸,長七八寸,以粥糊布上,厚裹蹄上瘡

處,以散麻纏之。三日,去之,即當差也。

56.112.9　又方:耕地中,拾取禾芨東倒西倒者。(若東西橫地,取南倒北倒者。)一壟取七科,三壟凡取二十一科。淨洗,釜中煮取汁,色黑乃止。剪却毛,泔淨洗,去痂,以禾芨汁熱塗之。一上即愈。

56.112.10　又方:尿清④羊糞令液。取屋四角草,就上〔二〕燒,令灰入鉢中。研令熟。用泔洗蹄,以糞塗之,再三,愈。

56.112.11　又方:煮酸棗根,取汁。淨洗訖。水和酒糟,毛袋⑤盛,漬蹄,沒瘡處。數度即差也。

56.112.12　又方:淨洗了,擣杏仁和豬脂塗。四五上,即當愈。

〔一〕"鹽湯":明鈔誤作"鹽場";依金鈔及明清刻本改正。

〔二〕"上":明鈔、金鈔作"上";學津討原本和漸西村舍刊本同。祕册彙函系統版本都作"土";龍溪精舍刊本也和祕册彙函本一樣作"土"。從文義上說,"土"絕對無法講解。如作"上"字,則可看出小注起處,似乎脫漏了"鉢盛"兩字:即"鉢盛尿,漬羊糞令液……"(意思是"在鉢中盛着尿,浸入羊糞,讓羊糞化開"),然後就在鉢上燃燒屋上蓋的草,使草灰落在鉢中。

①"穀":明鈔是明代的俗字"穀";金鈔和明清刻本都作"穀"。"穀"不可理解;懷疑是"穀漿":穀樹白色的乳汁中,含有酚性物質,可以治皮膚病。

②"箭括":箭的"括"字,普通多寫作"筈";即箭(翎毛部分)的末端。現在所說的,是將蹄外角質的殼,先用鋸鋸成一個上尖下闊的三角形,然後再像剪箭筈一樣,把這一塊三角形切去。

③"酸泔清":已經發酵發酸的淘米泔水,澄清後,上面的清液。

④"清":很顯明地是當"浸"講的"漬"字破爛或寫錯而成。

⑤"毛袋":用黑羊毛和牛毛織成的"毧子",聯綴成袋,可以盛酒醪(見下篇養羊第五十七 57.10.2)。

56.113.1　治馬大小便不通，眠起欲死：（須急治之；不治，一日即死！）以脂塗人手，探穀道①中，去結屎。以鹽內溺道中，須臾得溺。便當差也。

①"穀道"：肛門以內和直腸，合稱"穀道"。北京農業大學獸醫教研組于船教授提出，在中獸醫，"穀道"只指腸管，肛門稱爲"糞門"。

56.114.1　治馬卒腹脹，眠臥欲死方：用冷水五升，鹽二斤。研鹽令消，以灌口中，必愈。

56.115.1　治驢漏蹄方：鑿厚磚石，令容驢蹄，深二寸許。熱燒磚①，令熱赤。削驢蹄令出漏孔，以蹄頓著磚孔中，傾鹽、酒、醋，令沸；浸之。牢捉勿令腳動。待磚冷，然後放之，即愈。入水、遠行，悉不發。

①"熱燒磚"：第一字，明鈔作"熱"；金鈔與學津討原等本都同。龍溪精舍刊本作"火"，是合適的，可惜未注明出處。

　　以下是關於牛的。

56.201.1　牛：歧胡①有壽。歧胡，牽兩腋；亦分爲三也。

①"歧胡"："胡"，是牛頸項下垂着的一片皮肉；"歧胡"即分歧的胡。原注已經説明：歧胡有二歧與三歧。

56.202.1　眼去角近，行駃①。

56.202.2　眼欲得大，眼中有白脉貫瞳子最快。

56.202.3　二軌〔一〕齊者快。二軌：從鼻至髀爲前軌，從甲②至骼〔二〕爲後軌。

56.202.4　頸骨長且大，快。

〔一〕"軌"：這個特稱，明鈔、金鈔都寫作從車從几的"軌"；祕册彙函系統各本，則作從九的"軌"。

〔二〕"骼"：明鈔誤作"骼"，依金鈔及明清刻本改正。"骼"是腰骨，見注解
　　56.12.3.④。

①"駃"：即走得快。從前（南北朝以上）一般人的交通工具。是牛拉的大
　　車；馬拉的車，是貴族與戰爭用的。

②"甲"：即肩胛，見注解 56.108.1.①。

56.203.1 "壁堂"欲得闊。"壁堂"，脚股間也。

56.203.2 倚①欲得如絆馬，聚而正也。

56.203.3 莖欲得小。膺庭欲得廣。膺庭，胸也②。"天關"
　　　欲得成③。天關，脊接骨也。"儁骨"欲得垂。儁骨，脊骨
　　　中央〔一〕，欲得下也。

〔一〕"脊骨中央"：第四字，金鈔作"央"；明鈔和明清刻本誤作"夾"。御覽這
　　個小注殘缺了，只有"脊也央欲得也"六個字；高麗本集成馬醫方牛醫
　　方也作"央"。

①"倚"："倚"有"側"的一個解釋；在這裏，也只能解作身體兩側──包括
　　胸腹。

②"膺庭，胸也"：御覽卷 899 所引相牛經，"也"字作"前"；"胸前"，即一般口
　　語中所謂"胸口"，似乎更合於"庭"字的含義。初學記所引，作"胸前
　　也"，可作佐證。

③"'天關'欲得成"：這句找不到解釋，姑且作如此推測：由"天"字，可以設
　　想是全身中最高的地方；由"關"字，可以設想這是幾個骨相連接的地
　　方；"成"字，可以設想爲這個關底連接的密合程度。依太平御覽所引，
　　這句下面的小注是"背接骨"。則"天關欲得成"，可能是兩側肩胛骨和
　　最末頸椎、與第一背椎四個骨相互的位置，是不是能配合得很好；配合
　　好，便有力持久。

56.204.1 洞胡無壽。洞胡，從頸至臆也。

56.204.2 旋毛在"珠淵"，無壽。珠淵，當眼下也。

56.204.3 "上池"有亂毛起,妨主。"上池",兩角中;一曰"戴麻"也。

56.205.1 倚脚不正①,有勞病;角冷,有病;毛拳,有病。

①"倚脚不正":"倚"字的解釋,見 56.203.2.①;"脚"字無法解釋,懷疑是"却",即退縮。

56.206.1 毛欲得短、密;若長、疎,不耐寒氣。

56.206.2 耳多長毛,不耐寒熱。

50.207.1 單脊無力。

56.207.2 有生瘤即決者,有大勞病。

56.208.1 尿射前脚者,快;直下者不快。

56.209.1 亂睫者𧢢人。

56.210.1 後脚曲及直,並是好相;直尤勝。進不甚直,退不甚曲,爲下。

56.210.2 行,欲得似羊行。

56.211.1 頭,不用多肉。臀欲方。

56.211.2 尾,不用至地;至地,劣①力。尾上毛少骨多者,有力。

56.211.3 膝上"縛肉"欲得硬。

56.211.4 角欲得細,横豎無在大。

56.211.5 身欲得促,形欲得如卷。卷者,其形圓也〔一〕。插頸欲得高。一曰體欲得緊。

〔一〕"其形圓也":明鈔及明清刻本俱作"其形側也"。"卷"是書卷或任何卷起的物件,只可能"圓"而不應當"側",依金鈔改正作"圓"。

①"劣":即少或不够。

56.212.1　大臁、疎肋，難飼。

56.212.2　龍頸突目〔一〕，好跳。又云：不能行也。

56.212.3　鼻如鏡鼻①，難牽。

56.212.4　口方易飼。

〔一〕“龍頸突目”：明鈔作“龍突目”；太平御覽卷899獸部十一所引相牛經
　　以及祕册彙函系統版本，都作“龍頭突目”。漸西村舍和龍溪精舍刊
　　本，和明鈔本一樣作“龍突目”。現依金鈔改作“龍頸突目”（“突”是深
　　陷的意思）。前面相馬法56.15.3，有“龍顱突目”的話，是“千里馬”的
　　相。相牛時，是不是用完全同等的話，很難斷定。而且現在這個特徵，
　　所代表的性質是“好跳”，似乎並不是優點，也就不一定要與千里馬的
　　優點特徵相同。

①“鏡鼻”：古代的鏡，後面有一個穿“紐”的地方，稱爲“鏡鼻”。“鏡鼻”，一
　　般是彎曲相通的。

56.213.1　**“蘭株”欲得大。** 蘭株〔一〕，尾株。**“豪筋”欲得成
　　就。** 豪筋，脚後橫筋。**“豐岳”欲得大。** 豐岳，膝株骨也。

56.213.2　**蹄欲得豎。** 豎如羊脚。**“垂星”欲得有“怒肉”**〔二〕。
　　垂星，蹄上；有肉覆蹄，謂之“怒肉”。**“力柱”欲得大而
　　成**①。 力柱，當車。

56.213.3　**肋欲得密；肋骨欲得大而張。** 張而廣也。

56.213.4　**髀骨欲得出儁骨上。** 出背脊骨上也。

〔一〕“蘭株”：明鈔誤作“欄株”，依上文及金鈔、明清刻本改正。

〔二〕“怒肉”：要術各版本均作“努肉”。太平御覽卷899所引，作“怒肉”；下
　　面的小注，是“垂星，蹄上也；肉覆蹄間名‘怒肉’”。金鈔本和初學記及
　　高麗本集成馬醫方牛醫方，小注中也都是“怒肉”。怒有突出的意思，
　　作“怒肉”更合適。一般將眼內角上突出而遮着眼球的肉，稱爲“怒肉”

（寫作腳肉），也正是同樣的意義。

①"成"：這個"成"字，與上節 56.213.1"豪筋"欲得"成就"的"成就"，都不知應如何解釋。

56.214.1 易牽則易使，難牽則難使。

56.215.1 泉根不用多肉及多毛。泉根，莖所出也。**懸蹄欲得橫**。如"八"字也。

56.216.1 "陰虹"屬頸，行千里。陰虹者，有雙筋白毛①骨屬頸。甯公所飯②也。

56.216.2 "陽鹽"欲得廣。陽鹽者，夾尾株前兩㢝也。**當陽鹽中間，脊骨欲得窄③**。窄則雙膂，不窄則爲單膂。

56.216.3 常有似鳴者有黃④。

①"雙筋白毛"："白毛"兩字很費解；格致鏡原所引，作"白尾"，就很容易領會，可能是字形相近寫錯。

②"甯公所飯"：甯公指甯戚；"飯"是"飯"字的一種寫法。

③"窄"：現代音讀 ȶia（從前該讀 kiap）；意思是窄小而突起。

④"有黃"：牛膽結石稱爲"牛黃"；有黃就是有膽結石病。

56.301.1 治牛疫氣方：取人參一兩，細切，水煮，取汁五六升。灌口中，驗。

56.301.2 又方：臘月兔頭燒作灰，和水五六升，灌之，亦良。

56.301.3 又方：朱砂三指撮，油脂二合，清酒六合，煖灌，即差。

56.302.1 治牛腹脹欲死方：取婦人陰毛，草裹與食之，即愈。此治氣脹也。

56.302.2 又方：研麻子取汁，温令微熱〔一〕，擘口灌之。五六升許，愈。此治食生豆〔二〕，腹脹欲垂死者，大良。

〔一〕"温令微熱"："温"，明鈔及群書校補所據鈔本作"濕"，顯然是字形相似
　　而鈔錯的。"令"，明鈔誤作"冷"，明清刻本誤作"冷"。現依金鈔訂正。

〔二〕"治食生豆"："治"字明鈔譌作"洽"。"食"字，漸西村舍刊本有，但誤置
　　在"生"字下面；其餘明清刻本和龍溪精舍本都缺。現依金鈔及農桑輯
　　要改正。

56.303.1　治牛疥方：煮烏頭〔一〕汁，熱洗；五度，即差耳。

〔一〕"烏頭"：明鈔及金鈔本作"烏豆"；農桑輯要作"黑豆"，但有小注説一本
　　作"烏頭"。明清刻本多作"烏頭"。本草綱目中，烏豆（黑大豆）没有能
　　治疥的説法，只説烏頭能治"瘡毒"。因此暫改作"烏頭"。

56.304.1　治牛肚反及嗽方：取榆白皮，水煮極熱，令甚滑。以
二升灌之，即差也。

56.305.1　治牛中熱方：取兔腸肚，勿去屎〔一〕，以裹草，吞之。不
過再三，即愈。

〔一〕"屎"：明鈔誤作"尿"；腸肚中當然是"屎"。依金鈔改正。

56.306.1　治牛蝨方：以胡麻油塗之即愈；豬脂亦得。凡六畜蝨，
脂塗悉愈。

56.307.1　治牛病：用牛膽一個，灌牛口中，差。

56.311.1　家政法曰："四月伐牛茭①。"四月毒草②，與茭豆不
殊。齊俗不收，所失大也。

①"伐牛茭"：是作貯藏飼料的準備。

②"毒草"："毒草"，固然也可以勉强説明（在貯藏中，可能起自鑠性酶解而
　　消失毒性）。但仍懷疑毒是字形相似的"青"字鈔刻錯誤。

56.312.1　術曰："埋牛蹄著宅四角，令人大富。"

釋　文

56.1.1　役使牛和馬，估計它們力量能（達到的限度）；天氣冷熱，餵水餵食物，依照它們（不同）的天性；——作到這樣，還不肥壯充沛，大量蕃殖，是沒有過的。

56.1.2　像金日磾這樣投降了的外族〔虜〕殘餘，像卜式這樣老百姓出身的人，因爲養羊養馬養得肥，都作到了宰相。又像公孫弘和梁鴻，都是放豬的，可是公孫弘也作到極品的大臣，地位和名譽都很好，（梁鴻）聲名當時傳遍了全國，往後（千）萬年也受人尊敬。甯戚由餵牛出身，被〔見〕（齊桓公）賞識〔知〕了，馬援從牧馬起家。這些，都是由近到遠，由不出名〔微〕到很出名〔著〕。啊！（我們）年輕的老百姓，怎麼要自暴自棄〔已〕呢？所以（牧馬）小童説："把羊群中搗亂的除掉，把馬群中妨害集體的去掉。"卜式説："不但管羊，管老百姓也一樣：一定的時節，有一定的工作安排着；個別不好的，一定要除掉，不要讓它敗壞集體。"

56.2.1　俗話説："瘦牛壞馬，過不了寒食。"意思説因爲吃得不够，瘦弱的，到春天（氣溫變化劇烈時）一定會死。總而言之，必須餵得充足飽滿，調節適當。

56.2.2　陶朱公説："要想快快致富，應當養五種母畜。"牛、馬、豬、羊、驢，五種家畜的母獸。這樣〔然〕，可以知道養母獸是快速致富的方法。

56.3.1　禮記月令説："三月〔季春〕，可以讓牡牛〔累牛〕牡馬〔騰馬〕，和牝獸交配〔合〕，讓發情〔遊〕的牝獸在放牧時（散開）。""累"和"騰"，都是（可以在交配中授胎）〔乘匹〕的(牡獸的)名稱。這個月專讓牛馬(等大牲口)交配。

56.3.2 "五月〔仲夏〕，發情的牝獸分別成群，把牡馬拴
〔繫〕起來。"(鄭玄注解説:)"牝獸已經懷孕，應當停止交配；
但牡獸發情的衝動〔牡氣〕還没有完，恐怕它踢傷或咬傷牝獸
與胎兒。"

56.3.3 "十一月〔仲冬〕，牛、馬、家畜和養着的獸，如没有
收好或逃走了出來的，任何人可以收去，不算犯罪〔不
詰〕。"(鄭玄注解説:)"王居明堂禮已説過，十月〔孟冬〕命令
農家全部聚積收藏，把牛馬全部拴着收起來'。"

56.4.1 凡驢馬小駒初生出的，忌灰氣；遇了新從火爐中出
來的灰，一定死亡。灰後來經過雨淋的就不忌。

56.11.1 馬頭是"王"，要方；馬眼是丞相，要有光；馬背脊
是將軍，要強；馬肚和胸是城墙，要鼓出〔張〕；馬四條
腿是地方官，要長。

56.12.1 看馬底外相，先要把"三羸五駑"除掉，才值得看
其餘的特徵。

56.12.2 頭大頸小是第一種"羸"；背脊細弱肚腹大是第二
種"羸"；腿骨小，蹄子大，是第三種"羸"。——有了這
三種之一，不必再看其餘的特徵。

56.12.3 頭大耳不豎的，是第一種"駑"；長長的頸不彎曲
的，是第二種"駑"；四肢上短下長，是第三種"駑"；腰
大胸短，是第四種"駑"；骨盆淺股骨薄，是第五種
"駑"。——有了這五種特徵，其餘也不必再看。

56.13.1 栗褐色的馬，肩部是黃帶黑的；鹿毛而間黃的(見

校記 56.13.1.〔一〕）；連錢馬；白毛黑鬃的馬；都是好馬。

56.13.2 馬生下沒有毛的，日行一千里；撒尿時提起一隻腳的，日行五百里。

56.14.1 從外表看馬底五藏的方法：馬肝應當小；耳朵小的馬，肝都小，肝小就懂得人的意圖。

56.14.2 馬肺應當大；鼻子大的肺都大，肺大的馬可以長時期快跑。

56.14.3 馬心要大；眼大的，心都大，心大的就可猝然發動〔猛〕立即行走〔利〕而不驚跳。眼神飽滿，眼光四射，便可以從早到晚走得很穩而有力〔健〕。

56.14.4 馬腎臟要小。

56.14.5 馬腸要又厚又長；腸厚，肚皮下面就寬舒，方正而且平坦。

56.14.6 馬脾要小；整個軟肚〔膁腹〕小的，脾都小，脾小的就容易養。

56.15.1 遠望大，近看小的，稱爲"筋馬"；遠望小，近看大的，稱爲"肉馬"；都是可以走長途的馬。

56.15.2 馬再瘦些，也得能見到"肉"；指肩頭前面的"守肉"。再肥些，也得能見到"骨"，"骨"指"頭顱骨"。（才能算是好馬。）

56.15.3 馬中間，具有龍樣的頭顱，眼睛突出；背脊平坦，腹部大；上腿骨重而多肉；這三對特徵都完備的，也就是"千里馬"了。

56.16.1 “水火”要分明。水火,在兩個鼻孔中間。

56.16.2 上脣要緊〔急〕而方正,口腔裏面要是紅色而有光;這樣的馬,也是千里馬。

56.16.3 馬,上面的(後)齒要像“鈎”,像鈎的就長壽;下面的(後)齒要像“鋸”,像鋸的氣勢足〔怒〕。

56.16.4 下巴頦〔頷下〕要深,下脣要鬆弛。

56.16.5 門牙和後齒之間,要相隔〔去〕一寸,(有這樣的距離,日行)四百里;門牙像劍鋒的,日行千里。

56.17.1 “嗣骨”要像織布的杼一樣有棱〔廉〕,要闊,又要長。“嗣骨”是頰下面側邊的小骨。

56.18.1 眼睛要飽滿,有光澤;眼眶要小,眶上沿要像弓(背)一樣彎曲,下沿要直。

56.19.1 “素”中間要有棱,要張開。素是鼻孔以上。

56.20.1 “陰中”要平。股以下。“主人”要小。股內側上面靠近前面。“陽裏”要高,就氣勢足。股中間,上面接近“主人”的地方。

56.21.1 額頭要方要平。“八肉”要大,要分明。“八肉”右耳下面。“玄中”要深。耳下面靠近牙床的地方。

56.21.2 耳(殼)要小,要像削尖的竹筒一樣尖銳;兩個耳之間要擠得緊〔促〕。

56.21.3 馬鬃〔鬣〕要正戴在“中骨”上面,有三寸高。“中骨”是鬃中的骨。

56.21.4 “易骨”要直。眼下面直下(?)的骨。

56.21.5 面頰要開張——到一尺長。

56.21.6 胸〔膺〕底下要寬：達到一尺以上的，稱爲"挾或扶尺"，能長久快走。

56.21.7 "鞅"要方正；面頰前邊。喉要彎曲要深；胸部要直要突出；兩股中間向前的地方。"鳬間"要開展，遠望起來像一對鳬。

56.22.1 頸骨要大。次之有肉。鬐要緊〔桎〕要厚，要曲折。

56.22.2 "季毛"要長，要蓋覆的地方大，這樣，肝和肺就没有毛病。"季毛"是頭頂髮後面的毛。

56.22.3 背要短要方，脊骨要大要高抗。膈筋要大。脊骨兩邊的筋。"飛鳬"明顯〔見〕的，氣勢旺足。飛鳬是腰脊骨後面的筋。

56.22.4 "三府"要齊。三府指髂骨兩邊和中間的薦骨部分脊椎。臀部，要斜下要方正。尾要漸漸小〔減〕，尾基要粗大。

56.22.5 脅部的肋骨〔脅肋〕（即"真肋"）之間要大，要向下窪；這樣的情形稱爲"上渠"，能長久快走。"龍翅"要寬要長。"升肉"要大要明顯突出。大腿外的肌肉。"輔肉"也要大要明顯。前脚下面的肉。

56.22.6 腹部要充滿，軟肚〔腔〕要小。腔就是膁。

56.22.7 "季肋"要舒張。季肋是短肋——現在稱爲"假肋"或"浮肋"。

56.22.8 "懸薄"要厚要鬆。脚脛。"虎口"要開。股肉。

56.22.9 肚皮下面要平、要滿，就會快走；——這樣的情形

稱爲"下渠"，日行三百里。"陽肉"位置要向上，要高
起來。大腿〔髀〕外靠前面的肉。

56.22.10　大腿要寬要厚。"汗溝"要深，要明顯。"直肉"
要方，能夠長久地快走。"直肉"是大腿後面的肉。"輸
（輸或寫作翰）鼠"要方。直肉下面。"䏙肉"要緊張〔急〕。
大腿裏面。"間筋"要緊張要短，要一頭大一頭小，這樣
善於小跑步。輸鼠下的筋是"間筋"。"機骨"要抬起，向
上凸出彎曲，像懸掛的筐一樣。

56.23.1　"烏頭"（見注解 56.23.1.①）要高。距骨要向前突
出……（原書錯漏甚多，無法解釋。）

56.24.1　股要薄要寬，會快走。後大腿前骨（?）。

56.24.2　前腿下節要長，膝骨要突起；這樣，有力量。前脚
膝以上，向前。

56.24.3　肘和腋之間要展開，這樣能快走。

56.24.4　膝要方，要短〔庳〕。大腿骨要短。

56.24.5　兩肩骨（的窩）要深，這樣，稱爲"前渠"；氣勢
旺足。

56.24.6　蹄要有三寸厚，像石頭一樣硬；下面要深，要明
淨；後面要像鷂翼一樣張開，能長久快走。

56.25.1　看馬的外相，從馬頭上看起：頭要高，要直立，像
用刀削成的一樣。頭要重，肉應當少，像剝了皮的兔
頭。"壽骨"要大，像用綿絮包着的硬石頭。"壽骨"，是
生長頭髮的地方。

56.25.2　馬頭上如果有一條由額上到口邊的白條紋，這種

馬稱爲"俞膺"，又稱爲"的顱"。這種馬，奴隸乘着，死在外鄉〔客死〕，主人乘着，要被處當衆執行的死刑，是極不好的"凶馬"。

56.26.1　馬的眼睛，要高；眼眶，要端正；眼骨要成三角形；眼睛珠子要像懸着的鈴，紫色，閃動有光。

56.26.2　眼睛不是四面豐滿的，下唇緊張的，不易和人親近〔不愛人〕；凡眼淺的，食量不大〔不健食〕。

56.26.3　眼睛中，有一條白紋，貫穿着瞳仁的，日行五百里；從上到下一直貫通的，日行一千里。

56.26.4　睫毛亂的，容易使（騎乘的）人受傷。

56.26.5　眼睛小，而且眼白多的，容易受驚。瞳孔前後肉不滿的，都凶惡。

56.26.6　對着眼眶上面有旋毛的，有四十歲壽命；在眶骨正中，三十歲；在眼眶中間下面，十八歲。在眼睛下的，賤〔不借〕。

56.26.7　眼睛珠子向後〔却〕轉動時，後面看不見眼白的，歡喜旋轉着不向前直走。

56.26.8　眼睛珠子要黃，眼要大要有光，眼皮要厚。

56.26.9　上面的眼白中有橫筋的，日行五百里；上下通徹的，日行一千里。

56.26.10　眼珠中有白縷的，是老馬的兒女。

56.26.11　眼發紅，睫毛亂的，會齩人。睫毛翻進眼內的，歡喜亂跑，會使人受傷。

56.26.12　眼下有橫毛，對人不利。

56.26.13　眼睛中有像“火”字（的花紋），有四十歲的壽命。

56.26.14　眼斜過〔偏〕眼珠（量着），有一寸長的，日行三百里。眼要長要大。

56.26.15　在眼下的旋毛，名叫“承泣”，對人不利。

56.26.16　眼睛裏五種色彩都具有的，日行五百里，壽命九十歲。

56.26.17　良馬（眼中）多紅色，是“血氣”；駑馬多青色，是“肝氣”；快馬多黃色，是“腸氣”；智慧〔知〕的馬，多白色，是“骨氣”；有力〔材〕的馬，多黑色，是腎氣。

56.26.18　駑馬，一定要用鞭才能使用。

56.26.19　白馬黑眼（?）不利於人。

56.26.20　眼白多，向後看，有（這種）姿態的，膽小〔畏物〕，容易受驚。

56.27.1　馬耳，要彼此相近，向前面直豎，要小，要厚。

56.27.2　（馬耳長）一寸，日行三百里；三寸，日行一千里。

56.27.3　耳要小，要向前面豎〔竦〕。

56.27.4　耳要短，成斜截形〔殺〕的，是好馬；整齊直立〔植〕的，是駑馬；小而長的，也是駑馬。

56.27.5　耳要小，要相距很近，形狀像斜斬的竹筒。

56.27.6　耳方的，日行一千里；像斜斬的竹筒的，七百里；像雞距的五百里。

56.28.1　鼻孔要大。鼻頭上的文理，像“王”字“火”字的，字要明顯。

56.28.2　鼻上的紋理，像“王”字“公”字的，壽命五十歲；像

“火”字,四十歲;像“天”字,三十歲;像“小”的二十歲;像“个”,十八歲;像“四”,八歲;像“宅”(?),七歲。

56.28.3　鼻上的紋理像“水”字的,壽二十歲。

56.28.4　鼻要寬要方。

56.29.1　嘴唇不能蓋住牙齒的,食量小。上唇要緊,下唇要鬆;上唇要方,下唇要厚而多皺。所以說:“嘴唇像皮片,趕車的要哭臉。”

56.29.2　黃馬白嘴尖,對人不利。

56.30.1　口裏面的顏色,要像火光一樣,有紅有白的,是材力好的馬;氣勢旺,馴良,而且長壽。靠黑色,不鮮明,上腭紋理盤曲不通,不明顯,是材力不好的馬;氣勢不旺,不長壽。

56.30.2　又有一個說法,要看馬的氣勢:扳開口,看口裏面,要看見紅白色,像從洞裏看見火光一樣的,這就是能到年老長壽的馬。

56.30.3　又有一個說法,口裏要正紅色;上腭的文理要通達直順,不要錯雜斷絕。口裏青色的三十歲;像虹腹下(紫色灰暗)的顏色的,都不能達到馬的高壽命期限,往往沒有長出大牙就死了。

56.30.4　口吻要長。口裏顏色要鮮明。

56.30.5　口縫後面有旋毛,稱爲“銜禍”,對人不利。

56.30.6　“刺芻”要一直到骨的末端。刺芻是牙齒中間的肉。

56.31.1　牙齒,左右錯開,不正相對的,難駕御。牙齒(咬合)不完全緊密,不能長久快跑;不滿,不厚,不能長久快走。

56.31.2　一歲，上顎下顎都生有兩個乳齒；兩歲，上下顎各
　　　有四個乳齒；三歲，上下各有六個齒；四歲，上下顎都
　　　生出兩個成齒；成齒都要滿三歲進四歲才生出來。五歲，
　　　上下都生有四個成齒；六歲，上下都有六個成齒。這時
　　　兩側靠邊〔廂〕（開始現出）黃色，而且，（齒冠）上有可以容納一
　　　顆麻子的窩。

56.31.3　七歲，上下的齒兩邊現黃，都缺一個窩，可以平平
　　　容納一顆米；八歲，上下都有窩，都一樣可以容納一顆
　　　麥；九歲，下面中間兩個牙齒有臼形凹陷，可以容納一
　　　顆米；十歲，下面中間四個牙齒有臼；十一歲，下面中
　　　間六個牙齒都有臼。

56.31.4　十二歲，下面中間兩個牙齒齒冠磨平了；十三歲，
　　　下面中間四個平了；十四歲，下面中間六個牙齒平。

56.31.5　十五歲，上面中間兩個牙齒有臼形凹陷；十六歲，
　　　上面中間四個牙齒有臼；看上面的牙齒時，依下牙底次序
　　　來看。十七歲，上面中央六個牙齒都有臼。

56.31.6　十八歲，上面中間兩個牙齒齒冠磨平了；十九歲，
　　　上面中間四個平了；二十歲，上面下面中間的六個牙
　　　齒全部都平了。

56.31.7　二十一歲，下面中間兩個牙齒，齒冠變成全面黃
　　　色，（黑色退盡）；二十二歲，下面中間四個牙齒變黃；
　　　二十三歲，下面中間六個盡都黃了；二十四歲，上面中
　　　間兩個牙齒變黃；二十五歲，上面中間四個牙齒變黃；

二十六歲,上面中間的牙齒盡都黃了。

56.31.8 二十七歲,下面中間兩個牙齒現出白色;二十八歲,下面中間四個牙齒現白;二十九歲,下面中間的牙齒全現白色;三十歲,上面中間兩個牙齒現白;三十一歲,上面中間四個牙齒現白;三十二歲,上面中間盡都白了。

56.32.1 馬頸要圓而扁,要長,頸要重。

56.32.2 下巴要曲折,胸要向兩側突出,鎖骨部分要寬,頸項要厚,要強大。

56.32.3 頸上有旋毛(稱爲"螣蛇"),對人不利。

56.33.1 白馬黑鬣的,對人不利。

56.33.2 肩頭上的肉要"寧"。"寧"就是却,即向後退。"雙鳧"要大,要向上。"雙鳧",是胸口兩邊像鳧一樣的(兩組)肌肉。

56.34.1 脊骨背面要平要寬,這樣才能負荷較大的重量。背要平要方。

56.34.2 鞍下的旋毛,叫做"負尸",對人不利。

56.35.1 從後面起,數胸旁的肋〔脅肋〕,有十條的,好。所有馬,有十一條真肋的,日行二百里;十二條的,日行一千里。十三條以上的是天馬;一萬匹馬中也許遇到有一匹。又有一説:(總共)十三條肋的,日行五百里;十五條肋的,一千里。

56.36.1 腋下的旋毛,叫做"挾尸",對人不利。

56.36.2 左邊胸側有一道白毛,直下去的,叫做"帶刀",對人不利。

56.36.3　肚皮下面要平坦,有"八"字;肚皮下面的毛,要向前走。肚要大,要下垂。"結脈"要多;"大道筋"要大要直。大道筋從腹部向下到股上。

56.36.4　(牡馬)肚皮下面,生殖器前面,兩邊有逆毛走到腹帶裏面的,日行一千里;有一尺長的,五百里。

56.36.5　三封要整齊,一樣高。三封是臀部上面的三個骨。

56.37.1　尾骨要高,要下垂。尾根要粗大,(地位)要高。尾下面要沒有毛。"汗溝"要深。

56.37.2　臀部要肉多,陰莖要粗大。

56.37.3　蹄要厚,要大。腕節要細要緊湊。

56.37.4　腰骨〔髂〕要大,要長。

56.37.5　尾基要大,要有力。

56.37.6　膝(蓋)骨要圓而長,像飲水的杯大小。

56.37.7　汗溝一直通到尾基部的,會踩死人。

56.37.8　有"雙脚脛"的馬,可以一氣行六百里。旋毛在腕節和膝上的,就是"雙脚脛"。

56.37.9　大腿要圓,要厚。裏面(?)生肉。

56.37.10　後脚要彎曲,要立起。前膊〔臂〕要大,要短。脛骨〔骹〕要細,要長。

56.37.11　腕節要緊湊,要細,中間僅僅可以容納絆繩〔靽〕通過。

56.37.12　"烏頭"要高。烏頭是後脚外面的節。後脚的輔骨要大。輔足骨,後脚脛骨後面的骨——按即腓骨。

56.37.13　後左右脚白色，對人不利。白馬四脚黑的，對人不利。黃馬白嘴尖的，對人不利。後左右脚白色，殺牝馬。

56.38.1　看馬，看四蹄：後兩脚白的，是老馬生的子女；前兩脚白的是駒馬的子女。白毛的是老馬。

56.38.2　四蹄要厚，又要大。四蹄顛倒像"豎履"的，奴隸乘了死在外邊，主人乘了要被當衆處死，（是大凶馬，）不要養。

56.51.1　步行過久，就發生"筋勞"；筋勞就發"發蹄"的毛病，有凌氣痛。

56.51.2　站立太久，就發生"骨勞"；骨勞就生癰腫。

56.51.3　出汗很久不乾，就發生"皮勞"；皮勞，打滾後起來不振毛。

56.51.4　汗沒有乾，就餵草餵水，會發生"氣勞"；氣勞，打滾振毛後不噴氣。

56.51.5　驅馳過久，就會發生"血勞"；血勞就"强行"。

56.52.1　怎樣察出這"五勞"呢？ 鞭策着〔驅〕走〔馳〕了一天，停下來〔舍〕看它；不打滾〔騾〕的，有"筋勞"；打滾而不隨時起身的，是"骨勞"；打滾後起來不振毛的，是"皮勞"；振毛後不噴氣的，是"氣勞"；噴過氣不撒尿的，是"血勞"。

56.53.1　筋勞的，"兩絆"起來，再〔却〕走三十步，就好了。
又有人説：筋勞的，强迫打滾後，起來絆上，慢慢走三十里，就好了。

56.53.2 骨勞的,叫人牽着,拉起來,從後面用竹版打它,它(自己)起來後,就好了。

56.53.3 皮勞的,夾着背脊摩到發熱,就好了。

56.53.4 氣勞的,鬆鬆地繫在槽上,遠些餵草,讓它噴氣,就好了。

56.53.5 血勞的,高繫着,不給吃的喝的,讓它撒尿,就好了。

56.54.1 餵水餵食物,有一定的法則〔節〕:食物有"三芻",飲水有"三時"。

56.54.2 怎樣講呢?"三芻"第一種叫"惡芻",第二種叫"中芻",第三種叫"善芻"。

56.54.3 "善芻",是餓時給壞的,飽時給好的,總要引誘它吃,吃得老是飽飽的,沒有不肥的。草鍘得太粗,儘管豆子糧食給得充足,也不會肥實充滿。鍘細些,不要有(整個的)節,把泥土篩掉來餵,這樣馬就長得肥,又不咳〔咥:音 koŋ〕,自然就好了。

56.54.4 怎樣叫"三時"? 第一是"朝飲"——早上餵水少給些;第二是"晝飲",依〔則〕胸部情況,水够〔餍〕就行了;第三"暮",儘量給。

56.54.5 另一説法:夏天多出汗,冬天冷,都應當少飲水。俗話説:"早起騎穀,中午騎水。"就是説早上要少給水飲。每次飲食之後,叫它小跑,就消水;那怕小小跑幾百步也好。十天鬆放一次,讓它自由走動舒展,馬也硬實。

56.54.6 (作到了這些)夏天不出汗,冬天也不怕冷;就是出汗，也容易乾。

56.55.1 養種馬讓它不争鬥的方法：種馬養得多的；另外闢一個院子〔坊〕，多準備些食槽；鍘碎的草和馬穀料豆，也另外準備。馬只上籠頭，放着不繫。這樣，不但飲食隨它的性情，舒適自在；它撒糞撒尿，也自然會在一定的地方，用不着經常跟着掃除。它們便有乾地方可以睡眠，不湮不污穢。那怕一百匹成群，也不會争鬥了。

56.56.1 養長行〔征〕馬養得硬實的方法：草鍘得細碎，用枚抛簸〔擲〕，讓枯葉飛揚去掉，專門取得莖杆，和上馬穀、料豆來餵〔秣〕它。槽放遠些，儘管下雪寒冷，也不要放在廠屋下面。每天走一遭，讓它肌肉發熱；這樣，馬就硬實而耐寒苦了。

56.61.1 贏——騾子、牡驢和牝馬交配，生出的是“贏”，比較難有。通常用牡馬和牝驢交配，所生的騾，身體强壯，形容高大，比馬還好。但必需選擇七八歲的牝〔草〕驢，骨格正，肌肉大的。這樣，母親身體長得够大了，容易受胎；（也可以用更壯的種馬作父親，）種馬大的，子女一定更强壯。

56.61.2 牝〔草〕騾不能生産，生産便沒有不（難産而）死的；所以有草騾的，常常要防備，不要讓它和牡獸在一處。

56.62.1 驢的情形，大體上和馬相像，不必再分別細列條文。

56.63.1 用餵過豬的槽來餵馬；用石灰泥馬槽；馬出汗時繫在門邊；——這三件事，都能使牝馬小産。

56.63.2 術説：“常在養馬的院子裏繫上一隻獼猴，可以讓馬不畏懼，便可以解惡，消除百病了。

56.101.1 治牛馬害疫氣病的方子：取獺屎煮過作藥灌。獺肉和獺肝更好,得不到肉和肝,就只能用屎了。

56.102.1　治馬"喉痹"近乎死的方法:把刀子纏紮到只露出一寸的鋒刃,來刺咽喉,讓它破開潰散,就會好。不治,一定會死亡。

56.103.1　治馬"黑汗"的方子:把乾燥的馬屎,放在瓦片上,把人的亂頭髮蓋在上面。用火來燒馬屎和頭髮,讓它們出烟,擱在馬鼻下面熏,使烟到馬鼻孔中去。一會兒〔須臾〕就會好。

56.103.2　另一方法:把豬脊外(?)脂、雄黃、亂頭髮三樣東西,擱在馬鼻下燒,讓烟進到馬鼻孔去。一會兒就會好。

56.104.1　治馬"中熱"的方子:將大豆和飯煮熱餵馬;三次,馬就會好。

56.105.1　治馬"汗凌"的方子:用一升好豆豉,一升好酒(和着)。夏天在太陽下曬着,冬天用火溫熱。豆豉泡融〔液〕後,用手搓,扭掉渣,把扭得的汁子,灌在馬口裏。汗出之後,就會好。

56.106.1　治馬疥瘡的方子:用雄黃和頭髮兩樣,加在臘月豬油裏面煎熬,讓頭髮消融。用磚擦疥瘡,讓瘡發紅後,趁熱把藥塗上,就會好。

56.106.2　另一方法:用熱水將疥瘡洗淨,揩乾。將煮熱的麵糊塗上,就會好。

56.106.3　另一個方子:柏樹脂燒着後塗,很好。

56.106.4　另一個方子:把芥子研碎塗上,可以好。各種牲畜的疥,都可以醫。不過柏脂溚〔柏瀝〕和芥子,都是"躁藥";凡遍身有着疥瘡的牲口,應當零星地分散着分批漸漸地治,等第一批塗過的地方好了,再塗另外的。如果一天內,將全身一下子塗遍，牲口沒有不死的。

56.107.1　治馬"中水"的方子：每個鼻孔裏放進雞蛋黃大的一撮食鹽，捏着馬鼻子，讓它眼中流出淚來才放手。很好。

56.108.1　治馬"中穀"的方子：手捉住肩胛〔甲〕上長的長鬃毛，向上面提，讓皮離開肉。這樣提過幾下之後，由"披針"〔鈹〕刺提起來的空皮，讓刀穿過到對面〔突過〕。用手擋在刺着的孔上，會有氣出來，像風一樣吹着手，這就是"穀氣"。叫人在（鈹刀穿的地方）撒尿，再用鹽塗。作完，叫人立刻騎着走幾十步，就會好。

56.108.2　又一個方子：取一塊雞蛋大小的餳糖，打碎，和在穀裏餵馬，很好。

56.108.3　又一個方子：取三升麥芽末，和在穀裏餵馬，也好。

56.109.1　治馬脚上長的"附骨"——不醫治，長到膝關節裏，馬就跛了——的方子：將芥子搗爛融和，取雞蛋黃大小的一塊。取三顆巴豆，去掉皮，留下"臍"，也搗融和。用水將兩樣調和成一團——和時，用刀子調，不然手也會破！——在附骨上，拔去毛；瘡外面，將融的蜜蠟在周圍堆一個圈束住——不然的話，恐怕藥太躁烈，創口要括大——蠟堆完，將藥貼在瘡上；將未用過的〔生〕（乾淨）布，割開兩頭，在（藥外面）纏三道，裏緊〔急〕。瘡小的，過一夜已經盡好了，大的，也不過兩夜。但務必要隨時解開來看，恐怕瘡盡了，本來完好的地方也受到（藥）傷。看看附骨好盡了，用冷水洗淨。創口上，刮些車軸頭的油脂，作成餅，貼在上面，又用淨布緊纏上。三四天後，解開，就會生毛，沒有瘢。這個方法很好，比用火燒〔灸〕強得多。但創口沒有長好以前，不要騎乘。如果創口中出血，便會成大病。

56.110.1　治馬脚被刺（傷）的方子：用大麥（粉?）和上小孩嚼爛的飯塗上，就會好。

56.111.1　馬受炙后，瘡沒有長好，不可以讓馬出汗；瘡口結着白痂時，要禁風。完全好了，可以隨意騎。

56.112.1　治馬瘙蹄的方子：用刀子刺在跴節的叢毛中，讓它出血，就會好。

56.112.2　又一方法：把羊脂温化，塗在瘡上，用布包着纏起來。

56.112.3　另一個方子：取兩石上下帶碱的土，把水淋上去，收得一石五斗汁，在鍋裏煎濃，到剩三兩斗。將毛剪掉，用淘米水洗淨，乾後，用碱汁洗。三次之後就會好。

56.112.4　另一個方子：用熱水洗淨，揩乾。麻子嚼爛敷上，用布或綢包着纏住。三次，應當會好。如果不斷根，用穀（樹漿?）塗五六次，就會全好。

56.112.5　另一個方子：剪去毛，用鹽湯洗淨，去掉痂，揩乾。先在破瓦裏將人尿煮開，趁熱塗在瘡口上，就會好。

56.112.6　另一個方法：用鋸將有病的蹄子蹄頭前面正當中，斜斜地鋸開，鋸的地方，上小下大，像鋸齒的形狀。像剪箭翎一樣，把這片尖形的蹄殼剪掉。向裏面插下刀子，到一寸上下深處，擠出血來，一定是黑的。出了五升左近的血，再解放，就會好。

56.112.7　又一個方子：先用酸淘米水洗淨，然後將煮爛豬蹄所得的汁趁熱洗過，會好。

56.112.8　又一個方子：用籠屜或甑下鍋中的開水〔炊底釜湯〕來洗淨，用布揩乾水。將一升黍米煮成稠粥，在三、四寸闊，

七、八寸長的舊布上，糊上粥，厚厚地裹在蹄上生瘡的地方，用散麻纏上。過三天，解開，應當就好了。

56.112.9 另一個方子：在耕地裏，檢取向東向西倒着的禾兜——如果是東西長的橫地，就取向南向北倒的——每一壟取七科，三壟，共取得二十一科。洗淨，在鍋裏煮着，到成了黑汁時，才停止。剪掉毛，用淘米水洗淨，去掉痂，將熱禾兜汁塗上。塗一次就會好。

56.112.10 另一個方子：在鉢裏用尿將羊糞泡到融化。把屋頂四角的草，就着鉢口上燒，讓草灰掉到鉢裏。研到融和。用淘米水把蹄洗淨，把這樣的羊糞塗上，多塗幾次，就會好。

56.112.11 另一個方子：把酸棗根煮出汁來。將蹄洗淨。用酸棗根汁和上酒糟，盛在毛袋裏，浸着蹄，讓瘡全沒在水底下。這樣處理幾次，就會好。

56.112.12 另一個方子：洗淨口後，把杏仁擣爛和上豬油塗。塗四五回，應當就會好。

56.113.1 治馬大小便不通，眠下又起來，起來又眠下：——要趕急治！不治，一日之內就死了！——用油脂塗在人手上，探到直腸〔穀道〕裏，將結住的屎取出來。將鹽送進尿道裏，一會兒就小便出來。這樣，就應當會好。

56.114.1 治馬猝然間〔卒〕肚脹，起臥不安，要死的情形。方子：用五升冷水，二斤鹽，混和着。將鹽研到溶化〔消〕，灌到馬口中，一定會好。

36.115.1 治驢"漏蹄"的方子：在厚的磚或石上，鑿成可以容下驢蹄的孔，約二寸深。把這磚或石燒到發紅。將驢蹄削到露出漏孔，放進磚孔裏，倒上鹽、酒、醋，讓它滾沸；泡着。捉牢蹄子,不讓脚移動。等磚冷了,再放出來,就好了。以後下水也好,走遠道也好,都不會再犯。

56.201.1　牛:頸下垂皮〔胡〕分歧的,長壽。"歧胡",牽到兩邊腋下;也有分三叉的。

56.202.1　眼和角隔得近的走得快〔行駛〕。

56.202.2　眼要大;眼中有貫穿着黑眼珠〔瞳子〕的白筋,最快。

56.202.3　"二軌"一樣長〔齊〕的,快。二軌:從鼻到大腿稱爲"前軌",從肩胛到腰稱爲"後軌"。

56.202.4　頸骨又長又大的,快。

56.203.1　"壁堂"要闊。壁堂,是兩脚股骨之間。

56.203.2　胸腹兩側〔倚〕要像上了絆的馬一樣,集中而且端正。

56.203.3　陰莖要小。胸口〔膺庭〕要寬。膺庭是胸前。"天關"要"成"。天關是背上骨相接的地方。"儁骨"要下垂。儁骨,是脊骨中央,要向下垂。

56.204.1　"洞胡"不長壽。洞胡是胡由頸到臆骨。

56.204.2　"珠淵"有旋毛,不長壽。珠淵,正在眼睛下面。

56.204.3　"上池"有亂毛起來的,妨害主人。"上池"是兩角之間,(這種特徵)又稱爲"戴麻"。

56.205.1　胸腹兩側〔倚〕退縮〔却〕不整齊,有勞傷病;角冷,有病;毛蜷縮,有病。

56.206.1　毛要短要密;如果毛長而疏,耐不住寒冷。

56.206.2　耳殼上長毛多的,不耐寒也不耐熱。

56.207.1 腰骨〔膂〕單行的，力不大。

56.207.2 有生瘤而很快就破〔決〕的，有大勞傷病。

56.208.1 尿射到前脚的，走得快；直向下射的，不快。

56.209.1 睫毛亂的，喜歡（用角）觸〔觝〕人。

56.210.1 後脚彎曲或直，都是好相；直的更强。向前進不很直，向後退又不很彎曲的，是下等牲口。

56.210.2 走路時，要像羊走一樣。

56.211.1 頭不要肉太多。臀部要方。

56.211.2 尾，不要（長到）拖地；拖到地的，力不够。尾上毛少骨多的，有力。

56.211.3 膝上的"縛肉"，要硬實。

56.211.4 角要細，橫上豎上都不需要大。

56.211.5 身軀要緊湊，要像"卷"一樣。卷着，就是圓筒形。頸要插得高。又有一説，軀幹要緊。

56.212.1 頓肚〔膁〕大，肋骨相距寬〔疎〕的，難餵。

56.212.2 像龍一樣長頸，眼睛又窪下〔突〕的，歡喜跳。也有説是不能（快）走的。

56.212.3 鼻子像"鏡鼻"的難牽。

56.212.4 口方的容易餵養。

56.213.1 "蘭株"要大。"蘭株"就是尾株。"豪筋"要"成就"。豪筋是脚後面的橫筋。"豐岳"要大。"豐岳"是膝株骨。

56.213.2 蹄要豎。像羊脚一樣豎。"垂星"要帶有"怒肉"。垂星是蹄上的部分；蓋在蹄上的肉叫做"怒肉"。"力柱"要大，要"成"。力柱是"當車骨"。

56.213.3　肋要密，肋骨要大要張出。張出寬廣。

56.213.4　大腿骨要出在"儶骨"上。出在背脊骨之上。

56.214.1　容易牽的，容易使用；難牽的難使用。

56.215.1　"泉根"不要肉多，也不要毛多。"泉根"是陰莖伸出的地方。懸蹄要橫的。像"八"字一樣。

56.216.1　"陰虹"連在〔屬〕頸上的，日行一千里。"陰虹"是一對白色的筋，從尾骨起，連到頸上。這就是甯戚所養的牛。

56.216.2　"陽鹽"要寬。"陽鹽"是尾基前面的軟肚部分。在陽鹽中間的脊骨，要狹小而突起〔宛〕。宛的，腰骨才成雙行，不宛的就是"單膂"。

56.216.3　常常像在鳴的，有結石病〔黃〕。

56.301.1　治牛疫氣的方子：取一兩人參，切細，用水煮出五六升汁。灌在牛口中，靈驗。

56.301.2　另一個方子：臘月兔頭燒成灰，和五六升水，灌進去，也很好。

56.301.3　另一個方子：三個手指撮起的朱砂，二合油脂，六合清酒，（調着）燙暖，灌下去，就會好。

56.302.1　治牛肚脹到要死的方子：取婦人陰毛，草裹着，餵給牛吃，就會好。這是治"氣脹"的方子。

56.302.2　另一個方子：把麻子研碎，取得汁，燙煖到稍微嫌熱時，扳開牛口灌下去。灌五六升，就會好。這方子治吃生豆，肚脹到快要死的，非常好。

56.303.1　治牛疥的方子：煮烏頭汁，趁熱洗；五次，就會好。

56.304.1 治牛"肚反"和咳嗽的方子：將榆樹白皮，水煮到極
　　熱，讓它很黏很滑。拿兩升來灌下去，就會好。

56.305.1 治牛"中熱"的方子：取兔子的腸肚，連屎在内，一併
　　用草裹着，讓它吞下去。最多兩三遍，就會好。

56.306.1 治牛蝨的方子：用胡麻油塗上，就會好；豬油也可以。
　　所有家畜生蝨時，用油脂塗上，都可以治好。

56.307.1 治牛病：用一個牛膽，灌在牛口裏，就會好。

56.311.1 家政法説："四月，砍餵牛的草〔茭〕。"四月間的毒
　　（?）草，和茭草、料豆一樣。齊郡習慣不收（四月的草），損失
　　很大。

56.312.1 術説："在住宅四角上埋牛蹄，可以使人大富。"

養羊第五十七^{〔一〕}

〔一〕原書卷首總目,在篇名標題下,還有"氈及酥酪乾酪法收驢馬駒羔犢法羊病諸方並附"小字夾注。

57.1.1 常留臘月、正月生羔爲種者,上;十一月、二月生者,次之。 非此數月^{〔一〕}生者,毛必焦卷,骨髓細小。

57.1.2 所以然者,是逢寒遇熱故也。其八、九、十月生者,雖值秋肥,然比至冬暮,母乳已竭,春草未生,是故不佳。其三、四月生者,草雖茂美^{〔二〕},而羔小未食,常飲熱乳,所以亦惡。五、六、七月生者,兩熱相仍,惡中之甚。其十一月及二月生者,母既含重^①,膚軀充滿^{〔三〕},儲草雖枯,亦不羸瘦。母乳適盡,即得春草,是以極佳也。

〔一〕"數月":除漸西村舍刊本作"數月"外,明鈔、金鈔、農桑輯要及祕冊彙函系統各版本都作"月數"。"數月"意義顯明,所以依漸西村舍本改。

〔二〕"草雖茂美":"草"字,明鈔及祕冊彙函系統版本無;依金鈔及農桑輯要補。

〔三〕"滿":明鈔無"滿"字,依金鈔及農桑輯要補。

①"含重":即母畜有孕。下文"……收犢子駒羔法"中,還有"含重垂欲生"的話。

57.2.1 大率十口二羝^①。 羝少則不孕;羝多則亂群。不孕者必瘦;瘦則匪唯不蕃息,經冬或死。

57.2.2 羝無角者更佳。 有角者喜相觝觸,傷胎所由也。

57.2.3 擬供厨者宜犗^②之。 犗法:生十餘日,布裹齒脈碎之^③。

①"十口二羝":"口"是一匹羊,包括公羊(母羊);羝是牡羊(公羊)。

②"犗":即"閹割"或"去勢";字本應作"騬",即閹馬。各種家畜的去勢處

理,古來各有專字;而且,處理過的雄動物,也就用這些專字來作特稱。騸馬是"騬"馬("騬"現在有時寫作"騸"或"驐"),"騬馬"也就是騬過的馬;牛稱爲"犗"或"犍",羊稱爲"羠",狗稱爲"猗",豬稱爲"豶"(以上這些字,説文中都有着)。雞的去勢稱爲"鐮"(説文中沒有鐮字),但鐮過的雞仍得帶上雞字稱爲"鐮雞"。有時這些字可以互借,如牛可以稱"騸牛",狗可以稱"鐮狗"之類。"騸"字則各種家畜可以公用。

③"布裹齒脈碎之":這句,各本都同樣,照字面無法解釋。我曾在四川西部鄉下見到用人用布包着小豬的肚皮咬一口,請問後所得答覆,是"就這麽騸了它"。推想起來,大概也是用同一方法來處理小羊:即用布裹着"脈"(睾丸),"嚙"碎。

57.3.1 牧羊,必須大老子①,心性宛順者。起居以時,調其宜適。卜式云②:"牧民何異於是者?"

57.3.2 若使急性人及小兒者,攔約不得,必有打傷之災;或遊〔一〕戲不看,則有狼犬之害;懶不驅行,無肥充之理;將息失所,有羔死之患也。

〔一〕"遊":明鈔、金鈔作"勞",漸西村舍刊本作"旁"。依農桑輯要改作"遊"。

①"大老子":老子指老年男人;"大"兼指年齡大與身體健康。

②"卜式云":這裏所引的卜式的話,不是漢書原文,只是轉述。

57.4.1 唯遠水爲良〔一〕;二日一飲。頻飲,則傷水而鼻膿。

57.4.2 緩驅行勿停息。息,則不食而羊瘦;急行,則坌塵而蚘顙①也。

57.4.3 春夏早放,秋冬晚出。春夏氣暖〔一〕,所以宜早;秋冬霜露,所以宜晚。養生經云:"春夏早起,與雞俱興;秋冬晏起,必待日光。"此其義也。

57.4.4　夏日盛暑，須得陰涼；若日中不避熱，則塵汗相漸，秋冬之
　　　　間，必致癬疥。七月以後，霜露氣降；必須日出，霜露晞解，然
　　　　後放之。不爾，則逢毒氣，令羊口瘡腹脹也。

〔一〕"唯遠水爲良"：金鈔從此句起，另作一段。農桑輯要此句下有注云：
　　　"傷水，則蹄甲膿出"；學津討原本、漸西村舍刊本也依農桑輯要添上了
　　　這個注。但和下文"二日一飲"下的一句小注"頻飲則傷水而鼻膿"比
　　　較後，我覺得輯要這個小注是後來添的，不應加入原文。因爲"頻飲則
　　　傷水而鼻膿"，與下面的治中水方（57.33.1）相對應。"中水"與"傷
　　　水"，都是"鼻"（及眼）中有膿，而不是"蹄甲"中出膿。"蹄甲出膿"是
　　　"挾蹄"，雖然也與"水"有關，但並不一定就是"傷水"，而是"停水"的惡
　　　果，見（57.5.3）。

〔二〕"暖"：明鈔、金鈔作"軟"，農桑輯要及學津討原本作"和"。漸西村舍刊
　　　本改作"暖"是對的。"軟"字本寫作"輭"，"暖"字本也應寫作"㬉"，字
　　　形相似，容易混亂。

①"坌塵而蚪顙"："坌"是攪動塵土；"蚪"音"沖去聲"，這裏大概是借作
　　"撞"，即碰擊，就是跑時跌倒額頭碰在地面上。"坌塵"與"蚪顙"兩件
　　事，都是快跑的惡果。（"撞"字一般都讀作 zuaŋ，但也可讀"沖去聲"。
　　第二個讀法，至今還保存在許多方言中，比方疲倦了自動地闔眼小
　　睡，——也就正是"撞顙"——稱爲"打磕撞"，幾乎各處都有着，不過
　　"寫不出字"來。）

57.5.1　**圈不厭近。必須與人居相連，開窗向圈。**所以然
　　　者，羊性怯弱，不能禦物。狼一入圈，或能絕群。

57.5.2　**架北墻爲廠**①。爲屋即傷熱；熱則生疥癬。且屋處慣
　　　煗，冬月入田，尤不耐寒。

57.5.3　**圈中作臺，開竇，無令停水。二日一除，勿使糞穢。**
　　　穢則污毛；停水，則挾蹄；眠溼，則腹脹也。

57.5.4 圈内，須並墻豎柴栅，令周匝。羊不揩土，毛常自淨；不豎柴者，羊揩墻壁，土鹹相得，毛皆成氊。又豎栅頭出墻者，虎狼不敢踰也。

①"廠"："廠"字，原來的意義是有屋頂而四面的墻不完備（即只有一面多至三面有墻）的建築物。"屋"則是四面的墻都完備的。

57.6.1 羊一千口者，三四月中，種大豆一頃，雜穀并草^①留之，不須鋤治。八九月中，刈作青茭^②。

57.6.2 若不種豆穀者，初草實成時，收刈雜草，薄鋪使乾，勿令鬱浥。

57.6.3 荳豆、胡豆、蓬、藜、荆、棘，爲上。大小豆萁，次之。高麗豆萁，尤是所便。蘆薍^③二種，則不中。

57.6.4 凡秋刈草，非直爲羊然，大凡悉皆倍勝。

57.6.5 崔寔曰："七月^{〔一〕}七日刈蒭茭。"

57.6.6 既至冬寒，多饒風霜，或春初雨落，青草未生時，則須飼，不宜出放。

〔一〕"七月"：明鈔誤作"十月"。依金鈔、農桑輯要及玉燭寶典引文改正。

①"雜穀并草"：這裏所謂"穀"，可能是指大豆的。——古來有所謂"六穀"，是"稻、粱、菽、麥、黍、稷"，其中的"菽"，就是大豆。但更好的解釋，應當是大豆加上穀子"混作"，將來混收，作爲青飼料；只有這樣，下文（57.6.2）的"不種豆穀"，穀與豆連舉，才可以解釋。

②"茭"：餵牲口用的草料（見卷二大豆第六注解6.3.1.①）。

③"薍"：讀luàn，即嫩的荻。

57.7.1 積茭之法：於高燥之處，豎桑^①棘木，作兩圓栅，各五六步許。積茭著栅中，高一丈亦無嫌。任羊遶栅抽食，竟日通夜，口常不住。終冬過春，無不肥充。

57.7.2 若不作柵,假有千車荄擲與十口羊,亦不得飽;群羊踐躪而已,不得一莖入口。

57.7.3 不收荄者,初冬乘秋,似如有膚。羊羔乳食其母,比至正月,母皆瘦死,羔小未能獨食水草,尋亦俱死。非直不滋息,或能滅群斷種矣。

57.7.4 余昔有羊二百口,荄豆既少,無以飼。一歲之中,餓死過半;假有在者,疥、瘦、羸、弊,與死不殊;毛復淺短,全無潤澤。余初謂家自不宜,又疑歲道疫病。乃飢餓所致,無他故也。

57.7.5 人家八月收穫之始,多無庸暇②;宜賣羊雇人,所費既少,所存者大。傳曰:"三折臂知爲良醫。"又曰:"亡羊治牢,未爲晚也。"世事略皆如此,安可不存意哉?

①"桑":懷疑是"棗"字,字形相近鈔錯。

②"庸暇":"庸"即"傭",是以勞動力換取代價;"庸暇",是有空閒的勞力,可以供雇傭。

57.8.1 寒月生者,須燃火於其邊。夜不燃火,必致凍〔一〕死。

57.8.2 凡初産者,宜煮穀豆飼之。

57.8.3 白羊留母二三日,即母子俱放。白羊性很,不得獨留;並母久住,則令乳之①。

57.8.4 羖羊但留母一日。寒月者,内羔子坑中;日夕母還,乃出之。坑中暖,不苦風寒;地熱使眠,如常飽者也。十五日後,方吃草,乃放之。

〔一〕"凍":明鈔誤作"煉",依金鈔及明清刻本改正。

①"則令乳之":"之"字,懷疑是"乏"字。這個注的意思,是説白羊對子女的愛護,不大周到,如將羔羊單獨留下,母羊回來可能不讓它們吃奶;如連母羊長留在圈中,則母羊吃的青草太少,奶會不夠("乏")。

57.9.1 **白羊三月得草力，毛床動，則鉸之。**鉸訖，於河水之中，淨洗羊；則生白淨毛也。

57.9.2 **五月毛床將落，又鉸取之。**鉸訖，更洗如前。

57.9.3 **八月初，胡葈子①未成時，又鉸之。**鉸了，亦洗如初。其八月半後鉸者，勿洗；白露已降，寒氣侵入，洗即不益。胡葈子成然後鉸者，匪直著毛難治；又歲稍晚，比至寒時，毛長不足，令羊瘦損。

57.9.4 **漠北寒鄉〔一〕之羊，則八月不鉸；鉸則不耐寒。中國必須鉸，不鉸則毛長相著；作氈難成也。**

〔一〕“寒鄉”：明鈔只有一個“塞”字；祕册彙函系統各版同；漸西村舍和龍溪精舍刊本也一樣。現依金鈔改正。

①“胡葈子”：即“葈耳”，見卷三校記28.9.1.〔一〕。

57.11.1 **作氈法：春毛秋毛，中半和用。秋毛緊強，春毛軟弱，獨用太偏，是以須雜。**

57.11.2 **三月桃花水時氈，第一。**

57.11.3 **凡作氈，不須厚大，唯緊〔一〕薄均調乃佳耳。**

57.11.4 **二年敷臥，小覺垢黑，以九月十月，賣作鞾氈①。明年四五月出氈時，更買新者。此爲長存，不穿敗。若不數換者，非直垢污；穿穴之後，便無所直，虛成糜費。此不朽之功，豈可同年而語也？**

〔一〕“緊”：明鈔譌作“繁”，依金鈔及明清刻本改正。

①“鞾氈”：作靴〔鞾〕的氈。

57.12.1 **令氈不生蟲法：夏月敷席下臥上，則不生蟲。**

57.12.2 **若氈多，無人臥上者，預收柞〔一〕柴桑薪灰。入五月中，羅灰遍著氈上，厚五寸許；卷束，於風涼之處閣**

置,蟲亦不生。如其不爾,無不生蟲。

〔一〕"柞":明鈔譌作"榨";到了祕册彙函系統各版本,更傳譌成了"榷"字。現依金鈔改正。

57.10.1 羝①羊,四月末五月初鉸之。

57.10.2 性不耐寒;早鉸,寒,則凍死。雙生者多,易爲繁息。性既豐乳,有酥酪之饒;毛堪酒袋,兼繩索之利。其潤益又過白羊。

①"羝":這個"羝"字,應當是"殺"字。羝是牡羊。"殺"據説文該是牡羊,爾雅則以爲牝羊;依郭璞爾雅注,則不論牝牡,只要是黑毛的羊都可稱爲殺。本書上文叙述産羔後留母與否,黑白羊處理不同,就用"殺"字專指黑羊;因此,我們可以假定本書是將黑羊稱爲殺的。這一段所談的,全是黑毛羊(段末"又過白羊"四字,就可説明)。所以這個字應是"殺"。黑羊毛和上牛毛,織成"氎子",是製酒袋的材料。

57.21.1 作酪①法:牛羊乳皆得。別作和作,隨人意。

57.21.2 牛産日,即粉穀如糕屑,多著水煮,則作薄粥,待冷飲牛。牛若不飲者,莫與水;明日渴,自飲。

57.21.3 牛:産三日,以繩絞牛項脛②,令遍身脈脹,倒地,即縛;以手痛按乳核,令破;以脚二七遍蹴乳房,然後解放。羊:産三日,直以手按核令破,不以脚蹴。若不如此破核者,乳脈細微,攝身則閉。核破脈開,捋乳易得。曾經破核,後産者不須復治。

57.21.4 牛産五日外,羊十日外,羔犢得乳力,强健能噉水草,然後取乳。

57.21.5 捋乳之時,須人斟酌;三分之中,當留一分,以與羔犢。若取乳太早,及不留一分乳者,羔犢瘦死。

57.21.6 三月末四月初,牛羊飽草,便可作酪,以收其利,至八月末止。從九月一日後，止可小小供食，不得多作；天寒草枯，牛羊漸瘦故也。

57.21.7 大作酪時，日暮牛羊還，即間③羔犢，別著一處。凌旦④早放，母子別群，至日東南角，噉露草飽，驅歸捋之。訖，還放之。聽羔犢隨母，日暮還別。如此得乳多，牛羊不瘦。若不早放先捋者，比竟⑤，日高則露解，常食燥草，無復膏潤；非直漸瘦，得乳亦少。

57.21.8 捋訖，於鐺釜中，緩火煎之。火急則著底焦。常以正月、二月，預收乾牛羊矢，煎乳第一好；草既灰汁，柴又喜焦；乾糞火軟〔一〕，無此二患。

57.21.9 常以杓揚乳，勿令溢出。時復徹底縱橫直勾⑥，慎勿圓攪，圓攪喜斷⑦。亦勿口吹，吹則解⑧。四五沸便止。瀉著盆中，勿便揚之；待小冷，掠取乳皮，著別器中以爲酥。

57.21.10 屈木爲棬⑨，以張生絹袋子；濾熟乳，著瓦瓶子中臥⑩之。新瓶，即直用之，不燒。若舊瓶已曾臥酪者，每臥酪時，輒須灰火中燒瓶，令津出；迴轉燒之，皆使周匝熱徹。好，乾，待冷乃用。不燒者，有潤氣，則酪斷不成。若日日燒瓶，酪猶有斷者，作酪屋中有蛇、蝦蟇故也。宜燒人髮，羊、牛角以辟之；聞臭氣，則去矣。

57.21.11 其臥酪，待冷煖之節。溫溫小煖於人體，爲合宜適。熱臥，則酪醋；傷冷則難成。

57.21.12 濾乳訖，以先成甜酪爲酵⑪。大率：熟乳一升，用酪半匙。著杓中，以匙痛攪令散，瀉著熟乳中。仍以杓攪；使均調。以氈絮之屬，茹⑫瓶令煖；良久，以單布蓋之；明旦酪成。

57.21.13 若去城中遠，無熟酪作酵者，急揄醋飧〔二〕⑬，研熟以爲酵。大率：一斗乳下一匙殽〔三〕。攪令均調，亦得成。

57.21.14　其酢酪爲酵者，酪亦醋；甜酵傷多，酪亦醋。

57.21.15　其六七月中作者，臥時令如人體，直置冷地，不須溫〔四〕茹。冬天作者，臥時少令〔五〕熱於人體。降於餘月，茹令極熱⑭。

〔一〕“軟”：金鈔作“歌”，學津討原及祕册彙函系統版本作“輭”。明鈔本的“軟”字，比“輭”字好解釋。

〔二〕〔三〕“殽”：兩處“殽”字，明鈔作“殽”和“餐”。學津討原作“湌”“酵”；祕册彙函系統版本同。金鈔，兩處都寫作“湌”。現依金鈔改作相同的字，但用“正體”的“殽”。

〔四〕“溫”：明鈔譌作“淫”。依金鈔及明清刻本改正。

〔五〕“令”：明鈔譌作“今”。依金鈔和明清刻本改正。

①“酪”：乳中蛋白質，經微生物或酶性凝固作用，生成的凝塊，再經過一定程度的水解，所成食物，稱爲“乳酪”。從前住在黃河流域的漢民族，原來只有由植物性澱粉、蛋白質、脂肪製成，由植物性乳化劑保護着，所得的複雜凝膠性食物，稱爲“醴酪”（見卷九）。由牛羊乳作成乳酪，不是漢民族原有的，而是從當時的北方或西方民族學習得來。

②“脛”：學津討原等刻本都作“頸”，只明鈔、金鈔作“脛”。據上下文看，脛字更合適。因爲用繩絞緊項和四肢，則血液集聚在軀幹部分，才會“遍身脈脹”；若只絞項頸，不但牛羊的反抗動作麻煩，而且還可能使牲口受傷害。

③“間”：讀去聲。間別，即分別隔離。

④“凌旦”：即“剛天亮”或“大清早”。

⑤“比竟”：“比”讀去聲，“比及”即“達到”。“竟”是“完成”。在這裏，是“等將奶擠好，再放出去”。

⑥“勾”：應讀平聲；即由下向上挑起的動作。

⑦“斷”：即作不成功。“圓攪喜斷”可能是由於離心力使乳酪沉澱太快，酥

油沒有分出來。

⑧"亦勿口吹，吹則解"：第二個"吹"字上，似乎還應有一個"口"字；"解"字底意義，大概和"斷"字相似。

⑨"棬"：現在都寫作"圈"。

⑩"臥"：這個字在本書的一個特殊用法，即作"保持定溫"（讓發酵作用順利進行）。現在許多地方的方言中，還保存這個術語：有些地方讀成陰去，有些地方讀成上入。其他書中，有寫作"奧""喝""罨"等的；比較合適的寫法應當是"燠"。

⑪"酵"：應讀"交"或"教"；即作接種用的，發酵微生物的"純培養"。吳語系統的方言，至今稱"老奵"或"起子"爲"老酵"（酵讀"教"）。

⑫"茹"："包裹"的意思；現在許多方言中將"填塞進去"稱爲"茹"，讀上聲，常常寫成"乳"字。本書常用這個字，卷七、八中特別多。

⑬"揄"：調和攪動稱爲"揄"（見方言）。"醋殢"或"醋飡"，是冷的酸漿水（乳酸發酵產物）中，參有冷飯的，古來用作飲料（見卷九殢飯第八十六）。

⑭"極熱"："極"字有些問題，不能機械地作"極端"解釋，只能作常常講。可能是字形相似的"恒"字之誤。

57.22.1　作乾酪法：七月八月中作之。日中炙酪。酪上皮成，掠取；更炙之，又掠。肥盡①無皮，乃止。

57.22.2　得一斗許，於鐺中炒少許時，即出。於槃②上日曝，泹泹③時，作團，大如梨許；又曝，使乾。得經數年不壞。以供遠行。

57.22.3　作粥作漿時，細削，著水中煮沸，便有酪味。亦有全擲一團著湯中；嘗，有酪味，還漉取，曝乾。一團則得五遍煮，不破。看勢兩漸〔一〕薄，乃削研用，倍省矣。

〔一〕"兩漸"：明鈔是"兩漸"，金鈔作"雨漸"；祕冊彙函系統各版本作"兩斬"。將乾酪團子整個放到湯中去煮；煮五遍，還不必切破；看情況，煮得的湯和留下的乾酪團子，兩方面的味道都漸漸淡薄時，才削下研碎用。因此，"兩漸"是合適的。

①"肥盡"：即乳脂完全分出之後。

②"槃"：即"盤"的古寫法。

③"浥浥"：有相當多的水分，但並不滴出或流出（參看卷五種紅藍花梔子第五十二注解 52.101.5.③）。

57.23.1　作漉酪法：八月中作。

57.23.2　取好淳酪，生布袋盛，懸之，當有水出，滴滴然下。水盡，著鐺中暫炒，即出，於盤上日曝。浥浥時，作團，大如梨許。亦數年不壞。削作粥漿，味勝前者。

57.23.3　炒，雖味短，不及生酪，然不炒生蟲，不得過夏。

57.23.4　乾漉二酪，久停皆有〔一〕喝①氣，不如年別新作，歲管用盡。

〔一〕"有"：明鈔及祕册彙函系統版本皆缺。依金鈔補。

①"喝"："喝"是熱壞。這裏的情形，顯然是食物久置後氣味變壞了的"餲"而不是"喝"。

57.24.1　作馬酪酵法：用驢〔一〕乳汁二三升，和馬乳，不限多少。澄酪成，取下澱；團，曝乾。後歲作酪，用此爲酵也。

〔一〕"驢"：明鈔誤作"臚"，依金鈔及明清刻本改正。

57.25.1　抨酥①法：以夾榆木梡爲杷子。（作杷子法：割却梡半上，剜四廂各作一圓孔〔一〕，大小徑寸許。正底施長柄，如酒杷形。）

57.25.2　抨酥酥酪，甜醋皆得所；數日陳酪，極大醋者，亦無嫌。

57.25.3　酪多用大甕，酪少用小甕。置甕於日中。旦起，瀉酪著甕中炙，直至日西南角。起手抨之，令杷子常至甕底。

57.25.4　一食頃，作熱湯，水解令得下手②，寫③著甕中。湯多少，令常半酪。乃抨之。良久，酥出；下冷水，多少亦與湯等。更急抒之。（於此時，杷子不須復達甕底，酥已浮出故也。）

57.25.5　酥既遍覆酪上，更下冷水，多少如前。

57.25.6　酥凝，抒止。水盆盛冷水，著盆邊④，以手接酥，沈手盆水中，酥自浮出。更掠如初，酥盡乃止。抒酥酪漿，中和飱粥。

57.25.7　盆中浮酥，得冷悉凝。以手接取，搦去水，作團，著銅器中（或不津⑤瓦器亦得）。

57.25.8　十日許，得多少，併內鐺中；然⑥牛羊矢，緩火煎，如香澤法⑦。

57.25.9　當日內，乳湧出，如雨打水聲。水乳既盡，聲止沸定，酥便成矣。

57.25.10　冬即內著羊肚中，夏盛不津器。

57.25.11　初煎乳時，上有皮膜；以手隨即掠取，著別器中。寫熟乳著盆中，未濾之前，乳皮凝厚，亦悉掠取。明日酪成，若有黃皮，亦悉掠取。並著甕中，以物痛熟研。良久，下湯，又研；亦下冷水。純是好酪⑧，接取作團，與大段同煎矣。

〔一〕“圓孔”：明鈔及明清各種刻本，“圓”皆作“團”，不可解。依金鈔改正。

①“酥”：奶油。

②“作熱湯，水解令得下手”：將水燒熱成燙水（湯），再摻冷水下去，到手放下不覺得太燙。即稍高於人的體溫。

③“寫”：“傾瀉”的“瀉”字，從前常作“寫”字。

④“水盆盛冷水，著盆邊”：懷疑是“小盆盛冷水，著瓮邊”，字形相似寫錯。

⑤“不津”：即不滲水。

⑥“然”：“燃”字本來的寫法；現在作動詞用，即點着。

⑦“如香澤法”：卷五種紅藍花梔子第五十二，附有“煎香澤法”，是用火加溫，使雜在油脂中水分蒸出的辦法。

⑧“好酪”：“酪”字應作“酥”。

57.31.1 羊有疥者，間別①之！不別，相染污，或能合群
　　致死。

57.31.2 羊疥先著口者，難治，多死。

①"間別"：分別隔離。

57.32.1 治羊疥方：取藜蘆根，㕮咀①令破，以泔浸之。以瓶盛，
　　塞口，於竈邊常令煖。數日醋香，便中用。以塼瓦削疥令赤
　　（若强硬痂〔一〕厚者，亦可以湯洗之）。去痂，拭燥，以藥汁塗
　　之。再上，愈。若多者，日別漸漸塗之，勿頓塗令遍。羊瘦不
　　堪藥勢，便死矣。

57.32.2 又方：去痂如前法。燒葵根爲灰；煮醋澱，熱塗之，以灰
　　厚傅。再上，愈。寒時勿剪毛，去即凍死矣。

57.32.3 又方：臘月豬脂，加薰黃②塗之，即愈。

〔一〕"痂"：明鈔譌作"疝"；群書校補所據鈔宋本同，依金鈔及明清刻本
　　改正。

①"㕮咀"：古代將植物性藥材弄細碎的方法，是用牙齘（今日寫作"咬"）碎。
　　"㕮"音"斧"；"咀"音"沮"。後來不用牙咬，只弄碎，仍稱爲"㕮咀"。

②"加薰黃"：依農桑輯要，這個方子用的是"麑黃"；據農桑輯要醫馬疥方，
　　"麑黃"即"雄黃"。"麑"字，農桑輯要注"音臭"；玉篇以爲是"俗臭字"。
　　作動詞用的"臭"字（現在寫作"嗅"），現在許多方言中讀成"雄"字的去
　　聲；雄黃臭氣頗明顯，所以可以稱爲"臭黃"。

57.33.1 羊膿鼻、眼不淨者，皆以"中水"治①。方：以湯和
　　鹽，用杓研之極鹹，塗之爲佳。更待冷，接取清，以小角（受一
　　雞子）灌兩鼻各一角。非直水差，永自去蟲。五日後，必飲。
　　以眼鼻淨爲候；不差更灌，一如前法。

57.33.2 羊膿鼻、口頰生瘡如乾癬者，名曰"可妬渾"②，迭

相染易，著者多死。或能絕群。治之方：豎長竿於圈中，竿〔一〕頭施橫板，令獼猴上居數日，自然差。此獸辟惡，常安於圈中，亦好。

〔一〕"竿"：明鈔譌作"等"；依金鈔及明清刻本改正。

①"皆以'中水'治"：即當作"中水"醫治。

②"可妬渾"：這個名稱，顯然不是漢語，而是當時兄弟民族的語言。

57.34.1 治羊挾蹄方：取羝羊脂，和鹽煎使熟。燒鐵〔一〕令微赤，著脂烙之。著乾地〔二〕，勿令水泥入。七日自然差耳。

〔一〕"鐵"：明鈔作"熱"，明清刻本同。依金鈔改正。

〔二〕"著乾地"：明鈔及明清刻本缺"地"字，依金鈔補。

57.35.1 凡羊經疥得差者，至後夏初肥時，宜賣易之。不爾，後年春，疥發，必死矣。

57.41.1 凡驢、馬、牛、羊，收犢子、駒、羔法。常於市上伺候，見含重垂欲生者，輒買取。駒犢一百五十日，羊羔六十日，皆能自活，不復藉乳。乳母好，堪爲種產者，因留之以爲種，惡者還賣。不失本價，坐贏①駒犢。

57.41.2 還更買懷孕者。一歲之中，牛、馬、驢得兩番，羊得四倍。

①"贏"：明鈔、金鈔作"贏"，明清刻本皆同；案是"贏"字，即"賺"了的意思。

57.42.1 羊羔：臘月正月生者，留以作種；餘月生者，剩而賣之。

57.42.2 用二萬錢爲羊本，必歲收千口。所留之種，率皆精好，與世間絕殊，不可同日而語之。何必羔〔一〕犢之饒，又贏氊酪〔二〕之利也？

57.42.3 羔〔三〕有死者，皮好作裘褥，肉好作乾臘及作肉醬，味又甚美。

〔一〕"羔"：明鈔及金鈔俱作"羊"，依明清刻本改作"羔"。

〔二〕"又羸氈酪"：除金鈔有"氈"字外，各本俱無；補入。"羸"字：明鈔、金鈔仍作"羸"如上(57.41.1.①)；學津討原本作"羸"；祕册彙函系統本作"羸"及"羸"的都有。

〔三〕"羔"：明鈔作"羊"，依金鈔及明清刻本改正。

57.51.1 家政法曰："養羊法，當以瓦器盛一升鹽，懸羊欄中。羊喜鹽，自數還啖之，不勞人牧。"

57.52.1 羊有病，輒相污。欲令別病法：當欄前作瀆，深二尺，廣四尺。往還皆跳過者，無病；不能過者，入瀆中行；過，便別之。

57.53.1 術曰："懸羊蹄著户上，辟盜賊。"

57.53.2 "澤中放六畜，不用令他人無事橫截群中過。道上行，即不諱。"

57.54.1 龍魚河圖曰："羊有一角，食之，殺人。"

釋　文

57.1.1 將臘月、正月生的羊羔留來作種，最好；十一月、二月生的，次一等。不是這幾個月生的，毛不潤澤順直，骨架也小。

57.1.2 原因是(出生之後)逢寒遇熱的結果。八、九、十月生的，母羊雖然在"秋肥"中，但到冬天歲暮，母羊奶完了，青草沒有出生，小羊便長不好。三、四月生的，草是很好的春草，可是羊羔還不能吃，所飲的，只是曬熱着的母羊的奶，所以也不好。五、六、七三個月，羔羊熱，母羊也熱，兩個熱相加，不好之中的最不好。十一月和二月生的,母羊懷孕後長肥了,雖然已經沒有青草,可是母羊並不會瘦。母羊奶剛完,青草已經出生,所以很好。

57.2.1　一般地説,每十四〔口〕羊中,有兩匹公羊〔羝〕(最合適)。公羊太少,母羊便不懷孕;公羊太多,羊群就不安靖。母羊不懷孕,一定會瘦;瘦了之後,不但不能蕃殖,過冬時也許會死亡。

57.2.2　没有角的公羊更好。有角的羊,喜歡用角相互觚觸,就常引起傷胎。

57.2.3　預備供廚房用的,宜於先"剩"它。剩法:生下來十幾天的羔子,用布包着它的睪丸〔脈〕,把它咬碎。

57.3.1　牧羊的人,必須是年紀大(身體好)的老頭,性情體貼〔宛〕平和〔順〕的。在需要的時候動作或休息,調整到合宜適當。卜式説的"看管老百姓,與這不正是一樣嗎"?

57.3.2　如果用急性的人,或者小孩們,他們遮攔約束不住,必定有打傷(羊)的災禍;或者貪着自己游戲,不看管(羊),則可能有狼或狗咬(羊)的害處;懶惰,不趕着羊群走動,便没有長到肥壯充滿的道理;照顧休息不適當〔失所〕,小羔子就有累死的可能。

57.4.1　不要接近水;每兩天放他們喝一次水。飲水次數過多〔頻〕,就會"傷水",鼻中出膿。

57.4.2　趕着緩緩地走,不要長久〔停〕休息。長久停着不動,羊就不吃,也就瘦了;走得太快,會攪起塵土,撞傷額頭。

57.4.3　春天夏天,(早晨)要早些放;秋天冬天,早晨要晚些出來。春天夏天天氣暖，所以宜於早些；秋天冬天有露有霜，所以宜於晚些。養生經説：“春夏早起，和雄雞同時動作；秋天冬天晏起，等待太陽出來。”正是同一道理。

57.4.4 夏天天氣極熱的時候，須要陰涼；如果日中間不避開炎熱，灰塵和汗漸漸累積起來，到了秋冬，必定會發生癬和疥。七月以後霜露的（冷）氣來了；一定要（等待）太陽出來，霜露得到早晨太陽（照射）後解散了，然後才放出來。不然，遇着（寒）毒氣，羊口上生瘡，肚腹發脹。

57.5.1 羊圈要靠近。必須和人住的地方連接，而且（住宅）要對着羊圈開有窗。因爲羊性怯懦軟弱，沒有抵抗侵害的能力。萬一狼進了圈，便可能全群覆滅。

57.5.2 在北邊的墙頭上豎架（作成屋頂），圍成“廠”。作成“屋”，就嫌太熱；熱了就會發生疥與癬。再者，屋子裏住慣了，冬天到了田地裏時，耐寒的本領更小。

57.5.3 圈裏地面要填高〔作臺〕，開好出水口〔竇〕，不要讓地面有積水。隔一天，除一次，不要讓糞尿堆積污穢。圈内污穢，羊毛就會髒；有積水，就生“挾蹄”；羊在溼處睡，就會肚脹。

57.5.4 圈裏面（凡有墙的地方），要與墙平行立下柴栅，把墙完全遮住〔周匝〕。羊不在土（墙）上揩擦，毛自然常常是潔淨的；不立柴栅，羊在土墙上揩擦，泥土和汗裏的鹽分〔鹹〕結起來，毛便成了氈。另外，如果立的栅子，木梢露出墙頭的，虎和狼就不敢在上面爬過來。

57.6.1 有一千匹羊的人家，（每年）三四月間，種上一頃地的大豆，連草帶豆子一併留長，用不着鋤整。到了八九月，一齊割回來，作飼料〔荄〕。

57.6.2 如果不種豆子和穀類，則等最早的草種實結成的時候，把各種雜草割下收集回來，薄薄地鋪着，讓它們（快）乾，不要讓它燠壞。

57.6.3 菅豆、胡豆、碱蓬、藜、荆條、酸棗是上等的青荄。大豆小豆底豆其次之。<u>高麗豆其</u>，更是方便。蘆和薍這兩類，就不合用〔中〕。

57.6.4 秋天割草（作飼料準備），不只是爲羊着想；一般地説，（秋天割下）總會加倍地强。

57.6.5 崔寔（四民月令）説："七月七日，收割青芻荄草。"

57.6.6 到了冬天寒冷的季節，多半常有風霜，或者初春雨下來了，春草還沒有生成，這些都是需要在家裏給飼料的時候，不應當放出去。

57.7.1 藏飼料的方法：在地勢高爽的處所，將桑枝或酸棗〔棘〕枝豎着插起來，圍成兩個圓形的栅欄，每一個，周圍都有兩丈五到三丈。在栅欄裏堆積乾牧草，就堆到一丈高也沒有關係。任隨羊在栅欄外周圍走動，抽草吃，成日到晚，總不停口。這樣過了冬再過春天，沒有不肥的。

57.7.2 如果不作這樣的栅子，即使有一千車的乾草，扔給十隻羊吃，也還吃不飽；羊群（擠來擠去）把草都踩壞糟踏了，一條草也沒有吃上。

57.7.3 不（這樣）藏積飼料的，初冬時候，趁着〔乘〕秋天（的餘勢），看上去（母羊小羔）似乎都有厚肉〔膚〕。（從這時起）小羔全靠母乳長大，等到〔比〕正月，母羊都瘦死了，羔子還太小，不能單〔獨〕靠水和草生長，漸漸〔尋〕也都死了。不但不能增加，甚而至於全群絕滅到斷種。

57.7.4　我自己從前有過兩百頭羊。家裏沒有積下乾草和豆草，没有東西餵它們。一年下來，餓死了一大半；縱使活着留下的，也都滿身瘡，瘦弱得像快死的樣兒，也就和死的差不了多少；毛又短又粗，没有一點潤澤。最初我自以爲家裏不合宜養羊，又懷疑是年歲該遭瘟疫。其實只是餓壞，並無其他原因。

57.7.5　一般人家，在八月開始收割，就没有人有閑暇作零工；應當把羊賣去幾隻，來雇請專人，所花費的不多，所保全的很大。古書上説："折斷過三回胳膊的人，自己也會作醫生。"又説："羊失去了，回來補羊圈，還不算晚。"世事大概也就這樣，哪可不留意？

57.8.1　寒凍的月分生出（的小羔），須要在旁邊燒些火。夜間不燒火，必定凍死。

57.8.2　凡第一次産羔的（母羊），應當煮些糧食和豆子去餵。

57.8.3　白羊，將母羊留在家裏過三兩天之後，就連母羊帶小羔一齊放牧出去。白羊性情不慈愛〔很〕，（羊羔）不能單獨留下，（留下，母羊回來可能就不再管它們；）如連母羊一起留下，奶又會不夠。

57.8.4　黑羊〔羖〕，母羊只需要留下一天。天冷時，黑羔放在土坑裏；等天黑母羊回來後，就放出來跟母親。坑裏暖和，不會嫌有冷風；地裏暖暖的，它們（安静）睡下，也就等於常常吃飽一樣。十五天之後，羔子開始吃草，就放出去。

57.9.1　白羊三月間，由於吃够了青草，底毛（氄毛或絨毛）

開始變化，就鉸毛。鉸過，在河水裏把羊洗刷潔淨，以後長
的毛就白淨。

57.9.2 五月，底毛要掉了，又鉸。鉸完，還像前次一樣洗羊。

57.9.3 八月初，趁菜耳子沒成熟以前，再鉸一次。鉸了之
　　　後，也像第一次一樣，將羊洗淨。八月半以後才鉸的，不要洗；
　　　已經過了白露節，露水大，(早晚)寒氣很厲害，洗羊沒有好處。
　　　菜耳子成熟後才鉸毛，不但菜耳子黏在毛上不容易除掉；同
　　　時，時令已經晚了，到了冷天，毛沒有長夠，羊就瘦弱易受
　　　損害。

57.9.4 沙漠以北，長城以外的羊，八月不要鉸毛；鉸了不耐寒。
　　　"中國"的羊，八月必需鉸，不鉸，毛長到黏連起來，作氊作不
　　　好了。

57.11.1 作氊的方法：春羊毛，秋羊毛，一樣一半，混和着用。秋
　　　天毛緊而硬，春天毛軟而細弱，單用一種，質地太偏，所以要
　　　混雜。

57.11.2 三月，桃汛〔桃花水〕時作的氊，最好。

57.11.3 作氊，不要太厚太大，只要寬緊厚薄都均勻適當就好。

57.11.4 墊來睡，用過兩年，稍微有些髒，嫌帶黑了，就在九月十
　　　月，賣給人，去作靴的氊用。明年四五月，新氊出來時，再買新
　　　的。這樣，常常有着(完好的氊)，沒有穿洞或敗壞的。如果不
　　　常換，不但髒；穿了洞之後，便不值錢，白糟踏了。這就是所謂
　　　"不朽"的工作，不要隨便看待〔豈可同年而語〕。

57.12.1 讓氊不生蟲的方法：夏天，鋪在席下，人睡在(席)上，
　　　氊就不生蟲。

57.12.2 如果氊太多，沒有許多人睡，可以預先收下柞柴

桑柴灰。到五月中，將灰撒在氊上，有五寸厚；捲起來，紮上，在通風涼爽的地方擱着，蟲也不會發生。如果不然，沒有不生蟲的。

57.10.1　羖羊（黑羊）四月底五月初鉸毛。

57.10.2　黑羊怕冷，早些鉸毛，天氣冷就凍死了。黑羊雙生的多，容易繁殖。黑羊乳汁很多，可以多作酥酪；毛所織的"氍子"，可以作酒袋（濾酒的袋），也可以絢繩索，利潤比白羊還高。

57.21.1　作酪法：牛奶羊奶都可以作。分開來〔別〕或者混和着作，隨自己底意思決定。

57.21.2　牛產犢的一天，就把穀子作成像糕屑一樣的粉，多給些水，煮成稀稀的粥，等冷後，拿來餵母牛。母牛如果不喝，不給它水；明天，它渴了，自然會喝的。

57.21.3　牛：產犢後第三天，用繩子把牛頸項和腿綁緊，讓它遍身血管〔脈〕緊張，倒在地下，再用繩綑住；用手使勁搓揉乳頭，讓乳頭破裂；再用腳向乳房踢十多次，然後解鬆放起。羊：產羔後三天，就用手把乳頭揉破，不用腳踢。如果不這樣把乳頭揉破，奶流出的注〔乳脈〕細小，（牛羊）只要把身體緊縮〔攝〕一下，就閉鎖流不出來。乳頭破了，乳脈開大了，擠奶才容易得到。曾經揉破一次的，再生產時，就不必再處理。

57.21.4　牛產犢後過五天，羊產羔後過十天，羔和犢得到母乳的力量，長大強健，能夠自己喝水吃草時，才可以取奶。

57.21.5　擠奶時，人還須要斟酌；三分奶中，要留下一分來給小牛小羊。如果取奶太早，或者沒有留下這三分之一，羔和犢就會瘦死。

57.21.6　三月底四月初，母牛母羊吃飽了青草，就可以開始（大規模取奶)作酪,(從作酪中)收取利潤,至八月底爲止。從九月初一後,止可小規模地作一點,零星自己食用,不可以多作;因爲天冷,草枯了,牛羊漸漸瘦了。

57.21.7 大規模作酪時,(頭天)黃昏,牛羊回家,就將羔犢和母畜間隔開來,另外收在一處。靠天明早些放,母畜和小畜分別成群,到有太陽照着的東南角上,讓它們吃飽有露水的草,趕回來擠奶。擠了,再放出去,讓羔犢跟隨母親,到黃昏再間別。這樣,得的奶多,母牛母羊也不瘦。如果不早些放,早些擠奶,等擠完奶,太陽已經高了,露水乾了,母畜吃的常常是已乾的草,沒有潤澤;不但會瘦下去,奶也不多。

57.21.8 擠得後,在鍋裏,用慢火來煎。火急,就會糊底。應當在正月二月,預先將牛羊屎收來乾着,用來煎奶第一好;燒草,灰飛起來落在湯汁裏,燒柴,容易焦;乾(牛羊)糞作燃料,火力軟弱,沒有這兩種毛病。

57.21.9 繼續〔常〕用杓子將(煮着的)奶舀動,不要讓它滿出來。間不久,就得由鍋底直上直下地舀動〔勾〕。切不可在底上畫圓圈攪動〔圓攪〕,這樣攪過,常常作不成〔喜斷〕。也不要用口吹,吹着會離解(?)。沸了四五過,就不再煮。倒在淺盆裏,不要立時再舀動;等稍微冷些時,將(面上的)奶皮,浮面揭〔掠〕起來,放在另外的容器裏,預備作"酥"。

57.21.10 把樹枝彎成一個圓圈〔桊〕,撐着〔張〕生絹作成的袋子;讓熟奶(從袋中)濾到瓦瓶子裏,保溫〔臥〕。新瓶子,可以直接"臥",不必燒。如果用已經拿來臥過酪的舊瓶,則每次臥的時候,必須要在灰火中(煨着)燒,讓水氣〔津〕滲出來;而且要轉動煨過,讓周圍到處都熱透。煨好,乾着等冷了才用。不燒的,有水氣,酪會"斷"。如果每天都把瓶子燒過,酪還是斷,則是作酪的屋子裏面藏有蛇或蝦蟆。應當燒些人髮或牛羊角，來"辟"它們——它們（嗅到）臭氣，就會走去。

57.21.11　臥酪，靠調節溫度。暖暖的，稍微比人體體溫高一點，最合適。太熱酪會變酸；太冷，酪作不成。

57.21.12　熱奶濾過之後，用先作的"甜酪"作"酵"。大致一升熟奶，用半小勺〔匙〕酵。酵下在大杓子裏，用小勺子用力攪化散開，倒進熟奶裏面。還是用杓子攪勻和。用氈子或綿絮之類，包着瓶子，讓它煖煖的；（過）一大會〔良久〕，用單布蓋上；明早，酪就成功了。

57.21.13　如果距離城市遠，（無法買，自己又）沒有熟酪作酵，可以將冷酸飯漿水，加快攪和，研化和勻作酵。大概一斗奶下一小勺子酸飯漿，攪勻和，也可以作成酪子。

57.21.14　用酸酪作酵的，作成的酪也酸；（就是）用甜（酪作）酵，酵擱得太多，酪子也還是酸的。

57.21.15　六七月中作酪，臥時讓它和人的體溫一樣，以後就直接放在涼地方，不需要用東西包裹來保持溫度。冬天作時，讓它比人體溫稍高一點。其他的時候，都包裹着讓它長和人體溫一樣。

57.22.1　作乾酪的方法：七月八月作。在太陽下面烤〔炙〕酪，酪上成奶皮後，浮面揭起；再烤，再揭。到油盡了，沒有皮出來了，才停火。

57.22.2　（聚積）得一斗多些（除了油的酪子），在鍋裏炒一會，就倒出來。擱在淺盤中，讓太陽曬，到半乾不溼〔浥浥〕時，捏成梨子大小的團；再曬到乾，可以幾年不壞，供給遠道旅行時用。

57.22.3　煮粥或作漿時，細細削些，在水裏煮沸，（水）便有酪的味道。也有把整團酪扔在熱水裏煮着；嘗試後，有了酪味就漉取

出來，曬乾。一團可以煮上五遍，不要破開。後來看看兩方面
力量都薄弱之後，再削下來研碎用，就省得多了。

57.23.1　作"漉酪"的方法：八月裏作。

57.23.2　取好的濃酪子，用生布口袋盛着，掛起，就會有水滲出來，
滴滴掉下。水滴盡了，在鍋裏稍微炒一下，就倒出來，在盤子
裏盛着，讓太陽曬。到半乾不溼時，捏成梨子大小的團。也可
以幾年不壞。削下來煮粥作漿，味比乾酪〔前者〕好。

57.23.3　炒（後作成的乾酪），雖味道差〔短〕些，不像生酪好，但不
炒就會生蟲，不能過夏天。

57.23.4　乾酪漉酪，擱久了都有壞氣味，不如每年作新的，當年
用盡。

57.24.1　作馬酪酵的方法：用驢奶二三升，和上馬奶（馬奶分量
不拘多少）。讓酪子自己沈澱下去；作成團，曬乾。第二年作
酪時，用這種團來作酵。

57.25.1　打酥油法：用夾楡（鏇）成的小木碗（改）作"杷子"。作
杷子的方法：把一個碗切去上段一半（留下的一半），四邊各剜
一個圓孔，孔的大小，直徑大約一寸左右。在碗底子正中間裝
一個長柄，整個作成像酒杷子一樣。

57.25.2　打酥用的酥酪，甜的酸的都合用；陳了幾天的陳酪子，酸
味極大的也不要緊。

57.25.3　酪子多，用大甕盛；酪少，用小甕盛。把甕子放在太陽下
面。清早起來，把酪子倒在甕裏烤着，一直到太陽轉到西南角
上。這時，動手攪打〔抖〕，讓杷子常常達到甕底。

57.25.4　一頓飯久之後，燒些熱水，用冷水沖開〔解〕，到剛伸得手
下去（的溫度），倒進甕子裏。熱水底分量，（大約）等於酪子的

一半。再攪打。好一會,酥油出來了,倒些冷水下去,冷水的分量,也和熱水一樣多。又用力攪打。——在這時,杷子不再要直到甕底,因爲酥油已經浮了出來了。

57.25.5　到浮起來的酥油蓋滿了酪子面上時,再倒些冷水下去,分量和前次一樣。

57.25.6　酥凝聚後,攪打也就完了。用小盆盛冷水,放在甕邊,用手承〔接〕着酪子面的酥,移到小盆裏,把手往下一沈,酥便浮出(在冷水面上)了。再承取,再向冷水中浮出,一直到酪子面上的酥接完。打酥的酪漿,可以〔中〕調和冷飯漿或粥。

57.25.7　水盆裏浮着的酥,冷後都會凝結起來。用手接取出來,捏掉水,作成團,放在銅器裏。——或者放在不滲水的瓦器裏也可以。

57.25.8　十天左右,積累了多少酥,一併放在鍋裏;點燃〔然〕牛羊糞,慢火煎,像煎香澤的方法一樣。

57.25.9　當天,(酥裏面殘餘的)奶,就會湧出來,像雨打着水的聲音。酪中的水和奶都乾盡了,聲音也沒有了,也不再沸時,酥就煎成了。

57.25.10　冬天,放在羊肚裏,夏天用不滲水的容器盛着。

57.25.11　剛煎奶(作酪)時,奶上結有皮膜;用手隨時揭起,放在另外的容器裏。把煎過的熟奶倒在盆裏,沒有過濾以前,也有厚厚的奶皮凝結着,也都揭起來。到第二天,酪子成功後,上面如果有黃皮,也可以揭起來。把這些奶皮,歸併到一個甕子裏,用力研勻。好一會,加些熱水,再研;又下冷水。(這樣,也可以得到許多酥,而且)還都是好酥,用手接起來,作成團,和大甕作出的酥一同煎乾。

57.31.1　羊有疥的,要隔離開來! 不隔離,彼此傳染,很可能全群都死掉。

57.31.2 羊疥先從口上長起的,難治好,死亡的多。

57.32.1 治羊疥的方子:取藜蘆根,弄破碎,用淘米水浸着。盛在瓶子裏,塞着口,放在竈邊上,讓它保持温暖。過幾天,發生醋香,就可以用了。用磚瓦把羊疥揩刮到發紅,——如果結有强硬的厚痂,也可以先用熱水洗淨——把痂刮掉揩乾,把藥汁塗上去。塗兩次,就會好。如果疥很多,每天分批地塗,不要一次塗到滿。羊已經瘦弱了,禁不起藥底力量,就會死掉。

57.32.2 另一個方子:像上面所説的方法,把痂刮掉,把葵根燒成灰;將醋澱煮熱,趁熱塗上,再敷上厚厚的一層葵根灰。治兩次,就會好。天氣寒冷時,不要剪去毛,剪了毛就會凍死。

57.32.3 另一個方子:臘月豬油加雄黄塗上,就會好。

57.33.1 羊鼻出膿,眼睛不乾淨,都當作"中水"治療。方子:用熱水和食鹽,用杴研化,(作成)極鹹的(鹽水)塗上,很好。等鹽水冷了,取能容納一個雞蛋的小角,向兩個鼻孔裏,每個灌上一角鹽水。這樣,不但"中水"治好了,以後也不會有蟲。過了五天,羊必定要喝水。以眼鼻都乾淨了爲徵候;没有全好,就用同樣的方法再灌。

57.33.2 羊鼻出膿,口頰生瘡,像乾癬一樣的,稱爲"可妬渾",彼此相互傳染,染上了死的多。可以全群覆滅。治法:在羊圈裏豎一枝長竹竿,竿頭上放一塊横板,讓獼猴在板上住幾天,自然就好了。獼猴辟惡,常常讓它在羊圈裏也好。

57.34.1 治羊"挾蹄"的方子:用羝羊脂,和鹽煎熟,把鐵燒到有點紅,蘸着(和鹽的)羊脂去烙(蹄)。(此後)放在乾地上,不要讓水和泥進蹄。七日之後，自然會好。

57.35.1　羊害過疥，治好了的，到第二個夏天剛剛長肥，應當就賣掉，換健康的回來。不然，第三個春天，疥再發，必定會死。

57.41.1　凡驢、馬、牛、羊，收買犢子、小駒、小羔的方法：常到市場上去等着觀察，看見懷孕〔含重〕快要〔垂〕生產的，就買回來。小駒小牛，生下來一百五十天，小羊羔六十天，便都可以自己獨立生活，不再要靠母親的奶。母良畜好，可以作種畜的，留下來作種；不好的，仍舊賣掉。母畜的身價本錢，可以收回；小駒小牛，則是現成賺下的。

57.41.2　得這錢再去買懷孕的。一年之中，牛、馬、驢可以循環兩周，羊可循環四周。

57.42.1　臘月和正月生的羊羔，留下作種；其餘月分生出的，閹割後賣掉。

57.42.2　用二萬錢作本來經營羊，每年可以收一千頭羊。所留的種，都是精選的好的，和一般的〔世間〕大不相同，“不可同日而語”。（已經就夠好了，）何況還有羔子犢子賺得，又賺得了氈子和酪子？

57.42.3　羔子死了的，皮可以作皮衣皮褲子。肉可以乾臘，作成肉醬，味道也很好。

57.51.1　家政法説：“養羊法：應當用一個瓦器，盛上一升鹽，懸掛在羊欄中。羊喜歡鹽，自然常常回來舐吃，用不着人去趕回。”

57.52.1　羊有病，常常傳染。要想（個辦法）將有病的區分開來。方法是：在欄前掘一個溝，二尺深，四尺闊。來回都跳過溝的沒有病；不能跳的，會走下溝去走上來；
這樣走過時，便可以隔離了。

57.53.1　術裏面説："把羊蹄掛在房門上，辟盜賊。"

57.53.2　"在有水的地方牧放牲口，不可以讓人隨便從群
　　　　　中橫穿走過；走在路上，就不忌諱。"

57.54.1　龍魚河圖説："一隻角的羊，吃了會死人。"

養豬第五十八

58.1.1 爾雅〔一〕曰:"'豝',豭;'么',幼;奏者'豯';四豴①皆白曰'豥';絕有力,'豟'〔二〕;牝,'豝'。"

58.1.2 小雅云〔三〕:"豕,豬也;其子曰'豚'。一歲曰'豵'②。"

58.1.3 廣志③曰:"豨、狙、豝、豕,皆豕也;豯、豵,豚也;豰,艾豭也。"

〔一〕"爾雅":今本爾雅,關於豬的一節,全文是"豕子:豬,——今亦曰豝,江東呼豨,皆通名——豭,豭;——俗呼小豭豬爲豭子——么,幼。奏者,豭。——今豬豬短頭,皮理腠蹙——豕生三,豵;二,師;一,特。——豬生子常多,故別其少者之名。——所寢,橧。——橧其所臥蓐——四豴皆白,豥。——詩云"有豕白蹢",蹢,蹄也——其跡,刻;絕有力,豟。——即豕高五尺者——牝,豝。——詩云"一發五豝"。——(破折括號裏的,是郭注)賈書是節引。明鈔、金鈔,都是這樣。祕册彙函系統各本(包括學津討原在內)都照着今本爾雅正文,全鈔了進去。

〔二〕"絕有力,'豟'":"力"字,明鈔誤作"十豝",依金鈔及今本爾雅改正。

〔三〕"小雅云":明鈔,"小"字作"爾",上面空白兩格。空格是脫去的、爾雅中的"牝豝"兩字;"爾"字,則可能是將"小"字誤認爲古"爾"字(尒)的誤會。群書校補所據鈔宋本與明鈔全同。祕册彙函系統各本,"小雅"誤改作"注"字;"豕"字下面,脫去"豬"字。這樣,小雅(相傳孔鮒所作,郭璞注方言時,引用了許多條,稱爲小雅或小爾雅)便變成了爾雅注,而今本爾雅注中,並沒有這些文字,因此造成了一個混亂。現依金鈔改正(參看胡立初:齊民要術引用書目考證)。

① "四豴":"豴",今本爾雅或作"蹢",即今日的"蹄"字(省去右邊音標"啻"字的"口",便成了蹄)。

② "一歲曰'豵'":明覆宋本孔叢子中的"小爾雅"部分(第十一篇),沒有這一句,只有"小者謂之豵"。

③"廣志"：在明鈔，這一段是廣志；文句是"豨狙巋豩豕也，豷□□也，毂艾
　綴也"。群書校補所據鈔宋本及祕册彙函系統版本，與明鈔相同，不過
　空白換成了"墨釘"。金鈔，作"締、豝、緞、巋，皆豕也；豷、豶、豚也；毂、
　艾緅也"。我們把這些材料，彙集起來對校後，覺得不但字的寫法，各
　本彼此歧異，而且文字體裁，不像廣志。核對後，知道這三則，都是引
　廣雅，與廣志無關。紛歧的字，依王念孫廣雅疏證校正；只有"艾緅也"
　的"艾"字，保留要術原狀，不依今本廣雅作"狋"；又"豨、狙、豭、巋"後
　面的"皆"字，今本廣雅無，亦暫保留。（豴音 ruéi 或 suéi；豶音 fén；豭
　音 uēn；豥音 gái 或 hái；豵音 cūŋ；豨音 xi；狙音 zū；豭音 xia；豞音 xi；豵
　音 miŋ（陽平或上）；毂音 ho 或 he。）

58.2.1　母豬，取短喙無柔毛者良。喙長則牙多，一廂三牙以

　　上，則不煩畜（爲難肥故）。有柔毛者，爛①治難淨也。

①"爛"：祕册彙函系統各版本作"爛"；學津討原根據農桑輯要作"焰"字，漸
　西村舍刊本作"爛"；明鈔和金鈔，字跡不清晰。禮記中有"爛"字，玉篇
　解釋爲火焰（農桑輯要弄錯的原因在此！），禮記注説是"沈肉於湯"；集
　韻以爲本作"焊"，廣韻以爲本作"燊"。"燊"是古字；現在寫作"焊"或
　"燁"，音"潛"。

58.3.1　牝者，子母不同圈。子母同圈，喜相聚不食，則不

　　肥〔一〕。牡〔二〕者同圈，則無嫌。牡性遊蕩；若非家生，則喜
　　浪失。

58.3.2　圈不厭小；圈小則肥疾，處不厭穢。泥穢得避暑。

58.3.3　亦須小廠，以避雨雪。

〔一〕這一個小注，"子母同圈"的"同"字，明鈔原作"一"，"相聚不食"的"食"
　字，明鈔原缺，現依金鈔和農桑輯要補改。"則不肥"，金鈔和農桑輯要
　作"則死傷"，於情理不合。"不"字是明鈔原有的；"肥"字，依下文"供
　食豚"中"共母同圈，愁其不肥"補。

〔二〕"牡"：明鈔誤作"壯"，依金鈔及明清刻本改正。

58.4.1 春、夏中生。隨時放牧；糟糠之屬，當日別與。糟糠經夏輒敗，不中停故〔一〕。

58.4.2 八、九、十月，放而不飼；所有糟糠，則畜待窮冬① 春初。

58.4.3 豬性甚便水生之草；杷耬水藻等，令近岸；豬則食之，皆肥。

〔一〕這一小注，明鈔缺中央隔行同列的"經""中"兩字，依金鈔及農桑輯要補入；祕册彙函系統版本，只有頭上的"糟糠""敗不"四個字。

①"窮冬"：冬天將完畢〔窮〕的時候。

58.5.1 初産者，宜煮穀飼之。

58.5.2 其子三日便掐尾；六十日後犍①。三日掐尾〔一〕，則不畏風②。凡犍豬死者，皆尾風所致耳。犍不截尾，則前大後小。犍者，骨細肉多；不犍者，骨麤肉少。如犍牛法者，無風死之患。

58.5.3 十一、十二月〔二〕，生者，豚③，一宿蒸之。蒸法：索籠盛豚，著甑中；微火蒸之，汗出便罷。不蒸，則腦凍不合，出旬便死。所以然者，豚性腦少，寒盛則不能自煖，故須煖氣助之。

〔一〕"掐尾"：明鈔誤作"招尾"，金鈔誤作"指尾"，群書校補所據鈔宋本，這裏空白兩字；祕册彙函系統本這兩個字根本沒有；依農桑輯要改正，與正文相對應。

〔二〕"十一、十二月"：明鈔作"十二月子"，農桑輯要作"十一月十二月"。祕册彙函系統本與明鈔本同。今依金鈔及學津討原本改正。

①"犍"：即"騬"、"騸"；也有寫作"劇"的。

②"風"：懷疑是指"破傷風"。

③“豚”：這個“豚”字，懷疑是添在下一行“腦凍不合”上，却鈔錯到這行來了。

58.6.1　供食豚，乳下者佳。簡①取別飼之。

58.6.2　愁其不肥，（共母同圈，粟豆難足。）宜埋車輪爲食場〔一〕②，散粟豆於内。小豚足食，出入自由，則肥速。

〔一〕“食場”：明鈔及群書校補所據鈔宋本均誤作“食湯”。

①“簡”：“揀選”。

②“埋車輪爲食場”：即用車輪豎起來圍出一塊地，將飼料放在圈内，讓小豬可以從車輻中穿過出進，母豬却不能。

58.7.1　雜五行書曰：“懸臘月豬羊耳著堂梁上，大富。”

58.8.1　淮南萬畢術曰：“麻鹽肥豚豕。取麻子三升，擣千餘杵，煮爲羹。以鹽一升，著中；和以糠三斛；飼豕。則肥也。”

釋　文

58.1.1　爾雅説：“‘豱’是豵豬；‘么’是（同窩中）最小的一只豬；皮緊〔奏〕（不容易長大的）叫‘豤’；四蹄都白的叫‘豥’；力大（身高）的叫‘貌’；母豬叫‘豝’。”

58.1.2　小雅説：“‘豦’就是豬；小豬叫‘豚’；一歲的豬叫‘豵’。”

58.1.3　廣雅説：“豨、豠、豭、豦都是豬；豯、豰是小豬；豰，是小公豬。”

58.2.1　母豬，要嘴筒〔喙〕短，没有軟底毛的好。喙筒長的牙齒多，一邊有三顆牙的，不必餵。——因爲長不肥。有底毛的，不容易豰乾淨。

58.3.1　母豬，不要讓小豬和母親同一個圈。小母豬和母親同圈,歡喜聚在一處,忘了吃東西,這樣就長不肥。小公豬同母親在一處就没有妨害〔嫌〕。公豬喜歡亂跑;如果不加圈養,就容易走失。

58.3.2 圈不怕小;圈小,肥得快。住的地方不怕污泥多〔穢〕。有污泥,可以避免暑熱。

58.3.3 也要有一點小頂棚〔廠〕,可以遮雨雪。

58.4.1 春天夏天出生的,隨生隨時放出去(吃野食);每天還餵一點新鮮的糟和糠之類。糟糠等,在夏天過了夜就會壞〔敗〕,不能〔中〕久擱〔停〕。

58.4.2 八月、九月、十月,只放出去吃,不用餵;糟和糠留下來準備極冷的冬天和初春(作飼料)。

58.4.3 豬,很喜歡吃水裏生長的草;把水藻等把耬起來,靠近岸邊,豬就會吃,而且都會長肥。

58.5.1 剛生出的小豬,應該煮些糧食餵它。

58.5.2 小豬生下三朝,就掐去尾尖;六十天後,閹割〔犍〕。三天截去尾尖,就不怕“風”。犍豬所以會死,都是“尾風”引起的。犍而不截掉尾,豬會長得前頭大後頭小。犍過的豬,骨細肉多;不犍,骨架粗而肉少。像犍牛一樣犍豬,豬便不會死於“風”。

58.5.3 十一月十二月生出的小豚,過一夜後,要蒸一下。蒸的方法:用索作的籠盛着小豬,放在甑裏面;用小火蒸一下,出了汗就够了。不蒸,腦(受)凍了,(囟門)長不嚴〔合〕,滿十天之後就會死。爲什麼呢? 因爲小豬腦少,太冷時,自己不够暖,所以要用暖氣幫助一下。

58.6.1 供食用的小豬,正吃奶的最好。揀出來,另外餵養。

58.6.2 嫌它不(容易)肥，——因爲和(食量大的)母親同一個圈，糧食豆子不容易滿足。可以將車輪豎起來埋着，圍成一個小食場，把糧食和豆子散在場裏。小豬出入很方便，吃得够，便長得快。

58.7.1 雜五行書説："將臘月豬羊的耳，掛在正堂梁上，大富。"

58.8.1 淮南萬畢術説："麻子和鹽，可以使小豬大豬長肥。將三升麻子，杵搗一千多下，煮成糊。加一升鹽在裏面；和上三斛糠；用來餵豬，就會肥。"

養雞第五十九

59.1.1 爾雅曰："雞大者，蜀；蜀子，雓〔一〕。未成雞，僆〔二〕；絶有力，奮。雞三尺曰'鶤'①。"郭璞注曰："陽溝巨鶤，古之鷄名②。"

59.1.2 廣志曰："雞有胡髯、五指、金骹、反翅之種。大者蜀，小者荊。白雞金骹者，鳴美。吳中送長鳴雞，雞鳴長，倍於常雞。"

59.1.3 異物志曰："九真③長鳴雞，最長；聲甚好，清朗。鳴未必在曙時，潮水夜至，因之並鳴，或名曰'伺潮雞'。"

59.1.4 風俗通云："俗説朱氏公，化而爲雞；故呼雞者，皆言'朱朱'。"

59.1.5 玄中記云："東南，有桃都山。上有大桃樹，名曰'桃都'；枝相去三千里。上有一天雞。日初出，光照此木，天雞則鳴，群雞皆隨而鳴也。"

〔一〕"雓"：明鈔及羣書校補所據鈔本誤作"雛"；依金鈔及明清刻本改正。雓音 y。

〔二〕"僆"：明鈔及金鈔均誤作"健"；依明清刻本及爾雅改正（龍溪精舍本仍作"健"）。

①"鶤"：音 kūn，也寫作"鵾"。

②"古之鷄名"：依今本爾雅郭注，原文應是"古之名雞"。

③"九真"：漢武帝將南越改爲"九真郡"，即現在越南河内到順化一帶地方。

59.2.1 雞種：取桑落時生者良。形小，淺毛，脚細短者，是也。守窠少聲，善育雛子。春夏生者則不佳。形大，毛羽悦澤，脚麤長者是。遊蕩饒聲，産乳易厭，既不守窠，則無緣蕃息也。

59.3.1 雞：春夏雛，二十日内無令出窠，飼以燥飯。出窠早，不免烏鴟；與溼飯，則令臍膿也。

59.4.1 雞棲^①：宜據地爲籠，籠內著棧。雖鳴聲不朗，而安穩易肥，又免狐、狸之患。

59.4.2 若任之樹林，一遇風寒，大者損瘦，小者或死。

①"雞棲"：鳥在樹枝上休息稱爲"棲"。黄河流域養雞，到唐代還一直有讓它們棲息在樹上的。所以杜甫詩中還有"驅雞上樹木"的句子。要術這節關於雞籠的記載，説明作雞塒時，裏面還要安放枝條作架〔棧〕，讓它們能"棲"，而不是像現在，讓它們直接蹲在塒中地面。

59.5.1 燃柳柴，殺雞雛：小者死，大者盲。此亦燒穰殺瓠之流，其理難悉。

59.6.1 養雞令速肥，不杷屋，不暴園^①，不畏烏、鴟、狐、狸法：別築墻匡。開小門，作小廠，令雞避雨日。雌雄皆斬去六翮，無令得飛出。

　　常多收秕、稗、胡豆〔一〕之類以養之。亦作小槽，以貯水。

　　荊藩爲棲，去地一尺。數掃去屎。

59.6.2 鑿墻爲窠，亦去地一尺。唯冬天著草。（不茹^②則子凍）春、夏、秋三時，則不須，直置土上^③，任其產伏^④；留草則蜫〔二〕蟲生。

59.6.3 雛〔三〕出，則著外許，以罩籠之。如鵪鶉大，還內墻匡中。其供食者，又別作墻匡，蒸小麥飼之。三七日，便肥大矣。

〔一〕"胡豆"：明鈔、群書校補所據鈔本，及祕册彙函系統各版本均缺"豆"字。金鈔有"豆"字；農桑輯要及學津討原本、漸西村舍刊本亦均有。今補入。

〔二〕"蜫"：明鈔、金鈔、祕册彙函系統版本作"蜫"；農桑輯要及學津討原本作"蛆"。"蜫"即"蚰"，現在寫作"昆"；"蛆"字並不比"蜫"字更有意義。所以不改。

〔三〕"雞"：明鈔和祕册彙函系統版本原作"鷄"，依金鈔及農桑輯要改。

①"暴園"："暴"應當讀去聲，作及物動詞用，即"爲害"。

②"茹"：見養羊第五十七注解 57.21.12. ⑫。

③"直置土上"：這句"直置土上"，只可能理解爲墙上的窠，直接就以窠底上
　的泥土作底，不須要加草。

④"任其産伏"："産"，是産卵；"伏"是"抱蛋"，即"孵"。"孵"字，可以讀 fu
　（與"伏"讀音相近），也可以讀 bau（即"抱"字的音）；正像"浮"字可以
　讀 fu，也可以讀 bou 或 pāu 一樣。

59.7.1　**取穀**①**産雞子供常食法**：別取雌雞，勿令與雄相雜。其
　墙匡、斬翅、荆棲、土窠，一如前法。唯多與穀，令竟冬肥盛，自
　然穀産矣。

59.7.2　一雞生百餘卵，不雛；並食之，無咎。餅炙所須，皆宜用此。

①"穀"：這是本書特别專用的一個術語，指未經交配受精而産出的家禽卵。

59.8.1　**瀹**音龠**雞子法**：打破，寫沸湯中，浮出即掠取。生熟正
　得，即加鹽醋也。

59.8.2　**炒雞子法**：打破，著銅鐺中；攪令黃白相雜。細擘葱白，
　下鹽米、渾豉，麻油炒之，甚香美。

59.9.1　**孟子**曰："雞、豚、狗、彘之畜，無失其時；七十者，可
　以食肉矣。"

59.10.1　**家政法**曰："養雞法：二月，先耕一畝作田。秫粥
　灑之，刈生茅覆上，自生白蟲。"

59.10.2　"便買黃雌雞十隻，雄一隻。於地上作屋，方廣丈
　五。於屋下懸簀①，令雞宿上。并作雞籠，懸中。夏月
　盛晝，雞當還屋下息。并於園中築作小屋，覆雞得養
　子，烏不得就。"

①“簀”：簀是“席子”“箔子”之類軟而薄的物品，是否可以“懸”掛起來，讓雞宿在上面，頗有問題。懷疑是字形相近的“籚”字寫錯。籚是竹或荆條編成的，擔土用的“筼簀”，兩旁有可供懸掛的“系”，也相當堅牢，可以供雞棲宿；這樣懸起來的“籚”，和下文“并作雞籠，懸中”，意義相近。農桑輯要所引，沒有“并作雞籠懸中”這幾個字。

59.11.1 龍魚河圖曰：“玄雞白頭，食之病人。雞有六指者，亦殺人。雞有五色者，亦殺人。”

59.12.1 養生論曰：“雞肉不可食①小兒；食，令生蚘②蟲，又令體消瘦。鼠肉味甘，無毒；令小兒消穀，除寒熱。炙食之，良也。”

①“食”：讀去聲，作他動詞，解爲“給……吃”。這兩句，農桑輯要所引是：“不可令小兒食，食之生蚘蟲”；比本書現在兩句更明白。

②“蚘”：本來應當寫作“蛕”，讀huěi現在多寫作“蛔”。

釋　文

59.1.1 爾雅説：“雞，有大的，是‘蜀’；蜀的雛〔子〕是‘雓’。没有長成的雞叫‘僆’；氣力很大的（鬥）雞叫‘奮’。雞高三尺，叫‘鶤’。”郭璞注解説：“陽溝地方的大鶤，是古來有名的（鬥）雞。”

59.1.2 廣志記着：“雞有（下頷有長毛）像胡人鬍子一樣的，有脚生五趾〔指〕的，有黄脚脛〔金骹〕的，有翻毛〔反翅〕各種。大的是‘蜀’，小的是‘荆’。白雞黄脚脛的鳴聲好。吴中送來長鳴雞，雞鳴的時間，比平常的雞加一倍。”

59.1.3 異物志説：“九真的長鳴雞，鳴得最長；聲音很好，清朗。鳴不一定在天亮的時候，潮水夜間來到時，也會一齊〔並〕鳴，所以也稱爲'伺潮雞'。"

59.1.4 風俗通説:"一般傳説,有個姓朱的老頭,變成了雞;所以呼雞時,都説'朱朱'。"

59.1.5 玄中記説:"東南有一個桃都山。山上有大桃樹,樹叫'桃都';樹枝相隔三千里。樹上有一隻天雞。太陽剛出來,光照到這樹上時,天雞就鳴,所有的雞,也就跟着鳴。"

59.2.1 雞種,要留桑樹落葉時的蛋好。體形小,毛色淺,脚細短,守在窠中不大出來也不多叫喊;而且多生蛋,會帶小雞。春天夏天的蛋不好。雞大,毛羽漂亮,脚粗長的就是。愛遊蕩,愛叫喊,生蛋和孵蛋都容易厭煩,因爲不肯守窠,所以無從蕃殖。

59.3.1 雞,春天夏天孵出的小雞,二十天以内,不要讓它們出窠,用乾飯餵。出窠早,不能避免老鴉和貓頭鷹(殘害);給溼飯吃,臍會出膿。

59.4.1 "雞棲":應當就〔據〕地作成雞籠,籠裏用樹枝搭成離地的架子〔棧〕。這樣,鳴聲雖然遮住了,不清朗,但是安穩,容易長肥,又可以避免狐和野貓的禍害。

59.4.2 如果讓它們在樹林裏(生活),遇到風寒,大雞會凍瘦凍傷,小雞會凍死。

59.5.1 燒柳樹柴,會殺死小雞,小雞死,大雞盲。這也和"燒穰殺瓠"一樣,道理不明白。

59.6.1 養雞:讓它們肥得快,不上屋頂,不損害園圃,不怕老鴉、貓頭鷹、狐、野貓的方法:另外築墻,圍成一個方場

〔匡〕。開個小門，搭一點小屋頂，讓它們可以躲雨躲太陽。雌雞雄雞一律斬掉翅翎〔翮〕，不讓它們可以飛出來。

　　常常收集些瘦穀〔秕〕、稗子、野胡豆之類，來養它們。也作一個小水槽來盛(飲)水。

　　用荆條編成矮籬，搭上"棲"，隔地面一尺高。常常把雞糞掃去。

59.6.2　在墙上鑿些窠，也隔地面一尺高。冬天，窠裏放些草——不茹些草，雞蛋會結凍——春、夏、秋三季，就不放草，直接在泥土上，讓它們産卵孵伏；留下草來，會發生小蟲。

59.6.3　小雞孵出後，拿開，在外面另外罩籠着。到有鵪鶉大小時，再放回"匡"裏去。預備吃的雛雞，另外再圍一個"匡"，蒸熟小麥去餵。二十一天後，就肥大了。

59.7.1　取得"穀産"的雞卵，供給平常食用的方法：(專門)挑出一些母雞，不要讓它們和公雞雜處。築墙圍匡，斬去翅翎，作成荆條的棲和土窠，都和上一段所說的一樣。要多給糧食餵，讓整個冬天都長得很肥很飽滿，自然就會一直産(不受精的)蛋。

59.7.2　一隻母雞，生百多個蛋，都不能孵成小雞；一起用來供食，不會有甚麼罪過。作餅作炙，需要雞蛋，都可以用。

59.8.1　瀹(音 ye 或 jo)雞子的方法：打破，倒在沸湯裏，一浮上來，立即舀出。生熟正合適，隨手加鹽加醋。

59.8.2　炒雞子的方法：打破，在銅鍋裏；攪到黄白和匀。再加上擘碎了的葱白，加鹽顆，整粒〔渾〕豆豉，麻油炒一炒，很香很好吃。

59.9.1　孟子説："雞、小豬、菜狗、豬等家畜都合時養着；七十歲的人，可以有肉吃了。"

59.10.1　家政法記着："養雞法：二月間，先耕一畝地，耕到
　　　像田的形式，灑上秫米粥，割些生茅蓋上，自然會生出
　　　白蟲。"

59.10.2　"買十隻黃母雞，一隻公雞。在這地上，作一間每
　　　邊十五尺長的方形房屋。在屋頂下懸掛一些草筐，讓
　　　雞住在上面。再作雞籠，懸在中間。夏天正午，太陽
　　　強烈時，雞會回到屋下來休息。也可以在園裏築些小
　　　屋，蓋着雞，讓它可以養育小雞，烏鴉不會靠近（傷害
　　　他們）。"

59.11.1　龍魚河圖説："黑雞白頭，吃了會害病。有六個脚
　　　趾的，吃了會死。五色的雞，吃了也會死。"

59.12.1　養生論説："雞肉，不可以讓小孩們吃；吃了，會生
　　　蛔蟲，而且身體消瘦。老鼠肉味好，沒有毒；（吃了）叫
　　　小孩們消食，免除寒熱。炙了吃，很好。"

養鵝鴨第六十

60.1.1 爾雅曰:"舒雁,鵝。"廣雅曰:"駕鵝,野鵝也。"① 説文曰:"鵝
鵞〔一〕,野鵝也。"

60.1.2 晉沈充鵝賦序曰:"於時綠眼黃喙,家家有焉。太康②中得
大蒼鵝〔二〕,從喙至足,四尺有九寸,體色豐麗,鳴聲驚人。"

60.1.3 爾雅曰:"舒鳧,鶩。"説文:"鶩,舒鳧。"廣雅曰:"鶩,鴨也。"

60.1.4 廣志〔三〕曰:"野鴨,雄者赤頭,有距。鶩生百卵,或一日再
生。有露華鶩〔四〕,以秋冬生卵,並出蜀中。"

〔一〕"鵞":明鈔誤作"鶂",金鈔誤作"鵒"。漸西村舍刊本與明鈔同。祕册
彙函系統版本作"鶰",今本説文作"蔓"。今本爾雅釋鳥作"鵝"。

〔二〕"大蒼鵝":明鈔作"大倉鵝",祕册彙函系統各本作"太倉鵝"。今依金
鈔校正(廣雅疏證所引要術,亦作"大蒼鵝")。

〔三〕"志":明鈔誤作"雅"字。祕册彙函系統版本,連"志"上面的"廣"、下面
的"曰",一齊脱漏,而且將下文的"野鴨"誤作"野雅","赤"誤作"亦",
"有距"誤作"有短"。現依金鈔改正作"志"。群書校補所據鈔宋本,更
連"廣"上的"也"字,以及下面的"野鴨"都脱漏了。

〔四〕"露華鶩":明鈔本缺"華"字,學津討原本同;現依金鈔及明清刻本補。
末句"並出蜀中",明鈔及明清刻本皆作"並世蜀口";依金鈔補正。

① "廣雅曰:'駕鵝,野鵝也'":今本廣雅中,只有"鳴鵝、倉鴰,雁也";沒有
"駕鵝……"等五字。藝文類聚卷91"鵝"下,引有廣志曰:"駕鵝,野鵝
也";可見"雅"字應是"志"字。太平御覽卷919所引,也誤作廣雅。這
段標題注中,廣志廣雅,更迭出現;明鈔三處都作廣雅;現在看來,只有
第二處"鶩鴨也"才出自廣雅(今本廣雅"鴨"作"鷪"),其餘二處都是
廣志。

② "太康":晉武帝年號(公元 280—289 年)。

60.2.1 **鵝鴨，並一歲再伏者爲種。**一伏者得卵少；三伏者，冬寒，雛亦多死也。

60.2.2 **大率鵝三雌一雄，鴨五雌一雄。**

60.2.3 **鵝初輩生子十餘，鴨生數十；後輩皆漸少矣。**常足五穀飼之，生子多；不足者，生子少。

60.3.1 **欲於廠屋之下作窠。**以防豬、犬、狐、狸驚恐之害。

60.3.2 **多著細草於窠中，令煖。**

60.3.3 **先刻白木爲卵形，窠別著一枚，以誑之。**不爾，不肯入窠；喜東西浪生。若獨著一窠，復有爭窠之患。

60.3.4 **生時尋即收取，別著一煖處，以柔細草覆藉**〔一〕**之。**停置窠中，凍，即雛死。

〔一〕"藉"：明鈔誤作"籍"。

60.4.1 **伏時，大鵝一十子，大鴨二十子；小者減之。**多則不周。

60.4.2 **數**①**起者，不任爲種。**數起則凍冷也。

60.4.3 **其貪伏不起者，須五六日一與食，起之，令洗浴。**久不起者，飢羸身冷，雖伏無熱。

①"數"：該讀"朔"，即"屢屢"。

60.5.1 **鵝鴨皆一月雛出。量**①**雛欲出之時，四五日內，不用聞打鼓、紡車、大叫、豬、犬及舂聲；又不用器淋灰，不用見新產婦。**觸忌者，雛多厭②殺，不能自出；假令出，亦尋死也。

60.5.2 **雛既出，別作籠籠之。先以粳米爲粥糜，一頓飽食之，名曰"塡嗉"。**不爾，喜軒虛羌立向切量而死③。**然後以**

粟飯，切苦菜、蕪菁英爲食。

以清水與之，濁則易。不易，泥塞鼻則死。

60.5.3 入水中不用停久，尋宜驅出。此既水禽，不得水則死；臍未合，久在水中，冷徹亦死。

60.5.4 於籠中高處，敷細草，令寢處其上。雛小，臍未合，不欲冷也。十五日後乃出籠。早放者，匪直乏力致困；又有寒冷，兼烏〔一〕鴟災也。

〔一〕"烏"：明鈔及祕冊彙函系統版本作"鳥"（龍溪精舍刊本亦作"鳥"）；依金鈔及農桑輯要改正。上面"乏力致困"的"力"字，金鈔作"劣"。

①"量"：估計。

②"厭"：讀"壓"。古代有一種迷信，以爲某一種行動，可以由另外一件事情發生神祕的禁制作用，稱爲"厭勝"。馬吃穀可治好蚑，祀灸篷可以治蠱，"燒穰殺瓠"……都是"厭勝"之術。

③"喜軒虛羌量而死"："羌"字，金鈔根本沒有。"羌"字下的三個字夾注，明鈔作"立向切"，漸西村舍同；群書校補所據鈔宋本作"立句切"（龍溪精舍本同）；金鈔，則是一個下邊從向、上邊左側從工、右側不清楚的單字；學津討原本與祕冊彙函系統其他版本，"羌"字下空白一格。漸西村舍刊本在這三字夾注下還多一個"逾"字，是其他各本所無。"虛"字，祕冊彙函系統各本作"壺"。農桑輯要所引，根本上沒有這個注；所以這三個字的小字夾注自然更沒有。

　　"軒"是"車前高"。小鴨小鵝，常有高舉頭部而喘氣致死的病；"軒虛"兩個字，大概就是描寫這種情形。集韻"四十一漾"，收有一個"羌"字，讀音是"許亮切"（即音"向"）；解是："羌量，鳥雛飢困貌。"這樣，似乎一切都已解決："羌量"兩字連用，意義是"小鳥飢困"；"羌"字讀"向"的音。"立向切"的"立"字有誤，"立句切"，除"立"字有誤外，"句"字，應是"向"字。

但問題却並不真正這麼簡單：集韻，是宋代皇家派人（丁度等）編纂的字書，將當時流傳的各種書籍（其中包括齊民要術）中，所有的字，搜羅起來，加以（注）音釋（義）。其中固然保存了不少可寶貴的材料，却也有不少的字，往往只憑"單文片語"；所以音釋，也不少見"望文生義"，想當然地"以臆出之"的。"鳥雛飢困貌"這一個注解，究竟根據着一些什麼材料，丁度等没有明文交待，不過，很可能只是根據要術，而且只是根據目前我們討論着的這一點唯一的材料（我們雖没有正面的證據；但由其他已有的論據看來，例如種麻第八中的"點"字讀"丁破反"之類。這種可能性很高）。如果是這樣，則丁度由要術搬去集韻，我們再由集韻原封不動地搬回來，便不是真正的解釋。金鈔的一個單字，是否"嚮"或其他可讀"向"音的字，值得考慮（可能不是"羌量"而是"嚮量"，但"嚮量"仍講不通）。也可能金鈔在鈔寫時，漏掉了"羌"字，又把音切的三個字錯拼成了一個字；但漏掉的字也並不一定是"羌"。

廣雅"釋詁"中，有"歍歟、嗁唬、惻愴、愁感，悲也"一條。方言中，記着"自關而西，秦晉之間，凡大人少兒，泣而不止，謂之'嗁'；哭極音絶，亦謂之'嗁'。平原謂啼極無聲謂之'嗁唥'"。郭璞注："嗁，丘尚反；唥，音亮；今關西語亦然。"説文"秦晉謂兒泣不止曰'嗁'"。根據這些材料，我認爲要術這個小注，可能就是"歍歟嗁唬而死"；現在的"軒虚"並不要作車前高解，只是啞聲嘶叫，像人"飲泣"或"哭極音絶"時的聲音；現在的"羌量"，正是"嗁唥"，也只是"啼極無聲"；"立向反"，則是"丘尚反"字形相似寫錯。羌字，依方言郭注，今日應讀 qiáŋ（從前可能讀 kiáŋ）。

60.6.1 鵝唯食五穀稗子及草菜，不食生蟲。葛洪方曰："居射工[一]之地，當養鵝，鵝見此物能食之。故鵝辟此物也。"

60.6.2 鴨靡不食矣。水稗實成時，尤是所便。啖此足得肥充。

〔一〕"射工":明鈔誤作"射土";下面"當養鵝","當"字明鈔誤作"常",均依
　　金鈔改正。"射工"是一種神話式的動物（即"蜮"）,能"含沙射影";影
　　被它的沙射中了的人,會無故死亡。小注中第二個"鵝"字,龍溪精舍
　　本誤作"鶩",於是連在上句末了,成了"鵝鶩",末句的"鵝"字下,因此
　　也添上一個"鶩",成爲"鵝鶩辟此物"! 情形非常特別。

60.7.1 供厨者,子鵝百日以外,子鴨六七十日,佳。過此,
肉硬。

60.7.2 大率鵝鴨六年以上,老不復生伏矣;宜去之。

60.7.3 少者,初生,伏又未能工;唯數年之中佳耳。

60.7.4 風土記曰:"鴨,春季雛,到夏五月,則任啖。故俗,
五六月則烹食之。"

60.8.1 作杬子法①:純取雌鴨,無令雜雄;足其粟豆,常令
肥飽,一鴨便生百卵。俗所謂"穀生"者。此卵既非陰陽合
生,雖伏亦不成雛;宜以供膳,幸無麛卵〔一〕②之咎也。

60.8.2 取杬木皮,爾雅曰:"杬,魚毒。"郭璞注曰:"杬③,大木,
子似栗,生南方。皮厚汁赤,中藏卵果。"無杬皮者,虎杖根、牛
李根並作用。爾雅云:"蒤,虎杖。"郭璞注云:"似紅草,麤大,
有細刺〔二〕,可以染赤。"淨洗細莖④,剉,煮取汁。率:二
斗,及熱下鹽一升和之,汁極冷,内甕中。汁熱卵則致
敗⑤,不堪久停。浸鴨子;一月,任食。

60.8.3 煮而食之,酒食俱用。

60.8.4 鹹徹則卵浮⑥。

60.8.5 吳中多作者,至十數斛;久停彌善,亦得經夏也。

〔一〕"……以供膳,幸無麛卵……":明鈔"膳"譌作"贍",缺"麛"字。依金鈔

改補。

〔二〕“刺”：金鈔作“節”。虎杖無刺，今本爾雅注此字仍作“刺”，可能是錯
　　字。也可能是從前的虎杖，所指是另一種植物；但郭璞既説明“似紅
　　草”，紅草是 Polygonum crientale，則虎杖還應當是“庫頁蓼”Polygo-
　　num sachalinense，即今日的“虎杖”。本草綱目中所收關於虎杖的記
　　載，没有一種説到有刺的，可能郭璞的原注中，不是“刺”字，或者他觀
　　察錯誤了。

①“作杬子法”：“杬子”即“鹹鴨蛋”，現在江南一帶有些地區（如無錫）方言
　　中，還有稱鹹鴨蛋爲“鹹杬子”的。不過現在的鹹鴨蛋都不用植物色素
　　染色了。（四川一帶，有所謂“鹽皮蛋”，是作皮蛋時先加足够的鹽，作
　　成後，變了顏色，並不是染色，與“杬子”不同。）

　　　　這一段底“體例”，要術各本，彼此相同：“作杬子法”，四個大字作
　　一行，低格，和“篇名”相同；正文有大字小字，也和各篇正文一樣。與
　　以前各卷及第七、八兩卷中，將“……法”頂格另行，“法”中雜列大小字
　　或純是小字，以及根本不另行的兩種情况，完全不同。依道理説，現在
　　的情形，才是正規的形式，卷九全卷各篇，都與這一節同樣。

②“麛卵”：“麛”是剛生出的幼獸，“卵”指正在伏雛的母鳥。禮記中，有“春
　　田，士不取麛卵”，是中國古來倫理觀念中，“仁慈”這一個項目的具體
　　表現；以“天地之大德曰生”，“萬物並育而不相害”之類的“愛人及物”
　　思想，與人道主義説法，作爲根據。六朝佛教傳到中國來以後，戒殺放
　　生的一套道理，可能也就因爲當時已有這樣的倫理觀念爲基礎，大家
　　更容易接受。同時，所謂“儒家”之流，也可以用這個幌子，來遮住出於
　　畏懼地獄的迷信心理，賈思勰這個本注似乎可以説明當時“士大夫”們
　　對這件事調和後的看法。麛音 mi。

③“杬”：杬木，推想起來，可能就是豆科的“蘇方”；但還要等待詳細考證。

④“莖”：這個字懷疑是誤多的。

⑤“卵則致敗”：解作“卵即易敗”。

⑥"鹹徹則卵浮"：這是很值得注意的一個結論。鹹蛋底成熟過程頗爲複雜。卵殼是一個透過性很低的厚層，但淹没在鹽水下，或包裹在濃溶液中時，可能由於接觸性離子交換，而逐漸增加了對食鹽等分子的透過性，到後來，鹽可以向卵殼以内累積。卵膜是"條件透過的生物性膜"，正常，對水分子的透過較快，對水溶性物質的透過較低；所以，當鹽分進到卵殼以内，卵膜以外後，卵中的水，會向膜外滲出，漸漸也就出到卵殼以外。這時，卵的黃白兩部分，整個地在逐漸縮小容積，而氣室相對地在擴大，於是，卵的比重，也就趨向於低減。但卵膜不是絶不透鹽的；進到卵殼以内的鹽，也會慢慢浸入卵膜；卵的"實質"内容（氣室以外的東西），溶液濃度在逐漸增加，接近卵膜的部分，可能發生不可逆的蛋白質變性沉澱，結果卵膜也"增厚"了，這樣，又阻止了水和鹽底再滲入。"鹹徹"即是"鹹透"，鹹透之後，卵的比重降低，便在鹽水中逐漸向上浮動。——但並不是完全漂在鹽水面上。

釋　文

60.1.1　爾雅説："舒雁是鵝。"廣志説："駕鵝是野鵝。"説文説："鵱鷜是野鵝。"

60.1.2　晉沈充鵝賦序裏説："當時綠眼黃嘴的，家家都有着。太康年中，得到大灰色鵝，從嘴到脚，長（晉尺）四尺九寸，身體豐肥，顏色美麗，鳴聲驚人。"

60.1.3　爾雅説："舒鳧是鶩。"説文説："鶩是舒鳧。"廣雅説："鶩是鴨。"

60.1.4　廣志説："野鴨，雄的頭紅色，脚有距。鶩可以生一百卵，有時一天生兩個。有一種露華鶩，秋天冬天產卵，都出在蜀。"

60.2.1　鵝、鴨都用一年兩"抱"的作種。一年一抱的，生蛋少。一年三抱的，冬天太冷，所抱出的小鵝小鴨，也有許多要凍壞。

60.2.2 大概的比例是：鵝三個雌一個雄，鴨五個雌一個雄。

60.2.3 鵝第一批生十幾個蛋，鴨第一批生幾十個；以後再生，數量就漸漸少了。常常給够五穀餵着的，生的蛋多；不够的，蛋少。

60.3.1 要在廠屋下作窠。免得豬、狗、狐、野貓驚諕它。

60.3.2 窠裏多放些細草，讓它溫暖。

60.3.3 預先用白色的木材，刻成蛋的形狀，每個窠裏放一個，來騙它。不然，不肯到窠裏來；隨便〔浪〕東生一個，西生一個。如果只在一個窠裏放，又會爭窠。

60.3.4 生過，隨即收集起來，另外藏放在暖處，用柔軟的細草蓋着墊着。如果留在窠裏，冷了，小雛就死了。

60.4.1 孵〔伏〕時，大鵝孵十個蛋，大鴨二十個；小鵝小鴨，還要減少。多了熱得不够週到。

60.4.2 常常起來的鵝鴨，不可以留種。常起來，蛋就冷了。

60.4.3 貪孵不起來的，五六天餵一頓，趕起來，讓它洗浴。久久不起身的，餓了瘦了，身體是冷的，孵着也不够熱。

60.5.1 鵝和鴨，都要孵一個月才出雛。估計出雛的時候，四五天之內，不要讓它們聽見打鼓聲，紡車聲，人大喊大叫，豬、狗叫，以及舂碓的聲音；又不要在這天泡灰取灰汁，不可以見到新産的産婦。觸犯這些忌諱的，雛就被“厭”死了，不能自己出來；即使出來，不久〔尋〕也就死了。

60.5.2 雛出殼後，另外用籠子罩着。先把粳米煮成稠粥，給它們吃一頓大飽，稱爲“填嗉”。不這麽填過，就容易啞聲叫着死去。然後，再給些乾飯，切碎了的苦菜、蕪菁英子餵。

給它們清水，水渾濁了就換。不換水，泥塞了鼻孔就會死。

60.5.3 下水之後，不要讓它們久停留，應當隨即〔尋〕趕出來。鵝鴨都是水禽，沒有水就會死；但幼雛"臍"沒有長滿，在水中（停留）太久，冷透了，也會死。

60.5.4 在籠裏高些的乾爽的地方，鋪些細草，讓它們睡在草上。雛小時，"臍"沒有長滿，不要冷着。十五天之後，才放出籠來。放得早，不但氣力不够，容易疲倦，又還有寒冷和烏鴉、貓頭鷹的禍害。

60.6.1 鵝只吃五穀、稗子和生草〔草〕青菜〔菜〕，不吃活蟲。葛洪方説："住在有'射工'的地方，應當養鵝，鵝見了'射工'就能吃掉；所以鵝可以辟它。"

60.6.2 鴨是什麼都吃的。水稗成熟後，尤其方便。吃下熟稗子，就可以肥實充滿。

60.7.1 供肉食的，子鵝一百天以外，子鴨六七十天以外，就好。過了時候，肉就硬了。

60.7.2 一般説，鵝鴨六年以上，老了，不再產卵，也不會孵了，可以不要它。

60.7.3 小的、剛生，又不會〔工〕孵，只有三幾年好的。

60.7.4 周處風土記説："鴨，春天的雛，到夏季五月時，就可以吃。所以一般習慣〔俗〕，到五六月就煮來吃。"

60.8.1 作"杬子"的方法：淨養母鴨，不要有一隻雄的。給够糧食豆子，讓它們吃飽，長肥；這樣，一隻母鴨就可以下一百個蛋。這就是一般所謂"穀生"的（蛋）。這樣的蛋，既不是陰陽交配所生，就算孵也不會出雛；拿來吃很合宜——沒有犯"取麛卵"——殘害幼小動物——的罪過。

60.8.2　把杬木皮，爾雅：杬，是魚毒。郭璞注説："杬是大樹，種子像栗，生在南方。樹皮厚，汁是紅色的，可以保藏蛋和果子。"如果没有杬皮，可以用虎杖的根或牛李的根。爾雅裏有"蒤，虎杖"。郭璞注説："像紅草，不過粗大，有細刺，可以染紅。"淨洗，切碎，煮出濃汁。每兩斗汁，趁熱和下一升鹽，等到汁完全冷透，倒在瓮裏，汁太熱，鴨蛋便容易壞，不能久擱了。泡鴨蛋。一個月以後，就可以吃。

60.8.3　煮熟後吃，下酒送飯都可用。

60.8.4　鹹透了之後，就會浮上來。

60.8.5　江南（吴中）作的很多，有作到十幾斛；擱得愈久愈好，也可以過夏天。

養魚第六十一

種蓴藕蓮芡芰附

61.1.1 <u>陶朱公養魚經</u>曰:<u>威王聘朱公</u>①,問之曰:"聞公在<u>湖</u>爲'漁父',在<u>齊</u>爲'鴟[一]夷子皮',在<u>西戎</u>爲'赤精子',在<u>越</u>爲'范蠡'。有之乎?"

曰:"有之。"

曰:"公任②足千萬,家累億金,何術乎?"

<u>朱公</u>曰:"夫治生之法,有五;水畜第一,水畜,所謂'魚池'也:……"

61.1.2 "以六畝地爲池,池中有九洲。求懷子鯉魚,長三尺者,二十頭,牡鯉魚,長三尺者,四頭;以二月上庚日③,內池中,令水無聲,魚必生。"

61.1.3 "至四月,內一'神守';六月,內二'神守';八月,內三'神守'。("神守"者,鼈也。)所以內鼈者:魚滿三百六十,則蛟龍爲之長,而將魚飛去。內鼈,則魚不復去;在池中,周遶九洲無窮,自謂江湖也。"

61.1.4 "至來年二月,得鯉魚:長一尺者,一萬五千枚;三尺者,四萬五千枚;二尺者,萬枚。枚直五十,得錢一百二十五萬④。"

61.1.5 "至明年:得長一尺者,十萬枚;長二尺者,五萬枚;長三尺者,五萬枚;長四尺者,四萬枚。留長二尺者二千枚作種,所餘皆得錢,五百一十五萬錢。候至明年,不可勝計也。”

61.1.6 王乃於後苑治池，一年得錢三十餘萬。池中九洲八谷，谷上立水二尺；又谷中立水六尺。所以養鯉者，鯉不相食，易長，又貴也。

61.1.7 如朱公收利，未可頓求；然依法爲池養魚，必大豐足，終天靡窮，斯亦無貲之利也。

〔一〕“鴟”：明鈔作“鵄”，金鈔作“鵄”，都是宋代的俗字。

①“威王聘朱公”：齊威王聘請陶朱公。陶朱公養魚經，究竟是什麽時代什麽人作的，現在還不能確定；但人物則可以斷定都是假託的。

②“任”：行裝中必需用車來載的東西（依焦循孟子正義的説法）。

③“上庚日”：上旬中天干逢庚的一天。

④“得錢一百二十五萬”：錢，在戰國時是否已通行，大爲可疑；——可能只是兩漢的事。就由這一點已可説明這所謂“陶朱公養魚經”是後來僞託的書，與范蠡無關。此外，本篇中這個數字，和本段中其餘數字，都是不能核對的。和本書中其他各處一樣。

61.2.1 **又作魚池法**：三尺大鯉，非近江湖，倉卒難求。若養小魚，積年不大。欲令生大魚，法：要須載取藪、澤、陂、湖，饒大魚之處，近水際土十數載，以布池底。二年之内，即生大魚。蓋由土中先有大魚子，得水即生也。

61.3.1 **蓴**：南越志云：“石蓴，似紫菜，色青。”詩云：“思樂泮水，言采其茆①。”毛云：“茆，鳧葵也。”詩義疏云：“茆，與葵相似。葉大如手，亦圓；有肥②，斷著手中，滑不得停也。莖大如箸。皆可生食，又可汋③滑羹。江南人謂之‘蓴菜’。或謂之‘水葵’。”本草云：“治消渴〔一〕熱痹。”又云：“冷，補下氣。雜鯉魚④作羹。亦逐水，而性滑。謂之‘淳菜’，或謂之‘水芹’⑤。

服食之家，不可多噉。"

61.3.2　種蕁法：近陂湖者，可於湖中種之；近流水者，可決水爲池種之。以深淺爲候：水深則莖肥而葉少；水淺則葉多而莖瘦。

61.3.3　蕁性易生，一種永得。宜潔淨，不耐污，糞穢入池，即死矣。種一斗餘許，足以供用。

〔一〕"消渴"：明鈔作"痟渴"，金鈔作"疲渴"。"消渴"病名，歷來都用"消"字，明鈔、金鈔都是鈔錯。依本草及明清刻本要術改正。

①"言采其茆"：茆音柳（liu）。今本詩，"言"作"薄"。

②"肥"：即"膩"或"黏滑"的涎。

③"汋"：音 yeo 或 jo，即"瀹"字簡寫（參看 59.8.1）

④"鯉魚"：依卷八，應作"鱧魚"。

⑤"水芹"：懷疑是"水葵"寫錯。

61.4.1　種藕法：春初，掘藕根節頭，著魚池泥中種之，當年即有蓮花。

61.4.2　種蓮子法：八月九月中〔一〕，收蓮子堅黑者，於瓦上磨蓮子頭，令皮薄。取墐土作熟泥，封之，如三指大，長二寸。使蒂頭平重，磨處尖銳。泥乾時，擲於池中；重頭沉下，自然周正。皮〔二〕薄易生，少時即出。其不磨時，皮既堅厚，倉卒不能生也。

〔一〕"中"：明鈔缺，依金鈔、農桑輯要補。

〔二〕"皮"：明鈔及祕册彙函系統版本缺，依金鈔補。

61.5.1　種芡法：一名"雞頭"，一名"雁喙"，即今"芡子"是也。由子形上花似雞冠，故名曰"雞頭"。

61.5.2　八月中收取，擘破，取子，散著池中，自生也。

61.6.1 種芰法：一名菱。秋上，子黑熟時，收取；散著池中，自生矣。

61.6.2 本草云："蓮、菱〔一〕、芡中米，上品藥。食之，安中、補藏、養神、强志，除百病，益精氣。耳目聰明，輕身耐老。多蒸曝，蜜和餌之，長生，神仙。"

61.6.3 多種，儉歲資此，足度荒年。

〔一〕"菱"：明鈔作"芰"，依金鈔改正。

釋　文

種蓴、藕、蓮、芡、芰附

61.1.1 陶朱公養魚經是這麽記着：威王禮聘了陶朱公來，問他説："聽説您老先生〔公〕，在(太)湖稱爲'漁父'，在齊國稱爲'鴟夷子皮'，在西戎稱爲'赤精子'，在越稱爲'范蠡'，有這麽一回事嗎？"

(陶朱公)説："有的。"

(威王)説："您老先生行裝足有千萬文錢，家裏累積上億斤的'金'，用什麽方法得到的？"

朱公説："經營生産〔治生〕的方法有五種；第一種是'水畜'，水畜，就是所謂'魚池'：……"

61.1.2 "用六畝地作成池，池中留下九個洲。尋得三尺長的、懷有子的鯉魚二十隻，三尺長的雄鯉魚四隻；在二月初旬的庚日，放〔内〕池裏，讓水不要響，魚一定可以活。"

61.1.3 "到四月，放下一個'神守'；六月，放下兩個'神

守’；八月，放下三個‘神守’——‘神守’就是鼈——爲
什麼放鼈呢？因爲有了三百六十隻魚以後，就有蛟龍
到來領導它們，會將魚帶着走了。放了鼈，魚就不會
再走去；在池中的九洲周圍，繞來繞去，自以爲在江湖
裏面了。”

61.1.4 “到明年二月（池中）鯉魚的情形，是：一尺長的，一
萬五千隻；三尺長的，四萬五千隻；二尺長的，一萬隻。
每隻價五十文，共一百二十五萬文。”

61.1.5 “到明年，一尺長的十萬隻；二尺長的，五萬隻；三
尺長的，五萬隻；四尺長的，四萬隻。留下二千隻二尺
長的作種，其餘都賣成錢，合共得五百一十五萬文。
再等到明年，就計算不完了。”

61.1.6 威王就在後苑裏作了魚池，一年，得了三十多萬
文。池中九洲八個谷，谷上邊，有二尺深的水；谷底，
有六尺深的水。所以要養鯉魚，是因爲鯉魚不吃同
類，容易長，又貴。

61.1.7 像陶朱公這樣估計去收取利潤，不是一下〔頓〕可以得到
的；但是照這樣作池養魚，必定可以大大地富足，一生一世也
吃用不盡，這也就是不可計算的利益了。

61.2.1 另一個作魚池的方法：三尺長的大鯉魚，不是靠近江湖
的地方，不會一下就找到。如果養小魚，好幾年〔積年〕還長不
大。想要生大魚，方法是：須要從大小沼澤〔藪澤〕、蓄水池
〔陂〕、湖等，平常大魚多的地方，將靠近水邊〔際〕的泥土，運來
十幾車，鋪在池底。兩年之内，就有大魚生出。這是因爲土裏

面先有大魚子,得到水就孵出了。

61.3.1　蓴:南越志説:"石蓴,形狀像紫菜,(不過)顏色是緑的。"詩(魯頌泮水)有"思樂泮水,言采其茆",毛(傳)説:"茆即是鳧葵。"詩義疏説:"茆,有些像葵。葉有手那麽大,也是圓的;有黏滑的黏液,斷後拿在手裏,滑得捏不住。莖像筷子粗細。(莖葉)都可以生吃,也可以在湯〔羹〕裏燙〔汋〕來吃。江南人叫它作'蓴菜',或者稱爲'水葵'。"本草説:"治消渴和熱痹。"又説:"冷,補下氣。和鱧魚作羹,可以'逐水'。性質滑,所以稱爲'淳菜',或者'水芹'。鍊丹吃的人,不要多吃它。"

61.3.2　種蓴菜的方法:靠近畜水池或湖沼的,可以在湖裏種;靠近流水的,可以引流水流到池塘裏種。看水的深淺不同:水深時,莖肥葉少;水淺葉多莖瘦。

61.3.3　蓴菜很容易生長,種一次,以後可以長期有。塘水應當潔淨,不能耐髒,有糞水流到池塘裏,就會死掉。種上一斗(?)多些,可以夠用。

61.4.1　種藕的方法:春初,掘出藕根的節頭,放在養魚池塘底泥裏種下,當年就會有蓮花。

61.4.2　種蓮子的方法:八月九月,收取硬而黑的(老熟)蓮子,將蓮子頭在瓦上磨得皮薄。取黏土作成熟泥,把蓮子封在裏面,像三個手指那麽粗,二寸長。讓蓮子蔕的一頭平而且重,磨的一頭尖鋭。等泥乾透,扔進池塘裏;因爲蔕頭重,自然向下沉到泥裏,而且位置周正。頂頭皮薄,容易發芽,不久就出生了。不磨的,皮又硬又厚,一下子〔倉卒〕不會發芽。

61.5.1　種芡的方法:芡又名"雞頭",又名"雁喙",也就是今日所謂"芡子"。結的果實,上面有花,像雞冠一樣,所以叫"雞頭"。

61.5.2　八月中收得（果實），劈破，取得種子，撒在池塘裏，自己就
　　　　會發生。

61.6.1　種菱角〔芰〕法：芰又名菱。秋天，果實成熟發黑時，收
　　　　來；撒在池塘裏，自然就會發生。

61.6.2　本草説："蓮子、菱角和芡中的'米'，都是上品藥。吃下，使
　　　　體中安和，補五藏，滋養精神，强健智力〔志〕，消除百病，添加
　　　　精氣。（可以）耳目聰明，輕身耐老。多蒸，曬乾，用蜜和着吃，
　　　　可以長生，像神仙一樣。"

61.6.3　多種這些植物，到了荒年，靠它們可以度過饑荒。

齊民要術卷七[*]

後魏高陽太守賈思勰撰

〔一〕明清刻本，沒有這個音注，"麴"字下有"餅酒"兩字。暫依明鈔及金鈔，保留音注，刪去"餅酒"兩字。

    [*]一九五七年版第三分册小記：齊民要術今釋第三分册，包括原書第七、八、九三卷。這三卷，除了一篇農産品經營，一篇動物膠提取法，一篇筆墨製作法之外，主要内容，是食物加工過程的紀述——包括釀造與烹調——而不是農業生産。

    這三卷的校記與注解，比第一、第二兩分册的六卷都多些，原因有兩方面：第一，前幾卷，特别是卷一至卷五，我們本來準備作更進一步的詳盡校注，因此許多材料都保留了下來；這三卷，因爲主題不同，我們不準備作進一步的校注，所以沒有保留校注材料。第二，這三卷的錯字、漏句，和可疑難解的字句特别多，因此需要多作一些校記與注解。

　　承日本鹿兒島大學農學部西山武一教授，寄贈了一本金澤文庫本齊民要術，使這幾卷的校記能作得較完善，非常感謝。

1957 年 7 月 20 日

貨殖^①第六十二

①"貨殖"："貨"是有價值的物件，包括實在物質的"貨物"（貨），與代表價值的"貨幣"（財），"殖"是增大增多。貨殖兩字連用，是說有價值的物件的增多，即財富的累積。賈思勰在序文中雖曾說過"捨本逐末，賢哲所非，日富歲貧，饑寒之漸。故商賈之事，闕而不錄"。但在卷三的雜說第三十中，已屢次提出如何去囤賤賣貴；在卷六的養羊第五十七中，有一則"凡驢馬牛羊收犢子駒羔法"，又提出了如何營謀、獲得精好的母畜與幼畜，同時又獲得羊犢酏酪之利。這一篇，更露骨地說出如何"貨殖"。其實這一個矛盾，正是歷來"士大夫階級"中人普遍的矛盾：一方面，是講廉節，尚骨氣（真實或虛偽且不去分析）的政治與倫理兩方面的要求，儘量地"貴士賤商"；一方面，是實際物質生活的壓迫，想要不勞而獲，又沒有作現任官吏，便只好以囤賤賣貴之類的剝削行為，來滿足自己的要求。結果，隨時隨地都暴露出矛盾中的狼狽像。

貨殖第六十二整篇，除末了所引淮南子詮言訓外，其餘都據漢書貨殖傳（傳61）、史記貨殖傳（傳69），字句都依漢書。我們除用要術各版本對勘外，還用宋建安黃善夫本史記和宋景祐本漢書校過。

62.1.1 范蠡曰^①："計然云^②：'旱則資車，水則資舟，物之理也。'"

62.1.2 白圭曰〔一〕："趣時若猛獸鷙鳥之發；故曰'吾治生，猶伊尹呂尚之謀，孫吳用兵，商鞅行法'是也。"

〔一〕"白圭曰"：史記漢書，都有"白圭，周人也；當魏文侯時……與用事僮僕共苦樂，趣（史記作"趨"）時若猛獸鷙（史記作"摯"）鳥之發……"沒有"曰"字。由下文"故曰……"看來，這個"曰"字顯然是多餘的。但要術現有各版本都有這個"曰字，我們暫不改動。下文"吾治生……"，史記"生"後還有一個"產"字，"產"字不必要。

①"范蠡曰"：范蠡是越王勾踐最得力的謀臣之一。

②"計然云"：裴駰史記集解引徐廣史記音義說："計然者，范蠡之師也"；裴駰史記集解說："案范子曰'計然'者，葵邱濮上人。"漢書孟康注："姓計名然，越臣也。"漢書蔡謨注，說"計然者，范蠡所著書篇名耳，非人也；謂之'計然'者，所計而然也（即所計算的都正確實現）"。顏師古漢書注，根據古今人表，計然列在第四等，說明確實有計然這一個人，又說吳越春秋及越絕書中的"計倪"，也就正是計然（吳越春秋及越絕書這兩部"僞書"，現有傳本）。司馬貞史記索隱說："韋昭云'計然，范蠡師也'，蔡謨云'蠡所著書名計然'蓋非也。"

62.2.1　漢書曰："秦漢之制，列侯①、封君②，食租〔一〕，歲率③戶二百；千戶之君，則二十萬。朝覲、聘、享④出其中。庶民、農、工、商、賈⑤，率亦歲萬息二千，百萬之家則二十萬；而更、徭、租、賦⑥出其中。"

62.2.2　故曰：陸地牧馬二百蹏，孟康曰："五十匹也。蹏，古蹄字。"牛蹏角千〔二〕，孟康曰："一百六十七頭。牛馬貴賤，以此爲率。"千足羊；師古曰："凡言千足者，二百五十頭也。"澤中千足彘；水居千石魚陂〔三〕；師古曰："言有大陂，養魚，一歲收千石；魚以斤兩爲計。"山居千章之楸〔四〕；楸任方章者千枚也。師古曰："大材曰'章'。解在百官公卿表。"安邑千樹棗，燕秦千樹栗，蜀漢江陵千樹橘，淮北、滎南、濟、河之間〔五〕千樹楸，陳、夏千畝漆，齊、魯千畝桑麻，渭川千畝竹；及名國萬家之城，帶郭千畝畝鍾之田〔六〕；孟康曰："一鍾受六斛四斗〔七〕。"師古曰："一畝收鍾者凡千畝。"若⑦千畝梔茜，孟康⑧曰："茜草、梔子，可用染也。"千畦薑、韭。——此其人，皆與千戶侯等。

62.2.3 諺曰：“以貧求富，農不如工，工不如商。”“刺繡文，不如倚市門。”此言末業貧者之資也。<u>師古</u>曰：“言其易以得利也。”

62.2.4 通邑大都，酤一歲千⑧，釀<u>師古</u>曰：“千甕以釀酒。”醯醬千瓨，胡雙反。<u>師古</u>曰：“瓨長頸罌〔九〕也，受十升。”漿千儋〔一〇〕；<u>孟康</u>曰：“儋，罌也〔一一〕。”<u>師古</u>曰：“儋，人儋之也；一儋兩罌。儋，音丁濫反。”屠牛、羊、彘千皮；販穀糶千鍾〔一二〕，<u>師古</u>曰：“謂常糶取而居之。”薪藁千車，船長千丈，木千章，洪桐方章材也。舊將作大匠掌材者，曰章材掾〔一三〕。竹竿萬箇〔一四〕；軺車百乘，<u>師古</u>曰：“軺車，輕小車也。”牛車千兩⑨；木器漆者⑩千枚，銅器千鈞，鈞，三十斤也。素木⑪鐵器，若卮、茜千石；<u>孟康</u>曰：“百二十斤爲石；素木，素器也。”馬蹄噭千〔一五〕，<u>師古</u>曰：“噭，口也；蹄與口共千，則爲馬二百也。噭音江釣反。”牛千足，羊彘千雙；僮⑫手指千；<u>孟康</u>曰：“僮，奴婢也。古者無空手游口〔一六〕，皆有作務；作務須手指〔一七〕，故曰‘手指’以別馬牛蹄角也。”<u>師古</u>曰：“手指謂有巧伎者，指千則人百。”筋、角、丹砂〔一八〕千斤；其帛⑬、絮、細布千鈞，文采千匹，<u>師古</u>曰：“文，文繒〔一九〕也；帛之有色者曰采。”荅布〔二〇〕、皮革千石；<u>孟康</u>曰：“荅布，白疊也。”<u>師古</u>曰：“麤厚之布也；其價賤，故與皮革同其量耳，非白疊〔二一〕也。荅者重厚貌。”漆千大斗；<u>師古</u>曰：“大斗者，異於量米粟之斗也。今俗猶有大量。”蘖、麴、鹽、豉千合。<u>師古</u>曰：“麴蘖以斤石稱之，輕重齊則爲合。鹽豉則斗斛量之，多少等亦爲合。合者相配偶〔二二〕之言耳。今西楚荆沔之俗，賣鹽豉者，鹽豉各一斗，則各爲裹〔二三〕而相隨焉；此則合也。説者不曉，迺讀爲升合之合，又改作台〔二四〕。競爲解説，失之遠矣。”鮐鮆⑭千斤，師古曰：“鮐，海魚也；鮆，刀魚也，飲而不食者。鮐音胎，又音落〔二五〕。鮆音薺〔二六〕，又音才爾反。而説者妄讀鮐爲夷，非惟失於訓物，亦不知音矣。”鯫〔二七〕鮑千鈞；師古曰：“鯫，膊魚也，即今不著鹽而乾者也。鮑，今之鰛魚也〔二八〕。鯫，音輒；膊，音普各反；鰛，音於業反〔二九〕。而説者乃讀鮑爲鮑魚之鮑（音五回反）〔三〇〕，失義遠矣。鄭康成以爲鰛於煏⑮室乾之，亦非也。煏室乾之，即鯫耳〔三一〕；蓋今巴荆人所呼鰎魚者是也（音居偃反）。秦始皇載鮑亂臭，則是鰛魚耳，而煏室乾者本不臭也（煏音蒲北反）。”棗栗千石者三之；師古曰：“三千石。”狐貂裘千皮，羔羊裘千石；師古曰：“狐貂貴，故計其數；羔羊賤，故稱其量也。”旃席〔三二〕千具；它果采千種⑯；師古曰：“果采，謂於山野采取果實也。”子貸金錢千貫。——節駔儈⑰，孟康曰：“節，節物貴賤也。謂除估儈，其餘利比於千乘之家也。”師古曰：“儈者，合會二家交易者也；駔者，其首率也〔三三〕。”（駔，音子朗反，儈，音工外反。）貪賈三之，廉賈五之⑱，孟康曰：“貪賈未當賣而賣，未當買而買，故得利少而十得其三。廉賈貴乃賣，賤乃買，故十得五也。”亦比千乘之家，此其大率也。”

〔一〕“食租”：漢書各本，作“食租税”（史記這裏也是“……封者食租税”）；暫保存要術原樣。

〔二〕“牛蹄角千”：要術各版本和史記同樣是“牛蹄角千”；景祐本漢書作“牛千蹄角”；後面小注，漢書孟康注，沒有句首“一”字，在孟康注後，還有一節顏師古注“百六十七頭牛，則爲蹄與角凡一千零二也；言千者，舉成數也”。又上一句末的小注“蹏，古蹄字”上面，漢書各本都有“師古曰”三個字。

〔三〕“水居千石魚陂”：漢書“陂”作“波”，顏師古注前面多一句“‘波’讀曰‘陂’”；後文“一歲收千石”，作“一歲收千石魚也”；後面又多一句“説者不曉，乃改其波字爲‘皮’，又讀爲‘披’，皆失之矣”。

〔四〕“千章之楸”：要術各本，都作“千章之楸”。建安本史記，作“千章之材”，下面引徐廣音義説：“一作楸”；裴駰集解説：“案韋昭曰：‘楸木，所以爲轅’。”景祐本漢書，這句作“千章之萩”。顏師古注末了，還有“萩即楸樹字也，其下並同也”，則“萩”字正應當是借作“楸”字用的。案下文另有“濟河之間千樹萩”，又另有“木千章”，則這裏儘可不必專提出“楸”來。因此，楊樹達和瀧川資言以爲作“材”的史記更合理。其實，“萩”字很可能就是將字形多少有些相似的“材”字看錯鈔錯的。

下面的注，景祐本漢書有“孟康曰”三字引起。要術各版本，包括明鈔、金鈔、漸西村舍本、群書校補所據鈔宋本，以及祕册彙函系統各本都没有這三個字。

注的第一句“楸任方章者千枚”，漢書作“萩任方章者千枚”；要術金鈔和漸西村舍本作“楸任方章者千枚”，解爲可以“解（去聲）方作成大材料的楸樹，有一千株”（解方之後還是大材料，樹便必須更大）最合適。明鈔和群書校補所據鈔本，“枚”誤作“故”。祕册彙函各本，誤作“楸木千章者大枚”，便不可解了。

〔五〕“淮北、滎南、濟、河之間”：明鈔作“……榮南濟河……”；討原本，依漢書作“……滎南河濟……”，祕册彙函系統，包括漸西村舍本，作“……榮南齊河……”，史記原作“淮北常山以南，河濟之間”。漢書顏師古注，説“滎亦水名，濟水所溢作也；即今所謂滎澤也”。

〔六〕“千畝畝鍾之田”：明鈔及祕册彙函系統各本，均作“千畝鍾之田”；金鈔、討原本、龍溪精舍本，均依漢書史記作“千畝畝鍾之田”。解作每畝收六十四斗的田一千畝，則“畝”字必須重複。

〔七〕"一鍾受六斛四斗"：明鈔、金鈔，及討原本與漢書同，有"受"字；祕册彙函系統本"受"字是一個"墨釘"。

〔八〕"孟康"：明鈔"孟"字誤作"茜"；又正文及注中"椔"字，史記、漢書皆作"厄"。

〔九〕"長頸甖"：明鈔及群書校補所據鈔宋本，"頸"誤作"頭"；祕册彙函系統本，誤作"長頭是"。依金鈔及漢書改正。

〔一〇〕"漿千儋"："漿"字，明鈔、金鈔，與漢書同。祕册彙函系統各本，與史記建安本同作"醬"。按上文已有醯醬千瓨，此處不應當再是"醬"，而只應當是作爲飲料的"漿水"。

〔一一〕"儋，甖也"：明鈔、金鈔及群書校補所據鈔宋本，與漢書同。祕册彙函系統各本作"儋，石甖"。案史記建安本，"儋"字作"甀"；司馬貞所作索隱，說"漢書作'儋'；孟康曰：儋，石甖，石甖受一石，故云儋石"。

〔一二〕"販穀糶千鍾"：討原本，作"□穀糶千鍾"；祕册彙函系統各本作"販穀糶千鍾"；與史記合。明鈔與漢書合，是"穀糶千鍾"。依師古注，應是糶字。楊樹達在漢書窺管中，認爲顏說不對，應當是"糶"字，依說文（七上米部）作糶講："穀糶同義，故以爲連文。揚雄蜀都賦云：'糶米肥腤'，糶今誤作糶，與此正同。"金鈔本，這個字是糶，正合於楊先生的假定。上句"屠牛羊彘千皮"，"屠"字是動詞，以牛羊彘爲受格，則這句起處的"販"字，也正不可少，然後兩句才能對稱。大概因爲糶字寫成糶或糶之後，有人覺得已有一個動詞，所以就把上面的"販"字删去了。今補出。

〔一三〕"洪桐方章材也。舊將作大匠掌材者，曰章材掾"：景祐本漢書没有這個注。明鈔"桐"作"同"，"方"字後有"薬"字，"章材掾"的"章"字誤作"草"，"材"作"曹"，"掾"誤作"椽"。祕册彙函系統各本，除"章"字"掾"字之外，下文"材者曰"三字誤作"於著曰"，真是無法解釋。史記這一句注，是引漢書音義，"曰洪洞方薬章材也，舊將作大匠掌材曰章材掾"。金鈔作"洪桐方章材也，舊將作大近掌材者，曰章材掾"。我們覺得金鈔前句最好："洪"是大；"桐"是樹木名稱,也可以作爲樹幹講；洪桐,即粗大的桐樹或粗大的樹幹。"藁"字,顯然是因爲前一行的"薪藁千車"這句,看錯了混進來的,毫無意義。"方章",上面校記62.2.2.〔四〕已作了説明,即可解掉邊作成方形長大材料的。下一句"舊將作大匠(政府的建築部門)掌材者,曰'章材掾'",掾是一個下級幹部；掌管木料的下級幹部叫"章材掾",正可説明"章"是解作大木料的。

〔一四〕"竹竿萬箇":"箇"字,是明鈔、金鈔共有的；祕册彙函系統各本,都作"個"。漢書史記則都用"個"字。漢書原有一個注"孟康曰:個者一個兩個。師古曰:'個'讀曰'箇',枚也"。史記索隱引劉熙釋名:"竹曰個,木曰枚。"又引方言"個,枚也"。

〔一五〕"馬蹏噭千":"噭"字,明鈔、金鈔、漸西村舍刊本,都是從"口"的字,與漢書同。祕册彙函系統各本和討原本,作從"足"的"蹾",與史記同。史記徐廣注,以爲"馬八髎",即"後竅"(肛門)；漢書顏師古注以爲是口,司馬貞史記索隱引顧胤胤則云:"上文馬二百蹄(按爲五十四)與千户侯等。此蹄蹾千,比千乘之家,不容亦二百；則竅謂九竅,(九竅)通(四肢共十)三而成一馬,所謂'生之徒十有三'也。"(括號内字,原缺；我們以爲必需補。)瀧川資言在史記會注考證裏説"按是都邑所賣買之貨,與上文千户侯没交涉"。我們若聯着上下文一齊考慮,則所説只是"交易總額",即經手過 200—250 匹馬的買賣,而不是經常養有這麽許多馬匹。私人養到 200—250 匹馬,在漢代很可能是犯禁的事。

　　上一句"軺車百乘",史記作"其軺車百乘"。"其"字可能是多餘的,更可能是"具"字寫錯,"具"就是裝配起來的意思。上文所補的"販"字,領到"竹竿萬箇"爲止；這個"具"字,領到"牛車千兩"爲止。

〔一六〕"游口":要術各本,皆作"游口",與漢書同。史記作"游日","空手"是没有工作的人,"游日"是没有工作的日子,似乎比"游口"好。

〔一七〕"皆有作務……":明鈔、金鈔,這兩句都是"皆有作務；作務須手指",祕册彙函系統各版本,少了一個"作務"。

〔一八〕“丹砂”：祕册彙函系統各本，缺“丹”字；明鈔、金鈔、討原本，及漸西
　　　村舍刊本有，與漢書同。

〔一九〕“文繢”：明鈔及祕册彙函系統各本誤作“文緒”；金鈔、討原本作“文
　　　繢”，與漢書同。

〔二〇〕“荅布”：明鈔、金鈔、漸西村舍刊本均作“荅布”，與漢書同；祕册彙函
　　　系統本作“榻布”，與史記同。這只是一個記音字，荅榻都讀作 dhap，
　　　所以都可以用。

〔二一〕“白疊”：祕册彙函系統各本，誤顚倒成爲“疊白”；明鈔、金鈔、討原
　　　本、漸西村舍刊本不誤，與漢書及史記注所引同。上文孟康的解釋，也
　　　正是“白疊”（白疊是當時由印度輸入的木棉布）。張守節史記正義中
　　　已提出了“非中國產”。也寫作“白㲲”。

〔二二〕“合者相配偶”：明鈔、金鈔、討原本、漸西村舍本，都有句首的“合”
　　　字，與漢書同。祕册彙函系統本，落去“合”字，便不能講解。

〔二三〕“各爲裹”：裹字，金鈔、討原本與漢書同；明鈔及祕册彙函系統各本
　　　誤作字形有些相似的“衆”。

〔二四〕“又改作台”：“台”字，金鈔及討原本與漢書同；明鈔誤作“古”；祕册
　　　彙函系統各本，及漸西村舍本誤作“占”。

〔二五〕“音菭”：明鈔、金鈔、討原本、漸西村舍刊本作“菭”，與漢書同；祕册
　　　彙函誤作“落”。

〔二六〕“音薺”：明鈔、金鈔、討原本和漸西村舍刊本與漢書同；祕册彙函各
　　　本誤作“靳”。

〔二七〕“鯫”：明鈔、金鈔、討原本與漢書同；祕册彙函本及漸西村舍刊本作
　　　“鰍”，與史記同。如依史記徐廣音義及漢書顏師古注，“音輙”，應是
　　　“鯫”字。張守節史記正義則堅持是“鰍”字，音“族苟反”，以爲是“小
　　　襍魚”。

〔二八〕“今之鮦魚也”：明鈔及祕册彙函各本誤作“今之鮑魚也”；金鈔和討
　　　原本、漸西村舍本作“鮦”，與漢書同。現在湖南湘中區濱湖幾縣，還將

破開後加鹽醃過、稍微晾一下而不曬乾的魚,稱爲"鮿魚",鮿字正讀
"葉"(於業反)音。從前可能讀 jip 如或 jiep。另一種醃過,根本不晾
曬,在很短的時間内就吃掉的,則稱爲"鮑(陽去)醃魚"。鮑醃魚根本
不能貯藏,只在冬天隨時作好隨時供食,不作爲商品。作商品的鮿魚,
因爲没有乾,還在繼續分解之中,所以一般都帶有很强烈的腐臭。

〔二九〕"鮿,音輒;膊,音普各反;鮑,音於業反":明鈔,"膊"誤作"轉";金鈔,
"輒"誤作"鰍";漸西村舍本,"鮿"作"鰍"、"膊"作"轉"。祕册彙函系統
各本,"鮿音輒"三字錯成一個"輶"字,"膊"仍誤作"轉","鮑"誤作
"鮑"。討原本與漢書同,不誤。

〔三〇〕"鮑魚之鮑(音五回反)":明鈔,"五"字誤作"王"。漸西村舍本,第一
個鮑字誤作鮑,"五"也誤作"王"。祕册彙函系統各本,作"浥魚之鮑
(音王曰反)"。金鈔與討原本不誤,與漢書同。

〔三一〕"即鮿耳":明鈔與祕册彙函系統各本脱去"鮿"字,漸西村舍本脱去
"耳"字。金鈔與討原本和漢書一樣。

〔三二〕"旃席":明鈔、金鈔作"旃席",與漢書史記同;祕册彙函系統版本,討
原本和漸西村舍本誤作"旃車"。"旃"即"氈"字。

〔三三〕"其首率也":"首"字,祕册彙函系統各本誤作"有"。首率(率,應讀
帥)即"頭目"。

①"列侯":漢朝的制度,凡不是劉家(皇帝家)的人,因功封侯的,稱爲
"列侯"。

②"封君":漢書原注,封君,是"公主列侯之屬",即連列侯在内,一切受封賜
土地的人。

③"率":讀"律"音;即規定比例。歲率户二百,即規定每年每户 200 文錢,
依此比例計算:200 文×1,000＝20,0000 文,所以"千户之君,則二
十萬"。

④"朝覲、聘、享":古來相傳的説法,"朝"是諸侯在春天去見天子,"覲"是諸
侯在秋天去見天子。"聘"是諸侯之間相互見面時的贈禮,"享"是諸侯

之間相互用酒食款待。這些，都必須付出一定的旅行費、宴會費。"享"字，祕冊彙函系統各本作"饗"。

⑤"商、賈"："商"是"行商"，即旅行販賣的；"賈"是"坐賈"，即定居不動的。

⑥"更、徭、租、賦"：都是"庶民、農、工、商、賈"等平民，應向政府納的稅。"徭"，史記作"傜"，漢書作"繇"，都是同音假借。"徭"的原義是義務勞動；後來允許僱人代服務，再遲，可以繳錢代替。這句話後面，漢書原來還有一句"衣食美好矣"，史記則是"衣食之欲，恣其所好；美矣"。

⑦"若"：即"或者"。

⑧"酤一歲千"：過去各家，都在"釀"字斷句，大概大家都相信顏師古所作注，以爲一歲"千甕以釀酒"。和上下文聯繫比較後，我們覺得"酤"字作動詞；"一歲千"，便是一年中，酤一千次，（很可能下面脫去了一個"甕"字。）"釀"字應屬下句，即釀字作動詞用，以下兩句的醯醬（千瓨）、漿（千儋）爲受格。這樣，"酤"字、"釀"字，便和"屠""販"平行。所有這節中的項目和數字，都是通計全年的交易總額，而不是生產總額或積蓄總額。也只有這樣解釋，才合於"商業行爲"的情況。

⑨"牛車千兩"：史記正義解釋説，"車一乘爲一兩"；引風俗通的説法"箱（車箱，即坐人或載東西的地方）轅及輪，兩兩相偶之，稱兩也"。現在都寫作"輛"。

⑩"木器漆者"："漆"字，史記作"髹"；徐廣解釋説："髹音休，漆也。"

⑪"素木"：孟康注已説明，"素木，素器也"，即未上漆的白木器；千石是十二萬斤。漆過的價格高，所以只販一千個；未漆過的價格小，所以販賣到十二萬斤，和梔子、茜草等染料一樣多。

⑫"僮"：孟康在注中已説明是奴婢；奴婢（未成年的男女奴隸），在當時是商品。

⑬"其帛"：這個"其"字，在這裏又是不好解釋的。可能仍只是"具"字，即"具備絲綢，絲綿，細布共 30,000 斤；有花紋的〔文〕和染了色的〔采〕綢緞共 1,000 匹；木棉布、皮、革合共 120,000 斤"。

⑭"鮐鮆"：顏師古注已根據說文，解釋了"鮐鮆"是怎樣的兩種魚。張守節史記正義（鮿千石鮑千鈞下面的注）說："鮐鮆以斤論，鮑鮿以千鈞論，乃其九倍多；故知鮐是大好者，鮿鮑是雜者也"；這是他所以堅持史記文是"鮿"不是"鮿"的根據。按史記是"鮿千石"，石是 120 斤，千石便是千斤的 120 倍；"鮑千鈞"，鈞是 30 斤，千鈞便是千斤的 30 倍；九倍多其實是計算錯誤。鮐是海魚；鮆，新鮮的不如醃鮓好吃（根據本草綱目），便也是醃過出賣的；鮑，不論是鮠魚也好，鱄魚也好，都是已死後加工保存的魚類。四種作爲商品的魚類，已有三種不是鮮魚，則"鮿"必定也只能是加工保存後、可以貯藏的魚，顏師古所說"不著鹽而乾者"（也就是陳藏器所說的"淡乾魚"——至今湖南還有這個名稱），似乎更合理。

⑮"煏"：用烘烤，催促乾燥的動作，稱爲煏。

⑯"它果采千種"："它"字没有意義；張文虎校史記札記，以爲是"衍"字。懷疑原是"它地"兩字，因"地"字和"他"字相像，所以鈔寫中漏去了；它地，即非本地的。下文"采"字，顏師古的解法，也有些牽强；宋本史記，這句是"果菜千種"，則"采"是"菜"字寫錯。也就是說，這一句，是"它地果菜千種"，即是經營果菜販運商業。秦漢已有嶺南的"甘"（柑）、龍眼，離枝（荔支——見史記韋昭注）等果實，運到黃河流域來出賣；竹筍大量從南方運來供食之外，薑與桂兩種菜用香料，也是戰國以來習慣着使用的。因此我提出這個假定，認爲當時商業中，有專營他地果菜的一種行業在。否則從山野採千種"其餘"的果實，究竟是些什麼果類，以至于每年賺的錢，可以和"千乘之家"相比，就頗難于設想了。

⑰"駔儈"：懷疑今日北方口語中"掌櫃"這個詞，正是這個"大〔駔〕經紀人〔儈〕"的古名，衍生而來。

⑱"貪賈三之，廉賈五之"：孟康注釋，如本節所引，對"貪賈""廉賈"的解法，大家没有異議。至於"三之""五之"，孟康以爲是"十得三，十得五"（即 30% 或 50% 的利潤）。李光地以爲是"三分取一，五分取一"。楊樹達

先生以爲<u>黃生義府</u>中所提的 3％與 5％才對。<u>劉奉世</u>則以爲這兩句是連上文的，“此謂子貸取息也；貪賈取利多，故三分取息一分；廉賈則五分取一耳——所謂‘歲息萬二千’也”。我懷疑廉賈是薄利多賣，貪賈是緊囤看漲；三與五，則是每年周轉次數的比例。廉賈因爲多賣，可以多周轉幾次；廉賈周轉五次，貪賈才周轉了三次。

62.3.1 <u>卓氏</u>曰：“吾聞<u>嶓山</u>〔一〕之下，沃壄；下有踆鴟，至死不飢。”<u>孟康</u>曰：“踆，音蹲。水鄉多鴟，其山下有沃野，灌溉。”<u>師古</u>曰：“<u>孟</u>説非也！踆鴟，謂芋也；其根可食，以充糧，故無飢年。”<u>華陽國志</u>曰：“<u>汶山郡都安縣</u>①有大芋，如蹲鴟也。”

62.3.2 諺曰：“富何卒②？耕水窟；貧何卒？亦耕水窟。”言下田能貧能富〔二〕。

〔一〕“嶓山”：<u>明鈔</u>、<u>群書校補</u>所據鈔<u>宋</u>本，依<u>漢書</u>作“嶓山”；<u>金鈔</u>作“岷山”；<u>祕册彙函</u>系統各本，包括<u>訒原</u>和<u>漸西村舍</u>刊本，作“汶”，與<u>史記</u>同。這三個字事實上是一個字；今日通用的，是<u>金鈔</u>所用的“岷”字。

〔二〕“下田能貧能富”：<u>明鈔</u>、<u>金鈔</u>缺“能富”兩字；<u>祕册彙函</u>系統各本有這兩個字。有這兩個字，語意才完全，應補足。

① “汶山郡都安縣”：<u>史記正義</u>所引，作“<u>汶山郡安上縣</u>”。<u>華陽國志</u>今存本——<u>明吳琯古今逸史</u>刻本及<u>錢穀</u>據<u>宋李塈</u>刊本手鈔本——“<u>汶山郡</u>”下脱漏，與“<u>越嶲郡</u>”相黏連，文字中没有這幾句，因此<u>廖寅</u>刊<u>顧廣圻</u>校本，就根據<u>顏師古漢書</u>注添入了這一條。<u>晉書地理志</u>，<u>汶山郡</u>有<u>都安縣</u>；<u>安上縣</u>則屬于<u>越嶲郡</u>。由<u>華陽國志</u>現存的上下文看（<u>越嶲郡</u>没有標題，因爲標題在脱漏了的一葉［?］中），<u>安上縣</u>也只能屬于<u>越嶲</u>。<u>史記正義</u>的“<u>汶山郡安上縣</u>”，可能是後人依殘本<u>華陽國志</u>校改時弄錯的，也可能是<u>張守節</u>原來的錯誤。如果是<u>張守節</u>原來的錯誤，則<u>華陽國志</u>闕少這一葉，還是在<u>張守節</u>作<u>史記正義</u>之前的事。

② “卒”：音 cu，現在都用“猝”字，即急速。

62.4.1 丙氏家，自父、兄、子、弟，約：〔一〕① 俯有拾，仰有取。

〔一〕"丙氏家，自父、兄、子、弟，約"：明鈔、金鈔、及群書校補所據鈔宋本，都
　　　是這樣節引漢書的，語句簡明。祕册彙函系統各本，包括學津討原，都
　　　作"曹邴氏家，起富至巨萬，然自父、兄、子、弟勤約"，多少更近於史記。
　　　但史記起字屬於另一句，"以鐵冶起"，"弟"字作"孫"，無"勤"字；而且
　　　這樣節引，意義反而不明瞭。

①"約"：即"約定"、"規定"。

62.5.1 淮南子曰："賈多端，則貧；工多伎，則窮。心不一
也。"高誘曰："賈多端，非一術；工多伎，非一能，故心不一也。"

釋　文

62.1.1 范蠡説："計然曾説過，'在陸地上一定要靠〔資〕
車，在水裏一定要靠船，這是事物的天然道理'。"

62.1.2 白圭説："争取時間，要像猛獸猛禽（捕捉食物時）
一樣（迅速堅決）；所以説，'我經營生産，正像伊尹呂
尚的設計，孫臏吳起的用兵，和商鞅的行法一樣（迅速
堅決）'。"

62.2.1 漢書説："秦和漢兩代的制度，凡屬有封爵的列侯
和有食邑的封君（封建地主），能向土地收取〔食〕的租
税，標準是每年每户二百；如果封地達到一千户，就可
以得到二十萬租税。一切入都朝見皇帝，相互之間招
待過往（費用），都由租税供給。一般没有官職的人
民，農民，手藝工人，行商，坐商，普通的利息，也是每
年每萬得到二千；家財百萬的，利息應當有二十萬。

所需要付出的義務勞役費和税款，也都由這筆利息中
支付。”

62.2.2　所以説，陸地上牧有二百隻蹏的馬，孟康説：“這就是
五十匹。蹏是蹄字的古寫法。”連蹏帶角一千隻的牛，孟康
説：“就是一百六十七頭牛。牛馬貴賤，可以依這比例〔率〕計
算。”一千隻脚的羊；顏師古説：“説一千隻脚，就等于二百五
十頭。”或者沼澤地帶有一千隻脚的大豬；住在水鄉的，
有一個每年出一千石（十二萬斤）鮮魚的蓄水池；顏師
古説：“這是説，有一個大的陂養着魚，一年可以收一千石魚；
魚是論斤兩的。”住在山上的，每年能伐出一千棵解去邊
後、能作大件木料〔章〕的楸樹；可以解成四方木料的楸樹
一千棵；顏師古注説：“大材料稱爲‘章’，在百官公卿表裏有注
解在。”（或者）安邑縣有一千棵棗樹，燕地秦地有一千
棵栗樹，蜀郡漢中郡或江陵縣有一千棵橘樹，淮北、滎
南、濟水、黄河之間，有一千棵楸樹，陳留郡、江夏郡有
一千畝地的漆園，齊地、魯地有一千畝的桑園或麻地，
渭河沿岸有一千畝竹林；或者有名的大國（國都），具
有萬户人家的大城，城外有一千畝每畝能收一鍾的
田；孟康注解説：“一鍾的容量是〔受〕六十四斗。”顏師古注解
説：“每畝能收一鍾的田有一千畝。”或者有一千畝的梔子
茜草，孟康注解説：“茜草和梔子，都可用作染料。”一千畦的
薑或韭菜。——這樣的人，（收入）都和封了一千户的
侯相等。

62.2.3　俗話説：“窮人想發財：種田不如作手藝，手藝不如

把店開。”“窮在家裏作針線，不如靠着市門（裝笑臉）。”這都説，下等〔末〕職業，是窮人可以靠來過活的。顔師古注説：“這就是説，比較容易得到利潤。”

62.2.4　還有交通方便〔通〕的縣城〔邑〕和大城市〔都〕裏，（每年）作酒類零售生意〔酤〕一千次；顔師古注解説，用一千只甕來釀酒。釀醬一千瓨（字音 gong），顔師古注解説，瓨是長頸的瓦器，容量十升（等於二公升）。上好醋〔醯〕醬，或一千儋漿；孟康説：儋是瓦器。顔師古説，儋是人挑擔，一擔有兩個瓦罌。儋音 tam（現讀 dan）。宰出一千張皮的牛、羊、豬；（販）一千鍾穀；顔師古解釋爲經常糴進來囤積着〔居〕。一千車柴草，一千丈長的船，或一千件木料，大件解方了的樹木成爲“章”的。舊時將作大匠（即建築工程部）管木材的，稱爲“章材掾”。一萬件竹竿；一百乘小車〔軺車〕，顔師古解釋説：軺車是輕而小的車。一千輛牛車；一千件漆過的木器皿，一千鈞銅器，鈞是三十斤。一千石没有上漆的木器皿或鐵器，或梔子、茜草；孟康解釋説，一石是一百二十斤；素木是（没上漆的）白木器皿。一千隻蹏帶口的馬，顔師古説，噭就是口；蹏帶口共一千，應是二百匹馬（噭音 kiao，現讀 qiào）。一千隻脚的牛，兩千隻羊或豬；或者一千個手指的奴婢〔僮〕；孟康注解説：僮是男性〔奴〕與女性〔婢〕的奴隸。古時候没有空閑的手與空閑〔游〕的人〔口〕，都有一定的工作任務；工作任務要手指（來完成），所以人用“手指”來計數，和馬牛用蹄角計算的不同。顔師古解釋説：手指，指有精巧手藝的人；一千個手指即是一百個人。

或者筋、角、丹砂一千斤；或綿綢、絲綿，細布三萬斤，織有花紋或染有顏色的絲綢一千匹，<u>顏師古</u>解釋説：文是有花紋的厚綢；染了顏色的綿綢稱爲綵。十二萬斤荅布或皮革；<u>孟康</u>解釋説：荅布就是白叠布。<u>顏師古</u>則認爲荅布是粗厚的大布，價錢賤，所以才能和皮革以同等的量來計算，不是（外國來的）白叠布。荅是厚而且重的意思。漆一千大斗；<u>顏師古</u>解釋：大斗，和量穀米的斗不同；現在（唐代）還有大（一級的）容量（單位）。麴、蘗、鹽、豆豉一千合，<u>顏師古</u>解釋説：麴蘗是論斤論石的，同樣重量的麴和蘗，稱爲“合”。鹽和豆豉是論斗論斛的，同樣容量的鹽和豆豉也稱爲“合”。“合”就是配合相隨的説法。今日（唐代）<u>西楚</u><u>荆州</u><u>沔州</u>的習慣，賣鹽和豆豉的，如有人兩樣各買一斗，便分開來包着，一起交出，這就是“合”了。解説的人，不知道這件事，把合字讀成一升十合的“合”，也有人改作“台”。爭着講解，實在都錯得遠了。一千斤鮐魚或鮆魚，<u>顏師古</u>注解説：鮐是海魚；鮆是只飲水不吃固體食物的刀魚。鮐字讀 tài 或 tái，鮆字讀 zì 或 zǐ。解説的人，有時將鮐讀成“夷”，不但所指的東西不對，音也錯了。三千斤鰩魚或鮑魚；<u>顏師古</u>解釋説：鰩魚是膊魚，就是今日（唐代）不加鹽而乾製的。鮑魚，就是現在（唐代）的鮚魚。（鰩音ɕiep——我們現在讀ɕe，膊音 pak，——我們現在讀 po，鮚音 ap（或 jiep？，——我們現在讀 ji）；解説的人，有將“鮑”讀作鮠魚的“鮠”（音 ŋei，——我們現在讀 huei）的，意義相差很遠。<u>鄭康成</u>以爲“鮚是在煏室裏製乾的魚”，也是不對的。煏室裏乾製的魚，就是鰩魚，也就是今日（唐代）<u>巴州</u><u>荆州</u>人所謂鰬（音 kien，——我們現在讀 qien）魚。<u>秦始皇</u>（死後，屍體放在車子裏腐臭了），載上鮑魚來混蓋〔亂〕臭氣的，則應當是鮑魚；煏室裏乾製的魚，本來就不會臭（煏音 pak，——我們現在讀 bi）。三倍千石（360,000 斤）棗子或栗子；顏師古說：就是三千石。一千件狐皮或貂皮作成的裘，十二萬斤羔羊皮裘；顏師古注解說：狐皮貂皮貴，所以論件數計；羔羊賤，所以論斤稱。一千條藕席；別的地方出產的果子蔬菜一千種；顏師古對“它果采千種”的解釋是：果采，即是在山裏和野地裏採取果實。用一百萬文錢作本金放債收息的；這一些，把經紀人〔駔儈〕的“用錢”除去之後，孟康解釋說：節是估計物價貴賤。這句話，是說除了經紀人的用錢，剩下的利潤，可以和千乘之家相比。顏師古解釋說：儈是（從中）把（買賣）雙方的交易說合起來的人；駔是其中爲首的。駔 zǎŋ，儈音 guai（我們今日讀 guei）。貪得的人，一年中週轉三遍，願意薄利多賣的，周轉五遍，孟康以爲“貪賈”是不應當賣就賣，不應當買也買，所以得利少，十分只得到三分。“廉賈”要貴才賣，賤才買，所以十分能得到五分。收入也可以比得上千乘之家，這就是大概情形。

62.3.1　卓氏說：“我所說岷山下面，土地〔墂＝野〕肥美；地下出産有踆鴟；到死也不會有荒年。”孟康注解說：踆音蹲 zuen。多水的地方，貓頭鷹很多；那邊山下有肥地，可以灌溉。顏師古（改正）說：孟康的說法錯了：“踆鴟”是芋；芋根可以吃，當得糧食，所以不會有饑荒年。華陽國志裏面有：“汶山郡都安縣有大芋頭，樣子像蹲着的貓頭鷹。”

62.3.2　俗話說：“怎麼富足得快〔卒〕？因爲在水地裏耕種；怎麼窮

得快？也是因爲在水地裏耕種。"就是說，低地可以使人窮，也可以使人發富。

62.4.1 （魯國）丙氏家裏，從父兄到子弟，大家約定，動一動，就要有相當收穫，——低頭有東西要拾，抬頭有東西要摘。

62.5.1 淮南子詮言訓説："作坐商，經營項目太多，就不發財〔貧〕；作手藝的，技術方面太多，就不會精通，也會窮。因爲注意力不集中〔心不一〕。"高誘注解説："坐商項目多，道路〔術〕不能統一；工匠技術多，技巧不能統一，所以注意力不集中。"

塗甕第六十三

63.1.1 凡甕：七月坯爲上，八月爲次，餘月爲下。

63.2.1 凡甕，無問大小，皆須塗治。甕津[1]，則造百物皆惡，悉不成；所以特宜留意〔一〕。

63.2.2 新出窰及熱脂塗者，大良。若市買者，先宜塗治，勿便盛水〔二〕！未塗遇雨，亦惡。

〔一〕“特宜留意”：“特”字，祕册彙函系統各本，連學津討原和漸西村舍本在內，都誤作“時”，現依明鈔、金鈔改正。

〔二〕“勿便盛水”：“便”字，祕册彙函系統各本，連學津討原和漸西村舍本在內，都誤作“使”，依明鈔、金鈔改正。

[1]“津”：液體通過小縫罅緩緩透漏，稱爲津或滲（sèn），參看卷六注解 57.25.7.⑤。

63.3.1 塗法：掘地爲小圓坑，傍開兩道，以引風火。生炭火於坑中。合[1]甕口於坑上而熏之。火盛喜破，微則難熱；務令調適乃佳。

63.3.2 數數以手摸之；熱灼人手，便下。寫[2]熱脂於甕中，迴轉濁流[3]，極令周匝。脂不復滲[4]所蔭切乃止。牛羊脂爲第一好；豬亦得。俗人用麻子脂者，誤人耳。若脂不濁流〔一〕，直一遍拭之，亦不免津。俗人釜上〔二〕蒸甕者，水氣，亦不佳。

63.3.3 以熱湯數斗著甕中，滌盪疏洗[5]之，寫〔三〕却，滿盛冷水。數日便中用。用時更洗淨，日曝令乾。

〔一〕“濁流”：“濁”字祕册彙函系統各版本誤作“獨”；依明鈔、金鈔、學津討原及漸西村舍本作“濁”，與正文相應。漸西村舍本是根據群書校補改正的。

〔二〕“釜上”：“上”字，祕册彙函系統各本及學津討原誤作“土”。依明鈔、金
　　鈔及漸西村舍本改正。

〔三〕“寫”：明清各本，都作“瀉”；參看注解 63.3.2.②。

①“合”：將容器口向下倒覆着，稱爲合，讀袷；參看注解 18.7.1.②。

②“寫”：解作傾瀉的瀉；本來不必加水旁（曲禮“漑者不寫”，周官稻人“以瀉
　　寫水”，便都沒有水旁。參看卷五 52.101.4 及 52.112.2）。

③“濁流”：“濁”字本意，是流動不快的水；挾有固體（今日膠體化學上所謂
　　“懸濁”）或其他的液體（今日膠體化學上所謂“乳濁”）的水，流速總比
　　清水表現得小。“濁流”便是緩緩地流動。

④“滲”：液體流到小孔隙中，慢慢減少了。

⑤“疏洗”：這個“疏”字，可能是“漱”字，因同音而寫錯的“漱洗”，見雜説第
　　三十注解 30.301.1.①及種棗第三十三注解 33.8.3.②。

釋　文

63.1.1 凡買瓦甕，七月作的甕坯（燒成的）最好；其次是八
　　月坯；其餘各月的坯都不好。

63.2.1 凡瓦甕，（如果預備作釀造時的容器，）不管大小，
　　都必須先塗過整治過。用滲水的甕子，製造任何物件
　　都不好，不能成功；所以應當特別留意。

63.2.2 新出窑的，或者用熱脂膏塗過的才好。如果在市
　　上買新的回來，便要先塗過，不要立刻盛水。沒有塗過
　　却淋了雨的，也不好。

36.3.1 塗的方法：先在地下掘一個小圓坑，坑旁邊開兩個風
　　路，來讓風火出入〔引〕。在坑裏燒上炭火。將甕口蓋在

坑上來薰。火太旺甕容易破，太弱又不容易烤熱；總要調整
到剛合適才好。

63.3.2　常常用手摸摸；覺得熱到燙手了，就離開火〔下〕。
　　　將熱着的脂膏倒進去，迴轉着甕，使（脂膏）在甕裏緩
　　　緩地各處都流遍，務必要周到。到脂膏再也滲（音
　　　sèm，現在讀 sen）不（進甕壁）了，才停手。用牛羊脂最
　　　好；豬油也可以。許多人用大麻子油，是會誤事的。如果不讓
　　　脂膏緩緩地流遍，只周圍揩抹一次，仍舊免不了滲漏。許多人
　　　在鍋上蒸瓦甕，（只得到）水氣，也不會好。

63.3.3　把幾斗熱水放進（塗好了的）甕裏，洗着，盪動着，
　　　倒掉，盛滿冷水。過幾天，便可以用了。臨用前，再洗
　　　淨，在太陽下曬乾。

造神麴并[一]酒等[二]第六十四

安麴①在藏瓜卷中九[三]

〔一〕"并":崇文書局刻本,"并"字誤作"餅"。可能是因爲正文中有"麴餅"的話,所以改錯了;不知道"并"字是作介系詞用的。現依明鈔、金鈔及明清其他刻本作"并"。

〔二〕"等":祕册彙函系統各版本,連學津討原、漸西村舍本在内,都缺少這個"等"字,可能因爲"等""第"兩字,字形相像,因而寫漏了。依明鈔、金鈔補。

〔三〕"九":祕册彙函系統各本,没有這個"九"字。這個"九"字,乍看是没有意義的;但卷九的作菹藏生菜法第八十八中,"藏瓜法"一段裏,有着"女麴"法,女麴也就是麴的一種,這個"九"字,便給了我們一個線索,讓我們知道這個標題注有錯字之外,還可以在卷九中去尋求解答。

①"安麴":"安"字應當是"女"字寫錯。這個標題注,應解釋爲"女麴,在卷九藏瓜法中",可能原書就是像我們注解的形式,鈔寫時弄錯了。

64.1.1 作三斛麥麴法[一]:蒸、炒、生,各一斛。炒麥,黄,莫令焦。生麥,擇治甚令精好。種各别磨,磨欲細。磨訖[二],合和①之。

64.1.2 七月,取中寅日[三],使童子著青衣,日未出[四]時,面向殺地②,汲水二十斛。勿令人潑水!水長[五]③,亦可寫却,莫令人用。

〔一〕"作三斛麥麴法":明清各刻本,包括祕册彙函系統各本,和學津討原及漸西村舍刊本在内,這個標題:①上面,都多了一個"凡"字;②下面,直接正文,不另提行。和下面的另一個標題"祝麴文"的寫法比較看來,我們知道明鈔、金鈔作單行另寫,應當是本書最正規的辦法;卷六養鵝鴨第六十中"作杬子法"以及卷九中的許多小標題，也就正是這樣寫的。"凡"字根本上是誤多的，依明鈔、金鈔删去。

〔二〕"磨訖"："訖"字，明清各刻本，均誤作"乾"；依明鈔、金鈔改正。

〔三〕"中寅日"：明鈔及明清刻本，都是"甲寅日"。金鈔作"中寅日"。每個干支週期中，只有一個甲寅日，七月中不一定就輪得到有甲寅日。"中寅"，如指中旬逢寅的日子，雖也不一定能碰得上，但却有 50/60 即 83％的可能，機會已比 1/60 的"甲寅"大得多。如指"第二個寅日"，則絕對必有。下文(64.21.3)還有"七月上寅日作之"的話，可見該是"中寅"。所以，依金鈔改作"中寅"。

〔四〕"日未出"：金鈔作"日木出"，是寫錯了的。

〔五〕"水長"："水"字，明清刻本誤作"人"，可能是"水"字爛成的形狀。依明鈔、金鈔改正作"水"。上句"勿令人潑水"的"潑"，金鈔誤作"發"。由下句"水長，亦可寫却"的"寫"看來，應當是"潑"。"潑"是由下向上面和遠處潑出去，水應依"拋物線"在空中運動；寫則由上向下傾注，水是直線或斜線地流下。作"潑"才可以和"寫"相對待。

①"和"：讀去聲，即混和的意思。

②"殺地"：這是占卜中一個方位的名稱。

③"水長"：長應讀去聲；意思是"嫌太多"。

64.2.1 其和麴之時，面向殺地和之，令使絕强①。

64.2.2 團麴之人，皆是童子小兒，亦面向殺地。有汙〔一〕穢者不使，不得令人室近〔二〕。

64.2.3 團麴當日②使訖，不得隔宿。

64.2.4 屋用草屋，勿使瓦屋〔三〕；地須淨掃，不得穢惡，勿令溼。

〔一〕"汙"：明清刻本誤作"行"；可能是由于字形有些相近而看錯。

〔二〕"令人室近"："人"字，明清刻本作"入"。"不得令人室近"，即不要和住有人的房屋相鄰近。一方面避免某些不合需要的微生物，有機會污染，一方面也防止溫度的強烈變化，不全是迷信。

〔三〕"勿使瓦屋"：明清刻本，"使"字下多一個"用"字；這個"用"字，可能是某個讀者注下來解釋"使"字的，後來誤會爲正文了。瓦頂房屋，保溫效果不如草屋好。

①"絕强"：强是硬；絕强即極硬。少給些水在麥粉裏，勉强和匀，搓揉不易成團（沒有達到"可塑"的範圍内），便是"絕强"。

②"當日"：當字讀去聲；"當日"即"本日"，現在許多地方的口語中，還保留着這個用法。

64.3.1 畫地爲阡陌，周成四巷。作麴人，各置巷中。

64.3.2 假置"麴王"，王者①五人。麴餅隨阡陌，比肩②相布。

64.3.3 布訖〔一〕，使主人家一人爲"主"——莫令奴客爲主！——與王酒脯。之法③：涇麴王手中爲椀〔二〕，椀中盛酒脯湯餅。主人三遍讀文，各再拜。

〔一〕"布訖"：這一個"布"字，明鈔及明清刻本都沒有，依金鈔補入。

〔二〕"椀"：明清刻本只有下一個"椀"字；依明鈔、金鈔補入。"椀"即現在通用的"碗"字。

①"'麴王'，王者"："王者"，是衣冠形相像"王"的人。

②"比肩"：比字讀去聲；"比肩"即肩頭相並的"並肩""肩隨"。

③"之法"："之"字可作第三身代名詞領格用，意義與"其"相同。這裏，可能這樣解釋；但更可能是上面還有"與王酒脯"四個字，作爲"之"字的主位，因爲和上句末了重複，鈔寫時遺漏了。

64.4.1 其房欲得板户，密泥塗之，勿令風入。

64.4.2 至七日，開。當處翻之①，還令泥户〔一〕。

64.4.3　至二七日,聚麴,還令塗户,莫使風入。

64.4.4　至三七日,出之。盛著甕中,塗頭②。

64.4.5　至四七日,穿孔繩貫,日中曝〔二〕,欲得使乾,然後
　　　內之。

〔一〕"還令泥户":"還"字,明鈔與明清刻本均誤作"遷";依金鈔改正。

〔二〕"日中曝":明清刻本無"中"字,依明鈔、金鈔補。

①"當處翻之":"當處",即"在原來的處所"。

②"塗頭":"頭",是甕口上蓋的東西;"塗頭"是在頭上塗上稀泥,加强封閉
　　效果。

64.5.1　其麴餅〔一〕:手團,二寸半,厚九分。

〔一〕"麴餅":明清刻本都作"餅麴",依明鈔、金鈔改正。

64.6.1　祝①麴文:

　　　　東方青帝土公,青帝威神;

　　　　南方赤帝土公,赤帝威神;

　　　　西方白帝土公,白帝威神;

　　　　北方黑帝土公,黑帝威神;

　　　　中央黃帝土公,黃帝威神:——

　　　某年月,某日,辰朝〔一〕日,敬啓五方五土之神:

64.6.2　主人某甲,謹以七月上辰②:

　　　　造作麥麴,數千百餅;

　　　　阡陌縱橫,以辨疆界,須③

　　　　建立五王,各布封境。

　　　　酒脯之薦,以相祈請:

　　　　願垂神力,勤鑒所願:使④

蟲類〔二〕絕蹤，穴蟲潛影。

衣色⑤錦布，或蔚或炳。

殺熱火熆⑥，以烈以猛。

芳越薰椒〔三〕，味超和鼎。

飲利君子，既醉既逞⑦；

惠彼小人，亦恭亦静。

敬告再三，格言斯整⑧。

神之聽之，福應自冥⑨。

人願無違〔四〕，希從畢永。

急急如律令⑩！

64.6.3 祝三遍。各再拜。

〔一〕"朝"：明鈔及明清刻本作"朔"，金鈔作"朝"。依上面（64.1.2）所説"七月中寅"或"甲寅"，甲寅不能一定是"朔"（初一），中寅更不能是朔；上句，"某年月某日"已點明了日期，這裏也不須再要用"朔"來指日，作"朝"和"辰"相連，指明時刻，更適合。下面的"日"字，懷疑是誤多的。

〔二〕"蟲類"：明清刻本誤作"出類"，暫依明鈔、金鈔改。但仍懷疑"蟲"字也還不是原文真態，而應當是"鼠"。因爲下面一句是"穴蟲潛影"，這句的"蟲"字，不但字面重複，意義也混淆不明。

〔三〕"薰椒"：明鈔作"椒薰"，明清刻本作"椒熏"，金鈔作"薰椒"。"熏"字是"薰"字寫錯；不需要再説明。和下句"味超和鼎"相比；和是動詞，鼎是名詞，則應將作動詞的"薰"（用椒的香氣薰過），放在第三，作名詞的"椒"，放在第四，才與"和鼎"對稱得更和諧。

〔四〕"違"：明清刻本誤作"爲"，依明鈔、金鈔改正。

①"祝"：讀去聲；後來寫成"呪"，再變成"咒"。

②"上辰"："上辰"是好日子（楚辭中有"吉日兮良辰"）。

③"以辨疆界，須"：懷疑"界"字是誤多的，"須"字是"領"字爛成。這就是

説,這五個字應是"以辨疆領"四字一句,"領"字和上文的"餅",下文的

"境"協韻("疆領"即疆界領域)。

④"勤鍳所願:使":懷疑這五個字應當是"勤鍳所懇"。"懇"字借協。這樣,

"願"字便不與上句"願垂神力"重複,同時,全篇祝文,都是四字一句的

韻語,也很合于六朝人的風格。

⑤"衣色":"衣"是霉類的菌絲體和孢子囊混合物;麴菌常產生某些色素,所

以"衣"便有"色",而且可以布置得像"錦"。

⑥"燌":音墳(fén),廣韻和玉篇,都以爲即是焚字。

⑦"逞":有通、徹底、放開懷抱等意義;也就是"痛快"。

⑧"格言斯整":"格"作動詞用,説明神與人之間的交通感應;"格言",即神

感到了人的語言所表達的要求,不是一般將可作爲法則的言語當作

"格(形容辭)言"的意義。"整"是辦到,實現。

⑨"冥":這裏讀上聲,借協。"自冥",即從暗中來。

⑩"急急如律令":這是我國道教的符祝語末了照例有的一句話。據説"律

令"(令字應讀鈴)是雷部推車推得最快的一個鬼;如律令,是和律令這

鬼一樣快。但漢代官文書末了,常用"如律令"(即"把這當法律命令一

樣,迅速辦妥!");張魯們創立五斗米教時,可能只是依當時習慣,引用

了一個"公文程式"的零件;雷部的神話,是後來傅會的。

64.11.1 造酒法:全餅麴,曬[一]經五日許。日三過以炊
　　帚①刷治之,絕令使淨,——若遇好日,可三日曬。

64.11.2 然後細剉[二],布䋈②,盛高屋廚③上,曬經一日,莫
　　使風土穢污。

64.11.3 乃平量麴一斗,臼[三]中擣[四]令碎。若浸麴,一
　　斗,與五升水。

64.11.4 浸麴三日,如魚眼湯沸④,酘⑤米。

64.11.5 其米,絕令精細,淘米可二十遍。酒飯,人狗不

令噉。

64.11.6 淘米，及炊釜中水，爲酒之具有所洗浣者，悉用河水〔五〕佳也。

〔一〕"曬"：明清各刻本作"曠"；可能是右邊的"麗"字壞爛看不清，因此寫錯了。漸西村舍本（根據黃蕘圃校正過?）却和明鈔、金鈔一樣，作"曬"。

〔二〕"剉"：明清各刻本誤作"刷"。

〔三〕"臼"：明鈔誤作"𦥑"，金鈔誤作"日"，依明清刻本改正。

〔四〕"擣"：明清刻本誤作"受"，依明鈔、金鈔改正。

〔五〕"河水"：明清刻本誤作"此水"。

①"炊帚"：由字面上看，應當是一個刷鍋用的器具。比較白醪麴第六十五篇 65.2.2 的"以竹掃衝之"，和煮𩛿第八十四篇中 84.1.1 的"𩛿帚舂取勃"，我們可以推測：它大概是一把細竹條，紮成一個帚，用來清潔炊具的，可以借用來刷去麴餅外面的塵土和表層。

②"帊"：用布蓋着，作爲薦底。這個用法，現在四川、貴州口語中還保存着。例如包裹褥子或席子的布單，稱爲"帊單"。

③"廚"：即高架（參看卷三注解 18.3.2.③）。

④"魚眼湯沸"：水因熱而放出氣泡，溫度愈高，氣泡愈大，最初像蟹眼大小，慢慢便像魚眼大小（蘇軾詩句："蟹眼已過魚眼生，颼颼欲作松風聲"，就是描寫水煮沸時的經過）。麴在水中泡漲後，起酒精發酵，也會發生一連串的氣泡；氣泡大的，可以像魚眼一樣。

⑤"酘"：將煮熟或蒸熟的飯顆，投入麴液中，作爲發酵材料，稱爲"酘"。讀 tóu。

64.12.1 若作秫黍米酒：一斗麴，殺米①二石一斗。第一酘，米三斗。停一宿，酘米五斗。又停再宿，酘米一石。又停三宿，酘米三斗。

64.12.2 其酒飯，欲得弱炊②，炊如食飯法。舒③使極冷，

然後納之。

① "殺米"："殺"即消耗、消化、溶去。

② "弱炊"："弱"是軟（見卷二注解 10.1.2.④），"弱炊"即炊到很軟。

③ "舒"：即攤開、展開。依本卷及下卷的用法，應寫作"抒"。

64.13.1 若作糯米酒：一斗麴，殺米一石八斗。唯三過酘米畢。

64.13.2 其炊飯法，直下饙^①，不須報蒸^②。

64.13.3 其下饙^{〔一〕}法：出饙甕中，取釜下沸湯澆之，僅沒飯便^{〔二〕}止。此元僕射家法。

〔一〕"饙"：64.13 段所有"饙"字，明清刻本都誤作"饋"，金鈔都作"饙"。這一個，明鈔也誤作"饋"，依金鈔改正。

〔二〕"便"：明清刻本誤作"使"；依明鈔、金鈔改正。

① "饙"："饙"讀 fēn（分）；是將米蒸（或在水中煮沸）到半熟的飯。四川、湖南都有這樣的辦法，都是用水煮到半熟，用箕撈出。這樣的飯，現在四川稱爲"生饙子"，湘中一帶則稱爲 sa（入聲，即"酢"字讀轉了一些。酢字見廣雅）飯子。將饙在甑中再蒸，稱爲"餾"。

② "報蒸"："報"是回過去（因此有"報復"的說法）。報蒸即回過去再蒸，也就是餾。

64.21.1 又：造神麴法：其麥，蒸、炒^{〔一〕}、生三種齊等，與前同。但無復阡陌、酒、脯、湯餅、祭麴王，及童子手團之事矣。

64.21.2 預前事^①麥三種，合和，細磨之。

64.21.3 七月上寅日作麴。溲^②欲剛，擣欲粉細，作熟，餅用圓鐵範，令徑五寸，厚一寸五分。於平板上，令壯士熟踏之。以杙^{〔二〕}刺^③作孔。

64.21.4 淨掃〔三〕東向開戶屋，布麴餅於地，閉塞窗戶，密泥
縫隙，勿令通風。

64.21.5 滿七日，翻之。二七日，聚之。皆還密泥。三七
日，出外，日中曝令燥，麴成矣。

64.21.6 任意舉閣〔四〕，亦不用甕盛。甕盛者，則麴烏
腸。——"烏腸〔五〕"者，遶孔黑爛④。

64.21.7 若欲多作者，任人耳；但須三麥齊等，不以三石
爲限。

64.21.8 此麴一斗，殺米三石；笨麴⑤一斗，殺米六斗。省
費懸絕如此。用⑥七月七日焦麥麴及春酒麴，皆笨
麴法。

〔一〕"炒"：明清刻本誤作"炊"；依明鈔及金鈔改正。

〔二〕"杙"：金鈔及明清刻本誤作"栈"。"杙"字解釋，參看卷五注解 45.4.1.
①"鈎弋"。

〔三〕"掃"：明清刻本誤作"揣"，依明鈔、金鈔改正。

〔四〕"閣"：明清刻本譌作"閤"，依明鈔、金鈔改正。

〔五〕"腸"：明清刻本譌作"腹"，依明鈔、金鈔改正。

① "事"："事"字當"治"（讀去聲，即整治）講解；也就是 64.1.1 節所說的"炒
麥，黄，莫令焦。生麥，擇治甚令精好"。再加上"蒸一分"，三種準備
工作。

② "溲"：向固體顆粒中，加水調和，稱爲"溲"。"溲欲剛"，即少加水，與
64.2.1 的"令使絕強"意義相同。

③ "刺"：應是"刺"寫錯。

④ "'烏腸'者，遶孔黑爛"：上面說過，麴餅作成，"以杙刺作孔"。如果將没
有乾透冷透的麴餅，收在瓦甕裏，則因爲吸收水汽，有一部分霉類會開
始重新生長，因此消耗掉麴中的澱粉，引致"爛"。生長達到一定時候，

因爲環境惡化,從新生長了的霉便得又長出孢子囊來。麴菌孢子囊是黑色。因爲水汽在這樣穿成的孔中更容易凝聚,孔中也更容易有黑色的孢子囊出現,所以,"腸"便"烏"了。

⑤"笨麴":"笨"是粗重的意思;笨麴即現在通用的"大麴";"神麴""女麴"都是"小麴"。

⑥"用":這個字和句末的"法"字,懷疑都是誤多的。七月七日焦麥麴(66.1.1)就是作春酒用的"笨麴"。

64.22.1 造神麴黍米酒方:細剉麴,燥曝之。麴一斗,水九斗,米三石。須多作者,率以此加之。其甕大小任人耳。

64.22.2 桑欲落時①作,可得周年停。

64.22.3 初下,用米一石;次酘,五斗;又四斗;又三斗。以漸②。待米消即酘,無令勢不相及。

64.22.4 味足沸定爲熟。氣味雖正,沸未息者〔一〕,麴勢未盡,宜更酘之,不酘則酒味苦薄矣。得所者,酒味輕香,實勝〔二〕凡麴。

64.22.5 初釀此酒者,率多傷薄。何者? 猶以凡麴之意忖度之。蓋用米既少,麴勢未盡故也,所以傷薄耳。

64.22.6 不得令雞〔三〕狗見。

64.22.7 所以專取桑落時作者,黍必令極冷也③。

〔一〕"者":明清刻本,缺少這個"者"字,依明鈔、金鈔補。

〔二〕"勝":明清刻本,誤作"賜"字,依明鈔、金鈔改。

〔三〕"雞":明清刻本,作"豬";與64.23.1對照後,可見明鈔、金鈔的"雞"字是對的。

①"桑欲落時":桑樹快要落葉時。

②"以漸"：漸次減少。

③"黍必令極冷也"：黍飯，在發酵過程中，因爲微生物酵解而放出的熱，散
　出很緩慢，所以是熱的，這樣的高溫，可以使往後的酵解進行得更快，
　但同時也容易走上岔道，累積某些有損的副產物，使酒的品質變壞。
　釀酒時，必須注意保持比較恒定的溫度，原因也就在這裏。保持恒溫，
　在寒冷時，可以用加熱的方法，達到目標；在外界氣溫高的天氣，要冷
　却下來，却不容易。所以釀酒便要選擇"桑落時"，使黍飯的熱，可以散
　出，不會過熱，目的並不在于"極冷"。

64.23.1　又神麴法：以七月上寅日造，不得令雞狗見及食。

64.23.2　看〔一〕麥多少，分爲三分：蒸炒二分正等；其生者一
　　　　　分，一石上加一斗半。各細磨，和之。溲時微令剛，足
　　　　　手①熟揉爲佳。

64.23.3　使童男小兒餅之。廣三寸，厚二寸。

64.23.4　須西廂東向開戶屋中。淨掃地，地上布麴。十字
　　　　　立巷，令通人行；四角各造麴奴一枚。

64.23.5　訖，泥戶，勿令泄氣。七日，開戶，翻麴，還塞戶。
　　　　　二七日，聚，又塞之。三七日，出之。

64.23.6　作酒時，治麴如常法，細剉爲佳。

〔一〕"看"：明鈔作"看"；金鈔作"舂"，明清刻本作"者"。"看"字是正確的。
①"足手"："足"字讀 cu（見卷五校記 52.211.9.〔二〕）。

64.24.1　造酒法：用黍米一斛，神麴二斗，水八斗。

64.24.2　初下米五斗，——米〔一〕必令五六十遍淘之！——
　　　　　第〔二〕二酘七斗米，三酘八斗米。滿二石米已外，任意
　　　　　斟裁。然要須米微多。米少酒則不佳。

64.24.3　冷煖之法,悉如常釀,要在精細也。

〔一〕"米":明清刻本缺,依明鈔、金鈔補。

〔二〕"第":明清刻本缺,依明鈔、金鈔補。

64.25.1　神麯粳米醪①法:春月釀之。燥麯一斗,用水七斗,粳米兩石四斗〔一〕。

64.25.2　浸麯,發如魚眼湯。淨淘米八斗,炊作飯,舒令極冷。

64.25.3　以毛袋漉去麯滓,又以絹濾〔二〕麯汁於甕中,即酘飯。

64.25.4　候米消,又酘八斗。消盡,又酘八斗。凡三酘,畢。若猶苦②者,更以二斗酘之。

64.25.5　此合醅③飲之,可也。

〔一〕"兩石四斗":明清刻本"兩"作"二";明鈔與金鈔同是"兩"字。

〔二〕"濾":明清刻本,濾下多一"之"字。

①"醪":醪音 láu(很多人誤會了,將醪字讀作 qiāo,用它來表示發酵着的混合物;其實那個 qiao 字,只是"酵";像酒酵醬酵之類,就是酵解微生物及基質的混合物)。現在四川、雲南、貴州、陝西等地方言中,仍將帶糟食用的糯米甜酒稱爲 láu záu,寫成醪糟。説文解釋醪是"汁滓酒"(連水帶渣的酒)。

②"苦":要術第八、第九兩篇中的"苦"字,所指的味,常常是酸而不是真正的"苦","苦酒"常指"酸酒"甚至于"醋"。

③"醅":音 péi,pōu 或 fú。廣韻解釋爲"酒未漉也",也就是連糟帶汁飲用的甜酒。兩湖方言稱爲"伏汁酒",湘南有些地區寫成"夫子酒"。應當就是"醅滓酒"。

64.26.1　又作神麯方:以七月中旬已前作麯,爲上時;亦不必要須寅日。二十日已後作者，麴漸弱。

6.26.2　凡屋皆得作；亦不必要須東向開戶草屋也。

64.26.3　大率：小麥，生、炒、蒸三種，等分。曝蒸者令乾。三種和合，碓帥，淨簸擇，細磨；羅取麩，更重磨。唯細爲良。麤則不好。

64.26.4　剉胡葉〔一〕，煮三沸湯；待冷，接取清者，溲麴，以相着爲限。大都欲小剛，勿令太澤。攪令可團便止，亦不必滿千杵。以手團之，大小厚薄如蒸餅劑①，令下微涅涅。刺作孔。丈夫婦人皆團之，不必須童男。

64.26.5　其屋：預前數日着貓，塞鼠窟，泥壁令淨。掃地，布麴餅於地上，作行伍，勿令相逼。當中十字通阡陌，使〔二〕容人行。作麴王五人，置之於四方及中央；中央者面南，四方者面皆向內。酒脯祭與不祭，亦相似，今從省。

64.26.6　布〔三〕麴訖，閉戶，密泥之，勿使漏氣。一七日，開戶翻麴，還着本處；泥閉如初。二七日聚之。若止三石麥麴者，但作一聚；多則分爲兩聚。泥閉如初。

64.26.7　三七日，以麻繩穿之，五十餅爲一貫，懸着戶內，開戶勿令見日。五日後，出着外許，懸之。晝日曬，夜受露霜，不須覆蓋。久停亦爾，但不用被雨。

64.26.8　此麴得三年停，陳者彌好。

〔一〕“胡葉”：明清刻本作“胡菜”；暫保留明鈔、金鈔的“胡葉”。丁秉衡懷疑應作“胡菜”，完全正確。下面64.32“河東神麴方”，有“蒼耳一分，……合煮取汁”的話；下篇白醪麴第六十五，也有“胡菜湯和麥屑作餅”

　　(65.1)，都應當就是菜耳。蒼耳、胡菜、菜耳，都是異名。

〔二〕“十字通阡陌，使”：明清各本，“通”字在“使”字下。漸西村舍本已據黄

　　蕘圃鈔本校改(?)，和明鈔、金鈔同樣“通”在“阡”上。

〔三〕“布”：明清刻本誤作“市”，依明鈔及金鈔改正。

①“蒸餅劑”：“蒸餅”，是蒸熟的“餅”(餅原來指一切用麥麰作的熟食)，也就
　　是今日口語中所謂“饅頭”、“餺餦”、“饃”。“劑”是切斷分開，因此，作
　　一次用的藥也稱爲“一劑”。蒸餅劑，大概是將和好的大麵團，切成作
　　饅頭的塊，每一塊這樣的生麵，就是一個“蒸餅劑”。但也可能“劑”字
　　是“濟”字之誤，“濟”是作完，本卷第六十六篇(66.19.3)就有“濟，令
　　清”的話。“濟，令下微泹泹”，即作完後，讓麴團下面稍微有些潮。

64.27.1　神麴酒方：淨掃刷麴令淨。有土處，刀削去，必使
　　極淨。反斧背椎破，令〔一〕大小如棗栗；斧刃〔二〕則殺
　　小。用故紙糊席曝之。夜乃勿收，令受霜露；風、陰則
　　收之，恐土污及雨潤故也。若急須者，麴乾則得；從容
　　者，經二十日許，受霜露，彌令酒香。麴必須乾，潤溼
　　則酒惡。

64.27.2　春秋二時釀者，皆得過夏；然〔三〕桑落時作者，
　　乃〔四〕勝於春。桑落時稍冷，初浸麴，與春同；及下釀，
　　則茹甕上，取微暖；——勿太厚！　太厚則傷熱。——
　　春則不須，置甕於塼上。

64.27.3　秋以九月九日〔五〕或十九日收水；春以正月十五
　　日，或以晦日，及二月二日收水。當日即浸麴。此四
　　日爲上時；餘日非不得作，恐不耐久。

64.27.4　收水法，河水第一好。遠河者，取極甘①井水；小
　　鹹則不佳。

〔一〕“反斧背椎破,令……”:明鈔、金鈔、明清刻本,“反”均作“及”,只有漸西村舍本作“反”。“反”是正確的;“反斧背”,用作椎(即槌、鎚)打的工具,在“嫁棗”條(33.3.1)下已有過;敲打林檎,也用“翻斧”(39.3.1)。“背”字,明鈔誤作“皆”,依金鈔及明清刻本作“背”。下句起處的“令”字,明清刻本缺。漸西村舍本與明鈔、金鈔有。

〔二〕“刃”:明清刻本誤作“刀”。

〔三〕“然”:明清刻本誤作“熱”。

〔四〕“乃”:祕册彙函系統本作“及”;學津討原本作“反”;今依明鈔及金鈔作“乃”。

〔五〕“九月九日”:明清刻本,漏去“九日”兩字,依明鈔、金鈔補。

①“甘”:“甘”是味甜,黃河流域土壤中鈉鎂等可溶性鹽類,分量很高,所以井水的味道常帶鹹苦,一般稱爲“苦水”。流速較大的河水,溶解的鹽類分量相對地最少。其次是接近泉源或地下水水源較大的水,可溶性鹽含量也較低,這種井水,味道就和河水一樣,一般稱爲“甜水”。

64.31.1 清麴法①:春十日〔一〕或十五日,秋十五或二十日。——所以爾者,寒暖有早晚故也。

64.31.2 但候麴香沫起,便下釀。過久,麴生衣,則爲失候;失候,則酒重鈍,不復輕香。

64.31.3 米必細䉄,淨淘三十許遍;若淘米不淨,則酒色重濁。

64.31.4 大率:麴一斗,春用水八斗,秋用水七斗;秋殺米三石,春殺米四石。

64.31.5 初下釀,用黍米四斗。再餾,弱炊,必令均熟,勿使堅剛生減〔二〕也。於席上攤黍飯〔三〕令極冷。貯出麴汁,於盆中調和,以手搦破之,無塊,然後內甕中。

64.31.6　春以兩重布覆，秋於布上加氈。若值天寒，亦可
　　　　加草。一宿再宿，候米消，更酘六斗。第三酘，用米或
　　　　七八斗；第四、第五、第六酘，用米多少，皆候麴勢强弱
　　　　加減之，亦無定法。或再宿一酘，三宿一酘，無定準，
　　　　惟須消化乃酘之。

64.31.7　每酘，皆挹取甕中汁調和之；僅得和黍破塊而已，
　　　　不盡貯出。

64.31.8　每酘，即以酒杷遍攪令均調〔四〕，然後蓋甕。

64.31.9　雖言春秋二時，殺米三石四石，然要〔五〕須善〔六〕候
　　　　麴勢；麴勢未窮，米猶消化者，便加米，唯多爲良。世
　　　　人云"米過酒甜"，此乃不解法：候酒冷沸止，米有不消
　　　　者，便是麴勢盡。

64.31.10　酒若熟矣，押出②清澄。竟夏直以單布覆甕口，
　　　　斬席蓋布上。慎勿甕泥！甕泥，封交即酢壞③。

64.31.11　冬亦得釀，但不及春秋耳。冬釀者，必〔七〕須厚茹
　　　　甕，覆蓋。初下釀，則黍小煖下之；一發之後，重酘時，
　　　　還攤黍使冷。酒發極煖，重釀煖黍，亦酢矣④。

64.31.12　其大甕多釀者，依法倍加之。其糠潘雜用，一切
　　　　無忌〔八〕⑤。

〔一〕"春十日"：明清刻本，"十"字下多"一"字，不應有，依明鈔、金鈔刪。

〔二〕"生減"："減"字，明鈔及明清刻本都空白一格，只有崇文書局本補了一
　　　個"逼"字，但並未説明根據。現依金鈔作"減"。弱炊而不到均熟的黍
　　　飯，再浸水時，堅剛的會吸收水分而漲大，容積有"生"（增加）；太熟的，
　　　會因受壓縮而容積減小。

〔三〕"黍飯"：明清刻本缺"飯"字，依明鈔、金鈔補。

〔四〕"均調"：明清刻本，"調"字後誤多一"和"字。

〔五〕"要"：明清刻本缺"要"字，依明鈔、金鈔補。

〔六〕"善"：明清刻本譌作"蓋"字，依明鈔、金鈔改正。

〔七〕"必"：明清刻本譌作"末"，依明鈔、金鈔改正。

〔八〕"忌"：明清刻本譌作"已"，漸西村舍本改作"忌"；今依明鈔及金鈔作"忌"。

①"清麴法"：這一整段，所說的是酒，不是麴。因此，標題的"清麴法"，便沒有意義。由本段與第六十六篇"朗陵何公夏封清酒"段（66.22）比較，再從第 10 節（64.31.10）"押出清澄"一句看，懷疑這一段的標題，應是"清酒法"，標題下面，應是"春漬麴十日或十五……"只因爲"清"字和"漬"字字形非常相似，鈔寫時弄混了。"漬麴"即"浸麴"，見 66.7，66.8，66.18，66.19，66.21，66.24，66.26，67.22 各條。

②"押出"：用較重的器物，將酒中的固體（糟）按壓下去，讓液體部分（清酒）停留在上面，可以舀出，稱爲"押酒"。押着舀出清酒，便是"押出"。

③"慎勿甕泥！甕泥，封交即酢壞"：這兩句，懷疑鈔寫時有顛倒錯誤。應當是"慎勿泥甕，泥甕，到夏即酢壞"，即泥甕兩字顛倒了，"封交"是"到夏"兩字鈔寫錯誤。

④"亦酢矣"："亦"字懷疑是"必"字，舊（晉隸）寫法是"必"（和"亦"字的舊寫法"夾"很相像）看錯鈔錯。

⑤"其糠瀋雜用，一切無忌"："糠"是春〔帥〕米時收得的糠；"瀋"是煮飯時剩下的米湯。本書所記的釀造法中，有特別提出釀酒時所得的糠、瀋和飯，不可以讓人或家畜家禽食用的"禁忌"。這一段，却提出"一切無忌"，即可以不管那些禁忌；正像 64.26 一段中再三提出，對一切唯心迷信的禁忌，如用寅日，用東向開戶屋，要搗千杵，要男童團麴，要酒脯祭麴王……都是"不必須"一樣。

64.32.1 河東神麴①方：七月初治麥，七日作麴。七日未得

作者,七月二十日前亦得。

64.32.2　麥一石者,六斗炒,三斗蒸,一斗生;細磨之。

64.32.3　桑葉五分,蒼耳一分,艾一分,茱萸一分——若無茱萸,野蓼亦得用。——合煮取汁,令如酒色。漉去〔一〕滓,待冷,以和麴。勿令太澤。

64.32.4　擣千杵,餅如凡麴,方範作之。

〔一〕"去":明清刻本譌作"出",依明鈔、金鈔改正。

①"河東神麴":這是用植物性藥料,加入麴中(某些微生物的擾亂,可能使酒精發酵走上岔道,發生不良的氣味等等,用藥料可以事先防止)的最早紀載。

64.41.1　臥麴①法:先以麥䴸布地,然後著麴。訖,又以麥䴸②覆之。多作者,可用箔槌,如養蠶法。

64.41.2　覆訖,閉戶。七日,翻麴,還以麥䴸覆之。二七日,聚麴,亦還覆之。三七日甕盛。後經七日,然後出曝之。

①"臥麴":臥字的解釋,見卷六注解 57.21.10.⑩;即保温發酵。

②"麥䴸":䴸,這個字,在宋以前的書上寫作"稍",音 qyān。麥䴸,就是麥藦、麥秸、麥莖、麥稭、麥稈。

64.42.1　造酒法:用黍米;麴一斗,殺米一石。秫米令酒薄,不任事。

64.42.2　治麴,必使表、裏、四畔、孔内,悉皆淨削;然後細剉,令如棗栗。曝使極乾。

64.42.3　一斗麴,用水一斗五升。十月桑落,初凍,則收水釀者,爲上時春酒;正月晦日收水,爲中時春酒。

64.42.4 <u>河南</u>地煖,二月作;<u>河北</u>地寒,三月作。大率用清明節前後耳。

64.42.5 初凍後,盡年暮,水脈①既定,收取則用②。其春酒及餘月,皆須煮水爲五沸湯,待冷,浸麴。不然則動③。

64.42.6 十月初凍,尚煖;未須茹甕。十一月十二月,須黍穰茹之。

64.42.7 浸麴:冬十日,春七日。候麴發氣香沫起,便釀。隆冬寒厲,雖日茹甕,麴汁猶凍;臨下釀時,宜漉出凍凌④,於釜中融之。——取液⑤而已,不得令熱!——凌液盡,還瀉著甕中,然後下黍。不爾,則傷冷。

64.42.8 假令甕受五石米者,初下釀,止用米一石。

　　淘米,須極淨,水清乃止。

　　炊爲饙,下著空甕中,以釜中炊湯,及熱沃之,令饙上水深一寸〔一〕餘便止。以盆合頭,良久,水盡,饙極熟軟,便於席上攤之使冷〔二〕。貯汁於盆中,搦黍令破〔三〕,寫著甕中,復以酒杷攪之。每酘皆然。

64.42.9 唯十一月十二月天寒水凍,黍須人體煖下之;桑落春酒,悉皆冷下。

　　初冷下者,酘亦冷;初煖下者,酘亦煖。不得迴易,冷熱相雜。

　　次酘八斗,次酘七斗,皆須候麴糱〔四〕强弱增減耳,亦無定數。

　　大率:中分米,半前作沃饙,半後作再餾黍。純作沃饙,酒便鈍;再餾黍,酒便輕香。是以須中半耳。

64.42.10 冬〔五〕釀,六七酘;春作,八九〔六〕酘。冬欲温
煖〔七〕,春欲清涼〔八〕。酘米太多,則傷熱,不能久。

64.42.11 春以單布覆甕,冬用薦蓋之。冬初下釀時,以炭
火擲着甕中,拔刀〔九〕橫於甕上。酒熟,乃去之。

64.42.12 冬釀,十五日熟;春釀,十日熟。至五月中,甕別
椀盛,於日中炙之。好者不動,惡者色變。色變者,宜
先飲〔一○〕;好者,留過夏。但合醅停,須臾⑥便押出,還
得與桑落時相接。

64.42.13 地窖着酒,令酒土氣;唯連簷草屋中居之爲佳。
瓦屋亦熱〔一一〕。

64.42.14 作麴、浸麴、炊、釀,一切悉用河水;無手力之家,
乃用甘井水耳。

〔一〕"饙上水深一寸":<u>明清</u>刻本,"水"字重複,依<u>明</u>鈔、<u>金</u>鈔删去一個。

〔二〕"冷":<u>明清</u>刻本譌作"令"。依<u>明</u>鈔、<u>金</u>鈔改。

〔三〕"令破":<u>明清</u>刻本,"令"字空白,"破"字譌作"頗";依<u>明</u>鈔、<u>金</u>鈔補正。

〔四〕"蘖":<u>明</u>鈔、<u>金</u>鈔作"蘖",<u>明清</u>刻本譌作"藥"。與前後各節比較看來,
似乎"蘖"字也並不合適,而該是"勢"字。

〔五〕"冬":<u>明清</u>刻本譌作"各"。

〔六〕"八九":<u>明清</u>刻本譌作"七八",依<u>明</u>鈔、<u>金</u>鈔改。

〔七〕"温煖":<u>明</u>鈔作"温煖",<u>金</u>鈔及大多數<u>明清</u>刻本作"酒煖",<u>漸西村舍</u>本
作"酒温煖"。與下句對比,以"温煖"爲合適。

〔八〕"清涼":<u>明</u>鈔、<u>金</u>鈔同作"清涼":<u>明清</u>刻本作"酒冷",<u>漸西村舍</u>本作"酒
清洌","洌"字過分了一些,依<u>明</u>鈔、<u>金</u>鈔爲宜。

〔九〕"拔刀":<u>明清</u>刻本譌作"投刀"。

〔一〇〕“先飲”：明清刻本“飲”字下有“之”字，依明鈔、金鈔删去。

〔一一〕“瓦屋亦熱”：明清刻本，“熱”誤作“熟”；依明鈔、金鈔改正。

①“水脈”：“脈”是時漲時縮的東西，黃河流域地區，地面的水流，在夏天和秋初，因爲受降水量的影響，變化很大，很像“脈搏”的情形，因此稱爲“水脈”。到了結凍的季節，雨季已過，地面水流不大變了，便到了“水脈穩定”的情形。

②“收取則用”：這裏“則”字，當“即”字用。“收取則用”，即是“即收即用”，“旋收旋用”。

③“動”：“動”是酒變酸變壞。廣雅卷八“釋器”，有：“醭……酸、酮，酢也。”玉篇（酉部）“酮，徒董切（案即是讀 dǔn），酢欲壞”。這兩個“酮”字，也就是專寫“酒動”的“動”而創製的一個新形聲字。

④“凌”：讀 líŋ。水面上結成的冰，稱爲“凌”。

⑤“液”：作動詞用，即變成液體。

⑥“須臾”：“須臾”平常都作“短時間”解釋。用在這裏，如照正常的意義，無法解釋。懷疑是“須用”或“須飲”；或者，鈔寫時，由於將下面的“便”字看錯成“更”字，多寫了一個更字之後，再鈔時，因爲“須更”解不通，便改作“須臾”；因此根本上多了一個“臾”字。

64.51.1 淮南萬畢術曰：“酒薄復厚，漬以莞蒲。”斷蒲〔一〕漬酒中，有頃出之，酒則厚矣〔二〕。

〔一〕“蒲”：明鈔及明清刻本作“滿”；依金鈔及學津討原本作“蒲”。

〔二〕“有頃出之，酒則厚矣”：明鈔及明清刻本同，金鈔缺“之”字，“矣”作“也”，不如其餘各本好。

64.61.1 凡冬月釀酒，中冷①不發者，以瓦瓶盛熱湯，堅塞口，又於釜湯中煮瓶令極熱，引出。着酒甕中，須臾即發。

①“中冷”：“中”字應讀去聲；“中冷”，是受了冷發生了病。

釋　文

女麴作法，在卷九"藏瓜"條中

64.1.1　作三斛麥麴的方法：蒸熟的、炒熟的和生的各一斛。炒的，只要黃，不要焦。生的，揀選〔擇〕洗淨，務必要極精細極潔淨。三種，分別地磨；要磨得很細。磨好，再合攏來，混和均勻。

64.1.2　七月，揀第二個〔中〕寅日，讓一個童子，穿上青色衣服，在太陽未出之前，面對着"殺地"的方位，汲取二十斛水。不要讓人潑水。汲的水稍嫌多些，可以倒去一些，可不能讓人用。

64.2.1　用水和上麥粉作麴的時候，也要面對着"殺地"的方位，和成後不要軟。

64.2.2　作麴團的，都是小孩們，也都面對着"殺地"的方位。不要用有污穢的小孩，麴室也不要靠近有人居住的房屋。

64.2.3　團麴，當天就要完工，不要留下隔夜再來做。

64.2.4　房屋要用草頂的，不要用瓦房；地面要掃淨，不要髒，也不要弄潮溼。

64.3.1　把地面分出大小道路〔阡陌〕來，四面留下四條巷道。作麴的人，都立在巷道裏。

64.3.2　假設五個穿上王者衣冠的"麴王"。麴餅作成，依道路一排排地排好。

64.3.3　排完麴餅後，讓主人家裏的一個成員，作爲"主祝"

（不要讓奴隸或客人來作"主祝"!）向麴王致送酒脯。致送的方法：把麴王手裏的麴弄溼，當作碗，向這"碗"裏擱些酒、乾肉和麵條湯〔湯餅〕。主人讀祝文三次，每次都拜兩拜。

64.4.1 麴室要有一扇單扇的木板門〔板戶〕，（作好麴後）用泥把門封密，不讓風出進。

64.4.2 滿了七天，開門。將（地上的麴餅）就（它們）原來所在的地方翻轉過來，又用泥把門封閉。

64.4.3 到第二個七天滿了，把麴餅堆聚起來，又用泥將門封閉，不讓風進去。

64.4.4 到第三個七天滿後，取出來，盛在甕裏，（用泥）將甕口塗滿。

64.4.5 到第四個七天，取出來，穿孔，用繩子串着，在太陽裏曬；要乾後，才收拾〔內〕起來。

64.5.1 麴餅，用手團，每個二寸半大（約6厘米），九分（約1.2厘米）厚。

64.6.1 祝麴文（作麴時讀的祝文，即"呪語"）：

"東方青帝土公，青帝威神；南方赤帝土公，赤帝威神；西方白帝土公，白帝威神；北方黑帝土公，黑帝威神；中央黃帝土公，黃帝威神：——某年（七）月某日，上午辰時，敬向五方五土諸位神告白〔啟〕：

64.6.2 主人某甲，謹擇七月的一個好日子：造成了幾千百餅麥麴；設了橫直道路，來分別疆界領域。

建立了五個麴王，每個管領一方。

供上了酒和乾肉，請求神們幫助：

請神們向下界表現〔垂〕你們的力量，殷勤地看重我的願望：

讓鼠類不要到這裏來，住在洞裏的蟲類也躲開。

將來麴餅穿上錦樣的衣裝，又茂盛又輝煌。

麴餅消化力和熱力也旺盛，像火一樣熱烈有勁。

作成的酒比花椒薰過還香，味道也比鹽梅〔和鼎〕高尚。

老爺們〔君子〕喝了，醉得很過癮；小子們嘗了，又恭敬又安靖。

我告白了三遍，你們一定受感動，使我的願望實現。

神們，你們聽到了，從暗中給我福報！

一定不違反人的要求，希望的實現、又徹底又長久。——

急急如律令！"

64.6.3　祝文讀三遍，每讀一遍，拜兩拜。

64.11.1　造酒的方法：把整餅的麴，曬上五天光景。每天，用炊帚刷三遍，總之要把（麴餅）弄到極乾淨。（如果遇見好太陽，曬三天也就够了。）

64.11.2　現在，把曬乾刷淨的麴餅，用刀斫碎，用布墊着，放在有高頂棚〔屋〕的架子〔廚〕上，再曬一天，注意不要讓風或泥土沾污。

64.11.3　平平地量出一斗（碎）麴，在臼中再擣細碎些。如果浸一斗麴,就放五升水。

64.11.4 麴浸了三天,發生像魚眼般大小的氣泡時,就下米。

64.11.5 米,先要整治得極精極細緻,淘二十遍左近。預備作酒的飯,不先給人或狗吃。

64.11.6 淘米的水,炊飯的水,以及洗滌作酒用具的水,都以用河水爲最好。

64.12.1 如果用糯〔秫〕或黍來釀酒,一斗麴可以消去〔殺〕二十一斗米。第一次,下三斗米。過一夜,酘五斗米。過兩夜,酘十斗米。過三夜,酘(最後的)三斗米。

64.12.2 釀酒的飯,要炊到很軟,像炊供食的飯時一樣。炊好,攤開,到冷透,然後再下(釀甕)去。

64.13.1 如果用糯稻米來釀酒,一斗麴可以消化十八斗米。米分三次下完。

64.13.2 炊飯的方法:直接將半熟的"饋飯"擱下甕裏去"下饋",不須要再蒸。

64.13.3 下饋的方法:將饋飯倒在甕裏,將炊饋的鍋裏的沸水澆下去,把飯淹沒就行了。這是元僕射家裏(釀酒用)的方法。

64.21.1 另一種造神麴的方法:所用的麥,蒸熟、炒黃和生的三種(分量),彼此相等〔齊等〕,和上面所說的方法一樣。但並不需要留道路,也不用酒、乾肉、麵條湯、祭"麴王",也不要用童子們手團麴。

64.21.2 老早〔預前〕,將三種麥準備好,混和,磨細。

64.21.3 七月第一個〔上〕寅日,(動手)作麴。和粉要乾些
　　　　硬些;擣粉時,要使粉細密,作得很熟;麴餅用圓形的
　　　　鐵模〔範〕壓出。每餅直徑五寸(約 12 厘米),一寸五
　　　　分厚(約 3.6 厘米)。攤在平板上,讓有力氣的男人,
　　　　用腳踩堅實。用棒在(中心)穿一個孔。

64.21.4 將一間向東開單扇門的房屋,地上掃乾淨,把麴
　　　　餅鋪在地面上,把窗塞好,門關上,用稀泥將縫塗密,
　　　　不讓透風。

64.21.5 滿了七天,(開開門)翻轉一遍;第二個七天,堆聚
　　　　起來。每次開門後,仍舊要用稀泥將門縫封密。第三
　　　　個七天後,取出來太陽裏曬乾,麴便作成了。

64.21.6 隨便怎樣放高些〔舉閣〕,可不能用甕子裝。甕子
　　　　裝的,麴會發生"烏腸"("烏腸"就是在中央穿的孔周
　　　　圍變黑發爛)。

64.21.7 如果想多作一些,也可隨人的意思;只要三種麥
　　　　分量相等就行,並不限定就是整三石。

64.21.8 這種麴,一斗就能消化三石米(所以稱爲"神
　　　　麴");普通的大〔笨〕麴,一斗只能消化六斗米。節省
　　　　與耗費(的對比),是這樣分明的。七月初七日作的焦
　　　　麥麴和春酒麴,都是笨麴。

64.22.1 用神麴釀造黍米酒的方法:把麴餅斫細,曬乾。每
　　　　一斗麴,要用九斗水,可以消化三石米。想多作的,可
　　　　以照這個比例〔率〕增加。酒甕大小,任隨人的意思。

64.22.2 桑樹要落葉時作,可以留一週年。

64.22.3　第一次下酘,用一石米的飯;第二次,用五斗;接
着,用四斗,用三斗,漸次減少。看米消化完了,就下
酘;不要讓(所下的酘)趕不上(麴的)消化力〔勢〕。

64.22.4　酒味够濃了,不再翻氣泡〔沸定〕,酒就已經成熟。
酒氣酒味儘管很好,但還在冒氣泡,就是麴勢還没有
盡,還應當再下酘,不下酘,酒味就嫌〔苦〕淡〔薄〕了。
合適〔得所〕的,酒味輕爽而香,比一般〔凡〕麴實在好
得多。

64.22.5　第一次用神麴釀黍米酒的,一般〔率〕多半壞在太
〔傷〕淡。爲什麼呢? 就是還在當作一般的麴看待。
這樣,用米就會太少,麴的力量没有發揮完畢,所以酒
就嫌淡了。

64.22.6　不許讓雞狗在釀造過程見面。

64.22.7　所以專門揀桑樹落葉時作酒,是因爲(釀造中的)
黍飯要保持很冷。

64.23.1　又一種作神麴的方法:要在七月第一個寅日作,
作時不許雞狗見到,或吃到(作麴的材料)。

64.23.2　看準備的麥有多少,把它分作三分:蒸的炒的這
兩分,分量彼此相等;生的一分,(比蒸炒兩分)每一百
分多加十五分。分別磨細,混和起來。和水時,稍微
硬一些,儘快揉和熟。

64.23.3　讓小男孩去作麴餅。每餅闊三寸,厚二寸(約7
厘米乘5厘米)。

64.23.4　須要用兩邊廂房,向東開單扇門的房屋。將地掃

淨,麴餅就鋪在地上。中間留下十字形的大巷道,讓
人通行;四隻角上,每角作一隻"麴奴"。

64.23.5　鋪好,用泥將門縫塗密,不要讓房屋漏氣。過了
七天,開開門,把麴餅翻轉一次,翻完又塞上門。過了
兩個七天,堆聚起來,又塞上門。過了第三個七天,取
出來。

64.23.6　作酒時,麴要依常用的方法先作準備,斫得愈細
愈好。

64.24.1　作酒法:用一斛黍米,二斗神麴,八斗水。

64.24.2　第一次,酘下五斗米(的飯)。(米必須淘過五六
十遍!)第二次酘七斗米(的飯),第三次酘八斗米(的
飯)。滿了二石米以後,隨意斟酌斷定〔裁〕。但總之
〔要〕須要多酘一點米。米太少,酒就不好。

64.24.3　保持溫度〔冷煖〕的法則,和平常釀酒一樣,總之
要細細考慮。

64.25.1　用神麴釀粳米醪糟的方法:春季三個月釀造。乾
麴一斗,水七斗,粳米兩石四斗。

64.25.2　先將麴浸到開始活動,發出魚眼般的氣泡。把八
斗米淘淨,炊成飯,攤到冷透。

64.25.3　用毛袋將麴汁的渣滓濾淨,再用絹把濾得的麴
汁,過濾到甕子裏,就將飯酘下。

64.25.4　等米都消化了,又酘下(第二個)八斗。消化盡
了,又酘(第三個)八斗。酘下三次,就完了。如果有
些酸〔苦〕味,再酘下二斗。

64.25.5 這酒,可以連渣〔合醅〕一起飲用。

64.26.1 另一個作神麴的方法:七月中旬以前作麴爲最好,不一定要是寅日。七月二十日以後作的,麴就慢慢弱了。

64.26.2 一般房屋都可以作,也不一定要朝東開着單扇門的草頂屋。

64.26.3 大致的比例,是用生的、炒黃的、蒸熟的三種小麥,分量彼此相等。蒸熟的要曬乾。三種混和後,碓舂〔舾〕,簸擇潔淨,磨細;用細羅篩篩去麩,再重磨。愈細愈好。粗了酒就不會好。

64.26.4 把胡菓斫碎,煮成三沸湯;等冷後,將浮面的清汁舀出,和粉作麴,只要能黏着就够了。一般地說〔大都〕,要稍微硬些〔小剛〕,不要太浥。擣到可以成團就行了,也不一定要滿一千杵。用手捏成團,每團的大小厚薄,大致和一個饅頭相像。(作完時)讓每一團下面稍微帶一點潮。穿一個孔。成年男人女人,都可以團,不一定就要小男孩。

64.26.5 作麴的房屋,幾天之前預先留下貓,再把老鼠洞堵嚴,壁上也新塗上泥,讓墻壁乾淨。掃淨地,把麴餅鋪在地上,排成行列,彼此間(留些空隙),不要相擠碰〔逼〕。當中留下十字形道路,讓人可以走過。作五個麴王,放在四方和中央;中央一個,面向南,四方的面向中心。用酒脯祭或不祭,結果都一樣,所以省掉。

64.26.6 麴團鋪好,關上門,用泥塗密,不讓漏氣。過了第一個七日，開開門，將麴翻轉，仍舊放在原位；用泥塗密門。過了第二個七日，堆聚起來。如果只作了三石麥麴，便只作成一堆；如果多於三石，便分作兩堆，像初時一樣，用泥塗上門。

64.26.7　過了第三個七日，用麻繩穿起來，五十餅一串，掛在門裏，開開門，但不要見日光。五天之後，拿出來，在外面掛着。白天讓太陽曬，夜間承受霜露氣，用不着蓋。擱多久都行，只是不要給雨淋。

64.26.8　這樣的麴，可以擱三年。陳的比新鮮的好。

64.27.1　神麴釀酒的方法：用潔淨的（炊）帚，將麴團刷潔淨。有泥土的地方，用刀削去一些，總之一定要極潔淨。翻轉斧頭，用斧背把麴團椎破，讓它（碎成）和棗子或栗子一樣的（碎塊）；用斧頭刀口，便會椎得過分小。將糊有舊紙的蓆子薦着來曬。夜間也還不要收回來，讓它承受霜和露氣；但有風或下雨，就要收拾，恐怕有（風吹來的）泥土弄髒，或者雨點濺溼。如果要得急，麴曬乾就罷了；如果時間從容，最好是過二十天左右，承受霜露，釀得的酒更香。麴團必須乾燥，潤溼的麴，釀出的酒不好。

64.27.2　春秋兩季釀得的酒，都可以過夏天；但是，桑樹落葉時所釀的，比春天釀的還強。桑樹落葉時，天氣稍微冷了一些，剛浸麴時，（操作）都和春天一樣；到下釀飯時，就要在甕上蓋上〔茹〕一些東西，得到〔取〕一些暖氣；——（不要蓋得太厚！太厚就嫌熱了。）——春天便不需要蓋,將甕子擱在磚上就行了。

64.27.3 秋天,在九月初九或十九日收取(釀酒用的)水;如果春天作,就在正月十五或月底,或者二月初二收取水。當天就用水把麴浸上。這四天取水是上等時令;其餘日子,不是不能作,恐怕不耐久。

64.27.4 收水的方法:第一等好水是河水。隔河遠的,用很甜的井水;稍微有點鹹味的,就作不成好酒。

64.31.1 釀清酒法:浸麴,春季是十天到十五天,秋季是十五到二十天。——所以要這樣(分別),是因爲天氣的寒暖,有早晚不同。

64.31.2 只要等到麴發出酒香,有小氣泡出來,就該下釀。太久,麴長衣,就已經過時〔失候〕;麴過時後,釀成的酒就嫌重嫌鈍,再也不會輕而香。

64.31.3 米務必要舂得細而且熟,淘洗三十遍左右,務必要潔淨;如果淘得不淨,則酒的顏色便會濃暗,而且渾濁。

64.31.4 一般說,一斗麴,春天用八斗水浸,秋天用七斗水浸;秋天可以消化〔殺〕三石米,春天可以消化四石。

64.31.5 第一次下釀,用四斗黍米。汽餾兩遍,蒸得很軟〔弱炊〕,務必要熟到均勻,不要太硬,將來容積會漲大〔生〕或縮小〔減〕。把這黍飯,在席子上攤到冷透。舀出麴汁來,在一個盆裏調和黍飯,將大塊的飯塊用手捏〔搦〕破,到沒有大塊時,倒進甕裏去。

64.31.6 春天,用兩重布蓋着,秋天,布上還要加一層氈。

如果遇了很寒冷的天氣,也可以再加一重草。過了一夜或兩夜,看米消融了,再酘下六斗。第三酘,可以〔或〕用到七八斗;第四、第五、第六酘,用多少米,都看麴的力量來增加或者減少,沒有一定的法則。隔兩夜酘一次,或者隔三夜酘一次,也沒有一定的標準。只要等着看見前次酘下的米,都已消化,就可以再下。

64.31.7　每次下酘時,都舀一些甕中的酵汁來調和黍飯;但是,只需要將黍飯塊弄碎調勻,並不要將所有的酵汁都舀出來。

64.31.8　每次下酘,都用酒杷滿甕〔遍〕攪和一次,務必要攪勻,才把甕蓋上。

64.31.9　雖然説的是春季(一斗麴汁)可以消化四石,秋季可以消化三石,但還是〔要〕須要好好察看麴的力量;麴的力量還沒有完,米還可以消化,便再加些米,米多些總好些。現在的人〔世人〕説"米太多酒就嫌甜",是不瞭解方法:要看到酒不再發熱〔冷〕,也不再冒氣泡〔沸止〕,留下有不能消化的米,才是麴的力量盡了。

64.31.10　如果酒釀成〔熟〕了,押着舀出清酒來沈澱。整個夏天〔竟夏〕,僅僅只要〔直〕用單層布遮住甕口,斬一片席子,蓋在布上。千萬不可以〔慎勿〕用泥封甕口,泥封甕口的,到了夏天就會發酸變壞。

64.31.11　冬天也可以釀,但是沒有春天秋天釀的好。冬天釀造時,必須用草將甕厚厚地包裹着,再厚厚地蓋住。第一次下的酘,要用微微有些温暖的黍飯;開始發動〔一發〕之後,第二次下酘,仍舊要將黍飯攤開冷透。酒發酵之後,很熱很熱,要是再酘時還用暖飯,必定發酸。

64.31.12 用大甕子多釀些的,按這方法的比率,去增加倍數。釀酒所餘的糠和米湯等,可以隨便供任何用途,沒有忌諱。

64.32.1 河東作神麴的方法:七月初準備麥子,初七日作麴。初七日沒有來得及作的,七月二十日以前任何一天都可以。

64.32.2 一石麥中,六斗炒黃,三斗蒸熟,一斗生的,磨成細麵。

64.32.3 用五分桑葉,一分葈耳葉,一分艾葉,一分茱萸葉(如果沒有茱萸,可以用野生的蓼葉代替),合起來煮成汁,讓汁的顏色像酒一般暗褐。漉掉葉渣,等冷後,用來和麵作麴。不要太溼。

64.32.4 擣一千杵,作成像普通麴一樣的餅,用方模印成塊。

64.41.1 作臥麴的方法:先在地面鋪一層麥稈〔䅵〕,跟着將麴(放在麥稈上面;在麴餅上)再蓋一層麥稈。作得多的,可以用柱架〔槌〕(安放)筐𥸤〔箔〕,像養蠶的方法一樣。

64.41.2 蓋好麥稈後,關上門。過了第一個七天,翻轉,仍舊用麥稈蓋上。過了第二個七天,堆聚起來,又仍舊蓋上。過了第三個七天,用甕子盛着。此後再過七天,再拿出來曬。

64.42.1 釀酒的方法:要用黍米;一斗麴,可以消化一石
　　　　米。糯米所釀的酒不够濃,不頂用。

64.42.2 準備麴時,一定要將麴的表面、裏面、四方和孔的
　　　　内面,都削乾淨;然後再斫碎,成爲像棗子栗子般的小
　　　　塊。曬到極乾。

64.42.3 一斗麴,用一斗五升水來泡着。十月間,桑樹落
　　　　葉,水剛剛開始結冰時,就收下水來準備釀酒的,是時
　　　　令最好的春酒;正月底收水的,是中等時令的春酒。

64.42.4 黄河以南地方,氣候温暖,二月間作;黄河以北,
　　　　氣候寒冷些,三月間作。大概都該在清明節前後。

64.42.5 從初結凍起,直到〔盡〕年底,水流漲縮已經穩定
　　　　時,收取了水來,即刻可以供釀酒用。作春酒,或者其
　　　　餘的月分,都要把水煮沸五次,作成"五沸湯",等湯冷
　　　　了,用來浸麴。不然,酒就會變酸變壞。

64.42.6 十月間,剛結凍時,天氣還暖;(釀酒的)甕不必用
　　　　草包裹。十一月十二月,就要用黍穰包裹起來。

64.42.7 浸麴,冬季浸十天,春季浸七天。等到麴發動了,
　　　　有酒香,也有泡沫浮起,就可以下酘釀造。深冬,冷得
　　　　屬害,天天包裹着甕子,麴汁還是凍着的;在下酘時,
　　　　應當把(面上的)凌冰漉起來,在鍋裏融化。(只要凌
　　　　塊變成水,不可以讓麴汁變熱!)等凌冰都化了〔液
　　　　盡〕,倒回甕裏去,然後再酘黍飯。不然,就會嫌太冷。

64.42.8 如果用的酒甕,可以容納〔受〕五石米,第一次下

釀時，只用一石米。

米要淘得極乾淨。水清了才行。

炊作半熟飯，倒在空甕子裏，將鍋裏炊飯的開水，趁熱澆下去，讓飯上面留有一寸多深的水就夠了。用盆蓋住甕頭，很久以後，水都吸收完了，飯極熟也極軟了，就在席子上攤開，讓它冷。把麴汁舀在一個盆裏，（倒下飯去）把黍飯塊捏破，倒回甕裏去，再用酒杷攪勻。每次下酘，都是這樣。

64.42.9 只有十一月十二月，天氣冷，水結凍時，黍飯要和人身體同樣溫暖地酘下去；桑落酒和春酒，都只可以酘下冷飯。

第一次酘的是冷飯，以後也要酘冷的；第一次酘的熱飯，以後也酘熱的。不要掉換來回，冷的熱的混雜着下。

第二次酘八斗，再酘七斗，都要察看麴勢的強弱來增加或減少，並沒有一定的數量。

大概，應當把每次準備用的米，分作兩個等分：一半，先作成半熟飯，用開水泡熟〔作沃饋〕，剩下一半，將酘時再蒸熟〔再餾〕成黍飯。純粹的泡熟飯，酒就鈍（濁）；純粹的再蒸飯，酒就輕而香。因此，須要一樣一半。

46.42.10 冬天釀，酘六七次；春天釀，酘八九次。冬天要溫暖，春天要清涼。一次酘下的米太多，（發熱量太大，）就會嫌熱，不能久放（所以春天要多分幾次下酘）。

64.42.11　春天用單層布蓋在酒甕上，冬天用草薦蓋着。冬天第一次下釀時，將（燃着）的炭火，投到酒甕裏；將去掉鞘的刀，橫擱在甕口上。酒成熟後，才拿開。

64.42.12　冬天釀的，十五天成熟；春天釀的，十天成熟。到了五月中，從每個酒甕中盛出一碗來，在太陽下面曬着。好酒不會變，壞了的會變顏色。變顏色的那些甕，要先喝掉；好的，留來過夏天。連糟一併儲存，要用時就押出來，這樣，可以留到和“桑落酒”相連接。

64.42.13　地窖藏酒，酒會有泥土臭氣；只有擱在滿簷的草屋（即草蓋到齊簷口）中才好。瓦屋也嫌熱。

64.42.14　由作麴、浸麴到炊饙下釀，一切水都要用河水；人力不够的人家，纔只好用不鹹的甜井水。

64.51.1　淮南萬畢術說：“酒淡了要變濃，用蒲葦漬。”將新鮮蒲切斷，泡在酒裏，過些時取出來，酒就變濃了。

64.61.1　冬天釀酒，酒受了冷，不能發酵的，可以用瓦瓶盛上熱水，將口塞嚴，再放在鍋裏的沸水中，將瓶煮到很熱，（用繩）牽出來。放進酒甕裏，很快就發酵了。

白醪酒^{〔一〕}第六十五

皇甫吏部家法①

65.1.1 作白醪麴②法：取小麥三石，一石熬③之，一石蒸之，一石生。三等合和，細磨作屑。

65.1.2 煮胡枲^{〔二〕}湯，經宿，使冷。和麥屑摶令熟，踏作餅。圓鐵作範，徑五寸，厚一寸餘。

65.1.3 床上置箔，箔上安蘧蒢^{〔三〕}；蘧蒢上置桑薪灰，厚二寸。

65.1.4 作胡枲^{〔四〕}湯，令沸。籠子中盛麴五六餅許，着湯中。少時，出，臥置灰中。用生胡枲^{〔五〕}覆上以經宿。勿令露涅；特④覆麴薄遍而已。

65.1.5 七日，翻；二七日，聚；三七日，收。曝令乾。

65.1.6 作麴屋，密泥^{〔六〕}户，勿令風入。

65.1.7 若以床小不得多着麴者，可四角頭豎槌，重置椽箔^{〔七〕}，如養蠶法。

65.1.8 七月作之。

〔一〕明鈔本作"白醪麴"，據卷首目録改正。

〔二〕"胡枲"：明鈔、金鈔、明清刻本都作"胡枲"；學津討原和漸西村舍本作"胡枲"。胡枲是一種植物的名稱，作胡枲比胡葈合適。但更可能該是"胡枲葉"三個字。

〔三〕"蘧蒢"：金鈔"蒢"字譌作字形相似的"蔭"。按詩邶風新臺、爾雅釋訓、方言（及郭注）都作從"竹"的"籧篨"。籧篨本來是粗竹蓆（即南方所謂"篾摺"——從前寫作"簚"——"篾簟"），應當從"竹"才合適。

〔四〕〔五〕"胡枲"：明鈔本作"胡葉"，依學津討原和漸西村舍本作"胡枲"。

〔六〕“作麴屋，密泥”：明清刻本，包括學津討原，誤作“麴密屋泥”，便不可解；依明鈔、金鈔改正。

〔七〕“豎槌，重置椽箔”：“豎”字，明清各刻本，包括學津討原在内，都譌作“堅”字；“槌”，明鈔、金鈔誤作“搥”；“椽”，明清刻本誤作“掾”。參看種桑柘第四十五中“養蠶法”的寫法等，酌定爲“豎”、“槌”、“椽”。

① “皇甫吏部家法”：三國魏時，開始設置吏部，由吏部尚書領導。晉和南北朝也都保留着這個官署。後魏的吏部，統領“吏部”“考功”“主爵”三個“曹”。這裏所謂皇甫吏部，大概應當指姓皇甫的一個吏部尚書；——不會是一個“吏”或“丞”，因爲像那樣的小官，不能就單用“吏部”稱呼，而且也没有自己在家裏大規模地釀酒的物質條件。但究竟是誰，還要等待考證。

② “白醪麴”：醪是帶糟的酒（參看注解 64.25.1.①）；白醪麴，即作糯米甜酒的麴。

③ “熬”：揚雄方言（卷七）“熬、煿、煎、鞏、鞏，火乾也。凡以火而乾五穀之類，自山而東，齊、楚謂之熬……秦晉之間或謂之煿……”説文解字，熬也作乾煎，字或作“𪕲”，就是説把麥粒在鍋裏烤乾、焙乾或熵乾（後兩個近代語中的字事實上便都是煿字的一種讀法）。今天湘鄂兩省接界的一個大地域中，還有“在鍋裏 ŋau”的説法，仍是熬字，不過不讀陽平而讀陰平。這裏的熬，正是乾煎，而不是加水下去“熬湯”的“燶”。但是，和上文 64.1.1，64.21.1，64.23.2，64.26.3，64.32.2 各條對比之後，懷疑這個字還是字形相近的“焣”字寫錯了的。“焣”即“煼”，正是那些條文中的“蒸、炒、生”三種處理中的“炒”字。“炒”是“後來”的“俗字”；説文作“鬻”，可省作“𪌎”、“爉”；或寫作“煼”。揚雄所用“焣”字。説文中没有。與賈思勰同時的顧野王所作玉篇，則收有煼、焣、炒三個相同的字。可能賈氏原書第六十四篇，本來都是寫的當時已通行的俗字“炒”，這一篇，却依“皇甫吏部家法”原來寫的“焣”字鈔下；後來的人再鈔時，便把“焣”看錯成“熬”了。

④"特":即今日口語中的"只"。

65.2.1 釀白醪法:取糯米一石,冷水〔一〕淨淘。漉出,著甕中,作魚眼沸湯浸之。

65.2.2 經一宿,米欲絕酢;炊作一餾飯,攤令絕冷。

取魚眼湯,沃浸米泔二斗,煎取六升;著〔二〕甕中,以竹掃衝之①,如茗浡②。

65.2.3 復取水六斗,細羅麴末一斗,合飯一時內甕中,和攪,令飯散。

65.2.4 以氈物裹甕,并口覆之。經宿,米消〔三〕,取生疏布③漉出糟。

65.2.5 別炊好糯米一斗作飯,熱著酒中爲"汎"④,以單布覆甕,經一宿,汎米消散,酒味備矣。

若天冷,停三五日彌善。

65.2.6 一釀:一斛米,一斗麴末,六斗水,六升浸米漿。若欲多釀,依法別甕中作,不得併〔四〕在一甕中。

65.2.7 四月、五月、六月、七月,皆得作之。

65.2.8 其麴,預三日以水洗令淨,曝乾用之。

〔一〕"冷水":明清刻本誤作"令水",依明鈔、金鈔改正。

〔二〕"著":明清刻本誤作"者",依明鈔、金鈔改正。

〔三〕"米消":明清刻本誤作"未消",依明鈔、金鈔改正。

〔四〕"併":明清刻本誤爲"作",依明鈔、金鈔改正。

①"以竹掃衝之":"衝"字可能是與"舂"同音寫錯。用一把竹條紮成的"帚"(即"糗帚")像舂米一樣向下撞擊。

②"茗浡":"浡"字,在從前和"浡"字互相通用。"浡",就是水面的"泡沫"。

單依字面講，似乎可以這麼解釋：新點的茶湯（宋代俗語，即用沸水泡着茶葉粉末作成的；見茶錄等宋人筆記）上面的泡沫，如蘇軾詞句“雪沫乳花浮午盞”所形容的東西，應當可以稱爲“茗渤”。但是像這樣飲茶，是唐宋兩代的習慣。南北朝雖已開始飲茶，那時的茶，如何“烹”“點”，還無從推側，却未必一定就用唐宋兩代的辦法。所以當時是否有“茗渤”這個名詞，就值得考慮。更重要的，那時候茶只産于江南，也只有南朝的人才有飲茶的習慣。北朝人嘲笑南朝人飲茶的行爲，稱爲“水厄”，一般士大夫都不飲茶；作這種白醪酒的“皇甫吏部”是朝廷的顯達，即令有茶的嗜好，也未必肯用在自己寫的文章裏面，公開出去，供大家嘲笑。因此，我懷疑這兩個字，原是同音的“糗勃”兩個字（即煮糊糊湯用的“米粉”，見煮糗第八十四；那裏共有兩句“以糗帚舂取勃”），宋代鈔刻時纏錯了。

③“生疏布”：“生”是新鮮未經用過；“疏”是粗而稀疏。

④“汜”：浮在表面的東西稱爲“汜”；“汜米”是浮在釀汁中的飯塊。

釋　文
皇甫吏部家用的方法

65.1.1　作白醪麴的方法：取三石小麥，一石炒乾，一石蒸熟，一石用生的。把三種混合起來，磨碎成爲麵。

65.1.2　將枲耳〔胡葈〕（葉）煮出汁，攤一夜，讓它冷透。和到麵裏，擣熟，踏成餅。用圓形的鐵模壓，每餅直徑五寸，厚一寸多些。

65.1.3　在矮架上〔床〕放着（葦）簾，簾上鋪着粗篾摺；摺上面鋪上兩寸厚的桑柴灰。

65.1.4　另外煮些枲耳葉子汁，讓它沸騰着。（每次）在一個小竹籃〔籠〕中,放五六個麴餅,在這(沸騰着的)胡枲汁中泡一泡。泡一會,拿出來,在灰裏"臥"着(保溫)。用生枲耳葉蓋着過夜。(目的只在)避免露水浸溼,(所以)只要薄薄地蓋上一層。

65.1.5　滿七天,翻一次;滿第二個七天,堆聚起來;滿第三個七天,收起來。曬乾。

65.1.6　作麴的屋子,要用泥把門縫封密,不讓風進去。

65.1.7　如果矮架(面積)太小,不能攔很多的麴,可以在架子四角,豎起柱子,(搭成多重的格子)安上橫椽,鋪上筐箔,像養蠶一樣。

65.1.8　七月裏作。

65.2.1　釀白醪的方法:取一石糯米,用冷水淘淨。漉出來,放在甕子裏,用魚眼沸的熱水泡着。

65.2.2　過一夜,米就會〔欲〕極〔絕〕酸〔酢〕;才蒸成"一餾飯",攤到極冷。

　　　　用魚眼湯,泡出兩斗米泔水來,煎乾成六升;放在(有飯的)甕中,用竹帚像舂"糗勃"一樣地舂。

65.2.3　另外用六斗水,加上用細羅篩篩得的麴末一斗,同時和在(加泔水舂過的)飯裏,攔進甕裏,調和攪動,使飯粒散開。

65.2.4　用氈之類的厚東西裹着甕,連甕口一併蓋上。過一夜,米消化了,用乾淨的粗疏布將糟漉出去。

65.2.5　另外將一斗好糯米,炊成飯,趁熱攔進酒裏面,作爲"汎"。用單層布蓋着甕,過一夜,"汎米"團塊消散後,酒味已經具備了。

　　如果天氣冷,多等候三五天,更好。

65.2.6　每釀一料,用十斗米、一斗麴末、六斗水、六升浸米
　　　　(泔水濃縮所得)的漿。如果想多釀,照這個分量比
　　　　例,另外在別的甕中作,不可以併合成一大甕。

65.2.7　四月、五月、六月、七月都可以作。

65.2.8　所用的麴,三日前洗淨,曬乾再用。

笨^{符本切}〔一〕麴并〔二〕酒第六十六

〔一〕笨字的音注,明清各刻本在標題末了;明鈔和金鈔在笨字下面。漸西
　　村舍本(依黃蕘圃藏鈔宋本校過?)和明鈔、金鈔同。

〔二〕"并":明清各刻本譌作"餅"。

66.1.1　作秦州^①春酒麴法:七月作之,節氣早者,望^②前
　　作;節氣晚者,望後作。

66.1.2　用小麥不蟲者,於大鑊釜中炒之。

　　　　炒法:釘大橛,以繩緩縛長柄匕匙著橛上,緩火微
　　炒^③。其匕匙〔一〕,如挽棹法〔二〕,連疾攪之,不得暫停;
　　停則生熟不均。

　　　　候麥香黃,便出;不用過焦。然後簸、擇,治令淨。
　　　　磨不求細;細者,酒不斷^④;麤,剛強難押。

66.1.3　預前數日刈艾;擇去雜草,曝之令萎,勿使有水
　　露氣。

66.1.4　溲麴欲剛〔三〕,灑水欲均。初溲時,手搦^⑤不相著
　　者,佳。

　　　　溲訖,聚置經宿,來晨熟擣。
　　　　作木範之:令餅方一尺,厚二寸;使壯士熟踏之。
　　餅成,刺作孔。

66.1.5　豎槌,布艾椽上,臥麴餅艾上,以艾覆之。大率下
　　艾欲厚,上艾稍薄。

66.1.6　密閉窗户。三七日,麴成。打破看,餅内乾燥,五
　　色衣^⑥成,便出曝之。如餅中未燥,五色衣未成,更停

三五日，然後出。

反覆日曬，令極乾，然後高廚上積之。

66.1.7 此麴一斗，殺米七斗。

〔一〕"匕匙"：明清各刻本，"匕"字作"着"，無法理解。現依明鈔、金鈔改正。

〔二〕"法"：明清各刻本誤作"上"，依明鈔及金鈔改正。

〔三〕"溲麴欲剛"：明清刻本，包括學津討原本在内，都缺一個"麴"字。依明鈔、金鈔及漸西村舍本補。與下一句"灑水欲均"句法相對比，也可看出這個"麴"字不可少。

①"秦州"：後魏的秦州，在今日甘肅南部，靠近四川的一些地方。

②"望"：每月第十五日。

③"緩"："緩"與"緊""急"相對待；"緩縛"，是縛得不緊，也就是餘裕多，運動靈活。"緩火"，是不急的火，也就是慢火。

④"斷"：分隔開來，稱爲"斷"；酒不斷，是清酒與酒糟不易分離。

⑤"搦"：説文解作"按"，即用手壓住，現在多寫作"捏"。

⑥"五色衣"：即麴中霉類菌絲體和孢子囊混合物，所表現的顏色（參看注解64.6.2.⑤）。

66.2.1 作春酒法：治麴欲淨，剉麴欲細，曝麴欲乾〔一〕。

66.2.2 以正月晦日，多收河水。——井水苦鹹〔二〕，不堪淘米，下饙亦不得。

大率：一斗麴，殺米七斗，用水四斗，率以此加減之。

66.2.3 十七石甕，惟得釀十石米；多則溢出。作甕，隨大小①，依法加減。

66.2.4 浸麴七八日，始發，便下釀。

　　　假令甕受十石米者,初下以炊米兩石,爲再餾黍。
黍熟,以淨蓆薄攤令冷。塊大者,擘破然後下之。

　　　沒水而已,勿更撓勞②! 待至明旦,以酒杷攪之,
自然解散也。初下即搦者,酒喜厚濁。

　　　下黍訖,以蓆蓋之。

66.2.5　已後,間一日輒更酘,皆如初下法。第二酘,用米
一石七斗;第三酘,用米一石四斗;第四酘,用米一石
一斗;第五酘,用米一石;第六酘第七酘,各用米
九斗〔三〕。

66.2.6　計滿九石,作三五日〔四〕停,嘗看之〔五〕;氣味足者,
乃罷。若猶少米〔六〕者,更酘三四斗。數日,復嘗,仍
未足者,更酘三二斗。數日,復嘗,麴勢壯,酒仍苦者,
亦可過十石米。但取味足而已,不必要止十石。〔七〕然
必須看候,勿使米過,過則酒甜。

66.2.7　其七酘以前,每欲酘時,酒薄霍霍③者〔八〕,是麴勢
盛也,酘時宜加米,與次前酘等。雖勢極盛,亦不得過
次前一酘斛斗也。勢弱酒厚者,須減米三斗。

　　　勢盛不加,便爲"失候";勢弱不減,剛强不消〔九〕。
加減之間,必須存意!

66.2.8　若多作,五甕已上者,每炊熟,即須均分熟黍,令諸
甕遍得。若偏〔一○〕酘一甕令足,則餘甕比候黍熟,已
失酘矣。

66.2.9　酘:當令〔一一〕寒食前得再酘,乃佳,過此便稍晚。

若避近^④不得早釀者，春水雖臭，仍自中用。

66.2.10　淘米必須極淨；常洗手剔甲，勿令手有鹹氣；則令
　　　　酒動^⑤，不得過夏。

〔一〕"……欲乾"：明清刻本，"乾"字後多"其法"兩字，依明鈔、金鈔删。

〔二〕"井水苦鹹"："苦"字，明鈔、金鈔作"若"，明清刻本作"苦"，祕册彙函本
　　　　的"苦"字，可以看出是將"若"字改成的。就上下文再三尋繹，"苦"字
　　　　比"若"字似乎更好些；"井水若鹹"，是不定語氣；作"若"，上文的收河
　　　　水就有一半成了無意義的要求。只因爲井水苦于鹹，或者又苦又鹹，
　　　　才有收河水的必要。鹹水不可以作釀酒的水，本段末了 66.2.10 有説
　　　　明。也就因爲這一點説明，我們才認爲"苦"字不作"苦味"解，而應作
　　　　"苦于"（即嫌）解。

〔三〕"用米九斗"：明鈔及明清刻本"用"字上多一"各"字，依金鈔删。

〔四〕"三五日"："三"字，金鈔作"二"，依明鈔及明清刻本作"三"字。

〔五〕"停，嘗看之"：明清各刻本，作"停著嘗之"；由下文"必須看候"一句看，
　　　　明鈔、金鈔作"嘗看"是更合適的，依明鈔、金鈔。

〔六〕"少米"：明清刻本作"少味"，明鈔、金鈔作"少米"。兩個字都可以解
　　　　釋，暫依明鈔、金鈔。

〔七〕"亦可過十石米。但取味足而已，不必要止十石"：明鈔、金鈔都是這
　　　　樣。明清各刻本，缺少"米但……十石"這十三字，顯然是因爲隔行的
　　　　兩個"十石"，看錯鈔漏了的。

〔八〕"霍霍者"：明清各刻本缺"者"字，依明鈔、金鈔補。

〔九〕"消"：明鈔、金鈔是"消"字；消，是米因發酵而消化了。明清各刻本誤
　　　　作"削"。

〔一〇〕"偏"：明清刻本誤作"遍"，依明鈔、金鈔改正。

〔一一〕"當令"：明鈔、金鈔作"常令"，固然也可以解釋；但與 66.7.2"必須寒
　　　　食前，令得一酘之也"相比較，似乎明清刻本中"當令"的當，更合于必
　　　　須兩字，所以改作"當"字。

①“作甕，隨大小”：這兩句，顯然有顛倒，可能是“隨甕大小，依法作加減”。

②“撓勞”：“撓”是擾動。“勞”是摩平。兩個字都應當讀去聲。

③“霍霍”：這個複舉連緜字的解釋，過去曾有爭論。有些人主張是形容“迅速”的，有些人主張是形容刀劍光的。用來解釋在木蘭詩中“磨刀霍霍向豬羊”一句，這兩種解釋都說得通。此外，當作擬聲字，也可以講解。但這三種解釋，在這裏都用不上。懷疑是當時的口語，作副詞用，夸張“薄”的情形，如今日口語中“蒙蒙細”、“噴噴香”、“繃繃脆”之類，並沒有具體的意義。

④“邂逅”：“不期而遇”，即出乎意料碰上。

⑤“……則令酒動”：上面省略了一句重複的“有鹹氣”。

66.3.1 作頤〔一〕麴法：斷理麥艾布置，法悉與春酒麴同。然以九月中作之。

　　　　大凡作麴，七月最良；然七月多忙，無暇及此，且頤麴。然①此麴九月作亦自無嫌。

66.3.2 若不營春酒麴者，自可七月中作之。——俗人多以七月七日〔二〕作之。

66.3.3 崔寔亦曰：“六月六日、七月七日可作麴。”

66.3.4 其〔三〕殺米多少，與春酒麴同。但不中爲春酒，喜動。以春酒麴作頤酒，彌佳也。

〔一〕“頤”：這個字，明鈔和明清刻本，均作“頤”，金鈔作“顐”。宋代的寫本刻本中，“凷”字是“甾”字偏旁的簡筆，依正規的寫法，金鈔的“顐”應當作“顐”。顐字，依字義說，是頭腦（甾、腦）的腦；用在這裏，似乎並不比“頤”字或字形與頤極相似的“頤”更好講解。但因爲它的讀音，與“臑”“臡”等字相近；便可能與當作“厚酒”（即濃酒）解的“醹”（現在讀 ru；但段玉裁把它歸到“第四部”，即正應讀 naue，至今粵語系統方言，還將過分濃厚的湯汁稱爲 nau，也讀陽平），有一定淵源；所以我暫時選定了這個字。也曾考慮過字形多少相近的"卧"字。"卧"字，本書中用來代替保温的"燠"（見 57.21.10，65.1.4），但"卧麴"可以，"卧酒"不大好説明，所以放棄了。

〔二〕"七月七日"：明清刻本作"七月初七日"；與下面 66.3.3 比較；"初"字顯然多餘，所以依明鈔、金鈔删去。

〔三〕"麴其"：明清刻本倒作"其麴"，依明鈔、金鈔改正。

①"且顋麴。然"：這幾個字，很費解。懷疑"且"字下原有一個"作"字，"然"字是"蓋"字寫錯。即"……且作顋麴。蓋……"，解爲"……姑且等待作顋麴。因爲顋麴在九月……"。

66.4.1 作顋酒法：八月九月中作者，水定難調適。宜煎湯三四沸，待冷，然後浸麴，酒無不佳。

66.4.2 大率用水多少，酘米之節，略準春酒，而須以意消息①之。

66.4.3 十月桑落時者，酒氣味頗類春酒。

①"消息"："消"是像冰化成水一般，漸漸減少。"息"（參看卷一注解2.9.1.）是累積增多。這裏用的，正是"消息"兩個字的本義，即漸增或漸減；不是作"情況"解的消息。

66.5.1 河東顋白酒法：六月七月作。

用笨麴，陳者彌佳。剉治、細剉。麴一斗，熟水三斗，黍米七斗。麴殺多少，各隨門法。

常於甕中釀；無好甕者，用先釀酒大甕，淨洗，曝乾，側甕着地作之。

66.5.2 旦起，煮甘水，至日午，令湯色白，乃止。量取三斗着盆中。

日西,淘米四斗,使淨,即浸。夜半〔一〕,炊作再餾飯,令四更中熟。下黍飯蓆上,薄攤令極冷。

66.5.3 於黍飯初熟時浸麴,向曉昧旦,日未出時,下釀。以手搦破塊,仰置勿蓋。

日西,更淘三斗米,浸,炊,還令四更中稍熟,攤極冷;日未出前酘之。亦搦塊破。

66.5.4 明日便熟,押出之,酒氣香美,乃勝桑落時作者。

66.5.5 六月中,唯得作一石米酒,停得三五日。七月半後,稍稍多作。

66.5.6 於北向戶大屋中作之第一。如無北向戶屋,於清涼處亦得。然要須日未出前清涼時下黍;日出已後,熱,即不成。

66.5.7 一石米者,前炊五斗半,後炊四斗半。

〔一〕"夜半":明清刻本誤作"夜月"。依明鈔、金鈔改正。

66.6.1 笨麴桑落酒法:預前淨剗麴,細剉;曝乾。

作釀池①,以蒉茹甕。——不茹甕,則酒甜;用穰,則太熱。

66.6.2 黍米,淘須極淨。

以〔一〕九月九日日未出前,收水九斗,浸麴九斗。

66.6.3 當日,即炊米九斗爲饙。下饙著空甕中,以釜內炊湯,及熱沃之;令饙上游水〔二〕②深一寸餘便止,以盆合頭。

良久,水盡饙熟,極軟。寫著蓆上,攤之令冷。

66.6.4 挹③取麴汁，於甕中搦黍令破，寫甕中④，復以酒杷攪之。——每酘皆然。兩重布蓋甕口。

66.6.5 七日一酘。每酘，皆用米九斗。隨甕大小，以滿爲限。

66.6.6 假令六酘，半前三酘，皆用沃饋；半後三酘，作再餾黍。其七酘者，四炊沃饋，三炊黍飯。

66.6.7 **甕滿，好，熟，然後押出。香美勢力，倍勝常酒。**

〔一〕"以"：明清刻本，漏去"以"字，依明鈔、金鈔補。

〔二〕"游水"：明清刻本，誤作"者水"。依明鈔、金鈔改正。

①"作釀池"："釀池"是什麼，不能解釋，也許是在地面掘一個淺坑，將多數酒甕，排列在坑裏，上面蓋一些麥秸，便稱爲"釀池"。懷疑這句中有錯漏，可能是"乍釀時""作酒前""下釀前"等

②"游水"：多餘的，漂浸着可以游動的水。即現在"游離"這個詞的來源。

③"挹"：用杓子之類的器皿，將"游水"舀出，稱爲"挹"。

④"寫甕中"：這一句，和上面的"於甕中搦破"重複矛盾。如果這裏不是誤多，則上面的"甕"字，應是"盆"字之類的字寫錯了。很可能上句是"盆"字，因爲與"瓮"字相像，鈔錯成爲"瓮"，再轉寫成爲"甕"的。

66.7.1 笨麴白醪酒法：淨削治麴，曝令燥。漬麴〔一〕，必須累①餅置水中，以水没餅爲候。
　　　　七日許，搦令破，漉去滓〔二〕。

66.7.2 炊糯米爲黍，攤令極冷，以意酘之。且飲且酘，乃至盡。粳米亦得作。

66.7.3 作時，必須寒食前令得一酘之也。

〔一〕"漬麴"：明清刻本譌作"清麴"；依明鈔、金鈔改正。

〔二〕"漉去滓"：明清刻本作"漉出滓"，依明鈔、金鈔改正。

①"累"：一層層堆積稱爲"累"，應當寫作絫或壘（現在的纍、壘）。現在所用
　　"累積"這個詞，本來應當是這個意義。

66.8.1 **蜀人作酴酒法**酴音塗①：**十二月朝，取流水五斗，漬**
　　　　小麥麴二斤，密泥封。

66.8.2 **至正月二月，凍釋，發**②**，漉去滓。但取汁三**
　　　　斗，——殺米三斗。

66.8.3 **炊作飯，調強軟，合和；復密封。數十日，便熟。**

66.8.4 **合滓餐之，甘、辛、滑，如甜酒味，不能醉人**〔一〕**。多**
　　　　唉，溫溫小煖而面熱也。

〔一〕"不能醉人"：明清刻本，人字重出，依明鈔、金鈔删去。

①"酴音塗"：依本書音注的慣例，這個注，應當是在標題中"酴"字下面，注
　　上"音塗"兩個小字的。"酴"，依玉篇，解作"麥酒不去滓飲也"，如依本
　　節所記的方法來説明，應當是"麥麴酒，不去滓飲"。依白帖，"酴"是
　　"酴醾"，即"重釀酒"。按本節所記的方法，麥麴先要浸一個多月，甚至
　　兩個多月，然後再下酘，又密封數十日，也合於"重釀"的説法。

②"發"："發"字有兩個可能的解釋。第一個，是本篇中常見的（64.25.2,
　　66.2.4, 66.9.5, 66.13.2, 66.20, 67.1.2, 67.2.2 等條），是"麴香沫
　　起"，"如魚眼湯"（64.25.2），或"細泡起"（67.1.2）等，麴中微生物，生
　　命活動旺盛的情形。另一個，是開發，打開，即耕田第一所引禮記月令
　　"仲冬之月……慎無發蓋，無發屋室，……是謂發天地之房"的説法。
　　這裏暫且採用第二個解釋，和上文的"密泥封"，下文的"復密封"相對
　　應。

66.9.1 **粱米酒法：凡粱米皆得用，赤粱白粱者佳。春秋冬**
　　　　夏，四時皆得作。

66.9.2 **淨治麴，如上法。笨麴一斗，殺米六斗；神麴彌勝。**

用神麴，量殺多少，以意消息。

66.9.3　春、秋、桑葉落時[①]，麴皆細剉；冬則擣末，下絹篩[一]。

66.9.4　大率：一石米，用水三斗。

66.9.5　春、秋、桑落三時，冷水浸麴；麴發，漉去滓。冬即蒸甕使熱，穰[二]茹之；以所量水，煮少許粱米薄粥，攤待溫溫，以浸麴。一宿麴發，便炊，下釀，不去滓。

66.9.6　看釀多少，皆平分米作三分，一分一炊。淨淘，弱炊爲再餾，攤，令溫溫煖於人體，便下。以杷攪之，盆合泥封。

　　　夏一宿，春秋再宿，冬三宿，看米好消，更炊酘之，還封泥。

　　　第三酘亦如之。

66.9.7　三酘畢，後十日，便好熟。押出。

　　　酒色漂漂[②]，與銀光一體。薑辛，桂辣，蜜甜，膽苦，悉在其中。芬芳酷烈，輕雋遒爽，超然獨異，非黍秫之儔也。

〔一〕“絹篩”：“篩”祕册彙函誤作從艸的“葹”；學津討原及漸西村舍本已改正。

〔二〕“穰”：明清刻本誤作“穬”，依明鈔、金鈔改正。

①“春、秋、桑葉落時”：桑葉落，應是初冬，但下文另有一句“冬則……”，因此，我們應當這樣看待：秋，是陰曆七月中至九月中；桑落，是九月到十月中；十月以後，就算“寒冬”了。

②“漂漂”：“漂”的本誼，是在水面浮動，與在風上浮動的“飄”相似。“漂漂”，即搖動有光的意思；和今日口語中“漂亮”的“漂”相同。（據段玉

裁說文解字注的說法，漂亮，是絲的光澤，像絲沉在水下時所表現的情形，便正和本書下句"與銀光一體"相合了。）

66.10.1 穄米酎①法酎〔一〕音宙：淨治麴，如上法。笨麴一斗，殺米六斗；神麴彌勝。用神麴者，隨麴殺多少，以意消息。麴，擣作末，下絹篩。

66.10.2 計六斗米，用水一斗，從釀多少，率以此加之。

66.10.3 米必須胹，淨淘，水清〔二〕乃止。即經宿浸置。明旦，碓擣作粉；稍稍箕簸，取細者，如餻②粉法。

66.10.4 粉訖〔三〕，以所量水，煮少許穄粉作薄粥。自餘粉，悉於甑中乾蒸。令氣好，餾；下之，攤令冷；以麴末和之，極令調均。

66.10.5 粥溫溫如人體時，於甕中和粉〔四〕，痛抨使均柔，令相著。亦可椎打，如椎麴法。

　　擘破塊，內著甕中。盆合泥封。裂則更泥，勿令漏氣。

66.10.6 正月作，至五月大雨後，夜暫開看。有清中飲，還泥封，至七月好熟。

　　接飲不押。三年停之，亦不動。

66.10.7 一石米，不過一斗糟；悉著甕底。酒盡出時，冰硬糟胞〔五〕，欲似石灰〔六〕。

　　酒，色似麻油。甚釅〔七〕：先能飲好酒一斗者，唯禁得升半，飲三升大醉。三升不"澆"必死。

66.10.8 凡人大醉，酩酊無知，身體壯熱如火者：作熱湯，以冷水解〔八〕；——名曰“生熟湯”。——湯令均小熱，得通③人手，以澆醉人。湯淋處即冷，不過數斛湯，迴轉翻覆，通頭面痛淋，須臾起坐。

66.10.9　與人此酒，先問飲多少，裁量④與之。若不語其法，口美不能自節，無不死矣。

66.10.10　一斗酒，醉二十人；得者，無不傳餉⑤親知，以爲樂〔九〕。

〔一〕“酎”：明鈔誤作“酤”。

〔二〕“水清”：明鈔與明清刻本俱誤作“米清”，依金鈔改正。

〔三〕“粉訖”：明清刻本及金鈔無“粉”字；明鈔有。有“粉”字，句法才完整，應補。

〔四〕“和粉”：明清刻本漏去“和”字，依明鈔、金鈔補。

〔五〕“冰硬糟胉”：明清刻本譌作“水硬糟肥”，依明鈔、金鈔改正。

〔六〕“石灰”：明清各刻本誤作“灰石”，依明鈔、金鈔改正。

〔七〕“釃”：明清各刻本譌作“釀”，依明鈔、金鈔改正。

〔八〕“以冷水解”：明清刻本漏去“水”字，依明鈔、金鈔補。

〔九〕“以爲樂”：明清刻本“樂”字作“恭”，金鈔作“暴”。依明鈔作“樂”。

①“酎”：説文的解釋，是“三重醇酒”；廣韻解作“三重釀酒”；段玉裁以爲這是用酒作水來釀成重釀酒之後，再用重釀酒作水來釀，便是三重釀酒，並且説“金壇（段玉裁家鄉）于氏，明季時以此法爲酒”。案左傳襄二十二年，有“見于嘗酎與執燔”；酎的注解是“酒之新熟重者爲酎”，“重”字可以讀去聲，即“濃厚”。史記孝文本紀“高廟酎”張晏解爲“正月作酒，八月成名曰酎，酎之言純也”，和本段所説的完全相符合。用酒代水來釀酒，不能使酒中酒精的濃度有多少增加；三釀酒，即令有人那麼作，也還是不會特別濃的，還是依張晏的解釋更合理。又本節“酎”字的音注，和書中其他處的例不同，值得注意。

②"餻":即現在的"糕"字。卷四種李第三十五所引廣志,"有餻李,肥黏似餻",也用從食的"餻"字。

③"得通":"得通",在這裏應當作"可以通過",即熱,但不太燙,人手還可以在裏面放着而不嫌燙。

④"裁量":"裁"是剪小些,即減少。量作名詞(讀去聲)用,即"分量"。"裁量",是減少分量。

⑤"傳餉":傳是"傳遞";"餉",作動詞用,即"贈送食物"。

66.11.1 黍米酎法:亦以正月作,七月熟。

　　　　淨治麴,擣末絹簁〔一〕,如上法。笨麴一斗,殺米六斗;用神麴彌佳。亦隨麴殺多少,以意消息。

66.11.2 米,細㪺,淨淘,弱炊再餾。黍攤冷,以麴末於甕中和之,挼令調均。擘破塊,著甕中。盆合泥封,五月暫開,悉同穄酎法。芬香美釀〔二〕,皆亦相似。

66.11.3 釀此二醞,常宜謹慎:多喜殺人;以飲少,不言醉死,正①疑藥殺。尤須節量,勿輕飲之。

〔一〕"簁":明清刻本誤作從草的"蓰",依明鈔、金鈔改。

〔二〕"釀":明清刻本誤作"釀",依明鈔、金鈔改。

①"正":這個字,作副詞,即恰恰,單單。

66.12.1 粟米酒法:唯正月得作,餘月悉不成。

　　　　用笨麴,不用神麴。

　　　　粟米皆得作酒,然青穀米最佳。

　　　　治麴,淘米,必須細淨。

66.12.2 以正月一日,日未出前,取水。日出即曬麴。

　　　　至正月十五日,擣麴作末,即浸之。

66.12.3　大率：麴末一斗，堆量之；水八斗；殺米一石。——米，平量之。——隨甕大小，率以此加，以向滿爲度。

66.12.4　隨米多少，皆平分爲四分。從初至熟，四炊而已。

66.12.5　預前經宿，浸米令液。以正月晦日，向暮炊釀；正作饋耳，不爲再餾。

66.12.6　飯欲熟時，預前作泥置甕邊，饋熟，即舉甑，就甕下之；速以酒杷，就甕中攪作三兩遍。即以盆合甕口，泥密封，勿令漏氣，看有裂處，更泥封①。

66.12.7　七日一酘，皆如初法。

四酘畢，四七二十八日，酒熟。

66.12.8　此酒要須用夜，不得白日，四度酘者，及初押酒時，皆迴身映火，勿使燭明及甕[一]。

66.12.9　酒熟，便堪飲。未急待，且封置，至四五月押之，彌佳。押訖，還泥封；須便擇②取。蔭屋貯置，亦得度夏。

66.12.10　氣味香美，不減黍米酒。貧薄之家，所宜用之。黍米貴而難得故也。

〔一〕“甕”：明清各刻本譌作“度”；依明鈔及金鈔改正。

①“更泥封”：更字作動詞（讀平聲），即“換過”；——也可以作副詞，（讀去聲）作“再”，“另”解釋。

②“擇”：懷疑是字形約略相近的“押”或“挹”字鈔錯。

66.13.1　又造粟米酒法：預前細剉麴，曝令乾，末之。正月晦日，日未出時，收水浸麴。一斗麴，用水七斗[一]。

66.13.2 麴發便下釀，不限日數；米足便休〔二〕爲異耳。自
餘法用，一與前同。

〔一〕"收水浸麴。一斗麴，用水七斗"：明清各刻本，"收"字下漏去"水"字，
"一斗"下空白或墨釘三字（崇文書局補上"米二斗"三字，没有説明根
據）。現依明鈔、金鈔補入校正。

〔二〕"休"：明清各刻本，誤認爲"體"字的簡體"体"，換寫成"體"，便讀不通
了，現依明鈔、金鈔改正。

66.14.1 作粟米爐酒①法：五月、六月、七月中作之，倍美。

66.14.2 受兩石以下甕子，以石子二三升蔽甕底。夜，炊
粟米飯，即攤之令冷。——夜得露氣——雞鳴乃
和之。

66.14.3 大率：米一石，——殺麴末〔一〕一斗②——春酒糟
末一斗，粟米飯五斗。麴殺若少〔二〕，計須減飯。

66.14.4 和法：痛挼令相雜。填滿甕爲限。以紙蓋口，
塼〔三〕押上。勿泥之！泥則傷熱〔四〕。

66.14.5 五六日後，以手内甕中看。冷〔五〕，無熱氣，便
熟矣。

66.14.6 酒停亦得二十許日。以冷水澆③，筒飲之。酢〔六〕
出者，歇④而不美。

〔一〕"末"：明清各刻本譌作"米"，金鈔譌作"未"；依明鈔改正。

〔二〕"麴殺若少"：明清各刻本，"殺"字下誤多一個"多"字，依明鈔、金
鈔删。

〔三〕"塼"：明鈔、金鈔作"塼"。明清各刻本多誤爲字形相似的"搏"；學津討
原改作"摶"，漸西村舍刊本改作"磚"，但未注明來歷。丁秉衡校注據
胡侍的珍珠船引用作"磚"。玉篇所收甎瓦的甎字從瓦；"塼"是唐代的

寫法,明代才借用讀"團"的"磚"字。

〔四〕"泥則傷熱":明清刻本作"恐大傷熱",依明鈔、金鈔改。

〔五〕"冷":明清各刻本誤作"令",依明鈔、金鈔改正。

〔六〕"酳":明鈔、金鈔作"酳";明清刻本作"醹"。"醹"字,説文解作"釃(讀瀝)酒",即濾過;"酳",説文(作酳字)解作"少少飲",禮士婚禮注解作"漱口",與此處文義都不合,依明清各刻本作"酳"。

①"爐酒":胡侍的珍珠船;有:"古爲蘆酒,因以蘆筒噏之,故名。今云爐,當是筆誤。"胡侍根據什麼其他材料,作出這一個關於蘆酒的説明,我們不知道。但本段下文中有"冷水澆,筒飲之"和"以蘆筒噏之"相符,所以在這裏引出,供大家考慮。

②"殺麴末一斗":這一節,懷疑有錯漏;尤其這一句,最難解釋。依本卷中各種酒麴的叙述看,只有麴殺米,没有米殺麴的説法。因此我們只好假定這一句是説明上句米一石的,即"須以麴一斗殺之"的意思。下句"春酒糟末一斗"也很可疑,我們暫時假定這是釀酒時要用的一個組分,意義在於利用這種不能再酵解了的殘渣,作爲固相懸浮物,讓麴菌附着,加速活動。再下一句的"粟米飯五斗"是作什麽用的? 怎樣用法,也很難説明。也許"殺"字該讀去聲,解作減少,屬於上句,即"米一石殺",解作不用一整石米。

③"冷水澆":冷水澆的受格,没有寫出;我們只好暫時假定是甕子外邊。——只有這樣才好説明;如果連上下句的"筒"字,作"冷水澆筒",便無法解釋。

④"歇":作"泄氣"解,見廣雅"釋詁";顏延年注謝靈運詩"芳馥歇蘭若",説"歇,氣越泄也"。

66.15.1 魏武帝上九醖法奏曰:"臣縣故令①,九醖春酒法:用麴三十斤,流水五石。

66.15.2 "臘月二日漬麴〔一〕。正月凍解,用好稻米②,……

瀝去麴滓便釀。

66.15.3　"法引曰：'譬諸蟲，雖久多完。'③三日一釀，滿九石米，正④。

66.15.4　"臣得法，釀之常善。其上清，滓亦可飲。若以九醖苦，難飲，增爲十醖⑤，易飲不病。"

66.15.5　九醖用米九斛，十醖〔二〕用米十斛，俱用麴三十斤，但米有〔三〕多少耳。治麴淘米，一如春酒法。

〔一〕"清麴"：明鈔與明清刻本都譌作"清麴"；依金鈔改作"漬"。

〔二〕"醖"：明清各刻本作"釀"，依明鈔、金鈔改。

〔三〕"有"：明清各刻本漏"有"字，依明鈔、金鈔補。

①"臣縣故令"："故"是過去（參看卷一注解 3.29.6.②），據北堂書鈔卷 148 所引，這句下面，還有"南陽郭芝"四句一字，和一個"有"字，交待了這個縣令的籍貫姓名，也有了下句"九醖……"的領語。

②"用好稻米"：這一句，正文完了，意思還沒有完；第一是分量沒有交待，第二是米如何處理沒有交待。看上下文，可以推測出來，這下面應當還有一句"一斛，炊熟，攤冷……"之類的補充說明，不知爲什麼漏掉了。

③"法引曰：譬諸蟲，雖久多完"：這幾句，無法解釋。"法引曰"，可以望文生義地說，"這個方法的引言中曰"："譬諸蟲，雖久多完"，如果沒有錯漏，便只好假定當時作這個"法引"的人（或"奏"這個法的曹操），知道昆蟲有一套複雜的完全變態，必須"久"，然後才能"完"全；這種假定，是不合歷史事實的，我們必須放棄。嚴可均輯全上古三代秦漢三國六朝文中，魏武帝文，所引作"法飲曰"，更無法解說。

④"正"：這個"正"字，應當是"止"字寫錯，"滿九石米，止"，與本篇各節可以符合，作"正"，便沒有意義（曾有人提出，這個"正"字，是"完整"的"整"字省寫，意思是用整九石米。但用"正"代"整"，贅在一個數量詞後面，是很遲很遲的習慣；沒有證明三國乃至南北朝有這種用法之前，我們

不敢相信這個假説）。據嚴可均輯魏武帝文所引，這句是"滿九斛米，止"，又文選南都賦"九醞甘醴"句注，引魏武集上九醞酒奏曰"三日一醸，滿九斛米止"，都正與我們的假想符合；而且，"石"作"斛"，也與下文"九斛……十斛"相對應。

⑤"增爲十醸"：北堂書鈔所引，這句下面，還有"差甘"（比較上甘）一句。又"易飲不病"句後有"謹上獻"一句，全篇到此完結。以下（現在的66.15.5節），便不是曹操上奏的原文，而是賈思勰的補充説明。

66.16.1 浸藥酒法①：——以此酒浸五茄〔一〕木皮，及一切藥，皆有益，神效。

66.16.2 用春酒麴及笨麴②，不用神麴。糠〔二〕瀋埋藏之，勿使六畜食。

66.16.3 治麴法：須斫去四緣、四角、上下兩面，皆三分去一，孔中亦剗去。然後細剉，燥曝，末之。

66.16.4 大率：麴末一斗，用水一斗半；多作，依〔三〕此加之。

66.16.5 醸用黍，必須細䜟。淘欲極淨，水清乃止。

66.16.6 用米亦無定方，準量麴勢強弱。然其米要須均分爲七分，一日一酘，莫令空闕。闕，即折麴勢力。

66.16.7 七酘畢，便止。熟即押出之。

66.16.8 春秋冬夏皆得作。茹甕厚薄之宜，一與春酒同；但黍飯攤使極冷。冬即須物覆甕。

66.16.9 其斫去之麴，猶有力，不廢餘用耳。

〔一〕"五茄"：明清各刻本都作"五加"；從明鈔、金鈔。

〔二〕"糠"：明清各刻本譌作"糖"；依明鈔、金鈔改正。

〔三〕"依"：明清各刻本譌作"以"；依明鈔、金鈔改正。

①"浸藥酒法"：依下面起首的一節看，可以知道這種酒，是專門醸製了來浸

藥用的；所以是"浸藥的酒"，而不是"浸製藥酒"。

②"及笨麴"：春酒麴都是笨麴。這三個字懷疑是小注誤作正文；而且，"及"
　　字應是"即"字。

66.17.1 博物志<u></u>①胡椒酒法：以好春酒五升；乾薑一兩，胡
椒七十枚，皆擣末；好美安石榴五枚，押取汁。皆
以^{〔一〕}薑椒末，及安石榴汁，悉內着酒中，火煖取溫。
亦可冷飲，亦可熱飲之。

66.17.2 溫中^{〔二〕}下氣。若病酒，苦，覺體中不調，飲之。

66.17.3 能者四五升，不能者可二三升從意。若欲增薑椒
亦可；若嫌多，欲減亦可。欲多作者，當以此爲率。若
飲不盡，可停數日。

66.17.4 此胡人所謂蓽撥②酒也。

〔一〕"皆以"：明清各刻本，"以"字下還有"盡"字，依明鈔、金鈔刪。

〔二〕"溫中"：明清各刻本，缺"溫"字；依明鈔、金鈔補。

①"博物志"：今傳本博物志中，沒有這個方法。

②"蓽撥"：蓽撥，是 *Piper longum* 的中國古名，南方草木狀中也有。但這
　　個藥酒的配方中，並無蓽撥；因此"此胡人所謂蓽撥酒也"，這一句話，
　　可以供給一點材料，說明古代中亞細亞民族，就用 *Piper* 這個名稱來
　　稱呼胡椒及同類的蓽撥了。

66.18.1 食經作白醪酒法：生秫米一石；方麴二斤，細剉。
以泉水漬麴，密蓋。再宿，麴浮起。炊米三斗酘之①，
使和調。蓋，滿五日，乃好，酒甘如乳。九月半後可作
也^{〔一〕}。

〔一〕"可作也"：明清各刻本作"可作也"；明鈔、金鈔作"不作也"，根本相反。

由釀法上看，這種醪糟，製作過程中，沒有加温的話，又要五日才成熟，應是秋冬以後的酒，所以依明清刻本作"可"。

①"炊米三斗酘之"：原來用一石米，這裏只用了三斗，其餘七斗，什麼時候如何酘下，沒有交待，顯然有漏句。很懷疑這一段裏，也有着像66.19.3 的一節；"即凡三酘，濟，又炊一斗酘之"；這樣，3×3＋1，就把一石米都酘下去了。兩種都是白醪酒，不過 19 段用五斤麴，這裏只有二斤，"麴殺"不等，所以 19 段用的米多些。

66.19.1 作白醪酒法：用方麴五斤，細剉。以流水三斗五升，漬之，再宿。

66.19.2 炊米四斗，冷，酘之，令得七斗汁。

66.19.3 凡三酘；濟，令清〔一〕，又炊一斗米酘酒中。攪令和解。封。

66.19.4 四五日，黍浮，縹色①上，便可飲矣。

〔一〕"濟，令清"：明清刻本"令"作"冷"；依明鈔、金鈔改。但仍懷疑"清"字是"消"字寫錯。

①"縹色"："縹"，説文解釋爲"帛青白色"，即白色的紡綢，帶有藍色的光澤。曹植七啓中有"乃有春清縹酒"，正是這種"竹葉青"色的酒。

66.20.1 冬米明酒法：九月漬精稻米〔一〕一斗，擣令碎〔二〕末；沸湯一石澆之。麴一斤，末，攪和。三日極酢①，合三斗〔三〕釀米炊之，氣刺人鼻，便爲大發。攪，成。用方麴十五斤，酘之米三斗，水四斗，合和釀之也。

〔一〕"精稻米"：明清刻本，譌作"清稻米"；依明鈔、金鈔改正。

〔二〕"碎"：明清刻本作"細"；依明鈔、金鈔改正。

〔三〕"三斗"：明清刻本作"二斗"；依明鈔、金鈔改正。

①"三日極酢"：本段從這裏以下，似乎有排列錯誤。與下面 66.21 比較後，

覺得似乎該是"……三日極酢，氣刺人鼻，便爲大發。再炊米三斗，用方麴十五斤，水四斗，合和釀之，攪。酘之，米三斗，成"。

66.21.1 夏米明酒法：秫米一石。麴三斤，水三斗漬之。炊三斗米酘之，凡三酘，出炊一斗酘酒中。再宿黍浮，便可飲之。

66.22.1 朗陵①何公夏封清酒法：細剉麴，如雀頭，先布甕底。以黍一斗，次第間水〔一〕五升澆之。泥。着日中〔二〕，七日熟。

〔一〕"間水"：明清刻本作"用水"；依明鈔、金鈔改正。"間"讀去聲，即加一點米，澆一點水，輪流間歇着加。

〔二〕"中"：明清各刻本多空着這個字，依明鈔、金鈔補。

①"朗陵"：漢代在現在河南確山縣境內設置的一個縣名。

66.23.1 愈瘧酒法：四月八日作。用水①一石，麴一斤，擣作末，俱酘水中。酒酢〔一〕，煎一石取七斗。以麴四斤。須漿冷，酘麴。一宿，上生白沫。起。炊秫一石，冷，酘中，三日酒成。

〔一〕"酒酢"：金鈔無"酢"字，明鈔及明清刻本有。由文義看，應當有"酢"字。

①"用水"：由下文"俱酘水中"的"俱"字看來，似乎這個"水"字是"米"字。上面(66.20 段)冬米明酒法，也是米和麴都擣成粉末，加水，讓它發酵，然後再加麴加米加水釀成，所以這裏作"米"字是可以解的。如果不然，釀造材料便沒有交待了。

66.24.1 作酃①盧丁反〔一〕酒法：以九月中，取秫米一石六斗，炊作飯。以水一石，宿②漬麴七斤。

66.24.2 炊飯令冷，酘麴汁中。

66.24.3 覆甕多用荷箬③，令酒香；燥復易之。

〔一〕"盧丁反"：明鈔、金鈔無"反"字；明清刻本注在"法"字下，作"酃盧丁反"；現暫依漸西村舍本補一個反字。這樣省略反字或切字的情形，在本書雖不多見，在其他的書（如曹憲的博雅音之類）却是有的。

①"酃"：酃，原來是一個地名。漢代的酃縣，在現在湖南衡陽縣東南。現在湖南省東邊，和江西寧岡縣相鄰的一個縣，仍稱爲酃縣。據北堂書鈔卷148"湘東酃水"條，原來引有吳録（張勃所作？）云"湘東酃縣有酃水，以水爲酒"；又"桂陽渌溪"條，引盛弘之荆州記"桂陽郡東界，俠公山下，渌溪源，官常取此水爲酒"。酃縣正是桂陽郡的一縣。文選左思吳都賦"飛輕軒而酌綠酃"，注引湘州記"湘州臨水縣，有酃湖；取水爲酒，名曰酃酒"。古來的名酒之一，所謂"酃酴"，也稱爲"酃酒"，即指湘東地區酃水渌水釀的酒。本書所稱"酃酒"，並不是用酃湖水釀的，却仍用"酃"爲名，似乎説明北朝人所謂"酃酴"，只是一種仿造的酒名，——也許因爲酃酒很著名，而釀酃酒的水得不着，便以"荷箬覆甕""令酒香"，來代替真正的酃酒。

②"宿"：懷疑"宿"上脱去了一個"隔"字或"前"字。

③"箬"：也寫作"箬"，應讀 ʐo，或 ʐau。也許古代讀爲以 n 作聲母的 niao 音（與溺同音），後來由 n 演變成了 li，所以本草綱目箬葉稱爲"遼葉"。現在兩湖方言仍將箬葉稱爲 liao 葉。"箬笠"稱爲"liaoli 殻子"。

66.25.1 作和酒法：酒一斗，胡椒六十枚，乾薑一分，雞舌香一分，蓽撥①六枚。下篩，絹囊盛，内酒中。一宿，蜜一升和之。

①"蓽撥"：這裏，蓽撥與胡椒都有，如果這一句没有錯誤，則可以肯定的説明：蓽撥，是 *Piper longum*，不是胡椒。與上面 66.17 博物志中所謂"胡人所謂蓽撥酒"中的蓽撥，相似而不同。

66.26.1 作夏雞鳴酒法：秫米二斗，煮作糜；麴二斤，擣；合

米和令調。以水五斗漬之；封頭。今日作，明旦雞鳴
便熟[一]。

〔一〕“熟”：崇文書局本誤作“熱”。

66.27.1 作𣗙酒法：四月，取𣗙①葉，合花采之。還，即急抑
著甕中。六七日，悉使烏熟；曝之，煮三四沸，去滓，內
甕中。下麴。炊五斗米。日中②。可燥手一兩抑之。
一宿，復炊五斗米酘之，便熟。

①“𣗙”：這個字，顯然是一個植物的名稱；但究竟是什麼植物，根據現有的
材料，還不易決定。據廣韻四十七寑，引山海經説：“煮其汁，味甘，可
爲酒”，和本段所説的“六七日，使烏熟”，北堂書鈔卷148 𤓰草酒下引
服食經“採南𤓰草，煮其汁也”，似乎可能是指南𤓰。南𤓰花和葉中，含
有某些能因氧化而變色的多元酚，可用來染“青精飯”。另外，也有可
能是南天竹，南天竹果實，是含有糖的漿果，也富於色素。而且，南𤓰
是四月開花的。（關於“南𤓰”與“南天竹”之間的混淆，植物名實圖考
有很詳的考證。我們不在這裏多引。）

②“日中”：這裏的“日中”和下一段(66.28)的“日中”，似乎同樣的用法。下
段的“日中曝之”，還好解説，這裏的“日中”，却無法説明。大概上下都
有缺漏的字，可能上面還有“酘之”兩字，下面還有“曝”或“曝之”。

66.28.1 柯柂① 良知反[一]酒法：二月二日，取水；三月三日，
煎之。先攪麴中水②。一宿，乃炊秫[二]米飯③，日中曝
之。酒成也。

〔一〕此處的音切小注明鈔、金鈔、漸西村舍刊本，在“柂”字下；明清其餘刻
本，在“法”字下，上面多一個“柂”字。

〔二〕“秫”：明清刻本作“黍”，依明鈔、金鈔改。

①“柯柂”：無法説明柯柂是什麼。崔豹古今注中，有芍藥一名“可離”的話。

也許"柯柂"就是"可離"的同音字。芍藥根是藥用的。

②"先攪麴中水"：懷疑"中水"兩字是顛倒了的。

③"秫米飯"：懷疑下面漏去"酘之"或"下之"等字。

釋　文

66.1.1　作秦州春酒麴法：七月間作，節氣早的，十五日以前作；節氣晚，十五日以後作。

66.1.2　用没有生蟲的小麥，在大鍋裏炒。

炒的方法：釘（實一條）大的木棒，將一個長柄的勺子，用（較長的一個）繩套，鬆鬆地繫在木棒上，用慢火炒。勺子，像搖櫓一樣，接連着迅速地攪動，不要稍微停止一下；一停手，就會生熟不均匀。

等到麥子炒到有香味發黄了，便出（鍋）；不要炒得太焦。出鍋後，再簸揚、揀擇，弄得乾乾淨淨。

磨，不要磨得太細：太細了，酒不容易濾出來；太粗，又會嫌太硬，押酒時押不動。

66.1.3　早在幾天以前，割些艾回來；把雜（在艾中的）草都揀出去，曬到發蔫，（總之）不讓它再有多餘的水分。

66.1.4　拌和麴（粉），要（乾些，因此）硬實些，灑水要均匀。剛拌和時，手捏着不黏的最合適。

拌好，堆起來過一夜，第二天早上，再擣到熟。

用木頭模子圍起來：每一餅有一尺見方，二寸厚；讓有力的年輕人在上面踏緊。麴餅作成後，（在中央）穿一個孔。

66.1.5　豎起柱子支架,在橫椽上鋪上艾,將麴餅放在艾上,再用艾蓋着。一般下面墊的艾要厚些,上面蓋的稍微薄點。

66.1.6　密密地關上窗和門。過了二十一天,麴(應當已經)成熟了。打開來看,餅裏面是乾燥的,而且有了五色衣,就拿出(麴室)外面來曬。如餅裏沒有乾透,五色衣還沒有成,就再停放三天五天,然後才(拿)出來(曬)。

　　　　翻來覆去曬過,曬到極乾燥了,然後放在高架上累積起來。

66.1.7　一斗這樣的麴,可以消化〔殺〕七斗米。

66.2.1　作春酒的方法:麴,要整治得潔淨,斫得細,曬得乾。

66.2.2　在〔以〕正月底的一天,多收積一些河水。——井水嫌〔苦〕鹹,不能用來淘米(泡米),也不可以用來下米饙(使米饙發漲)。

　　　　按一般比例:一斗麴,消化七斗米,要用四斗水,用這個比例來增加或減少(所儲備的河水)。

66.2.3　一個容量十七石的甕裏,只可以釀十石米;用米太多,就會漫出來。依甕的大小,照比例增加或減少所用的米。

66.2.4　麴浸下七八天,開始發酵,就可以下釀了。

　　　　如果用一個能容釀十石米(實容量十七石)的甕,在第一次下兩石炊過的米,作成汽餾兩次的"再餾飯"。餾熟之後，在潔淨蓆子上攤成薄層冷却。有結成了大塊的，弄散再下。

只要浸在水面以下〔没水〕就够了，不要再攪動，等明早，用酒杷攪和一下，自然就會散開來。如果剛下釀就捏開，酒容量易變得厚重渾濁。

飯下完了，用蓆蓋上。

66.2.5　以後，隔一天下一次酘，都像第一次一樣。第二酘，用十七斗米；第三酘，用十四斗米；第四酘，用十一斗米；第五酘，用十斗米；第六酘和第七酘，都用九斗米。

66.2.6　合計酘够了九石米，就停上三天五天，嘗嘗看；如果氣味都够了，就罷手。如果米還太少，就再酘下三四斗。過幾天，再嘗嘗看，如果還不够，再酘下三兩斗。過幾天，再嘗嘗，如果麴的勢力還很壯盛，酒還有些苦，（可以再加酘，酘下的）米，總計可以超過十石。只要味够就停止，不一定要達到十石才停止。不過，總要隨時留心看着，不要讓米過量，過量後，酒就嫌甜。

66.2.7　在第七酘以前，每次下酘時，看見酒"薄霍霍"的，就表示麴的勢力壯盛着，酘時應當加些米，加到和上一次〔次前〕所下的相等。但是，儘管勢力壯盛，也不可以超過上一次所酘的一斗以外。如果麴勢力弱，酒厚重，就要減去三斗米。

麴的勢力壯盛時，不增加下酘的米，便會"失候"；

勢力弱時不減少,剛强的飯殘留着消化不完。加減米的時候,必須留意。

66.2.8　如果作得多,總數在五甕以上的話,每次將下酘的飯炊熟後,就得將熟飯均勻分開,讓各個甕都能分到。如果只酘在一個甕,讓它滿足,其餘各甕,得等待第二批飯熟,便已經失時了。

66.2.9　下酘,應當要在寒食節以前下過第二酘,才最好,過了寒食便稍微嫌晚了。如果碰了不能早釀的情形,春天的河水,雖然可能有臭氣,也還可以用。

66.2.10　淘米務必要淘到極潔淨;淘時常常先洗淨手,剔淨指甲,不要讓手有點鹹氣;(手有鹹氣)酒就會變壞,不能過夏天。

66.3.1　作頤麴的方法:分別〔斷〕處理麥和艾,以及一切布置,方法都和作春酒麴一樣。不過是在九月裏作。

　　　一般作麴,七月間最好;但是七月正是忙的時候,没有工夫作麴,就只好〔且〕(等待作)頤麴。因爲頤麴在九月裏作也不要緊。

66.3.2　倘使不作春酒麴的,自然可以移在七月裏作。——現在一般人〔俗人〕都歡喜在七月初七作。

66.3.3　崔寔也説過"六月初六日、七月初七日,可以作麴"。

66.3.4　頤麴消化米的分量,和春酒麴相同。不過不能用來釀春酒,釀的春酒容易變壞。用春酒麴來作頤酒,却更好些。

66.4.1　作頤酒的方法：八月九月中作的，水（的溫度）一定很難調節到合適。應當把水燒開三四遍，等水冷了，然後浸麴，這樣，酒没有作不好的。

66.4.2　一般説，用水多少，每次酘下的米多少，大致〔略〕和春酒相同，但是要留意減少〔消〕或增加〔息〕。

66.4.3　到十月，桑樹落葉時作的，酒的氣味，便很像春酒了。

66.5.1　河東頤白酒的方法：六月七月間作。

用笨麴，陳舊的更好。刮去外層〔剗治〕、斫碎。一斗麴，三斗熟水，七斗黍米。（不過）麴能消化多少米，各人釀法不一樣。

普通在甕裏釀；没有好的（小）甕，就用從前釀過酒的大甕，洗淨，曬乾，側轉在地上來作。

66.5.2　早晨起來，將甜水煮着，到太陽當空，水成白顏色時就停止。量出三斗米，擱在盆裏。

太陽轉向西了，淘四斗米，淘得很潔淨，就浸（在水裏）。半夜裏，把（浸的米）炊成“再餾飯”，讓飯在四更中熟。把這飯倒在〔下〕蓆上，攤成薄層，使它冷透。

66.5.3　飯剛熟時，把麴浸在（白天煮過的熟）水裏，快天亮，太陽還没有出來時下釀。用手將飯塊捏破，敞開放着〔仰置〕，不要蓋。

太陽向西了，再淘三斗米，浸着，炊過，依（昨天的樣子），〔還〕讓它四更熟，攤開，冷透；趁太陽没有出來以前下酘。也把飯塊捏破。

66.5.4（過一夜，到）第二〔明〕天，酒就成了，押出來，酒氣香（而味）美，比桑落時作的還好。

66.5.5 六月中，只可以作一石米的酒，停留三五天。七月半以後，才可以稍微多作些。

66.5.6 最好是〔第一〕在門向北的大屋裏作。如果沒有門向北開的屋，也可以在清涼的地方作。但最要緊的，是要在太陽沒有出來以前，清涼的時候下黍；太陽出來，熱了，就不成。

66.5.7 如果作一石米的酒，第一次煮五斗半，第二次煮四斗半。

66.6.1 用笨麴釀桑落酒的方法：事前預先將麴餅表面剗去一層，斫碎；曬乾。作成"釀池"，用稿秸包〔茹〕在甕外面。（不包着甕，酒嫌甜；用麥糠，又嫌太熱。）

66.6.2 用黍米（釀），淘洗要極乾淨。

　　九月初九日，太陽還沒出來以前，收九斗水，浸下九斗麴。

66.6.3 當天（案即九月初九日），就炊上九斗米饋。把饋放在空甕子裏，用鍋裏原來炊飯的沸水，趁熱倒下去泡着；讓饋上面，還有一寸多深的水漂着就够了，用盆子倒蓋住甕口。

　　過了很久一會，水（被饋吸）盡了，饋便已經熟了，也極軟了。把它倒在蓆子上，攤到冷。

66.6.4 將（浮面的清）麴汁舀出來，在盆中（浸着）飯（塊），把（塊）捏破，倒進甕裏，再用酒杷攪拌。（以後每次都這樣作。)甕口用兩層布蓋着。

66.6.5　每過了七天，酘一次。每酘一次，都用九斗米。看甕的大小，以甕滿爲限。

66.6.6　如果酘六次，前三次酘的，用是水燙軟的"沃饋"；後三次，則用"再餾飯"。如果酘七次，前四次用"沃饋"，後三次是炊的"飯"。

66.6.7　甕滿了，酒好了，熟了，然後押出來。酒香，酒味和力量，都比平常的酒加倍地好。

66.7.1　用笨麴釀白醪酒的方法：麴要潔淨地削好整好，曬乾。浸麴時，要將麴餅層層堆積，浸在水中，讓水浸没。

七天左右，把麴捏破，麴渣漉掉。

66.7.2　將糯米炊成飯，攤到冷透，隨自己的設計下酘。一面飲一面酘，到飲盡。也可以用粳米作。

66.7.3　作的時候，必須在寒食節以前，下酘一次。

66.8.1　蜀人作酴(音塗)酒的方法：十二月初一的早上，取五斗流水，浸着二斤小麥麴，用泥密封着。

66.8.2　到正月或二月，解凍了，開封，把渣漉掉，只取三斗(清)汁(，可以消化三斗米成爲酒)。

66.8.3　炊成飯，調整硬軟，(加到麴汁裏去)和勻；再封密。過幾十天，便熟了。

66.8.4　連渣一起吃，味甜、辛、軟滑，像甜酒的味道，不會醉人。多吃些，也不過溫溫地覺得有點暖意，面上發熱而已。

66.9.1 （用笨麴釀）粱米酒的方法：所有粱米都可以用，不過赤粱白粱釀的更好。春、秋、冬、夏，四季都可以釀。

66.9.2 依上面所說的方法，將酒麴整治潔淨。一斗笨麴，可以消化六斗米；神麴力量更大。用神麴時，估量它的消化力有多大，設計增減。

66.9.3 春天、秋天、桑樹落葉時，麴要斫碎；冬天，麴要擣成粉末，用絹篩篩過。

66.9.4 一般説，一石米，用三斗水。

66.9.5 春天、秋天、桑樹落葉時這三個時候，用冷水浸麴；麴開始發動後，漉掉渣滓。冬天，先把甕蒸熱，用麥糠包着；將所量的（三斗）水，加少量粱米，煮成稀糊糊〔薄粥〕，攤到温温的，用來浸麴。過一夜，麴才發動，就炊飯，下釀，麴渣不漉掉。

66.9.6 估量所用的米，平均分作三分，一次炊一分。淘洗潔淨，炊軟成再餾飯，攤開，讓它温温地比人體稍微暖些，就下釀。用酒杷攪拌，甕口蓋上盆，用泥封密。

　　　夏天，過一夜，春秋過兩夜，冬天過三夜，看看米已經消化好了，再炊一分酘下去，還是用泥封上。

　　　第三次下酘，也是一樣。

66.9.7 三酘完畢後十天，便已經好了熟了。押出來。

　　　酒的顔色，帶着閃光〔漂漂〕，和銀子的光澤一樣。（酒的味）把薑的辛味、桂的辣味、蜜的甜味、膽的苦味，一齊包括了。而且，芬芳，濃厚〔酷〕，强烈，輕快，有力〔遒〕，高爽，和一切酒不同，不是黍酒與秫酒所能比的。

66.10.1　釀穄米酎（音宙）的方法：依上面所説手續，將麴整治潔淨。一斗笨麴，可以消化六斗米；神麴力量更大。用神麴時，依照它的消化力多少，設計增減。麴，要擣成粉末，用絹篩篩過。

66.10.2　總計，六斗米要用一斗水；隨便〔從〕釀多少，都要依這個比例〔率〕增加。

66.10.3　米一定要舂過，淘洗潔淨，要（淘米）水清了才停手。隨即在水裏泡着過一夜。明早，在碓裏擣成粉；稍微用箕簸揚一下，像作糕粉一樣，取得較細的米粉。

66.10.4　粉取得後，將量好的水，加少量的粉，煮成稀糊糊。其餘的粉，全部〔悉〕在甑裏乾蒸。讓水氣充旺，餾着；然後取下來，攤開讓它冷；將麴末和進去，要和得極均勻。

66.10.5　米粉糊涼下去，到和人體差不多温暖的時候，再倒進甕裏，跟（熟）粉調和，用力〔痛〕攪拌，使它均勻柔軟，讓它粘着起來。也可以用木槌〔椎〕打，像打麴餅時一樣。

　　把（熟）粉塊擘破，放進酒甕裏。（甕口）用盆蓋上，泥封好。（泥）裂縫時，就換新的泥，不讓它漏氣。

66.10.6　正月作，到了五月裏，遇着下大雨的天，雨過後，夜間暫時打開來看一看。有了清酒（泛）出來，可以飲用了，還是用泥封住，到七月才真正好了熟了。

　　只舀出來飲，不要押。停放三年，也不會變壞。

66.10.7　一石米,(酒釀成之後)不過(剩下)一斗的糟;全
　　　　部沈在甕底上。酒(詛)完後,(把糟)取出來時,像冰
　　　　一樣地硬、酥、脆,很像石灰。

　　　　　　(清)酒,顏色像麻子油一樣。很濃釅:平常能够
　　　　飲一斗好酒的人,這種酒只能受得起〔禁得〕一升半,
　　　　飲到三升,就會大醉。飲到了三升,不"澆",必定要
　　　　醉死。

66.10.8　凡屬喝得大醉的人,昏昏沈沈,没有知覺,身體表
　　　　面大熱到像火燒一樣的,都要煮些開水,用冷水沖開;
　　　　(稱爲"生熟湯")讓這水均匀地微熱,可以下得手,用
　　　　來澆醉人。水淋過的地方就會冷,只要幾斛湯,(將醉
　　　　人)迴轉翻覆,連〔通〕頭面一起大量澆過,不久就醒
　　　　了,坐了起來。

66.10.9　把這種酒給人飲時,先要問他(平常能)飲多少,
　　　　然後依分量折減着給他。如果不把這個規矩告訴他,
　　　　只覺得味道好,不能自己節制,没有不醉死的。

66.10.10　一斗酒,要醉二十個人;得到的,都會要轉送親
　　　　戚朋友們嘗嘗,認爲快樂。

66.11.1　釀黍米酎的方法:也是正月作,七月間熟。

　　　　　　依照上面所說的方法,把酒麴整治潔淨,擣成粉
　　　　末,用絹篩篩過。一斗笨麴,可以消化六斗米;用神麴
　　　　更好。也要看麴的消化力多少,折算增減。

66.11.2　米舂熟,淘洗潔淨,炊軟成"再餾飯"。黍飯攤冷,
　　　　在甕子裏和上麴末,手搓揉到調和均匀。把飯塊擘

破,放進甕去。用盆蓋住甕口,泥封密,五月間暫時開
開看一看,都和作秫米酎一樣。(所得的酒)芬芳、美
味,濃厚,也都相像。

66.11.3 釀(秫米酎黍米酎)這兩種酒,一般都宜於謹慎:
它們容易把人醉死。(但是)因爲飲的量少,不會説是
醉死,單單疑心是攙了毒藥毒害的。更要節制自己的
飲用量,不要隨便〔輕〕喝。

66.12.1 釀粟米酒的方法:只有正月可以作,其餘月分都
不行。

　　　只用笨麴,不用神麴。

　　　各種粟米都可以作酒,但是只有青穀米最好。

　　　整治酒麴和淘米,都要精細潔淨。

66.12.2 在正月初一日,太陽没有出來以前去取水。太陽
出來了,就曬麴。

　　　到了正月十五日,把麴擣成粉末,用水浸着。

66.12.3 一般比例:麴末一斗,堆(起尖)量;水八斗;可以
消化一石米(米,平斗口量)。依照甕的大小,按這個
比例增加,總之裝到快〔向〕滿爲止。

66.12.4 無論〔隨〕(預備)用多少米,都把米平均分作四
分。從動手作到釀成熟(總共)只炊四次。

66.12.5 先一天,將米浸過隔夜,讓米軟透〔液〕。正月底
的一天,天快黑時,炊釀酒的飯;只要煮成饋,不要
再餾。

66.12.6 飯快熟的時候,先和好一些泥,放在酒甕邊上,饋

熟了,就連甑帶饙,一齊搬向甕邊上放下去;跟着,趕快用酒杷在甕裏攪過三兩遍。就用盆把甕口蓋上,用泥封密起來,不讓它漏氣,見到(封泥)有裂縫時,換過泥封。

66.12.7　過七天,加一次酘,(一切手續)都像初次一樣。

四次酘完,再過四七,即二十八天,酒就熟了。

66.12.8　作這種酒,操作都必須在夜間,不要在白天作。

四次下酘和第一次押酒的時候,都要背朝着火遮住火光〔迴身映火〕,不要讓火炬光照進甕裏。

66.12.9　酒熟了,就可以飲。如果不是急等着用,(最好)暫且封着擺下,到四月五月來押,更〔彌〕好。押完,又用泥封着;須要時,再來押取。在不見直射光〔蔭〕的屋裏儲存,也可以過夏天。

66.12.10　酒的氣味香而且美,不比黍米酒差。貧窮的人家,宜於作這種粟米酒,因爲黍米很貴很難得。

66.13.1　另一種釀粟米酒的方法:事前預先把麴餅斫碎,曬乾,(擣)成粉末。正月底,太陽沒有出來時,收水來浸麴。一斗麴,用七斗水浸着。

66.13.2　麴發了,就下釀,不要管日數;米够了,便停止,(這是兩點)特殊的地方。其餘方法用具,都和上面的相同。

66.14.1　釀粟米爐酒的方法:五月、六月、七月裏作,分外地好。

66.14.2　用一個容量在兩石以下的甕子,在甕底上裝上兩三升石子。晚上，將粟米炊成飯，就把飯攤冷。——
晚上可以得到露氣。到（半夜）雞鳴時，就和（下
麴）去。

66.14.3 一般比例：用一石米，（須要一斗麴末來消化。）一
斗春酒酒糟的粉末，五斗粟米飯。如果麴的消化力
小，就要減少飯。

66.14.4 和釀的方法：用力搓揉，到完全混合。把甕填塞
滿爲止。用紙蓋着甕口，紙上用甎壓着。不要用泥
封！泥封就嫌太熱了。

66.14.5 五六天之後，把手放進甕裏試試看。如果是冷
的，沒有熱氣，就熟了。

66.14.6 （這種）酒也可以放二十多天。飲時，（在甕外）用
冷水澆，用筒子吸着。如果瀝出來飲，走了氣〔歇〕，味
道就不够美。

66.15.1 魏武帝（曹操）（給皇帝的）上九醞法奏説：“我縣
從前〔故〕的一位縣令，釀九醞春酒的方法：用三十斤
麴，五石流水。

66.15.2 “十二月初二日浸麴。正月，解凍之後，用好稻
米，……漉去麴渣後，就下釀。

66.15.3 “法引説：‘譬諸蟲，雖久多完。’三天下一次釀，下
滿了九石米，就停止。

66.15.4 “我得到他的方法，（照樣）釀造，也常常很好。上
面是清的，渣滓也還可以飲用。如果嫌九醞苦了，難
飲，增加到十釀，（味道便比較甘，）容易飲，沒有

毛病。"

66.15.5　九醖用九斛米，十醖用十斛米，麴都只用三十斤，只不過米有多少。整麴和淘米，一切方法和春酒一樣。

66.16.1　釀製浸藥用酒的方法：——用這種酒浸五茄皮，及一切藥，都有益，效驗如神。

66.16.2　用春酒麴（即笨麴），不用神麴。（春米所餘的）糠和（淘米所得的）潘，都埋藏着，不要讓畜牲吃到。

66.16.3　整治酒麴的方法：麴餅四邊緣，四隻角，上下兩面，都要斫掉三分之一，孔裏面也要剜掉。然後再斫碎，曬乾，擣成粉末。

66.16.4　一般比例，一斗麴末，用一斗半水；要多作，依這個比例增加。

66.16.5　用黍米釀，一定要春得很精。淘洗也要極潔淨，水清了才罷手。

66.16.6　用米，也沒有一定方式，按照〔準〕麴勢強弱斟酌〔量〕。不過，打算用的米，總要平均分作七分，每一天酘下一分，不要有一次空闕。如果空闕了，麴的勢力就會折損。

66.16.7　七次的酘都下完之後，就放下。等熟了，再押出來。

66.16.8　春秋冬夏四季都可以作。酒甕外面包裹層的厚薄，一切都和釀春酒的情形一樣；不過黍飯要攤到完全冷透。冬天，就要用（厚些）的東西蓋在甕上面。

66.16.9　斫下來的麴邊，還是有力量的，儘可以供給〔不廢〕其餘的用途。

66.17.1　博物志所載的"胡椒酒法"：用五升好春酒；乾薑一兩，胡椒七十顆，都擣碎成末；好的（甜）安石榴五個，榨取汁。把薑和胡椒末，安石榴汁，一齊加到酒裏面，用火燙到溫暖。可以冷飲，也可以熱飲。

66.17.2　這種酒，能够溫中下氣。如果喝醉酒醒來之後，覺得不舒服〔病酒，苦〕，身體內部不調協，就喝點這樣的酒。

66.17.3　能多飲酒的人，可以飲到四五升；不能多飲的，可以飲二三升，隨〔從〕（自己的）意思。如果想增加薑椒的分量也可以；若是嫌多，想減少些，也可以。想多作些，可以照這個比例（配合）。一次沒有飲完，可以留過幾天。

66.17.4　胡人所謂"蓽撥酒"的，就是這個。

66.18.1　食經裏面的"作白醪酒法"：生粳米一石；方麴兩斤，斫碎用。用泉水浸着麴，密蓋着。過兩夜，麴浮了起來。這時，炊熟三斗米酘下去，攪和均勻。蓋好，滿了五天，就熟了，酒像奶一樣甘。九月半以後可以作。

66.19.1　作白醪酒的方法：用五斤方麴，斫碎。浸在三斗五升流水裏，過兩夜。

66.19.2　炊四斗米，等飯冷透了，酘下去，讓整個釀汁保有七斗的分量。

66.19.3　一共下三次酘；酘完，等它清了之後，再炊一斗米酘下去。攪拌，調和，讓酘下的飯散開。然後封閉。

66.19.4　過四五天，黍飯（醡）浮了起來，青色〔縹〕也泛上來了，就可以飲用。

66.20.1　冬（天釀）米明酒的方法：九月間，浸上一斗極精的稻米，擣碎成末；用一石沸湯澆下。一斤麴，擣成末，攪和。過三天，很酸了，和上三斗釀米炊，有刺鼻的氣味發生，就是大發。攪和，就成了。（再）用方麴十五斤，酘下三斗米，四斗水，合和起來釀。

66.21.1　夏天釀米明酒的方法：一石秫米。三斤麴，用三斗水浸着。炊三斗米酘下去，一共酘三次〔三濟〕，完了之後，再炊一斗酘下去。過兩夜，飯浮了起來，就可以飲用。

66.22.1　朗陵何公夏天封甕釀清酒的方法：把酒麴斫碎，斫到像麻雀頭大小，放在甕底上。每次下一斗飯，替換〔間〕用五升水澆下。泥封。攔在太陽裏（曬着），七天便成熟了。

66.23.1　"愈瘧酒"的作法：四月初八日作。用一石米，一斤麴，擣成末，都酘到水裏面。等到酒酸了，煎沸，釀一石乾成七斗。（再加）四斤麴。等到（煎的）漿水冷了，將麴酘下。過一夜。上面浮出白泡沫。這就是發起了。再炊一石秫米，飯冷了，酘下去，三日，酒就成了。

66.24.1　作酃（音盧丁反）酒的方法：九月裏，取一石六斗秫米，炊成飯。另外，用一石水，前一夜浸着七斤麴

（作準備）。

66.24.2 炊的飯,讓它冷透,酘到麴汁裏。

66.24.3 蓋甕口,要多用些荷葉或箬葉,可以使酒香;葉子乾了就換。

66.25.1 作和酒的方法:一斗酒,六十顆胡椒,一分乾薑,一分丁香,六個蓽撥。（都擣成粉,）篩過,用絹袋盛住,放在酒裏面。過一夜,加一升蜜,調和。

66.26.1 作夏天的"雞鳴酒"的方法:二斗粳米,煮成粥;二斤酒麴,擣成粉;加到米裏面,調和均匀。用五斗水浸着;封住甕口。今天作,明早雞叫的時候便熟了。

66.27.1 作橘酒的方法:四月間,取橘葉,連花一并採回來,就趕快按到酒甕裏去。過六七天以後,全部都發黑熟透了;曬乾,煮三四沸,不要渣,放進甕裏。下麴。炊五斗米的飯（酘下去）。在太陽裏（曬着）。擦乾手,把浮面的東西壓下去一兩回。過一夜,再炊五斗米的飯酘下去,就熟了。

66.28.1 作柯杷（音良知反）酒的方法:二月初二取水;三月初三,把取得的水煮沸。先把酒麴攪和到水裏。過一夜,炊些秫米飯酘下去,放在太陽裏曬着。酒就成了。

法酒①第六十七

釀法酒,皆用春酒麴。其米、糠、潘汁、
饙飯,皆不用人及狗鼠食之〔一〕。

〔一〕標題注明清刻本皆作大字正文;又缺第三字"酒"。明鈔及金鈔作雙行
小字。

① "法酒":依一定的配方,調製釀造的酒,稱爲"官法酒",省稱"法酒"。

案本篇所收的九段中,實際内容與篇標題"法酒"相符合的,只
有前六段。第七段"治酒酢法",第八段"大州白墮麴方餅法",根本
與法酒無關;第九段中"作桑落酒法",也並不是真正的法酒。本卷
重要的主題,是製麴和釀酒的方法。大體上似乎是有相當的排列
原則的:神麴及酒是一類,白醪麴及酒是一類,笨麴及酒是一類,法
酒是一類。治酒酢法,對三類酒都可以應用,所以排在最後一類
(法酒)各種方法之後。大概成書之後,發覺方麴(66.18 及 66.19
作白醪酒用的)没有收入,於是附在"卷末",便是"治酒酢法"之後
了。還有一種屬於神麴類的小麴,稱爲"女麴"的,没有地方好添,
只好攔在卷九的藏瓜法裏面。至於本卷最後的桑落酒法,則更是
隨後再補入的。但是仔細分析時,這個"原則"似乎並未嚴格遵守:
第六十四篇末了,所引淮南萬畢術"酒薄復厚"(64.51.1)一條和冬
月釀酒中冷治法(64.6.1)一條,都是與各種酒都有關的,便應當和
"治酒酢法"一律;不應當分開。另一方面。第六十六篇的内容,也
有不合"原則"的地方:66.7 的笨麴白醪酒法和 66.18、66.19 兩段
白醪酒法,應當在第六十五篇中,不過因爲第六十五篇標題下已特
別説明專是"皇甫吏部家法";這三種白醪是用笨麴釀的,所以還勉
强説得過。66.17 的胡椒酒、66.25 的和酒,乃至於 66.14 的粟米

爐酒、66.15 的九醖酒,從定義上説,應當都是"法酒",却又不在第
六十七篇内。這些錯雜的情形,似乎説明本書在傳鈔中,曾有過顛
倒與重排,或者有些段竟是後人攙入的。

67.1.1 黍米法酒:預剉麴,曝之,令極燥。三月三日,秤麴
三斤三兩,取水三斗三升浸麴。

67.1.2 經七日,麴發,細泡起。然後取黍米三斗三升,淨
淘,——凡酒米,皆欲極淨,水清乃止;法酒尤宜存意!
淘米不得淨,則酒黑。——炊作再餾飯。攤使冷,着
麴汁中,搦黍令散。兩重布蓋甕口。

67.1.3 候米消盡,更炊四斗半米,酘之。每酘,皆搦令散。
第三酘,炊米六斗。自此以後,每酘以漸加〔一〕
米。甕無大小,以滿爲限。

67.1.4 酒味醇美,宜合醅飲之。

67.1.5 飲半,更炊米重酘如初,不着水麴,唯以漸加米,
還〔二〕得滿甕。
竟夏飲之,不能窮盡,所謂神異矣。

〔一〕"加":<u>明</u>清刻本誤作"和";依<u>明</u>鈔、<u>金</u>鈔改。

〔二〕"還":<u>明</u>清刻本誤作"選";依<u>明</u>鈔、<u>金</u>鈔改。

67.2.1 作當梁①法酒:當梁下置甕,故曰"當梁"。

67.2.2 以三月三日,日未出時,取水三斗三升,乾麴末三
斗三升。炊黍米三斗三升,爲再餾黍,攤使極冷。水、
麴、黍,俱時下之。

67.2.3 三月六日,炊米六斗酘之。三月九日,炊米九斗

酘之。

　　　　自此已後，米之多少，無復斗數；任意酘之，滿甕便止。

67.2.4　若欲取者，但言"偷酒"，勿云"取酒"。假〔一〕令出一石，還炊一石米酘之；甕還復滿，亦爲神異。

67.2.5　其糠、潘，悉寫坑中，勿令狗鼠食之。

〔一〕"假"：明鈔誤作"段"；依金鈔及明清刻本改正。

①"當梁"："當"字應讀去聲，即"正對"的意思。

67.3.1　秔米法酒：糯米大佳①。

67.3.2　三月三日，取井花水②三斗三升，絹篩麴末三斗三升，秔米三斗三升。——稻米佳③；無者，早稻米亦得充事。——再餾弱炊，攤令小冷。先下水、麴，然後酘飯〔一〕。

67.3.3　七日，更酘，用米六斗六升。二七日，更酘，用米一石三斗二升。三七日〔二〕，更酘，用米二石六斗四升，乃止。量酒備足，便止。

67.3.4　合醅飲者，不復封泥。

　　　　令清者，以盆蓋密泥封之。經七日，便極清澄，接取清者，然後押之。

〔一〕"酘飯"：明鈔、金鈔作"酘飯"；明清刻本作"酘之"。作"飯"字文句才順適。

〔二〕"二七……三七……"：明鈔、金鈔是"二七……三七……"；明清刻本作"一七……二七……"。上文已有"七日"，依本書慣例，應是"二七……三七……。"

①"糯米大佳":本段的標題,是"秔(即粳)米酒法",則"糯米大佳",便有矛
　　盾。懷疑"大"字是"亦"字。漢隸的"亦"字(寫作"夾"),容易與晉隸
　　(楷書)的大字相混。可能是寫的時候由此而纏錯了。

②"井花水":清早從井裏第一次汲出來的水,稱爲"井花水"。

③"稻米佳":懷疑上面漏去了一個"晚"字。

67.4.1 食經"七月七日作法酒〔一〕方":一石麴,作"燠〔二〕餅":編竹甕下,羅餅竹上,密泥甕頭。二七日,出餅,曝令燥,還内甕中。一石米,合得三石酒也①。

〔一〕"法酒":明清刻本,誤倒作"酒法",依明鈔、金鈔改正。

〔二〕"燠":明清刻本作"熼";依明鈔、金鈔改正。

①"一石米,合得三石酒也":米如何加? 本書沒有交待。

67.5.1 又①法酒方:焦麥麴②末一石,曝令乾。煎湯一石,黍一石,合揉〔一〕令甚熟。

67.5.2 以二月二日收水,即預煎湯,停之令冷。

67.5.3 初酘之時,十日一酘③。不得使狗鼠近之;於後無苦〔二〕。或八日、六日一酘,會以偶日④酘之,不得隻日。二月中⑤,即酘令足。

67.5.4 常預煎湯,停之;酘畢,以五升洗手蕩甕〔三〕。其米多少,依焦麴殺之⑥。

〔一〕"揉":明鈔、金鈔及大多數明清刻本作"糅"。漸西村舍刊本和崇文書
　　局本改作"揉",雖未説明根據,但與67.6.1對比,作"揉"更合適。

〔二〕"苦":明清刻本誤作"若";依明鈔、金鈔改正。

〔三〕"甕":明清刻本漏去;依明鈔、金鈔補。

①"又":"又"字的意義不明,可能是食經中有這個用法,所以用"又"指明出
　　自食經。但也可能因爲上面已有一種"法酒方",這是"另一種",所以

説"又"。

②"焦麥麴"：焦麥麴，書中雖在 64.21.8 中提起過"七月七日焦麥麴"，但無作法。66.1 的"秦州春酒麴"，是七月間用炒黄了的麥作的；懷疑就是這兩處所指的東西。

③"十日一酘"：這一句，懷疑應在原書隔行的"於後無苦"一句後面。即這一節，應當是"初酘之時，不得使狗鼠近之；於後無苦。十日一酘，或八日、六日一酘……"，似乎更順適些。下面 67.6.2 也是這樣的次序，可以對照。

④"偶日"：即偶數的日子，與下句"隻日"，即奇數的日子相對舉。

⑤"二月中"：依上文，"二月二日收水"，……"十日一酘"，"八日、六日一酘"，則第二酘至早是二月十二日，第三酘是二月二十日，第四酘是二月二十七日。如果四酘便完了，"二月中，即酘令足"是可以作到的。如果要作第五酘，便最早也應當是二月二十八日；要依十、八、六日遞減下來，四酘到五酘要四天，便不可能在二月中酘令足。因此，懷疑應和下面的三九酒一樣，是"三月中即酘令足"。

⑥"依焦麴殺之"：這句話，可以解爲"依焦麴的力量來減少"，但更可能是原鈔寫有漏字，即"依焦麴麴殺定之"，漏了一個重複的麴字，和一個與"之"字相似的"定"字。

67.6.1 三九酒法：以三月三日，收水九斗，米九斗，焦麴末九斗，——先曝乾之，——一時和之，揉和令極熟。

67.6.2 九日一酘。後五日一酘；後三日一酘。勿令狗鼠近之。會以隻日酘，不得以偶日也。使三月中即令酘足。

67.6.3 常預作湯，甕中停之。酘畢，輒取五升，洗手蕩甕，傾於酒甕中也。

67.11.1 治酒酢法：若十石米酒，炒三升小麥，令甚黑。以

絳帛再重爲袋，用盛之，周築令硬如石，安在甕底。經
二七日後，飲之，即迴〔一〕。

〔一〕"即迴"：<u>明</u><u>清</u>刻本誤倒作"迴即"之外，下面還有兩個空格。今依<u>明</u>鈔、
<u>金</u>鈔改正。

67.21.1　<u>大州白墮麴方餅法</u>①：穀三石，蒸兩石，生一石，別
磑②之，令細，然後合和之也。

67.21.2　桑葉、胡枲葉、艾，各二尺圍，長二尺許；合煮之，
使爛。去滓取汁，以冷水和之，如酒色；和麴。燥溼，
以意酌量。

日中，擣三千六百杵。訖，餅之。

安置暖屋床上：先布麥稈，厚二寸，然後置麴；上
亦與稈二寸覆之。閉户，勿使露見風日。

67.21.3　一七日，冷水溼手拭之令遍，即翻之。

至二七日，一例側之。三七日，籠之。四七日，出
置日中，曝令乾。

67.21.4　作酒之法：淨削，刮去垢；打碎，末，令乾燥。十斤
麴，殺米一石五斗。

①"<u>大州白墮麴方餅</u>"：<u>大州</u>，是<u>四川</u>的一個地名。"白墮"，是<u>晉</u>代的一種名
酒，<u>楊衒之</u>(大約與<u>賈思勰</u>同時)的<u>洛陽伽藍記</u>中，已經提到有"白墮春
醪"。麴方餅，可能原來是"方餅麴"，或者方餅兩字是小字夾注。

②"磑"：現在讀"ai"，但南方口語中，多半讀"ŋai"或"ŋa"，例如<u>湖南</u>將碾碎
胡椒的"没奈河"稱爲"胡椒磑子"(讀 ŋa 的陽去)，就是"磨"或"礱"的
一種。

67.22.1　作桑落酒法：麴末一斗，熟米二斗。其米，令精

細。淨淘，水清爲度。用熟水^①一斗，限三酘便止^②。
漬麴。候麴向發，便酘，不得失時。勿令小兒人狗
食黍。

67.22.2 作春酒，以冷水漬麴；餘各同冬酒^{〔一〕}。

〔一〕"各同冬酒"：<u>明清</u>刻本無"各"字；依<u>金鈔</u>、<u>明鈔</u>補。

①"熟水"：與下節"冷水"對照，懷疑這個"熟"字應是"熱"字。

②"限三酘便止"：這句懷疑應在原書隔行的"不得失時"一句下面；即"……
　　用熱水一斗漬麴。候麴向發，便酘，不得失時。限三酘便止"。這樣才
　　可以順理成章地解釋。

釋　文

醸法酒，都只用春酒（笨）麴，（不用神麴。）醸酒時用的米，
剩下的糠、潘汁、饋飯，都不能讓人或者狗與老鼠吃。

67.1.1 黍米法酒（的醸法）：預先將酒麴斫碎，曬到極乾。
三月初三日，從這樣斫碎曬乾了的酒麴中，秤出三斤
三兩來，用三斗三升水浸着。

67.1.2 過了七天，麴發動了，起了細泡。這時，取三斗三
升黍米，淘洗潔淨，——凡醸酒用的米，都要淘淨，到
淘米水清了才罷手；醸法酒更要留意！米沒有淘淨，
醸得的酒就是黑的——炊成"再餾飯"。將飯攤冷，放
到麴汁裏，把團塊捏散。甕口用兩層布蓋住。

67.1.3 等到米消化完了，再炊四斗半米，酘下去。每次酘
下的飯，都要捏散。

　　　第三酘，炊六斗米。從這次（第三酘）以後，每次

酘下的米,分量要逐漸增加。不管甕大甕小,總之,要酘到滿爲止。

67.1.4 酒味醇厚甘美,應當連糟一起飲用。

67.1.5 飲到一半,再炊些米,像初釀時一樣地酘下去,不必(再)加水和麴,只要逐漸加米,又可以〔還〕得到滿甕。

　　　整夏天一直飲着,不會完,所以稱爲神異。

66.2.1 作"當梁酒"的方法:應當正對着〔當〕梁下面放酒甕,所以稱爲"當梁"。

67.2.2 在三月初三日,太陽未出來以前,取三斗三升水,三斗三升乾麴粉。將三斗三升黍米,炊成"再餾飯",攤開到冷透。連水,帶麴帶飯,一起下到酒甕裏。

67.2.3 三月初六日,炊六斗米酘下去。三月初九,又炊九斗米酘下去。

　　　從這以後,米多少都行,不必再問斗數;隨意酘下去,總之甕滿了才停止。

67.2.4 如果要取酒,只可以説是"偸酒",不要説"取酒"。假使取出一石米,便再炊一石米的飯酘下去;酒甕又還是滿的,這也就是神異的地方。

67.2.5 所有糠和淘米水,都倒到坑裏,不要讓狗或老鼠吃到。

67.3.1 "秫米法酒"。糯米也好作。

67.3.2 三月初三日,取三斗三升"井花水",用絹篩篩過的麴末三斗三升,秫米三斗三升。——晚稻米最好;沒

有，早稻米也可以用。——再餾，炊軟〔弱炊〕，攤到稍
微冷些。先將水和麴下到甕裏，然後酘飯下去。

67.3.3　過了七天，再酘一次，用六斗六升米。第二個七天
之後，再酘，用一石三斗二升米。第三個七天之後，再
酘，用二石六斗四升米，便停止了。估量酒已够足，就
停手。

67.3.4　如果連糟一起飲用的，不再用泥封。

　　　　如果要清酒，就用盆蓋着口，用泥封密。過七天，
便會澄清下去，舀出上面的清酒，然後再押。

67.4.1　食經（中的）"七月七日作法酒的方法"：一石麴，先
作"燠餅"：在甕底用竹子編成架，把麴餅放在架上，甕
口用泥封密。過了二七十四天，將麴餅取出來，曬乾，
仍舊放回甕裏。一石米，合共可以得到三石酒。

67.5.1　又釀法酒法：用一石焦麴末，曬乾。燒一石開水，
和一石黍米，（與麴末）一同搓揉到很黏熟。

67.5.2　在二月初二，收取一些水，就預先把水燒開，放下
讓它冷（，然後來和米跟麴）。

67.5.3　第一次下酘時，不要讓狗和老鼠接近，以後就不要
緊了。隔十天，再下一酘，或者隔八天、六天下，總之
〔會〕在偶數的天數酘下，不要用單數的日子。三月
中，就要酘下足够的米。

67.5.4　總要預先燒下一些開水，放（冷）着；飯酘完，用五
升（冷開）水洗手，將甕邊（黏住的飯）蕩下去。

　　　　用多少米，依焦麴的消化力決定。

67.6.1 "三九酒"的方法：在三月初三日，收取九斗水，九斗米，九斗焦麴末——先要曬乾——同時和好，搓揉到極熟。

67.6.2 隔九天，酘一次。以後，五天酘一次；再過三天，又酘一次。不要讓狗和老鼠接近。總之，要在單數日子酘下，不要用雙數日子。並且要在三月中，酘到足够。

67.6.3 總要先燒些開水，放在甕中擱着。酘完，就取五升冷開水，洗手蕩甕後，都倒到酒甕中去。

67.11.1 醫治酒發酸的方法：如果有十石米的酒，就炒三升小麥，要炒得（很焦）很黑。用紅綿綢，作成兩重的口袋，把炒麥裝下去，周圍築緊，讓它和石子一樣硬，放在甕子底上。過了二七十四天，再喝時，（好味）就迴轉了。

67.21.1 <u>大州白墮酒的方餅麴製法</u>：用三石穀子，兩石蒸熟，一石生的，分別磨成細粉，然後再混和起來。

67.21.2 桑葉、蒼耳葉、艾，每樣都用二尺圍，兩尺長的一捆；合起來煮到爛。把渣去掉，取得汁，用冷水調和，讓顏色（稀釋到）和酒的顏色一樣，用來和麴。（和的）乾或溼，隨自己的意思決定。

在太陽下，擣三千六百杵。擣完，作成餅。

準備一間暖屋子在架〔床〕上，先鋪上兩寸厚的麥䅸，然後放上麴餅；麴餅上，再鋪兩寸厚的麥䅸。關上門，不要露風或見到陽光。

67.21.3 過了七天，用冷水蘸溼手，將（每餅乾麴）都抹一遍,再翻轉來。

到第二個七天以後,每餅都側轉來豎着。到第三個七天後,堆積〔籠〕起來。到第四個七天,拿出來在太陽下面曬乾。

67.21.4 作酒的方法:將麴削淨,刮掉塵垢;打碎,擣成粉末,讓它乾燥。十斤麴,可以消化一石五斗米。

67.22.1 作桑落酒的方法:麴末一斗,熟米二斗。米,要(舂得)很精很細。淘洗潔淨,水清爲止。用一斗熱水浸着麴,等麴快要〔向〕發動時,趕緊下酘,不要錯過時候。下三次酘便停止。不要讓小孩或狗吃到釀酒的飯。

67.22.2 作春酒,只是用冷水浸麴(一點不同);其餘都和釀冬酒一樣。

齊民要術卷八

後魏高陽太守賈思勰撰

〔一〕“及蘖”：明鈔及明清刻本作“及蘖子”；依院刻及金鈔改正後，可與正文中標題相符。

〔二〕明鈔“作醬”後有“等”字，依正文改。

〔三〕“作酢法”：明鈔作“作醋等法”，依正文改。

〔四〕明鈔“作豉”後有“等法”兩字，依正文改。

〔五〕“虀”：院刻、金鈔作別體的“䪥”字。

〔六〕“作魚鮓”：明鈔作“作鮓等法”，依正文改。

〔七〕"脯臘"：明鈔作"作脯臘等法"，依正文改。

〔八〕"羹臛法"：明鈔作"作羹臛"，依正文改。

〔九〕"蒸魚"：明鈔作"作蒸魚"，依正文改。

〔一〇〕明鈔缺"法"字，依正文補。

〔一一〕明鈔作"菹緑等法"，依正文改。

黃衣黃蒸及糵第六十八

黃衣一名麥䴷[一]

〔一〕"䴷":院刻、金鈔及明清刻本都作"䴷";明鈔上下文也作"䴷",只這裏却作"䴫",顯然是寫錯,所以依院刻等改正。䴷字有兩個讀法:一個讀 huēn,是完整的麥粒,又可寫作"䴖"字。一個讀 huǎn,玉篇、廣韻都解作"麥麴"。這裏,應當是第二個解釋,第二個讀法。

68.1.1 作黃衣法①:六月中,取小麥,淨淘訖,於瓮中以水浸之令醋②。漉出,熟蒸之。

　　槌箔上敷③蓆,置麥於上,攤,令厚二寸許。

68.1.2 預前一日,刈薍④葉,薄覆[一]。

　　無薍葉者,刈胡枲,擇去雜草,無令有水露氣;候麥冷,以胡枲覆之。

68.1.3 七日[二],看黃衣色足,便出;曝之,令乾。

　　去胡枲而已,慎勿颺簸!齊人喜當風颺去黃衣,此大謬!凡有所造作,用麥䴷者,皆仰其衣爲勢⑤;今反颺去之,作物必不善矣[三]。

〔一〕"薄覆":明清各刻本,包括學津討原與漸西村舍刊本等校改本,都漏去"覆"字;現依院刻、明鈔、金鈔補。

〔二〕"七日":明清刻本譌作"七月",依院刻、明鈔、金鈔改正。又"日"字後的"看"字,金鈔譌作"春"字。金鈔這一段"空等"錯漏特多,我們不再一一注明。

〔三〕"必不善矣":明清刻本缺"矣"字,依院刻、明鈔、金鈔補。

①"作黃衣法":以下的叙述,按理應作大字正文。第六十九和第七十一、七十二,三整篇,第七十篇的 70.8 到 70.14 各條,也是這樣。

②"醋":作形容詞用,即"酸"。

③"敷":從前"敷"字讀 pu 音,作平平地展開解。現在寫作"鋪"。

④"蘵":參看卷六注解 57.6.3.③。

⑤"皆仰其衣爲勢":"衣",包括菌絲體、子囊柄與孢子囊。"仰其衣爲勢",
　　即是依靠(霉類)的這些營養性與生殖性的細胞,生長蕃殖,才能够有
　　酵解作用出現。

68.2.1 作黄蒸法:六七月中,䬑〔一〕生小麥,細磨之,以水溲而蒸
之,——氣餾〔二〕好,熟便下之。攤令冷。

　　　　布置、覆蓋、成就,一如麥䴷法。

　　　　亦勿颺之,慮其所損①。

〔一〕"䬑":這個字,明鈔作"睞",金鈔作"昧",明清刻本作"取"。院刻作
"䬑",最合適。很顯明的,明鈔、金鈔的字,都只是照原書的破爛字描
錯了的;作"取",則是胡震亨依自己的判斷,改成相像的字。

〔二〕"餾":明清刻本譌作"脯",依院刻、明鈔、金鈔改正。

①"慮其所損":"其"用作指示代名詞(受格),指黄蒸中"衣"(的力量)。

68.3.1 作蘖法:八月中作。盆中浸小麥,即傾去水,日曝之。一
日一度著水,即去之。

68.3.2 脚①生,布麥於蓆上,厚二寸許〔一〕。一日一度〔二〕,以水
澆之。

　　　　牙〔三〕生便止。即散收,令乾。勿使餅!餅成,則不復
任用。

68.3.3 此煮白餳蘖;若〔四〕煮黑餳,即待牙生青成餅②,然後以刀
劙③取乾之。

68.3.4 欲令餳如琥珀色者,以大麥爲其蘖。

〔一〕"許":明清刻本漏去這個字,依院刻、明鈔、金鈔補。

〔二〕"度":明鈔譌作"唐",依院刻、金鈔及明清刻本改正。

〔三〕"牙"：明清刻本依習慣改作"芽"；院刻、明鈔和金鈔，都是"牙"字。本節所記麥粒萌發過程，是先生出"脚"。即幼根，形狀部位都像脚；跟着出"牙"，是形狀顏色都像"牙"的芽鞘。牙剛好和脚相對待；作"牙"，意義更深遠。本書關於萌發時新出的苗，都稱爲"生牙"或"牙生"；這裏作"牙"，也正合適。

〔四〕"若"：明鈔譌作"苦"，依院刻、金鈔及明清刻本改正。

①"脚"：指幼根，麥粒萌發時，第一步出來的並排三點幼根，像脚趾一樣。

②"牙生青成餅"：牙，指芽鞘和真葉。初出的麥芽，是白色的。"生青"，是生成了葉綠素，轉變成青色。成餅，則是根糾結成一片。依上文，作白餳的糵，應當在芽没有發生葉綠素，根也還小，没有糾結成片時就曬乾。那樣的麥芽，所含氧化酶分量較少。等到生青成餅時，氧化酶含量增高，就可以產生多量深色的"黑素類"物質；因此，錫的顏色也就"黑"了。

③"劗"：用刀分割。

68.4.1 孟子①曰："雖有天下易生之物，一日曝之，十日寒之，未有能生者也。"

①"孟子"：這一節，是孟子告子章句上中的。

釋　文

"黄衣"另有一個名叫"麥䴷"

68.1.1 作"黄衣"的方法：六月中，將小麥淘洗潔淨後，用水在甕子裏浸到發酸。漉出來，蒸熟。

在架上的蓆箔面上，鋪上（蒸過的）麥粒，攤開來，成爲二寸上下厚的層。

68.1.2 早一天，預先割下一些葦葉，（這時）用來薄薄地蓋在（麥上）。没有葦葉，割下一些胡枲，揀掉雜草，不要讓它有水或者露珠;等麥冷過,用胡枲蓋上。

68.1.3　過七天,看看黃衣顏色够了,就取出來;曬到乾。

　　　只要把胡枲葉子撒掉,千萬不可簸揚! 齊郡的人,歡喜頂着風把黃色的衣簸掉,這是大錯誤。凡釀造時要用到麥䴷的,都要靠麥䴷上的黃衣來發動;現在反而簸掉,製作便一定不會好了。

68.2.1　作黃蒸的方法:六七月裏,將生小麥舂好,磨細,用水調和〔溲〕過,蒸,——氣餾好,熟了,就取下來。攤開冷透。

　　　用葦葉蓋覆〔布置〕,以及成熟過程,都和麥䴷一樣。

　　　也不可以簸揚,恐怕損傷它的酵解力。

68.3.1　作糵米的方法:八月裏作。將小麥粒浸在盆裏,(多餘)的水倒掉,在太陽裏曬着。每天用水浸一遍,隨即又把水倒掉。

68.3.2　麥粒長根〔脚〕了,在席上鋪開,成爲二寸上下厚的層。每天澆一次水。

　　　芽〔牙〕出來了,就不要再澆水。就在這時,分散開來收下,讓它乾。不要等到(根糾結)成餅,成了餅,就不好用了。

68.3.3　這樣作成的糵,是煮白餳用的。如果要煮黑餳,便等到麥芽發青,糾結成餅,再用刀割開,乾燥。

68.3.4　想做琥珀色餳,用大麥製作糵米。

68.4.1　孟子裏有這麼一句話:"天下再容易生長的東西,如果讓它熱一天,冷十天,就沒有能生長的了。"

常滿鹽花鹽第六十九

69.1.1 造"常滿鹽"法：以不津甕①，——受十石者——一口，置庭中石上。以白鹽滿之。以甘水②沃〔一〕之；令上恒有游〔二〕水。

69.1.2 須用時，挹取，煎即成鹽。

還以甘水添之；取一升，添一升。

69.1.3 日曝之，熱盛，還即成鹽，永不窮盡。

風塵陰雨，則蓋；天晴淨〔三〕，還仰③。

69.1.4 若用〔四〕黃鹽鹹水者，鹽汁則苦；是以必須白鹽甘水。

〔一〕"沃"：明清刻本作"泛"，金鈔作"汰"；依院刻、明鈔作"沃"。

〔二〕"游"：明清刻本譌作"淅"，是字形相似寫錯。依院刻、明鈔，金鈔作"游"。"游水"，即固體沈澱物上面停着的水。

〔三〕"淨"：明清刻本誤作"爭"，依院刻、明鈔、金鈔改正。

〔四〕"用"：明清刻本漏去這個字，依院刻、明鈔、金鈔補正。

①"不津甕"："津"是滲漏（參看卷七注解 63.2.1.①）。

②"甘水"：即溶存鹽分較少的水（參看卷七注解 64.27.4.①）。

③"仰"：即不加覆蓋（見卷一注解 3.6.2.③）。

69.2.1 造"花鹽""印鹽"法：五六月〔一〕中，旱時，取水二斗，以鹽一斗投水中，令消〔二〕盡，又以鹽投之。水鹹極，則鹽不復消融。

69.2.2 易器淘治沙汰①之。澄去垢土，瀉清汁於淨器中。——鹽滓〔三〕甚白，不廢常用；又一石還得八斗汁②，亦無多損。

69.2.3 好日無風塵時，日中曝令成鹽。浮，即接取，便是"花鹽"；厚薄光澤似鍾乳③。

69.2.4　久不接取，即成"印鹽"：大如豆，正[四]四方，千百相似[五]。成印④輒沈，漉取之。

69.2.5　花印二[六]鹽，白如珂⑤雪[七]，其味又美。

〔一〕"五六月"：明清刻本漏去"六"字，依院刻、明鈔、金鈔補。

〔二〕"消"：明清刻本譌作"清"，依院刻、明鈔、金鈔改正。

〔三〕"滓"：明清刻本漏去"滓"字，依院刻、明鈔、金鈔補。

〔四〕"正"：明清刻本譌作"粒"，依院刻、明鈔、金鈔改正。

〔五〕"相似"：明清刻本"似"字下多一個"而"字，依院刻、明鈔、金鈔删去。

〔六〕"二"：明鈔及明清刻本均作"一"，依院刻及金鈔改正。

〔七〕"雪"：明清刻本譌作"雲"，依院刻、明鈔、金鈔改正。

①"淘治沙汰"："淘"是和水攪洗；"治"（讀去聲）是清理；"沙汰"是藉比重的差别，將在水中的固體分層處置。合起來，即將粗鹽水中的輕浮灰塵和泥渣等撇掉。

②"還得八斗汁"："汁"字顯然是多餘的。可能"即"字爛成的，則應連在下句頭上，"即亦無多損"。如果一石鹽只得到八斗鹽汁，損失便不能不說是"多"了。

③"鍾乳"：即"鐘乳石"，是碳酸鈣結晶的條棒，形狀像鐘（古代樂器中的鐘，和現在的鐘不一樣）上的"乳"一樣。六朝以來，闊人講究將鍾乳當補藥吃。鐘乳石擣碎成片，有光澤。

④"印"：現在見到的"漢印"，都是接近于正立方體的。食鹽的結晶，是等軸的正立方體，和"印"相像。

⑤"珂"："珂"字有兩種解釋：一種是玉篇所説"石次玉也"，即白色的燧石、蛋白石、雪花石之類。另一種，是玉篇所謂"螺屬也"，即頭足類乃至于腹足類的厚重介殼。總之，都是顏色潔白而具有光澤的不透明固體。

釋　文

69.1.1　造"常滿鹽"的方法：用一口不滲漏的甕子——可以盛

十石(約等於今日二百升的)——放在院子裏石塊上。甕裏放滿白鹽。灌上一些甜水;讓鹽上面常常有着一段游離的水。

69.1.2 要用時,舀出(上面的清鹽水)來,煮乾,就成了鹽。

再添些甜水下去;每取出一升,就添入一升。

69.1.3 太陽曬着,够熱了,就會成爲鹽,永遠不會完。

刮風,有塵土飛揚時,就蓋上;天晴乾淨,便敞開來。

69.1.4 如果用的是黃鹽和鹹水,鹽汁會有苦味,所以一定要白鹽甜水。

69.2.1 造"花鹽"和"印鹽"的方法:五月、六月中,天不下雨時,取兩斗水,攔下一斗粗鹽下去,讓它溶解。溶解完後,再攔(粗)鹽。水鹹到不能再鹹時,鹽就不再溶解。

69.2.2 換一個容器淘洗,撇掉輕浮的髒東西。所得鹽水,澄去泥土灰塵,將清液倒在一個潔淨容器裏。經過這樣處理後,水底下沈着的鹽,已很白淨,可以作尋常家用。此外,一石鹽,至少可以收回八斗,損失並不太多。

69.2.3 太陽好、沒有風、沒有塵土時,將這樣的鹽溶液曬着,就可以得到鹽。浮在水面上隨即撇出來的,稱爲"花鹽";它的光彩和厚薄,和(作藥用的)石鐘乳(純淨碳酸鈣)粉相似。

69.2.4 如果不把花鹽撇去,時間久,就會生成"印鹽",像豆子大小的顆粒,正四方形,幾百成千顆,彼此相像。生成了"印",就會沈到底下去,可以漉起來。

69.2.5 花鹽印鹽,都和"蛋白石"〔珂〕或雪一樣潔白,味道也好。

作醬法第七十

70.1.1 十二月正月，爲上時；二月爲中時；三月爲下時。

70.1.2 用不津甕：甕津則壞醬。嘗爲菹酢者〔一〕，亦不中用之①。置日中高處石上。夏雨，無令水浸甕底。以一銍鍬〔二〕一本作"生縮"——鐵釘子，背〔三〕歲殺釘着甕底石下。後雖有姙娠婦人食之，醬亦不壞爛也。

70.1.3 用春種烏豆，春豆粒小而均；晚豆粒大而雜。於大甑中燥蒸②之。氣餾半日許。復貯出，更裝之③；迴在上居下，不爾，則生熟不多④調均也。氣餾周遍。以灰覆之⑤，經宿無令火絕。取乾牛屎，圓累，令中央空，然之不煙，勢類好炭。若〔四〕能多收，常用作食，既無灰塵，又不失火，勝於草遠矣。

　　齅看：豆黃⑥色黑極熟，乃下。日曝取乾。夜則聚覆，無令潤溼。

70.1.4 臨欲〔五〕春去皮，更裝入甑中，蒸，令氣餾則下。一日曝之。

　　明旦起，淨簸，擇；滿臼春之而不碎。若不重餾，碎而難淨。

70.1.5 簸，揀去碎者。作熱湯，於大盆中浸豆黃。良久，淘汰，挼去黑皮，湯少則添；慎勿易湯！易湯則走失豆味，令醬不美也。漉而蒸之。淘豆湯汁，即煮碎〔六〕豆，作醬，以供旋食。大醬則不用汁。一炊頃〔七〕，下，置淨席上，攤令極冷。

70.1.6 預前，日曝白鹽、黃蒸、草蒿^{〔八〕}居岬反、麥麴，令極乾燥。鹽色黃者，發醬苦^⑦；鹽若潤浥，令醬壞。黃蒸令醬赤美；草蒿^⑧令醬芬芳。蒿，捼，簸去草土；麴及黃蒸，各別擣末，細篩^{〔九〕}；馬尾羅彌好。

大率：豆黃三斗，麴末一斗，黃蒸末一斗，白鹽五升，蒿子三指一撮。鹽少令醬酢；後雖加鹽，無復美味。其用神麴者^{〔一〇〕}，一升當笨麴四升^{〔一一〕}，殺多故也。

豆黃堆量，不概^⑨；鹽麴輕量，平概。

70.1.7 三種量訖，於盆中，面向"太歲"和之，向太歲，則無蛆蟲也。攪令均調；以手痛捼，皆令潤徹。

亦面向太歲，内著甕中。手挼^⑩令堅，以滿爲限。——半則難熟。

盆蓋密泥，無令漏氣。

70.1.8 熟便開之。臘月，五七日；正月、二月，四七日；三月，三七日。當縱橫裂，周迴離^{〔一二〕}甕，徹底生衣。悉貯出，搦破塊，兩甕分爲三甕。

70.1.9 日未出前，汲井花水^⑪，於盆中以燥鹽和之。率：一石水，用鹽三斗，澄取清汁。

70.1.10 又取黃蒸，於小盆内減^⑫鹽汁浸之。挼取黃潘^{〔一三〕}，漉去滓，合鹽汁瀉著瓮中。率：十石醬，用^{〔一四〕}黃蒸三斗。鹽水多少，亦無定方；醬如薄粥便止^{〔一五〕}。豆乾，飲^{〔一六〕}水故也。

仰甕口曝之。諺曰："萎蕤葵，日乾醬"，言其美矣。

70.1.11 十日内，每日數度，以杷徹底攪之。

十日後，每日輒一攪。三十日止。

雨，即蓋甕，無令水入！ 水入則生蟲。每經雨後，輒須一攪解。

70.1.12 後二十日，堪食；然要百日始熟耳。

〔一〕"……醬。嘗爲菹酢……"：明清刻本，没有"醬嘗爲"三字，"菹"字誤作"植"；明鈔"嘗"誤作"常"。依院刻及金鈔校正。

〔二〕"銼鍬"："銼"字，明清刻本作"鉎"，院刻與金鈔都作"銼"，明鈔作"鉎"是正確的。大廣益會玉篇，"鍬"字的解釋，是"鐵銼也"；"銼"是"鍬也"。鍬即現在寫作"銹""鏽"的原字。現在粤語系統方言中，還保持着"銼鍬"這個名詞（讀 sáŋ sóu——陽平、陰去）。下面"一本作生縮"五個字，院刻、明鈔、金鈔，都作雙行夾注，注在"鍬"字下面；即説明"銼鍬"兩個字的。明清刻本，則作單行，夾在注文中，因此意義便不明白了。

〔三〕"背"：明清刻本誤作"皆"，依院刻、明鈔、金鈔改正。"背"是背對着，與下"面"相對待。

〔四〕"若"：明鈔及明清刻本均誤作"者"，依院刻、金鈔改正。

〔五〕"欲"：明清刻本誤作"炊"，依院刻、明鈔、金鈔改正。

〔六〕"碎"：明清刻本作"細"，依院刻、明鈔、金鈔作"碎"，才與上句"揀去碎者"相應。可能是因爲讀音相同（現在關中方言和粤語方言，"細"與"碎"都讀作 sei），所以寫錯。

〔七〕"頃"：明清刻本誤作"傾"，依院刻、明鈔、金鈔改正。

〔八〕"草蕎"：明清刻本漏"草"字，依院刻、明鈔、金鈔補。

〔九〕"擣末，細篩"：明清刻本作"擣細末，篩"，依院刻、明鈔及金鈔作"擣末，細篩"，因爲"細篩"與下句"馬尾羅彌好"更符合。

〔一〇〕"者"：明鈔誤作"若"，依院刻、金鈔及明清刻本改正。

〔一一〕"四升"：明清刻本作"三升"，院刻、明鈔及金鈔作"四升"。暫作"四

升”；若依卷七 64.21.8 的標準（神麴一斗，殺米三石；笨麴一斗，殺米
六斗，即 5∶1）計算，應是“五升”。

〔一二〕“離”：明鈔作“雜”，明清刻本作“匜”；依院刻、金鈔改作“離”。很可
　　能南宋刻本，將“離”字誤作“雜”後，明末再刻時，因爲“雜”字講解不
　　通，改成了同音的“匜”字。

〔一三〕“挼取黃瀋”：明清刻本譌作“接取黃淬”，無法理解；依院刻、明鈔、金
　　鈔改正。即用手搓揉，擠出黃汁。

〔一四〕“用”：明清刻本漏去“用”字，依院刻、明鈔、金鈔補。

〔一五〕“止”：明清刻本譌作“是”，依院刻、明鈔、金鈔改正。

〔一六〕“飲”：明清刻本漏去，依院刻、明鈔、金鈔補。

① “嘗爲菹酢者，亦不中用之”：這句，可以解釋，但不很妥貼，懷疑有錯字：
　　“之”字可能是“也”。即“嘗爲菹酢者，亦不中用也”。曾經〔嘗〕用來作
　　過菹或醋的甕，現在空着，也不好用，似乎比較合情理。若如明鈔作
　　“常”，“常常用來作菹作醋的”，似乎不容易空出，空出也不大會用來作
　　醬。

② “燥蒸”：即將乾豆子，不另加水，在甑裏蒸。

③ “更裝之”：“更”字應讀平聲，即“換過來裝”。

④ “不多”：顯然是“多不”寫倒了。“多”字作副詞，即現在口語中的
　　“多半”。

⑤ “灰覆之”：“之”字，指火説。很可能“之”原來竟是“火”字爛成。

⑥ “豆黃”：“烏豆”，是種皮黑色的黑大豆。黑皮大豆的種仁，仍是黃色，所
　　以稱爲“豆黃”；豆黃經過長久蒸煮，接觸空氣後，顏色可以變得很
　　深暗。

⑦ “發醬苦”：與下文各句對比來看，懷疑“發”字應作“令”。

⑧ “草蒿”：廣雅（卷十）“蒿子，菜也”；王念孫以爲“菜上當有脱文”；我懷疑
　　“菜”字可能只是“馬芹”，並不是什麼菜。本書卷十，有一條“蒿”，引
　　“廣志云：‘蒿子生可食。’”廣韻入聲“六術”，“蒿，草名”。集韻入聲“六

術”，“蘦，草名；廣志：蘦子，生可食。一曰馬芹。”玉函山房輯佚書所輯
廣志，“蘦子”條，依丁度集韻，將“一曰馬芹”四字一句，歸入廣志引文
之內，不知根據如何？ 我以爲集韻中“一曰馬芹”四字，不是郭義恭的
原文，可能只是丁度等編集韻時加上去的。因爲依廣志其餘各條的
例，如果有“馬芹”的異名，便會先提出；寫成“蘦子、馬芹，可生食”。而
且“馬芹子，可以調蒜虀”，見本書卷三襄荷芹蘆第二十八；如廣志有馬
芹即是蘦子的説法，賈思勰多半就會引來注明。蘦是什麼植物？ 希望
專家再作考證。第七十三篇（73.1.5），有“可用草橘子；馬芹子亦得
用”，又説“用一兩草橘；馬芹准此爲度”。則草蘦與馬芹顯然不是同一
植物。但本草綱目引蘇恭（唐本草）説“馬蘄生水澤旁……子黃黑色，
似防風子，調食味用之，香似橘皮，而無苦味”，似乎説明了馬蘄（也就
是馬芹）正是“蘦”，——尤其是“香似橘皮”，説明了一名爲“蘦”的原
因。下文“挼、簁去草土”，“三指一撮”，也説明它是種子或小形果實。

⑨“概”：即用“概”括平。

⑩“挼”：“挼”字用在這裏，不甚合適。懷疑是字形相似的“按”字。

⑪“井花水”：見卷七注解 67.3.2.②。

⑫“減”：“減”可以勉强解爲“少用”；但究竟很牽强。懷疑是“挹”、“以”、
　　“取”或“清”、“鹹”等字。

70.2.1 術①曰：“若爲姙娠婦人壞醬者，取白葉棘子著甕中，則還好。”俗人用孝杖②攪醬及炙甕，醬雖回，而胎損。

①“術”：要術所引的書，都有可查的根據。唯有這個“術”是什麼，很難追
　　查。並見第 34、44、46、50（兩則）、56、57 各篇。

②“孝杖”：即“孝子”在喪禮中所用的“杖”。

70.3.1 乞①人醬時，以新汲水一盞和而與之，令醬不壞。

①“乞”：作自動詞，即今日口語中的“給”。

70.4.1 肉醬法：牛、羊、麞、鹿、兔肉，皆得作。取良殺新

肉，去脂細剉。陳肉乾者不任用。合脂〔一〕，令醬膩。

曬麴令燥，熟擣絹簁。

70.4.2 大率：肉一斗，麴末五升，白鹽二升半，黃蒸一升。

曝乾，熟擣，絹簁〔二〕。

盤上和令均調，內甕子中，有骨者，和訖先擣，然後盛之。骨多髓，既肥膩，醬亦〔三〕然也。泥封日曝。

70.4.3 寒月作之，宜埋之〔四〕於黍穰積中。

70.4.4 二七日，開看；醬出①，無麴氣，便熟矣。

70.4.5 買新殺雉，煮之令極爛，肉銷盡，去骨，取汁。待冷，解②醬。雞汁亦得。勿〔五〕用陳肉，令醬苦〔六〕膩。無雞雉，好酒解之。還著日中。

〔一〕"脂"：明鈔及明清刻本，均譌作"時"，依院刻及金鈔改正。

〔二〕"絹簁"：明清刻本"絹"字下誤多一"膩"字，依院刻、明鈔、金鈔删。

〔三〕"亦"：明清刻本誤作"邪"，依院刻、明鈔、金鈔改正。

〔四〕"宜埋之"：明清刻本漏去這三個字，依院刻、明鈔、金鈔補。

〔五〕"勿"：明清刻本作"無"，院刻、明鈔、金鈔都作"勿"；本書用"勿"字較多，很少用"無"，所以依宋本系統改。

〔六〕"苦"：明清刻本没有這個字，依院刻、明鈔、金鈔補。

①"醬出"：這個"醬"字，指肉類分解產物與食鹽及酒精的濃混合溶液，也就是"醬"的原有意義。近代歐洲用的濃縮肉汁（如德國的 Magi，英國的 bovril、oxo 之類）多少有些像這樣的"醬"。

②"解"："解釋""化解""融解"，就是加一點東西下去，沖淡或"稀釋"。

70.5.1 作卒①成肉醬法：牛、羊、麞、鹿、兔肉、生魚②，皆得作。

細剉肉一斗，好酒一斗，麴末五升，黃蒸末一升，白鹽一升〔一〕。麴及黃蒸,並曝乾,絹簁。唯一月——三十日——停,是以不須鹹,鹹則不美。**盤上調和令均,搗使熟,還擘碎如棗大。**

70.5.2 **作浪中坑**〔二〕**,火燒令赤。去灰,水澆,以草厚蔽之,令坩**〔三〕**中纔容醬瓶。**

70.5.3 **大釜中,湯煮空瓶令極熱;出,乾。**

掬肉內瓶中,令去瓶口三寸許。滿則近口者燋〔四〕。**椀蓋瓶口,熟泥密封,內草中,下土。厚七八寸。**土薄火熾,則令〔五〕醬燋。熟遲,氣味美好〔六〕。燋是以寧冷不燋,食雖便不復中食也。

於上燃乾牛糞火,通夜勿絕。明日周時〔七〕,醬出便熟。若醬未熟者,還覆置,更燃如初。

70.5.4 **臨食,細切蔥白,著麻油炒蔥,令熟,以和肉醬,甜美異常也。**

〔一〕“一升”:明清刻本作“一斗”,院刻、明鈔、金鈔作“一升”。一斗肉,用一斗鹽,鹽太多,而且注中特別聲明了“不須鹹”,更不應用到這個分量。只應當作“一升”才合適。

〔二〕“浪中坑”:“坑”字,明清刻本誤作“坈”,依 77.7“胡炮肉法”中的“浪中坑”及院刻、明鈔、金鈔,改作“坑”。“浪中坑”,就字面望文生義是無法解釋的。與浪字同音的“閬”,有中空的意義,(莊子外物篇“胞有重閬”,揚雄甘泉賦“閌閬閬其寥廓兮”,都作中空講;現在湖南、廣西口語中還有“空閬閬”和“閬空”的說法。)因此,假定“浪中坑”即是“閬中坑”,也就是中間一處特別深下去,成爲一個中空的“坩”(見下條)的坑。

〔三〕“坩”:祕册彙函系統版本,都譌作字形相似的“蚶”;漸西村舍本和學津討原本一樣,已改正作"坩",與院刻、明鈔、金鈔相同。坩是土製的容器;有經火燒過,成爲素陶的,稱爲"坩甌","受五升"(晉書陶侃傳,他送母親"坩鮓");本篇70.17.4有"著坩甕中"的話。現在將在高熱中加溫的容器,稱爲"坩鍋"。這些解釋,都是容器名,和本文這句的要求不符合。下面第七十二篇中,"作家理食豉法"(72.3.3),也有同樣在地裏掊坑燒熱來使"甕器"熱的辦法;那裏所用的,是與"坩"字讀音相近的"垎"字。懷疑這裏也應當是"垎"。莊子秋水篇"垎井之蛙",垎解作"土窟"。

〔四〕"燋":明清各刻本均作"焦";院刻、明鈔、金鈔作"燋"。漢書霍光傳有"燋頭爛額爲上客"的一句話,現在一般徵引,都寫作"焦頭爛額";這就說明"燋"(傷火)和"焦"(火所傷)這兩個在說文中意義稍有分別的字,後來都同等看待了。這裏,暫保存宋本系統中的原字。

〔五〕"令":院刻、明鈔、明清刻本都是"合"字,只金鈔作"令"。本書中習慣用"令"字說明"引起"、"產生……結果"的情況,作"令"更合適。

〔六〕"氣味美好":"美"字,明鈔和明清刻本缺,依院刻、金鈔補。

下文"燋是以寧冷不燋,食雖便不復中食也",無法依現在的文句解釋。懷疑鈔錯。原文可能是"是以寧令不熟,不令燋;燋,便不復中食也",即第一個"燋"字是誤多的;"冷"字原是"令"字,第二個"燋"字原是"熟"字,都是字形相似而鈔錯;"不"字漏去;"食"字又是"令"字鈔錯,"雖"字應當是重複的兩個"燋"字。下面另一個小注,"若醬未熟者,還覆置,更燃如初",可以說明"寧令不熟"是可以補救的,而"燋,便不復中食",則很明顯很容易理解。

〔七〕"周時":明清刻本譌作"用時",依院刻、明鈔、金鈔改正。

①"卒":"卒"是"倉卒"、"匆卒",也就是急速。

②"生魚":與"乾魚"相對,即新鮮的(不一定是生活的)魚。

70.6.1 作魚醬法:鯉魚鯖魚第一好;鱧①魚〔一〕亦中。鱭魚鮎魚即全作,不用切。去鱗,淨洗,拭令乾。如膾②法,披破

縷切③之。去骨。

70.6.2　大率：成魚一斗，用黃衣三升，一升全用，二升作末。白鹽二升〔二〕，黃鹽則苦。乾薑一升，末之。橘皮一合④，縷切之。和令調均，内甕子中，泥密封，日曝。勿令漏氣。

70.6.3　熟，以好酒解之。

〔一〕"鯉魚鯖魚第一好；鱧魚……"：現在這三個魚名，是依院刻和金鈔改正的。明鈔"鯖"字譌作"鯖"；明清刻本，作"鮐魚鯖魚……鯉魚……"。

〔二〕"二升"：明清刻本作"二斤"；按上下文各段，鹽都用容積計算，所以依院刻、明鈔、金鈔等宋本系統改作"升"。

①"鱧"：即"鮦魚"、"黑魚"、"烏魚"、"七星魚"、"烏棒"；西江流域稱爲"生魚"。

②"膾"："膾"是"細切肉"，即極細的絲或極薄的片。

③"披破縷切"："披"是"劈開"，"縷"是絲條；"披破縷切"，就是破開，切成條。

④"一合"：按王莽"嘉量"一斗約等於 2.1 市升計算，一合只有 0.021 市升，就是 21 毫升。橘皮一合，如何量法，有些難於想像。卷九"炙"法中還有半合的情況，是 10 毫升，便更難瞭解了。不過炙法中的橘皮，也許是乾後研成了末的。

70.7.1　凡〔一〕作魚醬、肉醬，皆以十二月作之，則經夏無蟲。餘月亦得作；但喜生蟲，不得度夏耳。

〔一〕"凡"：明清刻本沒有這個字，依院刻、明鈔、金鈔補。

70.8.1　乾鱭魚醬法：一名刀魚。六月、七月，取乾鱭魚，盆中水浸，置屋裏。一日三度易水，三日好，淨。漉、洗，去鱗，全作勿切。

70.8.2　率：魚一斗，麴末四升，黃蒸末一升。——無蒸，用麥䴷末，亦得。——白鹽二升半。於槃中和令均調。布置甕子，泥封，勿令漏氣。

70.8.3　二七日便熟，味香美，與生者無殊異。

70.9.1　食經"作麥醬法"：小麥一石，漬一宿，炊。臥之，令生黃衣。以水一石六斗，鹽三升，煮作鹵。澄取八斗，着甕中，炊小麥投之，攪令調均。覆着日中，十日可食。

70.10.1　作榆子醬法①：治榆子人②一升，擣〔一〕末，篩之。清酒一升，醬五升，合和。一月可食之。

〔一〕"擣"：明鈔譌作"橘"，依院刻、金鈔及明清刻本改正。

①"作榆子醬法"：可能這一條和後幾條(70.11，70.12，70.13，70.14 等)都是出自"食經"的。

②"人"：現在寫作"仁"，從前都用"人"字。

70.11.1　又魚醬法：成膾魚①一斗，以麴五升，清〔一〕酒二升，鹽三升，橘皮二葉，合和。於瓶內封。一日②可食，甚美。

〔一〕"清"："清"字，依院刻、金鈔補。

①"成膾魚"：切成了膾的魚。

②"一日"：懷疑是"一月"寫錯。

70.12.1　作蝦醬法：蝦一斗，飯三升爲糝。鹽二升〔一〕，水五升，和調，日中曝之。經春夏不敗。

〔一〕"鹽二升"："二"字，明鈔及明清刻本作"一"，依院刻、金鈔改。

70.13.1　作燥䏶丑延反〔一〕法：羊肉二斤，豬肉一斤，合煮令熟，細切之。生薑五合〔二〕，橘皮兩葉，雞子十五枚〔三〕，生羊肉一斤，豆醬清①五合。先取熟肉，著〔四〕甑上蒸，令熱；和生肉。醬清、薑、橘皮和之。

〔一〕“脡”字音注：院刻作“丑延反”；明鈔“丑”字譌作“五”，金鈔譌作“且”。明清刻本，則作“始蟬反”。按宋本説文解字，脡字的讀音是“丑連反”，即音 qien。廣韻下平聲“二仙”中，“脡”字有“式連切”與“丑延切”兩個讀法，前一個讀法是 ṣen，後一個讀法，是 ɕen 或 qien。集韻下平聲“二仙”所收脡字，也有“尸連切”，與“抽延切”兩個音。明清刻本的“始蟬反”，大致應與廣韻的“式連切”及集韻的“尸連切”相當。我們暫時保存了宋本系統的“丑延反”；但不能説“始蟬反”錯誤。

〔二〕“生薑五合”：明清刻本無“生”字，“合”作“片”；明鈔有“生”字，“合”也作“片”。依院刻、金鈔改正。

〔三〕“十五枚”：明清刻本譌作“十一枚”，依院刻、明鈔、金鈔改正。

〔四〕“著”：明清刻本没有“著”字，依院刻、明鈔、金鈔補。

① “豆醬清”：“清”是濾去渣所得溶液。豆醬清，應當就是現在所謂“醬油”（北方有些地方，至今還稱爲“清醬”）。

70.14.1 生脡法① ：羊肉一斤，豬肉白② 四兩，豆醬清漬之。縷切生薑雞子。春秋用蘇蓼著之。

① “生脡法”：劉熙釋名釋飲食第十三解釋“生脡”，是“以一分膾，二分細切，合和挺攪之也”，是用生肉作的。北堂書鈔卷 145“生脡二十九”引“食經云：‘糝脡法：羊肉二斤，合煮令熟，縷切生薑雞子，春蓼秋蘇，著其上。’”可以與本則及上則參看。由文義上看，北堂書鈔的“羊肉二斤”下面，顯然脱漏了一句；否則，“合煮”的“合”字，便没有交待。要術中，上一條（70.13）的“燥”字，原也不甚好講：明明是“豆醬清漬之”，便不是“燥”的。如推想“燥”原爲“糝”字的或體“糤”，便可以體會了；“操”字，六朝人有寫作“搡”的；“糤”字可以誤認爲從米從桑；這個字的“米”旁稍有壞爛，便成了“燥”了。本節的“生”，可以仍是讀音相近的“糝”字鈔錯（“生”，從前可能讀 seŋ，saŋ，糝讀 sem 或 sam 相近）。

② “豬肉白”：望文生義，“白”字固然可以解釋爲肥肉；但更可能是多出的一個字。

70.15.1　崔寔曰^①:"正月可作諸醬,肉醬、清醬。""四月立
　　夏後,鮦魚作醬^{〔一〕}。"

70.15.2　"五月可爲醬:上旬䵂楚狡切^{〔二〕}豆,中庚^{〔三〕}煮之,
　　以碎豆作末都^②。至六七月之交,分以藏瓜。"
　　　　　"可作魚醬。"

〔一〕"鮦魚作醬":明鈔及明清刻本没有"作"字。院刻及金鈔有。據玉燭寶
　　典所引崔寔四民月令,這句是"取鮦子作醬"。現暫補"作"字;但"取"
　　字似不可少;"魚"字和"子"字相比較,似乎"子"字更好。

〔二〕"狡":明清刻本譌作"校";"䵂"即"炒"字的一種古寫,只可以用"狡"字
　　作反切下字,代表韻母;所以依院刻、明鈔、金鈔改正。

〔三〕"庚":明清刻本譌作"廋",依院刻、明鈔、金鈔改正。中庚,是中旬逢庚
　　的一天。

①"崔寔曰":這幾節,都見玉燭寶典所引崔寔四民月令,文字小有異同:現
　　存的古逸叢書本玉燭寶典,有:
　　　　(正月)可作諸醬:上旬䵂豆,中旬煮之;以碎豆作末都。至六月之
　　交,分以藏瓜。可以作魚醬、肉醬、清醬。
　　　　(二月)榆莢成,……色變白;將落,可收爲𪌧醬䤅醬(注説"皆榆
　　醬")。
　　　　(四月立夏節後)取鮦子作醬。
　　　　(五月)可作𪌧醬及䤅醬。
　　　　(十一月)可釀䤅。

②"末都":玉燭寶典注"末都醬名"。按本書卷四種榆白楊第四十六,也引
　　有上面這個注解中所引"二月"這一段,但只在"䤅"字後面有"醬"字;
　　下面的注是"𪌧音牟,䤅音頭;榆醬"。説文解字和玉篇,也將這兩個字
　　解爲一個醬的名稱。玉燭寶典注把它們分作兩種,顯然是錯誤的。
　　"末都"兩字,讀音與"𪌧䤅"極相近,可能"末都"就是榆子醬。

70.16.1 作鱁鮧法：昔漢武帝逐夷，至於海濱。聞有香氣而不見物，令人推求。乃是漁父，造魚腸於坑中，以至土①覆之〔一〕。香氣上達。取而食之，以爲滋味②。逐夷得此物，因名之；蓋魚腸醬也。

70.16.2 取石首魚、魦③魚、鯔〔二〕魚三種，腸、肚、胞④，齊淨洗，空著白鹽，令小倚〔三〕鹹。内〔四〕器中，密封，置日中。

70.16.3 夏二十日，春秋五十日，冬百日，乃好熟。食時〔五〕下薑酢等。

〔一〕"土覆之"：明鈔及明清刻本，"之"字下誤多一個"法"字，依院刻、金鈔删。

〔二〕"鯔"：明清刻本譌作"鰤"；依院刻、明鈔、金鈔改正。鯔字，已見於左思吳都賦；鰤字雖見大廣益會玉篇和廣韻中，但究竟是隋唐已有的，還是陳彭年等"廣益"的，無法決定，所以依宋本系統作"鯔"更合適。

〔三〕"倚"：明清刻本譌作"倍"，依院刻、明鈔、金鈔改正。

〔四〕"内"：明鈔誤作"肉"，依院刻、金鈔及明清刻本改正。

〔五〕"食時"：明鈔及明清刻本缺"食"字；依院刻、金鈔補。

① "至土"："至土"兩字無法解釋。漸西村舍刊本改作"堅土"，但未説明來歷。"堅"字雖可以解説，但與海濱的情形不甚符合，懷疑是"塗"字；塗字爛後，容易看錯成"至"字。

② "滋味"：段玉裁注解説文解字解"味，滋味也"，説："滋，言多也。"滋有慢慢增長的一種意義；滋味，應當解釋爲"長久留存，慢慢增長"的味道，也就是"雋永"這一個形容詞所描寫的情況。

③ "魦"：説文解字解釋"魦魚（也），出樂浪潘（番字之誤?）國"，也就是東海的沙魚。

④ "胞"：這個胞，顯然指魚"鰾"。

70.17.1 **藏蟹法**：九月內，取母蟹。母蟹齊[一]大，圓，竟腹下；公蟹狹而長。得則著[二]水中，勿令傷損及死者；一宿，則[三]腹中淨。久則吐黃，吐黃則不好。

70.17.2 **先煮薄餳**[四]。餳，薄餳。**著活蟹於冷糖甕中，一宿。**

煮[五]蓼湯和白鹽，特須極鹹。待冷[六]，甕盛半汁；取餳中蟹，內著鹽蓼汁中，便死。蓼宜少著，蓼多則爛[七]。

70.17.3 泥封二十日，出之。舉蟹齊，著薑末，還復齊如初。

70.17.4 內著柑甕中，百箇各一器。以前鹽蓼汁澆之，令沒。密封，勿令漏氣，便成矣。

70.17.5 特忌風裏①，風則壞[八]而不美也。

〔一〕"齊"：明清刻本，這一段中的"齊"字都用"臍"字；明鈔，這一個也用"臍"字。現依院刻、金鈔及明鈔下文的寫法，一律用"齊"，但仍應作"臍"字解釋。

〔二〕"著"：明鈔及明清刻本都缺這個字，依院刻、金鈔補。

〔三〕"則"：明鈔及明清刻本缺，依院刻、金鈔補。

〔四〕"餳"：院刻、金鈔，這個字和小注中第一個字作"餳"，但下面的"冷糖甕中"的糖，却又都是從"米"的字。暫保存院刻和金鈔的原形式。

〔五〕"煮"：明鈔及明清刻本譌作"著"；金鈔作"者"。依院刻改正。

〔六〕"冷"：明清刻本譌作"令"，依院刻、明鈔、金鈔改正。

〔七〕"蓼多則爛"：明清刻本缺少句首"蓼"字，依院刻、明鈔補。

〔八〕"風則壞"：明清刻本，缺少"風"字。依院刻、明鈔補。

①"風裏"：即在風吹着的地方。可能"裏"字是多餘的。

70.18.1 又法：直煮鹽蓼湯，甕盛，詣河所。得蟹，則内鹽汁裏；滿便泥封。雖不及前，味亦好。慎[一]風如前法。

70.18.2 食時，下薑末調黄①，盞盛薑酢。

〔一〕"慎"：明清刻本譌作"值"，依院刻、明鈔、金鈔改正。

①"調黄"：這個"黄"，仍應指蟹黄（即蟹的肝臟）説。

釋 文

70.1.1 十二月、正月，是最好的時候；二月，是中等時令；三月已是最遲。

70.1.2 用不滲漏的甕子：甕子滲漏，醬便會壞。曾經釀過醋或作過葅的，也不可以用。放在太陽能曬到的、高處的石頭上。夏天下雨時，不要讓雨水浸着甕底。把一個生鏽了〔鉎鏉〕的鐵釘子，背向着"歲殺"的方向，釘在甕底下的石頭下面。以後，就是有懷孕的女人吃過這醬，它也不會壞或爛。

70.1.3 用春天下種的黑大豆（作材料），春天種的大豆，豆粒小，而且很均匀；晚種的，粒大些但不齊整〔雜〕。在大甑裏面乾蒸。讓水汽通過〔氣餾〕半天光景。倒出來，再裝一遍；讓原來在上面的，轉到下面，不這樣，就會有些生有些熟，多半不會均匀。氣餾到全面普遍。然後用灰把火蓋住，整夜不要讓火熄滅。用乾牛糞，堆成圓堆〔圓累〕，讓中心空着；這樣，燒着之後没有煙，火力像好炭一樣。要是能够大量收積，常常燒來烹煮食物，没有灰塵，又不會嫌過〔失〕火，比燒草好得多。

咬開來看,如果豆瓣〔豆黃〕顏色黑了,又熟透了,就取下來。太陽中曬到乾。晚上聚集着,蓋上,不能讓它潮溼。

70.1.4 到要把皮春掉時,再裝到甑裏,蒸,讓水汽上去,再取下。曬一天

明天早起,簸淨,選擇妥當;裝滿臼來春,不會碎。如果不這麼再餾一下,直接去春,容易碎,而且不容易潔淨。

70.1.5 (春過,)再簸,揀掉破碎了的。燒上熱水,把豆瓣在大盆裏浸着。過很久,淘洗,搓掉黑皮,熱水不夠,可以添些;千萬不要倒掉換水!換水,豆味走失了,醬也就不好了。漉出來,蒸。淘洗豆子所得的湯汁,就用來煮零碎的豆子,作成醬,供給隨即〔旋〕食用。作大醬不需要用湯汁。大約像作一頓飯那麼久〔一炊頃〕,取下來,放在潔淨的蓆子上,攤開,讓它冷透。

70.1.6 事前,預先將白鹽、黃蒸、草蒿讀居岴反,即音橘 чу子、麥麴(四樣),在太陽裏曬到乾透燥透。鹽的顏色如果是黃的,作成的醬味道就會帶苦;鹽如果不乾,會使醬壞。用黃蒸,可以使醬發紅,味也好;草蒿子可以使醬芳香。草蒿子,挼過,簸掉草和泥土;麴和黃蒸,分別擣成粉末,過篩;——用馬尾羅篩篩過,分外地好。

一般的比率:豆瓣〔豆黃〕三斗,麴末一斗,黃蒸末一斗,白鹽五升,草蒿子三個指頭所抓起的那麼多。鹽少了,醬會酸;以後再加鹽,也不會有好味。如果用神麴,一升神麴可以當四升笨麴用,因爲它的消化力強〔殺多〕。

　　　　豆黃堆尖量，不要括平〔概〕；鹽和麴，鬆鬆地〔輕〕
量，括平。

70.1.7　三種都量好，面對着（本年）"太歲"的方位，在盆裏
　　　拌和，面對太歲，可以不生蛆蟲。攪到均勻；用手使勁搓
　　　揉，使樣樣都溼透。

　　　　還是面對着"太歲"方位，放到甕子裏。用手按
緊，務必要滿——半滿就難得熟。

　　　　用盆蓋着甕口，用泥密封着，不讓漏氣。

70.1.8　熟了便開封。臘月，要五個七日；正月、二月，要四個七
　　　日；三月，三個七日（就熟了）。甕裏會縱橫開裂，周圍也
　　　離開甕邊，到處（表面）都長滿了衣。全都掏出來，捏
　　　破，把兩甕的（内容），分作三甕。

70.1.9　在太陽没出以前，汲出"井花水"，在盆裏和上乾
　　　鹽。比例是一石水，用鹽三斗，（溶後，攪勻，）澄清，取
　　　（上面的）清汁應用。

70.1.10　另外取一些黄蒸，在小盆裏，用清鹽汁浸着。用
　　　手搓揉，取得黄色的濃汁〔潘〕，漉掉渣，和上鹽汁，一
　　　起倒進甕裏。比例：十石醬，用三斗黄蒸。用多少鹽水，倒
　　　不一定，（總之）把醬調和到像稀糊糊一樣就行了。因爲豆瓣
　　　乾了，會吸收水分。

　　　　敞開甕口，讓太陽曬。俗話説："軟沓沓的〔葵菓〕葵
菜，太陽曬的乾醬。"都是説好吃的東西。

70.1.11　初曬的十天，每天都要用杷徹底地攪幾遍。

　　　　十天以後，每天攪一遍。到滿了三十天，才停手。

下雨就蓋上甕子，不要讓水進去。進了水就會生蟲。每下過一次雨之後，就要攪開一回。

70.1.12　過了二十天，就可以吃。但總要滿一百天，才真正熟透。

70.2.1　"術"裏說："醬如果因爲懷孕婦人的關係而壞了的，將白葉酸棗(?)〔棘〕放在醬甕裏，可以恢復好。"一般人用孝杖在(壞了的)醬裏攪拌，或者燒醬甕，醬雖然可以恢復好，但是本質〔胎〕却受了損失。

70.3.1　給醬給人家的時候，用一盞新汲水，和在裏面給他，醬可以不壞。

70.4.1　作肉醬的方法：牛肉、羊肉、麕肉、鹿肉、兔肉，都可以作。取新殺死的好肉，去掉脂肪，斫碎。乾了的陳肉不合用。連脂肪作，醬就嫌膩。

麴要曬乾燥，擣細，用絹篩篩過。

70.4.2　一般的比例：一斗肉，五升麴末，二升半白鹽，一升黃蒸。曬乾，擣細，絹篩篩過。

在盤子裏拌和均勻，放進甕裏，有骨頭的，和了先擣，再盛進甕。骨頭裏骨髓多，就很肥膩，醬也就會肥膩。(甕口)用泥封上，擱在太陽下面曬着。

70.4.3　如果冷天作，要埋在黍糠堆裏面。

70.4.4　過了兩個七天，開開來看；醬已出來，沒有麴氣味，就是成熟了。

70.4.5　買新殺死的雉，煮到極爛，肉都融化(到湯裏)了，漉去骨頭，取得湯汁。等冷了沖稀〔解〕(所得的)醬。

雞汁也可以。總之不要用陳肉,用陳肉就會使醬太〔苦〕膩。
沒有雞或雉,就用好酒解。再在太陽下曬。

70.5.1 作速〔卒〕成肉醬的方法:牛肉、羊肉、麞肉、鹿肉、
兔肉和鮮魚都可以作。

　　　一斗斫碎了的肉,一斗好酒,五升麴末,一升黃蒸
末,一升白鹽。麴和黃蒸,都(要先)曬乾,絹篩篩過。因爲
只可以保留一個月——三十天——所以不要太鹹,鹹了味道
就不够鮮美。在盤子裏拌和均勻,擣到很熟,再掐碎,
成爲棗子大小的塊。

70.5.2 (在地裏)掘一個中間空〔浪中〕的坑,用火燒紅。
把灰去掉,用水澆過了,在坑裏厚厚地鋪上草,(草中
央留出一個)"培",培裏面剛好可以擱下醬瓶。

70.5.3 在大鍋裏燒上開水,將空瓶煮到極燙;拿出來,讓
它乾。

　　　將肉灌進瓶裏,到離瓶口三寸左右就不裝了。裝
滿了,近口的肉就會燒焦。(小)碗蓋住瓶口,用和熟了的
泥封密,放進坑中的草中心。填上泥土,要有七八寸
厚的土。土太薄時,火旺〔熾〕時就會把醬燒焦。所以寧可讓
它不熟,不可以讓它燒焦。燒焦,就再也不能吃了。

　　　在(填的土)上面,把乾牛糞燒起來,一通夜不要
熄滅。明天,過了一整晝夜〔周時〕,醬(滲)出來,也就
熟了。如果沒有熟,再蓋上填上,像前一次一樣再燒一遍。

70.5.4 要〔臨〕吃時,將葱白切細,用麻油炒葱,炒熟後,和
到肉醬裏,便會非常甜美。

70.6.1 **作魚醬的方法**：最好是鯉魚、鯖魚；鱧魚也可以用。如果用鱭魚或鮎魚，就整條地作，不要切。去掉鱗，洗潔淨，揩乾。像作魚膾一樣，破開，切成條，挑去魚刺。

70.6.2 **比例**：（已切）成（的）魚（膾）一斗，用三升黃衣，一升整的，二升擣成粉末。二升白鹽，用黃鹽味便苦。一升乾薑，擣成末。一合橘皮。切成絲。拌和均勻，放進甕裏，用泥（將甕口）密封，在太陽裏曬。不要讓它漏氣。

70.6.3 熟了之後，用好酒沖稀。

70.7.1 凡屬作魚醬、肉醬，都要在十二月裏作，（才）可以過夏天，不生蟲。其餘各月也可以作；不過容易生蟲，不能過夏天。

70.8.1 **用乾鱭魚作醬的方法**：（鱭魚）又名"刀魚"。六月、七月將乾鱭魚，在盆裏用水浸着，放在屋子裏。一天換三次水，三天之後，好了，清潔了，漉出來，洗過，去掉鱗，整隻地作，不要切。

70.8.2 （用料）比例：一斗魚，用四升麴末，一升黃蒸末。——沒有黃蒸，用麥䴷末也可以。——二升半白鹽，在槃子裏拌和均勻。布置在甕子裏，用泥封口，不要讓它漏氣。

70.8.3 過兩個七天，就熟了。味道香美，和新鮮魚作的，沒有差別。

70.9.1 **食經中的"作麥醬法"**：小麥一石，水浸一夜，炊熟。燠到生成黃衣。用一石六斗水，三升鹽，煮成鹽水〔鹵〕。澄清，取得八斗清汁，放進甕中，將炊熟的小麥放下去，攪拌均勻。蓋着，在太陽裏曬，十天之後就可以吃。

70.10.1 **作榆子仁醬的方法**：將榆子仁一升，整治潔淨，擣成粉末，篩過。加上一升清酒，五升醬，拌和均匀，一個月就可以吃了。

70.11.1 又，作魚醬的方法：已經切成膾的魚一斗，用五升麴，二升清酒，三升鹽，兩片橘皮，一併拌和，封在瓶裏，一個月之後，可以吃，味很鮮美。

70.12.1 作蝦醬的方法：一斗蝦，加上三升飯作爲"糝"。另外加二升鹽，五升水，和均匀，在太陽裏曬，可以經過春天夏天不至于壞。

70.13.1 作燥脠音丑延反，即讀ɡen。的方法：二斤羊肉，一斤豬肉，一起煮熟，切碎。用五合生薑，兩片橘皮，十五個雞蛋，一斤生羊肉，五合豆醬清。先將熟肉，在甑裏蒸到熟，再和上生羊肉。豆醬清、薑、橘皮也和上。

70.14.1 作生脠的方法：一斤羊肉，四兩白豬肉，用豆醬清浸着，生薑切細絲，加上雞蛋。春天秋天，用紫蘇或蓼（芽）作（香料）加上。

70.15.1 崔寔（四民月令）説："正月可以作各種醬，肉醬、清醬。"……"四月，立夏以後，可以作鮰魚醬……。"

70.15.2 "五月可以作醬：上旬，把豆炒〔䴾（音楚狡切，讀ɡáo）〕乾，中旬庚日煮，把碎豆作成"末都"；到六月底、七月初，分些出來，保存瓜（作成醬瓜）。"

　　　　"可以作魚醬。"

70.16.1 作"鱁鮧"的方法：從前漢武帝追逐夷人，到了海濱。聞到香氣，可是没有見到香東西，叫人去追問尋找〔推求〕。（結果）知道是漁翁，在坑裏（釀）作魚腸，用溼土蓋上。香氣是從土裏（衝）上來的。拿來吃時覺得味道很長。因爲追逐夷人得到這種東西,所以就給它一個名字"逐夷";也就是魚腸醬。

70.16.2　將石首魚、鯊魚、鯔魚三種魚的腸、肚和鰾,一併洗淨,只放些白鹽,讓它稍微偏鹹一些。藏到容器裏,封密,放在太陽裏。

70.16.3　夏季過二十天,春秋兩季五十天,冬季過一百天,就好熟了。以後食用時,加薑、醋等。

70.17.1　作藏蟹的方法:九月裏,收取母蟹。母蟹臍大,形圓,整個〔竟〕腹下(都是臍占着);公蟹臍狹而長。得到,就放到水裏面,不要讓它們受傷受損或死亡;過一夜,腹部裏面就潔淨了。放得太久,就會"吐黄",吐黄就不好了。

70.17.2　先煮一些稀餹水。餹就是稀的餳。(把水裏過了夜的)活蟹,放在盛糖水的甕裏,過一夜。

　　　煮些蓼湯,加上白鹽,務必要作得極鹹。等鹽蓼湯冷了,用甕盛半甕這樣的鹽蓼汁,把糖水裏浸的蟹,移到鹽蓼汁裏面,蟹就死了。要少擱些蓼,擱多了蓼,蟹就會壞爛。

70.17.3　甕口用泥封着,過二十天,取出來。揭開蟹臍,放些薑末下去,依然蓋上臍蓋。

70.17.4　放到坩甕裏面,一個容器放一百隻。用原來的鹽蓼汁澆下去,讓水淹過蟹上面。封密,不要漏氣,就成了。

70.17.5　特別留心,忌遭風吹。風吹過,容易壞,壞了就不鮮美了。

70.18.1　另一個方法:直接煮成鹽蓼湯,用甕盛着,走到有河的地方〔河所〕。得到蟹,立刻放進鹽汁裏;甕子裝

滿，就用泥封上。雖然沒有上一種方法那麼好，但味
道仍舊很鮮。也要像上一種方法一樣，不可當風。

70.18.2 食時，黃裏加些薑末調勻，用一個盞盛上薑醋（蘸
吃）。

作酢法〔一〕第七十一

71.0.1 酢，今醋也〔二〕。

71.0.2 凡醋甕下，皆須安塼石，以離溼潤。

71.0.3 爲姙娠婦人所壞者，車轍中乾土末一掬〔三〕著甕中，即還好。

〔一〕"法"："法"字，<u>明</u><u>清</u>刻本無，依<u>院</u>刻、<u>明</u>鈔、<u>金</u>鈔補。

〔二〕"酢，今醋也"：這個標題注，<u>院</u>刻和<u>金</u>鈔都沒有。這就是說，要麼，較早的版本中，漏掉了這一個注；要麼，這個注是後來（即<u>院</u>刻本流通之後）版本中新添的。後一種假定的真實性，似乎更大；或者更具體地說，可能是"<u>龍舒本</u>"（<u>南宋</u>刻本）以後才有的。"醋"字，本來讀作 zok；本來的解釋，是"客酌主人"（即客人向主人敬酒），與"酬"（原作醻）是"主人進客"（即主人向客人敬酒）相對，所以有"酬酢"這個說法。<u>劉熙</u>釋名，<u>張揖</u>廣雅中，都用"酢"作酸醋的名稱，<u>玉篇</u>和廣韻中，醋字才轉讀"cou"或"cu"，意義也改作"醬醋之醋"；于是"醋""酢"兩個字，便互換了。這究竟是<u>梁</u>、<u>陳</u>、<u>隋</u>時代就這樣，或者<u>宋</u>初經過<u>陳彭年</u>等人按當時習慣改正的，還待證明。<u>玄應</u>一切經音義中瑜伽師地論第二十一卷"醶酢"一條，還作"酢"，可見<u>唐</u>初還沒有完全顛倒互換。<u>徐鉉</u>替說文解字作釋時，已經說"今俗作倉故切"，則<u>五代</u>時代便已經很普通了。因此，這個標題注不會是<u>賈思勰</u>自己作的；也就是說，原書乃至于較早的版本中，沒有這個注；只有<u>宋</u>代中葉以後，醋字作爲"醬醋"的"醋"字，已成習慣時，才會有人作這種申明。

〔三〕"車轍中乾土末一掬"：這一句，<u>明</u><u>清</u>刻本，作"塼輒中乾土末淘"；<u>明</u>鈔"末"字譌作"木"。依<u>院</u>刻、<u>金</u>鈔改正。"轍"是車輪碾出的痕跡。

71.1.1 作大酢法①：七月七日取水作之。

71.1.2 大率麥麨一斗〔一〕——勿揚簸——水三斗，粟米熟飯三斗，攤令冷。

　　　　任甕大小，依法加之，以滿爲限。

71.1.3　先下麥麲，次下水，次下飯，直置勿^{〔二〕}攪之。以綿幕甕口，
　　　　拔^{〔三〕}刀橫甕上。

71.1.4　一七日旦^{〔四〕}，著井花水一椀；三七日旦，又著一椀，便熟。

71.1.5　常置一瓠瓢於甕^{〔五〕}，以挹酢。若用溼器鹹器^{〔六〕}內甕中，則
　　　　壞酢味也。

〔一〕“一斗”：<u>明清</u>刻本譌作“二斗”，依<u>院</u>刻、<u>明</u>鈔、<u>金</u>鈔改正。

〔二〕“勿”：<u>明清</u>刻本譌作“物”，依<u>院</u>刻、<u>明</u>鈔、<u>金</u>鈔改正。

〔三〕“拔”：<u>明清</u>刻本譌作“扳”，依<u>院</u>刻、<u>明</u>鈔、<u>金</u>鈔改正。

〔四〕“一七日旦”：<u>明清</u>刻本缺“日”字，依<u>院</u>刻、<u>明</u>鈔、<u>金</u>鈔補。

〔五〕“於甕”：<u>明清</u>刻本，缺這兩個字，依<u>院</u>刻、<u>明</u>鈔、<u>金</u>鈔補。

〔六〕“鹹器”：<u>明清</u>刻本，缺這兩個字，依<u>院</u>刻、<u>明</u>鈔、<u>金</u>鈔補。

①“作大酢法”：下面的敘述，應當作大字正文。本篇、下篇都是這樣，下篇
　不再注明了。

71.2.1　秫米神酢法：七月七日作。置甕於屋下。

71.2.2　大率：麥麲一斗，水一石，秫米三斗。無秫者，黏黍米亦
　　　　中用。

　　　　隨甕大小，以向滿爲限。

71.2.3　先量水，浸麥麲訖。然後淨淘米，炊爲再餾，攤令冷。
　　　　細擘麴^{〔一〕}破，勿令有塊子。
　　　　一頓^{〔二〕}下釀，更不重投。
　　　　又以手^{〔三〕}就甕裏，搦破小塊，痛攪，令和如粥乃止。
　　　　以綿幕口。

71.2.4　一七日，一攪；二七日，一攪；三七日，亦一攪^{〔四〕}。一月日
　　　　極熟。

71.2.5　十石甕，不過五斗澱；得數年停，久爲驗。

71.2.6 其淘米泔，即瀉去；勿令狗鼠得食[五]。饙黍亦不得人啖之[六]。

〔一〕"麴"：明清刻本，譌作"麵"；依院刻、明鈔、金鈔改正。本篇中還有幾處有同樣的情形。

〔二〕"一頓"：明清刻本，譌作"二頓"，依院刻、明鈔、金鈔改正。

〔三〕"手"：明鈔、明清刻本，譌作"水"，依院刻、金鈔改正。

〔四〕"一攪"：明清刻本，譌作"二攪"，依院刻、明鈔、金鈔改正。

〔五〕"得食"：明清刻本，"得"字上多一個"啖"字；這個字顯然是多餘的，依院刻、金鈔、明鈔删去。

〔六〕"饙黍亦不得人啖之"："饙黍"，明清刻本譌作"貴添"；句末的"之"字，明清刻本缺。依院刻、明鈔、金鈔改補。

71.3.1 又法：亦以七月七日取水。

71.3.2 大率：麥䴷[一]一斗，水三斗。粟米熟飯三斗[二]。隨甕大小，以向滿爲度。

71.3.3 水及黃衣，當日頓下之。

其飯，分爲三分：七日初作時，下一分；當夜即沸。又三七①日，更炊一分，投之。又三日，復投一分。

71.3.4 但綿幕甕口，無横刀[三]益水之事。溢即加甌。

〔一〕"麥䴷"：明清刻本譌作"麥麵"，依院刻、明鈔、金鈔改正。

〔二〕"三斗"：明鈔及明清刻本均作"二斗"，依院刻、金鈔改正。

〔三〕"横刀"：明清刻本譌作"機刀"，依院刻、明鈔、金鈔改正。

①"又三七"：前面並無其他的三七日；這裏用"又三七日"，頗爲可疑，也許這裏只是"二七"，下面一句裏"又三日"，則應當是"三七日"。

71.4.1 又法：亦七月七日作。

71.4.2 大率：麥䴷[一]一升，水九升，粟飯九升。一時頓下，亦向滿爲限。

綿幕瓮口，三七日熟。

71.4.3　前件三種〔二〕酢，例清少澱多〔三〕。至十月中〔四〕，如壓酒法，毛袋壓出，則貯之。

　　　　其糟別瓮水澄，壓取先食也。

〔一〕“麥䴷”：“䴷”字，<u>明</u>清刻本譌爲“麵”，依<u>院</u>刻、<u>明</u>鈔、<u>金</u>鈔改正。

〔二〕“三種”：<u>明</u>鈔、<u>明</u>清刻本譌作“二種”，依<u>院</u>刻、<u>金</u>鈔改正。

〔三〕“清少澱多”：<u>明</u>清刻本“少”譌作“沙”。依<u>院</u>刻、<u>明</u>鈔、<u>金</u>鈔改正。但由 71.2.5 的“十石瓮，不過五斗澱”一句看來，似乎應當是“清多澱少”。

〔四〕“十月中”：<u>明</u>清刻本譌作“十月終”，依<u>院</u>刻、<u>明</u>鈔、<u>金</u>鈔改正。

71.5.1　粟米麴作酢法：七月三月〔一〕向末爲上時，八月四月亦得作。

71.5.2　大率：笨麴末一斗，井華水〔二〕一石，粟米飯一石。

71.5.3　明旦作酢，今夜炊飯，薄攤使冷。日未出前，汲井花水，斗量著瓮中。

　　　　量飯著盆中或栲栳中，然後寫飯著瓮中。寫時直傾之，勿以手撥飯。

71.5.4　尖量麴末〔三〕，寫著〔四〕飯上。慎勿撓攪！亦勿移動！綿幕瓮口。

71.5.5　三七日熟。美釅少澱，久停彌好。

71.5.6　凡酢未熟已熟而移瓮者①，率多壞矣。熟則無忌〔五〕。

　　　　接取清，別瓮著之〔六〕。

〔一〕“三月”：<u>明</u>鈔及<u>明</u>清刻本譌作“二月”，依<u>院</u>刻、<u>金</u>鈔改正。下文是“八月四月”，可以證明必須是“三”。

〔二〕“井華水”：<u>院</u>刻、<u>金</u>鈔在這裏都用“井華水”，後面却是“井花水”。“花”字是<u>六朝</u>人才漸漸用開來的，以前都用“華”。井華水的意義，見卷七注解 67.3.2.②。

〔三〕"尖量麴末"："尖"字，<u>明清</u>刻本譌作"水"，依<u>院</u>刻、<u>明</u>鈔、<u>金</u>鈔改正。

〔四〕"寫著"："寫"字，<u>明清</u>刻本譌作"爲"，依<u>院</u>刻、<u>明</u>鈔、<u>金</u>鈔改正。

〔五〕"無忌"："忌"，<u>明清</u>刻本譌作"忘"，依<u>院</u>刻、<u>明</u>鈔、<u>金</u>鈔改正。

〔六〕"著之"：<u>院</u>刻及<u>金</u>鈔作"著也"，<u>明</u>鈔與<u>明清</u>刻本作"著之"。<u>要術</u>中，多用"也"字收句，並無意義，和後來的習慣，也不很相同。這裏作"之"更合適。

① "已熟而移甕者"：與下文"熟則無忌"相聯看來，這裏"已熟"兩字顯然是多餘的（討原本"已熟"是在"未熟"之前，看來仍是多餘的）。

71.6.1 秫米酢〔一〕法：五月五日作，七月七日熟。

71.6.2 入五月，則多收粟米飯醋漿〔二〕，以擬和釀，不用水也。漿以極醋爲佳。

71.6.3 末乾麴，下絹篩，經用①。

粳秫米爲第一，黍米亦佳。

米一石，用麴末一斗，麴〔三〕多則醋不美。

71.6.4 米唯再餾〔四〕，淘不用多遍。

初淘，潘汁，寫却〔五〕；其第二淘泔，即留以浸饋〔六〕。令飲泔汁盡，重裝，作再餾飯。

71.6.5 下，攤〔七〕去熱氣，令如人體，於盆中和之；擘破〔八〕飯塊，以麴拌之，必令均調。

下醋漿〔九〕更搦破，令如薄粥〔一〇〕。粥稠則酢剋②，稀則味薄。

内著甕中，隨甕大小，以滿則限。

71.6.6 七日間，一日一度攪之；七日以外，十日一攪；三十日止。

71.6.7 初置甕於北蔭〔一一〕中風涼之處，勿令見日。

時時汲冷水，遍澆甕外，引去熱氣；但勿令生水入甕〔一二〕中。

71.6.8 取十石甕,不過五六斗糟耳。

　　　　　　接取清,别甕貯之,得停數年也。

〔一〕"酢":明鈔及明清刻本作"醋",依院刻、金鈔作"酢"。

〔二〕"漿":明清刻本,這段中的"漿"字,都誤作"醬",依院刻、明鈔、金鈔
　　　　改正。

〔三〕"麴":明清刻本譌作"麵"。

〔四〕"米唯再餾":明清刻本缺"米"字,依院刻、明鈔、金鈔補。

〔五〕"寫却":明清刻本"寫"譌作"爲",依院刻、明鈔、金鈔改正。

〔六〕"留以浸饙":明清刻本譌作"餾以浸饙",依院刻、明鈔、金鈔改正。本
　　　　篇中的"饙"字,明清刻本中很少有不錯作"餾"的。

〔七〕"撣":明鈔和金鈔都誤作"揮",依院刻改正。明鈔這兩卷中的"撣"字,
　　　　多誤作"揮"。撣讀 dan,解作"急排",即很快的打動。這個用法,現在
　　　　的方言中還保存着,例如用雞毛帚子掃去灰塵,稱爲"撣灰"之類。

〔八〕"擘破":明清刻本譌作"擘去",依院刻、明鈔、金鈔改正。

〔九〕"醋漿":明清刻本譌作"醬醋",明鈔也誤作"漿醋",依院刻、明鈔、金鈔
　　　　改正。

〔一○〕"令如薄粥":明清刻本缺"如"字,依院刻、明鈔、金鈔補。

〔一一〕"北蔭":院刻誤作"比蔭",依明鈔、金鈔及明清刻本改。

〔一二〕"入甕":明清刻本漏去"入"字,依院刻、明鈔、金鈔補。

①"經用":"經"字不可解;懷疑是字形相似的"逕"字,即"逕直",直接。也
　　　　可能是"候""備"等字爛成。

②"尅":尅(應寫作"勀")是減少的意思。

71.7.1 **大麥酢法**:七月七日作。若七日不得作者,必須收藏;取
　　　　七日水,十五日作。除此兩日,則不成。

71.7.2 於屋裏,近户裏邊,置甕。

71.7.3 大率:小麥麨一石,水三石,大麥細造①一石,——不用作

米，則科麗②，是以用造。

　　簸訖，淨淘，炊作再餾飯。撣〔一〕令小暖，如人體。

71.7.4　下釀，以杷攪之。綿幕甕口。

　　三日便發；發時〔二〕數攪，不攪則生白醭；生白醭則不好〔三〕。以棘子徹底攪之。

　　恐有人髮落中，則壞醋。凡醋悉爾〔四〕；亦去髮則還好。

71.7.5　六七日，淨淘粟米五升，——米亦不用過細——炊作再餾飯。亦撣〔五〕如人體投之。杷攪，綿幕。

　　三四日，看：米消〔六〕，攪而嘗之。味甜美則罷；若苦者，更炊二三升粟米投之。以意斟量。

71.7.6　二七日可食；三七日好，熟。香美淳釅〔七〕，一盞醋和水一椀，乃可食之。

71.7.7　八月中，接取清，別甕貯之。盆合泥頭，得停數年。

71.7.8　未熟時，二日三日〔八〕，須以冷水澆甕外，引去〔九〕熱氣。勿令生水入甕中。

71.7.9　若用黍秫米投〔一〇〕彌佳，白倉粟米③亦得。

〔一〕參見校記71.6.5.〔七〕。

〔二〕"三日便發；發時"："三"字，明清刻本譌作"二"，又下句句首的"發"字漏去。依院刻、明鈔、金鈔改補。

〔三〕"生白醭則不好"：明清刻本少去句首三字（大概因爲與上句句末重複，所以纏錯），依院刻、明鈔、金鈔補。"醭"是醋上面長的白色"菌皮"。

〔四〕"凡醋悉爾"：明清刻本漏去句首"凡醋"兩字，依院刻、明鈔、金鈔補。

〔五〕參見校記71.6.5.〔七〕。

〔六〕"看：米消"：明清刻本作"看水消"，明鈔作"看水清"，依院刻、金鈔改正。

〔七〕"釅"：院刻、明鈔、金鈔都作"嚴"，依本書前後各處的例，應像明清刻本一樣作"釅"。

〔八〕"二日三日"：<u>明</u><u>清</u>刻本作"一日三日"，依<u>院</u>刻、<u>明</u>鈔、<u>金</u>鈔改正。

〔九〕"引去"：<u>金</u>鈔作"別去"，<u>明</u><u>清</u>刻本作"引出"，依<u>院</u>刻、<u>明</u>鈔改。

〔一〇〕"黍秫米投"：<u>明</u><u>清</u>刻本漏去"秫"字；<u>明</u>鈔"投"譌作"攪"。依<u>院</u>刻、<u>金</u>鈔補正。

① "細造"："造"字，尋不出適當的解釋，本節前後文中有兩個"造"字，則看錯鈔錯的可能性不很大。按"糙"是"粗米"，即僅僅去了外面硬殼的穀粒；（這個字已見于<u>大廣益會玉篇</u>。可能是<u>陳彭年</u>等增入的字，<u>唐</u><u>宋</u>之間才流行着的。如果真是<u>顧</u><u>野王</u>原來收有的，則<u>南朝</u>已在應用中；但<u>黃河</u>流域的人，很可能還不用。）這裏的"麥造"，也許只是"粗粒"，即僅去硬皮而壓碎了的麥粒。

② "科麗"：這兩字也不可解。懷疑"科"字原是字形相似的"利"或讀音相似的"可"；"麗"字原是字形相似的"龐"。"龐"是大；顆粒大，與"粗"原來的解釋"不精"有些重合，也有些差別（參見 71.13.2 "龐糠不任用"）。"不用作米"，即不是供作飯用的材料，"則利龐""則可龐"，也就是"則利粗"（粗還是有利的），或"則可粗"。

③ "白倉粟米"："倉"字，可以望文生義地解釋；但很可能是"蒼"字寫錯，即與"白"相對的顏色。

71.8.1 燒餅作酢法：亦七月七日作〔一〕。

71.8.2 大率：麥䴭一斗，水三斗，亦隨甕大小，任人增加。

71.8.3 水，䴭亦當日頓下。

初作日，軟溲數升麵，作燒餅。待冷下之。

71.8.4 經宿，看餅漸消盡，更作燒餅投。

凡四五度投〔二〕，當味美沸定，便止。

有薄餅緣〔三〕諸麵餅，但是燒㷶〔四〕者，皆得投之。

〔一〕"七月七日作"：<u>明</u><u>清</u>刻本無"作"字，依<u>院</u>刻、<u>明</u>鈔、<u>金</u>鈔補。

〔二〕"凡四五度投"：院刻、金鈔無"度"字，明清刻本作"凡四五投後"。明鈔的"凡四五度投"似乎最合理。

〔三〕"薄餅緣"：明清刻本缺"餅"字，依院刻、明鈔、金鈔補入。

〔四〕"煿"：明鈔及明清刻本作"煿"，金鈔作"煉"。依院刻作"煿"。據集韻"煿"就是"爆"，是"火乾"。

71.9.1 迴酒酢法：凡釀酒失所味醋者，或初好後動未壓〔一〕者，皆宜迴作醋。

71.9.2 大率：五石米〔二〕酒醅，更着麴末一斗，麥䴷一斗，井花水一石。粟米飯兩石，攤〔三〕令冷如人體投之。
　　　杷攪，綿幕甕口，每日〔四〕再度攪之。

71.9.3 春夏〔五〕七日熟，秋冬稍遲，皆美香清澄。

71.9.4 後一月，接取，別器貯之。

〔一〕"未壓"：明清刻本譌作"味壓"，依院刻、明鈔及金鈔改正。

〔二〕"五石米"：明清刻本譌作"五斗米"，依院刻、明鈔及金鈔改正。

〔三〕"攤"：明清刻本作"攤"；明鈔本原空白，補作"攤"字；院刻、金鈔作"攤"，與本篇前後各段的例相同。

〔四〕"每日"：明鈔"日"字譌作"杷"，依院刻、金鈔及明清刻本改。

〔五〕"春夏"：明清刻本作"春下"，依院刻、明鈔、金鈔改正。

71.10.1 動酒酢法：春酒壓訖而動，不中飲者，皆可作醋。

71.10.2 大率：酒一斗，用水三斗，合，甕盛，置日中曝之。雨，則盆蓋之，勿令水入；晴還去盆。

71.10.3 七日後，當臭，衣生，勿得怪也。但停置勿移動，撓攪〔一〕之。數十日，醋成衣沈，反更香美。日久彌佳。

〔一〕"撓攪"：明清刻本作"攪撓"，依院刻、明鈔、金鈔顛倒。

71.11.1 又方：大率酒兩石，麥䴷一斗，粟米飯六斗，小暖〔一〕投

之。杷攪，綿幕甕口，二七日熟，美釀殊常矣。

〔一〕“小暖”：明清刻本譌作“少暖”，依院刻、明鈔、金鈔改正。

71.12.1 神酢法：要用七月七日合和。

71.12.2 甕須好，蒸乾。黃蒸一斛，熟蒸黂三斛。凡二物，溫溫暖
　　便和之。

　　　　水多少，要使相淹漬。水多則酢薄，不好。

71.12.3 甕中臥〔一〕，經再宿。三日便壓之，如壓酒法〔二〕。

　　　　壓訖，澄清〔三〕，內大甕中。

　　　　經二三日，甕熱，必須以冷水澆之〔四〕；不爾酢壞。其上有
　　白醭浮，接去之。

　　　　滿一月，酢成，可食。

71.12.4 初熟，忌澆熱食；犯之必壞酢。

71.12.5 若無黃蒸及黂者，用麥䴷一石①，粟米飯三斛〔五〕，合和之，
　　方與黃蒸同。

71.12.6 盛置如前法。甕常以綿幕之，不得蓋。

〔一〕“臥”：明鈔、明清刻本譌作“用”，依院刻、金鈔改正。

〔二〕“便壓之，如壓酒法”：兩“壓”字，明清刻本都譌作“睦”，依院刻、明鈔、
　　金鈔校正。

〔三〕“澄清”：“清”字，明鈔誤作“漬”，依院刻、金鈔及明清刻本改正。

〔四〕“必須以冷水澆之”：明清刻本無“須”字，院刻、金鈔無“之”字。依明鈔
　　兩存。

〔五〕“三斛”：明清刻本作“一斛”，依院刻、明鈔、金鈔改作“三斛”。

①“一石”：這裏所謂“一石”，與“一斛”完全相等。

71.13.1 作糟糠酢法：置甕於屋內。春秋冬夏，皆以穰〔一〕茹甕
　　下；不茹則臭。

71.13.2 大率：酒糟粟糠中半，——麁糠不任用，細則泥；唯中間收
者佳。

和糟糠，必令均調，勿令有塊。

71.13.3 先内荆竹簰〔二〕於甕中，然後下糠糟於簰〔三〕外。均平，以
手按之；去甕口一尺許便止。

汲冷水〔四〕，遶簰外均澆之，候簰中水深淺半糟便止。以
蓋覆甕口。

71.13.4 每日四五度，以椀挹取〔五〕簰中汁，澆四畔糠糟上。

71.13.5 三日後，糟熟〔六〕，發香氣。夏七日，冬二七日，嘗，酢極甜
美〔七〕，無糟糠氣，便熟矣。猶小苦者，是未熟；更澆如初。

71.13.6 候好熟，乃挹取簰〔八〕中淳濃者，別器盛。更汲冷水澆淋，
味薄乃止。

淋法，令當日即了。

糟任飼豬。

71.13.7 其初挹淳濃者，夏得二十日，冬得六十日〔九〕。後淋澆者，
止得三五日〔一〇〕供食也。

〔一〕"穰"：院刻作"蘘"；金鈔作"萁"是譌字，但顯然表明它所根據的原本，
這是一個從"艸"的字。"穰"，本書前半（例如2.3.3"蘘草"），用從"艸"
的字，但卷七以後，却以用從"禾"的字爲多，所以保留明鈔及明清刻本
的"穰"字。

〔二〕"荆竹簰"：明清刻本作"荆葉竹"，依院刻、明鈔、金鈔改正。

〔三〕"簰"：明清刻本中，這裏和下面幾處的"簰"字，在院刻、明鈔、金鈔，都
是"簰"字。簰，據集韻下平聲"十八尤"，是"籌"字的別一種寫法，解作
"漉取酒也"，也就是漉酒所用的一個器具，可兼作動詞用。玉篇只有
"籌"字，"簰"字則是另一件東西。廣韻也只有"籌"字，和另一或體的
"醬"。

〔四〕"汲冷水"：明清刻本"汲"誤作"及"，依院刻、明鈔、金鈔改正。

〔五〕"挹取"：這裏的"挹"和下面(71.13.6，71.13.7)的"挹"，明清刻本都誤作"杷"，依院刻、明鈔、金鈔改正。

〔六〕"熟"：明清刻本誤作"熱"，依院刻、明鈔、金鈔改正。

〔七〕"甜美"：明清刻本"美"誤作"味"，依院刻、明鈔、金鈔改正。

〔八〕"笡"：明清刻本誤作"復"，依院刻、明鈔、金鈔改正。

〔九〕"冬得六十日"：明清刻本句首有"乃止"兩字，依院刻、明鈔、金鈔刪去。

〔一〇〕"三五日"：明鈔"日"字誤作"月"，依院刻、金鈔及明清刻本改正。

71.14.1 酒糟酢法〔一〕：春酒糟則釀〔二〕，頤酒〔三〕糟亦中用。然欲作酢者，糟常溼下〔四〕。壓糟極燥者，酢味薄。

71.14.2 作法：用石磑①子，辣郎葛切〔五〕穀令破；以水拌而蒸之。熟，便下，攤去熱氣，與糟相半②，必令其均調。

71.14.3 大率：糟常居多。和訖，臥於酢〔六〕甕中，以向滿爲限。以綿幕甕口。

71.14.4 七日後，酢香熟，便下水令相淹漬。經宿，酢孔子下之。

71.14.5 夏日作者，宜冷水淋〔七〕；春秋作者，宜溫臥，以穰〔八〕茹甕，湯淋之。以意消息之。

〔一〕"酒糟酢法"："法"字，院刻及金鈔作"者"，依明鈔及明清刻本作"法"字。

〔二〕"釀"：明清刻本誤作"壓"，依院刻、明鈔、金鈔改正。

〔三〕"酒"：明鈔及明清刻本誤作"須"，依金鈔改正。

〔四〕"常溼下"：明清刻本"溼"下有"者"字，依院刻、明鈔、金鈔刪。

〔五〕"辣郎葛切"：院刻、明鈔、金鈔"郎葛切"作夾注小字，是"辣"字的音注。明清刻本整個寫作"棘部著切"，作爲正文，應依宋本系統改正。這個"辣"字，很顯明地只是同音假借字，不是辛辣的"本義"。大概是借來當“刺”，即破斷的意思。

〔六〕“酳”：明清刻本作“酢”；下節（71.14.4）末了一句，又作“醋”，都是譌字。院刻、明鈔、金鈔作“酳”，也還是譌字。應當是“䤖”，現暫保留宋本系統的“酳”，但只有作“䤖”才合適。“䤖甕”是底上有孔，可以隨意開或塞的。塞滿，可以盛液體，開孔，液體流去，只剩下固體“渣滓”（參看校記66.14.6.〔六〕）。

〔七〕“冷水淋”：明鈔和明清刻本“淋”字下有“之”字，院刻、金鈔沒有。依下句“宜温臥”的句法看，這個“之”字，不應當有。

〔八〕“穰”：明清刻本誤作“旅”，依院刻、明鈔、金鈔作“穰”。

①“磑”：即磨，參看卷七注解67.21.1.②。

②“相半”：這個“半”字，不是“對開”或“相等”（看下文“糟常居多”就可知道），只可以解釋成“相伴”。

71.15.1 作糟酢法：用春糟，以水和，搦〔一〕破塊，使厚薄如未壓酒〔二〕。

71.15.2 經三日，壓取清汁〔三〕兩石許，着熟粟米飯四斗，投之。盆覆密泥。

三七日〔四〕，酢熟，美釅。得經夏〔五〕停之。

71.15.3 甕置屋下陰地〔六〕。

〔一〕“搦”：明清刻本誤作“粥”，依院刻、明鈔、金鈔作“搦”。

〔二〕“酒”：明鈔及明清刻本誤作“須”，依院刻、金鈔作“酒”。

〔三〕“清汁”：明清刻本誤作“清水汁”，依院刻、明鈔、金鈔删“水”字。

〔四〕“三七日”：明鈔與明清刻本，作“二七日”，依院刻、金鈔改正。

〔五〕“經夏”：明清刻本無“經”字，依院刻、明鈔、金鈔補。

〔六〕“陰地”：明清刻本“地”字後有“之處”二字，明鈔本也有這兩個字，但顯然是後來補的。依院刻、金鈔删去。

71.16.1 食經“作大豆千歲苦酒法”：用大豆一斗，熟汰〔一〕之，

漬令澤。炊。曝極燥，以酒醅^{〔二〕}灌之。任性多少，以此爲率。

〔一〕"汰"：明鈔及明清刻本作"沃"，依院刻、金鈔改。這裏只是淘洗，另有水浸〔漬〕；和下一條（71.17）的"浸"〔沃〕不同，所以只能作"汰"，不能作"沃"。

〔二〕"酒醅"：明清刻本無"醅"字，依院刻、明鈔、金鈔補。

71.17.1 作小豆千歲苦酒法：用生小豆五斗^{〔一〕}，水沃，著^{〔二〕}甕中。黍米作饋，覆豆上。酒三石，灌之。綿幕甕口。

71.17.2 二十日，苦酢成。

〔一〕"五斗"：明清刻本作"六斗"，暫依院刻、明鈔、金鈔作"五斗"。

〔二〕"著"：明清刻本作"則"，依院刻、明鈔、金鈔改正。

71.18.1 作小麥苦酒法：小麥三斗，炊令熟。著堈^{〔一〕}中，以布密封其口。

71.18.2 七日開之，以二石薄酒沃之，可久長不敗也。

〔一〕"著堈"：明鈔及明清刻本作"者坍"，依院刻、金鈔改正。"堈"，依廣韻在下平聲"十一唐"的注，是"甕也"，也寫作"甌"（現在通用的"缸"字，廣韻在上平聲"四江"中，讀 húŋ 不讀 gáŋ!）。集韻下平聲"十一唐"的"瓨"字，引博雅（即廣雅），解作"餅也"；另加注說"一曰大甕"。

71.19.1 水苦酒法：女麴^{〔一〕}，麤米^①，各二升；清水一石，漬之一宿。沛取汁，炊米^{〔二〕}麴飯^②，令熟，及熱^{〔三〕}投甕中。以漬米汁，隨甕邊稍稍沃之，勿使麴發飯起。

71.19.2 土泥邊，開^{〔四〕}中央，板蓋其上。夏月^{〔五〕}，十三日便醋。

〔一〕"女麴"：明清刻本作"取麴"，依院刻、明鈔、金鈔改正。

〔二〕"沛取汁，炊米"：明清刻本，"沛"誤作"沸"，"炊"誤作"滋"；依院刻、明鈔、金鈔改正。"沛"音 zǐ，就是"漉取"。

〔三〕"及熱"：明鈔及明清刻本作"極熱"；依院刻、金鈔作"及熱"。及熱，即
　　今日口語中的"趁熱"或"乘熱"。

〔四〕"土泥邊，開"："土"字討原本作"上"，"泥"字明鈔、明清各刻本作"張"；
　　"開"字明鈔及明清刻本作"間"。依院刻、金鈔改正。

〔五〕"夏月"：明鈔及明清刻本作"下居"，依院刻、金鈔改正。

①"麤米"："麤"字似乎仍應作"粗"，即舂治不精的米。

②"炊米麴飯"：這個"麴"字，無法解釋，可能是"作"字寫錯；更可能這裏是
　　一個"破句"："炊米飯令熟，及熱和麴投甕中。"

71.20.1 卒〔一〕成苦酒法：取黍米一斗，水五斗〔二〕，煮作粥。
　　　　　麴一斤，燒令黄，搥破，著甕底。
　　　　　以熟好泥①，二日便醋已。

71.20.2 嘗經試，直醋亦不美。以粟米飯〔三〕一斗投之。
　　　　二七日後，清澄美釅，與大醋不殊也。

〔一〕"卒"：明清刻本作"新"，依院刻、明鈔、金鈔改正。

〔二〕"斗"：明清刻本作"升"，依院刻、明鈔、金鈔改正。

〔三〕"飯"：明清刻本無"飯"字，依院刻、明鈔、金鈔補。

①"以熟好泥"：這一句，顯然有錯漏。從文義上看，應當是"著粥其上。
　　密泥"。

71.21.1 烏梅苦酒法：烏梅去核，一升許肉，以五升〔一〕苦酒漬數
　　日，曝乾，擣作屑。

71.21.2 欲食，輒投水中，即成醋爾〔二〕。

〔一〕"升"：明清刻本作"斤"，依院刻、明鈔、金鈔改正。

〔二〕"爾"：明清刻本作"耳"，依院刻、明鈔、金鈔作"爾"。

71.22.1 蜜苦酒法：水一石，蜜一斗，攪使調和。密〔一〕蓋甕口，
　　著日中，二十日可熟也。

〔一〕"密"：明鈔、明清刻本譌作"蜜"，依院刻、金鈔改正。

71.23.1 外國苦酒法：蜜一斤，水三合〔一〕，封着器中。與少胡荽子〔二〕著中，以辟得不生蟲。

71.23.2 正月旦〔三〕作，九月九日熟。以一銅匕，水〔四〕添之，可三十人食。

〔一〕"三合"：明清刻本作"二合"，依院刻、明鈔、金鈔改正。

〔二〕"胡荽子"："荽"明清刻本作"葰"，依院刻、明鈔、金鈔作"荽"。荽讀綏suei；"胡荽"即"胡荽"（參看卷十注解 92.70.2.①"胡荽"條）。

〔三〕"正月旦"：明清刻本無"旦"字，依院刻、明鈔、金鈔補。

〔四〕"一銅匕，水"："匕"字討原本重；明清刻本"匕"字空白一格；依院刻、明鈔、金鈔改正。

71.24.1 崔寔〔一〕曰："四月四日〔二〕可作酢，五月五日亦可作酢。"

〔一〕"崔寔"：明清刻本譌作"崔氏"，依院刻、明鈔及金鈔改正。

〔二〕"四月四日"：明清刻本無"四日"兩字，依院刻、明鈔及金鈔補。

釋　文

71.0.1 酢就是現在的醋。（所以，下面的釋文中，我們就直接用"醋"字。）

71.0.2 醋甕下面，都要放〔安〕塼或石頭，隔離水溼。

71.0.3 醋因爲懷孕女人的關係變壞了的，可以向車轍裏取一把乾土末，擱在醋甕裏，就可以再變好。

71.1.1 作大醋的方法：七月初七日，取好水，儲備着作。

71.1.2 比例：一斗麥麨，——不要簸揚！——三斗水，三斗攤冷了的粟米熟飯。

依甕的大小，按照這個比例加（減），總之，裝滿爲限。

71.1.3　先把麥麴放進（甕裏），再將水放下去，再放飯；就這麼一直放下去，不要攪拌。用絲綿蒙住〔幕〕甕口，將一把拔（出鞘的）刀，橫擱在甕上。

71.1.4　過了一個七天，清早，倒一碗新汲井水下去；第三個七天清早，又倒一碗井水下去，就熟了。

71.1.5　經常放一口瓠作的瓢在醋甕裏，用來舀醋。如果用溼着的或者鹹的器皿下到甕中，醋的味道會變壞。

71.2.1　秫米神醋的作法：七月初七日作。將甕子放在屋裏。

71.2.2　比例：一斗麥麴，一石水，三斗糯米。沒有糯米，也可以用黏黍米。

依甕的大小，（按比例加減材料，）總要裝滿爲限。

71.2.3　先量些水，把麥麴浸着。然後把米淘淨，炊成再餾飯，攤冷。

把麴劈開成小點，不要有大塊。

一次過，把飯放下去，不再下第二次酘。

用手就着甕裏，將小飯塊捏破，用力攪拌，讓它像粥一樣均匀，就停手。

用絲綿蒙住甕口。

71.2.4　過了第一個七天，攪拌一次；第二個七天，又攪拌一次；過三個七天，再攪拌一次。一個月日子過完，就完全熟了。

71.2.5　容量十石的甕裏，（釀成後剩下的）沉澱不過五斗；所得的（醋），可以保留用幾年，日子久了，就可以證明（它的）好處〔爲驗〕。

71.2.6　淘米所得泔水，隨即倒掉，不要讓狗或老鼠吃到。炊得的餾飯，也不要讓人吃。

71.3.1 另一方法：也是七月七日把水取好。

71.3.2 比例：一斗麥䴬，三斗水，三斗粟米熟飯。（按這個比例）依甕的大小，以裝滿爲限。

71.3.3 水和黃衣，當天一次〔頓〕放下去。

飯分作三分，第一個七天，初作的時候，下第一分；當天晚上就會冒氣泡〔沸〕。過了第三個七天，再炊一分酘下去。再過三天，再酘一分。

71.3.4 只要用絲綿蒙住甕口，不須要在甕口上擱刀，也不要加（井花）水。如果滿出來，可以加一段甋。

71.4.1 另一方法：也是七月初七日作。

71.4.2 比例：是一升麥䴬，九升水，九升粟飯。同時一次下，也以甕裝滿爲限。

用絲綿蒙住甕口，第三個七天，便熟了。

71.4.3 以上三種醋，一概都是清液少，渣滓多的。到了十月裏，像壓酒一樣，用毛袋隔着壓出來，收藏着（慢慢使用）。

剩下的糟，加上水，在另外的甕裏澄清後，壓出來先吃。

71.5.1 用粟米和麴來作醋的方法：七月底三月底〔向末〕是最好的時候，八月四月，也可以作。

71.5.2 比例：笨麴末一斗，（清晨）新汲的“井花水”一石，粟米飯一石。

71.5.3 明早作醋，今晚把飯炊好，攤成薄層，讓它冷。太陽沒出來以前，汲得“井花水”，用斗量到甕裏。

飯，先量到盆子裏或（柳條）栲栳裏，然後（一次過）倒進甕。倒時，要徑直倒，不可用手撥動。

71.5.4 麴末，量時要起尖堆；量好，倒在飯上面。千萬不要攪拌，也不要移動。用絲綿蒙住甕口。

71.5.5 三個七天之後，就成熟了。味道好，而且濃，渣滓又少，越擱得久越好。

71.5.6 醋沒有熟，換甕子，一般都會壞。已經熟了，就不要緊。

　　　　舀取上面的清液，(放)在另外的甕裏儲存。

71.6.1 作糯米醋的方法：五月初五作，七月初七成熟。

71.6.2 進五月初，就多收下一些粟米飯酸漿水，準備〔以擬〕和進去釀醋，不用水。漿水越酸越好。

71.6.3 把乾麴擣成粉末，絹篩篩過，聽候應用。

　　　　粳米糯米最好，黍米也好。

　　　　一石米，用一斗麴末，麴多了醋就不鮮美。

71.6.4 米只需要再餾，也不需要淘很多次數。

　　　　第一次淘米的泔水，倒掉；第二次淘米的泔水，就留下來浸饙飯。讓饙飯將泔汁吸盡，重新裝(進甑去)，再炊一次，作成再餾飯。

71.6.5 將再餾飯倒出來，撣掉熱氣，到和人的體溫一樣時，在盆裏拌和着，把飯團弄碎，拌下麴末，務要均勻。

　　　　將酸漿水和下去，又捏破捏散，使整個混合物像清粥一樣。粥太稠，醋分量就少；太稀醋味就不够厚。

　　　　放進甕中，不管甕大甕小，總之裝滿爲限。

71.6.6 最初七天，每天攪拌一次；七天以後，十天攪一次；到三十天，停手。

71.6.7 初作時，把甕放在北面不當陽、有風、涼爽的地方，不讓它見着太陽。

　　　　隨時汲些涼水，在甕外澆着，把熱氣引出來。但是注意不要讓生水進到甕裏去。

71.6.8　用容量十石的甕作，作好之後，只有五六斗糟。

把上面的清醋舀出來，盛在另外的甕裏，可以過幾年。

71.7.1　大麥醋作法：七月七日作。如果七月七日不能作，就要作收藏的準備；初七日取水，十五日作。除了這兩天，其餘的日子都作不成。

71.7.2　在屋裏面，靠門裏邊，安置醋甕。

71.7.3　比例：小麥（作的）麥麴一石，水三石，細大麥“造”一石——因爲不是拿來作飯〔米〕的，可以用粗粒，用“造”。

簸揚好了之後，淘洗潔淨，炊成再饙飯。攤到微微溫煖，像人的體溫一樣。

71.7.4　把（這樣攤涼的）飯下到釀甕裏，用杷攪和。甕口用絲綿蒙着。

三天，便發動了。發動之後，要連續多次地攪動，不攪就會長出白色的醭醷；長了醭醷，醋的香氣與味道就不好。用酸棗〔棘子〕枝條，徹底地攪。

恐怕有人髮落到（醋甕裏），便會將醋惹壞。所有的醋，都是這樣，在人髮取去之後，也都會恢復。

71.7.5　六七天之後，潔淨地淘出五升粟米——米也不需要太精——炊成再饙飯。也攤到像人的體溫一樣地溫煖，酘下去。還是用杷攪拌，用絲綿蒙着。

三四天之後，看看如果米已經消化了，攪拌後，取一點嘗嘗。如果味道已經甜美了，就算了；如果還有苦味，再炊兩三升粟米（再饙飯）酘下去。按需要決定。

71.7.6　過兩個七天，可以吃；三個七天之後，好了，真正成熟了。香美濃厚，一盞醋要和上一碗水，才可以吃。

71.7.7　八月裏，舀出上面的清液，盛在另外的甕裏儲存。用盆覆蓋着上口，再封上泥，可以保留好幾年。

71.7.8　没有熟以前，兩天三天，必須用冷水在甕子外面澆着，將裏面的熱氣引出去，可不要讓生水進到甕裏。

71.7.9　如果用黍米或糯米加麯更好，白色和黄白色的粟也可以。

71.8.1　燒餅釀醋的方法：也只在七月初七日作。

71.8.2　比例：用一斗麥麩，三斗水（作起點）；也是隨甕的大小，按比例增加分量。

71.8.3　水和麥麩，也是第一天作一次全部下（到釀甕裏）。

　　　　開始作的一天，稀些和上幾升麵，作成燒餅，等它冷了，放下（甕）去。

71.8.4　過一夜，看看餅已經消化盡了，再作些燒餅，投下去。

　　　　酸過四五遍，就會有好的味，也不發氣泡了，便不要再酸。

　　　　凡是邊緣薄的各種麵餅，只要是火烤熟的，都可以酸。

71.9.1　將酒轉作醋的方法：凡是因爲釀造不得法〔失所〕的酒，味道酸的，或者起初還好，後來變酸了，還没有壓出來的，都可以轉作醋。

71.9.2　一般比例：五石米的酒連渣，再加一斗麴末，一斗麥麩，一石"井花水"。兩石粟米飯，涼到和人的體溫一樣時，酸下去。

　　　　用杷攪和，用絲綿蒙住甕口，每天攪拌兩次。

71.9.3　春季夏季，七天就熟了；秋季冬季，稍微遲些。都很香很美，而且清澄無渣。

71.9.4　一個月之後，舀出來，另外用甕盛着保存。

71.10.1　酸酒作醋的方法：春酒壓出來之後變酸了，不能飲的，都可以作醋。

71.10.2　一般比例：一斗酒，用三斗水，參和之後，盛在甕裏，在太陽裏曬着。下雨，就用盆蓋着口，不讓生水進去；天晴又把盆揭掉。

71.10.3 七天之後，會發臭，上面生成一層衣，不要覺得奇怪。只管放着不要移動攪拌。幾十天後，醋成了，衣也沉下去了，反而很香很美。日子越久越好。

71.11.1 **另一方法**：一般比例：兩石酒，加一斗麥䴷，六斗粟米飯，微暖時投下去。用杷攪和，用絲綿蒙住口。兩個七日就熟了。異常美而且釅。

71.12.1 **神醋作法**：要在七月初七日和合材料。

71.12.2 須要好甕子，先蒸乾。用一斛黃蒸，三斛蒸熟了的麥麩。這兩樣材料，在温温暖暖的時候拌和。

　　　　加水多少的標準，是要將材料泡在水裏。水太多，醋就嫌太淡，不好了。

71.12.3 在甕子裏保温，過兩夜。第三天，便像壓酒一樣壓出來。

　　　　壓得後，澄清，盛在大甕裏。

　　　　經過兩三天，甕子會熱起來，必須用冷水來澆；不然，醋就壞了。上面如果有白醭浮起來，舀掉。

　　　　滿一個月，醋成了，可以吃。

71.12.4 剛熟時，不要用來澆熱菜吃；犯了這個禁忌的，（甕裏的）醋會壞掉。

71.12.5 如果沒有黃蒸和麥麩，用一斛麥䴷，三斛粟米飯，混合起來作；方法和用黃蒸的完全一樣。

71.12.6 盛置裝備，和上一種完全相同。甕子上常用絲綿蒙着，不要用（密實的）蓋。

71.13.1 **作糟糠醋的方法**：甕放在屋子裏，春秋或冬夏季，都要用穰包在甕下邊,不包,就會臭。

71.13.2 一般比例:酒糟和粟糠,對半分,——粗糠不合用,細糠會成泥,只有(不粗不細的,就是簸揚時)中間收下的合用。

調和糟與糠,必須均勻,不要留下有團塊。

71.13.3 先在甕裏放一個荆條或竹編的"箅"(隔酒用多孔器具),把糠糟混和物放在箅外面。周圍都放平,用手按緊;隔甕口還有一尺深光景,就停止。

汲取冷水,圍繞着箅外面,均勻地澆,讓水(透過糠糟進入箅裏),到箅裏的水,有外面糠糟一半深爲止。用蓋把甕口蓋着。

71.13.4 將箅中的液汁用碗舀出來,澆在周圍的糠糟上,每天澆四五次。

71.13.5 三天之後,糟熟了,發出香氣來。夏季七天,冬季十四天,嘗嘗,醋已經很甜美了,没有糟和糠的氣味,就是熟了。如果還有些苦味,是没有熟,還要像前面的方法(繼續)澆。

71.13.6 等到好了熟了,把箅裏濃厚的舀出來,另外盛着。再汲些冷水去澆淋,味淡了爲止。

淋時,當天就要做完所有手續。

糟可以餵豬。

71.13.7 最初(從箅裏)舀出的濃汁,夏季可以留二十天,冬季可以留六十天。以後澆淋得來的,祇可以在三五天之内食用。

71.14.1 **酒糟作醋的方法**:春酒酒糟作的,很釅,顑酒(參看校記66.3.1.〔一〕)糟也可以用。但是如果想作醋,糟應當留得溼些。糟壓得很乾燥的,(作成的醋)味道淡薄。

71.14.2 作法:用石礣子,將穀粒壓〔辣〕破;用水拌着蒸過。熟了,就倒出來,撣去熱氣,和糟參雜〔相半〕,要和得極均勻。

71.14.3　一般比例：糟總是用得多些。和勻後，在酺甕裏保暖，酺甕要盛滿爲止。用絲綿蒙着甕口。

71.14.4　七天之後，醋發生香氣，成熟了，就倒水下去浸着。過一夜，拔開酺孔子，讓（清汁）流出來。

71.14.5　夏季作，要用冷水淋；春季秋季作，就要保溫。用穰包裹，甚至用熱水淋，拿定主意調節。

71.15.1　**作糟醋的方法**：用春酒糟，放水下去調和，把團塊捏破，讓混合物和沒有壓的酒一樣稀稠。

71.15.2　經過三天後，壓出兩石左右的清汁來，加上四斗粟米飯作酸。盆蓋上，用泥封密。

　　　　三個七天之後，醋熟了，美而且釅。可以留一個整夏天。

71.15.3　甕子要放在屋裏面陰處。

71.16.1　**食經作大豆千歲苦酒法**：用一斗大豆，淘洗〔汰〕得很潔淨，浸到發漲。炊熟。曬到很乾後，用酒醋灌下去。不管多少，都依這個標準。

71.17.1　**作小豆千歲苦酒法**：用五斗生小豆，水浸後，放在甕裏。將黍米炊成饋飯，蓋在豆上。再灌上三石酒。用絲綿蒙住甕口。

71.17.2　二十天之後，醋就成了。

71.18.1　**作小麥苦酒法**：三斗小麥，炊熟。放在缸裏，用布將缸口封密。

71.18.2　七天之後，開開，用兩石淡酒澆在裏面，可以保持很久不壞。

71.19.1　**“水苦酒”作法**：女麴和粗米，每樣兩斗，用一石清水浸一夜，擠〔沛〕出汁來。把米炊成熟飯，趁熱和上麴，投進甕裏。

將浸米的汁，沿着甕邊輕輕流下去，不要把麴和飯衝動。

71.19.2 用土泥在甕口四邊，中央開一個孔，用板蓋在上面。夏季，過十三天，就成醋了。

71.20.1 作速成苦酒的方法：取一斗黍米，加上五斗水，煮成粥。

把一斤麴，在火裏燒一下，把表面燒黃，搥碎，放在甕底上（把粥倒在麴上）。

用泥封密，兩天就酸了。

71.20.2 經過試驗，一直就這樣酸的，也不美。用一斗粟米飯酘下去。

過十四天，清了，美而且釅，和大醋沒有分別。

71.21.1 作烏梅苦酒的方法：烏梅去掉核，一升左右的烏梅肉，用五升醋浸幾天，曬乾，擣成屑。

71.21.2 要吃時，拿些擱在水裏面，就成了醋。

71.22.1 蜜苦酒作法：一石水，一斗蜜，攪拌均勻。把甕口蓋密，放在太陽裏曬。過二十天可以成熟。

71.23.1 外國苦酒作法：一斤蜜，三合水，封在容器裏。裏面擱幾顆胡荽子，可以避免〔辟〕生蟲。

71.23.2 正月初一日作，九月初九成熟。一銅匙這樣的醋，和上水，可以供三十個人吃。

71.24.1 崔寔（四民月令）説："四月初四可以作醋，五月初五日（也）可以作醋。"

作豉法第七十二

72.1.1 作豉法：先作煖蔭屋。坎地，深三二尺。

屋必以草蓋；瓦則不佳。密泥塞屋牖①，無令風及蟲鼠〔一〕入也。

開小户，僅得容人出入。厚作藁籬〔二〕，以閉户。

72.1.2 四月五月爲上時，七月二十日〔三〕後、八月爲中時。

餘月亦皆得作。然冬夏大寒大熱，極難調適。

大都每四時交會〔四〕之際，節氣未定，亦難得所。常以四孟月十日後作者，易成而好。

大率常欲令溫如人腋下爲佳。若等②不調，寧傷冷不傷熱：冷則穰覆〔五〕還煖，熱則臭敗矣。

72.1.3 三間屋，得作百石豆。二十石爲一聚。

常作者，番次相續，恒〔六〕有熱氣，春秋冬夏，皆不須穰覆。作少者，唯至冬月，乃穰覆豆耳。

極少者，猶須十石爲一聚；若三五石，不自煖〔七〕，難得所，故須以十石爲率。

72.1.4 用陳豆彌好；新豆〔八〕尚溼，生熟難均故也。

淨揚簸，大釜煮之，申舒如飼牛豆〔九〕，掐軟便止，——傷熟則豉爛〔一〇〕。

漉著淨地攤之。冬宜小煖，夏須極冷。乃内蔭屋中聚置〔一一〕。

72.1.5 一日再入，以手刺豆堆中候：看如人腋下煖，便翻之。

翻法〔一二〕：以杷枕略取堆裏冷豆，爲新堆之心〔一三〕；以次更略，乃至於盡。冷者自然在内，煖者自然居外〔一四〕。還作尖堆，勿令婆陀③。

一日再候，中熒更翻，還如前法作尖堆。

若熱湯④人手者，即爲失節⑤〔一五〕傷熱矣。

72.1.6　凡四五度翻，内外均熒，微着白衣；於新翻訖時，便小撥峰頭令平，團團如車輪，豆輪厚二尺許，乃止。

復以手候，熒則還翻〔一六〕。翻訖，以杷平豆，令漸薄〔一七〕——厚一尺五寸許。

第三翻一尺，第四翻厚六寸。豆便内外均熒，悉着白衣，豉爲粗定〔一八〕。從此以後，乃生黄衣。

72.1.7　復擇豆〔一九〕，令厚三寸，便閉户三日。——自此以前，一日〔二〇〕再入。

72.1.8　三日開户〔二一〕。復以杴⑥東西作壠，構豆，如穀壠形，令稀穊均調〔二二〕。

杴剗法，必令至地〔二三〕。豆若着地〔二四〕，即便爛矣。

構遍，以杷構豆，常令厚三寸。間日構之。

後豆着黄衣，色均足〔二五〕，出豆於屋外，淨揚，簸去衣。

布豆尺寸之數，蓋是大率中平之言矣。冷即須微厚，熱則須微薄，尤須以意斟量之。

72.1.9　揚簸訖，以大甕盛半甕水〔二六〕，内豆著甕中，以杷急抨之使淨。

若初煮豆傷熟〔二七〕者，急手抨淨，即〔二八〕漉出；若初煮豆微生，則抨淨宜小停之，使豆小軟。

則難熟⑦，太軟則豉爛。水多則難淨。是以正須半甕爾〔二九〕。

72.1.10　漉出，着筐中，令半筐許。一人捉〔三〇〕筐。一人更〔三一〕汲水,於甕上就筐中淋之〔三二〕。急抖擻筐,令極淨,水清乃止。——淘不淨〔三三〕令豉苦。

漉水盡,委着席上〔三四〕。

72.1.11 先多收穀薉⑧。於此時,内穀薉於蔭屋窖中;揢⑨穀薉作窖底,厚二三尺許。以蓬篅⑩蔽窖,内豆於窖中。

使一人在窖中,以脚躡豆,令堅實。

内豆盡,掩席覆之。以穀薉埋⑪席上,厚二三尺許,復躡令堅實。

72.1.12 夏停十日,春秋十二三日,冬十五日,便熟。過此以往〔三五〕,則傷苦。日數少者,豉白而用費;唯合熟〔三六〕自然香美矣。

72.1.13 若自食欲久留,不能數⑫作者,豉熟,則出〔三七〕曝之令乾,亦得周年。

72.1.14 豉法:難好易壞,必須細意人,常一日再看之。

失節傷熱,臭爛如泥,豬狗亦不食。其傷冷者,雖還復煖,豉味亦惡。是以又須⑬留意冷煖,宜適難於調酒。

72.1.15 如冬月初作者,須先以穀薉燒地令煖,——勿燋〔三八〕——,乃淨掃。内豆於蔭屋中,則用湯澆黍穄襄〔三九〕令煖潤,以覆豆堆。每翻竟,還以初用黍襄,周匝〔四〇〕覆蓋。

72.1.16 若冬作,豉少屋冷〔四一〕,襄覆亦不得煖者,乃須〔四二〕於蔭屋之中,内微燃煙火,令早煖。不爾,則傷寒〔四三〕矣。

春秋量其寒煖,冷亦宜〔四四〕覆之。

72.1.17 每人出,皆還謹密閉户,勿令泄其煖熱之氣也。

〔一〕"鼠":明清刻本譌作"衆",依院刻、明鈔、金鈔改正。

〔二〕"籭":明清刻本譌作"薜",依院刻、明鈔、金鈔改正。

〔三〕"二十日":明清刻本譌作"二七日",依院刻、明鈔、金鈔改正。

〔四〕"每四時交會"："每"字，明清刻本作"在"，明鈔與院刻、金鈔同，作"每"。"交"，明鈔譌作"文"。

〔五〕"冷則穰覆"："冷"字，明清刻本譌作"令"，依院刻、明鈔、金鈔改正。

〔六〕"恒"：院刻、明鈔、金鈔，都依宋代避諱的規矩，缺末筆，寫成"恒"；明清刻本改作"常"。

〔七〕"不自煖"："自"字明清刻本譌作"須"，依院刻、明鈔、金鈔改正。

〔八〕"新豆"：金鈔譌作"雜豆"。

〔九〕"申舒如飼牛豆"："申"明清刻本譌作"中"；"牛"明鈔及明清刻本都譌作"生"。依院刻、金鈔改正。"申舒"，指豆粒水浸後漲大的情形。

〔一○〕"傷熟則豉爛"：明清刻本"熟"譌作"熱"，"豉"譌作"豆"；依院刻、明鈔、金鈔改正。

〔一一〕"置"：明清刻本譌作"至"，依院刻、明鈔、金鈔改正。

〔一二〕"翻法"：明清刻本缺"翻"字，依院刻、明鈔、金鈔補。

〔一三〕"新堆之心"：明鈔作"心堆之心"，金鈔作"雜堆之心"，明清刻本作"心堆之必"。依院刻校正。

〔一四〕"自然居外"：明清刻本漏去"自然"兩字，依院刻、明鈔、金鈔補。

〔一五〕"失節"：學津討原本"失"字作"尖"。

〔一六〕"還翻"：明清刻本"還"字作"凡"，依院刻、明鈔、金鈔改正。

〔一七〕"令漸薄"：明清刻本缺"令"字，依院刻、明鈔、金鈔補。

〔一八〕"粗定"："粗"，明鈔及明清刻本作"初"，依院刻、金鈔補正。

〔一九〕"豆"：明鈔作"且"，明清刻本譌作"具"，依院刻、金鈔改正。

〔二○〕"自此以前，一日"：明清刻本漏去這六個字，依院刻、明鈔、金鈔補正。

〔二一〕"三日開戶"："開"字，明清刻本譌作"閉"，依院刻、明鈔、金鈔改正。

〔二二〕"令稀穊均調"：明清刻本"令"字誤作"用"；"稀"字譌作"稀"，"穊"字譌作"稯"（明鈔"穊"字也這樣）。現依院刻、金鈔改正（關於"穊"字的解釋，參看卷一注解 1.4.1.①）。

〔二三〕"至地"："至"明清刻本譌作"置"，依院刻、明鈔、金鈔改正。

〔二四〕"着地"：明清刻本"着"字下多一個"黄"字，依院刻、明鈔、金鈔刪去。

〔二五〕"色均足"：明鈔及明清刻本"足"譌作"是"，依院刻、金鈔改正。

〔二六〕"盛半甕水"：明清刻本"盛"字下多了一個"之"字，依院刻、明鈔、金鈔刪去。

〔二七〕"傷熟"：明清刻本"熟"字譌作"熱"，依院刻、明鈔、金鈔改正。

〔二八〕"即"：明鈔與明清刻本作"則"，依院刻、金鈔改。

〔二九〕"半甕爾"：明清刻本"爾"字上多一個"於"字，依院刻、明鈔、金鈔刪去。

〔三〇〕"捉"：明清刻本作"作"，金鈔作"提"，依院刻、明鈔作"捉"。

〔三一〕"更"：明清刻本漏了這個字，依院刻、明鈔、金鈔補。

〔三二〕"淋之"：明清刻本漏去了"之"字，依院刻、明鈔、金鈔補。

〔三三〕"不淨"：明清刻本作"不潔淨"，依院刻、明鈔、金鈔刪去"潔"字。

〔三四〕"席上"："上"明清刻本譌作"止"，依院刻、明鈔、金鈔改。

〔三五〕"過此以往"：明清刻本漏去"以"字，依院刻、明鈔、金鈔補。

〔三六〕"合熟"：明鈔與明清刻本譌作"食此"，依院刻、金鈔改正。

〔三七〕"豉熟，則出"："豉"字，明清刻本譌作"豆"；"則"字，明鈔與明清刻本都作"取"；金鈔無"熟"字。依院刻改。

〔三八〕"燒地令煖，勿燋"："煖"字，明清刻本作"熱"，討原本作"熟"，依院刻、明鈔、金鈔作"煖"。"燋"字，明清刻本作"焦"（後一點，參看校記70.5.3.〔四〕）。

〔三九〕"用湯澆黍穄蘘"："用"字明清刻本譌作"令"；"蘘"明鈔和明清刻本都譌作"裹"。依院刻、金鈔改正。

〔四〇〕"周匝"："匝"明清刻本譌作"而"，依院刻、明鈔、金鈔改正。

〔四一〕"冷"：明清刻本譌作"令"，依院刻、明鈔、金鈔改正。

〔四二〕"乃須"：明清刻本譌作"乃淨須"，依院刻、明鈔、金鈔刪"淨"字。

〔四三〕"傷寒"：明清刻本漏去"傷"字，依院刻、明鈔、金鈔補。

〔四四〕"冷亦宜……"：明清刻本句首多一個"熱"字，依院刻、明鈔、金鈔
　　　删去。

①"塞屋牖"："屋"字，懷疑有錯；可能是"户"字或"窗"字。

②"等"："等"是"有差别"。

③"婆陀"：廣雅釋詁（卷二）"陂陀，衺也"（衺就是現在的"斜"字），即傾斜；
　　　漢書司馬相如傳，"罷池陂陁"，郭璞注説"旁頹也"，就是一個堆的四面
　　　坡度很小。楚辭招魂中有一句"侍陂陁些"，王逸注爲"長陛"，即像臺
　　　階（陛）一樣的緩斜坡。這幾個陂陁都讀作"婆陀"；這個"婆陀"，便正
　　　是與"陂陁"同一意義的一個叠韻聯綿詞，形容緩斜坡。

④"湯"：讀去聲，作動詞（這裏是作副詞用的"分詞"）。現在多寫作"燙"。

⑤"失節"：超過了限度，也就是失去了調節。

⑥"枕"：枕是一個手力翻土的農具（參看卷六注解 56.56.1.②及附圖）。

⑦"則難熟"：由上下文排比看，"則"字上還應有"不軟"兩個字；可能因爲上
　　　句末了有"小軟"兩字；這裏的"不"字有些像"小"，"軟"字又相同，所以
　　　看錯鈔漏了。下面一句"水多則難淨"，是與事理不合的，"淨"字可能
　　　是"調"字或"節"字，或者是"漉"字。

⑧"蘵"：這個字玉篇的解釋，是"苦蘵"的"蘵"字另一寫法；廣韻入聲"二十
　　　四職"也是一樣。這裏無法這樣解釋。本書前面雜説中有一個"秖"
　　　字，是"字書不載"的，我們假定該作爲"杙"字解釋。這個"蘵"字，我們
　　　只好暫時假定與那個"秖"相同。

⑨"掊"：這裏的"掊"，不能再作"掘"講，而只能作聚積解釋。

⑩"篷簝"：粗竹蓆，參看卷七校記 65.1.3.〔三〕。

⑪"埋"：懷疑是字形相近的"堆"字看錯鈔錯。

⑫"數"：讀"朔"，即"多次"。

⑬"又須"："又"字，懷疑是讀音相近的"尤"字寫錯。"尤須留意"是要術中
　　　極常見的一句話。

72.2.1 食經作豉法：常夏五月至八月，是時月也。

72.2.2 率：一石豆，熟澡之，漬一宿。明日出蒸之，手捻其皮，破則可。便敷於地〔一〕。地惡者，亦可席上敷之。令厚二寸許〔二〕。豆須通冷。以青茅覆之。亦厚二寸許。

72.2.3 三日視之，要須通得黃爲可。

去茅〔三〕，又薄攤之，以手指畫之作耕壟。一日再三如此，凡三日，作此可止①。

72.2.4 更煮〔四〕豆取濃汁，并秫米女麴五升；鹽五升，合此豉中。以豆汁灑溲之，令調。以手搏，令汁出指間，以此爲度。

72.2.5 畢，内餅中；若不滿餅，以矯桑②葉滿之。——勿抑！——乃密泥之。

中庭二十七日，出，排曝〔五〕令燥。

72.2.6 更蒸之。時煮矯桑葉汁，灑溲〔六〕之。乃蒸如炊熟久，可復排之。

此三〔七〕蒸曝，則成。

〔一〕"手捻其皮，破則可。便敷於地"：<u>明</u><u>清</u>刻本作"捻豆破；使敷冷地"，依<u>院</u>刻、<u>明</u>鈔、<u>金</u>鈔改正。

〔二〕"令厚二寸許"：<u>明</u><u>清</u>刻本缺"令"字，依<u>院</u>刻、<u>明</u>鈔、<u>金</u>鈔補。

〔三〕"去茅"：<u>明</u>鈔與<u>明</u><u>清</u>刻本譌作"出茅"，依<u>院</u>刻、<u>金</u>鈔改正。

〔四〕"更煮"：<u>明</u><u>清</u>刻本"更"字下多了一個"著"字，依<u>院</u>刻、<u>明</u>鈔、<u>金</u>鈔删。

〔五〕"曝"：<u>明</u><u>清</u>刻本缺這個字，依<u>院</u>刻、<u>明</u>鈔、<u>金</u>鈔補。

〔六〕"灑溲"：<u>明</u>鈔作"溲灑"，<u>明</u><u>清</u>刻本作"溲漉"，依<u>院</u>刻、<u>金</u>鈔改正。

〔七〕"三"：<u>明</u><u>清</u>刻本作"二"，依<u>院</u>刻、<u>明</u>鈔、<u>金</u>鈔改正。這句上面，可能還漏了一個"如"字。

①"作此可止"："作此"兩字，懷疑是"衍文"，——至少"此"字是多餘的。

②"矯桑"：不知道是什麼植物，也許只是高大〔矯〕的野生桑樹。

72.3.1 作"家理^①食豉"法：隨作多少。精擇豆，浸一宿，旦炊之〔一〕；與炊米同。若作一石豉，炊一石豆〔二〕。熟，取生茅臥之，如作女麴形。

72.3.2 二七日，豆生黄衣。簸去之，更曝令燥。

後以水浸令溼〔三〕，手投〔四〕之，使汁出從指歧間出爲佳。以著甕器中。

72.3.3 掘地作埳^②，令足容甕器。燒埳中令熱，内甕著埳中。以桑葉蓋豉上，厚三寸許。以物蓋〔五〕甕頭令密，塗之。

十許日，成；出，曝之，令泡泡^③然。又蒸熟^④；又曝。如此三遍，成矣〔六〕。

〔一〕"旦炊之"："旦"字明清刻本譌作"且"，依院刻、明鈔、金鈔改正。

〔二〕"作一石豉，炊一石豆"：明清刻本漏去"豉炊一石"四字，似乎是"一石"兩個字相同而看錯的結果。依院刻、明鈔、金鈔補。

〔三〕"後以水浸令溼"："後"字明清刻本作"復"，似乎更勝一籌；但"後"字仍可解説，依宋版系統的院刻、明鈔、金鈔作"後"。"浸"字，明鈔和明清刻本作"溼"，不如院刻、金鈔的"浸"字明白。

〔四〕"投"：明清刻本作"搏"，與上一則相同。院刻、明鈔和金鈔同作"投"；我們暫時保留宋版系統原來的"投"字。"投"字是不好解釋的；如不是"搏"，可能便應當是與"投"字字形相似的"挼"。

〔五〕"以物蓋……"：這裏現依院刻、明鈔、金鈔補："甕頭令密，塗之。十許日，成；出，曝之，令泡泡然。又蒸熟；又曝"這二十二個字。

〔六〕"三遍，成矣"："矣"字依院刻、明鈔、金鈔補。

①"家理"：即家庭應用。

②"埳"：也寫作"窞"，是低於地面的一個地穴；讀 tǎn（從前讀 tǎm。現在粵語系統方言中，還保留這個詞，仍讀 tǎm）。

③"泡泡"：即半乾帶溼（見卷五注解 54.3.3.③）。

④"蒸熟"："熟"字應是"熱"字。作豉的豆，已經蒸熟過，成了豉更是熟了的，不應當再說蒸熟。

72.4.1 作麥豉法：七月八月中作之；餘月則不佳。

72.4.2 䴺[一]治小麥，細磨爲麵，以水拌而蒸之[二]。

氣餾好熟，乃下。擡之令冷，手挼令碎[三]。

布置覆蓋，一如麥䴷[四]黃蒸法。

72.4.3 七日衣足，亦勿簸揚。以鹽湯周遍灑潤之。更[五]蒸。氣餾極熟，乃下。

擡去熱氣，及煖内甕中，盆蓋，於襄[六]糞①中㷯之。

72.4.4 二七日，色黑、氣香、味美便熟[七]。

搏作小餅，如神麴形。繩穿爲貫，屋裏懸之。紙袋盛籠，以防青蠅塵垢之汙。

72.4.5 用時，全餅着湯中煮之，色足漉出。削去皮粕，還舉②。一餅得數遍煮用。熱③、香、美，乃勝豆豉。

打破，湯浸，研用，亦得。然汁濁，不如全煮汁清也。

〔一〕"䴺"：明鈔作"睐"，明清刻本作"預"；依院刻、金鈔的"䴺"，改作現在通用的"䴺"。

〔二〕"水拌而蒸之"：明清刻本作"水拌之而蒸"，依院刻、明鈔、金鈔改正。

〔三〕"碎"：明清刻本作"細"，依院刻、明鈔、金鈔改正。

〔四〕"䴷"：明清刻本作"麴"，金鈔作"䴳"，依院刻、明鈔作"䴷"。

〔五〕"更"：明清刻本譌作"要"，依院刻、明鈔、金鈔改正。

〔六〕"襄"：明清刻本譌作"襄"，依院刻、明鈔、金鈔改正。

〔七〕"味美便熟"：明清刻本漏去"美"字，依院刻、明鈔、金鈔補；"熟"字譌作"熱"，依院刻、明鈔、金鈔改正。

①"襄糞"：即稿秸穰殼作的堆肥；糞是掃除下來的廢物，不一定指動物的排泄物。"㷯"即"保熱"。

②"舉":"提出來"。

③"熱":這個字懷疑是誤多的,也可能該在前一行,"湯中"兩字上面。

釋　文

72.1.1　作豉的方法:先準備〔作〕温煖有遮蔽〔蔭〕的屋子,在屋
裏地上掘成二三尺深的坎。

　　　　屋頂必須要草蓋;瓦屋不好。用泥將門和窗封密,不要讓
風或者蟲類老鼠進去。

　　　　開一個小門,裝上單門片,(小到)只容一個人出進。用藁
稭編成的厚草簾掛着,遮住門口。

72.1.2　四月五月是最好的時節,七月二十日以後,到八月,是中等
時節。

　　　　其餘月分,也可以作。但是冬季夏季,太冷太熱,極難將
温度調節到適合。

　　　　普通〔大都〕在季節交替的時候,節氣沒有穩定,也難剛剛
適合。平常總是每季第一個月〔四孟月〕初十以後作的,容易
成功。

　　　　一般標準,總要像人腋窩裏的温度最適合。如果天氣冷
熱差別很大,不容易調節,寧可偏冷,不要偏熱。冷了,用穰蓋
着可以回復温暖;熱了就會發臭敗壞。

72.1.3　三間屋,可以作一百石豆。二十石豆作爲一"聚"。

　　　　經常作豉的,一次接一次,(屋子裏)常常有熱氣,春秋或
冬夏,都用不着用穰蓋。作得少的,也只有到冬季,才要用穰
蓋覆豆子。

　　　　極少極少,也要十石豆子作一"聚";如果只有三五石,自

發的温煖不够維持，便難得合適，所以一定要十石作標準。

72.1.4 用陳豆子更好。因爲新收的豆子，還是溼的，生熟不容易均匀。

簸揚潔淨，放在大鍋裏煮，煮到漲開〔申舒〕像餵牛的（料）豆一樣，手掐去，感覺是軟的，就够了。——太熟，製成的豉會嫌爛。

漉出來，在潔淨的地面上，急速撣開。冬季，要讓它微微温暖，夏季則要完全冷透。搬進蔭屋裏堆積着。

72.1.5 每天進去看兩次，用手插進〔刺〕豆子堆裏面去體察〔候〕；看像人腋窩裏一樣温度時，就要翻。

翻的方法，是用杴刮〔略〕出堆外面的冷豆子，作爲新堆的中心，依次序刮下去，一直到刮完。這樣，原來冷些的，自然埋在裏面深處，暖些的自然就堆在外表了。還是作成尖尖的堆，不要讓坡太斜緩。

每天候兩次，如果中心暖了就再翻，翻時，還是像剛才説的，作成尖堆。

如果熱到燙手，就是過了限度，已經嫌太熱了。

72.1.6 翻過四五遍，裏面外面都暖，而且，稍微見到有些白色的"衣"時，便在新翻完之後，把尖堆的尖，撥去一點，讓它平下來些，團團地像一個車輪一樣，豆輪的厚，大約二尺左右。

還要用手探候，煖了，又翻。翻完，用杷把豆堆杷平，讓堆慢慢薄下去——大約一尺五寸厚。

第三次翻，（豆層）就減薄到一尺厚；第四次翻，減到六寸厚。這時，豆子應當是裏外一般，均匀地温暖的，而且，都有了白衣，豉也就有了個大致"粗坯"了，以後，便生"黄衣"了。

72.1.7 再把豆子攤開，只堆成三寸厚，把門關上三日——在這以前,仍舊每天進去看兩次。

72.1.8 三天,把門開開。又用杴直東直西地杷成一條條的壟,將豆子耩開成穀壟的形式,讓厚薄稀密均匀。

　　用杴剗的規矩,一定要剗到地面。如果有（剗不到而）貼在地面沒動的豆子,它一定會爛。

　　耩遍了,用杷把豆再耩平,總之要有三寸厚的一層。隔一天耩一次。

　　後來豆子都有了黃衣,顏色均匀充足,才把豆子搬到屋子外面,簸揚潔淨,把衣簸掉。

　　（以上所說的）布開豆層的厚薄尺寸,只是大概中平的說法。冷了,就得堆厚些,熱了就稍微薄些,總之,要注意斟酌決定。

72.1.9 簸揚完了,用大甕子,盛上半甕水,把豆子放下去,用杷急速攪動（洗淨）。

　　如果最初煮豆子時嫌過熟的,趕快攪打〔抖〕洗潔淨,立刻漉起來;如果最初煮時太生,攪洗潔淨（後還）要稍微多等〔停〕一陣,讓豆子浸軟些。

　　豆子不軟,豉便難成熟;太軟,豉會爛。水太多,抖洗時,難得調節(?)所以只用半甕水。

72.1.10 洗淨漉出來,放在筐子裏,只要半筐。一個人抓着筐（放在倒掉了水的甕上面）,另一個人,再汲些水,向放在甕裏的筐上淋。趕快搖動筐,把豉洗淨,到水清爲止。——如果不淘潔淨,豉的味是苦的。

　　水濾淨後,倒〔委〕在席上。

72.1.11 事先多收存一些穀子的稃殼。這時,把它們堆到蔭屋的窖裏;在窖底上,把稃殼聚積〔掊〕作爲底層,要兩三尺厚。用粗蓆遮着窖邊,把豆子放進窖去。

讓一個人下到窖裏,用腳把豆子踩堅實。

豆子放完,用蓆子蓋上。蓆子上再堆二三尺厚的穰殼,也踩堅實。

72.1.12 夏季,過十天;春季秋季,過十二、三天;冬季,過十五天,就成熟了。日子太長,就會嫌苦。日子不够,豉的顏色淡〔白〕,用的分量就得增多;只要合宜地熟了的,味道才自然香美。

72.1.13 如果自己家作了,預備自己吃,想多保存些時間,不能常常作的,豉成熟後,拿出來曬乾,也可以過一年。

72.1.14 作豉的操作,難得作好,容易弄壞,一定要有小心仔細的人,一天去體察兩次。

没有節制得好,太熱了,就會像泥一樣臭而且爛,豬狗都不肯吃。嫌冷的,儘管(可以)回復暖熱,豉味也不够好。所以要分外地留意溫度〔冷煖〕,要求的適合條件,比作酒還難調節。

72.1.15 如果冬季作,要先用些穰殼,把地面燒暖——可不要燒焦!——然後掃潔淨。把豆搬進蔭屋裏以後,就用熱水澆過的黍穄穰,暖熱而潮潤的,蓋在豆堆上。每次翻過,又把最初所用的黍穰,周到地蓋上。

72.1.16 如果冬季作,豉少而屋子冷,黍穰蓋着還不够暖的,就要在蔭屋裏,稍微燒些有煙的火,讓它早些暖起來。不然,就嫌冷了。

春季秋季,也要酌量寒暖;冷,就要蓋上。

72.1.17 人出進時,都要隨時謹慎把門關嚴密,不要讓熱氣散掉。

72.2.1 **食經作豉法**:常常在夏季五月,(到秋季)八月,是合時的月分。

72.2.2　標準：是一石豆子，細細洗淨，浸過隔夜，明早漉出來，蒸。蒸到用手一捻，皮就會破時，便算好了。鋪〔敷〕在地上——地不好的，也可以鋪在席子上。鋪成二寸上下厚的一層。豆子要冷透。用青茅蓋着，（青茅）也要二寸上下厚。

72.2.3　三天之後看一看，一定要整個都黃了才行。

撤掉蓋着的茅，又揮薄些，用手指畫成耕壟的形式。一天再三地（聚攏攤開，畫成耕壟），反覆地作；作過三天，就停止。

72.2.4　再煮些豆，取得濃濃的豆湯，加上五升糯米小麴，五升鹽，和進這批豉裏面。用豆湯灑着，拌和均勻。用手捏，如果有汁從手指縫裏出來，就合適了。

72.2.5　拌完，裝進瓶裏，如果不滿，用矯桑葉塞滿（空處）。——不要按緊！——再用泥密封。

擱在院子裏，過了二十七天，倒出來，攤〔排〕曬乾。

72.2.6　再蒸。蒸的時候，煮些矯桑葉汁子，灑上去，揉和。蒸，像炊熟（豆子）所費的時間一樣久。可以再攤開來曬。

像這樣三蒸三曬，就成了。

72.3.1　作"家理食豉"的方法：隨便作多少。把豆揀得乾淨精細。浸一夜，第二天清早炊，像炊米一樣。如果作一石豉，就炊一石豆。熟了之後，用新鮮〔生〕茅草蓋着保暖〔臥〕，像作女麴一樣。

72.3.2　過十四天，豆上生出黃衣了。簸掉黃衣，再曬乾。

乾後，再用水浸溼，用手捼到汁子從指縫〔歧〕裏出來爲止。放進甕子裏。

72.3.3　在地裏掘一個垎，大到可以容納裝了豉的甕。在垎裏燒火，把垎燒熱。在豉上面蓋上三寸厚的桑葉。甕頂上，用東西蓋嚴密。用泥封上。

　　十天光景，成熟了，倒出來曬到半乾，又蒸熱，又曬。這樣反覆蒸曬三次，就成了。

72.4.1 作"麥豉"的方法：七月八月裏作，其餘月分作的就不好。

72.4.2 春小麥，細細磨成麵，用水拌和來蒸。

　　氣餾到熟，倒出來。揮冷，用手挼碎。

　　鋪開，蓋覆，手續和作麥䴷黃蒸一樣。

72.4.3 過七天，(黃)衣長足了，也不要簁揚。用鹽湯全部均勻灑着浸透。再蒸。氣餾到極熟，才下甑。

　　揮掉熱氣，趁暖時放進甕裏，用盆蓋着，在穰堆裏煖着。

72.4.4 過了兩個七天，顏色變黑了，氣香了，味也鮮美了，就已成熟。

　　用手捏成小餅，像(釀酒用的)神麴一樣。繩穿成串，掛在屋裏(風乾)。外面用紙袋套〔籠〕着，免得蒼蠅和灰塵弄髒。

72.4.5 用時，整餅放在開水裏煮；煮到湯的顏色夠了，便漉出來。削掉外皮渣滓，再收起來。一餅可以用幾回。香而且鮮，比豆豉還好。

　　打破，熱水浸開，研碎用，也可以。但這樣湯汁是渾濁的。不像整餅地煮，所得的是清湯。

八和齏初稽反第七十三

73.1.1 蒜一,薑二,橘三,白梅四,熟栗黃五,粳米飯六,鹽
七,酢[一]八。

73.1.2 齏臼欲重,不則傾動起塵,蒜復跳出也。底欲平寬而
圓。底尖擣不着,則蒜有遺成。以檀木爲齏杵臼[二]。檀
木[三]硬而不染汗。杵頭大小,與臼底相安可。杵頭著處
廣者,省手力而齏易熟,蒜復不跳也。杵長四尺。入臼[四]
七八寸圓之;已上,八稜作。

平立急舂之。舂緩則薰臭。久則易人;——舂齏宜久
熟,不可倉卒,——久坐疲倦,動則塵起,又辛氣薰灼,揮汗或
能灑汗[五],是以須立舂[六]之。

73.1.3 蒜:淨剝,掐[七]去强根①;不去則苦。

嘗經渡水[八]者,蒜味甜美,剝即用。未嘗渡水者[九],宜
以魚眼湯渙,——銀洽反[一〇]——半許,半生用。

朝歌大蒜,辛辣異常[一一],宜分破去心,全心用之,不然
辣②,則[一二]失其食味也。

73.1.4 生薑:削去皮,細切;以冷水和之,生布絞去苦汁。苦
汁[一三]可以香③魚羹。

無[一四]生薑用乾薑:五升齏,用生薑一兩;乾薑則[一五]減
半兩耳。

73.1.5 橘皮:新者直用;陳者以湯洗去陳垢。

無橘皮,可用草橘子;馬芹子亦得用。五升齏,用一兩草
橘;馬芹准此爲度。

薑橘,取其香氣[一六],不須多;多則味苦。

73.1.6　白梅：作白梅法,在梅杏篇④。用時,合核用。五升虀用八枚足矣[一七]。

73.1.7　熟栗黃：諺曰:"金虀玉膾。"橘皮多,則不美;故加栗黃,取其金色,又益味甜[一八]。五升虀,用十枚栗。

　　　　用黃軟者;硬黑者,即不中使用也。

73.1.8　秔⑤米飯。膾虀必須[一九]濃,故諺[二〇]曰:"倍著虀。"[二一]蒜多則辣;故加飯,取其甜美耳。五升虀,用飯如雞子許大。

73.1.9　先擣白梅、薑、橘皮[二二]**爲末,貯出之。次擣栗、飯,使熟,以漸下生蒜,**蒜頓[二三]難熟,故宜以漸;生蒜難擣,故須先下。**舂令熟。次下渳蒜。虀熟,下鹽,復舂令沫起**[二四]。**然後下白梅、薑、橘末;復舂,令相得。**

73.1.10　下醋解之。白梅、薑、橘,不先擣,則不熟;不貯出,則爲蒜所殺,無復香氣。是以臨熟乃下之。

　　　　醋必須好,惡則虀苦。大醋經年釀者,先以水調和令得所,然後下之。慎勿着生水於中,令虀辣而苦。純着大醋,不與水調,醋,復不得美也。

73.1.11　右件法,止爲膾虀耳。餘即薄作,不求濃。

〔一〕"酢":"酢"明清刻本譌作"醬",依院刻、明鈔、金鈔改正。

〔二〕"杵曰":明清刻本無"杵"字,依院刻、明鈔、金鈔補。

〔三〕"檀木":院刻、明鈔、金鈔及多數明清刻本都作"粳米",只漸西村舍刊本作"檀木",但未說明根據。據北京大學所藏丁秉衡校本所記,則某一個明本(不是祕册彙函本),也作"檀木"。檀木硬而不染汙,是合於事實的,也說明了所以用"檀木爲杵曰"的原因。"粳米"兩字,無任何理由可以解釋。懷疑原書本來是"檀木"或"硬木"，後來破爛，鈔寫的人，誤認成字形相似的"粳米"，因而鈔錯刻錯。我們根據"明本"改了。

〔四〕"入臼"："臼"字明清刻本誤作"口"，依院刻、明鈔、金鈔改正。

〔五〕"揮汗或能灑汗"："汗"明鈔譌作"汁"；"灑"金鈔譌作"麗"，明清刻本譌作"塵"，依院刻改正。

〔六〕"立春"：明清刻本作"力立春"，依院刻、明鈔、金鈔刪去"力"字。

〔七〕"掐"：明鈔誤作"稻"，依院刻、金鈔及明清刻本改正。

〔八〕"渡水"：明清刻本作"度水"，依院刻、明鈔、金鈔改正。"渡水"，是在水裏泡過。

〔九〕"蒜味甜美，剝即用。未嘗渡水者"：明清刻本漏去這十二字，可能是爲前後都有相同的"度水者"這三個字，因而看錯鈔漏，依院刻、明鈔、金鈔補入。

〔一〇〕"銀洽反"：這是替"渧"字作音注的一個小字夾注。明清刻本誤將"反"字和隔行首字"錄"，拼合成一個"從石從錄"的怪字；明鈔作"錄洽反"；院刻、金鈔作"銀洽反"。但"渧"字無用"銀"字或"錄"字爲聲母來拼音的道理。懷疑"錄"字是"銀"字看錯，"銀"字又是"鉏"字寫錯。集韻入聲"三十二洽"的"渧"字，以爲就是博雅（即廣雅）中的"煠"字另一寫法；集韻所注音是"實洽切"，即 sap。但廣韻中"煠"字的音是"士洽切"，即 zap，與"鉏"的"士魚切"同一聲母。煠，是沸油中或沸湯中煮。沸湯中煮，後來多用"渫"字；本書卷三，24.9.1 也用"渫"，本卷羹臛法第七十六，76.17.5 則用"煠"。這裏的"渧"，也應當是"渫"字或"煠"字。

〔一一〕"異常"：明清刻本顛倒作"常異"，依院刻、明鈔、金鈔改正。

〔一二〕"則"：明清刻本没有這個"則"字，依院刻、明鈔、金鈔補。

〔一三〕"苦汁"：明清刻本少了一個"苦汁"，依院刻、明鈔、金鈔補。

〔一四〕"羹。無"：明清刻本譌作"美。蕪"，依院刻、明鈔、金鈔改正。

〔一五〕"乾薑則":明清刻本"薑"作"姜",無"則"字;依院刻、明鈔、金鈔改補。

〔一六〕"香氣":明清刻本作"香味氣",依院刻、明鈔、金鈔删去"味"字。

〔一七〕"足矣":明清刻本作"足矣",比院刻、明鈔、金鈔的"足之矣"更合適,更乾淨;依後來的版本,删去"之"字。

〔一八〕"又益味甜":明清刻本作"又益美味甜";"美"字多餘,依院刻、明鈔、金鈔删去。

〔一九〕"必須":"必"字明清刻本譌作"金"字,依院刻、明鈔、金鈔改正。

〔二〇〕"諺":明清刻本譌作"訣",依院刻、明鈔、金鈔改正。

〔二一〕"齏":明清刻本譌作"齊",依院刻、明鈔、金鈔改正。

〔二二〕"橘皮":明鈔及明清刻本有"皮"字,院刻、金鈔無。本條起處"橘三",也沒有"皮"字,此外,後面各條,橘皮省稱爲"橘"的還很多;但這裏有一個"皮"字,交待得更明白;因此保存後來刻本中的"皮"字。

〔二三〕"頓":明清刻本誤作"頭",依院刻、明鈔、金鈔改正。

〔二四〕"沫起":明鈔與明清刻本都作"沫之起","之"字無意義,依院刻、金鈔删去。

①"强根":根據卷三種蓤第二十中的用法,"强根"即"彊根",是枯死已久的根。在蒜瓣,這應當是接近底上那一個硬結的瘢。

②"全心用之,不然辣":這句,懷疑有錯誤脱漏。最簡單的情況,是"不然"兩字本來在"全心用之"之前,鈔寫時顛倒了過來。更可能"全"字是"除"字爛了,看成了"全"字。

③"香":即加入有香氣的材料("香料")。

④"梅杏篇":即卷四梅杏第三十六。那裏就有"調鼎和齏"的叙述。

⑤"秔":上節用"粳米飯",這裏用"秔米飯";"粳"和"秔",是同一個字的兩種寫法。

73.2.1 膾魚肉,裏[一]長一尺者,第一好。大則皮厚肉硬,不任食;止可作鮓魚耳。

73.2.2 切膾人，雖訖，亦不得洗手；洗手則膾溼。要待食罷，然後洗也。洗手則膾溼，物有自然相厭[二]，蓋亦燒穰殺瓠①之流，其理難彰矣。

〔一〕"裏"：明鈔誤作"裹"，依院刻、金鈔及明清刻本改正。這個"裏"字，懷疑仍不是原文本字："肉裏"兩個字連起來，固然也可以解釋作魚頭到魚尾之間這一個"肉"的範圍"裏"面。但拿這一段的文字，和下篇74.1.2的"新鯉魚……肉長尺半以上，皮骨堅硬，不任爲膾者，皆堪爲鮓也"，對比着看時，似乎該是"鯉"字。

〔二〕"相厭"：明清刻本作"相壓"，依院刻、明鈔、金鈔改正。這個"厭"字，仍應讀"壓"音（參看卷六注解60.5.1.②，關於"厭"的解釋）。

①"燒穰殺瓠"：參看卷一3.14.4及卷二15.1.6。

73.3.1 食經曰："冬日，橘蒜齏；夏日，白梅蒜齏。肉膾不用梅。"

73.4.1 作芥子醬法：先曝芥子令乾。——溼則用不密①也。

73.4.2 淨淘沙，研令極熟。多作者，可碓擣[一]，下絹篩，然後水和更研之也[二]。令悉著盆。合著掃篲②上[三]，少時，殺③其苦氣。多停，則令無復辛味[四]矣；不停，則太辛苦。

73.4.3 搏作丸子[五]——大如李；——或[六]餅子，任在人意也。復乾曝，然後盛以絹囊，沈之於美醬[七]中。須，則取食。

73.4.4 其爲齏者，初殺訖，即下美酢解之。

〔一〕"碓擣"：明清刻本作"碓擣"，依院刻、明鈔、金鈔改正。

〔二〕"研之也"：明清刻本作"研之地"，依院刻、明鈔、金鈔改正。

〔三〕"合著掃篲上"："合"字明鈔誤作"令"；"篲"字金鈔缺，院刻、明清刻本都作從"竹"的"篲"，明鈔不從"竹"。不從"竹"的，是正規寫法；但本書卷二和卷九，篲字都有"竹"頭，所以仍依院刻。

〔四〕"令無復辛味"："令"字,明鈔及明清刻本作"冷",依院刻、金鈔改正。

〔五〕"丸子"："丸"字明清刻本及明鈔作"圓",依院刻、金鈔作"丸"。

〔六〕"或"：明清刻本譌作"成",依院刻、明鈔、金鈔改正。

〔七〕"醬"：明清刻本譌作"替",依院刻、明鈔、金鈔改正。

①"溼則用不密"："用不密",懷疑是"研不熟"爛成。

②"掃帚"："掃"字,懷疑是"糗"字爛成。芥子加水研過,裏面所含的芥子
　苷,受到酶性水解,生成辛辣的芥子油。如果芥子油太多,辛辣味太
　大,一般都吃不成。所以把盛有芥末的容器,倒覆在一個不很平的物
　件上,讓芥子油揮發去一部分。糗帚(即用來衝擊米粉,使它細散分開
　的一個工具)是一個很理想的東西。

③"殺"：讀去聲,作"減少"解釋。

73.5.1 **食經作芥醬法**：熟擣芥子,細篩。取屑,著甌〔一〕裏,蟹眼湯洗之。澄,去上清,後洗之①。如此三過,而去〔二〕其苦。

73.5.2 微火上攪之,少熇②。覆甌瓦〔三〕上,以灰圍甌邊,一宿則成。

73.5.3 以薄酢解〔四〕,厚薄任意。

〔一〕"甌"：明鈔及明清刻本都是瓮(或"甕")字,依院刻、金鈔改作"甌",才
　可以與下節兩處"甌"字相符合。

〔二〕"去"：明鈔誤作"失",依院刻、金鈔及明清刻本改正。

〔三〕"瓦"：明鈔譌作"瓮",明清刻本譌作"房"。依院刻、金鈔改正。

〔四〕"解"：明清刻本作"蓋",依院刻、明鈔、金鈔改正。

①"後洗之"：顯然是"復洗之"看錯鈔錯。

②"熇"：音鶴(hao),説文解字的解釋是"火熱也",即烤得很燙。

73.6.1 崔寔曰："八月收韭菁,作擣齏①。"

①"收韭菁,作擣齏"：依玉燭寶典所引四民月令,從上下文義看,是兩件互
　不相涉的事。

釋　文

73.1.1 蒜,是第一樣;薑,第二樣;橘（皮）,第三;白梅,第四;熟栗子肉,第五;粳米飯,第六;鹽,第七;醋,第八。

73.1.2 擣韲的臼要重,不重,搖動時,惹起灰塵,而且蒜容易跳出來。臼底要平、要寬、要圓。臼底尖,杵擣不上,蒜就會有粗塊。（最好）用檀木來作擣韲的杵和臼。檀木硬,不容易染上汙。杵頭的大小,要和臼底相合。杵頭打著的面寬的,省手力,韲容易熟,蒜也不會跳出來。杵長四尺。進到臼裏的這一段,七八寸長的,作成圓形;以上,（露在臼外的）作成八稜。

平立着,急速地舂。舂得慢,蒜的葷臭薰人。久了,必定要換人——舂韲要久才熟,不能趕快草率——坐久也疲倦;坐着的人站起來,就會惹起灰塵。再加上（坐着太近）辛味薰人,揩汗時,或者就染髒了韲。因此最好是站着舂。

73.1.3 蒜:剝淨硬皮,掐掉底上的“強根”,——不掐掉“強根”,味道會苦。

經過水浸的蒜瓣,味道鮮美,剝去硬皮（掐掉強根）,就直接用。沒有用水浸過的,應當用起泡的開水〔魚眼湯〕,燙〔漰〕過一半,另一半生用。

朝歌大蒜,分外辛辣,應當切破去掉心,除了心用;不然,太辣,韲就沒有味了。

73.1.4 生薑:削掉皮,切細;用冷水和進去,布包着,絞掉苦汁。苦汁可以留下來添進魚羹增香。

沒有生薑,可以用乾薑。作五升韲,要用一兩生薑;乾薑該減少些,用半兩就够了。

73.1.5 **橘皮**:新鮮的,直接用;陳的,用熱水洗掉累積下來的灰塵。

　　沒有橘皮,可以用草橘子;馬芹子也可以用。五升虀,用一兩草橘,馬芹子分量相同。

　　用薑和橘皮,是利用〔取〕它們的香氣,不要太多;多了,味苦。

73.1.6 **白梅**:白梅的作法,在"梅杏篇"裏面。用時,連核一起用。五升虀,用八個白梅就够了。

73.1.7 **熟栗子肉**〔栗黄〕:俗話說:"金虀玉膾",(就是要深黄色的虀。黄色固然由橘皮得來,)但橘皮多了,味道不好;所以加上熟栗子肉,利用它的金黄色,同時又有甜味。五升虀,用十顆栗子。

　　要用黄色柔軟的;硬而黑色的,就不合用。

73.1.8 **秔米飯**:食膾用的虀要濃厚,所以俗話說:"多着虀。"蒜多(可以增加稠度),但味道太辣;所以加些飯,這樣虀就甜美。五升虀,用雞蛋大的一團飯。

73.1.9 先將白梅、薑、橘皮擣成末,(擣好)盛在另外的容器中。再將栗肉和飯擣熟,慢慢〔以漸〕將生蒜放下去,蒜不是立刻〔頓〕可以擣熟的,就先要分幾次慢慢下;生蒜比熟蒜難擣,所以要先放下去。舂到熟。再放燙熟了的蒜。虀擣熟了之後,放鹽,再舂,舂到起泡沫。然後加(已經舂好的)白梅、薑、橘皮末;再舂到相互混和〔相得〕。

73.1.10 將醋倒下去,調開〔解〕來。白梅、薑、橘皮等,如果不

先擣,就不會熟;不另外盛着,(它們的香氣)就被蒜消滅〔殺〕
了,不再有香氣。所以要在快〔臨〕熟時才放下去。

　　醋必須好的,用不好的醋,齏是苦的。經過了幾年的陳大
醋,很濃釅的,先用水攪和到合宜,再擱下去。千萬不可以向
齏裏下生水,(否則)齏就會辣而且苦。淨擱陳大醋,不調些
水,結果太酸,也不很好吃。

73.1.11　以上各種成分配合,只是爲食膾用的齏。爲其餘
　　　　用途的,該稀薄些,不必要求濃厚。

73.2.1　作膾的魚,以多肉的鯉魚,一尺左右長的爲最好。
　　　　太大了,皮厚肉硬,(作膾)不好吃,只可以作鮓。

73.2.2　切膾的人,儘管切完了,也不可以洗手。洗手膾就
　　　　會溼。要等膾吃完了,然後才洗。(切膾的人)洗手膾就
　　　　溼了,這是"自然相厭"的情形,正和"燒穰殺瓠"一類,道理是
　　　　難得説明的。

73.3.1　食經説:"冬季,用橘、蒜齏;夏季,用白梅、蒜齏。
　　　　肉膾齏不用梅。"

73.4.1　作芥子醬的方法:先把芥子曬乾。溼的研不熟。

73.4.2　把(芥子裏夾雜的)沙淘淨,研到極熟。做得多的,可以用
　　　　碓擣,絹篩篩過,再和水更研。讓(研好的芥末)盡貼在盆裏;
　　　　倒蓋在掃帚上,過一些時,讓苦氣(辣味)走散一部分。但不要
　　　　擱得太久,使辛味完全喪失;如果不這樣擱一會,就太苦太
　　　　辛辣。

73.4.3　用手捏成丸子——像李子大;——或作成小餅子:隨意。
　　　　再曬乾,用絹袋盛着,沈在好醬裏。須要時,取出來吃。

73.4.4　如果只是作齏用的,研好調好,就用好醋調稀。

73.5.1 食經中的"作芥醬法"：把芥子擣熟，仔細篩過。把粉末放在小碗裏，用快開的水〔蟹眼湯〕洗一遍。澄清，把上面的清水去掉，再洗。像這樣洗三次，把苦味洗掉。

73.5.2 在小火上稍微攪一下，讓它有些燙〔熇〕。把小碗倒覆在瓦上，用熱灰圍在旁邊。過一夜，就成了。

73.5.3 用淡醋調稀，要濃要淡，隨自己的意思。

73.6.1 崔寔（四民月令）説："八月收取韭菜花，作擣齏。"

作魚鮓第七十四

74.1.1 凡作鮓,春秋爲時,冬夏不佳。寒時難熟;熱,則非鹹
不成。鹹復無味,兼生蛆,宜作裹〔一〕鮓也。

74.1.2 取新鯉魚。魚,唯大爲佳。瘦魚彌勝;肥者雖美,而不耐
久。肉長尺半已上,皮骨堅硬,不任爲膾者,皆堪爲鮓也。

　　　**去鱗訖,則臠。臠形長二寸,廣一寸,厚五分;皆
使臠別有皮。**臠大者〔二〕,外以過熟,傷醋不成任食;中
始〔三〕可噉;近骨上,生腥不堪食。常三分收一耳。臠小則
均熟。

　　　寸數者,大率言耳;亦不可要然〔四〕。

　　　脊骨宜方斬。其肉厚處,薄收皮;肉薄處,小復厚取
皮〔五〕。臠別斬過,皆使有皮,不宜令有無皮臠也。

　　　手擲著盆水中,浸洗,去血。

**74.1.3 臠訖,漉出,更於清水中淨洗,漉著盤中,以白鹽
散①之。盛著籠中,平板石上,迮②去水。**世名"逐水
鹽"③。水不盡,令鮓〔六〕臠爛;經宿迮之〔七〕,亦無嫌也。

　　　水盡,炙一片〔八〕,嘗鹹淡。淡則更以鹽和糝④,鹹則
空下糝。下,復以鹽按之〔九〕。

74.1.4 炊秔米飯爲糝;飯欲剛,不宜弱;弱則爛鮓。**并茱萸、
橘皮、好酒,於盆中合和之。**攪令糝著魚乃佳。

　　　茱萸全用;橘皮細切。並取香氣,不求多也。無橘皮,草
橘子亦得用。

　　　酒辟諸邪,令鮓美而速熟。率:一斗鮓〔一〇〕,用酒半斤。

惡酒不用。

74.1.5 布魚於瓮子中；一行魚，一行糝，以滿爲限。腹腴⑤
居上。 肥則不能久，熟須先食故也。

　　　魚上多與糝。

　　　以竹蒻⑥**交橫帖上。** 八重乃止。無蒻，菰、蘆葉並可
用。春冬無葉時，可破葦代之。

　　　削竹，插瓮子口內，交橫絡之。 無竹者〔一〕，用荊
也。**著屋中。** 著日中火邊者，患臭而不美，寒月〔二〕，穰厚
茹，勿令凍也。

74.1.6 赤漿出，傾却；白漿出，味酸，便熟。

74.1.7 食時，手擘；刀切則腥。

〔一〕“裹”：明清刻本空白，依院刻、明鈔、金鈔補。

〔二〕“大者”：明鈔及明清刻本譌作“大長”，依院刻、金鈔改正。

〔三〕“不成任食；中始”：明清刻本，“任”作“佳”，“中”作“之”；依院刻、明鈔、
　　　金鈔改正（“成”“任”兩字，意義重複，必定有一個是多餘的）。

〔四〕“然”：明清刻本缺，依院刻、明鈔、金鈔補。

〔五〕“厚取皮”：明清刻本“皮”字作“肉”，依院刻、明鈔、金鈔改正。

〔六〕“鮓”：明清刻本譌作“酢”，依院刻、明鈔、金鈔改正。

〔七〕“之”：明鈔與明清刻本作“者”，依院刻、金鈔作“之”，更合語法習慣。

〔八〕“片”：明鈔與明清刻本譌作“半”，依院刻、金鈔改正。

〔九〕“下，復以鹽按之”：這一句，明清刻本作“不復以鹽接之”；院刻、明鈔、
　　　金鈔是“下”與“按”。“按”字比“接”字好，容易體會。“不”字，乍看上
　　　去，似乎比“下”字合適：因爲“不復”和“空”（即“只”“單”）正好相連。
　　　但從製作方法上考慮，“空下糝”，糝本身有霉壞的可能，糝霉壞後，鮓
　　　也不能保全，必須在下糝之後，上面再蓋一層鹽，把糝按緊，有了鹽，再
　　　按緊，飯粒不會霉壞，乳酸發酵才可以順利進行，所以仍是“下”字

好。——如果要改,也只可以改作"上",不能改作"不"。

〔一〇〕"率:一斗鮓":明清刻本"率"字上有"大"字,依院刻、明鈔、金鈔删

　　去。"斗"字,祕册彙函系統各本譌作"十";學津討原、漸西村舍及崇文

　　書局本,都已經改了。

〔一一〕"者":明清刻本缺,依院刻、明鈔、金鈔補。

〔一二〕"寒月":"月"字,明鈔和明清刻本都作"者",依院刻、金鈔改正。

①"散":"散"字的一個用法,是指固體研成的粉末(所謂"膏、丹、丸、散"的

　　散)。將固體粉末加到某種物體裏去的動作,也稱爲"散"。後來,這個

　　作動詞用的意義,便另外專造了一個"撒"字。

②"迮":音"責",玉篇注解爲"迫迮",即"壓迫"。也借用"筰"字代表,後來

　　再演變爲"榨"字。

③"世名'逐水鹽'":解爲:"世"人給另一個"名稱",稱爲"逐水鹽",即趕出

　　水分的鹽。利用鹽溶解後所生的高滲透壓,將生物組織中的水分吸引

　　出來,是"鹽醃"的基本原理。

④"糝":音 sǎn(從前讀 sěm,sǎm,或 sām);說文解字的解釋是"以米和羹

　　也",即加到菜裏去的飯粒。

⑤"腹腴":腹部"軟邊"(肥的部分)。

⑥"蒻":這個"蒻"字,顯然是"篛"字寫錯的。"篛"就是"箬",也就是本草綱

　　目中李時珍記音爲"遼葉"。

74.2.1 作裹鮓法:儁魚。洗訖,則鹽和,糝。十儁爲裹〔一〕;以荷

　　　　葉裹之,唯厚爲佳。——穿破則蟲入——不復須水浸鎮迮之

　　　　事〔二〕。只三二日〔三〕,便熟,名曰"暴鮓"〔四〕。

74.2.2 荷葉別有一種〔五〕香,奇相發起,香氣又勝凡鮓。

　　　　有茱萸、橘皮則用,無亦無嫌也。

〔一〕"十儁爲裹":"十"字,明鈔誤作"一"。"裹"字,明鈔作"裏",明清刻本

　　作"穰"。標題已說明是"裹鮓",下面又有"以荷葉裹之",便只能是

“裏”字。都依院刻、金鈔改正。

〔二〕“之事”：明清刻本作“之畢”；院刻和金鈔沒有這兩個字。“不復須……之事”，這樣的語句，在 64.21.1 和 64.26.6 也有，所以依明鈔。

〔三〕“只三二日”：“只”字“二”字，明鈔和明清刻本都沒有；依院刻、金鈔補。

〔四〕“名曰‘暴鮓’”：明清刻本作“名曰曝鮓”；這裏並沒有太陽曬的說法，日曝是說不通的。“暴”有速成的意思（詩邶風終風“終風且暴”；史記項羽本紀“何興之暴也”，都是這樣解釋），“只三二日便熟”，應當可以稱爲“暴鮓”。

〔五〕“一種”：院刻、金鈔作“十種”，是錯的。

74.3.1 食經作蒲鮓法：取鯉魚二尺以上，削①，淨〔一〕治之。用米三合，鹽二合醃〔二〕一宿，厚與糝。

〔一〕“淨”：明清刻本譌作“盡”，依院刻、明鈔、金鈔改正。

〔二〕“醃”：明鈔誤作“酸”，依院刻、金鈔及明清刻本改正。

① “削”：“削”字，應是“劃”字寫錯，——參見 74.4.1“劃魚畢”。

74.4.1 作魚鮓法：劃魚〔一〕畢，便鹽醃。一食頃，漉汁令盡，更淨洗〔二〕魚。與飯裏，不用鹽也。

〔一〕“劃魚”：明清刻本作“削去”，依院刻、明鈔、金鈔改正。

〔二〕“淨洗”：明清刻本作“洗淨”，依院刻、明鈔、金鈔改正。

74.5.1 作長沙蒲鮓法：治大魚，洗令淨；厚鹽①，令魚不見〔一〕。四五宿，洗去鹽。炊白飯②漬清水中〔二〕，鹽飯釀〔三〕。多飯無苦。

〔一〕“不見”：明清刻本無“見”字，依院刻、明鈔、金鈔補。

〔二〕“漬清水中”：明清刻本“漬”字下有“令見”兩字，“清”字，在最末一句“多飯無苦”句上；依院刻、明鈔、金鈔改正。

〔三〕"釀"：<u>明清</u>刻本誤作"穰"，依<u>院</u>刻、<u>明</u>鈔、<u>金</u>鈔改正。

①"厚鹽"："厚"字下，顯然脫漏了一個字；可能是"與"、"着"或"覆"。

②"白飯"：不是"白米飯"，而是米與水之外，不加任何其他成分的飯。

74.6.1 作夏月魚鮓法：糱一斗，鹽一升八合，精米三升，炊作飯，酒二合，橘皮、薑半合，茱萸二十顆。抑〔一〕著器中。多少以此爲率。

〔一〕"抑"：<u>明清</u>刻本譌作"仰"，<u>金</u>鈔譌作"擇"，依<u>院</u>刻及<u>明</u>鈔改正。

74.7.1 作乾魚鮓法：尤宜春夏。取好乾魚，——若〔一〕爛者不中。——截却頭尾，暖湯淨疎洗，去鱗。訖，復以冷水浸，一宿一易水。

數日肉起，漉出，方四寸斬。

74.7.2 炊粳米飯爲糝；嘗，鹹淡得所。取生茱萸葉布甕子底。少取生茱萸子和飯，——取香而已，不必多，多則苦。

一重魚，一重飯，飯倍多早〔二〕熟。手按令堅實。荷葉閉口，無荷葉，取蘆葉，無蘆葉，乾葦〔三〕葉亦得。泥封，勿令漏氣。置日中。

74.7.3 春秋一月，夏二十日便熟。久而彌好。

74.7.4 酒食俱入，酥塗火炙特精。胜之①，尤美也。

〔一〕"若"：<u>院</u>刻、<u>金</u>鈔譌作"苦"，依<u>明</u>鈔作"若"（"苦"可以作"變味"解釋，但乾魚非嘗過無從知道是否變味，所以不如作假定的"若"字合適）。

〔二〕"早"：<u>明清</u>刻本譌作"且"，依<u>院</u>刻、<u>明</u>鈔、<u>金</u>鈔改正。

〔三〕"葦"：<u>明清</u>刻本作"箬"，<u>院</u>刻、<u>明</u>鈔作"葦"，<u>金</u>鈔漏了這個字。箬葉比蘆葉大，按選擇層次來説，箬應當在蘆前面；現在放在蘆後面，便該是比蘆小些的葦葉。

①"胝之"：把鮓作成"胝"；胝是用魚和肉一起煮成羹。下面第七十八篇第一則，就是"胝魚鮓法"；第二三兩則，也是用魚鮓作胝。

74.8.1　作豬肉鮓法：用豬肥豵肉〔一〕，淨爛〔二〕治訖，剔去骨，作條，廣五寸。三易水〔三〕煮之，令熟爲佳；勿令太〔四〕爛。

熟，出。待乾，切如鮓臠，片之皆令帶皮。

74.8.2　炊粳米飯爲糝，以茱萸子白鹽調和。布置一如魚鮓法。糝欲倍多，令早熟。

泥封，置日中，一月熟。

74.8.3　蒜齏薑酢〔五〕，任意所便。胝之，尤美，炙之，珍好〔六〕。

〔一〕"豬肥豵肉"：明清刻本作"肥豬肉"，院刻、明鈔、金鈔都作"豬肥豵肉"。現暫保存宋版系統的形式。但這四個字不很好解說，懷疑是"肥豵豬肉"，豵是周歲以下的小豬（參看卷六 58.1.2）。

〔二〕"爛"：明鈔與明清刻本作"爛"，依院刻、金鈔作"爓"。這個字最初的寫法，是"燅"。本卷 79.5.1 的"爓"字，已經加了一個"手"在下面；77.4.1 和 79.6.1 的"煬"，是唐代的"俗字"。借用"爓"（火焰的焰字本來的寫法），有禮記郊特牲"血勝爛祭"作爲前例；漢以前的書，多半借用"尋"。唐以後，一般多借用"燖"。

〔三〕"三易水"：明鈔及明清刻本，"三"字下多一個"分"字，依院刻、金鈔刪去。

〔四〕"太"：明清刻本譌作"大"，依院刻、明鈔、金鈔改正。

〔五〕"酢"：明清刻本譌作"鮓"，依院刻、明鈔、金鈔改正。

〔六〕"炙之，珍好"：明清刻本，只有一個"矣"字在；可能是原本破爛，只剩了

句首炙字的一點殘餘，看不清楚，誤認爲"矣"。依院刻、明鈔、金鈔
補正。

釋　文

74.1.1　凡屬作鮓，春季秋季才是合適的時候，冬季夏季不
　　　　好作。天冷難熟；天熱，不鹹作不成，鹹了便没有味。（再，熱
　　　　天）容易生蛆，所以只宜於作"裹鮓"。

74.1.2　用新鮮鯉魚，魚越大越好。瘦魚更好；肥魚雖好，但不耐
　　　　久。肉長到一尺半以上，皮骨堅硬，不能作膾的，都可以作鮓。

　　　　去掉鱗，就切成塊〔臠〕。每塊二寸長，一寸寬，五
　　分厚；每臠都得帶上皮。臠切得太大，外面因爲〔以〕熟過
　　度，酸到吃不成；只有中間一層是好吃的；靠近骨頭的，生而且
　　有腥氣，也不能吃；三分中，常常只有一分實在吃得上。臠小
　　的，便熟得均匀。

　　　　這些尺寸，也只是大概説的，不能呆板地要求。

　　　　脊骨近旁，要直〔方〕斬下去，肉厚的地方，皮稍稍帶薄一
　　點，肉薄的地方，却要稍微厚些取皮。斬下來的，每臠都得有
　　皮，不宜於有没帶皮的臠在。

　　　　隨手扔到盛着水的盆子裹；浸着，洗掉血。

74.1.3　切完，整盆漉起來，再換清水洗淨，漉出來放在盤
　　　　裹，用白鹽撒在上面。盛在簍裹，放在平正的石板上，
　　　　榨〔迮〕掉水。世人把這分鹽稱爲"逐水鹽"。（魚裹面）的水
　　　　不趕盡，鮓塊就會爛；壓榨過夜，也没有壞處。

　　　　水榨盡了之後，燒一臠試試鹹淡。淡了（可以）在要
　　加下去的"糝"裹再加些鹽；鹹，加下去的糝就單〔空〕加；加完

了,(上面)再蓋一層鹽。

74.1.4　將粳米炊熟作飯,當作糝;飯要硬些,不宜於太軟,軟了鮓會爛。連茱萸、橘皮、好酒,在盆裏混和。攪到糝能黏在鮓上才好。

　　　茱萸用整的,橘皮切細;都只爲了利用香氣,並不要很多。沒有橘皮,也可以用草橘子。

　　　酒可以解除一切邪惡的東西,可以使鮓鮮美,而成熟得快。標準:是一斗鮓用半斤酒。不好的酒不要用。

74.1.5　把魚布置在甕子裏,一層魚,一層糝,裝滿爲止。(多脂肪的)軟邊〔腹腴〕放在最上面。肥的不能耐久,熟了,要先吃去。

　　　(最上面一層)魚上,多給些糝。

　　　用竹葉和箬葉,交叉着平鋪在頂上面。鋪八層才够。沒有箬葉,可以用菰葉蘆葉。春天冬天,沒有新鮮葉子,可以將葦莖劈破代替。

　　　削些竹籤,編在甕子口裏,交叉織着。沒有竹子,可以用荆條。放在屋裏面。放在太陽下面或者火邊的,容易臭,而且味道不好。(冬季)冷天,要用穰厚厚地包裹,不要讓它凍。

74.1.6　紅漿出來時,倒掉;白漿出來,味酸時,便成熟了。

74.1.7　食用時,用手撕;用刀切的有腥氣。

74.2.1　作"裹鮓"的方法:魚切成臠。洗過,就用鹽和上,加上糝。十臠作一"裹",用荷葉包裹起來,裹得越厚越好。——破了,穿了孔,就會有蟲進去——不須要水浸和壓榨。只要三兩天,就成熟了,稱爲"暴鮓"。

74.2.2 荷葉另外有一種清香,和鮓的香氣互相起發,比一般的鮓還香。

有現成的茱萸和橘皮,就用上;沒有也不妨事。

74.3.1 食經中的作蒲鮓法:用長在二尺以上的鯉魚,切成臠,洗淨。用三合米,二合鹽,混和醃一夜,多給些糝。

74.4.1 作魚鮓法:把魚切成臠後,就用鹽醃。一頓飯久之後,將汁瀝乾淨,再將魚洗一遍。只用飯包裹,不擱鹽。

74.5.1 作長沙蒲鮓法:整治大魚,洗淨;厚些蓋上鹽,把魚埋在鹽裏到看不到魚。過四五夜,將鹽洗掉。炊些米飯(連魚)浸在清水裏。讓鹽和飯發酸〔釀〕。飯多些也不要緊。

74.6.1 夏季作魚鮓的方法:一斗切成臠的魚,一升八合鹽。三升精米炊成飯。酒二合,橘皮、薑(各)半合,茱萸二十顆,(連魚帶飯一起拌和。)按到容器裏。作多少,按這個比例加減。

74.7.1 乾魚作鮓的方法:春季夏季作特別相宜。取好的乾魚——若爛了的不合用——切去頭和尾,熱水洗淨,去掉鱗。(都作)完了,再用冷水浸,每天換一次水。

過幾天,肉發漲了,漉起來,斬成四寸見方的塊。

74.7.2 將粳米炊成飯來作糝;嘗過,將鹹淡調節到合宜。取生茱萸葉鋪在甕底上,用一點點茱萸子和在飯裏面——只要取得一些香氣,不必多用,多了味道苦。

一層魚,一層飯,飯多,就熟得早。手按緊實。用荷葉遮住甕口,沒有荷葉用蘆葉;蘆葉也沒有時,就用乾葦葉也可以。泥封上,不讓它漏氣。放在太陽裏面。

74.7.3 春季秋季,過一個月;夏季,過二十天,就熟了。越久越好。

74.7.4 下酒下飯都合式〔酒食俱入〕,如果用油塗過在火上烤熟特別精美。作成脏,更加好。

74.8.1 作豬肉鮓的方法:用肥獙豬肉,先燖乾淨,整治好,剔去骨頭,作成五寸寬的條。換三次水煮,只要熟,不要太爛。

　　熟了,取出來。等乾了,切成像魚鮓一樣的臠,每片都要帶皮。

74.8.2 將粳米炊成飯來作糝,用茱萸子白鹽調和。布置一切,都和作魚鮓一樣。糝要加倍地多,這樣,熟得早。

　　泥封着甕口,放在太陽下面。一月之後,就成熟了。

74.8.3 用蒜韲或薑醋來蘸吃,隨自己的方便。作脏更好;作炙,也很珍貴。

脯臘第七十五

75.1.1 作五味脯法:正月、二月、九月、十月爲佳。用牛、羊、麞、鹿、野豬、家〔一〕豬肉。

75.1.2 或作條、或作片。罷,凡破肉〔二〕皆須順理,不用斜斷〔三〕。各自別。

75.1.3 搥牛羊骨令碎,熟煮〔四〕,取汁;掠去浮沫,停之使清。

　　　取香美豉,別以冷水,淘去塵穢。用骨汁煮豉。色足味調,漉去滓,待冷〔五〕下鹽。適口而已,勿使過鹹。

　　　細切葱白,擣令熟。椒、薑、橘皮,皆末之。量多少①。以浸脯。手揉令徹〔六〕。

75.1.4 片脯,三宿則出;條脯,須嘗看味徹,乃出。

　　　皆細繩穿,於屋北簷下陰乾。

　　　條脯:浥浥時,數以手搦令堅實。

75.1.5 脯成,置虛靜庫中,着煙氣則〔七〕味苦。紙袋籠而懸之。置於甕,則鬱浥。若不籠,則青蠅塵汙〔八〕。

75.1.6 臘月中作條者,名曰"瘃脯",堪度夏。

　　　每取時,先取其肥者。肥者膩,不耐久。

〔一〕"野豬家":明清刻本這三個字是一個"豕"字,依院刻、明鈔、金鈔改補。

〔二〕"破肉":"破"字明清刻本誤作"欲",依院刻、明鈔、金鈔改正。

〔三〕"斜斷":明清刻本無"斷"字,依院刻、明鈔、金鈔補。

〔四〕"煮":明清刻本譌作"者",依院刻、明鈔、金鈔改正。

〔五〕"待冷"：明鈔和明清刻本缺"冷"字，依院刻、金鈔補。

〔六〕"揉令徹"：明清刻本缺"徹"字，依院刻、明鈔、金鈔補。

〔七〕"則"：明清刻本漏去"則"字，依院刻、明鈔、金鈔補。

〔八〕"青蠅塵汙"：院刻和金鈔是"蠅青塵污"，現暫依明鈔及明清刻本作"青蠅塵汙"。但"塵污"接在"青蠅"後面，不大合語法習慣，院刻、金鈔的"蠅"字在前面，很值得考慮：如果"青"字是"集"字或者是"蛆"（從前當動詞用，解爲生出蛆來）字，則是一個主語一個賓語接聯排，和"塵汙"正好相對。

①"量多少"：自己酌量該用多少。

75.2.1 作度夏白脯法：臘月作最佳。正月、二月、三月，亦得作之。用牛、羊、麞、鹿肉之精者。雜膩則不耐久〔一〕。

75.2.2 破作片。罷，冷水浸，搦去血，水清乃止。

以冷水淘白鹽，停取清〔二〕，下椒末，浸。再宿，出，陰乾。

浥浥時，以木棒輕打，令堅實。僅使堅實而已，慎勿令碎肉出。

75.2.3 瘦死牛羊及羔犢彌精。小羔子，全浸之。先用暖湯淨洗，無復腥氣，乃浸之。

〔一〕"雜膩則不耐久"：明清刻本沒有"雜膩則"三個字，只有一個"肥"字；依院刻、明鈔、金鈔改補。

〔二〕"停取清"：明清刻本"清"字後有一個"水"字。現在製得的是鹽液而不是水，依本卷第六十九篇的例，只能稱爲"鹽汁"或"清汁"，不能稱"清水"；因此依院刻、明鈔、金鈔删去"水"字。

75.3.1 作甜脆〔一〕脯法：臘月取麞鹿肉，片，——厚薄如手掌，——直陰乾，不着鹽〔二〕。脆如凌雪也。

〔一〕"脃"：明清刻本譌作"肥"，依院刻、明鈔、金鈔改正。"脃"，現在多寫作"脆"。

〔二〕"不着鹽"：明清刻本"不"字譌作"下"，依院刻、明鈔、金鈔改正。

75.4.1 作鱧〔一〕魚脯法：一名"鮦魚"也。十一月初至十二月末作之〔二〕。

75.4.2 不鱗不破，直以杖刺口令到尾。 杖尖頭作樗蒲之形。

作鹹湯，令極鹹；多下薑椒末。灌魚口，以滿爲度。

竹杖穿眼，十個一貫；口向上，於屋北簷下懸之。

75.4.3 經冬令瘃。至二月三月，魚成。

生剖取五臟，酸醋浸食之，雋美乃勝逐夷[1]。

75.4.4 其魚，草裹泥封，煻[2]灰中爊〔三〕烏刀切之。去泥草，以皮布裹而槌之。

白如珂雪[3]，味又絶倫。過飯下酒，極是珍美也。

〔一〕"鱧"：明清刻本譌作"鯉"，依院刻、明鈔、金鈔改正。

〔二〕"十二月末作之……"：明清刻本，漏去了"之不鱗不破，直以杖刺口令到尾。杖尖頭作樗蒲之形。作"這麼一行。在院刻和明鈔這行和上行並排，都以"作"字收尾；祕册彙函本，每行字數和這兩個宋版系統本完全一樣。因此很容易看漏。

〔三〕"爊"：明鈔和祕册彙函本，都譌作"爐"，依院刻、金鈔改正。"爊"就是"煨"。

①"逐夷"：鮧鯔，見第七十篇，70.16.1。

②"煻"：廣韻下平聲"十一唐"，"煻，煨火"，即快要熄滅的火灰。

③"珂雪"：見注解 69.2.5.⑤。

75.5.1 五味脯法[1]：臘月初作。用鵝、雁、雞、鴨、鶬[2]、鳲[3]、鳧、雉、兔、鴰^{〔一〕}、鶉、生魚，皆得作。乃淨治^④，去腥竅^⑤及翠上"脂瓶"^⑥。留脂瓶則臊也。全浸，勿四破。

75.5.2 別煮牛羊骨肉取汁，牛羊科得一種^{〔二〕}，不須並用。浸豉調和，一同五味脯法。

浸四五日，嘗，味徹便出，置箔上陰乾。火炙熟搥。

75.5.3 亦名"瘃臘"，亦名"瘃魚"，亦名"魚臘"。雞、雉、鶉三物，直^{〔三〕}去腥藏，勿^{〔四〕}開臆。

〔一〕"鴰"：明清刻本作"鴒"，鶺鴒實在太小，沒有作脯的道理，顯然是錯字。院刻作"鴰"，即"鴰"的俗體（今日寫作"鶬"）。和下文"鶉"連在一處，是一個鳥的名稱，似乎沒有問題。但所有這些鳥名，都只用一個字作名稱，又本條末了小注中，"鶉"也只單用而不連上"鴰"，似乎説明明鈔和金鈔的"鴰"字更合適。

〔二〕"牛羊科得一種"：明清刻本作"牛羊料得"，無"一種"兩字；依院刻、明鈔、金鈔改補。"科得"與"料得"，同樣不好解釋，暫時存疑。

〔三〕"直"：明清刻本缺，依院刻、明鈔、金鈔補。

〔四〕"勿"：明清刻本譌作"物"，依院刻、金鈔、明鈔改正。

①"五味脯法"：本篇第一則，就是"作五味脯法"，這一條看上去似乎與上一條重複。但上一條，是正、二、九、十月作，這一條是臘月作，仍有區別。

②"鴰"：爾雅釋鳥"鶬麋鴰"；本草綱目引（汪）穎曰："鶬雞狀如鶴；大，而頂無丹；兩頰紅"，李時珍曰："大如鶴，青蒼色，亦有灰色者，長頸高腳，群飛，……"按即今日稱爲"灰鶴"的一種涉禽。

③"鴰"：玉篇以爲即"鶬"字。

④"乃淨治"："乃"字不能解釋，懷疑有錯。可能是"當"字行書爛成。

⑤"腥竅"：即"生殖腔"。

⑥"翠上脂瓶"："翠"，禮記内則作"膵"；廣韻解釋爲"鳥尾上肉"。現在粤語

系統方言，還稱爲 ɥyei(陰平)。脂瓶即尾上的"脂腺"，也就是"臊氣"的集中點。

75.6.1 作脃〔一〕脯法：臘月初作。任爲五味脯〔二〕者，皆中作；唯魚不中耳。白湯熟煮，接〔三〕去浮沫。欲出〔四〕釜時，尤須急火。——急火〔五〕則易燥。

置箔上陰乾之，甜脃殊常。

〔一〕"脃"：明清刻本譌作"肥"，依院刻、明鈔、金鈔改正。

〔二〕"五味脯"："脯"字，院刻作"腊"；"五"字明鈔作"三"，都是錯字。

〔三〕"接"：明鈔及明清刻本作"掠"，依院刻、金鈔改正。

〔四〕"出"：明清刻本作"去"，依院刻、明鈔、金鈔改正。

〔五〕"急火"：明鈔及明清刻本，漏去"火"字，依院刻、金鈔補。

75.7.1 作浥魚法：四時皆得作之。凡生魚，悉中用；唯除鮎鱯①上，奴嫌反；下，胡化反。耳。

75.7.2 去直鰓②，破腹，作鮍。淨疎洗，不須鱗③。

75.7.3 夏月特〔一〕須多著鹽；春秋及冬，調適而已，亦須倚鹹。

75.7.4 兩兩相合。冬直積置，以席覆之；夏須甕盛泥封，勿令蠅蛆。甕須鑽底數孔，拔〔二〕，引去腥汁，汁盡還塞。

75.7.5 肉紅赤色，便熟。

食時，洗却鹽。煮、蒸、炮任意，美于常魚。作鮓、醬、爊〔三〕、煎，悉得。

〔一〕"特"：明清刻本譌作"時"，依院刻、明鈔、金鈔改正。

〔二〕"拔"：明清刻本譌作"板"，依院刻、明鈔、金鈔改正。

〔三〕"爊"：同上校記 75.4.4.〔三〕。

①"鮎鱧":鮎,通常寫作"鯰",即 *Parasilurus*;鱧,現在稱爲"鮦魚",又寫作
　"鮰魚"。都是没有鱗而黏液極多的魚。

②"去直鰓":"直鰓"不能解釋,懷疑"去直"兩字寫顛倒了:"直去鰓",即"只
　要去掉鰓",與下文"不須鱗"(不要去鱗)相呼應。

③"鱗":"鱗"作動詞,即"去鱗"。

釋　文

75.1.1　作五味脯的方法:在正月、二月、九月、十月作爲
　　　好。用牛、羊、麞、鹿、野豬、家豬的肉。

75.1.2　或者作成條,或者作成片。作完,破肉時,都要順着
　　　肌肉走向〔理〕,不要斜切。分别攔開。

75.1.3　將牛羊骨槌碎,煮久些,取得汁。將汁上浮着的泡
　　　沫掠掉,停放,澄清。

　　　　　取鮮美的豆豉,另用冷水,淘掉灰塵和雜質。用骨頭
　　　湯煮豆豉。等豆豉湯顔色够了,味也好了,把豆豉漉
　　　掉;等冷了,加鹽。剛合口味就行了,不要太鹹。

　　　　　葱白切細擣熟。花椒、薑、橘皮,都擣成粉末。自
　　　己斟酌要用多少。把作脯的肉料浸在裏面。用手揉,讓
　　　(這些作料)透進裏面。

75.1.4　片脯,過三夜就取出來;條脯,要嘗過,看味道够
　　　了,才取出。

　　　　　都用細蠅子穿着,掛在屋子北面簷下,陰乾。

　　　　　條脯,在半乾半溼時,反覆用手捏緊實。

75.1.5　脯作成後,放在空而没有人出進的庫裏。遇上了煙

氣,味道就苦。用紙口袋包着掛起來。放在甕子裏,就燠壞了。不包着,就給蒼蠅塵土弄髒了。

75.1.6　臘月裏作的條脯,叫作"瘃脯",可以過夏天。

　　　每次取時,先取肥的。肥的油多,不耐久。

75.2.1　作過夏天用的"白脯":臘月作的最好。正月、二月、三月也可以作。用牛、羊、麕、鹿的好精肉。有肥的摻在裏面就不耐久。

75.2.2　破成片。破完用冷水浸,扭掉血水,水清爲止。

　　　用冷水淘洗白鹽,澄清後,取得清鹽鹵,加些花椒末,浸着。過兩夜,取出來,陰乾。

　　　半乾半溼的時候,用木棒輕輕打,讓肉緊實。只要使肉緊實,不要打到有碎肉出來。

75.2.3　瘦死的牛羊以及羊羔牛犢更好。小羔子,整隻地浸。先用熱水洗淨,到沒有腥氣時才浸。

75.3.1　作"甜脆脯"的方法:臘月,將麕鹿肉切成片,——像手掌一樣厚薄,——直接陰乾,不要擱鹽。乾後,像冰凍過的雪〔凌雪〕一樣地脆。

75.4.1　作"鱧魚脯"的方法:鱧魚也叫"鮦魚"。十一月初到十二月底作。

75.4.2　不去鱗,不破,用一條小棍〔杖〕一直從口刺到尾。小棍尖頭上,作成棋子〔樗蒲〕一樣。

　　　作些鹹湯,要極鹹極鹹;多擱些薑和花椒末。灌在魚口裏,灌滿爲止。

　　　用小棍從魚眼裏穿過去,十條魚穿成一串,口朝上，掛在北面屋簷下。

75.4.3　經過一冬，讓它凍。到二月三月，魚脯就成功了。

　　　　把臟腑剜出來，生的，用酸醋浸着吃，比"逐夷"還
鮮美。

75.4.4　魚，用草包裹，再用泥封上，擱在熱灰裏面煨〔燻音
烏刀切，讀 ao〕熟後，解掉泥草，用熟皮或布裹着，搥軟。

　　　　像玉雪一樣白，味道又極鮮美；過飯下酒，都極
珍美。

75.5.1　作"五味脯"法：臘月初作。用鵝、雁、雞、鴨、鶬、鴰、
野鴨、野雞、兔、鴿、鶉鶉、新鮮魚，都可以作。整治乾
淨，把"腥竅"和尾上的"脂瓶"去掉。留着脂瓶，就有臊
氣。整隻地浸，不要切開。

75.5.2　另外用牛羊骨煮出汁來，牛或羊，只要用一種，不須要
同時用兩樣。浸豆豉（得到豉汁），調和（香料和鹽等）
下去，和（上面所説的）五味脯法一樣。

　　　　浸過四五天，嘗嘗，味道够了，就取出來，放在席
箔上陰乾。火烤，仔細搥。

75.5.3　這種脯，也叫"瘃臘"，也叫"瘃魚"，也叫"魚臘"。
雞、野雞、鶉鶉這三樣，只掏出內臟，去掉腥竅和脂瓶，不要
開膛。

75.6.1　作"脆脯"的方法：臘月初作。凡可以作五味脯的材料，
也都可以作脆脯，不過不能用魚。在白開水裏煮熟，舀去
湯上的泡沫。快出鍋時，更要急火。——急火，才容
易乾燥。

放在席箔上陰乾，異常地甜而且脆。

75.7.1 作"浥魚"的方法：一年四季都可以作。所有新鮮的魚，都可以用；只有鮎和鱯不能作。上一個字，音奴嫌反，讀 nién；下一個字，音胡化反，讀 huà。

75.7.2 只去掉腮，破開肚，切開成兩半邊〔鮍〕，洗淨，不要去鱗。

75.7.3 夏季作，特别要多擱鹽；春秋冬三季，合口味就對了，但也要稍微鹹些。

75.7.4 兩個魚，（肉向肉地）合起來。冬季，就這樣擱着，用席蓋住；夏季，就要甕子盛着，泥封口，不讓蒼蠅在裏面産蛆。甕底上要鑽幾個孔，拔掉塞子將腥汁流去，汁流盡了再塞上。

75.7.5 肉變成紅色時，就熟了。

吃時，把鹽洗掉。煮、蒸或者明火烤〔炮〕都可以，味比一般魚還好。也可以再作鮓，作醬魚，或者灰煨，或油煠來吃。

羹臛①法第七十六②

①"羹臛"：王逸注楚辭招魂中的"露雞臛蠵"，説"有菜曰羹，無菜曰臛"。劉熙釋名解釋"羹，汪也，汁汪郎也；臛，蒿也，香氣蒿蒿也"。説文解字解釋，"羹，五味和羹"，"臛，肉羹"。

②本篇以下，一直到第八十九篇，"謎"特別多，一部分的謎，是鈔寫刊刻時的錯漏；一部分則是某些"術語"，現在已經"失傳"，某些食品，現在已經淘汰了。我們儘可能地從時代相去不遠的一些辭典書中，尋求了一些解謎的線索。但是我們見聞既極有限，得到的線索也就極少。這些線索，能否解決這些謎，是不需要多加説明的。

76.1.1 食經作芋子酸臛法：豬羊肉各一斤，水一斗，煮令熟。

　　　　成治芋子一升，別蒸之。

　　　　葱白一升，著肉中合煮，使熟。

　　　　粳米三合，鹽一合，豉汁一升，苦酒五合，——口調其味。——生薑十兩①，得臛一斗。

①"生薑十兩"：十兩分量太多，懷疑是"一兩"。

76.2.1 作鴨臛法：用小鴨六頭，羊肉二斤。——大鴨五頭①——葱三升，芋二十株，橘皮三葉，木蘭五寸②，生薑十兩，豉汁五合，米一升。口調其味。得臛一斗③。

　　　　先以八升酒煮鴨也。

①"大鴨五頭"：上文已有"小鴨六頭"；這一句"大鴨五頭"，意義很可疑：懷疑這句應當是接在"小鴨六頭"之下的一個注。——即小鴨，要用六頭；没有小鴨，便用大鴨，大鴨五頭便够了。

②"木蘭五寸"：木蘭（*Magnolia obovata*）的樹皮，含有不少芳香油。據李時

珍本草綱目所引陶弘景名醫別録，"皮似桂而香，十二月採皮陰乾"，又陶弘景曰："零陵諸處皆有之，狀如栟樹，皮甚薄而味辛香。今益州者(按指四川)皮厚，狀如厚朴，而氣味爲勝。今東人皆以山桂皮當之，亦相類。道家用合香，亦好。"可見晉代是將木蘭皮作爲香料用的，和現在用桂皮一樣。蘇頌則以爲"湖、嶺、蜀川諸州皆有之。此與桂全別。而韶州所生，乃云與桂同是一種：取外皮爲'木蘭'，中肉爲'桂心'，蓋是桂中之一種耳"，便將木蘭與桂皮等同了。"五寸"，大概是用五寸長的一片皮。

③"得臛一斗"：按當時的度量衡折算，一斗只有今日兩市升。由所用的材料，五隻大鴨，二斤(約相當今日 0.9 市斤)羊肉，二十個芋、一升(約相當今日二市合)米計算起來，所得的羹臛不會只有"一斗"，懷疑是"三斗"或者竟是"一斛"。

76.3.1　作鼈臛法：鼈，且[一]完全煮，去甲藏①。羊肉一斤，葱三升，豉五合②，粳米半合③，薑五兩，木蘭一寸，酒二升。煮鼈。鹽，苦酒；口調其味也。

〔一〕"且"：明清刻本作"具"，依院刻、明鈔、金鈔改。"且"，有"姑且"即"暫時""目前先……"的一種用法，例如詩唐風山有樞的"且以喜樂"，沈昭略對王融説"且食蛤蜊"(見南史王融傳)之類。這個"且"字，正是暫且姑且的意思。

①"甲藏"："甲"是外殼。"藏"字讀去聲，解作"内臟"，即後來寫作"臟"字的原字。

②"豉五合"：與上下各條參照看來，"豉"字下面似乎該有一個"汁"字。

③"粳米半合"："半合"兩字，可能有一個是錯了的；半合，依當時的度量衡制折算，只有現在的 0.1 市合(約爲 10 毫升)，很難想像是怎樣量的。可能是"五合"，或是"半升"。

76.4.1　作豬蹄酸羹一斛法：豬蹄三具①，煮令爛，擘去大

骨。乃下葱、豉〔一〕汁、苦酒、鹽，口調其味。

舊法用餳六斤，今除也。

〔一〕"豉"：明清刻本譌作"頭"，依院刻、明鈔、金鈔改正。

①"豬蹄三具"："具"，相當於今日口語中的"副"；三具就是三副。一具豬蹄，似乎應當是整個四隻蹄全包括在内。

76.5.1 作羊蹄臛法：羊蹄七具，羊肉十五斤，葱三升，豉汁五升，米一升。口調其味。生薑十兩，橘皮三葉也〔一〕。

〔一〕"也"：明清刻本無"也"字，依院刻、明鈔、金鈔補。

76.6.1 作兔臛法：兔一頭，斷①，大如棗。水三〔一〕升，酒一升，木蘭五分，葱三升，米一合，鹽、豉、苦酒，口調其味也。

〔一〕"三"：明清刻本作"二"，依院刻、明鈔、金鈔改。

①"斷"："斷"字可以解釋，但懷疑作"斳"更適合。

76.7.1 作酸羹法：用羊腸二具，餳六斤，瓠葉六斤，葱頭二升，小蒜三升，麵三升〔一〕；豉汁，生薑，橘皮，口調之。

〔一〕"升"：明清刻本作"斤"，依院刻、明鈔、金鈔改。

76.8.1 作"胡羹"法：用羊脇①六斤，又肉四斤；水四升，煮。出脇，切之。

葱頭一斤，胡荽一兩，安石榴汁數合。口調其味。

①"脇"：即胸部兩側的肉，也就是今日口語中的"排骨肉"。

76.9.1 作胡麻羹法：用胡麻一斗，擣，煮令熟，研取汁三升。

葱頭二升，米二合，著〔一〕火上。葱頭米熟①，得二
升半在。

〔一〕"著"：明鈔及明清刻本作"煮"，依院刻、金鈔改正。

①"米熟"："米"字不甚合適，懷疑是"半"字刻錯。或者這一節錯漏了幾處，
　　是"葱頭二升。米二合，合汁著火上。米熟，下葱頭，（共）得二升半
　　（羹）在"。

76.10.1　作瓠葉〔一〕羹法：用瓠葉五斤，羊肉三斤，葱二升，鹽蟻①五合，口調其味。

〔一〕"葉"：明清刻本譌作"菜"，依院刻、明鈔、金鈔改正。

①"鹽蟻"：這個名稱，不知道所指是什麼？ 懷疑是"鹽豉"或"鹽蒜"寫錯。
　　如果望文生義地解釋爲像螞蟻大小的鹽顆，固然可以勉強說得通，但
　　分量不合適。

76.11.1　作雞羹法：雞一頭，解，骨肉相離。切肉，琢①骨，煮使熟。

瀝去骨。以葱頭二升，棗三十枚，合煮羹一斗五升。

①"琢"：琢字本來的意義是"雕琢"，即用一個堅硬的工具，從一大塊堅硬的
　　物體上，逐漸敲下一些小塊來，使大塊成爲一定的形狀。本書本篇和
　　下幾篇所用"琢"字，卻和這個原義不甚相符，而只是切碎成小塊，有
　　時還用"斫"、"剉"，甚至用"鍛"字。

76.12.1　作筍𥽆①鴨羹法：肥鴨一隻，淨治如糝羹法②；䉾亦如此。

𥽆四升，洗令極淨；鹽盡，別水煮數沸，出之，更洗。

小蒜白及葱白、豉〔一〕汁等下之。令沸，便熟〔二〕也。

〔一〕“豉”：同校記 76.4.1.〔二〕。

〔二〕“熟”：明鈔譌作“熱”，依院刻、金鈔及明清刻本改正。

①“筍簎”：和下面的 76.21 條相對比，知道“筍簎”即“筍簎”，簎字應讀 kǒ。廣韻上聲“三十三哿”，“簎”字注“筍簎出南中”；集韻解釋爲“筍菹”。由本條中“鹽盡”和 76.21.1 的“湯漬令釋”兩句看來，應當是鹽醃後曬乾的筍乾，和現在的“青筍”相像，不是“筍菹”（現在兩廣的“酸筍”）。由當時的交通運輸情況設想，從“南中”運到黃河流域作爲食物的，也只是乾筍，不能是有水的菹。

②“如糝羹法”：這裏的“如糝羹法”；“蘸亦如此”兩句，似乎表明着上文或下文中，另有一段“糝羹法”。但本篇並沒有“糝羹法”的文字。案太平御覽卷 861，“羹”項裏面，有一條“食經曰：有豬蹄酸羹法、胡羹法、鷄羹法、筍簎鴨羹法”，則這一段，可能正和本篇第一段“芋子酸（御覽引作“酢”）臛法”一樣，是從食經中引出的；食經原文，可能另有一則“糝羹法”在。御覽所引食經羹名，雖没有“糝羹”的名稱，却不能由此就證明食經中本來也没有。

76.13.1 “肺䐑”①蘇本反法：羊肺一具，煮令熟，細切。別作羊肉臛，以粳米二合，生薑煮之。

①“肺䐑”：御覽卷 859 有“肺膜”一項，“膜”字，音蘇本切。引有說文“䐑，切熟肉，内於血中和也”；又引釋名（卷四釋飲食）：“肺膜：膜，䬫也，合米糝之，如膏䬫也。”又引盧諶祭法曰：“四時祠皆用肺膜。”畢沅注釋名，以爲䐑是“俗譌字”。北堂書鈔卷 145，“肺䐑第二十八”，作“䐑”。玉篇“䐑”注“切肉也”，“膜”注“切肉内于血中和也”。

76.14.1 作“羊盤腸雌〔一〕斛”法：取羊血五升，去中脈麻跡①，裂之。

76.14.2 細切羊胳肪②二升，切生〔二〕薑一斤。橘皮三葉，椒末一合，豆醬清〔三〕一升，豉汁五合，麵一升五合，和

　　米一升作糁。都合和。更以水三升澆之。

76.14.3　解大腸，淘汰，復以白酒一過，洗腸中屈申③。以
　　　　和灌腸。屈，長五寸，煮之。視血不出，便熟。

76.14.4　寸切，以苦酒醬食之也。

〔一〕“雌”：明清刻本作“雎”，依院刻、明鈔、金鈔改正。

〔二〕“切生”：明清刻本作“細切”，依院刻、明鈔、金鈔改正。

〔三〕“醬清”：明清刻本無“清”字，依院刻、明鈔、金鈔補。

①“中脈麻跡”：血液凝固時“可溶性”的蛋白質血纖維原，便變性成爲絲條
　　狀的血纖維，沉澱分出。這些血纖維絲條，有粗有細，聯合成爲一個網
　　狀體系，可以全部取出，剩下血球和其餘的血漿蛋白質。中脈麻跡，似
　　乎就是指這種網狀的血纖維。

②“胳肪”：胳字（音 ge），説文解釋爲“腋下”；“肪”，説文解釋爲“肥”。“腋下
　　肥”，就是胸腹側面的脂肪，也就是今日所謂“板油”。

③“屈申”：申就是“伸”字；屈申，是彎曲與伸直的節段相接連的情形。

76.15.1　羊“節解”法：羊肚①一枚，以水雜生米三升，葱一
　　　　虎口②，煮之，令半〔一〕熟。

76.15.2　取肥鴨肉一斤，羊肉一斤，豬肉半斤，合剉，作臛。
　　　　下蜜，令甜。

76.15.3　以向熟羊肚，投臛裏，更煮。得兩沸，便熟。

76.15.4　治羊③合皮，如豬骯法，善矣。

〔一〕“半”：明清刻本譌作“羊”，依院刻、明鈔、金鈔改正。

①“肚”：應作“朏”。反芻類複房胃中的重瓣胃，歷來稱爲“百葉”或“朏”。
　　後來將複房胃的四個房，都合稱爲“百葉”或“朏”。

②“虎口”：大拇指和食指相連的地方，稱爲“虎口”；用大拇指尖和食指尖連
　　起來，圍成的一個圈，便也是一“虎口”；也便是“一把”、“一握”或“盈

握”、“盈掬”。

③“治羊……”：這一節，與上文黏連不上；懷疑是“錯簡”，應當在 77.2.4 或
　　77.4.5,79.5.5 等任何一節後面。

76.16.1　羌煮①法：好鹿頭，純煮令熟，著水中，洗治；作臠
如兩指大。豬肉琢作羶，下葱白，——長二寸一虎
口。——細琢薑〔一〕及橘皮各半合，椒少許。下苦酒。
鹽、豉適口。

76.16.2　一鹿頭用二斤豬肉作羶。

〔一〕“細琢薑”：明清刻本，“琢”作“切”，“薑”字空白，依院刻、明鈔、金鈔
改補。

①“羌煮”：羌是古來西北的一個民族。晉代的“五胡”，就包括羌族在內。
　　北堂書鈔卷 145，“羌煮三十一”，引搜神記說“羌煮貊炙，戎翟之食也；
　　自太始以來，中國尚之”。太始是漢武帝的一個年號（起自公元前 96
　　年）。太平御覽卷 859，也有“羌煮”條，條文也只是搜神記的這幾句。

76.17.1　食膾魚蓴羹①：芼羹②之菜，蓴爲第一。

76.17.2　四月，蓴生莖而未葉，名作“雉尾蓴”，第一
肥美〔一〕。

76.17.3　葉舒長足，名曰“絲蓴”，五月六月用。

絲蓴：入七月盡，九月十月內，不中食；蓴有蝸蟲③
著故也。——蟲甚微細，與蓴一體，不可識別，食之
損人。

十月，水凍蟲死，蓴還可食。

76.17.4　從十月盡至三月，皆食“瑰〔二〕蓴”。瑰蓴者，根上
頭，絲蓴下芨也〔三〕。絲蓴既死，上有根芨〔四〕④；形似

珊瑚。一寸許,肥滑處,任用;深取即苦澀。

76.17.5　凡絲蓴,陂池種者〔五〕,色黃肥好,直淨洗則用。

野取,色青,須別鐺中熱湯暫煤⑤之,然後用;不煤則苦澀。

76.17.6　絲蓴瓌蓴,悉長用,不切。

魚蓴等並冷水下。

76.17.7　若無蓴者,春中可用蕪菁英,秋夏可畦種芮⑥、菘、蕪菁葉,冬用薺菜〔六〕以芼之。

蕪菁等,宜待沸,接〔七〕去上沫,然後下之。

皆少着,不用多;多則失羹味,乾蕪菁無味,不中用。

76.17.8　豉汁,於別鐺中湯煮,一沸,漉出滓,澄而用之,勿以杓抳⑦! 抳則羹〔八〕濁,過不清。

煮豉,但作新琥珀色而已,勿令過黑;黑則鹽⑧苦。

76.17.9　唯蓴芼,而不得着蔥、薤及米糝、菹、醋等。 蓴尤不宜鹹。

76.17.10　羹熟即下清冷水。大率羹一斗,用水一升;多則加之,益羹清雋。

76.17.11　甜羹⑨下菜、豉、鹽,悉不得攪;攪則魚蓴碎,令羹濁而不能好。

〔一〕“第一肥美”:明清刻本作“第一肥羹”,依院刻、明鈔、金鈔改正。

〔二〕“瓌”:明清刻本譌作字形相近的“環”,依院刻、明鈔、金鈔改正。下文兩處的“瓌”字,也都有同樣的譌誤。

〔三〕“下芼也”:“芼”字,明清刻本譌作“芺”;“也”字,明鈔與明清刻本都没有。依院刻、金鈔改補。

〔四〕"苃":明清刻本譌作"苃",依院刻、明鈔、金鈔改正。

〔五〕"種者":明清刻本譌作"積水",依院刻、明鈔、金鈔改正。

〔六〕"薺菜":院刻作"薺葉",金鈔作"薺簑";依明鈔及明清刻本作"薺菜"。
薺菜都是整棵"挑"回,擇洗淨後,連壯根吃,不會專將葉摘下來單用。

〔七〕"接":明清刻本作"掠",依院刻、明鈔、金鈔作"接"。

〔八〕"羹":明清刻本作"美",依院刻、明鈔、金鈔改正。

① "食膾魚蓴羹":這個標題,固然可以望文生義地解釋爲"食膾魚用的蓴
羹";但似乎不很貼切。很懷疑"食"字下面,漏了一個"經"字或"次"
字。食經這個書名,本書引用得很多;"食次"解釋,見下篇注解
77.11.1.①。"膾魚"兩個字,可能也應當是"魚膾"顛倒了。

② "苄羹":禮記內則有"苄羹",苄字讀去聲(即音冒);孔疏解釋説:"公食
禮,三牲皆有苄:牛、藿,羊、苦,豕、薇,用菜雜肉爲羹也。"這就是説,
"苄羹"是煮在肉湯裏的青菜。

③ "蝸蟲":"蝸"是"蝸牛";"蟲",依下文看來,該是某種環蟲、線蟲或圓蟲;
也許是某種動物的"蚴"。

④ "上有根苃":"上"字,懷疑該是"下"字。絲蓴死後,殘餘的莖尖和芽,"形
似珊瑚"的,過去不知道是苗系,認爲根,所以稱爲"根苃"。既然是"根
苃",便只可以在原有的莖葉下面,不會在上面。或者是同音的"尚"字
寫錯。

⑤ "煠":即"渫",——參看卷三注解24.9.1.①;並參看校記73.1.3.〔一○〕
關於"浯"的解釋。

⑥ "芮":懷疑是"芥"字鈔寫錯誤。

⑦ "扼":集韻上平聲"六脂",有"扼"字,解作"研也"。

⑧ "䤈":玉篇卷15鹵部,"䤈"音工暫切(即讀gàm;現在應讀qièn),解作
"鹹也"。

⑨ "甜羹":没有加鹽而不鹹的羹,稱爲"甜羹"。現在西北方言中,還保留

"甜"字與"鹹苦"相對立的用法(參看卷七注解 64.27.4.①"甘"字的注釋)。

76.18.1 食經曰："蓴羹，魚長二寸。唯蓴不切。鱧〔一〕魚，冷水入蓴；白魚，冷水入蓴，沸入魚與鹹豉。"

76.18.2 又云："魚長三寸，廣二寸半。"

76.18.3 又云："蓴細擇，以湯沙①之。中破〔二〕鱧〔三〕魚，邪截②令薄，准③廣二寸，橫盡也。魚半體④。煮〔四〕三沸，渾下蓴。與豉汁漬⑤鹽。"

〔一〕"鱧"：明清刻本作"鯉"，依院刻、明鈔、金鈔改正。

〔二〕"中破"：明鈔與明清刻本"破"字重複，作"中破破"，依院刻及金鈔删去一個"破"字。

〔三〕同〔一〕。

〔四〕"煮"：明清刻本"煮"上多一個"熟"字，依院刻、明鈔、金鈔删。

①"沙"：應當就是讀音相近的"渫"字寫錯了。

②"邪截"：即"斜切"。

③"准"：准原來是"準"字的"俗體"。準的原來意義是測定物體表面平正與否的一個儀器。由此引申，有所謂"平準"、"準則"、"準繩"和現在常用的一個詞"標準"。本篇和下兩篇，"准"字用得很多，很難尋得適當的解釋；暫時假定爲平而闊的片。

④"橫盡也。魚半體"：這六個字，一定有錯誤顛倒。懷疑"也"字應在"體"字後面，即"橫盡魚半體也"；這樣，與上句"准廣二寸"相連，可以勉強解釋。也可能"也"字是誤多的。

⑤"漬"：懷疑是"清"字寫錯。"豉汁清"，即濾清了的豉汁。

76.19.1 "醋菹①鵝鴨羹：方寸准。熬之，與豉汁米汁。細切醋菹與之；下鹽。半奠②。不醋〔一〕，與菹汁。"

〔一〕"不醋":明清刻本作"下醋",依院刻、明鈔、金鈔改正。

①"醋菹……":由76.20段中兩個"又云",懷疑76.20與76.19都是與76.18相連,引自食經的。

②"奠":本篇和以下幾篇的"奠"字,用法相同。暫時解釋爲烹調就緒後,一分一地盛入容器,準備送到席上去時的手續。"半奠",是容器中盛到半滿;"滿奠",是盛滿;"雙奠"是盛兩件;"渾奠",是整件地盛出;"擘奠",是撕開盛出。

76.20.1 "菰菌①魚羹:魚,方寸准;菌,湯沙中出,劈。先煮菌令沸,下魚。"

76.20.2 又云:"先下②,與魚、菌、茉〔一〕糝、葱、豉。"

76.20.3 又云:"洗③,不沙。肥肉亦可用。半奠之。"

〔一〕"茉":明清刻本作"菜",暫依院刻、明鈔、金鈔作"茉";但懷疑是"米"字。

①"菰菌";"菰"是菰蔣 Zizania latifolia;菌,是植物體肥大隆起的部分。菰菌,即所謂"茭筍"、"茭白"、"茭鬱"、"茭瓜"、"菰首"、"菰手"……,的確是菌類寄生後根頸膨大所成。但古代却並不知道這件事,只是因爲"菰首"的形狀味道像"地菌",所以才有"菰菌"的名稱。

②"先下":"先下",是一個副詞與一個及物動詞連用;這個動詞的受格却不存在。懷疑下一句"與魚菌"的"菌"字,應在"與魚"之上,即"先下菌,與魚、米糝、葱、豉"。

③"洗":"洗不沙"的受格,也只可以是菌。

76.21.1 筍思尹反〔一〕筍古可反魚羹:筍,湯漬〔二〕令釋,細擘。先煮筍,令煮沸;下魚、鹽、豉。半奠之。

〔一〕"筍思尹反":"筍",明清刻本譌作從"艸"的"荀";"尹",明鈔與明清刻本同樣譌作字形相像的"丑"。依院刻、金鈔改正。

〔二〕"漬":明清刻本譌作"清",依院刻、明鈔、金鈔改正。

76.22.1 鱧〔一〕魚臛：用極大者，一尺已下不合用。湯①、鱗、治、邪截膲葉②，方寸半准。豉汁與魚，俱下水中；與研米汁。

76.22.2 煮熟。與鹽、薑、橘皮、椒末、酒。

76.22.3 鱧澀，故須米汁③也。

〔一〕“鱧”：明清刻本譌作“鯉”，依院刻、明鈔、金鈔改正。

①“湯”：應讀去聲，即用開水燙。

②“邪截膲葉”：“邪”即“斜”，“截”即“切”；“膲葉”，也寫作“藿葉”或“霍葉”，即很薄的片。鄭玄注禮記“少儀”，“牛與羊、魚之腥，聶而切之爲膾……”說：“聶之爲言牒也：先藿葉切之，復報切之，則成膾。”（“聶”也就是說“牒”；先切成藿葉，再重覆上下〔報〕切，就成了“膾”。）“藿”是小豆，“藿葉”，從字面上說，是像小豆葉一樣的薄片。這裏寫作“膲葉”，也可以從字面解釋爲作“膲”用的薄肉片。

③“故須米汁”：我們中國烹調術中的特色之一，是先用少量澱粉糊，裹在肉類（片或絲）外面，再加高溫。這樣的處理，可以保持肉類柔嫩適口。現在一般用雞頭（芡）粉、藕粉、豆粉或菱粉；黃河流域和長江流域通用的術語是“放芡”（或“加芡”）。要術中這條記載，可能是最早的。

76.23.1 鯉魚臛：用大者。鱗、治，方寸，厚五分。煮和如鱧〔一〕臛。與全米糝。臛時，去米粒，半臛。若過米臛①，不合法也。

〔一〕“鱧”：明鈔及明清刻本譌作“鯉”，依院刻、金鈔改正。

①“過米臛”：這三個字中，前兩字必有一個是錯誤的：可能是“並米臛”，與上面的“去米粒”相呼應；也可能是“過半臛”，與上文“半臛”相呼應。後一種的可能性較大：“米”字和“半”字相混亂的例，本書中很多。

76.24.1 臉臕①上力減切，下初減切〔一〕：用豬腸。經湯出，三寸斷之，決破，切細，熬。與水，沸，下豉清，破米汁②。

葱、薑、椒、胡芹、小蒜、芥，——並細切鍛，——下鹽、醋、蒜子，——細切。

將血奠與之。早與血，則變大，可增米奠③。

〔一〕音注中的"切"字，明鈔及明清刻本同作"反"，院刻、金鈔作"切"。

①"臉臁"：大廣益會玉篇卷七，肉部"臉"字，注"七廉切，臉臁"；又"力減切，臉臁"，"臉"字上面，就是"臁"字，注"初減切，臉臁羹也"。廣韻上聲五十三豏，"臉"字注"臉臁，羹屬也"；音切與本條標題下的小注相合。但下平聲二十四鹽又有"臉"音七廉切（即讀 ciém），注爲"臁也"，緊接着有一個"臁"字，注"同上"，即音義相同。則"臉臁"兩字聯用時，應讀爲 lăm căm，是羹名；單獨用時，"臉"讀 ciém，也還是解釋爲"臁"（即肉羹）；"臁"，依玉篇仍讀 căm，依廣韻便得讀 ciém。今本廣雅卷八釋器，有"胚臉，縣熟也"（"縣"字，依王念孫據北堂書鈔所引補）；意思是"胚和臉，都是縣熟"。"縣熟"見本卷第七十七篇，是蒸熟的豬肉，與羹臁頗有距離；但玄應一切經音義卷15，僧祇律第31卷音義"今臉"條下所引廣雅，是"縣熟也，臉生血也"，與本則的"將血奠與之。早與血，則變……"相合。因此，我們以爲應當折衷這些書上的説法，將"臉臁"這個羹，名稱讀爲 lăm căm；解釋爲將生血加到有酸味的肉湯中煮成。而"縣熟"則是截然不同的另一件事。

②"破米汁"：與 76.22.1 參照，"破"字顯然是"研"字鈔寫錯誤。

③"可增米奠"：上文没有説到用米，只有研米汁；這裏忽然説"可增米奠"，顯然有錯漏。最簡單的情形，是"米"字下漏了一個"汁"字：增加研米汁，煮熟，成爲濃湯，便把變大了的固體腸血淹没了。

76.25.1 鱧〔一〕魚湯�_〔二〕：用大鱧，一尺已上①不合用。淨鱗治，及霍葉②，斜截爲方寸半，厚三〔三〕寸。

76.25.2 豉汁與魚俱下水中。水〔四〕，與白米糝。糝〔五〕，煮熟,與鹽、薑、椒〔六〕、橘皮、屑米。

76.25.3 半奠時③,勿令有糝。

〔一〕"鱧":明清刻本作"鯉",依院刻、明鈔、金鈔作"鱧"。

〔二〕"膏":明清刻本作"肉",依院刻、明鈔、金鈔作"膏"。"膏"音蔗(zà 或 zè),是切成厚片。

〔三〕"三":明清刻本作"二",依院刻、明鈔、金鈔改作"三"。

〔四〕"水":明清刻本無此"水"字,依院刻、明鈔、金鈔補。

〔五〕"糝。糝":明清刻本只有一個"糝"字,依院刻、明鈔、金鈔補。

〔六〕"椒":明清刻本譌作"糊",依院刻、明鈔、金鈔改正。

①"一尺以上":應當是"一尺以下"。

②"及霍葉":應當是"爲臛葉"。

③"半奠時":懷疑是"半奠。奠時"。

76.26.1 鮀①臛:湯煠徐廉切〔一〕,去腹中,淨洗。中解,五寸斷之。煮沸,令變色,出。

方寸分准,熬之,與豉清研汁②,煮令極熟。

葱、薑、橘皮、胡芹、小蒜,並細切鍛,與之。

下鹽醋。半奠。

〔一〕"切":明鈔作"反",音注中反切的"反"字,暫依院刻、金鈔作"切"。

①"鮀":根據玉篇"鮀"即"鮀"字。爾雅釋魚,"鯊,鮀";郭璞注以爲是"吹沙小魚";詩"魚麗于罶,鱨鯊",陸璣疏以爲"魚狹而小,常張口吹沙,故曰'吹沙'"。後漢書馬融傳注,引廣志:"吹沙大如指"……這些條文所説的魚都很小,和本段的"中解,五寸斷之",不相合。本草圖經"鮀魚生湖畔土窟中,形似守宮而大;長丈餘,背尾具有鱗甲",即鼉,也就是揚子鱷 *Alligator*,却不是黃河流域的人所能經常用來供食的。只有説文所説"鮀,鮎也",大小相當,可以"中解,五寸斷之",而且,今日的整治法,還是"湯煠,去腹中,淨洗"(在開水中燙過,抹掉外面的黏液〔這

就是湯爝的意義！〕再破開，取掉内臟，洗淨）。可以完全符合。

②"研汁"：應當是"研米汁"。

76.27.1　㿖七豔切〔一〕淡〔二〕：用肥鵝鴨肉，渾煮〔三〕，斫爲候①：長二寸，廣一寸，厚四分許。去大骨。

76.27.2　白湯別煮㿖，經半日〔四〕久，漉出，淅其中，杓迮去令盡②。

76.27.3　羊肉下汁中煮。與鹽豉。將熟，細切鍛胡芹、小蒜與之。生熟③。如爛〔五〕，不與醋。

76.27.4　若無㿖，用菰菌；用地菌，黑裏不中。㿖：大者中破，小者渾用。

76.27.5　㿖者，樹根下生木耳，要復④接地生、不黑者，乃中用。

76.27.6　米臭⑤也。

〔一〕同校記76.26.1.〔一〕。

〔二〕"淡"：明清刻本作"次"，依院刻、明鈔、金鈔作"淡"。"㿖"字，依正文中的解，是木耳（菌類）的子實體。"淡"字則很難解釋。上面76.24條的"臉臁"那個"羹"的名稱，是疊韻聯緜字，"㿖淡"也正是疊韻聯緜字。似乎可以假定是同類的例。

〔三〕"渾煮"：明清刻本"渾"字下有"米"字，依院刻、明鈔、金鈔删去。

〔四〕"半日"：金鈔與明清刻本都作"半月"，依院刻、明鈔改正。

〔五〕"爛"：院刻、金鈔作"爛"，"爛"是"爛"的或體，在這裏沒有意義；因此保留明鈔與明清刻本的"爛"。

①"候"：字書中的解釋，都與本書所要求的意義不相涉。懷疑現在粵語系統方言中，稱立體而三軸長度相差不遠的整塊爲gou（讀陽去）的那個詞，就應當寫作"候"。"候"字現在讀hou；但h轉爲裂擦的k或g很自

然也很容易。而且,在保存有陽去的方言系統中,"候"字都讀陽去,可
以間接證明 gau 可能就是候。"斥堠"是哨崗(真正用土堆成的"崗
位");"堠"字原只寫作"候";因此,用"候"字來代表一個三軸相差不遠
的立體,也不是不合理的。下面 76.29.3 還有一句"下肉候汁中",
"候"字也該作立方塊解釋。

②"淅其中,杓迮去令盡":"淅"是"淘米";"杓"是炒菜用的瓢勺;"迮"是"壓
榨"。這句話,意思沒有完全交待清楚。懷疑有顛倒錯誤:可能是"杓
迮去水令盡,淅其中":即用杓子將𥂖裏所涵的白湯榨乾之後,再放在
鵝鴨肉湯中泡着。

③"生熟":懷疑是"煮熟","生"字不可解釋。

④"要復":"復"字,懷疑是字形相似的"須"字看錯鈔寫錯。

⑤"米奠":正文一直沒有"米",這裏的"米"字可能仍是"半"字。

76.28.1 損腎:用牛羊百葉,淨治,令白。薤葉切,長四寸;
下鹽豉中。不令大沸! 大熟則肕;但令小卷,止。與
二寸蘇、薑末,和肉。漉取汁,盤滿奠。

又用腎,切長二寸,廣寸,厚五分,作如上。

奠。亦用八〔一〕。薑薤,別奠隨之也。

〔一〕"八":明清刻本作"入",暫依院刻、明鈔、金鈔作"八"。

76.29.1 爛熟:爛熟肉諧,令勝刀;切長三寸,廣半寸,厚三
寸半。

76.29.2 將用,肉汁中葱、薑、椒、橘皮、胡芹、小蒜,並細切
鍛。并鹽醋與之。

76.29.3 別作臛。臨用,寫臛中,和奠。有沈。將用,乃下
肉候汁中,小久則變大,可增之。

76.30.1 治羹臛傷鹹法:取車轍中乾土末,綿篩。以兩重

帛作袋子盛之,繩繫令堅堅,沈著鐺中。須臾則淡,便引出。

釋　文

76.1.1　食經裏的"作芋子酸臛法":豬肉羊肉,每樣一斤,水一斗,煮熟。

整治好、也切好了的小芋一升,另外蒸好。

葱白一升,加到肉裏面去和着,煮熟。

三合粳米,一合鹽,一升豉汁,五合苦酒,——口嘗試過,把味道調整到合適。〔口調其味〕——(加)十兩生薑,總共得到一斗臛。

76.2.1　作鴨臛的方法:用小鴨六隻,羊肉二斤。——大鴨用五隻——(另外)用三升葱,二十個芋,三片橘皮,五寸長的木蘭皮,十兩生薑,五合豉汁,一升米,(與羊肉和已經煮過的鴨肉一齊煮,)嘗過,調合味道。(煮好後,可以)得到一斗臛。

先用八升酒把鴨煮好。

76.3.1　作鱉臛的方法:先〔且〕將鱉整隻煮過,再除掉外殼和內臟。(另外加)羊肉一斤,葱三升,豉(汁?)五合,粳米半(?)合,薑五兩,木蘭皮一寸,酒二升,煮鱉。加鹽加醋;嘗過,調合味道。

76.4.1　作一斛豬蹄酸羹的方法:三副〔具〕豬蹄,煮到爛,取掉大骨頭。再將葱、豉汁、醋、鹽等擱下去,嘗過,調合口味。

依舊時的方法，還要加六斤餳糖，現在不用〔除〕了。

76.5.1　作羊蹄臛的方法：七副羊蹄，十五斤羊肉，三升葱，五升豉汁，一升米（一齊煮）。嘗過，將口味調到合適。另加生薑十兩，橘皮三片。

76.6.1　作兔臛的方法：將一隻兔，斫成棗子大小的塊。用三升水，一升酒，五分木蘭皮，三升葱，一合米（一齊煮），加鹽、豆豉、醋，嘗過，調到合味。

76.7.1　作"酸羹"的方法：用兩副羊腸，六斤餳糖，六斤瓠葉，二升葱頭，三升小蒜，三升麵粉；（加上）豉汁、生薑、橘皮，嘗過，調到合味。

76.8.1　作"胡羹"的方法：用羊排骨肉〔脇〕六斤，另外用淨肉四斤，加四升水煮。（熟後）把排骨肉取出來，切好。

加一斤葱頭、一兩胡荽，幾合安石榴汁。嘗過，調到合味。

76.9.1　作"胡麻羹"的方法：用一斗脂麻，擣爛，煮熟，研出三升汁來。

加二升葱頭，二合米，在火上再煮。葱頭半熟爲止，可以得到二升半羹。

76.10.1　作瓠葉羹的方法：用五斤瓠葉，三斤羊肉，二升葱，五合鹽。嘗過，將味調到合適。

76.11.1　作雞羹的方法：一只雞，剖開腔〔解〕，將骨和肉分別開來。肉切過，骨上的肉斫細碎，煮熟。

骨頭漉取出去。加二升葱，三十枚棗，合起來，煮成一斗五升羹。

76.12.1 作"笋簹鴨羹"的方法：肥鴨一隻，切成臠，整治潔淨，像作糝羹的方法一樣。

四升笋簹，洗到非常潔淨；到沒有鹽時，另外用（清）水煮開幾遍，取出來，再洗。

將小蒜白、葱白和豉汁放下去。再煮開，就熟了。

76.13.1 "肺䐉"——音蘇本切，讀 suěn。作法：一副羊肺，煮熟，切碎。另外作成羊肉濃湯，加上兩合粳米，生薑，（連羊肺一併放在羊肉臛裏）煮。

76.14.1 作"羊盤腸雌斛"的方法：取五升（凝結了的）羊血，把血中的大條小條"麻跡"除掉，弄破。

76.14.2 把二升羊板油切細碎，又切一斤生薑。再三片橘皮，一合花椒末，一升豆醬清，五合豉汁，一升五合麵粉，和上一升米，作成糝（飯）。（再將羊板油和生薑）一總〔都〕合起來。再加三升水下去。

76.14.3 將（羊）大腸（的腸間膜）切斷〔解〕，淘洗，再用白酒，把腸中彎曲的地方〔屈申〕，洗一遍。把（調和好了的）混合物〔和〕灌進腸裏，彎曲地摺疊成五寸長，煮。看看沒有血滲出來，就熟了。

76.14.4 切成一寸長的段，用醋和醬（蘸）來吃。

76.15.1 作"羊節解"的方法：一個羊百葉〔肶〕，用三升生米，一"虎口"葱，加水，煮到半熟。

76.15.2 取一斤肥鴨肉，一斤羊肉，半斤豬肉，混合斫碎，作成濃湯，加蜜，讓它甜。

76.15.3　把將近〔向〕熟的羊百葉,放進濃湯裏,再煮。煮到兩開,就熟了。

76.15.4　整治連皮的羊肉,應當和整治小豬一樣,就好了。

76.16.1　"羗煮"的作法:好的鹿頭,單獨煮到熟後,在水裏洗淨整治,切成兩個手指大小的臠。豬肉斫碎,煮成濃湯,加些葱白——兩寸長一條的,共用一"虎口"。——半合斫碎的薑和半合橘皮,少許花椒,還加些醋。鹽和豆豉,到口味合適。

76.16.2　一隻鹿頭,用兩斤豬肉作濃湯。

76.17.1　食魚膾的蓴羹:煮到肉羹裏去的菜,蓴是最好的。

76.17.2　四月間,蓴莖開始生長,還沒有葉的時候,名叫"雉尾蓴",最肥也最美。

76.17.3　到葉子舒展開來,長滿了,名叫"絲蓴",五月六月間,可以用。

　　絲蓴:到七月底,九月、十月間,就不可以吃了;因爲這時候蓴上面有蝸牛蟲黏着。——蟲很細小,和蓴菜連結成一塊,不能分辨;吃下去,對人有害。

　　十月間,水凍了,蟲死了,蓴又可以吃了。

76.17.4　由十月底到第二年三月,所吃的都是"瑰蓴"。瑰蓴,是根的上頭,也就是絲蓴下面的根荄。絲蓴死了之後,下面留着的根荄,形狀像珊瑚一樣。前端一寸左右的地方,肥而且滑,可以吃;再深些,味就苦澀了。

76.17.5　凡屬在陂池裏種的絲蓴,顏色帶黃,肥美好吃,只要洗潔淨就可以用了。

採取野生的蓴,顏色青綠的,須要在另外的鍋中燒好熱水,把蓴菜放下去,渫一下,然後用;如果不渫一下,味道就苦澀了。

76.17.6 絲蓴和瓌蓴,採來多長,就儘長用,不要切。

魚和蓴菜,同時下到冷水裏去煮。

76.17.7 如果沒有蓴菜,春季可以用蕪菁葉,秋季夏季,可以(用)地裏種的芥菜、菘菜或蕪菁葉子;冬季用薺菜來芼羹。

蕪菁等,要等湯沸了,將浮面的泡沫去掉,然後放下去。

(這些菜)都只能少擱一些,不要擱得太多;多了,羹就失了味道。乾蕪菁葉沒有味,不中用。

76.17.8 豉汁,在另外的鍋裏用開水煮,開一遍,把豆豉渣漉掉,澄清後再用。不要用瓢〔杓〕子擂〔扤〕,擂過,湯是渾濁的,還也不會清。

煮豉汁,只要有新琥珀(一般的淡黃褐)色就够了,不要太黑,黑了就嫌鹹嫌苦。

76.17.9 只可以用蓴菜芼,不可以加葱、薤、米糝、酸菹、醋等。蓴更不宜於用鹹的。

76.17.10 羹熟了之後,立刻攪清冷水下去。一般標準,一斗羹用一升水;羹多,照比例增加水。使羹更加清爽。

76.17.11 甜羹裏加菜、加豉、加鹽的時候,都不可以攪和;攪就會把魚和蓴菜弄碎了,羹也就渾濁了,不好。

76.18.1 食經說:"蓴羹,魚(切成)二寸長。但是蓴菜不切。如果用的是鱧魚，和蓴菜一齊放進冷水裏去；如果是白魚，則蓴菜下在冷水裏，湯開了再放魚和鹹豆豉。"

76.18.2　又說："魚切成三寸長，二寸半寬。"

76.18.3　又說："蓴菜仔細擇淨，用熱水漂過。

鱧魚，沿背脊和腹中線破開〔中破〕，斜着切成薄片，兩寸寬，——已經橫着盡到魚半身的寬度了。魚煮三開後，將整條的蓴菜放下去，再加豉汁清和鹽。"

76.19.1　"醋菹鵝鴨羹：切成方一寸的片，炒〔熬〕過，加豉汁和米湯。將酸菹切得極碎放下去；再攔鹽。盛半碗來供上席〔奠〕。如果不够酸，加些菹汁下去。"

76.20.1　"菰菌魚羹（作法）：魚，切成一寸見方的'准'；菰菌先在開水中漂過，劈破。先把漂過的菰菌煮沸，然後放魚片。"

76.20.2　又一說："先下菌，再下魚和米糝、葱、豆豉。"

76.20.3　又一說："菰菌洗淨，不要漂。肥肉也可以用。盛半碗來供上席。"

76.21.1　筍（思尹反，讀 suěn）𥯮（古可反，讀 gǒ）魚羹（作法）：筍𥯮，先用熱水浸到發漲，撕成細條。先把筍𥯮煮開；再放魚、鹽、豆豉。盛半碗來供上席。

76.22.1　鱧魚臛（作法）：用極大的鱧魚，不够一尺長的不合用。用水燙過，去鱗，整治潔淨，斜切成片，作成一寸半見方的准。豉汁和魚，一齊放下水中；再加上研碎的米汁。

76.22.2　煮熟。再加鹽、薑、橘皮、花椒末和酒。

76.22.3　鱧魚肉粗澀，所以要加米汁。

76.23.1　鱧魚臛（作法）：要用大魚。去鱗，整治潔淨，切成一寸見方，五分厚。像煮鱧臛一樣地煮。（但是）用整粒的米作糝。盛上席時，把米粒除掉，只盛半碗供上。如果超過半碗，就不合規矩〔法〕了。

76.24.1　臉臟上字讀力減切，音 lǎm，現讀 liěn；下字讀初減切，音 cǎm，現讀 ciěn. 作法：用豬腸，（洗淨）用開水燙過，取出來，切成三寸長的段，縱切破，再切細，炒過。加水，水開後，放豉汁清和研碎米汁。

　　　　加蔥、薑、花椒、胡芹、小蒜、芥——都切細斫碎〔鍛〕。——再下鹽、醋、蒜子——蒜子也要細切。

　　　　煮好，將（燙過的生血）放下去，就盛出來上席。血放下太早，就會變大，可以增加米汁，盛着供上席。

76.25.1　鱧魚湯臛：要用大鱧肉，一尺以下的魚不合用。去掉鱗，整治潔淨。切成"臛葉"，斜切成寸半見方，三寸厚的塊。

76.25.2　豉汁和魚，一併下進水去。水裏，先給些白米作糝。糝煮熟了，放鹽、薑、花椒、橘皮和米粉〔屑米〕。

　　　　盛半碗上席，上席時，不要讓碗裏有米糝。

76.26.1　鮠臛（鮎魚湯）作法：在開水中燙過〔燖：音徐廉切即讀 zyʻem；現在讀 qien〕，（抹掉凝固了的黏液，）開開腹腔，除掉內臟，洗淨。破開，切成五寸長的段節，煮開，變白色後，取出來。

切成一寸見方的塊,(加油)炒過〔熬〕,放些豉汁清和碎米粉汁,煮到極熟。

葱、薑、橘皮、胡芹、小蒜,都切細斫碎〔鍛〕,加下去。

擱鹽醋。盛半碗上席。

76.27.1　𦞦(讀七豔切,音 ciǎm,現在應讀 qien)淡:用肥鵝或肥鴨肉,整隻地煮熟,斫成二寸長,一寸寬,四分上下厚的塊〔候〕。大骨頭去掉。

76.27.2　用白開水另外(先)將𦞦煮過,過了半天,漉出來,用杓子將所涵的水榨乾盡,放進肉湯裏浸着。

76.27.3　將羊肉放到(浸着𦞦的肉)汁裏煮。加鹽與豆豉。快熟時,把切細斫碎的胡芹、小蒜加下去。煮熟。如果太爛,就不加醋。

76.27.4　如果沒有𦞦,用菰菌;也可以用地菌,但黑心的不能用。用𦞦時,大的破開成兩半,小的整個用。

76.27.5　"𦞦",是樹根下生出的木耳;總之〔要〕須要貼地面生長、不黑的,才合用。

76.27.6　盛半碗供上席。

76.28.1　"損腎":用牛羊百葉,整治潔淨,到顏色變白。切成薤葉寬的絲,四寸長;放進有了鹽和豉汁的湯裏。不要煮到大開! 太熟了,就肕,只要稍微有些卷起就停止。給兩寸蘇葉,一些薑末,和在肉裏面。漉掉汁,放進盤子裏,滿盛上席。

另外,用腎,切成二寸長,一寸寬,五分厚的片,像

（百葉）一樣作法。

　　盛入盤中供上席。也是八件盛一盤。薑和薤，另外盛着，一同供上。

76.29.1 "爛熟"：將肉煮到爛熟，到恰好〔諧〕，能够用刀切；切成三寸長，半寸寬，三寸半厚的塊。

76.29.2 要用時，向肉汁裏加上葱、薑、花椒、橘皮、胡芹、小蒜；——這些都要切細斫碎。同時加鹽加醋。

76.29.3 另外作好濃肉湯。要供上席時，把調和好的肉汁倒下去，和起來盛。有些東西就會沈下去。快供上席了，再將肉塊〔候〕放進肉汁中。時間久些，肉會漲大，可以再加些（汁）。

76.30.1 羹臛太鹹的補救方法：在車轍裏取得乾土粉末，用絲綿篩過。盛在兩層繭綢作成的口袋裏，用繩子綁得堅堅實實，沈到鍋裏去。不久，湯就淡了，把口袋拉出來。

蒸缹方九反法[一]① 第七十七

① "缹"：這個字玉篇在卷 21 火部，注"音缶，火熟也"。廣韻上聲四十四有，
　　音方久切，解爲"蒸缹"。集韻以爲和"缹"字相同。北堂書鈔卷 145 缹
　　篇第 21，引有劉劭、傅玄等的文章，都是"缹"字。其實，這個字只須要
　　寫成"缶"就够了。今日粵語系統方言中，瓦鍋稱爲"瓦缶"，缶字讀 bǒ
　　（陰上）；用瓦缶煮湯的動詞，也就稱爲"缶"，一般都寫作"煲"字。"保"
　　字讀陽上，讀音並不相符。煲、缹、缹實在都只是"缶"。（各處方言中，
　　用慢火煨湯稱篇 duèn，寫作"炖"或"燉"，其實也只是"敦"字，讀去
　　聲作動詞用，正像"缶"可作動詞用一樣。）

77.1.1 食經曰："蒸熊法：取三升肉，熊一頭，淨治，煮令不
　　　　能半熟[一]，以豉清漬之，一宿。

77.1.2 生秫米二升，勿近水，淨拭，以豉汁——濃者——
　　　　二升，漬米，令色黃赤。炊作飯。

77.1.3 以葱白——長三寸——一升，細切薑[二]、橘皮各二
　　　　升，鹽三合，合和之。著甑中，蒸之取熟。
　　　　　　蒸羊、肫、鵝、鴨，悉如此。"

77.1.4 一本用豬膏三升，豉汁一升，合灑之；用橘皮一升。

77.2.1 蒸豘法：好肥豘一頭，淨洗垢，煮令半熟，以豉汁
　　　　漬之。

77.2.2　生秫米一升，勿令近水；濃豉〔一〕汁漬米，令黃色，炊作饙，復以豉汁灑之。

77.2.3　細切薑、橘皮各一升，蔥白——三寸——四升，橘葉一升，合著〔二〕甂中。密覆，蒸兩三炊久；復以豬膏三升，合豉汁一升，灑。便熟也。

77.2.4　蒸熊、羊如肫法，鵝亦如此。

〔一〕“豉”：明清刻本譌作“豆”，依院刻、明鈔、金鈔改。

〔二〕“著”：明清刻本譌作“煮”，依院刻、明鈔、金鈔改。

77.3.1　蒸雞法：肥雞一頭，淨治；豬肉一斤，香豉一升，鹽五合，蔥白半虎口，蘇葉一寸圍，豉汁三升。著鹽，安甂中，蒸令極熟。

77.4.1　𤋏豬肉法：淨燖豬訖，更以熱湯遍洗之；毛孔中即有垢出，以草痛揩，如此三遍。

　　　　疏〔一〕洗令淨。四破，於大釜煮之。

77.4.2　以杓接〔二〕取浮脂，別著瓮中，稍稍添水，數數接脂。脂盡漉出，破爲四方寸臠，易水更煮。

77.4.3　下酒二升，以殺腥臊——青白皆得；若無酒，以酢漿代之。

　　　　添水接脂，一如上法。

77.4.4　脂盡，無復腥氣〔三〕，漉出。板切〔四〕，於銅鐺中𤋏之。

　　　　一行肉，一行擘蔥、渾豉、白鹽、薑、椒。如是次第布訖，下水𤋏之。肉作琥珀色乃止。

恣意飽食,亦不餲烏縣切〔五〕,乃勝燠肉①。

77.4.5　欲得着冬瓜、甘瓠者,於銅器中布肉時下之。

其盆中脂②,練白如珂雪,可以供餘用者焉。

〔一〕“疏”:院刻、明鈔、金鈔都作“梳”;明清刻本作“疏”,比較上合適。
　　74.7.1,75.7.2作“疎洗”,疎與疏是同一個字,所以作“疏”是可以解
　　說的。作“梳”就不好說明了。依雜說第三十中30.301.1的漱生衣
　　絹,種棗第三十三所引食經作乾棗法(33.8.3)的“漱著器中”等,這個
　　字還應當寫作“漱”。

〔二〕“接”:明清刻本作“掠”,依院刻、明鈔、金鈔改。下一句和下一節中的
　　“接”字,也是一樣。

〔三〕“無復腥氣”:“腥”字明清刻本缺,依院刻、明鈔、金鈔補。

〔四〕“板切”:“切”字明鈔、明清刻本作“初”,依院刻、金鈔改正。

〔五〕“烏縣切”:“縣”字明清刻本譌作“驛”,依院刻、明鈔、金鈔改正。

①“燠肉”:“燠”應當是“奧”字。奧肉,見下卷作膟奧糟苞法第八十一
　　81.2.1。

②“盆中脂”:由上文(77.4.2)“以杓接取浮脂,別著瓮中”看來,這裏的“盆”
　　字,應當是瓮;大概是因字形相似,意義相近而寫錯的。

77.5.1　缹豚法:肥豚一頭,十五斤;水,三斗〔一〕;甘酒,三
升。合煮,令熟;漉出,擘之。

77.5.2　用稻米四升,炊一裝〔二〕①,薑一升,橘皮二葉,葱白
三升,豉汁涑②饋作糝。

77.5.3　令用〔三〕醬清調味,蒸之。炊一石米頃,下之也。

〔一〕“水,三斗”:“斗”字明清刻本譌作“升”,依院刻、明鈔、金鈔改正。

〔二〕“炊一裝”:“一”字明清刻本譌作“先”,暫依院刻、明鈔、金鈔改正。

〔三〕“用”:“用”字明清刻本譌作“周”,依院刻、明鈔、金鈔改正。

①“裝”:玉篇有一個“泩”字,解釋是“泩,米入甑也”;廣韻去聲四十一漾,

“泄”是“泄米”；集韻去聲四十一漾，“泄、奘”“實米於甑也”。這兩個
字，都只是“裝進去”的“裝”的一個特指。艾火灸一“壯”，是把“裝”好
的一劑艾燒完。在這裏，“裝”字似乎應作“灸一壯”或“灼一壯”的解
法，即燒一把火，上一陣汽。

②“涑”：“涑”可以作“漱”解，即洗的意思。這裏似乎是同音的“溲”字寫錯，
即用少量的水，拌和大量固體物質。

77.6.1　隹鵝法：肥鵝，治、解、臠切之，長二寸。率：十五斤肉，秫米四升爲糝。先裝①如隹犭屯法；訖，和以豉汁〔一〕、橘皮、葱白、醬清、生薑。蒸之，如炊一石米頃，下之。

〔一〕“和以豉汁”：“和”字明清刻本缺，依院刻、明鈔、金鈔補；“豉”字，明鈔
誤作“治”。

①“裝”：這裏的“裝”，應當是注解 77.5.2.①中所引“泄”的意義。

77.7.1　胡炮①普〔一〕教切肉法：肥白羊肉——生始周年者——殺，則生縷切如②細葉〔二〕。脂亦切。著渾豉、鹽、擘葱白、薑、椒、蓽撥、胡椒，令調適。

77.7.2　淨洗羊肚，翻之。以切肉脂，內〔三〕於肚中，以向滿爲限。縫合。

77.7.3　作浪中坑③，火燒使赤。却〔四〕灰火，內肚著坑中，還以灰火覆之。

於上更燃火〔五〕，炊一石米頃，便熟。

香美異常，非煮〔六〕炙之例。

〔一〕“普”：明清刻本作“著”，依院刻、明鈔、金鈔改正。

〔二〕“葉”：明鈔及明清刻本作“菜”，依院刻、金鈔改正。

〔三〕"内"：明鈔譌作"肉"，依院刻、金鈔及明清刻本改正。

〔四〕"却"：明清刻本作"脚"，依院刻、明鈔、金鈔改正。

〔五〕"燃火"：明清刻本缺"火"字，依院刻、明鈔、金鈔補。

〔六〕"煮"：明清刻本譌作"著"，依院刻、明鈔、金鈔改正。

① "炮"：依原來的音切，可讀陰平或陰去（即讀爲抛 pàu 或礮 pāu）。玉篇所收的炮字，讀白交切（即音"包"）。與"炰"同義，是"炙肉也"。廣韻下平聲五肴的"炮"，音薄交切（應讀 bhāu），是"合毛炙物也"，"炰"字與下平的炮同；去聲三十六效的"炮"，是"匹皃切"（即音"礮"）是"灼貌"。廣韻的注解不夠全面與明確：一合毛炙物，便無法解釋"炰鼈膾鯉"；——應依玉篇，作"炙肉"解。由本條的方法——加香料調和，用油煎，除了醬清豉汁之外，不加水。——看來，則正像今日口語中所謂"爆肉"；讀去聲的"炮"，應當就是"爆"字的原來寫法。

② "則生縷切如"："則"字與"即"字通用；"如"字可能是行草書字形相似的"爲"字寫錯。"縷切"是連刀"細切"。

③ "浪中坑"：見校記 70.5.2.〔二〕。

77.8.1 蒸羊法：縷切羊肉一斤，豉汁和之。葱白一升著上，合蒸。熟，出，可食之。

77.9.1 蒸豬頭法：取生豬頭，去其骨；煮一沸，刀細切，水中治之。以清酒、鹽、肉①蒸。皆口調和。熟，以乾薑椒著上，食之。

① "清酒、鹽、肉"：已經是去了骨的豬頭，再加"肉"，便不甚可解。懷疑"肉"是"豉"字。

77.10.1 作懸熟①法：豬肉十斤〔一〕去皮，切欕。葱白一升，生薑五合，橘皮二葉，秫三升，豉汁五合，調味。若蒸〔二〕七斗米頃，下。

〔一〕“十斤”：明鈔譌作“十片”，依院刻、金鈔及明清刻本改正。

〔二〕“若蒸”：明鈔及明清刻本作“蒸若”，依院刻、金鈔倒轉。

① “懸熟”：北堂書鈔卷145，所引食經“作懸熟”是：“以豬肉，和米三升，豉五升，調味而蒸之；七升米下之”，和本書所説很相似，但錯漏不少。因此，我們可以假定這條引自食經。

77.11.1 食次①曰：“熊蒸，大，剝大爛②。小者，去頭脚，開腹〔一〕。”

　　　　“渾覆蒸。熟，擘之；片大如手。”

77.11.2 又云：“方二寸許，豉汁煮。秫米，薤白——寸斷——橘皮、胡芹、小蒜——並細切——鹽，和糁更蒸。肉一重。間米。盡令爛熟③。方六寸，厚一寸。奠，合糁。”

77.11.3 又云：“秫米、鹽、豉、葱、薤、薑，切鍛爲屑，内熊腹中。蒸熟，擘奠。糁在下，肉在上。”

77.11.4 又云：“四破，蒸令小熟。糁用饙〔二〕。葱、鹽、豉和之。宜肉下更蒸。”

　　　　“蒸熟，擘。糁在下；乾薑、椒、橘皮、糁在上。”

〔一〕“腹”：明鈔譌作“復”，依院刻、金鈔及明清刻本改。

〔二〕“糁用饙”：明清刻本“糁”字上有“宜肉”兩字，今依院刻、明鈔、金鈔移在下文“和之”之下。

① “食次”：丁秉衡注説：“隋書經籍志，梁有食饌次第法；此‘食次’字，當即本此。”胡立初齊民要術引用書目考證，也同樣認爲“食次”就是“食饌次第法”。

② “大，剝大爛”：不可解。懷疑第二個“大”字是“不”字，“爛”字是“爛”字（兩個字形狀相似，所以看錯寫錯）。解釋是“大（隻的熊），剝（掉皮），

不用湯燖毛"。皮既已剥掉，就没有毛，可以不必燖了。與下文"小者，
去頭脚，開腹"相對，小熊該是"爛不剥"，即留着皮，燖掉毛，去掉頭脚
和内臟的。

③"間未。盡令爛熟"：這句也不很好講。懷疑"未"是"米"，"盡"是"蒸"。
即"肉一重，間米，蒸令爛熟"。

77.12.1 "豚蒸，如蒸熊。"

77.13.1 "鵝蒸，去頭如豚。"

77.14.1 "裹蒸①生魚，方七寸准。（又云：五寸准。②）豉汁

煮，秫米，——如蒸熊〔一〕——生薑、橘皮、胡芹、小蒜、
鹽，細切，熬糝。"

"膏油塗箬，十字裹之。糝在上，復以糝③，屈牖，
簽〔二〕祖咸反之。"

77.14.2 又云："鹽和糝，上下與細切生薑、橘皮、葱白、胡

芹、小蒜。置上〔三〕，簽箬蒸之。既奠，開箬，褚〔四〕邊奠
上。"

〔一〕"如蒸熊"：院刻、金鈔無"熊"字，依明鈔及明清刻本補。

〔二〕"牖，簽"："牖"字，明鈔誤作"牖"；"簽"字，明清刻本譌作"篡"。依院
刻、金鈔改正。

〔三〕"上"：明清刻本，誤作"土"，依院刻、明鈔、金鈔改正。

〔四〕"褚"：明清刻本誤作"楮"，暫依院刻、明鈔、金鈔改正。字彙補褚音貯，
"裝衣也"，用來解釋這一句，並不合適，懷疑這個字仍是譌字。也許與
上文"屈牖"的"牖"，是同一個字；都寫錯了。

①"裹蒸"：至今兩廣還保存着這個名稱和作法。

②"又云：五寸准"：這句應當是上句"方七寸准"的原注。七寸方或五寸方
（儘管從前的度量衡單位小，但長度至少也應有現制的十分之七）的魚

片，很少有可能；只有連米包上，一併計算，才能達到這樣的大小。

③"穄在上，復以穄"：這幾個字中，似乎至少有兩個錯字；"上"字應是"下"，
　"復"應是"覆"。即"穄在下，覆以穄"：下面放一層米，上面再蓋一
　層米。

77.15.1　毛蒸魚菜：白魚鱧音賓魚①最上，淨治，不去鱗。
　　　一尺已還，渾。鹽、豉、胡芹、小蒜，細切，着魚中，與菜
　　　並蒸。

77.15.2　又魚方寸准——（亦云五六寸）——下鹽豉汁中，
　　　即出；菜上蒸之。奠，亦菜上蒸②。

77.15.3　又云："竹籃盛魚，菜上。"又云："竹蒸，並奠③。"

①"鱧魚"：集韻以爲是"鯿魚之類"。

②"亦菜上蒸"：這個蒸字，顯然是寫錯了地方的。應當在下面（77.15.3）
　　"竹籃盛魚，菜上"的後面。

③"竹蒸，並奠"："竹蒸"無法解釋；懷疑中間有"籃"字漏去了。

77.16.1　蒸藕法：水和稻穰糠〔一〕，揩令淨，斫去節，與蜜灌
　　　孔裏使滿。溲蘇麵①，封下頭。蒸熟。除麵，寫去蜜，
　　　削去皮，以刀截，奠之。

77.16.2　又云：夏生冬熟，雙奠亦得。

〔一〕"糠"：明鈔與明清刻本都作"糟"，依院刻、金鈔改。

①"蘇麵"："蘇"字可能是"酥"字。

釋　文

77.1.1　食經裏的"蒸熊法"：三升肉，一頭熊；熊整治潔淨，
　　　煮到還不到半熟，用豉汁清浸一個隔夜。

77.1.2　取二升生糯米,不要碰水,只用布揩抹乾淨,用豉汁——要濃的——二升,浸着米,讓米的顏色變成紅黃。炊成飯。

77.1.3　再用蔥白——三寸長的——一升,切細的薑和橘皮每樣二升,鹽三合,(連飯和肉)混和起來。放進甑裏面,蒸到熟。

　　　　蒸羊、小豬、鵝、鴨,都和這一樣。

77.1.4　另一方法:用三升豬油,一升豉汁,混合着灑在熊上面。還用一升橘皮。

77.2.1　蒸小豬法:好的肥小豬一隻,將皮上的垢乾淨洗掉,煮到半熟,用豆豉汁浸着。

77.2.2　生糯米一升,不要碰到水;用濃豉汁浸到顏色變黃,炊成"饋",再用豉汁灑過。

77.2.3　生薑、橘皮切細,每樣一升,三寸長一條的蔥白四升,橘葉一升,合起來放進甑裏面。蓋嚴密,蒸兩三頓飯久;再用三升豬油,一升豉汁和起來,灑在米上。(再蒸一次)就熟了。

77.2.4　蒸熊蒸羊,都像蒸小豬這樣;蒸鵝也是這麼蒸的。

77.3.1　蒸雞的方法:一隻肥雞,整治潔淨;一斤豬肉,一升香豆豉,五合鹽,半虎口蔥白,一寸圍蘇葉,三升豉汁。放了鹽之後,擱在甑裏蒸,蒸到極熟。

77.4.1　焦豬肉的方法:豬燖潔淨後,再用熱水周到地洗一遍,毛孔裏就有垢土出來,用草使力揩抹。像這樣洗抹三遍。

　　　　　　用水漱潔淨,破開成四塊,在大鍋裏煮。

77.4.2 用杓子將湯面上浮起的油撇出來,另外擱在一個
　　　　甕子裏。(再向鍋裏)稍微加上一點水。接連地把油
　　　　撇掉。油撇完了,漉出來,切破成爲四方寸的臠,換過
　　　　水再煮。

77.4.3 放二升酒下去,辟掉豬肉的腥臊氣味——青酒白
　　　　酒都可以;如果沒有酒,可以用酸漿水代替。

　　　　　　添水,撇油,像上面所説的方法一樣。

77.4.4 油撇完了,腥氣也沒有了,漉出來。再在板上切成
　　　　片,在銅鐺裏煮。

　　　　　　一層肉,一層撕〔擘〕開的葱、整顆的豆豉、白鹽、
　　　　薑和花椒。像這樣分層地布置完,加水下去,煮。肉
　　　　煮成琥珀色,就停手。

　　　　　　(這樣的焦肉)儘量吃飽,也不覺得太膩〔餰,烏縣
　　　　切,讀 yèn〕,比奧肉還好。

77.4.5 如果想要擱冬瓜、甘瓝(瓜菜),可以在向銅鍋裏鋪
　　　　肉時放下去。

　　　　　　甕子裏接取的油,很潔白,像寶石雪花一樣。可
　　　　以供其餘各種用途。

77.5.1 焦小豬的方法:一隻肥小豬,約摸十五斤重;三斗
　　　　水,三升好酒。合起來煮到熟;漉出來,撕開。

77.5.2 用四升大米,炊一次〔裝?〕作成餽。一升薑,兩片
　　　　橘皮,三升葱白,和上豉汁,拌進餽裏面,作爲糝。

77.5.3 再用醬清調和味道後,蒸。炊過一石米所需要的

時候,取下來。

77.6.1　炰鵝的方法:肥鵝整治,切開〔解〕成爲二寸長的臠。按比例,十五斤鵝肉,用四升糯米作糝。先像炰豚法(77.5)一樣,連米進甑〔裝〕;然後再用豉汁、橘皮、葱白、醬清、生薑等調和。蒸到炊一石米所需要的時候,取下來。

77.7.1　外國"炮音普教切,讀pau肉法":肥的白羊,──生下來一週年的──殺死,立即趁新鮮切成細片。羊板油也切成細片。加上整顆豆豉、鹽、撕開了的葱白、生薑、花椒、蓽撥、胡椒,調和到口味合適。

77.7.2　將羊肚洗淨,翻轉來,把切好的羊肉和羊油,灌進肚裏,到快要滿時爲限。縫起來。

77.7.3　掘一個中空的坑,用火把坑燒熱。除掉灰和火,把(包有羊肉羊油的)羊肚放到坑裏,用灰火蓋着。

　　　　在灰上再燒火,(燒到)炊一石米所需要的時間,就熟了。

　　　　又香又好吃,不是尋常煮肉炙肉之類的東西。

77.8.1　蒸羊(肉)的方法:羊肉一斤,連刀細切,用豉汁調和。葱白一升,放在上面。蓋起來〔合〕蒸。蒸熟取出,就可以吃。

77.9.1　蒸豬頭的方法:用新鮮〔生〕豬頭,去掉骨頭;煮一開,用刀切細,在水裏整治潔淨。加清酒、鹽、豉,嘗過,調到口味合適。(蒸)熟,將乾的薑和花椒末撒在上面來吃。

77.10.1　作"懸熟"的方法：十斤豬肉，去掉皮，切成纘。一升蔥白，五合生薑，二片橘皮，三升糯米，五合豉汁，調和味道。蒸過大概蒸熟七斗米飯的時間，取下來。

77.11.1　食次記的"熊蒸"：大熊，剝皮，不燖。小熊（不剝皮，要燖掉毛），去掉頭腳，開膛。

　　全部蓋密〔渾覆〕來蒸。蒸熟後，撕成手掌大的片。

77.11.2　另一作法：切成二寸左右見方的塊，用豉汁煮。糯米、薤子白——切成一寸長的段——橘皮、胡芹、小蒜——都切細——鹽，和成糝，再蒸。一層肉，一層米，蒸到爛熟。作成了六寸見方，一寸厚的塊盛起來供上席，連糝米一併供上。

77.11.3　另一作法：糯米、鹽、豆豉、蔥、薤子、薑，切細斫碎，灌進熊肚裏。蒸熟，撕開來盛。糝放在下面，肉在上面。

77.11.4　另一作法：破成幾大塊，蒸到稍微有些熟。用饋作糝，和上蔥、鹽、豆豉。應當放在肉下面再蒸。

　　蒸熟後，撕開。糝在碗底上；乾薑、花椒、橘皮撒在上面。

77.12.1　蒸小豬，像蒸熊一樣。

77.13.1　蒸鵝，像蒸小豬一樣，去掉頭。

77.14.1　裹蒸生魚，七寸見方一片，（也有一說，是五寸見方一片。）豉汁煮，糯米（作糝），像蒸熊一樣——生薑、橘皮、胡芹、小蒜、鹽，都切細，炒進糝裏面。

用油塗在箬葉上，十字交叉地包裹。下面攔一層糝，上面又用糝蓋着。（包裹後）彎過〔屈〕兩頭開口的地方〔？ 牖〕，用竹籤〔篸祖咸反，讀 zām，現在讀 zān〕縶住。

77.14.2　另一作法：鹽和（米作成）糝，上下都給些切細了的生薑、橘皮、葱白、胡芹、小蒜。放在上面，用竹籤縶住箬葉蒸。盛着供上席時，把箬葉攤開"褙邊"，供上席。

77.15.1　毛蒸魚菜：白魚鱠音賓魚最好。整治潔淨，但不去鱗。一尺以內的，整條地用。鹽、豆豉、胡芹、小蒜，切細，放進魚裏面，和菜一起蒸。

77.15.2　又：魚，一寸見方的"准"，——也有說五六寸的——放在鹽和豆豉汁裏，（浸一浸）就拿出來；在菜上面蒸。盛着上席時，也放在菜上面。

77.15.3　又説：竹籃盛魚，菜在上面（蒸）；又説：用竹（籃）蒸，也就用（竹籃）奠。

77.16.1　蒸藕的方法：水和着稻穰稻糠，把藕擦洗潔淨；斫掉藕節，用蜜灌下孔裏去，讓它充滿。和些酥油麵，封住下頭。蒸熟之後，除掉（封住）的麵，將蜜倒出來，削掉皮，用刀切。盛進碗供上席。

77.16.2　又説：藕，夏天用生的，冬天用熟的；一碗放兩個〔雙奠〕也可以。

脏胎〔一〕煎消①法第七十八

〔一〕"胎"：明鈔誤作"脂"，依院刻、金鈔及明清刻本改正。

①"脏胎煎消"："脏"音 zēŋ，廣韻下平聲十四清，鯖，或作䰼、脏，"煮魚煎
食"。玉篇肉部"腤，醋煮魚也"。北堂書鈔卷 145，鯖篇 22 引字林"鯖：
雜肴"。西京雜記，"樓護……歷游五侯之門，……競致奇膳，護乃合以
爲鯖，世稱'五侯鯖'，以爲奇味焉"。本篇第三條，"五侯脏"法，正是
"零揲雜鮓肉合水煮"。因此根據本書材料，"鯖"或"脏"的解釋，應當
是字林所説的"雜肴"——即魚鮓與其他肉類或雞蛋同煮成湯；玉篇所
説的"酸魚湯"。

"胎"，依玉篇、廣韻音 ām，現在應讀 ān。玉篇、廣韻都注爲"煮魚
肉"；即魚或肉煮熟後，另外加湯。

"煎"，依本篇所記，是用油煤。

"消"：依本篇所記，是"細斫熬"，"細剉……炒令極熟"，即斫碎，調
和後，加油炒熟，像今日煤醬麵用的煤醬。許多地區的方言，將煤醬麵
上所加煤醬，稱爲"sàuz"（或寫作"梢子""哨子"；水滸傳裏面寫作"臊
子"）。sàu 可能就是這個"消"字。

"純脏魚"一名"魚魚"；"胎雞"一名"魚雞"；"胎白肉"一名"白魚
肉"；"胎豬"一名"魚豬肉"，則"脏""胎"與"魚"，應當是相似甚或相同
的。本篇第一條，有"胎兩沸"的一句，脏與胎似乎也是同一食物，同一
作法。

78.1.1 脏魚鮓法：先下水，鹽、渾豉、擘葱，次下豬、羊、牛
三種肉〔一〕。胎兩沸，下鮓。打破雞子四枚，寫中，如
瀹雞子法①，雞子浮，便熟，食之。

〔一〕"肉"：明清刻本譌作"内"，依院刻、明鈔及金鈔改正。

①"瀹雞子法"：見卷六 59.8.1。

78.2.1 食經脡鮓法：破生雞子，豉汁、鮓，俱煮沸，即奠。

78.2.2 又云："渾用豉，奠訖，以雞子豉怗。"云〔一〕："鮓，沸湯中；與豉汁，渾葱白。破雞子，寫中。奠二升，用雞子，衆物是停①也。"

〔一〕"怗云"：明清刻本譌作"帖去"，暫依院刻、明鈔及金鈔改正。但懷疑"怗"該是"怗上"；"云"字上還有一個"又"字。

①"衆物是停"："停"字，本書常用作"留下"解，這裏暫時仍照這個意義解釋。

78.3.1 "五侯脡"法：用食板零揲〔一〕，雜鮓、肉，合〔二〕水煮，如作羹法。

〔一〕"揲"：明清刻本譌作"捹"，暫依院刻、明鈔及金鈔改正。但似應作"牒"（參見卷四，校記 34.25.1.〔二〕"零叠"）。

〔二〕"合"：明清刻本譌作"食"，依院刻、明鈔及金鈔改正。

78.4.1 純脡〔一〕魚法：一名"缹魚"。用鱝魚，治腹裏〔二〕，去腮不去鱗。以鹹豉、葱白〔三〕、薑、橘皮、酢〔四〕。——細切——合煮；沸乃渾〔五〕下魚。葱白渾用。

78.4.2 又云："下魚中煮沸，與豉汁、渾葱白；將熟下酢。"

78.4.3 又云："切生薑，令長。奠時，葱在上，大奠一，小奠二〔六〕。若大魚成治，准此。"

〔一〕"脡"：明清刻本譌作"蒸"，依院刻、明鈔及金鈔改正。

〔二〕"裏"：明鈔譌作"裹"，依院刻、金鈔及明清刻本改。

〔三〕"葱白"：院刻、金鈔無"白"字，明鈔及明清刻本有。下面有"葱白渾用"，則"白"字不可少。

〔四〕"酢"：明清刻本作"鮓"，依院刻、明鈔、金鈔改正。

〔五〕"渾"：院刻這一個"渾"字，在本段第二行行末；第三行行末也是一個

"渾"字。明鈔,因爲第二行多了一個字(即 78.4.1.2 所補的"白"字),
所以"渾"字在第三行行頂,第四行行頂仍舊是"渾"字,也就是兩個
"渾"字並列。這是宋刻本原來"每行大字十七"的款式(見漸西村舍刊
本"商例"中的說明)。明清刻本,大概就是因爲這兩個"渾"字並列而
刻漏了一行,即"渾下魚葱白渾用又云入魚中煮沸與豉汁"十七個字。
金鈔每行字數,雖與院刻、明鈔不同,但這十七個字還有着。現在
補入。

〔六〕"二":明鈔與明清刻本漏去"二"字,依院刻、金鈔補。

78.5.1 腤雞——一名"焦雞",一名"雞臛":以渾鹽豉,葱白——中截——乾蘇——微火炙,生蘇不炙——與成治渾雞,俱下水中,熟煮,出雞及葱。漉出汁中蘇、豉,澄令清。

　　　　擘肉,廣寸餘,奠之。以暖汁沃之。

　　　　肉若冷,將奠,蒸令煖,滿奠。

78.5.2 又云:"葱、蘇、鹽、豉汁,與雞俱煮。既熟,擘奠,與汁。葱、蘇在上,奠安〔一〕下。可增葱白,擘〔二〕令細也。"

〔一〕"安":明鈔與明清刻本作"按",依院刻、金鈔改。

〔二〕"擘":明鈔與明清刻本無"擘"字,依院刻、金鈔補。

78.6.1 腤白肉:一名"白焦〔一〕肉"。鹽豉煮,令向熟。薄切,長二寸半,廣一寸。准甚薄。下新水中,與渾葱白、小蒜、鹽、豉清,又蘸葉——切長二寸。

　　　　與葱、薑,不與小蒜、蘸,亦可。

〔一〕"焦":明清刻本譌作"焦",依院刻、明鈔、金鈔改正。

78.7.1　腤豬法：一名"焦〔一〕豬肉"，一名"豬肉鹽豉"。一如焦白肉之法。

〔一〕"焦"：同校記 78.6.1.〔一〕。

78.8.1　腤魚法：用鯽魚，渾用；軟體魚不用。鱗治。刀細切葱，與豉、葱俱下。葱長四寸。將熟，細切薑、胡芹、小蒜與之。汁色欲黑。無酢者，不用椒。若大魚，方寸准得用。軟體之魚，大魚不好也。

78.9.1　蜜純煎魚法：用鯽魚，治腹中，不鱗。苦酒、蜜，中半，和鹽漬魚；一炊久，漉出。膏油熬之，令赤。渾奠焉。

78.10.1　勒鴨消：細斫，熬；如餅臛①，熬之令小熟。薑、橘、椒、胡芹、小蒜，並細切。熬黍米糁。鹽豉汁，下肉中復熬，令似熟②，色黑，平滿奠。

兔雉肉次好。凡肉赤理〔一〕皆可用。

78.10.2　勒鴨之小者，大如鳩鴿，色白也。

〔一〕"理"：明鈔與明清刻本譌作"鯉"，依院刻、金鈔改正。

①"餅臛"：餅指"湯餅"，即今日的"麵條"；臛，即配麵條用的碎肉濃湯。

②"令似熟"："似熟"講不通，懷疑"似"是"極"字爛成的。

78.11.1　鴨煎法：用新成子鴨極肥者，其大如雉，去頭爛①，治却腥翠②五藏，又淨洗，細剉如籠肉③。

78.11.2　細切葱白，下鹽豉汁，炒令極熟，下椒薑末。食之。

①"爛"：顯然是字形相近的"爛"字，寫錯看錯。

②"翠"：鳥尾上脂腺，參看注解 75.5.1.⑥。

③"籠肉"：作餡用的肉。

釋　文

78.1.1 脏魚鮓的方法：先放水，鹽、整顆的豆豉、撕開的葱，再放豬、羊、牛三種肉。這樣的脏，開了兩沸，放鮓魚下去。打破四個雞蛋，倒下去，像"瀹雞子法"一樣；雞蛋浮到湯面上來，就熟了，可以吃。

78.2.1 食經中的脏鮓法：打破生雞蛋，和豉汁、鮓，一同煮沸，就盛着供上席。

78.2.2 又説："用整顆的豆豉。盛好之後，將雞蛋和豆豉漂在〔怗〕湯面上。"又説："鮓，放進沸着的湯裏；再加豉汁，整條的葱白。打破雞子，倒下去，盛進碗，每碗二升（約 400 毫升），用雞蛋，其他材料留下。"

78.3.1 五侯脏作法：將砧板上切下的零星肉，和上鮓、肉，合起來用水煮，像作肉湯一樣。

78.4.1 純脏魚的方法：又稱爲"焦魚"。用鱭魚作，把内臟去掉，鰓去掉，但不去鱗。用鹹豆豉、葱白、薑、橘皮，都切細，——和醋一起煮；煮開後，將整隻魚放下去。葱白也整條地用。

78.4.2 又説："把魚放下去煮開，加豉汁和整條的葱白，快熟時加醋。"

78.4.3 又説："將生薑，切成長條的絲。盛進碗供上席時，葱在魚上面。大魚，每份盛一條。小魚盛兩條。如果更大的魚，成隻地整理過的〔成治〕，依比例加減〔准此〕。"

78.5.1 腤雞——又稱爲"焦雞"，又稱爲"雞臘"：用整顆的鹹豆豉，葱白——中間切開——乾蘇葉——稍微在火上烘一烘，生的就不要烘——和成隻整理好了的雞，一併放進水裏，煮熟，將葱和雞取出來。漉出汁裏（殘留的）蘇葉、豆豉，澄清。

　　　雞肉，破開成寸多長的塊，盛好供上席，用暖的湯汁澆上。

　　　如果肉冷了，在上席之前蒸暖。盛滿碗上席。

78.5.2 又説："葱、蘇葉、鹽、豉汁，和雞一起煮。熟了之後，破開來盛，加些汁。葱和蘇葉放在肉上面，不要放在下面。可以多加些葱白，（葱白）應當撕碎。"

78.6.1 "腤白肉"又稱爲"白焦肉"。鹽、豆豉煮肉，煮到快熟。切成薄薄的，兩寸半長，一寸寬的准。准要很薄。放進另外的水裏，加些整條的葱白、小蒜、鹽、豉汁清，和切成二寸長的蘸葉。

　　　只擱葱、薑，不擱小蒜和蘸葉，也可以。

78.7.1 "腤豬"法：又稱爲"焦豬肉"，又稱爲"鹽豉豬肉"。一切像"焦白肉"的方法。

78.8.1 "腤魚法"：用鯽魚，整隻地用；軟魚不用。去掉鱗，整治潔淨。葱用刀切細碎，連豆豉連葱一齊下水。葱段四寸長。快熟時，將生薑、胡芹、小蒜切細加下去。湯要黑色。如果沒有放醋，就不要下花椒。如果是大條魚，可以切成見方一寸的准用。軟魚、大魚也不好。

78.9.1 "蜜純煎魚"作法：用鯽魚，把内臟去掉，不要去鱗。

醋、蜜,一樣一半,加上鹽,把魚浸着;炊一頓飯久之後,漉出來。用油煎,到成紅色。整隻盛出供上席。

78.10.1 "勒鴨消":斫碎,炒;像澆麵用的濃湯一樣,炒到稍微有些熟。薑、橘皮、花椒、胡芹、小蒜,都切細,炒進黍米作的糝裏。(另外加)鹽和豉汁,(將鴨連米糝)一併加到肉裏面再炒,炒到極熟,顏色黑了,平滿地盛着供上席。

兔肉和野雞肉,是次等的好材料。此外,凡屬紅色的肉都可以用。

78.10.2 勒鴨中小些的,只有斑鳩和鴿子大小,顏色白。

78.11.1 鴨煎作法:用新長大的子鴨,極肥,有野雞大小的。去掉頭,燖淨,去掉尾腺和內臟,又洗潔淨,斫碎到像做餡的肉〔籠肉〕一樣。

78.11.2 葱白切細,加鹽和豆豉汁,將肉炒到極熟,再加花椒、薑末吃。

菹綠第七十九

79.1.1 食經曰:"白菹:鵝、鴨、雞,白煮者。鹿骨①,斫〔一〕爲准,長三寸,廣一寸,下杯②中。以成清③紫菜三四片加上。鹽醋和肉汁沃之。"

79.1.2 又云:"亦細切蘇〔二〕加上。"又云:"准訖,肉汁中更煮,亦啖④,少與米糝。凡不醋不紫菜〔三〕。滿奠爲。"

〔一〕"斫":明清刻本譌作"研",依院刻、明鈔、金鈔改正。

〔二〕"蘇":明鈔與明清刻本作"須",依院刻及金鈔改。但懷疑是"菹"字。

〔三〕"不醋不紫菜":明清刻本,兩個"不"字都作"下",依院刻、明鈔、金鈔改。

① "鹿骨":"鹿骨"在這裏實在無意義;懷疑是"漉骨",即把熟肉湯裏的骨漉掉。

② "杯":史記項羽本紀,有"分我一杯羹"的話。杯應當是一個盛湯的(帶耳的?)器皿,不一定就是盛酒的(盛酒的器皿,稱爲"琖";或寫作"盞")。

③ "成清":懷疑是"成漬",即已經漬好了的。

④ "亦啖":望文生義,不是絶不可解;但非常牽強。懷疑"亦"是"並"字爛成;"啖"字是"菹奠"兩個字看錯。這樣稱爲"白菹"才適合。

79.2.1 菹肖①法:用豬肉、羊〔一〕、鹿肥者。薤葉細切,熬之,與鹽豉汁。細切菜菹葉〔二〕,細如小蟲絲,長至五寸,下肉裏〔三〕。多與菹汁,令酢。

〔一〕"羊":明清刻本"羊"字下多一個"肉"字,依院刻、明鈔、金鈔刪去。

〔二〕"菜菹葉":明鈔與明清刻本,作"菜菹菜",依院刻、金鈔改。菜菹是用菜作成的"菹";菜菹是連葉帶"莖"的,所以申明"菜菹葉"。——但仍懷疑第一個字是"釀"字(參看卷三18.5.2及注解24.9.3.③)。

〔三〕"裹"：明鈔與明清刻本作"裏"，依院刻及金鈔改。

①"菹肖"："肖"字，懷疑是"消"；即上篇所記的一種烹調法。卷九 88.9 條，
　　正是"作菹消法"，内容和本條大致相似。太平御覽卷 856"菹"項引盧
　　諶祭法曰："秋祠有菹消"；注："食經有此法也。"可見"菹消"是向來有
　　着的。

79.3.1　蟬脯菹法：搥之，火炙令熟，細擘，下酢。

　　　　　　又云："蒸之，細切香菜，置上。"

　　　　　　又云："下沸湯中，即出，擘如上。香菜蓼法①。"

①"香菜蓼法"：如望文生義地解，則這四個字應連在"擘如上"句後，作一
　　句，即"擘，如上'香菜蓼法'"但"香菜蓼法"是什麽？上文没有交待。
　　另有兩種可能的解釋；都要假定"法"是錯字：一種，"法"字是"也"字之
　　誤，即用蓼作香菜；蓼在古代是用作香辛料的。另一種，將"法"字認作
　　"之"字，"蓼"作動詞，即用香菜（胡荽或蘭香之類）來"蓼"上，蓼當加香
　　辛料解。我們覺得"香菜蓼之"最容易説明。

79.4.1　緑肉法：用豬、雞、鴨肉，方寸准，熬之。與鹽豉汁
　　煮之。葱、薑、橘、胡芹、小蒜，細切與之。下醋。

79.4.2　切肉名曰"緑肉"，豬、雞名曰"酸"。

79.5.1　白瀹瀹，煮也，音藥。　㹠法：用乳下肥㹠。作魚眼湯，
　　下冷水和之，攣〔一〕㹠令淨，罷。

　　　　　若有麤毛，鑷子拔却；柔毛則剔①之。茅蒿葉揩
　　洗，刀刮削，令極淨。

79.5.2　淨揩釜，勿令渝。——釜渝則㹠黑。

79.5.3　絹袋盛㹠，酢漿水煮之。繫小石，勿使浮出。

　　　　　上有浮沫，數接〔二〕去。兩沸，急出之。

及熱，以冷水沃豘。又以茅蒿〔三〕葉揩令極白淨。

79.5.4 以少許麵，和水爲麵漿；復絹袋盛豘繫石，於麵漿中煮之。接〔四〕去浮沫，一如上法。

79.5.5 好熟，出著盆中。以冷水和煮豘麵漿，使暖暖，於盆中浸之，然後擘食。

皮如玉色，滑而且美。

〔一〕"擘"：明清刻本作"擊"，依院刻、明鈔及金鈔改正。

〔二〕"接"：明清刻本作"掠"，依院刻、明鈔及金鈔改正。

〔三〕"蒿"：院刻、金鈔作"藁"，明鈔及明清刻本作"蒿"。依上面第一節的"蒿"字改。但很可能兩處都該是"藁"字，即"藁"，與"葉"同時用。蒿葉有臭味，不一定合用。

〔四〕"接"：同〔二〕。

① "剔"：現在的"剃"，從前借用"剔"字或"薙"字代替。説文中有"髟殳""髟易"兩個字，也是作"剃"字用的，爭論頗多。

79.6.1 酸豘法：用乳下豘，燖治訖，并骨斬欒之，令片別帶皮。

細切葱白，豉汁炒之，香。微下水。爛煮爲佳。

下粳米爲糝，細擘葱白，並豉汁下之。

熟下椒醋。大美。

釋　文

79.1.1 食經裏"白菹"的作法：鵝、鴨、雞，白水煮熟的，漉掉骨頭，斫成三寸長、一寸寬的准，放進盛湯的杯裏。把浸好的紫菜三四片，加在肉准上，鹽、醋和在肉汁裏澆過。

79.1.2 又説:"也將菹切細加在上面。"又説:"切好准在肉汁裏再煮,連菹一併盛上,稍微給些米糝。如果不酸,就不加紫菜。盛滿碗供上席。"

79.2.1 "菹肖"作法:用豬肉或羊肉,鹿肉用肥的。切成薤葉樣的細絲,炒,加鹽和豉汁。將菜菹葉切細,切成小蟲一樣的絲,大約五寸長,放進肉裏面。多給些菹汁,讓它酸。

79.3.1 "蟬脯菹"的作法:(將蟬脯)搯過,火上烤熟,撕碎,加醋。

又説:"蒸熟,將香菜切細,放在上面。"

又説:"放在滾湯裏,隨即取出,像上文所説的撕碎。用香菜'蓼'上。"

79.4.1 "緑肉"法:用豬、雞、鴨肉,切成一寸見方的准,炒過。加鹽,加豉汁煮。葱、薑、橘皮、胡芹、小蒜,都切細加下去。放醋。

79.4.2 切肉稱爲"緑肉",豬、雞稱爲"酸"。

79.5.1 白瀹瀹就是煮,音藥 jok,現在讀 ye。小豬作法:用吃着奶的〔乳下〕肥小豬。燒些冒着大泡的水〔魚眼湯〕,(燙過)摻冷水和好,把小豬燖潔淨才放手。

有粗毛,用鑷子拔掉;軟毛,用刀剃淨。用茅藁茅葉擦〔揩〕洗,刀刮削,總之整治到乾淨。

79.5.2 把鍋也揩擦到極潔淨,不要讓它變色——鍋變色,小豬也就黑了。

79.5.3 用絹袋盛着小豬，加酸漿水煮。袋上墜些小石子，免得它浮出來。

湯上有泡沫浮出，繼續多次〔數〕撇掉。煮兩開，趕緊取出來。

趁〔及〕熱用冷水澆涼。又用茅葉茅藁，擦到極白淨。

79.5.4 取一點麵粉，和上水，作成麵漿，再用絹袋盛着小豬，墜上石子，在麵漿裏煮。將泡沫撇掉，像上面所説的方法一樣。

79.5.5 好了熟了，拿出來放在盆子裏。用冷水攪和在原來煮豬的麵漿裏，讓它暖暖的，在盆子裏浸着，然後弄碎來吃。

皮色像玉一樣，（肉）滑嫩而且甜美。

79.6.1 "酸豚"法：也用吃奶的小豬，燖潔淨，連骨一起斬成臠，讓每片臠都帶有皮。

葱白切細，加豉汁，（將肉）炒到有些香氣。少放點水，煮爛。

放些粳米作爲米糝，葱白撕碎，連豉汁一起，下到肉裏。

熟了之後，加花椒、醋，極好吃。

中國古典名著譯注叢書

齊民要術今釋

下

〔北魏〕賈思勰 撰

石聲漢 校釋

中華書局

齊民要術卷九

後魏高陽太守賈思勰撰

〔一〕明鈔本無“作”字，依正文補。

〔二〕明鈔本無“法”字，依正文補。

〔三〕“糗”：明清刻本譌作“粗”，今依明鈔、金鈔改正。

〔四〕明鈔本無“法”字，依正文補。

炙法第八十

80.1.1 炙㹠〔一〕法：用乳下㹠①，極肥者，豶牸俱得。

80.1.2 攀〔二〕治一如煮法②。揩〔三〕洗、刮削，令極淨。小開腹③，去五藏〔四〕，又淨洗。

80.1.3 以茅茹④腹令滿。柞木穿，緩火遥炙，急轉勿住。轉常使周帀〔五〕；不帀，則偏燋也〔六〕。

清酒數塗，以發色。色足便止。

取新豬膏極白淨者，塗拭勿住。若〔七〕無新豬膏，淨麻油亦得。

80.1.4 色同琥珀，又類真金；入口則消，狀若凌雪〔八〕，含漿膏潤，特異凡常也。

〔一〕“㹠”：明鈔作“㹠”，明清刻本作“豬”。“㹠”是小“豬”，即“㹠”或“豚”的一種寫法。但正文既作“㹠”，便依金鈔作“㹠”字。

　　這些小標題，明鈔、金鈔都另作一行，比篇標題還低一格，用大字。

　　討原本則和卷八各條一樣，用大字；但直作正文，頂格起，不提行；下面空一格，有時還不空。

〔二〕“攀”：明鈔譌作“擊”，明清刻本作“繫”。依金鈔改正。

〔三〕“揩”：明鈔譌作“楷”，依金鈔及明清刻本改正。

〔四〕“藏”：明清刻本作“臟”，依明鈔、金鈔作“藏”；“藏”讀去聲，“月”旁是後來才加上的。

〔五〕“周帀”：明鈔譌作“用帀”，明清刻本譌作“周而”；依金鈔改正。

〔六〕“不帀，便偏燋也”：明清刻本“帀”作“市”，“燋”作“焦”；討原作“不滯□偏焦也”；金鈔“便”作“則”，“燋”作“集”。現依明鈔。

〔七〕“勿住。若”：明鈔“若”譌作“著”，金鈔“若”譌作“苦”；討原無“勿”字，

"住"作"佳";祕册彙函本無"勿"字,"若"字也譌作"著"。

〔八〕"雪":明鈔譌作"雷",依金鈔及明清刻本改正。

①"乳下豘":還沒有斷乳的小豬。至今粵語系統方言中,還稱爲"乳豬"。這一種炙豘法,在兩廣作"燒乳豬"時,大體上仍在應用。

②"一如煮法":像上面卷八菹綠第七十九中,"白瀹豘法"所描寫的一套方法。"白瀹豘法"(原注:瀹,煮也;所以這裏稱爲"煮法")也是用乳下肥豚,"㧻治揩洗刮削"的一套辦法,正可以用來預先整治"炙豘"。

③"小開腹":"小"字值得注意。這就是只將腹壁切開一點,不動胸壁;小豬的整個體腔,保持相當完整,再"茅茹腹令滿"後,仍是一隻彭亨的小肥豬,烤起來很方便。現在兩廣"燒乳豬",則是"大開膛"後,用叉串着翻轉的,和以前不同。

④"茅茹":用(香)茅塞滿。

80.2.1 棒或作捧〔一〕炙:大牛用膂①,小犢用脚肉亦得。

80.2.2 逼火偏炙一面。色白便割,割遍〔二〕又炙一面。含漿滑美。

若四面俱熟然後割,則澀惡不中食也。

〔一〕"棒或作捧":這個標題和注的格式,金鈔、明鈔和討原,都是在第一個大字下,加三個小字的注;但明鈔第一個大字作"捧",又小注末字作"俸"。祕册彙函本,第一個字也作"捧";小注則在標題的炙字下,作"捧或作俸"四字。現依金鈔改正。下面81.3,81.4兩則,都有"棒炙"的話,可見作"棒"是正確的。

〔二〕"割遍":明鈔與明清刻本没有"遍"字,依金鈔補。

①"膂":說文解字中,"膂"與"呂"是同一個字,"呂"字是象脊骨的形狀的。廣雅釋器,"膂"直接就是肉。現在口語中所謂"裏脊肉",應當就是"膂脊肉"讀轉了音。

80.3.1 腩①奴感切炙〔一〕:羊、牛、麕、鹿肉皆得。

80.3.2 方寸臠。切葱白,斫令碎,和鹽豉汁。僅令相淹,
少時便炙。——若汁多〔二〕久漬,則肕。

80.3.3 撥火開〔三〕;痛逼火迴轉急炙。色白熱食,含漿
滑美。

　　若舉而復下,下而復上;膏盡肉乾,不復中食。

〔一〕標題的小注明鈔、金鈔、討原,都在第一字"腩"下;祕册彙函本在"炙"
字下。

〔二〕"汁多":金鈔"多"譌作"炙"。

〔三〕"開":明清刻本譌作"間"。

①"腩":玉篇的"腩"(或寫作醰、醩)和廣韻上聲"四十八感"的"腩",都解釋
爲"煮肉";集韻上聲"四十八感"的"腩",解作"臛也"。這些解釋,都和
這裏的用法不甚相合。80.13.1一條的"腩炙法",除所用的肉是"鴨"
或"子鵝",所用作料還有"酒、魚醬汁、薑、橘皮"之外,基本原理,都是
將肉類先在"鹽豉汁"中淹漬很短一段時間,就在火上炙。很懷疑這
"腩"字,只是一個音符,與今日四川方言中用醬油、醋、麻油拌浸生菜
稱爲"攬"或"腩"的,音(攬和腩,古代和今日都同一韻母;而今日四川
方言,又和湖南方言一樣,l 與 n 兩個聲母不分)義相同。尤其 80.42
節,"亦以葱、鹽、豉汁腩之"一句中,"腩"明顯地當作動詞用,更與"攬"
或"腩"相近,可以補助説明"腩"不是"煮肉"或"臛"。

80.4.1 肝炙:牛、羊、豬肝,皆得。

80.4.2 臠長寸半,廣五分。亦以葱、鹽、豉汁腩之。

80.4.3 以羊絡肚䐈素千切①脂②裹〔一〕,橫穿,炙之。

〔一〕"裹":明清刻本,包括討原本在內,都誤作字形相似的"裏"。

①"素千切":依廣韻集韻,應是"素干切";但是要術各本,都作"素千切"。
按"仙"與"山","軒"與"干","霰"與"散"等例看來,讀"素千切"也未嘗
不可。

②"絡肚臕脂":案卷八的 76.14.2 有"胳肪";本卷 80.15.2 又有"胳肚臕"
　　這個名稱,這裏似乎也應當是"胳"字。否則那兩處的"胳"字便應當改
　　作"絡"。"胳"是腋下,即胸腹側面;"胳肪",應是今日口語中所謂
　　"板油"。

80.5.1　牛胘^①炙:老牛胘,厚而胞〔一〕。劙、穿,痛蹙令聚^②。逼火急炙,令上劈裂;然後割之,則脆而甚美。若挽令舒申,微火遙炙,則薄而且肕〔二〕。

〔一〕"胞":明清刻本譌作字形相近的"肥"。

〔二〕"肕":明清刻本譌作字形相似的"明"(討原)或"朋"(祕册)。

①"胘":牛羊百葉(重瓣胃)稱爲"胘"。

②"痛蹙令聚":蹙是壓迫緊縮,聚是堆聚集合。

80.6.1　灌腸法:取羊盤腸^①,淨洗治。

80.6.2　細劙羊肉,令如籠肉^②。細切葱白、鹽、豉汁、薑、椒末調和,令鹹淡適口。以灌腸。

80.6.3　兩條夾而炙之;割食,甚香美。

①"盤腸":依卷八 76.14"作羊盤腸雌斛法"的記述,"盤腸"應當就是大腸。

②"籠肉":見卷八注解 78.11.1.③。

80.7.1　食經曰:作"跳〔一〕丸炙"法:羊肉十斤,豬肉十斤,縷切之。生薑三升,橘皮五葉,藏瓜^①二升,葱白五升,合擣,令如彈丸。

80.7.2　別以五斤羊肉作臛;乃下丸炙^②,煮之作丸也。

〔一〕"跳":明清刻本作"戝",金鈔作"踈"。依明鈔作"跳"。"跳丸",是將彈
　　丸向上拋擲接弄的一種游戲。這種作法,所得肉丸,形狀像彈丸,似乎

就因爲這樣才稱爲"跳丸炙"。北堂書鈔卷 145"炙"項"丸炙"一條,引"食經云:交趾丸炙法,丸如彈丸,作臛,乃下丸炙煮之"。和要術所引,文字上有頗大的差別。名稱中的"趾"字,字形却與"跳"字很相似,值得考慮。

①"藏瓜":即用鹽醃過保藏的瓜,大約等於現在所謂"醬瓜"。見下文 88.13 和 88.16 兩條。

②"乃下丸炙":上文一直説到作成"肉丸"爲止。這裏提出了"炙"字,下面解釋爲"煮之作丸",不是直接在火上烤。也就是説,本篇所指的炙,不全是直接用火烤,還有像本節所説的將斫碎的生肉在肉湯中燙熟,與下面"餅炙"(80.11 及 80.17)的用油煎(煠),和在"鐵鐺上炙"的(蚶:80.19;蠣:80.20;車熬:80.21)以及裝入竹筒裏烤的筒炙(80.16)等辦法。

80.8.1 膞炙㹠法:小形㹠一頭,膞①開,去骨。去厚處,安就薄處,令調。

80.8.2 取肥㹠〔一〕肉三斤,肥鴨二斤,合細琢。魚醬〔二〕汁三合,琢葱白二升〔三〕,薑一合,橘皮半合,和二種肉,著㹠〔四〕上,令調平。

以竹弗②弗之。——相去二寸下弗——以竹箸著上,以板覆上,重物迮③之。

80.8.3 得一宿。明旦,微火炙。以蜜〔五〕一升合和,時時刷之。黄赤色便熟。

80.8.4 先以雞子黄塗之,今世不復用也。

〔一〕"取肥㹠":明清刻本作"取調肥豬",依明鈔、金鈔改。

〔二〕"魚醬":明鈔及明清刻本謁作"魚漿",依金鈔改正。下面的 80.11,80.12,80.13 各條,也有"魚醬汁"。

〔三〕"二升":明清刻本作"三斤",依明鈔、金鈔改正。

〔四〕"犹":**明清**刻本譌作"豬",依**明鈔**、**金鈔**改。本條的標題也正是"犹"。

〔五〕"蜜":**明清**刻本譌作"串",依**明鈔**、**金鈔**改正。

①"臏":揚雄方言卷七"膞、曬、晞,暴也。……**燕**之外郊,**朝鮮洌水**之間,凡
　　暴肉、發人之私,披牛羊之五藏,謂之膞"。膞字就是"膊",讀"薄"音。
　　這裏的"臏",也正是"膊",即"大開膛",帶上"開腦袋",將腦髓和五臟
　　一齊掏出。

②"弗":現在都寫作"串"(要術**明清**刻本中,兩個寫法常混雜着同時出現)。
　　讀ɡyàn;從前讀 guàn。串,是一枝細長的長條,把許多零碎東西貫穿連
　　繫起來,成爲一貫或一串的。"炙串",普通用鐵籤。這裏所指的"竹
　　串",是一條竹籤,作炙串用。

③"迮":即現在的"榨"字(參看注解 74.1.3.②)。

80.9.1 擣炙法:取肥子鵝肉二斤,剉之,——不須細剉。

80.9.2 好醋三合,瓜菹一合,葱白一合,薑、橘皮各半合〔一〕,椒二十枚——作屑——合和之。更剉令調。聚著〔二〕充竹弗上。

80.9.3 破雞子十枚;別取白,先摩之,令調。復以雞子黃塗之。

80.9.4 唯急火急炙之,使焦。汁出便熟。

80.9.5 作一挺①,用物如上;若多作,倍之。

若無鵝,用肥犹亦得也。

〔一〕"半合":**明清**刻本漏去"合"字,依**明鈔**、**金鈔**補。

〔二〕"聚著":"聚"字金鈔譌作"裏";"著"金鈔作"箸"。"著充竹弗上",這句
　　仍不好解釋,顯然還另有錯字,懷疑"充"字可能是省筆的"長"字
　　寫錯。

①"挺":即後來寫作"錠"的字,"一挺"或"一錠"就是一長塊。

80.10.1　銜炙[一]法：取極肥子鵝一隻，淨治，煮令半熟。去骨，剉之。

80.10.2　和大豆酢①五合，瓜菹三合，薑、橘皮各半合，切小蒜一合，魚醬汁二合，椒數十粒——作屑——合和，更剉令調。

80.10.3　取好白魚肉，細琢，裹[二]作弗，炙之。

[一]"銜炙"：祕册彙函系統各本作"銜炙"，討原本與漸西村舍本，則與明鈔、金鈔一樣是"銜"字。今本劉熙釋名釋飲食第十三："胋，銜也。銜炙，細密肉，和以薑、椒、鹽、豉已，乃以肉銜裹其表而炙之也。"畢沅考證，以爲這條有錯漏；他主張在前面加"胋炙"兩字，因爲"胋，銜也"，是説明所以稱爲"胋炙"的原因的。王先謙釋名疏證補，引吳翊寅校議，更以爲這條中"銜炙"兩字是衍文，"密"字應是"切"字。太平御覽卷863，炙項第一條，便是引釋名。其中一節，是"銜炙，細琢（御覽原作'椽'，顯然是字形相似的'琢'字看錯）肉，和以……"並没有"胋炙"，也没有"胋銜也"之類的字。玉篇，"胋"解爲"食不厭也"；和説文解字同；音"胡監切"，讀 hàm（今讀 xiàn）；與釋名的用法完全不同。但今本釋名既有"胋，銜也"的説法，——即使是後人加入的！——也必有一定根據。很懷疑"胋"和"銜"，都只是所謂"託名標識字"（即記音的字）。重要的，只是裏面是斫碎了的肉，外面用一層東西裹起來。寫成"銜"可以，寫成同是平聲的"函""含"，音義也都相符合。釋名用去聲的"胋"字作音標字，很可能就是今日寫作"餡"這一個字的來源。"餡"，正是外面用東西包裹起來的碎肉。

[二]"裹"：明鈔及明清刻本誤作"裹"，依金鈔改正。

①"大豆酢"：用大豆供給固體的表面，讓醋酸細菌好生長，將酒氧化成醋。參看卷八，71.16所引"食經作大豆千歲苦酒法"。

80.11.1　作餅炙法：取好白魚，淨治，除骨取肉，琢得三升。

熟豬肉肥者一升，——細琢^[一]——酢五合，葱、瓜菹各二合，薑、橘皮各半合，魚醬汁^[二]三合。看鹹淡、多少，鹽之^①，適口取足。

80.11.2　作餅如升盞大，厚五分，熟油微火煎之，色赤便熟，可食。

80.11.3　一本：用椒十枚，作屑，和之。

〔一〕"琢"：明清刻本譌作"作"字，依明鈔、金鈔改正。

〔二〕"汁"：明清刻本譌作"十"，依明鈔、金鈔改正。

①"鹽之"："鹽"字用作動詞，即加鹽。

80.12.1　釀^①炙白魚法：白魚，長二尺，淨治。勿破腹。洗^[一]之竟，破背，以鹽之^②。

80.12.2　取肥子鴨一頭，洗，治，去骨，細剉。酢一升^[二]，瓜菹五合，魚醬汁三合，薑橘各一合，葱二合，豉汁一合，和，炙之^③，令熟。

80.12.3　合取，從^[三]背入著腹中，弗^[四]之。如常炙魚法，微火炙半熟。復以少苦酒，雜魚醬豉汁，更刷魚上，便成。

〔一〕"洗"：金鈔誤作"細"字。

〔二〕"酢一升"：明清刻本"酢"上誤多一個"作"字，大概因爲上句末了是"琢"字，這句開端是"酢"字，因此多寫了一個與上一字音近，下一字形相似的"作"。依明鈔、金鈔删。

〔三〕"從"：明鈔及明清刻本作"後"，依金鈔改正。

〔四〕"弗"：明清刻本譌作字形相似的"弗"，漸西村舍本改作"沸"，也沒有意義。崇文書局本改作"串"，與明鈔、金鈔合。

①"釀"：將斫碎的生肉裝進一個空殼中，一併蒸、煮、煎、煤的烹調法，稱爲

“釀”。現在有釀小南瓜、釀青辣椒、釀苦瓜等“名菜”；<u>兩廣</u>很講究釀魚，是將魚皮揭起，將魚肉取出來，加上豬肉或牛肉，以及蝦米、冬菰等，一切斫碎，再灌進原來的魚皮裏面，下油煎熟，然後加醬油燜好。在<u>兩廣</u>用土鯪魚，用白魚也可以作。

②“以鹽之”：這句少了一個字；可能原來是兩個鹽字，第二個作動詞用的，寫時漏去了一個；也可能漏去的是“入”字之類的動詞。

③“炙之”：這個炙字，可以解釋；但也可能是“聚”“熬”之類的字寫錯。

80.13.1 腩炙法①：肥鴨，淨治洗，去骨，作臠。

　　　酒五合，魚醬汁五合，薑、葱、橘皮半合，豉汁五合，合和，漬一炊久，便中炙。

　　　子鵝作亦然。

①“腩炙法”：這一條和 80.3 的腩炙法，名稱相同，内容也大致相似。

80.14.1 豬肉鮓〔一〕法①：好肥豬肉作臠，鹽令鹹淡適口。

　　以飯作糝，如作鮓法。看有酸氣，便可食。

〔一〕“鮓”：本條這兩個“鮓”字，<u>明清</u>各刻本都作“酢”，依<u>明鈔</u>、<u>金鈔</u>改正。

①“豬肉鮓法”：這一條，内容與“炙”無關，應當在卷八的作魚鮓第七十四篇中，顯然是隨手放錯了地方。74.8.1，正是作豬肉鮓法，敍述比這裏還要詳細。

80.15.1 食經曰：啗〔一〕炙①：用鵝、鴨、羊、犢、麞、鹿、豬肉，肥者，赤白半。

80.15.2 細斫熬之。以酸瓜菹、筍菹〔二〕、薑、椒、橘皮、葱、胡〔三〕芹——細切——鹽、豉汁，合和肉，丸之。手搦汝角切爲寸半方。

　　　以羊豬胳肚䐈裏之。兩歧，簇兩條，簇炙之——

　　　簇兩㸃——令極熟,奠四㸃。

80.15.3　牛雞肉不中用。

〔一〕"啗":明鈔及明清刻本均作"啖",依金鈔及80.16.1"和調如啗炙"改
　　　"啗"。漸西村舍本,將80.16.1的"啗"改作"啖"也可以;總之,這兩條
　　　應是同一個字。

〔二〕"筍菹":明清刻本缺"菹"字,依明鈔、金鈔補。

〔三〕"胡":明鈔作"葫",依金鈔及前後文的用法改正。

①"啗炙":由作法和材料兩方面看來,都和80.10的"銜炙"很相似。如依
　　　畢沅疏證劉熙釋名所補的名稱"脂炙",則連名稱的寫法也極相
　　　似,——也許竟該説相同:因爲"啗"字,和與它同音同義的"脂""啖"兩
　　　個字同偏旁的字,都有讀作 ham 的,則"啗"也許原來和"脂"同是讀
　　　hàm 的字。

80.16.1　擣炙①一名筒炙,一名黄炙:用鵝、鴨、麕、鹿、豬、羊
　　　肉。細斫,熬,和調如啗炙②。若解離不成,與少麵。

80.16.2　竹筒:六寸圍,長三尺,削去青皮,節悉淨去。以
　　　肉薄③之。空下頭,令手捉。

80.16.3　炙之欲熟,小乾不著手。

　　　　　豎堀④中,以雞鴨白手灌之。若不均,可再上白;
　　　　猶不平者,刀削之。

　　　　　更炙,白燥,與鴨子黄;——若無,用雞子黄,加少
　　　　朱助赤色。上黄:用雞、鴨翅毛刷之。

80.16.4　急手數轉,緩則壞。

　　　　　既熟,渾脱⑤,去兩頭,六寸斷之。促⑥奠二〔一〕。

80.16.5　若不即用,以蘆荻苞之,束兩頭,布蘆間〔二〕——可
　　　五分——可經三五日。不爾,則壞。

80.16.6　與麪,則味少酢〔三〕⑦;多則難著矣。

〔一〕"二":明清刻本缺"二"字,依明鈔、金鈔補。

〔二〕"蘆間":明鈔"間"誤作"問",依金鈔及明清刻本改正。

〔三〕"酢":明清刻本作"酸",依金鈔及明鈔作"酢"。

①"擣炙":這條的内容(作法與材料)和上面 80.9 條相似,作好的成品,在 80.9 條是"一挺",也很相像;名稱則是相同的。

②"唅炙":即上面 80.15 的"唅炙"。

③"薄":當"敷"字講,即在竹筒外面,敷上一層碎肉。

④"堀":玉篇音烏侯切(即是讀 ōu),解作"墓也";廣韻上聲四十五厚的堀 (音嘔);集韻下平聲十九侯的堀(音歐)都解作"聚沙"。這些解釋,都 不合于這裏的用法。依玉篇中堨即甌(即缸)的例,大概這個"堀"應當 可以解釋作"甌",即小形的厚瓦碗。

⑤"渾脱":"渾"本應寫作"楎",即整個;"脱"是脱出來。這裏只可以這樣 解釋。

⑥"促":促是逼近,擠緊。

⑦"則味少酢":這一節似乎有錯漏。懷疑該是"與麪多,則味酢;少則難 著矣"。

80.17.1　餅炙①:用生魚②;白魚最好,鮎、鱧〔一〕不中用。

80.17.2　下魚片離脊肋:仰栚〔二〕几上,手按大頭③,以鈍刀 向尾割取肉,至皮即止。

淨洗。臼中熟春之。——勿令蒜氣!——與薑、 椒、橘皮、鹽、豉,和。

80.17.3　以竹木〔三〕作圓範,格四寸,面油塗。絹藉〔四〕之, 絹從格上下以裝之,按令均平。手捉絹,倒餅膏油中 煎之。

80.17.4　出鐺④，及熱置柈〔五〕上；盌子底按之令拗〔六〕。

80.17.5　將奠，翻仰之。若盌子奠，仰與盌子相應。

80.17.6　又云：用白肉生魚，等分，細斫，熬，和如上。手團作餅，膏油煎如作雞子餅⑤。十字解，奠之；還令相就如全奠。小者——二寸半——奠二。葱、胡芹〔七〕，生物不得用！用則班；可增⑥。

80.17.7　衆物若是⑦先停此。若無，亦可用此物助諸物。

〔一〕"鱧"：明清刻本譌作"鯉"，依金鈔、明鈔改正。

〔二〕"棚"：明鈔及明清刻本作"拥"；崇文本作"硎"；暫依金鈔及討原本作"棚"。"棚"，據篇海，是"机也"，即砧板或案板。但玉篇、廣韻，都沒有"棚"字。

〔三〕"木"：明鈔譌作"本"，依金鈔及明清刻本改正。

〔四〕"藉"：明清刻本作"籍"，依明鈔、金鈔作"藉"。藉即"墊"着的意思。

〔五〕"柈"：明鈔及明清刻本作"拌"，依金鈔作"柈"。柈即"盤子"、"碟子"。

〔六〕"令拗"：明清刻本作"令勿拗"，依明鈔、金鈔刪去"勿"字。

〔七〕"芹"：明清刻本譌作"二斤"，依明鈔、金鈔改正。

①"餅炙"：這一條，和上面80.11的"餅炙法"，材料、作法，都十分相似。

②"生魚"：和"乾魚"對稱，即新鮮魚，並不一定是活魚。

③"大頭"：望文生義，解釋爲魚身體較粗大的一頭，固然也可以講解；但仍懷疑"大"是"魚"字爛成。

④"鐺"：讀ᶜēŋ，或 cēŋ，即鐵鍋。

⑤"作雞子餅"：作"雞子餅"的方法，見餅法第八十二"雞鴨子餅"條。

⑥"用則班；可增"：這句裏面，至少"班"字是很費解的，卷八76.24末了，也有同樣的句法，"早與血，則變大，可增米奠"。對比之下，我們懷疑"班"字，是說明生葱、生胡芹的壞處，——可能是"萎縮"，或"變色"（斑），所以可以再增加一些。

⑦這一整節，意義很難捉摸。假定"是"字是"足"字寫錯，則這節可以這麼
　　解釋："如果其他的食品很充足，可以先陳列〔停〕這種'餅炙'；如果没
　　有很充足的其他食品，也可以用這種餅炙配合奠上。"但我們感覺這樣
　　望文生義的解法，根據太薄弱，所以釋文中不列入這一節。

80.18.1　範炙①：用鵝鴨臆肉。如渾②，椎令骨碎。與薑、椒、橘皮、葱、胡芹、小蒜、鹽、豉，切和〔一〕，塗肉。渾〔二〕炙之。

80.18.2　斫取臆肉去骨，奠如白煮之者。

〔一〕"和"：明清刻本譌作"如"，依明鈔、金鈔改正。

〔二〕"渾"：明鈔及明清刻本譌作"塗"，依金鈔改正。

①"範炙"：本條的内容，與"範"字找不出絲毫關係；倒是上一條，餅炙法中，
　　有"以竹木作圓範"的説法。因此頗懷疑這個標題，可能應是上一條末
　　了的一句"亦名範炙"；而本條的標題却遺失了，或者錯到了正文中。

②"如渾"：望文生義，可以解釋，但很牽强。懷疑這兩個字並不是正文，而
　　是這條的標題"渾炙"兩字，鈔寫錯了。

80.19.1　炙蚶：鐵鏁①上炙之。汁出，去半殼，以小銅枠奠之。大奠六，小奠八〔一〕；仰奠。別奠酢隨之。

〔一〕"小奠八"：明清刻本，"八"字上誤多一"之"字，依明鈔、金鈔删。

①"鏁"：這個字，較早的字書辭書，如説文、玉篇、廣韻、方言、釋名……都没
　　有收；只有集韻入聲"十月"中有，讀"謁"，解釋爲"以鐵爲揭也"；"揭"是
　　什麼？字書中的解釋，只有一個"擔"也，是實物名稱，其餘都是名動詞，
　　"擔"，只可以解釋爲擔東西用的"扁杖"（扁挑、扁擔）。集韻所收的字與
　　解釋，有些是作者遷就着要術中的錯字憑空撰出來的（例如種麻第八的
　　"點"，養鵝鴨第六十的"羌量"之類）；很懷疑這個字也正是同樣地出於
　　穿鑿附會。可能只是一個"鍋"字寫得不甚好，後來看錯鈔錯而成。

80.20.1　炙蠣：似炙蚶。汁出，去半殼，三肉共奠。如蚶，
　　　　別奠〔一〕酢隨之。

〔一〕“奠”：明鈔、金鈔都誤作“莫”，依明清刻本作“奠”。

80.21.1　炙車熬〔一〕：炙如蠣。汁出，去半殼，去屎，三肉一
　　　　殼。與薑、橘屑，重炙令暖。仰奠四；酢隨之。

80.21.2　勿太〔二〕熟，則肕。

〔一〕“熬”：明清刻本作“螯”。

〔二〕“太”：明清刻本譌作“令”，依明鈔、金鈔改正。

80.22.1　炙魚：用小鱭、白魚最勝。渾用。鱗、治，刀細
　　　　謹①。無小，用大爲方寸准，不謹。

80.22.2　薑、橘、椒、葱、胡芹、小蒜、蘇、欓②，細切鍛。
　　　　鹽〔一〕、豉、酢，和以漬魚。可經宿。

80.22.3　炙時，以雜香菜汁灌之。燥，復與〔二〕之。熟而止。
　　　　色赤則好。

80.22.4　雙奠，不惟用一③。

〔一〕“鹽”：明清刻本譌作“盤”，依明鈔、金鈔改正。

〔二〕“復與”：明清刻本譌作“不復與”，依明鈔、金鈔删去“不”字。

①“謹”：這個字，字書中能找到的解釋都不適合于説明這裏的用法。説文
　　手部有一個“撋”字，解作拭也，即修飾整齊的意思；比較上合于這句的
　　情況。

②“欓”：玉篇解釋爲“茱萸類”；爾雅翼：“三香：椒、欓、薑也”，即作香料用的
　　食茱萸。

③“不惟用一”：懷疑“不惟”是“大准”兩字寫錯。上面説過“無小，用大爲方
　　寸准”；“大准用一”，即大魚切成的方寸准只用一件。

釋　文

80.1.1　"炙独"的方法：用還吃着奶的小豬，要極肥壯的；
雄〔獖〕雌〔牸〕都可以（用）。

80.1.2　（把小豬）像"白瀹独法"一樣地燖燙整治。（用茅
藁葉）揩抹，洗滌，（用刀）刮削，剃毛，弄到極潔淨。在
肚皮上作"小開腔"，掏去五臟，再洗淨。

80.1.3　用茅塞在肚腔裏，（塞得）滿滿的。用堅硬的柞木
棍穿起來，慢火，隔遠些烤〔炙〕着，一面炙，一面急急
不停地轉動。要隨時〔常〕轉動到面面周到〔周匝〕，不周到，
就會有一面特別枯焦。

　　用漉過的清酒多次塗上，讓它上色。顏色够深了就
停止。

　　取極白極淨的新鮮煉豬油〔膏〕不停地塗抹。如
果沒有新鮮豬油，用潔淨的麻油也可以。

80.1.4　（烤好的小豬）顏色像琥珀，又像真金；吃到口裏，
立刻就融化，像凍了的雪一樣；漿汁多，油潤，和平常
的（肉食）特別不同。

80.2.1　"捧（或寫作"捧"）炙"：大牛用膂脊肉，小牛用脚腿
肉也可以。

80.2.2　直接靠近〔逼〕火，專〔偏〕烤一邊。顏色變白後立
刻割下來，（白的）割完了〔遍〕烤另一面。就漿汁多，
嫩，美好。

　　如果等各方面都熟透了再割，就粗老〔澀〕不好

吃了。

80.3.1 腩奴感切,音 nǎm(現讀 nǎn)。炙:羊、牛、麕、鹿肉都可以。

80.3.2 切成一寸見方的臠。將葱白切開,斫碎,和進有鹽的豆豉汁裏面(把肉放在這汁裏),只讓汁淹沒着肉,一會兒便(取出來)烤。如果用的汁太多,或者浸得久了,肉就㑑了。

80.3.3 將火撥開,儘量近地靠近火,急些迴轉着烤。(烤)白了的肉,趁熱吃,漿汁多,嫩而美好。

如果離開〔舉〕再放下烤,放下去再拿起來,油烤盡了,肉是乾的,便不好吃。

80.4.1 "肝炙":牛肝、羊肝、豬肝都可以。

80.4.2 切成半寸長五分闊的臠。也用葱、鹽、豉汁腩過。

80.4.3 用羊花油〔絡肚臕素千反;音 siěn 脂〕裹着,打橫串起來,烤。

80.5.1 "牛胘炙":老牛的"百葉"〔胘〕,厚而且脆。剗淨,用串來穿上,用力壓縐擠緊起來。靠近火快快烤熟,讓它面上裂口,再割來吃,就又脆又美好。如果拉直扯平,小火上遠隔着烤,又薄又硬㑑(不能吃了)。

80.6.1 作"灌腸"的方法:取羊的大腸,洗滌整治潔淨。

80.6.2 將羊肉斫碎,(碎到)像作餡的肉一樣。葱白切細,(與)鹽、豉汁、薑、花椒末一併調和,讓鹹淡合口味。用來灌進腸裏面。

80.6.3 將兩條(灌好了的)腸並排夾着來烤;(烤熟)割着

吃,很香很美。

80.7.1　食經説的作"跳丸炙"的方法:羊肉十斤,豬肉十斤,都切成細絲。(加上)三升生薑,五片橘皮,二升醬瓜〔藏瓜〕,五升葱白,混合起來,擣爛,作成彈丸。

80.7.2　另外用五斤羊肉,煮作肉湯;將肉丸〔丸炙〕放下去,——煮成丸(稱爲"丸炙")。

80.8.1　"𦞦炙豘"作法:用一隻小形的小豬,整隻破開,把骨頭剔掉。將肉厚的地方,割些下來,安置在肉薄些的地方,總要(排到)均匀〔調〕。

80.8.2　取三斤肥的小豬肉,二斤肥小鴨子肉,和起來斫碎。用三合魚醬汁,二升斫碎的葱白,一合薑,半合橘皮,和進兩種肉裏面,鋪在(𦞦開了的)小豬上面,排得均匀平正。

　　　用竹籤串好,——相隔兩寸,串下一枝竹籤——用箬葉蓋在上面,再蓋木板,(木板上)用重的東西壓榨着。

80.8.3　過一夜,明早,用小火烤。用一升蜜,(放些水?)調和,不斷地〔時時〕刷在上面。顏色發黄轉紅,就熟了。

80.8.4　過去〔先〕用雞蛋黄塗,現在〔今世〕不再用了。

80.9.1　作"擣炙"的方法:取二斤肥的子鵝肉,斫,——但不需要斫得很碎。

80.9.2　三合好醋,一合瓜葅,一合葱白,半合薑,半合橘皮,二十顆花椒——後三樣都作成粉末——混合起來。再斫到調匀。團聚起來,敷在竹串上。

80.9.3　打破十個雞蛋，(將黃與白)分開，將雞蛋白先摩在碎肉上，摩均勻。再將雞蛋黃塗在上面。

80.9.4　只用大〔急〕火，快快烤，烤到焦。有汁滲出來，就熟了。

80.9.5　作一件〔挺〕(擣炙)，需要用的材料，像以上開着的；如果要作多些，(依比例)加倍。

　　　　如果沒有鵝，用肥小豬也可以。

80.10.1　作"銜炙"的方法：取一隻極肥的子鵝，整治潔淨，煮到半熟。把骨頭去掉，斫碎。

80.10.2　加上五合大豆醋，三合瓜菹，半合薑，半合橘皮，一合切碎了的小蒜，二合魚醬汁，幾十粒花椒——作成粉末——混合後，再斫到均勻。

80.10.3　用好的白魚的肉，斫碎，裹成串，烤。

80.11.1　作"餅炙"的方法：用好的白魚，整治潔淨，除掉骨頭，專取肉，斫碎，共取三升碎魚肉。加上一升肥豬肉——也斫得很碎——五合醋，兩合葱，兩合瓜菹，半合薑，半合橘皮，三合魚醬汁。斟酌鹹淡以及(總量的)多少，加鹽。要配合到夠合口味。

80.11.2　作成像升口或酒盞大小的餅，五分厚，在熟油裏用慢火煎，顏色紅了就熟了，可以吃了。

80.11.3　還有一種説法，要再加十粒花椒，研成粉末，攪和進去。

80.12.1　作"釀炙白魚"的方法：二尺長的白魚，整治潔淨。不要破肚皮，洗完後，從背上破開，加些鹽進去。

80.12.2 取一隻肥的子鴨，宰好，洗淨，整治，去掉骨頭，斫碎。加一升醋，五合瓜菹，三合魚醬汁，一合薑，一合橘皮，二合葱，一合豉汁，調和好，炒（？）熟。

80.12.3 將熟了的鴨肉，從（魚）背灌進肚皮裏，用串串起來，像平常炙魚的方法，慢火烤到半熟。再用少量的醋，和上魚醬豉汁，刷在魚上，就成了。

80.13.1 "腩炙"作法：肥鴨，洗滌整治潔淨，去掉骨，切成臠。

五合酒，五合魚醬汁，薑、葱、橘皮，每樣半合，豉汁五合，混合調和，浸一頓飯久，就可以炙。

用子鵝作也是一樣。

80.14.1 豬肉鮓作法：好的肥豬，切成臠，加鹽，讓它鹹淡適合口味。用熟飯作糝，像作（魚）鮓一樣，（封起來。）等到有酸氣，就可以吃了。

80.15.1 食經說的作"啗炙"的方法：用鵝肉、鴨肉、羊肉、小牛肉、麞肉、鹿肉或豬肉，（總之要用）肥壯的，精肉〔赤〕肥肉〔白〕一樣一半。

80.15.2 斫碎，炒熟。加上酸瓜菹、筍菹、薑、花椒、橘皮、葱、胡芹——（都）切碎——鹽、豉汁，混合在肉裏面，團成丸子，用手捏〔搦汝角切，讀 niok 今日讀 niǎu〕成寸半見方。

用羊或豬的板油裏起來，在（一個叉）的兩歧上，每歧簇上兩條，簇着烤。——一簇是兩臠——烤到極熟，盛上四臠供上席〔奠〕。

80.15.3 牛肉雞肉不能用。

80.16.1 "擣炙"又叫"筒炙",又叫"黃炙"的作法:用鵝肉、鴨肉、麞肉、鹿肉、豬肉或羊肉,斫碎炒熟,調和到像"啗炙"一樣。如果稀散團聚不起來〔解離不成〕,可以加一點麵粉。

80.16.2 取一個六寸圍、三尺長的竹筒,把外面的青皮削掉,節(上凸出的地方)全都去淨。將肉敷在筒上。下面空一段,準備作手握(的地方)。

80.16.3 在火上烤,要烤熟,(讓它)稍微乾些,不黏手。

　　豎在一個小瓦碗裏,用雞鴨蛋蛋白澆在(肉)外面。如果不均勻,可以再加些蛋白;還不平正,就用刀削掉一些。

　　再烤;蛋白烤乾了,塗些蛋黃;——沒有鴨蛋黃,可以用雞蛋黃,裏面加一些銀朱,增加紅色。塗蛋黃:用雞鴨翅的羽毛來刷。

80.16.4 (烤時,)要手急些多次〔數〕轉動,轉慢了就會壞。

　　熟了,整筒地脫下來,切掉兩頭,再切成六寸長的段。擠緊〔促〕,兩段作一分,供上席。

80.16.5 如果不是立刻應用,可以用蘆荻包着,將兩端紮好,鋪在蘆荻中間——蘆荻上下鋪到五分厚——可以經過三五天。不這麼做,會壞。

80.16.6 麵多了,味酸;少了,不相黏。

80.17.1 "餅炙"作法:用新鮮魚;白魚最好,鮎魚、鱧魚不合用。

80.17.2　將魚片從脊肋上取下（的方式）：把魚仰放在案板上，手按着魚頭，用不很快的刀，由頭向尾割肉，到皮爲止。

洗淨（所割得的魚片），放在臼裏舂碎舂匀——不要讓（臼和魚）惹上蒜氣！——加上些薑、花椒、橘皮、鹽、豆豉和匀。

80.17.3　用竹筒或木作成的圓範，每格（直徑）四寸，裏面用油塗過。把絹墊在裏面，絹要和格子上下貼着，（成爲一個小袋形，）把（肉）裝在（小袋）裏面，按平。然後把絹（從格子裏）提取出來，把（絹裏包的，按成了）餅（的魚肉），倒在油裏煤熟。

80.17.4　出鍋後，趁熱放在盤子上，用一個小碗碗底按着，使它凹〔拗〕下去。

80.17.5　要盛時，翻轉邊仰過來。如果放在小碗裏奠時，則把仰過來的一面貼在碗底上。

80.17.6　另一説：用白肉和新鮮魚（肉），同等分量，斫碎，炒熟，像上面所説的和匀。手團成餅子，在油裏煎成像“荷包蛋”〔雞子餅〕一樣的餅。十字切開；盛在碗裏，依然湊成一整個〔還令相就如全〕來奠。小的——二寸半大小的——盛兩個。葱、胡芹等，不能用生的！用生的，就會“班”，可以添一些。

80.17.7　（不釋，參看注解80.17.7.⑦。）

80.18.1　“範炙”作法：用鵝鴨的胸前〔臆〕肉，如果是整隻〔渾〕的，將骨頭敲〔椎〕碎。給些薑、花椒、橘皮、葱、胡芹、小蒜、鹽、豆豉，切細，調和，塗在肉上，整隻地烤。

80.18.2　把胸肉斫出來，骨頭去掉，像白煮熟的一樣，盛着供上席。

80.19.1　"炙蚶"：在鐵鍋上烤。汁出來之後，去掉半邊殼，用小銅盤盛着供上。大些的（一盤）盛六個，小些的盛八個。殼在下，肉朝上〔仰奠〕。另外盛些醋一起供上。

80.20.1　"炙蠣"：和炙蚶相像。汁出來之後，去掉半邊殼，將三個蠣肉攔在一個殼裏盛上去。像蚶一樣；另外盛些醋一起供上。

80.21.1　"炙車螯〔熬〕"：像炙蠣一樣。汁出之後，去掉半邊殼，把"屎"掐掉，三個肉攔在一個殼裏面。加些薑、橘皮粉末，再烤熱。殼在下，肉朝上。一分盛四個；另外盛些醋一起供上。

80.21.2　不要烤得太熟，熟了吃不動。

80.22.1　"炙魚"：用小形的鱤魚或白魚最好。整隻地用。去鱗，整治潔淨，用刀細細地修飾妥當。沒有小魚，用大魚，切成一寸見方的薄片，不要修飾。

80.22.2　薑、橘皮、花椒、葱、胡芹、小蒜、紫蘇、食茱萸〔欈〕，都切細斫碎，加上鹽、豆豉、醋，調和着浸魚。可以過一夜。

80.22.3　烤的時候，用各種香菜汁澆。乾了再澆些。熟了為止。顏色變紅就好了。

80.22.4　盛上兩隻作一分，大的薄片只用一片。

作脾奧糟苞第八十一

81.1.1 作脾①肉法：驢、馬、豬肉皆得。臘月中作者良，經夏無蟲。餘月作者，必須覆護；不密，則蟲生。

81.1.2 麤臠肉；有骨者，合骨麤剉。

鹽、麴〔一〕、麥麳合和，多少量意斟裁。然後②鹽麴〔二〕二物等分，麥麳倍少於麴。

81.1.3 和訖，内甕中，密泥封頭，日曝之。二七日便熟。

81.1.4 煮供朝夕食③，可以〔三〕當醬。

〔一〕"麴"：明清刻本譌作"麵"，依明鈔、金鈔改正。

〔二〕同〔一〕。

〔三〕"可以"：明清刻本漏去"以"字，依明鈔、金鈔補。

①"脾"：即"胏"字（讀作滓或姊 zǐ）。易嗌噬有"噬乾胏"，疏解釋爲"乾胏是臠肉之乾者"；廣雅卷八釋器，"胏、脩……脯也"。依現在這條的内容看來，則不是"乾肉"而是玉篇所説的"脯有骨"，即帶骨的肉醬。

②"然後"："後"字，懷疑是字形相近（特別是行書）的"須"字弄錯。

③"煮供朝夕食"：即煮熟後，供短時期〔朝夕（間）〕食用；朝夕不專指早上與晚上。

81.2.1 作奧①肉法：先養宿豬②令肥。臘月中殺之。

81.2.2 擊訖，以火燒之令黄；用暖水梳洗③之，削刮令淨。刳去五藏。豬肪燋④取脂。

81.2.3 肉臠，方五六寸作；令皮肉相兼。著水令相淹漬，於釜中燋之。

肉熟水氣盡，更以向所燋肪膏煮肉。大率：脂一升,酒二升,鹽三升⑤,令脂没〔一〕肉。緩水⑥煮半日許,乃佳。

　　　　　漉出⑦甕中。餘膏仍寫肉甕中,令相淹漬。

81.2.4　食時,水煮令熟,而調和之,如常肉法。尤宜新韭。——新韭爛拌。亦中炙噉。

81.2.5　其二歲豬,肉未堅,爛壞,不任作也。

〔一〕"没":明清刻本"没"字上多一個"渡"字,依明鈔、金鈔删去。

①"奥":釋名卷四:"膜:奥也;藏肉于奥内,稍出用之也";也就是本條所説的奥肉。卷八魚豬肉法(77.4)寫作"燠肉"。

②"宿豬":經過了多年的豬,現在湖南、四川、貴州的方言中,還有"隔年豬"這個名稱。

③"梳洗":參看卷八校記77.4.1.〔一〕。

④"爛":即今日寫作"炒"的字;原作"䉕"、"䐗"、"㼗"。

⑤"鹽三升":三升鹽,二升酒,一升豬油,鹽的分量太大;懷疑有錯誤:"三"字可能是"半"字爛成,也可能"三升"是"三合"或"五合"。

⑥"緩水":顯然是"緩火"寫錯。

⑦"漉出":這下面似乎漏了一個"内"字。

81.3.1　作糟肉法:春、夏、秋、冬皆得作。

81.3.2　以水和酒糟,搦之如粥,著鹽令鹹。

　　　　　内棒〔一〕炙肉〔二〕於糟中,著屋下陰地。

81.3.3　飲酒食飯,皆炙噉之。

81.3.4　暑月,得十日不臭。

〔一〕"棒":明清刻本作"捧",依明鈔、金鈔改正。

〔二〕"肉":金鈔譌作"於",與下一字重複。

81.4.1　"苞肉法":十二月中殺豬。經宿,汁盡泡泡時,割作棒〔一〕炙形，茅菅中苞之。無菅茅，稻稈亦得。

　　　　用厚泥封，勿令裂；裂，復上泥。

81.4.2　懸著屋外北陰中，得至七八月，如新殺肉。

〔一〕同校記81.3.2.〔二〕。

81.5.1　食經曰："作犬脺^①徒攝反法"：犬肉三十斤。小麥六升，白酒六升，煮之，令三沸。

　　　　易湯，更以小麥、白酒各三升，煮令肉離骨。

81.5.2　乃擘雞子三十枚，著肉中。便裹肉，甊中蒸令雞子得乾，以石迮之。

81.5.3　一宿出，可食。名曰"犬脺"。

①"脺"：説文解釋"脺"，是"薄切肉"，也就是薄片的肉；廣韻解作"細切肉"，也還是那個意義；——也就是禮記少儀中"牛與羊魚之腥，聶而切之爲膾"的"聶"字；鄭玄注，就説"聶之言脺也"。這裏的用法，都與這個意義有些差別：依本條和下條所説的作法，正是和今日"鎮江餚肉"相似，即利用骨和皮的膠原，在熱水中溶出成爲膠，冷了，成了膠凍，再加上雞蛋鴨蛋所含蛋白質遇熱變性後所生凝塊的黏附力，把碎肉黏合起來，成爲一塊可以薄切了的肉。東觀漢記中，有光武到河北"趙王庶兄胡子進狗脺醢"的話，則"餚肉"的作法，似乎在前漢末年便已經有了。

81.6.1　食次曰：苞脺法：用牛、鹿頭，豘蹄。白煮，柳葉細切，擇去耳、口、鼻、舌，又去惡者。蒸之。

81.6.2　別切豬蹄，——蒸熟，方寸切——熟雞鴨卵、薑、椒、橘皮、鹽，就甊中和之。仍復蒸之，令極爛熟。

81.6.3　一升肉，可與三鴨子。別復蒸令軟，以苞之。

　　　　用散茅爲束附之相連必致^①。令裹〔一〕大如轉雍②，小如人脚蹲腸③。大長二尺，小長尺半。

81.6.4　大木迮之令平正，唯重爲佳。

冬則不入水。夏作小者，不迮，用小板挾之。一處與板兩重；都有四板。以繩通體纏之，兩頭與楔楔蘇結反之：二板之間，楔宜長薄，令中交度④，如楔車軸法。强打，不容則止。

懸井中，去水一尺許。

81.6.5　若急待，内〔二〕水中，時用⑤去上白皮；名曰"水腲"。

81.6.6　又云：用牛豬肉，煮切之，如上。蒸熟。出置白茅上，以熟煮雞子白，三重間⑥之。即以茅苞，細繩概束〔三〕。

以兩小板挾之，急束兩頭，懸井水中。經一日許，方得。

81.6.7　又云：藿葉⑦薄切，蒸；將熟，破生雞子，并細切薑、橘，就甄中和之。蒸苞如初。

奠如"白腲"，——一名"迮腲"是也。

〔一〕"裹"：明清刻本譌作"裏"，依明鈔、金鈔改正。

〔二〕"内"：明清刻本譌作"肉"，依明鈔、金鈔改正。

〔三〕"束"：明鈔及明清刻本譌作"速"，依金鈔改正。

①"附之相連必致"：這六個字，顯然有錯漏顛倒。懷疑"附"是音相近的"縛"字，連在上面"散茅"下面，"爲束"上面，"用散茅縛之爲束"，即將不成把的〔散〕茅，來綁成束。"必致"兩字是"各別"，即各束或裹彼此分開。

②"鞾雍"："鞾"是"靴"字的古寫。"雍"字古寫作"邕"、"雝"，解爲"和也"，"四方有水曰雍"，"聚也"……廣韻解釋雍州，"雍，擁也，……四山之

所擁翳也”；此外“廱”是“辟雍”四周有水；“壅”是閉塞；“擁”是擁擠，聚集；“癰”是腫大；“饔”是許多食品飽餐一頓；“罋”是小口大腹的器皿等。由這些彙合比較，“雍”應當是會合膨大的一點。轉雍似乎該解爲“靴筩”和“靴蹠”聯接的地方，也就是靴中最闊大的那一段，脚跟所在的點。

③“脚蹄腸”：“蹄”字，玉篇注：“時兗切（即讀ṣyen），腓腸也，正作腨。”説文作腨，解釋也是“腓腸”。腓，廣韻上平聲八微，“脚腨腸也”。脚腨腸即腓腸（肌），即脛，即小腿上的“腱子”。

④“令中交度”：讓兩邊打進去的楔，在中間相遇〔交〕後，彼此重複度過去。

⑤“時用”：這兩字應顛倒，即“用時，去上白皮”。

⑥“間”：讀去聲，即間隔開來。

⑦“藿葉”：即薄片。

釋　文

81.1.1　作脾肉的方法：驢肉、馬肉、豬肉都可以作。臘月裏作的好，——可以過一個夏天還不生蟲。其餘月份作的，必定要蓋上還加以保護；保護不密就會生蟲。

81.1.2　把肉切成粗大的臠；有骨頭的，連骨頭一起粗粗地斫碎。

　　　　鹽、麴、麥麲混合，多少隨意斟酌加減。但總需要用等量的鹽和麴，麥麲只要麴的一半。

81.1.3　和勻（到肉裏面）以後，用泥密密封着甕頭，太陽裏曬着。十四天就熟了。

81.1.4　煮熟後，當天或第二天吃，可以代替醬用。

81.2.1　作“奥肉”的方法：先把隔年豬養到長肥。臘月裏殺。

81.2.2 燖掉毛之後,用火燒到皮發黃;用暖水洗滌過,刮
　　削潔淨。

　　　掏去五臟。豬板油〔肪〕,炒成煉豬油。

81.2.3 肉,切成五六寸見方的臠;每臠都帶上皮。加水,
　　浸沒之後,在鍋裏炒着。

　　　肉熟了,水氣盡了,再將先〔向〕煉得的豬油用來
　　煮肉。用油一升,酒二升,鹽半升的比例,油要浸着
　　肉。慢火煮上半天,才好。

　　　漉出來,放在甕子裏。剩下的煉豬油,也倒下肉
　　甕裏去,浸没着熟肉。

81.2.4 食用的時候,另外加水煮到爛,再加作料調和,像
　　平常的(新鮮肉)一樣。配新韭菜特別合式。——(可
　　以作成)"新韭爛拌"——也可以炙來吃。

81.2.5 兩歲的豬,肉沒有硬,作了會爛會壞,不能作奧肉。

81.3.1 作"糟肉"的方法:春夏秋冬四季都可以作。

81.3.2 用水和上酒糟,捏成粥樣,加鹽下去,讓它很鹹。

　　　將棒炙形的肉放下糟去,放在屋裏面背陰的
　　地方。

81.3.3 飲酒或吃飯,都可以將糟肉炙來吃。

81.3.4 夏天,也可以過十天不會臭。

81.4.1 作"苞肉"的方法:十二月裏把豬殺了。過一夜,水
　　汁乾到半乾半溼時,割成棒炙的形狀,裹在茅草裏,包
　　起來。沒有茅草,用稻草也可以。

（外面）用厚厚的泥封起來，不要讓它開裂；裂了，就再上些泥。

81.4.2　掛在房子外面向北的陰處，可以（保存）到七八月間，像新殺的肉。

81.5.1　食經中所説作犬腤〔徒攝反，音 dhiep，今音 tie〕的方法：三十斤狗肉，六升小麥，六升白酒，合起煮到三沸。

換過湯，再用三升小麥，三升白酒，將肉煮爛，到骨肉分離。

81.5.2　打破三十個雞蛋，放進肉裏面。把肉裹起來，放在甑裏，蒸到雞蛋乾透，用石頭壓榨起來。

81.5.3　過一夜，取出來，就可以吃了，名叫“犬腤”。

81.6.1　食次説的“苞腤”作法：用牛頭、鹿頭、小豬腳。先用白水煮熟，切成柳葉寬的細條；將耳緣、口緣、鼻緣和舌頭揀出去，又把不好的揀掉。和起來（在甑裏）蒸。

81.6.2　另外將切好的豬蹄——先蒸熟，切成一寸見方的方塊——熟雞鴨蛋，以及薑、花椒、橘皮、鹽，和在甑裏蒸的材料裏面。（和好）繼續再蒸，讓它爛熟。

81.6.3　一升肉，再加三個生鴨蛋。又再蒸到膠凍軟化。用（東西）包〔苞〕起來。

用散開的茅，綁成束；（彼此分開）再綁成一捆（參看注解 81.6.3.①）。每束，大的像靴彎，小的像小腿上的腱子。大的二尺長，小的一尺半。

81.6.4　用大木頭壓平正；木頭越重越好。

冬天不要下水。夏天作的小束,不要壓,只用小板子挾起來。一面用兩層板,兩面共用四層板。整個〔通體〕用繩纏緊,每面兩頭,都用楔蘇結反,音 suit,現在讀 xiè 楔上:楔要長而薄,楔在兩重版板縫裏,讓(楔頭尖薄的地方)在板中央相遇〔交〕錯過〔度〕,像楔車軸一樣。用力打,打到不能再進去了爲止。

弔在井裏,隔水面一尺左右。

81.6.5 如果等着急用,就(直接)浸入水裏,用時,把外面〔上〕的白皮去掉;這樣作的,稱爲"水脿"。

81.6.6 又説:用牛肉豬肉,煮熟,切成條,像上面所説的一樣。蒸熟。倒出來,攤在白茅上(作成層),用煮熟的雞蛋白蓋上,一層肉,一層雞蛋白,一共蓋三層蛋。就用茅捲過來包上,用細繩子密密紮起。

用兩塊小板夾着,把兩頭捆緊〔急束〕,弔在井水裏。過一天左右才算好了。

81.6.7 又説(將肉)切成"藿葉",蒸;快熟時,打破新鮮雞蛋,和上切細了的薑和橘皮,就着在甑裏拌和。蒸熟,包裹(壓榨、冷却),都與上面所説〔初〕的一樣。

像"白脿"——就是所謂"迮脿"——一樣盛着供上。

餅法第八十二

82.1.1 食經曰:"作餅酵①法":酸漿〔一〕一斗,煎取七升。用粳米一升,著漿〔二〕,遲下火,如作粥。

82.1.2 六月時,溲一石麵,著二升;冬時,著四升作。

〔一〕〔二〕"漿":兩處明清刻本都譌作"醬",依明鈔、金鈔改正。

① "餅酵":"餅酵",即作"炊餅"(現在所謂"饝""饃"或"饅頭")或"胡餅"("燒餅")、"煎餅"等所用的"酵"(現在的"發麵"、"起子"、"老麵")。依本條所記的方法,看來似乎是用含有相當分量乳酸(酸漿煎剩到原來容積的70%)的粥,承接了空氣中的麴菌、釀母菌等的孢子,培養着能耐酸的某些種類,作爲"純系培育",來保證麵粉的發酵,不走岔道,而不是直接利用原有酸漿中的發酵微生物。

82.2.1 作白餅法:麵一石。白米七八升,作粥;以白酒六七升酵中。著火上。酒魚眼沸,絞去滓,以和麵。麵起可作。

82.3.1 作燒餅①法:麵一斗。羊肉二斤,葱白一合,豉汁及鹽,熬令熟。炙之。麵當令起。

① "燒餅":這裏所謂"燒餅"該是現在的"餡兒餅"。現在面上有脂麻的"燒餅",本來稱爲"胡餅";傳説石虎才把它改稱爲"麻餅"。

82.4.1 髓餅①法:以髓脂、蜜,合和麵。厚四五分,廣六七寸。便著胡餅鑪中,令熟。勿令反覆。

82.4.2 餅肥美,可經久。

① "髓餅":依太平御覽卷860所引"食經有'髓餅法',以髓脂合和麵"的話看來,要術這一條,很可能出自食經;也就是説,本篇前面這相連的四

條,可能都出自食經。

82.5.1　食次曰"粲"一名"亂積"。用秫稻米①,絹羅之。

　　　　蜜和水——水蜜中半——以和米屑;厚薄,令竹
杓中下。——先試,不下,更與水蜜。

82.5.2　作竹杓,容一升許;其下節,槩作孔。

　　　　竹杓中下瀝〔一〕五升鐺裏〔二〕,膏脂煮之熟。三分
之一鐺,中也。

〔一〕"瀝":明鈔譌作"澀",依金鈔及明清刻本改正。

〔二〕"裏":明鈔譌作"裹",依金鈔及明清刻本改正。

①"用秫稻米":下面似乎漏了一句"擣爲屑",至少漏了一個"屑"字。

82.6.1　膏環一名"粔籹"。用秫稻米屑,水蜜溲之,強澤如
湯餅麵。

82.6.2　手搦團,可長八寸許。屈令兩頭相就,膏油煮之①。

①"膏油煮之":這一個小注,應是大字正文。

82.7.1　雞鴨子餅①:破,寫甌中;少與鹽。鍋鐺中,膏油煎
之,令成團餅。厚二分。全奠一。

①"雞鴨子餅":正文中,没有説明將黄白攪和,所以這個"餅",應當就是今
日所謂"荷包蛋"的東西,與雞蛋糕無關。

82.8.1　細環餅、截餅:環餅一名"寒具",截餅一名"蝎〔一〕
子"。皆須以蜜調水溲麵。若無蜜,煮棗取汁。牛羊脂膏亦
得;用牛羊乳亦好——令餅美脆。

82.8.2　截餅純用乳溲者,入口即碎,脆如凌雪①。

〔一〕"蝎":明清刻本譌作"蟻",依金鈔、明鈔及討原本改正。釋名也有"蝎

餅"這名詞。

①這八個字的小注，也應是大字正文。

82.9.1 餢䴵^①起麵如上法：**盤水中浸劑^②，於漆盤背上水作者，省脂。亦得十日軟；然久停則堅。**

82.9.2 **乾劑於腕上手挽作，勿著勃^③！入脂浮出，即急翻，以杖周正之。**

82.9.3 **但任其起，勿刺令穿；熟，乃出之，一面白，一面赤，輪緣亦赤，軟而可愛。久停亦不堅。**

82.9.4 **若待熟始翻，杖刺作孔者，洩其潤氣^{〔一〕}，堅硬^{〔二〕}不好。**

82.9.5 **法：須甕盛，淫布蓋口；則常有潤澤，甚佳。任意所便，滑而且美。**

〔一〕"洩其潤氣"："洩"字，明鈔譌作字形相近的"淺"；"潤"，明清刻本譌作"澗"。依金鈔校正。

〔二〕"硬"：明清刻本譌作"破"，依明鈔、金鈔改正。

①"餢䴵"：太平御覽卷 860"餅"項，引束晳餅賦全文，有"餢飳"的一個"餅名"，但卷 851"䴵飳"項只有一條，所引也是束晳餅賦，只有一句，却寫作"䴶飳"。玉篇麥部，有䴶、飳、䴵三個字，注明䴵與飳同。廣韻上聲四十五厚，收有"䴶""飳"，沒有"䴵"字。現在我們假定，䴶䴵即是䴶飳，應依玉篇、廣韻所注的音，讀爲 bǒudǒu。

②"劑"：切成了件的麵團，作爲製餅的材料的。參看卷七注解 64.26.4.①。

③"勃"：乾粉末。

82.10.1 水引餺飥^{〔一〕}法：**細絹篩麵。以成調肉臛汁，待冷溲之。**

82.10.2 **水引，挼如箸大，一尺一斷，盤中盛水浸。宜以手**

臨鐺上，按令薄如韭葉，逐沸煮。

82.10.3　餺飥：按如大指許，二寸一斷，著水盆中浸。宜以手向盆旁，按使極薄。

82.10.4　皆急火逐沸熟煮。非直光白可愛，亦自滑美殊常。

〔一〕“餺飥”：明鈔及明清刻本譌作“餺飩”，金鈔作“餺飥”。依正文的“飥”字改正。

82.11.1　切麵粥—名碁子麵〔一〕、㽅盧貨反䴷蘇貨反①粥法：剛溲麵，揉令熟。大作劑；按餅，𪏙細如小指大，重縈於乾麵中。更按，如麤箸大。截斷，切作方碁。

　　　　　簸去勃，甄裏蒸之。氣餾〔二〕勃盡；下，著陰地淨席上，薄攤令冷。

　　　　　按散，勿令相黏。袋盛〔三〕舉置。

　　　　　須即湯煮，別作臛澆，堅而不泥。

　　　　　冬天一作，得十日。

82.11.2　㽅䴷〔四〕：以粟飯饙〔五〕，水浸，即漉著麵中。以手向簸箕痛按，令均如胡豆②。

　　　　　揀取均者，熟蒸〔六〕，曝乾。

　　　　　須即湯煮，笊籬〔七〕漉出，別作臛澆。甚滑美，得一月日停。

〔一〕“碁子麵”：“碁”明鈔譌作“基”，明清刻本多作“棊”，現依金鈔改作與正文相應的“碁”字。

〔二〕“餾”：明清刻本譌作“餡”，依明鈔、金鈔改正。

〔三〕“盛”：明清刻本漏去“盛”字，依明鈔、金鈔補。

〔四〕“䴷”：明清刻本譌作“麵”，金鈔作“䵚”，依明鈔及標題改正。

〔五〕“粟飯饙”：明清刻本譌作“粟餅饙”，依明鈔、金鈔改正。

〔六〕“熟蒸”：明清刻本譌作“熟乾”，依明鈔、金鈔改正。

〔七〕“笊籬”：金鈔作“笊笋”。

① “挲𪌈”：這兩個字只見于集韻（去聲三十九過），注解只是“粟粥”。集韻以前的字書，説文、方言、釋名、廣雅、玉篇，甚而至于大廣益會玉篇中都没有。很懷疑集韻是否只以要術中這條爲唯一的根據。從“咼”的字，只有腭音聲母；讀舌頭擦音 s 的，没有第二個例。按崔寔四民月令五月“糶挲𪌈”，“𪌈”字本應作“䴷”，解釋是“麥屑”，即麵粉中篩出來的破碎而較大的麥粒。挲字的右邊“孚”，很像“𡥋”，“𪌈”字的右邊“肖”，也有些像“咼”。本條所説的“挲𪌈”，是大顆的作粥材料，正像“包穀糝”一樣，也應當可以稱爲“挲䴷”。“䴷”字讀 suo，正是現在集韻所記“𪌈”字音的上聲。似乎因爲這樣，也就把“挲”字的右邊“孚”，改爲可讀 luo 的“𡥋”，作成讀 luo 的“挲”字，來湊合成一個疊韻詞，遷就作集韻時代口語中的“luosuo”。現在口語中仍有用 luosuo 來描述瑣屑細碎的情形；要術卷一種穀第三中，也有一種粟品種，名叫“石騂藏”，後兩字依集韻也讀作 luòsuò。

② “胡豆”：要術卷二大豆第六（6.1.2 及 6.1.4）所記的“胡豆”，是“䜋䝁（即豇豆）”，與今日四川稱蠶豆爲“胡豆”不同。

82.12.1 粉餅①法：以成調肉臛汁，接沸溲英粉〔一〕，若用齏粉，脆〔二〕而不美；不以湯溲〔三〕，則生〔四〕不中食。如環餅麵。先剛溲；以手〔五〕痛揉，令極軟熟。更以臛汁，溲令極澤〔六〕，鑠鑠然。

82.12.2 割取牛角，似匙面大。鑽作六七小孔，僅容纑麻綫。若作水引形者，更割牛角，開四五孔，僅容韭葉。

82.12.3 取新帛細紬兩段，各方尺〔七〕半。依角大小〔八〕，鑿去中央，綴角著紬。以鑽鑽之，密綴，勿令漏粉。用訖，洗，

舉。得二十年〔九〕用。裹成溲粉〔一〇〕，斂四角，臨沸湯上
搦出，熟煮，朧澆。

82.12.4 若著〔一一〕酪中及胡麻飲②中者，真類玉色：積積③著牙〔一二〕，與好麵不殊。

82.12.5 一名"搦〔一三〕餅"。著酪中者，直用白湯溲之，不須肉汁。

〔一〕"溲英粉"：明鈔譌作"油荳粉"，明清刻本更作"油豆粉"，依金鈔改正。

〔二〕"脆"：明清刻本譌作"脃"，依明鈔、金鈔改；但仍懷疑是"澀"字。

〔三〕"溲"：明清刻本譌作"皮"，依明鈔、金鈔改正。

〔四〕"生"：明清刻本譌作"主"，依明鈔、金鈔改正。

〔五〕"手"：明清刻本譌作"毛"，依明鈔、金鈔改正。

〔六〕"極澤"：明清刻本缺"極"字，"澤"譌作"擇"；依明鈔、金鈔改補。

〔七〕"尺"：明清刻本漏去"尺"字，依明鈔、金鈔補。

〔八〕"角大小"："大"明鈔及明清刻本譌作"之"，依金鈔改。

〔九〕"二十年"：明清刻本作"十二年"，依明鈔、金鈔倒轉。

〔一〇〕"裹成溲粉"："裹"，金鈔及明清刻本作"裏"；"成"，明鈔及明清刻本作"盛"。分別改正。"成溲粉"，即"已溲成的粉"。

〔一一〕"若著"：明鈔"若"字空白一格；明清刻本兩字合成一個"者"字。依金鈔校補。

〔一二〕"牙"：明鈔空白一格，明清刻本缺，依金鈔補。

〔一三〕"搦"：明鈔及明清刻本作"帽"，顯然是字形相近鈔錯。金鈔作"搦"，便可以和正文"臨沸湯上搦出"的"搦"字相呼應。

①"粉餅"：本條所說的食品，大致有些像湖南和桂林的"米粉"。

②"胡麻飲"：將脂麻擣融和，加蜜或麥芽糖煮成的糊，——大致和今日兩廣所謂"脂麻糊"相似。不過不加澱粉，所用的糖也不是蔗糖。

③"積積"：這兩個標音的叠字，應當和卷三"蒸乾蕪菁根法"中的"謹謹"完全相同，廣雅卷四釋詁有"靳，黏也"，可能是這個叠字詞的一種寫法。

82.13.1 豚皮〔一〕餅①法一名"撥餅"：湯溲粉，令如薄粥。大鑪中煮湯；以小杓子挹粉，著銅鉢內；頓鉢著沸湯中，以指急旋鉢，令粉悉著鉢中四畔。

82.13.2 餅既成，仍挹鉢②傾餅著湯中，煮熟。令漉出③，著冷水中。

82.13.3 酷似〔二〕豚皮。臛澆麻〔三〕酪④，任意；滑而且美。

〔一〕"皮"：<u>明清</u>刻本作"肉"，依<u>明</u>鈔、<u>金</u>鈔改正。

〔二〕"似"：<u>明</u>鈔與<u>明清</u>刻本均譌作"以"，依<u>金</u>鈔改正。

〔三〕"麻"：<u>明清</u>刻本空白一字，依<u>明</u>鈔、<u>金</u>鈔補。

①"豚皮餅"：本條所說的食品，大致就是<u>兩廣</u>所謂"沙河粉"，<u>湖南</u>所謂"粉麵"、"米麵"。

②"挹鉢"：這時銅鉢已經很燙，不能用手直接取，只能用另外的器具去"舀"，所以說"挹"。

③"煮熟。令漉出"：懷疑"令"字應在"熟"字上面。

④"臛澆麻酪"：與上一條比較看，可以瞭解這四個字代表三個不同的辦法，即用肉湯澆，下到"胡麻飲"或"酪漿"中。

82.14.1 "治麵砂墋初飲反①法：簸小麥，使無頭角。水浸令液。漉出，去水，寫著麵中，拌〔一〕使均調。

於布巾中，良久旋〔二〕動之。土末〔三〕悉著麥，於麵無損。

一石麵用麥三升。

〔一〕"拌"：<u>明清</u>刻本作"抨"，依<u>明</u>鈔、<u>金</u>鈔改。

〔二〕"旋"：<u>明</u>鈔與<u>明清</u>刻本作"挺"，依<u>金</u>鈔改。"挺"是引長，即"扯"長；固然也可以說得通，但"旋動"（即回旋挪動）更好解說。

〔三〕"末"：<u>明清</u>刻本譌作"抹"，依<u>明</u>鈔、<u>金</u>鈔改正。

①"墋":廣韻上聲四十七寑,墋音初朕切(即讀 cĕm,現在讀 căn)解作"土
　也";同音的"磣",是"食有沙磣"。集韻這兩個字的解釋也大體相同。
　本條的"墋"字,顯然應當是"磣"字。

82.15.1　雜五行書曰:"十月亥日,食餅,令人無病。"

釋　文

82.1.1　食經説的"作餅酵法":一斗酸漿,煎乾到剩七升。
　　　　用一升粳米,放進漿裏。(先浸一些時)然後〔遟〕在火
　　　　上煮,像熬稀飯一樣。

82.1.2　六月裏,和〔溲〕一石麵粉,要用兩升(這樣的酵);
　　　　冬天,用四升酵。

82.2.1　作"白餅"的方法:用一石麵。先將七八升白米,煮
　　　　成粥;加六七升白酒下去作酵。放在火邊上,看着像
　　　　酒一樣起大氣泡時,把粥渣絞掉,(用所得的清液)來
　　　　和麵。麵起了,就可以作餅。

82.3.1　作"燒餅"的方法:要用一斗麵。二斤羊肉,一合葱
　　　　白,加上豉汁和鹽,炒熟,(包在麵裏面)烤。麵要先
　　　　發過。

82.4.1　作"髓餅"法:用骨髓油、蜜,合起來和麵。(作成)
　　　　四、五分厚,六、七寸大的餅。放進貼燒餅的爐裏將它
　　　　烤熟。不要翻邊!

82.4.2　餅很肥美,又可以經久。

82.5.1　食次説的作"粲"又叫"亂積"的方法:用糯米粉,經
　　　　過絹篩篩過。

用蜜與水調和——水和蜜一樣一半——後，來和米粉；稀稠〔厚薄〕的程度，要從竹杓（孔裏）能流得出來。——先試一試，如果不能流，再加些水和蜜。

82.5.2 作一個竹杓，容量大約一升左右，把下面節上，密密地〔概〕鑽些孔。

由竹杓裏瀝下到一個容量五升的鍋裏，讓（鍋裏）的油（把粉）煤熟。每次大約煎三分之一鍋，就合適〔中〕了。

82.6.1 "膏環"又名"粔籹"的作法：用糯米粉，用水和蜜調和；乾溼程度〔強澤〕像（作）麵條〔湯餅〕的麵一樣。

82.6.2 用手將粉團捻長，到八寸左右。彎曲起來將兩頭連在一處，在油裏煤熟。

82.7.1 作"雞鴨子餅"的方法：打破在小碗裏，給一點鹽。在鍋裏，用油煎成圓形的餅。二分厚。一分盛一個供上。

82.8.1 "細環餅"、"截餅"作法：環餅又名"寒具"；截餅又名"蠍子"。都要用蜜調水來和麵。如果沒有蜜，煮些紅棗湯來代替。牛羊脂膏也可以；用牛奶羊奶和麵也好——這樣，餅味好而脆。

82.8.2 完全用奶（和麵作）的截餅，到口就碎了，和冰凍的雪一樣脆。

82.9.1 餢飳先像上面所説的方法，將麵發好：用一盆水，浸着發麵團〔劑〕，在漆盤底上，用水搓出的，（作起來）省油些。（作出的，）可以保持柔軟十天；但是擱久就發硬了。

82.9.2 用乾些的發麵團，在手腕上搣出來，不要蘸乾粉！

下了油鍋,浮起來,趕緊翻邊,用小棍撥周正。

82.9.3　只讓它自己浮起來,不要刺穿;熟了,就取出來。(這樣)一面白色,一面紅色,周圍邊上也是紅的,軟而可愛。擱久也不變硬。

82.9.4　如果等熟了再翻,用小棍刺穿成孔,把(裏面)的潮潤氣都洩漏了的,便堅硬不好。

82.9.5　(最好的)辦法:須要用甕子盛着,用溼布蓋在口上;這樣就常常保持着潮潤,很好。隨意什麼時候取來吃都方便,嫩滑而且美。

82.10.1　"水引"和餺飥的作法:都要用細絹篩得的麵,用煮好的肉湯,冷透後,再來和麵。

82.10.2　水引,按到像筷子粗細的條,切成一尺長的段,盤裏盛水浸着。應當在鍋邊上用手按到像韭菜葉厚薄,看水開了再煮。

82.10.3　餺飥:按到像大拇指粗,切成二寸長的段,放在水裏浸着。應當用手在盆旁邊,把麵按到極薄。

82.10.4　都要大火上趁開水煮熟。不僅潔白發光可愛,入口後也異常滑嫩美好。

82.11.1　切麵粥又名"碁子麵"、犖盧貨反鯸蘇貨反粥作法:把麵和得乾些硬些,揉到很熟。大些切成"劑";把這些劑按成餅,像小指一般粗細,來回地盤〔重縈〕在乾麵裏。再按成粗筷子大小。切斷,切成碁子大小的小塊。

把(小麵塊外面黏的)乾粉簸掉,在甑裏蒸。讓水氣餾上去,把乾粉都溼透〔盡〕,從甑裏取出來〔下〕;放在陰地方，在潔淨的席上，攤成薄層，讓它涼下去。

挼散，不要讓它們相互黏連。用袋盛着收藏。

要用時，在沸水裏煮，另外用肉湯澆，清爽不黏軟〔泥〕。

冬天，作一次可以保存十天。

80.11.2　𤏂𤏂：用粟米餾飯，在水裏浸過，移到乾麵粉裏。就在簸箕裏面，用手出力搓揉，讓顆顆均匀，都像胡豆一樣。

把其中均匀的揀出來，蒸熟，曬乾。

要用時，在開水裏煮好，用笊籬漉出來，另外用肉湯澆。很嫩滑，很美好。可以保存一個月。

82.12.1　"粉餅"作法：用煮好了的〔成調〕肉湯湯汁，趁沸時調和粉英，如果用粗粉，餅粗澀不美；如果不用沸湯調和，就會是生的，不能吃。和到和作環餅的麵一樣。先和得乾些硬些，手用力揉，揉到極軟極熟。再加些湯汁，和到極稀極稀，可以流動〔鑠鑠然〕。

82.12.2　割一片牛角，像湯匙面大小。鑽六七個小孔，孔的大小，可以容粗麻線（通過）。如果想作成"水引餅"的形狀，則另用一片牛角，開四五個剛好容韭菜葉（通過）的孔。

82.12.3　取兩段新織的白色細絹綢，每段一尺半見方。按牛角片的大小，把綢中心剪去一點，將牛角片縫在綢上。用鑽（在牛角片上）鑽孔，將綢子密密縫牢，不讓溼粉（從鑽孔中）漏出去。用過，洗淨，收藏〔舉〕，可以用二十年。將調好了的〔成溲〕粉，裹在綢袋裏，就在一鍋煮沸着的水上面，捏着（粉，讓粉漿從牛角片的孔或縫中漏）出來，落到水裏，煮熟，用肉湯澆。

82.12.4 如果加到酪漿裏或脂麻糊裏面，真是像玉一樣純白；而且上牙齒時，軟脆細密，和很好的麥麵一樣。

82.12.5 又稱爲"搦餅"。如果預備攔在酪漿裏吃的，乾脆〔直〕用白開水燙粉，不須要用肉湯汁。

82.13.1 "豚皮餅"又名"撥餅"的作法：用開水和米粉，和成像稀粥一樣的（粉漿）。在大鍋裏燒一鍋水，用小杓子將粉（漿）舀到銅盤裏，將銅盤漂在（大鍋裏的）開水上，用手指將銅盤很快地旋轉，讓粉漿貼滿在銅盤裏各面上。

82.13.2 餅作滿了，就將銅盤舀出，把（盤中的）餅倒在開水裏，煮到熟。漉出來，放進冷水裏。

82.13.3 （形狀和味道）極像小豬皮。無論肉湯澆，酪漿或胡麻飲調和，隨意都可用，嫩滑而且美好。

82.14.1 麵裏有沙墋初飲切，讀 ciěm，現在讀 cǎn 的補救〔治〕法：將小麥簸一道，把半顆和碎粒的都簸掉出去。在水裏浸到發漲柔軟〔液〕。漉出來，把多餘的水瀝乾，倒進麵裏去，拌均匀。

　　在布包裏，旋轉一大陣。泥土碎末都會黏到麥粒上，麵却不會受損。

　　一石麵，用三升麥。

82.15.1 雜五行書說："十月逢亥的日子，該吃餅；（吃了）叫人不害病。"

粲糉法第八十三

83.1.1 風土記注①云:"俗,先以二節日,用菰葉裹黍米,以淳濃灰汁煮之,令爛熟。 於五月五日、夏至啖之。"

83.1.2 "黏黍②一名'粲',一曰'角黍'。 蓋取陰陽尚相裹,未分散之時象也。"

① "風土記注":這一段是注釋篇標題的"粲"字的;依前六卷的例,應當是小字,排在"第八十三"下面。

太平御覽卷851"粲"項也有這一條。 但作"風土記曰",無"注"字。 風土記現已佚去,無從校對。 但由文字上看,這段似乎正是風土記的正文,"注"字應當删去。 又下文"先以二節日"句,御覽所引無;關係不大。 下面"於五月五日、夏至",御覽所引作"於五月五日及夏至",有"及"字文義更顯豁。 再下"黏黍一名……",御覽無"黏黍",保留着更合適。

② "黏黍":依異名"角黍"和下面83.2條標題"粟黍"這個名稱看來,這個"黍"字,和上面"黍米"的"黍"字有些不同:前面的黍,指一種穀物的種實;這幾個"黍",是作成了的"熟飯",——即和"殺雞爲黍"中那個黍字相像。

83.2.1 食經云:粟黍法,先取稻,漬之使釋〔一〕。 計二升米,以成粟一斗。

著竹篖①内,米一行,粟一行;裹,以繩縛。 其繩,相去寸所一行。

83.2.2 須釜中煮,可炊十石米間,黍熟。

〔一〕"釋":明清刻本譌作"澤",依明鈔、金鈔改正。

① "篖":玉篇:"徒黨切(即讀 tǎng),竹器也,可以盛酒",說文及廣韻(上聲三

十七蕩）解釋爲大竹篛。本條所説的是"裹，以繩縛……"，這兩個解釋都不是可以"裹"或"縛"的，因此懷疑這個字有錯誤。可能是"箬"的或體"篛"字爛成或看錯的。

83.3.1 食次曰：餻①，用秫稻米末，絹羅，水蜜溲之，如强湯餅麪。手搦之，令長尺餘，廣二寸餘。

　　　　　四破，以棗栗肉上下著之遍，與油塗竹箬裹之。爛蒸。

83.3.2 奠二，箬不開破，去兩頭，解去束縛。

①"餻"：廣韻，入聲十六屑，餻，烏結切，音 wiet，現在應讀爲 ji，解爲"糉屬"。由本文的記述看來，頗與今日通行的"五仁年糕"相像。

釋　文

83.1.1 風土記注説："習俗，先在兩個節日，用菰的葉子包裹黍米，用很濃的（草木）灰汁煮，煮到爛熟。在五月初五和夏至日吃。"

83.1.2 "'黏黍'，又名'糉'，又名'角黍'。這個作法，是（對當時時令），陰陽（二氣）還相互包裹，没有分散的情形的一個象徵。"

83.2.1 食經所説的"粟黍"作法：先取些稻米，水浸到軟。每用二升稻米，就加上一斗粟米。

　　　　　放在"竹笥"裏，一層米，一層粟；裹起來。用繩子綁緊，每隔一寸左右，綁一行繩。

83.2.2 要放在鍋裏煮，到炊熟十石米的時間，粟黍就熟了。

83.3.1 食次所說的"𥽓"的作法：用糯米粉，絹篩裏面篩過，加水和蜜調和，和到像硬些的麵條麵一樣。再捏成尺多長，二寸多粗的條。

　　破成四條，將紅棗肉和栗子肉貼在面上，上下貼滿，用把油塗過的箬葉裹起來。蒸到爛熟。

83.3.2 每一分放兩件，箬葉不要打開，只去掉兩頭，解掉繩子。

煮糗[一] 莫片反，米屑也。或作㧞[二]。 第八十四

〔一〕"糗"，明清刻本譌作"粔"，依明鈔、金鈔改正。

〔二〕"莫片反，米屑也。或作㧞"：這一個小注，錯誤特別多："莫"字，明清刻本作"草"字；"屑"，明清刻本作"有"；都依明鈔、金鈔及玉篇改正。"或"，明鈔與明清刻本都作"盛"，依金鈔及討原本改正。末了的一個字，祕册彙函系統各本作"根"，討原本作"糒"；明鈔及金鈔的"㧞"，和"根"字最相似，似乎可以説明原來應當就是"㧞"。"㧞"即現在寫作"抿"的字。粤語系統方言，至今還把煮得極融和的粥，稱爲"糗粥"，讀 mièn（陰去）（但"㧞"字則讀作 měn）。

84.1.1 煮糗：食次曰：宿客足① 作糗粘蘇革反②。糗末[一] 斗，以沸湯一升沃之；不用膩器。淅[二]箕③漉出滓，以糗篅④舂取勃⑤，勃別出一器中。

　　　折米⑥白煮，取汁爲白飲；以飲二升投糗汁中。

84.1.2 又云：合勃下飲訖，出勃；糗汁復悉寫釜中，與白飲合煮，令一沸。與鹽。白飲不可過一□[三]。

　　　折米弱炊，令相著；盛飯甌中，半奠。杓抑令偏[四]著一邊，以糗汁沃之，與勃。

84.1.3 又云：糗末，以⑦二升；小器中沸湯漬之。

　　　折米煮爲飯；沸，取飯中汁升半[五]。折⑧箕漉糗出，以飲汁：——當向糗汁上淋之。

　　　以糗篅舂取勃，出別勃置⑨。復著折米潘汁爲白飲，以糗汁投中，鮭⑩奠如常，食之。

84.1.4 又云：若作倉卒難造者，得停西□[六]糗最勝。

84.1.5 又云：以勃少許，投白飲中；勃若散壞，不得和白飲，但單用糗汁焉。

〔一〕“末”：明清刻本作“米”，依明鈔、金鈔改正。

〔二〕“渐”：明鈔和明清刻本作字形相似的“斷”，依金鈔及下面87.5改正。

〔三〕“一□”：明鈔和明清刻本，這裏是兩個空格；現依金鈔補上一個“一”字。後面還有一個空白，不知是什麼，很懷疑這裏應是“又云”兩個字。

〔四〕“偏”：明清刻本作“遍”，依明鈔、金鈔改正。

〔五〕“升半”：明清刻本作“半升”，依明鈔、金鈔改正。

〔六〕“西□”：明清刻本“西”字下無空格，明鈔、金鈔有。懷疑是“兩日”兩字。

①“宿客足”：三字無意義。懷疑“宿”字或許本是“磨”字；“客足”是“麥”字看錯，或者是“積麥”兩字爛成（參見注解85.4.1.①）。煮糗這一整篇，到處是謎，我們只能作許多揣測，不能作解釋。

②“粏”：依本書注音“蘇革反”，該讀sak，現在該讀se。依玉篇，則是“竹革切”，該讀ẓak，現在該讀ẓe。廣韻沒有粏字；集韻解釋爲“屑米爲飲；一曰粘”。“一曰粘也”，大概是根據玉篇注。

　　案北堂書鈔卷144“糗篇十二”，引有兩段書：一段是服虔（？）通俗文的“煮米爲糗”，一段是食經云：“作粥稴糗法，取蒸米一升，合捐沸湯裏，勿令過熟，過著新籬內。”太平御覽卷859，也引有這兩條，不過所引食經却只有“作稴法：近水則澀”七個字。食經和本條所引的“食次”，是相似而不同（？）的兩種書。“稴糗”，從字面上看，也和“粏”不相干。但粏既有音sak的一個讀法，便和“糗”字同音（廣韻，糗在入聲二十陌，和“虴”、“馲”、“頙”、“宅”等同韻）。“稴”字與“糗”字，同是唇音聲母，只是裂音與鼻音的差別。北堂書鈔所引這一段食經，有許多錯字；這麼可以看出“新籬”兩字，可能是“淅箕”錯成；“捐”字，可能是“投”。御覽所引“近水則澀”，正和本條一樣，從字面上很難理解。但如果從字形或字音相近的"折米取汁"（"折米取"與"近水則"形似；"汁"與"澀"音近）着想，也容易領會和這一段食次之間的關係。因此，我覺得"糗粃"和"粫糯"，只是同一事物的標音名稱，有二種不同的寫法而已。實際的內容，只是將米粉用開水泡着，用一個刷把攪打，作成含澱粉的小泡沫〔勃〕，移入用一種精米煮出的湯中，所得到的濃厚糊糊。

③"淅箕"：一個過濾用的竹器。可能與湖南所謂"瀝箕"相似，即一個平口大腹圓底的箕。

④"糗帚"：假想中，應是一把很細很長的竹絲，紮成一捆，像長江流域稱爲"刷把"，兩粵稱爲"竹掃"的東西。日本的"茶道"中，有這麼一個"道具"，專用來攪打茶湯，生成許多泡沫。——根據宋人筆記，我國宋代飲茶時，正是用這種"茶帚"；因此，烹好的茶，會有"雪沫乳花"。這一種糗帚或炊帚，在古代廚房中，可能是一件常備必備的家具。

⑤"勃"："勃"是一陣細小的粉末或泡沫。這裏的粉，已經用開水澆過，便不能再以粉末的狀況飛起來，所以只能理解爲一堆泡沫。事實上，澱粉漿如用竹絲把攪打，也的確要發生一堆泡沫。這種泡沫，可能是像德國人用的蛋白質空氣泡沫體系"風口袋"（Windbeutel）一樣，作裝點食品用的。

⑥"折米"：一種特別精製的米，參看下面第八十六篇 86.2 條。

⑦"以"：懷疑是"取"字，或者"以二升"下面漏了一個"著"字。整篇中，只有這一節是比較容易體會的；但仍有錯字不少。

⑧"折"：很顯然是"淅"字寫錯。

⑨"別勃置"：可能是"別置勃"或"勃別置"；總之倒了兩個字。

⑩"鮭"：六朝吳地人稱菜肴爲"鮭"（南齊書中已有這個用法）；固然可以用在此地；但要術中沒有第二個例。懷疑是"偏"字。

釋　文

84.1.1　煮糗：食次的説法是：磨麥作爲糗粃。蘇革反，讀 se。

取一斗糗末,用一升開水澆〔沃〕下去;不要用有油膩的容器。用浙箕把渣滓漉掉,用糗帚舂打,取得泡沫團,泡沫另外盛在一個容器裏。

折米,用白水煮,取得米汁,作爲"白飲",將兩升白飲,加到糗汁裏。

84.1.2　又説:向糗汁舂得的泡沫裏,澆下白飲,再攪(?)出泡沫;糗汁再倒進鍋裏,和白飲一齊煮,讓它開一次。加鹽。白飲不可過一(?)。

折米,炊得很軟〔弱〕,讓它成爲相黏着(的飯);把這飯盛在小碗裏,半滿。用杓子把飯壓着,偏在碗一邊,用糗汁澆上,給些泡沫堆。

84.1.3　又説:糗末,取二升,在小容器裏用開水浸着。

將折米煮作飯;開了之後,從飯裏取出升半飯汁來。用浙箕漉出糗,來"飲"進汁裏面——即向糗汁上淋。

用糗帚攪打,生成泡沫堆;將泡沫另外盛着。再加些折米飯汁,作爲"白飲"。將糗汁加下去,像正常規矩,偏着奠上,吃。

84.1.4　又説:如果匆忙〔倉卒〕中作不好,可以放〔停〕……。

84.1.5　又説,將少量泡沫堆,加到"白飲"裏面;如果泡沫堆散了,壞了,不能和成白飲,可以單獨用糗汁。

醴酪第八十五

85.1.1 “煮醴酪”:昔介子推①怨晉文公賞從亡②之勞不及
己,乃隱於介休縣〔一〕縣上山中。

其門人憐之,懸書於公門。文公寤③而求之,不
獲;乃以火焚山,推遂抱樹而死。

文公以縣上之地封之,以旌善人。

85.1.2 於今介山林木,遙望盡黑,如火燒狀;又有抱樹之
形。世世祠祀④,頗有神驗。

百姓哀之,忌日爲之斷火,煮醴而食之,名曰“寒
食”,蓋清明節前一日是也。

中國流行,遂爲常俗。

85.1.3 然麥粥自可禦暑,不必要在寒食。世有能此粥者,聊復録
耳。

〔一〕“縣”:金鈔譌作“鯀”,依明鈔及明清刻本改正。

①“介子推”:即介之推。

②“從亡”:從是跟隨;亡是逃亡。介子推跟隨晉公子重耳(後來的晉文公)
在外國流亡多年。

③“寤”:借作“悟”,即醒覺、醒悟。

④“世世祠祀”:“世世”解作“歷代”。“祠”與“祀”都是祭;祠是小規模的,祀
的規模可以很大。

85.2.1 治釜令不渝①法:常於諳〔一〕信處,買取最初鑄者;
鐵精不渝,輕利易然。其渝黑難然者,皆是鐵滓鈍濁
所致。

85.2.2 治令不渝法：以繩急束蒿，斬〔二〕兩頭，令齊。著水釜中，以乾牛屎然釜。湯煖，以蒿三遍淨洗，抒卻。水乾，然使熱。

買肥豬肉，脂合皮大如手者，三四段；以脂處處遍揩拭釜，察作聲〔三〕②。復著水痛疎洗；視汁黑如墨，抒卻，更脂拭疎洗。

如是十遍許，汁清無復黑，乃止；則不復渝。

85.2.3 煮杏酪、煮餳、煮地黃染③，皆須先治釜；不爾，則黑惡。

〔一〕“諳”：明清刻本譌作“暗”，依明鈔、金鈔改正。

〔二〕“斬”：明清刻本譌作“軒”，依明鈔、金鈔改正。

〔三〕“聲”：金鈔譌作“嚴”，依明鈔及明清刻本改正。

①“渝”：“渝”是變易，這裏專指變色。

②“察作聲”：“察”字是標音字，形容擦時的聲音的；——“擦”這個字，右邊的音標，也就是從這裏得來的。依一般習慣，“察”字似乎應當重複。

③“煮杏酪、煮餳、煮地黃染”：煮杏酪法，即下文85.4；煮餳，見下餳餔第八十九；煮地黃染，見卷三，30.601。

85.3.1 煮醴法：與煮黑餳①同。然須調其色澤，令汁〔一〕味淳濃；赤色足者良。尤宜緩火，急則燋臭。

85.3.2 傳曰：“小人之交甘若醴”，疑謂此，非醴酒②也。

〔一〕“令汁”：明清刻本空格兩字，依明鈔、金鈔補。

①“煮黑餳”：見89.3節。

②“醴酒”：“醴”，據過去各種字書的解釋，作名詞時，都只當作甜酒解釋；作形容詞時，才解爲具有甜味的。這裏的“醴酒”，與“醴”相對；所指的“醴”是什麼，無從說明，但可以知道不會是“酒”。——由85.1.3看

來,似乎是(加糖的?)麥粥。

85.4.1 煮杏酪粥法:用宿穬麥①;其春種者,則不中。

　　　　預前一月事麥:折②令精,細簸,揀作五六等;必使
別均調,勿令麤細相雜。——其大如胡豆③者,麤細正
得所。曝令極乾。

85.4.2 如上治釜訖,先煮〔一〕一釜麤粥,然後淨洗用之。

　　　　打取杏仁,以湯脫去黃皮,熟研。以水和之,絹濾
取汁;——汁唯淳濃便美,水多則味薄。

85.4.3 用乾牛糞燃火,先煮杏仁汁。數沸,上作䬝腦皺,
然後下穬麥米。唯須緩火〔二〕。以匕徐徐攪之,勿
令住。

　　　　煮令極熟,剛溱④得所,然後出之。

85.4.4 預前多買新瓦盆子,——容受二斗者——抒粥著
盆子中,仰頭勿蓋。

　　　　粥色白如凝脂,米粒有類青玉〔三〕。停至四月八
日亦不動。

85.4.5 渝釜,令粥黑;火急,則燋苦;舊盆,則不滲水;覆
蓋,則解離。

　　　　其大盆盛者,數捲⑤居萬反〔四〕亦生水也。

〔一〕"先煮":明清刻本"煮"字上多一個"釜"字,依明鈔、金鈔刪。

〔二〕"緩火":金鈔作"緩又"。

〔三〕"青玉":明清刻本譌作"青土",依明鈔、金鈔改正。

〔四〕"萬":明鈔及明清刻本譌作"反",依金鈔改正。

①"宿穬麥":"宿"是隔年,"穬麥"是大麥。

②“折”：是對米的一種特殊精選辦法，參看 86.2。

③“胡豆”：見注解 82.11.2.②。

④“剛淖”：“剛”是堅實，“淖”（音 nàu）是淫而軟。

⑤“數捲”：數是多次。捲，依本書音注，讀 gyàn（現在該讀作 ɋyàn），依字書解釋，是“收也”，應當是“卷”字作動詞用時的説法，和文義不甚相符。懷疑這個字本身有錯誤，音注是後來勉强加上去的。有可能是字形相近的“挹”字，即舀取的意思。“數挹生水”，是膠體發生了離漿的情形。

釋　文

85.1.1　煮醯酪：古時候，<u>介之推</u>不滿意〔怨〕<u>晉文公</u>，因爲他賞賜追隨他在外國流亡的人的功勞時，没有自己，於是就躲到〔隱〕<u>介休縣縣</u>上的山裏。

　　他的門客同情〔憐〕他，在宮門〔公門〕上掛了一個文書（説明這件事）。<u>文公</u>醒悟了，去找尋他，找不到；就放火燒山，（想逼<u>介之推</u>出來，）<u>介之推</u>却抱着樹燒死了。

　　<u>文公</u>就把<u>縣</u>上的地，封給<u>介之推</u>，算是表揚〔旌〕好人好事。

85.1.2　現在<u>縣山</u>〔<u>介山</u>〕的林木，遠望去盡是黑色的，像火燒過一樣；又有像人抱着樹的形狀。歷年來向（<u>介之推</u>祠堂）祭祀的，很靈驗。

　　一般人哀悼他，在他死的一天〔忌日〕，不燒〔斷〕火（作爲紀念），煮醯（冷的）吃着（當飯），所以稱爲“寒食”，——事實上就是清明前一天。

在黃河流域〔中國〕，到處流行，成了經常的習慣。

85.1.3 但是麥粥本來就可以解暑，不一定就在寒食節吃。現在〔世〕有人會作這種粥，所以我也把（作法）記錄下來。

85.2.1 調治鐵鍋，使它不變色的方法：應當在熟悉的處所，買（用）最初（鎔成的鐵汁）鑄出的，這樣的鐵是鐵的精華，不會變色，輕快易於燒熱。容易變黑而難燒熱的，都是鐵汁渣滓，鈍而且濁的緣故。

85.2.2 調治使不變色的方法：用繩緊綑一些蒿，將兩頭斬齊。在鍋裏放些水，用乾牛屎點燃來燒熱。水煖之後，用蒿把洗滌三遍，倒〔抒〕掉。水乾之後，再烤熱。

　　　肥豬肉，連肥肉帶皮，像手掌大小的，買來三四塊，將油（在鍋裏）到處揩擦，讓它"察察"地響。再加水，用力地洗刷，看看汁水像墨一樣黑了，倒掉，再用油擦，洗刷。

　　　像這樣反覆十來遍，看水清了，不再變黑，才罷手；以後就不會變色。

85.2.3 煮杏酪、煮餳、煮地黃來染布，都要先調治鐵鍋；不然，就會變黑色。

85.3.1 煮醴的方法：和煮黑餳糖一樣。可是要注意把顏色調和好，讓汁的味道够濃厚，紅色足够的才好。火更要用得慢，太快就燒焦發臭了。

85.3.2 古書裏説的："小人之交甘若醴"，懷疑是指這種醴的，不是醴酒。

85.4.1 煮杏酪粥法：用二年生大麥〔宿穬麥〕；春大麥不

合用。

早一個月，就得將麥準備好〔事〕："折"到精細，仔細簸過，（依麥粒大小）揀成五六個等級；必須使各等裏的顆粒都很均勻，不要粗的細的混雜在一起。——像胡豆大小的粗細最合用。曬到極乾。

85.4.2 像"煮醴酪"所說的辦法，將鐵鍋調治好，先煮一鍋粗粥，然用再把鍋洗淨來用。

將（杏核）打（開），杏仁取出，用熱水泡着，脫掉黃皮，研細。加水下去和勻，用絹濾取汁，——汁愈濃愈好，水太多了，便嫌氣味淡薄。

85.4.3 用乾牛糞點着火，先煮杏仁汁。等杏仁汁開了幾開，上面已經生出像豬腦般的皺紋時，再將大麥米放下去。總要慢火。用杓子慢慢攪和，不要住手。

煮到極熟，不太溼不太乾，剛剛合適〔得所〕，然後倒出來。

85.4.4 預先早準備：多買些新的瓦盆子——容量二斗的——把粥倒到盆子裏，敞着〔仰頭〕不要加蓋。

粥的顏色，像（煉過）冷凝下來的脂膏，米粒像帶青色的玉。留到四月初八日，也不會變壞〔動〕。

85.4.5 用變色的鍋，粥是黑的；火太急，粥焦了會有苦味；舊盆盛着，水滲不出去；如果蓋上蓋，就會融化。

用大盆盛着，捲居萬切，讀 gyàn，今日讀 ɥàn 過多次，也會分出水來。

飧飯第八十六

86.1.1 作粟飧①法：䬠②米欲細而不碎。碎則濁而不美。䬠訖即炊；經宿則澀〔一〕。淘必宜淨。十遍已上彌佳。

86.1.2 香漿③和暖水，浸饙④少時，以手挼無令有塊。復小停，然後壯⑤。

　　　　凡停饙，冬宜久，夏少時；蓋以人意消息之。若不停饙，則飯堅也。

86.1.3 投飧時，先調漿令甜酢適口。下熱飯於漿中，尖出便止。宜少時住，勿使撓攪，待其自解散，然後撈盛，飧便滑美。若下飯即撓，令飯澀〔二〕。

〔一〕"澀"：明鈔及明清刻本譌作"瀝"，依金鈔改正。

〔二〕"若下飯即撓，令飯澀"："下"，明清刻本譌作"不"；"撓"，明鈔及明清刻本譌作"擾"；"澀"，明鈔及明清刻本譌作"堅"。都依金鈔改正。

①"飧"：讀 suēn，解釋依玉篇，是"水和飯也"，依釋名"飧，散也；投飯於水中解散也"（飯字依御覽卷850所引補）。又御覽卷850引通俗文："水澆飯曰飧。"

②"䬠"：即舂。

③"香漿"：漿是經過乳酸發酵的稀薄澱粉糊。香漿，指乳酸和某些乳酸酯的芳香氣；和酪酸發酵的臭氣相對。

④"饙"：即煮而未熟的飯。

⑤"壯"：依玉篇"沚"字注解，是將米盛入甑中。

86.2.1 折粟米法①：取香美好穀脱粟②米一石，勿令有碎雜。於木槽内，以湯淘，脚踏。瀉去瀋，更踏。如此十遍，隱約③有七斗〔一〕米在，便止。漉出，曝乾。

86.2.2 炊時，又淨淘。下饙時，於大盆中多著冷水，——必令冷徹米心〔二〕。以手挼饙，良久〔三〕停之。折米堅實，必須弱炊故也。不停則硬。

86.2.3 投飯調漿，一如上法。粒似青玉，滑而且美。又甚〔四〕堅實，竟日不飢〔五〕。弱炊作酪粥④者，美於粳米〔六〕。

〔一〕“七斗”：金鈔譌作“七升”。

〔二〕“米心”：明鈔及明清刻本譌作“米必”，依金鈔改正。

〔三〕“久”：明清刻本缺“久”字，依明鈔、金鈔補正。

〔四〕“甚”：金鈔譌作“其”。

〔五〕“竟日不飢”：明清刻本缺這四個字一句，依明鈔、金鈔補。

〔六〕“粳米”：“粳”明鈔譌作“硬”，“米”字後，明清刻本誤多“者焉”二字。

①“折粟米法”：“折”，是一種特殊的加工處理法，依本書所説，是用熱水浸着，脚踏，把外面的粗皮去掉。結果得到原用粗糧的 70％ 左近。這樣，糧食折損了一部分，所以稱爲“折”。太平御覽卷 850，引魏略：“王朗會稽敗；太祖盛會，嘲之曰：‘不能效君，昔在會稽折粳米飯’……”，意思是譏諷，王朗折損兵力。又引風土記曰：“精折米，十取七八，折使香，蒸而飯……”（引風土記，“折”寫作“浙”）。

②“脱粟”：即剛剛脱掉外皮的穀粒〔粟〕。

③“隱約”：即大致。

④“作酪粥”：這個“酪”，該是上面“杏酪粥”的酪，不是乳酪。

86.3.1 作寒食漿法：以三月中，清明前，夜炊飯。雞向鳴，下熟熱飯〔一〕於甕中，以向滿爲限。數日後，便酢，中飯。

86.3.2 因家常炊次〔二〕，三四日，輒以新炊飯一椀酘①之。

86.3.3 每取漿，隨多少即新汲冷水添之。訖夏，飧漿並不敗而常滿，所以爲異。

86.3.4 以二升，得解水一升。水冷清俊②，有殊於凡。

〔一〕“下熟熱飯”：祕册彙函系統本，譌作“熟下熟飯”，討原作“下熟熱飯”；依明鈔、金鈔改正。

〔二〕“炊次”：明清刻本缺“次”字，依明鈔、金鈔補。

①“酘”：釀造過程中，新加入熟飯，稱爲“酘”。

②“水冷清俊”：“水”字，懷疑是“冰”字寫錯。

86.4.1 令夏月飯甕井口邊無蟲法：清明節前二日，夜雞鳴時，炊黍熟，取釜湯遍洗井口甕邊地，則無馬蚿〔一〕，百蟲不近井甕矣。甚是神驗。

〔一〕“馬蚿”：“蚿”，明清刻本誤作“蚯”，依明鈔、金鈔改正。蚿音賢；馬蚿是多足類的節肢動物，又叫“馬陸”、“百足”、“香蚿蟲”。

86.5.1 治旱稻赤米令飯白法：莫問冬夏，常以熱湯浸米。一食久，然後以手挼之。

　　　湯冷〔一〕，瀉去，即以冷水淘汰〔二〕，挼，取〔三〕白乃止。

　　　飯色潔白，無異清流之米①。

86.5.2 又䬸赤稻，一臼米裹，著蒿葉一把，白鹽一把，合䬸之，即絶白。

〔一〕“冷”：明清刻本作“令”，依明鈔、金鈔改正。

〔二〕“汰”：明清刻本作“沃”，依明鈔、金鈔改正。

〔三〕“取”：明清刻本作“去”，依明鈔、金鈔改正。

①“清流之米”：指水稻。

86.6.1 食經曰：作麵飯法：用麵五升，先乾蒸，攪使冷。用

水一升。留一升麵，減水三合；以七合水，溲四升麵，
以手擘解。以飯一升麵粉①；粉乾，下，稍切取，大如栗
顆。訖，蒸熟，下著篩中，更蒸之。

①"以飯一升麵粉"：這句與這段，顯然有錯漏。一升麵粉，是原來五升，用
　去四升剩下的，可以理解；上面的"以飯"兩字很難説明，懷疑"飯"是
　"飲"字，因字形相似而看錯寫錯。即將"七合水，溲四升麵"，所得的麵
　團，還可以用剩下的這一升乾麵粉，再去吸出〔飲〕其中的水分，使這麵
　團更乾一些。至於減下三合水作什麼？更無從體會。

86.7.1 作粳米糗糒法：取粳米汰〔一〕灑①作飯，曝令燥。擣
　　　　細，磨。麤細作兩種折②。

〔一〕"汰"：同校記 86.5.1.〔一〕。

①"汰灑"：汰是淘汰；灑是洗灑。

②"折"：這個字，懷疑是"糒"字爛成，——否則無法解釋。

86.8.1 粳米棗糒法：炊飯〔一〕熟爛①，曝令乾，細篩。用棗
　　　　蒸熟，迮取膏，溲糒。率：一升糒〔二〕，用棗一升。

〔一〕"飯"：明清刻本作"米"，依明鈔、金鈔改正。

〔二〕"糒"：明清刻本作"糒米"，依明鈔、金鈔删去"米"字。

①"爛"：這個字在這裏，作用意義不明，懷疑應在"曝令乾"一句之下，而且
　上面還該加一個"擣"字。否則乾飯如何"篩"法，很難説明。

86.9.1 崔寔曰："五月多作糒，以供出入之糧。"

86.10.1 菰米飯法：菰穀，盛韋〔一〕囊中。擣瓷器爲屑，——
　　　　勿令作末！——内韋囊中，令滿。板上揉之，取
　　　　米〔二〕。一作，可用升半。

86.10.2 炊如稻米。

〔一〕"韋"：<u>明清</u>刻本作"常"，依<u>明</u>鈔、<u>金</u>鈔改正。

〔二〕"米"：<u>明清</u>刻本作"末"，依<u>明</u>鈔、<u>金</u>鈔改正。

86.11.1　胡飯法：以酢瓜菹，長切；將炙肥肉，生雜菜，内餅中，急捲捲用。

　　　　兩卷三截，還〔一〕令相就，——並六斷。——長不過二寸。別奠飄虀隨之。

86.11.2　細切胡芹，奠〔二〕下酢中，爲"飄虀"。

〔一〕"還"：<u>祕册彙函</u>系統本作"之"，<u>明</u>鈔作"無"；<u>討</u>原空一格。依<u>金</u>鈔改。

〔二〕"細切胡芹，奠"：<u>明清</u>刻本作"用胡芹切"，依<u>明</u>鈔、<u>金</u>鈔改。

86.12.1　食次曰：折米飯，生澉，用〔一〕冷水。用雖好，作甚難。蒯苦怪反米飯蒯者，背洗米令〔二〕淨也。……

〔一〕"生澉，用"：<u>明</u>鈔，"折"作"哲"，下空一格；<u>金</u>鈔作"生折用"；<u>明清</u>刻本作"生哲"。現依<u>討</u>原作"澉"，依<u>金</u>鈔補"用"字。"澉"字，見下87.5，即"澌"字的一種寫法。

〔二〕"背洗米令"：<u>明清</u>刻本，作"皆米冷"；<u>明</u>鈔，"背"字下空一格。現依<u>金</u>鈔補"洗"字。"洗"字在雙行小注第一行末尾，懷疑從這裏以下，原書爛去了一些字，所以這句話沒有完；因此無法解説。

釋　文

86.1.1　作粟殠法：米要舂得精細，但不要碎。碎了，（作成的殠）是渾濁的，不好了。舂過就炊；過一夜就要嫌粗澀了。淘洗務必要潔淨。十遍以上更好。

86.1.2　香漿和上些熱水，把餴浸一些時候，用手搓揉，不讓它有團塊，再留〔停〕一會，然後裝進甑。

“停”饋,冬季要稍微久些,夏季要時間短;總要注意加減。
如果不停饋,飯就太硬了。

86.1.3　放飱飯時,先把漿調和到酸甜合口味。然後將熱
飯下到漿裏面,讓飯在漿面上冒出一點尖就够了。要
稍微停一些時,不要攪拌,等飯自然解散下去,再撈起
來,盛進碗裏,這樣,飱就嫩滑好吃。如果飯下了之後,
隨即攪拌,飯便粗澀。

86.2.1　“折”粟米法:將一石用香美好穀作成的“脱粟”,不
要有雜米或碎粒。放在木槽裏,用熱水浸着淘洗,用脚
踏。把混濁水倒掉,再踏。像這樣淘洗踏到十遍,估
計大致還剩有七斗米在,就停止了,漉出來,曬乾。

86.2.2　煮飯以前,又淘洗潔淨。把饋取出來的時候,要在
大盆裏多放些冷水——務必使米心都冷透。用手搓
(散),停留好一大陣時候。折米米粒堅實,必須炊軟。如
果不(在水裏)多停留些時間,飯就會太硬。

86.2.3　把飯下到漿裏,以及調和漿的方式,都和上面
(86.1.3)的一樣。飯粒像青玉一樣,嫩滑而且美味。
又很堅實,吃了整天都不餓。煮軟作成酪粥,比粳米還要好。

86.3.1　寒食漿作法:在三月中旬,清明以前,夜裏煮飯。
鷄快〔向〕叫時,把熱熟飯下到甕裏,到快滿爲止。過
幾天,就酸了,可以〔中〕吃了。

86.3.2　家裏日常煮飯的時候〔次〕,順便〔因〕每三四天就
將一碗新蒸熟的飯加下去〔酘〕。

86.3.3　每次取漿的時候,取出多少,跟着就臨時〔新〕在井

　裏汲些冷水添下去。直到夏天,作殥飯用的漿,也不
　壞,而且經常是滿的,所以很特別。

86.3.4　每兩升,可以用一升水來稀釋〔解〕。冰冷而清新
　俊美,和一般〔凡〕不同。

86.4.1　夏季的月份裏,讓飯甕旁邊和井口旁邊沒有蟲的
　方法:清明節前兩天,夜裏雞叫的時候,蒸熟(一鍋)
　飯,用鍋裏的熱水,把井口上和飯甕旁邊的地整個
　〔遍〕洗一次,可以沒有馬蚿;其他各種蟲,也不到井和
　甕邊來了。非常靈驗。

86.5.1　把旱稻和紅米整治到成爲白飯的方法:不管冬季
　或夏季,總是用熱水浸米。一頓飯久之後,再用手搓。
　　　水冷了,倒掉,就用冷水淘,搓,到白了才停手。
　　　這樣,飯的顏色潔白,與清流稻的米一樣。

86.5.2　又舂紅稻米時,一臼米裏,攔一把蒿葉,一把白鹽,
　混合着舂,就極白。

86.6.1　食經説的"作麪飯法":用五升麪,先乾蒸一遍,攪
　拌到涼。用一升水。留一升麪,減少三合水;就用七
　合水,和進四升麪裏,用手弄破。放進(剩下的)一升
　麪粉裏吸乾;拿下來,隨便切切,像栗子大的顆粒。切
　完,蒸熟,放到篩裏,再蒸。

86.7.1　作粳米糗糒的方法:取粳米洗潔淨,炊成飯,曬乾。
　擣成細粉,再磨。粗的細的,分作兩種。

86.8.1　粳米棗糒作法:把飯炊到熟,曬乾,(擣碎)細篩。
　用紅棗蒸熟,榨出膏汁來,和進乾飯粉〔糒〕裏。比例,

是一升糒用一升棗。

86.9.1　崔寔（四民月令）説：“五月多作些糒，供旅行時〔出入〕作食糧。”

86.10.1　菰米飯作法：菰結的穀，盛在熟皮口袋裏。把瓷器舂碎——但不要舂成粉末！——放在皮口袋裏，要裝滿。在板上搓揉過，取得米。每作一次，可以用升半（穀）。

86.10.2　作飯，和稻米一樣。

86.11.1　作胡飯法：用酸瓜葅，直切成條；連炙肥肉，生雜菜，一併放進餅裏面，趕急捲成卷來用。

　　　　　兩卷，每卷切成三節，又再排到相連——一共有六段〔斷〕。——長都不超過二寸。另外盛些“飄齏”一起供上。

86.11.2　將胡芹切碎，（漂）在醋裏面，就是“飄齏”。

86.12.1　食次説：折米飯，生的“渳”，用冷水，用雖好，作甚難。勫苦怪反，讀 kuài 米飯，勫是背洗米，使米潔淨……

素食第八十七

87.1.1 食次曰:"葱韭羹"〔一〕法:下油水中煮。葱、韭,五分〔二〕切,沸,俱下。與胡芹、鹽、豉、研米糁粒——大如粟米。

〔一〕"羹":明鈔及明清刻本,均譌作字形相似的"羹";依金鈔改。

〔二〕"五分":"五"字明鈔空一格,明清刻本漏去。依金鈔補。

87.2.1 瓠羹:下油水中,煮極熟。瓠〔一〕體橫切;厚三〔二〕分。沸而下。與鹽、豉、胡芹。累奠之。

〔一〕"瓠":明清刻本缺這個字,依明鈔、金鈔補。

〔二〕"三":明清刻本作"二",依明鈔、金鈔改正。

87.3.1 油豉:豉三合,油一升〔一〕,酢五升①,薑、橘皮、葱、胡芹、鹽,合和蒸。蒸熟,更以油五升〔二〕,就氣上灑之。

　　　　訖,即合甑覆瀉甕中。

〔一〕"升":這兩句中兩個"升"字,明清刻本都作"斤",依明鈔、金鈔作"升"。

〔二〕"升":同〔一〕。

①"豉三合,油一升,酢五升":這個比例,很奇特。懷疑是"豉三升,油一升,酢五合",把兩個表示量的單位互換錯了。下面的一句"更以油五升","五"字可能仍是和起句的"油一升"同樣,是"一"字;或者"升"字是"合"字。

87.4.1 膏煎紫菜:以燥菜下油中煎之,可食則止。擘奠如脯。

87.5.1　薤白蒸：秫米一石，熟舂袻，令米毛①不渐〔一〕。

以豉三升煮之；漉箕漉取汁。用沃米②，令上諧可走蝦③。

87.5.2　米釋，漉出，停米豉中④。夏可半日，冬可一日，出米。

葱薤等寸切，令得一石⑤許。胡芹寸切，令得一升許。油五升，合和蒸之。

可分爲〔二〕兩甑蒸之。氣餾，以豉汁五升灑之。

87.5.3　凡三過〔三〕三灑，可經一炊久，三灑豉汁。半熟，更以油五升灑之，即下〔四〕。用熱食。若不即食，重蒸取氣出。

87.5.4　灑油之後，不得停甑上——則漏去油。重蒸不宜久，久亦漏油。

奠訖，以薑、椒末粉之，溲甑亦然〔五〕。

〔一〕“渐”：明鈔、金鈔、明清各刻本均作“渐”；金鈔還有一個音注“先擊反”。廣韻入聲“二十三錫”的“淅”字，音“先擊反”；集韻入聲二十三錫，有“淅”字，下面還有一個“渐”字，注“與淅同”，解是“説文，汰米也”。這個特殊的字，可能只是“淅”字的一種變體，以“晳”字作爲“形聲兼會意”的音符，即將米洗到白晳。

〔二〕“分爲”：“爲”字明清刻本作“而”，依明鈔、金鈔改。

〔三〕“三過”：“三”字明清刻本作“不”，依明鈔、金鈔改。

〔四〕“即下”：“下”字明清刻本作“不”，依明鈔、金鈔改。

〔五〕“溲甑亦然”：“溲”字後，明鈔空白；明清刻本，則將“溲”字上面的“之”字，倒在下面了。依金鈔補正。

①“令米毛”：“毛”字，沒有一個合於這裏的解釋。懷疑是“白”字爛後

看錯。

②“用沃米”：懷疑“沃”上漏了一個“水”字。

③“諧可走蝦”：照字面上來望文生義，也很難想。懷疑“諧”字是“湝”字看錯的。“水”旁，和“言”旁的行書草書，很容易相混；“析”字和“皆”字上半截的“比”，也容易看錯。“湝可走蝦”，是説浸没着米的水〔湝〕，在米上的一層，可以容許蝦在裏面走動；也就是今日大家説的“一指頭”或“半指頭”深的水。

④“停米豉中”：懷疑“豉”字下漏了一個“汁”字。

⑤“一石”：可能是“一斗”；一石米，放一石葱薤，似乎太多一些。

87.6.1 蘇音蘇托飯〔一〕①：托二斗，水一石。熬白米三升，令黄黑②，合托三沸。絹漉取汁，澄清；以蘇一升投中。無蘇與油二升。

87.6.2 蘇托好③一升④“次檀托”，一名“托中價”⑤。

〔一〕“飯”：明清刻本，譌作“人”，依明鈔、金鈔改。

①“蘇托飯”：“蘇”是“酥”字的或體。集韻上平十一模解釋：“酥，或作蘇……，酪屬”；即一種乳製品；今日還有“酥油”的名稱。要術卷六養羊第五十七中，記有“抨酥法”，酥字用“正體”。這裏用“或體”，似乎可以説明，這一節可能不是賈思勰自己的文章——是從別處鈔來，或者竟是後人攙入的。“托”，懷疑是“粍”字寫錯：“粍”是“屑米爲飲”，多少與本條有點相關。如其不然，就只好和下節中的“次檀托”“托中價”一樣，假定是當時黄河流域流行的鮮卑語；所指是什麽東西，也無從揣測了。

　　　本段也有不少“謎”，以下的注，都是猜測，不是確實的注釋。

②“黄黑”：“黑”可能只是“色”字寫錯；米炒黑後，味是苦的，便没有作爲食物的意義了。

③“好”：懷疑是“飯”字。

④"一升":懷疑是"一名"。

⑤"次檀托""托中價":在没有更好的解釋之前,我們暫時認爲這是外來語的記音,——很可能是鮮卑語。

87.7.1 蜜薑:生薑一斤,淨洗,刮去皮。算子①切;不患長,大如細漆箸。

以水二升,煮令沸,去沫。與蜜二升,煮,復令沸,更去沫。

87.7.2 椀子盛,合汁減半②奠;用箸,二人共。

87.7.3 無生薑,用乾薑;法如前,唯〔一〕切欲極細。

〔一〕"唯":明鈔作"准",依金鈔及明清各刻本改正。

①"算子":這裏所謂"算子",應指當時的"算器",即竹製的"籌",不是算盤上的"算珠"——今日稱爲"算盤子"或"子"。

②"減半":即不到半滿,——不是減去一半。

87.8.1 缹①瓜瓠法:冬瓜、越瓜、瓠,用毛未脱者;毛脱即堅。漢瓜,用極大饒肉者;皆削去皮,作方臠,廣一寸,長三寸。

87.8.2 偏〔一〕宜豬肉,肥羊肉亦佳。肉須別煮令熟,薄切。蘇油②亦好,特宜菘菜。蕪菁、肥葵、韭等,皆得;蘇油宜大用莧菜。

87.8.3 細擘葱白,葱白欲得多於菜;無葱,薤白代之。渾豉、白鹽、椒末。

87.8.4 先布菜於銅鐺底,次肉,無肉,以蘇油代之。次瓜,次瓠,次葱白、鹽、豉、椒末。如是次第重布,向滿爲限。少下水,僅令相淹漬。缹令熟。

〔一〕"偏"：<u>明</u>清刻本作"遍"，依<u>明</u>鈔、<u>金</u>鈔改正。

①"隹"：解釋見卷八注解 77.0.①。

②"蘇油"：即"酥"；不是蘇子油。蘇子油<u>要術</u>稱爲"荏油"。

87.9.1 又隹漢瓜法：直以香醬、葱白、麻油隹之。勿下水亦好。

87.10.1 隹菌其殞反法：菌一名地〔一〕雞。口未開，内外全白者，佳；其口開裏黑者，臭不堪食。

87.10.2 其多取欲經冬者，收取，鹽汁洗去土，蒸令氣餾，下，著屋北陰乾之〔二〕。

87.10.3 當時隨食者，取，即湯煠①去腥氣，擘破。

87.10.4 先細切葱白，和麻油，蘇亦好。熬令香。復多擘葱白，渾豉〔三〕、鹽、椒末與菌俱下隹之。

87.10.5 宜肥羊肉；雞、豬肉亦得。肉隹者，不須蘇油。肉亦先熟煮蘇切〔四〕，重重布之，如隹瓜瓠法，唯不著菜也。

87.10.6 隹瓜、瓠、菌，雖有肉素兩法；然此物多充素食，故附素條中。

〔一〕"地"：<u>明</u>清刻本譌作"池"，依<u>明</u>鈔、<u>金</u>鈔改正。

〔二〕"陰乾之"：<u>明</u>鈔作"陰中之"，<u>明</u>清各刻本作"陰之中"；依<u>金</u>鈔改正。

〔三〕"豉"：<u>明</u>清刻本譌作"豆"，依<u>明</u>鈔、<u>金</u>鈔改正。

〔四〕"熟煮蘇切"：<u>明</u>鈔及<u>明</u>清刻本，作"熟煮蘇切"；<u>金</u>鈔作"熟者蒜切"。由下一句"如隹瓜瓠法"，可以決定"蘇"字必定是字形多少有些相似的"薄"字寫錯，上面 87.8.2 有"肉須別煮令熟，薄切"的説明；本節上句，又鄭重申明"不須蘇油"，可見不應當是蘇字。

①"煠"：即"渫"，在熱水中煮沸。

87.11.1　**焦茄子法**：用子未成^①者，子成則不好也。**以竹刀、骨刀四破之。**用鐵^②則渝黑^{〔一〕}，湯煠去腥氣。**細切葱白，熬油令^{〔二〕}香，蘇彌好。香醬清，擘葱白，與茄子俱下。焦令熟，下椒薑末。**

〔一〕"黑"：明清刻本"黑"字下還有一個"也"字，明鈔、金鈔沒有，也不
　　必要。

〔二〕"令"：明清刻本缺"令"字，依明鈔、金鈔補。

①"子未成"："子"是種子，"成"是成熟。

②"用鐵"："鐵"字下省去（或漏去）一個"刀"字。茄子果肉中，有頗多量的
　　"單寧"；和鐵器接觸後，會立即變黑。

釋　　文

87.1.1　**食次**説的"葱韭羹"作法：是放到有油的水裏煮的。葱和韭菜，都切成五分長，水開了，一齊下湯。加些胡芹、鹽、豆豉，把米穄研成粟米大小的粒。

87.2.1　瓠羹：放到有油的水裏，煮到極熟。瓠，橫着切，每片三分厚。湯開了放下去。加鹽、豆豉，胡芹。一片片重叠起來〔累〕盛着供上。

87.3.1　油豉：用三升豆豉，一升油，五合醋，薑、橘皮、葱、胡芹、鹽，混合着蒸。蒸熟了，再用五升油，就在水汽上灑到（甀）裏。

　　　　灑完，就整甀地倒向甕裏。

87.4.1　膏煎紫菜：將乾燥的紫菜，放在油裏煎，可以吃就行了。撕開來盛，像乾肉一樣。

87.5.1 “葅白蒸”：一石糯米，舂到很熟，讓米（自然成）白色，不要淘。

拿三升豆豉，煮成汁，用淅箕漉出汁來，浸着米，要讓米上的淅水，可以容許蝦走動。

87.5.2 米浸軟了〔釋〕之後，漉出來，讓米停留在豉汁裏。夏季，停半天；冬季，過一天，再將米（漉）出來。

葱、薤子等，切成一寸長，要用一石左近。胡芹也切成一寸長，要用一升。再加五升油，混合和起來，蒸。

可以分作兩甑來蒸。汽餾之後，另用五升豉汁灑上。

87.5.3 一共汽餾三次，灑三次豉汁。總共可以經過炊一甑飯久的時間，來灑這三次豉汁。（葱）半熟，再用五升油灑上，就下甑。趁熱吃。如果不是立即吃，吃之先，要重蒸到冒氣。

87.5.4 灑了油之後，不要停在竈（火）上，——否則漏掉了油。重蒸也不可以過久，久了也會漏油。

盛好之後，撒些薑、椒粉末在上面，上甑時也一樣。

87.6.1 糫音蘇托飯：托二斗，水一石。將三升白米，炒到黃黑色。和在托裏面，三次煮到沸。用絹濾取汁，澄清後，擱一升酥油下去。沒有酥油，就擱二升（植物）油。

87.6.2 酥托飯，一名“次檀托”，一名“托中價”。

87.7.1 蜜薑：生薑一斤洗潔淨，刮去皮。切成籌碼般的方條;不怕長;大小像細的漆筷子。

　　加二升水,煮開之後,去掉泡沫。加二升蜜,再煮開,又撇掉泡沫。

87.7.2　用小碗盛着,連上汁,不到半滿,供上席。要另外用筷子挾,兩人共用一雙。

87.7.3　沒有生薑,可以用乾薑;作法仍是一樣,不過更要切極細。

87.8.1　煮瓜瓠的方法:冬瓜、越瓜、瓠,都用還沒有脫毛的;脫了毛的,就嫌硬了。漢瓜,用極大多肉的。都削去皮,切作方臠,一寸寬,三寸長。

87.8.2　加豬肉最好,肥羊肉也不錯。肉須要另外煮熟,切成薄片。酥油也好,最宜於配菘菜。蕪菁,肥的葵,韭菜等都可以;用酥油,可以配合多量莧菜。

87.8.3　把蔥白撕碎;蔥白要比菜多;沒有蔥,可以用薤子白代替。加上整顆的豆豉、白鹽、花椒麵。

87.8.4　先在銅鍋底上鋪着菜,再鋪肉,沒有肉,用酥油代替。再鋪瓜,再鋪瓠子,最後鋪蔥白、白鹽、豆豉、花椒末。像這樣層層鋪着,到快滿爲止。少加點水,剛好浸沒。煮到熟。

87.9.1　又焦漢瓜的方法:直接用香醬、蔥白、麻油煮。不加水也好。

87.10.1　焦菌音其殞反,gyěn,現在讀ʮyèn法:菌子又名"地雞"。沒有開口,裏外都是白色的才好;開了口,裏面黑色的,有臭氣,不好吃。

87.10.2　如果多量收集,想(留着)過冬天(用)的,收取之後,用鹽水洗去泥土,蒸到水氣餾上之後,取下來,放在屋北面,陰乾了(收藏)。

87.10.3　採取後,當時就吃的,採得後,就用開水潦,除掉腥氣,撕破。

87.10.4　先將蔥白切碎,和麻油,酥油也好。炒香。再多撕些蔥白,加上整粒豆豉、鹽、花椒末,和菌子一起下到鍋裏煮。

87.10.5　與肥羊肉最相宜;雞肉、豬肉也可以。和肉一併焦的,就不須要再加酥油。肉也是先煮好,切成薄片;一層層地鋪着,像焦瓜瓠的方法一樣,不過不加菜。

87.10.6　焦瓜、瓠、焦菌,雖然都有加肉的與淨素的兩種方式;但一般都把它們當作素食,所以放在素食裏面。

87.11.1　焦茄子的方法:用種子没有成熟的,種子成熟了的就不好了。用竹刀或骨刀破成四條。用鐵刀切,會變成黑色。開水潦一下,去掉腥氣。切碎了的蔥白,把油熬香,用酥油更好。加上香醬清,和撕碎了的蔥白,和茄子一同下鍋(炒一下),煮熟。再加花椒和薑末。

作菹^{〔一〕}藏生菜法第八十八

〔一〕卷首目録"菹"下多一"并"字。

88.1.1 葵菘蕪菁蜀芥鹹菹^①法：收菜時，即擇取好者，菅蒲束之。

88.1.2 作鹽水，令極鹹，於鹽水中洗菜，即内甕中。——若先用淡水洗者，菹爛。

其洗菜鹽水，澄取清者，瀉著甕中，令没菜把即止，不復調和。

88.1.3 菹色仍青；以水洗去鹹汁，煮爲茹，與生菜不殊。

88.1.4 其蕪菁、蜀芥二種，三日抒出之。粉黍米作粥清。擣麥䴬^{〔一〕}作末，絹篩。布菜一行，以䴬末薄坌之，即下熱粥清。重重如此，以滿甕爲限。

88.1.5 其布菜法：每行必莖葉顛倒安之。舊鹽汁，還瀉甕中。菹色黄而味美。

88.1.6 作淡菹，用黍米粥清，及麥䴬末，味亦勝。

〔一〕"麥䴬"：<u>明</u>清刻本"麥"字下多一個"麵"字，依<u>明</u>鈔、<u>金</u>鈔删。

① "菹"：即利用乳酸發酵來加工保藏的蔬菜。有加鹽的"鹹菹"，不加鹽的"淡菹"；整棵的"釀菹"。現在<u>吳</u>語系統方言中，還稱這種加工品爲"菹"；<u>四川</u>稱爲"水黄菜"，<u>粤</u>語系統方言，稱爲"鮓菜"；<u>兩湖</u>稱爲"鮓菜"或"酸菜"。

88.2.1 作湯菹法：菘菜^{〔一〕}佳，蕪菁亦得。

88.2.2 收好菜，擇訖，即於熱湯中煤出之。若菜已萎者，水洗，漉^{〔二〕}出，經宿生之，然後湯煤。

88.2.3　煠〔三〕訖，冷〔四〕水中濯之。鹽、醋中，熬胡麻油著〔五〕。香而且脆。

88.2.4　多作者，亦得至春不敗。

〔一〕"菜"：明清刻本缺"菜"字，依明鈔、金鈔補。

〔二〕"漉"：明鈔譌作字形相似的"混"，依金鈔及明清刻本改。

〔三〕"煠"：明清刻本空一格，依明鈔、金鈔補。

〔四〕"冷"：明清刻本譌作"令"，依明鈔、金鈔改正。

〔五〕"著"：明清刻本缺，依明鈔、金鈔補。

88.3.1　釀菹法：菹，菜也①。一曰：菹不切曰"釀菹"。

88.3.2　用乾蔓菁。正月中作。以熱湯浸菜，令柔軟；解、辨〔一〕、擇、治、淨洗。沸湯煠，即出；於水中淨洗。復〔二〕作鹽水暫度〔三〕，出著箔上。

88.3.3　經宿，菜色生好；粉黍米粥清，亦用絹篩麥麰末，澆菹布菜，如前法。然後②粥清不用大熱；其汁纔令相淹，不用過多，泥頭七日便熟。

88.3.4　菹甕以穰茹之，如釀酒法。

〔一〕"辨"：明清刻本作"辦"，漸西村舍本作"瓣"，依明鈔、金鈔作"辨"。"辨"是選別、辨別。但更可能原來是"辮"字。卷三蔓菁第十八中（18.3.2節）有着"作乾菜及釀菹者，割訖尋手擇治而辮之，勿待萎。萎而後辮則爛"。現在既是用乾蔓菁作材料，很可能是用那樣"辮"好了的菜來作。這種辮好了的菜，在"擇、治、淨洗"之前，必須經過一次"解辮"的手續。

〔二〕"復"：明清刻本"復"字上還多一個"便"字，依明鈔、金鈔刪。

〔三〕"暫度"：明鈔及明清刻本均作"斬度"，依金鈔改。

①"菹，菜也"：懷疑有錯漏，依本書慣例，似乎應當是"説文：釀，菜也"或者

"说文：菹，酢菜也"。下一句"一曰，菹不切曰釀菹"，今本说文中没有，過去各家也都没有把這句當作说文的。

②"然後"：然即但是；後即後一次的；不是"跟着"。

88.4.1 作卒菹法：以酢漿煮葵菜，擘之，下酢，即成菹矣。

88.5.1 藏生菜法：九月十月中，於墙南日陽中，掘〔一〕作坑；深四五尺。取雜菜，種別布之，一行菜，一行土。去坎一尺許，便止；以穰厚覆之。得經冬。須即取，粲然與夏菜不殊。

〔一〕"掘"：明鈔譌作"稻"，明清刻本作"掐"，依金鈔作"掘"。

88.6.1 食經作葵菹法：擇燥葵五斛。鹽二斗，水五斗，大麥乾飯四升，合瀨①。案葵一行，鹽飯一行，清水澆，滿。七日，黃；便成矣。

①"瀨"：瀨字只作急流解；在這裏無法解釋。廣韻入聲十二曷"攋"，注"撥攋，手披也"，即用手撥；再與下面的"案"字，作"抑下"的"按"講解，便可以解釋得通，因此頗懷疑該是"攋"字。

88.7.1 作菘鹹菹法：水四斗，鹽三升，攪之，令殺菜①。又法：菘一行，女麴間之。

①"令殺菜"："殺"字懷疑是"没"字。

88.8.1 "作酢菹法"：三石甕，用米一斗，擣，攪取汁三升。煮滓作三升粥，令①。内菜甕中，輒以生漬汁及粥灌之。

88.8.2 一宿，以青蒿、薤〔一〕白各一行，作麻沸湯②澆之，便成。

〔一〕"薙"：明清刻本譌作"韮"，依明鈔、金鈔改正。

①"三升粥，令"："升"字懷疑是"斗"字；一斗米，擣碎取得三升汁之後，剩下的米渣，煮成粥，決不止三升，應當是三斗。"令"字下面懷疑漏了一個"冷"字。

②"麻沸湯"：即剛剛有極小的氣泡冒上的開水。

88.9.1 作菹消法①：用羊肉二十斤，肥豬肉十斤，縷切之。菹二升，菹根②五升，豉汁七升半，切葱頭五升。

①"作菹消法"：依性質説，這一條應在卷八的腤腤煎消第七十八或菹緑第七十九兩篇中。菹緑第七十九中，已有一段菹肖法，内容和這一條大致相似。

②"菹根"：菹根不是不可解，但不很合理。懷疑上句是"菹汁二升"，這句是"菹葉五升"。

88.10.1 蒲菹：詩義疏①曰："蒲，深蒲也；周禮以爲菹。謂蒲〔一〕始生，取其中心入地者——'蒻'——大如匕柄，正白；生噉之，甘脆。"

88.10.2 又：煮以苦酒，受之②，如食筍法，大美。今吴人以爲菹，又以爲鮓〔二〕。

〔一〕"蒲"：明鈔及明清刻本譌作"菹"，依金鈔改。

〔二〕"鮓"：明鈔及明清刻本譌作"酢"，依金鈔改。

①"詩義疏"：這一段詩義疏，陳奐所作詩毛氏傳疏大雅（蕩之什）韓奕，就引用要術這一段，還引有周禮"醢人加豆之實深蒲"鄭衆注，可以參看。

②"受之"："受"字懷疑是"浸"字或"漬"字爛成。

88.11.1 世人作葵菹不好，皆由葵大脆故也。

88.11.2 菹菘，以社前二十日種之；葵，社前三十日種之。使葵至藏，皆欲生花，乃佳耳。葵經十朝苦〔一〕霜，乃

采之。

88.11.3 秫米爲飯，令冷。取葵著甕中，以向飯沃之。欲
　　　　令色黄，煮小麥時時柵①桑葛反〔二〕之。

〔一〕"苦"：明鈔譌作"若"，依金鈔及明清刻本改正。

〔二〕"葛"：祕册彙函本作"暮"，討原本作"篡"，崇文本作"莫"。依明鈔、金
　　　鈔作"葛"，與玉篇同。

① "柵"：依原有音注，這個字便有些問題：從"册"的字，都是腭音隨收聲的
　　（ak）；而"葛"是舌尖音隨收聲的（at）。"柵"字依南史和齊書的例，只
　　作㮹子講解；也不合於這裏的意義。廣韻入聲十二曷中，音"桑割反"
　　的有一個"㪠"字，據説文解釋是"散之也"（即撒）；懷疑這個字原應
　　作"㪠"。

88.12.1 崔寔曰："九月，作葵菹。其歲溫，即待十月。"

88.13.1 食經曰："藏瓜法"：取白米一斗，鑼①中熬之，以作
　　　　糜。下鹽，使鹹淡適口。調寒熱。熟拭瓜，以投其中。
　　　　密塗甕，此蜀人方，美好。

88.13.2 又法：取小瓜百枚，豉五升，鹽三升。破去瓜子，
　　　　以鹽布瓜片〔一〕中，次著甕中。綿其口。三日，豉氣
　　　　盡，可食之。

〔一〕"片"：金鈔缺"片"字，應依明鈔及明清刻本補。這裏的"片"是對半中
　　　分的"原義"，不是切成薄片的片。

① "鑼"：即"鬲"、"㠠"，是一個帶脚的鍋。

88.14.1 食經藏越瓜法：糟一斗，鹽三升〔一〕，淹瓜三宿。
　　　　出，以布拭之，復淹如此。

88.14.2 凡瓜，欲得完；慎勿傷，傷便爛。以布囊就取之，

佳。豫章郡人晚種越瓜，所以味亦異。

〔一〕"三升"：金鈔缺"升"字，應有。

88.15.1 食經藏梅瓜法：先取霜下老白冬瓜，削去皮，取肉，方正薄切如手板①。細施灰，羅②瓜著上，復以灰覆之。

88.15.2 煮杬皮烏梅汁〔一〕著器中。細切瓜，令方三分，長二寸，熟煤之，以投梅汁。數日〔二〕可食。以醋石榴子著中，並佳也。

〔一〕"杬皮烏梅汁"："杬"字明鈔、明清刻本作"杬"，金鈔作"杭"；與後面"梅瓜法"（88.32）對勘，便可以決定只可以是"杬"，因此改作"杬"字。杬皮是紅色的食物染色，卷六養鵝鴨第六十"作杬子法"中，引有郭璞爾雅注説"中藏卵果"；卷四種木瓜第四十二中，也有用濃杬汁藏木瓜的記述。用烏梅汁，是利用乾梅子所含的酸，使杬皮染料顏色能變成鮮紅；明清刻本，"梅"字下多一個"皮"字，不應有，依明鈔、金鈔删。

〔二〕"數日"：明清刻本作"數月"，依明鈔、金鈔改正。

① "手板"：古代官員們朝見皇帝時，"手"中拿着的一片"板"，可以是玉、象牙、骨、竹、木……也稱爲"笏"。本來是預備隨時記事用的。

② "羅"：這個羅字，懷疑應與上句"細施灰"的施字互換："細羅灰，施瓜著上"，羅字作篩解，可以解釋；羅瓜著上，不很合理。瓜和灰接觸後，一方面脱去了很多水分，一方面可以由於從灰中得到一些鹼土金屬離子，使果膠質沉澱，因而變脆了。

88.16.1 食經曰"樂安令徐肅藏瓜法"：取越瓜細者，不操〔一〕拭，勿使近水。鹽之令鹹。十日許，出，拭之，小陰乾。熻之，仍内著盆中，作和。

88.16.2 法：以三升赤小豆，三升秫米，並炒之令黃，合舂〔二〕;以三斗好酒解之。以瓜投中,密塗,乃經年不敗。

〔一〕"操":明鈔、金鈔、祕册彙函、學津討原、漸西村舍刊本,都是"操"字;崇文書局刊本作"澡",但未説明根據。案卷四種柿第四十所引"食經藏柿法",有"以灰汁澡再三"的一句,"澡"是浸洗的意思,用在這裹,"不澡拭",即不要浸洗揩抹,也很合適。但仍懷疑是"燥"字:即"不燥,拭";"如果不乾,揩乾淨";這樣,"拭"字不受"不"字的限制,便和下面"十日許,出,拭之"和88.4.1中"以布拭之"的"拭"字,有同樣的意義。而且,88.20.4也正有"瓜……令燥"的説法。

〔二〕"合舂":明清刻本"舂"字下還有一個"之"字,依明鈔、金鈔删去。

88.17.1 崔寔曰:"大暑後六日,可藏瓜。"

88.18.1 食次曰"女麴":秫稻米三斗,淨淅、炊爲飯〔一〕。軟炊,停令極冷。以麴範中,用手餅之。以青蒿上下奄之,置床上,如作麥麴法。

88.18.2 三七二十一日,開看,遍有黃衣則止。三七日無衣,乃停①。要須衣遍乃止。

88.18.3 出,日中〔二〕曝之,燥則用。

〔一〕"飯":明鈔譌作"飲",依金鈔及明清刻本改正。

〔二〕"日中":明清刻本作"日日",依明鈔、金鈔改正。

①"乃停":"乃"字顯然是"仍"字寫錯。

88.19.1 釀瓜菹酒法:秫稻米一石;麥麴,成剉,隆隆①二斗;女麴,成剉,平一斗〔一〕。

88.19.2 釀法:須消化②,復以五升米酘之。消化,復以五升米酘之。再酘,酒熟,則用,不連出。

88.19.3 瓜鹽揩，日中曝令皺，鹽和，暴糟中。停三宿，度內③女麴酒中，爲佳。

〔一〕"平一斗"："平"字明清刻本作"于"，依明鈔、金鈔改作"平"，與上句"隆
　　隆"相對待。

①"隆隆"："隆"是豐滿；"隆隆"，即今日口語中"滿滿的"。

②"須消化"："須"是等待，即等到全消化了。

③"度內"："度"應作"渡"；即"渡過去，放進〔內〕……"。

88.20.1 瓜菹法：採越瓜——刀子割，摘取，勿令傷皮。鹽
　　揩數遍，日曝令皺。

　　　　先取四月白酒糟，鹽和，藏之。數日，又過著
　　大〔一〕酒糟中，鹽、蜜、女麴和糟，又藏泥甌中。唯
　　久佳。

88.20.2 又云：不入白酒糟亦得。

88.20.3 又云：大酒接出清，用醅；若一石，與鹽三升，女麴
　　三升，蜜三升。女麴曝令燥；手作①令解，渾用。——
　　女麴者，麥〔二〕黃衣也。

88.20.4 又云：瓜，淨洗，令燥；鹽揩之。以鹽和酒糟，——
　　令有鹽味，不須多。——合藏之。密〔三〕泥甌口，軟而
　　黃便可食。

88.20.5 大者六破，小者四破，五寸斷之，廣狹盡瓜之形。
　　　　又云：長四寸，廣一寸，仰奠四片：瓜〔四〕用小而直
　　者，不可用貯②。

〔一〕"大"：明清刻本譌作"火"，依明鈔、金鈔改正。

〔二〕"麥"：明清刻本譌作"麴"，依明鈔、金鈔改正。

〔三〕"密"：明清刻本譌作"蜜"，依明鈔、金鈔改正。

〔四〕"瓜"：明清刻本缺少這個"瓜"字，依明鈔、金鈔補。

①"拃"：即"迮"、"笮"、"榨"，加壓力的意思。

②"貯"：貯字用在這裏，無法解釋，懷疑是聲音相近的"曲"字，才能和"小而直"的直字對稱。

88.21.1 瓜芥菹：用冬瓜；切，長三寸，廣一寸，厚二分。芥子少與胡芹子，合熟研，去滓，與好酢鹽之①。下瓜。唯久益佳也。

①"鹽之"："之"懷疑是音相近的"豉"字鈔錯。

88.22.1 湯菹法：用少①菘〔一〕、蕪菁，去根。暫經沸湯〔二〕，及熱與鹽酢。渾長者，依杯②截；與酢，并和菜〔三〕汁；——不爾，太〔四〕酢。——滿奠之。

〔一〕"菘"：明鈔、明清刻本作"葱"，依金鈔改。

〔二〕"沸湯"：明鈔及明清刻本作"湯沸"，依金鈔倒轉。

〔三〕"菜"：明鈔及明清刻本譌作"葉"，依金鈔改正。

〔四〕"太"：明鈔及明清刻本，譌作"火"，依金鈔改正。（案明鈔原缺 88.22 正文兩行；涵芬樓影印時，另依他本補寫，所以錯誤很多。）

①"少"：這個字可以望文生義，勉強解釋爲"未老"的，也就是少壯的。但懷疑是否誤多的？或者竟是"芥"字？上面 88.2 條也是"湯菹"，材料仍只是菘與蕪菁，沒有芥，所以更可能只是誤多。

②"杯"：見卷八注解 79.1.1.②。

88.23.1 苦筍紫菜菹法：筍去皮，三寸斷之，細縷切之。小者，手捉小頭，刀削大頭，唯細薄；隨置水中。削訖，漉出。

細切紫菜，和之，與鹽、酢，乳用①，半奠。

88.23.2 紫菜,冷水漬少久,自解。但洗時勿用湯;湯洗,則失味矣。

①"乳用":要術中没有用乳作爲作料的叙述。這個乳字很奇特。懷疑"乳用"兩字是"醬清"爛成。

88.24.1 竹菜菹法:菜生竹林下。似芹,科大而莖葉細,生極概。

88.24.2 淨洗,暫經沸湯,速出,下冷水中,即搦去水,細切。

88.24.3 又胡芹、小蒜,亦暫經沸湯,細切,和之。與鹽、醋,半菹。春用至四月。

88.25.1 蕺菹法:蕺,去土毛〔一〕黑惡者,不洗。暫經沸湯即出,多少與鹽。

　　　　　一升〔二〕,以暖米〔三〕清瀋汁淨洗之,及暖即出;漉下鹽酢中。若不及熱,則赤壞之①。

88.25.2 又:湯撩葱白,即入冷水,漉出,置蕺中。並寸切用。

　　　米若②椀子菹,去蕺節。料理接菹,各在一邊,令滿。

〔一〕"去土毛":明清刻本作"去毛土",依明鈔、金鈔倒轉。

〔二〕"一升":明清刻本作"一斤",依明鈔、金鈔改作"升"字。

〔三〕"米":明清刻本作"水",金鈔作"未",依明鈔作"米"。

①"則赤壞之":"之"字懷疑是"也"字。這一節還有錯漏矛盾:上面的"一升"兩字,意義很含糊;"及暖即出,漉下……"出漉兩字似乎也應倒轉,"及熱",上文没有"熱"字,這些都還有問題。

②"米若":"米"是什麽意義? 很難推測。就是金鈔的"未若",也不好解釋。也許上句"並寸切用"的"寸"字下,原有一個"半"字,寫錯而且搬錯了

地方。

88.26.1 菘根攕^①菹法：菘淨洗，遍^{〔一〕}體須長切，方如算子，長三寸許。束根^{〔二〕}，入沸湯，小停，出。及熱與鹽酢。細縷切橘皮和之。料理，半奠之。

〔一〕"遍"：金鈔作"偏"，暫依明鈔及明清刻本作"遍"；很顯明是"通"；北宋諱"通"字時缺末筆，看錯成"遍"的。依下 88.29.1"通體細切"及88.33.1"通體薄切"的例，應改作"通"，才可以解釋。這句，懷疑仍有錯字：即"須"應是"細"，全句是"通體細長切"。

〔二〕"束根"：明清刻本作"束菘根"，依明鈔、金鈔刪去"菘"字；但仍懷疑"根"字是"把"字看錯。

①"攕"：字書中找不出任何綫索的一個字，只好存疑。

88.27.1 熯呼幹反菹^①法：淨洗，縷切三寸長許；束爲小把，大如篳篥^②。暫經沸湯，速出之。及熱與鹽酢，上加胡芹子與之。料理令直，滿奠之。

①"熯菹"：從字面上解釋，無法説明是什麼。懷疑這個"熯"，即"蒿"字。十字花科的蒿菜 *Roripa montanum*，一直到宋代都還是作爲野菜吃的。

②"篳篥"：是從西域來的一種管樂器。又寫作"觱栗"、"悲篥"；中間是一個大約三指粗的竹管，有九個孔。頭上另有一個小管吹氣（據説現在廣東樂器中的"喉管"，就是"篳篥"）。

88.28.1 胡芹小蒜菹法：並暫經小沸湯出，下冷水^{〔一〕}中，出之。

胡芹細切，小蒜寸切，與鹽、酢，分半奠，青白各在一邊。

若不各在一邊，不即入於水中，則黃壞。滿奠。

〔一〕"下冷水"：明清刻本作"下令冷水"，依明鈔、金鈔刪去"令"字。

88.29.1 菘根蘿蔔菹法：淨洗，通體細切；長縷束爲把，大如十張紙卷①，暫經沸湯即出。多與鹽②。二升暖湯，合把手按之。

又細縷切③，暫經沸湯，與橘皮和，及暖與④則黃壞。料理滿奠。

煴菘⑤，葱、蕪菁根，悉可用。

①"十張紙卷"：十張紙疊着或連起來作成的一個"卷"。這個卷究竟有多大，我們先要知道當時紙的長度與厚薄，才能推測。

②"多與鹽"："鹽"字下懷疑漏去了一個"酢"字。

③"又細縷切"：懷疑"又"字下面應有"云"字。

④"及暖與"："與"字下面，沒有受格，懷疑是"鹽酢"兩個字漏去了。另外，似乎還該有個"不"字。即"及暖與鹽酢，不則黃壞"。

⑤"煴菘"：這個"煴"字，不能屬於上句"料理滿奠"。——因爲像這樣的菹，一"煴"一定要壞。如果屬於下面，"煴菘"是什麼？就是一個很值得追究的問題。"煴"是用"無焰"的火保温。在漢代，已有用加温法提早栽培韭菜（鹽鐵論散不足第29，有"冬葵温韭"的話）的技術。"煴菘"，如果是用加温法栽培的白菜，便增加了一個新的特別栽培項目。

88.30.1 紫菜菹法：取紫菜，冷水漬令釋；與葱菹合盛，各在一邊。與鹽酢，滿奠。

88.31.1 蜜薑法：用生薑。淨洗，削治。十月酒糟中藏之。泥頭十日，熟，出。水洗，內蜜中。大者中解，小者渾用。豎奠四。

88.31.2 又云：卒作；削治，蜜中煮之，亦可用。

88.32.1 梅瓜法：用大冬瓜，去皮穰①，算子細切，長三寸，䴵細如矵餅〔一〕。生布薄絞，去汁。

即下杬汁②，令小暖，經宿漉出。

88.32.2　煮一升烏梅，與水二升，取一升餘，出梅，令汁清澄。

88.32.3　與蜜三升，杬汁三升，生橘二十枚——去皮核——取汁，復和之。合煮兩沸，去上沫，清澄令冷。

88.32.4　內瓜訖，與石榴——酸者——懸鈎子、廉薑屑。——石榴、懸鈎，一杯可下十度。

嘗看〔二〕，若不大澀，杬子汁至一升。

88.32.5　又云：烏梅漬汁淘奠。石榴、懸鈎③，一奠不過五六。度〔三〕熟，去䴵皮。

88.32.6　杬一升，與水三升，煮取升半。澄清。

〔一〕“矵餅”：“餅”字明清刻本缺，明鈔作“布”，暫依金鈔改正。“矵餅”與“矵布”，同樣不甚可解；但“矵餅”還可以望文生義，“矵布”連望文生義也不可能。這幾句顯然是有錯漏的；和前面88.15節食經“藏梅瓜法”對比，我們姑且假定是“䴵細如箸。灰上薄布，旋絞去汁……”這樣就可以領會了。即原文的“矵餅生布薄”，應是“箸灰上薄布”。

〔二〕“嘗看”：金鈔“嘗”字上有“皮”字；因爲意義不明暫不改。“看”字明清刻本作“著”；“嘗看”是本書常用的一句話，即今日口語中的“嘗嘗看”，所以依明鈔、金鈔改。

〔三〕“度”：金鈔缺這個字，依明鈔及明清刻本保留。度作動詞用，即“估計”。

①“穰”：借作“瓤”字用。

②“杬汁”：參看校記88.15.2.〔一〕。

③“石榴、懸鈎”：這四個字，在這裏沒有意義。懷疑應在前一行中相對的地方，——那就是說應在88.30.4末，即“嘗看，若不太澀，石榴懸鈎子杬

汁……"（杬子兩字也應倒轉）。

88.33.1 梨菹法：先作婁盧感反①。用小梨，瓶中水漬，泥頭。自秋至春；至冬中，須亦可用。——又云：一月日可用。

88.33.2 將用②，去皮，通體薄切，莫之③。以梨婁汁投少蜜，令甜酢，以泥封之。

88.33.3 若卒作〔一〕，切梨如上。五梨：半用苦酒二升，湯二升合和之，溫令少熱。下，盛。一莫五六片。汁沃上，至半，以簍置杯旁。夏停不過五日。

88.33.4 又云：卒作，煮棗亦可用之〔二〕。

〔一〕"卒作"：明清刻本缺"作"字，依明鈔、金鈔補。"卒"是"倉卒"，"卒作"即"速成"。

〔二〕"用之"：明清刻本作"用也"，暫依明鈔、金鈔。

①"婁"：廣韻上聲四十八感，讀"盧感切"的，共有八個字。其中"渿"是"藏梨汁也；出字林"；"酨"，是"桃菹"；"婁"是"鹽漬果"。很懷疑這三個字，與禮記內則"漿水醷濫"的"濫"，都是同一物。禮記鄭注，濫是"以諸（即桃乾梅乾）和水"；劉熙釋名，解"桃濫"，是"水漬而藏之，其味濫濫然酢也"。依本條的說法，都只是把新鮮水果，密閉藏起來，讓它們起無氧乳酸發酵，所得的酸汁。

②"將用"：這一節，一直都沒有主題，懷疑是鈔寫時落去了。應在"用"字下加一個"梨"字。

③"莫之"：這兩個字，懷疑不應該在這裏，而應在 88.33.3 的"溫令少熱，下盛"後面。

88.34.1 木耳菹：取棗、桑、榆、柳樹邊生，猶軟濕者。乾即不中用，柞〔一〕木耳亦得。煮五沸，去腥汁，出，置冷水中，

淨洮。又著酢漿水中洗出，細縷切訖。胡荽、葱白，少
著，取香而已。下豉汁、醬〔二〕清及酢，調和適口。下薑、
椒末。甚滑美。

〔一〕“柞”：<u>明</u><u>清</u>刻本譌作“作”，依<u>明</u>鈔、<u>金</u>鈔改。

〔二〕“醬”：<u>明</u><u>清</u>刻本譌作“漿”，依<u>明</u>鈔、<u>金</u>鈔改正。

88.35.1　蘧菹法：<u>毛詩</u>曰：“薄言采芑”，<u>毛</u>云：“菜也。”<u>詩義</u>
<u>疏</u>曰：“蘧，似苦菜；莖青。摘去葉，白汁出，甘脆可食。
亦可爲茹。<u>青州</u>謂之芑。”

88.35.2　<u>西河雁門</u>①，蘧尤美；時人戀戀，不能出塞②。

①“<u>西河雁門</u>”：<u>後魏</u>的兩個郡，都在現在的<u>山西省</u>。

②以上的記述，只是“蘧”，沒有“菹”；可能原書漏掉，也可能是鈔寫時脫
　去了。

88.36.1　蕨①：<u>爾雅</u>云：“蕨，虌”，<u>郭璞</u>注云：“初生，無葉，可
食。<u>廣雅</u>曰‘紫虆’，非也。”

88.36.2　<u>詩義疏</u>曰：“蕨，山菜也。初生似蒜，莖紫黑色。二
月中，高八九寸。老②有葉，瀹爲茹，滑美如葵。”今<u>隴西</u>
<u>天水</u>人，及此時而乾收，秋冬嘗之。又云以進御③。

88.36.3　“三月中，其端散爲三枝〔一〕，枝有數葉，葉似青蒿，
長麤堅强〔二〕，不可食。<u>周</u>〔三〕<u>秦</u>曰‘蕨’；<u>齊魯</u>曰‘虌’，
亦謂‘蕨’。”又澆之④。

〔一〕“枝”：<u>明</u>鈔譌作“秋”，依<u>明</u><u>清</u>刻本及<u>金</u>鈔改正。

〔二〕“强”：<u>明</u><u>清</u>刻本譌作“長”，依<u>明</u>鈔、<u>金</u>鈔改正。

〔三〕“周”：<u>明</u><u>清</u>刻本譌作“用”，依<u>明</u>鈔、<u>金</u>鈔改正。

①“蕨”：這一段，完全是關於“蕨”的考證。與食法很少關係。連上後兩段，

却自成一系,和前六卷的體例很相像。如按前六卷的體例,這一段應當是標題注,該是小字。

②“老”:陳奐詩毛氏傳疏引這一節要術,把這個“老”字改爲“先”字,大概是因爲三月中才不可食,二月就不該説“老”。“老”字無疑是錯了的;但改爲“先”,也不好解釋。懷疑原是字形和“老”相似的“者”寫錯。這個“者”字,屬於上句,即“高八九寸者”,便很通妥了。

③“今隴西……以進御”:這一小節,是賈思勰爲詩義疏所作的注。依前六卷體例,應是雙行夾注。

④“又澆之”:這三個字一句,與上文毫無聯繫,顯然是鈔錯了地方。最可能是在 88.37.1 的“薄粥沃之”下面。

88.37.1　食經曰:“藏蕨法”:先洗蕨,杷〔一〕著器中。蕨一行,鹽一行,薄粥沃之①。

88.37.2　一法:以薄灰淹之,一宿出,蟹眼湯瀹之。出,熇,内糟中。可至蕨時②。

〔一〕“杷”:明清刻本譌作“肥”,依明鈔、金鈔改正。

①“沃之”:下面可能應接 88.36.3 後面的一句“又澆之”。

②“蕨時”:可以望文生義地解釋得通,但更可能是“秋時”。

88.38.1　蕨菹:取蕨,暫經湯出;小蒜〔一〕亦然。令細切①,與鹽、酢。又云:蒜、蕨,俱寸切之。

〔一〕“小蒜”:明清刻本缺“小”字,依明鈔、金鈔補。

①“令細切”:懷疑“令”是“合”字寫錯。

88.39.1　荇字或作莕:爾雅曰:“莕,接余;其葉苻。”郭璞注曰:“叢生水中。葉圓,在莖端;長短隨水深淺。江東菹食之。”

88.39.2　毛詩周南國風曰:“參差荇菜,左右流之。”毛注

云："接余也。"

88.39.3　詩義疏曰："接余，其葉白，莖紫赤；正圓，徑寸餘，浮在水上。根在水底，莖與水深淺等，大如釵股，上青下白。以苦酒浸之爲菹，脆美可案酒。其華爲[一]蒲黄色。"

〔一〕"華爲"：明鈔"華"作"葉"，明清刻本缺"爲"字，依金鈔補正。

釋　文

88.1.1　用葵菘、蕪菁、蜀芥作鹹菹的辦法：收菜的時候，就預先把好些的揀出來，用蒲草或茅葉綑成把。

88.1.2　作成很鹹的鹽水，在鹽水裏洗菜，洗完就放在甕子裏。如果先用淡水洗過的，菹會壞爛。

　　　　洗過菜的鹽水，澄清之後，把清的倒進菜甕裏，讓它把菜把浸没，就够了，不要攪和。

88.1.3　這樣作的菹，顏色仍舊是綠的；用水洗掉鹹汁子，煮作菜來吃〔茹〕時，和新鮮菜完全一樣。

88.1.4　蕪菁、蜀芥這兩種，浸了三天之後，就清理出來。把黍米春成粉，煮成粥，澄出粥清。把麥麬擣成粉末，過絹篩。鋪一層菜，薄薄地撒上一層麥麬粉末，再把熱的粥清澆上一層，像這樣一層一層鋪上去，一直到滿甕爲止。

88.1.5　鋪菜的時候，每層中的菜莖和菜葉，要顛倒（錯開）鋪。原有的鹽水，仍舊倒進甕裏，菹色黄，味道也很好。

88.1.6　作淡菹，用黍米粥清和麥麬粉末，味道也好。

88.2.1　作"湯菹"的方法：菘菜好，蕪菁也可以。

88.2.2　收取好的菜，擇完，就在熱開水裏燙一下取出來。如果菜已經蔫了的，水洗淨，漉出來，過一夜，讓它們恢復新鮮〔生〕，然後再燙。

88.2.3　燙過，在冷水裏過出來。放進鹽醋裏，加一些熬過的脂麻油（把菜放下去），便香而且脆。

88.2.4　作得多的，可以留到春天，不爛壞。

88.3.1　"釀菹"作法：菹就是酸菜；又説：菹沒有切斷的稱爲"釀菹"。

88.3.2　用乾蔓菁，在正月間作。用熱水把乾菜浸到柔軟；解開來，分辨，擇取，整治，洗潔淨。開水煮一下，立即取出來，又在水裏洗淨。再準備鹽水，（把菜）在鹽水裏浸一浸，取出來，攤在席箔上。

88.3.3　過了一夜，菜的顏色恢復了新鮮的情況；（現在將）黍米粉煮成粥清，也篩些麥䴷粉末，鋪上菜，澆上粥，作成菹，像前一條所説的方法一樣。但是後來的粥清，不要太熱；汁子也只要剛剛浸没菜就够了，不要太多。用泥封甕頭，七天就熟了。

88.3.4　菹甕用稿秸包裹〔茹〕，像釀酒的方法。

88.4.1　作速成菹的方法：用酸漿煮葵菜，撕開，加醋，就成了酸菹。

88.5.1　保藏新鮮〔生〕菜的方法：九月到十月中，在墙南邊太陽可以曬到的陽處，掘一個四五尺深的坑。將各種菜，一種一種地，分別鋪在坑裏；一層菜，一層土。到距坑口有一尺光景時,便不再鋪菜、蓋土,只(在最上一層土面上)厚厚地蓋上藁稭。這樣,可以過冬天。等到要用,便去取出來,和夏天的菜一樣新鮮。

88.6.1　食經(所載)作葵菹的方法:擇出五斛乾燥了的葵。用二斗鹽,五斗水,四升大麥乾飯,合起來"瀨",案下一層葵,加一層鹽和飯,清水澆到滿。過七天,黃了,就成了。

88.7.1　作菘鹹菹的方法:四斗水,加三升鹽,攪和,把菜淹沒。另一法,一層菘菜,一層小麴,間隔着。

88.8.1　作酸菹的方法:取容量三石的甕,用一斗米,擣碎,取得三升汁,把剩下的渣滓煮作三升粥,讓它冷。把菜放進甕裏,隨即將生米汁和粥灌下去。

88.8.2　過一夜,用一半青蒿一半薤子白,煮成"麻沸湯"澆上,就行了。

88.9.1　作菹消法:用二十斤羊肉,十斤肥豬肉,切成絲。用菹二升,菹根五升,豉汁七升半,切碎的葱頭五升(合起來炒)。

88.10.1　蒲菹:詩義疏説:"蒲是深蒲;周禮(中説)它可以作菹。即是説,蒲芽剛發生時,中心鑽在地下的──所謂'蒻'──有湯匙柄粗細,顏色正白,可以生吃,又甜又脆。"

88.10.2　又或者,用醋〔苦酒〕煮熟,浸着,像吃筍一樣,很美好。現在吳地的人用來作菹,也有作鮓的。

88.11.1　世人作葵菹作不好,都是由於葵太脆。

88.11.2 作菹的菘,在社前二十天種;葵,要在社前三十天種。讓葵到要收藏的時候,已經快要開花,就好了。葵經過十天嚴霜,然後採取。

88.11.3 煮些糯米飯攤冷。將葵放在甕裏,用糯米飯澆上。如果想菹色黄,可以煮些小麥,隨時撒在上面。

88.12.1 崔寔(四民月令)説:"九月作葵菹。如果那年天氣温暖,就等到十月。"

88.13.1 食經説的"藏瓜法":把一斗白米,在鍋裏煮成稀粥。加鹽,讓鹹淡合於尋常口味。調和冷熱(等到合適)。把瓜抹淨,投到粥裏面。甕口用泥塗密。這是蜀人藏瓜的方法,(瓜味)美好。

88.13.2 另一方法:取一百枚小瓜,五升豆豉,三升鹽。瓜破開,去掉瓜子,把鹽鋪在半邊〔片〕瓜裏面,再放進甕裏。用絲綿封着口。三天後,豆豉氣味没有了,就可以吃。

88.14.1 食經裏的藏越瓜法:一斗酒糟,三升鹽,把瓜醃〔淹〕三天三夜,取出來,用布揩過,再重複像這樣醃。

88.14.2 所有(醃)瓜,都要完好的;千萬不可讓瓜有損傷,有損傷就爛了。用布袋就着(蔓上)取的最好。豫章郡的人,越瓜種得晚,所以味道也很特别。

88.15.1 食經裏的"藏梅瓜法":先取經過霜的老白冬瓜,削掉皮,取得肉,方方正正地,切成像"手板"樣的薄片。篩些細灰,把瓜鋪在灰上,再用灰蓋着。

88.15.2 杬皮和烏梅,煮成濃汁盛在容器裏。把(在灰中

醃過的)瓜,切成三分見方,二寸長的條,在開水裏燙
熟,擱進梅汁裏面。過幾天,就可以吃。把酸石榴子
放下去,也很好。

88.16.1　食經説的樂安縣縣令徐肅用的藏瓜法:用細長條
的越瓜,不乾,揩乾淨,可不要接觸水。加鹽醃到鹹。
十天左右,取出來,揩淨,稍微陰乾一下。再在火邊烤
到燙,仍舊放回盆子裏,作調和。

88.16.2　調和方法,用三升赤小豆,三升糯米,都炒成黃
色,一起春碎;用三斗好酒拌成稀漿,把瓜放進去,密
密塗,可以過一年不壞。

88.17.1　崔寔(四民月令)説:"大暑後六天,可以藏瓜。"

88.18.1　食次説的作"女麴"法:三斗糯米,洗潔淨,蒸成
飯。要蒸軟些,停放到完全冷透。在麴模子裏,用手
作成麴餅。上下用青蒿罨住,放在架子上,像作麥麴
的方法一樣。

88.18.2　過了三七二十一天,開開(麴室)看:如果長滿了
黃衣,就够了。過三個七天還沒有長滿,便仍舊停放
着,一定要等到衣長滿了才行。

88.18.3　拿出來,太陽下曬乾,乾了可以用。

88.19.1　釀瓜菹酒的方法:用一石糯米;斫碎好了的麥麴
滿滿的二斗,斫好了的女麴,平平一斗。

88.19.2　釀法:等米完全消化了,再酘下五升米(的飯)。
再消化了,再酘下五升米的飯。加過兩次酘,酒熟了,
就可以用,不要榨去糟。

88.19.3　瓜先用鹽揩過，太陽下曬到發皺；再用鹽和，放進新〔暴〕糟裏。過了三天三夜，取出來轉到女麴酒裏面，就好了。

88.20.1　作瓜菹的方法：採取越瓜，刀割（蒂）後再摘，不要使瓜皮受傷。鹽揩過幾遍，太陽裏曬到發皺。

　　　　先取些四月釀的白酒酒糟，和上鹽；把瓜藏在糟裏面。過幾天，再過到大酒糟裏，用鹽、蜜、女麴和在糟裏。合起來藏在缸裏，泥封着口，越久越好。

88.20.2　又説：不必先放進白酒糟裏也好。

88.20.3　又説，大（麴作的）酒，把清酒舀去，單用酒渣〔醅〕；一石醅，用三升鹽，三升女麴，三升蜜。女麴曬乾，用手壓碎，整個用。——女麴就是麥黃衣。

88.20.4　又説：瓜洗潔淨，讓它乾，用鹽揩過。將鹽和在酒糟裏面——只要有鹽味，不要多。——混合保藏。盛器口，用泥密封，瓜變黃變軟，就可以吃。

88.20.5　大的，破作六條，小的破作四條，每條再截成五寸長的段；但長短大小，仍要依瓜的形狀來決定。

　　　　又説：四寸長，一寸寬，不蓋〔仰〕供上四片。瓜要用小而直的，不要用"貯"。

88.21.1　瓜芥菹：用冬瓜；切成三寸長、一寸闊、二分厚的片。芥子裏面多少給一些胡芹子，合起來研熟，去掉渣，給些好醋、鹽、豆豉。瓜放下去，愈久愈好。

88.22.1　湯菹的作法：用菘、蕪菁，去掉根。在開水裏稍微浸一浸，趁熱加鹽加醋。整棵的長菜，依盛器切短；加醋,也加些菜汁——不然,就太酸了!——盛滿供上。

88.23.1 苦筍紫菜菹作法:笋去掉外面的硬皮,切成三寸長的橫段,再細切成絲。小的,手把住尖端,用刀在大的一頭,(一片一片)削下來,片要細要薄;削好隨手放在水裏面。削完,漉出來。

　　把紫菜切細,和在裏面,給些鹽醋(?)盛半分供上。

88.23.2 紫菜,用冷水浸一會,自然會軟;洗的時候,不要用熱水;熱水一燙,就走失了原味。

88.24.1 竹菜菹作法:竹菜,生在竹林下面,像芹,根頸部〔科〕大,莖葉細小,生得很密。

88.24.2 洗淨,在開水裏燙一燙,趕快取出,放到冷水裏,把(多餘的)水除去,細切。

88.24.3 另外用胡芹、小蒜,也在開水裏燙過,切細,混和起來。加鹽醋。盛半滿供上。春天用到四月。

88.25.1 蕺菜菹作法:蕺菜,揀掉毛和泥土,去掉黑色的、不好的,不洗。在開水裏燙一燙,多少給些鹽。

　　一升菜,用暖的淘米泔(水的)清(水)洗淨,趁暖取出,漉出來,放進鹽醋中,如不趁熱,就紅色敗壞了。

88.25.2 又在開水裏撩起一些葱白,立即放入冷水,再漉出來,放在蕺菜裏面。都切成一寸(長)用。

　　如果用小碗盛着供上,揀去蕺節。整理好,連接着盛,葱白與蕺菜,各在一邊,要盛滿。

88.26.1 菘根檻菹作法:菘菜,洗淨,整棵地直切,切成像算子一樣,三寸多長的條,紮着根,放進開水裏,擱一小會,取出來。趁熱加鹽加醋。把橘皮切成細絲,和下去,整理,盛半滿供上。

88.27.1 熯呼幹反,讀 hàn 菹作法:洗潔淨,切成三寸左右長;紮成小把,約摸像篳栗一樣大。在開水中燙一小會,趕緊取出來,趁熱加鹽加醋,上面加些胡芹子。整理平直,盛滿供上。

88.28.1 胡芹小蒜菹作法:(胡芹和小蒜)都在開水中燙一小會取出,放進冷水裏,再取出來。胡芹切碎,小蒜切成一寸長,加鹽、醋,分開來一樣一半,青的白的,各占一邊。

如果不是各占一邊,(燙過)不立即放進(冷)水裏,就變黃敗壞。盛滿供上。

88.29.1 菘根蘿蔔菹作法:洗潔淨,儘長地細切;長條紮成把,(把)像十張紙卷成的卷一樣大小,在開水裏燙一下取出來。多給些鹽(醋)。用二升溫熱水,整把地用手按下去。

又(説),細縷切,在開水裏燙一下,給些橘皮和上,趁熱加(鹽、醋,不然)就變成黃色而敗壞了。整理好,盛滿供上。

熅菘,葱、蕪菁根,都可以用。

88.30.1 紫菜菹作法:取些紫菜,冷水裏浸到軟;和葱菹合起來盛,一樣擱一邊。給鹽、醋,盛滿供上。

88.31.1 作蜜薑法:用生薑。洗淨,削皮,整治。用十月(釀的)酒(所得)糟來藏。(甕)頭用泥封住,十天就熟

了,拿出來,水洗淨,放到蜜裏面。大的,從中破開,小
的整塊用。竪着盛四塊供上。

88.31.2　又説:要快些〔卒〕作,(立刻用;)削皮整治後,蜜
裏面煮熟,也可以用。

88.32.1　作"梅瓜"的方法:用大冬瓜,削掉皮,刳掉瓤,切
成算子形,三寸長,筷子粗細,薄薄地鋪在灰上,再絞
掉汁。

　　　　隨即放進杬汁裏,讓它暖暖地,過一夜,漉出來。

88.32.2　用一升烏梅,加上二升水,煮(成汁),取一升多些
(汁),把梅子漉出來,汁澄清。

88.32.3　用三升蜜,三升杬皮汁,二十個新鮮〔生〕橘
子——去掉皮和核——取得汁,一齊和進梅汁裏。合
起來,煮兩開,把上面泡沫撇掉,澄清,攤冷。

88.32.4　把瓜放進(梅杬汁裏)之後,再給石榴——酸
的——懸鈎子、廉薑粉末。——石榴和懸鈎子,一
"杯"可以用十回。

　　　　嘗嘗看,如果不太澀,可以再加石榴、懸鈎子和杬
汁,到一升。

88.32.5　又説:烏梅浸汁,盛着供上;一分不過五六件。估
計熟了,把麤皮切去。

88.32.6　杬(皮)一升,加三升水,煮到成升半。澄清用。

88.33.1　"梨菹"作法:先要作成"滛"。盧感反 lǎm,現在讀
lǎn。用小梨,收在瓶裏,水浸着,用泥封口。從第一年
秋天封好,到第二年春天;到了(當年的)冬天,如果急

等用,也可以將就用了。——也有説是只要過一個月就可以了。

88.33.2 要用時,將(梨)去掉皮,整個地切成薄片;在梨滼汁裏加些蜜,讓它甜酸,(將梨片放下)用泥封口。

88.33.3 如果要作速成的,把梨像上面所説的方式切好。五個梨,一半用二升醋、二升熱水混合起來,加溫到熱熱的,放下去,盛着,供上。一分盛五六片。將汁澆在上面,到半滿。把簪放在容器旁邊。(作好)夏季可以保存五天以內。

88.33.4 又説,急忙速成,煮棗也可以用。

88.34.1 木耳菹:用生長在棗樹、桑樹、榆樹、柳樹上,還軟而溼的。乾了的就不好用,柞樹上的木耳也可以。煮開五遍,把腥汁去掉,漉出來,放在冷水裏面,淘洗潔淨。再放到酸漿水裏洗,洗出後,切細碎。(加)胡荽、葱白,少放些,(只)取它的香氣。放些豉汁、醬清和醋,調和到合口味。(再)擱些薑與花椒末,很嫩滑,很好吃。

88.35.1 "蘴菹"作法:毛詩裏有"薄言采芑";毛傳説,"(芑)菜也"。詩義疏説:"蘴,像苦菜,幹是綠的,把葉摘下,就有白汁流出來;很甜很脆,可以吃,也可以蒸來吃。青州稱爲'芑'。"

88.35.2 西河雁門兩郡的蘴,尤其好;現在的人,到那裏吃了之後,戀戀不捨,不能再(向北)出長城。

88.36.1 蕨:爾雅説:"蕨就是虌。"郭璞注解説:"剛發生時,沒有葉子,可以吃。廣雅以爲是'紫蘽',是錯誤的。"

88.36.2　詩義疏説："蕨，是山（地的野）菜。剛發生時，像
蒜莖，紫黑色。到二月中，有八九寸高的，就有葉。把
它燙過作菜吃，像葵一樣，很滑嫩美味。"現在隴西天
水的人，就在這時收取乾藏，到秋冬去吃。又説，用來
進貢給皇帝吃。

88.36.3　"三月中，末端散開成爲三叉，每叉上有幾個葉，
葉像青蒿一樣，長了，粗了，堅硬了，便不好吃。關中
〔周秦〕的人，叫它作"蕨"，山東〔齊魯〕的人，叫它作
'虌'，也叫'蕨'。"

88.37.1　食經説的"藏蕨法"：先把蕨洗淨，收到容器裏，一
層蕨，一層鹽，用稀粥澆過（又澆一遍）。

88.37.2　另一法，薄薄地用灰醃着；過一夜取出來，用起小
氣泡的開水〔蟹眼湯〕燙過。取出來，用火烤熱，放進
酒糟裏，可以保藏到接新(?)。

88.38.1　蕨菹：蕨，在開水裏燙一小會，取出來；小蒜，同樣
處理。合起來切碎，加鹽加醋。又説：蕨和蒜，都切作
一寸長。

88.39.1　荇字也有寫作"莕"的：爾雅（釋草）説"莕就是接余；
它的葉稱爲荇"。郭璞注解説："（莕）叢生水中。葉圓
形，在莖頂上；（莖的）長短，隨水的深淺而變。江東用
來作成菹吃。"

88.39.2　毛詩周南國風有："參差荇菜，左右流之"；毛公注
解以爲是"接余"。

88.39.3 詩義疏説："接余，葉子白色，莖紫紅色；葉圓形，
　　　直徑一寸多，浮在水面上。根在水底下，莖長和水的
　　　深淺相等，有釵股粗細，上面青緑，下面白色。用醋浸
　　　來作菹吃，脆而且美，可以下酒，花是蒲黃色。"

餳^①餔第八十九

①"餳"：餳讀 táŋ，即"糖"、"餹"字古代寫法。現在音行，是後來的讀法。急
就篇這一句上面是"梨、柿、柰、桃待露霜"，下面句是"園菜、果、蓏助米
糧"，可以推定必是讀 táŋ。劉熙釋名，解作"洋也"，也說明當時還用 aŋ
韻母；直到玉篇，還是"徒當反"。隋曹憲博雅音，已作"辭精"，便開始
讀 ciŋ。但玄應一切經音義中四個"餳"字，卷四、卷十一、卷二十二雖
只是"似盈反"，而卷十三的仍是"徒當似盈二反"。

89.1.1 史游急就篇云："餔——生偃反〔一〕——飴餳。"

89.1.2 楚辭曰："粔籹、蜜餌有餦餭"，餦餭亦餳也。

89.1.3 柳下惠見飴，曰："可以養老"^①；然則飴〔二〕餔可以養老自
幼，故録之也。

〔一〕"餔生偃反"：明清刻本大半譌作"鐵殊"，即將"餔"字錯作"鐵"，"反"
"生"兩個並排的小字看成了一個"殊"（像這樣的情形，在卷一裏也還
有），"偃"字便漏掉了。金鈔是"餔"，下面並排有"但""反"兩個小字。
漸西村舍本，根據急就章原文"棗、杏、瓜、棣餔、飴、餳"，將這兩"格"改
作"棣餔"。現依明鈔。這裏的"偃"字，是"侃"字的一種寫法。

〔二〕"飴"：明清刻本作"詐"（討原本改作"餳"），依明鈔、金鈔改正。

①"柳下惠見飴……"：這一段，出於淮南子說林訓。

89.2.1 煮白餳法：用白牙散蘖^①佳；其成餅者，則不中用。

89.2.2 用不渝釜；——渝則餳黑——釜，必磨治令白淨，
勿使有膩氣。釜上加甑，以防沸溢。

89.2.3 乾蘖末五升，殺米一石。米必細帥數十遍；淨淘，
炊爲飯，攤去熱氣。及暖，於盆中以蘖末和之，使
均調。

89.2.4　卧於酻〔一〕甕中。勿以手按！撥平而已。以被覆盆甕，令暖；冬則穰茹。冬須竟日，夏即半日許，看米消減〔二〕，離甕。

89.2.5　作魚眼沸湯以淋之；令糟上水深一尺許，乃上下水〔三〕，洽〔四〕訖。向一食頃，便拔酻取汁〔五〕煮之。

89.2.6　每沸，輒益兩杓。尤宜緩火！火急則焦氣。

89.2.7　盆中汁盡，量不復溢，便下甑。一人專以杓揚之，勿令住手！手住則餳黑。量熟止火。良久，向冷，然後出之。

89.2.8　用粱米稷〔六〕米者，餳如水精②色。

〔一〕“酻”：明鈔、金鈔及明清刻本均作“酯”，依漸西村舍本改作“酻”。參看卷七校記66.14.6.〔六〕關於“酻”與“酯”的辨別。下面89.2.5節“拔酻取汁”的“酻”字，也是同樣的。

〔二〕“減”：明清刻本譌作“滅”，依明鈔、金鈔改正。

〔三〕“上下水”：“上”明清刻本譌作“止”，依明鈔、金鈔改正。

〔四〕“洽”：明清刻本作“冷”，依明鈔、金鈔改正。

〔五〕“取汁”：明清刻本有兩個“取汁”，依明鈔、金鈔删去一個。

〔六〕“粱米稷米”：明鈔及明清刻本均無“稷米”，依金鈔補。

①“白牙散蘗”：芽白色的散麥蘗。

②“水精”：“水晶”古代寫作“水精”。

89.3.1　黑餳法：用青牙成餅蘗①。蘗末一斗，殺米一石。餘法同前。

①“青牙成餅蘗”：芽已有葉綠素，根糾纏成片的蘗。參看68.3.3。

89.4.1　琥珀餳法：小餅如碁石，内外明徹，色如琥珀〔一〕。

89.4.2 用大麥蘖；末一斗，殺米一石。餘並同前法。

〔一〕"色如琥珀"：金鈔缺"如"字，依明鈔及明清刻本補。

89.5.1 煮餔①法：用黑餳。蘖末一斗六升，殺米一石。臥煮如法。

89.5.2 但以蓬子押取汁，以匕匙紇紇攪之，不須揚。

①"餔"：據劉熙釋名："餔，哺也；如餳而濁，可哺也。"大概是顏色較暗，像黑餳和琥珀餳，而能緩緩流動〔濁〕的乾塊餳。

89.6.1 食經作飴法：取黍米一石，炊作黍；著盆中。蘖末一斗，攪和。一宿則得一斛五斗；煎成飴。

89.7.1 崔寔曰："十月，先冰凍，作涼餳，煮暴飴。"

89.8.1 食次曰："白繭糖"法：熟炊秫稻米飯，及熱于〔一〕杵白淨者，舂之爲粞〔二〕：——須令極熟，勿令有米粒。

幹①爲餅：法，厚二分許。日曝小燥；刀直劗〔三〕爲長條，廣二分。乃斜裁②之，大如棗核，兩頭尖。

更曝，令極燥。

89.8.2 膏油煮之。熟，出，糖聚圓之；一圓不過五六枚。

89.8.3 又云：手索粞，麤細如箭簳。日曝小燥〔四〕；刀斜截大如棗核。煮，圓，如上法，圓大如桃核。

89.8.4 半奠，不滿之。

〔一〕"于"：明鈔及明清刻本均作"千"，依金鈔改正。

〔二〕"粞"：明清刻本這個字上面多一個"艸"頭；依明鈔、金鈔改作集韻所收的這個字形（揚雄方言寫作"粢"，廣韻上平聲"六脂"所收作"餐"、"餈"。集韻"六脂"解作"稻餅"的字，共有五個，除粞、粢、餐、餈之外，還有一個饑；但沒有從"艸"的）。

〔三〕“劚”:明清刻本缺了這個字,依明鈔、金鈔補。

〔四〕“日曝小燥”:明清刻本“小”字後多一個“曝”字,無意義;依明鈔、金鈔删去。

①“幹”:依現在口語,應讀上聲(即音 gǎn)。一般多寫成“趕”字。“幹”是一條木條或竹條;這個意義,可以引申作爲動詞,即用一條木條或竹條,挪動着。“趕”,依説文,是(馬)“舉尾走”,即馬跑時尾巴水平地翹起來,只形容快,和 gǎn 麵的情形,不很符合,用“幹”字更好。

②“裁”:依 89.8.3 的“刀斜截大如棗核”看,這個“裁”字也應作“截”。

89.9.1 黄繭糖:白秫米,精舂,不簸淅。以梔子漬米,取色。炊、舂爲糌;糌加蜜。餘一如白糌。作繭,煮及奠,如前。

釋文

89.1.1 史游急就篇有“饊——生侃反,音 sǎn——飴餳”。

89.1.2 楚辭(大招)裏有“粔籹、蜜餌有餦餭”,餦餭也就是餳。

89.1.3 柳下惠見到飴説:“這可以養老人”;這就是説,飴與餔,可以養老育幼,所以也輯録在此。

89.2.1 煮白餳法:用白芽(即未發生葉緑素的)的散(即不成餅的)蘖最好;成餅的,便不能用。

89.2.2 用不變色的鐵鍋(變色的鐵鍋,煮出的餳是黑色的);鍋先磨刮乾淨潔白,不要讓它有油膩。鍋上罩一個甑,免得煮沸時滿出來。

89.2.3 五升乾蘖米末,可以消化一石米。米一定要仔細地舂幾十遍,淘淨,蒸成飯。攤開,讓熱氣發散掉一部;趁〔及〕温暖時,在盆中和上蘖末,讓它們勻和。

89.2.4 用(底上有孔的)醋甕盛着保温。不要用手去按,只撥平就對了。用被子蓋在盆和甕上,保持温暖;冬天可以外加藁稭包裹。冬天一整天,夏天半天,看飯的米粒容積減少了,把甕拿出來。

89.2.5 將水煮到有大氣泡冒上來〔魚眼沸〕時,用這樣的熱水〔湯〕,澆在甕裏,讓糖糟上有一尺深的熱水,然後將上面和下面的水攪和〔洽〕。攪好,等一頓飯工夫,把醋孔的塞子拔掉;將溶出的糖汁,煮濃縮。

89.2.6 每煮沸後,就添兩杓。總要小火! 火太大就會有焦臭氣。

89.2.7 盆裏接的糖汁完了,估量煮着的稠糖,再也不會滿出來時,將鍋上的甑拿開。一個人守着,專拿杓子在鍋裏舀出來倒下去〔揚〕攪着,不要停手! 停手,餳黐上鍋底,就會焦黑。等到煮熟,離火,好一大會,快涼了,纔倒出來。

89.2.8 用粱米稷米作的餳,和水晶(精)一樣的顏色。

89.3.1 作黑餳的方法:用綠芽的,已結成餅的麥糵。一斗糵末,可以消化一石米。其餘方法,和前條一樣。

89.4.1 琥珀餳作法:小餅小得和碁子一樣;裏外透明,顏色像琥珀。

89.4.2 應當用大麥糵,一斗糵末,可以消化一石米。其餘都和前條方法一樣。

89.5.1 煮餔的方法:用黑餳作。一斗六升糵末,消化一石米。像作餳一樣地保暖(糖化),煮成。

89.5.2　不過，用蓬草壓〔押〕着（過濾），來取得糖汁；煮時，用杓子不斷地〔紒紒〕攪，不是舀起來倒下去〔揚〕。

89.6.1　食經裏的"作飴"法：將一石黍米，炊成飯放在盆裏，和上一斗蘗末，攪勻。過一夜便得到一斛五斗（十五斗）糖水，煎濃成爲飴。

89.7.1　崔寔（四民月令）説："十月，在結凍以前，作涼錫，煮暴飴。"

89.8.1　食次説的作"白繭糖"的方法：把糯米蒸成飯，趁熱在潔淨的杵臼裏，舂成"餈"：——餈要舂得極熟，裏面不能有還没有舂化的米粒。

　　　　　幹成餅；按規矩〔法〕，只要二分左右厚。太陽裏曬到稍微乾些；用刀（成）直（線地）切〔劙〕成長條，二分寬，再斜切成棗核大小、兩頭尖的（小丁點）。

　　　　　再曬，曬到極乾。

89.8.2　用油煤；熟了，漉出來，在糖裏集合着滾成丸〔圓〕，每次滾五六個。

89.8.3　又説：手把着糍拉出來〔索〕，成爲箭簳粗細的條；太陽下曬到半乾，用刀切成斜塊，像棗核大小。煤，滾，都和上面所説的方法一樣，每丸〔圓〕像桃核大小。

89.8.4　盛到半滿供上席。

89.9.1　黄繭糖：白糯米，好好地舂過，不簸，也不淘洗。用梔子水浸米，染上色。蒸熟，舂成糍；糍裏加蜜。其餘一切都和作白糍一樣。作成繭，煤和盛供的辦法，和白繭糖一樣。

煮膠第九十

90.1.1 **煮膠法**：煮膠要用二月、三月、九月〔一〕、十月，餘月則不成。熱則不凝無餅〔二〕；寒則凍瘃①，令〔三〕膠不黏。

〔一〕"九月"：明清刻本缺，依明鈔、金鈔補。

〔二〕"無餅"：金鈔作"無作餅"；"作"字無意義，依明鈔及明清刻本删。

〔三〕"令"：明清刻本作"白"；明鈔作"合"；依金鈔改作"令"。

①"瘃"："瘃"是人體凍傷後，充血腫大，皮膚裂開淌水的情形。膠凍在低溫中，發生"離漿"開裂的現象，有些和凍瘃相似，但並不完全相同。

90.2.1 **沙牛皮、水牛皮、豬皮為上；驢、馬、駝、騾皮為次**。其膠，勢力雖復相似；但驢馬皮薄，毛多，膠少，倍費樵薪。

90.2.2 **破皮履、鞋底、格椎皮①、靴底、破鞅〔一〕、靫②，但是生皮，無問年歲久遠，不腐爛者，悉皆中煮〔二〕**。然新皮膠色明淨而勝。其陳久者，固宜；不如新者。

90.2.3 **其脂肕鹽熟之皮，則不中用**。譬如生鐵，一經柔熟，永無鎔鑄之理。——無爛汁③故也〔三〕。

〔一〕"鞅"：明鈔及明清刻本作"軼"，漸西村舍刊本改作"鞲"，崇文書局刊本改作"秡"，依金鈔作"鞅"。

〔二〕"中煮"：明清刻本作"中者"，依明鈔、金鈔改正。

〔三〕"故也"：明清刻本譌作"矼巴"，依明鈔、金鈔改正。

①"格椎皮"："椎"是"鎚"；像鑼鎚之類的打擊器械，需要一定彈性的，可以在鎚頭上包一層皮，這就是隔〔格〕鎚〔椎〕的"格椎皮"。

②"鞅、靫"：鞅讀 jàn 或 jǎn，說文解作"頸組"，廣韻解作"牛羈"；就是套牲口的"項圈"。靫，讀 ɡā，玉篇解作"箭室"。釋名卷七釋兵"步叉，人所帶，以箭叉其中也"，也就是靫。

③"爛汁"：無法解釋，可能兩個字都是錯的："爛"可能是"煉"（說文解作"鑠冶金也"），即鍛鍊的鍊字；"汁"也許是"法"。

90.3.1 唯欲舊釜，大而不渝者。釜新，則燒令皮著底；釜小，費薪火〔一〕；釜渝，令膠色黑。

〔一〕"薪火"："火"明清刻本譌作"大"，依明鈔、金鈔改正。

90.4.1 法：於井邊坑中，浸皮四五日，令極液。以水淨洗濯，無令有泥。

90.4.2 片割，著釜中，不須削毛。削毛費功，於膠無益。

90.4.3 凡水皆得煮；然鹹苦之水，膠乃更勝。

90.5.1 長作木匕，匕頭施鐵刃，時時徹攪之，勿令著底。匕頭不施鐵刃，雖攪〔一〕不徹底；不徹底則〔二〕焦，焦則膠〔三〕惡。是以尤須數數攪之〔四〕。

90.5.2 水少更添，常使滂沛①。

〔一〕"雖攪"：明清刻本譌作"頭攪"，依明鈔、金鈔改。

〔二〕"不徹底則"：明清刻本缺這四個字；明鈔作"不宜□□"。依金鈔改補。

〔三〕"膠"：祕冊彙函作"勝"；崇文書局刊本改"脆"。依明鈔、金鈔、討原及漸西村舍本作"膠"。

〔四〕"數數攪之"：明清刻本譌作"婁數之"；明鈔同，不過"攪"字處空白了一格。依金鈔改。

①"滂沛"：水很充足，達到過剩。

90.6.1 經宿晬①時，勿令絕火。候〔一〕皮爛熟。以匕瀝汁，看：末〔二〕後一珠，微有黏勢，膠便〔三〕熟矣。爲過傷火②，令膠燋。

90.6.2　取淨乾盆，置竈埵③丁果反〔四〕上。以漉〔五〕米床，加
　　盆；布蓬草於床上。

90.6.3　以大杓挹取膠汁，寫〔六〕著蓬草上，濾去滓穢。挹時
　　勿停火！火停沸定，則皮膏汁下，挹不得也〔七〕。

90.6.4　淳熟汁盡，更添水煮之，攪如初法。熟後〔八〕，挹取。

90.6.5　看皮〔九〕垂盡，著釜燋黑。無復黏勢，乃棄去之。

〔一〕“候”：明清刻本作“根”，依明鈔、金鈔改。

〔二〕“末”：明清刻本缺這個字，依明鈔、金鈔補。

〔三〕“膠便”：明清刻本缺這兩個字；明鈔有“膠”字，後空一格；依金鈔補。

〔四〕“埵丁果反”：明鈔“埵”譌作“烓”；明清刻本作“烓”之外，小注譌作“□丁
　　反”。依金鈔改。

〔五〕“漉”：明清刻本缺，明鈔空一格，依金鈔補。

〔六〕“汁，寫”：“汁”字，明鈔空白，明清刻本缺；“寫”字明鈔及明清刻本譌作
　　“爲”；依金鈔補。

〔七〕小注明清刻本漏去，明鈔空白，依金鈔補。

〔八〕“後”：明清刻本及明鈔均空白一字。依金鈔補。

〔九〕“看皮”：明清刻本作“看熟皮”；依明鈔、金鈔删“熟”字。

①“晬”：音 cuèi(粹)，“周時曰晬”，即滿了一周期，回到原來的時刻。

②“爲過傷火”：“爲”字顯然是譌字；可能是字形相近的“無”，即“不要”。

③“埵”：音 duǒ，是一個上面帶圓形的土堆，也就是現在寫成“垛”的字；有
　　些地域的方言中，轉變成陽平，讀成 duó、dó、tuó、tó 等音，寫作“坨”。

90.7.1　膠盆向滿，舁著空靜處屋中，仰頭令凝。蓋，則氣變
　　成水，令膠解離〔一〕。

90.7.2　淩旦，合盆於席上，脫取凝膠。口溼細緊綫〔二〕以割
　　之。

90.7.3 其近盆底，土惡之處，不中用者，割却少許。然後十字坼破之，又中斷爲段，較薄割爲餅。唯極薄爲佳：非直易〔三〕乾，又色似琥珀者〔四〕好。堅厚者既難燥，又見黯〔五〕黑，皆爲膠惡也。

90.7.4 近盆末下，名爲"笨膠"；可以建車。

90.7.5 近盆末上，即是"膠清"；可以雜用。

90.7.6 最上〔六〕膠皮如粥膜者，膠中之上，第一粘好。

〔一〕小注明鈔第一字空白，末三字空白兩格，最後是一個"雜"字。明清刻本，譌作"則氣蔓成水勿令雜"。依金鈔改補。

〔二〕"綫"：明鈔及明清刻本均譌作"綖"，依金鈔改正。

〔三〕"非直易"：明清刻本缺這三個字，依明鈔、金鈔補。

〔四〕"者"：明清刻本缺這一個字，依明鈔、金鈔補。但仍懷疑該是"黃"字。

〔五〕"黯"：祕冊彙函是一個"墨釘"；漸西村舍本補一個"燋"字，討原空白一格，崇文書局本補"焦"字。依明鈔、金鈔改。

〔六〕"上"：明清刻本作"是"，依明鈔、金鈔改正。

90.8.1 先於庭中豎槌，施三重箔樀〔一〕，令免狗鼠。

90.8.2 於最下箔上，布置膠餅；其上兩重，爲作蔭〔二〕涼，並扞霜露。膠餅雖凝，水汁未盡〔三〕，見日即消。霜露霑濡，復難乾燥〔四〕。

90.8.3 旦起，至食時，卷去上箔，令膠見日。凌旦氣寒〔五〕，不畏消釋；霜露之潤，見日即乾。

90.8.4 食後還復舒箔爲蔭。

90.8.5 雨則內敞屋之下，則不須重箔。

〔一〕"樀"：明鈔及明清刻本譌作"摘"，依金鈔改。"樀"是椽，見卷五注解46.13.2.②。

〔二〕“蔭”；<u>明</u><u>清</u>刻本作“陰”，依<u>明</u>鈔、<u>金</u>鈔改。

〔三〕“水汁未盡”：<u>明</u><u>清</u>刻本缺“未”字，依<u>明</u>鈔、<u>金</u>鈔補。

〔四〕“乾燥”：<u>明</u><u>清</u>刻本作“燥乾”，依<u>明</u>鈔、<u>金</u>鈔倒轉。

〔五〕“氣寒”：<u>明</u><u>清</u>刻本作“寒氣”，依<u>明</u>鈔、<u>金</u>鈔倒轉。

90.9.1 四五日，溲溲時，繩穿膠餅，懸而日曝。極乾，乃内屋内。

90.9.2 懸紙籠之。以防青蠅塵土〔一〕之污。

〔一〕“塵土”：<u>明</u>鈔及<u>明</u><u>清</u>刻本作“壁土”，依<u>金</u>鈔改。

90.10.1 夏中雖軟相著，至八月秋涼時，日中曝之。還復堅好。

釋　文

90.1.1 煮膠的方法：煮膠要在二月、三月、九月、十月；其餘月分不行。天熱不凝固，没有膠餅；天冷，凍了離漿開裂〔瘃〕，膠没有黏力。

90.2.1 沙牛皮、水牛皮、豬皮（作材料）最好；驢皮、馬皮、駱駝皮、騾皮差些。煮得的膠，力量還是一樣；但驢馬等的皮薄，毛多，膠（相對地）少，費的燃料就多些。

90.2.2 破皮鞋面、鞋底、包鎚皮、破了的牲口項圈、箭袋……只要是生皮，不管年代多久，凡没有腐爛的，都可以〔中〕煮。但新皮煮的膠，顔色鮮明潔淨，勝過舊的；陳久的皮，固然也可以煮，究竟不如新的。

90.2.3 其餘加油鞣過，加鹽作成的“熟皮”，就不能用。就好像生鐵，一旦經過錘錬，變成軟熟鐵，就再也不能鎔化來作鑄件了。——因爲没有"爛汁"了。

90.3.1　只能用舊鐵鍋〔釜〕，大而不變色的。新鍋（鍋底不够光滑），燒時皮容易黐在鍋底上；鍋小，耗費燃料多；變色的鍋，膠色是黑的。

90.4.1　正規作法，在井旁（作個土）坑，在坑裏把皮浸四、五天，讓它軟透。用水洗到極潔淨，不要有泥土。

90.4.2　割成片，放進鍋裏，不需要把毛削掉。削毛費工很大，但對於膠的品質没有益處。

90.4.3　任何水，都可以煮；但有鹹味的苦水，煮成的膠更好。

90.5.1　作一個柄很長的木勺子；勺子頭上，加一片鐵刃口，隨時徹底地攪着，不要讓皮片黐在鍋底上。勺子頭上没有鐵刃，儘管用力攪也不到鍋底；不到鍋底就會焦；焦了，膠就不好。因此更須要多多攪拌。

90.5.2　水少了，立時添，常常保持很多水。

90.6.1　經過一夜，整整的"十二時辰"，不要熄火。等到皮爛熟了，用勺子將膠汁滴回鍋裏〔瀝〕時，看看：如果最後一滴，稍微有些黏滯的情形，膠就熟了。不要煮過火，使膠煮焦了。

90.6.2　取一個潔淨的乾盆，放在灶埵〔丁果反，音 duǒ〕上，把漉米用的架〔床〕，擱在盆口上；架上鋪〔布〕些蓬草。

90.6.3　用大瓢舀出膠汁，倒在蓬草上面，濾去渣滓泥塵。舀汁時，不要停火。如果火停了，鍋不開了，（膠汁面上會結）皮堵住，汁在下面，舀不出來。

90.6.4 到濃厚的汁子盡了之後,再添些水煮,像最初一樣攪拌。熟了,又舀出來。

90.6.5 看看,皮差不多〔垂〕煮化了,黐在鍋底上焦黑的,沒有什麼黏性了,就扔掉它。

90.7.1 膠盆盛到快滿時,擡到空的靜的屋子裏,敞着〔仰頭〕讓它冷凝。加蓋,蒸汽凝成水(滴下來),膠就溶解離散了。

90.7.2 明天清早,將盆倒轉翻〔合〕在席子上面,讓凝固了的膠脱出來。在口裏含着細而緊實的綫,使線潤溼,(一端咬在牙縫裏,另一端手指捻着從膠塊中拉過去,)把膠分割開來。

90.7.3 靠近盆底,有泥塵不好的,不能用,割去一點。然後十字坼割破(成四瓣),再(橫着)從中斷成段,再割薄成爲片〔餅〕。總之越薄越好:不單是容易乾,又顏色像琥珀一樣好。厚而硬的,既難乾燥,又(顏色)顯得〔見〕黯黑,都是膠中的壞〔惡〕貨色。

90.7.4 靠近盆下半〔末下〕的,名叫"笨膠";可以作車子。

90.7.5 靠近盆上半〔末上〕的,名叫"膠清";可以供給一般用。

90.7.6 最上一層膠皮,像粥面上的膜的,是膠中最上等的貨色,黏性好,第一。

90.8.1 預先在院子裏立些柱子,(橫着)擱〔施〕三層椽子〔楠〕,鋪上席箔,免得狗和老鼠(搗亂)。

90.8.2 在最下一層席上,鋪着膠餅片;上面兩層,專作遮蓋着保持陰涼，隔斷霜露的。膠片雖然凝結了，水還没有完全乾出去，見了太陽就會化。霜露沾潮泡住，更難乾燥。

90.8.3　明早早起，到吃飯以前，卷起上面的席子，讓膠片見見太陽。清早氣温低，不用怕融化；一夜霜露中的潤氣，見過太陽就會乾。

90.8.4　吃過飯，就把席子又鋪開來遮陰。

90.8.5　下雨，就搬進没有墻〔敞〕的屋頂下面，不用層層遮蓋。

90.9.1　過四五天之後，半乾半溼〔浥浥〕的時候，用繩把一片片的膠穿起來，掛着晾乾。曬到極乾，才收進屋子裏。

90.9.2　掛上紙遮住。來避免蒼蠅和塵土弄髒了。

90.10.1　夏天，雖然會變軟相互黏起來，到八月裏，秋涼時分，太陽下一曬，又會堅實好轉。

筆墨第九十一

91.1.1 筆法:韋仲將①筆方曰:先次以鐵梳兔毫②及羊青毛,去其穢毛③;蓋使不髯茹④。

91.1.2 訖,各別之,皆用梳掌痛拍整齊,毫鋒端本,各作扁,極令均、調、平、好用。

91.1.3 衣羊青毛;縮⑤羊青毛去兔毫頭下二分許,然後合扁,捲令極圓。訖,痛頡⑥之。以所整羊毛中,或用衣中心。——名曰"筆柱",或曰"墨池"、"承墨"。

　　　　復用毫青,衣羊青毛外,如作柱法,使中心齊。亦使平均。

91.1.4 痛頡,内管中。寧隨毛長者使深,寧小不大,筆之大要也。

①"韋仲將":三國時代魏人,名誕。會寫大字,筆墨都喜歡自己製作。

②"先次以鐵梳兔毫":太平御覽卷 605 所引,作"作筆,當以鐵梳梳兔毫毛",似乎比要術所引爲好;"次",可能是"當"字爛成;"梳"和"毛"兩字,也應依御覽補入。

③"穢毛":即不整齊不清潔的毛。

④"蓋使不髯茹":御覽所引無"蓋"字。"髯"是人的頷下長鬚,有彎曲的傾向;"茹"是雜亂。"髯茹",即彎曲雜亂。

⑤"縮":退却的意思。

⑥"頡":壓低。

91.2.1 合墨法:好醇煙,擣訖,以細絹篩,於堈①内篩去草莽②,若細沙塵埃。——此物至輕微,不宜露篩,喜③

失〔一〕飛去，不可不慎！

91.2.2 墨麬〔二〕一斤，以好膠五兩，浸梣才心反皮汁
中。——梣，江南樊雞木④皮也，其皮入水〔三〕綠色，解
膠，又益墨色。

　　　可下雞子白——去黃——五顆。

91.2.3 亦以真朱砂〔四〕一兩，麝香一兩，別治，細篩，都合
調。下鐵臼中，——寧剛，不宜澤；——擣三萬杵；杵
多益善。

91.2.4 合墨不得過二月九月，溫時敗臭，寒則難乾潼溶⑤，
見風日解碎〔五〕。

　　　重，不得過三二兩。

91.2.5 墨之大訣如此。寧小不大。

〔一〕“失”：金鈔作“未”，誤；依明鈔及明清刻本改。

〔二〕“麬”：明清刻本缺，明鈔作“麪”，依金鈔。麬是粉末。

〔三〕“入水”：明清刻本作“如水”，依明鈔、金鈔改。

〔四〕“真朱砂”：明清刻本譌作“其硃砂”，依明鈔、金鈔改。太平御覽所引，
　　　無“砂”字。

〔五〕“日解碎”：明鈔作“自解碎”；依金鈔、明清刻本及太平御覽卷 605 所引
　　　改作“日”。即寒天所作，乾得不好；乾風烈日中，便會碎裂。

①“堈”：太平御覽卷 605，“墨”項，所引韋仲將筆墨方，作“缸”。

②“草莽”：應依御覽作“草芥”。下面的“若”字，當“及”字解。

③“喜”：御覽引作“慮”。

④“樊雞木”：“樊”是插些枝條攔住的意思；樊雞木，即當防雞的樹枝籬巴。

⑤“潼溶”：御覽引作“渾溶”；即沾濡潮軟。

釋　文

91.1.1　筆法:韋仲將筆方説:先要用鐵梳梳兔毫毛和羊的青毛,把不整齊不清潔〔穢〕的去掉,讓它不彎曲不雜亂。

91.1.2　梳好,各自分開來,都用梳背用力拍整齊,毫尖〔鋒〕和頭上根本都排扁,極均勻極平正好用。

91.1.3　"衣"排上羊青毛;將羊青毛縮到兔毫頭下二分左右,再合起來,排扁,捲起來,捲到極圓。作好,用力壓低。使所整的羊毛放在中央,或者用"衣"作中央。——(這樣的中心)名叫"筆柱",或名"墨池"、"承墨"。

又用(兔)毫青,裏在羊青毛外,像作筆柱的方法,使中心齊。也要使它平正均勻。

91.1.4　用力壓低,栽進筆管裏。寧可讓長毛深深栽進筆管,筆寧可小不要大。這就是作筆的基本原則〔大要〕。

91.2.1　合墨法:好的純淨〔醇〕煙子,擣好,用細絹篩,在缸裏篩掉草屑和細沙、塵土。——這東西極輕極細,不應當敞着〔露〕篩,(敞着篩)恐怕飛着失掉,不可不留意。

92.2.2　每一斤墨煙〔䵟〕,用五兩最好的膠,浸在梣才心反,音ciém,現在讀cén皮汁裏面——梣皮是江南的"樊雞木"的樹皮,這樹皮浸的水有綠顏色,可以稀釋膠,又可以使墨的顏色更好。

可以加雞蛋白——去掉黃——五個。

92.2.3　又用真朱砂一兩，麝香一兩，另外整治，細篩，混合調勻。下到鐵臼裏，——寧可乾而堅硬些，不宜於過分溼。——搗三萬杵；杵數越多越好。

92.2.4　合墨的時令，不要過二月、九月，太暖，會腐敗發臭，太冷，難得乾，見風見太陽，都會粉碎。

重量，（每錠）不要超過三二兩。

92.2.5　墨的重要原則只是這樣。（錠）寧可小些，不要作得過大。

齊民要術卷十 *

五穀①果蓏菜茹非中國物産者〔一〕

聊以存其名目,記其怪異耳。爰及山澤草木任食,非人力所種者,悉附於此。

〔一〕本篇標題明鈔、金鈔及大多數明清刻本，都是現在這樣。漸西村舍本，末了還有"第九十二"四字。以前卷一至卷九，每卷"卷首皆有目錄"，目錄便是每卷中各篇的篇目和次第；卷十這篇，正是"凡九十二篇"的最末，也就正應當是"第九十二"。劉富曾等加上這四個字，是有理由的。但本卷只有一篇；只要把篇名寫上，已經就完成了作爲目錄的任務，次第數字可有可無。宋刻本所以沒有"第九十二"等字，也正有理由。爲了保存大多數版本原樣，便不添補。

①"糓"：這一個字，是"穀"字的一個手寫變體；從六朝石刻到唐宋兩代的書中，都見有過；也是北宋初年刻寫書籍中常有的一種寫法。"穀"字所從的"㱿"（這個字見卷二種瓠第十五校記15.2.2.〔一〕）與所謂"籀文'磬'字"（即除去下面"石"字的"磬"字），在當時的手寫體中，有兩個組

成部分("士"和"殳"),位置形狀都相同;剩下的一點東西,也極相似,因此很容易混淆。

　　＊一九五八年版第四分册小記:齊民要術今釋的第四分册,是要術原書"卷十"這一卷的點、校、注、釋。

　　要術卷十,體例内容,都和前九卷不同:它只包含一篇,即"五穀果蓏菜茹非中國物産者(第九十二)"。所記的材料,也以彙録當時書籍中已有的記載爲主,賈思勰本人的原始材料,極少極少。而且,這些材料,與正常的農業生産,没有什麽直接關係。

　　所謂"五穀、果、蓏、菜、茹非中國物産者",這一個篇名,也還是與這卷的實際内容不很相稱的。事實上,必須加上賈思勰原來在這個篇標題下自加的小注"聊以存其名目,記其怪異耳",才可以説明這一卷這一篇的真實内容。也就是説,這一卷這一篇所記録的植物,共有這麽四類:

　　(1)原來不産於黄河流域的一些有經濟價值的真實植物,它們的植株或它們的有用部分或加工製品,到過黄河流域,曾有人就這些真實標本,作過記載的。

　　(2)原來黄河流域不産,它們也從没有任何真實標本到過黄河流域,但有人在它們的原産地,就地觀察後,作成了很真實或頗真實的記載的。這些植物的經濟價值,一般地不很高。

　　(3)黄河流域所産的一些野生植物,本身經濟價值不大,但平時,尤其是遇到災荒時,却可以作爲食物的。

　　(4)一些神話及傳説中的植物。

　　正因爲原書本卷内容與材料的特殊,所以這一卷的"今釋",在性質上也和前九卷不同。總的説來,這一卷,校和注多,而釋文則有許多省略:凡神話、迷信、傳説、記録,以及僅僅彙列一些辭藻的

“文章”，一概不釋；——這就是我所能作到的“批判接受”。但校
記、注釋兩方面，則仍盡力作到比較完備。特別是“注解”，分量很
大；因爲這卷所引古書，多半已經散佚，核對極爲困難，所以“校記”
往往很曲折。至於注解的内容，不僅是文字音義，還包括着某些植
物種名的初步猜測或估定，與某些栽培植物的沿革。當然，這些工
作，已遠遠地超出了我的能力範圍。把它們加入到“今釋”中，是有
“畫蛇添足”的毛病的。但是，因爲在作這類嘗試時，發現了許多困
難，估計對於一般非專家的讀者們，也許同樣會遇見這些困難。所
以我才想就我個人遭逢到的和想到的，提了出來，作爲批判與改正
的原始材料，籲請各方面的專家們，幫助大家解決。這只是窘迫的
“摘埴索塗”，而不是“班門弄斧”。希望一般讀者與專家們，多給予
同情和原諒。

　　猜擬植物種名時，曾由陳嶸先生的中國樹木分類學中得到許
多啓示，也由日本齋田功太郎内外植物志中查到一些材料。中國
科學院華南植物研究所吳德鄰先生對南方草木狀的考證（植物學
報，詮釋我國最早的植物誌——南方草木狀。1958 年，第 1 期，27-
37 頁。），也給了我很多幫助。地名的考證，則根據百衲本廿四史中
的地理志部分，與楊守敬的歷代輿地沿革圖對證。

五　　穀

92.1.1　山海經〔一〕曰："廣都之野，百穀自生，冬夏播琴①。"
　　郭璞注曰："播琴，猶言播種；方俗言也。"

　　　　"……爰有'膏稷'……'膏黍'……'膏菽'。"郭璞
　　注曰："言好味，滑如膏。"

92.1.2　博物志〔二〕曰："扶海洲上有草，名曰'薜'；其實如大
　　麥。從七月熟，人斂穫，至冬乃訖。名曰'自然穀'，或
　　曰'禹餘糧②。'"

　　　　又曰③："地：三年種蜀黍，其後七年多虵。"

〔一〕引山海經：明吴琯刻古今逸史本及成化刊本山海經（均有涵芬樓影印
　　本）卷十八海内經："西南黑水之間，有都廣之野，后稷葬焉，爰有膏菽、
　　膏稻、膏黍、膏稷。百穀自生，冬夏播琴……"太平御覽卷 837 百穀部
　　一引山海經是："都廣之野，百穀自生，冬夏播琴"；但卷 840 百穀部四
　　"稷"項，卷 841 百穀部六"豆"項，卷 842 百穀部七"黍"項，却又都作
　　"廣都"。案御覽往往直鈔他書，不核對原文；這裏，顯然是根據要術轉
　　録，所以與山海經原文不合。又成化本郭注作"言味好，皆滑如膏"。

〔二〕引博物志：吴琯刻古今逸史本（以下簡稱吴本）博物志卷三，"異草木"
　　第二條，是"海上有草焉，名'簁'，其實食之如大麥。七月稔熟，名曰
　　'自然穀'，或曰'禹餘糧'。"太平御覽卷 837 百穀部一及卷 994 百卉
　　部一"草"項所引，均與古今逸史本相似，但"簁"作"薜"，又"七月稔熟"
　　下，有"民斂穫"一句，均與要術相同。"簁"顯然是寫錯；"民"字可能是
　　原字，"人"字也許只是唐代避太宗李世民名諱時改寫的痕跡。

①"播琴"：郭璞原注已説明這個"琴"字當"種"字解。作爲實物名的"琴"
　　字，在兩部古地理書中，却有着兩個不同的借用：一是水經注泚水注
　　"……有大冢，民傳曰'公琴'者，即皋陶冢也。楚人謂'冢'爲'琴'矣"。

另一處是這裏所説的山海經。"冢"是土堆;"種",是作成土堆蓋覆着。這就説明,在當時的口語中,以"琴"(?kiam)記音的某一個詞,包含着有"土堆"以及"作成土堆蓋覆起來"的意義。而作爲樂器的"琴",本身是一片向上成圓形凸出像土堆的木板,又隨着板身的縱軸,用絲絃覆蓋的東西,似乎也有這兩個含義在内。目前粤語系統方言中,有作爲"蓋覆"解的一個詞,讀 kam 的陰上聲;一般寫作"冚",並無何種"小學"上的根據。很懷疑該是"弇"、"絾"等字,也很可能就是這兩處借用"琴"(今日粤語讀 kam 的陽平)。粤語這個詞的上入,kap,也作"蓋覆"講的,一般寫作"盍"或"合"(參看卷三蔓菁第十八,注解 18.7.1.②的"合"字);可能就是今日方言中"扣上"的"扣"字。

②"禹餘糧":參看李時珍本草綱目卷 23 穀之二的"薢草"條所引陳藏器的本草拾遺和李珣的海藥本草。

③"又曰":這節仍是博物志,所以才説"又"。博物志卷四,"物理"中,有一條"莊子曰:地三年種蜀黍,其後七年多蛇"。"莊子曰"三個字,如果不是後來人攙進去的,便是張華作僞。"蜀黍"這個名稱,不見於博物志以前的書。廣雅中的"藋粱,木稷也",王念孫疏證,以爲正是高粱,也就是"蜀黍";(王説"蜀"即"獨";意思是特別大,並不指巴蜀地名。)此外没有更早的紀載。

　　承中國科學院植物研究所副所長吴徵鎰先生見告,這句應是"地節三年種……"。地節是漢宣帝的一個年號。

稻

92.2.1 異物志[一]曰:"稻,一歲夏冬再種,出交趾。"

92.2.2 俞益期①牋[二]曰:"交趾稻再熟[三]也。

〔一〕引異物志:御覽卷 839 百穀部三所引,作"交趾稻,冬夏又熟,農者一歲再種"。

〔二〕"俞益期牋":金鈔"牋"譌作"陵"。

〔三〕“稻再熟”:御覽卷839百穀部三所引,此條作“交趾稻再熟,而草深耕
　　重,收穀薄”。案水經注卷36“温水”條所引俞益期牋,關於稻的一節,
　　是:“九真太守任延,始教耕犂,俗化交土,風行象林。知耕以來,六百
　　餘年,火耨耕藝,法與華同:名‘白田’,種白穀,七月大作,十月登熟。
　　名‘赤田’,種赤穀,十二月作,四月登熟。——所謂‘兩熟之稻’也。至
　　於草甲萌芽,穀月代種(即每個月都可替換着種穀);種穉早晚,無月不
　　秀。耕耘功重,收穫利輕,熟速故也。米不外散,恒爲豐國。”

①“俞益期”:水經注卷36“温水”(“東北入于鬱”的注文)中,有“豫章俞益
　　期,性氣剛直,不下曲俗;容身無所,遠適在南,與韓康伯書……”這大
　　概就是要術所引“俞益期牋”的來歷。

<h1 style="text-align:center">禾</h1>

92.3.1　廣志曰:“梁禾〔一〕,蔓生,實如葵子。米粉白如麵,
　　　　可爲饘①粥;牛食以〔二〕肥。六月種,九月熟。”

92.3.2　“感禾②,扶疏③生;實似大麥。”

92.3.3　“楊禾似蔄④,粒細〔三〕。左折右炊,停則牙⑤生。此
　　　　中國巴禾木稷⑥也〔四〕。”

92.3.4　“大禾〔五〕:高丈餘,子如小豆。出粟特〔六〕國。”

92.3.11　山海經曰:“崑崙墟⑦上,有木禾⑧;長五尋,大五
　　　　圍⑨。”郭璞曰:“木禾,穀類也。”

92.3.21　呂氏春秋⑩曰:“飯之美者,玄山之禾,不周之粟,
　　　　陽山之穄。”

92.3.31　魏書曰:“烏丸⑪,地宜青穄。”

〔一〕“梁禾”:御覽卷839百穀部五“禾”項所引,作“渠和”;玉函山房輯佚書
　　中的廣志,作“渠禾”。

〔二〕"以"：御覽卷 839 百穀部五"禾"項所引作"之"（玉函山房輯佚書據御
　　覽引）；"之"字比"以"字更順適。

〔三〕"粒細"：御覽卷 839 百穀部五"禾"項所引，"細"下還有"也"字。

〔四〕"也"：祕册彙函系統各本譌作"民"。

〔五〕"大禾"："大"字明清刻本皆作"火"，應依明鈔、金鈔作"大"。

〔六〕"粟特"：御覽所引作"粟特特"，顯係"衍文"。

①"饘"：饘粥，是比較稠些的粥。

②"感禾"：本草綱目卷 23 穀之二引陶弘景名醫別錄：薏苡一名"薥米"，一
　　名"薥珠"；陶注"音感"。依玉篇艸部"薥"字的注音，有"公襌"和"公
　　棟"兩個讀法（即讀 gǎm 或 gùŋ）。這樣，似乎可以暗示，這裏所謂"感
　　禾"也許就是薏苡屬的"川穀"*Coix lacryma-jobi*，而不是薏苡本身。
　　薏苡是早已知道的東西〔相傳東漢時馬援曾經從交趾（現在的越南），
　　帶了一車薏苡回來〕，似乎不會再給它另外安上一個"異名"；因爲只是
　　相似而並不相同，才把它稱爲"結實像 gam 的禾"。

③"扶疏"：枝葉伸張茂盛，稱爲扶疏。

④"萑"：假借作"荻"字用——"萑"是藜；單子葉植物，不會像藜；但像蘆荻
　　的，却非常普通。

⑤"牙"：即"芽"。

⑥"木稷"：廣雅釋草"萑粱，木稷也"，即高粱。"巴禾"是高大的禾。神話傳
　　說中，它的種子結成後隨即發芽，又可長成新植株，繼續結實。

⑦"墟"：山海經海外南經"崑崙墟"郭璞注："墟，山下基也。"

⑧"木禾"：這裏的"木禾"，可能是上文"楊禾"之類，高大而子實可以作食物
　　的一種禾本科植物——也許是野生的 *Holcus*（絨毛草）。

⑨"圍"："圍"字，作爲量圓柱粗細的單位的，有兩種標準：一種是"兩手合
　　抱"，一種是兩手兩拇指與兩食指聯成的範圍。本卷中所説的"圍"，常
　　指後一種標準。

⑩"吕氏春秋"：本卷所引吕氏春秋大部分是孝行覽的"本味篇"；這篇假託

伊尹答湯問，列舉了許多好吃的東西。

⑪"烏丸"：這所謂魏書是一部已佚的史書，專記三國魏的史事的。"烏丸"，
今本三國志多作"烏桓"。烏桓本是東胡族的一個支派；被匈奴的冒頓
單于趕到了今日内蒙地方的"烏桓山"下；兩漢時，在山西河北的長城
以外，有過一段興盛歷史；曹操後來把它打散了。宋本三國志魏志，有
烏丸傳。

<h2 style="text-align:center">麥</h2>

92.4.1 博物志〔一〕曰："人啖麥橡，令人多力，健行。"

92.4.2 西域諸國志曰："天竺①，十一月六日爲冬至，則麥
秀〔二〕；十二月十六日爲臘，臘麥熟〔三〕。"

92.4.3 説文曰："麰，周所受來麰也。"

〔一〕引博物志：吳本博物志卷四"食忌"，此條作"啖麥稼，令人力健行"。御
　　覽卷838百穀部二"麥"項所引，作"啖麥令人多力"。

〔二〕"麥秀"：祕册彙函系統各本多作"麥禾"，漸西村舍本與明鈔、金鈔同，
　　作"麥秀"。御覽卷838所引，也是"麥秀"。

〔三〕"臘麥熟"：明鈔、金鈔及明清多數刻本都作"臘麥熟"；在"臘"字處頓，
　　可以講解。漸西村舍本依御覽改作"則麥熟"，更合一般習慣用法。

①"天竺"：我國稱印度的古名。

<h2 style="text-align:center">豆</h2>

92.5.1 博物志曰："人食豆三年〔一〕，則身重，行動難〔二〕。
恒食小豆，令人肌燥〔三〕麤理。"

〔一〕"三年"：要術各本與吳本博物志同樣作"三年"。御覽卷841百穀部五
　　"豆"項所引，作"三斗"；依當時度量衡折算，三斗約等於今日的六升
　　多，一次吃下六升多豆，也會發生"行動難"的結果。

〔二〕"行動難"：要術各本都是"行動難"；御覽所引則與吳本博物志一樣，是"行止難"。

〔三〕"人肌燥"：明鈔、金鈔與御覽所引同。吳本博物志作"人肥肌麁燥"。

東　　墙

92.6.1 廣志〔一〕①曰："東墙〔二〕①，色青黑，粒如葵子。似蓬草。十一月熟。出幽、涼、并②、烏丸地。"

92.6.2 河西語曰："貸我東墙，償我田〔三〕粱。"

92.6.3 魏書③曰："烏丸，地宜東墙，——能作白酒。"

〔一〕引廣志：御覽卷842百穀部六所引，"出幽、涼、并、烏丸地"；作"幽、涼、并，皆有之"。

〔二〕"東墙"：明鈔、金鈔，都是"墙"字；御覽卷842百穀部六"東薔"項所引各書一律用"薔"字。可能與後來遼史稱爲"登相"，天禄餘識稱爲"登廂"一樣，都只是記音字。

〔三〕"田"：漸西村舍本作"白"；玉函山房輯佚書同。御覽卷842所引仍作"田"；但出處作"西河語"。

①"東墙"：西北師範學院孔憲武教授説，今日甘肅河西還用沙蓬（*Agriophyllum arenarium*）的種子作糧食，也還稱爲"東墙"（參看本草綱目拾遺，卷八，諸穀部第一條"沙米"）。

②"幽、涼、并"：幽州，包括今日河北和遼西；涼州，大部分是今日甘肅省；并州包括保定、正定、太原、大同等地方。

③"魏書"：三國志魏志烏丸傳裴松之注引魏書，"烏丸者，東胡也。地宜青穄東墙。東墙似蓬草，實如葵子，至十月熟，能作白酒"。可見要術這條是和92.3.31同樣引自王沈（？）魏書的。

果　　蓏

91.11.1 山海經曰："平丘，百果所在〔一〕。""不周①之山，爰有嘉果;子如棗,葉如桃,黃花赤樹,食之不飢〔二〕。"

92.11.2 呂氏春秋曰:"常山之北,投淵之上,有百果焉:群帝所食。""群帝,衆帝先升遐〔三〕者。"

92.11.3 臨海異物志②曰:"楊桃③:似橄欖〔四〕,其味甜。五月、十月熟。諺曰:'楊桃無蹙,一歲三熟。'其色青黃,核如棗核。"

92.11.4 臨海異物志曰:"梅桃〔五〕子,生晉安侯官〔六〕④縣。一小樹,得數十石實;大三寸,可蜜藏之。"

92.11.5 臨海異物志曰:"楊搖⑤,有七脊;子生樹皮中。其體雖異,味則無奇。長四五寸;色青黃,味甘〔七〕。"

92.11.6 臨海異物志曰:"冬熟⑥,如指大,正赤;其味甘〔八〕,勝梅。"

92.11.7 "猴闥子⑦,如指頭大;其味小苦,可食。"

92.11.8 "關桃子,其味酸。"

92.11.9 "土〔九〕翁子,如漆子大;熟時甜酸,其色青黑。"

92.11.10 "枸〔一〇〕槽子,如指頭大;正赤,其味甘。"

92.11.11 "雞橘子⑧,大如指;味甘。永寧〔一一〕界中有之。"

92.11.12 "猴總子⑨,如小指頭大,與柿相似。其味不減於柿。"

92.11.13 "多南子⑩,如指大,其色紫,味甘,與梅子相似。出晉安〔一二〕。"

92.11.14 "王壇子,如棗大,其味甘。出侯官〔一三〕,越王祭太一壇邊,有此果。無知其名;因見生處,遂名'王壇’。其形小於龍眼，有似木瓜〔一四〕。”

92.11.15　博物志曰：“張騫〔一五〕使西域，還，得安石榴、胡桃、蒲桃。”

92.11.16　劉欣期交州記⑪曰：“多感子〔一六〕，黃色，圍一寸。”

92.11.17　“蔗子⑫，如瓜；大亦似柚。”

92.11.18　“彌子，圓而細；其味初苦後〔一七〕甘。——食，皆甘果也。”

92.11.19　杜蘭香傳⑬曰：“神女降⑭張碩，常食粟飯。并有非時果，味亦不甘；但〔一八〕一食可七八日不飢。”

〔一〕“平丘，百果所在”：兩明本山海經海外北經，都是“平丘，在三桑東，……百果所生”。要術所引顯有錯漏。

〔二〕引山海經文：兩明本山海經西山經“不周之山……爰有嘉果，其實如桃，其葉如棗，黃華而赤柎，食之不勞”。御覽卷 964 果部一“果”項所引，是“不周之山，爰有嘉果，其實如桃李，其葉華赤，食之不飢”。只是節錄。

〔三〕“升遐”：“遐”字，明鈔與明清刻本均譌作“過”，依金鈔改（今本呂氏春秋高誘注亦作“遐”）。“升遐”即“皇帝死去”的代用語。

〔四〕引臨海異物志：“似橄欖”，御覽卷 974 果部十一所引，作“似南方橄欖”。又“五月十月”上，多一“常”字。

〔五〕“梅桃”：御覽卷 974 引，果名作“楊桃”，仍出自臨海異物志，顯然御覽有誤。

〔六〕“侯官”：明鈔誤作“候官”，與御覽同；依明清刻本改作“侯官”。

〔七〕“味甘”：御覽卷 974 所引，字句全同，只最末多一個“也”字。

〔八〕“其味甘”：明鈔及明清刻本缺“其”字，依金鈔及御覽卷 974 所引補。

〔九〕“土”：金鈔及明清刻本作“土”，明鈔及御覽卷 974 所引作“土”。

〔一〇〕"枸"：<u>金鈔</u>作"拘"；<u>御覽</u>卷 974 所引作"狗"。

〔一一〕永寧：<u>御覽</u>卷 974 所引"<u>永寧</u>"下有"<u>南</u>"字，<u>永寧</u>是<u>漢</u>代建置的縣，在今日<u>浙江永嘉</u>。

〔一二〕"出晉安"：<u>御覽</u>卷 974 所引作"<u>晉安侯官</u>界中有"。

〔一三〕"出侯官"：<u>御覽</u>卷 974 所引作"<u>晉安侯官</u>"。下文"祭太一"，無"太一"兩字。

〔一四〕"有似木瓜"：<u>御覽</u>卷 974 所引，下尚有"七月熟，甘美也"一句。

〔一五〕"張騫"：<u>吳</u>本<u>博物志</u>為"<u>張騫</u>使<u>西域</u>，還，乃得胡桃種"，無"安石榴與蒲桃"。但<u>玄應</u>一切經音義卷六妙法蓮華經第三卷音義，"蒲桃"條注，所引博物志與要術同。

〔一六〕"多感子"：<u>金鈔</u>作"多咸子"。

〔一七〕"後"：<u>金鈔</u>誤作"從"。

〔一八〕"味亦不甘；但"：<u>御覽</u>卷 964 果部一所引，無"味"字，是"碩食之"；"但"字是"然"字。

①"不周"：山海經大荒西經"西北海之外，大荒之隅，有山而不合，名曰'不周'……"郭璞注引淮南子曰："昔者<u>共工</u>與<u>顓頊</u>爭帝，怒而觸<u>不周</u>之山。天維絶，地柱折，故今此山缺壞而不周帀也。"

②"臨海異物志"：這是一部已經散佚的書。據<u>隋書經籍志</u>，作者是<u>沈瑩</u>。

③"楊桃"：可能即是酢漿草科的羊桃或"五歛子"（*Averrhoa carambola* Linn.），參看下面 92.11.5 楊榣及 92.94"蘝"各條。五歛子果實，兩頭尖，像橄欖。

④"晉安侯官"：<u>晉</u>代，在今日<u>福州</u>附近置<u>晉安郡</u>；<u>侯官</u>是<u>晉安郡</u>的一個縣。

⑤"楊榣"：據所描寫的果實看來，可能仍是"五歛子。"

⑥"冬熟"：懷疑這上面原來還記有一個真正的果名，鈔寫中漏掉了。

⑦"猴闥子"：從這條起，到 92.11.14 止的八條，太平御覽卷 974（果部十一），都注明引自臨海異物志。

⑧"雞橘子"：鼠李科的"枳椇"（*Hovenia dulcis* Thunb.），說文寫作"梖枒"，

其他書中，有"枝枸""枳椇""枳句""稽椇"等寫法，都只是記音的字；"雞橘"可能正是這樣的一個記音詞。蘇軾文集中，還記有當日蜀中俗名"雞距子"；今日川西也還有"雞ʮуǎ子""雞爪子"等俗名，多少帶有一些描繪形狀的意味，而讀音都和"枳椇""雞橘"相去不遠（尤其ʮуǎ與"橘"音 guat 相近）。

⑨"猴總子"：懷疑是烏木（*Diospyros ebenum* Koenig.）或其他同屬植物；這屬植物，在五嶺南北，分佈頗為廣泛。

⑩"多南子"：杜寶大業拾遺録，載有隋代俗名"都念子"的一種野果，劉珣嶺表録異，改記為"倒捻子"，並且説"食之必倒捻其蒂，故謂之'倒捻子'，譌為'都念子'也"。所謂"都念"（duniem）或"倒捻"（douniem），也都是記音；懷疑"多南"（donam）也只是同一植物。依劉珣的記載，這植物和杜寶所説很相像，也與臨海異物志所説的相似；可能就是"桃金孃"（*Rhodomyrtus tomentosa*）；桃金孃的果實，至今兩廣都還稱為"niēm子"。

⑪"劉欣期交州記"：據胡立初考證，劉欣期是東晉末南朝宋初時江南的人。92.11.16 至 92.11.18 三條，似乎都是引自交州記的。

⑫"蔗子"："蔗"字，可能是記音的字，也就是"樝"。樧樝，是"木瓜"一類的果實，所以説"如瓜"；樝有很大的，味也頗酸，所以説"似柚"。另一方面，也可以懷疑"蔗"是"薦"字寫錯。柚子（*Citrus maxima*）中，有一個圓球形而味酸的品種，在四川、貴州、廣西、湖南（南部），都稱為"pāu子"。薔薇科懸鈎子屬（*Rubus*）的"薦"，在這些地方，也常常稱為"pāu子"。用"薦"字來記酸味圓柚子的名，也很可能。

⑬"杜蘭香傳"：晉代，有着一個關於神女杜蘭香的傳説故事，叙述她和張碩的戀愛；這就是它的紀載。相傳作這個傳記的人是曹毗。

⑭"降"：從前，皇家的女兒和平民結婚，稱為"降"；意思是説，這時她的尊嚴，暫時減低〔降〕了。神女和"凡人"戀愛，也是暫時減低尊嚴的事，所以稱為"降"。

棗

92.12.1　史記封禪書〔一〕曰：“李少君嘗游海上①，見安期生，食棗大如瓜。”

92.12.2　東方朔傳〔二〕②曰：“武帝時，上林獻棗。上以杖擊未央殿檻③，呼朔曰：咄咄，先生來！來！先生知此篋〔三〕裏何物？朔曰：‘上林獻棗四十九枚。’上曰：‘何以知之？’朔曰：‘呼朔者，上也；以杖擊檻，兩木，林也；朔來來者，棗也；咄咄者，四十九也。’上大笑。帝賜帛十匹。”

92.12.3　神異經曰：“北方荒内，有棗林焉。其高五丈，敷張枝條一里〔四〕餘。子長六寸，圍過其長。熟，赤如朱，乾之不縮。氣味甘潤，殊於常棗。食之可以安軀益氣力。”

92.12.4　神仙傳④曰：“吳郡沈羲〔五〕，爲仙人所迎上天。云：‘天上見老君’，賜羲棗二枚，大如雞子。”

92.12.5　傅玄賦⑤曰：“有棗若瓜，出自海濱；全生益氣，服之如神。”

〔一〕引史記封禪書：史記原文，是“臣常游海上，見安期生。安期生食巨棗，大如瓜”。

〔二〕引東方朔傳：“上以杖擊未央殿檻”，御覽卷965果部二“棗”項所引，作“上以所持杖擊未央前殿檻”；類聚卷87所引，亦有“前”字。“兩木”兩字重複；重複的，語意更顯豁。末句“帝賜帛十匹”的“帝”字，類聚和御覽都沒有，也不應有。

〔三〕“篋”：祕册彙函系統各本作“箇”；類聚所引與明鈔、金鈔同作“篋”；御覽引作“筐”。

〔四〕“一里”：“一”字，明鈔、金鈔空白；祕册彙函系統各本是墨釘；漸西村舍本所補的“一”字，與類聚引文相同；御覽根本沒有這一句。又上文“五丈”，御覽謁作“五尺”。討原本爲“數里”。

〔五〕“沈義”：祕册彙函系統各本及金鈔作“沈義”；明鈔與御覽同，作“羲”。

①“海上”：海中和海邊的地方。戰國以來，大家相信東海中有着神仙居住的三個海島，——所謂“蓬萊”、“方丈”、“瀛洲”這三個“三神山”。據傳說秦始皇就派人去追尋過；漢武帝劉徹，一心想長生不老，聽信了一個名叫李少君的騙子，也派人去尋找神山裏的“不死藥”。安期生是李少君說的一個仙人。

②“東方朔傳”：這是一部僞託的書，不是漢書中的東方朔傳。

③“檻”：直立的許多並排小木柱，也就是“闌干”。

④“神仙傳”：一部神話集，假託爲葛洪的著作。這一條，神仙傳中曾說明過沈羲是說謊的。

⑤“傅玄賦”：初學記卷28“棗第五”，引有傅玄棗賦，末四句即要術所引。

桃

92.13.1 漢舊儀①曰：“東海之内，度朔山上，有桃。屈蟠三千里，其卑〔一〕枝間，曰‘東北鬼門’，萬鬼所出入也。上有二神人：一曰‘荼’，二曰‘鬱樱’，主領萬鬼。鬼之惡害人者，執以葦索②，以食虎。黃帝法而象之，因立桃梗於門户上，畫荼、鬱樱，持葦索以禦凶鬼。畫虎於門當，食鬼也。”樱音壘③。史記注，作度索山。

92.13.2 風俗通〔一〕曰：“今縣官以臘除夕，飾桃人，垂葦索，畫虎於門，效前事也。”

92.13.3　神農經④曰:"玉桃,服之長生不死。若不得早服之,臨死日服之,其尸畢天地不朽。"

92.13.4　神異經曰:"東北有樹,高五十丈,葉長八尺,名曰'桃'。其子,徑三尺二寸,小核味和〔三〕,食之令人短〔四〕壽。"

92.13.5　漢武內傳⑤曰:"西王母,以七月七日降。令侍女更索桃。須臾,以玉盤盛仙桃七顆,大如鴨子,形圓,色青,以呈王母。王母以四顆與帝,三枚自食。"

92.13.6　漢武故事⑥曰:"東郡獻短人,帝呼東方朔。朔至,短人因指朔謂上曰:'西王母種桃,三千年一著子;此兒不良,以〔五〕三過偷之矣。'"

92.13.7　廣州記〔六〕曰:"廬山有山桃,大如檳榔形,色黑而味甘酢。人時登採拾,只得於上飽噉,不得持下,迷不得返。"

92.13.8　玄中記⑦曰:"木子大者,積石山〔七〕之桃實焉,大如十斛籠。"

92.13.9　甄異傳曰:"譙郡夏侯規〔八〕,亡後見形還家。經庭前桃樹邊過,曰:'此桃我所種,子乃美好!'其婦曰:'人言,亡者畏桃,君不畏邪?'答曰:'桃東南枝,長二尺八寸,向日者,憎之;或亦不畏也。'"

92.13.10　神仙傳曰:"樊夫人與夫劉綱,俱學道術,各自言勝。中庭有兩大桃樹,夫妻各呪⑧其一。夫人呪者,兩枝相鬥擊良久;綱所呪者,桃走出籬。"

〔一〕"卑":明清刻本譌作"里",御覽無此句。

〔二〕引風俗通：吳琯古今逸史本（應劭）風俗通卷三，"桃梗"是："於人縣官
　　常以臘除夕，飾桃人，垂葦交畫虎於門，皆追效於前事。"按吳本的"人"
　　應作"今"，"交"應作"索"。

〔三〕"小核味和"：明鈔、金鈔如此；祕册彙函系統各本作"和核糞食之"；御
　　覽卷967果部四所引，作"小狹核"。

〔四〕"短"：祕册彙函各本均作"益"；御覽作"知"。"知"字比較最合適。

〔五〕"以"：明鈔、金鈔作"以"；祕册彙函系統各本作"已"，與類聚及御覽所
　　引同。"以"有時可以借作"已"用，不必改。

〔六〕引廣州記：御覽所引，標明出自裴淵廣州記。"形"字下，有"亦似之"三
　　字。"噉"作"啖"；"持下"下，還有"下輒"兩字。

〔七〕"積石山"：初學記及御覽所引，上面有"有"字；有這個"有"字，語句更
　　完全。

〔八〕"夏侯規"：類聚及御覽所引，皆作"夏侯文規"。

①"漢舊儀"：據胡立初考證，是後漢衛宏所作。

②"執以葦索"："執"字，借作"縶"，"縶"就是"綑綁"。據吳琯古今逸史本風
　　俗通（卷三）祀典中，這一條，起處是"謹按黃帝書，上古之時，有荼與鬱
　　壘，昆弟二人，性能執鬼。度朔山上，章桃樹，簡閱百鬼；無道理，妄爲
　　人禍害，荼與鬱壘，縛以葦索，執以食虎"。則"執以葦索，以食（當"飼"
　　字用）虎"，還不是原來的語句。

③"櫃音壘"：這三個字應與下面"史記注，作度索山"一樣，是小字夾注。依
　　要術其他各處的體例，這個注應在"二曰鬱櫃"的"櫃"字下面；"史記
　　注……"應在度朔山的"山"字下面。

④"神農經"：太平御覽經史圖書綱目（即引用書名總目）中，神農經列在道
　　藏裏面。張華博物志卷四"藥論"，引有神農經；卷六"文籍考"又説"太
　　古書今見存，有神農經……"這兩條如真是張華的文字，則晉代還有神
　　農經在；但博物志所引，也可能是指所謂神農本草經的。這裏的一條，
　　則完全是神話式的道藏。

⑤“漢武内傳”：這是一部神話書。

⑥“漢武故事”：這也是一部神話書。

⑦“玄中記”：這也是一部神話書，假託爲郭璞所作。

⑧“呪”：迷信傳説中，某個人以特殊的神祕力量，默誦或朗誦某些言語，便可以發生想念中的效果。這些語言和誦讀，稱爲“呪”；實際上，就是“祝”。

李

92.14.1　列異傳①曰：“袁本初②時，有神出河東，號‘度索君’。人共立廟。兗州蘇氏，母病，禱〔一〕。見一人，着白單衣，高冠，冠似魚頭，謂度索君③曰：‘昔臨廬山下，共食白李。未久，已三千年。日月易得，使人悵然！’去後，度索君曰：‘此南海君也。’”

〔一〕“禱”：御覽卷968果部五所引，上面多一“往”字；有“往”字語句意義更完備。

①“列異傳”：這一部神話集，假託爲曹丕著作。

②“袁本初”：袁紹字本初。

③“度索君”：道教中的一個神仙，即度朔山的君長。

梨

92.15.1　漢〔一〕武内傳曰：“太上之藥，有玄光梨。”

92.15.2　神異經曰：“東方有樹，高百丈，葉長一丈，廣六七尺，名曰‘梨’。其子，徑三尺；割之，瓤白如素〔二〕；食之爲地仙，辟穀①，可入水火也。”

92.15.3　神仙傳曰：“介象吳王所徵〔三〕，在武昌。速②求去不許。象言病，以美梨一匲③賜象。須臾，象死；帝殯

而埋之。以日中時死，其日晡時，到建業。以所賜梨，
付守苑吏種之。後吏以狀聞；即發象棺，棺中有一奏
符。"

〔一〕"漢"：明鈔譌作"濮"。

〔二〕"割之，瓠白如素"：御覽卷969果部六所引，作"剖之自如素"，"剖"字
　　比"割"字好；"自"是"白"字寫錯。類聚所引，正是"剖之白如素"。

〔三〕"介象吳王所徵"：類聚所引，是"介象爲吳王所徵"，這個"爲"字，應
　　當有。

①"辟穀"："辟"讀"避"；"辟穀"，即不吃飯可以不餓。

②"速"：懷疑是同音的"數"（作"屢屢"解）字寫錯。

③"匲"：本寫作"籢"，一般都寫作"奩"或"匲"。是一個有蓋的盒子，蓋與底
　　相連。

奈

92.16.1 漢武内傳："仙藥之次者，有圓丘紫奈，出永昌。"

橙

92.17.1 異苑〔一〕①曰："南康②有蒛石山，有甘③、橘、橙、
　　柚，就食其實，任意取足。持歸家人噉〔二〕，輒病，或顛
　　仆〔三〕失徑。"

92.17.2 郭璞曰："蜀中有'給客橙'，似橘而非，若柚而芳
　　香。夏秋華實相繼。或如彈丸，或如手指。通歲食
　　之。亦名'盧橘'。"

〔一〕引異苑：御覽卷966果部三"柑"項所引，是"南康瓻（南北朝時新造的
　　"歸"字）美山石城内有甘橘橙柚，就食其實，任意取足；脫持歸者，便遇
　　　　　　　　　　　　　　　　　　　　　· · · ·

大阽，或顛仆失徑，家人啖之，亦病”。“橘”項所引，是“南康歸美山石城，有橘。就食，任意取足；脫持歸者，輒道途遇大阽。”卷971“橙”項所引，是“南康歸美山石城内有橙，就食其實，任意取足；持歸家人啖，輒病，或顛仆失徑”。

〔二〕“啖”：金鈔譌作“敢”。

〔三〕“顛仆”：金鈔譌作“顧什”。

①“異苑”：託名南朝宋劉敬叔作的一部雜記，多數是神怪故事。

②“南康”：晉代建置的郡，在今日江西省贛州附近。

③“甘”：這個“甘”字，不是一般的“甜美”，而是一種果實的專名；後來寫成“柑”字。所指植物，是柑橘屬（*Citrus*）中的一種，大概就是 *Citrus reticulata* Blanco. 或相近的東西。

橘

92.18.1　周官考工記〔一〕曰：“橘踰淮而北爲枳①；此地氣然也。”

92.18.2　呂氏春秋曰：“果之美者，江浦之橘。”

92.18.3　吳錄②地理志曰：“朱光祿爲建安郡③；中庭有橘。冬月，於樹上覆裹之；至明年春夏，色變青黑，味尤絶美。上林賦〔二〕曰：‘盧橘夏熟’，蓋近於是也。”

92.18.4　裴淵廣州記曰：“羅浮山有橘，夏熟，實大如李；剥皮啖則酢，合食極甘④。又有‘壺橘’，形色都是甘；但皮厚，氣臭，味亦不劣⑤。”

92.18.5　異物志〔三〕曰：“橘樹，白花而赤實，皮馨香，又有善味。江南有之，不生他所⑥。”

92.18.6　南中八郡志曰：“交趾特出好橘，大且甘。而不可多噉；——令人下痢。”

92.18.7 廣州記曰：“盧橘，皮厚，氣、色、大如甘，酢多。九月正月□[四]色；至二月，漸變爲青；至夏，熟。味亦不異冬時，土人呼爲‘壺橘’。其類有七八種，不如吳會⑦橘。”

〔一〕“考工記”：金鈔譌作“考功記”。

〔二〕“上林賦”：本條，御覽卷966“橘”項下亦引有，但從上林賦起，另列一條，而且在“蓋近是也”一句上，有“盧，黑也”一句注解。由文義上看，這句上林賦，顯然是因爲“色變青黑”，所以才引來作説明的，因此有“蓋近是也”的推斷。御覽切斷另列，“蓋近是也”便成了無用的語句。雖然吳録已經散佚，無法檢對原書，但我們仍可以推測要術所引，正是吳録原文；類聚卷86所引吳録，中有錯雜，但末尾兩句，是“盧橘夏熟，蓋近是乎？”可能更近于原文。初學記卷28，橘第九，引張勃吳録，末了也引有這句上林賦，也是以“蓋近是乎”結束的。

〔三〕引異物志：御覽所引此條，“皮”字下有“既”字；“江南”下有“則”字；下面還有“交趾有橘，置長官一人，秩三百石，主歲貢御橘”。

〔四〕“正月”下空白，明鈔只一格，金鈔是兩格。依文義推尋，空一格所缺是“黄”或“赤”字；兩格應是“黄赤”。

①“北爲枳”：許多書都將這句話誤引爲“化爲枳”（枳是 *Poncirus trifoliata* Raf. 也稱爲枸橘或鐵籬刺）。其實是“北”字。“踰淮而北”，即越過淮水，向北方移栽（參看下面92.20.3所引“列子”）。

②“吳録”：晉張勃吳録，似乎隋代就已散佚（隋書經籍志中，没有記載）。但唐玄宗時的徐堅所著初學記，仍引有“張勃吳録”，也就是現在這一條。

③“建安郡”：吳孫策所建立的郡，在今日福建建甌。

④“剥皮噉則酢，合食極甘”：由上句“實大如李”和這兩句看來，可能是指“金橘”（*Citrus nobilis* Lour. var. *microcarpa* Hassk.）的。

⑤“不劣”：在“皮厚氣臭”句下面接“亦不劣”，不大合一般習慣；因此懷疑
　　“不”字是“下”字鈔錯。

⑥“不生他所”：這一段異物志可能正是嵇含南方草木狀的來源。南方草木
　　狀：“橘，白華赤實，皮馨香，有美味。自漢武帝，交趾有‘橘官長’一人，
　　秩二百石，主貢御橘。吳黄武（孫權年號），交趾太守士燮，獻橘。——
　　十七實同一蒂，以爲瑞異；羣臣畢賀。”

⑦“吳會”：吳郡與會稽郡。

甘

92.19.1　廣志曰：“甘①，有二十一種〔一〕。有成都平蒂甘；
　　　　大如升，色蒼黄。犍爲南安②縣，出好黄甘。”

92.19.2　荆州記③曰：“枝江④有名〔二〕。宜都郡⑤，舊江北，
　　　　有甘園，名‘宜都甘’。”

92.19.3　湘州記曰：“州故大城。内有陶侃⑥廟，地是賈誼
　　　　故宅。誼時種甘，猶有存者。”

92.19.4　風土記⑦曰：“甘，橘之屬〔三〕；滋味甜美特異者也。
　　　　有黄者，有赬者〔四〕，謂之‘壺甘’。”

〔一〕“甘，有二十一種”：“種”字金鈔空白；明鈔作“核”；御覽卷 966 果部三
　　“甘”項引作“核”；明清刻本作“種”，最爲合理。值得注意的，類聚卷 86
　　所引，這句是“有甘一核”，——似乎是“二十一”寫成“廿一”後再看錯
　　成“甘一”；也很可能本是“甘一”，錯成“廿一”，再轉寫成“二十一”的。
　　初學記所引廣志，只從下面的“有成都平蒂甘”起，没有這一句。

〔二〕“枝江有名”：御覽所引，是“枝江有名甘”；漸西村舍本依御覽加一個
　　“甘”字是合理的。

〔三〕“屬”：金鈔空白。

〔四〕“赬者”：御覽所引這兩個字重出。下面的一個“赬者”，作爲“謂之‘壺

甘"的指定主語；重出之後，意義更顯豁。

①"甘"：見上面注解 92.17.2.③。

②"犍爲南安"：漢代置犍爲郡，在今日四川西部；南安在今日夾江縣西北。

③"荆州記"：要術所引荆州記這一條没有著者姓名；另外有 92.62.14 條，標明是"盛弘之荆州記"。此外，卷四"種李"中的 35.1.3，"插梨"中的 37.1.3，和本卷中 92.23.3 三條，引自荆州土地記；本卷 92.111.2，則是荆州地記。但太平御覽所標記的出處，和要術所引，頗有出入：如 92.62.14，御覽只記爲荆州記，無盛弘之姓名；而荆州土地記中來的 92.23.3，却只標爲荆州記。

④"枝江"：漢代建置枝江縣，在今日湖北省枝江縣東邊。

⑤"宜都郡"：三國時蜀建置的郡，在今日湖北省宜都縣西北。

⑥"陶偘"："偘"即"侃"字。

⑦"風土記"：即周處風土記。

柚

92.20.1　説文曰："柚，條也；似橙實〔一〕酢。"

92.20.2　吕氏春秋曰："果之美者，雲夢之柚。"

92.20.3　列子〔二〕曰："吳楚之國，有大木焉，其名爲'櫾'；音柚。碧樹而冬青。生實，丹而味酸；食皮汁，已憤厥之疾。齊州珍之。渡淮而北，化爲枳焉。"

92.20.4　裴淵記〔三〕曰："廣州別有柚，號曰'雷柚'①，實如升大。"

92.20.5　風土記曰："柚，大橘也，色黄而味酢。"

〔一〕"實"：今本各種説文，這個字都是"而"；爾雅郭注才是"似橙，實酢"。

〔二〕引列子：御覽卷 973 果部十"柚"項所引："吳楚之國"作"吳越之間"；宋本列子（以及後來多種書籍所徵引的列子）與要術同，作"吳楚之國"。

“青生實”，御覽所引無“生”字；宋本列子，有“生”無“青”。案上下兩句
排比，“青生”兩字重出，不合適；最好是像御覽的情形，作“青實”兩字
（下一句，宋本列子是“食其皮汁”）。

〔三〕引裴淵記：御覽所引是裴淵廣州記；但正文中却無“廣州”兩字。其實
兩處都應有。

①“雷柚”：按“雷”字，應當寫作“鐳”，即“罍”字，是一個容量頗大的瓦器或
銅器。鐳柚是頗大的柚。

椵

92.21.1 爾雅曰：“櫠，椵也。”郭璞注曰：“柚屬也。子大如
盂，皮厚二三寸，中似枳，供〔一〕食之，少味。”

〔一〕“供”：這個字，今本爾雅和御覽卷964所引都沒有，也不應有。

栗

92.22.1 神異經曰：“東北荒中，有木高四十丈，葉長五尺，
廣三寸，名‘栗’。其實，徑三尺；其殼赤，而肉黃白，味
甜。食之多，令人短氣而渴。”

枇　　杷

92.23.1 廣志曰：“枇杷，冬花。實黃；大如雞子，小者如
杏；味甜酢。四月熟。出南安犍爲宜都〔一〕。”

92.23.2 風土記曰：“枇杷，葉似栗，子似菻①，十十而叢
生〔二〕。”

92.23.3 荊州土地記〔三〕曰：“宜都出大枇杷②。”

〔一〕“出南安犍爲宜都”：御覽卷971果部八“枇杷”項所引，無“南安”“宜

都”,只有“犍爲”。

〔二〕“十十而叢生”:御覽所引誤漏去一個“十”字,又下面多一句“四月熟”。

〔三〕“荊州土地記”:御覽所引書名作荊州記,無“土地”兩字。

①“菕”:“菕子”是另一種植物,見 92.47.1。

②“枇杷”:*Eriobotrya japonica* Lindl. 。

椑

92.24.1 西京雜記曰:“烏椑、青椑、赤棠椑。”

92.24.2 “宜都出大椑〔一〕。”

〔一〕“宜都出大椑”:今本西京雜記“椑”節無此句。御覽卷 971 果部八“椑”項引有這一句,另出一條,標明出自荊州土地記。

案上面 92.23.3,要術引自荊州土地記;而御覽作荊州記。這一條文字與上一條相似;御覽所標荊州土地記,是否正確,頗可懷疑。御覽彙鈔各書,常常不覆勘,因此有寫錯出處,錯字漏句的情形。這裏,固然可能是要術脫漏,御覽所加出處正確,但也可能是御覽編寫時隨便加上的。

甘　蔗

92.25.1 説文曰:“藷,蔗也。”

案書傳曰①:或爲竿蔗〔一〕,或干〔二〕蔗,或邯睹,或甘蔗,或都蔗,所在不同。

92.25.2 雩都②縣,土壤肥沃,偏宜甘蔗。味及采色,餘縣所無;一節數寸長〔三〕。郡以獻御〔四〕。

92.25.3 異物志〔五〕曰:“甘蔗,遠近皆有。交趾所産甘蔗,

特醇好：本末無薄厚，其味至均。　圍數寸，長丈餘，頗
似竹。　斬而食之既甘；迮取汁如飴餳，——名之曰
'糖'③，益復珍也。　又煎而曝之；既凝，如冰，破如塼
其④。　食之，入口消釋。　時人謂之'石蜜'者也。"

92.25.4　家政法曰："三月，可種甘蔗。"

〔一〕"竿蔗"：明鈔、金鈔譌作"竿蔗"；顯然是字形相似而鈔錯的。參看注解
　　92.25.1.①。

〔二〕"干"：明鈔作"千"，金鈔作"于"，也都是字形相似而鈔錯。御覽卷974
　　果部十一"甘蔗"項，引（曹丕）典論、吳録地理志、袁子正書，都有"干
　　蔗"的名稱。玄應一切經音義卷八阿闍世王女阿術達菩薩經音義，也
　　是"干蔗"。

〔三〕"一節數寸長"：金鈔作"一節數十"；明清刻本作"一節數拾長"；只有明
　　鈔這裏的寫法正確。

〔四〕"郡以獻御"：討原本及漸西村舍本無"以"字。

〔五〕引異物志：御覽卷974"甘蔗"項下所引，與要術頗有出入，"其味至均"，
　　作"其味甘"；"迮"作"生"；"如"作"爲"；無"名之曰糖"，"益復珍也"作
　　"益珍"；下面只一句"煎而暴之凝如冰"。卷857飲食部十五"蜜"項
　　下，另引有異物志，文字更不同，是："交趾草滋，大者數寸；煎之凝如
　　冰，破如博萁；謂之'石蜜'。"就這兩條對勘，我們覺得要術中"名之曰
　　糖"一句，似不應有；"塼其"應是"博萁"。"迮"字則應依要術；——因
　　爲類聚卷87所引南中八郡志是"笮"字。

①"書傳曰"：這一句以下的文章，是賈思勰就他在當時見到的書籍中，搜集
　　得來的，關于甘蔗的異名及其寫法變異的一個總結。我們現在就六朝
　　及以前某些書籍中所看到，要術中已有及還沒有收入的甘蔗異名及寫
　　法，稍微整理了一下。結果，這些"異名"共可分作四個組：（甲）我們假
　　定在六朝讀爲 zū zà 或 dū zà 的一組，即"諸柘"（司馬相如子虛賦）、"諸
　　蔗"（應璩）、"都蔗"（曹植、張載、張協、馮衍 等）、"藷蔗"（説文）……

（乙）我們假定六朝讀爲 gān ẓà 的一組，即干蔗（曹丕典論、袁子正論、張勃吳錄）、芉蔗（玄應一切經音義所引服虔通俗文）、竿蔗（類聚引典論）、肝睹（神異經）……（丙）我們假定六朝時讀爲 gām ẓà 的一組，即甘柘（李尤七款、涼州博物志）、邯睹（要術所引）、甘蔗（廣志、宋書、齊書、梁書……），和（丁）單用一個讀 ẓà 音的字，即柘（楚辭、司馬相如作的漢郊祀歌）、蔗……總合起來看，前三組的各種異名，都包含着一個共同的重要因素，也就是第四組的“單音字”（邯睹的“睹”字，有些版本上就寫成“蔗”；也就是説，仍應讀“蔗”音）。第二組的“竿”“干”或“芉”，是附加的一個字，説明這植物的形狀；第三組的“甘”，則是附加了來説明性質的。

　　第一組附加着的“諸”“藷”“都”等字，段玉裁在他的“説文解字注”中，認爲“叠韻”字，即兩字的韻母完全相同。這一個關係，我們現在很難直接證明，但是並不難瞭解：先從“藷”這個字説起：“艸”字是“形”的成分，即説明這東西是“艸”。下面的“諸”字，是“聲”的成分，也就是“注音符號”，説明這個字該讀“諸”音，和“儲”字一樣。“諸”字又從“者”字“聲”。“者”字本身，我們現在讀 ẓě，但不少地方的方言中讀 ẓa。而從“者”得聲的字，如“奢”、“賭”、“赭”等，現在也同樣有 ṣe 或 ẓe 或 ṣa 或 ẓa 的讀法。另一部分，像“諸”“豬”“箸”“煮”“壽”……讀 ẓu；“緒”“暑”“署”……讀 ṣu，“都”“堵”“睹”“賭”……讀 du；都是以 u 爲韻母。而“闍”字，至今還保存着同讀 a 和 u 兩個韻母的情形。現在這樣，從演化的情形往上推，古代的“者”，也可能是“兼韻”或“通韻”。這就是説，“藷”可能同時有 ẓu 與 ẓa 兩個讀法；既然還有寫作“都柘”“都蔗”的，而且只説“叠韻”不説“雙聲”（同聲母），則讀 du 或 dua 的可能也有。

　　另外，我們再來看“蔗”字。這字的“聲”的成分是“庶”。從“庶”得聲的字，也有兩系列：一系列是“庶”“度”等，韻母讀 u 的；另一系列是“嚜”、“遮”、“蹠”、“蟅”（以及後來的“鷓”），現在也正保存着 e 與 a 兩個韻母的讀法。因此，"藷蔗"是叠韻字，並不如我們乍看上去的那麼難于理解（<u>慧琳一切經音義</u>卷 60 "甘蔗"條引<u>説文</u>"從艸從遮省聲"，但另三處仍作"從庶聲"。其實還都是一樣）。

這植物的單音名稱，一共有三種寫法：其中"睹"字，介于"者""庶"兩個聲母之間，也可以作爲"藷蔗"兩字叠韻的一個有力證明。此外的"柘""蔗"兩個寫法，還值得分析一下。"柘"字出現較早，而且，出自南方文學作品<u>宋玉</u><u>招魂</u>中，這就説明，它原來是大江以南早已應用的植物。可能是有這個植物，也有着"俗名"，却没有記載它的字，於是<u>宋玉</u>（現在大家都相信<u>宋玉</u><u>招魂</u>真是當時的作品）便借用另一植物同音的名稱來記載它（"柘"字在詩<u>大雅</u>裏已經有了）。大概後來因爲這樣的借用不很方便，而且這植物究竟還是草類，所以才又另外創造了一個從"艸"的字來專門作它的名稱。可是早期借用的"柘"字，直到很遲還在通行中；<u>文選</u>引<u>張揖</u>（?）爲<u>司馬相如</u><u>子虚賦</u>作注時，還説明着"諸柘即甘柘也"。<u>大雅</u>（<u>皇矣</u>）中的"柘"字，依上下文看來，是讀 u 韻母的，所以這個植物的原名，可能是 du 或 ʐu。但"柘"字後來讀 ʐa，現在也仍有讀 ʐa 的；所以仍有可能與讀 dua 或 ʐa 的"諸"叠韻。

"藷蔗"這個名稱，無論讀 ʐuʐa 或 ʐaʐa，或者竟讀 şuʐa（參看下面注解 92.31. 1.①），總之，是從公元前四世紀起，我國口語中已經存在着的一個名稱。據西方語源學者的考證，蔗糖（及其所自來的植物），在<u>梵</u>文是 sakkara 或 sarkara，在古<u>波斯</u>語是 shakar，在<u>阿拉伯</u>文是 as-sokhar，演變爲<u>拉丁</u>文的 saccharum，導出<u>德</u>語的 zúcker，<u>法</u>語的 sucre 和<u>英</u>語的 sugar（<u>西班牙</u>語的 azucar，則還帶有原<u>阿拉伯</u>文的一個音節）；過去都把它當作"沙粒"這個<u>梵</u>語字衍生出來的。如果考慮到<u>中國</u>南方和<u>印緬</u>古代的交通，我們覺得很可以懷疑<u>印度</u><u>日爾曼</u>語系中的 sakkara，與古代<u>中國</u>南方口語中的名稱，有一定淵源，而不必從"沙粒"上去着想。同時甘蔗原產地的問題，也可以由此得到一些線索。

②"<u>雩都</u>"：今日<u>江西</u>南部的一個縣，<u>漢</u>代建置的。

　　　這一條，來源是什麼，很可懷疑。賈思勰是北朝的官員，決不可能在南朝所轄的心腹地帶有親身經歷。這樣，就只能是引自他人的著作。御覽中沒有這條；就御覽引用書目"經史圖書綱目"來看，可能的來源有徐衷南方記、王歆之南康記、鄧德明南康記、徐湛鄱陽記、荀伯子臨川記和不著撰人的瀘江記、信都記以及南中八郡志等，現已無存書，無法確定。

③"糖"：要術中，這裏又見了一個"糖"字（參看卷八校記70.17.2.〔四〕），這是很少有的例。

④"博其"：應依御覽卷857所引，改作"博碁"，即琉璃製的碁子。冰糖斷面光滑，和琉璃相似，所以說"破如博碁"。

蔆〔一〕

92.26.1　說文曰："蔆，芰也〔二〕。"

92.26.2　廣志曰："鉅野大蔆也〔三〕，大於常蔆。淮漢之南，凶年以芰爲蔬，猶以預①爲資。"鉅野，魯藪也②。

〔一〕"蔆"：今本說文作"菱"。

〔二〕"蔆，芰也"：說文今存各本，都是"菱，芰也"。金鈔作"芰"，與說文同，明鈔作"茨"，明清刻本作"茨"，可以看出錯誤相承的痕跡。菱與"蔆""菱"，字形相近；依郭璞爾雅注，則菱是芰，即菱角；蔆是薢茩，即決明。

〔三〕"大蔆也"：御覽卷975果部十二"菱"項所引，無"也"字。又無後"猶以預爲資"句。"也"字不必要，後一句則應當有。

①"預"：這一個記音字所代表的東西，可能有兩種：一種是"芋"（參看卷七62.3.1），顏師古爲"踆鴟"作注時，說明"……芋可食以充糧，故無饑年"。另一可能是"薯蕷"，見下面注解92.31.1.①

②"鉅野，魯藪也"：今山東鉅野縣有一個大沼澤，自古就稱爲"鉅野澤"。

"藪"是長着草叢的沼澤。

棪

92.27.1 爾雅曰："棪[一]①，㯟其也。"郭璞注曰："棪，實似
奈，赤，可食。"

〔一〕"棪"：明清刻本漏去本條的正文和下條(92.28)的標題，所以"棪"的内
　　容，説的是"劉"。現依明鈔、金鈔補。

①"棪"：從前讀 tăm，現在讀 jěn。

劉

92.28.1 爾雅曰："劉，劉杙①"也。郭璞曰："劉子，生山中，
實如梨，甜酢，核堅。出交趾。"

92.28.2 南方草物狀[一]②曰："劉樹，子大如李實。三月花
色，仍連著實③；七八月熟。其色黄，其味酢；煮蜜藏
之，仍甘好。"

〔一〕引南方草物狀：御覽卷 973 果部十"劉"項所引，删節甚多；是"劉，三月
　　華；七月八月熟；其色黄，其味酢。出交趾、武平、興古、九真"。

①"劉杙"：這一種植物，到底是什麽？可以根據"安石榴"這個名稱來推測，
　　安石榴是由西方安石國輸入的，所以叫"安石榴"；則我國黄河流域必
　　定有一種稱爲"榴"的植物，果實的形狀或味道和它十分相似。左思吴
　　都賦有"檳榔禦霜"，劉逵注，以爲"榴子出山中，實如梨，核堅，味酸美。
　　交趾獻之"。文字内容和郭璞注爾雅"劉，劉杙"幾乎全同，很可能"榴"
　　就是"劉"。張揖廣雅説"棤榴、石榴，柰也；"又初學記引張揖坤蒼説
　　"石榴，柰屬也"。要術卷四安石榴第四十一引有周景式廬山記："香爐
　　峰……垂生山石榴，二月中作花……"顯然不是安石榴。可能所謂"柰

屬”的石榴，就是周景式所説的廬山“山石榴”——也許就是“金櫻子” *Rosa laevigata* Michx.（本草綱目説金櫻子又名“山石榴”）。

②“南方草物狀”：太平御覽“經史圖書綱目”列有徐衷（原誤作“哀”）南方草木狀，是與今日流傳着的嵇含南方草木狀（御覽書目中也根本没有“嵇含南方草木狀”這書名）不同的另一部書。要術所引都是徐衷的草物狀，没有一條草木狀；這似乎可以説明，賈思勰没有見過“嵇含南方草木狀”這部書。本卷中“鹿葱”（92.104.3），引有嵇含的宜男花賦序，則賈思勰却是見過嵇含的文章的。因此，南方草木狀這部書的真實程度，還可以考慮。（我不是不相信南方草木狀中的文字是嵇含所作，但彙集爲現存的南方草木狀這部書，是否嵇含本人的事，值得懷疑；因爲隋書唐書的經籍志，都還没有提起這部書，直到南宋末年元初，陳振孫和馬端臨的書目中，才收録了當時流傳的刻本，很可能只是宋人輯録的。）

③“三月花色，仍連著實”：這是南方草物狀中常用的一套特殊“術語”。“花色”，大概即開花而顔色鮮明可見；“仍連”，即隨着未了的花期；“著實”即結果。連貫起來，即是“某月開始開放鮮明的花，花期未了，已經開始結果了”。

鬱

92.29.1 豳詩義疏曰：“其樹，高五六尺。實大如李，正赤色，食之甜。”

92.29.2 廣雅〔一〕曰：“一名‘雀李’，又名‘車下李’，又名‘郁李’，亦名‘棣’，亦名‘薁李’。”

　　　毛詩（七月）：“食鬱①及薁。”

〔一〕引廣雅：今本廣雅，據王念孫廣雅疏證補足的文字，也只有“山李、雀梅、雀李，鬱也”。御覽卷973“鬱”項所引廣雅，則是“一名雀李，又名車

下李,又名郁李,亦名棣,亦名薁李子。毛詩(七月)'食鬱及薁',即郁
李也;一名棣也"。文字與要術所引相似,而與廣雅的體裁,迥然不同。
御覽所引這條廣雅下,又有一條吳氏本草("吳"字,御覽原譌作"吕"),
是"郁核,一名雀李,一名車下李,一名棣"(其中,"核"字顯然係"李"字
寫錯)。很懷疑要術及御覽,都是誤將廣雅與吳氏本草黏合了:廣雅只
有"雀李",一個異名;其餘郁李、車下李、棣等異名,都出自吳氏本草。
再下來的"亦名薁李"及引毛詩作證。則可能是吳氏本草的注。

①"鬱":這也是借用同音字來作一個植物名稱的標音字。這種植物的異名
　同音標識字,還有"郁李""薁(音郁;從前大概讀 jok,現在讀 ỳ)李"兩
　個。現在,一般都用"郁李";學名是 *Prunus japonica* Thunb.。"鬱"字
　原義是"木叢",也借作"欝"字用;——後一個字,則另是一種香草的
　名稱。

芡

92.30.1　説文曰:"芡①,雞頭也。"

92.30.2　方言曰:"北燕謂之'䓈';音役。青、徐、淮、泗謂之
　　　　　'芡';南楚、江、浙〔一〕之間,謂之'雞頭''雁頭'。"

92.30.3　本草經曰:"雞頭,一名'雁喙'。"

〔一〕"江浙":明清刻本皆譌作"江浙",明鈔、金鈔作"江浙";吳琯(古今逸
　史)本方言,作"江湘"。御覽卷 975 果部十二引方言,只到"青、徐、淮、
　泗之間(要術無此兩字,今本方言中有)謂之芡"爲止;這一句,另引爲
　"廣雅",字仍作"浙"。案"浙"字不能作水名(地名淛川,並没有"浙"這
　條川!)應依方言作"湘"。

①"芡":即 *Euryale ferox* Salisb.(芡實),按卷六養魚第六十一種芡法
　(61.5)中,已有了一些關于芡的形態及異名的記載,這裏有些重複。

藷

92.31.1 南方草物狀^{〔一〕}曰：“甘藷^①，二月種，至十月乃成
卵。大如鵝卵，小者如鴨卵。掘食，蒸食，其味甘甜。
經久，得風，乃淡泊。”出交趾、武平、九真、興古^②也。

92.31.2 異物志^{〔二〕}曰：“甘藷，似芋，亦有巨魁。剥去皮，肌
肉正白如脂肪。南人專食，以當米穀。”蒸炙皆香美。賓
客酒食，亦施設，有^{〔三〕}如果實也。

〔一〕引南方草物狀：御覽卷974果部十一“甘藷”項所引，是“甘藷，民家常
以二月種之，至十月乃成卵：大者如鵝，小者如鴨。掘食，其味甜；經久
得風，乃淡泊耳。出交趾、武平、九真、興古”。

〔二〕引異物志：御覽所引，作陳祁暢異物志；無“脂”字，“專食”下多一“之”
字；“蒸炙”以下，作正文。類聚卷86所引，所標出處爲廣志（可能是誤
引），文字較簡。

〔三〕“有”：金鈔此字空等。

①“甘藷”：這裏所指的“甘藷”，不是現在稱爲“番藷”“地瓜”或“紅薯”的旋
花科植物 *Ipomoea Batatas* Lam. 而是單子葉類，薯蕷科的 *Dioscorea*
（薯蕷）這一屬的幾種植物。根據我自己在四川的親身體驗，新從地裏
掘出來的薯蕷塊根，有點淡淡的甜味；稍微過兩天，失去了甜味（可能
是游離糖分〔或糖磷酯?〕在旺盛的呼吸中消耗掉了），也就失去了特有
的“土腥氣”，與徐衷的紀載，很相符合。旋花科的甘藷，初掘出來時，
甜味遠不如掘出後擱置些時後那麼濃，也可以證明徐衷所指的不是旋
花植物。旋花科的 *Ipomoea* 是美洲原産，到明中葉以後，才由菲律賓
輸入中國的；南北朝時，中國不會有人知道。

　　Dioscorea 屬植物，現在有“山藥”、“山藥薯”、“土芋”、“山藷”、“參
藷”、“大薯”、“雪藷”、“脚板藷”等口語中的“俗名”，書上記着的，除“玉

延"（廣雅譌作王延）、"黃獨"、"兒草"、"修脆"（上兩名據御覽卷989藥部六引吳氏本草）等特別的名稱之外，有"土芋"、"土卵"、"土豆"、"土藷"、"山藷"、"山藥"等近于今日口語的名稱（均見本草綱目卷27菜部柔滑類"土芋""薯蕷"兩條），也有"署豫""儲餘"（御覽引范子計然）"藷萸"、"署預"、"諸署"（御覽引吳氏本草）。

　　"古名"中的第三組，很值得注意：這些名稱，讀音彼此相似，只是寫法不同。

　　其中，"藷萸"出現最早；見于山海經北山經（北次三經）："景山，南望鹽販之澤，北望少澤，其上草多'藷萸'。"郭璞注解說："根似羊蹄，可食。'曙豫'二音；今江東單呼爲'藷'，語有輕重耳。"必須注意的，"曙豫二音"，是指兩字連用作爲這個植物名稱時的特殊讀法。御覽所引的注，是"上，諸、署二音；下，余、預兩音"。"藷"字單用的讀法和意義，上面注解92.25.1.①已經討論過了。"萸"字，見詩小雅（鹿鳴之什）伐木中，"釃酒有萸"，說文中沒有這個字，玉篇艸部"萸"字，注"徐與切，酒之美也"。詩云："釃酒有萸，亦作釂"；即讀 ʂu 或 xy，與植物無關。廣韻上平聲"九魚"，"萸"字音余，注："茰萸，香草"；說文"茰萸也"，依爾雅釋草＊是"藈車，茰萸"，可見廣韻所引的寫法，是後起的；這一個植物，却也與藷萸無關。上聲"八語"，"萸"字，音"與"，解作"蕃蕪"，另一個"萸"字音"序"，是姓，仍不是"藷萸"。去聲"九御"的"萸"，音"豫"，注解作"藷萸"，才是我們現在所談的植物。

　　＊　郝懿行爾雅義疏："藈車，茰萸"下，注："……御覽引廣志云：藈車香草，味辛，生彭城。高數尺，黃葉白華。齊民要術云：凡諸樹有蛀者，煎此香冷淋之，即解也。"案御覽卷983香部三"藈車"項所引廣志，只有"藈車，黃葉白華"，"出徐州"，無所引下句及要術。徐州、彭城是同一地名，沒有問題。本草綱目"藈車香"條所引集解，引陳藏器本草拾遺，轉引廣志，與御覽所引全同；又引李珣海藥本草，轉引齊民要術，正是這麼幾句。郝懿行寫錯了，他所引應當是李珣的海藥本草，而不是御覽。特別的是李珣所引齊民要術，今本要術根本無"藈車"的條文。如不是李珣引錯了書，便說明今本齊民要術還有闕漏。（另有一可能，李珣所引，是現在已經散佚的李淳風演齊人要術。）

　　“薯蕷”兩字，説文中根本没有；廣雅“王延、藷萸，署預也”，兩個字都是“借用”已有的字，未加艸頭。要術本卷 92.61.32“藷”條下，也説“又云：署預别名”。與要術時代差不多的玉篇，薯蕷兩字，排在艸部末了，懷疑不是顧野王原書所有，而是宋初陳彭年等新添的。廣韻去聲“九御”，“薯”字“蕷”字，都注着“薯蕷俗”，意思是説這兩個字都是“世俗”的寫法，“正字”應作“藷萸”。也就是説，用讀 ṣùy 兩音的字，來標明這種植物，到唐代或宋代才寫成今日通用的“薯蕷”；過去，只用“藷萸”、“署預”、“署豫”或“儲餘”。

　　依山海經郭注，則 ṣù y 這名稱，也還有變化：“今江東單呼爲‘藷’，語有輕重耳”，也就是説，説話時如果快一些，就用單音節的“藷”，説得慢而清晰時，才分别成兩個音節。（像這樣的例，爾雅中還有不少：茨與蒺藜，茮與莀椒，蘆與芄蘭，須與蕵蕪，杞與枸檵，以及椎與終葵之類。）本草綱目引蘇頌圖經本草中，還有“江閩人單呼爲‘藷’，音若‘殊’及‘韶’”，其中“音若殊”，也還是這一個例的引申。這就是説，“藷萸”、“薯蕷”、“藷”、“藷”，……都只是用同音字來標明 ṣù y 或 ṣù 的口語而已。

　　“山藥”這個名稱，據寇宗奭本草衍義説：“薯蕷，因唐代宗名‘豫’，避諱，改爲‘薯藥’；又因宋英宗諱‘署’（案宋英宗名曙），改爲‘山藥’，盡失當日舊名，……”似乎是唐宋兩代累積下來的痕跡。王念孫廣雅疏證（引韓愈詩中已有“山藥煮可掘”的詩句，説：“唐時已呼‘山藥’；別國異言，古今殊語，不必皆爲避諱也。”）批駁了這種解釋。

　　值得注意的，蘇頌在圖經本草中指出了“江閩人單呼爲‘藷’，言若‘殊’及‘韶’”的一個特別讀法。目前，長江上中游幾省，都有將山藥及 *Ipomoea* 叫“韶”的地區。是否“山藥”兩字拼合而成爲 ṣok，再轉變成 ṣou，以至成 ṣau？是可以考慮的。

　　概括地説，目前各地區大部分的方言，似乎都有着這麽一個傾向，將可供食用的某些植物的地下部分，包括各種富于澱粉的塊莖和塊根,稱爲"藷"、"薯"或"芋"。像旋花科的 *Ipomoea Batatas* 稱爲番藷、白薯、紅薯、甘薯;豆科的 *Apios Fortunei* Maxim. 稱爲涼薯、葛薯、地薯;茄科的 *Solanum tuberosum* 稱爲"洋芋"、"荷蘭薯"、"加哩薯";天南星科的 *Colocasia antiquorum* Schott. 向來就叫"芋",而蒟蒻 *Amorphophallus konjac* 稱爲鬼芋、麻芋或磨芋,*Arum maculatum* 稱爲野麻芋,菊科的 *Helianthus tuberosus* 稱爲菊芋;澤瀉科的慈姑 *Sagittaria sagittifolia* 稱爲"烏芋"、"水芋";竹芋科的葛鬱金 *Maranta arundinacea* 稱爲"竹芋"、"林藷",……甚而至于大戟科的 *Manihot utilissima* Pohl. 輸入後,也稱爲"木番薯"。薯蕷也還有"山芋""土芋"等俗名。"蕷"字由"薁"音轉來,古來應讀 ỳ;與古來讀 ù 的"芋",有些差別。但"芋"字今日大部分方言都讀作 ỳ 了,只有少數地區方言(如粵語系統)還讀 ù,則 ù 很可能在衍變中轉到 ỳ 上。"由今例古",這種將澱粉質植物地下部分稱爲"ṣù-ỳ"或 ṣù 或 y 或 u 的情況,可能是一個頗爲普遍的習慣。"薯蕷"這名稱,只是把兩個"通名",合併成爲一個"專名"而已。

②"交趾、武平、九真、興古":交趾在今日的越南;武平在今日越南北部;九真在今日越南河内以南;興古在今日貴州西南,靠近雲南的角上。

薁

92.32.1 説文[一]曰:"薁①,櫻也。"

92.32.2 廣雅曰:"燕薁,櫻薁[二]也。"

92.32.3 詩義疏曰:"櫻薁,實大如龍眼,黑色。今'車鞅藤實'是。豳詩曰:'六月[三]食薁。'"

〔一〕引説文:説文各本作"薁,嬰薁也"。

〔二〕"櫻薁":今本廣雅作"蘡舌",疑有誤字。

〔三〕"六月":明鈔、金鈔及祕冊彙函系統各版本均作"十月";只有漸西村舍本依詩改作"六月"。

①"薁"：這條的薁，應指今日的蘡薁，即 *Vitis thunbergii* S. et Z. 俗名"野葡萄"或"山葡萄"的。按説文解字，"賏（音嬰），頸飾也"；就是把許多寶貝（或稱海虮，即 *Cypraea tigris*）串成一串，作爲項圈。由這個意義衍生出來，凡體積大約相等的許多小圓球形物體，聚成一團，也都用從"賏"的字來作名稱。櫻桃、蘡薁都是很好的例。説文寫作"嬰薁"；是借用"嬰"字。從前櫻蘡兩字常常互借，所以廣雅解釋爲"櫻薁"，詩義疏也用"櫻薁"（薁字音郁；古代大概讀 jok，現在讀 ȳ）。

楊　　梅

92.33.1 臨海異物志[一]曰："其子大如彈子，正赤；五月熟。似梅，味甜酸。"

92.33.2 食經[二]"藏楊梅法"："擇佳完者，一石，以鹽一斗淹之。鹽入肉[三]中，仍出曝令乾。燺，取杬皮二斤煮取汁漬之，不加蜜漬。梅色如初，美好，可堪數歲。"

〔一〕引臨海異物志：御覽卷 972 果部九所引，"子"字作"丸"；"似梅"上有"熟時"兩字；"甜"上有"甘"字。案今本南方草木狀楊梅條起處，與要術及御覽所引臨海異物志同。

〔二〕引食經：御覽所引是"取完者，一斛，以鹽漬之，曝乾。別取杬皮二斤，煮汁，鹽漬之"，末句是"可留數月"。

〔三〕"肉"：明鈔譌作"内"，依金鈔及明清刻本改正。

沙　　棠

92.34.1 山海經①曰："崑崙之山，有木焉；狀如棠，黃華赤實，味如李，而無核，名曰'沙棠'。可以禦水，時使[一]

不溺。”

92.34.2 呂氏春秋②曰:“果之美者,沙棠之實。”

〔一〕“時使”:明本山海經作“食之使人”。

①引山海經:在山海經西山經“西次三經”中。

②引呂氏春秋:見本味篇。

柤

92.35.1 山海經①曰:“蓋猶之山,上有甘柤②,枝幹皆赤、黄〔一〕,白花黑實也。”

92.35.2 禮内則曰:“柤、梨、薑、桂。”鄭注曰:“柤,梨之不臧③者;皆人君羞④。”

92.35.3 神異經〔二〕曰:“南方大荒中,有樹名曰‘柤’。二千歲作花,九千歲作實,其花色紫。高百丈,敷張自輔。葉長七尺,廣四五尺。色如緑青;皮如桂;味如蜜;理如甘草,味飴。實長九圍,無瓤核,割之如凝酥。食者,壽以萬二千歲。”

92.35.4 風土記曰:“柤,梨屬,内⑤堅而香。”

92.35.5 西京雜記曰:“蠻柤⑥。”

〔一〕“黄”:明本山海經作“黄葉”,“葉”字不可少。

〔二〕引神異經:御覽卷 969 果部六“樝”項引,“有樹”下有“焉”字;“二”作“三”;“色紫”作“紫色”;“葉長……味飴”等句,只是“葉長七尺,五色”;“實長九圍”,“圍”作“尺”;“酥”作“蜜”;無“食者壽以萬二千歲”句;末有“張茂先注曰:柤梨”的小注。

①引山海經:在大荒東經最末了。

②“柤”:音樝(zā);現在寫作“查”的字,就是由它演變而成。92.35.2,

92.35.4 和 92.35.5 所指的植物，現在一般稱爲“樝子”，即木桃 Chaenomeles lagenaria var. cathayensis Rehd. 這裏所謂“甘柤”，究竟是什麼植物，雖很難決定；但朱起鳳先生在辭通中所假定的，就是“甘蔗”，説服力還不够大。

③“不臧”：不臧即不好；爾雅釋詁，“臧，善也”。

④“羞”：羞是很好吃很珍貴的食物。案鄭注原文，是“皆人君燕食所加庶羞也”；“庶”是衆多，“庶羞”即各種各色的美好食品。

⑤“内”：這個“内”字懷疑是“肉”字爛去了一部分。

⑥“蠻柤”：西京雜記（明吳琯古今逸史本）：“上林苑……查三：蠻查、羌查、猴查。”李時珍以爲蠻查就是“榠樝”。

椰

92.36.1 異物志〔一〕曰：“椰樹，高六七丈，無枝條。葉如束蒲在其上。實如瓠，繫在於山頭，若挂物焉。”

“實外有皮如胡盧。核裏有膚①，白如雪，厚半寸，如豬膚；食之，美於胡桃味也。”

“膚裏有汁升餘，其清如水，其味美於蜜。”

“食其膚，可以不飢；食其汁，則愈渴。”

“又有如兩眼②處，俗人謂之越王頭③。”

92.36.2 南方草物狀〔二〕曰：“椰，二月花色，仍連着實，房相連累，房三十或二十七、八子。十一月十二月熟，其樹黄。”

“實；俗名之爲‘丹’也。橫破之，可作椀；或微長如栝蔞子④，從⑤破之，可爲爵。”

92.36.3 南州異物志〔三〕曰：“椰樹，大三四圍，長十丈；通身無枝。至百餘年。”

“有葉，狀如蕨菜，長丈⑥四五尺，皆直竦指天。”

“其實生葉間，大如升。外皮苞之如蓮狀。皮中核，堅，過於核⑦。裏肉，正白如雞子。著皮而腹內空，含汁，——大者含升餘。”

“實形團團然，或如瓜蔞；橫破之，可作爵。形並應器用⑧，故人珍貴之。”

92.36.4　廣志〔四〕曰：“椰出交趾，家家種之。”

92.36.5　交州記曰：“椰子有漿。截花，以竹筒承其汁，作酒⑨，飲之亦醉也。”

92.36.6　神異經〔五〕曰：“東方荒中，有‘椰木’。高三二丈，圍丈餘，其枝不橋。

二百歲，葉盡落而生華，華如甘瓜。華盡落而生蕚；蕚下生子，三歲而熟。熟後不長不減，形如寒瓜，長七八寸，徑四五寸。蕚覆其頂。

此實不取，萬世如故。取者掐取其留，下生如初。

其子形如甘瓜，瓤甘美如蜜，食之令人有澤。——不可過三升！令人醉，半日乃醒。

木高，凡人不能得；唯木下有多羅樹，人能緣得之。一名曰‘無葉’，一名‘倚驕’。”<u>張茂先</u>⑩注曰：“驕，直上不可那也。”

〔一〕引<u>異物志</u>：<u>御覽</u>卷972果部九“椰”項所引：“實如瓠”上有“其”字；“山頭”兩字是“巔”字；無“若挂物焉”句；無“核裏有膚”一節；“其清如水，其味美於蜜”，兩“其”字缺；“可以不飢”作“則不飢”，“愈渴”譌作“增渴"；末句爲"俗號椰子爲越王頭"。"巓"字合適，應照改。

　　按文選左思吳都賦："椰葉無陰"，李善注引沈瑩荆揚已南異物志："椰樹，似檳榔，無枝條，高十餘尋。葉在其末，如束蒲。實大如瓠，繫在樹頭，如挂物也。實外有皮如胡桃。核裏有膚。膚白如雪，厚半寸，如豬膏，味美如胡桃。膚裏有汁升餘，清如水，美如蜜，飲之可以愈渴。核作飲器也。"文字與要術及御覽所引異物志大同小異。其中"如胡桃"，"如豬膏"兩處，比要術及御覽所引的更合理些。很可能李善也只是節引沈瑩原文，所以"名越王頭"幾句沒有了；也可能要術及御覽所引異物志中，"椰"這一條，是另一作者鈔録沈瑩原文，加以修飾而成。廣志椰條前面一節，也與沈瑩的文字相似。

〔二〕引南方草物狀：御覽所引標作南方草木狀。"實俗名之爲丹也"，"實"字空等，無"之""也"兩字；又缺"從破之……"兩句，但今本南方草木狀，文字大不相同；可知御覽的"木"字是錯了的。

〔三〕引南州異物志：御覽所引，"有葉，狀如蕨菜，長丈四五尺"，作"有葉，葉狀如蒲"，無"丈"字；"其實……"，無"其"字，無"大如升"，無"外"字；"皮中核堅過於"作"皮肉硬過於"；無"正"字；"形並應"作"並堪"；末句作"南人珍之"。

〔四〕引廣志：御覽所引是"椰樹，高六七丈，無枝條，有葉如束蒲，乃在樹末。實如大瓠瓜，懸在樹頭。實外有皮，中有核。皮裏有汁升餘，清如水，美如蜜，可飲。核中膚白如雪，厚半寸，味如胡桃而美，可食。出交趾，家家種之"。類聚卷87所引割裂錯漏甚多。

〔五〕引神異經：御覽所引節略甚多。廣群芳譜引用的全文爲："東南荒中，有邪木。高三十丈；或十餘圍，或七八尺。其枝喬直上，不可那也，葉如甘瓜。二百歲，葉落而花生。花復二百歲，落盡而生蕚。蕚下生子，三歲而成熟；成熟之後，不長不減。子：形如寒瓜，長七八寸，徑四五尺。蕚復覆生頂。此不取，萬世如故；若取子而留蕚，蕚復生子，如初年月復成熟。復二年，則成蕚而復生子。其子如甘，瓤少、靚甘美如

蜜,食之令人身澤。——不可過三升,令人冥醉,半日乃醒。木高,人
取不能得,唯木下有多羅之人,緣能得之,一名‘無葉’——世人後生不
見葉,故謂之‘無葉’也。——一名‘倚驕’。”

① “膚”:這裏的“膚”字,不是指外皮,而是皮下面的結締組織。古來所謂
　　“肌膚”,“膚”往往是兼指外皮及皮下的結締組織。

② “兩眼”:椰子內果皮上有三個圓孔,恰好對着裏面三個胚的幼根根尖;每
　　個孔都有一個可以推出的塞子。萌發時,幼植物的根便把這個塞子推
　　開,長了出來。這一個極有興趣的適應現象,早已經引起了我們祖先
　　的注意。

③ “越王頭”:這是一個有趣的傳說。我們可以將南方草木狀裏面所引的故
　　事,鈔録在這裏,當作説明:“昔林邑王與越王有故怨,遣俠客刺得其
　　首,懸之於樹,俄化爲椰子。林邑王憤之,命剖以爲飲器;南人至今效
　　之。當刺時,越王大醉,故其漿猶如酒云。”(林邑,是漢代以後在越南
　　今順化一帶的一個國家;越則是當時在今日兩廣的一個國家。)

④ “栝蔞子”:即栝樓 *Trichosanthes japonica* Bge. 的果實。栝樓又名“瓜
　　蔞”,“果蠃”。

⑤ “從”:即“縱”,較早的書都用“從”字作爲縱橫的“縱”。

⑥ “長丈”:這個“丈”字,如果不是“大”字弄錯,便是“衍文”。御覽所引,就
　　沒有這個字。

⑦ “皮中核,堅,過於核”:這句中兩個重複的“核”字,必有一個是錯了的。

⑧ “並應器用”:“應”是“對應”,即“可以適合作……”。御覽引作“堪”,意義
　　相同。

⑨ “作酒”:單子葉植物肥大的花軸,切斷後常有富于糖分的“傷流”,可以作
　　爲釀酒材料。著名的墨西哥酒 pulq,就是用龍舌蘭 *Agave americana*
　　花序的傷流釀製的。交州記這一條記載,可能是全世界最早的。

⑩ 張茂先:張華(博物志作者,晉初人)的字。

檳　榔

92.37.1 俞益期與韓康伯牋^{〔一〕}曰:"檳榔^①,信^②南遊之可
　　　觀:子既非常,木亦特奇。"

　　　　"大者三圍,高者九丈。葉聚樹端,房構葉下;華
　　　秀房中,子結房外。"

　　　　"其擢穗,似黍;其綴實,似穀;其皮,似桐而厚;其
　　　節,似竹而概。其内空,其外勁,其屈如覆虹,其申如
　　　縋繩。本不大,末不小;上不傾,下不斜。稠直亭亭,
　　　千百若一。"

　　　　"步其林,則寥朗;庇其蔭,則蕭條。信可以長吟,
　　　可以遠想矣。"

　　　　"性不耐霜,不得北植,必當遐樹海南。邈然萬
　　　里,弗遇長者之目,自令人恨深!"

92.37.2 南方草物狀^{〔二〕}曰:"檳榔,三月華色,仍連著實;實
　　　大如卵,十二月熟,其色黃。"

　　　　"剥其子,肥,强^③不可食,唯種作子。青其子^④,
　　　并殼取實,曝乾之,以扶留藤^⑤、古賁灰^⑥,合食之,食
　　　之則滑美。亦可生食,最快好。"

　　　　"交阯、武平、興古、九真有之也。"

92.37.3 異物志^{〔三〕}曰:"檳榔,若筍竹生竿,種之^⑦精硬。
　　　引莖直上,不生枝葉,其狀若柱。"

　　　　"其顚近上未^{〔四〕}五六尺間,洪洪腫起若瘣^{黃圭反},

又音回木[8]焉；因坼[五]裂，出若黍穗，無花而爲實，大如桃李。又棘針重累其下，所以衛其實也。"

　　"剖其上皮，煮其膚，熟而貫之，硬如乾棗。以扶留、古賁灰并食，下氣及宿食、白蟲、消穀。飲啖設爲口實[9]。"

92.37.4　林邑國記[六]曰："檳榔樹，高丈餘；皮似青桐，節如桂竹。下森秀，無柯；頂端有葉。葉下繫數房，房綴數十子。家有數百樹。"

92.37.5　南中八郡志[七]曰："檳榔，大如棗；色青似蓮子。彼人以爲貴異。婚族好客，輒先逞[八]此物。若邂逅不設，用相嫌恨。"

92.37.6　廣州記[九]曰："嶺外檳榔，小於交阯[一〇]者，而大於荳子[10]。土人亦呼爲'檳榔'。"

〔一〕"俞益期與韓康伯牋"：御覽卷971果部八"檳榔"項所引，"木亦特奇"下，有"云溫交州時，度之"（"云溫"兩字疑是"前過"兩字的錯誤），無"葉聚……房外"四句；"黍"作"禾"，無"本不大，末不小；上不傾，下不斜。稠直亭亭，千百若一"等句；"弗"作"不"。類聚卷87所引，"黍"亦作"禾"，"稠"作"調"。類聚的"調"字，似乎比"稠"字好（參看下面校記92.37.4.〔六〕引林邑國記條中所錄類聚及御覽）。

〔二〕引南方草物狀：御覽所引是"檳榔樹，三月開花，仍連着實；大如雞卵，十一月熟"。下文節去。

〔三〕引異物志：御覽所引無"不生枝葉，其狀若柱"；無"其顛近"三字；"棘針"上有"生"字；無"所"字；"煮"作"空"；無"白蟲"兩字；"飲啖"作"飲設"。類聚所引"生竿"下直接"近上末"句；"穗"作"秀也"；"又棘針"作"天生棘"；無"灰"字及"白蟲"；末句亦缺。

〔四〕"未"：明鈔、金鈔及類聚並作"未"；御覽及明清刻本作"末"。"未"是
"不到"，可以講解；"末"字與"上"字並用，稍嫌重複，應以作"未"
爲是。

〔五〕"坼"：明鈔及明清刻本作"拆"，御覽、類聚作"折"；依金鈔作"坼"。

〔六〕引林邑國記：御覽所引是"檳榔樹，大圍丈餘；高十餘丈。皮似青桐，節
如桂竹。下本不大，上末不小，調直亭亭，千萬若一。森秀無柯。端頂
有葉。葉似甘蕉，條派開破，仰望沙沙（案：應依類聚及今本南方草木
狀文作"渺渺"），如𣽉（類聚作"鍤"，應作"插"）叢蕉於竹杪；風至獨動，
似舉羽扇之掃天。葉下繫數房，房綴十數子。家有數百樹，雲（案：疑
係"虛"字鈔錯，虛字常寫作"霋"，與"雲"相似）疏如墜繩也"。類聚所
引，無末句。由類聚及御覽所引，可以看出林邑國記因襲俞益期牋的
痕跡（也可以看出南方草木狀因襲各書的痕跡）。要術所引"下森秀無
柯"，直接"頂端有葉"，似乎文理不順；應依類聚御覽補"本不大，上末
不小，調直亭亭，千萬若一"十五字。可能這十五字原是一行（院刻與
明鈔雖是十七大字一行，但金鈔却是十五字！）鈔寫時漏了。

〔七〕引南中八郡志：類聚係摘引，"檳榔，土人以爲貴，款客必先進"。下與
要術所引同。御覽所引則完全與要術一樣。

〔八〕"逞"：明鈔、金鈔及明清刻本皆作"逞"；龍溪精舍本依御覽改作"進"。
案可能是"呈"字，原來某個鈔本中漏去，加"乙"添注，後來連"呈"帶作
記號的"乙"，看成了"逞"；再嫌"逞"字不合理，改作字形相似的"進"。

〔九〕引廣州記：類聚標明是顧徽廣州記。御覽卷974"蒳"條下所引，標題
也與類聚相同。內容是："山檳榔形小而大於蒳子，蒳子土人亦呼爲檳
榔。"這一則很可注意："顧徽"顯然是"顧微"之誤。據胡立初先生考
證，顧微應是南朝宋末人；他的廣州記，許多材料都是鈔自東晉裴淵的
廣州記的。現在這一則，類聚與御覽"蒳"項所稱爲顧書的，字句與要
術及御覽"檳榔"項所引，差異頗顯著。如要術及御覽鈔寫無錯誤，則
現在這則應出自裴書。御覽所引，"小於交趾者"作"小如交趾"。

〔一〇〕"阯":明鈔、金鈔及御覽卷 971 俱作"阯",不是平常所用的"趾"。

①"檳榔":*Areca catechu* L. 的馬來半島土名爲 Pinnang;中國所用這個記音名稱,可能是在傳述中變化後的結果。

②"信":"信"可解爲"誠",即"真正"。水經注温水條所引俞益期牋,"信"字作"最";即"可觀"中之"頂點"。

③"肥,强":這兩個字,和下面的"可不食,唯種作子",從文義上看,很難講解。懷疑有錯倒:也許是"强胞,不可食",即老熟了的種子,堅硬而脆,不能吃。"種作子",則是"作子種",即作爲下種的材料。

④"青其子":這句懷疑也有錯倒,也許與下句連起來,作"其實青時,並殼取",即當果實還是綠色時,連殼取來,這樣可以與事實符合。

⑤"扶留藤":見下文 92.53 各節。

⑥"古賁灰":見下文 92.53.2 及 92.53.3。賁音 bēn。

⑦"種之":這兩個字不可解,顯然有錯字。懷疑可能是(甲)"積久"兩字寫錯,"積久"是漸漸累積之,久而久之;(乙)僅僅,即第一字字形相似寫錯,第二字重疊上字,習慣上用"々"或連續的兩點(ヾ)代表的,看錯成爲"之"。"僮僮"是繁茂地直立在頭上;見詩經召南采蘩第三章首句"被之僮僮"。

⑧"瘀木":樹木因菌類寄生而發生的腫瘤,稱爲"瘀"。

⑨"口實":即充實口中的物件,也就是食物(易頤卦:"自求口實",疏解釋爲"口中之實")。

⑩"菇子":見下文 92.47。

廉　薑

92.38.1 廣雅〔一〕曰:"蔟葰①相維反,廉薑也。"

92.38.2 吳錄曰:"始安②多廉薑。"

92.38.3 食經〔二〕曰:"藏薑法:蜜煮烏梅,去滓;以漬廉薑,再三宿，色黃赤如琥珀。多年不壞。”

〔一〕引廣雅：今本廣雅作“廉薑，葰也”。御覽卷974果部十一與要術同。

〔二〕引食經：御覽“藏”字譌作“廉”，“漬”字譌作“滓”，無“多年不壞”句。

①“蔟葰”：這兩個字讀“族綏(cùsuē)”——從前大概讀作 coksye，——所指的植物，李時珍(本草綱目)在“山柰”條下；注說：“古之所謂廉薑，恐其類也”，即認爲可能是山柰，——蘘荷科的 *Kaempferia Galanga* L. 吴其濬(植物名實圖考)則指實就是山柰。現在我們無從肯定是什麼，大概不外蘘荷科山柰屬 *Kaempferia*，山薑屬 *Alpinia* 或薑黃屬 *Curcuma* 的植物。

②“始安”：三國吴建置的縣；在今日廣西桂林附近。

枸 櫞

92.39.1 裴淵廣州記〔一〕曰：“枸櫞①，樹似橘；實如柚，大而倍長；味奇酢。皮，以蜜煮爲糝②。”

92.39.2 異物志〔二〕曰：“枸櫞，似橘；大如飯筥③。皮不香④。味不美；可以浣治葛苧，若酸漿⑤。”

〔一〕引裴淵廣州記：御覽卷972果部九“枸櫞”項所引，字句全同。

〔二〕引異物志：御覽卷972果部九“枸櫞”項所引，“似”字譌作“實”。

①“枸櫞”：“枸櫞”讀 чy-yuēn，這植物應當包括 *Citrus medica* L. 和它的變種佛手柑 *C. medica* var. *chirocarpa* Lour.。裴淵所記的加工製品“蜜煎”，現在還很流行，不過已改用蔗糖來煮；成品稱爲“香櫞片”和“佛手片”。

②“糝”：本草綱目枸櫞條下引蘇頌圖經本草，有“……寄至北方，人甚貴重，古作五和糝用之”。

③“筥”：音 чy，篾織的小盛器。

④“皮不香”：“不”字懷疑有誤，枸櫞俗名“香櫞”，不好吃，但香味很强烈；香

味,全由於果皮中的油腺,貯藏有大量的芳香油。如果皮不香,便根本不能稱爲"香櫞"了。

⑤"酸漿":柑橘屬果實中,有大量的有機酸;在礦物酸製法未發明以前,果實中的多羧酸便算是最强的酸。多種植物的韌皮纖維,都含有不溶性果膠酸鈣鎂鹽,纖維因此黏合成束,不易分離。過去,除了利用微生物在水面以下的無氧發酵來溶解(稱爲"漚",參看卷二,8.3.3)之外,也還有利用澱粉發酵所得乳酸來水解,和用果實中有機酸來催起水解的辦法。

鬼　　目

92.40.1　廣志曰:"鬼目①似梅,南人以飲酒。"

92.40.2　南方草物狀〔一〕曰:"鬼目樹,大者如李,小者如鴨子②。二月花色,仍連着實;七八月熟。其色黄,味酸;以蜜煮之,滋味柔嘉。交阯、武平、興古、九真有之也。"

92.40.3　裴淵廣州記〔二〕曰:"鬼目、益知,直爾不可噉;可爲漿③也。"

92.40.4　吳志〔三〕曰:"孫皓時,有鬼目菜④,生工人黄耇家。依緣棗樹,長丈餘,葉廣四寸,厚三分。"

92.40.5　顧微廣州記〔四〕曰:"鬼目,樹似棠梨,葉如楮;皮白樹高,大如木瓜,而小邪傾,不周正。味酢,九月熟。"
　　　　　"又有'草昧子',亦如之;亦可爲糝⑤用。其草似鬼目。"

〔一〕引南方草物狀:御覽卷974果部十一"鬼目"項引,所標書名爲南方草木狀。内容與要術同,只"味酸"上多一"其"字。今本南方草木狀中根本無鬼目條文，可知御覽"木"字是誤寫。

〔二〕引裴淵廣州記：御覽所引同，但作"直爾不敢噉"。"敢"字似乎是因下面有"噉"字而纏錯的。

〔三〕引吳志：御覽卷 998 百卉部五引吳志："建鄴有鬼目菜，於工人黃狗家生，依棗樹，長丈餘，莖廣四寸，厚二分。"

〔四〕引顧微廣州記：御覽卷 974 引標作交州記；文字全同，只"昧"字作"眛"。

① "鬼目"：本草綱目卷 31 果之三"麂目"條下，李時珍提出他的解釋："鬼目有草木三種"；木本的，依陳藏器本草拾遺的說法，定爲"麂目"；兩種草本的，一種是白英，一種是羊蹄。麂目是什麼，現在很難推測。

② "大者如李，小者如鴨子"："大""小"兩個字，顯然顛倒了，應是"小者如李，大者如鴨子"。

③ "漿"：清涼飲料。

④ "鬼目菜"：這種草本的鬼目，應當是一種蔓本〔依緣棗樹，長丈餘〕，而有多漿的葉〔葉廣四寸，厚三分〕。爾雅釋草，"苻，鬼目"，郭璞注："今江東鬼目草。莖似葛；葉圓而毛；子如耳璫，赤色叢生。"本草綱目卷 18，蔓草中的"白英"，釋名下引有"鬼目"的異名，李時珍引了這一段吳志，說明"白英"即是鬼目菜。白英是茄科茄屬的 *Solanum Dulcamara* L. var. *ovatum* Dunal.，形態和這段紀載有些相似，不過"葉厚"沒有"三分"。

⑤ "糁"：參看下面注解 92.45.4.⑥。依上面注解 92.39.1.②的敘述看來，"糁"似乎是以天然帶有酸味的植物，作爲食物的一個成分調製而成。"草昧子"是什麼，無法推測；但既然"味酢"，似乎也可以這樣用。下面說"其草似鬼目"，所指的草本鬼目，可能就是本草經（見御覽卷 995，百卉部三引）中說的，"羊蹄，一名'東方宿'，一名'連蟲陸'，一名'鬼目'"。羊蹄 *Rumex japonica* 正是很酸的草本植物。

橄　　欖

92.41.1　廣志曰:"橄欖"①,大如雞子;交州以飲酒。"

92.41.2　南方草物狀〔一〕曰:"橄欖,子大如棗②;大如雞子。二月華色,仍連着實;八月九月熟。生食味酢,蜜藏仍甜。"

92.41.3　臨海異物志〔二〕曰:"餘甘子如梭且全反〔三〕形。初入口,舌〔四〕澀;後飯〔五〕水,更甘。大於梅實,核兩頭銳。東岳呼'餘甘''柯欖',同一果耳。"

92.41.4　南越志〔六〕曰:"博羅縣③有'合成樹',十圍〔七〕。去地二丈,分爲三衢:東向一衢,木葉似練④,子如橄欖而硬;削〔八〕去皮,南人以爲糝⑤。南向一衢,橄欖。西向一衢,三丈。——三丈樹,嶺北之候也。"

〔一〕引南方草物狀:御覽卷972果部九所引,標作"南州草木狀";但南方草木狀根本沒有"餘甘"。"欖"作"㮈",無"大如雞子"句;"二月華"後的"色仍連着實"缺;"仍甜"作"乃甜美。交阯、武平、興古、九真有之"。按御覽所引,文句比要術引的合理。

〔二〕引臨海異物志:御覽所引,"澀"字後的"後飯"是"酸飲"兩字;"大於"譌作"又如";無"東岳"兩字;"呼"字後有"譌"字;"柯"字作"橄";"果"字作"物異名"。案,"酸飲"兩字較合適;"東岳"也不應有。

〔三〕"且全反":金鈔作"旦金反",是寫錯。且全反,即讀作 cyén(現在讀 qyén)。

　　　按説文,"梭,梭木也。從木,夋聲";徐鉉讀"私閏切",徐鍇讀"蘇徇切"(都讀 syèn),都不讀 cyén。玉篇注音作"且泉切",是讀 cyén 音的,解釋爲"木名",但未説明是什麽木。廣韻下平聲"一先""二仙"中没有"梭"字，"八戈"的"梭"，是織具，即今日織布的梭子；去聲"震"
"稕""問"中，也没有"梭"字。集韻下平聲"二仙"，"梭"，音"逡緣切"，
讀 cyén，解釋説"木名，如餘甘"；去聲"二十二稕"中的"梭"（音 syèn），
又是木名。我們有不少例證，説明集韻常藉要術中的一個例，穿鑿附
會來解釋某些字。集韻將梭解釋作餘甘，大概又是根據要術這一條穿
鑿而來（類篇又根據集韻，釋讀 cyén 的梭爲"餘甘"，更只是以訛傳訛
的因襲）。這裏所説的"餘甘"，正是"橄欖"，橄欖果實，正像織布的梭；
因此，梭字在這裏讀 suō，就已經很合適，用不着讀爲 cyén，來適合玉
篇中的讀法。玉篇和説文所指木名梭的，也不必定就是橄欖或餘甘。

〔四〕"舌"：明鈔、金鈔同作"舌"，與御覽所引同；明清刻本俱作"苦"。如依
御覽作"舌濇酸"，則不應作"苦"。暫保留"舌"字。

〔五〕"飯"：明鈔、金鈔作"飯"；明清刻本作"飲"，與御覽所引同。

〔六〕引南越志：御覽所引，"西向一衢"下仍是"橄欖"，是錯誤的；其餘與要
術所引同。

〔七〕"圍"：明鈔譌作"園"，應依金鈔、明清刻本及御覽所引改正。

〔八〕"削"：明清刻本作"子"，應依明鈔、金鈔作"削"。

①"橄欖"：御覽卷 972 引有南州草木狀曰："橄栝子……。"南州草木狀，是
否即南方草物狀，無法決定，但決不是南方草木狀。這個"栝"字，很值
得注意：字書中没有見到（玉篇木部有一個"榙"字，注："木名。"廣韻上
聲"四十八感"也是一樣）。由字形看來，應當讀 dam、ham、jam 或者竟
是 lam。和臨海異物志中的異名"柯欖"聯合來看，這個植物的名稱，
可能也只是記音詞：可以是疊韻的 gămlăm，也可以是 kolăm；也許原
來是一個複聲母的字 klam，傳到黄河流域後，就變成了 kolăm 和 găm
lăm 了。

②"子大如棗"：如果下一句"大如雞子"確是原書本來有的，則這句的"大"
字便有問題，可能是"狀"字爛成。

③"博羅縣"：漢代建置的縣，今日廣東的博羅縣。

④“楝”：“楝”字，在這裏不是不可以解釋；但仍懷疑是“楝”字。橄欖的羽狀
　複葉，和楝樹 *Melia azedarach* 多少有些相似。

⑤“糝”：參看下面注解 92.45.4.⑥。

龍　　　眼

92.42.1　廣雅曰：“益智，龍眼也①。”

92.42.2　廣志〔一〕曰：“龍眼，樹、葉似荔支，蔓延，緣木生。
　　子如酸棗，色黑，純甜無酸。七月熟。”

92.42.3　吳氏本草〔二〕曰：“龍眼，一名‘益智’，一名‘比
　　目’。”

〔一〕引廣志：御覽卷 973 果部十所引，大體相同；但“子如酸棗”句，“子”下
　　有“大”字；“黑”字譌作“異”，又無“七月熟”句。

〔二〕引吳氏本草：御覽所引，無“一名益智”句。

①“益智，龍眼也”：廣雅中所謂“益智、龍眼”，到底是“益智”（參看下面
　　92.45）還是“龍眼”？ 無法決定。如果下文 92.42.3 吳氏本草中確有
　　“一名益智”一句，我們還可以推定“益智”也可以稱爲“龍眼”，或“龍
　　眼”也有“益智”的異名。但御覽“龍眼”項下所引吳氏本草，沒有“益
　　智”，只有“一名比目”，似乎可以說明要術引的吳氏本草有誤，或者廣
　　雅有誤。玄應一切經音義卷十三，舍頭諫經“龍目”注“本草云，一名
　　‘益智’，其大者似檳榔，生南海山谷”。則吳氏本草中的“龍眼”，可能
　　是“龍目”；也可能根本並無“一名龍眼”，只是“龍目”錯成了“比目”。
　　廣雅中的也或者只是“龍目”。龍目與龍眼不一定就是同一植物。

椹

92.43.1　漢武內傳西王母曰：“上仙之藥，有扶桑丹椹。”

荔　支

92.44.1 廣志〔一〕曰:"荔支,樹高五六丈,如桂樹。緑葉蓬蓬,冬夏鬱茂,青華朱實。"

"實,大如雞子;核黄黑,似熟蓮子。實①白如肪,甘而多汁,似安石榴,有甜酢者。"

"夏至日將已時,翕然俱赤,則可食也。一樹下子百斛。"

"犍爲、僰道、南廣②,荔支熟時,百鳥肥。"

"其名之曰焦核③,小次曰'春花',次曰'胡偈'。此三種爲美。似④'鼈卵',大而酸,以爲醯和。率生稻田間。"

92.44.2 異物志曰:"荔支爲異,多汁,味甘絶口,又小酸,所以成其味。可飽食,不可使厭。"

"生時大如雞子,其膚光澤,皮中食⑤。乾則焦小,則肌核不如生時奇。"

"四月始熟也。"

〔一〕引廣志:御覽卷971果部八所引,首句"荔支"下無"樹"字;"一樹下子百斛"句,無"子"字;"南廣"缺"廣"字;"似鼈卵","似"作"次"。"南廣"是地名,廣字應有。"次鼈卵"的"次"字,應依御覽。類聚卷87所引,至"一樹下子百斛"止;首句有"樹"字。

① "實":"實白如肪",與荔支的情況不符合。懷疑是行書的"膚"字看錯。荔支供食用的是"假種皮",裹在果殼下面;有些像皮下的"膚"(參看注解92.36.1.①),所以稱"膚"是合適的。

本草綱目引陳藏器本草拾遺轉引顧微廣州記云:"荔支,冬夏常青。其實大如雞卵；殼朱肉白，核黄黑色，似未熟蓮子，精者，核如雞舌香。甘美多汁，極益人也。”這一條顧微廣州記，御覽和類聚都没有引用。

②“犍爲、僰道、南廣”：犍爲是漢代建置的郡。僰（音菔，即讀作 bàk 或 bòk，現在一般讀 bāi）道是犍爲郡的重要城市，原來在今日宜賓慶符兩縣之間。南廣，在今日宜賓以東、南溪縣以西之間的一條小河口上；是晉代建置的一個縣。

③“焦核”：荔支中“核”形細小，假種皮特别肥厚的一個品種。“焦”是乾枯萎縮，“焦核”即核小的意思，也就是顧微所謂“核如雞舌香”（即丁香，這句見注解 92.44.1.①所引顧微的廣州記。“丁香核”這個形容詞，兩廣口語中至今還保存着），也許就是今日所稱爲“糯米糍”一類的品種。

④“似”：應依御覽所引作“次”。鼈卵已是象形；生荔枝剥去外皮，裏面露出的假種皮和核，渾圓白色，的確像鼈卵。但上文已説過“此三種爲美”，“美”的便不會“大而酸”；因此，只能是“次鼈卵”，即再次一等的是“鼈卵”，即“大而酸”的一種。

⑤“皮中食”：這個“皮”字字有可疑，荔枝皮不好吃，而且上句已討論着供食的“膚”，下句又談“膚”，這裏插進去談“皮”，似乎不順當。懷疑是“乃”字寫錯，更可能是“最”字爛成。

益　智

92.45.1　廣志[一]曰：“益智①，葉似蘘荷，長丈②餘。”

　　　“其根上有小枝，高八九寸，無華萼。其子叢生，著之，大如棗。肉瓣黑，皮白。核小者，曰‘益智’；含之隔涎濊③。

　　　“出萬壽④，亦生交阯。”

92.45.2　南方草物狀^{〔二〕}曰：“益智，子如筆毫；長七八分^{〔三〕}，二月華色，仍連著實；五六月熟。味辛，雜五味中，芬芳，亦可鹽曝。”

92.45.3　異物志^{〔四〕}曰：“益智類薏苡。實長寸許，如枳椇子。味辛辣，飲酒食之佳。”

92.45.4　廣州記^{〔五〕}曰：“益智，葉如蘘荷，莖如竹箭。子從心中出，一枚有十子。子內白滑。四破去之，取外皮^{〔六〕}⑤，蜜煮爲糝⑥。味辛。”

〔一〕引廣志：御覽卷 972 果部九所引，首句“似”譌作“以”，“蘘”譌作“襄”；“無華”作“無葉”；“叢生著之”，無“著”字；“肉瓣”作“中辨”；“萬壽”倒作“壽萬”。類聚卷 87 所引，“肉瓣”作“中辨”；“隔”作“攝”；“肉”作“中”，可能是適合的，即子“大如棗中瓣”相當於像棗仁大小。

〔二〕引南方草物狀：御覽所引，首句無“子”字；“二月華”下，無“色仍連著實”；“五六月”作“五月六月”；無“雜五味”三字；“芬”字以下，是“香，出交阯合浦”。類聚所引，“二月”句作“二月花，色似蓮，着實”；末了也有一句“出交阯合浦”。今本南方草木狀“益智子”條，前段與類聚同，“出交阯合浦”之後，還有“建安八年，交州刺史張津，嘗以益智子粽餉魏武帝”。

〔三〕“分”：明鈔譌作“九”。

〔四〕引異物志：御覽所引，標明出自陳祁暢異物志。

〔五〕引廣州記：御覽與類聚同；標明出自顧徽（應是“微”）廣州記。“一枚”作“一枝”；“糝”作“粽”。案“枝”字比“枚”字合適（“粽”字與“糝”字的關係，參看注解 92.45.4.⑥）。

〔六〕“外皮”：金鈔空白一字。

①“益智”：據侯寬昭教授和吳德鄰先生考訂，益智子是蘘荷科豆蔲屬的 *Amomum amarum* F. P. Smith；由本節各條的紀載看來，也只能是蘘

荷科植物。

②“丈”：懷疑是“尺”字鈔寫錯誤。

③“涎瀡”：涎是唾液，“瀡”音 huèi 或 wéi，是“水多”。“涎瀡”，即唾液量多而黏稠。

④“萬壽”：晉代建置的一個縣名；地在今日貴州省平越縣。

⑤“四破去之，取外皮”：懷疑“去”字與“取”字應互換位置。

⑥“糝”：“糝”字在要術前幾卷中見過的，有兩種用法：一種是向潮溼但無流動水分的食物中，加下顆粒狀糧食；這種“糝”，見於作魚鮓第七十四（卷八）和 77.5、77.6、77.11、77.14 等段中。還有一種，是向“羹臛”中加下整粒或破碎糧食，例如羹臛法第七十六（卷八）中大部分的羹，都和有米粒，有時則用麵粉，76.20、76.23、76.25 等段，還明白地提出了“糝”字，卷九 87.1 也有“米糝粒”的話。本卷中 92.39.1 枸櫞皮“蜜煮爲糝”，92.40.5 草昧子“作糝”，92.41.4“南人以爲糝”，這裏的蜜煮爲糝和 92.94.3 的三廉“蜜爲糝”等，顯然與卷八、卷九中所說的“糝”不同。推想起來，這些“糝”，都似乎只是“蜜煎”（“煎”字讀去聲，即煎乾後剩下的固體——參看卷五注解 52.121.1. ①——現在一般寫作“餞”，便無法解釋）。即用植物性材料和蜜一同煮到快乾，冷後，糖分結晶分出，因此所得的製品，是乾而且淨的。這樣，也還可以和作魚鮓的“糝”，以及蒸菜中所加的“糝”，有一定程度的相似。

　　但另外的書中，“糝”字作爲蜜煎解的這一種用法，却比較少見到：顧微廣州記本卷 92.149.2 所引，“古度”，果實“取煮以爲粽”；就是本條，御覽所引也還是作“粽”。此外，南方草木狀有張津以益智子粽餉魏武帝；御覽“益智”項下引十三國春秋，類聚卷 89 引二十六國春秋，都有廣州刺史盧循遺劉裕益智粽（按劉裕是南朝宋武帝），這兩件故事可能是一件事而傳說分歧了的。資治通鑑：宋“廢帝殺江夏王義恭，以蜜漬目睛，謂之‘鬼目粽’”，都是“粽”。粽，一般用作“糉”的簡寫，是角黍；與蜜煎關係很少。廣韻上聲“四十八感”，收有“糝”字；在與“糝”同音的八個字中，第八個字是"粽"，注"蜜藏木瓜"，這個字的左邊，"宋"和"宗"字很相像；而蜜藏木瓜，正是一種蜜煎。因此，"粽"大概正是"粽"字寫錯了；而"粽"字則只是"糝"字的一個別體（"糝"還可以寫作"糂"、"糣"）。

"宋"字歷來都讀 sùŋ；別無其他的讀法。"糝"過去讀 sǎm，應當是從"參"字（讀 sǎm）得音的。"宋"和"參"，只是"雙聲"，形聲字用雙聲關係取用音標的很少，絕對大多數都是叠韻或竟是同音；因此，用"宋"字來爲讀 sam 的字標音，是不容易講明白的。這一個關係，我們可以由兩個方向來着想。第一個方向，是"宋"與"參"兩字直接的聯繫。"參"字，由<u>六朝</u>到現在，都有寫作"叅"的；這個手寫體，多少容易和"宋"相混淆。另一方向，則與"參"字不相涉：<u>廣韻</u>上聲"四十八感"中，還有一個"淋"字（讀 lǎm 音，注解引<u>字林</u>，是"藏梨汁也"，可參看卷九注解 88.33.1.①），也是從"宋"而讀 am 韻母的。<u>廣韻</u>下平聲"二十一侵"，有一個讀 şǎm 或 sǎm 的"宋"字（本應寫作突，突是較早的手寫體；後來，連頂上的一點也去掉了，寫成"罙"。解作"竈突也"；也就是深、探、琛、瞫……等字的音標。這個罙字，如將上面"穴"字裏的兩點忘掉寫，或省掉，便成了"宋"字。因此，懷疑"粽""淋"兩個字的"宋"，實在只是"罙"；只有這樣，才能説明它們韻母中閉口音隨 m 的來歷。<u>廣韻</u>中，從"宋"而韻母帶 m 音隨的，還有"㐱"（şǎm）、"㑐"（sàm）。

如果這個猜測有點近似可能，就得解決另一問題："淋"字，如果把"宋"換成"罙"，便是深淺的"深"字。這個字，讀平聲時，只有作爲水名、地名與作爲"淺之對"三個解法。也有讀去聲的（<u>廣韻</u>在"五十二沁"），仍是作"不淺"解。<u>周官</u>醢人，有"加豆之實"芹菹、兔醢；深蒲、醓醢；箈菹，雁醢；筍菹，魚醢"。每一樣醢（肉醬），配一樣菹，非常明顯；可是"蒲菹"的名稱却是"深蒲"。<u>鄭衆</u>注解説，"深蒲，蒲蒻入水深，故曰'深蒲'者"。<u>要術</u>卷九 88.10.1 所引的<u>詩義疏</u>，更替<u>鄭衆</u>説明："謂蒲始生，取其中心入地者'蒻'……"<u>要術</u>説明（88.10.2）像這樣從深水中取得的"蒲蒻"，"又煮以苦酒、受（？）之，如食筍法，大美。今吴人以爲菹，又以爲鮓"，已很明白地叙述了"深蒲"這種菹的作法。但許慎却不贊成鄭衆的説法，在説文解字的草部，另收有一個"藻"字，並且注解説："藻蒲，蒻之類也"，"蒻"字的解釋，是"蒲子可以爲平席"。這就是説"藻蒲"是一種嫩水生植物的專名，不是浸没在深水中的嫩蒲芽。我在作"深蒲"（88.10.2）的釋文時，暫時依從了鄭衆的説法。從周官文句上的排列看來，"深蒲"是已經作成了菹的；如果依鄭衆的解釋，深蒲還只是作菹的材料，本身並不是菹；因此，如不補上一個"菹"字，文義還不曾完備。如果將"深"字讀成 lăm，解釋成爲"菹"，與"酏""婁"兩個代表菹類的字相類似，則"深蒲"只是"lam"過的蒲芽，便可以與芹、箈、筍三樣並列，意義十分完備。目前，開水燙過的蔬菜，加上油鹽醬醋一拌的吃法，四川還稱爲 lăn，寫不出字來；也很可能正是讀 lăm 的"深"字。雖然我還不能肯定提出"深"字有一個讀 lăm 而解作從"深"的沸水中"探"出來，再加醋拌的烹調方法，但這一個可能，却還是有的。

桶

92.46.1　廣志〔一〕曰："桶①，子似木瓜，生樹木。"

92.46.2　南方草物狀〔二〕曰："桶，子大如雞卵；三月花色，仍〔三〕連著實；八九月熟。採取，鹽酸〔四〕漚之，其味酸酢。以蜜藏，滋味甜美。出交阯。"

92.46.3　劉欣期交州記："桶，子如桃。"

〔一〕引廣志：御覽卷 972 果部九所引無"生"字。金鈔"生"字也空等。

〔二〕引南方草物狀：御覽所引，"大"譌作"木"，無"色仍連著實"；"八九月"作"八月九月"，無"採取，鹽酸漚之，其"等字。懷疑"酸"字應作"醶"字。

〔三〕“仍”：<u>金鈔</u>無“仍”字，<u>明鈔</u>和<u>明</u>清刻本有。

〔四〕“鹽酸”：<u>金鈔</u>空等兩字。

① “桶”：將 92.152“都桶”，92.166“都昆”對勘後，懷疑這三種植物，只是一種：“桶”字是“桶”字寫錯或看錯；“昆”字是記音字記錄的音稍有差異。但這一種植物究竟是什麼？還是不能肯定。

蒳　　子

92.47.1 <u>竺法真登羅浮山疏</u>〔一〕① 曰：“山檳榔②，一名‘蒳子’。幹似蔗，葉類柞〔二〕。一叢千餘幹，幹生十房，房底數百子。四月採。”

〔一〕引<u>竺法真登羅浮山疏</u>：<u>御覽</u>卷 971“檳榔”項（不在卷 974 的“蒳子”項內）所引，未標明<u>竺法真</u>。“一叢千餘幹”，“千”作“十”；下句“幹生十房”前有“每”字。後面多出“樹似栟櫚。生日南者，與檳榔同狀；五月子熟，長寸餘”一段。要術所引的“千”字，不如御覽的“十”字合適。

〔二〕“柞”：<u>金鈔</u>譌作“作”。

① 引<u>竺法真登羅浮山疏</u>：<u>御覽</u>書目和類聚，標題沒有“浮”字；因為<u>羅浮</u>本是<u>羅山浮山</u>兩個山的合稱。<u>竺法真</u>，是<u>天竺</u>(?)<u>國</u>來中國的一個僧人。

② “山檳榔”：由<u>竺法真</u>的紀載：“幹似蔗，葉類柞(*Quercus*)”看來，可能是椶櫚科植物。本草綱目引<u>蘇頌圖經本草</u>説：“檳榔……小而味甘者，名‘山檳榔’；大而味澀，核亦大者，名‘豬檳榔’；最小者，名‘蒳子’。”暫時假定它是 *Pinanga baviensis* Becc.。

豆　　蔻

92.48.1 <u>南方草物狀</u>〔一〕曰：“豆蔻①樹，大如李；二月花色，仍連著實；子相連累。其核根芬芳②，成殼。七月八月熟；曝乾，剝食。核味辛香。五味。出<u>興古</u>。”

92.48.2　劉欣期交州記〔一〕曰："豆蔻似杬〔三〕樹。"

92.48.3　環氏吳記③曰："黃初三〔四〕年,魏來〔五〕求豆蔻。"

〔一〕引南方草物狀:御覽卷 971 果部八"豆蔻"所引,只是"漏蔻樹,子大如
　　　李,二月華,七月熟,出興古"。"子"字很可注意。

〔二〕引交州記:御覽所引是:"豆蔻,似杬樹,味辛,堪綜合檳榔嚼,治齗齒。"

〔三〕"杬":明鈔作"杬",金鈔作"杬",祕册彙函系統本作"机",漸西村舍本
　　　作"杭",龍溪精舍本作"机"。今依御覽作"杬"。豆蔻是草本植物;"似
　　　杬樹"是不合理的。懷疑仍有錯誤。(杬是植物性的食物染料,在酸性
　　　環境中現紅色,大概指蘇枋 *Caesalpinia sappen* L.;但薑黃 *Curcuma
　　　longa* L. 也含有能在酸性環境中變紅的染料;可能交州記所指"杬
　　　樹",只是薑黃。薑黃也是蘘荷科植物,和豆蔻非常相像。)

〔四〕"三":明鈔及明清刻本作"二",依金鈔改。御覽所引亦作"三"。黃初
　　　三年,是公元 222 年。

〔五〕"來":祕册彙函系統本漏去,依明鈔、金鈔及御覽補。

①"豆蔻":蘘荷科 *Amomum cardamomum* L.

②"其核根芬芳":這句話意義是正確的,豆蔻的種子與根,都含有多量芳香
　　　油。但下句"成殼",文句很難講得通暢;而且下面還有一句"核味辛
　　　香",與這句重複。因此懷疑有錯倒。可能"根芬芳"三字,應在下行
　　　"五味"兩字上面:——即"……子相連累成殼,七月八月熟。……核味
　　　辛香。根,芳芬五味。出興古"。

③"環氏吳記":依御覽"經史圖書綱目"所引,是環濟所作。隋書經籍志注,
　　　撰述人是"晉大學博士環濟"。

榠

92.49.1　廣志曰："榠〔一〕查①,子甚酢;出西方。"

〔一〕"榠":祕册彙函系統本譌作"柤",依明鈔、金鈔及御覽卷 973(果部十)

所引改正。

①"椊查"：薔薇科的 *Cydonia oblonga* Mill. 椊讀 mín。

餘　　甘

92.50.1　異物志[一]曰："餘甘①，大小如彈丸；視之，理如定
　　陶瓜②。初入口，苦澀；咽之口中，乃更甜美足味。鹽
　　蒸之尤美。可多食。"

〔一〕引異物志：御覽卷 973 果部十"餘甘"項引，"陳祁暢異物志"是"餘甘，
　　大小如彈丸大，視之，理如定陶瓜。片（按片字衍）。初入口，如苦。忽
　　咽口中，乃更甜美。鹽而蒸之，尤美。可多食也"。

①"餘甘"：這是大戟科的 *Phyllanthus emblica* L.，唐本草稱爲餘甘子，陳
　　藏器本草拾遺用梵名"菴摩勒"；又名"菴摩勒羅迦"。

②"理如定陶瓜"：甜瓜中，有一種短而圓，皮上有條紋的，從前出産在齊郡
　　定陶（今山東省菏澤附近一縣）。餘甘子半熟時，顏色帶黃綠，上面有
　　縱走的白色條理，很像瓜皮上的花紋。

蒟　　子

92.51.1　廣志曰："蒟子①，蔓生；依樹。子似桑椹，長數寸，
　　色黑，辛如薑。以鹽淹之，下氣消穀，生南安②。"

①"蒟子"：即胡椒科的 *Piper betle* L.

②南安：三國吳建置的縣；在今日江西省南康縣。另一南安縣，在今四川省
　　夾江（見注解 92.19.1.②）。

芭　　蕉

92.52.1　廣志[一]曰："芭蕉，一名'芭苴'，或曰'甘蕉'①。

莖如荷芋，重皮相裹，大如盂升。葉廣二尺，長一丈。"

"子有②角子；長六七寸，有蔕三四寸。角著蔕生，爲行列，兩兩共對，若相抱形。剝其上皮，色黃白；味似蒲萄，甜而脆，亦飽人。"

"其根大如芋魁，大一石，青色。其莖解散，如絲；織以爲葛，謂之'蕉葛'。雖脆，而好，色黃白，不如葛色。"

"出交阯建安③。"

92.52.2　南方異物志[二]曰："甘蕉草類，望之如樹。株大者，一圍④餘。葉長一丈或七八尺，廣尺餘。華大如酒盃，形色如芙蓉。"

"莖末，百餘子，大名⑤爲房。根似芋魁，大者如車轂。實隨華：每華一闔，各有六子，先後相次。子不俱生，華不俱落。"

"此蕉有三種：一種，子大如拇指，長而銳；有似羊角，名羊角蕉[三]，味最甘好。一種，子大如雞卵，有似牛乳，味微減羊角蕉。一種，蕉大如藕，長六、七寸，形正方；名方蕉；少甘，味最弱。"

"其莖如芋。取，濩⑥而煮之，則如絲，可紡績也。"

92.52.3　異物志[四]曰："芭蕉，葉大如筵[五]席。其莖如芋[六]。取濩[七]而煮之，則如絲，可紡績。女工以爲絺綌⑦，則今'交阯葛'也。"

"其內心如蒜鵠頭⑧，生，大如合栟[八]。因爲實房，著其心齊⑨。一房有數十枚。其實，皮赤如火，剖之中黑。剥其皮，食其肉，如飴蜜，甚美。食之四五枚可飽，而餘滋味猶在齒牙間。一名‘甘蕉’。”

92.52.4 顧微〔九〕廣州記曰：“甘蕉，與吳⑩花、實、根、葉不異，直是南土暖，不經霜凍，四時花葉展。其熟，甘；未熟時，亦苦澀。”

〔一〕引廣志：御覽卷975果部十二“甘蕉”項所引：“一名芭蕉”句，漏去首三字，便不可解；“裏”譌作“裹”；“有蒂”作“或”；漏去“角著蒂”，及“胞亦”等字。類聚卷87所引，“子長六七寸”句下，爲“四五寸，二三寸”，不可解。“不如葛”下有“赤”字，“赤”字應依類聚補。

〔二〕引南方異物志：御覽及類聚所引書名，均作“南州異物志”。御覽“廣尺餘”，句下有“二尺許”，類聚則缺“廣尺”兩字，只有“餘二尺許”。“莖末”上，御覽、類聚均有“著”字，這個字很有意義，應補。“實隨華”句末，類聚有“長”字，也應照補。“有似牛乳”句下，類聚有“名牛乳蕉”，似乎也很合適。“名方蕉”句，御覽和類聚都沒有。“濩而煮之”以下，御覽作“以灰練之，可以紡績”；類聚作“以灰練之，績以爲綵”；——“綵”大概仍應作“絲”。

〔三〕“蕉”：明鈔譌作“舊”。

〔四〕引異物志：御覽所引“則如絲”句，是“爲絲”；“則今交阯葛也”無“則”字；無“著其心齊”句；“飴”字空等。類聚所引，只有“芭蕉莖如芋；取鑊煮之，如絲，可紡績爲絺綌”。

〔五〕“筵”：明清刻本譌作“筳”，依明鈔、金鈔及御覽改。

〔六〕“芋”：明鈔及明清刻本譌作“芽”，依金鈔及御覽改。

〔七〕“濩”：明鈔及明清刻本譌作“蕉”，依金鈔改。御覽及類聚均作“鑊”，亦誤。

〔八〕“合梂”：明清刻本均作“今拌”，依明鈔、金鈔及御覽所引改。合梂是一個有函蓋的盛器，底面較頂上稍寬，腰間向外凸出。

〔九〕“顧微”：明鈔譌作“顧徵”；御覽及類聚所引，均作“顧徽”。暫依要術其餘各例作“微”。

①“甘蕉”：芭蕉屬的芭蕉 *Musa basjoo* Sieb. 與“甘蕉”*Musa paradisiaca* L. var. *sapientum* O. Kze 是不同的兩種植物，古代人不大容易分辨它們，只認爲一種。

②“子有”：懷疑“有”是“如”字。角子，是長筒形略似羊角的盛酒容器；甘蕉果實，有些像酒角。

③“建安”：見注解 92.18.3.③。

④“一圍”：這是兩手兩拇指與兩食指合成的圍。

⑤“大名”：這兩個字如此連用，不可解釋。懷疑是字形相似的“六各”兩字寫錯。“六各爲房”，即果實分開成爲許多“房”，每房六個，下文有“每華一圍，各有六子”可以說明。

⑥“濩”：音獲 huò，即在一個大鍋（古來稱爲鑊，也讀 huò）裏面，蓋上蓋久煮。

⑦“絺綌”：絺，音都，現在讀ɡi（從前大概讀 qi），是細葛布；綌，一般寫作綌，說文又寫作“帢”，音卻，現在讀 xi（從前大概讀 xiet），是粗葛布。下一句的“則”字，當作“即”字解。

⑧“蒜鵠頭”：“鵠”是天鵝，“鵠頭”即像天鵝的頭，一頭尖出，一頭鈍些；這種形體，過去也稱爲“骨朵”“骨突”“榾柮”“菁葵”。蒜的鱗莖，正是這麼一個形狀，所以稱爲“蒜鵠頭”；我國古兵器中的“金瓜錘”，宋代創製時，就稱爲“骨朵”。

⑨“心齊”：“齊”字，借作“臍”字用；心臍，即在中心以一個小圓點連繫着。

⑩“與吳”：“吳”字下面，省去（或漏去？）了“產者”兩字；意思是指江南生長着的芭蕉。

扶　　留

92.53.1　吳錄地理志曰：“始興①有扶留②藤，緣木而生。

味辛,可以食檳榔。"

92.53.2　蜀記曰:"扶留木,根大如箸;視之似柳根。"又有蛤,名'古賁';生水中;下,燒以爲灰[一],曰'牡礪[二]粉'。"

　　　　"先以檳榔著口中,又取扶留藤——長一寸[三]——古賁灰少許,同嚼之。除胷中惡氣。"

92.53.3　異物志曰:"'古賁灰',牡礪灰也。與扶留、檳榔三物合食,然後善也。"

　　　　"扶留藤,似木防己[四]。扶留、檳榔,所生相去遠;爲物甚異,而相成。俗曰'檳榔、扶留,可以忘憂'。"

92.53.4　交州記曰:"扶留有三種:一名'蓘扶留',其根香美;一名'南扶留',葉青,味辛;一名'扶留藤',味亦辛。"

92.53.5　顧微廣州記[五]曰:"'扶留藤',緣樹生;其花實即蒟也,可以爲醬③。"

〔一〕"下,燒以爲灰":要術各本同;御覽卷975果部十二"扶留"項引,作"取燒爲灰",文句更完美。"下"字可能只是"取"字爛成。

〔二〕"礪":要術各本同;御覽作"厲";今日通常寫作"蠣"。

〔三〕"又取扶留藤長一寸":要術各本同,御覽無"取""藤""一"三字。

〔四〕"木防己":要術各本都作"木防以";御覽作"木防己"是正確的。木防己是防己屬的一種植物。

〔五〕"顧微廣州記":御覽所引,文字全同,但所標出處是"廣志"。廣志是晉代的書;(我們根據御覽卷968"李"項中所引廣志,懷疑廣志作者郭義恭是"五胡之亂"後的人。)顧微是南朝宋末年的人,可能是賈思勰根據顧書輯録,不知道顧微是轉録廣志的,更可能是御覽纏錯。

① "始興":三國吴在嶺南建置始興郡,在今日廣東曲江縣;另有始興縣,與始興郡不同。這裏是指郡説的。

② "扶留":這是胡椒科的蒟子 Piper betle L. ;也就是"土蓽茇"(蓽茇是 P. longum L.)。又叫"蔞"(即"留"字的古讀法,現在"留"已讀 liu,所以改用"蔞"字),——現在雲南和湖南湘潭還稱爲"蔞";而且,湘潭人到現在還有將扶留果實和檳榔一同吃的習慣。扶留果實則稱爲"蔞枝"(即"留子"的演變)。

　　案"蒟"字,歷來都讀作"俱羽切";現在讀 ɥˇ,從前大概讀 ɡˇ。史記西南夷列傳,徐廣注音蔞。蒟的標音符號"蚼"字(見方言)却有 kˇ 和 kǒu 兩個讀法。"句"字本身,也有 gy 和 gou 兩個音,作爲"扶留"這個植物的名稱用的"蒟",很可能是讀作 klǒu,而不是讀 gˇ 的。同樣"蔞"也可能是讀 klou 的。從"婁"的"寠"和"屢"供給了另一條線的佐證。klou 衍變時,可成爲 kou 和 lou 兩個不同的讀法。

③ "可以爲醬":蒟子可以作醬;因此,蒟又叫"蒟醬"。漢武帝派到南越國(今日廣東)的使臣唐蒙,就由南越一次招待宴會上陳設着的蒟醬,得到了線索,知道可以通過今日四川雲南,在陸上與廣東交通,由此打通了所謂"夜郎道"的交通線。

菜　　茹

92.61.1　吕氏春秋[一]曰:"菜之美者,壽木之華。括姑之東,中容之國,有赤木玄木之葉焉。括姑,山名;赤木玄木,其葉皆可食。

　　餘瞀之南,南極之崖,有菜名曰'嘉樹',其色若碧。"餘瞀,南方山名;有嘉美之菜,故曰"嘉"。食之而靈。若碧,青色。

92.61.2 **漢武内傳**："西王母曰：'上仙之藥，有碧海琅菜。'"

92.61.3 **韭**：西王母曰："仙次藥，有〔二〕八紘〔三〕赤韭。"

92.61.4 **葱**：西王母曰："上藥，玄都綺葱。"

92.61.5 **薤**：列仙傳曰："務光服蒲〔四〕薤根。"

92.61.6 **蒜**：説文〔五〕："菜之美者，雲夢之蒚菜。"

92.61.7 **薑**：吕氏春秋〔六〕曰："和之美者，蜀郡楊樸之薑。"楊樸地名。

92.61.8 **葵**：管子曰："桓公北伐山戎，出冬葵〔七〕，布之天下。"

　　列仙傳曰："丁次卿，爲遼東丁家作人。丁氏嘗使買葵，冬得生葵①。問'冬何得此葵?'云：'從日南買來'。"

　　吕氏春秋②："菜之美者，具區〔八〕之菁"者也。

92.61.9 **鹿角**：南越志曰："猴葵〔九〕，色赤，生石上。南越謂之'鹿角'。"

92.61.10 **羅勒**：游名山志③曰："步廊山，有一樹，如椒而氣是'羅勒'，土人謂爲'山羅勒'也。"

92.61.11 **葙**④：廣志曰：葙，根以爲葅，香辛。"

92.61.12 **紫菜**：吴都海邊〔一〇〕諸山，悉生紫菜⑤。

　　又吴都賦云："綸組紫菜〔一一〕也。"爾雅〔一二〕注云："綸，今有秩嗇夫⑥，所帶糾〔一三〕青絲綸。組，綬也。海中草生，彩〔一四〕理有象之者，因以名焉。"

92.61.13 **芹**：吕氏春秋曰："菜之美者，雲夢之芹。"

92.61.14 **優殿**：南方草物狀〔一五〕曰："合浦⑦有菜，名'優殿'；以豆醬汁茹食之，甚香美，可食。"

92.61.15 **雍**⑧：廣州記云："雍菜生水中，可以爲葅也。"

92.61.16　冬風⑨：廣州記〔一六〕云："冬風菜，陸生，宜配肉作羹〔一七〕也。"

92.61.17　藪〔一八〕：字林曰："藪菜⑩，生水中。"

92.61.18　蔏〔一九〕菜⑪：音罕〔二十〕，味辛。

92.61.19　葍胡對反：呂氏春秋〔二一〕曰："菜之美者，有雲夢之葍。"

92.61.20　荺⑫：似蒜，生水中。

92.61.21　蓳⑬菜：音謹，似蒿也。

92.61.22　葅⑭菜：紫色有藤。

92.61.23　蘿⑮菜：葉似竹，生水旁。

92.61.24　簡菜〔二二〕：葉似竹，生水旁。

92.61.25　蔞菜：似蕨〔二三〕。

92.61.26　藒⑯菜：似蕨，生水中。

92.61.27　蕨⑰菜：虌也。詩疏曰："秦國謂之蕨，齊魯謂之虌。"

92.61.28　堇〔二四〕菜⑱：似蒜，生水邊。

92.61.29　藗菜徐鹽反：似著筌菜也⑲，一曰染〔二五〕草。

92.61.30　萑⑳菜：音唯。似烏韭而黃。

92.61.31　薈㉑菜他合反：生水中，大葉。

92.61.32　藷㉒：根似芋可食，又云，署預別名。

92.61.33　荷：爾雅云："荷，芙蕖；其實，蓮；其根，藕。"

〔一〕引呂氏春秋：明刊本呂氏春秋(本味篇)，這一段原文爲："菜之美者，崑崙之蘋，壽木之華，指姑之東，中容之國，有赤木玄木之葉焉(原注：指姑，乃姑餘山名也，在東南方……赤木、玄木其葉皆可食……)。餘瞀(原注：一作督)之南，南極之崖，有菜，其名曰嘉樹，其色若碧(原注：餘瞀，南方山名也，有嘉美之菜，故曰嘉樹，食之而虛，若碧青色)。"比較看來，要術的"括姑"，"靈"及缺"其"字，都比明本呂氏春秋好。御覽卷976（菜部一）所引，字句脫落甚多。

〔二〕"有"：明清刻本作"玄"，依明鈔、金鈔作"有"。

〔三〕"紘"：這一個字各本紛歧最多，明鈔及大多數祕册彙函系統版本作"耾"，金鈔作"肱"，御覽作"阮"；學津討原和漸西村舍本作"紘"。"八紘"是一個成語（見淮南子原道訓），暫時作"紘"。

〔四〕"蒲"：明鈔譌作"滿"，依金鈔、明清刻本及御覽卷977（菜茹部二）"蓲"項所引改正。

〔五〕引說文：今本說文，皆作"蒜，葷菜也；菜之美者，雲夢之葷菜"。御覽卷977"蒜"項所引亦同。宋本說文，只有"蒜，葷菜也"。無"菜之美者"兩句。"蒜"讀 huēn，與葷同音同義。

〔六〕引呂氏春秋：明本呂氏春秋，"楊樸"作"陽樸"，御覽卷 977 所引，作"楊璞"。

〔七〕"出冬葵"：明鈔及明清刻本譌作"世冬葵"，依金鈔改。今本管子作"冬蒽"。御覽卷 939 菜茹部四"葵"項引管子，仍作"冬葵"。

〔八〕"菜之美者，具區"：明鈔"菜"譌作"葉"，"具"譌作"貝"，依金鈔、明清刻本及呂氏春秋改正。呂氏春秋高注"具區，澤名；吳越之間"，也就是今日的"太湖"。

〔九〕"猴葵"：金鈔譌作"獲葵"。依明鈔、明清刻本及御覽卷 980 所引改正。

〔一〇〕"吳都海邊……"：據御覽卷 980 菜茹部五"紫菜"項所引，這段出自吳郡緣海記，都字應作郡。

〔一一〕"綸組紫菜"：文選此句作"綸組紫絳"；注說"紫，紫菜也……絳，絳草也……"

〔一二〕"爾雅"：明鈔譌作"爾祇"。

〔一三〕"紏"：明清刻本作"斜"，明鈔作"糾"，即"紏"字的一個"或體"。現依金鈔及爾雅釋草郭注改正。

〔一四〕“彩”：明鈔及大多數明清刻本譌作字形約略相似的“移”，依金鈔及
　　爾雅改正。

〔一五〕引“南方草物狀”：明清刻本多誤題爲南方草木狀，依明鈔、金鈔改。
　　御覽卷 980 菜茹部五引，“豆醬”以下作“茹食，芳好。可食胡餅”。

〔一六〕引廣州記：御覽卷 980 所引，是：“冬風菜，陸生，宜肥肉作羹；二者微
　　味，人甚重之”。

〔一七〕“羹”：明鈔、金鈔作“美”，依明清刻本及御覽改正。

〔一八〕“藪”：明清刻本作“穀”，依明鈔、金鈔改正。

〔一九〕“蓱”：明鈔譌作“薜”，依金鈔及明清刻本改正。

〔二〇〕“音罕”：明鈔第二個字模糊，依金鈔及明清刻本補。這一條據御覽
　　卷 980 所引，仍出自“字林”。

〔二一〕引呂氏春秋：明本呂氏春秋，“菜之美者，雲夢之芹”。御覽卷 980
　　“芹”下，引字林（御覽譌作“宋林”）“蕈（音豈），美菜，生雲夢”。玉篇，
　　“蕈”注“音賁；說文曰，‘菜之美者，雲夢之蕈’”。今本說文，“蕈”字解
　　釋是“菜之美者，雲夢之蕈”，並没有說出自呂氏春秋。但徐鍇却以爲
　　這就是呂覽中的雲夢之芹；段玉裁也以爲蕈就是芹。

〔二二〕“簡菜”：這一條，明清各本俱缺；明鈔、金鈔有。明鈔第一字從“竹”；
　　金鈔從草。玉篇，草部有“簡”字，注“餘釐切，葉似竹，生水中”，與要術
　　所引同。

〔二三〕“蕨菜：似蕨”：“蕨”字，明鈔、金鈔和大多數明清刻本作“藄”；學津討
　　原和漸西村舍本作“蕨”，是合適的（參看卷九 88.36.1），爾雅郭注，引
　　廣雅和下面 92.107“蕨”條。“蕨”字，金鈔譌作“藤”。

〔二四〕“菫”：明清刻本皆譌作“堇”，依明鈔、金鈔改正。玉篇草部有“菫”
　　字，注“奴結切；菜似蒜，生水旁”，是“菫”字的或體。

〔二十五〕“染”：明清刻本譌作“深”，依明鈔、金鈔改正。

①“生葵”：新鮮的葵。

②引呂氏春秋：這節的標題是葵，而這句呂氏春秋内容是菁，與葵不相涉；

如果不是排列有誤（可能應當在 92.61.1 末了），則應當另作一節。

③引游名山志：御覽“經史圖書綱目”引的遊名山志，共有兩種，一種無作者姓名，一種是謝靈運遊名山志。要術所引這條“步廊山”，胡立初據太平寰宇記考證，認爲是謝靈運所作。

④“菥”：這裏的“菥”，不能是莧科的青葙 *Celosia argentea* L.，因爲青葙根不會香辛。懷疑是蘘荷 *Zingiber mioga* Rosc.。“蘘荷”的“蘘”字，應讀 ráŋ；但如果口說“從艸，從襄”，則也有可能把“襄”字聽成“相”，因而寫成“菥”。

⑤“紫菜”：這是紅藻類中的 *Porphyra tenera* Kjellem.，我們中國很久就用來作菜了。

⑥“有秩嗇夫”：“嗇”讀“色 sè”；嗇夫是漢代最低級的公務人員；“秩”是“官階”。

⑦“合浦”：漢代建置的合浦郡，在今日的雷州半島。

⑧“雍”：即旋花科的 *Ipomoea reptans* L. Poit，一般寫作“蕹菜”。

⑨“冬風”：可能就是下面 92.114 的“東風菜”重出。

⑩“藊菜”：玉篇草部，“藊”字重出（都讀 k〔h〕ok 音；現在該讀 hù）。一個解作“菜生水中”，一個解作“水草可食”。本草綱目卷十九，草之八，水草中有“蔛菜”，引自蘇恭唐本草：“蔛菜，所在有之，生水旁。葉似澤瀉而小，花青白色，亦堪蒸啖。江南人用蒸魚食，甚美。”“蔛”與“藊”同音，大概就是同一植物。懷疑是水鼈 *Hydrocharis asiatica* Miq. 植物名實圖考引野菜贊說“‘油灼灼’……一名‘茶菜’，沸湯過，去苦澀，須薑醋。宜作乾菜……”所指即水鼈，說明了它供食的情形。但王磐野菜譜中的“油灼灼”圖，却不是水鼈。

⑪“蒪菜”：十字花科的 *Nasturtium montanum* Wall.，可供食用。

⑫“苫”：玉篇音“牛金切”（讀 niēm，現在應讀 nin）。御覽卷 980（菜茹部五）引，注明“字林曰”。

⑬“荶”：說文的“荶”字，段玉裁以爲就是現在的芹。玉篇注爲“蔞蒿也”。

⑭"菹"：音祖，段玉裁説文解字注引廣雅"菹，蕺也"，説這是蕺菜，即三白草
　　科的 *Houttuynia cordata* Thunb. 蕺菜的匍匐性莖，多少有些像藤本。

⑮"蓏"：玉篇音"力戈切"，即讀 luō，解釋爲"菜生水中"。這一種能作菜的
　　水草，與下一條(92.61.24)的"蕳"，懷疑是眼子菜科 Potamogetonace-
　　ae 或鴨跖草科水竹葉屬(*Aneilema*)的種類。

⑯"蔼"：廣韻入聲"十二曷"，音"矛割切"；據集韻音"阿葛切，音遏"，則廣韻
　　中的"矛"字，也許是"牙"字寫錯。玉篇作"藹"，音"餘割切"。總結起
　　來，應讀 wo，懷疑是水蕨屬(*Ceratopteris*)的植物。

⑰"蕨"：參看卷九 88.36.3。

⑱"菫菜"：廣韻入聲十六屑的"菫"字，音奴結切(niet，現在讀 niè)，解釋與
　　玉篇同。這是什麼植物，無從推測；但似乎和 92.61.20 的"莈"是相同
　　或相似的種類。

⑲"似蒈筌菜也"：這句話意義很含混。藡字，廣韻下平聲"二十四鹽"注"山
　　菜也"；玉篇注"菜也"；都没有什麼線索可尋。作染草用的"茜"，讀
　　cièn，與蒈的讀 ziém，在從前有相當大的距離，也不能説明。

⑳"萑"：玉篇、廣韻(上平聲"六脂")都注作"似韭而黄"。説文只有"菜也"
　　一個解釋。玉篇中未收"萑"字；懷疑玉篇或是將爾雅"蓶，山韭"的
　　"蓶"字，當作"萑"了。

㉑"蒈"：救荒本草(據農政全書引)説："澤瀉，俗名'水蒈菜'。"和這條很相
　　合。澤瀉是 *Alisma Plantago* L. var. *parviflorum* Torr.

㉒"藷"：見注解 92.31.1.①。

<h2 style="text-align:center">竹</h2>

92.62.1 山海經〔一〕曰："蟠冢之山，多桃枝①，鈎端竹。"
　　　　　　"雲山有桂竹，甚毒；傷人必死。"今始興郡出筀竹，
大者圍二尺，長四丈。交阯有篥竹②，實中，勁强，有毒；鋭似
刺，虎中之則死。亦此類。

"嶇山多扶竹。"扶竹,筇竹③也。

92.62.2　漢書〔二〕:"竹大者,一節受一斛;小者,數斗。以爲柙音匣槵④。"

92.62.3　"邛都⑤高節竹,可爲杖;所謂邛竹。"〔三〕

92.62.4　尚書曰:"楊⑥州,厥貢篠簜……荆州,厥貢箘簬。"注云:"篠,竹箭〔四〕;簜,大竹。箘、簬,皆美竹,出雲夢之澤。"

92.62.5　禮斗威儀曰:"君乘土而王,其政太平,蔓竹紫脱常生〔五〕。"其注曰:"紫脱,北方物。"

92.62.6　南方草物狀〔六〕曰:"由梧竹,吏民家種之。長三四丈,圍一尺八九寸。作屋柱。出交阯。"

92.62.7　魏志云:"倭國,竹有條幹〔七〕。"

92.62.8　神異經〔八〕曰:"南方荒中,有'沛竹'。長百丈,圍三丈五六尺,厚八九寸。可爲大船。其子美,食之可以已瘡癘。"張茂先注曰:"子,笋也。"

92.62.9　外國圖曰:"高陽氏〔九〕有同産⑦而爲夫婦者,帝怒放之,於是相抱而死。有神鳥,以不死竹覆之。七年,男女皆活,同頸異頭,共身四足,是爲蒙雙民⑧。"

92.62.10　廣州記〔一〇〕曰:"石麻〔一一〕之竹⑨,勁而利;削以爲刀,切象皮如切芋。"

92.62.11　博物志〔一二〕云:"洞庭之山,堯帝之二女,常泣以其涕揮〔一三〕竹,竹盡成斑⑩。"下嶲縣⑪有竹,皮不斑,即刮〔一四〕去皮,乃見。

92.62.12　華陽國志〔一五〕云:"有竹王者,興於豚水。有一女,浣於水濱。有三節大竹,流入女足間,推之不去。

聞有兒聲，持歸；破竹得男。長養，有武才，遂雄夷狄，
氏竹爲姓。所破竹，於野成林。今王祠竹林是也。”

92.62.13　風土記〔一六〕曰：“陽羨縣⑫，有袁君家。壇邊有數
林⑬大竹，並高二三丈。枝皆兩披，下掃壇上，常潔淨
也。”

92.62.14　盛弘之荆州記〔一七〕曰：“臨賀謝休⑭縣東山，有大
竹，數十圍，長數丈。有小竹生旁，皆四五尺⑮圍。下
有盤石，徑四五丈，極高，方、正、青、滑，如彈棊局⑯。
兩竹屈垂，拂掃其上，初無塵穢。未至數十里，聞風吹
此竹，如簫管之音。”

92.62.15　異物志〔一八〕曰：“有竹曰‘篙’，其大數圍；節間相
去局促，中實滿堅强，以爲柱榱。”

92.62.16　南方異物志〔一九〕曰：“棘竹，有刺；長七八丈，大
如甕。”

92.62.17　曹毗湘中賦曰：“竹則篔簹、白、烏，實中、紺族⑰。
濱榮幽渚，繁宗隈曲。妾蓓⑱陵丘，薆逮⑲重谷。”

92.62.18　王彪之閩中賦〔二〇〕曰：“竹則苞甜赤若⑳，縹箭斑
弓；度世㉑推節，征合實中。篔簹函人，桃枝育蟲。緗
箬素笋，彤竿綠筒。”篔簹竹，節中有物長數寸，正似世人
形，俗説相傳云：“竹人”；時有得者。“育蟲”，謂竹䖴㉒，竹中
皆有耳。因説桃枝，可得寄言。

92.62.19　神仙傳曰：“壺公㉓欲與費長房俱去；長房畏家人
覺。公乃書一青竹，戒曰：‘卿可歸家稱病，以此竹置
卿卧處，默然便來還。’房如言。家人見此竹，是房屍，

哭泣行喪。”

92.62.20 南越志〔一〕云：“羅浮山生竹，皆七八寸圍；節長一二丈。謂之‘龍鍾竹’。”

92.62.21 孝經河圖〔二〕曰：“少室㉔之山，有爨器竹，堪爲釜甑。”

　　　　“安思㉕縣多苦竹；竹之醜㉖有四：有青苦者，白苦者，紫苦者，黃苦者。”

92.62.22 竺法真登羅浮山疏〔二三〕曰：“又有筋〔二四〕竹，色如黃金。”

92.62.23 晉起居注㉗曰：“惠帝二年，巴西郡㉘竹生紫色花，結實如麥；皮青，中米白㉙，味甘。”

92.62.24 吳錄曰：“日南有篥〔二五〕竹㉚，勁利，削爲矛。”

92.62.25 臨海異物志〔二六〕曰：“狗竹，毛在節間。”

92.62.26 字林曰：“筲〔二七〕㉛竹，頭有父文〔二八〕。”

92.62.27 “籄音模竹，黑皮，竹浮㉜有文。”

92.62.28 “籲音感竹，有毛。”

92.62.29 “籇力印反㉝竹，實中。”

〔一〕引山海經：“蟠冢”一節，見西山經“西次三”。明本山海經，“鈎端”下無“竹”字。“雲山”和“龜山”，都在中山經“中次十二”；“雲山”一句，注文中“始興郡”下有“桂陽縣”三字，“亦此類”下有“也”字。

〔二〕引漢書：御覽卷962竹部一引有漢書，字句和要術本節完全相同。但漢書今存各本，尚未見有要術所引這幾句。初學記卷28引廣志，有“漢竹，大者，一節受一斛，小者數升，爲柙櫨”。與本節相校，只（1）少一個“書”字，（2）“斗”作“升”，“柙”作“椑”。後兩對字，字形極相似。很懷疑這一節是引自廣志，因爲下一節（92.62.3）正是漢書注，這一

節引文第一字又是"漢"，兩個"漢"字相糾纏，因此弄錯的。御覽只是
鈔寫要術，沒有核對原書，便也"以譌傳譌"了。御覽卷963（竹部二）
另引有一條廣志，是"永昌有漢竹，圍三尺餘"。剛好可以接在要術及
初學記所引這幾句頭上，連綴成章。華陽國志（卷四南中志）"永昌郡
……有大竹，名濮竹，節相去一丈，受一斛許"，則"漢竹"可能也還是錯
字，應作字形相近的"濮"。濮是西南的一個民族。由居住地點（今日
滇緬界線附近）及濮字的音（puk?）看來，也許就是㶏（原應讀 bak）。

〔三〕這一節，本來是引漢書張騫傳"邛竹杖"句臣瓚注的，與原文稍有出入。
原注是"邛，山名；生此竹，高節，可作杖"。

〔四〕"篠，竹箈"：尚書禹貢（揚州）"篠簜既敷"。僞孔傳是"篠，竹箭"。明鈔
和明清刻本，這裏鈔寫有錯。金鈔是"篠竹前"，也錯了。

〔五〕"篂竹紫脫常生"：御覽卷963竹部二"篂竹"項，又類聚卷89"竹"項，均
引有這一條緯書，"篂"字從"竹"作"篂"，"紫脫"下有"爲"字。

〔六〕引南方草物狀：御覽卷963題爲"南方草木狀"，内容全同。"木"字是
錯的。今本草木狀中没有"由梧竹"的名稱。

〔七〕"條幹"：今本魏志兩字均從"竹"，作"篠簳。"

〔八〕引神異經：御覽卷963所引"三丈"作"二丈"，"可爲大船"作"可以
爲舡"。

〔九〕"高陽氏"：祕册彙函系統各本，"陽"作"揚"。

〔一〇〕引廣州記：御覽卷963"石麻竹"下所引，標題爲裴淵廣州記；文字是
"石麻竹，勁利，削爲刀，切象皮如截芋"。又"箹竹"末條下，黏有小注，
是廣州記云"石麻……"，文字全同，只"截"字作"切"，和要術這條
一樣。

〔一一〕"麻"：金鈔作"脈"。

〔一二〕引博物志：明本博物志卷八"史補"，有"堯之二女，舜之二妃，曰湘夫
人。舜崩，二妃啼；以涕揮竹，竹盡斑"。御覽卷963"斑皮竹"引博物志
"洞庭，虞帝之二女，啼，以涕揮竹，竹盡斑"。"今下雋有斑皮竹"。

〔一三〕"涕揮"：金鈔譌作"深揮"。

〔一四〕"刮"：金鈔缺"刮"字。

〔一五〕引華陽國志：李㟷本華陽國志卷四南中志，這一段文字比要術所引
稍爲豐潤："有竹王者，興於遯水。有一女子，浣於水濱。有三節大竹，
流入女子足間，推之不肯去。聞有兒聲，取持歸；破之，得一男兒。長
養，有才武，遂雄夷狄。氏以'竹'爲姓。捐所破竹於野，成竹林。今竹
王祠竹林是也。"多出的字，如"捐"字和"竹"王祠的"竹"字，應補入，文
句才完善。御覽卷 962 竹部一全與要術同。

〔一六〕引風土記：御覽卷 962 所引"數林"作"數枚"；"兩披下掃壇上"作"兩
兩枝下垂，如有塵穢，則掃拂壇上"；"常"作"恒"。"林"字不如"枚"字
好，"如有塵穢，則掃拂"也很合適。

〔一七〕引荆州記：御覽卷 962 所引無盛弘之姓名。漏去"有大竹數十圍，長
數丈"句，下小竹"四五尺圍"，"尺"作"寸"。案"尺"字不如"寸"字。

〔一八〕引異物志：御覽卷 963"箇竹"項所引，後面還有"斷截便以爲棟梁，
不復加斤斧也"。

〔一九〕引南方異物志：御覽卷 963"棘竹"項所引，作"南州異物志"，只"棘
竹，節有棘刺"六字。另引沈懷遠南越志，"宋昌（疑是"永昌"寫錯）縣，
有棘竹，長十尋，大如甕；其間短者輒六七丈也。爲竹叢薄，葉下有鈎
刺；或有條，末如芒針"。

〔二〇〕引王彪之閩中賦：初學記所引是"粉葉赤箬，縹箭斑弓，篔簹函人，桃
枝育蟲……"。

〔二一〕引南越志：御覽卷 962 所引與要術同；只末了"龍鍾竹"三字，譌作
"鍾龍"。

〔二二〕引孝經河圖：初學記卷 28 所引是"少室之山，大竹，堪爲釜甑"；御覽
卷 962 所引與初學記同，不過正文下還有雙行小字注："此竹亦爨器
也。安思縣多苦竹；竹之醜有四：有青苦，有白苦，有紫苦，有黃苦。"

〔二三〕引竺法真登羅浮山疏：御覽卷 963"筋竹"項下引有"嶺南道無筋竹，

唯羅山有之。其大尺圍，細者色如黄金，堅貞疏節”。

〔二四〕“筋”：明清刻本作“箛”，依明鈔、金鈔作“筋”；“筋”與“箛”是同
　　　　一字。

〔二五〕“簨”：明鈔及多數明清刻本作“葉”；依金鈔、討原及漸西村舍本改作
　　　　從“竹”的字。

〔二六〕引臨海異物志：御覽卷963所引“竹譜”曰：“狗竹，節間有毛，出
　　　　臨海。”

〔二七〕“筜”：要術各本都是從草的“茸”字；玉篇竹部，有一個“筜”音如鍾切
　　　　（即讀rùn），解作“竹也，頭有文”，應當就是字林原來的字。

〔二八〕“父文”：金鈔作“文文”，明鈔及明清各刻本皆作“父文”，懷疑應當像
　　　　玉篇注一樣，只應有一個“文”字，手寫的行書“攵”，有些和“父”相似，
　　　　因此纏錯而重寫了一個。

①“桃枝”：爾雅釋草“桃枝，四寸有節”。郭璞注：“今桃枝，節間相去多四
　　　寸。”（意思是大部分節間有四寸長）。

②“簨竹”：參看注解92.62.24.㉚。

③“筇竹”：“筇”字讀qiúŋ（從前大概讀khiuŋ），即下文92.62.3所説的“邛
　　　竹”。這種實心竹可以用作“拄杖”，所以稱爲“扶竹”。

④“柙櫨”：列子湯問篇“柙而藏之”，“柙”字借作“匣”字用。“櫨”，説文解釋
　　　是“酒器”，即盛酒的容器。利用竹的節間，製作各種簡易容器，在産竹
　　　地區是很自然的事。

⑤“邛都”：“邛”又稱“邛都”，是漢代我國西南民族的一個國家；地方在今日
　　　西昌附近。

⑥“楊”：揚州，歷來都用從“手”的“揚”字。這裏作楊，是寫錯了的。

⑦“同産”：同父母的兄弟姊妹，稱爲“同産”。

⑧“蒙雙民”：“蒙”字也許應讀作páŋ，即龐大的“龐”字，與“雙”字叠韻。博
　　　物志中也有記有這一段傳説。

⑨“石麻之竹”：似乎是記音字。今本嵇含南方草木狀，“有石林竹，出桂林，

勁而利；削爲刀，割象皮如切芋。出九真交趾”。内容幾乎與要術所引
廣州記全同，“林”字顯然是“麻”字寫錯。

⑩“竹盡成斑”：五嶺一帶，竹皮上有菌類寄生，形成橢圓形的褐色斑點；這
樣的竹，稱爲“斑竹”或“湘妃竹”。

⑪“下㟻縣”：後漢書馬援傳，作“下㒞”。這個縣，在現在湖南省零陵縣。㟻
音 zuěi；或 zuèi。

⑫“陽羨縣”：晉代的陽羨縣，是漢代陽羨侯的封邑，在今日江蘇宜興縣。

⑬“林”：懷疑是“株”字鈔錯。

⑭“謝休”：漢書地理志作“謝沐”；水經注“温水”注作“謝沐”。臨賀是漢代
在今日廣西省賀縣附近建置的縣，三國吳才改爲郡。

⑮“尺”：與上文對勘，“尺”字顯然是多餘的，應删去。

⑯“彈棊局”：彈棊是古代的一種游戲；據記載，有些像今日的“康樂球”，彈
動棊子來比技巧。“局”即“棊盤”。據記載，彈棊局是用石頭作的。

⑰“篔簹、白、烏，實中、紺族”：篔簹（音 ýndàŋ）是一種粗大的竹；白竹、烏竹
（過去各家都注作湘中產的一種竹）是另外的兩種。實中是實心竹；紺
是紫紅色。

⑱“萋蒨”：蔭蔽深密。

⑲“薆逮”：讀“愛殆”（也就是“靉靆”），即濃陰。

⑳“苞甜赤若”：要術所引這句不甚好解。初學記的“粉苞赤箈”，初看上去，
粉是白色，赤是紅色，與下句“縹”“斑”兩個顏色相對稱，似乎很適合，
但下文另有“緗箈素筍”，“箈”字便重複無意義，而且“緗”和“赤”也不
能調和。依戴凱之竹譜，“笆竹”筍味很美；因此懷疑“苞”字本是“笆”
字，“若”字本是“苦”，都因字形相近而鈔錯了。“笆甜赤苦”，指筍的味
道；“縹箭斑弓”說明用途；“緗（黃褐色）箈（二籜）素筍，彤竿綠筒”，指
竹類一生顏色變化。

㉑“度世”：這兩個字的詞，與下文“征合”同樣不好解。可能是兩種竹的名
稱，“度世”節間長，所以說推節；“征合”是像“筇竹”一樣實心的竹。

㉒"竹䶉"：䶉讀 liu。齧齒類鼠形亞目中鼢鼠科（Spalacideae）的竹鼠屬
　　（Rhizomys），中國有幾種。專吃竹類和蘆葦的根和地下莖。到現在
　　還有一個傳說，以爲它們是住在竹稈近地的節間裏面。

㉓"壺公"：傳說中一個賣藥的仙人，在屋簷下懸一個大壺，早上從壺裏出
　　來，晚上跳進壺裏住着。費長房看破了他的祕密，就向他學道。

㉔"少室"：少室山即今日河南省的嵩山。

㉕"安思"：懷疑是"安昌"寫錯。漢代的安昌州縣，在今日河南省沁陽縣與
　　登封縣之間，距離嵩山很近。

㉖"醜"：可以相比的稱爲"醜"，也就是同類的意思。

㉗"晉起居注"：南朝宋所累積的晉代史料。

㉘"巴西郡"：後漢末劉璋建置的郡，在今日四川省閬中一帶。

㉙"中米白"：竹種實的胚乳，也是澱粉質的，和其餘禾本科植物的情形
　　相像。

㉚"篥竹"：左思吳都賦"篥箬有叢"；文選李善注引異物志："篥竹大如戟槿，
　　實中，勁强，交趾人銳以爲矛，甚利。""篥"字恐怕仍是"簕"字。"簕"本
　　是一個記音字。現在兩廣稱刺竹 Bambusa stenostachya Hacl. 爲"簕
　　竹"，簕字也是記音。懷疑都應當是"刺"字：廣韻入聲"十二曷"，有
　　"剌"字，音盧達切，即讀 lat，與"簕"同音。但今日粵語將"刺"（有刺或
　　刺傷）讀爲 lak，便與簕不同了。

㉛"笁"：玉篇注音"如鍾切"，即讀 rúŋ 音。

㉜"浮"："竹浮"不可解，懷疑是讀音相近的"膚"字。另一可能是"竹浮"兩
　　個字，原來是從竹從浮的一個"𥰝"字。現行本玉篇，"笁""篗"兩字下，
　　"篘"字上，正是"𥰝"字。可能賈思勰和顧野王，都是照呂忱字林録下
　　的。但要術在傳鈔中寫錯了。"有文"兩字，可能是字林原文，也可能
　　是從隔行的"笁"字注中鈔錯過來的。

㉝"鏏"：大概就是爾雅釋草"鏏堅中"的"鏏"。

筍

92.63.1 吕氏春秋〔一〕曰："和之美者,越籍之箘。"高誘注
　　曰："箘①,竹筍也。"

92.63.2 吴録曰："鄱陽②有筍竹,冬月生。"

92.63.3 筍譜〔二〕曰："雞脛〔三〕竹,筍肥美。"

92.63.4 東觀漢記〔四〕曰："馬援至荔浦③,見冬筍——名
　　'苞'——上言:'禹貢厥苞橘柚,疑是謂也。'其味美於
　　春夏。"

〔一〕引吕氏春秋:吕氏春秋本味篇,"籍"作"駱"。越駱是地名,即嶺南
　　地方。

〔二〕"筍譜":"筍譜"顯然是"竹譜"寫錯。參看下條校記 92.63.3.〔三〕。

〔三〕"雞脛":明清刻本皆譌作"雞腔",依明鈔、金鈔改正作"雞脛"。御覽卷
　　963 有"雞頸竹",出自竹譜,"雞頸竹,篁之類;纖細;大者不過如指"。
　　"……筍美……""雞頸"並不特別纖細,至少比手指要粗些;懷疑仍是
　　"雞脛"。

〔四〕引東觀漢記:御覽卷 963"筍"項所引,文字全同,只最末多一個"筍"字。
　　案這個"筍"字應補足。

①"箘":這個"箘"字,吕覽中本來作從"艸"的"菌"。按"菌"字原來並不專
　　指香蕈麻菰之類的孢子植物;而只是任何植物體中任何膨大部分。這
　　個意義,是從囷字(穀堆)引申得來。所以"茭瓜"也稱爲"菰菌",——
　　雖然也是菌類内寄生的結果,但我們無法假定在顯微鏡發明以前,古
　　人便已知道。

②"鄱陽":三國吴在今日江西設有鄱陽郡。

③"荔浦":後漢置的縣,在今日廣西荔浦縣西邊。

荼

92.64.1　爾雅[一]曰:"荼①,苦菜。""可食。"

92.64.2　詩義疏[二]曰:"山田苦菜甜,所謂'菫荼如飴'。"

〔一〕引爾雅:爾雅釋草,"荼,苦菜",郭注"苦菜可食"。

〔二〕引詩義疏:詩唐風采苓,孔穎達正義引詩義疏,是"苦菜,生山田及澤
　　中,得霜甜脆而美;'所謂菫荼如飴'"(菫荼如飴,是大雅緜的一句)。

①"荼":音 tú,大概是菊科萵苣屬(*Lactuca*)與苦苣菜屬(*Sonchus*)等屬的
　　植物。

蒿

92.65.1　爾雅[一]曰:"蒿,菣①也";"蘩,皤蒿②也"。注云:
　　"今人呼青蒿,香,中炙啖者爲菣";"蘩,白蒿"。

92.65.2　禮外篇[二]曰:"周時德澤洽和,蒿茂大;以爲宮柱,
　　名曰'蒿宮'。"

92.65.3　神仙服食經曰:"七禽方,十一月采旁音旁勃。旁
　　勃,白蒿也;白兔[三]食之,壽八百年。"

〔一〕引爾雅:爾雅釋草:"蘩,皤蒿",郭注"白蒿";"蒿,菣",郭注"今人呼青
　　蒿,香,中炙啖者爲菣"(陸德明經典釋文引孫炎云"白蒿")。

〔二〕引禮外篇:大戴禮明堂第六十七,文字與要術全同。又博物志卷六,地
　　理考"周時,德澤盛,蒿大,以爲宮柱,名曰蒿宮"。

〔三〕"白兔":要術各本均有"白"字,御覽卷997(百卉部四)"青蒿"項所引無
　　"白"字。

①"菣":音 qìn 或 qiàn,可能是青蒿 *Artemisia apiacea* Hce. 或近似的種。

②"皤蒿":可能是白蒿 *Artemisia Stelleriana* Bess. 或近似的種。皤音 puo。

菖　蒲

92.66.1　春秋傳〔一〕曰：“（僖公三十年）使周閱來聘，饗，有
　　　　昌歜①。”杜預曰：“昌蒲菹也。”

92.66.2　神仙傳〔二〕云：“王興者，陽城越②人也。漢武帝上
　　　　嵩高，忽見仙人，長二丈，耳出頭下，垂肩，帝禮而問
　　　　之。仙人曰：‘吾九疑③人也，聞嵩岳有石上菖蒲，一寸
　　　　九節，可以長生，故來採之。’忽然不見。帝謂侍臣曰：
　　　　‘彼非欲服食者，以此喻朕耳！’乃採菖蒲服之。帝服
　　　　之，煩悶〔三〕，乃止。興服不止，遂以長生。”

〔一〕引春秋傳：這是春秋左氏傳；今本左傳，“周閱”作“周公閱”。御覽卷
　　999百卉部六“菖蒲”項及類聚卷81所引，與今本左傳同。明清刻本，
　　“菖蒲”標題下注明“脱”；實際上脱去了現在我們編列爲92.66.1至
　　92.73.1的8段13條正文，等於南宋本38行，即兩葉光景（南宋本每
　　半葉十行，每行大字十七個）。

〔二〕引神仙傳：御覽卷999所引只有“王興，咸陽（可能是陽城纏錯了）。
　　人，採菖蒲食，得以長生。——一寸九節者”。類聚所引至“以此喻朕
　　耳”止，與要術所引大致相同，但無“越”字，“頭”作“頷”；“嵩”作“中”；
　　“謂”作“問”。

〔三〕“悶”：金鈔譌作“問”。

①“昌歜”：據下面的杜預注，“昌歜”即是菖蒲菹。廣韻上聲“二十八感”的
　　“歜”，注“菖蒲菹；徂感切”，即大概該讀作 zăm 或 ʒăm，現在應讀 zăn。
　　從“蜀”的字，讀 d，t，z，ʐ，ɕ，等舌頭聲母，是容易體會的，但還沒有第二
　　個讀 ăm 或其他帶閉口音隨韻母的例。因此，過去就有人懷疑這是
　　“歐”字寫錯；“歐”字又是借作“藘”字用的（見朱駿聲説文通訓定聲
　　引）。玉篇欠部有“歃”，同樣同時有着讀“俎感切”，當菖蒲菹解的一個

讀法,也同樣無法解釋讀帶閉口音隨韻母的讀法。我們只好承認是借用而借錯了的情形。反正,像卷九注解 88.33.1. ① 和上面注解 92.45.4. ⑥說明過的,由絕氧發酵製得的,具有酸味的食物,普通稱爲"葅"的,有些就叫 lăm 或 làm;如果用"葅 lam"來稱呼這類食物,則"葅"字的韻母 u 很容易失掉,單留下聲母是 z 或 ʐ,作爲一個複合聲母中的一部分,而"葅 lăm"就成了 zlăm 或 ʐlăm。這樣複合聲母再失掉 1 的成分,便成了 zăm 或 ʐàm 的。這種演變,在<u>中國</u>古代語言中,還並不希罕。

　　昌歜,據<u>左傳</u>服注,是"昌本之葅"。"昌本",是什麼呢? 周官(天官冢宰)"醢人":"掌四豆之實。朝事之豆,其實韭葅,醓醢;昌本,麋臡;菁葅,鹿臡;茆葅,麋臡。"鄭注:"昌本,昌蒲根,切之四寸爲葅。""昌蒲"就是天南星科的白菖 *Acorus calamus* L. ;它的根的確相當肥大。可是味道非常不好,而且很堅韌;用來作葅,似乎不很合適,——至少不能和韭、菁(不論它是韭菜花或蕪菁)、茆(不論它是蓴菜或葦芽)同樣地"名貴"。很懷疑這所謂菖蒲,不是白菖,而是香蒲 *Typha japonica* Miq. ;或者更可能竟只是"蒲"(即 *Zizania*),"昌"不過是一個附加的形容詞。香蒲芽,可以供食用;菰草嫩芽,更是珍貴的蔬菜。現在,<u>兩湖</u>(稱爲"茭兒菜")、<u>貴州</u>、尤其<u>雲南</u>南部(稱爲"蒲草芽")都把菰芽作爲上等菜。

②"陽城越":<u>漢</u>代<u>陽城</u>,在今日<u>河南登封縣</u>附近,靠近<u>嵩山</u>。這個"越"字,顯然是多餘的——可能是把"城"字看錯而纏錯了的。——應依<u>藝文類聚</u>所引刪去。

③"九疑":<u>九疑山</u>,相傳是神仙居住的地方。

薇

92.67.1　<u>召南</u>詩曰:"陟彼南山,言采其薇①。"詩義疏[一]云:"薇,山菜也;莖葉皆如小豆。藿可羹,亦可生食之。今官園種之，以供宗廟祭祀也。"

〔一〕引詩義疏：孔穎達詩正義所引詩義疏是"山菜也，莖葉皆似小豆，蔓生。其味亦如小豆。藿可作羹，亦可生食。今官園種之，以供宗廟祭祀"。

①"薇"："薇"是豆科巢菜屬 Vicia 的幾種蔓本種類，大概包括窄葉巢菜 V. angustifolia Benth，大巢菜 V. sativa L.（即箭筈豌豆）大葉草藤 V. pseudoorobus Fisch. et Mey，草藤 V. cracca L. 等植物。羊蕨類植物中 Osmunda（紫萁）稱爲"薇"，是另一回事。

萍

92.68.1 爾雅曰〔一〕："萍①，蓱也；其大者蘋②。"

92.68.2 呂氏春秋曰："菜之美者，崑崙之蘋。"

〔一〕引爾雅：今本爾雅，是"蓱，萍；其大者蘋"。

①"萍"是浮萍科（過去認爲天南星科）的浮水植物。爾雅郭注"水中浮萍，江東謂之薸"。現在兩湖還叫"浮薸"。大概不包括所謂"大薸"的"水浮蓮"Pistia stratiotes L. 在內。

②"蘋"：蕨類植物的四葉蘋 Marsilea quadrifolia，即田字草。

石莼大〔一〕之切

92.69.1 爾雅〔二〕曰："莃①，石衣。"郭璞曰："水苔也，一名'石髮'。江東食之。莃葉似蓴而大，生水底，亦可食。"

〔一〕"大"：明鈔譌作"文"，依金鈔改正。

〔二〕引爾雅：今本爾雅郭注，"江東食之"下，有"或曰"兩字。

①"莃"：從前大概讀 tám，現在讀 tán。"石衣"一般指綠藻類中的"乾滸苔"Enteromorpha linza J. G. Ag.，即所謂"苔條"或"苔菜"。玉篇"莃"字注："海藻也，又名海蘿，如亂髮，生海水中。"

胡　葈

92.70.1　爾雅云："菤耳,苓耳。"

92.70.2　廣雅〔一〕云："枲耳也,亦云胡枲。"郭璞曰："胡葈①也;江東呼爲'常枲'。"

92.70.3　周南曰："采采卷耳②。"毛云："苓耳也。"注云："胡葈也。"

　　　　詩義疏〔二〕曰："苓,似胡葈。白花,細莖蔓而生,可鬻③爲茹,滑而少味。四月中生子,如婦人耳璫④。或云'耳璫草'。幽州人謂之'爵耳'。"

92.70.4　博物志〔三〕："洛中有驅羊入蜀;胡蒽子著羊毛,蜀人取種,因名'羊負來'。"

〔一〕引廣雅:這是爾雅郭注的話。今本廣雅是"苓耳,(蒼耳,)葹,常枲,胡枲,枲耳也"。("蒼耳",王念孫據陸德明經典釋文所引補)今本爾雅郭注,後面還有"或曰'苓耳',形似鼠耳,叢生如盤"。

〔二〕引詩義疏:孔穎達詩正義所引詩義疏,是"葉青白,似胡葈,白華,細莖蔓生,可煮爲茹,滑而少味。四月中,生子如婦人耳中璫,今或謂之'耳璫',幽州人謂之'爵耳'"。

〔三〕引博物志:明本博物志中没有這一段。御覽卷998引有,除"來"字譌作"菜"之外,全與要術所引相符合。

①"胡葈":這裏所説的胡葈,指菊科的莫耳 *Xanthium strumarium* L.,即"蒼耳子"。要術各卷,常提到它,有時寫作"胡蒽"、"胡菓"、"胡枲";——見卷二 28.9.1;卷六 57.9.3;卷七 64.26.4,65.1.4,67.21.2;卷八 68.1.2 等條。

②"卷耳":夏緯瑛先生以爲"采采卷耳"的卷耳,是念珠藻群體,一般稱爲

“地奕”“地耳”或“地木耳”的。

③“鬻”：這個字，顯然是鬻（古“煮”字）看錯寫錯。

④“璫”：耳墜和耳環不同。耳環是一個圓圈，耳璫是一個橢圓形的小物件，用一條細枝，穿在耳垂上。

承　露〔一〕

92.71.1 爾雅〔二〕曰：“菍葵，繁露。”注曰：“承露①也；大莖小葉，花〔三〕紫黃色”，實可食。

〔一〕“承露”：金鈔標題的“承”字譌作“㮌”。

〔二〕引爾雅及郭注：今本爾雅，郭注無“實可食”句。

〔三〕“花”：金鈔譌作“葵”。

①“承露”：李時珍本草綱目以爲就是落葵科的落葵 *Basella* spp.。

鳧　茈①

92.72.1 樊光②曰：“澤草，可食也。”

①“鳧茈”：即荸薺 *Scirpus tuberosus*，“鳧茈”現在讀 fú-cí，過去大概讀 vucí，和“蒲齊”“荮薺”音很相似。

②“樊光”：樊光曾給爾雅作過注；這句話大概就是他注解爾雅釋草中“芍鳧茈”的。

堇①

92.73.1 爾雅曰：“齧，苦堇也。”注曰：“今堇葵也。葉似柳，子如米，汋食之，滑。”

92.73.2 廣志〔一〕曰：“瀹〔二〕爲羹。語曰：‘夏苣秋堇，滑如粉。’”

〔一〕引廣志：御覽卷 980 菜茹部五，"堇"項引有廣語曰："夏蕢秋堇滑如粉"，漏去了一句，不可解釋，應依要術。

〔二〕"淪"：明鈔譌作"淪"，按即上條爾雅郭注中的"汋"字。

① "堇"：爾雅中的"堇"是什麽植物，過去一直是一個糾紛的問題。釋草共有兩個"堇"：一個是"芨，堇草"，郭璞注"即烏頭也。江東呼爲'堇'音靳"。烏頭是毛茛科的 *Aconitum Fischeri* Reich.；當烏頭講的"堇"，郭注音"靳"，即讀去聲，與毛茛的"芨"是一個字；與本條無關，暫時不討論。一個是"齧，苦堇"；就是要術本節的主題。應當是一種可以吃的植物。與這個意義有關的，有：

　　(1)詩大雅緜中"堇荼如飴"的堇。毛傳以爲"菜也"；究竟是什麽菜？毛公没有詳細說。孔穎達正義，解作"烏頭"，把堇當作堇草。烏頭是毒草，決不能作食物；孔說完全錯誤。

　　(2)禮記内則，"堇、荁、枌、榆……"鄭注"荁，堇類也。冬用堇，夏用荁"。陸德明經典釋文的解釋，"荁似堇而葉大"。這也就是說，堇似荁而葉小。

　　(3)說文解釋"堇，草也。根如薺，葉如柳，蒸食之，甘"。

　　(4)廣雅："堇，蒢也。""蒢"，説文大小徐本均解作"蕎草也；一曰拜、商蕎"。但後來許多人都以爲"蕎"字有誤；有的人以爲應作"堇"，有許多人以爲應作"蓳"。作堇，只是翻回去，不是解釋；作"蓳"，是解作羊蹄。

　　(5)郭璞注爾雅，"齧，苦堇"；即本條。"葉似柳，子如米"這兩句，很明白地指出了是什麽，和說文的"根如薺；葉如細柳"，"蒸食之甘"，可以相互參證。

　　(6)要術本卷 92.11.8"荁，乾堇也"。則荁與堇是同一植物。

　　(7)玉篇：堇部，"堇，草也"，没有内容；"芨，堇草，即烏頭"，則是"堇草"，與郭注"芨"同。

　　(8)蘇恭唐本草："堇菜野生，非人所種，葉似戢菜，花紫色。"這就是今日所謂"菫菜"或紫花地丁 *Viola* spp. ；但紫花地丁不作食物。

(9)李時珍本草綱目，以爲菫是"旱芹"；也就是生在陸地上的水靳 *Oenanthe stolonifera* DC. ，可以供食，但葉不似柳，子不似米，而且不能蒸吃，也不能曬乾來吃。另外，還有紫菫是 *Corydalis incisa* Pers. ，雖有菫的名稱，但也不可以供食。

(10)郝懿行爾雅義疏總結説："菫類有三：烏頭，一也；蒴藋，二也；菫菜，三也。"他所以提出蒴藋，是根據陶弘景名醫別録解釋"菫草即蒴藋"，"蒴"字没有根據，蘇恭已經批駁了陶弘景，我們不必再考慮。

總結起來，"菫"這名稱，除了讀(qiŋ 或 qiŋ、kèn)音的，是代表毛茛科烏頭這種植物之外，還有作爲"紫花地丁"，罌粟科的 *Corydalis* (紫菫)，纖形科的"芹菜"……這幾類植物名稱的，都讀上聲 qiŋ。但此外，應當還代表另一些植物。這些植物，具有這麽一些特點：(甲)葉如"柳"或細"柳"，也就是説披針形葉。(乙)可以(和麵?)蒸熟吃，也可以曬乾來貯藏；曬乾的，再煮時，能使湯稠滑。(丙)由於以上所説紫花地丁、紫菫、芹菜都開紫色的花或帶紫色的花，又"木菫"也以紫花爲多，所以也許是開紫花或帶紫色的花，——至少莖葉帶紫紅色。太平御覽卷 980 菜茹部五"菫"項下，還有兩則故事；一則，説盛冬(即冬季中間)能在"澤中"生出；一則，説明季春能有少量以頗貴的價格出現於市場。這兩則故事，似乎可以説明它在南北朝的黄河流域，還是頗爲流行的蔬菜。再加上陶弘景曾把它認爲"蒴藋"，廣雅中的"菫，藋也"，以及爾雅中另一條與苦菫同名"藍"，解釋爲"彫蓬"，很使我幻想到有可能是指藜屬的"赤藜"(*Chenopodium rubra*)。不過，這只是揣測，根據不够。救荒本草所描寫的"蓬子菜(*Galliumverum* L. var. *typicum* Maxim.)也有些相像。

芸

92.74.1 禮記[一]云："仲冬之月，芸①始[二]生。"鄭玄注云：

“香草。”

92.74.2　呂氏春秋曰：“菜之美者，陽華②之芸。”

92.74.3　倉頡解詁〔三〕曰：“芸蒿葉似斜蒿③，可食。春秋有白蒻，可食之。”

〔一〕引禮記：出禮記月令。

〔二〕“始”：明鈔譌作“茹”，依金鈔、明清刻本及禮記改正。

〔三〕引倉頡解詁：類聚卷81所引，無“葉”字及“春秋有白蒻，可食之”句。本草綱目引陶弘景名醫別錄，轉引博物志有相似的文句；但明本博物志中不見有。

①“芸”：依下面92.74.3“芸蒿”的説法，則芸應當是又名“芸蒿”的北柴胡 *Cryptotaenia canadensis* DC. var. *japonica* Makino. ；而與芸香 *Ruta* 無涉。

②“陽華”：呂氏春秋中所謂“九藪”（九個大草灘）之一，又名“陽汙”，在今日陝西華陰縣東南，太華山山陽。

③“斜蒿”：即繖形科的邪蒿 *Seseli libanotis* Koch. var. *daucifolia* DC. 。

<h1 style="text-align:center">莪　　蒿</h1>

92.75.1　詩曰：“菁菁者莪。”莪，蘿蒿〔一〕也。義疏〔二〕云：“莪蒿①，生澤田漸洳處。葉〔三〕似斜蒿，細科。二月中生。莖葉可食；又可蒸。香美，味頗似蔞蒿②。”

〔一〕“莪，蘿蒿也”：明鈔及明清刻本均無句首“莪”字，顯然是因爲承接上句所引詩句末的“莪”字誤認爲重複而漏掉的。依金鈔補。這一句是詩傳。

〔二〕引詩義疏：孔穎達詩正義引詩義疏“莪，蒿也，一名蘿蒿。生澤田漸洳之處。葉似邪蒿，而細科，三月中生。莖可生食，又可蒸。香美，味頗似蔞蒿”。御覽卷997所引與要術同，但無“味”字。

〔三〕"洳處。葉"：明清刻本，譌作"如蘆叢"，明鈔"葉"譌作"業"，依金鈔改正。

①"荩蒿"：李時珍本草綱目認為就是"抱娘蒿"，救荒本草稱為"拘娘蒿"，是十字花科的 *Sisymbrium sophia* L.。

②"蘴蒿"：見注解 92.105.1.①。

菖

92.76.1　爾雅〔一〕云："菖①，蕿〔二〕茅也。"郭璞曰："菖，大葉白華，根如指，正白，可啖。""菖，華有赤者，為蕿。蕿菖一種耳；亦如陵苕，華黃、白異名②。"

92.76.2　詩曰："言采其菖。"毛云："惡菜也。"義疏曰："河東關內謂之'菖'；幽兖謂之'燕菖'；一名'爵弁'，一名'蕿'〔三〕，根正白；著熱灰中，溫噉〔四〕之。飢荒，可蒸以禦飢。漢祭甘泉，或用之。其華③有兩種：一種，莖葉細而香；一種莖赤，有臭氣。"

92.76.3　風土記〔五〕曰："菖蔓生，被樹而升。紫黃色，子大如牛角，形如蹲④，二三同葉〔六〕。長七八寸，味甜如蜜。其大者名'杕'⑤。"

92.76.4　夏統別傳⑥注："獲⑦，菖也；一名甘獲。正圓，赤，粗似橘〔七〕。"

〔一〕引爾雅及郭注：爾雅釋草，有"菖、菖"和"菖、蕿茅"兩條。現在要術沒有菖。下面所引郭璞注，卻把兩條混合了起來：到"可啖"為止，是"菖"的注，以下是"蕿"的注。

〔二〕"蕿"：這條中三個"蕿"字，明清刻本多誤作"蔓"；依明鈔、金鈔改正。

〔三〕"蕿"：要術各本皆作"蔓"，仍應依邢昺爾雅疏所引作"蕿"。御覽卷998

百卉部五所引,亦誤作"蔓"。

〔四〕"噉":明清刻本作"喊",依明鈔、金鈔改正。

〔五〕引風土記:御覽所引是"藷,蔓生,被樹而升。紫黄色,大如牛角,二三同蒂,長七八尺,味甜如蜜"。

〔六〕"二三同葉":金鈔"二""同"兩字空等。"葉"字應依御覽改正作"蒂"。

〔七〕"指":明清刻本多作墨釘或空等;明鈔作"指";金鈔模糊,似乎是"指"字。依文義,作"指"字最合適。

①"藷":音福 fú。是旋花科旋花屬(天劍屬)*Calystegia* 的植物。蕿音 qúŋ或 quéŋ。

②"黄、白異名":參看下面 92.79.1"苕"段第一節所引爾雅。

③"華":這個"華"字,可能有錯:因爲下文所説"兩種"的情形,都沒有説到花。也許下文有錯漏(可能下文是:"一種,華白,莖葉細而香;一種華赤,有臭氣。")更可能這個"華"字是"莖"字寫錯。

④"蟦":音 fén。爾雅釋蟲,有"蟦、蠐螬",即鞘翅類昆蟲的幼蟲。

⑤"秝":廣韻去聲"十四泰"有"秝"字,音莫貝切(大概讀 mòi?),解作"木名"。到底是什麼植物,無法推測:蔓本的紫葳科、蘿藦科、夾竹桃科……乃至於豆科,可以有這麼大的果實,而且也可以"二三同蒂";但"味甜,如蜜"的可能不大。獼猴桃科的植物,却沒有這樣大的果實。

⑥"夏統別傳":夏統是晉代的隱士,相傳修道成了神仙。

⑦"獲":這條記載不明確;如果從"藷"字著想,可能是木天蓼 *Actinidia polygama* Miq. 。

<h1 style="text-align:center">苹</h1>

92.77.1 爾雅云:"苹,藾蕭①也。"注曰:"藾蒿〔一〕也。初生,亦可食。"

92.77.2 詩曰:"食野之苹。"詩疏〔二〕云:"藾蕭,青白色;莖似藷〔三〕而輕脆。始生可食。又可蒸也。”

〔一〕引爾雅:今本爾雅,郭注起處是“今藾蒿也”。

〔二〕引詩義疏:御覽卷998百卉部五“苹”項所引與要術明鈔、金鈔全同。
　　　詩孔氏正義所引,“藷”作“箸”。

〔三〕“藷”:明鈔、金鈔作“藷”,應依明清刻本作“箸”,才與孔穎達正義所引
　　　義疏相合。

①“藾蕭”:郝懿行爾雅義疏以爲這就是本草綱目中的艾蒿,——大概仍是
　　　Artemisia 中的一種或幾種。

土　　　瓜

92.78.1　爾雅云:“菲①,芴。”注曰:“即土瓜也。”

92.78.2　本草云:“王瓜,一名土瓜。”

92.78.3　衛詩曰:“采葑采菲,無以下體!”,毛云:“菲,
　　　芴也。”

　　　　　義疏〔一〕云:“菲,似葍。莖麤,葉厚而長,有毛。
　　　三月中,蒸爲茹〔二〕,滑美,亦可作羹。爾雅謂之‘蕇
　　　菜’。郭璞注云:‘菲草生下溼地,似蕪菁;華紫赤色,
　　　可食。’今河內謂之‘宿菜’。”

〔一〕引詩義疏:孔穎達詩正義所引詩義疏,是“菲似葍。莖麤;葉厚而長,
　　　有毛。三月中,烝鬻爲茹,滑美;可作羹。幽州人謂之芴,爾雅謂之蕇
　　　菜,今河內謂之宿菜”。御覽卷998百卉部五“土芝”項所引,錯字很
　　　多,無“煮”字,“芴”作“遂”。現在要術所引爾雅下的郭注,詩義疏中
　　　沒有。可能是賈思勰連帶鈔進去的;如果這樣,則依例應作雙行小字
　　　夾注。

〔二〕“蒸爲茹”:明鈔、金鈔缺“茹”字,依明清刻本及御覽等補。

①"菲"："菲"這名稱,所指的是什麼植物,過去也有許多爭論。現在我們根據要術這一段,御覽卷998百卉部五"土瓜"項,和王念孫在廣雅疏證以及郝懿行在爾雅義疏中所收集的材料,先分析一下:

(1)詩邶風谷風"采葑采菲"是最早的紀載。毛傳,"菲芴也",與爾雅釋草同。

(2)爾雅釋草"菲"共有兩條,即"菲芴""菲蒠菜"。

(3)廣雅:土瓜,芴也。

(4)孫炎注爾雅(據孔穎達詩正義引)"菖類也";"芴音物"。

(5)郭璞注爾雅"菲芴"是土瓜;"菲蒠菜"則是"生下溼地……"(見下一條92.78.3詩義疏中夾引)。

(6)詩義疏(不是陸璣詩疏!)孔穎達詩正義所引,文字與92.78.3稍有出入;見校記92.78.3.〔一〕。

(7)陸德明經典釋文,"蒠(菜),本又作'息菜'"(案"息"與"宿"同義)。

(8)王念孫和郝懿行,對"菲芴"這一條,都不信任郭璞注的"菲芴"是"土瓜也";理由是"陸(疏)不言菲名土瓜"。因此王念孫的結論,是"未知'土瓜芴也',即爾雅之菲芴,抑別爲一物?"郝懿行的結論,是:"廣雅'土瓜芴也',此郭所本;本草'王瓜亦名土瓜',非此也。"(即非"菲芴")土瓜是什麼? 他們兩人都根據御覽所引本草(即本段的92.78.2)以及御覽所引崔寔四民月令"二月盡三月,可采土瓜根",承認土瓜是"根可用"的植物。〔其實,崔寔四民月令,據玉燭寶典所引,是"二月盡三月,……可種地黃,及采桃花、茜及栝樓土瓜根"。由文句上看,"土瓜根"可能正是"栝樓"的注腳。〕

(9)郝懿行在"菲蒠菜"下加按語,説"此菜極似蘿蔔,野地自生,宿根不斷,冬春皆可採食,故云'蒠菜'"。

總結起來,"菲"是地下部分可供食用的植物,過去大家都同意。但"菲芴"與"菲蒠菜",是否等同,大家都趨向於否定。似乎只以爲"菲葍菜"是宿根的,而"菲芴"並不一定。"菲芴"的芴,王郝兩人都不承認是王瓜或土瓜。

王瓜 *Trichosanthes cucumeroides* Maxim. 據李時珍的考訂,有土瓜、鈎藪、老鵶瓜、馬瓟(音 bo)瓜、赤雹子、野甜瓜、師姑草、公公鬚等異名;吴其濬以爲就是爾雅中的"鈎藤姑"。栝樓與王瓜同屬,是 *T. japonica* Bge.;有果羸、瓜蔞、天瓜、地樓、澤姑、豉包等異名。兩種植物,根都肥大,儲藏有澱粉,可以供食用,栝樓根稱爲"天花粉"、"白藥",過去一直是一種常用的藥材。郭璞所説的土瓜,如與本草的"土瓜王瓜"等同,便也還是"根可供食"的一種野生植物,可與"菲芴"的"下體可食"相符合。這兩種很相似的植物,異名也有相混的情形:"鈎藪"與"栝樓"、"果羸"、"瓜蔞"實在不大好分辨。

"菲葍菜"如果依郭注的"花紫赤"和"似葍"看來,可能仍是旋花屬植物。旋花的根,就可以吃,已見上面 92.76.1;"菲""葍"音也還很相近。

究竟"菲""芴""葍菜"是些什麽,我們還不能決定;希望植物分類學專家進一步考證。

苕

92.79.1 爾雅〔一〕云:"苕①,陵苕。黄華,蔈;白華,茇。"孫炎云:"苕,華色異名者。"

92.79.2 廣志〔二〕云:"苕,草色青黄,紫華。十二月稻下種之。蔓延殷盛,可以美田②。葉可食。"

92.79.3 陳詩曰:"卭有旨苕。"詩義疏〔三〕云:"苕,饒也;幽州謂之翹饒。蔓生,莖如營力刀切〔四〕豆而細,葉似蒺藜而青。其莖葉緑色,可生啖,味如小豆藿。"

〔一〕引爾雅:御覽卷 1000 百卉部五引"蔈"下注音"必遥切","茇"下注"音沛"(有錯字)。孫炎注,是"苕,華色異,名亦不同",與今本郭注完全一樣,與要術不同。

〔二〕引廣志:御覽所引,標題中雅志兩字並列,可想到沒有查對原書。廣雅中沒有這樣的文字,只可以是廣志。要術的"蔓延殷盛",御覽作"蔓延盛茂"。

〔三〕引詩義疏:御覽"登"譌作"勞";"其莖葉"作"其華細";"可生啖"作"可食";"藿"字後多了"葉也"兩字,孔穎達詩正義所引,除"勞"字外,與要術全同。

〔四〕"力刀切":"力"字明清刻本多作墨釘,依明鈔、金鈔補。

①"苕":爾雅所說的"苕,陵苕"與後兩節(廣志、詩義疏)所記的,是不同的植物。廣志所說的,是巢菜屬的小巢菜 *Vicia hirsuta* Koch.,現在四川還叫巢菜或油巢菜。詩疏義所說的,則是紫雲英 *Astragalus sinicus* L.,現在長江上游許多地方都在稻田裏種着。爾雅所說開白花與黃花的,不可能是巢菜屬(*Vicia*)植物,可能甚至根本不是豆科的種類。到底是什麼,還待考證。

②"可以美田":這一條,可能是有意識有規律地栽種豆科植物,利用它們的根瘤來肥田的最早紀載。(廣志作者郭義恭,據胡立初考證,是晉武帝時代人物;我懷疑他是五胡之亂以後的人。)

薺

92.80.1 爾雅〔一〕**曰:"菥蓂**①**,大薺也。"犍爲舍人注曰:"薺有小,故言大薺。"郭璞注云:"似薺,葉細,俗呼'老薺'。"**

〔一〕引爾雅:郭璞注中的"似"字,今本爾雅缺,應依要術補,類聚卷 82 及御覽卷 980 菜茹部五"薺"項所引,也有"似"字。

①"菥蓂":據李時珍說,菥蓂是莖梗上多毛的薺,可能是薺 *Cepsella Bursa-*

pastoris Moench. 的一個變異種。

藻

92.81.1 詩曰：“于以采藻？”注云：“聚藻也。”詩義疏〔一〕曰：
“藻，水草也。生水底。有二種：其一種，葉如雞蘇①，
莖大似箸〔二〕，可長四五尺。一種，莖大如釵股，葉如
蓬，謂之‘聚藻’。此二藻②皆可食。煮熟，挼去腥氣，
米〔三〕麵糝蒸③，爲茹佳美。荆陽④人飢荒以當穀食。”

〔一〕引詩義疏：孔穎達引詩義疏，和要術所引大致相同，只“莖大似箸”作
　　　“莖大如箸”；“葉如蓬”，下有“蒿”字；“米麵蒸糝”無“糝”字；又無“荆陽
　　　人……”末句。御覽卷 999 百卉部六所引，節略甚多，但末句却是“荆
　　　揚人食以當穀，救飢，飢荒時蒸而食之”。

〔二〕“箸”：明鈔、金鈔譌作“著”，應依明清刻本及詩孔疏改正，才可以與下
　　　文另一句“大如釵股”對待。

〔三〕“米”：明鈔譌作“來”。

①“雞蘇”：即水蘇 *Stachys*，見下注解 92.92.1.⑤。

②“此二藻”：由上文的敘述推測，前一種，像雞蘇的，應當是蝦藻（*Pota-
　　　mogeton crispus* L.，即菹草）或近似的種類；後一種“聚藻”，可能是黑
　　　藻屬（*Hydrilla*）的植物。

③“米麵糝蒸”：將“野菜”或“園蔬”和到麵粉或米裏面蒸熟作飯，或倒過來
　　　在野菜裏面加上少量米或麵蒸來作飯。

④“荆陽”：“陽”字，懷疑是“揚”字寫錯。“荆陽”這個地名，還没有找到，
　　　“荆”“揚”作爲兩個州，互相鄰近，而且，都是多水澤的地方，便很容易
　　　瞭解。御覽所引，亦正作“荆揚”。

蔣

92.82.1 廣雅云：“菰，蔣〔一〕也，其米謂之‘雕〔二〕胡①’。”

92.82.2 廣志〔三〕曰：“菰，可食。以作席，温於蒲。生南方。”

92.82.3 食經云：“藏菰法：好擇之，以蟹眼湯煮之，鹽薄灑，抑〔四〕著燥器中。密〔五〕塗，稍②用。”

〔一〕“菰，蔣也”：明鈔及多數明清刻本脱去“菰”字，金鈔作“蔣，菰也”。依御覽卷999百卉部六所引及今本廣雅補正。

〔二〕“雕”：御覽作“彫”；舊本廣雅原脱，王念孫據要術補入廣雅疏證。

〔三〕引廣志：御覽所引，“作”作“爲”。類聚卷82所引，脱去“食”之，“作”亦作“爲”。

〔四〕“抑”：明鈔、金鈔依唐宋俗寫作“抲”，明清刻本傳譌作“拂”，今改作通用的“抑”字。

〔五〕“密”：金鈔及明清刻本作“蜜”，依明鈔作“密”。

①“雕胡”：菰米可以作飯，在戰國秦漢一段時間内，還相當通行。古文苑所收“宋玉”諷賦中，有“雕胡之飯”，禮記内則也有“魚宜苽（即菰米）”的話；不過諷賦是假話，禮記時代也難於確定。

②“稍”：説文解釋“稍”字，是“出物以漸也”，即每次拿出少量出來。

羊　　　蹄

92.83.1 詩云：“言采其蓫〔一〕”。毛云：“惡菜也。”詩義疏〔二〕曰：“今羊蹄①，似蘆菔，莖赤。煮爲茹，滑而不美；多噉令人下痢，幽陽②謂之‘蓫’，一名‘蓨’，亦〔三〕食之。”

〔一〕“蓫”：明清刻本多譌作“遂”，依明鈔、金鈔改正。

〔二〕引詩義疏：御覽卷995百卉部二“羊蹄”項（誤與“羊桃”項黏合）所引，只有一句“揚州謂羊蹄爲蓫”。

〔三〕“亦”：明清刻本譌作“一”，依明鈔、金鈔改正。

①“羊蹄”：蓼科的羊蹄 Rumex japonicus Meisn.，共有“蓨”、“蓳”、“蓫”、

　　“苗”、“蓚”等異名。

②“幽陽”:陳奐詩毛氏傳疏,在小雅(鴻雁之什)我行其野章,“言采其蓫”
　　下,引曾釗(詩異同辨),轉引齊民要術引詩義疏,是“今之羊蹄,似蘆
　　菔,莖赤,……多嚏令人下痢。揚州謂之‘羊蹄’,幽州謂之‘蓫’,一名
　　‘蓚’”。所引和現在的要術不同。要術中這個“陽”字,顯然是錯的,應
　　改作“揚”。

莬 葵

92.84.1 爾雅曰“蒍,莬葵①也。”郭璞注〔一〕云:“頗似葵,而
　　　　葉小,狀如藜,有毛。汋啖之,滑。”

〔一〕引爾雅郭注:御覽卷994百卉部一所引,與要術同。今本爾雅,作“頗
　　　似葵而小,葉狀如藜……”,兩個字顛倒後,意義相差很大。應依
　　　要術。

①“莬葵”:據本草綱目和植物名實圖考,又名“天葵”、“兔葵”,似乎是錦葵
　　科錦葵屬的植物。

鹿 豆

92.85.1 爾雅曰:“蔨,鹿藿;其實莥。”郭璞云:“今鹿豆①
　　　　也。葉似大豆;根黃而香〔一〕;蔓延生。”

〔一〕“根黃而香”:明清刻本脫去“黃”字,應依明鈔、金鈔及今本爾雅補。御
　　　覽卷994所引,也有“黃”字。

①“鹿豆”:豆科的 *Rhynchosia volubilis* Lour. 稱爲“鹿藿”。“葛”*Pueraria
　　thunbergiana Benth. 也稱爲“鹿藿”(見本草綱目);與“根黃而香”不
　　合,不是郭璞所指的植物。

藤

92.91.1 爾雅曰:“諸慮,山櫐①。”郭璞云:“今江東呼櫐爲

藤,似葛而麤大。”

    “欇,虎櫐。‘今虎豆②也’。纏蔓林樹而生;莢有毛,刺。江東呼爲‘欇櫐’③音涉。”

92.91.2 詩義疏〔一〕曰:“櫐,苣荒④也;似燕薁。連蔓生,葉白色;子赤可食,酢而不美。幽州謂之‘椎〔二〕櫐’。”

92.91.3 山海經曰:“畢山⑤其上多櫐。”郭璞注曰:“今虎豆、狸豆之屬。”

92.91.4 南方草物狀曰:“沈藤〔三〕,生子大如齏〔四〕甌,正月華色,仍連著實;十月臘月熟,色赤。生食之,甜酢。生交阯〔五〕。”

92.91.5 “眊⑥藤,生山中。大小如苹蒿⑦,蔓衍生。人採取,剥之以作眊,然不多。出合浦興古。”

92.91.6 “簡子藤〔六〕,生緣樹木。正月二月華色,四月五月熟;實如梨,赤如雄雞冠,核如魚鱗。取生食之,淡泊無甘苦。出交阯合浦。”

92.91.7 “野聚藤,緣樹木。二月華色,仍連著實,五六月熟,子大如羹甌。里〔七〕民煮食,其味甜酢。出蒼梧⑧。”

92.91.8 “椒藤〔八〕生金封山。烏滸⑨人往往賣之。其色赤,——又云,以草染之。——出興古。”

92.91.9 異物志〔九〕曰:“葭蒲,藤類,蔓延他樹,以自長養。子如蓮,菆側九反〔一〇〕⑩著枝格間——一日作“扶相連”⑪,實外有殼,裏又無核。剥⑫而食之,煮而曝之,甜美。食之不飢。”

92.91.10 **交州記**〔一一〕曰:"含水藤⑬,破之得水。行者資以止渴。"

92.91.11 **臨海異物志**〔一二〕曰:"鍾藤⑭,附樹作。根軟弱,須緣樹,而作上下條。此藤纏裹樹,樹死,且有惡汁,尤令速朽也。藤咸成樹,若木自然。大者,或至十五圍。"

92.91.12 **異物志**〔一三〕曰:"䕠⑮藤,圍數寸。重於竹,可爲杖。篾⑯以縛船,及以爲席,勝竹也。"

92.91.13 **顧微廣州記**〔一四〕曰:"䕠如栟櫚⑰葉疎;外皮青,多棘刺。高五六丈者,如五六寸竹;小者如筆管竹。破其外青皮,得白心,即䕠。"

92.91.14 "**藤類**〔一五〕有十許種:'續斷草',藤也,一曰'諾藤',一曰'水藤'。山行渴,則斷取汁飲之。治人體有損絕。沐則長髮。去地一丈斷之,輒更生根至地,永不死。"

92.91.15 "**刀陳嶺**〔一六〕⑱有膏藤:津汁軟滑,無物能比。"

92.91.16 "**柔䕠藤**⑲,有子。子極酢;爲菜,滑,無物能比。"

〔一〕引詩義疏:御覽卷 995 百卉部二引,首句是"蘽蔓也",葉白色的"葉"字,譌作"蔓"。陸德明經典釋文引陸璣草木疏,是"一名巨苽";"葉白色"作"葉似艾,白色"。

〔二〕"椎":明鈔譌作"稚",依金鈔及明清刻本改正。

〔三〕"沈藤":類聚卷 82 引作"浮沈藤";御覽卷 995 所引,仍作"沈藤",與要術同。

〔四〕"齏":明鈔、金鈔及明清刻本作'齊',依類聚改正作"齏"。齏甌,即盛齏的甌。

〔五〕“交趾”：御覽、類聚並作“交趾九真”。

〔六〕“簡子藤”：類聚引作“含蘭子藤”；無“核如魚鱗”；“淡泊”上有“味”字，又無“無甘苦”句。御覽所引與要術同；但“淡泊”上也有“味”字。

〔七〕“里”：類聚作“俚”。

〔八〕“椒藤”：類聚作“菽藤”，御覽作“科藤”。下句“烏滸”，類聚作“俚”。“其色”下有“正字”。御覽同。又類聚無“又云以草染之”句，御覽有。

〔九〕引異物志：御覽引作“陳祈暢異物志”。“子”，作“實大小長短”；無“一日作扶相連”句。

〔一〇〕“菽側九反”：明清刻本首字墨釘，依明鈔、金鈔及御覽補。

〔一一〕引交州記：御覽題名“劉欣期交州記”。

〔五二〕引臨海異物志：御覽所引，“此藤纏裹樹”，“纏”字上有“既”字，無“尤令速朽也”句；“藤咸成樹”，“咸”作“盛”；“十五”作“五十”。類聚無“上下條”三字；有“既”字與御覽同；有“尤令速朽也”句，“咸”亦作“盛”，無“五”字。按類聚的文字最完美，應照改。

〔一三〕引異物志：御覽引，“可爲杖”作“可以爲杖”。類聚所引，連綴在鍾藤（92.91.11）後面，仍作“菽藤”，如類聚不誤，則這條當是臨海異物志。

〔一四〕引顧微廣州記：御覽引作“顧徽”；句末多一“藤”字。金鈔也有這個“藤”字，其實“藤”字不應有。

〔一五〕“藤類”：這一條，從文義上看顯然另是一則。明鈔與御覽都黏連在上條上；金鈔上條末字在行尾，這裏的“藤”字，在第二行行首，可以看作是另起一條的情形。很可能有一個早期刻本，原是十五字一行的。後來改作十七大字一行時，這裏沒有留心分開，便黏合了。（御覽上條末尾的“藤”字，也在第二行行首，可能御覽只是本條條首誤多一個“藤”字，而不是上條條末多了。）

　　　御覽這條“一曰諸藤”上面，是“續斷草”。又“則斷取汁”上有“止”字。

〔一六〕“刀陳嶺”：御覽引有裴淵廣州記：“力陳嶺，民人居之，伐船爲業。隨樹所居，就以成槽；皆去水艱遠，動有數。山生一草，名‘膏藤’，津汁軟滑，無物能比。導地，牽之如流。五六丈船，數人便運。”類聚也引有裴氏廣州記，起句是“土人伐船爲業”，“艱”譌作“難”；“動有數”下有“里”字；“導地”上有“以此”兩字；“五六丈”上有“亦”字。

　　案：應依類聚，在御覽所引文字中，將民人改爲“土人”，補“里”字及“以此”兩字。

①“諸慮，山欒”：由郭注及詩召南，“南有樛木，葛藟纍之”看來，“諸慮山欒”與“葛”應是相似或者竟是相同的植物（葛見上面注解 92.85.1.①）。

②“虎豆”：豆科的 *Mucuna capitata* W. et A.，又稱“狸豆”、“黎豆”。

③“楰樿”：從前大概讀 liap xiap。謝靈運山居賦寫作“獵涉”，自注“出爾雅”。

④“苴荒”：由文中的描寫與本草綱目對照，我假定這所謂“苴荒”，即“本草”所謂“蓬蘽”，本草會編（明嘉靖年間汪機所作）所謂“寒莓”，都是薔薇科懸鉤子屬（*Rubus*）的植物。蓬蘽是 *R. Thunbergii* S. et Z.，寒莓是 *R. Buergeri* Miq.（參看下面注解 92.117.1.①的總結分析）。

⑤“畢山”：明本山海經中山經中次十一（第十七個山），“畢山，帝苑之水出焉；東北流，注于視。其中，多水玉，多蛟；其上，多瑈玗之玉”，没有關於植物的話。（第二十四個山）“卑山；其上多桃、李、苴、梓；多纍”，下有郭璞注“今虎豆、狸豆之屬。纍一名‘藤’，音誄”。要術的“畢”，應是字形字音都相似的“卑”字，寫錯的。御覽所引，也是“卑山”。

⑥“眊”：説文解字的解釋爲“羽毛飾也”，也就是“纓子”。音 rì。這一條和下面 92.91.6，92.91.7 和 92.91.8 三條，都是“南方草物狀”中的紀載；御覽和類聚不分條，要術分條各自提行。

⑦“苹蒿”：見 92.77。

⑧“蒼梧”：今日廣西壯族自治區蒼梧縣，從漢代起，都稱爲蒼梧；漢代是蒼梧郡廣信縣，隋代才將廣信縣改稱爲蒼梧縣，仍屬蒼梧郡。

⑨“金封山。烏滸”：金封山在什麽地方，我們没有資料，查不出來。“烏滸”

是西南的一個民族,後漢書列傳第七十六,記有"交阯,其西有……國,今烏滸人是也"。注引"萬震南州異物志"曰:"烏滸,地名也;在廣州之南,交州之北。"再依下文"出興古"推測起來,應當是今日貴州省和廣西省西邊一帶地區當日的居民。因此,估計起來,金封山也就大概應在今日苗嶺山脈中。

⑩"葭":即叢生的意思。由叢"著枝格間",及"外有殼,裏又無核"等情形看來,這所謂"葭蒲",似乎是無花果屬(*Ficus*)中的一種蔓本植物。

⑪"一日作'扶相連'":從字面上來瞭解這句話,不很容易。懷疑"日"字是"曰"字寫錯。"一曰:作'扶相連'",可以解成:"'枝格間'三字,有一個說法,是'扶相連'三字。"因爲"枝"與"扶"、"格"與"相"字形相似,"連"字也可以是"間"字破爛後,看不清晰,有些像"連"字。這樣,這一句只是上句的一個"校注",意義就容易體會了。另一方面,"扶"字讀音與作"蒂"解釋的"柎"(或寫作"跗""不")很相近。"扶相連",便是"蒂相連",正合於"葭著"的情形,也可以解釋。

⑫"剥":"剥"字有兩個解釋;一個是今日通用的"剥皮"的剥。還有一個,讀作"撲"(po),是用竿子打下來;詩豳風七月中的"八月剥棗",就得這樣解釋。這裏兩個用法都可以説得過去。不過,如果所指植物是無花果屬的,似乎第二個(打下來)的解釋更好。

⑬"含水藤":據本草綱目引李珣海藥本草轉引,"劉欣期交州記云:'含水藤,生嶺南及北海邊山谷。狀若葛;葉似枸杞。多在路旁。行人乏水處,便喫此藤,故以爲名。'"又引陳藏器(本草拾遺)曰:"安南、朱厓、儋耳無水處,皆種大瓠藤,取汁用之。藤狀如瓠,斷之水出。"與下面92.91.14顧微廣州記所記的"諸藤",可能是同一植物。這似乎是利用植物根壓取得飲水的一種巧妙方法。究竟是什麼植物,還待考證。

⑭"鍾藤":根據記載推測,似乎是四川、雲南、貴州一帶的"黄桷(也有寫作'葛'的)樹",即 *Ficus lacor*。有直立的樹,有貼在巖石、城墙或大樹生長的,也有生長到屋頂上去的。

⑮"菥":玉篇,"菥"字注"苦過切,科藤,生海邊"。"苦過切"應讀 kuò。由本節和下面 92.91.13 所引顧微廣州記參對着看,似乎很容易知道,"菥藤"是指棕櫚科的 *Calamus rotang* L. 的;"菥"則是剥去了外皮的"藤心"。陳藏器本草拾遺所説的"省藤",形態特徵多少有些近於這裏所説的"菥藤";藥用效果,似乎在於利用所含大量單寧,也還有些相近。但李時珍假定的和他所引洪邁夷堅志説起的織草鞋用的"紅藤",如果真就是"省藤"的話,則"省藤"便不是 *Calamus*。現在大家都用"籐"字來代表這個植物,簡單明確,比用不很明確的"省藤"好。

⑯"篾":用作動詞,即縱破成很長的長條,像把竹破成篾一樣。

⑰"栟櫚":即棕櫚、棕樹 *Trachycarpus excelsa* Wendl.。籐和棕櫚,親緣很近。這段記載,十分精細正確。

⑱"刀陳嶺":我們無可以考證這地方的材料。

⑲"柔菥藤":這似乎是另一種植物,與 *Calamus rotang* 無關。

藙

92.92.1 詩云:"北山有萊。"義疏[一]云:"萊,藜①也。莖葉皆似菉——王芻②——今兖州③人,蒸以爲茹,謂之萊蒸。"譙沛④人謂雞蘇⑤爲萊;故三倉云:"萊,荼萸⑥。"此二草異而名同。

[一]引詩義疏:御覽卷 998 百卉部五所引,"菉王芻"譌作"生菊";"萊蒸"作"萊而"。要術所引全文,連"譙沛人……名同"都作爲原來的詩義疏。郝懿行爾雅義疏及陳奂詩毛氏傳疏,也以要術爲根據,將要術中所引的話全部認爲義疏。

案,段玉裁一直認爲齊民要術所引詩義疏就是陸璣的詩草木蟲魚疏,這一條却有些問題:文中引有"三倉";"三倉"的名稱,出現得比較晚;陸璣是三國時吳人,那時是否已有了"三倉"的書名,還得好好考

訂。因此,我估計:(甲)如詩義疏即陸疏,則陸疏原文,只應引至"謂之
萊蒸"爲止;——至多到"謂雞蘇爲萊"止。(乙)如這段全文都是詩義
疏,則賈書所引詩義疏,便不一定全等於陸璣草木蟲魚疏。由文體看
來,"故三倉云:萊,茱萸",也似乎和上文不很相稱,需要分開來。

①"藜":這個字,應當依今日通行的寫法寫作"藜",即藜科藜屬的白藜
Chenopodium album L.,所謂"灰藋(音 tiáu 或讀 tiáu)菜",也就是爾
雅所謂"釐蔓華"的。

②"蔜王芻":爾雅釋草,"蔜王芻";即王芻又名蔜。郭璞注,"蔜蓐,今呼鴟
脚莎"。御覽卷 997 百卉部四引吳氏本草,"王芻一名黃草"。李時珍
以爲是"藎草",郝懿行以爲是"淡竹葉"。藎草 *Arthraxon ciliare*
Beauv.,淡竹葉 *Lophatherum gracile* Brongn. var. *elatum* Hack. 都是
禾本科植物。藜和禾本科植物如何相似,很難體會。也許"蔜王芻"是
"筑萹蓄"纏錯了。

③"兗州":今日山東西部。

④"譙沛":今日江蘇北部,接近山東安徽的地方,漢代是沛國譙郡。

⑤"雞蘇":*Stachys aspera* Michx. var. *japonica* Maxim. 又名"水蘇"、"芥
苴"。

⑥"萊,茱萸":爾雅,"椒樧醜萊"。椒是花椒 *Zanthoxylum* spp.;樧是食茱
萸 *Z. ailanthoides* S. et Z. 和吳茱萸 *Evodia rutaecarpa* Benth.;醜是
相似;即這些植物的果實相似。說文解字中"萊"字的解釋,依陸德明
經典釋文所引古本說文,是"樧,茮(即椒字)實裏如裘也"。因此,孫
星衍輯本三倉(艸部),直接寫成"萊茱萸"也,在原則上是完全正確
的。孫氏注明出自太平御覽,並且說"萊今作萊",也是對的。事實
上,御覽所引正是這一條詩義疏。這一條詩義疏,本身有些問題(參
看上面校記 92.92.1.〔一〕);孫星衍是否也有同樣的懷疑,我們不能
斷定。但這個"萊"字,必須改作"萊"才合理。同樣,"雞蘇爲萊"不合
事實,懷疑"萊"字也正應改作"萊"——因爲雞蘇是香料植物,和茱萸

一樣,所以譙沛人把它稱爲"菉",不難體會。如果這兩點都能成立;則從"譙沛人……"起,到"此二草異而名同",應別作一段,用"菉"字爲標題。

蕎

92.93.1　廣志〔一〕云:"蕎子生可食。"

〔一〕引廣志:集韻入聲"六術"所引,與要術同,下多"一曰馬芹"句。

蒹

92.94.1　廣志云:"三蒹①,似蒻羽②,長三、四寸。皮肥細,緗色③。以蜜藏之,味甜酸,可以爲酒啖④。出交州。正月中熟。"

92.94.2　異物志〔一〕曰:"蒹實雖名'三蒹',或有五六。長短四五寸,蒹頭之間,正巖⑤。以正月中熟,正黃多汁。其味少酢,藏之益美。"

92.94.3　廣州記曰:"三蒹快酢,新説⑥蜜爲糝,乃美。"

〔一〕引異物志:御覽卷974果部十一"三蒹"項,引作陳祈暢異物志:"三蒹大實,實(懷疑是"蒹"字寫錯)不但三;(雖名三蒹,或有四、五、六、枝*)食之,多汁,味酸且甘,藏之尤好。與衆果相參。"與要術所引,差別甚多。可見要術所引,不是陳書。

①"三蒹":"蒹"字本來的意義是"蒹",即蘆荻之類;這裏只是用來作記音字。稽含南方草木狀作"五斂子",解釋説:"南人呼'棱'爲'斂',故以名。"斂字當時大概讀liǎm,也可以讀上聲或陽平;"蒹"字當時大概也

---

*　疑是"棱"字寫錯。這兩句原是小字;因此整段很顯明是韻文。

讀 liám。這是酢漿草科的 *Averhoea carambola* L.，今日一般稱爲"陽桃"。

②"翦羽"：懷疑應是"箭羽"，即箭兩邊突出的羽枝。陽桃果子上的棱，突出而扁鋭，有些像箭羽。

③"皮肥細，緗色"："肥"字懷疑是"肌"字或"胞"字。緗色，是帶褐的黃；一般口語中所謂"香色"，正是"緗"。

④"酒唻"：即下酒就酒的食物。

⑤"巖"：這個字，如没有錯，便應當這樣解釋：棱盡頭（靠近原來花柱的地方），向外突出，下面峻峭，像巖壁一樣（在花柱基部，作成一個小潭）。

⑥"新説"：望文生義，可以解釋爲"近來的説話"，但仍懷疑有錯字。

蘧蔬

92.95.1 爾雅曰："出隧，蘧蔬①。"郭璞注云："蘧蔬，似土菌〔一〕；生菰草中。今江東噉之，甜滑。音氍毹〔二〕。"

〔一〕"菌"：明鈔、金鈔均譌作從"竹"的"箘"，依明清刻本及今本爾雅改正。

〔二〕"音氍毹"：這個音注，明清刻本都在小標題下，明鈔、金鈔在條末。"毹"字，明清刻本作"�"，明鈔作"㲬"，金鈔缺。依爾雅改正。

①"出隧，蘧蔬"：這應當是菰 *Zizania tatefolia* 的新芽，即所謂"菰手"、"菰首"。懷疑"出隧"（可能當時讀 kuot-sy）"蘧蔬"（可能讀 kysu），都是記音，和"菰手"、"菰首"一樣。像這樣軟滑而茸毛多的毛織物，便稱爲"氍毹"；——"毹"字也可以寫成"毺"，毺字本應讀"輸"，與"毹"字音很相近。慧琳一切經音義卷 45 優婆塞淨行法門經下卷音義，注音"數俱反"；卷 54 佛説兜調經音義，"色于反"；卷 66 集異門足論卷八，和較早的玄應一切經音義卷 2 大般涅槃經第十一卷，音義都注音"山于反"。都是讀 sü，或 ṣū。廣韻上平聲"十虞"，也還是"山芻切"；不知道爲什麽一到"唐韻"中，便成了"羊朱切"，讀"俞"了。

芙

92.96.1 爾雅曰：“鈎，芙①。”郭璞云：“大如拇指，中空，莖頭有薹，似薊。初生，可食。”

①“芙”：音 jǎu。苦芙，是菊科的 *Cirsium ovalifolium* Fr. et Sav. ）

筑

92.97.1 爾雅〔一〕曰：“筑①，萹蓄。”郭璞云：“似小藜；赤莖節，好生道旁。可食，又殺蟲。”

〔一〕引爾雅：今本爾雅是“竹，萹蓄”。郭注，首句是“似小藜”，餘與要術所引同。

①“筑”：説文解字，“筑”解作“萹筑也”。今本爾雅，都作“竹，萹蓄”。竹筑同音，本來可以借用；但竹既另指一大類植物，則專用筑來表示 *Polygonum aviculare* L. 更明確。

蓨 蕵

97.98.1 爾雅曰：“須，蓨蕵①。”郭璞注云：“蓨蕵，似羊蹄；葉細，味醋，可食。”

①“須，蓨蕵”：本草綱目引陶弘景名醫別録：“一種：極似羊蹄而味酸，呼爲‘酸模’。”酸模，當時大概讀 suēnmú。蓨蕵，當時大概該讀作 suēmmú；如果説得快一點，前一個字韻母的音隨，很容易與後一字的聲母同化，就和 suēnmú 完全一樣了。所以我們可以肯定，蓨蕵與酸模，是同一植物，即 *Rumex acetosa* L. 。蓨蕵或酸模，再經過急讀，都很容易衍變爲 su，這就是“須”字當時的讀法。

　　爾雅釋草，有兩條以“須”字起頭的。一條是“須蓨蕵”；另一條是

“須葑蓯”。“須蕧蕘”,大家都同意在“須”字下斷句。我也同意;因爲
這樣,才可以解釋爲什麼“酸模”就是“須”,也就是“蕧蕘”。“須葑蓯”,
大家也認爲該在“須”字下斷句,我很懷疑。方言,“蘴、蕘,蕪菁也;陳
楚之間謂之蘴”。郭注,“蘴舊音‘豐’,今江東音‘嵩’,字作‘菘’也”。
段玉裁注説文解字,“葑,須從也”,引了這句方言,加按語説:“蘴菘皆
即葑字,音讀稍異耳。須從正切菘字。陸佃(埤雅)、嚴粲(嚴氏詩緝)、
羅願(爾雅翼)皆言‘在南爲菘,在北爲‘蕪菁’……”我覺得爾雅的“須
葑從”,應在“葑”字下斷句:“須葑”,即 sūfuŋ,如果讀快些,便成了
“sūŋ”,這就是“菘”、“嵩”兩字的讀法。須從固然“切菘”,須葑一樣可
以“切菘”。“松”、“從”兩字,目前,湘江流域方言與粵語系統方言,口
語中都同樣讀作 cúŋ。所以“菘”即“從”,正也不難體會。有人(江沅)
懷疑爾雅中的“須葑從”是葑“須從”寫錯,我却同意桂馥的看法,是説
文本是“葑,須葑從也”,在傳鈔中漏掉了一個“葑”字。

隱　　荵

**92.99.1 爾雅云:“蒡,隱荵①。”郭璞云:“似蘇,有毛。今江
東呼爲隱荵。藏以爲菹,亦可瀹食。”**

①“隱荵”:本草綱目引陶弘景名醫別録,以爲桔梗葉名“隱荵,可煮食之”。
又引葛洪肘後方,“隱忍草,似桔梗,人皆食之”。李時珍根據這兩點,説
隱荵是薺苨苗。薺苨 Adenophora remotiflora Miq. 也屬於桔梗科。

守　　氣

**92.100.1 爾雅曰:“皇,守田①。”郭璞注曰:“似燕麥,子如
雕胡米,可食。生廢田中,一名守氣。”**

①“守田”:本草綱目卷 23 穀之二“菵草”條,引陳藏器本草拾遺,“菵草生水
田中,苗似小麥而小。四月熟,可作飯”,李時珍以爲就是爾雅的“皇守

田”。菵草是禾本科的 *Beckmannia crucaeformis* Host.。

地　榆

92.101.1 神仙服食經云:“地榆①一名‘玉札’。北方難得;故尹公度曰:‘寧得一斤地榆,不用明月珠。’其實黑如豉。北方呼‘豉’爲‘札’,當言‘玉豉’。與五茄煮服之,可神仙。是以西域真人曰:‘何以支長久? 食石畜金鹽;何以得長壽? 食石用玉豉。’此草霧而不濡,太陽氣盛也。鑠玉爛石,炙其根作飲,如茗氣。其汁釀酒,治風痺,補腦。”

92.101.2 廣志曰:“地榆可生食。”

①“地榆”:薔薇科的 *Sanguisorba officinalis* L.。

人　莧

92.102.1 爾雅曰:“蕢,赤莧。”郭璞〔一〕云:“今人莧①赤莖者。”

〔一〕引爾雅郭注:今本爾雅郭注是“令之莧赤莖者”。由要術本條標題看來,今本爾雅是錯字。

①“人莧”:即莧菜 *Amaranthus mangostanus* L.。

莓

92.103.1 爾雅〔一〕曰:“藨,山莓①。”郭璞云:“今之木莓也;實似藨〔二〕莓而大,可食。”

〔一〕引爾雅及郭注:今本爾雅,“藨”作“茢”;管子地員篇亦作“藨”。郭注,

"實"字下有"似"字，與明鈔、金鈔同。明清刻本無"似"字。

〔二〕"藨"：明鈔、金鈔均譌作"薕"，應依爾雅及明清刻本改正。

①"箭，山莓"：據李時珍考證，即懸鈎子 *Rubus palmatus* Thunb.，是落葉灌木。參看注解 92.117.1.①。

鹿　　葱

92.104.1　風土記〔一〕曰："宜男，草也。高六尺，花如蓮。懷姙人帶佩，必生男。"

92.104.2　陳思王宜男花頌〔二〕云："世人有女求男，取此草食之，尤良。"

92.104.3　嵇含宜男花賦，序〔三〕云："宜男花者，荊楚之俗，號曰'鹿葱'①。可以薦宗廟；稱名，則義過馬舄②也。"

〔一〕引風土記：御覽卷 994 百卉部一"鹿葱"項所引，是"宜男，草也。宜懷姙婦人，佩之，必生男"。卷 996"萱"項所引，是"花曰'宜男'。姙婦佩之，必生男。又名萱草"。類聚卷 81 所引，是"宜男，草也，高六七尺，花如蓮。宜懷姙婦人；佩之，必生男"。

〔二〕陳思王宜男花頌：御覽未引有；類聚所引是一篇四字句的韻文，無此兩句。按要術所引這兩句，可能是原頌的序。更可能是要術誤引嵇含宜男花賦的（見下條校記）序。

〔三〕引嵇含宜男花賦序：御覽卷 994 所引，全文是"宜男花者，世有之久矣。多殖幽皋曲隰之側，或華林玄圃；非衡門蓬宇所能序也。荊楚之士，號曰'鹿葱'，根苗可以薦於俎。世人多女，欲求男者，取此草服之尤良也"。類聚只有"宜男，多植幽皋曲隰，或寄華林玄圃，荊楚之士，號曰'鹿葱'"。

①"鹿葱"：即萱草 *Hemerocallis flava* L.。

②"馬舄"：馬舄，即車前草 *Plantago* spp.，詩周南（芣苢）"采采芣苢"，毛

傳説："芣苢,馬舄;馬舄,車前也;宜懷任焉";古來傳説,馬舄可以使女人容易懷孕。

蔞　蒿

92.105.1 爾雅曰："購,蔏蔞。"郭璞注曰："蔏蔞,蔞蒿①也。生下田。初出可啖。江東用羹魚。"

①"蔞蒿":即 *Artemisia vulgare* L.。

蔍

92.106.1 郭璞注〔一〕曰①："蔍即莓也;江東呼蔍莓。子似覆葐而大,赤;酢甜可啖。"

〔一〕引爾雅郭注:今本爾雅郭注"江東"上有"今"字。

①"郭璞注曰":這是爾雅"蔍、薦"的郭注。所指植物,李時珍以爲是"藨田蔍"*Rubus parvifolius* L.;參看注解92.117.1.①。

蓤

92.107.1 爾雅曰："蓤①,月爾。"郭璞注云："即紫蓤也。似蕨可食。"

92.107.2 詩曰〔一〕："蓤,菜也。葉狹,長二尺;食之微苦,即今英菜〔二〕也。詩曰:'彼汾沮洳,言采其英②'。"—本作"莫"。

〔一〕"詩曰":明鈔、金鈔和多數明清刻本都是"詩曰"。"蓤,菜也……"但這種字句顯然不是"詩",作"詩曰"是錯誤的,而且與下文引"彼汾沮洳"矛盾重複。漸西村舍本改作"詩義疏曰";郝懿行爾雅義疏也引"齊民要術引詩義疏,以蓤菜即莫菜",也認爲這句是詩義疏。詩義疏現無完本,我們無從決定這句是否出自詩義疏。不過,詩經中沒有"蘽"字;魏風"彼汾沮洳"的"莫"字,陸德明經典釋文所引陸璣草木疏只有"菜也"兩字,沒有提到"蘽",召南草蟲"言采其蕨"也沒有提到"蘽"。這裏的引文,是否詩義疏,還得另尋證據。

〔二〕"英菜":明鈔是"英菜",菜字寫得像"菜"。明清刻本都是"英菜"。金鈔第一字模糊(懷疑是"英"),第二字是"采";但本條最末的"一本作莫","莫"字作"英"。郝懿行爾雅義疏改作"莫菜"。案"英"字,字形與"莫"及"英"相似,又與"蕨"同音;要術中有"蘽菜似蕨"(92.61.25)的一條,蘽也的確是"蕨類";因此懷疑這兩字應是"英菜",即借用同音的"英"字爲"蕨"。

①"蘽":前面 92.61.25 已有"蘽菜",92.61.27 又有"蕨菜";卷九 88.36.3也有過"蕨""蘽"。這裏再重複了一次。

②"英":依今本詩,應是"莫"。孔穎達詩正義引詩義疏:"莫:莖大如箸,赤節;葂──葉似柳葉,厚而長,有毛刺……其味酢而滑;始生,可以爲羹,又可生食。五方通謂之'酸迷';冀州人謂之'乾絳';河汾之間,謂之'莫'。"依詩的韻脚,"莫"字應讀去聲。懷疑所指仍是"酸模"。

覆　葐

92.108.1　爾雅曰:"葔,蒛葐。"郭璞云:"覆葐①也;實似莓而小,亦可食。"

①"覆葐":是 *Rubus tokkura* Sieb. ,參看注解 92.117.1.①。

藑　搖

92.109.1　爾雅〔一〕曰:"柱夫,搖車。"郭璞注曰:"蔓生,細葉,紫華可食。俗呼藑搖①車。"

〔一〕引爾雅:今本爾雅,都是"柱夫搖車";御覽卷 998 百卉部五"藑搖"所引,作"枉矢搖草"。"草"字是字形相似寫錯;但"枉矢"兩字很值得考慮。翹搖是與巢菜屬(*Vicia*)植物,葉形很像箭羽,莖彎曲不直,可能稱爲"枉矢",即彎曲的箭。*Vicia sativa* L.,日本稱爲"大巢菜"(即"箭筈豌豆",四川及江南稱爲"巢子"),也暗示着"箭"的形狀。

①"翹搖":可能即是 92.79.3 的"翹饒",即巢菜屬(*Vicia*)的小巢菜。本卷中記載 *Vicia* 的,有 92.69,92.79 和 92.109 三條。

烏蘆音丘

92.110.1 爾雅曰:"葭①,蘆也。"郭璞云:"似葦而小,實中。江東呼爲'烏蘆'。"

92.110.2 詩曰:"葭②菼揭揭。"毛云:"葭,蘆;菼,薍。"

　　　　義疏〔一〕云:"薍,或謂之'荻'。至秋堅成,即刈,謂之'藿',③。"

　　　　"三月中生。初生,其心挺出,其下本大如箸,上銳而細,有黃黑勃④著之,汙人手。把取。正白,噉之甜脆。一名'蓬蕽',⑤,揚州謂之'馬尾'。故爾雅云:'蓬蕽馬尾也。'幽州謂之'旨苹'。"

〔一〕引詩義疏:邢昺爾雅疏所引詩義疏,是"薍,或謂之荻,至秋堅成,則謂之藿";類聚卷 82 及御覽卷 1000"蘆荻"項所引詩義疏全同;只"藿"字作"萑"。

①"葭":音 tǎn(從前大概讀 tǎm);說文解字亦作"菼",注解爲"萑之初生"。也就是蘆 *Phragmites communis* Trin. var. *longivalvia* Miq. 的嫩芽。李時珍在本草綱目中所作斷語是:"蘆有數種:有長丈許,中空,皮薄,色白者,'葭'也,'蘆'也,'葦'也。短小於葦,而中空,皮厚,色青蒼者,'菼'也,'薍'也,'萑'也。其最短小而中實者,'蒹'也,'薕'也。"這裏

面一共提出了七個名稱；此外，還有他所收集的蘆葦花名“芀”（音調，案即詩經“苕之華”的“苕”字纏錯）與“蓬蕽”；笋名蘿（音拳）；未解葉（即鱗葉未開放）的名“紫籜”；再加上“烏蓲”、“蓫薚”、“馬尾”、“旨萍”共有十四個名詞。

②“葭”：音 ɥiā（從前讀 gā）。初生的蘆。

③“藿”：音 huān（從前也許讀 ghuān），一般都省寫作萑；“正確”的寫法，還得再加一個“艸”字頭（參看卷三注解 30.8.5.②。）

④“勃”：粉末（參看卷一注解 3.4.2.③，及 8.3.2.①），也就是蘆葦筍籜上的茸毛。

⑤“蓫薚”：蓫音 ʐu（從前大概讀 ʐuk）；蓫薚的爾雅郭注，是“廣雅曰：‘馬尾，蔏陸’；本草云：‘别名薚’。今關西亦呼爲薚；江東呼爲當陸”。所指的是商陸 *Phytolacca* spp.，與蘆葦無關。

𣘻

92.111.1 郭璞〔一〕曰：“檟①，苦荼，樹小似梔子②。冬生葉，可煮作羹飲。今呼早采者爲‘荼’，晚取者爲‘茗’。一名‘荈’③。蜀人名之‘苦荼’。”

92.111.2 荆州地記曰：“浮陵④荼最好。”

92.111.3 博物志曰：“飲真荼，令人少眠。”

〔一〕引郭璞：今本爾雅釋木中有“檟，苦荼”，郭璞注是：“樹小似……‘苦荼’。”明鈔及金鈔全部都作爲郭注。祕册彙函系統各本與爾雅同。

①“檟”：説文的“檟”徐氏兄弟都注音爲“古雅切”；當時的讀法，可能是 gǎ 或 giǎ，也許江南音讀 gǒ；這樣，可以與右邊的標音成分“賈”字相合。“檟”樹，據許慎原來解釋，是“楸也”；由他所舉的例“樹六檟於蒲圃”，以及左傳中其他的例證，都是只能是一種生長較迅速的材木。爾雅這一條，顯然是借用原有木名，來代表另一種植物，究竟是爾雅原有，或

者郭璞附加,還值得懷疑。如果真是爾雅原文,郭璞加注的話,郭璞注中所説的,很顯明地就是今日的"茶樹"*Thea sinensis* L. 無疑。茶,本來是苦菜,已見上面 92.64;"茶"上再加"苦"字,郭璞已説明是當時蜀地方言。有"余"字聲標的字,由"涂"(tu)"除"(gu)到"叙"(sy 或 ṣu?),可以看出聲母可以由舌尖破裂經過裂擦到擦的衍變趨勢;由"涂",經過"畬"(兼讀 y 與 ṣa)到"斜",可以看出韻母也可以由 u 到 a。這就是"茶"後來衍變成今日"茶"字的經歷;也就説明,爲什麽會借用到讀音似乎毫不相同的"檟"字。"茶"字讀音可以變爲 ɥia,就和檟字讀音由 gia 轉變成 ɥia 交叉了。

②"梔子":即茜草科的 *Gardenia florida* L.。

③"莽":現在讀ɕyǎn,過去也許讀 kyǎn。

④"浮陵":"浮陵"這個名稱,不見書傳;胡立初以爲"沅陵"之誤。"浮"字有錯誤,是肯定的;但認爲當作"沅",還值得考慮。晉書地理志中,屬於荊州的縣名,第二字是"陵"的,共有曲陵、竟陵、江陵、州陵、房陵、武陵、信陵、夷陵、孱陵、遷陵、醴陵、巴陵、茶陵、泉陵、零陵、邵陵等十六個之多,其中,第一字字形,與"浮"相似的,還有"江"與"孱"。産名茶的不一定是"沅陵"。

荊　　葵

92.112.1　爾雅曰:"荍,蚍衃①。"郭璞曰:"似葵,紫色。"

　　　　詩義疏曰:"一名'芘芣'。華紫緑色,可食;似蕪菁〔一〕,微苦。"

　　　　陳詩曰:"視爾如荍。"

〔一〕"似蕪菁":明鈔、金鈔"似"字上有"華"字;上文已有"華紫緑色",這裏不應重複。依明清刻本及孔穎達正義所引删去。

①"蚍衃":據羅願爾雅翼,"荊葵,花似五銖錢大,色粉紅,有紫文縷之。一

名'錦葵'"。似乎即是 *Malva sylvestris* L. var. *mauritiana* Boiss. ，"蚍衃"和下文"芘芣"，都讀 pífú。

竊　　衣

92.113.1　爾雅曰："蘮挐[1]，竊衣[2]。"孫炎[一]云："似芹。江河間食之。實如麥，兩兩相合；有毛，著人衣。""其華著人衣，故曰'竊衣'。"

[一]引爾雅孫炎注：御覽卷 998 百卉部五"竊衣"項所引，是"江淮間食之。其花着人衣，故曰'竊衣'"。今本爾雅郭注是："似芹，可食。子如大麥，兩兩相合，著人衣"；御覽所引郭注，"子如大麥"作"實大如麥"。案要術所引，似乎是將孫郭兩人的注混淆了。"子如大麥"和"實如麥"，都不如御覽所引的"實大如麥"一句平正合適。

①"蘮挐"：音 qìrú。

②"竊衣"：繖形科的植物 *Osmorhiza aristata* Makino. et Yabe. 。孫炎的記載，完全與實物相似。

東　　風

92.114.1　廣州記云："東風[1]華葉似'落娠婦'[2]；莖紫。宜肥肉作羹，味如酪。香氣似馬蘭[3]。"

①"東風"（菜）：菊科的 *Aster scaber* Thunb. 。

②"落娠婦"：不知道是否虎耳草科的 *Astilbe chinensis* Maxim. var. *albiflora* Maxim. ？

③"馬蘭"：與東風菜同屬的 *Aster trinervius* Roxb. var. *adustus* Maxim.（?）

菫[1]丑六反

92.115.1　字林云："草似冬藍[2]，蒸食之，酢。"

①"蓳"：從前大概讀ɕuk。蓳就是羊蹄 *Rumex japonicus* Meisn. , 前面92.83 已有説明。

②"冬藍"：爵床科的 *Strobilanthes flaccidifolius* Nees. , 稱爲"馬藍"、"冬藍"。

英而究反

92.116.1　木耳①也。案：木耳煮而細切之，和以薑橘，可爲菹，滑美。

①"木耳"：要術中記着的木耳，有卷八中的"檽"（見 76.27.5）卷九中的"木耳菹"（88.34）。這一條所説的食用法，和 88.34 相似。

莓亡代反

92.117.1　莓①，草實；亦可食。

①"莓"：説文中，只有"莓"字（仍讀 méi）解作"馬莓"。本卷中已有"巨荒"（92.91.2）、"葥"（92.103）、"蘆"（92.106）、"覆盆"（92.108）等四條，都是討論懸鈎子屬漿果的；而且 92.103 也以"莓"爲標題。這條，只是引有這麼一個字，連解釋一併記了下來，没有什麼内容。我們現在依李時珍本草綱目的記載文字，把前四種"莓"的特徵，作一個分析比較表。

要術引用的名稱	苣荒	莓	覆盆	蘆
爾雅中的名稱		葥、山莓	茥、覆盆	蘆藬
李時珍認爲是	割田蘆	蘆	插田蘆	薅田蘆
其他異名	寒莓、陵藟、陰藟、蓬虆	懸鈎子*、沿鈎、樹莓	缺盆、覆盆子、大麥莓、烏蘆	

＊　懸鈎子，已見卷九 88.32.4 及 88.32.5。

续表

蔓	繁衍,有倒刺。	樹生,高四五尺。	小於蓬虆,亦有鈎刺。	小於蓬虆
葉	逐節生葉;大如掌,狀類小葵,面青背白,厚而有毛,冬月苗葉不凋。	似櫻桃而狹長。	一枝五葉,面背皆青,光薄無毛,冬月苗凋。	二枝三葉,面青,背微白,微有毛。
花	六七月開,小,白色。	四月開,小,白。	白	小,白
實	就蒂結;30—40顆成簇。生青黄,熟紫黯。微有黑毛。狀如熟葚而扁。	與覆盆一樣,色紅。	四五月成。小而稀疏。生青黄,熟烏赤。	四月成熟。色紅如櫻桃。
實用	可入藥。		入藥。	不入藥。
學名	*R. Thun-bergiana*	*R. palm-atus*	*R. tokku-ra*	*R. parvif-olius*

萱音丸

92.118.1 萱[①],乾菫也。

①"萱":菫乾了收藏起來,稱爲"萱";和上面注解 92.73.1.①中(2)(6)兩項對照。

蘄

92.119.1 蘄,字林曰:"草,生水中,其花可食。"

木

92.121.1　莊子[一]曰①："楚之南，有冥[二]泠—本作靈者，以
　　　五百歲爲春，五百歲爲秋。"

92.121.2　司馬彪②曰："木生江南，千歲爲一年。"

92.121.3　皇覽冢記[三]曰："孔子冢塋中，樹數百，皆異種；
　　　魯人世世無能名者。人傳言，孔子弟子，異國人，持其
　　　國樹來種之。故有柞、枌、雒離、女貞、五味、毚[四]檀
　　　之樹。"

92.121.4　齊地記[五]曰："東方，有不灰木。"

〔一〕引莊子：今傳本莊子逍遙遊，"冥泠"作"冥靈"，經典釋文說："冥，本或
　　作榠。"

〔二〕"冥"：明清刻本譌作"宜"，依明鈔、金鈔及討原本改。

〔三〕引皇覽冢記：御覽卷 560 禮儀部三十九"冢墓"（四）項所引，是"孔子
　　冢，在魯城北便門外，南去城一里。冢塋方百畝，冢南北廣十步，東西
　　十步，高丈二尺。冢爲祠壇，方六尺，與地平。無祠堂。冢塋中，樹以
　　百數，皆異種；魯人世世皆無能名其樹者。民云：孔子弟子，異國人，各
　　持其國樹來種之。孔子塋中，不生荆棘及刺人草"。史記孔子世家裴
　　駰注，所引皇覽，與御覽小異：無"在魯……南"；"冢塋百畝"，無"方"
　　字；"東西"是"十三步"；"冢爲祠壇"是"冢前以瓴甓爲祠壇"；"無祠堂"
　　前有"本"字；"民云"作"民傳言"；"種之"後有"其樹：柞、枌、雒離、女
　　貞、五味、毚檀之樹"。

〔四〕"毚"：明清刻本譌作"㲋"，不可認識。依明鈔、金鈔及史記注所引
　　改正。

〔五〕引齊地記：御覽卷 967 木部九"勝火"項，引伏琛齊地記，"東武城東南，

有勝火木；方俗言（？原作音）曰‘梃子’。其木經野火，燒（之不死），炭（亦*）不滅；故東方朔謂爲‘不灰木’”。這條中所有的字，那條中都有著，可能是一條。但一般將石綿稱爲“不灰木”，也可能要術所引，是指石綿的。

①“莊子曰”：這是莊子內篇第一篇逍遙遊中的一句。列子湯問篇也有，不過“楚”字作“荊”。

②“司馬彪”：司馬彪是晉代的宗室，曾爲莊子作注。這篇所引，即他爲“冥泠”作的注。

桑〔一〕

92.122.1　山海經〔二〕曰：“宣山，有桑，大五十尺；其枝四衢。言枝交互四出。其葉大尺〔三〕，赤理，黃花，青葉，名曰：‘帝女之桑。’”婦人主〔四〕蠶，故以名桑。

92.122.2　十洲記〔五〕曰：“扶桑，在碧海中。上有大帝宮，東王所治。有椹桑，樹長數千丈，三千餘圍。兩樹同根，更相依倚，故曰：‘扶桑。’仙人食其椹：體作金色，其樹雖大，椹如中夏桑椹也。但稀而赤色；九〔六〕千歲一生。實〔七〕味甘香。”

92.122.3　括地圖〔八〕曰：“昔〔九〕烏先生，避世於芒尚山，其子居焉。化民食桑，三十七年，以絲自裹。九年生翼，九年而死。其桑長千仞，蓋蠶類也。去琅邪①二萬六千里。”

92.122.4　玄中記云：“天下之高者‘扶桑’，無枝木焉。上

---

*　“之不死”與“亦”，依“火部”所引補。

　　至天，盤蜿而下屈，通三泉也。”

〔一〕“桑”：從這裏起，到“棠棣”（92.123）止，這兩段六條，共二十二行，明清刻本，錯誤地移到“木縣”（92.127）後面。在明鈔本，這六條恰恰是二十行，也恰恰就是南宋本的一頁。

〔二〕引山海經：明本山海經中山經（中次十一），與要術所引的不同，有：“葉大尺餘”，多一“餘”字；“青葉”是“青榑”；小注“婦人”作“婦女”。御覽卷955木部四“桑”項所引，與要術全同。

〔三〕“大尺”：明鈔中極少見到的“尺”字，這裏有一個。金鈔“大”字譌作“木”。

〔四〕“主”：明清刻本譌作“生”，依明鈔、金鈔及山海經改。

〔五〕引十洲記：御覽所引，“大帝”作“天帝”；“兩樹”作“兩兩”；“體作金色”上有“榑”字（這個“榑”字應補入，文句才完備）；“稀”上無“但”字；“一生實”下有“耳”字（即“九千歲一生實耳”是一句，與上文“樹雖大”的雖字相呼應）。類聚所引，作“天帝宮”；“仙人食其榑”譌作“仙人食根”；“金”作“紫”。無“但稀而色赤”句。

〔六〕“九”：明清刻本譌作“兊”，依明鈔、金鈔改正。

〔七〕“實”：明清刻本譌作“食”，依明鈔、金鈔改正。

〔八〕引括地圖：類聚所引，是“化民食桑，二十七年，化而身裹（按係“裹”字之譌），九年生翼，十年而死”。御覽卷955所引，與類聚同，只“身裹”是“自裹”。卷825，引玄中記，“化民食蠶，三七年，能以（按係“以絲”之譌）自裹如蠶績；九年而翼，七年而死，去琅耶四萬里”。（神異經同）

〔九〕“昔”：明清刻本均作“惜”，暫依明鈔、金鈔改正。

①“琅琊”：是山名，也是郡名、臺名。三樣事合在一處的，在今日山東省。

棠　　棣

92.123.1　詩曰：“棠棣①之華，蕚不②韡韡。”詩義疏云：“承花者曰‘蕚’。其實，似櫻桃、奧；麥時熟，食，美。北方呼之‘相〔一〕思’也。”

92.123.2　説文③曰：“棠棣，如李而小，子如櫻桃。”

〔一〕“相”：明清刻本譌作“林”，依明鈔、金鈔改正。

① “棠棣”：詩小雅鹿鳴之什棠棣章，今傳各本詩經，都作“棠棣”。“常”字字
形，多少有些像“棠”，讀音也相差不大。爾雅是“常棣，棣”；到説文，便
已寫作棠棣了。

　　　本草綱目卷 36 木之三，“郁李”條，釋名項，列有“奧李、鬱李、車下
李、爵李、雀梅、常棣”等名。並引“掌禹錫（嘉祐本草）曰：“按郭璞云，
常棣生山中，子如櫻桃可食。……陸璣（原誤作機）注（詩小雅常棣）
云：‘白棣樹也。（實）如李而小，正白，今官園種之。’一名奧李……”過
去各家，大家也同意“棠棣即郁李”，即 *Prunus japonica* L.；本卷
92.29 所説的“鬱”，也指同一植物。

② “萼不”：今詩經各本，“萼”作“鄂”。由下面詩義疏：“承花者曰萼”（鄭玄
箋作“承華者曰鄂”）一句看來，必須是“萼”字才合適。文選束（皙）“補
亡詩”注，引毛詩作“萼”；説文（六下𦾔部）“韡”字解説，所引詩，也作
“萼”。“鄂”只是借用。過去各家，往往將“不”字解作否定語的副詞。
我贊成鄭玄箋的説法，將“不”字解作“花柎”，即花蒂。“不”字的篆體，
就是一個花蒂貼在枝條上（上面的“一”）的圖形；在櫻桃屬的杯狀花
托，這個形象分外明顯。

③ “説文”：這一節不見於説文解字。也許是錯漏了：原文應是説文“栘，棠
棣也”，下面“如李而小……”，則是賈思勰所加説明。

栻

92.124.1　爾雅云：“栻①，白桵。”注曰：“桵，小木〔一〕。叢
　　　　　生，有刺。實如耳璫，紫赤可食。”

〔一〕“木”：明鈔、金鈔及多數明清刻本都作“大”；討原本與漸西村舍本作

“木”。應依今本爾雅作“木”。

①“械”：本草綱目認爲是“蕤核”。植物名實圖考中“蕤核”圖，很像小蘗屬 *Berberis* 植物；但我國產小蘗屬，花多是黃色，與綱目所引韓保昇記載的“花白色”不符合。

櫟

92.125.1　爾雅曰：“櫟①，其實梂。”郭璞注云：“有梂彙②自裹。”孫炎云：“櫟實，橡也。”

92.125.2　周處風土記〔一〕云：“史記曰：‘舜耕於歷山③。’而始寧邾郯④二縣界上，舜所耕田，在於山下。多柞⑤樹。吳越之間，名柞爲‘櫟’；故曰‘歷山’。”

〔一〕引周處風土記：水經注卷四“河水”“又南過蒲坂縣西”注，引周處風土記：“舊説舜葬上虞，又（按：是“史”字之譌）記云：‘耕於歷山’，而始寧、剡二縣界上，舜所耕地，於山下，多柞樹。吳越之間，名柞爲櫪，故曰歷山。”御覽卷958木部七“柞”項所引，與水經注幾乎全同：“史記”亦譌作“又記”，“櫟”也作“櫪”；但所耕田句下，是“在於山下，山多柞樹”。按要術“邾”字不應有，“郯”也應作“剡”字。御覽的“在於山下，山多柞樹”，比水經注和要術所引都完備。

①“櫟”：殼斗科的 *Quercus serrata* Thunb. 與 Q. *acutissima* Carr.。

②“彙”：這個字，本來是一個獸類的名稱，——即現在大家熟知的“刺蝟”。刺蝟有一個習慣，把身體蜷縮起來，將棘針向外豎着，使害敵無從傷害它。因此，便引申爲收斂收集的意義，也就是“彙集”“蝟集”這兩個詞的來源。這裏用“彙”字，還更近於原來彙字指蝟的意義：因爲櫟的殼斗上，有些硬毛，很像刺蝟。

③“歷山”：據蘇鶚總結，從前五嶺以北，有四個歷山：在河中、齊州、冀州和濮縣。但這裏所説的歷山，卻還在這四個之外，應當是今日浙江省餘

姚縣,才與周處風土記的"吳越"相合。

④"始寧邳郯":始寧,是後漢置的鄉,在今日浙江省上虞。邳是北周置的
　州,在今日江蘇、安徽、河南三省交界地區。郯,如果是漢代的縣,應在
　今日山東省境,和邳相去不太遠。如果指春秋時的郯國,則在山東南
　邊的今日郯城縣,就和邳更相近。如果指晉置的縣,在今日江蘇省鎮
　江,倒與陽羨(今日宜興,也就是周處家鄉)很近。但這三處都和始寧
　隔的頗遠。因此,我認爲應依水經注所引,把"邳"字去掉,"郯"改爲
　"剡":剡溪是曹娥江的一個水源,和上虞(始寧)極近。曹娥江另一水
　源,今日稱爲"小舜水",也和"餘姚"(姚是舜的姓)"上虞"(虞是舜的國
　號)兩個地名有關。舜的後代封在餘姚,因此在餘姚附近,設置了"歷
　山""舜水"。這一個説法,與這節文字更相符合。此外,"始寧邳郯"已
　是三縣,也和"二縣"矛盾。懷疑"邳郯"是賈思勰(他是齊州人)因爲齊
　州有歷山歷城,所以將風土記中的"剡"改爲"邳郯",遷就他所熟悉的
　地理;也可能是流傳中某人改的。

⑤"柞":即櫟的另一名稱。

桂

92.126.1 廣志[一]**曰:"桂**①**出合浦,其生必高山之嶺**②**,冬
　　夏常青。其類自爲林,林間無雜樹。"**

92.126.2 吳氏本草曰:"桂,一名'止唾'。"

92.126.3 淮南萬畢術③**曰:"結桂用葱。"**

〔一〕引廣志:御覽卷957木部四"桂"項所引,是"桂出合浦,而生必以高山
　　之顛;冬夏常青。類自爲林,間無雜樹。交趾置桂園"。類聚卷89所
　　引,"類自爲林"上多一"其"字。

①"桂":樟科的肉桂或玉桂 *Cinnamomum cassia* Bl.。

②"嶺":應依御覽所引作"顛";可能本是"巓"字,字形與"嶺"相似而纏

錯的。

③“淮南萬畢術”：已失傳的一部巫術書。見卷二15.1.6。

木　緜

92.127.1 吳録地理志〔一〕曰：“交阯定安①縣，有木緜②。樹高大。實：如酒杯口；有緜，如蠶之緜也。又可作布，名曰‘白緤’③，一名‘毛布’。”

〔一〕引吳録地理志：御覽卷960木部九“木緜”項所引，……“實如酒杯，中有緜……”不是“……杯口，有……”又“白緤”漏去“白”字。

①“定安”：漢代在交阯（北部）建置安定縣，到南朝宋改稱“定安”。張勃是晉代人，便不會用定安這名稱。如不是鈔錯，則是僞作。

②“木緜”：“緜”是利用蠶絲作的絲緜。現在通用的“棉”字，本來是借用“屋連棉”的棉，到唐代才漸漸代替了“緜”字，作爲纖維團的名稱。這裏所說的“木棉”，只是 *Gossypium*，不是 *Ceiba*。參看下注。

③“白緤”：説文（137）糸部“緤”字，解釋是“緤或從枼”；“緤”字，解釋是“犬（段玉裁依禮記少儀補）系也”。大廣益會玉篇卷27糸部，“緤”字也是“同緤”“緤”字注“思列切（大概讀 siet），馬韁也；凡繫縲牛馬，皆曰‘緤’”；古逸叢書影印唐卷子本玉篇，注中所引書傳較詳，但仍作爲“縲緤”解，與説文在基本上相同。這兩部較早的字書，都沒有關於“白緤”這個名詞的任何線索。

玄應一切經音義，卷19“本行經”第40卷，音義，有一條“白氎”，注説“古文‘緂’同，徒頰反，毛布也……”卷11“阿含經”第九卷，音義又有一條“白疊”，注“字體作‘氎’，古文‘緂’同，徒頰反，毛布也……”字的寫法及所舉或體，雖有差別，但所指内容，完全一樣。另外，卷13佛般泥洹經音義，“有氎”，注“又作‘緂’同，徒頰反。字林‘氎’，‘毛布也’”，引出了一個更早的來源，即晉初的“吕忱字林”。較遲一點的慧

琳一切經音義中，卷 40 儀執經音義，有一條"白氎"，注說，"經本作
'㲲'"。這一條，却解決了"白㲲"的問題，即白㲲等於白氎等於毛布；
而且，這個解釋，出自晉代文獻。另外，慧琳音義中，第 29 卷金光明經
卷 6 的"白氎"，解釋爲"西國草花絮，撚以爲布；亦是彼國草名也"。還
有卷 34 佛說王法經音義，"白氎"下，引(張揖)"埤蒼云：氎，細布也"，
引出了比呂忱字林還早的一個來源。此外，卷 37、卷 38、卷 55 都有大
略相同的解釋；所引的字書，還有和埤倉字林同樣已散佚的字書，如考
聲(唐?　張戩)、文字典說、古今正字等，我們不必一一羅列。總結起
來，"白叠"(或寫作氎、㲲、㲲、㲲)是一種從西方輸入中國的布；至少在
三國魏時，這個名稱已經在黃河流域一帶流行。"叠"字，大概應讀
diep 或 tip，不讀 siet。而且，織這種布所用的植物，也名爲"白
diep"，——可能另有"白 diap"，白"djap"，"白 dap"等讀法。

　　太平御覽卷 820 布帛部七"白叠"一項中，引有六條材料：第一條
是漢書，"其帛絮細布千鈞，紋綵千匹，答布皮革千石……比千乘之
家"。這條，要術貨殖第六十二也引用(見卷七 62.2.4)過。"答布"，史
記作"榻布"；這兩個名稱，彼此等同，沒有問題；不過是否如裴駰所說，
就是"白叠"，顏師古曾提出異議(司馬貞史記正義替顏師古提出過理
由，說"按白叠，木棉所織，非中國有也")。但是史記和漢書這一節所
記的，只是經營中的商品項目，並不一定非是當時"中國"的土産不可，
所以我個人還是願意依照裴駰的說法，將"答布"及"榻布"認爲"白
叠"。這也就是說，我認爲在前漢武帝時代，我國黃河流域，已經有着
由西亞輸入的棉布，成爲商品，而且還有相當大的數量。

　　御覽另兩條材料，也可以證明當時西亞有棉布，輸入我國內地：一
條，是吳篤趙書*："石勒建平二年，大宛獻珊瑚、琉璃、㲲㲲、白叠。"一
條是南史(按在列傳卷 69 西域諸國中!)"高昌國……有草，實如繭，繭

---

* 吳篤趙書，是記載石勒所建"趙國"的歷史的；書已散佚。

中絲如細纑,名曰白疊子;國人取織以爲布。甚軟白,交市(御覽譌作
"布",依元刊本南史改正)用焉"。高昌國在今日吐魯番附近,大宛約
在今日蘇聯烏兹別克共和國。大宛當時帶到黃河流域來,送給石勒的
棉布,我們還不能斷定它一定就是大宛的土産。高昌國的棉布,是當
地的物産,則很顯明。這就說明,我們國内栽培棉花,至少是在公元第
六至七世紀,已在吐魯番附近開始了。在考證棉花栽培史上,這固然
是一項很重要的史料;同時,也更給我們提供了一個歷史事實的保證:
在西北乾旱地區,特別是河西走廊以西的地方,大量種棉,成功是一定
的! 瑪納斯河種棉的成績,也由此尋得了史料的説明。

吐魯番附近古代雖種過棉,黃河流域和長江流域,古代却没有棉
花與棉布。除了由西亞輸入黃河流域的棉布之外,當時的"江南",消
費的棉布,大概還有由南亞輸入的一個來源。御覽關於"白疊"的材
料,除了以上所説三條之外,還有一條"晉令"*:"士卒百工,不得服越
疊。""越疊"是什麽? 在没有找到更合適可靠更正確的解釋以前,我以
爲最好解作"經由南越運進來的白疊布";這些布,不是南越的土産,而
是更南諸國運來的商品。

御覽最後還剩有一條"吳時外國傳曰:諸簿國女(原譌作'安')子,
織作白疊花布"。*另一條,是廣志"白氊毛織,出諸薄洲"。諸簿與諸
薄,應當是同一地名,鈔寫時稍有乖誤。這個"國",既然又稱爲"洲",
可能是一個頗大的島。根據御覽卷787所引南海諸國的紀載中,引自
康泰扶南土俗的幾條*,以及"諸薄"(djubok?)或"諸簿"(djubou?)的
讀音,我懷疑它是"爪哇"(可以讀djuava;v和b互相變化的情形很多)

---

*　晉令是另一部佚書。唐書經籍志説是"賈充等撰";據胡立初先生考證(見"齊
民要術引用書目考證"),是司馬昭没有奪取帝位以前,叫賈充等擬定的一部法制書。
*　後漢書列傳76西南夷哀牢夷傳"帛疊",章懷太子注文,也和這條相同。
*　康泰扶南土俗也是佚書。御覽所引,有"諸薄之東南"的"北櫨國",之東的"馬
五洲",之西北的"薄歎洲",之西北的"耽蘭洲",之東北的"巨延洲",可惜就没有諸薄洲
本身。

的一個譯名。當然，也還可能是東南亞其他的地方；但大致不會出東南亞範圍之外。只有從這些地方，才有可能將植物本身，輸出到交趾，在交趾栽培，而成爲張勃吳錄中所記載的對象。

當時的海上交通，不會比陸上交通更安全方便；因此，我們不難想到，由南越輸入的疊，價格是頗高的，因此晉令中才規定禁止"士卒百工"服用，減少消費。同時，當時的江南吳，和中原還是"敵國"；中原從西亞得來的白疊，大概也不大容易流過江南，這也可能是使江南必需依靠東南商路獲取越布的一個原因。

我還懷疑：除了經由西北與東南兩條商業運輸路綫進口的棉布之外，西南經由今日的廣西西南與雲南兩省，也還有棉布輸入當時中國內地：

(1)左思蜀都賦中，有一句"布有橦華"，文選李善注引張揖曰："橦華者，樹名'橦'，其花柔毳（軟而有彈性，而且具有保溫特性），可績爲布也，出永昌。"華嶠後漢書（御覽卷 820 引）："哀牢夷……有梧桐木華，績以爲布。廣五尺，潔白不受垢污。先以覆亡人，然後服之。"華陽國志永昌郡中，也有更詳盡的紀述："有梧桐木，其華柔如絲，民績以爲布，幅廣五尺以還，潔白不受污，俗名曰'桐華布'。以覆亡人，然後服之。"這是永昌（即哀牢夷）出的橦華布或桐華布。

(2)范曄後漢書列傳 76，西南夷"哀牢人……有梧桐木華，績以爲布"，文字全用華嶠原稿；章懷太子注引廣志曰："梧桐有白者。剽國有桐木，其華有白毳；取其毳，淹漬緝織以爲布也。"剽（即驃）國，是今日中緬界綫以西的國家；這就說明，當時曾成爲漢代暨代"永昌郡"的地區，所種的橦華或桐華，驃國也有。"橦"和"桐"都是記音字；"梧"字似乎是隨意加上去的。這種植物，有最大的可能是木本棉或"樹棉"——*Gossypium arboreum* L. "桐"或"橦"的音，可能就是當地的原名；許多西歐語言中，稱爲 koton（拼法各國不一樣，我們現在用拉丁化中國字來標音），至少這個名稱的第二音節，可能與"桐"或"橦"得自同一來源。

(3)廣志(御覽卷791,南蠻七引):"木綿濮,土有木綿樹,多葉,又房甚繁,房中綿如蠶所作。其大如桮。"(末句意思是果實〔房〕像杯子〔桮〕一樣大小)這更說得明顯。也就是我假定的,木綿不是 *Ceiba pentandra* 而是 *Gossypium* 的根據。濮也在永昌(可能就是"羕",參看校記92.62.2.〔二〕)。

(4)南史列傳第68,林邑國"……古貝者,樹名也。其華成時,如鵝毳。抽其緒,紡之以作布。布與紵布不殊。亦染成五色,織爲斑布"。林邑國是今日越南的順化等地,當時曾建立過一個王國。

(5)南州異物志(御覽卷820引):"五色斑布,以(疑"似"字之譌)絲布。古貝木所作。此木熟時,狀如鵝毳;中有核如珠珣。細過絲縣。人將用之,則治出其核。但紡不績,在意(即任意)小抽相牽引,無有斷絕。欲爲班布,則染之五色,織以爲布,弱軟厚緻。……"凡對棉花稍有認識的人,看着這一個記述,就可以知道它是什麼。而"古貝"這個名稱,與棉花梵名 *Carpas*,*carbasa* 以及 *Ceiba* 的關係,也不需要費多大的勁去推測。

(6)南越志(御覽卷820引):"桂州豐水縣有'古終藤',俚人以爲布。"(俚字似乎並不是當作一般"俗人"解,而應指當時在兩廣交界處的一個民族,可能就是"黎"——參見太平御覽卷785)這個藤字,是否可信? 頗有問題。如果沒有,則"古終"也就正是橦木或桐木原名 koton 的記音,koton 的原產地,當時向東延展到今日廣西省東南,也並不希奇。

這六個來源的各種棉布,都可以由"牂牁羕道"經過蜀而輸到黃河流域——至少,可以停留在西南地區。

元初的農書農桑輯要,已經十分肯定地說明,在元初以前黃河流域沒有人種草棉(樹棉自然更不可能有!)。那時黃河流域所消費的棉布,顯然得從東南或西北這兩條商業運輸路線供給。這裏所供給的一些零星而極不完整的材料，似乎可以作爲説明兩漢到南北朝這段時期中的運販路綫。同時，似乎也可以説明，這一段時期中，中國境内南部各地區的漢民族，也還没有種植草棉和樹棉的；所消費的棉布，都由西方南方各兄弟民族供應。

我希望研究"棉花栽培史"的專家們，批評指教。

檛　　木

92.128.1　吳録地理志〔一〕曰："交趾有檛木①。其皮中，有如白米屑者，乾擣之，以水淋之，似麵，可作餅。"

〔一〕引吳録地理志：御覽卷 960 木部九"檛"項所引，首句是"交趾 望縣有……"；又缺"擣"字；末了多一句"郡内皆有之"。

①"檛木"：李時珍本草綱目卷 31 果之三，夷果部分"檛木麵"條釋名項下，引了這節吳録地理志，推定檛木就是莎木。從現有的植物學知識看來，檛木也只可能是"莎木"。"檛"字，玉篇注音"人向切"（當時的江南音 piàn；今日該讀 rāŋ）的，是"道木"，與這節的主題不相涉；依左思吳都賦李善注，音襄。

仙　　樹

92.129.1　西河舊事〔一〕曰："祁連山有仙樹。人行山中，以療飢渴者，輒得之。飽，不得持去。平居時，亦不得見。"

〔一〕引西河舊事：御覽卷 961 木部十"仙樹"項所引，誤脱去"祁"字；又"飽"字上有"可"字。

莎　　木

92.130.1　廣志〔一〕曰："莎樹①多枝葉；葉兩邊行列，若飛鳥之翼。其麵色白〔二〕,樹收麵,不過一斛。"

92.130.2 蜀志記〔三〕曰:"莎樹出麵,一樹出一石。正白而味似桄榔②。出興古。"

〔一〕引廣志:御覽卷 960 木部九所引,"若飛鳥之翼"句,無"之"字;"不過一斛"句下,有"擣篩,乃如麵,不則如磨屑。爲飯滑軟"。

〔二〕"其麵色白":明鈔脫去"麵"字,依金鈔及御覽補。金鈔"麵"字作"麪",大概是原本有爛處。明清刻本句首的"其"字連上句末的"翼"字,一共作兩個墨釘。

〔三〕引蜀志記:御覽所引只有蜀志兩字。文字是"莎樹,大四五圍,長五六丈;峰頭生葉,出麵。一樹出一石;正白而味似桄榔"。

①"莎樹":莎木、莕木、㰉木以及下面 92.137 的"都句",也許都是所謂"西穀椰子"*Metroxylon sagu* Rottb.;它的莖幹、髓部所藏的澱粉,是製造"西穀米""珍珠米"的材料。"莎""㰉"兩字,可能都與西穀米的本地名"sago"有關。但"西穀椰子"在興古能否生長,頗有問題;是否可能指鳳尾蕉 *Cycas revoluta* Thunb. 説的?——今日雲南廣西還有着野生狀態的鳳尾蕉在。

②"桄榔":椶櫚科的 *Arenga saccharifera* Labill.,莖幹中也有儲藏性澱粉。

槃　　多

92.131.1 裴淵廣州記曰:"槃多①樹,不花而結實。實從皮中出。自根著子至杪,如橘大。食之。過熟,内許生蜜②。一樹者皆有數十③。"

92.131.2 嵩山記〔一〕曰:"嵩寺中,忽有思惟樹。即貝多④也。有人坐貝多樹下思惟,因以名焉。漢道士⑤從外國來,將⑥子於山西脚下種,極高大。今有四樹,一年三花⑦。"

〔一〕引嵩山記：御覽卷 960 木部九"貝多"項，所引嵩高山記，"嵩高寺中，有
'思惟樹'，即貝多也。如來坐貝多下思惟，因以爲名焉"。接着，另引
魏王花木志："思惟樹，漢時有道人，自西域持貝多子，植於嵩之西峰
下，後極高大，有四樹。樹一年三花。"因爲嵩高山記已不存在，究竟是
要術所引誤合？ 還是御覽誤分，無法決定。

① "樊多"：由本節的形態叙述，可以看出是無花果屬 *Ficus* 的樹。再由下
節所引"思惟樹"與"貝多"的名稱，可以知道這所指的就是無花果屬的
"菩提樹"*Ficus religiosa* L. ，"樊多"、"貝多"、"菩提"，都是梵文 Bodhi
(a)的記音字。

② "生蜜"：懷疑"蜜"字是"蟲"字。無花果屬植物的隱頭花序中，都有食花
蜂(*Blastophaga*)在裏面生長發育傳粉；各個果實成熟，囊狀花托軟
熟，蜂就鑽孔出來。下面 92.149.1，92.149.2 關於"古度"(即無花果
Ficus carica L.)的記載，可以對證。

③ "十"：懷疑應是"千"字。

④ "貝多"：見上注。Bodhi 意義是思惟悟道，因此 Bodhidrooma 也譯義爲
"思惟樹"。

⑤ "道士"：由後漢到晉代，佛教信徒，稱爲"浮屠道人"或"道士"，也稱爲"沙
門"。"沙門"是梵文 Shermona 的記音。〔玄應一切經音義卷六妙法蓮
花經第一卷音義，"沙門"，注說："舊云'桑門'，或云'喪門'，皆訛略也。
正言'室摩那拏'或'舍囉摩拏'；此言(即中國話)功勞。"〕"釋"與"僧"，
是六朝及隋唐以後的省稱。

⑥ "將"：即持。

⑦ "三花"：無花果屬植物，無明顯可見的"花"；這個"花"字，只可作爲"結
實"或"吐葉"解。

緗

92.132.1 顧微廣州記〔一〕**曰："緗**①**，葉、子並似椒；味如羅**

勒^②。嶺北呼爲‘木羅勒’。”

〔一〕顧微廣州記：御覽卷 961 木部十“娑羅”項，第一條引魏王花木志曰：
　　“娑羅樹，紺；葉、子似椒，味如羅勒。嶺北人呼爲‘大娑羅’。”懷疑是將
　　兩條誤併爲一。

①“紺”：紺是帶褐的黃色。紺樹無法解釋。但由本節所記形態及特性，懷
　　疑這樹可能是樟科釣樟屬的 *Lindera fragrans*. D. 1. iv. ，現在四川稱
　　爲“香葉子樹”。

①“羅勒”：香菜名，即唇形科的 *Ocimum basilicum* L. 。

娑　　羅

92.133.1　**盛弘之荆州記**^{〔一〕}曰：“**巴陵**^①縣南，有寺。僧房
　　　　　床下，忽生一木。隨生旬日，勢凌軒棟。道人移房避
　　　　　之，木長便遲，但極晚秀。有外國沙門^②見之，名爲‘娑
　　　　　羅’^③也，彼僧所憩之蔭。常著花，細白如雪。元嘉十
　　　　　一年^④忽生一花，狀如芙蓉。”

〔一〕引盛弘之荆州記：御覽卷 961 所引，是“巴陵縣僧寺床下，忽生一木。
　　不旬日，勢凌軒棟。道人移居避之，木即長還，但極晚香。有西域僧見
　　之，曰‘娑羅樹’也。彼僧所憩之蔭。常着花。至元嘉十一年，忽生一
　　花，狀如芙蓉”。案“移居避之”，“居”字比“房”字好；“曰娑羅樹也”，比
　　“名爲‘娑羅’也”明白，但“晚秀”比“晚香”好；“常著花細白如雪”，正可
　　爲下文“忽生一花狀如芙蓉”作對照，也是要術所引的好。

①“巴陵”：晉代建置的縣，南北朝宋改爲郡。在今日湖南省岳陽縣。

②“沙門”：見上面注解 92.131.2.⑤“道士”條下。

③“娑羅”：龍腦香料的 *Shorea robusta* Gaertn. ，梵文名 sal 或 saul，中國舊
　　譯音爲“娑羅樹”。

④“元嘉十一年”：元嘉，是南朝宋文帝年號之一；元嘉十一年爲公元 434 年。

榕

92.134.1 南州異物志〔一〕**曰："榕**①**木初生少時，緣搏他樹，如外方扶芳藤形，不能自立根本。緣繞他木，傍作連結，如羅網相絡，然彼理連合，鬱茂扶疎，高六七丈。"**

〔一〕引南州異物志：御覽卷 960 木部九引作魏王花木志。文字與要術所引這節南州異物志幾乎全同，只"搏"作"縛"；"然彼"作"然後木"，這兩處都比要術所引好。

①"榕"："榕樹"，一向指 *Ficus Wightiana* Wall. 和它的變種與近親種。但本節所説的，却與現在大家所熟悉的榕樹不符合。因此，或者是南州異物志所謂"榕"，不是 *Ficus Wightiana*，或者是要術引用或傳鈔有錯。懷疑是傳鈔的錯誤：我的假定，原來引用的南州異物志，可能只到"扶芳藤形"爲止，以下"不能自立根本。緣繞他木……"一節，是原來的注，用來説明"扶芳藤"的。因爲一方面上文已有"緣搏他樹"一句，下面的"緣繞他木"，重複累贅，而且文理不順。另一方面，下一節92.135 所引，仍是南州異物志：植物名稱雖作"杜芳"，我覺得仍只是"扶芳"的"扶"字，爛去了右下角的"人"字而看錯的；内容文字，則與本節"扶芳藤形"以下的一段，十分相似。這錯誤，可能在南州異物志本身傳寫中已經存在，也可能是在要術的傳鈔中發生的。

杜　　芳

92.135.1 南州異物志曰："杜芳①**藤形，不能自立根本，緣繞他木作房。藤連結如羅網，相冒，然後皮理連合，鬱茂成樹。所託樹既死，然後扶疎六七丈也。"**

①"杜芳"：懷疑"杜"字是"扶"字爛去了右下角的"人"字，便看錯成"杜"。"扶芳藤"，今日用來指 *Celastrus angulata* Maxim. ，或 *Euonymus radicans* Sieb. ;過去所謂"扶芳藤"，却未必一定是衛矛科的植物，很有可能指無花果屬的某些蔓生性巨大木本。

<h1 style="text-align:center">摩　廚</h1>

92.136.1 南州異物志〔一〕曰："木有'摩廚①'，生于斯調國②。其汁肥潤，其澤如脂膏。馨香馥郁，可以煎熬食物，香美如中國用油。"

〔一〕引南州異物志：御覽卷 960，引異物志："木有摩廚，生於斯調，摩廚木名也，生于斯調州。厥汁肥潤，其澤如膏；馨香馥郁，可以煎熬，如脂膏，可以煎熬食物也。彼州之民，仰爲嘉肴。"花木志曰："煎熬食物香美，如華夏之人用油。"是一段四字句的韻文。據本草綱目引陳藏器本草拾遺，這應當是陳祁暢的異物志贊，不是萬震的南州異物志。

①"摩廚"：馮承鈞譯西域南海史地考證譯叢續編（1934 年商務印書館出版）收有費瑯（法國的漢學家）所作"葉調斯調與爪哇"文中，認爲"摩廚"與印度尼西亞爪哇語中的讀作 mojo 的"maja"（原來 a 字上有小圈，j 字上有"˘"號）相等，"摩廚"應當即是 maja，學名爲 *Aegle marmelos*。Maja 在馬來語中也有；並引 Favre 馬來亞語法語字典 maja 條云："樹名及其果名。果味甚烈……""摩廚"這個名稱，費瑯所引用的材料，得自 Berthold Laufer 所引的"證類本草"；在全文末了，費瑯又聲明，Laufer 也見到了齊民要術卷十，引有南州異物志一條，與證類本草所引之文略異。按證類本草（涵芬樓影印金刻本）所引，與御覽所引略同，只有一兩個錯字。

我不同意費瑯的看法：費瑯在爪哇語和馬來亞語去找尋可以與摩廚對音的果實，果然得到一個 maja；他的出發點，是先肯定：斯調＝葉調＝爪哇。如果這一點不能肯定，則找出來的 maja，便沒有作爲摩廚對音的根據。而這一點，我有懷疑。第二，摩廚的"汁肥潤，澤如脂膏，

馨香馥郁,可以煎熬食物,香美如中國用油"。maja,雖没有説明是否
可作油用,但"果味甚烈……"似乎與"馨香馥郁"也有抵觸。是否可以
相稱,值得深深考慮。李時珍本草綱目卷 31,夷果中"摩廚子"項下,
所引陳藏器本草拾遺,開始便説明"摩廚子生西域及南海並斯調國,子
如瓜,其汁香美,如中國用油";然後引用陳祈暢異物志贊作結。綱目
同項引李珣海藥本草,"摩廚二月開花,四五月結實,如瓜狀"。此外,
李時珍懷疑(段成式)酉陽雜俎中所説:"齊墩樹,生波斯及拂菻國,高
二三丈,皮青白,花似柚極香,子似楊桃,五月熟。西域人壓爲油,以煎
餅果,如中國之用巨勝(即脂麻)也",也是"其類也"。這所謂"齊墩
果",近來我國植物學家們,認爲即 *Olea europaea*(不是 *Styrax*!)。李
時珍假定"摩廚亦其類也",我覺得是正確的;"其類",並不等於説等
同;我們不能説摩廚就是 *Olea*。但摩廚果實如瓜(即長橢圓形),其汁
香美;而且除了斯調國之外,還生於西域,是必需考慮的條件。我不敢
斷定 *Aegle marmelos* 一定不合於這些條件;但在没有提出它完全合
於這些條件的事實證據以前,我不同意斷定它一定是摩廚。廚字的音
(讀 ky)也與 ja 不合。

②"斯調國":費瑯贊成 Berthold Laufer 的見解,認爲"斯調"是"葉調"之誤;
"葉調",Laufer 根據伯希和 Pelliot 的看法,説是爪哇古名 Yawadwipa
的對音。葉調是 Yawadwipa 的音譯,我同意。斯調是葉調之誤,
Laufer 和費瑯並没有舉出充分例證,我不同意。

伯希和曾説(據馮譯本,費瑯這篇文章的"注九";我没有查對原
文)"關於斯調者,尤應參考太平御覽卷787,同沙畹(見亞洲報 1903 年
刊下册 531 頁)所檢出洛陽伽藍記卷四之文。其並爲伽藍記著録之
'女調',並見太平御覽卷 790"。伯希和以爲斯調是錫蘭(梵文俗語 Si-
hadipa,亦即 Simhadvipa);費瑯則以摩廚爲根據,反對伯希和的看法,
認斯調爲爪哇。案御覽卷 789 是四夷部八,南蠻三,其中有"斯調國"
一個項目,共引康泰扶南土俗、南州異物志和萬震南方異物志各一條。

扶南土俗，説"斯調洲灣中，有自然鹽，累如細石子"；這就説明，它不會是大海中的洲，而只能是内陸海海岸近旁的地方。南州異物志説："斯調，海中洲名也；在歌營東南，可三千里。……"萬震南方異物志説："斯調國又有火*洲焉，春夏生火，秋冬死。有木生於火中，秋冬枯死，以皮爲布。"又有"厄利國"，引"南州異物志"，……在奴調洲西南邊海"。洛陽伽藍記卷四，"永明寺"的記述中，有"中國南中，有歌營國，去京師甚遠……今始有沙門菩提拔陁至焉。自云：北行一月至句稚國，北行十一日至孫典國，北行三十日至扶南國；……從扶南國北行一月至林邑國；出林邑入蕭衍國。……拔陁云：古有奴調國，乘四輪爲車；斯調國出火浣布，以樹皮爲之，入火不燃"。（御覽卷 790，四夷部八，南蠻六，"歌營國"項，只有南州異物志一條，"歌營，在句稚南，可一月行到"。）

　　此外，御覽卷 359 兵部九十"珂"項下，引郭義恭廣志"斯（原譌作"期"）調國，出金、銀、白珠、琉璃、水精器、五色珠、馬珂"。卷 808 珍寶部七又引廣志："琉璃出黃支、斯調、大秦、日南諸國。"

　　歌營國的菩提拔陁，來到黃河流域，他自己所説的旅途方向，一直是"北"。其中扶南林邑與"蕭衍國"相連接，已經是北而偏東。因此，他的"北行"，不能完全置信，必須重新估定，——可能有許多轉折。

　　把這些材料湊起來看，可以説明：(1)斯調與奴調（不是女調）不是同一的，否則菩提拔陁不會把它們並排地敘述。(2)斯調不在大海中，而在"歌營東南可三千里"。(3)斯調國有石綿礦，可以用石綿織成火浣布。(4)斯調國還出産自然鹽、白珠；又有琉璃、水晶器；——即所謂"威尼斯玻璃"——和五色珠、馬珂等"寶石"。後三點，似乎與"斯調即葉調即爪哇"的假定，完全衝突。

　　"歌營"，在斯調國北三千里。如果知道歌營是什麽地方，則斯調

　　　*　"火"字，御覽此處引作"中"；依御覽卷 820"火浣布"及三國志魏志卷四"火浣布"注文所引的"異物志"，改正作"火"。

就可以知道。我沒有材料,不知道歌營今日應當是什麼,不過很懷疑,它可能就是現在的鹹海水源錫爾河上的 Khojand,——也就是亞歷山大所建立的極東亞歷山大城。如果這個猜想可以成立,則斯調國可能是今日鹹海附近,而不是爪哇。

這樣,所謂"摩廚"與 Olea europaea 有何關係,還是值得考慮的。

都　　句

92.137.1 劉欣期交州記〔一〕曰:"都句①,樹似栟櫚;木中出屑如麵,可啖。"

〔一〕引劉欣期交州記:御覽卷 961"都句"項,共兩條:第一條,是劉欣期交州記:"都句樹,木中出屑如麵,可啖。"第二條是"魏王花木志曰:交州記:都句,似栟櫚。木中出屑如麵,可取爲餌食,如桃榔。"

①"都句":由記載看來,應當就是"莎木"(參看注解 92.130.1.①)。

木　　豆

92.138.1 交州記〔一〕曰:"木豆①,出徐門。子美似烏豆,枝葉類柳。一年種,數年採。"

〔一〕引交州記:御覽卷 841 百穀部五"豆"項,有魏王花木志曰:"交州記:木豆,出徐僮間。子美似烏頭,大葉似柳,一年種,數年采。"文字大略相同,"頭""大"兩字顯然是鈔錯了的。值得注意的,是"要術"的"徐門",御覽作"徐僮間"。案御覽卷 946 蟲豸部三"蜈蛆"項,引有"劉欣期交州記曰:大吳公,出徐聞縣界;取其皮,可以冠鼓"。徐聞縣,曾屬交州管;"門"與"聞"不但字形相混,從前中原讀音也相同(至今粵語系統方言還是同音的),所以懷疑要術的徐門,可能是徐聞寫錯;御覽的"徐僮間","僮"字是多餘的,——可能是把"徐"字看錯而重複寫的——"間"字則是字形相似的"聞"字。

①“木豆”：海南島臨高縣的豆科植物的 *Cajanus indicus* Millsp. ，也稱爲
“柳豆”，可能就是這裏所謂木豆。

木　　菫

92.139.1　莊子曰：“上古有椿者，以八千歲爲春，八千歲爲
秋。”司馬彪曰：“木菫①也；以萬六千歲爲一年。一名
蕣椿。”

92.139.2　傅玄朝華賦〔一〕序曰：“朝華，麗木也。或謂之‘洽
容’，或曰‘愛老’。”

92.139.3　東方朔傳曰：“朔書與公孫弘②，借車馬；曰：‘木
菫夕死朝榮，士亦不長貧。’”

92.139.4　外國圖〔二〕曰：“君子之國，多木菫之花，人民
食之。”

92.139.5　潘尼朝菌賦〔三〕云：“朝菌者，世謂之‘木菫’，或謂
之‘日及’，詩人以爲‘蕣華’。”又一本云③：“莊子以爲
朝菌。”

92.139.6　顧微廣州記曰：“平興縣④，有花樹，似菫，又似
桑。四時常有花；可食，甜滑無子。此蕣木也。”

92.139.7　詩曰：“顏如蕣華。”義疏〔四〕曰：“一名‘木菫’，一
名‘王蒸’。”

〔一〕引傅玄朝華賦序：類聚卷89，只有“朝華，麗木也”。御覽卷999百卉部
　　六與要術所引相似，但“麗木也”下，多一句“謂之曰冶”；（原作從“氵”
　　從“合”的字；由下句“洽容”應是“冶容”看來，這個字也應當是“冶”。）
　　後面還多一句“潘尼以爲朝菌”。

〔二〕引外國圖：類聚所引，“菫”作“槿”；“花”作“華”。

〔三〕引潘尼朝菌賦：類聚所引，題作潘尼朝菌賦，下面起句有“序曰”兩字；要術所引，正是賦序，應補“序”字。正文，“朝菌者，蓋朝華而暮落，世謂……詩人以爲‘蕣華’，宣尼以爲‘朝菌’。其物向晨而結，建明而布，見陽而盛，終日而殞。不以其異乎？何名之多也？”案：“蓋朝華而暮落”句，很重要。“宣尼以爲朝菌”句，可能正是要術所引末句“又一本云，莊子以爲朝菌”這句注的對象；也可能是御覽傅玄朝華賦序末了多出那一句的根源——即“宣”字看錯成“潘”。

〔四〕引詩義疏：孔穎達詩正義引詩義疏：“舜一名‘木菫’，一名‘櫬’，一名‘椴’，齊魯之間，謂之‘王蒸’。今朝生暮落者是也……。”

①“木菫”：木槿是 *Hibiscus Syriacus* L. 是“朝開暮落”的花，因此有“朝華”、“朝容”等名稱。莊子在這裏，是故意開玩笑，正像“鯤”字本來是一種“小魚”的名稱，他却把它説成“不知其幾千里”大一樣。

②“公孫弘”：是漢武帝時的宰相。這個借車馬書，見漢書東方朔傳。

③“又一本云”：這句和下句，是注釋“詩人以爲‘蕣華’”的。

④“平興縣”：南朝宋建置的縣，在今日廣東省高明縣西三十里。

木　　蜜

92.140.1　廣志〔一〕曰：“木蜜①，樹號千歲。根甚大，伐之四五歲乃斷。取不腐者爲香。生南方。”

　　　　“枳②，木蜜枝；可食。”

92.140.2　本草〔二〕曰：“木蜜，一名木香。”

〔一〕引廣志：御覽卷 982 香部二，引魏王花木志曰：“廣志，木蜜，樹號千歲，樹根甚大。伐之四五歲，乃取木腐者爲香。其枝可食。”

〔二〕引本草：御覽所引，下面還有一句“味辛溫”。

①“木蜜”：大概是指瑞香科的沈香樹？ *Aquilaria Agallocha* Roxb. 。

②"枳"從這個"枳"字以下，可能是另一書的另一句；而且，"枳"字下面，似
　乎還應有一個"椇"字。枳椇也叫"木蜜"，但與檀香無關；見下文校記
　92.141.2.〔三〕詩義疏的解釋。

枳　　柜

92.141.1　廣志〔一〕曰："枳柜①，葉似蒲柳②；子似珊瑚，其味
　　如蜜，十月熟，樹乾者美。出南方邳、郯。"
　　　"枳柜大如指③。"

92.141.2　詩曰："南山有枸。"毛云："柜也〔二〕。"義疏〔三〕曰：
　　"樹高大似白楊，在山中。有子著枝端，大如指，長數
　　寸；噉之，甘美如飴。八九月熟；江南者特美。今官園
　　種之，謂之'木蜜'，本從江南來。其木令酒薄；若以爲
　　屋柱，則一屋酒皆薄。"

〔一〕引廣志：御覽卷 974 果部十一所引，無"蒲"字，"樹乾者"下，多一個
　　"益"字；無"邳郯枳柜"四字，末了多一個"頭"字。

〔二〕"柜也"：宋本毛詩，這句是"枸，枳枸"。

〔三〕引詩義疏：御覽所引，"似"作"如"；"在山中"作"所在皆"，——也就是
　　說，與下文"有"字，連成"所在皆有"一句；無"大如指，長數寸"，而是
　　"支柯不直"；無"本從江南來，其木"等字。孔穎達詩正義所引，到"謂
　　之木蜜"爲止；文字與要術全同。

①"枳柜"：枳柜是枳椇的另一寫法。這裏所說的枳柜，肯定地是鼠李科的
　　Hovenia dulcis Thunb.。

②"蒲柳"：爾雅釋木"檉，河柳；旄，澤柳；楊，蒲柳"。郭璞對"楊，蒲柳"的
　　注，是"可以爲箭；左傳所謂董澤之蒲"。過去認爲是楊柳科的"水楊"
　　Salix gracilistylice Miq.（即 *Salix Thunbergiana* Bl.）。

③"枳柜大如指"：這句從文義上和廣志體裁上看，都不應與上文相連。懷

疑是賈思勰自加或後人所作的一個注,不是廣志原文。

杭〔一〕

92.142.1　爾雅曰:"杭,榺梅①。"郭璞云:"杭樹,狀似梅;子如指頭,赤色,似小柰,可食。"

92.142.2　山海經〔二〕曰:"單狐之山,其木多机②。"郭璞曰:"似榆,可燒糞田。出蜀地。"

92.142.3　廣志曰:"杭木生易。長居種之爲薪,又以肥田。"

〔一〕從這裏起,到"韶"節(92.147)的標目爲止,明清刻本,共脱去五段八條。這八條,在明鈔恰恰是一頁的二十行。

標題"杭"字,明清刻本都作"杭",現暫依明鈔、金鈔及第一條所引爾雅作"杭"字。御覽卷974果部十一引,標題"杭"字下有"音求"的小字注音。

〔二〕引山海經:明本山海經:"北山之首,曰單狐之山,多机木。"郭注是"机木,似榆;可燒以糞稻田,出蜀中。音饑"。御覽卷961(木部十)所引,與明本山海經同。郭注中的"音饑"兩字,很重要:説明這樹的名稱,不是從"九"而是"從几"的字。也就是説,這條的內容,與上條根本不同,不過因爲木名字形相似,所以混在一處的。

①"榺梅":"榺"音 qi。李時珍本草綱目中"山樝"項,以爲山樝就是唐木草的"鼠樝",爾雅中的"杭,榺梅",圖經本草的"棠杭子"。"杭"字,現在保存在全國各處方言中;東北河北一帶,寫成"楸";陝西關中,叫"杭杭";最特別的,是廣西大瑤山的山歌中,也有"棠杭"〔讀成 doŋe(u)〕。雖然所指的植物,都屬於薔薇科,但屬與種,關係很複雜。目前公認的山樝,是薔薇科的 *Mespilus cuneata* S. et Z.。

②"杭":郭注所指的,應當是"机",與本段總標題的"杭"不同(參看校記

92.142.2.〔二〕）。"机"字仍是借用的記音字；今日一般寫作"楷"。"楷"是樺木科赤楊屬的 *Alnus cremastogyne* Burke. 。

夫 栘

92.143.1 爾雅曰："唐棣①，栘。"注云〔一〕："白栘，似白楊；江東呼夫栘"。

92.143.2 詩云："何彼穠矣，唐棣之華。"毛云："唐棣，栘也。"疏云："實大如小李，子正赤，有甜有酢。率多澀，少有美者。"

〔一〕引爾雅注：今本爾雅"唐棣，栘"的郭注，是"似白楊，江東呼夫栘"。要術"白栘"兩字，是誤寫多出的。

①"唐棣"：即夫栘，又名枎栘；是薔薇科的 *Amelanchier asiatica* var. *sinica* Schneid. 。

藬音諸

92.144.1 山海經〔一〕曰："前山有多藬①。"郭璞曰："似柞，子可食。冬夏青。作屋柱難腐。"

〔一〕引山海經：山海經中山經（中十一經）"前山其木多櫧"；郭注："音諸似柞，子可食。冬夏生。作屋柱難腐。或作'儲'。"要術標題下的音，正是郭注；要術的"青"字，比今本山海經的"生"字好。

①"藬"："櫧"，是殼斗科的 *Quercus glauca* Thunb.（櫧櫟）。"藬"和"櫧"，即"栩""柔""芧"等記音字的另兩個寫法。

木 威

92.145.1 廣州記〔一〕曰："木威①樹高丈。子如橄欖而堅；

削去皮,以爲粽^②。"

〔一〕引廣州記:御覽卷 974 果部十一"木威"項,兩條都標作"顧微廣州記",
　　顯然有錯誤。第二條即要術所引這一條,首句是"木威高丈餘";其餘
　　與明鈔本要術同。金鈔要術,首句是"木威樹高大",值得注意。

①"木威":即烏欖 *Canarium pimela* Koenig. ,見嶺南雜記。本草綱目以爲
　　是"橄欖之類",是正確的。

②"粽"應作"糝"(參看注解 92.45.4.⑥)。

梻　　木

92.146.1 吴録^{〔一〕}曰地理志曰:"廬陵^①南縣,有梻^②樹。其實如甘蔗,而核味亦如之^③。"

〔一〕引吴録:御覽卷 974 果部十一,引作"吴録地理志曰",要術"録"字下的
　　"曰"字誤多的。正文起句,御覽所引是"廬陵南部雩都縣",要術却少
　　了"部雩都"三字。"焦"字作"蔗",也是合適的,應改。

①"廬陵":漢置有廬陵縣;三國吴升爲廬陵郡,縣名改作"高昌"。在今日江
　　西省吉安縣。

②"梻":玉篇"梻"字,音魚袁切(讀 yán),注解是"木皮可食,實如甘蔗"。到
　　底是什麼植物,無從推斷。

③"而核味亦如之":照字面講,"果核味道也像(甘蔗)",不是不可解,但上
　　文既是"其實如甘蔗",甘蔗却是無核的;核味像甘蔗,也很難想像。懷
　　疑"而"字下漏掉了一個"無"字,或者漏去的是"有"字。

歆

92.147.1 廣州記^{〔一〕}曰:"歆^{〔二〕①},似栗,赤色。子大如栗,散^②有棘刺。破其外皮,内白如脂肪,著核不離。味甜酢。核似荔支。"

〔一〕引廣州記：御覽卷 960 引，標題作裴淵廣州記，内容是："韶，葉似栗，赤色。子大如栗，有棘刺。破其皮，内白豬肪，着核不離。味甜酢，核如荔枝"。

〔二〕"歆"：標題及正文中的"歆"，都應依御覽卷 960 木部九改作"韶"。

①"歆"：這是無患子科的 *Durio zibethinus* DC. 。

②"散"：這個字，如果不是多餘的衍字，則可能是"殼"或"被"等字形相近的字，纏錯了的。

君　　遷

92.148.1 魏王花木志曰："君遷①樹，細似甘蕉〔一〕，子如馬乳。"

〔一〕"蕉"：明鈔、金鈔作"焦"，依明清刻本改正。御覽卷 961（木部十）所引，正作"蕉"字。

①"君遷"："君遷子"是柿樹屬的植物；但究竟是哪一種，過去頗有争執。現在認爲柿樹科柿樹屬的 *Diospyros lotus* L.，不過，無論如何，君遷子樹不能"似甘蕉"，這節引文，必有錯漏。我假想是"樹似柿，子細如馬乳，味似甘蕉"。

古　　度

92.149.1 交州記曰："古度①樹，不花而實，實從皮中出。大如安石榴；色赤，可食。其實中如有'蒲梨'②者。取之數日，不煮，皆化成蟲，如蟻，有翼，穿皮飛出。"著屋正黑。

92.149.2 顧微廣州記〔一〕曰："古度樹，葉如栗而大於枇杷。無花，枝柯皮中生子。子似杏，而味酢；取煮以爲粽③；

取之數日不煮,化作飛蟻。"

92.149.3 "熙安④縣有孤古度樹生,其號曰'古度',俗人無子,於祠⑤炙其乳,則生男,以金帛報之。"

〔一〕顧微廣州記:御覽卷 960 木部九"古度"項,引裴淵廣州記,比要術所引顧記,少"而大於枇杷"句;又"杏"作"櫨",無"味"字;"煮"字上的"取"字亦缺。

①"古度":由這節和下節廣州記的記載看來,"古度"就是無花果 Ficus carica L.。李時珍本草綱目,把文光果、天仙果、古度子附在無花果條,是很正確的。"古度"和"古度子",估計很可能都只是記音字,不是專名:因爲不見開花,從樹上忽然冒出了一些像"鵠頭""骨朵子"或"樗柫"(參看注解 92.52.3.⑧)出來,所以稱它爲"骨朵樹",讀音稍變,就成了"古度樹"了。

②"如有'蒲梨'":爾雅釋蟲有"果蠃,蒲盧";果蠃是一種"細腰蜂"。這裏所說的"蒲梨",正是"蒲盧",也就是一種蜂類。"如有"兩字,大概是顛倒了,即實中"有如蒲梨"者。無花果的隱頭花序中,有着食花蜂 Blastophaga 産的卵,在裏面生長發育,完成了無花果花序中大多數花的授粉後,花序發育爲果序,果序軟熟後,蜂就鑽了出來。交州記和廣州記的紀載,很顯明地説明:我們祖國的人,早已注意並發現了這個現像,雖然瞭解得不夠正確細緻。

③"粽":即"糝";見注解 92.45.4.⑥。

④"熙安":南朝宋建置的縣,在今日廣州市以東。由這個縣名,我們可以推測,這一節仍是"廣州記"。

⑤"祠":可作動詞用,即"祭拜"、"禱祝"。"於祠",即"當祠時"。

繫　　彌

92.150.1　廣志〔一〕曰:"繫彌①樹,子赤如樏棗②,可食。"

〔一〕引廣志：御覽卷 961 木部十所引，“彌”作“迷”；“楩棗”譌作“糯粟”。

①“繫彌”：懷疑仍只是“杭，繫梅”那個繫梅的同音詞，所指仍是山楂。李時珍本草綱目卷 33 附錄諸果中，“繫彌子”下引郭義恭廣志云：“狀圓而細，赤，如軟棗，其味初苦後甘，可食”，與要術及御覽所引不同，不知他的根據如何，值得注意。（本草綱目序例，所列“引據古今經史百家書目”中，列有郭義恭廣志，可能他見過原書；但也可能只是根據類書轉引。）92.11.18 的“彌子”，也可能就是這一條廣志，寫時漏去了“繫”字。

②“楩棗”：據李時珍在本草綱目中的推斷，楩棗就是君遷子。

都　　咸

92.151.1　南方草物狀曰：“都咸①，樹野生。如手指大，長三寸，其色正黑。三月生花色，仍連著實；七八月熟。里民噉子及柯；皮，乾作飲，芳香。出日南。”

①“都咸”：本草綱目卷 31 有“都咸子”，引陳藏器本草拾遺：“都咸子生廣南山谷；按徐表（案是“衷”字纏錯）南州記云：其樹如李，子大如指。取子及皮葉曝乾作飲，極香美也。”又引嵇含南方草木狀云：“都咸樹出日南，三月生花，仍連著實，大如指，長三寸。七月八月熟，其色正黑。”可是今本南方草木狀中，並沒有這一段；由“三月生花，仍連著實”看來，却是徐衷南方草物狀慣用的文句，在今本嵇含的草木狀中，也從未發現過。因此，不得不懷疑李時珍是引錯了或記錯了。總括這些材料看來，“都咸”究竟是什麽植物，很難推定。從紀述的花期果期與果實形色，以及名稱這幾方面著想，可以懷疑它是桃金孃，即“倒捻子”或“都念子”、“多南子”（參看注解 92.11.13.⑩）。但由徐衷兩處所記用法來看，却又不是桃金孃。

都　　桷

92.152.1　南方草物狀〔一〕曰：“都桷①，樹野生。二月花色，

仍連著實；八九月熟。一如②雞卵。里民取食。"

〔一〕引南方草物狀：御覽卷961木部十"都桷"項，第二條引魏王花木志曰：
　　"南方草物狀：都桶樹，野生；二月花色，仍連着實；八九月熟。子如鴨
　　卵，民取食之，其皮核滋味酢，出九真交趾。"

①"都桷"："都桷"與前面的"桶"（92.46），後面的"都昆"（92.166）都有交錯
　　含混的地方。李時珍引陳藏器本草拾遺，還有一個"構子"（不是桑科
　　的穀樹）的名稱；同時，李時珍也引有陳祈暢異物志贊*："構子之樹，
　　枝葉四布，名同種異，實味甜酢，果而無核，裏面如素，折酒止醒（即解
　　酒），更爲遺賂（即相互贈送）。"這就説明果實是無核、白色、味酸甜。
　　吳其濬植物名實圖考卷32近末處，有一個圖，似乎是豆科植物，但未
　　説明他是就實物繪出的，還是鈔録來的，不能斷定它的可信程度。

　　　　我估計，"都昆"（dukun）與"都桷"（dugok）這兩個名詞，可能原來
　　是同一個物名，因爲地區方言上的小差異，以及記音人的辨別不同，而
　　記録上有了紛歧。"構"字形與"桷"相近似；在語音上（讀gou），仍與
　　"昆""桷"有淵源。"桶"與"桷"，音雖差得遠，字形則極相近。因此，以
　　"桷"字的音與形爲中心，構、桶、昆都可以説出衍變的途逕的。這植物
　　到底是什麼，則應從花期、果期、果實性質及用法上去推想。

②"一如"："一"字費解，懷疑是"大"或"子"字爛剩了一畫。

夫編一本作遍

92.153.1 南方草物狀〔一〕**云："夫編**①**，樹野生。三月花色，
　　　　仍連著實；五六月成子。及握**②**，煮投下魚、雞、鴨羹
　　　　中，好。亦中鹽藏。出交阯、武平。"**

〔一〕引南方草物狀：御覽卷961木部十"夫漏"項，只有一條徐衷南方記：

---

*　御覽卷972"桷子"項下，也引有這節陳祈暢異物志，不過"構"字作"穀"。

"夫漏,樹野生。三月花色,仍連着實;五六月成子。如尤有。煮,着豬
肉雞鴨羹中,好。可食亦中鹽藏。"顯然是與要術所引這一條相同的。

①"夫編":"夫編"或"夫漏",大概是當地俗名的記音;所指植物是什麼,很
　難推想。

②"及握":從字面上講,可以解爲"到一握大小"的"盈握";但很勉強。懷疑
　有錯漏:例如是"及時採"或"皮核"之類字形相近的字句纏錯的。

乙　　　樹

92. 154. 1 南方記〔一〕曰:"乙樹〔二〕①生山中。取葉擣之訖,
　　和繻②葉汁煮之,再沸,止。味辛。曝乾,投魚肉羹中。
　　出武平、興古。"

〔一〕引南方記:御覽卷 961 木部十"乙木"項,引徐衷南方記,"乙樹葉,擣
　之,和繻葉汁,煮之再沸。味辛。曝乾,可投魚羹中"。

〔二〕"乙樹":明清刻本標題和正文中,都作"一樹",依明鈔、金鈔改作
　"乙"。

①"乙樹":不知是什麼植物。

②"繻":可能是另一種植物的名稱。更可能只是"濡"字看錯寫錯;即沾濡
　着擣葉所得的汁。

州　　　樹

92. 155. 1 南方記①曰:"州樹②野生。三月花色,仍連著
　　實,五六及握③煮如李子,五月熟,剝。核滋味甜。出
　　武平。"

①"南方記":由文字體例來看,似乎和南方草物狀相似。

②"州樹":不知是什麼植物。

③"及握":這個"及握"連着下文的"煮"字,很像 92.153 的"及握煮"。但上

下文和 92.153 無相似處,更不能望文生義地當"盈握"解釋。懷疑有
錯漏字句:例如"月採"之類,却又不能像 92.153.1.②一樣,認作"皮
核"之誤。

前　　樹

92.156.1 南方記曰:"前樹^①野生。二月花色,連著^{〔一〕}實,
　　　如手指,長三寸,五六月熟。以湯滴^②之,削,去核食。
　　　以糟、鹽藏之,味辛可食。出交阯。"

〔一〕"著":明鈔及明清刻本,都譌作"青",依金鈔改正。

①"前樹":不知道是什麼植物。

②"滴":顯然是字形多少相似的"瀹"字看錯寫錯。

石　　南

92.157.1 南方記^{〔一〕}曰:"石南^①樹野生。二月花色,仍連
　　　著實;實如燕卵,七八月熟。人採之,取核。乾其皮,
　　　中作肥;魚羹和之尤美。出九真。"

〔一〕引南方記:御覽卷 961 木部十"石南"項,引"魏王花木志曰:南方
　　記……"與要術此條,幾乎全同,只缺"色"字;"卵"作"子";缺"七"字;
　　"乾其皮……"兩句,作"乾取皮,皮作魚羹"。

①"石南":現在所謂石南,一類是杜鵑花科(石南科)Ericaceae 的 *Rhodo-
　　dendron* 杜鵑屬,一類是薔薇科的 *Photinia* 石楠屬。這裏所説的石南
　　和那兩類都不相似。

國　　樹

92.158.1 南方記曰:"國樹^①,子如雁卵。野生。三月花

色，連著實，九月熟。曝乾訖，剝殼取食之，味似栗。
出交阯。”

①“國樹”：不能確定是什麼植物；懷疑可能是梧桐科的鳳眼果 *Sterculia
balanghas* L.。

楮

92.159.1 南方記曰：“楮①樹，子似桃實。二月花色，連著
　　　　實；七八月熟。鹽藏之，味辛。出交阯。”

①“楮”：“楮”本來是指桑科的 *Broussonettia papyrifera* Vent.；這節前段
　　的紀載，也有些和楮相似；但楮不會“味辛”，也不見得“出交阯”，所以
　　無法推定。

橖

92.160.1 南方記曰：“橖①樹，子如桃，實長寸餘。二月花
　　　　色，連實；五月熟。色黃，鹽藏，味酸似白梅。出九真。”

①“橖”：玉篇注，音色盞切（讀 sǎn），“木名”。到底是什麼木，無法推定。

梓棪

92.161.1 異物志曰：“梓棪①大十圍，材貞勁，非利剛②截
　　　　不能剋。堪作船。其實類棗，著枝葉重曝撓〔一〕垂③；
　　　　刻鏤其皮，藏，味美於諸樹。”

〔一〕“撓”：明鈔、金鈔作“撓”，明清刻本多數作“挽”，漸西村舍本改作“捹”，
　　不知根據什麼？

①“梓棪”：這兩個字的讀音 zǐtǎm，和“紫檀”（zǐtán）相近。這節所紀述的，
　　也與紫檀很相似。不過，“棪”和“檀”韻母音隨上這一個界限，却不大

好拆除。“實類棗”和“刻鏤其皮,藏,味美”也是不容易解釋的。

②“剛”:現在寫作“鋼”字。

③“著枝葉重曝撓垂”:顯然有錯漏,無法推測解釋。

薯　　母

92.162.1 異物志云:“薯母樹①,皮有蓋②,狀似栟櫚。但脆不中用。南人名其實爲‘薯’。用之,當裂作三四片。”

92.162.2 廣州記曰:“薯葉廣六七尺,接之以〔一〕覆屋。”

〔一〕“以”:明鈔及明清刻本都作“當”,依金鈔改作“以”。

①“薯母樹”:似乎是椶櫚科的,但不知道究竟是什麽植物。

②“有蓋”:“蓋”字懷疑有錯誤。

五　　子

92.163.1 裴淵廣州記曰:“五子①樹,實如梨;裏有五核,因名五子。治霍亂金瘡。”

①“五子”:李時珍在本草綱目中説:“今潮州有之”,不知是什麽植物。

白　　緣

92.164.1 交州記曰:“白緣①,樹高丈。實味甘,美於胡桃。”

①“白緣”:不能推測是什麽植物。

烏　　臼

92.165.1 玄中記云:“荆陽①有烏臼②,其實如雞頭。迮之

如胡麻子；其汁，味如豬脂。”

①“荆陽”：“陽”字疑是“揚”字寫錯；荆揚是兩個州，不是一處。

②“烏臼”：即大戟科的烏桕樹 *Sapium sebiferum* Roxb. 。

都　　昆

92.166.1 南方草物狀曰：“都昆①樹，野生。二月花色，仍連著實；八九月熟，如雞卵。里民取食之，皮核滋味醋。出九真交阯。”

①“都昆”：懷疑是“都桷”；參看注解 92.152.1.①。

釋　文

中國所不出産的糧食〔五穀〕、果子、瓜類〔蓏〕、蔬菜

姑且〔聊〕將名稱列舉了下來，把奇怪特殊的地方記録了。還有些生在山上和水裏面，可以供〔任〕食用，却不是人類力量種植的，也附録在這裏。

五　　穀

92.1.1 不釋。

92.1.2 博物志説：“扶海洲上，有一種草，名叫‘蒒’；它的種實，像大麥。從七月（起，開始）成熟，大家（就）去收穫，到冬天才完。稱爲‘自然穀’，又稱爲‘禹餘糧’。”

又説：“地節三年，種了蜀黍之後，其後七年中，蛇多。”

稻

92.2.1　異物志説:"稻,有一年中夏天冬天種兩期的,出在交趾。"

92.2.2　俞益期通信〔牋〕中,有"交趾稻,一年成熟兩次"的話。

禾

92.3.1　廣志説:"梁禾,蔓生,結的種實像葵子。米(舂成)粉,像麵一樣白,可以煮成粥吃;牛吃了肥(得快)。六月種,九月成熟。"

92.3.2　"感禾,生長得枝葉茂盛〔扶疎〕;種實像大麥。"

92.3.3　"楊禾像蒩,種仁細小。採下來立刻就要炊(成飯),停留一下便發芽了。這是中國所產的'巴禾''木稷'之類。"

92.3.4　"木禾,有丈多高,種子像小豆一樣大。是粟特國的出產。"

92.3.11,92.3.21　不釋。

92.3.31　魏書記有"烏丸國,土地宜於種青穄"。

麥

92.4.1　不釋。

92.4.2　西域諸國志説:"天竺國,十一月初六是冬至,那時麥子孕穗〔秀〕;十二月十六日是'臘日',臘日麥子成熟。"

92.4.3 不釋。

豆

92.5.1 不釋。

東　　墻

92.6.1 廣志説："東墻，顔色青黑，米粒像葵的種子。（植株）像蓬草。十一月成熟。<u>幽州</u>、<u>涼州</u>、<u>并州</u>、<u>烏丸國</u>都出産。"

92.6.2 河西語説："借去我的東墻，還給我的田粱。"

92.6.3 魏書説："<u>烏丸國</u>，土地宜於種東墻，——可以用來作白酒。"

果　　蓏

92.11.1 不釋。

92.11.2 不釋。

92.11.3 臨海異物志（記載）説："楊桃，（果實形狀大略）像橄欖，味甜。五月、十月（有兩次）成熟。俗諺説：'楊桃不會荒，一年熟三場。'果實顔色緑而帶黃，核像棗核。"

92.11.4 臨海異物志記着説："梅桃子，出在<u>晉安郡</u>的<u>侯官縣</u>。一棵小樹（每年可以）收幾十石果子；果子三寸長，可以用蜜保藏。"

92.11.5　臨海異物志説：“楊搖，(果實)有七條棱；果實從樹皮裏發生出來。它的形體雖然這麼特別，味道却没有什麼奇異。有四、五寸長；帶黄緑色的，味甜。”

92.11.6　臨海異物志説：“(?)冬熟，像手指大小，正紅色；味甜，比梅子好吃。”

92.11.7　“猴闥子，像手指頭大小；有點苦味，可以吃。”

92.11.8　“關桃子，味是酸的。”

92.11.9　“土翁子，像漆子大小；熟時甜中帶酸，顔色緑而發黑。”

92.11.10　“枸槽子，像指頭大；正紅色，味甜。”

92.11.11　“雞橘子，像手指大；味甜。永寧郡地界内出産它。”

92.11.12　“猴總子，像小指頭大，(形狀)和柿相像。味道也不比柿差。”

92.11.13　“多南子，像手指大，顔色紫，味甜，和梅子相像。出在晉安。”

92.11.14　“王壇子，像棗一樣大，味甜。出在侯官。越王祭太一神的神壇邊上，有這種果子。没有人知道名稱；因爲見到出生的地方，就把它稱爲‘王壇’。(它的果實)比龍眼小，(形狀)像木瓜。”

92.11.15　博物志説：“張騫出使西域，回來時帶來了安石榴、胡桃、蒲桃。”

92.11.16　劉欣期交州記説：“多感子，黄色，周圍一寸。”

92.11.17　“蔗子，像瓜；也像柚那麼大。”

92.11.18 "彌子,圓而細;初吃時苦,後來變甜。吃起來,
都是甘美的果子。"

92.11.19 不釋。

92.12.1 至 92.17.1 不釋。

橙

92.17.2 郭璞説:"四川有一種'給客橙',像橘而不是橘,
像柚却又很芳香。從夏季到秋季,一直開花結果。果
實有的(渾圓)像彈丸,有的(長圓)像手指。一年到
頭,都可以吃。也稱爲'盧橘'。"

橘

92.18.1 周官考工記説:"橘樹,搬到淮河以北的地方,就
變成了枳樹;這是地氣(不同),產生的結果〔使然〕。"

92.18.2 呂氏春秋説:"果實中美好的,有江浦的橘子。"

92.18.3 吳録的地理志説:"朱光禄作建安郡郡守;(住宅
的)中庭有橘樹。冬季幾月裏,把樹上(的橘子果實)
蓋着包裹起來;到了明年春夏天,(橘子)變成了黑綠
色,味道比(秋冬)還要好得多。上林賦説:'盧橘夏
熟',大概就和這種情形相近似。"

92.18.4 裴淵廣州記説:"羅浮山有橘,夏天成熟,果實像
李一樣大小;剥掉皮吃是酸的,連皮一并〔合〕吃就很
甜。又有'壺橘',形狀、顏色都和柑子一樣;不過皮厚
些,氣味帶臭,味道也不壞或不好(?)。"

92.18.5　異物志説："橘樹，花是白的，果實紅色，果皮芳香，又有佳妙的味道。只在江南有，其他地方不生長。"

92.18.6　南中八郡志説："交趾特産，有很好的橘子。又大又甜。但不可吃得太多，——吃多了會使人下痢。"

92.18.7　廣州志説："盧橘，（果）皮厚，香氣、顏色、大小都和柑一樣，不過酸的多。九月到正月，是黃色的；到二月漸漸變成綠色；到夏天，就成熟了。味道没有什麽奇異。冬天的時候，本地人稱爲'壺橘'。相類似的一共有七八種，都没有吴會的橘子好。"

柑〔甘〕

92.19.1　廣志説："柑共有二十一種。有成都出的'平蒂柑'，有一升（約 200 毫升）大小，顏色灰黃。犍爲郡南安縣，出産好的黃柑。"

92.19.2　荆州記説："枝江有出名的柑。宜都郡舊時江北，有柑園，（出産）有名的'宜都柑'。"

92.19.3　湘州記説："（湘）州本來〔故〕的大城，城内有陶侃廟，廟址原來是賈誼的舊住宅。賈誼時代種的柑，還有留存的。"

92.19.4　風土記説："柑是橘類；不過滋味甜美特别突出。有黃的，有赭紅色的，稱爲'壺柑'。"

柚

92.20.1 説文説:"柚就是條;像橙子,果實味酸。"

92.20.2 吕氏春秋説:"果實中美好的,有雲夢的柚子。"

92.20.3 列子説:"吴和楚的地方,有一種大樹,名爲'櫾'(音柚);樹皮深色,冬天不落葉〔冬青〕。生出的果實,土紅色〔丹〕,味是酸的;吃它的皮和汁,可以制止〔已〕氣喘〔憤厥〕的毛病。齊州的人,很珍視它。移到淮河北面,就變成了枳樹。"

92.20.4 裴淵(廣州)記説:"廣州另有一種柚,名叫'雷柚',果實像升那麽大。"

92.20.5 風土記説:"柚是大形的橘子,顏色黄,味酸。"

椵

92.21.1 爾雅解釋:"櫠是椵。"郭璞注解説:"柚子同類的東西。果實像小椀大小,皮厚二三寸,肉像枳實一樣,吃起來没有什麽味道。"

栗

92.22.1 不釋。

枇　杷

92.23.1 廣志説:"枇杷,冬天開花。果實黄色;大的像雞蛋,小的像杏;味甜酸。四月成熟。出在南安、犍爲、宜都。”

92.23.2 風土記説：“枇杷，葉子像栗，果子像蒳子，十個十
　　　個地結聚成叢生長。”

92.23.2 不釋。

　　　　　　　　椑

92.24.1、92.24.2 不釋。

　　　　　　甘　　蔗

92.25.1 説文説：“藷就是藷蔗。”
　　　　　案：各種書裏面，有的寫作“竿蔗”，有的寫作“干
　　　蔗”，有的寫作“邯睹”，有的寫作“甘蔗”，有的寫作“都
　　　蔗”，不同地方，（寫法）各有不同。

92.25.2 雩都縣，土壤肥沃，特別〔偏〕宜于（種）甘蔗。（雩
　　　都甘蔗）味道和顔色，都是其他郡縣所没有的；一節長
　　　幾寸。郡裏用來進貢〔獻御〕。

92.25.3 異物志説：“甘蔗，各處都有。交趾出産的，特別
　　　精美良好：根端〔本〕和末稍，一樣粗細，味道也最均
　　　勻。周圍有幾寸粗，一丈多長，很像竹子。斬斷來吃，
　　　固然甜美；榨出汁來，也像飴（糖）麥芽糖〔餳〕一
　　　樣，——（一般把）它叫‘糖’，更是可貴。把（榨得的
　　　汁）煎（濃）曬乾些；等到凝結了，像冰一樣；破開，像陶
　　　質的棋子一樣。吃時，進口就溶化了。現在〔時〕的
　　　人，把它稱爲‘石蜜’。”

92.25.4　家政法説:"三月,可以種甘蔗。"

薢

92.26.1　説文解釋説:"薢就是芰。"

92.26.2　廣志説:"鉅野的大菱角,比尋常的菱角都大。淮水漢水以南的地區,遇了荒年,把菱角當糧食,就像用芋頭〔預〕作生活物資一樣。"鉅野,是魯國的一個大水灘〔藪〕。

梜

92.27.1　爾雅解釋説:"梜是梜其。"郭璞注解説:"梜,果實像奈子,紅色,可以吃。"

劉

92.28.1　爾雅解釋説:"劉是劉杙。"郭璞注解説:"劉子,生在山裏,果實像梨,味甜帶酸,有堅硬的核。出産在交趾。"

92.28.2　南方草物狀記載説:"劉樹,果實像李一樣大小。三月開花有顏色,跟着就結實;果實七八月間成熟。顏色黃,味酸;用蜜煮過收藏,(可以很久)還保持甘美。"

鬱

92.29.1　詩豳風的義疏解釋(鬱)説:"它的樹,有五六尺高。果子像李子大小,正紅色,吃時很甜。"

92.29.2 廣雅説:"(鬱)一名'雀李',又名'車下李',又名
'郁李',又名'棣',又名'奧李'。"

毛詩——(七月篇)——有"(六月)食鬱及薁"。

芡

92.30.1 説文解釋説:"芡是'雞頭'。"

92.30.2 方言記着:"燕北,把它叫'蔆';讀役 yet 音。青州、
徐州、淮水、泗水之間的地方叫它'芡';楚南、長江、湘
水之間的地區,叫它'雞頭'或'雁頭'。"

92.30.3 本草經説:"雞頭,又叫'雁喙'。"

藷

92.31.1 南方草物狀記載着:"甘藷,二月間種,到十月間
才長成蛋〔卵〕。蛋大的像鵝蛋,小的像鴨蛋。掘出來
蒸着吃,味道甘甜。過了很久,見過風,味道就淡了。"
出在交趾、武平、九真、興古等地方。

92.31.2 異物志記載:"甘藷,像芋頭,也有(中心)大個的
〔巨魁〕。剝掉皮,肉像脂肪一樣白。南方人專門吃
它,把它當榖米。"蒸、烤都香美。宴請賓客,排酒席時,也
陳設它,把它當果實一樣。

奧

92.32.1 説文解釋説:"奧就是'櫻'。"

92.32.2　廣雅説:"燕薁就是櫻薁。"

92.32.3　詩義疏説:"櫻薁,果實像龍眼大小,顏色深黑。也就是現在的'車鞅藤果實'。詩豳風有'六月食(鬱及)薁'。"

楊　　梅

92.33.1　臨海異物志記載説:"楊梅果實,像彈弓用的彈丸一樣大小,顏色正紅;五月成熟。像梅子,味甜帶酸。"

92.33.2　食經藏楊梅的方法:"選出好而完整的,每一石,用一斗鹽醃〔淹〕着。(等)鹽進到果肉中,就取出來曬到乾。乾後,取二斤杭皮煮成汁來浸着,不要加蜜浸。(楊)梅顏色,像新鮮的一樣,很美很好,可以過幾年。"

沙　　棠

92.34.1　及 92.34.2 不釋。

柤

92.35.1　山海經記載:"蓋猶山,上面生有甜柤,樹枝樹幹都是紅色,(葉)黃色,花白色,果實黑色。"

92.35.2　禮記內則有"柤、梨、薑、桂"。鄭玄注解説:"柤是不很好〔臧〕的梨;——(這四樣)都是皇帝們的珍貴食品。"

92.35.3　不釋。

92.35.4　風土記記着:"柤是梨類,肉硬而香。"

92.35.5　西京雜記記有：“蠻柤。”

椰

92.36.1　異物志記載説：“椰樹，有六、七丈高，没有枝條。葉子像一捆蒲葵，（長）在頂上。果實像一個瓠，掛在樹頂，像懸掛着東西。”

“果實外面，有一層（乾皮），像壺盧（的皮一樣）。核裏面有一層肉（膚），顏色像雪一樣白，有半寸厚，像豬（肥）肉〔膚〕；吃起來，比胡桃的味還好。”

“肉裏面有升多些汁液，像水一般清，味道比蜜還美。”

“肉，吃了可以不餓；汁，喝了可以止渴。”

“（果實上）還有像兩個眼睛的地方，因此，當地人叫它做‘越王頭’。”

92.36.2　南方草物狀説：“椰樹，二月間開花，跟着就結實，一房一房地接連着。每房有三十個或二十七、八個果實。十一月、十二月間成熟後，樹就（枯）黄了。”

“椰樹果實，當地叫作‘丹’。横着切破，可以作碗用；有些（橢圓）稍微長些，像栝蔞果子的，縱着切破，可以作酒爵。”

92.36.3　南州異物志（的記載）説：“椰樹，有三四圍粗，十丈高；整個幹上去，没有枝條。（壽命）有百多年。”

“葉子，像蕨菜的形狀，（一片葉）四五尺長，都向天直立着。”

　　　"果實生在葉子中間，有升那麼大。外面有皮包着，皮像蓮子皮。皮裏的核，比裏頭核還堅硬。（核）裏的肉，正白色，像（熟）雞蛋（白）一樣。（肉是貼在外皮上的）中間卻空着，含有汁液，——大些的，有升多些汁。"

　　　"果實形狀，團團的；或者像瓜蔞一樣（橢圓）；橫着破開來，可以作酒爵。形狀很宜於製作器具，所以大家很重視它。"

92.36.4　廣志説："椰子出在交趾；（那裏）每家人家都種有。"

92.36.5　交州記説："椰子有漿汁。把花（序）切斷，用竹筒接着汁，釀成酒，喝了也會醉人。"

92.36.6　不釋。

檳　　榔

92.37.1　俞益期寫給韓康伯的信中，説："檳榔，實在是〔信〕遊歷南方（時遇到）的奇觀：果實固然不平常，樹也特別奇異。"

　　　"大的，有三圍粗，高的有九丈長。葉子聚集在樹頂上，房就在葉子下面構成；花在房裏展開，果實在房外長大。"

　　　"抽穗，像黍子；結實，像穀子；樹皮，像桐樹，但厚一些；節，像竹子，但密一些。（樹）中心空，外面堅勁，可以像垂着的虹一樣彎曲，可以像縋着的繩一樣挺直。下面不特別粗，末梢也不特別細；上面不傾倚，下面不偏斜。密密地直立着，千百株樹都同一模樣。"

"在這樣的林子裏步行，四面空闊開朗；在林蔭下休息，又乾淨爽快，真可以長吟，可以遠想。"

"性質不耐霜，不能向北面移植，只能遠遠地種在海外南方。中間有萬里迢遥的阻隔，不能得到你老人家親眼一見，自然是叫人深深抱恨的。"

92.37.2　南方草物狀説："檳榔，三月開花，跟着就結實；果實像蛋一樣大小，十二月成熟，熟了黄色。"

"成熟的果實剥開來，堅硬，不能吃，只可用來作種子。但青色的果實，連殻一并採摘，曬乾，和上扶留藤與古賁灰一併吃，就滑而且美。也可以生吃，吃着又痛快又好。"

"交趾、武平、興古、九真，都有出産。"

92.37.3　異物志説："檳榔（樹），像筍竹生出的竹竿，（上面很茂盛，下面）乾淨而堅實。莖一直向上長，不分枝出葉，形狀就像一條柱子。"

"樹頂上，隔五六尺不到顛頂的地方，粗粗地腫漲起來，好像害了病的木〔瘣——音黄圭反，讀 huei，又音回——〕；隨後，爆裂開來，像黍子的穗一樣，不開花直接就結果實，果子有桃子或李子大小。有許多針刺，重重叠叠在下面，就是保護果實的。"

"剥掉上面的皮，把裏面的肉煮熟，串起來（曬乾），就會像乾棗一樣硬。用扶留藤和古賁灰一併吃，

可以順氣、消積食、打白蟲、助消化。酒席上，陳設作
爲小食物〔口實〕。”

92.37.4 林邑國記説：“檳榔，樹有丈多高；皮像梧桐，節像
桂竹。下面光滑，不分枝；頂上有葉。葉下有幾個房，
每房有幾十個果實。每家人家都有幾百株。”

92.37.5 南中八郡志説：“檳榔，和棗一樣大小；顏色像嫩
蓮子一樣暗綠〔青〕。當地的人，認爲貴重的異品。親
戚朋友來往，總是〔輙〕先呈上它。如果偶然碰巧〔避
逅〕沒有送上，便會因此發生嫌隙憎恨。”

92.37.6 廣州記説：“五嶺以南的檳榔，比交趾所產的小，
但比蒳子大。當地人也叫它‘檳榔’。”

廉　薑

92.38.1 廣雅説：“蔛葰相維反，即讀 suei。就是廉薑。”

92.38.2 吳録説：“始安廉薑很多。”

92.38.3 食經記載的：“藏薑法：蜜煮烏梅，（把梅）濾漉掉；
用來浸着廉薑，過了兩三夜，顏色像琥珀一樣黃紅色。
可以保留多年不壞。”

枸櫞

92.39.1 裴淵廣州記説：“枸櫞，樹像橘；果實像柚，大而加
倍長；味道出奇地酸。皮，可以用蜜煮來作糝。”

92.39.2 異物志説：“枸櫞，像橘子；有盛飯的小木椀大小。
皮不香，味也不好；可以用來漂洗葛和苧麻，（也就是

説)把它當作酸漿水用。”

鬼　　目

92.40.1　廣志説:“鬼目像梅子,南方人用來就酒。”

92.40.2　南方草物狀説:“鬼目樹,(果實)大的像鴨蛋,小
　　　　的像李子。二月間開花,跟着就結實;七八月間,果實
　　　　成熟。果實黃色,味酸;用蜜煮,滋味軟而美。交趾、
　　　　武平、興古、九真都産有。”

92.40.3　裴淵廣州記説:“鬼目和益智,就這樣〔直爾〕(單
　　　　獨)吃是不可以的;可以作爲飲料。”

92.40.4　吳志説:“(吳)孫皓時代,有鬼目菜,生在工人黃
　　　　耇家裏。靠着棗樹(向上長),有丈多長,葉有四寸寬,
　　　　三分厚。”

92.40.5　顧微廣州記説:“鬼目,樹像棠梨,葉像楮;樹皮白
　　　　色,樹幹高大。(果實)像木瓜大小,稍微〔小〕有些歪
　　　　斜,不周正。味酸,九月成熟。”

　　　　“又有‘草昧子’,也是一樣;可以製成糁。草形狀
　　　像鬼目。”

橄　　欖

92.41.1　廣志説:“橄欖,有雞蛋大;交州用來就酒。”

92.41.2　南方草物狀説:“橄欖,果實像棗一樣大小;二月
　　　　開花,跟着就結實;果實,八月、九月成熟。生吃味是
　　　　酸的,蜜藏着才甜。

92.41.3 臨海異物志説:"餘甘子,果實形狀像梭。音且全反,即讀 cyen。剛進口時,舌上又澀又酸;吃後飲水,却會回甜。像梅子大,核也是兩頭尖的。東岳稱爲'餘甘'、'柯欖',只是同一種果實。"

92.41.4 南越志説:"博羅縣,有一株'合成樹',粗有十圍。在距地面二丈的地方,分作三道:向東一道,樹葉像楝,果實像橄欖,不過是堅硬的。削掉皮後,南邊的人把它製成糝。向南一道,是橄欖樹。向西的一道,是三丈樹。——三丈樹,是嶺北的表徵。"

龍　　眼

92.42.1 廣雅説:"益智是龍眼。"

92.42.2 廣志説:"龍眼,樹葉像荔支,和藤蔓一樣,纏附〔緣〕着(其他)樹向上生長。果實像酸棗,顏色黑,只甜不酸。七月成熟。"

92.42.3 吳氏本草説:"龍眼,又叫'益智',又叫'比目'。"

椹

92.43.1 不釋。

荔　　支

92.44.1 廣志説:"荔支,樹有五六丈高,像桂樹。綠葉蓬蓬(勃勃),冬天和夏天一樣濃密茂盛,花青色,果實紅色。"

　　　　“果實有雞蛋大小；核黃黑，（形狀）像已熟的蓮
　　子。肉像脂肪一樣純白，甜而多汁，像安石榴一樣，有
　　甜的有酸的。”

　　　　“夏至快要到時，一下都紅透了，就可以吃。一株
　　樹可以有成百石果實。”

　　　　“犍爲、僰道、南廣，荔支成熟時，一切鳥便很肥。”

　　　　“出名的‘焦核’最小；其次是‘春花’，再次是‘胡
　　偈’。這三種最好。其次是‘鼈卵’大而酸，可以和在
　　好肉醬裏。一般長在稻田中間。”

92.44.2　異物志説：“荔支的特點，是汁水多，味甜到不能
　　再甜〔絶口〕，又稍微帶點酸，這樣就湊合成了它的美
　　味。可以吃飽，但是不會厭倦。”

　　　　“新鮮〔生〕時，有雞蛋大小，肉有光澤，才〔乃〕真
　　好吃。乾後焦了小了，中間的肉和核也不像新鮮時那
　　麽奇異。”

　　　　“四月間才成熟。”

　　　　　　　　　　益　　　智

92.45.1　廣志説：“益智，葉像蘘荷，有尺多長。”

　　　　“根上會生一些小枝條，八、九寸高，沒有花，也没
　　有萼。果實成叢地長在（這種小枝）頂上，像棗子大
　　小。肉瓤黑色，外皮白色。核小的，叫做‘益智’；含在
　　口裏，可以減少唾液。”

　　　　“出在萬壽，交趾也有出産。”

92.45.2 南方草物狀説:"益智,果實像毛筆頭;有七八分長,二月開花,跟着就結實;五、六月成熟。味道辛辣,和在五味(香料)中,很香,也可以用鹽醃過曬乾。"

92.45.3 異物志説:"益智,像薏苡。果實有一寸來長,像枳椇果實。味辛辣,飲酒時吃着好。"

92.45.4 廣州記説:"益智,葉像蘘荷,莖像竹箭。果實從中心長出,一枝上面有十個果實。果實裏面白而滑嫩。破成四瓣收取,去掉外皮,在蜜中煮成'糝'。味道辛辣。"

桶

92.46.1 廣志説:"桶子,(果實)像木瓜,生在樹上。"

92.46.2 南方草物狀説:"桶子,果實像雞蛋大小;三月開花,跟着就結實;八、九月間成熟。採取之後,用鹽醃着泡着,味道很酸。用蜜保藏,味道就甜而好。出在交趾。"

92.46.3 劉欣期交州記記着"桶,果子像桃"。

菲子

92.47.1 竺法真登羅浮山疏説:"山檳榔,又名'菲子'。莖幹像甘蔗,葉子像柞樹。一叢有千多幹,每幹有十個'房',房底上長幾百果子。四月間採取。"

豆　蔻

92.48.1　南方草物狀説：“豆蔻植株〔樹〕，像李樹一樣大；
　　　二月開花，跟着就結實；子實層層叠叠，成爲一個殼。
　　　七、八月間，果實成熟；曬乾，剥（掉殼）吃。核味辛香，
　　　根也芳香，（可和）五味。出在興古。”

92.48.2　劉欣期交州記説：“豆蔻像杬樹。”

92.48.3　環濟吳記説：“黃初三年，魏國來請求（供給）
　　　豆蔻。”

楑

92.49.1　廣志説：“楑查，果實很酸；出在西方。”

餘　甘

92.50.1　異物志説：“餘甘，像彈丸一樣大小；看上去，有花
　　　紋，像定陶瓜一樣。才吃進口時，味又苦又澀；吞下汁
　　　去，就很甜很美，味道很好。加鹽蒸過，更好。可以
　　　多吃。”

蒟　子

92.51.1　廣志説：“蒟子是蔓本植物，靠近樹生長；果實像
　　　桑椹，有幾寸長，顏色黑，味像薑一樣辛辣。用鹽醃了
　　　吃，順氣，助消化。生在南安。”

芭　蕉

92.52.1　廣志説："芭蕉，又叫'芭菹'，又叫'甘蕉'，莖幹像荷（或）芋，由多層皮裹着（卷成），有椀口大小。葉子有兩尺（晉尺 2 尺約等於今市尺 1.3 尺）闊，一丈長。"

"果實像酒角；每個六、七寸長，帶上三、四寸長的蒂。果實角子，由蒂連着生長，排成行列，一雙一雙地對着，像相互抱持一樣。剥去果實的外皮，（内面的肉）顏色黄白；味道像葡萄，（酸）甜而脆，也可以叫人飽。"

"芭蕉根，（形狀）像芋魁，有一石（晉一石約合今日市斗二斗）大，緑色。它的莖幹，解散後，像絲一樣；（把這種絲）織成葛，叫作'蕉葛'。蕉葛雖然脆些，但很漂亮，顏色黄白，不像葛布（帶紅）。"

"出在交趾和建安郡。"

92.52.2　南方異物志説："甘蕉是草本植物，看過去像樹。植株大的，有一圍多。葉子有一丈長或者七八尺長，尺多寬。花像酒杯一樣大小，形狀顏色都像芙蓉。"

"莖幹末端，有百多個果實，六個六個地排成房。根像芋魁，大的，有車輪轂頭大。果實跟着花生長：每一層〔闔〕花，都有六個果實，先後依次序開放。果實不是全部同時成熟，花也不是全部同時謝落。"

"甘蕉，共有三種：一種，果實有大拇指粗，長而尖；有些像羊角，叫'羊角蕉'，味道最甜美。一種，果實有雞蛋大,(味道)有些像牛奶,比羊角蕉稍微差一些。一種,蕉有藕那麽大,六七寸長,正方形,叫‘方蕉’;不大甜,味最差。"(按:很像今日的"龍牙蕉","梅花點"和"大蕉"三種。)

"它的莖幹,像芋。取來,用冷水和着煮爛,就像絲一樣,可以紡線(織布)。"

92.52.3　異物志説:"芭蕉,葉子有桌面席〔筵席〕大。莖像芋。取來和冷水一同煮爛,就像絲一樣,可以紡績。女工用來織成粗細葛布〔絺、綌〕,就是〔則＝即〕今日的‘交趾葛’。"

"它的内心,像一個大的蒜疙瘩〔鵠頭〕,新鮮時〔生〕,有‘合杵’大小。就在這裏結成成房的果實,著生在中心的臍〔齊〕上。一房結幾十枚。它的果序,外皮像火一樣紅,破開來,中間是黑的。剥掉皮,吃它的肉,像飴糖和蜜一樣甜,很美好。吃四五個,就飽了,齒牙裏還留有殘餘的滋味。又叫‘甘蕉’。"

92.52.4　顧微廣州記説:"甘蕉,和吳地(生長着的)花、果實、根、葉都没有什麽不同,僅僅因爲〔直是〕南方地區〔南土〕(氣候)温暖,没有遇到結霜結凍的時候,一年四季,花葉都可以發展(而已)。它的(果實)熟了之後,是甜的;没熟時,也嫌〔苦〕澀。"

扶　　留

92.53.1　吳録中地理志記着:"始興出有扶留藤,纏附着

〔緣〕樹木生長。味道辛辣,可以(和)檳榔(一起)吃。"

92.53.2 蜀記説:"扶留木,根像筷子大;看上去像柳樹根。又有(一種)蚌蛤,叫做'古賁',生長在水裏;取來燒成灰,叫'牡蠣粉'。"

"先將檳榔放到口裏,又取扶留藤——一寸長(的一段)——和少量古賁灰,一同嚼着吃,可以消除胸膈裏的不舒服〔惡氣〕。"

92.53.3 異物志説:"'古賁灰',是牡蠣(殼燒成的)灰。它和扶留、檳榔共三樣,合起來吃,然後才好。"

"扶留藤,像木防己。扶留、檳榔,生出的地方,彼此相距很遠;它們的性質,也彼此大不相同〔爲物甚異〕,但彼此却能相互成就。俗話説:'檳榔扶留,可以忘憂。'"

92.53.4 交州記説:"扶留有三種:一種叫'穫扶留',它的根香而且美;一種叫'南扶留',葉子青色,味道辛辣;一種叫'扶留藤',味道也辛辣。"

92.53.5 顧微廣州記説:"扶留藤,纏附樹木生長。它(開)花(後結成)果實,就是'蒟',可以作(蒟)醬。"

菜 茹

92.61.1 至 92.61.5 不釋。

92.61.6 蒜:説文有:"菜中,美好的,有雲夢的蕈菜。"

92.61.7 薑:吕氏春秋(本味篇)記着:"調味品〔和〕中,美好的,有蜀郡楊樸的薑。"楊樸是一個地名。

92.61.8　葵：管子裏面有："齊桓公出兵向北去攻打山戎，帶了冬
　　葵出來，分散到中國各地〔天下〕。"

　　　　引列仙傳，不釋。

　　　　呂氏春秋記着："菜中，美好的，有具區澤的菁。"

92.61.9　鹿角：南越志説："猴葵，紅色，生在石頭上。南越叫做
　　'鹿角'。"

92.61.10　羅勒：遊名山志説："步廊山有一棵樹，像花椒，但氣味
　　却是羅勒，當地人把它叫'山羅勒'。"

92.61.11　菭：廣志説："菭，根可以作菹，香而辛辣。

92.61.12　紫菜：吳郡海（底）邊的一些山上，都生有紫菜。

　　　　　　另外，吳都賦裏有"綸組紫絳"的句子（也是指紫菜的）。

　　爾雅注説："綸，是現在〔今日〕有官階的'嗇夫'，所帶的錯雜
　　〔糾〕有青色絲的絲綸。組是綬帶。海中的草，新鮮時帶有（和
　　綸組）相似的紋彩，所以也叫綸組。"

92.61.13　芹：呂氏春秋説："菜中，美好的，有雲夢的芹菜。"

92.61.14　優殿：南方草物狀説："合浦有一種菜，名叫'優殿'；用
　　豆醬汁和着吃，很香很美好，可以吃。"

92.61.15　雍：廣州記説："雍菜，生在水裏面，可以作菹吃。"

92.61.16　冬風：廣州記説："東風菜，生在旱地，可以配上肉
　　作湯。"

92.61.17　薂：字林裏面有"薂菜，生在水裏面"。

92.61.18　蔊菜：（蔊字）音罕 hǎn，味辛辣。

92.61.19　薈：（薈字）讀"胡對反"（音 ghěi，現在應讀 yì）。呂氏春
　　秋説："菜中，美好的，有雲夢的薈。"

92.61.20　蒝：像蒜，生在水裏面。

92.61.21 莚菜:(莚字)音謹,像蒿子。

92.61.22 蒩菜:(帶)紫色,有藤。

92.61.23 蠃菜:葉子像竹葉,生在水邊上。

92.61.24 蕑菜:葉子像竹葉,生在水邊上。

92.61.25 綦菜:像蕨。

92.61.26 藒菜:像蕨,生在水裏面。

92.61.27 蕨菜:就是"虌"。詩疏説:"秦國叫'蕨',齊魯兩國叫'虌'。"

92.61.28 葟菜:像蒜,生在水邊上。

92.61.29 蔆菜:(蔆字)音"徐鹽反"(讀 siém,現在讀 sién)。像蒼筌菜。又有一説是染草。

92.61.30 薙菜:(薙字)音唯(讀 wéi)。像韭菜,色黄。

92.61.31 蓍菜:(蓍字)音"他合反"(讀 tap,現在讀 ta),生在水裏,葉子大。

92.61.32 藷:根像芋頭,可以吃。又有一説,藷就是"署預"的別名。

92.61.33 荷:爾雅説:"荷就是'芙蕖';它的果實叫'蓮(子)';它的根,是'藕'。"

竹

92.62.1 山海經記着:"嶓冢山,有很多桃枝竹和鈎端竹。""雲山,有桂竹,很毒;人受它創傷時,必定死亡。"(郭璞注解説:)現在始興郡出有筀竹,大的有二尺圍,有四丈長。交趾出有篥竹,中心是滿的〔實中〕,堅直有彈性〔勁〕而剛

硬〔強〕，有毒；像刺一樣尖銳，老虎給它刺傷，就會死。也就是
這一類的。

　　"龜山，有許多扶竹。"（郭璞注解説：）扶竹，就是筇竹。

92.62.2　漢竹大的，一個節（間）可以容納〔受〕一斛（約合
　　　市斗兩斗）；小的（也可以容納）幾斗。用來作帶蓋的
　　　"柙音匣榼"。

92.62.3　（漢書注説）"邛都的高節竹，可以作柱杖；就是所
　　　謂的'邛竹'。"

92.62.4　尚書（禹貢）有："揚州，它的貢品有'篠'、'簜'；……
　　　荆州，它的貢品有'箘'、'簵'。"注説："'篠'是作箭的竹；'簜'
　　　是大竹。'箘'和'簵'都是好竹子，出在雲夢的大澤裏。"

92.62.5　不釋。

92.62.6　南方草物狀説："由梧竹，幹部〔吏〕和群衆〔民〕家
　　　裏都種有。有三、四丈長，一尺八、九寸圍。可以作屋
　　　柱用。出在交趾。"

92.62.7　魏志説："倭國，出産篠竹和斠竹。"

92.62.8 至 92.62.9　不釋。

92.62.10　廣州記説："石麻竹，直而且鋭利；把它削成刀，
　　　切象的皮時，像（普通刀）切芋一樣容易。"

92.62.11　博物志説："洞庭山上，堯的兩個女兒（即舜的兩
　　　個妻娥皇女英），常在那裏哭着（想念死去的丈夫舜），
　　　把眼淚鼻涕灑在竹上，竹子就都有了斑點。"注解説：
　　　（現在）下巂縣有些竹，皮面上並不見有斑，刮掉外皮，就見
　　　到了。

92.62.12 不釋。

92.62.13 風土記說："陽羨縣，有一位袁君的家。（家裏祭）壇旁邊，有幾株大竹，都有兩三丈高。竹枝都分兩邊往下垂着〔兩披〕，向下在壇頂上掃，壇上常常很潔淨。"

92.62.14 盛弘之荊州記說："臨賀郡謝休縣東山，有些大竹，有幾十圍，幾丈長。旁邊有些小竹生長着，也都有四五圍。下面有一塊圓而扁的〔盤〕石頭，對徑四五丈，很高，很方，很平正，很青，也很滑，像一個彈碁局。兩株竹彎曲下垂，在石上拂掃着，（掃到）完全〔初〕沒有灰塵污穢。還隔幾十里路以外，就可以聽到風吹着這些竹子，像吹簫吹管的聲音。"

92.62.15 異物志說："有一種竹，稱爲'簹'，有幾圍粗大；節與節之間，距離很近很近，中間是實心的，堅硬強固，可以作屋柱和椽。"

92.62.16 南方異物志說："棘竹，有刺；有七八丈高，甕子粗。"

92.62.17 至 92.62.19 不釋。

92.62.20 南越志說："羅浮山生的竹，都有七八寸圍；節（間）長一兩丈，叫做'龍鍾竹'。"

92.62.21 孝經河圖說："少室山，有爨器竹，可以作釜和甑。"

　　"安昌縣很多苦竹；苦竹的種類有四種：有青苦的，有白苦的，有紫苦的，有黃苦的。"

92.62.22　竺法真登羅浮山疏説："又有'筋竹'，顏色像黄金。"

92.62.23　晉起居注記着："晉惠帝二年，巴西郡竹，生出紫色的花，結出的果實像麥；外皮綠色，中間米是白的，味道很好。"

92.62.24　吳録説："日南有篥竹，堅直有彈性，而且鋭利，可以削來作矛。"

92.62.25　臨海異物志説："狗竹，毛生長在節間上。"

92.62.26　字林記着："箽竹，頭上有花紋。"

92.62.27　"簜音模竹，黑皮。篞竹，有花紋。"

92.62.28　"籦音感竹，有毛。"

92.62.29　"篰力印反，讀 liŋ。竹中心實的。"

筍

92.63.1　吕氏春秋説："調和料〔和〕中，美好的，有越籠的'箘'。"高誘注解説："箘就是竹筍。"

92.63.2　吳録説："鄱陽有'篔竹'，冬天出〔筍〕。"

92.63.3　竹譜説："雞脛竹，筍肥而味好。"

92.63.4　東觀漢記説："馬援到荔浦，見到了冬筍，——名叫'苞'——就（向皇帝）上書説：'禹貢裏的"厥苞橘柚"，大概就是指這個。'冬筍味道比春筍夏筍都好。"

茶

92.64.1　爾雅説："茶是苦菜。"郭璞注説："可以吃。"

92.64.2 詩義疏説："山田長的苦菜是甜的,這就是(詩大
　　　雅緜)所謂'堇荼如飴'——堇和苦菜,像糖一樣甜。"

蒿

92.65.1 爾雅説："蒿是菣","蘩是皤蒿"。郭注説："現在
　　　人,把香而可以烤着吃的青蒿,叫做'菣'。""蘩就是
　　　白蒿。"

92.65.2 至 92.65.3 不釋。

菖　蒲

92.66.1 春秋(左)傳(僖公三十年)："(周王)使周公閲來
　　　聘問,(魯公)用宴會招待〔饗〕他,陳設有昌歜'。"杜預
　　　注説："(昌歜)是酸昌蒲菹。"

92.66.2 不釋。

薇

92.67.1 召南詩(草蟲)有:"爬上南山去,收採薇菜。"〔陟
　　　彼南山,言采其薇。〕詩義疏説："薇是山上的野菜;莖
　　　和葉都像小豆。豆葉〔藿〕可以作湯,也可以生吃。現
　　　在官園裏種着,準備宗廟中祭祀時用。"

萍

92.68.1 爾雅説："萍是苹;大的叫蘋。"

92.68.2 吕氏春秋説："菜中美好的,有崑崙山的蘋。"

石　　蓏

92.69.1　爾雅裏有"藫是石衣"。郭璞注解説："就是水蓏，
又名'石髮'。江東人吃它。（也有人説：）'藫的葉子
像蓮子，不過大些，生在水底上，也可以吃。'"

胡　　葈

92.70.1　爾雅説："菤耳就是苓耳。"

92.70.2　廣雅記着："（苓耳、蒼耳、葹、常枲、胡枲）是枲
耳。"郭璞説："這就是胡葈；江東人稱爲'常枲'。"

92.70.3　（詩）周南（卷耳）有"采呀，采呀，采卷耳"。〔采采
卷耳〕毛公説："就是苓耳。"注説："就是胡葈。"
　　　詩義疏説："苓（耳），像胡葈。開白花，莖細弱，爬
着生長，可以煮來作菜吃，滑，可是没味。四月中結
實，像女人帶的耳墜。（因此）也有人〔或〕叫它'耳璫
草'。幽州人把它叫'爵耳'。"

92.70.4　博物志記着有："洛邑有人趕羊到蜀郡；胡蒠子黏
在羊毛上，蜀郡的人取來種了，因此叫它'羊負來'。"

承　　露

92.71.1　爾雅説："蔠葵是繁露。"注説："就是'承露'；莖粗
大，葉小，花紫黄色；果實可以吃。"

藘　茈

92.72.1 樊光（爾雅注）説：“是水中的草，可以吃。”

堇

92.73.1 爾雅説：“齧是苦堇。”注説：“現在叫‘堇葵’。葉子像柳，種子像米，燙過吃，很滑。”

92.73.2 廣志記着：“燙來作湯。俗話説‘夏天的萱，秋天的堇，滑得像（線）粉。’”

芸

92.74.1 禮記（月令）説：“十一月〔仲冬〕，芸開始生出。”鄭玄注解説：“（芸是）香草。”

92.74.2 呂氏春秋説：“菜中，美好的，有陽華澤的芸。”

92.74.3 倉頡解詁説：“芸蒿，葉子像邪蒿，可以吃。春天秋天，有白色的嫩苗生出，可吃。”

莪　蒿

92.75.1 詩（小雅南有嘉魚之什菁菁者莪）有“菁菁地（茂盛的）莪蒿呀”〔菁菁者莪〕。毛公説：“莪就是蘿蒿。”詩義疏解釋：“莪蒿，生在水田裏，有水潴積〔漸洳〕的地方。葉像邪蒿，科叢不大。二月中生出。莖葉都可以吃；又可以蒸。香氣很好，有些像蔞蒿。”

菖

92.76.1　爾雅有（菖是蘦）"菖是蘪茅"，郭璞注説："菖，葉大，花白色，根像手指，正白色，可以吃。""菖，也有開紅花的，就是蘪。蘪和菖是一'種'；正像陵苕一樣，開黄花的（叫藧），開白花的（叫芨），花色不同，名稱也不同。"

92.76.2　詩（小雅鴻雁之什我行其野）有"去采那兒的菖"〔言采其菖〕。毛公解釋説："不好的一種野菜。"詩義疏説："河東和關内，叫它'菖'；幽州兗州，叫它爲'燕菖'；又名'雀弁'，又名'蘪'。根正白色；放進熱灰裏（煨熟），趁熱吃。在饑荒時，可以蒸來當飯。漢代甘泉宫排祭筵時，也會用到它。它的莖有兩種：一種，莖葉細小，有香氣；一種莖赤色，有臭氣。"

92.76.3　風土記説："菖是蔓本植物，裏着樹向上長。蔓子紫黄色，果實像牛角，形狀像蠐螬，二三個果實同一個蒂，有七八寸長，味像蜜一樣甜。大的叫'枺'。"

92.76.4　夏統別傳注："穫就是菖，又叫'甘穫'。正圓形，紅色，像手指粗。"

苹

92.77.1　爾雅説："苹是藾蕭。"注説："就是藾蒿。剛生出來時，可以吃。"

92.77.2　詩（小雅鹿鳴之什鹿鳴）有"（鹿叫着）在野地裏吃

苹"〔食野之苹〕。詩疏説:"藾蕭,緑中帶白;莖像筷子粗,輕而脆,剛發生時可以吃,也可以蒸來吃。"

土　　瓜

92.78.1　爾雅有"菲是芛"。注説:"就是土瓜。"

92.78.2　本草説:"王瓜,又叫土瓜。"

92.78.3　衞詩(邶風谷風)有"采葑(也好),采菲(也好),不要忘記了地下部分(隨季節不同)"。〔采葑采菲,無以下體!〕毛公説:"菲是芛。"

　　　　詩義疏説:"菲,像菖。莖粗大,葉厚而長,有毛。三月中間,蒸來作飯,滑而美好,也可以作湯。爾雅把它當作'蒠菜'。郭璞注説:'菲草生在低溼地方,像蕪菁;花紫紅色,可以吃。'現在河内叫它'宿菜'。"

苕

92.79.1　爾雅説:"苕是陵苕。開黃華的叫'蘪';開白華的叫'茇'。"孫炎注解説:"苕,(依照)花顔色的不同,分別命名。"

92.79.2　廣志説:"苕,草的顔色青黃,花紫色。十二月,在稻(茬)下面種下,蔓子長得很茂盛,可以肥田。葉子可以吃。"

92.79.3　詩陳風(防有鵲巢)裏有"我有美味的苕菜"〔邛有旨苕〕。詩義疏説:"苕就是饒,幽州叫'翹饒'。蔓生,莖像小豆〔登力刀切,讀 láu〕,但細一些,葉子像蒺藜,但

顏色暗綠。莖和葉子綠色時，可以生吃，味道像小豆
的藿。"

薺

92.80.1 爾雅說："菥蓂是大薺。"犍爲舍人注解說："薺有
小的，所以特別提出大薺。"郭璞注說："像薺，葉子細
些，一般叫它'老薺'。"

藻

92.81.1 詩（召南采蘋）"在哪兒可以采藻"？〔于以采藻〕
注說："藻就是聚藻。"詩義疏說："藻是水草。生在水
底上。有兩種：一種，葉像水蘇，莖像筷子粗，大約四
五尺長。一種，莖像釵幹粗，葉像蓬（叢生在節上），叫
做'聚藻'。這兩種藻，都可以吃。煮熟，按掉（有）腥
氣（的汁液），和上米或麵作糝，蒸來作飯，味道很美。
荆州揚州人，饑荒時采來代替主食品。"

蔣

92.82.1 廣雅說："菰是蔣，它的米稱爲'彫胡'。"
92.82.2 廣志說："菰可以吃。用來織席，比蒲草還溫軟。
生在南方。"
92.82.3 食經記載的"藏菰法"："好好擇淨，在翻出小泡了
的沸水〔蟹眼湯〕裏煮，曬上些鹽，放進乾燥的盛器裏
面，壓實壓緊〔抑〕。（用泥）塗密封口，（要用時）每次

取出一點來〔稍〕。"

羊　蹄

92.83.1 詩（小雅鴻雁之什我行其野）有"去采那兒的蓫"
〔言采其蓫〕。毛公解説："不好的野菜。"詩義疏説：
"現在叫'羊蹄'，像蘿蔔，（葉柄和）莖紅色。煮熟來
吃，只涎滑，不美好；吃多了要'下痢'。幽州揚州把它
叫'蓫'，又叫'蓨'，也吃它。"

莃　葵

92.84.1 爾雅説："莃是莬葵。"郭璞注説："有些像葵，可是
葉子小，像藜（葉），有毛。燙過吃，滑。"

鹿　豆

92.85.1 爾雅説："蔨是鹿藿；它的種子叫菈。"郭璞説："就
是現在的鹿豆，葉子像大豆；根黃色，有香氣；蔓延着
生長。"

藤

92.91.1 爾雅説："諸慮是山櫐。"郭璞（注）説："現在江東
把櫐叫'藤'，像葛，不過粗些大些。"

（爾雅的）"攝是虎櫐"，（郭璞注説：）"就是現在的
'虎豆'。纏繞着樹木，長成蔓（向上）生長；莢上有毛，
有刺。江東叫它'㯂櫐'。音涉。"

92.91.2 <u>詩義疏</u>説："檾是‘苴荒’；像燕薁。連纍地發蔓生
　　　長，葉子(背面)白色；果實紅色，可以吃，味酸，不美。
　　　<u>幽州</u>叫它‘椎檾’。"

92.91.3 <u>山海經</u>："<u>卑山</u>，上面有很多欒。"<u>郭璞</u>注解説：
　　　"(欒)就是現在的虎豆、狸豆之類。"

92.91.4 <u>南方草物狀</u>説："沈藤，結的果實像醋碟子〔齏甌〕
　　　一樣大。正月開花，跟着結實；到十月臘月成熟，紅
　　　色。生吃時，甜酸。出在<u>交趾</u>。"

92.91.5 "眊藤，生在山裏。像苹蒿般大小，蔓衍地生長。
　　　人採了來，剝取作纓子〔眊〕，但不多。出在<u>合浦郡</u>、<u>興
　　　古郡</u>。"

92.91.6 "簡子藤，纏附着樹木生長。正月二月開花，四月
　　　五月成熟；果實像梨，和雄雞冠一樣紅色，核像魚鱗。
　　　採取來生吃，味道淡淡的，不甜也不苦。出在<u>交趾</u>、
　　　<u>合浦</u>。"

92.91.7 "野聚藤，纏附在樹木上。二月開花，跟着就結
　　　實，五月六月成熟，果實像湯碗〔羹甌〕大小。本地人
　　　煮來吃，味甜酸。出在<u>蒼梧</u>。"

92.91.8 "椒藤，出在<u>金封山</u>。<u>烏滸</u>人常常拿出來賣。顏
　　　色紅的，——又有人説是用草染成的。出在<u>興古</u>。"

92.91.9 <u>異物志</u>説："葭蒲是藤類，蔓子延展在其他樹上，
　　　來長長大。果實像蓮(蓬?)，一叢叢地〔菆側九反，音
　　　zǒu〕着生在枝條分叉的地方，一説是‘蒂〔扶，即跗?〕相
　　　連’。果實外面有殼，裏面卻沒有核。剝掉殼(或打下

來?)吃,煮熟,曬乾,甜美。吃了可以不餓。"

92.91.10　交州記說:"含水藤,破斷了,可以得到水。行路的人,靠〔資〕它來止渴。"

92.91.11　臨海異物志說:"鍾藤,貼在樹上生根。根軟弱,必須纏附在其他樹上,向上向下長支根〔作上下條〕。這種藤纏裹在樹上,樹(被纏)死,(藤)又有毒〔惡〕汁液,更使(死樹)很快就腐朽了。藤却都長成了大樹,像自然生長的樹木。大的,可以有十五圍。"

92.91.12　異物志說:"薅藤,有幾寸圍。比竹子重,可以作柱杖。破成篾,用來縛船,或用來作席子,比竹子還好。"

92.91.13　顧微廣州記說:"薅(藤)像棕樹。葉子不密;(葉柄)外皮綠色,有許多刺。五六丈長的(葉柄),只像五六寸粗的竹一樣;小的,像筆管竹。把外面的青皮破掉,得到裏面的白心,就是'薅'。"

92.91.14　"藤的種類,有十來種。'續斷草',是一種藤,又叫'諾藤',又叫'水藤'。山裏走路口渴時,把它切斷,取它的汁來飲。可以治人的身體損傷、折斷〔絶〕。用來洗頭,使頭髮長長。隔地面留下一丈,就一定〔輒〕可以再生根到地裏去,永遠不死。"

92.91.15　"刀陳嶺,有一種'膏藤';汁液軟而涎滑,沒有東西比得上。"

92.91.16　"柔薅藤,有果實。果實極酸;作菜吃,黏滑,沒有東西比得上。"

薐

92.92.1　詩(小雅南有嘉魚之什南山有臺)有"北邊山上有
　　　菜"〔北山有薐〕。詩義疏説："薐就是薐。莖葉都像
　　　(爾雅所謂)'菉王芻'。現在兗州人蒸來當飯,叫作
　　　'薐蒸'。"譙沛一帶的人,將雞蘇稱爲"薐"。舊〔故〕三
　　　倉説："薐是茱萸。"這兩樣,草有分別,名稱是一樣。

蕎

92.93.1　廣志説："蕎子,可以生吃。"

薕

92.94.1　廣志説："三薕,像箭羽,有三、四寸長。皮脆,細
　　　嫩,褐黄色。用蜜醃着保藏,味酸甜,可以就酒。出在
　　　交州,正月中成熟。"

92.94.2　異物志説："薕實,雖然名稱叫'三薕',事實上有
　　　五六棱。長短,大概在四五寸之間,棱頭峻峭地聳出。
　　　在正月中成熟。顔色正黄,汁液多。味道有些酸,保
　　　藏後更好吃。"

92.94.3　廣州記説："三薕酸得利害〔快酢〕,近來説(?)蜜
　　　煮成蜜餞〔糝〕就好吃了。"

蘧　蔬

92.95.1　爾雅説："出隧是蘧蔬。"郭璞注解説："蘧蔬,像新

鮮麻菰〔土菌〕；長在菰草裏。現在<u>江東</u>人吃它。味甜而滑。”（蘧蔬音籧篨）

芺

92.96.1　<u>爾雅</u>説：“鈎是芺。”<u>郭璞</u>（注）説：“像拇指粗，中間空的，莖頭上有薹子，像薊。初生時可以吃。”

苀

92.97.1　<u>爾雅</u>説：“苀是薚蓄。”<u>郭璞</u>（注解）説：“像小的藜；莖節都是紅色，喜歡長在路邊上。可以吃，也可以殺蟲。”

蕵　蕪

92.98.1　<u>爾雅</u>説：“須是蕵蕪。”<u>郭璞</u>注解説：“蕵蕪像羊蹄；葉子小些，味酸，可以吃。”

隱　荵

92.99.1　<u>爾雅</u>説：“蒡是隱荵。”<u>郭璞</u>（注解）説：“像蘇，有毛。現在<u>江東</u>叫它‘蘟荵’。可以保藏作成菹，也可以燙熟吃。”

守　氣

92.100.1　<u>爾雅</u>説：“皇是守田。”<u>郭璞</u>注解説：“像燕麥，種實像菰米〔雕胡米〕，可以吃。生在廢田裏，也叫‘守氣’。”

地　　榆

92.101.1　不釋。

92.101.2　<u>廣志</u>説：“地榆可以生吃。”

人　　莧

92.102.1　<u>爾雅</u>説：“蕢是赤莧。”<u>郭璞</u>（注解）説：“就是現在紅莖的那一種人莧。”

莓

92.103.1　<u>爾雅</u>説：“葥是山莓。”<u>郭璞</u>（注解）説：“就是現在的‘木莓’；果實像藨莓，不過大些，可以吃。”

鹿　　葱

92.104.1　<u>風土記</u>説：“宜男是一種草，有六尺高；花像蓮花。……”

92.104.2　及 92.104.3　不釋。

蔞　　蒿

92.105.1　<u>爾雅</u>説：“購是蔏蔞。”<u>郭璞</u>注解説：“蔏蔞就是蔞蒿。生在低地〔下田〕。剛生出時好吃。<u>江東</u>的人，用來下魚羹。”

藨

92.106.1　郭璞（爾雅注）説：“藨就是莓；江東叫它藨莓。果實像覆盆子，但大些，紅色；酸甜好吃。”

蔜

92.107.1　爾雅説：“蔜是月爾。”郭璞注解説：“就是紫蔜。像蕨，可以吃。”

92.107.2　詩（疏）説：“蔜是一種菜，葉狹，有二尺長；吃時有點苦味。就是今天的芺菜。詩（魏風彼汾沮洳）有‘那條汾水，是這麽水沮沮地，我還要去採芺菜’”〔彼汾沮洳，言采其芺〕。有一本，不是“言采其芺”，而是“言采其莫。”

覆盆

92.108.1　爾雅説：“茥，蒛盆。”郭璞（注解）説：“就是覆盆子；果實像懸鈎子〔莓〕，但小些，也可以吃。”

翹搖

92.109.1　爾雅説：“柱夫是搖車。”郭璞注解説：“蔓生，葉細小，開紫花，可以吃。俗名叫‘翹搖車’。”

烏蓲　音丘（讀 kɥ̄；現在讀 qɥ̄）

92.110.1　爾雅説：“菳是蓲。”郭璞（注解）説：“像葷，不過細小些,實心。<u>江東</u>叫它‘烏蘆’。”

92.110.2　詩(<u>衛風碩人</u>)有“葭和菼長得高高的”〔葭菼揭揭〕。<u>毛公</u>説:“葭是蘆,菼是薍。”

詩義疏説:“薍,又叫‘荻’。到秋天,長硬成熟,就收割,這時叫‘藿’。”

“三月中出生。剛出生時,中心突出來,下面有筷子粗,上端尖而細,有黃黑色的細毛〔勃〕附在上面。碰上能黏手。可以把子取得。顏色正白,吃起來甜而脆。又名‘蓬蕮’,<u>揚州</u>人叫它‘馬尾’。所以<u>爾雅</u>説:‘蓬蕮是馬尾。’<u>幽州</u>人叫它‘旨苹’。”

槚

92.111.1　<u>郭璞</u>説:“檟就是苦荼。樹小,像梔子。冬天生的葉子,可以煮作湯來喝。現在,把早采的叫‘荼’,遲些〔晚〕采的叫‘茗’,又叫‘荈’。<u>蜀</u>地人叫它‘苦荼’。”

92.111.2　<u>荊州地記</u>説:“<u>浮陵</u>荼最好。”

92.111.3　<u>博物志</u>説:“喝了真正的荼,使人不想睡覺。”

荊葵

92.112.1　<u>爾雅</u>説:“茙是蚍衃。”<u>郭璞</u>(注解)説:“像葵,紫色。”

詩義疏説:“又叫‘芘芣’。花紫色帶緑,可以吃;像蕪菁一樣,有些苦。”

<u>陳</u>(<u>風宛丘</u>)有“把你看作茙一樣”〔視爾如茙〕。

竊　衣

92.113.1　爾雅説:"蘮蒘是竊衣。"孫炎(注解)説:"像芹
菜。江河之間的人吃它。果實像麥粒,兩個兩個一
對;有毛,能黏在人衣服上。""它的花能黏在人衣上,
所以叫'竊衣'。"

東　風

92.114.1　廣州記説:"東風,葉子像'落娠婦';莖紫色。和
肥肉一起煮湯,最合適,味道像酪子。香氣像'馬
蘭'。"

菫丑六反,音gou

92.115.1　字林(的"菫"字,注)説:"草像冬藍,蒸了吃,
味酸。"

蒤而兖反,音rǎn,現在讀yǎn

92.116.1　就是木耳。木耳煮過,切細,和上薑與橘皮,可
以作菹,滑美。

莓亡代反,音mei

92.117.1　莓是草的果實,也可以吃。

萑音丸，讀 huán

92.118.1　萑是（曬）乾（保存）的萑。

蒒

92.119.1　蒒，字林（解釋）説：“草類，生在水中，花可以吃。”

木

92.121.1 至 92.121.4　不釋。

桑

92.122.1 至 92.122.4　不釋。

棠　　棣

92.123.1　詩（小雅鹿鳴之什棠棣）有“棠棣的花，花萼（連結在）蒂〔不〕上光閃閃的”〔棠棣之華，萼不韡韡〕。詩義疏説：“（鄭箋解釋）托在花下面的叫‘萼’。（棠棣）的果實像櫻桃和野葡萄〔奥〕；（收）麥的時候成熟，吃起來，很好。北方把它叫作‘相思’。”

92.123.2　説文説：“棠棣，（樹）像李子，矮小，果實像櫻桃。”

棫

92.124.1 爾雅説:"棫是白桵。"(郭璞)注解説:"桵是小樹。叢生,有刺。果實像耳墜一樣,紫紅色,可以吃。"

櫟

92.125.1 爾雅説:"櫟的果實叫梂。"郭璞注解説:"外面有着(毛茸茸)的梂,(像)刺蝟〔彙〕一般,包裹着自己。"孫炎(解釋)説:"櫟的果實就是橡子。"

92.125.2 周處風土記説:"史記説:'舜在歷山耕田。'現在始寧縣和剡縣界上,(還留存有)舜所耕的田,在山脚下。那裏有很多柞樹。吳越之間,把柞樹稱爲'櫟樹';所以把山稱爲'歷山'(歷即櫟)。"

桂

92.126.1 廣志説:"桂,出在合浦。它生出的地方,一定在高山的頂上,樹是冬夏常有綠葉的。它與自己同類的聚合成林,林子中没有雜樹。"

92.126.2 吳普本草説:"桂,也叫'止唾'。"

92.126.3 不釋。

木縣

92.127.1 吳錄地理志説:"交趾郡安定縣,有木縣。是高大的樹。果實,像酒杯口大小;(裏面)有縣,像蠶(繭外)的緜。也可以用來作布;(作成的)布,稱爲'白緤',也叫'毛布'。"

櫰　　木

92.128.1　吳錄地理志說:"交趾有'櫰木'。它的樹中心,有像白色米粉顆粒的(東西),乾的擣碎,用水淋洗出來,像麵一樣,可以作餅。"

仙　　樹

92.129.1　不釋。

莎　　木

92.130.1　廣志說:"莎樹,有許多枝,(枝上有許多)葉;葉排在枝的兩邊,成爲行列,像鳥的翅一樣。它的麵顏色白淨,每一棵樹,收得的麵,不過一斛。"

92.130.2　蜀志記說:"莎樹出麵,每棵樹可以出一石。麵正白色,味道像桄榔麵。出産在興古。"

槃　　多

92.131.1　裴淵廣州記說:"槃多樹,不開花直接就結實。果實從樹皮裏(冒)出來。從根起長著果實,長到樹杪,像橘子般大小。可以吃。過分熟時,裏面可以生蟲。一棵樹上(生出)的,可以到幾十個。"

92.131.2　嵩山記說:"嵩山寺裏,忽然出現了'思惟樹',也就是所謂'貝多樹'。有人坐在貝多樹下思惟（得道），所以就叫思惟。（後）漢，有道士從外國來到<u>嵩山</u>，帶來種子，在山的西面山脚下種了，（生長得）極高大。現在共有四棵，每年三次有花。"

緗

92.132.1 <u>顧微廣州記</u>說："緗樹，葉和果實都像（花）椒；氣味像羅勒。（因此）嶺北的人把它叫做'木羅勒'。"

娑　　羅

92.133.1 <u>盛弘之荆州記</u>說："巴陵縣南，有一個廟。廟裏和尚住房床下，忽然長出一棵樹來。長出十來天，形勢就似乎要衝出〔淩〕房梁〔軒棟〕。和尚搬開去讓它（長），樹便長得遲了。但是，每年很晚，還不落葉〔晚秀〕。有個外國和尚來，見到它之後，（就說，它應該）叫做'娑羅樹'。是他們（本國）和尚們（借來）休息的樹蔭。這樹常開花，細小，白色，像雪花一樣。<u>元嘉</u>十一年，忽然生出一朵花，却像芙蓉。"

榕

92.134.1 <u>南州異物志</u>說："榕樹剛生出來，幼小的時候，纏附着其他的樹，像別處扶芳藤的形狀，（自己的）根基不能够單獨立穩。纏附圍繞着其他的樹，旁邊（伸出枝條）連結着像網羅一樣，後來樹皮和木材連合起來，茂盛，並且向四面散開〔扶疎〕，可以達到六七丈高。"

杜　　芳

92.135.1　南州異物志説："杜芳是藤的形狀，自己的根基
　　不能獨立，要纏附圍繞着其他的樹，形成一個'房'。
　　藤連結成爲羅網，彼此相牽，然後樹皮和木材連合起
　　來，茂盛成爲樹。所寄託的樹死了之後，它自己才茂
　　盛地四散布開，長到六七丈高。"

摩　　廚

92.136.1　南州異物志説："樹木中，有（一種）'摩廚'，出生
　　在斯調國。它的汁肥而潤澤，它的液汁像脂肪一樣。
　　非常芳香，可以煎熬食物，像中國用的油一樣。"

都　　句

92.137.1　劉欣期交州記説："都句，樹像栟櫚；木材裏有像
　　麪一樣的粉末，可以吃。"

木　　豆

92.138.1　交州記説："木豆，生在徐聞縣。種子像烏豆一
　　樣甜美，枝葉像柳樹。種下去一年，可以供幾年
　　採摘。"

木 堇

92.139.1 至 92.139.5 不釋。

92.139.6 顧微廣州記説:"平興縣,有一種開花的樹,像木堇,又像桑樹。一年四季都有花;花可以吃,甜而且黏滑,又不結果子。這就是所謂'蕣木'。"

92.139.7 詩(鄭風有女同車)有"面色像初開的木堇花"〔顏如蕣華〕。詩義疏説:"(蕣)一名木堇,一名王蒸。"

木 蜜

92.140.1 廣志説:"木蜜的樹,據傳説可以活一千年。根很大,伐下之後四、五年,才會(自己朽)斷。取得根中不腐的部分來作香。出生在南方。"

"枳(棋),即木蜜的枝梢,可以吃。"

92.140.2 本草説:"木蜜又名'木香'。"

枳 柜

92.141.1 廣志説:"枳柜,葉像蒲柳;果實形狀像珊瑚,味甜如蜜,十月成熟,樹上自己乾的更好。出在南方邛縣、郯縣。"

"枳柜像手指一樣大。"

92.141.2 詩(小雅南有嘉魚之什南山有臺)有"南邊山上有枸"〔南山有枸〕。毛公解説:"(枸)就是柜。"詩義疏注解説:"(枳柜)樹高大,像白楊,生長在山裏。枝條

前端有果實,像指頭大小,幾寸長;吃起來,像飴糖一
樣甜美。八九月成熟;江南的分外好吃。現在官園裏
種有,名叫'木蜜',原來就是從江南來的。枳椇木能
使酒變淡〔薄〕;如果用它來作房屋柱子,整所房屋裏
的酒都要變淡。"

杬

92.142.1　爾雅説:"杬是檕梅。"郭璞(注解)説:"杬樹,形
　　　　狀像梅樹;果實像手指頭(大小),紅色,像小的柰子,
　　　　可以吃。"

92.142.2　山海經(北山經"首")説:"單狐山,生長的樹中,
　　　　杬樹多。"郭璞注解説:"像榆樹,可以燒成灰來肥田。
　　　　出在蜀中地方。"

92.142.3　廣志説:"杬樹生長很容易。長年住在一處時,
　　　　可以種來當柴燒,又可以肥田。"

夫栘

92.143.1　爾雅説:"唐棣是栘。"(郭璞)注解説:"像白楊,
　　　　江東叫它'夫栘'。"

92.143.2　詩(召南何彼襛矣)有"怎麼這樣豐滿呀,(這些)
　　　　唐棣的花呀!"〔何彼襛矣,唐棣之華〕毛公解説:"唐棣
　　　　是栘。"詩疏説:"果實像小李子一樣大,果子正紅色,
　　　　有甜有酸。一般味澀的多,少有美好的。"

輂音諸

92.144.1　山海經（中山經中十一）有"前山，長的樹以輂爲
　　多"。郭璞（注解）説："像柞，果實可以吃。冬夏常綠。
　　（木材）作屋柱，不易腐壞。"

木　威

92.145.1　廣州記説："木威樹高大，果實像橄欖，不過硬一
　　些；削去外皮，可以作蜜煎〔粽即糝〕。"

梂　木

92.146.1　吳錄地理志説："廬陵（郡）南部的雩都縣有一種
　　梂樹。它的果實，像甘蕉，（没有？）核，味道也像
　　甘蕉。"

韶（歆）

92.147.1　廣州記説："韶子，像栗子的形狀，紅色。果實和
　　栗一樣大小，外面有棘刺。把外皮剝去，裏面的（肉）
　　像脂肪一樣潔白，黏在核上，脱不下來。味甜酸。核
　　像荔支。"

君　遷

92.148.1　魏王花木志説："君遷，樹像甘蕉，子像'馬乳'。"

古　　度

92.149.1　交州記說:"古度樹,不開花(就)結實,果實從樹
　　　皮中冒出來。像安石榴一樣大小;紅色,可以吃。果
　　　實中有像'蒲梨'般的(小蟲)。採下來,隔幾天不煮,
　　　都化成了蟲。像螞蟻,有翼,穿透(果)皮,飛了出來。"
　　　滿屋釘着,顏色正黑。

92.149.2　顧微廣州記說:"古度樹,葉像栗,可是比枇杷葉
　　　還大。沒有花,從樹枝丫的皮裏,生成果實。果實像
　　　杏子,味酸;可以用來煮作蜜餞〔粽即糝〕。採下來幾
　　　天不煮,裏面便化成能飛的螞蟻。"

92.149.3　不釋。

繫　　彌

92.150.1　廣志說:"繫彌樹,果實紅色,像楩棗,可以吃。"

都　　咸

92.151.1　南方草物狀說:"都咸,樹是野生的。(果實)像
　　　手指頭大小,三寸長,顏色正黑。三月間開花,跟着就
　　　結果;七八月果實成熟。當地人吃它的果實和樹枝
　　　〔柯〕;皮,曬乾泡水喝,也很香。出在日南。"

都　　桷

92.152.1　南方草物狀說:"都桷,樹是野生的。二月開花,

跟着就結果；到八九月成熟。像雞蛋。當地人取
來吃。"

夫 編 另一本寫成"夫遍"

92.153.1 南方草物狀説："夫編，樹是野生的。三月開花，
跟着就結果實。皮和核煮在魚羹或雞鴨羹裏，很好。
也可以鹽醃保存。出在<u>交趾</u>、<u>武平</u>。"

乙　　樹

92.154.1 南方記説："乙樹生在山中。採取葉子，擣碎後，
和上葉子汁煮，煮到第二次開就停止。味道辛辣。曬
乾，放進魚羹肉羹裏。出在<u>武平</u>和<u>興古</u>。"

州　　樹

92.155.1 南方記説："州樹是野生的。三月開花，跟着就
結實；……（原文有錯漏，不能釋出）……五月熟，撲打
下來〔剥〕。核（?）的滋味甜美。出在<u>武平</u>。"

前　　樹

92.156.1 南方記説："前樹是野生的。二月間開花，跟着
就結實，（果實）像手指大小，有三寸長，五六月成熟。
用開水燙過，削皮，去核後吃。（或者）用糟與鹽來保
藏，味道辛辣，可以吃。出在<u>交趾</u>。"

石 南

92.157.1 南方記説:"石南樹是野生的。二月開花,跟着
就結實;果實像燕子的卵,七八月成熟。人家採來,取
出核,把皮曬乾,可以作油〔肥〕用;和在魚羹裏更美
好。出在九真。"

國 樹

92.158.1 南方記説:"國樹,果實像(大)雁的蛋。樹是野
生的。三月開花,跟着就結實,(果實)九月成熟。曬
乾之後,剥掉殼來吃,味道像栗子。出在交趾。"

楮

92.159.1 南方記説:"楮樹,果實像桃的果實。二月開花,
跟着就緒實;到七八月成熟。用鹽醃着保藏。味道辛
辣。出在交趾。"

槧

92.160.1 南方記説:"槧樹,果實像桃,果實長一寸多。二
月開花,跟着就結實;五月成熟。(果實)色黃,鹽醃保
藏,味酸,像乾梅子〔白梅〕。出在九真。"

梓棪

92.161.1 異物志説:"梓棪(樹幹)有十圍大,木材堅硬,不

用鋒利的鋼〔剛〕來切削〔截〕，不能削進去〔剋〕。可以
作船，……（原文有錯漏，不能釋）……刻下它的皮來，
保藏着，味道比其他樹好。”

莓　母

92.162.1 異物志説：“莓母樹，皮有蓋（?），形狀像栟櫚。
可是脆弱不中用。南方人把它的果子稱爲‘莓’。用
時，要破作三四片。”

92.162.2 廣州記：“莓葉有六七尺寬，接聯起來，可以蓋屋
（頂）。”

五　子

92.163.1 裴淵廣州記説：“五子樹，果實像梨，裏面有五個
核，所以叫‘五子’。可以治霍亂和金瘡。”

白　緣

92.164.1 交州記説：“白緣樹，有一丈高。果實味甜，比胡
桃還美好。”

烏　臼

92.165.1 玄中記説：“荆州揚州，有烏臼樹；它的果實像芡
子〔雞頭〕。榨起來，像脂麻子；它的汁，味道像豬油。”

都　　昆

92.166.1 南方草物狀說："都昆樹,是野生的。二月開花,
　　　跟着就結實;果實八九月成熟,像雞蛋。當地人取來
　　　吃,皮和核味道酸。出在九真和交阯。"

齊民要術序①

紹興甲子②夏，四月十八日，龍舒③張使君專使貽書曰："比因暇日，以齊民要術刊板成書，將廣其傳。"求僕爲序，以冠其首。

謹按齊民要術，舊多行於東州。僕在兩學時，東州士夫，有以要術中種植蓄養之法，爲一時美談。僕喜聞之，欲求善本寓目而不得。今使君得之於菴林居士向伯恭④。伯恭自少留意問學，故一時名士大夫，多與之遊，而喜傳之書。蓋此書，乃天聖⑤中崇文院校本；非朝廷要人不可得。使君得之，刊于州治，欲使天下之人，皆知務農重穀之道；使君之用心可知矣。僕嘗觀周公戒成王以無逸之書；有曰："不知稼穡之艱難，乃逸乃諺，既誕否，則侮厥父母，曰：'昔之人無聞知。'"夫惟不知稼穡之艱難，其禍至於侮厥父母而不知懼；其害教，豈小小者哉？嘗謂古今親民之官，莫如守令；故守令皆以勸農爲職。漢循吏，如召信臣龔遂輩，

---

① 這是南宋刻本（所謂"龍舒本"）的後序。後來各種翻刻本，都保存着這個後序；我們因爲它能説明要術在南宋時的情況，所以也留着，而且，依明鈔的體例，附在全書最後。明清各本多半都放在"卷首"，"齊民要術"（自）序前面。

② 即公元 1144 年。

③ 今安徽省舒城縣。

④ 向子諲字伯恭。

⑤ 天聖，即公元 1023 年—1031 年。

類皆躬勸耕農，出入阡陌，至於使民賣刀買犢，賣劍買牛者。今使君以書載耕稼之要，足以爲齊民法；其爲賢，當不在西漢循吏之下。況舒之爲州，沃壤千里，富饒魚稻。爰自吳魏以來，爲耕戍實邊之地；又得賢使君勸相乎其間，其爲舒緩不疑矣。僕流落州縣間，晚得小壘而爲之，有民人社稷於此。得使君所遺墨本，日以縱觀，庶幾有補於斯民，且無負於勸農之官，不亦幸乎？使君名轔，彥聲其字，濟南佳士也。嘗爲越之上虞令，縣多力穡之農，而令實爲之勸，故租賦之入，不勞而辦。又嘗爲九江郡丞，而化行乎江漢之間。自九江擢守龍舒，聞譽益美，功利益博。又以其餘力，刊書累編，貽訓于後。他日得君行道，豈易量哉？四月十八日，左朝散郎，權發遣無爲軍①，主管學事，兼管內勸農營田事，鎮江葛祐之序。

————————

① 今安徽省無爲縣。